U0434623

中国土木建筑百科辞典

建筑结构

中国建筑工业出版社

(京) 新登字 035 号

图书在版编目(CIP)数据

中国土木建筑百科辞典:建筑结构/李国豪等主编. —
北京:中国建筑工业出版社,1999
ISBN 7-112-02301-7

Ⅰ.中… Ⅱ.李… Ⅲ.①建筑工程-辞典②建筑结构-辞典 Ⅳ.TU-61

中国版本图书馆 CIP 数据核字(1999)第 06786 号

中国土木建筑百科辞典
建 筑 结 构
*
中国建筑工业出版社出版、发行(北京西郊百万庄)
新 华 书 店 经 销
北京市景煌照排中心照排
北京市兴顺印刷厂印刷
*
开本:787×1092 毫米 1/16 印张:38 3/4 字数:1358 千字
1999 年 7 月第一版 1999 年 7 月第一次印刷
印数:1—3000 册 定价:130.00 元
ISBN 7-112-02301-7
TU·1787(9064)
版权所有 翻印必究
如有印装质量问题,可寄本社退换
(邮政编码 100037)

《中国土木建筑百科辞典》总编委会名单

主　　　任：李国豪
常务副主任：许溶烈
副　主　任：（以姓氏笔画为序）
　　　　　左东启　　卢忠政　　成文山　　刘鹤年　　齐　康　　江景波　　吴良镛　　沈大元
　　　　　陈雨波　　周　谊　　赵鸿佐　　袁润章　　徐正忠　　徐培福　　程庆国
编　　　委：（以姓氏笔画为序）
　　　　　王世泽　　　　王　弗　　　　王宝贞（常务）王铁梦　　　　尹培桐
　　　　　邓学钧　　　　邓恩诚　　　　左东启　　　　石来德　　　　龙驭球（常务）
　　　　　卢忠政　　　　卢肇钧　　　　白明华　　　　成文山　　　　朱自煊（常务）
　　　　　朱伯龙（常务）朱启东　　　　朱象清　　　　刘光栋　　　　刘伯贤
　　　　　刘茂榆　　　　刘宝仲　　　　刘鹤年　　　　齐　康　　　　江景波
　　　　　安　昆　　　　祁国颐　　　　许溶烈　　　　孙　钧　　　　李利庆
　　　　　李国豪　　　　李荣先　　　　李富文（常务）李德华（常务）吴元肇
　　　　　吴仁培（常务）吴良镛　　　　吴健生　　　　何万钟（常务）何广乾
　　　　　何秀杰（常务）何钟怡（常务）沈大元　　　　沈祖炎（常务）沈蒲生
　　　　　张九师　　　　张世煌　　　　张梦麟　　　　张维岳　　　　张　琰
　　　　　张新国　　　　陈雨波　　　　范文田（常务）林文虎（常务）林荫广
　　　　　林醒山　　　　罗小未　　　　周宏业　　　　周　谊　　　　庞大中
　　　　　赵鸿佐　　　　郝　瀛（常务）胡鹤均（常务）侯学渊（常务）姚玲森（常务）
　　　　　袁润章　　　　夏行时　　　　夏靖华　　　　顾发祥　　　　顾迪民（常务）
　　　　　顾夏声（常务）徐正忠　　　　徐家保　　　　徐培福　　　　凌崇光
　　　　　高学善　　　　高渠清　　　　唐岱新　　　　唐锦春（常务）梅占馨
　　　　　曹善华（常务）龚崇准　　　　彭一刚（常务）蒋国澄　　　　程庆国
　　　　　谢行皓　　　　魏秉华

《中国土木建筑百科辞典》编辑部名单

主　　　任：张新国
副　主　任：刘茂榆
编　辑　人　员：（以姓氏笔画为序）
　　　　　刘茂榆　　杨　军　　张梦麟　　张　琰　　张新国　　庞大中　　郦锁林　　顾发祥
　　　　　董苏华　　曾　得　　魏秉华

建筑结构卷编委会名单

主 编 单 位：哈尔滨建筑大学
　　　　　　同济大学
主　　　编：陈雨波　朱伯龙
副 主 编：蒋大骅　唐岱新
编　　　委：(以姓氏笔画为序)

王松岩	王振东	王振家	王家钧	王 熔	计学闰	刘金砺
李启炎	杨可铭	杨桂林	吴振声	余安东	邹瑞坤	沈世钊
沈祖炎	张宝传	张相庭	张 誉	陈永春	陈行之	邵卓民
林荫广	欧阳可庆	周礼庠	房乐德	钟善桐	钦关淦	俞国音
姚振纲	高大钊	曹名葆	龚思礼	蒋爵光	傅晓村	潘士劼
薛 丹						

撰 稿 人：(以姓氏笔画为序)

卫纪德	马洪骥	乌家骅	计学闰	孔宪立	王天龙	王东伟
王用纯	王用信	王正秋	王兆祥	王同花	王庆霖	王国周
王松岩	王振东	王振家	王家钧	王 熔	王肇民	文孔越
方丽蓓	平涌潮	史孝成	卢文达	叶英华	朱百里	朱伯龙
朱骏苏	朱 起	朱景湖	朱照容	朱聘儒	许哲明	吕玉山
吕西林	庄家华	江欢成	汤伟克	孙申初	刘广义	刘文如
刘作华	刘金砺	刘震枢	何文汇	何文吉	何若全	何颐华
余安东	陆文达	陆伟民	陆竹卿	陆志方	陆忠伟	陆钦年
陆 皓	陈止戈	陈永春	陈行之	陈竹昌	陈寿华	陈国强
陈宗梁	陈忠汉	陈忠伟	陈雨波	陈冠发	陈荣林	陈基发
陈强华	陈惠玲	陈福民	邹超英	邹瑞坤	邵卓民	肖文英
肖光先	吴虎南	吴振声	汪勤慤	沈世钊	沈希明	沈祖炎
宋雅涵	张永钧	张兴武	张克球	张建荣	张相庭	张祖闻
张晓漪	张琨联	张景吉	张 誉	张耀春	杜 坚	李文艺
李军毅	李启炎	李建一	李绍业	李明昭	李春新	李思明
李铁强	李 铮	李 舜	李惠民	李德滋	杨可铭	杨伟方

杨有贵	杨建平	杨春宝	杨桂林	杨熙坤	周宁祥	周礼庠
周旺华	周锦兰	郑邑	苗若愚	范乃文	茅玉泉	林荫广
杭必政	欧阳可庆	房乐德	罗韬毅	金英俊	金瑞椿	侯子奇
俞国音	洪毓康	姚振纲	费文兴	胡中雄	胡文尧	胡连文
胡景恩	胡瑞华	施楚贤	施弢	祝龙根	钟亮	钟善桐
钦关淦	钮因花	钮宏	赵鸣	赵国藩	赵殿甲	原长庆
翁铁生	郭长城	郭在田	郭禄光	徐和	徐崇宝	夏志斌
夏敬谦	唐永芳	唐岱新	宰金璋	殷永安	钱力航	钱义良
钱宇平	钱若军	秦宝玖	秦效启	高大钊	高德慈	宿百昌
曹名葆	曹国敖	章在埔	黄志康	黄宝魁	黄祖宣	黄静山
傅晓村	董建国	董振详	董振祥	蒋大骅	蒋炳杰	蒋德忠
蒋爵光	喻永言	彭福坤	韩学宏	谭兴宜	蔡伟铭	熊建国
樊承谋	潘行庄	潘景龙	薛瑞祺	戴瑞同	魏世杰	魏道垛
瞿履谦						

序　言

经过土木建筑界一千多位专家、教授、学者十个春秋的不懈努力,《中国土木建筑百科辞典》十五个分卷终于陆续问世了。这是迄今为止中国建筑行业规模最大的专科辞典。

土木建筑是一个历史悠久的行业。由于自然条件、社会条件和科学技术条件的不同,这个行业的发展带有浓重的区域性特色。这就导致了用于传授知识和交流信息的词语亦有颇多差异,一词多义、一义多词、中外并存、南北杂陈的现象因袭流传,亟待厘定。现代科学技术的发展,促使土木建筑行业各个领域发生深刻的变化。随着学科之间相互渗透、相互影响日益加强,新兴学科和边缘学科相继形成,以及日趋活跃的国际交流和合作,使这个行业的科学技术术语迅速地丰富和充实起来,新名词、新术语大量涌现;旧名词、旧术语或赋予新的概念或逐渐消失,人们急切地需要熟悉和了解新旧术语的含义。希望对国外出现的一些新事物、新概念、新知识有个科学的阐释。此外,人们还要查阅古今中外的著名人物,著名建筑物、构筑物和工程项目,重要学术团体、机构和高等学府,以及重要法律法规、典籍、著作和报刊等简介。因此,编撰一部以纠讹正名,解诂释疑,系统汇集浓缩知识信息的专科辞书,不仅是读者的期望,也是这个行业科学技术发展的需要。

《中国土木建筑百科辞典》共收词约 6 万条,包括规划、建筑、结构、力学、材料、施工、交通、水利、隧道、桥梁、机械、设备、设施、管理、以及人物、建筑物、构筑物和工程项目等土木建筑行业的主要内容。收词力求系统、全面,尽可能反映本行业的知识体系,有一定的深度和广度;构词力求标准、严谨,符合现行国家标准规定,尽可能达到辞书科学性、知识性和稳定性的要求。正在发展而尚未定论或有可能变动的词目,暂未予收入;而历史上曾经出现,虽已被淘汰的词目,则根据可能参阅古旧图书的需要而酌情收入。各级词目之间尽可能使其纵横有序,层属清晰。释义力求准确精练,有理有据,绝大多数词目的首句释义均为能反映事物本质特征的定义。对待学术问题,按定论阐述;尚无定论或有争议者,则作宏观介绍,或并行反映现有的各家学说、观点。

中国从《尔雅》开始,就有编撰辞书的传统。自东汉许慎《说文解字》刊行以来,迄今各类辞书数以万计,可是土木建筑行业的辞书依然屈指可数,大型辞书则属空白。因此,承上启下,继往开来,编撰这部大型辞书,不惟当务之急,亦是本书总编委会和各个分卷编委会全体同仁对本行业应有之奉献。在编撰过程中,建设部科学技术委员会从各方面为我们创造了有利条件。各省、自治区、直辖市建设部门给予热情帮助。同济大学、清华大学、西南交通大学、哈尔滨建筑大学、重庆建筑大学、湖南大学、东南大学、武汉工业大学、河海大学、浙江大学、天津大学、西安建筑科技大学等高等学府承担了各个分卷的主要撰稿、审稿任务,从人力、财力、精神和物质上给予全力支持。遍及全国的撰稿、审稿人员同心同德,精益求精,切磋琢磨,数易其稿。中国建筑工业出版社的编辑人员也付出了大量心血。当把《中国土木建筑百科辞典》各个分卷呈送到读者面前时,我们谨向这些单位和个人表示崇高的敬意和深切的谢忱。

在全书编撰、审查过程中,始终强调"质量第一",精心编写、反复推敲。但《中国土木建筑百科辞典》收词广泛,知识信息丰富,其内容除与前述各专业有关外,许多词目释义还涉及社会、环境、美学、宗教、习俗,乃至考古、校雠等;商榷定义,考订源流,难度之大,问题之多,为始料所不及。加之客观形势发展迅速,定稿、付印皆有计划,广大读者亦要求早日出版,时限已定,难有再行斟酌之余地,我们殷切地期待着读者将发现的问题和错误,一一函告《中国土木建筑百科辞典》编辑部(北京西郊百万庄中国建筑工业出版社,邮编100037),以便全书合卷时订正、补充。

《中国土木建筑百科辞典》总编委会

前 言

建筑结构卷为《中国土木建筑百科辞典》十五分卷之一。本卷收编的词条,是以建筑结构工程设计基本术语为主,除结构类型、结构部件、结构设计与分析、岩土工程(地基基础)以及计算机应用等方面与建筑结构直接有关的大量词条外,也根据各分卷应有一定独立性的原则,收编了结构设计人员在工作中经常遇到的有关力学、材料、建筑、施工等学科的少量词条。此外,还根据总编委会的安排,将基本设计程序、设计基础资料、工程勘测等学科的词目收编在本卷内,但收编时尽量选用结构人员在工作中可能遇到的有关词条,并力求避免庞杂繁琐。

本卷以哈尔滨建筑大学与同济大学为主编单位。参加撰稿的共有200多人,其中除了两校的一些教授、副教授外,还有80多位其他高等院校的教授、副教授以及科研、设计和生产单位的高级工程师。全体编撰人员尽心编撰,反复修改,集思广益,力求完善。

本卷编纂工作自1988年4月分卷编委会一成立,便进入实质性工作阶段。通过词目的收集编纂,编委会讨论定案,撰写人起草释文,分工编委及审稿人进行审查、修改后按学科召开了扩大编委会,对词条逐一进行审查、讨论,并提出意见,分工编委与撰稿人根据会议审查意见,补充和删改了一些词目,对释义也进行了较大的修改,经编委会再次审查后才定稿。全卷共收编了近5千条词目,约95万字,内容较为精炼,释义内容基本符合总编委会提出的编撰方针和编撰体例的规定和要求,这是全体编审人员辛勤努力的结晶,也是他们所在单位大力支持的成果。

在编纂过程中,除了请部分编委审稿外,还聘请王国周、夏志斌、朱振德、唐念慈、孙更生等80余位教授、专家对分卷有关学科的词条进行审查,有的还参加了审稿会议,提出宝贵的意见,在此表示衷心的感谢。

本卷释文的编写,力求做到与现行国家标准相符,采用了法定计量单位。

由于参编人员较多,又散居各地,组织工作有一定困难,加上编者水平有限,因而可能有不够完善甚至错误之处,请读者指正。

建筑结构卷编委会

凡 例

组 卷

一、本辞典共分建筑、规划与园林、工程力学、建筑结构、工程施工、工程机械、工程材料、建筑设备工程、基础设施与环境保护、交通运输工程、桥梁工程、地下工程、水利工程、经济与管理、建筑人文十五卷。

二、各卷内容自成体系；各卷间存有少量交叉。建筑卷、建筑结构卷、工程施工卷等，内容侧重于一般房屋建筑工程方面，其他土木工程方面的名词、术语则由有关各卷收入。

词 条

三、词条由词目、释义组成。词目为土木建筑工程知识的标引名词、术语或词组。大多数词目附有对照的英文，有两种以上英译者，用"，"分开。

四、词目以中国科学院和有关学科部门审定的名词术语为正名，未经审定的，以习用的为正名。同一事物有学名、常用名、俗名和旧名者，一般采用学名、常用名为正名，将俗名、旧名采用"俗称"、"旧称"表达。个别多年形成习惯的专业用语难以统一者，予以保留并存，或以"又称"表达。凡外来的名词、术语，除以人名命名的单位、定律外，原则上意译，不音译。

五、释义包括定义、词源、沿革和必要的知识阐述，其深度和广度适合中专以上土木建筑行业人员和其他读者的需要。

六、一词多义的词目，用①、②、③分项释义。

七、释义中名词术语用楷体排版的，表示本卷收有专条，可供参考。

插 图

八、本辞典在某些词条的释义中配有必要的插图。插图一般位于该词条的释义中，不列图名，但对于不能置于释义中或图跨越数条词条而不能确定对应关系者，则在图下列有该词条的词目名。

排 列

九、每卷均由序言、本卷序、凡例、词目分类目录、正文、检字索引和附录组成。

十、全书正文按词目汉语拼音序次排列；第一字同音时，按阴平、阳平、上声、去声的声调顺序排列；同音同调时，按笔画的多少和起笔笔形横、竖、撇、点、折的序次排列；首字相同者，按次字排列，次字相同者按第三字排列，余类推。外文字母、数字起头的词目按英文、俄文、希腊文、阿拉伯数字、罗马数字的序次列于正文后部。

检 索

十一、本辞典除按词目汉语拼音序次直接从正文检索外，还可采用笔画、分类目录和英文三种检索方法，并附有汉语拼音索引表。

十二、汉字笔画索引按词目首字笔画数序次排列；笔画数相同者按起笔笔形横、竖、撇、点、折的序次排列，首字相同者按次字排列，次字相同者按第三字排列，余类推。

十三、分类目录按学科、专业的领属、层次关系编制，以便读者了解本学科的全貌。同一词目在必要时可同时列在两个以上的专业目录中，遇有又称、旧称、俗称、简称词目，列在原有词目之下，页码用圆括号括起。为了完整地表示词目的领属关系，分类目录中列出了一些没有释义的领属关系词或标题，该词用［ ］括起。

十四、英文索引按英文首词字母序次排列，首字相同者，按次词排列，余类推。

目 录

序言 ··· 7
前言 ··· 9
凡例 ··· 11
词目分类目录 ································· 1—63
辞典正文 ······································· 1—395
词目汉语拼音索引 ···························· 396—442
词目汉字笔画索引 ···························· 443—487
词目英文索引 ································· 488—540

词目分类目录

说　明

一、本目录按学科、专业的领属、层次关系编制，供分类检索条目之用。

二、有的词条有多种属性，可能在几个分支学科和分类中出现。

三、词目的又称、旧称、俗称、简称等，列在原有词目之下，页码用圆括号括起，如(1)、(9)。

四、凡加有 [ ] 的词为没有释义的领属关系词或标题。

基本建设程序	139
基本建设项目	140
建设项目	154,（140）
非生产性建设	81
消费性建设	325,（81）
生产性建设	267
新建项目	329
扩建项目	190
改建项目	89
迁建项目	239
恢复项目	131
大型项目	38
中型项目	368
小型项目	326
国家预算内项目	114
预算内建设项目	351,（115）
预算外建设项目	351,（380）
自筹资金建设项目	380
限额以上建设项目	320
筹建项目	33
施工项目	270
投产项目	299
收尾项目	275
竣工项目	177
单项工程	41
工程项目	106,（41）
单位工程	41
分部工程	82
分项工程	83
可行性研究	183
项目建议书	324
机会研究	138
初步可行性研究	33
可行性报告	183
自然资源	381
合理经济规模	121
建设规模	153
辅助性专题研究	87
市场调查	273
价格预测	150
投资决策	299
建设条件	153
环境保护	129
三废治理	258
国民经济评价	115
财务评价	17
建设投资	153
总投资	384
固定资金	110
流动资金	201
[生产成本]	
总生产成本	383
单位生产成本	41
[收益率]	

简单收益率	152	总平面布置	383
静态收益率	175，(153)	总平面竖向设计	383
内部收益率	220	总平面竖向布置	383
净现值	174	总平面管网设计	383
NPV	393，(174)	总平面道路网设计	383
盈亏平衡分析	347	总平面绿化设计	383
保本点分析	6，(347)	初步设计	33
量本利分析	198，(347)	扩大初步设计	190
敏感度分析	211	扩初设计	190
灵敏度分析	201，(211)	技术设计	148
敏感性分析	211	施工图设计	269
敏感度	211	工艺设计	107
概率分析	90	设备选型	264
可行性研究报告	183	土建工程设计	304
设计任务书	265，(183)	建筑设计	156
建设项目计划任务书	154，(183)	结构设计	167
计划任务书	145，(154)	设备工程设计	264
建设目的	153	通用设计	298
建设依据	154	标准设计	13
产品方案	22	平面设计	233
生产纲领	267，(22)	剖面设计	234
生产方法	267	立面设计	195
生产工艺	267	建筑构造设计	155
建设地点	153	节点大样设计	161
占地估算	358	设计文件	265
经济效益指标	171	设计变更	264
建设标准	153	工程修改核定单	106，(264)
建筑标准	154，(153)	建筑物	156
场址选择	24	民用建筑	210
联合选址	196	工业建筑	107
占地面积	358	公共建筑	107
自然条件	381	地下建筑	53
城市功能分区	28	构筑物	109
工业区	107	设计技术经济指标	265
生活区	267	场地利用系数	23
现状图	320	建筑密度	156
环境污染	129	建筑系数	157，(156)
生态平衡	268	建筑平面利用系数	156
自然平衡	381，(268)	平面系数	233，(156)
工程设计	105	K 值	(156)
设计阶段	265	建筑高度	155
二阶段设计	73	材料消耗指标	17
三阶段设计	259	平方米造价	231
总图设计	384	单方造价	40，(231)
总平面位置设计	383	设计部门	264

设计单位	264		施工顺序	269
设计许可证	265		依次施工	342
设计证书	(265)		平行施工	233
设计回访	264		流水施工	202
设计质量评定	265		施工日记	269
建设准备	154		工程总承包合同	106
筹建机构	33		总包合同	382
工程设计招标	105		联合经营合同	196
工程施工招标	106		工程分包合同	105
建筑工程施工招标	155,(106)		建筑安装工程合同	154
征地拆迁	363		单项工程合同	41
暂设工程	357		初步设计总概算	33
施工准备	270		技术设计修正总概算	148
三通一平	259		施工图预算	269
国拨材料	114		建筑工程预算价格	155
统配物资	298,(114)		工程结算	105
一类物资	342,(114)		竣工决算	177
部管材料	16		工程拨款	103
部管物资	16		工程差价	103
二类物资	73,(16)		工程量差	105
地方材料	48		生产准备	267
地方管理物资	48		竣工验收	177
成套设备	27		竣工验收自检	178
二类机电产品	73		初步验收	33
基本建设项目计划	140		单项工程验收	41
建设项目计划	(140)		总交工验收	383
建设项目总进度计划	154		全部验收	248,(383)
建设项目年度计划	154		竣工图	177
综合基本建设工程年度计划	382,(154)		投资效益分析	299
建设前期工作计划	153		投资效益指标体系	299
建设实施计划	153,(140)		建设工期	153
基本建设年度投资计划	140		单位生产能力投资	41
工程施工	106		达到生产能力期限	37
建筑安装工程	154		投资回收年限	299
施工单位	268		投资回收期	299
施工企业	269,(268)		新增固定资产产值率	329
施工营业执照	270		建设周期	154
施工许可证	270		固定资产交付使用率	110
施工图纸会审	269		固定资产动用系数	110
图纸会审	301,(270)		未完工程占用率	311
施工技术交底	269		平均单位综合生产能力投资	232
施工组织设计	270		投资效果系数	299
同步建设	298		[设计基础资料]	
隐蔽工程	344		模数制	211
施工程序	268		模数	211

基本模数	140	生产类别	267
扩大模数	190	构筑物	109
分模数	83	结构物	167,(109)
模数数列	211	烟囱	335
定位轴线	65	烟囱筒壁	335
封闭结合	86	内衬	220
封闭轴线	86	烟囱外爬梯	335
非封闭结合	81	避雷针	10
联系尺寸	196	烟囱紧箍圈	335
插入距	21	隔热层	102
柱网	374	烟囱受热温度允许值	335
制图标准	367	烟囱保护罩	335
[房屋面积]		烟囱防沉带	335
占地面积	358	航空标志色	120
建筑面积	156	倾斜观测标	246
使用面积	273	沉降观测标	26
居住面积	175	测温孔	20
交通面积	158	热工高度	252
结构面积	166	水塔	284
阳台面积	339	水柜	282
平面系数	233,(156)	水箱	284,(282)
建筑体积	156	水塔塔身	284
跨度	187	预制倒锥壳水塔	354
开间	178,(373)	英兹式水塔	347
进深	170	人孔	254
层高	20	通风孔	298
净高	173	水塔穿箱防水套管	284
建筑高度	155	贮仓	372
室内外高差	275	囤仓	71,(372)
屋顶突出物	313	筒仓	298,(266)
建筑防火	155	深仓	266
耐火等级	218	浅仓	240
建筑物等级	157	水泵站	282
防火间距	79	沉井	26
防火带	78	刃脚	254
防火墙	79	滤鼓	203
燃烧体	251	排水下沉法	226
难燃烧体	219	不排水下沉法	41
非燃烧体	81	一次下沉法	341
耐火极限	219	分段下沉法	83
防爆墙	76	配重下沉法	227
爆炸界限	7	浮运沉井法	86
爆炸极限	7	封底	86
闪点	262	贮液池	372
生产防火类别	267	水池	282

[吊车]			震源	362
[吊车种类]			震中	362
单轨吊车		40	震级	362,(58)
电动葫芦		61,(40)	地震烈度	56
电葫芦		61,(40)	基本烈度	140
猫头吊		(40)	设防烈度	264
梁式吊车		197	建筑声学	156
桥式吊车		244	声压级	268
壁行吊车		9	回声干扰	131
软钩吊车		256	音节清晰度	343
硬钩吊车		347	混响时间	137
吊车工作制		63	材料吸声系数	17
轨顶标高		114	隔声指数	102
吊车跨度		63	噪声	358
吊车轮压		63	噪声级	358
吊车起重量		64	建筑热工	156
吊车吨位		63,(64)	建筑热物理	156
吊车车挡		(80)	导热系数	43,(251)
吊车制动轮		64	传热系数	34
管道支架		111	总传热阻	383
建筑防水		155	总热阻	383
柔性防水		256	蓄热系数	331
刚性防水		91	热惰性指标	251
防水混凝土		79	露点	203
止水带		366	露点温度	(203)
射线防护		265	绝对湿度	177
射线源		266	空气相对湿度	185
人防工程		253	室外计算温度	275
人防		(253)	室内计算温度	275
人防地下室		253	热工计算	252
人防地道		253	表面温度	13
早期核辐射		357	围护结构	310
剩余核辐射		268	严寒期日数	336
核爆炸		123	候平均气温	127
临空墙		201	采暖期日数	17
水平遮弹层		283	建筑电气	155
防护门		78	负荷等级	87
防护密闭门		78	架空线路	150
密闭门		209	室外电缆线路	275
人防掩蔽所		253	变配电所	11
冲击波		30	[配电柜]	
核爆动荷载		123	高压配电柜	101
土中压缩波		305	低压配电柜	47
[结构抗震]			自备电源	380
地震		54	电缆沟	62

电缆隧道	62
电缆竖井	62
[配电箱]	
电力配电箱	62
照明配电箱	359
[配线]	
铁管配线	297
塑料管配线	288
板孔配线	3
线槽配线	320
封闭式母线配线	86
电缆桥架布线	62
竖井内布线	278
接线盒	161
[防火]	
火灾自动报警	137
火灾自动灭火	137
消防控制室	325
应急照明	345
疏散照明	277
建筑物防雷	157
保护接地	6
TN 系统	394
TT 系统	394
IT 系统	392
[电视系统]	
共用天线电视系统 CATV	108
电缆电视系统	61
闭路电视系统 CCTV	9
呼应信号装置	127
公共显示装置	107
时钟系统	272
建筑物自动化系统	157
建筑物管理系统（BMS）	(157)
办公自动化系统	4
前端电视设备室	239
[电讯装置]	
电话站	61
有线广播站	349
会场扩声	132
[卫生技术设备]	
采暖系统	17
供暖系统	108, (17)
散热器	260
辐射采暖	87

热风采暖	251
集中供热系统	144
区域锅炉房	247
热力站	252
热力网	252
采暖热媒	17
高温水采暖系统	101
热水采暖系统	252
蒸汽采暖系统	363
膨胀水箱	228
膨胀罐	227
[敷设方法]	
无沟敷设	314
架空敷设	150
地沟敷设	48
伸缩器	266
补偿器	14, (266)
伸缩器穴	266
工业通风	107
自然通风	381
机械通风	139
人工通风	253, (139)
全面通风	249
局部通风	176
事故通风	273
通风柜	297
挡风天窗	43
避风天窗	10, (43)
风帽	85
避风风帽	9, (85)
粉尘浓度	84
粉尘浓度界限	84
粉尘浓度极限	84
除尘器	34
消声器	325
减振器	151, (102)
空气调节	184
空调	(184)
集中式空调系统	145
中央式空调系统	368, (145)
整体式空调机组	363
局部空调机组	175, (363)
装配式空调机	378
风机盘管	84
地道风降温系统	48

气流组织	236	[测量基础知识]	
孔板送风	185	测绘	20
散流器	260	测图	20
制冷	367	测设	20
天然冷源	296	施工放样	269，(20)
人造冷源	254	高斯—克吕格平面直角坐标系	100
人工制冷	254	假定平面直角坐标	150
制冷机组	367	地理坐标	51
蓄冷水池	331	子午线	380
冷却塔	193	首子午线	276
空气净化	184	中央子午线	368
洁净度	161	经线	171，(380)
洁净室	161	本初子午线	8，(276)
风淋室	84	高程	99
空气吹淋室	184，(84)	绝对高程	177
装配式洁净室	378	海拔	115，(177)
防烟排烟	80	高程基准面	99
自然排烟	381	相对高程	321
机械排烟	138	标高	12
防排烟	79，(80)	假定高程	150，(321)
防烟分区	80	水准面	285
防火阀	78	大地水准面	37
给水系统	145	大地体	38
上水系统	263，(145)	水准原点	285
蓄水池	331	地球椭球	53
吸水池	317	地球椭圆体	53
吸水井	317	地球曲率	52
高位给水箱	101	地图分幅	53
气压给水装置	236	图廓	300
排水检查井	226	图号	300
跌水井	64	比例尺	8
化粪池	129	数字比例尺	279
隔油井	102	图示比例尺	300
降温池	158	比例尺精度	8
[防火给水系统]		缩尺	291，(8)
消火栓给水系统	325	地形图	54
湿式喷水灭火系统	270	断面图	70
干式喷水灭火系统	90	影像地形图	347
预作用喷水灭火系统	354	地形图图式	54
卤代烷1211灭火系统	203	等高线	45
水幕消防系统	283	首曲线	276
雨淋喷水灭火系统	350	基本等高线	139，(276)
水泵接合器	282	计曲线	146
工程勘测	105	间曲线	153
工程测量	103	半距等高线	4，(152)

助曲线	372	符合水准器	87
辅助等高线	87,(372)	水准管分划值	284
观测误差	111	水准器角值	285,(284)
系统误差	318	水准管灵敏度	284
偶然误差	225	水平度盘	283
正态分布	364	测微器	20
高斯分布	100,(364)	竖直度盘	278
粗差	36	竖盘	278
真误差	360	望远镜旋转轴	309
最或然误差	389	横轴	126,(309)
观测值	111	水平轴	(309)
最或然值	389	仪器旋转轴	342
平差值	231,(389)	竖轴	278,(342)
最小二乘法	389	纵轴	385,(342)
权	248	水平角	283
加权平均值	149	对中	71
广义算术平均值	113,(149)	整平	363
精度估算	171	测回法	19
中误差	368	复测法	88
平均误差	232	倍角法	8,(88)
算术平均值中误差	289	方向观测法	76
绝对误差	177	度盘偏心差	68
相对误差	321	度盘偏心距	68
容许误差	255	度盘偏心角	68
极限误差	143,(255)	目标偏心差	218
标准差	12,(368)	视准轴误差	275
误差传播定律	316	照准轴误差	359,(275)
[测量仪器]		对中误差	71
经纬仪	171	测站偏心	20,(71)
望远镜	309	竖直角	278
视准轴	275	高度角	99,(278)
照准轴	359,(275)	垂直角	35,(278)
视差	274	竖盘指标差	278
物镜	316	竖盘自动补偿器	278
目镜	218	水准仪	285
十字丝网	271	自动安平水准仪	380
十字丝分划板	271	水准标尺	284
视场角	274	水准尺	284
望远镜放大率	309	尺垫	29
水准器	285	平板仪	231
圆水准器	355	大平板仪	38
圆水准器轴	355	小平板仪	326
管状水准器	112	平板仪安置	231
水准管	284,(112)	平板仪交会法	231
水准管轴	285	图解交会法	300,(231)

前方交会法	239	磁子午线	36
侧方交会法	19	方位角	76
后方交会法	126	真方位角	360
钢尺	93	磁方位角	36
直线定线	366	坐标方位角	391
精密量距	172	象限角	324
尺长改正	29	子午线收敛角	380
温度改正	312	磁偏角	36
倾斜改正	246	求积仪	246
钢尺检定	93	地形图测绘	54
尺长方程式	29	平面控制网	233
钢卷尺	98,(93)	三角测量	258
皮尺	228	基线	142
布卷尺	15,(228)	基线测量	142
因瓦尺	343	传距边	34
铟钢尺	343	传距角	34
殷钢尺	343	间隔边	153
视距仪	274	间隔角	153
视距法	274	边角测量	10
视距乘常数	274	三边测量	258
视差法测距	274	导线测量	44
视差角	274	视距导线测量	274
尺间隔	29,(274)	经纬仪导线测量	171
视距间隔	·274	图根导线测量	300
电磁波测距仪	60	图根点	300
测距仪	20,(60)	踏勘	292,(58)
乘常数	28	选点	332
周期误差	369	点之记	60
固定误差	110	电磁波测距导线	60
气象改正	236	平板仪导线	231
相位测距法	322	经纬仪交会法	171
比例误差	9	前方交会法	239
测程	19	后方交会法	126
标称精度	12	侧方交会法	19
加常数	148	闭合导线	9
激光铅垂仪	142	附合导线	88
激光扫描仪	143	支导线	365
电子速测仪	62	导线内业计算	44
电子全站仪	62	导线角度闭合差	44
全站仪	249,(62)	坐标增量闭合差	391
罗盘仪	204	导线全长相对闭合差	44
直线定向	366	坐标反算	391
真子午线	360,(380)	坐标格网	391
经线	171,(380)	大地原点	38
子午线	380	北京坐标系	7

高程控制网		99
三角高程测量		258
双向观测		281,（71）
对向观测		71
水准测量		284
水准点		284
水准路线		285
视线高程		275
测站检核		20
两次仪高法		198
双面尺法		281
水准路线检核		285
高差闭合差		99
水准结点		285
大气折光		38
转点		376
高差		99
图根水准测量		300
精密水准测量		172
地球曲率影响		53
仪器高程		342
测量平差		20
平差		231,（20）
等精度观测		45
等权观测		（45）
非等精度观测		81
不等权观测		（81）
多余观测		73
点位误差		60
误差椭圆		316
闭合差		9
严密平差		336
近似平差		170
直接平差		366
间接平差		153
参数平差		（152）
条件平差		297
图形条件		300
极条件		143
边长条件		10,（143）
基线条件		142
碎部测量		290
地形特征点		54
地形点		54
地性线		54
山脊线		262
分水线		83,（262）
山谷线		262
集水线		144,（262）
地貌符号		51
等高线平距		45
等高距		45
示坡线		273
汇水面积		132
面积测定		210
[地形图测绘法]		
小平板仪测图法		326
联合测图法		196
经纬仪测绘法		171
电子速测仪测绘法		62
摄影测量		266
航空摄影测量		120
航测		120
航摄相片		120
航摄比例尺		120
像点位移		324
相片判读		324
相片调绘		324
航测成图法		120
相片略图		324
相片平面图		324
地面摄影测量		52
摄影基线		266
近景摄影测量		170
建筑施工测量		156
建筑方格网		155
施工控制网		269
建筑红线		155
建筑主轴线		157
建筑基线		155
建筑坐标系		157
施工坐标系		270,（157）
点位测设		59
直角坐标法		366
极坐标法		144
角度交会法		160
距离交会法		176
建筑物放样		157
龙门板		202
线板		320,（202）

轴线控制桩	370	水文地质测绘	284
基础放样	140	水文地质条件	284
正倒镜投点法	363	水文地质图	284
柱子吊装测量	374	地下水水化学图	54
地脚螺丝放样	51	遥感	340
地坪标高	52	[工程地质条件]	
吊车梁安装测量	63	地貌	51
厂房柱列轴线放样	23	地貌学	52
设备基础施工测量	264	地形	54, (51)
竣工测量	177	地貌景观	51
竣工总平面图	178	地貌图	52
建筑物变形观测	156	地貌单元	51
动态变形观测	66	地貌类型	51
静态变形观测	174	山地	262
水平位移观测	283	丘陵	246
垂直位移观测	35	平原	233
沉降观测	26, (157)	构造平原	109
裂缝观测	199	剥蚀平原	14
倾斜观测	246	堆积平原	70
土地平整测量	303	冲积平原	31
面水准测量	210	三角洲	258
填挖深度	296	盆地	227
开挖线	178	洼地	306
填挖边界线	296	构造地貌	109
不填不挖线	(296)	剥蚀地貌	14
施工零线	(296)	堆积地貌	70
半填半挖断面	4	[黄土地貌]	
地籍测量	51	黄土塬	131
[工程地质总论]		黄土梁	130
工程地质学	105	黄土峁	130
工程岩土学	106	冲沟	30
土力学	304	[海岸地貌]	
岩体力学	338	大陆架	38
岩土工程学	338	泥滩	221
工程动力地质学	105	海滩	116
区域工程地质学	247	垭口	334
工程地质条件	104	微地貌	310
工程地质图	104	[河流地貌]	
区域稳定性	247	河流阶地	121
工程地质单元体	104	河漫滩	121
工程地质比拟法	103	台地	292
工程地质类比法	(104)	地质作用	59
水文地质学	284	内营力	221
区域水文地质学	247	内营力地质作用	221
水文地质勘察	284	外营力	307

外营力地质作用	307，(59)	砾砂	195
地质构造	58	粗砂	36
岩层产状	336	中砂	368
水平岩层	283	细砂	318
倾斜岩层	246	粉砂	84
褶皱构造	360	极细砂	143，(84)
褶曲	360	粉土	84
背斜	8	垆坶	203，(84)
向斜	324	砂质粉土	262
断裂构造	70	亚砂土	335，(262)
断层	70	砂壤土	261，(262)
节理	161	砂质垆坶	262
地质年代表	58	粘质粉土	223
地质时代表	58	轻亚粘土	245，(223)
第四纪地质学	59	轻壤土	245，(223)
更新世	103	粘性土	223
更新统	103	粘土	223
全新世	249	粉质粘土	84
全新统	249	亚粘土	335，(84)
第四纪冰川	59	壤土	251，(84)
第四纪沉积物	59	塑性图	289
残积层	17	特殊土	294
坡积层	234	红粘土	126
冲积层	30	膨胀土	228
洪积层	126	胀缩土	359，(228)
湖积层	127	盐渍土	339
风积层	84	盐碱土	339
冰碛层	13	人工填土	253
河漫滩沉积物	121	软土	257
牛轭湖沉积物	223	冻土	67
泥石流沉积物	221	黄土	130
三角洲沉积物	258	湿陷性土	271
海积物	115	有机质土	348
岩土	338	淤泥质土	350
岩石	337	淤泥	350
硬质岩石	347	泥炭质土	222
软质岩石	257	泥炭	222
碎石土	290	污染土	313
漂石	230	混合土	132
块石	187	老堆积土	192
卵石	204	一般堆积土	341
碎石	290	新近堆积土	329
圆砾	355	岩体	338
角砾	160	岩体结构面	338
砂土	261	岩石风化程度	337

风化系数	84	溶洞水	255
软化系数	256	岩溶水	337,(255)
地下水	53	冻结层上水	67
结晶水	168	冻结层间水	67
结合水	168	冻结层下水	67
吸着水	317	泉	249
强结合水	241,(317)	不良地质现象	15
薄膜水	5	滑坡	128
弱结合水	257,(5)	泥石流	221
毛细水	208	岩溶	337
毛细水带	208	溶洞	255
毛细水上升高度	208	砂土液化	262
饱水带	6	流砂	202
重力水	369	冲刷	31
自由水	382,(369)	潜蚀	239
容水度	254	崩塌	8
持水度	29	黄土湿陷	130
给水度	145	地面沉降	52
透水性	299	冰丘	14
渗透系数	267	冰椎	14
地下水流速	53	移动沙丘	342
地下水实际流速	54	地面塌陷	52
渗透流速	267	工程地质勘察	104
透水层	299	工程地质测绘	104
含水层	117	基岩	142
隔水层	102	地质界线	58
初见水位	33	地质观察点	58
稳定水位	312	地质观察路线	58
地下水位	54	观察线	(58)
潜水等水位线图	240	地质踏勘	58
承压水等水位线图	27	踏勘	292,(58)
潜水埋藏深度图	240	勘察原始资料	179
降落漏斗	158	岩石露头	338
影响半径	347	露头	(338)
地下水侵蚀性	53	地质剖面	58
地下水类型	53	地质图	59
包气带水	5	综合地层柱状图	382
上层滞水	263	地质标本	58
潜水	239	地质图例	59
承压层间水	27	地质图色标	59
承压水	27,(21)	航空地质调查	120
层间水	20	影像地质图	347
自流水	381	遥感资料	340
孔隙水	185	遥感图像	340
裂隙水	200	卫星图像	311

卫星图像判释	311	土的重度	303
卫星图像解释	311	土的重力密度	303
卫星图像判读	311	土的干重度	301
相片地质判释	324	土的容重	302，(303)
相片地质解释	324	土的干容重	301
相片地质判读	324	土的密度	302，(303)
卫星相片	311	土的质量密度	303
卫片	(311)	土的干密度	301
工程地质勘探	104	土的饱和重度	301
勘探技术	179	土的饱和容重	301
钻探技术	388	土的饱和密度	301
岩芯钻探	339	土的浮重度	301
钻探孔	388	土的浮容重	301
钻进方法	388	土的浮密度	301
钻探机	388	土的含水量	302
钻机	(388)	土粒相对密度	304
钻进进尺	388	土粒比重	304
泥浆	221	颗粒分析	182
套管护孔	294	饱和度	5
工程地质钻探	105	孔隙比	185
掘探	177	孔隙率	185
槽探	18	界限含水量	169
浅井	240	阿太堡界限	(169)
平洞	231	流限	202，(248)
竖井	278	塑限	288
取土器	248	塑性指数	289
原状土	354	液限	341
扰动土	251	液性指数	341
钎探	239	土的崩解性	301
工程地球物理勘探	103	触变性	34
工程物探	(103)	砂土的相对密度	262
电测深法	60	相对密度	(262)
电测剖面法	60	击实试验	138
无线电波透视法	316	最优含水量	389
电法测井	61	土的渗透试验	302
自然电位法测井	381	固结试验	110
放射性同位素法测井	80	黄土湿陷试验	130
声波法测井	268	孔隙水压力	185
热法测井	251	三轴剪切试验	260
温度测井	311，(251)	无侧限抗压强度	314
地震勘探	56	土的结构强度	302
声波法探测	268	土的灵敏度	302
电法勘探	61	天然休止角	296
岩土工程测试	338	休止角	330，(296)
岩土室内试验	338	内聚力	220

粘聚力	223，(220)	地基回弹测试	49
内摩擦角	221	抽水试验	33
外摩擦角	307	标准贯入试验	12
密实度	210	岩土工程长期观测	338
土的动力性质参数	301	滑坡动态观测	128
自由膨胀率	381	围岩变形观测	310
有荷载膨胀量	348	地下水动态观测	53
收缩率	275	建筑物沉降观测	157
反滤料试验	75	山体压力	262
固结系数	110	岩石压力	338，(262)
高压固结试验	101	矿山压力	187，(262)
侧压力	19	地压	54，(262)
不均匀系数	15	围岩压力	310，(262)
有效粒径	349	地温动态观测	53
平均粒径	232	地应力观测	54
曲率系数	247	工程地质内业整理	104
回弹指数	131	工程地质资料	105
差热分析	21	工程地质评价	104
偏光显微镜分析	229	工程地质勘察报告	104
冻土导热系数	67	第四纪地质图	59
冻胀率	68	基岩埋藏深度图	142
冻土融化压缩试验	67	实际材料图	273
冻土抗剪强度	67	工程地质剖面图	104
冻土含水量	67	地层柱状图	48
含冰量	116	工程地质分区图	104
可溶盐试验	182	原始数据处理	354
有机质试验	348	颗粒分析曲线	182
酸碱度试验	289	压缩曲线	333
阳离子交换容量	339	基础持力层顶面等高线图	140
比表面积试验	8	基础持力层底面等高线图	140
X射线粉晶分析	395	[工程地质勘察阶段]	
岩土现场试验	338	勘察阶段	178
十字板剪切试验	271	可行性研究勘察	183
静力载荷试验	174	初步勘察	33
旁压试验	226	详细勘察	323
静力触探试验	174	施工勘察	269
动力触探试验	66	[岩土工程设计]	
放射性试验	80	[天然地基与地基处理技术]	
试坑渗透试验	273	建筑地基基础设计规范	154
岩体应力测试	338	地基	48
应力解除法	346	地基稳定性	50
应力恢复法	346	地基破坏模式	50
水力压裂法	282	地基整体剪切破坏	51
水力致裂法	(282)	地基局部剪切破坏	49
钻孔压水试验	388	地基刺入剪切破坏	48

地基极限承载力	49	沉降计算经验系数	26
太沙基地基极限承载力公式	292	沉降计算的分层总和法	26
斯肯普顿公式	286	先期固结压力	319
汉森公式	117	正常固结土	363
承载力系数	27	超固结土	24
基础形状系数	141	欠固结土	240
深度系数	266	准先期固结压力	379
基底倾斜系数	142	超固结比	24
荷载倾斜系数	122	孔隙水压力消散	185
基础有效宽度	141	固结度	110
地基承载力安全系数	48	主固结	372
地基临界荷载	50	次固结	36
塑性区开展最大深度	288	固结系数	110
临塑荷载	201	竖向固结	278
建筑地基设计规范承载力公式	155	水平向固结	283
地基容许承载力	50	时间因数	272
承载力值的深、宽修正	27	瞬时沉降	286
承载力基本值表	27	最终沉降	389
承载力值的统计修正	27	地基容许变形值	50
软弱下卧层验算	257	沉降差	25
平板载荷试验	231	局部倾斜	175
地基土破坏荷载	50	整体倾斜	363
地基土极限荷载	50	[基础埋置深度]	
地基土比例界限	50	基础最小埋深	141
土的变形模量	301	冻结深度	67
[地基沉降量计算]		标准冻结深度	12
地基应力	51	容许残留冻土层厚度	254
有效覆盖压力	349	采暖影响系数	17
有效自重应力	(349)	融陷	255
基底接触压力	142	融沉	(255)
基底压力	(142)	融化深度	255
基底反力	(142)	融陷系数	255
基底平均压力	142	融沉系数	(255)
基底附加压力	142	冻胀	67
角点法	160	冻胀量	68
相邻荷载影响	322	冻胀力	68
地基压力扩散角	50	冲刷深度	31
地基沉降量	48	翻浆	74
压缩系数	333	[特殊地基处理]	
压缩模量	333	[岩土混合地基]	
压缩沉降	333	褥垫	256
固结沉降	(48),(333)	湿陷性地基	271
次固结沉降	(48)	湿陷量	270
压缩层厚度	333	湿陷系数	271
沉降计算深度	(333)	浸水试验	171

湿陷起始压力	270	夯点布置形式	119
湿陷性黄土	271	夯击遍数	120
自重湿陷性黄土	382	夯击范围	120
自重湿陷系数	382	单位夯击能量	41
[膨胀土地基]		置换挤密	367
土的膨胀率	302	砂桩	262
土的膨胀力	302	石灰桩	272
土的收缩系数	302	土桩	305
土的膨胀变形量	302	灰土挤密桩	131
土的收缩变形量	302	振冲碎石桩	360
[地基动力特性]		爆炸挤密法	7
天然地基动力参数	295	[排水固结法]	
地基抗压刚度系数	49	砂井	261
地基竖向刚度系数	50,(49)	袋装砂井	39
地基抗弯刚度系数	49	纸板排水	366
地基非均匀刚度系数	49	塑料带排水	287
地基抗剪刚度系数	49	预压排水固结	351
地基水平刚度系数	50,(49)	堆载预压	70
地基抗扭刚度系数	49	真空预压	360
地基非匀剪刚度系数	49	油罐充水预压	348
[振动液化]		胶结法	159
临界孔隙比	200	电动硅化法	61
临界标准贯入击数	200	旋喷法	332
地基的液化等级	48	深层水泥搅拌法	266
[地基处理技术]		冻结法	67
[换土法]		灌浆法	112
砂垫层	261	石灰稳定法	272
灰土垫层	131	水泥稳定土	283
[压密法]		土工聚合物	303
土的压实	303	土工织物	304
机械碾压	138	土工布	(304)
振动压密	361	[基础工程设计]	
振动碾	360	基础	140
夯实碾	120	[浅基础]	
深层压实	266	[浅基础类型]	
压实功	333	扩展基础	190
普氏标准击实试验	235	扩大基础	(190)
最大干密度	389	基础台阶宽高比的容许值	141
最优含水量	389	三合土基础	258
设计干密度	264	灰土基础	131
重锤夯实	368	砖基础	375
强夯	241	大放脚	(375)
动力压实法	66	毛石基础	207
动力固结法	66	毛石混凝土基础	207
强夯有效加固深度	241	混凝土基础	133

条形基础	297	砂岛	260
墙下条形基础	244	减压下沉	150
柱基础	373	沉箱病	26
杯口基础	7	沉井	26
刚性基础	92	钢筋混凝土沉井	96
联合基础	196	混凝土沉井	133
连续基础	196	钢沉井	93
柱下钢筋混凝土条形基础	374	钢丝网水泥沉井	98
十字交叉条形基础	271	砖沉井	374
筏板基础	74	单孔沉井	40
墙下筏板基础	244	单排孔沉井	40
不埋式基础	15,(244)	多排孔沉井	72
箱形基础	323	浮运沉井法	86
单独基础	40	[沉井构造]	
独立基础	68,(40)	沉井壁	26
环形基础	130	刃脚	254
折板基础	359	封底	86
锥形基础	379	内隔墙	220
壳体基础	244	[沉井下沉]	
井筒基础	172	井壁侧壁摩阻力	172
锚碇基础	208	下沉系数	318
[减小不均匀沉降的措施]		抗浮系数	179
基础连系梁	141	排水下沉法	226
建筑物长高比	157	不排水下沉法	15
[浅基础的计算]		强迫下沉法	241
基础的补偿性设计	140	突沉	300
地基上梁板的计算方法	50	沉井倾斜	26
倒梁法	44	干封底	90
基床系数法	141	水下封底	284
文克尔法	312	地下连续墙	53
箱形基础下基底平均反力系数法	323	导墙	43
箱形基础整体弯曲计算	323	泥浆护壁	221
箱形基础局部弯曲计算	323	触变泥浆	34
箱形基础的整体倾斜	323	逆作法	222
上部结构和基础的共同作用分析	263	槽壁稳定性验算	18
[机器基础]		墙体稳定性验算	243
[基础类型]		墙前土体抗隆起验算	243
实体式基础	273	抗渗流稳定性验算	180
框架式基础	189	桩	376
基础振幅计算	141	桩基础	377
基础自振频率	141	承台	27
基础隔振措施	141	低承台桩基础	46
[深基础]		高承台桩基础	99
气压沉箱	236	[桩承台的结构]	
气闸	236	板式承台	3

梁式承台	197		单桩横向受力分析 m 法	42
桩对承台的冲切	377		单桩横向受力分析 C 法	42
[桩的构造]			单桩横向受力分析的 p-y 曲线法	42
桩身	378		单桩横向受力分析弹性半空间法	42
桩头	378		桩的负摩阻力	376
桩尖	378		桩的荷载剪切变形传递法	376
接桩	161		桩的荷载传递函数法	376
[桩的受力分类]			桩顶约束条件	377
摩擦桩	212		桩的中性点	377
端承桩	68		[群桩]	
抗滑桩	180		群桩作用	250
抗拔桩	179		群桩效应	250
竖直桩	278		群桩折减系数	250
斜桩	328		群桩沉降比	250
[桩的施工分类]			群桩深度效应	250
打入桩	37		[桩基沉降量的计算]	
压入桩	333		单桩沉降量	42
振动沉桩	360		群桩沉降量	250
螺旋桩	205		[桩的施工]	
钻孔灌注桩	388		打桩时的拉应力	37
沉管灌注桩	25		锤击应力	35
就地灌注桩	(25)		冲击疲劳	30
沉拔桩	(25)		起吊应力	235
挖孔桩	306		防挤沟	79
钢管桩	94		遮帘作用	359
H 形钢桩	392		[桩的施工质量检验]	
预应力混凝土桩	353		最终贯入度	389
组合桩	388		打桩公式	37
树根桩	278		动力公式	66,(37)
微型桩	(278)		[边坡设计]	
土锚杆	304		土坡稳定分析	304
挤土桩	145		[稳定分析方法]	
板桩	4		土坡稳定分析的总应力法	304
单桩承载力	42		土坡稳定分析的有效应力法	304
桩侧摩阻力	376		土坡稳定圆弧整体分析	305
桩的载荷试验	377		圆弧滑动面的位置	355
桩的抗压试验	377		条分法	297
桩的动力试验	376		瑞典法	(297)
桩的极限荷载	377		毕肖普法	9
桩的轴向容许承载力	377		非圆弧滑动面的杨布法	82
桩的抗拔试验	377		普遍条分法（GPS 法）	(82)
桩的横向载荷试验	377		[坡内有地下水渗流情况]	
单桩横向受力分析的常系数法	42		渗透压力	267
张有龄法	(42)		局部浸水边坡	175
单桩横向受力分析 K 法	42		[土坡破坏特征]	

坡角	234	卵石填格护坡	204
土坡破裂面	304	喷浆护坡	227
土坡滑动面	304	混凝土护坡	133
土坡剪切面	304	沥青混凝土护坡	195
土坡破裂角	304	钢丝网加固	98
剪切带	152	岩石锚栓	338
坡顶裂缝开展深度	234	挡土墙	43
[稳定分析的安全度]		[挡土结构物类型]	
稳定安全系数	312	重力式挡土墙	369
边坡瞬时稳定	10	悬臂式挡土墙	331
边坡长期稳定	10	加筋土挡土墙	148
边坡失效概率	10	锚碇板挡土墙	208
岩坡稳定分析	337	框格式挡土墙	188
岩坡形状	337	笼式挡土墙	202,(188)
[破坏形式]		锚杆挡土墙	208
牵引式滑坡	239	[挡土墙的功能]	
倾倒破坏	245	路肩墙	203
岩块式倾倒	336	路堑墙	203
弯曲式倾倒	308	山坡墙	262
岩块弯曲复合式倾倒	336	路堤挡土墙	203
边坡剥落	10	浸水挡土墙	171
[破坏特征]		抗滑挡土墙	180
破碎带	234	[提高墙体稳定的措施]	
张裂缝	358	减压平台	150
[稳定分析方法]		挡土墙台阶基础	43
岩坡圆弧破坏分析	337	倾斜基础	246
岩坡平面破坏分析	336	凸榫基底	299
岩坡楔体破坏分析	337	[稳定性条件]	
岩坡球面投影法	337	滑动稳定性	128
岩坡工程图解法	336	倾覆稳定性	246
岩坡分析的解析法	336	[挡土墙的计算]	
分析解	83,(336)	土压力	305
岩坡破坏面的临界倾角	337	主动土压力	371
边坡反分析	10	被动土压力	8
边坡坡度容许值	10	静止土压力	175
护坡	128	朗金土压力理论	192
坡面冲蚀	234	极限应力法	(192)
护坡的上下限	128	库仑土压力理论	186
草皮护坡	19	主动土压力系数	372
柴排护坡	21	被动土压力系数	8
堆石护坡	70	静止土压力系数	175
植树护坡	366	静止测压力系数	(175)
干砌石护坡	90	墙背摩擦角	243
浆砌石护坡	157	墙背附着力	243
抛石护坡	226	土压力合力、方向和作用点	305

破坏棱体	234	标准正态分布	13
坦墙的第二滑裂面	293	对数正态分布	71
[挡土墙的排水措施]		伽马分布	89
截水沟	169	总体	384
泄水孔	328	母体	(384)
[结构设计与分析]		个体	103
结构设计原理	167	样本	339
结构	161,(155)	子样	380,(339)
工程结构	105	样本极值	339
建筑结构	155	极值Ⅰ型分布	144
结构工程	164	极值Ⅱ型分布	144
部件	16	极值Ⅲ型分布	144
构件	109	韦布尔分布	310
结构设计	167	结构功能要求	164
容许应力设计法	255	设计基准期	264
安全系数	1	基本变量	139
破损阶段设计法	234	结构可靠性	166
荷载系数设计法	122,(234)	结构安全性	161
极限荷载设计法	143,(234)	结构适用性	167
极限状态设计法	144	结构耐久性	166
单系数极限状态设计法	41	结构功能函数	164
多系数极限状态设计法	72	抗力	180,(165)
概率极限状态设计法	90	结构极限状态	164
半概率设计法	4	极限状态	144,(164)
准概率设计法	(4)	设计限值	265
近似概率设计法	170	承载能力极限状态	28
一次二阶矩法	341,(170)	强度	241,(162)
中心点法	368	抗拉强度	180
平均值法	(368)	抗压强度	181
全概率设计法	248	抗弯强度	181
验算点法	339	抗剪强度	180
定值设计法	65	结构承载力	162
概率设计法	90	受拉承载力	276
概率分布	89	受压承载力	276
概率分布函数	89	受弯承载力	276
累积分布函数	192	塑性设计	289
频数	230	受剪承载力	276
相对频率	321	受扭承载力	276
频率	230,(321)	疲劳承载力	228
频率密度	230	结构可靠状态	166
直方图	366	结构失效状态	167
概率密度函数	90	正常使用极限状态	363
分布密度函数	82	极限变形	143
加权平均	149	允许变形	356
正态分布	364	允许裂缝宽度	357

最大裂缝宽度容许值	389，(357)	量	198
结构刚度	163	量纲	198
结构抗裂度	165	计量单位制	145
极限状态方程	144	单位制	(145)
分位数	83	国际单位制	114
分位值	83	法定计量单位	74
失效概率	268	量	198
可靠概率	182	量纲	198
保证率	6	计量单位制	145
结构可靠度	166	单位制	(145)
可靠指标	182	国际单位制	114
目标可靠指标	217	法定计量单位	74
目标可靠指标理论推导法	217	［作用及荷载］	
目标可靠指标校准法	217	作用	389
校准法	160，(217)	永久作用	348
目标可靠指标协商给定法	217	可变作用	182
安全等级	1	偶然作用	225
［破坏状态］		温度作用	312
延性破坏	336	爆炸作用	7
脆性破坏	36	固定作用	110
构造要求	109	可动作用	182
构造	109	移动作用	(182)
结构抗力	165	静态作用	175
极限状态设计表达式	144	动态作用	67
结构重要性系数	168	直接作用	366，(121)
分项系数	83	外加变形	307
材料性能分项系数	17	作用代表值	390
材料强度分项系数	17	作用设计值	390
抗力分项系数	180	作用准永久值	390
作用分项系数	390	作用准永久值系数	390
荷载分项系数	122	作用频遇值	390
结构标准	161	作用效应	390
标准值	13	作用效应系数	390
几何参数标准值	145	作用效应组合	390
作用标准值	390	作用长期效应组合	390
荷载标准值	121	作用短期效应组合	390
材料性能标准值	17	作用效应基本组合	390
材料强度标准值	16	作用效应偶然组合	390
设计值	265	作用组合	390
荷载设计值	122	作用组合值	390
材料性能设计值	17	作用组合值系数	391
材料强度设计值	17	荷载	121
结构设计符号	167	永久荷载	348
计量单位	145	恒荷载	123
单位	(145)	呆荷载	38

结构自重		168	荷载准永久值系数	122
质量密度		367	荷载频遇值	122
重力密度		369	荷载效应	122
可变荷载		182	荷载效应系数	122
活荷载		137	荷载效应组合	122,(221)
活载		(182)	荷载长期效应组合	121
楼面活荷载		202	荷载短期效应组合	121
楼面活荷载折减		203	荷载效应基本组合	122
等效均布荷载		46	荷载效应偶然组合	122
平台活荷载		233	荷载组合	122
屋面活荷载		314	荷载组合值	122
屋面积灰荷载		314	荷载组合值系数	122
雪荷载		332	等效总重力荷载	46
基本雪压		140	重现期	32
积雪分布系数		139	设计状况	265
风荷载		84	持久状况	29
基本风速		139	短暂状况	69
基本风压		139	偶然状况	225
基本速度压		140,(139)	极限荷载	143
风压高度变化系数		85	[结构静力理论基础]	
风载体型系数		85	[应力应变关系]	
风振系数		86	[弹性阶段]	
施工荷载		269	弹性极限	293
可动荷载		182	弹塑性阶段	293
吊车荷载		63	屈服点	247
重复荷载		32	流限	202,(248)
荷载谱		122	流幅	202
荷载谱曲线		122	屈服应力	248
L—N曲线		393	屈服强度	248
荷载效应谱		122	条件屈服点	297
荷载效应谱曲线		122	条件屈服强度	297
反复荷载		74	强化阶段	241,(344)
静荷载		174	应变强化阶段	344
动荷载		65	极限强度	143
动力系数		66	强屈比	241
振动荷载		360	屈强比	248
交变荷载		158	热塑性	252
冲击荷载		30	伸长率	266
核爆动荷载		123	延伸率	335,(266)
偶然荷载		225	颈缩现象	173
地震荷载		56,(58)	塑性铰	288
荷载代表值		121	截面收缩率	168
重力荷载代表值		369	横向变形系数	125,(14)
荷载设计值		122	泊松比	14
荷载准永久值		122	[模量]	

弹性模量	293	欠载效应系数	240
杨氏模量	339,(293)	等效应力幅	46
切线模量	245	疲劳寿命	229
剪变模量	151	雨流法	350
刚性模量	92,(151)	[断裂]	
剪切模量	152,(151)	裂纹源	200
变形模量	12	止裂	366
割线模量	101,(12)	裂纹失稳扩展	200
折算模量	359	应力腐蚀开裂	346
[变形、应变]		应力腐蚀开裂断裂韧性	346
弹性变形	293	门槛值	209
弹性应变	293	疲劳裂纹	228
塑性	288	裂纹张开位移	200
塑性变形	288	COD	392,(200)
塑性应变	289	裂纹扩展速率	200
永久变形	348,(17)	断裂韧性	70
残余变形	17	无延性转变温度	316
残余应变	18	NDT	393,(316)
[结构疲劳]		延迟断裂	335
疲劳破坏	228	应力强度因子幅值	346
稳定疲劳	312	延性	335
不稳定疲劳	15	材料非线性	16
应力谱	346	延性系数	336
应力比	345	位移延性系数	311
应力幅	345	转角延性系数	376
应力强度因子	346	冲击韧性	30
应力变程	345	脆断	36
应力循环特征值	346	缺口效应	249
应力循环次数	346	应力集中	346
疲劳容许应力幅	229	应力集中系数	346
常幅疲劳	23	松弛	287
变幅疲劳	11	徐舒	330,(287)
脉动疲劳	207	[结构约束]	
低周疲劳	47	支座	365
高周疲劳	101	铰支座	160
腐蚀疲劳	87	铰轴支座	(160)
疲劳强度	228	固定铰支座	(160)
疲劳极限	228	弧形支座	127
持久强度	29,(22)	滚轴支座	114
长期强度	22	支承板	364
古德曼图	109	[连接]	
疲劳强度曲线	228,(394)	铰接	160
S—N曲线	394	刚接	91
积累损伤	139	[结构动力理论基础]	
累积损伤律	192	振动	360

振幅	361	基本振型	140
共振	108	第一振型	59,(140)
线性振动	320	高阶振型	100
非线性振动	82	运动方程	357
几何非线性振动	145	动静法	66
物理非线性振动	316	刚度法	91
确定性振动	249	柔度法	256
随机振动	290	广义值	113
强迫振动	241	广义质量	113
受迫振动	(241)	广义阻尼	113
自由振动	382	广义刚度	113
自然振动	(382)	广义激振力	113
固有振动	(382)	确定性振动分析	249
弯曲振动	308	时域分析	272
挠曲振动	(308)	频域分析	230
剪切振动	152	逐次积分法	371
扭转振动	224	步步积分法	(371)
轴向振动	370	线性加速度法	320
周期振动	370	Wilson-θ 法	394
自由度	381	Newmark-β 法	393
单自由度	42	振型分解法	361
多自由度	73	动力有限元法	66
有限自由度	349,(73)	随机振动分析	290
无限自由度	315	概率统计分析方法	90,(290)
结构动力特性	162	随机事件	290
阻尼	385	随机变量	289
阻尼理论	385	随机过程	290
阻尼系数	386	平稳随机过程	233
阻尼常数	385,(386)	各态历经过程	103
阻尼比	385	马尔柯夫过程	206
负阻尼	87	一步记忆随机过程	341,(206)
耗能系数	121	概率	89
能量耗散比	221,(121)	概率分布函数	89
频率	230,(321)	概率密度函数	90
固有频率	111	数学期望	279
圆频率	355	方差	76
角频率	160,(355)	根方差	103
激励频率	143	标准离差	12,(103)
干扰频率	90,(143)	离差系数	194
周期	369	偏差系数	229
固有周期	111	线型	320
自振周期	382,(111)	相关函数	321
激励周期	143	自相关函数	381
振型	361	互相关函数	128
模态	211	功率谱密度	108

自功率谱密度	380		冷轧带肋钢筋	194
互功率谱密度	128		余热处理钢筋	350
白噪声	2		［钢筋强度及变形］	
相关系数	322		钢筋强度标准值	97
相干函数	321		钢筋强度设计值	97
脉冲函数	206		冷拉强化	193，(194)
脉冲响应函数	206		时效硬化	272
频率响应函数	230		应变时效	344
传递函数	34，(230)		控制应力法	186
平方总和开方法	231		控制冷拉率法	186
均方根	177		单控	40，(186)
穿越分析	34		应变控制	344，(186)
响应峰值分布	144		双控	281，(186)
极值概率分布	323		残余应变	18
瑞雷分布	257		冷脆	193，(47)
混凝土结构	133		塑性	288
［材料及其物理力学性能］			徐变	330
钢筋	95		冲击韧性	30
［钢筋种类和级别］			冷弯性能	194
热轧钢筋	252		可焊性	182
热轧Ⅰ级钢筋	252		应力腐蚀	345
热轧Ⅱ级钢筋	252		包辛格效应	5，(93)
热轧Ⅲ级钢筋	252		混凝土	132
热轧Ⅳ级钢筋	253		砼	298
月牙肋钢筋	356		［混凝土的种类］	
热处理钢筋	251		普通混凝土	235
调质钢筋	296，(251)		轻集料混凝土	245
冷拉钢筋	193		高强混凝土	100
冷拉	193		中高强混凝土	368
冷拉Ⅰ级钢筋	193		耐火混凝土	218
冷拉Ⅱ级钢筋	193		纤维混凝土	319
冷拉Ⅲ级钢筋	193		特种混凝土	294
冷拉Ⅳ级钢筋	193		竹筋混凝土	371
碳素钢丝	294		混凝土强度	135
冷拉钢丝	193，(294)		混凝土立方体抗压强度	134
预应力钢丝	353		混凝土轴心抗压强度	136
低松弛钢丝	47		混凝土棱柱体抗压强度	134，(136)
镀锌钢丝	68		混凝土轴心抗拉强度	136
刻痕钢丝	183		混凝土劈裂抗拉强度	135
钢绞线	94		混凝土强度等级	135
冷拔低碳钢丝	192		混凝土标号	132
中强钢丝	368		混凝土抗裂强度	134
冷轧扭钢筋	194		混凝土弯曲抗压强度	136
绞扭钢筋	160，(194)		混凝土抗剪强度	134
精轧带肋钢筋	172		混凝土圆柱体抗压强度	136

混凝土抗折强度		134	锚固	208
混凝土抗折模量		(134)	素混凝土结构	287
混凝土双向应力强度		136	混凝土构件截面受压区高度	133
混凝土三向应力强度		136	截面抵抗矩塑性系数	168
混凝土复杂应力强度		133	弹性抵抗矩	293
混凝土软化		135	弹塑性抵抗矩	292
离心混凝土抗压强度		194	局部受压面积	176
约束混凝土强度		356	钢筋混凝土结构	96
混凝土弯曲抗拉强度		136, (134)	[分类]	
混凝土变形		132	整体式混凝土结构	363
混凝土应力应变关系		136	装配式混凝土结构	378
本构关系		8	装配整体式混凝土结构	378
混凝土动弹性模量		133	劲性钢筋混凝土结构	173
极限压应变		143	少筋混凝土结构	263
峰值应力应变		86	钢丝网水泥结构	98
峰值应变		(86)	大板混凝土结构	37
徐变		330	[构件类别]	
瞬时应变		286	现浇混凝土构件	320
永久应变		348, (18)	预制混凝土构件	354
弹性后效		293	[受弯构件正截面承载力]	
徐变回复		330, (293)	[计算规定]	
徐变系数		330	平截面假设	232
混凝土收缩		136	等效矩形应力图	46
混凝土干缩		133	截面有效高度	169
混凝土凝缩		135	截面受压区高度	169
线膨胀系数		320	适筋梁	275
混凝土微裂缝		136	少筋梁	263
[混凝土其它特性]			超筋梁	24
加载龄期		149	相对界限受压区高度	321
加载速度		149	纵筋配筋率	384
混凝土抗渗性		134	配筋率	226, (117), (384)
抗冻性		179	体积配筋率	295
冬期施工		65	结构非线性分析	163
冬季施工		(65)	单筋梁	40
钢筋混凝土		96	内力偶臂	221
握裹力		313	弯矩—曲率曲线	307
粘结力		(313)	界限破坏	170
握裹强度		313	塑性破坏	288
粘结滑移		222	受拉破坏	276
粘结退化		223	受压破坏	277
咬合作用		340	双筋梁	281
胶结作用		159	T形梁	394
锚固长度		208	工字形梁	107
延伸长度		335	翼缘计算宽度	343, (343)
搭接长度		37	梁肋	197, (88)

深梁	266	斜裂缝	327
浅梁	240	临界斜裂缝	201
短梁	69	弯剪裂缝	307
叠合式混凝土受弯构件	64	腹剪裂缝	89
应力超前	345	粘结裂缝	223
应变滞后	345	销栓作用	326
叠合梁抗剪连接	64	间接加载梁	153
叠合板抗剪连接	64	腹筋	89
[构造]		收缩裂缝	275
主筋	372	相对受压区高度	321
架立筋	150	连续梁抗剪	196
分布筋	82	[斜截面抗弯计算]	
温度收缩钢筋	(82)	斜截面抗弯强度	327
弯起筋	307	抵抗弯矩图	47
构造筋	109	材料图	17, (47)
负筋	87	充分利用点	31
侧面构造筋	19	理论切断点	195
腰筋	340, (19)	实际切断点	273
受扭纵筋	276	[斜截面构造]	
混凝土保护层	132	箍筋	109
拉结筋	191	钢箍	(109)
[正截面承载力]		横向钢筋	(109)
正截面破坏形态	364	开口箍筋	178
正截面抗弯承载力	364	封闭箍筋	86
正截面抗弯强度	364	单肢箍筋	41
[受弯构件斜截面承载力]		多肢箍筋	73
承载力	27, (162)	螺旋箍筋	205
斜截面承载力	327	复合箍筋	88
斜截面破坏形态	327	附加箍筋	88
斜拉破坏	327	弯钩	307
斜压破坏	328	钢筋接头	97
剪压破坏	152	吊筋	64
[斜截面抗剪计算]		鸭筋	334
无腹筋梁	314	[轴心受压构件承载力]	
有腹筋梁	348	受压构件承载力	276
剪跨比	151	受压构件强度	277
广义剪跨比	113	普通钢箍柱	235
配箍率	226	纵向钢筋	384
最大配箍率	389	纵筋	384
最小配箍率	389	焊接骨架	118
容许钢筋极限拉应变	255	绑扎骨架	5
斜截面抗剪强度	327	焊接网	119
极限平衡理论	143	轴压比	371
剪力流	151	极限轴压比	144
截面限制条件	169	间接钢筋	153

螺旋箍筋柱	205	扭剪比	223
侧向应力	19	扭矩—扭转角曲线	224
核心混凝土截面	123	扭转塑性抵抗矩	224
截面核心面积	(123)	抗扭最小配筋率	180
螺距	204	超配筋受扭构件	24
[偏心受压构件承载力]		开裂扭矩	178
短柱	69	桁架理论	124
长柱	23	古典桁架理论	110,(124)
细长柱	318	变角空间桁架理论	11
大偏心受压构件	38	斜压力场理论	328
小偏心受压构件	326	相关曲线	321
柱的材料破坏	373	斜弯计算法	327
柱的失稳破坏	373	砂堆比拟法	261
偏心距	229	薄膜比拟法	5
初始偏心距	33	配筋强度比	227
附加偏心距	88	扭转刚度	224,(180)
界限偏心距	170	抗扭刚度	180
相对偏心距	321	[冲切、局部受压计算]	
偏心距增大系数	229	局部受压	175
不对称配筋柱	14	局部承压	175
对称配筋柱	70	局部受压面积比	176
力矩守恒算法	195	套箍效应	294
全过程分析	249	楔劈作用	326
[模型柱法]		间接钢筋配筋率	153
模型柱	212	冲切	31
二阶效应	73	冲切破坏	31
双向偏心受压柱	281	冲切承载力	31
倪克勤公式	222	裂缝控制验算	199
受拉构件承载力	276	裂缝宽度	199
受拉构件强度	276	裂缝控制等级	199
扭曲截面承载力	224	裂缝间距	199
受扭构件强度	276	抗裂能力	180
[构件类别]		开裂弯矩	178
受扭构件	276	抗裂弯矩	(178)
弯扭构件	307	粘结滑移理论	222
弯剪扭构件	307	无滑移理论	315
复合受扭构件	88	有效受拉混凝土面积	349
[扭转类别]		钢筋应变不均匀系数	97
协调扭转	326	钢筋换算直径	95
自由扭转	381	钢筋约束区	98
圣维南扭转	(381)	平均曲率	232
平衡扭转	232	[变形验算]	
约束扭转	356	抗弯刚度	180
[受扭构件计算]		短期刚度	69
扭弯比	224	长期刚度	22

侧向刚度	19	[计算]	
允许挠度	357	张拉控制应力	358
挠度增大影响系数	219	张拉强度	358
荷载—挠度曲线	122	放张强度	81
最大跨高比	389	超张拉	25
最小刚度原则	389	抗裂度	180,(165)
施工阶段验算	269	预应力度	352
结构缝	163,(12)	预应力损失	353
变形缝	12	拉应力限制系数	191
温度伸缩缝	312,(266)	截面消压状态	169
沉降缝	25	消压预应力值	325
抗震缝	181,(80)	有效预应力	350
后浇带	126	预应力传递长度	352
施工缝	269	预应力反拱	352
预应力混凝土结构	353	等效荷载	45
[分类]		[钢筋混凝土楼盖结构]	
全预应力混凝土结构	249	楼盖	202
有限预应力混凝土结构	349	肋梁楼盖	192
部分预应力混凝土结构	16	单向板肋梁楼盖	41
有粘结预应力混凝土结构	349	单向板	41
无粘结预应力混凝土结构	315	主梁	372
后张自锚	127	大梁	38,(372)
先张法预应力混凝土结构	319	次梁	36
先张法	319	板	2
后张法预应力混凝土结构	127	最不利荷载布置	388
后张法	127	包络图	5
净截面	174	内力包络图	(5)
自应力法	381	内力重分布	221
膨胀水泥法	228,(381)	内力重分配	221
电热法	62	塑性铰	288
预应力芯棒	353	受拉铰	276
[机具]		受压铰	277
锚具	208	塑性域	(288)
螺丝端杆锚具	205	塑性铰转动能力	288
帮条锚具	4	塑性曲率	289
锥形锚具	379	调幅法	296
JM型锚具	393	加腋	149
镦头锚具	71	应力重分布	345
XM型锚具	395	应力重分配	345
狄维达格锚具	47	双向板肋梁楼盖	281
弗列西涅锚具	86,(379)	双向板	281
QM型锚具	394	塑性铰线	288
夹具	150	机动法	138
台座	292	塑性铰线法	288
双作用千斤顶	282	条带法	297

双钢筋	280		混凝土结构设计规范	134
棋盘形荷载布置	235		金属结构	170
[装配式钢筋混凝土楼盖]			[金属结构种类]	
实心板	273		钢结构	94,(170)
空心板	185		焊接结构	118
槽形板	18		非焊接钢结构	81
铺板	235		铆接结构	209
拉结筋	191		螺栓结构	204
灌缝	112		栓焊结构	280
密肋板	209		钢管结构	94
节点	161		轻型钢结构	245
结点	161,(189)		轻钢结构	245,(245)
提升式楼盖	295		冷弯薄壁型钢结构	193
升板楼盖	267,(295)		冷弯型钢结构	(193)
吸附力	317		铝合金结构	203
提升顺序	295		[金属结构设计规范]	
群柱稳定	250		钢结构设计规范	95
提升环	295		冷弯薄壁型钢结构技术规范	193
无梁楼盖	315,(3)		[金属结构材料]	
柱帽	373		[金属结构材料类别]	
柱上板带	374		结构钢	163
跨中板带	187		碳素结构钢	294
等代框架法	44		钢	92
经验系数法	171		低碳钢	47
密肋楼盖	210		低合金结构钢	46
井字楼盖	173		低合金钢	46
双重井字楼盖	280		合金钢	121
楼梯	203		耐候钢	218
板式楼梯	3		钢类	98
梁式楼梯	197		甲类钢	150
平台板	233		乙类钢	342
平台梁	233		特类钢	294
悬挑式楼梯	332		Z向钢	395
螺旋楼梯	205		炉种	203
折板式楼梯	359,(332)		平炉钢	233
阳台结构	339		马丁炉钢	206,(233)
雨篷结构	350		[转炉钢]	
钢筋混凝土结构疲劳计算	96		氧气转炉钢	339
混凝土疲劳变形模量	135		侧吹碱性转炉钢	19
疲劳强度修正系数	228		托马氏转炉钢	306,(19)
重复荷载下的粘结	32		脱氧	306
疲劳粘结	228,(32)		镇静钢	363
局部粘结—滑移滞回曲线	176		半镇静钢	4
反复荷载下的粘结	75		沸腾钢	82
[设计规范]			偏析	229

钢号	94		铝压型板	203
牌号	226		[钢材性能]	
铸钢	374		钢材应力应变曲线	92
铝合金	203		钢材抗拉强度	92
[金属结构型材种类]			钢材极限强度	(92)
型钢	330		屈服阶段	247
热轧型钢	252		屈服台阶	248,(247)
工字钢	107		冷作硬化	194
轻型工字钢	245		冷加工	193
槽钢	18		应变硬化	345,(194)
轻型槽钢	245		[钢材其他性能]	
外卷边槽钢	307		碳当量	293
角钢	160		可焊性	182
等边角钢	44		冷弯试验	194
等肢角钢	46		弯曲试验	308,(194)
不等边角钢	14		冷弯性能	194
不等肢角钢	14		硬度试验	347
T字钢	394		冲击试验	30
圆钢	355		缺口韧性	249
钢管	93		负温冲击韧性	87
无缝钢管	314		低温冲击韧性	(87)
焊接钢管	118		韧性	254
钢板	92		落锤试验	205
扁钢	11		脆性	36
带钢	39,(92)		低温脆断	47
花纹钢板	128,(92)		冷脆	193,(47)
卷板	176,(92)		蓝脆	191
方钢	76		转变温度	375
钢轨	94		临界温度	201
H形钢	392		层状撕裂	21
宽翼缘工字钢	187		应力集中	346
冷弯型钢	194		疲劳验算	229
冷弯薄壁型钢	193		氢脆	245
冷弯角钢	193		白点	2
卷边角钢	176		氢白点	245,(2)
冷弯槽钢	193		热裂纹	252
卷边槽钢	176		高温徐变	101
Z形钢	395		[钢结构的连接]	
卷边Z形钢	177		[连接型式]	
空心截面型钢	185		搭接连接	37
帽形截面型钢	209,(307)		搭接接头	37
压型钢板	334		对接连接	71
瓦垄铁	306,(334)		对接接头	71
高效钢材	101		盖板	89
铝型材	203		T形连接	394

T形接头		394	熔合线	255
角接连接		160	热影响区	252
角接接头		160	HAZ	392,（252）
拼接接头		230	焊接应力	119,（18）
[连接类型]			焊接热应力	119
焊接连接		119	焊接残余应力	118
焊接		118	焊接瞬时应力	119
焊件		118	焊接变形	118
焊道		117	焊接热变形	119
焊缝		117	热变形	251,（118）
对接焊缝		71	焊接残余变形	118
焊透对接焊缝		119	焊接位置	119
未焊透对接焊缝		311	焊位	119
部分焊透对接焊缝		15,（311）	平焊	231
引弧板		343	横焊	125
坡口焊缝		234	立焊	195
K形焊缝		393	仰焊	339
纵向焊缝		384	船形焊	34,（119）
横向焊缝		125	俯焊	87,（119）
角焊缝		160	螺栓连接	204
直角角焊缝		366	螺栓连接副	204
斜角角焊缝		327	螺栓	204
端焊缝		68	A级螺栓	391
侧焊缝		19	B级螺栓	391
围焊缝		310	精制螺栓	172
绕角焊		251	C级螺栓	391
环形焊缝		130	粗制螺栓	36,（391）
焊脚		118	[螺栓孔类]	
焊脚尺寸		118	Ⅰ类孔	395
焊趾		119	Ⅱ类孔	395
余高		350	螺栓有效截面积	205
焊根		118	螺母	204
焊喉		118,（117）	垫圈	63
角焊缝有效截面积		160	铆钉连接	209
焊缝计算长度		117	铆钉	208
焊缝有效长度		117	圆头铆钉	355,（209）
焊缝有效厚度		117	半圆头铆钉	4
塞焊缝		258	沉头铆钉	26
槽焊缝		18	半沉头铆钉	4
焊缝质量级别		117	平锥头铆钉	233
焊缝质量检验标准		117	[打铆方法]	
母材		212	热铆	252
主体金属		372,（212）	冷铆	193
熔敷金属		255	高强度螺栓连接	100
熔深		255	高强度螺栓	100

33

大六角头高强度螺栓	38		第二类稳定	59
摩擦型高强度螺栓连接	212		初始缺陷	33
承压型高强度螺栓连接	27		初弯曲	34
扭剪型高强度螺栓	223		初始挠曲	33
高强度螺栓预拉力	100		初偏心	33
喷砂	227		残余应力	18
无机富锌漆涂层	315		强轴	242
生赤锈	267		弱轴	257
酸洗除锈	289		稳定系数	312
酸洗	(289)		压屈系数	333,(312)
抗滑移系数	180		纵向弯曲系数	385,(312)
孔前传力	185		轴心压杆屈曲形式	371
胶结连接	159		屈曲	248
胶连接	159		弯曲屈曲	307
轴心受力构件	370		弯曲失稳	308,(371)
轴心受拉构件	370		扭转屈曲	224
轴心受压构件	370		扭转失稳	224,(371)
轴心压杆	371,(370)		弯扭屈曲	307
轴心受力构件强度	370		弯扭失稳	307,(371)
轴心受力构件净截面强度	370		长细比	22
轴心受力构件毛截面强度	370		自由压屈长度	382,(22)
净截面效率	174		容许长细比	255
剪切滞后	152,(151)		计算长度	146
刚度	91,(163)		计算长度系数	146
轴心压杆稳定承载力	371		回转半径	131
欧拉临界力	225		实腹式构件	272
临界应力	201		厚实截面	127
欧拉临界应力	225		纤细截面	319
临界荷载	200		实腹式柱	272
稳定性	312		局部稳定	176
稳定承载力	312		宽厚比	187
整体稳定	363		高厚比	99
整体失稳	363		墙柱高厚比	244
纵向弯曲	385		弹性嵌固	293
整体屈曲	363		柱面刚度	373
稳定理论	312		局部失稳	175
屈曲理论	248,(312)		局部屈曲	175
切线模量理论	245		相关屈曲	321
双模量理论	281		等稳定设计	45
折算模量理论	359,(281)		等强度设计	45
压溃理论	333		格构式构件	102
稳定分枝	312		实轴	273
平衡分枝	232		虚轴	330
不稳定分枝	15		换算长细比	130
第一类稳定	59		缀件	379

	缀材	379		翼缘板	343
	缀条	379		翼板	343
	缀板	379		腹板	88
横膈		125		突缘支座	300
单肢稳定		41		单轴对称钢梁	41
单位剪切角		41		箱形梁	323
格构式柱		102		钢梁经济高度	98
	缀条柱	379		钢梁强度	98
	缀板柱	379		集中荷载增大系数	145
柱头		374		截面塑性系数	169
	刨平顶紧	6		截面形状系数	169
	磨光顶紧	212,(6)		截面塑性发展系数	169
	柱顶板	373		截面系数	169
柱脚		373		塑性抵抗矩	288
	靴梁	332		折算应力	359
	锚栓	208		变形能量强度理论	12
	隔板	102		第四强度理论	59,(12)
	柱底板	373		歪形能理论	306,(12)
	柱脚连接板	373		形状改变比能理论	329,(12)
	分离式柱脚	83		米赛斯屈服条件	209,(12)
受弯构件		276		当量应力	43,(359)
梁		197		塑性铰	288
[按支承方式分类]			梁整体稳定		197
	简支梁	152		侧扭屈曲	19
	两端固定梁	198		临界弯矩	201
	固定梁	110,(198)		弹性稳定	293
	悬臂梁	331		弹塑性稳定	293
	连续梁	196		梁整体稳定系数	198
[按受力状况分类]				梁整体稳定等效弯矩系数	198
	[单向受弯构件]			梁截面不对称影响系数	197
	双向受弯构件	282		抗弯刚度	180
	斜弯梁	328		弯曲刚度	307,(180)
	[按工作性质分类]			抗扭刚度	180
	吊车梁	63		扭转常数	224
	工作平台梁	107		自由扭转常数	381,(224)
钢梁		98		圣维南扭转常数	268,(224)
	型钢梁	330		翘曲扭转常数	244,(262)
	钢板梁	92		翘曲抗扭刚度	244
	钢组合梁	98		约束扭转常数	356,(262)
	变截面梁	11		翘曲刚度	244
	蜂窝梁	86		翘曲常数	244,(262)
	焊接梁	119		侧向支承点	19
	铆接梁	209		侧向无支长度	19
	双轴对称钢梁	282	[梁的局部稳定]		
	翼缘	343		加劲肋	149

纵向加劲肋	384	人字式腹杆	254
横向加劲肋	125	单斜式腹杆	41
短加劲肋	69	再分式腹杆	357
支承加劲肋	364	交叉式腹杆	158
支座加劲肋	365	K式腹杆	393
屈曲后强度	248	米式腹杆	209
超屈曲强度	25,(248)	填板	296
刚度验算	91	轻钢桁架	245
容许变形值	254	钢管桁架	93
挠度	219	主管	372
容许挠度	255	支管	365
[拉弯、压弯构件]		节点局部变形	161
偏心受力构件	230	管节点承载力	112
拉弯构件	191	支撑	364
偏心受拉构件	230	斜撑	327
拉弯钢构件强度	191	垫板	63
压弯构件	334	[冷弯薄壁型钢构件]	
偏心受压构件	230	板组	4
梁—柱	198,(334)	板件	3
压弯钢构件强度	334	未加劲板件	311
偏心率	229	加劲板件	149
相对偏心	321,(229)	部分加劲板件	16
截面核心距	168	多加劲板件	72
伯利公式	14	子板件	380
等效弯矩系数	46,(198)	均匀受压板件	177
相关公式	321	非均匀受压板件	81
压弯构件稳定承载力	334	[加劲肋]	149
压弯构件平面内稳定	334	边缘加劲肋	11
压弯构件平面外稳定	334	中间加劲肋	368
桁架	123	有效截面特性	349
钢桁架	94	有效宽厚比	349
内力组合	221	有效宽度	349
延刚度	335	极限宽厚比	143
线刚度	320,(335)	最大容许宽厚比	389,(143)
次应力	36	短柱试验	69
桁架起拱	124	Q系数	394
拱度	108	[构件]	109
桁架节点	123	换算长细比	130
连接板	195	扭转屈曲计算长度	224
节点板	161	约束系数	356
节点荷载	161	剪力中心	151
节间荷载	161	弯曲中心	308,(151)
拼接角钢	230	弯心	(151)
弦杆	319	扇性坐标系	263
腹杆	89	扇性惯性矩	262

双力矩	281		火焰切割	137
腹板折曲	89		气割	236,(137)
翼缘卷曲	343		锯切	176
复合板	88		等离子切割	45
夹芯板	150		自动切割	380
受力蒙皮作用	276		精密切割	172
应力蒙皮作用	346,(276)		制孔	367
受剪面层作用	276		钻孔	388
墙架立柱	243		锪孔	137
墙体龙骨	243		铣孔	317
墙架组合体	243		冲孔	31
仓储货架结构	18		扩孔	190
冷弯效应	194		长圆孔	22
[连接]	195		加长孔	148,(22)
焊接	118		钻模	388
电阻点焊	63		边缘加工	11
电弧点焊	61		刨边	6
电弧缝焊	61		坡口	234
喇叭型坡口焊	191		碳弧气刨	294
机械式连接件	138		铲边	22
紧固件	170,(138)		切角	245
自攻螺钉	381		辊弯	114
盲铆钉	207		热弯	252
拉铆钉	191		煨弯	310,(114)
膨胀铆钉	228		辊圆	114
开尾栓铆钉	178		装配	378
膨胀螺栓	227		组装	388,(378)
射钉	265		端铣	69
开花螺栓	178		焊接	118
爆炸铆钉	7,(228)		焊接工艺	118
[防腐蚀]			气焊	236
金属保护层	170		电弧焊	61
复合保护	88		直流焊	366
[钢结构制造和安装]			交流焊	158
钢结构制造	95		自动焊	380
钢材复验	92		半自动焊	4
钢材校正	92		埋弧自动焊	206
钢材矫正	92		埋弧焊	206
矫直	160,(92)		弧焊	(61)
放样	80,(269)		正接	364
样板	339		正极性	364
样杆	339		反接	75
号料	121		反极性	75
切割	245		二氧化碳气体保护焊	74
剪切	152		氩弧焊	335

手工焊	275	焊接裂纹	119
熔渣焊	255	残余应力	18
点焊	59	应力释放	346
电渣焊	62，(255)	小孔释放法	326
深熔焊	267	逐层切削法	371
焊接工艺参数	118	X—射线衍射法	395
线能量	320	钻孔法	388，(326)
λ热量	395，(320)	盲孔	207
反变形	74	约束应力	356
预变形	350，(74)	拘束应力	175，(356)
预热	351	高强度螺栓拧紧法	100
后热	127	扭矩法	224
清根	246	转角法	376
焊接方法	118	扭剪法	223
连续焊接	195	张拉挤压法	358
连续焊缝	195	板叠	2
断续焊接	70	预拉力	351
断续焊缝	70	构件校正	109
安装焊缝	1	成品构件校正	27，(109)
[焊接材料]	118	冷矫直	193
电焊条	61	热矫直	252
焊条	119，(61)	防锈工程	79
低氢碱性焊条	46	除锈	34
酸性焊条	289	喷砂除锈	227
焊丝	119	抛丸除锈	226，(227)
焊剂	118	面漆	210
焊药	119	底漆	48
[焊缝无损检验]		[钢结构安装]	
外观检查	307	工厂拼装	103
超声探伤	25	工地拼装	106
X—射线探伤	395	安装接头	1
γ—射线探伤	395	运输单元	357
磁粉探伤	36	预应力钢结构	352
渗透探伤	267	赘余构件	379
着色法	380	[预应力张拉法]	
荧光法	347	千斤顶张拉法	239
焊接缺陷	119	千斤顶拉顶法	239
烧穿	263	丝扣拧张法	286
弧坑	127	横向张拉法	126
夹渣	150	支座位移法	365
咬边	340	[设计方法]	
气孔	236	二阶段设计法	73
未焊透	311	三阶段设计法	259
未熔合	311	多阶段设计法	72
焊瘤	119	初始荷载阶段	33

预加应力阶段	351
续加荷载阶段	330
初始应力	33
预应力	351
续加应力	330
［构件内力］	
预张拉	354
预张力	354
反弯矩	75
反挠度	75
施工张力	270
［预应力材料和锚具］	
冷拔钢丝	192
钢丝束	98
预应力部件布置	351
锚具变形损失	208
松弛损失	287
挤压式锚具	145
冷压式锚具	194
正反螺丝套筒	364
花篮螺丝	128,（364）
［预应力构件］	
预应力钢拉杆	352
预应力撑杆柱	352
预应力钢梁	353
拉索预应力钢梁	191
下撑式预应力钢梁	318
装配式预应力钢梁	378
预应力钢桁架	352
拉索预应力钢桁架	191
预应力组合梁	354
预应力钢拱	352
预应力钢框架	352
预应力钢网架	353
预应力钢罐	352
砌体结构	237
砖石结构	375
［砌体结构分类］	
砖砌体结构	375
砖结构	（375）
砌块砌体结构	237
砌块结构	（237）
组合砖砌体结构	387
石砌体结构	272
石结构	（272）
砌体	237
砖石砌体	375
［砌体种类］	
无筋砌体	315
砖砌体	375
空斗砌体	183
砌块砌体	237
石砌体	272
配筋砌体	227
横向配筋砌体	126
纵向配筋砌体	385
预应力配筋砌体	353
配筋砌体结构	227
组合砌体	387
钢筋砂浆砌体	97
钢筋混凝土—砖组合砌体	96
型钢—砖组合砌体	330
振动砖墙板	361
陶土空心大板	294
约束砌体	356
加构造柱砌体	（356）
［砌体材料］	
块体	187
块材	187
［砖］	
烧结普通砖	263
标准砖	13
机制红砖	139
机制青砖	139
手工砖	275
烧结非粘土砖	263
烧结煤矸石砖	263
烧结粉煤灰砖	263
粘土空心砖	223
孔洞率	185
空心率	（185）
承重粘土空心砖	28
多孔空心砖	72
多孔砖	72
大孔空心砖	38
异形空心砖	342
拱壳空心砖	108
挂钩砖	111,（108）
拱壳砖	108
非烧结硅酸盐砖	81

蒸压灰砂砖	363		顶砖	65
粉煤灰砖	84		顺砖	286
烟灰砖	335,(84)		砌合	236
炉渣砖	203		大面	38
煤渣砖	209,(203)		灰缝	131
硬矿渣砖	347		[砌体的力学性能]	
矿渣砖	188,(347)		块体强度等级	187
尾矿粉砖	310		块体标号	(187)
砌块	236		砖力学性能	375
混凝土砌块	135		砖强度等级	375
硅酸盐砌块	114		砖标号	374,(375)
粉煤灰砌块	84		砖抗折强度	375
炉渣混凝土砌块	203		砖折压比	375
加气混凝土砌块	149		砖的应力应变关系	374
陶粒混凝土砌块	294		砂浆力学性能	261
浮石混凝土砌块	86		砂浆强度等级	261
火山渣混凝土砌块	137		砂浆标号	261
煤矸石砌块	209		砂浆变形	261
天然石材	296		砂浆的应力应变关系	261
料石	198		砌体抗压强度	238
细料石	318		砌体受压的应力应变关系	239
半细料石	4		块体和砂浆粘结强度	187
粗料石	36		砌体抗剪强度	238
毛料石	207		通缝抗剪强度	298
毛石	207		齿缝抗剪强度	29
乱毛石	204,(207)		砌体抗拉强度	238
土坯	304		砌体弯曲抗拉强度	239
砂浆	261		砌体强度调整系数	239
[砂浆种类]			砌体变形性能	237
水泥砂浆	283		[砌体构件的受力性能]	
混合砂浆	132		砌体构件受压承载力	237
石灰砂浆	272		轴向力影响系数	370
粘土砂浆	223		偏心影响系数	230
[砂浆性质]			砌体截面折算厚度	238
砂浆稠度	261		局部受压承载力	175
砂浆流动性	261		局部受压	175
砂浆可塑性	(261)		局部承压	175
砂浆保水性	261		局部挤压	175
砂浆和易性	261		局部抗压强度	175
稀浆	317		局部抗压强度提高系数	175
稀细石混凝土	(317)		局部受压面积比	176
砌体砌筑方式	238		影响局部抗压强度的计算面积	347
一顺一顶砌筑法	342		局部受压计算底面积	(347)
三顺一顶砌筑法	259		梁端砌体局部受压	197
五顺一顶砌筑法	316		梁端有效支承长度	197

梁端约束支承	197	砖砌平拱	375
压应力图形完整系数	334	内拱卸荷作用	220
梁垫	197	钢筋混凝土过梁	96
垫块	(197)	圈梁	248
刚性垫块	91,(197)	挑梁	296
柔性垫梁	256	悬挑梁	331,(296)
砌体结构非线性分析	237	挑梁计算倾覆点	297
砌体构件轴心抗拉承载力	237	挑梁抗倾覆荷载	297
砌体构件抗弯承载力	237	挑梁埋入长度	297
砌体构件抗剪承载力	237	墙梁	243
砌体复合受剪	237	托梁	306
砌体反复受剪	237	翼墙	343
剪摩理论	151	承重墙梁	28
网状配筋砌体抗压强度	309	非承重墙梁	81
[混合结构房屋设计]		内力臂法	220
混合结构	132	弹性地基梁法	293
砖混结构	375	当量弯矩系数法	43
砖木结构	375	梁—拱联合受力机构	197
房屋静力计算方案	80	砖砌筒拱	375
墙体	243	砖筒拱	(375)
刚性方案房屋	91	砖砌屋檐	375
横墙刚度	125	[砌体结构规范]	
刚性横墙	91	砌体结构设计规范	238
弹性方案房屋	293	[竹木结构]	
刚弹性方案房屋	91	竹结构	371
砌体房屋的承重体系	237	木结构	215
纵墙承重体系	384	[结构用木材]	
横墙承重体系	125	[木材种类]	
纵横墙承重体系	384	原木	354
内框架承重体系	220	圆木	355,(354)
伸缩缝	266	方木	76
温度伸缩缝	312,(266)	板材	2
高厚比	99	倒棱木	44
允许高厚比	356	原条	354
带壁柱墙	38	木材等级	212
非承重墙	81	[木材构造]	
自承重墙	380	针叶材	360
空间工作	184	阔叶材	190
空间性能影响系数	184	生长轮	267
上刚下柔多层房屋	263	年轮	222,(267)
上柔下刚多层房屋	263	早材	357
[混合结构房屋部件设计]		春材	35,(357)
过梁	115	晚材	308
砖砌过梁	375	晚材百分率	308
钢筋砖过梁	98	夏材	318,(308)

心材	328	木材各向异性	213
边材	10	径切面	173
髓心	290	弦切面	319
髓射线	290	径切板	173
木射线	217	弦切板	319
木质部	217	木材含水率	213
形成层	329	纤维饱和点	319
韧皮部	254	平衡含水率	232
木材缺陷	213	湿材	270
木材腐朽	213	湿胀	271
木腐菌	214	半干材	4
木节	214	气干材	236
节子	161,(214)	窑干材	340
死节	286	破心下料	234
腐朽节	87	木材干缩	213
脱落节	306	木材干缩率	213
松软节	287	木材干缩系数	213
活节	137	翘曲	244
漏节	203	横翘	125
木材裂纹	213	横弯	125
木材裂缝	213	纵翘	384
轮裂	204	顺弯	285,(384)
环裂	130	侧边纵翘	19
弧裂	127	边弯	11,(19)
径裂	173	侧弯	19
心裂	328,(173)	扭翘	224
星裂	329	扭弯	224
干裂	90	菱形形变	201
纵裂	384,(90)	木材的变形	212
端裂	69	蠕变	256,(330)
表裂	13	瞬时弹性变形	286
内裂	221	粘弹变形	223
蜂窝裂	86,(221)	［木材的强度］	
［木材变色］		木材强度等级	213
变色材	12	［木材的受压］	
木材斜纹	214	顺纹受压	286
天然斜纹	296	［木材的承压］	
扭转纹	224	顺纹承压	285
螺旋纹	205,(224)	顺纹挤压	(285)
人为斜纹	254	斜纹承压	328
局部斜纹	176	斜纹挤压	(328)
涡纹	313,(176)	横纹承压	125
应力木	346	横纹挤压	(125)
偏心材	229,(346)	局部横纹承压	175
清材	246	木材受弯强度	214

木材受弯承载力	214		木键连接	214
木材受剪	213		裂环键连接	200
顺纹受剪	286		齿环键连接	29
单侧顺纹受剪	39		齿板连接	29
双侧顺纹受剪	280		组钉板连接	386
斜纹受剪	328		胶结连接	159
横纹剪截	125		胶连接	159
横纹受剪	125		胶合板节点板	158
劈裂	228		胶合木接头	159
贯通裂	(228)		胶合指形接头	159
［木材受拉］			［连接件］	195,(180)
顺纹受拉	286		扒钉	2
横纹受拉	125		扣件	186
木结构连接	216		板销	3
［连接方式］			［木结构构件］	
对接	70,(71)		［木构件承载力］	
斜搭接	327		轴心受拉木构件承载力	370
［连接类别］			轴心受压木构件承载力	370
齿连接	29		弧形木构件抗弯强度修正系数	127
榫接	291,(29)		拉弯木构件承载力	191
抵接	47,(29)		偏心受拉木构件承载力	230
单齿连接	40		压弯木构件承载力	334
保险螺栓	6		偏心受压木构件承载力	230
双齿连接	280		轴心力和横向弯矩共同作用折减系数	
齿连接强度降低系数	29			370
螺栓连接	204		［木构件类别］	
系紧螺栓	317		木梁	216
安装螺栓	1		板销梁	3
螺栓连接计算系数	204		钢木组合梁	98
螺栓连接斜纹承压降低系数	204		键合梁	157
圆钢拉杆	355		胶合梁	159
花篮螺丝	128,(364)		撑托梁	26
销连接	325		木柱	217
单剪销连接	40		木组合柱	217
对称双剪销连接	70		木桁架	214
反对称双剪销连接	74		豪式木桁架	120
圆钢销连接	355		齿接抵承	29
钉连接	65		木屋盖	217
钉的有效长度	65		屋面木基层	314
钉连接计算系数	65		挂瓦条	111
键连接	157		木屋面板	217
纵键连接	384		望板	309
横键连接	125		瓦桷	306
斜键连接	327		瓦椽	306
圆盘键连接	355		椽条	35

木檩条	216	组合梁	386
木桁条	214，(216)	钢—混凝土组合梁	94，(173)
椽架	35	钢—木组合梁	98
人字木椽架	254	[截面]	
木屋盖支撑	217	换算截面	130
卡板	239	毛换算截面	207
吊顶	64	净换算截面	174
吊顶梁	64	换算截面模量	130
吊顶搁栅	64	换算截面惯性矩	130
搁栅	101，(64)	翼缘	343
吊顶面层	64	翼缘有效宽度	343
天棚	(64)	翼缘等效宽度	343
顶棚	65	翼缘计算宽度	343
木网状筒拱	217	板托	3
板材结构	2	[连接]	195
胶合木结构	159	抗剪连接件	180
木结构胶合	215	连接件	195，(180)
木结构用胶	216	刚性连接件	92
胶合木	159	柔性连接件	256
层板胶合结构	20	滑移变形	129
层板胶合木	20	栓钉	280
层板胶合梁	20	焊钉	117
层板胶合拱	20	圆柱头焊钉连接件	355，(280)
层板胶合框架	20	块式连接件	187
胶合板结构	158	槽钢连接件	18
胶合板	158	弯起钢筋连接件	307
胶合板梁	158	推出试验	305
胶合板箱形梁	159	完全抗剪连接	308
胶合板箱形框架	158	部分抗剪连接	16
胶合板箱形拱	158	不完全抗剪连接	15，(16)
胶合板管桁架	158	充分交互作用	31
夹层板	150	部分交互作用	16
龙骨	202	[计算]	
骨架	110，(202)	温差应力	311
表板纤维	13	掀起力	319
面板纤维	210，(13)	组合梁剪跨	387
单板胶合木	39	界面受剪	169
木结构维护	216	纵向界面剪力	384
木材防腐剂	212	混凝土界面抗剪强度	134
木结构构造防腐	215	劲性钢筋混凝土梁	173，(386)
木材防腐处理	212	组合柱	387
木材阻燃剂	214	外包钢混凝土柱	306
木结构设计规范	216	劲性钢筋混凝土柱	173
组合结构	386	钢—混凝土组合柱	94，(173)
钢木结构	98	钢管混凝土结构	93

钢管混凝土柱	93	抛落无振捣浇灌法	226
钢管混凝土组合柱	94	泵送顶升浇灌法	8
［材料］		组合桁架	386
钢管混凝土	93	钢管混凝土桁架	93
核心混凝土	123	钢木桁架	98
干硬性混凝土	91	组合板	386
［计算］		压型钢板组合板	334
含钢率	117	［结构抗震设计］	165
套箍系数	294	建筑抗震设计规范	155
套箍指标	294	地震动	54
紧箍力	170	地震区	57
长径比	22	［分类］	
弹性模量比	293	构造地震	109
切线模量比	245	陷落地震	321
割线模量比	101	火山地震	137
组合弹性模量	387	诱发地震	350
组合切线模量	387	深源地震	267
界限长细比	169	浅源地震	240
等效紧箍力	45	近震	170
换算面积	130	远震	356
钢管混凝土换算惯性矩	93	板内地震	3
钢管混凝土换算刚度	93	板块间地震	3
长细比影响系数	22	多遇地震	73
管壁有效宽度	111	罕遇地震	117
腰鼓形破坏	339	震源	362
边缘效应	11	潜在震源	240
构件剪切破坏	109	潜在震源区	240
［构造］	109	震中	362
锥体管对接	379	震中距	363
套管对接	294	震源距	362
法兰盘连接	74	断层距	70
刚性节点	92	震源深度	362
承重销	28	地震波	54
销	325，(28)	体波	295
牛腿	223	纵波	384
穿心钢板	34	P波	393，(384)
钢筋环绕式刚性节点	95	剪切波	152
加强环	149	S波	394，(152)
插入式柱脚	21	横波	(152)
［施工］		面波	210
密闭状态养护	209	乐甫波	192
振动器	361	Love波	393
锅底形振动器	114	瑞雷波	257
附着式振动器	88	人工地震波	253
［浇灌法］		断层	70

活断层	137	澜沧-耿马地震	192
非发震断层	81	[世界地震]	
发震断层	74	旧金山地震	175
蠕滑断层	256	帝国峡谷地震	59
粘滑断层	222	英佩里尔谷地震	(59)
强地面运动	240	阿拉斯加地震	1
基岩地震动	142	长滩地震	22
地面加速度	52	圣费尔南多地震	268
地面速度	52	智利地震	367
地面位移	52	墨西哥地震	212
场地	23	关东地震	111
场地条件	23	新潟地震	340
场地土	24	十胜冲地震	271
场地覆盖层厚度	23	克恩郡地震	183
地震震级	58	弗朗恰地震	86
震级	362,(58)	亚美尼亚地震	334
体波震级	295	地震灾害	57
面波震级	210	地震原生灾害	57
里氏震级	195	震陷	362
地方震级	48	海啸	116
矩震级	176	地裂缝	51
地震烈度	56	工程震害	106
烈度表	199	生命线工程	268
基本烈度	140	地震次生灾害	54
场地烈度	23	强震观测	242
设防烈度	264	强震仪	242
众值烈度	368	强震观测台网	242
罕遇烈度	117	强震观测台阵	242
地震烈度区划图	56	地震危险性分析	57
烈度工程标准	199	地震危险性评定	57
[衰减]		[资料]	
烈度衰减	199	地震活动性资料	56
地震动参数衰减	55	地震目录	56
地震动持续时间	55	地球物理场资料	53
卓越周期	379	强震观测数据	242
地震作用	58	宏观等震线图	126
地震后果	56	[方法]	
[典型地震]		确定性法	249
[中国地震]		定数法	(249)
海原地震	116	地震危险区划	57
邢台地震	329	最大震级	389
海城地震	115	震级—震中烈度关系	362
溧阳地震	195	潜在震源区划分	240
松潘地震	287	理想化震源	195
唐山地震	294	点源	60

线源	320,(362)	决策准则	177
面源	210,(362)	费用—效益分析	82
地震活动性参数估计	56	抗震措施有效程度	181
震级上限	362	重置费用	32
地震活动度	56	目标函数	217
震级重现关系	362	优化设防烈度	348
断层破裂长度	70	地震反应	55
地震发生模型	55	线性地震反应	320
经典的非贝叶斯方法	171	非线性地震反应	82
贝叶斯方法	8	地震反应谱	55
地震时空不均匀性	57	加速度反应谱	149
年超越概率	222	速度反应谱	287
可接受的地震危险性	182	位移反应谱	311
地震风险水平	55	弹塑性反应谱	292
地震剩余危险性	57	延性反应谱	336
不确定性校正	15	傅立叶谱	88
易损性分析	343	功率谱	107
震害预测	362	设计反应谱	264
地震小区划	57	场地反应谱特征周期	23
地震危险区	57	直接动力法	366
液化区	340	时程分析法	272
不均匀沉陷区	15	龙格—库塔法	202
液化势小区划	340	地基基础抗震	49
地面破坏小区划	52	地震动水压力	55
不宜建设区	15	地震动土压力	55
滑坡影响	129	循环荷载下土的应力应变关系	332
宜建地区	342	标准贯入锤击数	12
地震影响小区划	57	土的线弹性模型	302
地震动参数小区划	55	土的滞后弹性模型	303
土层反应计算	301	土的等效滞后弹性模型	301
一维波动模型	342	土的滞回曲线方程	303
集中质量模型	145	土的初始剪切模量	301
二维有限元模型	74	土的阻尼比	303
三维有限元模型	259	土的最大剪应力	303
抗震防灾规划	181	土的拉姆贝尔—奥斯古德模型	302
抗震措施附加费用	181	R—O模型	(302)
地震经济损失	56	土的泊松比	301
地震人员伤亡	57	土的剪切波速	302
工矿企业抗震防灾规划	106	土的液化	303
城市抗震防灾规划	28	地震液化	57
土地利用规划	303	土液化机理	305
震后恢复重建规划	362	液化场地危害性评价	340
抗震防灾应急规划	181	地基液化指数	51
工程决策分析	105	液化的初判	340
决策变量	177	液化的再判	340

液化地基加固	340
土—结构相互作用	304
桩—土相互作用	378
结构—桩—地基土相互作用	168
土与结构相互作用的集中参数法	305
土与结构相互作用的有限元法	305
结构抗震设计	165
概念设计	90
规则建筑	114
抗震等级	181
材料抗震强度设计值	16
结构构件实际承载力	164
层间位移角限值	21
侧移引起的附加内力	19
[各类结构抗震性能]	
钢结构抗震性能	95
砌体结构抗震性能	238
配筋砌体结构抗震性能	227
无筋砌体结构抗震性能	315
木结构抗震性能	216
中国传统木结构抗震性能	368
轻骨料混凝土结构抗震性能	245
劲性钢筋混凝土结构抗震性能	173
组合结构的抗震性能	386
[结构抗震的基本特性]	
[非线性]	
几何非线性	145
$P-\Delta$ 效应	393
输入反演	277
系统识别	317
[延性]	335
曲率延性系数	247
延性需求量	336
地震能量耗散	57
地震能量吸收	57
消能	325
积极消能	139
消极消能	325
消能支撑	325
消能节点	325
结构控制	166
机构控制	138
人工塑性铰	253
地震隔震	56
约束混凝土	356

混凝土剪力传递	133
骨料咬合	110
销作用	326
剪摩擦	151
极限应变	143
极限拉应变	143
混凝土劈裂	135
钢筋混凝土恢复力模型	96
恢复力特性	131
稳定滞回特性	312
非稳态滞回特性	82
滞回曲线	367
恢复力曲线	(367)
滞回曲线捏合现象	367
裂面效应	200
钢的包辛格效应	93
骨架曲线	110
滞回曲线滑移现象	367
退化型恢复力模型	305
双线型恢复力模型	281
三线型恢复力模型	259
曲线型恢复力模型	247
[抗震设计方法]	
静力法	174
震度法	362
系数静力法	(362)
反应谱法	75
振型参与系数	361
振型耦连系数	361
底部剪力法	47
基底剪力法	(47)
控制设计法	186
时程分析设计法	272
[抗震设计参数]	
地震作用效应增大系数	58
地震作用效应调整系数	58
楼层屈服强度系数	202
地震影响系数	57
结构影响系数	168
抗力的抗震调整系数	180
截面剪切变形的形状影响系数	168
[单层厂房结构抗震设计与计算]	
空间工作	184
空间作用	(184)
抗震构造措施	181

单层厂房的抗震支撑系统	39		屈服曲率	248
[多层及高层建筑结构抗震设计]			屈服程度系数	247
剪力墙结构	151		抗震变形能力允许值	181
连续栅片法	196		[结构振动与隔振设计]	
壁式框架法	9		结构振动设计	168
有限条法	349		[允许振动]	
有限元法	349		动力设计控制条件	66
框架体系抗震计算方法	189		结构允许振动	168
反弯点法	75		机器基础计算	138
D值法	392		往复式机器扰力	309
改进反弯点法	(392)		块式机器基础振动	187
分层法	83		锻锤基础振动	70
框剪体系抗震计算方法	189		构架式机器基础振动	108
协同分析法	326		楼板振动计算	202
筒中筒体系抗震计算方法	298		激振层楼板振动	143
等代角柱法	44		振动层间影响	360
虚拟杆件展开法	330		结构隔振设计	163
翼缘展开法	(330)		积极隔振	139
延性剪力墙	336		动力隔振	66, (139)
带缝剪力墙	39		主动隔振	371, (139)
框支剪力墙	190		消极隔振	325
鸡腿剪力墙	139, (190)		被动隔振	8, (325)
总剪力墙法	383		隔振系数	103
剪力墙连梁	151		隔振参数	102
水平加强层	283		防振距离	80
刚性层	91, (283)		地面振动衰减	52
加强部位（区）	149		支承式隔振装置	365
框架抗震设计	188		悬挂式隔振装置	331
框架	188		简易隔振	152
带刚域框架	39		屏障隔振	233
结构刚度特征值	163		防振沟	80
框架柱的抗震设计	189		隔振材料	102
指定塑性铰	366		隔振器	102
筒体结构抗震设计	298		减振器	151, (102)
裙梁	249		橡胶隔振器	324
窗间梁	35		JG型隔振器	393
巨型结构	176		圆柱形螺旋钢弹簧隔振器	356
巨型框架	(176)		板弹簧隔振器	3
负剪力滞后	87		空气弹簧隔振器	184
强剪弱弯	241		组合式隔振器	387
多道抗震设防	72		消振器	325, (102)
抗震变形验算	181		吸振器	317, (102)
抗震变形能力	181		隔振垫	102
薄弱层	14		阻尼器	386
屈服变形	247		阻尼装置	386

结构抗风设计	165	燃点	251
风速	85	热传导系数	251
平均风速	232	导热率	43,(251)
脉动风速	207	热扩散系数	252
瞬时风速	286	导温系数	44,(252)
平均最大风速	232	热应力分布	252
最大风速重现期	388	耐火能力	219
梯度风	295	防火材料	78
梯度风高度	295	防火材料标准	78
近地风	170	防火涂料	79
边界层	10	阻燃涂料	386,(79)
地面粗糙度	52	延燃涂料	335,(79)
风压	85	不燃平板	15
风速压	(85)	不燃埃特墙板	15
风速风压关系	85	防火堵料	78
平均风压	232	阻燃剂	386
静力风压	(232)	防火构件	79
稳定风压	(232)	防火天花板	79
脉动风压	207	防火吊顶	(79)
保证系数	6	防火墙	79
空间相关系数	184	防火门	79
风振	85	防火窗	78
顺风向风振	285	结构防火	162
风谱	85	钢结构防火	95
风速谱	85	木结构防火	215
风压谱	85	钢筋混凝土结构防火	96
峰因子	86,(6)	防火措施	78
脉动增大系数	207	消防通道	325
鞭梢效应	11	消防楼梯	325
横风向风振	124	防火隔层	78
横向力系数	125	防火隔断	78
旋涡脱落	332	水喷淋系统	283
雷诺数	192	防火设备	79
斯脱罗哈数	286	[结构防爆设计]	
临界范围	200	爆炸	6
临界风速	200	爆炸效应	7
共振风速	108,(200)	爆炸源	7
驰振	29	冲击波	30
颤振	22	爆炸超压	6
抖振	68	爆炸动压	7
风荷载	84	超压持续时间	25
体型系数	295,(85)	爆炸当量	6
结构防火设计	162	TNT当量	394,(6)
防火原理	79	爆炸高度	7
燃烧	251	爆高	6,(7)

反射	75
反射压力	75
净侧向荷载	173
阻力	385
滞止压力	367,(385)
阻力系数	385
滞止系数	367,(385)
绕射	251
爆炸地震波	6
爆破拆除	6
防护结构	77
等效静载法	46
单自由度等效体系	43
动力系数	66
冲击荷载系数	30
材料抗爆强度提高系数	16
冲击反应谱	30
三对数坐标反应谱	258
三联反应谱	259
防爆设计	76
抗爆	179
爆炸危险区	7
泄压	328
泄压窗	328
防爆墙	76
防护门	78
防爆窗	76
防爆间室	76
抑爆结构	343
爆炸安全距离	6
空气冲击波安全距离	184
爆炸地震波安全距离	7
飞石安全距离	81
殉爆安全距离	332
殉爆	332
结构防腐蚀设计	162
腐蚀	87
混凝土结构腐蚀	133
钢筋混凝土结构腐蚀	96
钢结构腐蚀	95
木结构腐蚀	215
砌体结构腐蚀	238
[腐蚀类型]	
化学腐蚀	129
电化学腐蚀	61
溶蚀	255
溶析	255
胀蚀	358
碳化	294
风化	84
碱集料反应	152
腐蚀介质	87
酸性介质	289
碱性介质	152
[防腐蚀材料]	
耐腐蚀涂料	218
耐酸胶泥	219
耐酸砂浆	219
耐酸混凝土	219
耐腐蚀铸石制品	218
耐腐蚀天然料石	218
耐酸陶瓷制品	219
阻锈剂	386
缓蚀剂	130,(386)
[结构防腐蚀]	
钢结构防腐蚀	94
木结构防腐蚀	215
钢筋混凝土结构防腐蚀	96
砌体结构防腐蚀	237
阴极保护	343
[防腐蚀措施]	
防腐蚀建筑平面布置	77
防腐蚀结构选型	77
防腐蚀构造	77
防腐蚀管线敷设	77
结构加固设计	164
结构损坏	167
结构工程事故	164
结构倒塌	162
结构破坏	166
火灾损伤	137
结构缺陷	166
结构老化	166
结构磨损	166
地基加固	49
[类别]	
湿陷性黄土地基加固	271
软土地基加固	257
膨胀土地基加固	228
岩溶地基加固	337

喀斯特地基加固	178,(337)	水泥砂浆抹面加固法	283
液化砂土地基加固	340	钢筋网水泥砂浆加固法	97
[方法]		压力灌浆加固法	333
灰土挤密桩加固法	131	钢筋扒锯加固法	95
挤密碎石桩加固法	145	外加钢筋混凝土柱加固法	307
板桩加固法	4	圈梁及钢拉杆加固法	248
硅化加固法	114	混凝土结构抗震加固	134
滑坡加固	129	结构抗震修复	166
混凝土结构加固	133	[结构试验与检验]	
加大截面加固法	148	[结构试验与检验分类]	
预应力拉杆加固法	353	结构试验	167
预应力撑杆加固法	352	原型试验	354
外包型钢加固法	307	真型试验	360,(354)
胶粘钢板加固法	159	实物试验	273,(354)
增加支点加固法	358	模型试验	212
新增构件加固法	329	静力试验	174
增设支撑加固法	358	静力单调加载试验	174
钢结构加固	95	动力试验	66
永久性加固	348	长期荷载试验	22
临时性加固	201	持久试验	29,(22)
完全卸荷加固法	308	短期载荷试验	69
带负荷加固法	39	现场结构试验	319
局部卸荷加固法	176	试验室试验	274
拆卸加固法	21	非破损试验	81
托梁换柱法	306	结构检验	164
托柱换基法	306	结构试验设计	167
贴覆盖板加固法	297	试件设计	273
混凝包覆加固法	132	试验加载设计	274
堵焊法	68	尺寸效应	29
取样检验	248	加载图式	149
加固系数	148	加载制度	149
有效加固系数	349,(148)	等效荷载	45
砌体结构加固	238	应变速率	344
钢筋网砂浆套层法	97	试验观测设计	274
钢筋混凝土套柱法	96	[结构试验加载设备及方法]	
壁柱加固法	9	[静力试验加载设备及方法]	
外包角钢加固法	307	重力加载法	369
木结构加固	215	液压加载法	341
木夹板加固法	214	液压加载器	341
下弦钢拉杆加固法	318	千斤顶	239,(341)
端节点钢拉杆加固法	68	液压加载系统	341
弯曲木压杆调直加固法	307	结构试验机	167
端节点钢夹板加固法	68	长柱试验机	23,(167)
结构抗震加固	165	电液伺服加载系统	62
砌体结构抗震加固	238	机械力加载法	138

气压加载法	236		机械式仪表	138
[动力试验加载设备及方法]			千分表	239
惯性力加载法	112		百分表	2
冲击力加载法	30		钟表式百分表	368，(2)
突加荷载法	300		挠度计	219
突卸荷载法	300		手持式应变仪	275
初速度加载法	34，(30)		杠杆式应变仪	99
初位移加载法	34，(30)		双杠杆应变仪	280，(99)
反冲激振加载法	74		水准式倾角仪	285
火箭激振器加载法	137		拉力测力计	191
离心力加载法	194		环箍式压力测力计	129
机械式振动台	139		接触式测振仪	160
电磁力加载法	60		万能测振仪	308
电磁激振器	60		电测仪器	60
电磁式振动台	61		非电量电测技术	81
[液压加载法]	341		传感器	34
疲劳试验机	229		电阻应变计	63
液压式振动台	341		电阻片	63
地震模拟振动台	56		应变片	344，(63)
人工爆炸加载法	253		丝式应变计	286
人激振动加载法	254		箔式应变计	14
环境随机振动试验法	129		半导体应变计	4
脉动法	207，(129)		应变花式应变计	344
[试验荷载装置]			多轴应变计	73，(344)
反力架	75		应变块	344
反力墙	75		应变式位移传感器	344
反力台座	75		滑线电阻式位移传感器	129
试验台座	274		电位计式位移传感器	62，(129)
板式试验台座	3		差动变压器式位移传感器	21
槽式试验台座	18		应变式倾角传感器	344
预埋螺栓式试验台座	351		水准式电测倾角传感器	285
箱式试验台座	323		荷重传感器	123
孔式试验台座	185，(323)		测振传感器	20
抗侧力试验台座	179		应变式测振传感器	344
[结构试验量测设备及方法]			应变式加速度计	344
仪器度量性能	342		磁电式测振传感器	36
最小分度值	389		磁电式拾振器	36，(36)
最小刻度值	389		压电式测振传感器	333
量程	198		压电式加速度计	333
灵敏度	201		差容式测振传感器	21
仪器线性误差	342		伺服式测振传感器	287
仪器稳定性	342		放大器	80
漂移	230		静态电阻应变仪	174
重复性	32		动态电阻应变仪	67
频率响应	230		振弦应变仪	361

积分放大器	139	主振源探测	372
电压放大器	62	动荷载反应	65
电荷放大器	61	结构动力特性测量	162
记录器	148	人工激振试验法	253
数字式打印记录仪	279	自由振动法	382
X—Y函数记录仪	395	强迫振动法	241
光线示波记录器	112	共振法	108
磁带记录仪	35	模态分析法	211
笔式记录仪	9	主谐量法	372
信号处理机	329	结构动力反应测量	162
应变电测技术	344	动力参数测量	66
温度补偿	311	振动形态测量	361
多点测量	72	动力系数测量	66
预调平衡	351	结构抗震试验	165
桥路特性	244	周期性抗震静力试验	370
混凝土内部电测技术	135	伪静力试验	310，(370)
仪器标定	342	低周反复静力试验	47，(370)
系统标定法	317	拟静力试验	222，(370)
电标定法	60	控制变形加载	186
[结构静力试验]		变幅变形加载	11
(试件安装就位)		等幅变形加载	45
正位试验	364	等幅变幅变形混合加载	44
异位试验	342	控制荷载加载	186
反位试验	75	控制荷载和变形的混合加载	186
卧位试验	313	非周期性抗震静力试验	82
[试验加载]		计算机—加载器联机试验	147
预载试验	354	拟动力试验	222，(147)
分级加载	83	伪动力试验	310，(147)
恒载试验	123	等效单自由度联机试验	45
空载试验	185	周期性抗震动力试验	369
零载试验	201，(185)	强迫振动加载	241
超载试验	25	稳态正弦激振	313
破坏试验	234	变频正弦激振	12
[试验量测]		有控制的逐级动力加载	348
控制测点	186	非周期性抗震动力试验	82
校核测点	160	模拟地震振动台试验	211
应变链	344	一次性加载	341
连续布点量测裂缝法	195，(344)	多次逐级加载	72
结构性能评定	167	人工地震试验	253
承载力检验	27	天然地震试验	296
挠度检验	219	天然地震试验场	296
抗裂检验	180	结构抗震能力评定	165
裂缝宽度检验	200	系统识别方法	318
[结构动力试验]		结构抗震性能	166
动荷载特性测量	66	结构抗震能力	165

结构疲劳试验	166	弹性模型	293
[疲劳性质]		强度模型	241
高周疲劳试验	101	缩尺模型	291
长寿命试验	22,(101)	[模型设计]	
低周疲劳试验	47	方程式分析法	76
短寿命试验	69,(47)	量纲分析法	198
[疲劳原理]		[模型材料]	
疲劳寿命	229	微粒混凝土	310
[疲劳试验加载方法]		模型混凝土	212,(310)
常幅疲劳试验	23	[结构类型和部件]	
变幅疲劳试验	11	房屋结构体系	80
随机疲劳试验	290	平面结构	233
[结构非破损试验]		空间结构	184
[混凝土强度非破损试验]		地下结构	53
回弹法	131	地上结构	53
施密特回弹锤法	270,(131)	杆系结构体系	91
超声法	25	板系结构体系	3
综合法	382	静定结构	174
钻芯法	388	超静定结构	24
取芯法	248,(388)	悬挂结构	331
拔出法	2	屋盖结构	313
[混凝土缺陷非破损试验]		屋盖体系	313
超声测缺法	25	屋盖	313
声发射法	268	有檩屋盖结构	348
钢筋位置测量	97	檩条	201
钢筋锈蚀测量	97	「形檩条	395
[钢材非破损试验]		桁架式檩条	124
射线探伤	265	槽瓦	18
超声探伤	25	无檩屋盖结构	315
电磁探伤	61	屋面板	314
[结构模型试验]		大型屋面板	38
相似原理	322	拱形屋面板	108
[相似概念]		F形屋面板	392
几何相似	145	屋架	314
物理相似	316	弧形屋架	127
单值条件相似	41	拱形屋架	108
相似常数	322	平行弦屋架	233
相似判据	322	梯形屋架	295
相似定理	322	三角形屋架	258
相似第一定理	322	多边形屋架	71
相似第二定理	322	板式屋架	3
相似第三定理	322	空腹屋架	184
π定理	395	组合屋架	387
[模型分类]		芬克式屋架	84
相似模型	322	拱板屋架	108

三铰拱屋架	259	抛物面壳	226
天窗架	295	带肋圆顶	39
三铰刚架式天窗架	259	圆顶	355,(247)
门形刚架式天窗架	209	双曲薄壳	281
格构式天窗架	102	双曲扁壳	281
组合式天窗架	387	扁壳	11,(281)
三铰拱式天窗架	259	双曲抛物面薄壳	281
多竖杆式天窗架	72	扭壳	224
三支点式天窗架	260	马鞍形壳	206
屋面梁	314	伞形壳	260
箱形梁	323	凹波拱壳	2
T形梁	394	高斯曲率	100
薄腹梁	5	扭曲率	224
T形板	394	等曲率	45
单T板	43,(394)	组合壳	387
双T板	282	拟膜薄壳	222
拱	108	无筋扁壳	315
落地拱	205	装配式薄壳	378
无铰拱	315	边缘构件	11
双铰拱	280	环梁	130
三铰拱	259	支座环	365
格构式拱	102	曲梁	247
桁架拱	123	边拱	10
折板拱	359	顶环	65
波形拱	14	横隔构件	124
单波拱	39	横隔板	124
多波拱	72	折板结构	359
双曲拱	281,(14)	折板	359
矢高	273	长折板	23
壳体结构	244	短折板	69
壳	244,(5)	V形折板	394
薄壳	5	槽形折板	19
圆柱形薄壳	355	幕结构	218
长圆柱壳	22	截锥形幕结构	169
短圆柱壳	69	连续幕结构	196
单波壳	39	网架结构	308
多波壳	72	平板网架	231,(308)
圆柱壳	355	网架	308
筒壳	298,(355)	正交网架	364
长壳	22,(22)	斜交网架	327
短壳	69,(69)	三向网架	260
旋转薄壳	332	四角锥网架	287
穹顶	246	正放四角锥网架	364
球面壳	247	斜放四角锥网架	327
椭球面壳	306	抽空四角锥网架	32

棋盘形四角锥网架	235	副索	88，(28)
星形四角锥网架	329	劲性悬索	173
三角锥网架	259	形状稳定性	329
抽空三角锥网架	32	张力结构	358
蜂窝形三角锥网架	86	薄膜结构	5
折板形网架	359	充气结构	31
板架结构	2	气管式充气结构	236，(31)
网架节点	308	高压体系充气结构	101，(236)
焊接钢板节点	118	气承式充气结构	235，(31)
焊接空心球节点	118	低压体系充气结构	47，(235)
螺栓球节点	205	充气结构薄膜材料	32
[计算方法]		充气结构的出入口	32
交叉梁系法	158	屋盖支撑系统	313
拟板法	222	横向水平支撑	126
拟夹层板法	222	纵向水平支撑	385
假想弯矩法	150	竖向支撑	278
网壳结构	309	系杆	317
网壳	309	[多层房屋结构体系]	
单层网壳	39	框架结构	188
双层网壳	280	框架	188
双曲抛物面网壳	281	巨型结构	176
鞍形网壳	1	巨型框架	(176)
柱面网壳	374	横向框架	125
筒形网壳	298	纵向框架	385
球面网壳	247	刚接框架	91
网状穹顶	309	铰接框架	160
[计算方法]		装配整体式结构	379
形式代数	329	装配式框架	378
指示矩阵法	367	装配整体式框架	379
悬索结构	331	装配式框架接头	378
单层悬索结构	40	明牛腿连接	211
双层悬索结构	280	暗牛腿连接	1
车辐式双层悬索结构	25	无牛腿连接	315
索桁架	291	长柱留孔无牛腿连接	23
悬挂混合结构	331	有侧移框架	348
悬挂薄壳	331	无侧移框架	314
索—梁结构	291	复式框架	88
索—桁结构	291	延性框架	336
索网结构	291	有限延性框架	349
鞍形索网	1，(291)	内框架	220
[部件]	16	刚性楼盖	92
承重索	28	空间框架	184
主索	372，(28)	平面框架	233
稳定索	312	填充墙框架	296
张紧索	358，(28)	带刚域框架	39

框架梁	188
框架柱	189
剪压比	152
强柱弱梁	242
框架梁柱节点	189
框架柱端加强区	189
框架梁端加强区	188
顶点位移	65
侧移	19
层间位移	21
加腋	149
刚架	91
双铰刚架	280
三铰刚架	259
门式刚架	209
塑性区	288
节点核心区	161
转换层	376
水平加强层	283
刚性层	91, (283)
薄弱层	14
承重墙结构	28
结构墙	166
承重墙	28
剪力墙结构	151
剪力墙	151
延性剪力墙	336
带缝剪力墙	39
框支剪力墙	190
鸡腿剪力墙	139, (190)
剪力墙连梁	151
抗震墙	182
带竖缝抗震墙	39
抗风墙	179
钢板结构墙	92
桁架墙	124
小开口墙	326
墙肢	244
双肢墙	282
多肢墙	73
联肢墙	196
框支墙	
连梁	195
暗梁	1
暗柱	1

刚域	92
壁式框架	9
整体性系数	363
控制层	186
框架—承重墙结构	188
框架—剪力墙结构	188
房屋刚度中心	80
等效框架	46
综合框架	382, (46)
综合结构墙	382
抗侧力刚度	179
抗侧力结构	179
弯曲型变形	308
剪切型变形	152
等效抗侧力刚度	46
等效抗弯刚度	46
综合连梁	382
分隔墙	83
隔断	(83)
筒体结构	298
筒体	298
实腹筒	273
空腹筒	183
框筒	190
多孔筒	72
桁架筒	124
单筒	40
核心筒	123
筒中筒	298
组合筒	387
多核结构	72
束筒	278
裙梁	249
窗间梁	35
剪力滞后	151
剪切滞后	152, (151)
负剪力滞后	87
框架—筒体结构	189
框筒结构	(189)
板柱结构	3
盒子结构	123
大板结构	37
砖混结构	375
多层房屋结构	72
高层房屋结构	99

内浇外挂结构体系	220	围护结构	310
内浇外砌结构体系	220	墙板	242
超高层房屋结构	24	工业墙板	107
排架	225	空心墙板	185
柱	373	槽形墙板	18
排架柱	225	复合墙板	88
二阶柱	73	夹心墙板	150
柱网	374	大型墙板	38
柱距	373	壁板	9,(38)
跨度	187	墙板刚性连接	243
双肢柱	282	墙板柔性连接	243
平腹杆双肢柱	231	墙板板缝构造防水	242
斜腹杆双肢柱	327	墙板板缝材料防水	242
工形柱	106	墙板板缝空腔防水	243
抗风柱	179	高耸结构	100
预制长柱	354	塔桅结构	292,(100)
分段预制柱	83	塔式结构	292
牛腿	223	圆筒形塔	355
暗牛腿	1	构架式塔	109
柱间支撑	373	无线电塔	316
吊车梁	63	电视塔	62
行车梁	329,(63)	塔楼	292
鱼腹式吊车梁	350	导航塔	43
桁架式吊车梁	124	微波塔	310
组合式吊车梁	387	输电线路塔	277
制动梁	367	挡距	43
制动桁架	367	横担	124
变形缝	12	环境气象塔	129
沉降缝	25	卫星发射塔	311
防震缝	80	导弹发射塔	43
抗震缝	181,(80)	炼油塔	196
梁	197	水塔	284
连系梁	195	倒锥形水塔	44
拉梁	191,(195)	烟囱	335
过梁	115	排气塔	226
圈梁	248	冷却塔	193
托架	306	钻井塔	388
基础梁	141	风动机塔	84
叠合梁	64,(216),(386)	桅式结构	310
叠合板	64,(386)	实腹式桅杆	272
预埋件	351	格构式桅杆	102
埋件	206,(351)	双杆身桅杆	280
预埋钢板	351	纤绳	240
吊环	64	纤绳初应力	240
吊钩	64	纤绳地锚	240

法兰盘连接	74	海浪荷载	115
高耸结构荷载	101	水流荷载	282
裹冰荷载	115	冰荷载	13
裹冰厚度修正系数	115	冰压力	14,(13)
裹冰厚度的高度递增系数	115	海震荷载	116
高耸结构的温度作用效应	101	固定荷载	110
工业构筑物	106	[海洋土木工程结构]	
管道	111	海洋平台	116
干线管道	90	导管架型平台	43
支线管道	365	塔型钢质平台	292
输液管道	277	重力式混凝土平台	369
输气管道	277	自升式平台	381
输颗粒管道	277	半潜式平台	4
输混凝土管道	277	拉索塔式平台	191
管道支架	111	张力腿式平台	358
中间支架	368	海洋结构模块	116
活动支架	137,(368)	海底输油管线	115
固定支架	110	立管	195
伸缩节支架	266	近海结构工程	170
单柱支架	42	码头	206
双柱支架	282	单点系泊	40
三角形支架	258	海塘	116
地沟	48	防波堤	77
可通行地沟	183	灯塔	44
不可通行地沟	15	[计算机在建筑结构工程中的应用]	
矩形地沟	176	计算机系统	148
圆形地沟	355	分时计算机系统	83
贮液池	372	计算机	146
水池	282	电脑	62,(146)
水池浮力	282	微型计算机	310
贮液罐	373	兼容机	150
贮气罐	372	可编程序计算器	182
煤气罐	209	精简指令系统计算机	172
贮仓	372	硬件	347
囤仓	71,(372)	中央处理器	368
深仓	266	总线	384
筒仓	298,(266)	母线	212,(384)
浅仓	240	控制器	186
散粒材料的拱作用	260	时钟	272
贮料重力密度	372	算术逻辑部件	289
贮料侧压力	372	固件	110
料斗	198	存储器	37
[海上土木工程]		只读存储器	366
海洋工程	116	随机存储器	290
海洋工程结构荷载	116	磁盘存储器	36

驱动器	247	屏幕编辑程序	233
硬磁盘	347	测试程序	20
温彻斯特磁盘	311	管理程序	112
软磁盘	256	软件开发环境	257
软盘	(256)	汉字处理	117
光盘	112	汉字库	117
磁带机	35	点阵式汉字库	60
磁带	35	向量式汉字库	324
输入输出设备	277	汉字编码方案	117
显示器	319	应用软件	346
显示器屏幕	319	程序	28
分辨率	82	程序设计语言	28
光标	112	[语言种类]	
打印机	37	机器语言	138
字符式打印机	382	汇编语言	131
点阵式打印机	60	宏汇编语言	126
行式打印机	120	高级语言	100
激光打印机	142	BASIC 语言	391
喷墨打印机	227	FORTRAN 语言	392
硬拷贝机	347	PASCAL 语言	393
绘图仪	132	C 语言	391
平板式绘图仪	231	面向问题语言	210
滚筒式绘图仪	114	语句	350
静电绘图仪	174	[基本术语]	
数字化仪	279	文件	312
图形输入板	300	顺序文件	286
终端	368	流水文件	202
扫描仪	260	随机文件	290
光笔	112	记录	148
鼠标器	277	表	13
工作站	107	复制	88
软件	256	覆盖	89
软件工程	256	溢出	343
软件工具	257	菜单	17
系统软件	317	接口	160
操作系统	18	单用户	41
编译程序	11	多用户	73
解释程序	169	死循环	287
计算机网络	148	程序框图	28
局域网	176	代码	38
广域网	113	ASCII 码	391
以太网	342	EBCDIC 码	392
令牌环网	201	地址	58
指令	366	比特	9
指令系统	366	字节	382

源程序		356
目标程序		217
可连接目标模块		182
连接		195
编译		11
前处理		239
后处理		126
批处理		228

[计算机应用]

[计算机结构分析]

结构分析通用程序		163
结构分析程序		163
自动动态增量非线性分析程序 ADINA		380
建筑工程设计软件包 BDP		155
结构分析微机通用程序 SAP84		163
自动动态分析程序		380
计算机辅助设计		146

[CAD 系统的设计与现实]

计算机图形学		147
图形软件标准		300
GKS 标准		392
IGES 标准		392
CGI 标准		392
CGM 标准		392
PHIGS 标准		393
CORE 标准		392
几何造型		145
三维图形 CSG 法		259
三维图形 B—Rep 法		259
实体造型		273
曲面造型		247
剪取		152
线段剪取		320
多边形剪取		71
光线跟踪法		112
纹理		312
线框图		320
像素		324
图元		300
窗口		35
视口		275
世界坐标		273
设备坐标		264
齐次坐标		235

边界填充法	10
图段	300
B 样条函数拟合法	391
贝齐尔函数拟合法	7
孔斯曲面	185
用户界面	348
窗口管理	35
智能 CAD 系统	367

[CAD 系统设计方法]

应用软件的概要设计	346
应用软件的详细设计	346
文档	312
编程	11
调试	296
计算机辅助建筑设计	146
计算机辅助工程可行性分析	146
计算机辅助设计方案评估	146
计算机辅助设计方案优化	147
计算机辅助工程设计概预算	146
计算机辅助投标	147
计算机辅助实验	147
计算机辅助城市规划	146
计算机生成建筑模型	147
计算机生成建筑动画片	147
计算机辅助制造	147
数据库	278

[数据库的分类]

工程数据库	106
图形数据库	300
管理数据库	112
科学数据库	182
文献数据库	312
数据模型	279
关系模型	111
层次模型	20
网状模型	309
E—R 模型	392
数据管理	278
数据库管理系统	279
数据库管理员	279
数据语言	279
数据描述语言（DDL）	279
数据操纵语言（DML）	278
结构化查询语言（SQL）	164
专家系统	374

专家系统外壳	374	人工智能	254
专家系统建造工具	374	人工智能语言	254
知识工程	365	PROLOG 语言	393
知识库	365	LISP 语言	393
知识	365	面向对象语言	210
知识获取	365	[基本术语]	
知识表示	365	对象	71
逻辑模式知识表示	204	槽	18
过程模式知识表示	115	规则	113
语义网络模式知识表示	350	领域	201
框架模式知识表示	189	事实	273
规则库	114	回溯	131
推理	305	递归	59
逻辑推理	(305)	决策支持系统	177
搜索	287	属性	277

A

a

阿拉斯加地震 Alaska earthquake

1964年3月27日在美国阿拉斯加发生的地震。里氏震级8.4。震中离安克雷奇(Anchorage)城东约120km的威廉王子海峡(Prince William Sound)地区。推断的地震断层长度为640~800km。因当地未设置强震仪,无法得知持续时间和反应谱数据,这次地震特点是土层液化引起建筑物破坏,财产损失估计为3亿美元,死亡125人。 (肖光先)

an

安全等级 safety classes

为了使结构具有合理的安全性,根据破坏可能产生的后果(危及人的生命、造成经济损失、产生社会影响等)的严重程度而划分的建筑结构设计等级。在中国国家标准《建筑结构设计统一标准》中将建筑结构的安全等级分为一、二、三级,分别反映破坏后果很严重(重要建筑物的破坏)、严重(一般建筑物的破坏)和不严重(次要建筑物的破坏)。结构中构件的安全等级一般取与结构相同,必要时亦可适当调整。 (邵卓民)

安全系数 safety factor

为了保证所设计的结构或构件的安全度而在设计表达式中采用的系数。有的用单一系数,有的用多个系数表达。 (唐岱新)

安装焊缝 erecting weld

结构或构件在安装时施焊的焊缝。安装焊缝应在施工图上标明,设计时应注意现场施焊的方便。 (钟善桐)

安装接头 field joint

在施工现场将各构件拼装成整体结构的接头。 (刘震枢)

安装螺栓 assembling bolt, construction bolt

木结构中旨在承受屋架制作过程中翻转(由平放转为竖放)以及运输起吊时由结构自重所引起的力,以保证上述工作顺利进行的螺栓。此螺栓一般按构造选用,必要时尚需经受力验算。在钢结构中,此螺栓用于临时拼装,由粗制螺栓制成。 (王振家)

鞍形索网 saddle-shape cable net

见索网结构(291页)。

鞍形网壳 saddle-shape latticed shell

曲面具有负高斯曲率呈马鞍形的网壳。最常用的曲面形状是双曲抛物面,这是一种直纹曲面,尤宜用于平面为四边形的屋盖;此时单层的鞍形网壳可由相互交叉的两族直线形杆件组成基本网格,再加上对角线方向的杆件,形成完整的双曲抛物面网壳。如果用桁架式网片代替上述杆件,即形成双层的鞍形网壳。由于这种网壳基本上由直线形构件组成,构件制作和曲面成型比较简单。四边形的鞍形网壳受荷后以边缘剪力(为主)和侧向力(为次)的形式传给四根边梁,再传到下面的支承结构,因而边梁应具有必要的轴向刚度和抗弯刚度。工程实践中也常采用由若干个鞍形网壳组合而成的屋盖结构形式。 (沈世钊)

暗梁 hidden beam

钢筋混凝土楼板或墙中,增多水平钢筋并加配钢箍,起梁作用的部分。 (江欢成)

暗牛腿 hidden corbel

见暗牛腿连接。

暗牛腿连接 hidden corbel-piece joint

梁柱接头中牛腿不外露的连接方式。预制梁端截面通常都做成上下带缺口的梁,柱字牛腿截面高度包含在梁的高度范围内,牛腿仅作为安装阶段梁的支承,安装后牛腿下缘和横梁下缘平齐。梁端剪力由后浇混凝土和梁的横向钢筋承受。这种连接适用于荷载不太大,而且使用和建筑要求不能有外露牛腿的框架。对后浇混凝土的施工质量和传递横梁剪力的构造措施都必须十分注意。

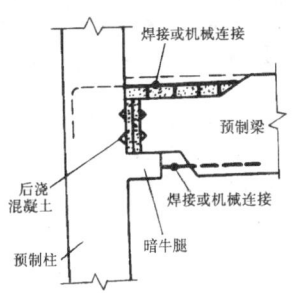

(陈宗梁)

暗柱 hidden column

钢筋混凝土墙中,增多竖向钢筋并加配钢箍,起柱作用的部分。 (江欢成)

ao

凹波拱壳 concave wave arch shell

在横向由一系列下凹的弧段而在纵向由上凸的拱形曲线所形成的组合双向曲面。就其一孔而言，就是单叶旋转双曲面，是一个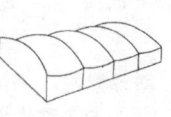可以由直线移动而成的直纹面。对于预应力结构可以很方便地铺设钢索，模板也可以使用直木条或木板，施工方便。

（范乃文）

B

ba

扒钉 clincher dog, dog spike

两端呈直角弯折的门形钉。其截面有矩形和圆形两种，用以钉牢桁架中的腹杆与弦杆、弦杆与弦杆，以便安装起吊桁架。选用扒钉时，应注意其直径（或截面边长）应与结构杆件所采用的树种以及截面高度及端距相适应（即杆件截面高度或端距较小者及易裂树种，应选用较细的扒钉）以防止杆件被钉裂。此外，尚应注意钉尖勿钉在杆件轴线处，以免与髓射线相重而使杆件开裂。

（王振家）

拔出法 pull-out method

在结构混凝土中预埋或钻孔安装特制锚固件，用拔出仪作锚固件的拔出试验，拔出一锥台形混凝土块，根据测定的抗拔力与强度的相关关系推定混凝土抗压强度的一种检测方法。此法属于局部破损法，测试准确度较高。在浇筑混凝土时预先埋入锚固件的称预埋拔出法，如 LOK 试验。在硬化混凝土上经钻孔等其他措施后安装锚固件的称后装拔出法，如 CAPO 试验。

（金英俊）

bai

白点 flake

又称氢白点，钢材断口上呈鸭嘴形的凸形亮片或圆形、椭圆形的银白色斑点。白点显著降低钢材的塑性，使钢材脆化。

（朱起）

白噪声 white noise

自功率谱密度等于常数，即对各个 ω 值都相同时的随机过程。由于 $Ex^2 = \int_{-\infty}^{\infty} S_x(\omega) d\omega$，当 $S_x(\omega) =$ 常数时，Ex^2 为无限大，所以这种随机过程实际上是不存在的。但是由于它表达式简单，计算容易，在工程上仍常用到它。为了免除 Ex^2 为无限大的矛盾，可取有限带宽白噪声，即在某段范围内，$S_x(\omega)$ 为常数，其它范围为零，从而得出 Ex^2 为有限值。

（张相庭）

百分表 dial gauge

又称钟表式百分表。利用齿条和齿轮的传动比把被测位移放大，最小分度值为 0.01mm，量程在 10mm 以内的一种机械式线位移量测仪表。量程大于 30mm 的称大量程百分表。用途广泛，常用来量测中小型结构的挠度，侧移等。

（潘景龙）

ban

板 slab, plate

一种平面尺寸远大于其厚度的平面构件。主要承受各种作用产生的弯矩和剪力，并把它传给梁、柱或墙体。

（刘广义）

板材 plank

由原木锯解成矩形截面且截面宽度大于厚度3倍以上的木材。常用的厚度为 1.5～8cm。其长度针叶材为 1～8m；阔叶材为 1～6m。木节斜纹等木材缺陷对板材工作的不利影响最大，因此对缺陷的限制也最严。

（王振家）

板材结构 plank structure

由厚度在 100mm 以内的木板组成的木结构。如腹板梁、板式椽架等。

（王振家）

板叠 plate assembly

在螺栓连接和铆钉连接中，二块以上板叠合在一起的总成。

（刘震枢）

板架结构 composite space truss

网架与钢筋混凝土板组成的空间组合结构。在二向正交正放、正放四角锥、正放抽空四角锥、斜放四角锥和蜂窝形三角锥等类型网架中,以钢筋混凝土肋板代替网架的钢上弦及覆盖板,并使之与钢腹杆可靠连接。这种结构体系使围护与承重结构结合,具有受力性能好,承载能力高,材尽其用,用料经济的优点,适用于多层建筑的楼盖及跨度不大于50m的屋盖结构。

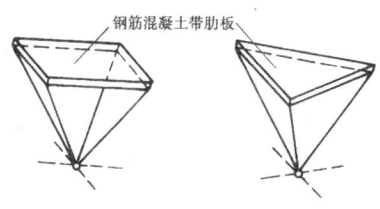

(徐崇宝)

板件 plate element
结构构件中组成截面的平板部分。当板件的厚度较薄,宽厚比较大时,在压力、弯矩、剪力和局部挤压力作用下,可能发生局部失稳现象。钢结构构件中的板件,当周边有可靠的支承时,具有相当的屈曲后强度。在冷弯薄壁型钢构件中,根据两个纵边支承条件的不同,将板件分成:未加劲板件、加劲板件、部分加劲板件和多加劲板件。 (张耀春)

板孔配线 precast slab hole wiring
导线在预制空心板板孔内布线的方法。
(马洪骥)

板块间地震 interpolate earthquake
根据地球板块学说,发生在大板块之间地区的地震。例如环太平洋带的地震和喜马拉雅弧形地带的地震大多属于板块间地震。 (李文艺)

板内地震 intraplate earthquake
根据地球板块学说,发生在大板块内部的地震。除青藏高原外,中国大陆发生的绝大多数地震属板内地震。 (李文艺)

板式承台 pile cap as plate
作为支承在群桩上的板来考虑的独立基础下的桩基承台。计算弯矩时,将桩的反力按两个方向上桩距大小的比例分配,按双向板配筋。 (高大钊)

板式楼梯 slab-stairs
不带斜梁及托梁的钢筋混凝土楼梯。它由梯段板、平台梁和平台板组成。梯段板和平台板支承在平台梁上;平台梁支承在承重墙或其它承重结构上;梯段板为纵向受力板。板式楼梯一般适用于中小型楼梯。 (李铁强)

板式试验台座 plate type test platform
结构为整体的钢筋混凝土或预应力钢筋混凝土厚板的试验台座。由结构的自重和刚度来平衡结构试验时施加的荷载。按荷载支承装置与台座连接固定的方式及构造形式的不同,可分为槽式和预埋螺栓式两种型式。 (姚振纲)

板式屋架
上弦采用钢筋混凝土屋面板,下弦和腹杆采用钢材或混凝土制作的屋架。属于板架合一的结构。自重较轻,经济指标较好,但制作较为复杂。
(黄宝魁)

板弹簧隔振器 vibrating isolator of plate spring
将各板片弹簧叠连在一起夹紧组成的隔振器。受力时,各板片之间将产生强烈的摩擦,其振动能量将转化为不可逆的热能而消失,从而使振动迅速地降低。板弹簧隔振器不易引起水平横向振动。其弹簧常数——垂直刚度为

$$K = \frac{32EJ}{kL^3}$$

E 为弹性模量;J 为叠合板片弹簧总惯性矩,$J = nBb^3/12$,n 为板片数,B 为板片宽度,b 为每一板片厚度;L 为叠合后板片弹簧的总跨距;k 为修正系数。 (茅玉泉)

板托 haunch
在钢-混凝土组合梁中,位于钢部件上翼缘与混凝土翼缘下表面之间的混凝土连接体。其截面形状一般为倒梯形,下底等于或略大于钢部件上翼缘宽度,侧边成45°往上扩大。其功能是调整组合截面高度,改善混凝土翼缘工作和容纳抗剪连接件。 (朱聘儒)

板系结构体系 plate structural system
由连续体板件形成的建筑结构构件的总称。如板、折板、壳等。 (应国标)

板销 boarded pin
见销连接(325页)。

板销梁 boarded pin compound beam
借助板销插入事先用挖槽机挖好的销槽中,用以阻止方木相对滑移的叠合梁。创建于前苏联。板销通常用优质耐腐硬木、钢或玻璃钢制成。如板销为木制,木纤维必须竖放且与梁纵轴垂直,使板销为横纹剪截工作,以保证梁的可靠工作。板销梁由二~三根高度不小于14cm的方木拼合。 (王振家)

板柱结构 slab-column system, flat plate
又称无梁楼盖。由楼板(无梁)和柱组成承重体系的房屋结构。楼板的型式有平板式、密肋式和井梁式。楼板跨度较小时采用钢筋混凝土平板或密肋板,跨度较大时采用预应力混凝土平板、密肋板或井式梁板。柱采用钢筋混凝土方柱或钢管混凝土圆柱。楼板与柱

的连接处,一般设柱帽支托,也可不设柱帽,采取局部加强措施。按施工方法分为:现浇法、升板法、预应力拼装法和预制装配法。　　　　　　（陈永春）

板桩　sheet pile

全部或部分打入地基中,主要承受土压力等水平力的板形构件。如钢板桩、钢筋混凝土板桩等。
　　　　　　　　　　　　　　　　（蒋大骅）

板桩加固法　soil stabilization method by sheet pile

用板桩支挡土体滑动的加固方法。适用土体发生塌坍、滑动而场地比较狭窄的场合。板桩通常有木板桩、钢板桩、预制钢筋混凝土板桩及旋喷桩排列成的板桩等。　　　　　　　　　　（胡连文）

板组　plate assembly

沿纵边相互连接的板件所组成的构件截面。由于相邻板件几何尺寸的不同和板边支承条件的差异,板件失去局部稳定时将相互影响,截面会发生畸变,刚性周边的假设不再成立。　（张耀春）

办公自动化系统　administration automation system

以计算机为核心,对本部门或部门之间信息交换、资料收集、数据处理、电子邮件等的综合管理、部门或部位的标志识别、资料编辑、数据检索以及办公环境监测、信息管理等的自动化系统。　（马洪骥）

半沉头铆钉　oval countersunk head rivet

见铆钉连接(209页)。

半导体应变计　semiconductor strain gauge

利用锗、硅等半导体材料的压阻效应制成的一种电阻应变计。具有动态性能好,横向效应小,灵敏系数高的优点,但线性误差和温度效应较大,对此国内外正在研究它的补救措施。　　（潘景龙）

半概率设计法　semi-probabilistic design method

又称准概率设计法。将影响结构可靠度的某些主要变量(如荷载、材料强度)作为随机变量,根据其数理统计资料来分别确定设计取值,而结构安全系数仍根据工程经验来确定的设计方法。中国70年代发布的及许多国家现行的结构设计规范多数采用此法。这种方法不能定量地度量结构可靠性,因而在本质上仍属定值设计法。国际上有时称为水准Ⅰ方法。　　　　　　　　　　　　　（邵卓民）

半干材　semi-dried timber

含水率的平均值在18%～25%范围内的木材。大体上当木材外表达到气干状态时可认为木材达到了半干材。某些木结构,例如豪式木桁架,允许用半干材制作,因为可以在安装前和使用过程中用拧紧圆钢竖拉杆的手段使结构因木材继续干缩而产生的连接松弛得以消失,重新变得紧密。　（王振家）

半距等高线

见间曲线(152页)。

半潜式平台　semi-submersible drilling

由上部结构、主浮体和立柱组成的浮式平台。上部结构为完成作业任务提供所需要的场所以及相应的工作和居住场所。主浮体为平台提供浮力,作业时沉于水下,仅在移航时方升起浮于水面。主浮体有下体式和沉箱式两种形式。立柱把上部结构和主浮体连接起来。相互间设置斜杆和水平支撑把三者连成一体以保证平台刚度。这种平台能较好地适应恶劣的海况,一般可在100～600m深的海域工作,但其经济水深通常为100～300m　　（魏世杰）

半填半挖断面　cut-fill section

在路基或其它土方工程中,一半为填方一半为挖方的断面。路基工程的填方处称路堤,挖方处称路堑,所以也称半堤半堑断面。当线路行经半山坡时常出现这种断面。在这种断面中,设计断面线与地面线相交,交点的一侧需要填方,而另一侧则需要挖方。　　　　　　　　　　　　　（傅晓村）

半细料石

见料石(198页)。

半圆头铆钉　round head rivet

见铆钉连接(209页)。

半镇静钢　semi-rimmed steel

脱氧程度介于镇静钢和沸腾钢之间的钢。材质的均匀性和机械性能等也介于两者之间。半镇静钢用符号b表示。　　　　　　　　　（王用纯）

半自动焊　semi-automatic welding

用手工操作完成焊接热源的移动,而输送焊丝和焊药或送气等则由相应的机械化装置来完成的焊接方法。　　　　　　　　　　　　　（刘震枢）

bang

帮条锚具　anchorage with side-welding bar

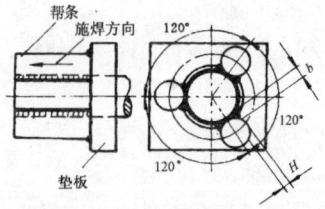

由三根帮条钢筋、衬板与预应力冷拉钢筋焊接所组成,用于固定端锚固的锚具。帮条钢筋采用与预应力冷拉钢筋相同的强度,呈120°布置。适用于钢筋标志直径为14～40mm的冷拉Ⅱ、Ⅲ级钢筋。

(李绍业)

绑扎骨架 binding framework

将纵筋与横向钢筋通过人工绑扎而构成的平面或空间形式,将其固定在构件的模板中,以便于浇灌混凝土的钢筋骨架。

(王振东)

bao

包络图 bending moment envelope

又称内力包络图。结构各截面的某一内力(弯矩或剪力)按相应的最不利荷载布置,求得可能出现的最大和最小值在同一坐标内绘制出的内力图外包线。

(刘广义)

包气带水 water of aerated zone

处于地表面与潜水面之间的地带中的水。一般分为土壤水、毛细水、沼泽水与上层滞水。它受气候控制,季节性明显,雨季水量多,旱季水量少,对基坑开挖有一定影响。

(李 舜)

包辛格效应 Bauschinger effect

见钢的包辛格效应(93页)。

薄腹梁 thin web girder

腹部比其它部位薄的钢筋混凝土屋面梁。截面有T形和工字形的;有单坡等高和双坡变高。一般易出现裂缝,所以应用最多的是预应力混凝土薄腹梁。这种梁截面高度小、重心低、侧向刚度好、施工方便。但自重大、经济指标差。

(黄宝魁)

薄膜比拟法 membrane analogy

利用薄膜特性比拟构件内力的方法。受扭构件按弹性理论计算较为复杂,一般可采用如下的简化计算:取一均质薄膜,水平张拉在外形与受扭构件截面形状相同的边框内,薄膜受单位面积的均布荷载 p 及单位长度拉力 S 所产生的挠度

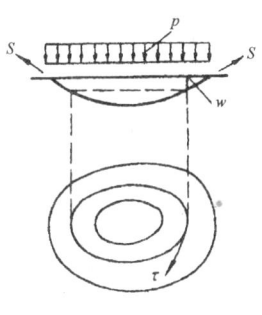

w,构件单位长度扭转角为 θ,剪切模量为 G,根据薄膜曲面与受扭构件截面上应力分布的微分方程式相同的原理,若取 $\dfrac{p}{S} = 2G\theta$,则二者有如下关系:①薄膜上任意点处等高线的切线为构件截面相应点剪应力的方向,其最大斜率即为构件相应点剪力的大小;②薄膜的外表面与其基准平面所包围体积的两倍等于受扭构件的扭矩。这样可以通过求薄膜的斜率和体积的办法,来求得受扭构件剪应力及扭矩。

(王振东)

薄膜结构 membrane structure

以薄膜材料所形成的曲面作为屋面的承重结构。是张力结构的一种。薄膜承受拉力。曲面往往是马鞍形的,即两个方向一凹一凸。薄膜支承于柱、拱或索上。充气结构或一般的帐篷都是薄膜结构。

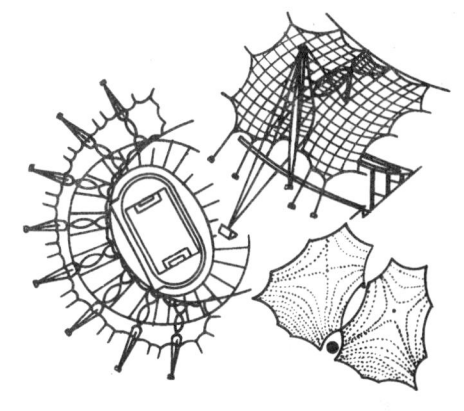

(蒋大骅)

薄膜水 pellicular water

又称弱结合水。扩散层中紧靠吸着水外围形成的一层结合水膜。其厚度远大于吸着水,不能传递静水压力,也不受重力影响,但能向邻近的水膜较薄处移动。其密度约为 $1.30 \sim 1.74 \text{g/cm}^3$,冰点低于0℃,粘滞性较大,溶解能力微弱。在105℃恒温时可消除。

(李 舜)

薄壳 thin-shell structure

壳体的厚度与壳体中面的最小曲率半径之比小于1/20的薄壁空间结构。由两个相距很小的曲面所围成的空间构件称为壳体,简称壳。内外曲面间的距离是壳体的厚度。平分壳体厚度的曲面称为壳体的中面。壳主要承受由于各种作用而产生的中面内的力,有时也承受弯矩、剪力或扭矩。薄壳以较小的厚度形成具有很高承载能力、很大刚度的承重结构,能够覆盖大的空间而无须设置中间支柱,做到承重和围护功能合一。壳体可以用钢筋混凝土、钢、木、砖石、轻合金以及玻璃钢等材料建造。薄壳结构可以按中面的形状分为圆柱形薄壳、旋转薄壳和双曲薄壳等。

(范乃文)

饱和度 degree of saturation

土孔隙中水的体积与孔隙体积之比 S_r(%)。它表示土的潮湿程度,如饱和度为100%,表明土孔隙中充满水,土是完全饱和的;饱和度等于零,表示

土是完全干燥的。　　　　　　（王正秋）

饱水带　saturated zone

潜水面以下或承压水顶板以下岩土的空隙中被水充满的地带。如：含水层。　　（李　舜）

保本点分析

见盈亏平衡分析(347页)。

保护接地　protective earthing

为了防止电力和配电设备因绝缘损坏，金属外壳等外露可导电部分带电产生的电压危及人身安全而设置的接地。按 IEC 标准，配电系统有三种接地型式。①TN 系统；②TT 系统；③IT 系统。电力装置在正常情况下不带电的外露可导电部分，均应按各种系统的接地要求接地。　　（马洪骥）

保险螺栓　safety bolt, stitch bolt

设置在木结构齿连接桁架端节点处，用以防止木材剪切脆性破坏而引起桁架突然坍毁的螺栓。它是备用保险系统，木材受剪面未被剪坏时它不参与工作，受剪面一旦被剪坏则承受拉力。　　（王振家）

保证率　probability of non-exceedance

基本变量的值偏向有利地高于或低于规定的标准值的累积概率。参见分位值(83页)。

（邵卓民）

保证系数　assurance coefficient

又称峰因子。某随机变量 x 的根方差 σ_x 用作工程设计计算值时所乘的系数。根方差 σ_x 仅是一种统计值的变量，还不能用作工程上设计计算值，要求该变量符合某条件的某一概率，必须乘以保证系数，它与该概率值有关。如果该变量的数学期望为 E_x，则该变量的设计计算值应为：

$$x_c = E_x + \mu\sigma_x$$

在脉动风压中，它的数学期望为零，因而上式变成：

$$x_c = \mu\sigma_x$$

（张相庭）

刨边　edge planing

用刨边机或刨床将钢板零件边缘刨平或刨成规定坡口的加工工序。零件刨边前必须矫直。

（刘震枢）

刨平顶紧　milled end bearing

又称磨光顶紧。构件刨平端与板件之间紧密接触传力的方法。刨平顶紧能直接传力，但对加工的要求较严。　　（何若全）

爆高

见爆炸高度(7页)。

爆破拆除　explosion dismantlement

对建筑物或构筑物用爆破方法进行的拆除。其基本原理是通过充分破坏建筑物的承重构件，导致建筑物失稳并在自重作用下倾覆，迫使建筑物原地倒塌或按预定方向倒塌。当在城镇闹市区、铁路干线边缘、房屋内部进行爆破拆除时，对空气冲击波、爆破震动、飞石等产生的破坏效应必须有效地加以控制，以便使需要保护的对象得到保护。

（李　铮）

爆炸　explosion

物质发生变化的速度不断急剧增加，在极短的时间内释放出大量能量的现象。这种能量可以是原来就以各种形式（例如核能、化学能、电能和压缩能等）贮存在系统中。爆炸可用于采矿、土方工程以及建筑物拆除等。随爆炸源的种类及其所处介质的不同，爆炸将产生不同的效应。　　（熊建国）

爆炸安全距离　explosion safety distance

在总平面上，爆炸不至于危及其邻近的建筑物（构筑物）或区域安全的最小允许距离。它与爆炸物数量及其性质、冲击波超压及其正压作用时间、被保护建筑物的抗爆能力、允许破坏标准、有无土围或屏障、爆炸概率等因素有关。爆炸危险区内生产或贮存爆炸物的建筑物与其他建筑物之间的最小允许距离，称危险区内部爆炸安全距离。爆炸危险区边缘与居住建筑、工厂、城镇、村庄、铁路、公路、航道、机场之间的最小允许距离，称危险区外部爆炸安全距离。根据爆炸破坏效应的不同又可划分为空气冲击波、爆炸地震波、碎片、飞石、殉爆等的爆炸安全距离。　　（李　铮）

爆炸超压　explosion overpressure

爆炸时介质中某处的绝对压力超过其初始环境压力的差值。爆炸超压是随时间而改变的。描述一给定点超压的特征参数有：峰值超压，峰值超压的到达时间，正（负）压持续时间和冲量。超压-时间曲线可表示成为几个衰减指数项之和。为了简便，也常常根据结构最大反应发生的相对时间利用冲量相等的原则用等效三角形来代替。

（张晓溅　熊建国）

爆炸当量　explosion yield

又称 TNT 当量。爆炸物(烈性炸药、核能等)爆炸时所释放的所有能量同单位重量梯恩梯(TNT)爆炸时所释放的能量的比值。例如 2 万 t 当量即为相当于 2 万 t TNT 所有的爆炸能量，1t TNT 爆炸所产生的能量为 4.184×10^9 J。　　（张晓溅）

爆炸地震波　blast induced seismic waves

爆炸在岩土中传播的应力波。可分为原发地震波(亦称直接地冲击)和诱发地震波(空气冲击波诱发的间接地冲击)。地下爆炸只产生原发地震波，地面以上的爆炸只产生诱发地震波，地面爆炸或接近地表的地下爆炸将产生上述两种地震波。同样，若爆炸发生在水中，在相邻的岩土中也将同时传播地

震波。　　　　　　　　　　　　（熊建国）

爆炸地震波安全距离　safety distance of explosion induced by seismic waves

以爆炸地震波破坏效应为依据保证安全所需要的最小距离。对同一地基上的同一建筑物而言,爆炸地震波的破坏作用主要取决于岩土质点的竖向振动速度,并以此作为爆炸地震波安全距离的标准。
（李　铮）

爆炸动压　blast induced dynamic pressure

爆炸空气冲击波由爆心向外推进,跟在冲击波阵面后的空气团因流动而产生的阵风(瞬态风)压力。动压是冲击波通过的空气密度和波阵面后风速的函数。波阵面后的风速与超压有关。
（熊建国）

爆炸高度　height of burst

简称爆高。爆心至地面的垂直距离。是衡量核武器爆炸方式和各种破坏效应的一个指标。爆炸高度大于爆炸形成的火球最大半径时的爆炸称为空中爆炸,否则称为地面爆炸。一般爆炸高度在30000m以上时,除电磁脉冲效应以外,对地表或地下的防护措施不会造成结构性破坏。　（张晓漪）

爆炸极限　explosive limit

见爆炸界限。

爆炸挤密法　blasting compaction method

利用炸药在竖孔内爆炸使孔周围的土被挤密的方法。可用于松砂地基和黄土地基的挤密加固或就地灌注混凝土桩施工中的扩孔。爆炸孔的间距和孔深以及炸药量都需事先通过现场试验决定。
（胡文尧）

爆炸界限　explosive margin

又称爆炸极限。可燃的气体、蒸汽、粉尘等一类物质与空气混合后形成的混合物,遇火引起爆炸的浓度界限范围。能引起爆炸的最低浓度称为爆炸下限,能引起爆炸的最高浓度称为爆炸上限。可燃气体和可燃蒸汽的爆炸界限,以其占爆炸混合物单位体积的百分数表示,可燃粉尘的爆炸界限,以其占爆炸混合物单位体积的重量(g/m^3)表示。浓度低于或高于爆炸界限范围时,遇火都不会引起爆炸。
（房乐德）

爆炸铆钉　explosive rivet

见膨胀铆钉(228页)。

爆炸危险区　hazardous area of explosion district

在爆炸源集中的情况下,爆炸能够危及生命,造成财产损失的范围。对城市或工厂而言,为使爆炸的破坏作用局限于某一范围,必须将生产爆炸品的工房和贮存爆炸品的仓库集中布置在某一区域。其内部和外部爆炸安全距离应遵守国家的有关规定。爆炸危险区应选择在人口稀少,有自然屏障的地方。
（李　铮）

爆炸效应　effects of explosion

爆炸产生的各种影响和后果。与爆炸源及其所处介质的种类、状态有关。冲击波是最主要的一种爆炸效应。爆炸源在地表爆炸时,通常还会消耗一部分能量来形成爆炸坑和地震波。核爆炸时,除冲击波、爆炸坑和地震波之外,还产生早期核辐射、热辐射、电磁脉冲和剩余核辐射等效应。
（熊建国）

爆炸源　explosion source

爆炸发生和爆炸效应开始传播的地点。其性质决定着爆炸所产生的冲击波的强度、持续时间和其它特征。爆炸源的基本特征有:总能量、能流密度和能量释放速率等。
（熊建国）

爆炸作用　explosion action

结构由于外界传来爆炸产生的冲击波、压缩波等作用引起的动态反应。　　　　（唐岱新）

bei

杯口基础　footing with socket for prefabricated column

呈杯口状以供插入预制柱的钢筋混凝土基础。预制的柱子在现场起吊插入基础的杯口中,就位后用细石混凝土将杯口与柱子间的缝隙填满。杯口平面尺寸和深度与柱子的尺寸有关。杯口四周可设或不设钢筋,视杯口的高度而定。底部混凝土有一定的厚度,以保证在柱子作用下不产生冲切破坏。当地基持力层离地面较深,基础杯口顶面离基础底面高出很多时,此种类型的杯口基础称作为高杯口基础。
（曹名葆）

北京坐标系　Beijing coordinates

常称1954年北京坐标系。一种过渡性的坐标系统。中国天文大地网建立初期,曾与前苏联天文大地网联测,当时中国没有自己的测量坐标系统,为便于天文大地网平差计算,于1954年确定一个过渡性的坐标系统。由于其有关定位参数与中国实际测定的数据出入较大,在中国天文大地网整体完成后,于1980年又建立了新的大地坐标系,即1980年国家大地坐标系,参见大地原点(38页)。
（胡景恩）

贝齐尔函数拟合法　Bezier function

由法国数学家Bezier提出的一种参数曲线表示方法。它的形状是通过一组多边折线的顶点唯一地定义出来的,可用于对给定点的曲线拟合。这种方法使得设计人员比较直观地意识到所给条件(型值点)与拟合曲线之间的关系,能极方便地用程序来控制输入参数以改变曲线(或曲面)的形状和阶次。

(薛瑞祺)

贝叶斯方法 Bayes method

在地震危险性分析中,为避免没有完整历史资料时可能导致错误结论,采用先验信息去确定后验信息的分析方法。其特点:①提供了一个把先验信息和其它资料相结合的严格方法,有时为了数学处理方便,可选用特定的先验分布形式(如伽马函数),从而可得到后验分布的解析函数形式;②可将未知参数处理为随机变量,称之为复合分布,它包括了固有模式的不确定性和统计参数的不确定性。

(章在墉)

背斜 anticline

见褶皱构造(360 页)。

倍角法

见复测法(88 页)。

被动隔振 driven vibrating isolation

见消极隔振(325 页)。

被动土压力 passive earth pressure

达到被动极限平衡状态时相应的土压力。当挡土墙在外力作用下推向土体时,作用在墙上的土压力由静止土压力逐渐增大,直到墙后土体中出现破裂面达到极限状态而破坏,此时即为被动极限状态。

(蔡伟铭)

被动土压力系数 coefficient of passive earth pressure

用朗金理论或库仑理论计算被动土压力公式中的系数 K_p。它是墙后填土的内摩擦角 φ、墙背倾角 α、地面坡角 β 以及墙背与填土间的摩擦角 δ 的函数。

(蔡伟铭)

ben

本初子午线 prime meridian

见首子午线(276 页)。

本构关系 constitutional relationship

材料或结构在各种受力状态下从加载到破坏全过程中的应力-应变关系、应变-时间关系、粘结应力-滑移关系等基本物理力学特征关系的总称。混凝土的本构关系全面地反映了混凝土在各种不同应力状态和不同应力阶段的变形特点,是钢筋混凝土结构全过程分析的基本依据。由于混凝土的弹塑性性质,其本构关系还与荷载特点、加载速度、应力分布、试件形状尺寸等许多因素有关。复杂的本构关系会使结构分析变得十分困难,因此对实测的本构关系

进行理想化、模型化,并用数学模式来表达,对钢筋混凝土结构的全过程分析是十分必要的。

(计学闰)

beng

崩塌 avalanche

由于自然地质作用或人类活动的影响,陡峻斜坡上的岩体在重力作用下,整块地突然脱离坡体向下塌落(坠落或滚落)的现象。产生的条件是:斜坡陡;岩质较坚硬,或软硬相间;岩体中各种软弱结构面(节理面、层理面、片理面、断层面等)的不利组合。山区崩塌会给交通运输、建筑工程造成极大损失。

(蒋爵光 李文艺)

泵送顶升浇灌法 upside down pour concrete by pump

钢管混凝土长构件施工时,混凝土从管下部泵入管内不加振捣的浇灌法。适用于多层和高层建筑中钢管混凝土柱的浇灌。管柱在下部设临时浇灌孔,连接泵车软管,直接泵入混凝土。泵灌时,柱端应敞口。灌满后拆卸临时浇灌孔,并进行焊补封闭。采用此法的关键是控制混凝土的合理配比、水灰比。掺入高效能减水剂后,坍落度控制为 16~18cm。此法的优点是施工简便,保证质量,但管柱中不宜有零部件。

(钟善桐)

bi

比表面积试验 specific surface test

测定小于 2×10^{-3}mm 粒组的比表面积,并按其大小和特点判别主要粘土矿物类型及估算其含量的试验。粘土矿物的比表面积是单位质量的总表面积(m^2/g)。某些具有扩展性晶格的粘土矿物,除晶体外部的表面积外,晶格内部也存在有参与物理化学作用的内表面积。总表面积为内表面积和外表面积之和。测定方法为有机极性分子吸附法,如乙二醇吸附法、甘油吸附法等。

(王正秋)

比例尺 scale

又称缩尺。图上某一线段长度与地面上相应线段水平距离之比。可分数字比例尺和图示比例尺两种。数字比例尺是以分子为 1 的分式 $1/M$ 表示,M愈大比例尺愈小。图示比例尺是在图上绘制一个能直接量取该图直线段实际水平距离的比例尺。用图示比例尺量取。

(陈荣林)

比例尺精度 scale accuracy

图上 0.1mm 所代表的地面上水平距离(即 0.1mm$\times M$,M 为比例尺分母)。它显示了地形图

的图面精度。比例尺愈大,图的精度愈高,图上表示的地形愈详细。使用何种比例尺的地形图,应根据实际需要和比例尺精度综合考虑。　　(陈荣林)

比例误差　ratio error

相位式测距中随距离成比例变化的一些误差。有真空中光速值的误差,大气折射率误差以及调制频率误差等。　　(何文吉)

比特　bit, binary digit

二进制度量信息的最小单位。　　(周宁祥)

笔式记录仪　pen-recorder

利用电动机原理推动笔在记录纸上绘制电信号时程曲线的一种仪器。它们通常有墨水、电火花、热笔和刻痕等数种记录方式。仪器能同时记录电信号的通道数由记录笔的数量决定,通常为1~12通道。这种记录仪一般适用记录低频电信号。

(潘景龙)

毕肖普法　Bishop's simplified method of slice

由毕肖普(Bishop)提出的考虑了条间力的作用对瑞典法进行修正的方法。瑞典法没有考虑土条之间力的作用。因此,对每一土条力和力矩的平衡条件是不满足的,只满足整个土体的力矩平衡。1955年毕肖普考虑了条间力的作用,并假定土条之间的合力是水平的,导得的安全系数表达式为

$$F_s = \frac{\sum \frac{1}{m_{ai}}[c'_i b_i + (W_i + u_i b_i)\mathrm{tg}\varphi'_i]}{\sum W_i \sin\alpha_i + \sum Q_i \frac{e_i}{R}}$$

因为在 m_a 内也有 F_s 这个因子,所以要进行反复迭代,直至等式两边的 F_s 值非常接近为止。在计算时,对于 α_i 为负值的那些土条可能会使 m_a 趋于零,这是因为略去了 x 的影响之故,如果是这样,这种方法就不能用。

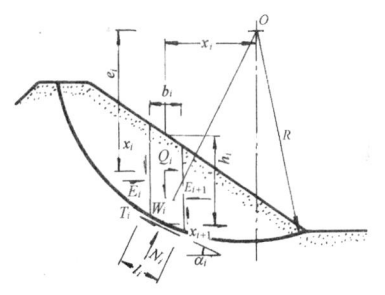

(胡中雄)

闭合差　closure error

理论值与观测值之差。有角度闭合差、高程闭合差、坐标增量闭合差等。　　(傅晓村)

闭合导线　closed traverse

在导线测量中,起讫于同一已知点的环形导线。由一已知点出发,经过若干导线点后又回到起始点,构成闭合多边形。因此,具有几何检核条件。一般用于在独立地区建立首级平面控制。　　(彭福坤)

闭路电视系统 CCTV　closed-circuit television system

图像及信号的摄制、发送与接收均通过高频电缆联成一体的电视收看系统。包括闭路监视电视系统、医疗手术闭路电视系统、教学闭路电视系统以及综合闭路电视系统等。　　(马洪骥)

壁板

见大型墙板(38页)。

壁式框架　wall frame

洞口较大的剪力墙所形成的梁柱截面较高的框架计算图式。当剪力墙的连梁较高,而墙肢又不是很宽时,它的受力情况和框架较接近,常按壁式框架图式进行分析。与一般框架的区别,在于它的梁柱相交处,不能再看成是一个点,而是一个有相当尺寸的节点区——刚域,梁柱则在刚域边缘嵌固。

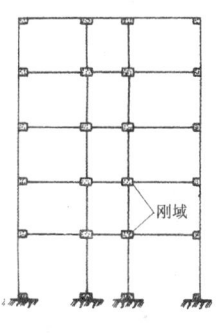

因此,壁式框架实际上是带刚域的框架。它与联肢墙相比没有明显的区别。一般说来壁式框架的梁对墙肢的约束即整体作用比联肢墙要大些。

(江欢成)

壁式框架法　stiffness modifying frame method

将多列洞口剪力墙简化为一个等效多层框架的方法。多列洞口剪力墙由于墙肢及连续梁截面较大,在墙梁交接处形成一个刚性很大的区域,视为带刚域的杆件。与普通框架相比,由于杆件截面较大,不宜忽略剪切变形的影响,杆件刚度及反弯点位置也受影响,不能直接应用一般 D 值法计算,需进行必要的修正。可用矩阵位移法计算,以每结点的垂直位移 v,水平位移 u 和转角 θ 为未知量,建立方程组,求解位移后,再计算出杆件内力。　　(董振祥)

壁行吊车　crane traveling along wall

为了解决车间邻近柱间区域内的工件运输,可沿柱列纵向移动的悬臂吊车。其起重量为1、3、5、7.5及10t等。　　(王松岩)

壁柱加固法　strengthening by adding piers

墙体因承载力或高厚比不满足要求,在使用条件允许时,采用增设壁柱予以加强的方法。此法简单易行,但应采取措施使后加壁柱与墙体有足够的拉接,并相应增设壁柱基础。　　(唐岱新)

避风风帽　wind cap

见风帽(85页)。

避风天窗 skylight with windscreen
见挡风天窗(43页)。

避雷针 lightning rod
建筑物或构筑物的一种防止直接雷击的装置。由金属棒构成,安装在建筑物或构筑物顶端。它与引下线和接地装置配合,能把一定范围的高空雷电引向自身,泄入大地,以使建筑物免遭或少遭雷击。其数量与建筑物或构筑物的高度和所处地域有关,需经专门设计确定。 (方丽蓓)

bian

边材 sap wood
某些树种的树干外围靠近树皮材色较髓心附近为浅的木材。它是新生的木质,在生活的树木中,它具有木质全部的生理功能,即除具有支持外力的机械强度外同时对水分运输、矿质和营养物的运输和贮藏等也起着作用,含水率一般较大,材质较已老化的心材稍差。一般,边材较心材易腐朽和虫蛀,强度较低且易变形。 (王振家)

边长条件 side length condition
见极条件(143页)。

边拱 boundary arch
用以支承壳体并起刚性横隔作用的拱形构件。边拱做成带拉杆的拱,支承于柱或墙上,当跨度很小时,亦可做成刚架形式。带拉杆的拱式横隔在构造上和普通拱相似。 (陆钦年)

边角测量 combined method of triangulation and trilateration, triangulateration
为提高精度,在三角测量的基础上,加测边长,确定各控制点平面位置的工作。视精度要求,可加测部分或全部边长。 (彭福坤)

边界层 boundary layer
当粘性很小的流体(如空气等)与物体接触并且有相对运动时,由于粘性剪应力的影响在物体表面所形成的流体层。在边界层内速度从相应于无粘性流体运动的数值变化到流体粘附于物体表面所应有的数值。边界层呈层流流动的,称层流边界层;呈湍流流动的,称湍流边界层。 (卢文达)

边界填充法 boundary fill algorithms
把某些特定的区域中全部象素值都设置为新值的过程。一个区域是一组相邻而又相连的象素。区域的建立,可以通过将一特定值赋给此区域内的全部象素来实现,也可以将一特定值赋给与此区域相毗连的象素来实现。由一个边界来定义的区域称为边界定义。在边界上的象素具有边界值,而在此区域内的象素则具有不是新值的某种数值。 (翁铁生)

边坡剥落 slope spaling
斜坡表层破碎的岩屑或土块经常不断地沿坡面滚落堆积在坡脚的边坡表层的一种破坏现象。此时边坡岩土的整体则是稳定的。 (孔宪立)

边坡长期稳定 long term stability of slope
施工引起的孔隙水压力全部消散后的稳定性。它应该采用有效应力和排水抗剪强度来计算。对于加荷情况,固结使超孔隙水压力下降,土的孔隙比减少,有效应力和抗剪强度增加,所以长期稳定性大于瞬时稳定性。对于卸荷情况,随着负孔隙水压力逐渐消散,粘土产生膨胀,抗剪强度下降,所以长期稳定性反而减少。砂性土的渗透性高,所以瞬时稳定和长期稳定无多大差异。 (胡中雄)

边坡反分析 slope inversion analysis
以已知边坡某些物理量信息(位移、应力、物性和边坡几何参数等)作为反演计算依据,建立已知信息量与未知量的关系方程,反馈确定边坡某些难以测定的物理量的分析方法。边坡反分析常作为获取初始应力场、物性参数等的可靠手段。 (孔宪立)

边坡坡度容许值 allowable grade of slope
在安全系数的范围内确定边坡坡度(或坡角)的上限值。最好的上限解是给出一个最低的安全系数。但是,边坡岩土体的参数是变化的,作用于边坡上的力和各种影响边坡稳定性的因素是复杂的、变化的。因而边坡稳定性也是一个变量。确定边坡坡度的容许值有安全系数法、概率法和优化法等。 (孔宪立)

边坡失效概率 failure probability of slope
边坡稳定分析中作用大于抗力这一事件出现的概率。由于土的不均匀性和变异性,通常的安全系数计算公式中的分子和分母将都是随机变量。所以,非但不能说安全系数大于1就算"安全",即使取一个相当大的安全系数,还不能说是"绝对安全"的。应用概率论和统计学,把安全系数和破坏概率联系起来,通过运算,可得到安全系数和失效概率之间的关系。某一个安全系数有一个失效概率,它与土性质的变异系数有关。不同工程应控制失效概率来选取安全系数。 (胡中雄)

边坡瞬时稳定 instantaneous stability of slope
施工结束时土体的稳定性。由于粘性土具有低渗透性,施工期间土的体积变化量或排水量极小,孔隙水压力不消散,土体在不排水条件下受荷。土的强度不随荷载和时间而变化。此时应该采用总应力法和不排水抗剪强度来计算稳定性。在加荷条件下,孔隙水压力随着荷载增大而增大,竣工后,总应力不变,孔隙水压力由于固结而消散,所以,竣工时瞬时稳定安全系数最小。对于卸荷情况,土中产生负孔隙水压力,所以这一工况时瞬时稳定安全系数最大。　　　　　　　　　　　（胡中雄）

边弯
见侧边纵翘(19页)。

边缘构件　boundary member
位于壳体周边用以保持壳体具有必要刚度的构件。因而本身的刚度极为重要。它的尺寸和形状在很大程度上影响沿壳体截面应力的分布和数值。边缘构件可为边拱、桁架、空腹梁、刚架、边梁和支座环等型式。在其与壳面的连接处,应满足必要的构造要求,使壳体的受力状态更趋合理。（陆钦年）

边缘加工　edge preparation
利用专用的工具将零部件的边缘加工成规定的外形并使表面精度符合要求的工序。包括边缘刨平、刨坡口和端铣。目的是为了满足焊接工艺要求,满足提高疲劳强度或端部顶紧传递压力的要求等。
（刘震枢）

边缘加劲肋　edge stiffener
在组合截面的钢杆件中,沿着板件纵边设置的加劲肋。在冷弯薄壁型钢中,最常用的是卷边。参见部分加劲板件(16页)。　　　　　　（张耀春）

边缘效应　edge effect
构件或部件由于边缘约束对其承载力的影响。如焊有端盖板的钢管和钢管混凝土轴心受压构件,在荷载作用下,端截面的变形受到盖板的约束。又如钢油罐的罐身和底板相连,也受到底板的约束。这些约束,改变了局部范围内的内力分布,并影响了构件的承载力。　　　　　　　　　（钟善桐）

编程　programming
设计、书写及检查程序的过程。根据程序要求,设计程序流程图,用适当的语言使解题变为计算机能够接受的指令或语句序列。　　（陈国强）

编译　compile
从源程序产生目标程序的过程。用户发出某种语言的编译命令后,编译程序自动对用户的源程序进行编译,生成目标程序。　　　（周宁祥）

编译程序　compiler
将源程序翻译成目标程序的程序。它能将用高级程序设计语言编写的程序(即源程序)转换成可以被机器所接受的机器语言程序。　　（周锦兰）

鞭梢效应　whiplash effect
结构(如高层建筑)顶部细小突出部分由于侧向外作用(如风力或地震力)所产生的剧烈振动的效应。它是由于细小突出部分振幅剧烈增大所引起的。当突出部分作为独立部分的频率接近主体结构作为独立部分的频率时,计算时还需考虑频率较为接近的第二振型的影响。　　　　（张相庭）

扁钢　flat bar
截面呈扁长方形的钢材。宽度和长度都比带钢小,而厚度则常比带钢大。可作焊接钢管的坯料和热轧薄板用的薄板坯。　　　　　　（钟善桐）

扁壳
见双曲扁壳(281页)。

变幅变形加载　loading pattern of variable amplitude deformation
周期性抗震静力试验中,按变化幅值的变形值控制加载的一种方法。试验控制变形加载的幅值是位移值,也可以是延性系数,并按反复加载周次的增加而变化,即从零开始,首先加载使结构达到屈服,以后按屈服位移的倍数增加,直至结构破坏。这种方法用于确定结构的恢复力特性曲线,用以研究结构构件的强度承载力、变形和耗能能力等抗震性能。
（姚振纲）

变幅疲劳　variable amplitude fatigue
在应力变化的整个过程中最大应力与最小应力为变值或应力变化是随机值时的疲劳。实际上,工程结构经受的多是变幅疲劳。　（杨建平）

变幅疲劳试验　fatigue testing with variable amplitude
变幅定频循环应力(应变)下的疲劳试验。荷载类型和波形可任意选择,在一定程度上能代表真实荷载的效应。这种试验用于选材及确定结构破坏部位,可获得较正确的结论。　　　（韩学宏）

变角空间桁架理论　the variable-angle space-truss theory
钢筋混凝土受扭构件按空间桁架理论计算时,认为所设想的混凝土斜杆倾角可以不是45°,而是在一定范围内随着纵筋和箍筋的体积比而变化的一种计算理论。该理论计算时提供了构件开裂后,当纵筋和箍筋体积不等时如何抗剪和抗扭的清楚概念,可以统一处理剪和扭以及弯和扭等复合问题,在设计时具有相当的精度,为目前国际上解决受扭问题较为完善的理论。其主要问题是混凝土对抗剪及抗扭的贡献,在理论上未予解决。　（王振东）

变截面梁　non-uniform beam
横截面沿长度方向改变的梁。变截面的位置应根据构件内力分布图形及节省材料的原则确定。梁变截面的作法一般可改变梁的高度或宽度。梁截面的变化要平缓。　　　　　　　　（何若全）

变配电所　electric distribution substation
用以变换电压等级、分配和控制电能的建筑物。

配电电压等级与受电电压等级不同的叫变电所,相同的叫配电所,两者兼有的叫变配电所。民用建筑变电所可分为杆上变电所、独立式变电所、箱式变电所及附设式变电所。工业企业车间变电所可分为车间外附式、车间内附式、车间内式、独立式、屋外式或杆上式等。宜使变配电所靠近负荷中心,以节约投资和减少能耗。变配电所由变压器或其它电能变换机、配电装置、操作装置、保护装置、自动装置、测量仪表及附属设备组成。　　　　　　（马洪骥）

变频正弦激振 variable frequency sinusoidal excitation

对结构作用一个按正弦变化又变频的激振力的激振方法。是抗震试验强迫振动加载的一种加载制度。试验采用偏心起振机激振,通过电控系统使起振机转速由小到大,在到达比试验结构的任何一阶自振频率均高的转速时关闭电源,使起振机转速自由下降,当通过结构各阶自振频率时,由共振而形成相当大的振幅。由于转速下降很快,共振阶段不可能形成象稳态正弦激振时那样大的峰值,对于小阻尼系统还会出现"拍"振的现象。　　（姚振纲）

变色材 stained wood

由于变色菌、霉菌以及木腐菌等的侵入而产生不正常色变的木材。变色菌主要在边材的薄壁细胞中,吸收细胞中贮存的各种养分。它引起的色变多为蓝色、青色,通常并不破坏木材的细胞壁,因此几乎不影响木材的物理力学性能。由木腐菌引起的色变常呈红斑,使木材耐腐性稍差,冲击韧性也有少许降低。此外,还有一种化学色变,如栎木等含单宁较多的木材,采伐后置于空气中,即氧化变为栗褐色。此种化学色变对木材强度无影响。　（王振家）

变形缝 deformation joint

又称结构缝。为减少温度变化和不均匀沉降等对建筑物或构筑物产生不利影响,将结构分隔成若干独立单元,在两单元之间预留的间隙。按缝的作用可分为伸缩缝、沉降缝和防震缝。缝的宽度应能适应结构在该处产生变形的需要。当各种变形因素有可能同时出现时,缝宽应叠加。
　　　　　　　　　（陈寿华　杨熙坤）

变形模量 modulus of deformation

又称割线模量。材料在单向受拉或受压且应力和应变呈非线性（或部分线性和部分非线性）关系时,截面上正应力与对应的正应变的比值。在应力-应变曲线上为原点与某点连线倾角的正切。此值随材料（如混凝土或砌体）应力的增加而逐渐减小,并和加载速度等因素有关。　（计学闰　刘文如）

变形能量强度理论 energy-of-distortion yield criterion

又称歪形能理论、第四强度理论、形状改变比能理论或米赛斯屈服条件。在复杂应力状态下,以钢材单位体积内对应于形状改变（歪形）的那部分应变能达到单向拉伸屈服点时的应变能作为塑性流动条件的强度理论。它也是假设材料从弹性转为塑性时变形能量最大但作功最小的一种强度理论。作为理想弹性塑性体的钢材,在复杂应力作用下到达极限状态的情况最符合变形能量强度理论。
　　　　　　　　　　　（陈雨波）

biao

标称精度 nominal accuracy

通过给定的固定误差 A 和比例误差系数 B 来表达测距仪的精度指标。通常以 $m_D = \pm(A + B \cdot D)$ 的形式来表示。它是仪器出厂的合格精度指标,并不代表仪器的具体精度,更不能代表实测距离 D 的精度,当无仪器的具体精度作依据时,可用标称精度作为一般的估算精度。　　（何文吉）

标高 elevation

工程建设对象（如建筑物、构筑物、铁路、公路、管道、渠道等）的设计高程或测设高程。
　　　　　　　　　　　（陈荣林）

标准差 standard deviation

见中误差（368页）。

标准冻结深度 standard frost depth

在特定的标准条件下的冻结深度。其标准条件是土中零度等温线的深度。各地区的标准冻结深度是地表无积雪、无草皮等覆盖条件下的多年实测土中零度等温线最大深度的平均值。国家建筑地基规范制订了全国标准冻深分布图。
　　　　　　　　　（秦宝玖　陈忠汉）

标准贯入锤击数 blow count during standard penetration test

见标准贯入试验。

标准贯入试验 SPT, standard penetration test

将一定规格的贯入器打入土中,根据入土的难易,以判别地基土密实程度,评价饱和砂土和粉土的液化势,确定地基土允许承载力等的一种动力触探试验。试验方法是用 63.5kg 重的穿心锤,以 76cm 落距自由落下,将贯入器打入土中 30cm,并记录其锤击数 N 值（即标准贯入锤击数）。贯入器为对开管式结构。在锤击时进入贯入器的土,取出后可观察、描述土性,并做扰动土的室内土性试验。
　　　　　　　　　（王家钧　王天龙）

标准离差 standard deviation

见根方差（103页）。

标准设计　standard design

经有关部门正式批准颁发,能为国民经济有关部门作为标准并重复采用的构配件、体系和单项工程设计。是国家标准化的一个重要内容,应符合经济、适用、质量优良的原则。经批准颁发的标准设计具有技术立法性质,各级生产、建设管理部门和各企事业单位都应因地制宜地积极采用。一般分为国家标准设计、部标准设计和省、市、自治区标准设计三类。各专业设计单位按照本单位的规定和要求,自行编制的在本专业或本单位通用的标准设计,则称为通用设计。　　　　　　　　　　(陆志方)

标准正态分布　standardized normal distribution

参数 $\mu = 0$ 和 $\sigma = 1$ 的正态随机变量的分布。对任意一个服从 $N(\mu, \sigma^2)$ 的正态随机变量 X 经过 $U = \dfrac{X - \mu}{\sigma}$ 的变换后,U 的概率密度为

$$f(x) = \frac{1}{\sqrt{2\pi}} \exp\left(-\frac{u^2}{2}\right),$$
$$-\infty < u < +\infty$$

简记为 $N(0,1)$。　　　　　　　　(杨有贵)

标准值　characteristic value

在结构或构件设计时,对各种影响结构可靠度的主要变量采用的基本代表值。其值一般根据变量概率分布中某一偏于不利的分位数确定。在国外称为特征值。中国规范中采用的标准值,其涵义还包括了根据工程经验判断并经协商确定的公称值。
　　　　　　　　　　　　　　　　(邵卓民)

标准砖

外形尺寸为 240mm×115mm×53mm 的块材。
　　　　　　　　　　　　　　　　(罗韬毅)

表　list

①数据的一种集合,其中的每一个数据可唯一地被一个名字、被它在表中所处的位置或被其它方式所标识。

②一种数据陈列,其中的每一项可由一个或多个自变量明确地加以定义。　　(王同花)

表板纤维　surface fibre

又称面板纤维。在胶合木结构中应用承重胶合板结构时的胶合板面层的纤维。制作承重胶合板时经常要考虑面板纤维的走向来确定胶合板的设置方向,目的是使其受力状态更为有利。　(王振家)

表裂　surface check, surface crack

出现于原木或成材表面的纵向裂纹。导致表裂的原因是由于木材不均匀干燥而引起的干燥应力。表裂通常出现在干燥前期,已干燥的表层受到尚未干燥的内层木材的制约不能自由收缩,从而产生拉应力,当此拉应力超过木材横纹抗拉强度时,木材被撕裂。此外,木材弦向干缩率大于径向干缩率,从而弦切板近树皮的一面的收缩大于近髓心的一面,因而导致木材横向翘曲,如因外力作用使翘曲受阻,在外材面将产生拉应力。它与表面先干缩而产生的拉应力一起促成外材面的表裂。径、弦向干缩率的差异对原木和带髓心的大方材更为显著,因而更易表裂。　　　　　　　　　　　　　　　(王振家)

表面温度　surface temperature

房屋围护结构(如顶棚、外墙、底层地面、门窗等)内外表面的温度。围护结构内表面与室内空气温差有一定限制,当内表面温度过低时会影响人的舒适感及内表面结露。为此,热工规范规定了室内温度与内表面温度之差值。对于不同围护构件取值有所不同。围护结构外表面最高温度用于计算室外温度传至围护结构外表的衰减度。应避免由于外表面温度过高而损害围护结构的外表面材料。
　　　　　　　　　　　　　　　　(宿百昌)

bing

冰荷载　ice load

俗称冰压力。冰凌对工程建筑物产生的作用。可分静冰荷载和动冰荷载两种。主要作用形式有:①巨大冰原包围结构,整个水面为冰层覆盖,在潮流和风的作用下大面积冰层作整体移动挤压结构,若结构强度足够则冰层被切开而破裂,后续的冰层又开始挤压结构,重复上述的挤压切开过程。这种作用形式呈周期性变化,冰层切开瞬间,结构回弹会引起强烈振动。②自由漂流块冰对结构的冲击力。③气温聚变引起整个冰层胀缩,从而造成对结构的挤压力。④结构与大面积冰层冻结成一体时,潮位变化对结构引起的上拔力或下压力。4 种冰荷载作用形式中,以第一种作用对孤立式水工结构物安全威胁最大。1969 年中国渤海曾有一座固定式石油平台在大面积冰层的挤压切开过程的反复作用下完全破坏。工程设计中的冰压力计算公式大都是半经验半理论的或完全是经验的公式,因为影响冰荷载的因素,如冰的挤压强度、冰与结构相互作用机理等还难以精确确定。　　　　　　　　　　(孙申初)

冰碛层　till

冰川搬运、堆积的地层。冰碛层的机械组成混杂,漂砾、砾石、砂、粉砂、粉土、亚粘土和粘土都有,一般以粉砂为主。砾石磨圆度差,以棱角状、次棱角状为主,常以熨斗石为其特征。基岩岩壁和砾石表面有磨光面,上有冰川擦痕。不具分选性,无层理。砾石长轴与冰流方向一致,砾石面倾向不定,倾角接近于水平。　　　　　　　　　　　(朱景湖)

冰丘 ice hummock

冻结季节，地下水受上部冻结地面和下部多年冻土层（或不透水层）阻碍，在薄弱地带发生冻结膨胀，使地表隆起为丘状的现象。它的规模随地下水的补给而不断发展。建筑物如建于正在发展着的冰丘上或由于建筑物所引起的热动态改变而使冰丘发展或消退，都将对建筑物不利。　　　（蒋爵光）

冰压力

见冰荷载（13 页）。

冰锥 ice cone

在零度以下的寒冷季节，冒出封冻地表或封冻冰面的水在冻结后形成锥状隆起的冰体。一般分为泉冰锥和河冰锥。泉冰锥为地下水受承压作用溢出地表冻结而成。河水锥为河水表层结冰后，随着冰层加厚，河水则渐具承压性，以致冲破上覆冰层薄弱处外溢冻结而成。冰锥可掩埋道路，阻碍交通或影响建筑物的正常使用。　　　（蒋爵光）

bo

波形拱 wave arch

截面做成曲线形薄壁的拱。例如由钢丝网水泥制成的波形拱，壁厚仅 10～30mm，自重轻、刚度好、省料、外形美观。由单一拱身作成的波形拱，称单波拱，由多个波形拱并列组成的称多波拱，多波拱的横截面可由多个负曲率、正曲率或正负曲率相间组成。上述几种波形拱因在两个方向均为曲面故又称双曲拱。砖砌的双曲砖拱屋盖也是双曲拱的一种。
　　　（唐岱新）

剥蚀地貌 denudation landform

组成地貌的岩石遭受破坏和搬运后所形成的地貌。如果剥蚀作用的强度超过构造抬升的幅度，则形成波状起伏的准平原或削切岩层地质构造、缓缓倾斜的夷平面。如果构造上升被剥蚀作用所抵消，则形成剥蚀高原、桌状台地等。　　　（朱景湖）

剥蚀平原 denudation plain

由于各种外营力（流水的刻蚀、片蚀和重力剥落等）的长期剥蚀作用而形成的平原。一般分波状起伏的准平原和倾斜的山麓剥蚀平原两类。前者有坚硬的岩层构成残丘，上覆不厚的松散堆积物或风化壳，河流在残丘之间蜿蜒曲折。后者是平坦地面削切岩层构造，所覆盖的松散堆积物较薄，岛状山突露于平原上。　　　（朱景湖）

伯利公式 Perry formula

存在初弯曲的两端铰支轴心压杆，考虑缺陷和初弯曲的影响按纤维屈服时导得的应力计算公式。基本型式为：

$$\sigma_0 = \frac{f_y + (m+1)\sigma_E}{2} - \sqrt{\left[\frac{f_y + (m+1)\sigma_E}{2}\right]^2 - f_y \sigma_E}$$

$\sigma_0 = P/A$ 为平均轴心压应力，P 为轴心压力，A 为截面面积；f_y 为钢材屈服点；$\sigma_E = \frac{\pi^2 EI}{l_0^2 A} = \frac{\pi^2 E}{\lambda^2}$ 为欧拉临界应力；m 为缺陷参数。伯利公式为一强度公式，但通过选定 m 值可用以拟合柱子曲线而为稳定公式。通过相似的推导，伯利公式也可用于压弯构件的稳定计算。　　　（夏志斌）

泊松比 Poisson's ratio

又称横向变形系数。材料在单向受拉或受压时，横向正应变与轴向正应变的比值。钢材由试验求得的泊松比为 $0.25 \sim 0.30$，平均值可取 0.283。砖砌体的泊松比约为 $0.1 \sim 0.2$，平均值可取 0.15；混凝土的泊松比约在 $0.25 \sim 0.28$ 左右，临近破坏时，由于混凝土内部微裂缝的扩展，横向变形急剧增大，由表面应变测得泊松比甚至超过 0.5。

　　　（刘文如　刘作华）

箔式应变计 foil strain gauge

用厚度在 $0.01\mathrm{mm}$ 以下的高电阻系数的金属箔经光刻成型作为敏感栅的电阻应变计。通常使用环氧树脂，聚酰亚胺等有机胶膜作基底。敏感栅的形状可满足各种应变量测的要求，标距小达 $0.2\mathrm{mm}$，性能优越，是目前电阻应变计最主要的一种形式。
　　　（潘景龙）

薄弱层 weak story

多、高层房屋中相对强度较低的楼层。其存在是由于结构布置不均匀引起的。均匀结构也会因抗力的变异性而出现薄弱层。对于存在明显薄弱层的不均匀结构，在地震作用下非线性层间变形将会集中在该楼层。应对其采用一些特殊的构造和加强措施，以提高其变形能力和结构整体抗震能力。
　　　（余安东）

bu

补偿器 compensator

见伸缩器（266 页）。

不等边角钢 unequal-leg angle

亦称不等肢角钢。互相垂直的两边尺寸不相等的角钢。可用 $La \times b \times t$ 表示其尺寸，单位为毫米。其中 a、b 为边宽，t 为厚度。　　　（王用纯）

不等肢角钢 unequal-leg angle

见不等边角钢（14 页）。

不对称配筋柱 column with unsymmetrical reinforcement

截面两侧配筋面积不等的钢筋混凝土偏心受压柱。为了节约钢筋,应充分利用混凝土的承压能力,不足部分才用受压钢筋来补充。对一组特定的内力 M 和 N,不对称配筋是比较经济的。使用不对称配筋施工中应特别注意,防止钢筋位置放反。

(计学闰)

不均匀沉陷区　zone of differential settlement

强烈地震作用下,未固结的高压缩性的软弱疏松土层、饱和粉细砂、软流塑的淤泥、新填土等因地震动使之密集而不均匀沉陷的地区。经大规模喷水冒砂后,土层中局部已被淘空,在上部覆盖土自重压力下也会产生不均匀沉陷。 (章在墉)

不均匀系数　coefficient of uniformity

颗粒级配曲线上,累积颗粒含量为60%的粒径 d_{60} 与累积颗粒含量为10%的粒径 d_{10} 之比(C_u)。它是表示颗粒组成不均匀程度的指标,对评价土的可压实性和天然状态密实度有重要意义。

(王正秋)

不可通行地沟　impassable trench

横断面尺寸较小,仅考虑管道施工操作条件,工作人员不能进入的地沟。沟内壁与管道保温层外表面之间的距离以及两根相邻管道保温层外表面之间的距离一般为60~150mm。这种地沟结构简单,造价低,但应考虑检修时揭开顶板的可能。

(庄家华)

不良地质现象　harmful geologic phenomena

由于各种内、外营力地质作用或工程活动引起的不利于工程建设的地质现象。前者称为自然地质现象,如滑坡、崩塌、泥石流等,后者称为工程地质现象,如地面沉降、人工边坡变形破坏等。在工程地质勘察中,查明其形成机制、发展规律、分布范围和危害程度,对工程建设的设计、施工和使用具有十分重要的实际意义。 (蒋爵光)

不埋式基础

见墙下筏板基础(244页)。

不排水下沉法　method undrained sinking

沉井下沉时在水中挖土下沉的施工方法。当沉井下沉穿越的土层不稳定或地下水涌水量很大时,为了防止发生因井内抽水而出现流砂现象而采用不排水挖土下沉。有时在排水下沉中当沉至接近设计标高时为了避免发生突沉或超沉,也可改为不排水下沉。井内水下出土可采用机械抓土斗或用空气吸泥机排土。

(钱宇平)

不确定性校正　uncertainty correction

在概率分析计算中,对可能存在的不确定性所作的校正。不确定性来源于三个方面:①基本不确定性,是自然过程的内在变化性,目前还无法校正;②统计不确定性,随着统计样本数量增多可减小这种不确定性;③计算模型不确定可以通过修正某些变量的概率密度函数分布来处理。 (章在墉)

不燃埃特墙板　incombustible eter wall panel

一种轻质、高强、防虫、防潮和不燃的板材。可用于各种内部装修和隔墙,也可简单地胶粘,或用铁钉和螺丝固定到砖墙上,做成更平滑的墙体表面。适用于住宅、农业和工业建筑。 (钮宏)

不燃平板　incombustible panel

不燃的纤维水泥板。它同时具有防水、隔音、吸音、隔热、耐腐蚀、强度高及质轻的特点。其耐火极限可达 $\left(1\dfrac{1}{4}\sim 2\right)$h,可以用作外墙、壁板、天花板、厨房、浴厕、干燥室以及永久性模板等工程。可在其表面简单地刷上涂料或贴墙纸、金属纸、瓷片等起装饰和强化作用。它是一种理想的不燃性建筑材料。

(钮宏)

不完全抗剪连接　incomplete shear connection

见部分抗剪连接(16页)。

不稳定分枝　unstable bifurcation

具有平衡分枝的稳定问题出现平衡分枝后,要求减小荷载才能维持新的平衡位置的现象。圆柱壳轴心压杆的稳定问题即属这种情况。这种情况的结构对缺陷的影响特别敏感,如不予注意,将造成不安全的结果。 (夏志斌)

不稳定疲劳　unsteady fatigue

重复荷载其上、下限和上下限的差值为非定值时的疲劳作用。用来描绘不稳定疲劳特性的有荷载谱、荷载谱曲线、荷载效应谱、荷载效应谱曲线等。利用这些不稳定疲劳的特性曲线和 $S\text{-}N$ 曲线进行疲劳强度计算,称为不稳定疲劳强度的计算。

(李惠民)

不宜建设区　unsuitable zone for construction

对建筑物抗震不利的地区。一般是属于饱和松砂、淤泥和淤泥质土、冲填土、杂填土等场地土,条状突出的山嘴、高耸的山包、非岩质的(其中包括胶结不良的第三系沉积)陡坡等,竖向强烈侵蚀或切割的带状残丘、多种地貌单元交接处、下部有旧河道通过地段、沼泽洼地边缘、断层河谷交叉处或小河曲轴心附近地段,并地下水埋藏较浅、土层中有孔隙水压力等地区。 (章在墉)

布卷尺

见皮尺(228页)。

部分焊透对接焊缝　partial penetration butt weld

见未焊透对接焊缝(311页)。

部分加劲板件　partial stiffened (plate) element

通称一边支承、一边卷边板件。在薄壁型钢构件中,一纵边与其他板件相连接,另一纵边按刚度要求用卷边加劲的板件。　　　　（张耀春）

部分交互作用　partial interaction

组合梁中混凝土翼缘板与钢部件间产生一定的相对滑移的交互作用。相对滑移引起应变的不连续。部分交互作用发生在部分抗剪连接时,在设计中必须予以考虑。　　　　　　　　（朱聘儒）

部分抗剪连接　partial shear connection

又称不完全抗剪连接。不符合完全抗剪连接要求的抗剪连接。用于组合梁受弯承载力不需要充分发挥的场合,如组合梁的钢部件截面尺寸受施工荷载控制或是构件受正常使用极限状态控制时。部分抗剪连接抗剪的不完全性,可用组合梁剪跨中抗剪连接件个数对完全抗剪连接时所需同样的连接件个数之比表示。它不得小于0.5。　　（朱聘儒）

部分预应力混凝土结构　partially prestressed concrete structure

在荷载短期效应组合作用下,构件受拉边缘的混凝土拉应力超过抗拉强度的拉应力限制值而出现裂缝,但考虑荷载长期效应组合影响的最大裂缝宽度在允许值范围内的预应力混凝土结构。其预应力度 $1 - \dfrac{\gamma f_{tk}}{\sigma_{sc}} > \lambda > 0$,$\gamma$ 为受拉区混凝土塑性影响系数,σ_{sc} 为荷载效应组合下抗裂验算边缘混凝土法向应力,f_{tk} 为混凝土抗拉强度标准值。预应力混凝土结构或构件允许出现裂缝时,进行这种状态的设计。这种混凝土既能有效地控制裂缝和变形,又具有较好的延性和良好的抗震性能,因此有一定的发展前途。　　　　　　　　　　　　　　（陈惠玲）

部管材料　material managed by the ministry

又称部管物资或二类物资。在计划经济体制下,由国务院各部委负责平衡和分配的物资。目前这一种材料分类管理的方法已不采用。那时它在国民经济中的重要性,仅仅次于国家统配的物资,而在本部门、本系统内的平衡起着重要作用。它一般属于某一部门需要的专用物资,但也有一些是需要在全国范围内统筹安排的比较重要的通用物资。如铁矿石、合成纤维、平板玻璃、石棉水泥瓦、冶金设备、发电设备、塔式起重机等。为了加强物资的统一分配和综合平衡,主要部管物资的分配计划要送国家计委审定。　　　　　　　　（房乐德）

部管物资

见部管材料。

部件　components; assembly parts

结构中由若干构件组成的组合件。如楼梯、阳台、雨篷、楼盖等。　　　　　　　（唐岱新）

C

cai

材料非线性　material non-linearity

材料物理及力学特征随荷载变化不呈线性的性能。以混凝土材料应力-应变关系为例,受力初始阶段,呈现弹性状态;随荷载增加,即呈现为弹塑性状态、开裂状态以及破坏状态等。严格而言,增加任意一级荷载,应力-应变关系均呈现非线性性能。在对结构作精确分析计算时,需考虑材料在各级荷载下性能的变异。　　　　　　　　　　（董振祥）

材料抗爆强度提高系数　increase factor of materials under impulsive loading

爆炸荷载作用下材料的强度和静载作用下材料的强度之比。爆炸荷载下材料的强度与其在结构中的受力状态、应变速率等有关。　（熊建国）

材料抗震强度设计值　design value of material seismic strength

考虑抗震可靠度和材料动静强度的不同,在结构构件抗震承载力极限状态设计中所采用的材料强度(包括地基土承载力)设计值。　（应国标）

材料强度标准值　characteristic value of strength of material

在结构或构件设计时,对某种材料强度采用的基本代表值。其值一般根据材料强度概率分布的某一偏于不利的分位数确定。即

$$f_k = \mu_f - \alpha\sigma_f$$

f_k 为材料强度标准值,μ_f 为材料强度的统计平均值,σ_f 为材料强度的统计标准差,α 为保证率系数。当变量服从正态分布时,一般按0.05分位数确定,

即 $\alpha = 1.645$，具有95%保证率。　　（邵卓民）

材料强度分项系数　partial factor for strength of material

为了保证所设计的结构或构件具有规定的可靠指标而对设计表达式中材料强度项采用的分项系数。如混凝土强度分项系数、钢筋强度分项系数等。
　　　　　　　　　　　　　　　　　（邵卓民）

材料强度设计值　design value of strength of material

材料强度标准值除以材料强度分项系数后的值。　　　　　　　　　　　　　（邵卓民）

材料图　material diagram

见抵抗弯矩图(47页)。

材料吸声系数　the absorption coefficient of acoustical material

表示材料吸声能力大小的系数。常以 α 表示。其值由实验得出。其表达式为吸收声能 E_α 与透射声能 E_τ 之和与入射总声能 E_0 之比。当 $\alpha \geqslant 0.2$ 时，该材料称作吸声材料。　　（肖文英）

材料消耗指标　material consumption indicator

完成一定工程量耗费材料数量的标志。一般是以每平方米、每立方米或每万元投资额作为工程量标准，计算其材料消耗指标。　（房乐德）

材料性能标准值　characteristic value of property of material

在设计结构或构件时，对某种材料性能采用的基本代表值。其值一般根据材料性能概率分布的某一分位数确定。当材料性能为强度时，称为材料强度标准值。　　　　　　　　（邵卓民）

材料性能分项系数　partial factor for property of material

为了保证所设计的结构或构件具有规定的可靠指标而对设计表达式中材料性能项采用的分项系数。当材料性能为强度时，称为材料强度分项系数。
　　　　　　　　　　　　　　　　　（邵卓民）

材料性能设计值　design value of property of material

材料性能标准值除以材料性能分项系数后的值。当材料性能为强度时，称为材料强度设计值。　　　　　　　　　　（邵卓民）

财务评价　financial valuation

从企业盈利角度分析投资的经济效益而对某一个建设项目所作的评价。它是国民经济评价的基础，也是项目评价的第一步。其评价方法有：①静态分析法，即不考虑货币的时间因素的评价方法，如简单收益率法、投资回收期法；②动态分析法，又称折现现金流量法，即考虑货币的时间因素的评价方法，如净现值法、内部收益率法；③不确定分析法，如盈亏平衡分析法、敏感性分析法、概率分析法。
　　　　　　　　　　　　　　　　　（房乐德）

采暖期日数　days of heating period

近期30年每年日平均温度≤5℃的天数的平均值。　　　　　　　　　　　　　（宿百昌）

采暖热媒　heating medium

采暖系统中输送热量的物质或载热体。水、蒸汽和空气是常用的热媒。　　（蒋德忠）

采暖系统　heating system

又称供暖系统。冬季为保持室内所需温度、向室内供热的采暖设备及管道的总称。由热源、供热管道及散热设备三个基本部分组成。热量通过热媒输送。用得最多的热媒是水和蒸汽。热媒由热源获得热量，经供热管道输配到用户，通过散热设备将热量散到室内，以弥补房间的耗热量，使室内保持需要的温度。根据热媒不同分为热水采暖系统和蒸汽采暖系统。目前利用太阳能的采暖系统已由实验研究跨入实用阶段，在美、日等国得到推广。中国也已开始实验性住宅的研究。　（蒋德忠）

采暖影响系数　coefficient of influence by heating

建筑物采暖使基础下土冻深减小的影响系数。1960年以来国内许多单位对采暖建筑物的地基冻深进行了大量实测，并从理论上研究了采暖建筑物地基的计算冻深；结果证实，采暖建筑物地基冻深沿外墙的分布是一条两端大、中间小的曲线，因此国家规范规定，在建筑物的中段和角端应分别采用不同的影响系数。　　　　　　　　（秦宝玖）

菜单　menu

由文字或字母数字或图形组成，是用户和计算机进行交互的手段。用户通过菜单可选择要执行的操作。软件的功能可以通过菜单列出来，使用户明了当前的环境和功能选择。以描述软件功能，在显示屏上显示，或放在数字化仪上。　（周宁祥）

can

残积层　eluvium

岩石经过风化作用后残留在原地的松散岩屑或土层。其特点是岩屑带棱角和无分选，没有明显的层理。风化程度从表层向下层逐渐变弱，粒径从表到里由小变大。它占据风化壳的上部。残积物的表层，在一定条件下发育着含有机物的土壤，其下为粘土、砂土和碎石。　　　　　（朱景湖）

残余变形　residual deformation

又称永久变形。引起变形的作用消失后，不能恢复的变形。单位长度的残余变形称为残余应变。焊件在焊接冷却后产生的变形或应变,称焊接残余变形或焊接残余应变。　　　　　(王用纯)

残余应变　residual strain
　　又称永久应变。见残余变形(17页)。

残余应力　residual stress
　　钢构件在轧制、火焰切割、焊接和冷矫直等冷加工和制造过程中由于不均匀冷却或不均匀塑性变形,使构件内在未受外力时即已存在的应力。残余应力在杆件截面上的分布情况复杂,与构件尺寸、加工方法和加工过程等密切相关,但在整个截面上必自相平衡。构件内存在残余应力,对屈曲强度(稳定性)、脆断、疲劳和应力腐蚀等有显著不利影响。因此在钢结构制造过程中应尽量采取措施以减小残余应力。焊接时产生的残余应力称焊接残余应力,简称焊接应力。　　　　　(夏志斌)

cang

仓储货架结构　storage rack
　　由热轧型钢或冷弯型钢做立柱和横梁构成的储存货物用的多层多跨框架结构。分为整体式、组装式货架和货架建筑三类。整体式货架系指构件间采用焊接连接和螺栓连接,且与建筑物脱开的固定式货架。组装式货架系指构件间采用机械式扣件连接,且也与建筑物分开的可拆卸式货架。货架建筑系指货架与建筑物承重结构结合为一体的结构,这类货架除承受货物荷载外,尚作为仓库建筑的骨架支承屋面和墙面围护体系,承受风雪荷载的作用。
　　　　　(张耀春)

cao

操作系统　operating system
　　为方便用户使用计算机及提高计算机资源的利用率和缩短响应时间的一种软件。是用户与计算机之间的接口,用户通过操作系统使用计算机。其主要功能为管理中央处理机、内存、外部设备、作业的控制和调度、资源的分配、用户管理和记账等。各种编译、解释程序、装配程序和应用程序都在操作系统控制下运行。　　　　　(周锦兰)

槽　slot
　　对框架中对象性质或成分的描述。是人工智能专门术语。它可以相应于一个内在的特性,象名字、定义或生成器。也可以是推导出的属性,如值、意义或模拟的对象。　　　　　(李思明)

槽壁稳定性验算　stability analysis of diaphragm trenches
　　地下连续墙在深槽(孔)开挖成型、灌入护壁泥浆但墙体尚未浇筑之前,为防止槽壁坍塌所进行的槽壁稳定性计算。此时作用于槽壁上的荷载有水、土压力和泥浆对壁面的水平压力等。(董建国)

槽钢　channel
　　横截面呈[形的热轧型钢。分轻型和普通槽钢,后者简称槽钢。以高度的厘米数作为型号。当型号相同时,轻型槽钢的厚度较小,每米重量较轻。槽钢截面单轴对称,与其它构件的连接有时较方便。如用来作屋面檩条、墙架横梁等。　　　　　(王用纯)

槽钢连接件　channel connector
　　用槽钢头制成的连接件。槽钢头一肢焊在钢部件上翼缘,另一肢及腹板埋于混凝土中。槽钢头长度一般不超过钢部件上翼缘的宽度。常用的槽钢型号为[80～[120。　　　　　(朱聘儒)

槽焊缝　slot weld
　　见塞焊缝(258页)。

槽式试验台座　trough type test platform
　　沿纵向全长设有槽轨的试验台座。是结构试验用得较多的一种典型的试验台座。槽轨是用型钢制成的纵向多跨连续框架式结构,埋置在台座的混凝土内。它的作用是锚固荷载的支承装置,用以平衡结构物上施加荷载所产生的反力。槽式台座试验时加载点位置可沿台座的纵向任意变动,以适应试验结构加载位置的需要。　　　　　(姚振纲)

槽探　trenching
　　为了揭露浅层岩土或地质现象,在地表挖掘沟槽进行勘探的方法。长度与方向根据所要了解的地质要求确定。沟槽一般用人工或机械挖掘,当遇大块石或坚硬土层时,亦可采用爆破施工。
　　　　　(王家钧)

槽瓦　channel tie
　　截面形状为槽形的钢筋混凝土小型屋面板。可分为钢筋混凝土槽瓦和预应力混凝土槽瓦两种。构造和施工处理不当易渗漏。已较少采用。
　　　　　(刘文如)

槽形板　channel slab
　　截面两侧带边肋的装配式钢筋混凝土板,可分为正槽板和反槽板。前者较充分地利用了板面混凝土受压,但天棚不平整。反槽板则反之。槽形板自重较空心板小,且开洞自由,但隔音、隔热性能差。多用于工业建筑中,除作屋面板外,也可用作墙板。
　　　　　(邹超英)

槽形墙板　trough wall panel
　　用于房屋外墙的槽形板。四周带肋构成槽形,有的中间还加有小肋,以加强板的刚度。由钢筋混凝土或预应力混凝土制成。材料省,构件轻,经济效益好。根据需要,肋可以朝里,也可以朝外。有肋一面易积灰,不太美观。一般用于没有保温要求的仓库或单层厂房。　　　　　　　　（钦关淦）

槽形折板　channel-shape folded plate
　　截面为槽形的折板。　　　　　（陆钦年）

草皮护坡　turf protection of slope
　　在开挖边坡的坡面上种植草皮,以保护坡面免遭侵蚀和破坏的措施。坡面上种植草皮可抵御雨水冲刷,因植物的根系可使坡面表层加固;植物有吸水功能,从而提高了岩土的力学性能;草皮覆盖可使坡面表层免遭干裂。　　　　　　（孔宪立）

ce

侧边纵翘　crooking
　　又称边弯或侧弯。在木板平面内沿板长产生的弯曲。即侧边对连结板材纤维方向的两端直线的偏离,参见翘曲(244页)。它是由于板材两侧边的纵向收缩不一致引起。例如两侧边木材纹理斜度不一,或一个侧边存在应力木,或一个侧边靠近髓心或树干的外部,这些都会使两侧边的纵向收缩不一致而产生边弯。　　　　　　　　　（王振家）

侧吹碱性转炉钢　air converter steel
　　又称托马氏转炉钢。用碱性耐火材料作炉衬的转炉,并把空气从转炉炉口吹入铁水冶炼成的钢。这种钢的有害成分较多,影响钢的质量。它已逐步被氧气转炉钢代替。　　　　　　（王用纯）

侧方交会法　method of side intersection
　　见经纬仪交会法(171页)和平板仪交会法(231页)。

侧焊缝　longitudinal fillet
　　焊缝轴线与焊件受力方向相平行的角焊缝。侧焊缝主要承受剪力,变形模量小,因而刚度也较小。剪应力沿焊缝轴线分布不均匀,两端大,中间小,且长度越大,分布越不均匀。但如长度在规定的范围内时,允许按剪应力均匀分布计算。　　（李德滋）

侧面构造筋　side constructional bar
　　又称腰筋。钢筋混凝土构件的截面高度较大时,在腹板中部的两侧设置的纵向构造筋。它能增强钢筋骨架的刚度,提高构件的抗扭能力,承受温度及混凝土收缩应力。　　　　　　（刘作华）

侧扭屈曲　lateral torsional buckling
　　见梁整体稳定(197页)。

侧弯　crook
　　见侧边纵翘。

侧向刚度　lateral rigidity
　　垂直于主要弯矩作用平面的抗弯刚度。
　　　　　　　　　　　　　　　（杨熙坤）

侧向无支长度　lateral unsupported length
　　两个侧向支承点间的距离。限制侧向无支长度与梁受压翼缘宽度的最大比值,可有效地保证梁的整体稳定。　　　　　　　　　（夏志斌）

侧向应力　lateral stress
　　与受荷方向垂直的应力。它是形成三向应力、提高材料强度的必要条件。在钢筋混凝土结构中,侧向应力可由螺旋箍筋、外围混凝土、钢管、甚至缠绕预应力钢丝等方法形成。在钢管混凝土结构中,侧向应力表现为紧箍力。　　（计学闰）

侧向支承点　lateral supported point
　　为增加梁的整体稳定,提高抵抗侧扭屈曲的能力,在梁的跨间所设置的阻止梁产生侧向位移和扭转变形的支承点。应设置在梁的受压翼缘处或接近受压翼缘的腹板处。　　　　　（夏志斌）

侧压力　lateral pressure
　　在无侧向变形条件下的侧向有效应力。它是静止侧压力系数与竖向有效应力的乘积,可作为天然土层的水平向自重应力及挡土墙在静止状态时的水平向土压力。　　　　　　　　（王正秋）

侧移　sidesway
　　荷载作用下,结构产生的水平方向的变形量。包括楼层位移、顶点位移和层间位移。荷载、结构刚度和地基变形是引起建筑物侧移的主要因素。所有结构都会产生不同程度的侧移量。侧移不仅要产生结构的内力,而且会引起内力的变化,过大的侧移量对建筑物的使用也会造成不利的影响。它是结构设计必须控制的一个主要指标。　　　　（陈宗梁）

侧移引起的附加内力　secondary effect due to sideways displacement
　　承受重力荷载的结构构件,由于侧向位移使其重力荷载产生的附加内力。习称 $F\text{-}\Delta$ 效应,或称 $P\text{-}\Delta$ 效应。　　　　　　　　　　（应国标）

测程　range
　　在一般气象条件下测距仪所能测得符合精度的最远距离。测程的检测,应在基线上进行,通过反复比测确定。　　　　　　　　　（何文吉）

测回法　method of observation set
　　用盘左、盘右观测两个方向之间水平角的方法。盘左时照准左目标读取水平度盘读数 $a_左$,顺时针旋转照准部照准右目标,读取水平度盘读数 $b_左$,得盘左半个测回水平角值 $\beta_左 = b_左 - a_左$,倒转望远镜为盘右,先照准右目标,水平度盘读数为 $b_右$,再照准左目标,水平度盘读数为 $a_右$,得盘右半个测回水平角值 $\beta_右 = b_右 - a_右$,若 $\beta_左$ 与 $\beta_右$ 之差在容许范围内,则取两个半测回的中数即得一测回的水平角值。

（钮因花）

测绘 surveying and mapping

测量和地图制图的总称。测定地面点的位置及地球表面的形态和其他各种信息,以及编绘和出版各种测量成果和地图资料。 （陈荣林）

测距仪

见电磁波测距仪(60页)。

测量平差 adjustment of observations

简称平差。根据多余观测,按最小二乘法原理处理观测成果以求得最或然值并评定其精度的理论和方法。根据精度要求采用严密平差和近似平差。严密平差可分间接平差和条件平差。前者为由观测值所推的未知量彼此不符而对未知量的平差;后者为观测值之间所产生的矛盾而对观测值的平差。在精度要求较低的工作中,常采用近似平差。

（傅晓村）

测设 setting out

又称施工放样。把图纸上设计好的各项工程建设对象(如建筑物、构筑物、管道、铁路、公路、渠道等)的平面位置和高程标定在实地上的测量工作。它的基本工作包括已知长度、已知水平角和已知高程的测设。 （陈荣林）

测试程序 test program

测定软件系统功能是否正常的一种程序。

（周锦兰）

测图 mapping

对地球表面的地物地貌测量并缩绘到图纸上的工作。常用航测成图法、经纬仪测绘法、平板仪测绘法和电子速测仪测绘法等。 （陈荣林）

测微器 micrometer

量测经纬仪度盘上不足一分划值的读数设备。作用是借助显微镜把度盘上分划像放大并读出不足一分划值的零数。常用的有分微尺测微器、平行玻璃板测微器和光楔测微器等。 （邹瑞坤）

测温孔 holes for measuring temperature

在建筑物或构筑物壁上设置的测量其内部温度的孔洞。在烟囱筒壁上为测量烟气温度也设有测温孔。烟囱测温孔一般设在离地面2.5m处。该孔为预埋 $d=50mm$ 的铁管,管口用铸铁盖封口。

（方丽蓓）

测站检核 check on station

水准测量中对每个测站的观测高差进行检核的过程。测站检核可采用双面尺法、两次仪高法。若符合限差规定,则取其平均值作为两观测点的高差。目前水准测量中,多采用双面尺法进行测站检核。

（汤伟克）

测站偏心

见对中误差(71页)。

测振传感器 measuring transducer for vibration

将测点振动的动位移、速度、加速度转换成电量或电参量变化的器件。按其转换原理不同,可分为应变式、磁电式、压电式、差容式、伺服式等测振传感器。它们配以专用的二次仪表,可量测上述振动参数。 （姚振纲）

ceng

层板胶合拱 glued-laminated arch

见层板胶合结构。

层板胶合结构 glue laminated timber structure

将厚度为3～4cm的木板干燥后刨光、涂胶、层叠、横向拼合胶结成构件并用以组成的结构。如层板胶合梁、层板胶合拱、层板胶合框架等。层板胶合构件可胶结成任意尺寸的合理截面形式(如矩形、工字形、T形等)和长度。它具有良好的整体性;能做到小材大用;它还能按截面上应力的大小,配置不同等级的木料,做到次材优用;大截面的胶合构件比通常的方木、原木等构件具有较高的滞火性能。层板胶合结构能充分发挥木结构自重轻、强度高的特点。

（樊承谋）

层板胶合框架 glued-laminated frame

见层板胶合结构。

层板胶合梁 glued-laminated beam

见胶合梁(159页)和层板胶合结构。

层板胶合木 glued laminated timber

用胶粘方法将两层以上木板胶合而成的承重结构用材。胶结时,各相邻层板的生长轮方向应一致,此时木板干缩时只在胶缝产生剪应力,而胶缝抗剪能力是很好的;若各相邻层板之生长轮反向布置,则木材干缩时将使胶缝受拉,而胶缝抗拉能力则极差。

正确　错误

（王振家）

层次模型 hierarchical model

用树形结构来表示记录及记录之间联系的模型。它具有下列性质:①有一个且只有一个结点没有双亲;②其他结点有且只有一个双亲。

（陆　皓）

层高 floor height

在多层建筑中,由本楼层地面到上一层或下一层楼地面的垂直距离。 （李春新）

层间水 interstratified water

埋藏在上下两个隔水层之间的含水层中的重力

水。上下两个隔水层之间完全充满地下水,并承受静水压力时,称承压层间水(简称承压水),如未充满整个含水层,则在水力性质上和潜水一样,称层间无压水,此种水分布比较广泛。　　　　　　(李 舜)

层间位移　story drift
  房屋上下相邻楼层之间所产生的水平位移之差。一般以位移角(即层间相对位移与楼层高度之比)表示。可由多种因素引起,主要是水平力的作用和结构竖向刚度的变化。过大的层间位移还将引起竖向荷载产生可观的附加弯矩,即 $P-\Delta$ 效应。当超过结构所能承受的程度,轻者引起建筑装饰的损坏,重者可导致结构构件的开裂或破坏,应予以控制。　　　　　　　　　　　(陈宗梁)

层间位移角限值　allowance for an gles of drift
  结构或构件在地震中相对变位角的容许值。对正常使用极限状态是弹性变位角的限值,对丧失承受重力荷载的极限状态是弹塑性变位角的限值。
　　　　　　　　　　　　　　　　　(应国标)

层状撕裂　lamellar tearing
  厚钢板在厚度方向受拉而分层破坏的现象。因为在压延钢板时,内部的非金属夹渣、气孔等沿压延方向伸展,从而形成层状组织。厚钢板焊接时,易产生钢板分层现象。设计时也应避免板厚方向受拉。
　　　　　　　　　　　　　　　　　(李德滋)

cha

差动变压器式位移传感器　LVDT , linear variable differential transformer
  将线位移转换成交流信号电压变化来测量位移的器件。测点的位移改变了铁芯在差动变压器中的两个次级线圈的相对位置,从而产生正比于位移的感应电压差,通过解调制线路后,其直流电压的极性和数值正比于位移的方向和大小,通过标定获得灵敏度常数(mv/mm)。　　　　　(潘景龙)

差热分析　DTA , differential thermal analysis
  对试样与热惰性材料同时加热并测量它们之间温度差异,以鉴别粘土矿物种类的试验方法。它是研究粘土矿物的一种重要手段。粘土矿物因受热而产生物理化学变化,这种变化表现在吸附水和结晶水脱出引起晶格构造破坏以及高温下新矿物的形成等。伴随这些变化同时产生热效应,即脱水晶格破坏导致吸热反应,新矿物晶相形成导致放热反应等。不同粘土矿物因成分、晶格构造及物理化学性质不同,其热效应即吸热谷和放热峰的特征(谷和峰出现的温度、形状、大小等)亦不一样。根据这些特征可用来鉴定粘土颗粒中粘土矿物的组成。
　　　　　　　　　　　　　　　　　(王正秋)

差容式测振传感器　capacitance-differential vibration transducer
  利用电容器电容量变化来量测动位移的一种器件。传感器中的质量弹簧系统满足位移计条件时,它的电容位移计中两电容器的电容量发生正比于动位移的差动变化,配合常用的二次仪表记录动位时程曲线或经微分处理后,记录速度或加速度时程曲线。　　　　　　　　　　　(潘景龙)

插入距　insert distance
  在装配式单层厂房中,高低跨处、变形缝处、纵横跨连接处因轴线的划分所构成的两条轴线间的距离。采用它可仍保持轴线划分的封闭结合。

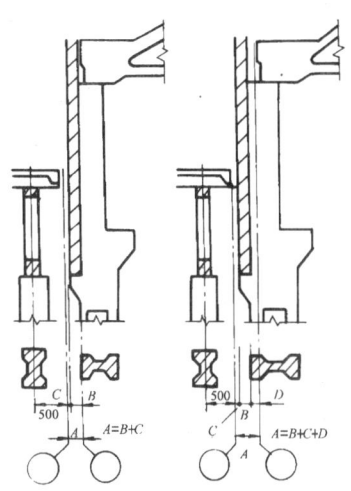

插入距
A—插入距　B—墙厚
C—伸缩缝　D—联系尺寸
　　　　　　　　　　　　　　　　　(王松岩)

插入式柱脚　inserted type column base
  将柱子直接插入混凝土基础预留杯口的柱脚。柱插入杯口定位后,在杯口内二次灌入细石混凝土,可传递压力或压力与弯矩。这种柱脚广泛用于钢筋混凝土柱和钢管混凝土柱中。优点是构造简单,施工方便及节省钢材。　　　　　　(沈希明)

chai

拆卸加固法　strengthening after disassembling the structure
  卸除荷载并将结构拆卸后对构件进行的加固方法。这是最简便的加固方法,和新制构件无多大区别;但对生产和使用的影响最大。　　(钟善桐)

柴排护坡　mattress protection of slope
  用柴排降低水流的冲蚀力以加固斜坡的方法。

在河岸水下部分由于易被水流冲刷，设置柴束或捆扎成排以分散水流、降低流速，减少冲刷力，达到护坡的目的。　　　　　　　　　　（孔宪立）

chan

产品方案 production scheme

又称生产纲领。关于产品结构、中间产品衔接和工艺路线等的方案。例如钢铁联合企业的产品方案应说明铁矿石开采、选矿、烧结系统、炼铁、炼钢系统、钢材初轧、精轧等产品结构、衔接和配套安排的情况。　　　　　　　　　　（房乐德）

产生式规则知识表示 knowledge representation by production rule

具有 if-then-else 规则表达的知识。由于它具有从部分知识生成较完整知识的能力，故有产生式规则之称。是专家系统建造中应用很广的一种知识表示和求解工具，参见规则库（114页）。
　　　　　　　　　　　　　　　　（陆伟民）

铲边 edge cutting

用风铲将钢板零件的边缘铲平或铲成规定的坡口的工序。属于手工操作，成本较低，但劳动强度大，且只适用于低碳钢零件。　　　（刘震枢）

颤振 flutter

弹性结构在均匀气流中的自激振动。亦即当结构处在横风向弯扭作用时，风速达到一定值，由于微小扰动引起的结构发散振动。　　　（卢文达）

chang

长径比 ratio of length-diameter

圆形构件的长度与直径之比。可用它来近似地表示构件的长细比。　　　　　　（苗若愚）

长期刚度 long-time rigidity

见抗弯刚度（180页）。

长期荷载试验 long term loading test

又称持久试验。在长期保持载荷状态下观测结构构件的反应，研究其工作性能的结构试验。用以模拟结构构件在实际工作中长期承受荷载作用下的工作情况。试验可以连续几个月甚至几年，通过试验获得结构强度、变形、裂缝与时间的关系及其发展规律。为保证试验结果的准确性，必须严格控制环境要求，保持恒温恒湿，防止振动干扰影响等，并要求能控制荷载的恒定，所以试验经常是在试验室内进行。混凝土结构的徐变性能试验是一种最基本的长期荷载试验。　　　　　　　（姚振纲）

长期强度 sustained strength

又称持久强度。荷载作用时间延续无限长后材料方始破坏的强度。构件截面应力小于长期强度，构件不会破坏；若大于它，迟早必将破坏，超出越多破坏越早。　　　　　　　　（王振家）

长壳

见长圆柱壳。

长寿命试验 long life test

见高周疲劳试验（101页）。

长滩地震 Long Beach earthquake

1933年3月10日在美国加州长滩发生的地震。里氏震级为6.3，震中在离长滩24km的太平洋中，震源深度约10km。经济损失5000万美元，伤亡120人。这次地震表明南加州存在着地震危险，因而，不再采用无筋砖石结构，它标志着加州大部分地区抗震设计和施工的重大转折，并取得了世界上第一条地震加速度记录。　　　　　（肖光先）

长细比 slenderness ratio

构件的计算长度与截面回转半径的比值。用以确定压杆的临界应力，也直接反映杆件的柔度大小。杆件的计算长度为在计算时所采用的有效长度。它等于其几何长度与某一系数的乘积，系数大小与压杆两端的支承条件即所受的约束情况有关。例如两端铰支的轴心压杆，计算长度 $l_0 = 1.0l$；一端固定一端铰支的轴心压杆，计算长度 $l_0 = 0.7l$ 等。式中 l 为杆件的几何长度，1.0 和 0.7 就是计算长度系数。计算长度 l_0 的几何意义是：轴心压杆弯曲屈曲后挠曲曲线上两个反弯点间的距离。计算长度又称自由压屈长度。截面的回转半径为其惯性矩与截面面积之商的平方根。截面面积相同的情况下，截面对其主轴的惯性矩愈大，其回转半径也愈大。设计轴心压杆时，在相同截面面积时，应尽量选用回转半径较大的截面。对钢筋混凝土构件，由于常采用矩形和圆形截面，为方便计，常以 l/h 和 l/d 表示件的长细比，h 和 d 分别是矩形截面的边宽和圆形截面的直径。　　　　（夏志斌　徐崇宝）

长细比影响系数 effective factor of slenderness

见稳定系数（312页）。

长圆孔 slotted hole

又称加长孔。两端为半圆形、中间为矩形且半圆孔直径与矩形一边相等而长度可任意要求的孔。一般用作螺栓孔，可作长方向的定位调整。制孔时可在冲孔机上用专用模具冲成，或用火焰切割而成。也可先钻后切割而成。　　　　　　（刘震枢）

长圆柱壳 long cylindrical shell

简称长壳。两横隔构件之间的距离 L_1（跨度）与两边梁之间的距离 L_2（波长）的比值大于 1 的圆柱形薄壳。壳的受力状态与曲线截面的梁相似。对

于 $L_1/L_2 \geq 3$ 及边界无水平位移的长圆柱壳,用梁的弯曲理论或半无矩理论进行计算是适宜的。但对于 $L_1/L_2 < 3$ 的中长壳和多波薄壳的边壳,则须按薄壳的有矩理论进行计算。长圆柱壳两侧带有边梁,整个壳支承在自身平面内刚度很大的横隔板上。对长圆柱壳,可以认为两端弯曲效应各自独立,互不影响。

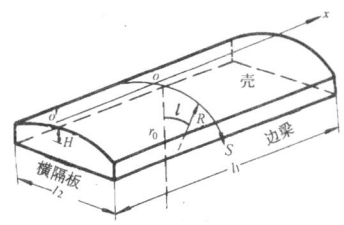

(范乃文)

长折板 long folded plate

$l/B \geq 1$ 的折板。l 为横隔间距,称为折板的跨度,B 为折板边梁间的水平距离,称为折板的宽度。对长折板来说,它的截面高度一般不小于 $\frac{1}{10} \sim \frac{1}{15}$。

(陆钦年)

长柱 long column

长柱比 $L_0/h = 8 \sim 30$ 的钢筋混凝土柱。这类柱受荷后会产生明显的纵向弯曲,计算中不能忽略,但其承载力仍由材料的强度控制。 (计学闰)

长柱留孔无牛腿连接

数层高的预制柱不带牛腿与横梁连接的方式。预制长柱在横梁连接的部位将混凝土预留孔洞,横梁直接搁置在柱孔洞中,梁柱连接就位后空缺部位用后浇混凝土连成整体。这种连接,安装可以一次就位,施工速度快,节点后浇混凝土的层次可以通过整体稳定验算来确定,但安装要求较高,逐层校正的余量不大。由于起吊安装的要求,柱空缺截面中一般需采用钢筋或型钢加强。适用于多层框架结构。

(陈宗梁)

长柱试验机

见结构试验机(167 页)。

常幅疲劳 constant amplitude fatigue

在应力变化的整个过程中最大应力与最小应力皆为常数值时的疲劳。 (杨建平)

常幅疲劳试验 fatigue testing with constant amplitude

等幅定循环应力(应变)下的疲劳试验。各个试件可以承受不同的应力幅值,但每个单一试件只能承受一个固定频率的应力幅值。这种试验可测定结构构件疲劳的耐久极限,即测定在某一预定寿命下的疲劳强度,用于比较材料疲劳性能,以便选择结构的设计方案、生产工艺等。 (韩学宏)

厂房柱列轴线放样 setting out of factory building columns axis

厂房柱列轴线位置的测设工作。根据柱距和跨距用钢尺沿厂房矩形控制网各边量出各轴线的距离,并打入木桩(其上钉小钉),称柱列轴线控制桩,用以测设柱列轴线,并作为测设基坑和施工安装的依据。 (王 熔)

场地 site

建筑工程所在地,或按工程需要所考虑的地区。它可以指一个车间、仓库或一座大桥的所在地,也可以指一个大型联合企业或一座城市的所在地区。

(李文艺)

场地反应谱特征周期 characteristic period of site response spectrum

某场地设计反应谱曲线下降段的起点对应的周期。 (应国标)

场地覆盖层厚度 thickness of the covering layer at site

从地面向下到剪切波速大于 500m/s 的土层或坚硬土顶面的距离。 (李文艺)

场地利用系数 utilization coefficient of site

场地面积使用程度的标志。其计算公式为:

$$场地利用系数 = \frac{Z + I + T + D}{G} \times 100\%$$

G 为工业企业厂区占地面积;Z 为建筑物及构筑物占地面积;I 为露天仓库、堆场、操作场占地面积;T 为铁路、道路、人行道占地面积;D 为地上、地下工程管线占地面积。 (房乐德)

场地烈度 site intensity

根据一般的工程地质及水文地质勘察资料,将工程场地的基本烈度适当调整后的烈度。其调整幅度平均为降低或提高 1 度左右。 (肖光先)

场地条件 site condition

场地附近的地形地貌、工程地质与水文地质等条件。工程抗震所指的场地条件,主要指场地土的

建筑场地类别划分

场地土类型	场地覆盖层厚度 d_{ov}(m)			
	0	$0 < d_{ov} \leq 3$	$3 < d_{ov} \leq 9$	$9 < d_{ov} \leq 80$	$d_{ov} > 80$
坚硬场地土	1类场地			
中硬场地土		1类场地		2类场地
中软场地土		1类场地	2类场地	3类场地
软弱场地土		1类场地	2类场地	3类场地	4类场地

刚度或坚硬程度以及场地覆盖层厚度等因素,并以此作为场地条件分类指标。

场地条件类别与场地土类型划分有区别。

(李文艺)

场地土 site-soil

场地处的岩土。工程抗震中一般按土层剪切波速 v_s 或岩性与静容许承载力标准值 f_k(kPa)把场地土分为坚硬场地土、中硬场地土、中软场地土和软弱场地土。

场地土类型	土层剪切波速(m/s)	场地土类型	土层剪切波速(m/s)
坚硬场地土	$v_s>500$	中软场地土	$140<v_{sm}≤250$
中硬场地土	$250<v_{sm}≤500$	软弱场地土	$v_{sm}≤140$

注:v_{sm} 为土层平均剪切波速,取地面下 15m 且不深于场地覆盖层厚度范围内各土层剪切波速,按土层厚度加权的平均值。对于一般建筑或次要建筑无实测剪切波速时,可按下列原则确定场地土类型:当为单一土层时,土的类型即为场地土类型;当为多层土时,场地土类型可根据地面下 15m 且不深于场地覆盖层厚度范围内各土层类型和厚度综合评定。

土的类型	岩土名称和性状
坚硬土	稳定岩石、密实的碎石土
中硬土	中密、稍密的碎石土,密实、中密的砾、粗、中砂,$f_k≥200$kPa 的粘性土和粉土
中软土	稍密的砾,粗、中砂,除松散外的细、粉砂,$f_k≤200$kPa 的粘性土和粉土,$f_k≥130$kPa 的填土
软弱土	淤泥和淤泥质土,松散的砂,新近沉积的粘性土和粉土,$f_k<130$kPa 的填土

(李文艺)

场址选择 site selection

在拟建地区或地点的范围内确定建设项目坐落的具体位置。它一般应考虑:①地质、水文、地形和占地面积要适合企业建设和发展;②水质、水量要满足生产要求;③要有可靠的能源供给;④运输条件方便;⑤防止对城镇的环境污染;⑥厂区和居民区近便,并满足工业区规划和城市规划的要求等。它是一项政策性很强的综合工作,选择得当,有利于建设、生产和使用;选择不当,会增加投资,影响建设速度,给生产和使用留下后患,影响投资效果。选场址必须认真进行调查研究,进行多方案比较后,提出推荐方案,编写建设场址选择报告,慎重地确定。在地震区进行场址选择时,应特别注意对工程地质、水文地质和地震活动情况的调查研究和勘测,按场地土、地质构造和地形条件,查明对建筑物抗震有利、不利和危险地段。并尽量选择对建筑物抗震有利地段,避开不利地段,更不应在危险地段进行建设。

(房乐德 章在埔)

chao

超高层房屋结构 super tall building structure

一般指 100m 以上的高层房屋结构。超高层建筑与高层建筑没有明确界限,也有认为 200m 以上的为超高层建筑。它多采用单筒、筒中筒和组合筒等各种形式的筒体结构。参见房屋结构体系(80页)。

(陈永春)

超固结比 overconsolidation ratio

土体(层)的先期固结压力与现存自重压力的比值。常用字母 OCR 表示,是无量纲的数值。它是据以判别土体的天然固结状态的重要指标,由此区分自然土体为超固结土($OCR>1$)、欠固结土($OCR<1$)和正常固结土($OCR=1$)。

(魏道垛)

超固结土 overconsolidated soil

在整个自然地质历史过程中曾承受过的、大于现存自重压力的上覆压力作用且达到完全固结的土体(层)。其判别标志是现存的自重压力小于其先期固结压力或者超固结比 $OCR>1$。

(魏道垛)

超筋梁 overrainforced beam

受拉钢筋配筋率大于最大配筋率的钢筋混凝土梁。由于配筋过多,破坏时受压区混凝土首先被压碎导致整个梁破坏,但此时受拉钢筋尚未屈服,因此梁的裂缝和变形均很小,无明显破坏预兆,属脆性破坏性质。梁的承载力由受压区混凝土控制,多配的钢筋不能发挥作用,设计中不宜采用。

(刘作华)

超静定结构 statically indeterminate structure

单用静定平衡原理难以求解,需要用力法、位移法或混合法等超静定计算方法来求解结构构件的作用效应和抗力两个基本变量的结构构件。

超配筋受扭构件 over-reinforced torsion member

破坏时纵筋和箍筋二者均未屈服或其中之一未屈服的钢筋混凝土受扭构件。前者称完全超配筋受扭构件,破坏时混凝土先压碎,没有破坏预兆,属于脆性破坏,也没有充分发挥钢筋的作用,应避免使用;后者称部分超配筋受扭构件,超配的钢筋也没有充分发挥作用,使用时应尽量避免。

(王振东)

超屈曲强度 postbuckling strength

见屈曲后强度(248页)。

超声测缺法 measurement of defect ultrasonic-method

应用超声波测定混凝土内部缺陷的检测方法。超声波在混凝土中传播遇到缺陷(如裂缝、孔洞、蜂窝等)时,由于声波的绕射和反射,使声时增加,接收的能量显著衰减,接收频率明显降低及波形改变,根据这些声参数中的某一个或几个的变化来判定混凝土内部是否存在缺陷,缺陷大小及其位置等。一般采用透射法,其纵波频率为 20~200kHz。检测时发射和接收探头(换能器)应与混凝土表面很好耦合。

(金英俊)

超声法 ultrasonic method

用超声脉冲仪,测定超声波在混凝土中传播的声速、振幅、接收频率、衰减系数及波形等声学参数,根据一个或数个声学参数来确定混凝土的强度、裂缝、均匀性、内部缺陷、表层损伤厚度、板厚、弹性及非弹性参数的一种非破损试验法。常用的超声纵波频率为 20~200kHz。它的特点是能够揭示混凝土内部的质量信息。超声法有透射式和反射式。

(金英俊)

超声探伤 wound detection by ultrasonic

又称超声波探伤。利用超声脉冲波在钢材中传播遇到不同界面或缺陷时的反射现象进行探伤的方法。根据探头接收信号的特性判断缺陷的存在、大小及位置。金属探伤常用脉冲反射法,其超声频率为 1~5MHz。探伤时探头的位置及发射方向应与试件的几何形状、缺陷的形状及位置相互配合。超声探伤的优点是穿透能力强,对平面缺陷的灵敏度高,使用方便,成本低。缺点是缺乏直观信息,评定缺陷性质比较困难。

(金英俊)

超压持续时间 duration of overpressure

爆炸超压从周围大气压力瞬息地上升到峰值超压,然后逐渐地回降到周围大气压力所延续的时间。受冲击波作用的任一位置的超压一般都有正压段(正相)和负压段(负相),相应地有正压持续(作用)时间和负压持续(作用)时间。负相的峰值动压和峰值超压都远远小于正相的峰值动压和峰值超压,因此,大多数工程实践中,人们关心的只是正压作用时间。

(熊建国)

超载试验 over load test

施加超过试验荷载值的加载试验。超载量以试验要求决定,可以一直加载到结构破坏为止,以求得结构实际的安全储备。对于非破坏性的结构承载力试验,一般只加载到试验荷载值的某一倍数,以求结构在该超载值作用下的实际工作性能。

(姚振纲)

超张拉 over stretching

为减小预应力损失,将预应力钢筋预先张拉超过控制应力值后放松钢筋,然后再进行张拉的一种张拉工艺。若以 σ_{con} 表示张拉控制应力,预应力钢筋的超张拉程序为:将钢筋应力由零张拉至 $1.1\sigma_{con}$,持荷 2min 放松到 $0.85\sigma_{con}$,再张拉至 σ_{con}。采用这种张拉方法,比一次张拉至 σ_{con} 时所建立的预应力要均匀一些,预应力损失要小一些。

(王振东)

che

车辐式双层悬索结构 wheel-like double-layer cable structure

在圆形建筑平面内按径向布置上、下两层索的悬索结构。上层索直接承受屋面荷载,并以支反力形式将部分屋面荷载传给中心环,下层索即承受由中心环传来的集中荷载。对这种体系也须对上、下索施加预张力(利用中心环作为撑杆)。

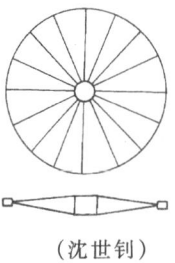

(沈世钊)

chen

沉管灌注桩 cast-in-place pile with driven casing

又称就地灌注桩或沉拔桩。用先把底端装有活瓣或套以预制桩尖的厚壁钢管打入或振动沉入土中成孔并在孔中灌入混凝土而成的桩。但该类桩在拔管过程中,如拔管速度过快,有可能将管内混凝土连带提升,造成桩身缩颈;在软粘土或泥炭中沉桩时,邻近未结硬的混凝土桩可能会被挤断。

(陈强华)

沉降差 differential settlement

建筑物不同部位两点间的沉降量之差值。通常是指最终沉降量之差,也可指地基变形历时的过程中之某一时刻该两点间所产生之沉降差值。

(魏道垛)

沉降缝 settlement joint

为避免因地基不均匀下沉引起的危险应力导致结构产生裂缝,将建筑物从基础到顶部完全分割成段而预先设置的竖直缝。通常设置在地基土变化处或房屋高度与荷载相差较大的部位以及新老建筑物交界处。缝宽大小主要取决于地基的沉降差异及房屋高度。　　　　　　　　　（陈寿华　杨熙坤）

沉降观测　settlement observation

见建筑物沉降观测（157页）。

沉降观测标　mark for subsidence observation

又称沉降观测点。为在施工及使用阶段观测建筑物或构筑物沉降而设置的标志。一般设在离地面0.5～1.0m处。除要求点位能表示变形特征外，它还要求①与建筑物（构筑物）固连；②便于观测；③便于保存；④易于寻找；⑤点位明确。烟囱的沉降观测标和倾斜观测标布置在同一条直线上，并沿筒壁圆周等距离对称布置，各设四个点。

　　　　　　　　　　　　（方丽蓓　傅晓村）

沉降计算的分层总和法　layerwise summation method for settlement calculation

将地基压缩层范围内的土层划分为若干分层，按有侧限条件下的压缩性指标计算各分层的压缩量，然后予以总和的沉降计算方法。地基土按其性质分为 n 层，地基内的应力分布按各向同性匀质的直线变形体理论求算，但将应力系数 α 换算为自基础底面起算的深度 z 范围内取均值的平均应力系数 $\bar{\alpha}$，用相应于实际应力范围内测定的压缩模量 E_s 计算由于基底附加压力 P_0 引起地基固结后、竖向压缩沉降量的最终值 S'，再以沉降计算经验系数 ψ_s 修正。公式为：

$$S = \psi_s S' = \psi_s \sum_{i=1}^{n} \frac{P_0}{E_{si}}(Z_i \bar{\alpha}_i - Z_{i-1} \bar{\alpha}_{i-1})$$

该式按变形比法确定沉降计算深度。　　（钟　亮）

沉降计算经验系数　empirical coefficient of calculated settlement

根据实测沉降资料推算的最终沉降量与按分层总和法计算的最终沉降量的比值。在沉降计算中有不少因素未能反映，例如：地基土的非匀质性对应力分布的影响、选用的压缩模量值与实际的出入、瞬时沉降及次压缩沉降的影响、侧向变形对不同液性指数的土层沉降的影响、荷载性质上的不同与上部结构对荷载分布的调节作用等等，使计算沉降与实测沉降间存在着程度不等的差别。因此，采用经验系数以综合考虑。该值可根据地区沉降观测资料及经验确定，也可参照规范提供的数值。

　　　　　　　　　　　　　　　　（钟　亮）

沉井　open caisson

用于沉入土中的无盖无底的井筒状结构物。一般由井壁（侧壁）、隔墙和刃脚等部分组成，常用钢筋混凝土制作。沉井结构既可作为深基础施工时的挡土围壁，本身也可成为建筑物的基础部分或各种用途的地下构筑物（如水泵房、地下厂房、地下铁道的车站和通风井等）。沉井的施工方法为：先在建筑地点制作井筒，然后在井内挖土，井筒在自重作用下克服侧壁摩阻力而逐渐下沉，直至设计标高。

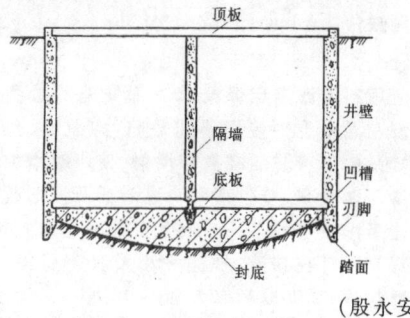

　　　　　　　　　　　　　　　　（殷永安）

沉井壁　open caisson wall

沉井的外壁。是沉井的主要部分，应有足够的强度，以便承受最不利荷载组合所产生的内力。同时还要求有足够的重量，使沉井在自重作用下能顺利下沉到达设计标高。当在比较密实的土中下沉时，为减少沉井侧面的摩擦阻力，可在井壁外侧做成一个或多个阶梯形，有时也可采用在井壁内安设射水管路系统，冲刷井壁外侧土体，以便于下沉。

　　　　　　　　　　　　　　　　（钱宇平）

沉井倾斜　inclination of open caisson

沉井（也包括沉箱）在下沉过程中发生的中轴线不保持竖直方向（横断面不再水平而倾侧）的不均匀下沉的施工事故现象。由于地层的非均质或下沉施工中刃脚下挖土（或水力冲土）的不均匀，常会发生较大的倾斜。过量的倾斜将可能导致沉井结构的损坏和下沉的失败，所以在沉井或沉箱的设计中都应事先予以考虑到，并对倾斜的大小做出相应的限值。

　　　　　　　　　　　　　　　　（董建国）

沉头铆钉　countersunk head rivet

见铆钉连接（209页）。

沉箱病　caisson disease

又称潜水病。沉箱施工时，因违反规程过快降压使工人在工作室内，因吸收过量的氮气而得的一种疾病。患这种病症时，须将患者重新送入气闸内而后缓慢减压，让血液中的氮气充分排出，或到专门医院救治。　　　　　　　　　（殷永安）

cheng

撑托梁　king (queen) post truss

由上弦为超静定压弯构件下弦为撑托带组成的桁架。上弦用木材（也可用钢筋混凝土），下弦撑托带由圆钢或型钢做成。它可以很好地发挥各自材料的受力工作性能，因此是一个较好的组合结构体系，常用于跨度较大的檩条、水工结构的模板梁以及栈架等。设计时应注意：①竖杆支持的跨间节点沉降量对上弦弯矩影响极大；②撑托梁应成对在竖杆处设置垂直支撑以增强结构的空间稳定。

（王振家）

成品构件校正 straightening of structural member

见构件校正（109页）。

成套设备 complete sets of equipment

建设项目设计中需要按照建设进度配齐成套供应的设备。它由设备成套机构负责组织供应。

（房乐德）

承台 pile cap

连接上部结构物和桩的结构体。具有分布荷载、扩大传力范围的功能和作用。可分为板式承台和梁式承台两种。

（高大钊）

承压层间水 confined interstratified water

简称承压水。充满上下两个稳定隔水层之间的层间水。承压层间水没有自由水面，并承受静水压力。承压层间水上部隔水层为隔水顶板，下部隔水层为隔水底板，隔水顶板至底板的垂直距离为含水层厚度。凿穿隔水顶板后，水自含水层中上升到隔水顶板的底面之上，最后稳定在一定高程上。这种上升的地下水面为承压水面，它的标高为承压水位或测压水位。地面至承压水位的距离为承压水位的埋深；自隔水顶板底面到承压水位之间的垂直距离称承压水头。当地形合适时，承压水位若高于地面标高时，承压水就可以喷出地面成为自流水。补给区与排泄区常位于含水层出露地表的最高与最低处。由于有隔水顶板，埋藏较深，气候季节变化对水位、水量、水质、水温方面的影响很小。承压水是良好的供水水源。但对矿坑及地下建筑工程常常构成不同程度的危害。

（李 舜）

承压水 confined water

见承压层间水（27页）。

承压水等水位线图 contour map of piezometric surface

表示承压水的水位等高线图。它是以地形图为底图，用在同一时间内测得的某一承压含水层稳定测压水位值编制而成。一般含有含水层顶板等高线。用该图可以确定承压水的流向、补给排泄关系、埋藏深度和水头值。

（李 舜）

承压型高强度螺栓连接 high strength bolted bearing-type connection

见高强度螺栓连接（100页）。

承载力 carrying capacity

见结构承载力（162页）。

承载力基本值表 tables of fundamental bearing capacity value of subsoil

建筑地基基础设计规范所给出的各类土的承载力表。这是根据大量载荷试验资料进行统计分析而得出的，同时又经建筑物沉降观测资料验证。因此对于所规定的建筑物类型，如按承载力表内数值进行设计，可能发生的变形能满足建筑物对变形的承受能力的要求。

（高大钊）

承载力检验 examination of bearing capacity

通过对结构构件的强度检验，对其承载力作出评价。检验的实测值 r_u^0 为检验评定的指标。r_u^0 是结构构件产生破坏标志的荷载实测值与荷载设计值（包括自重）的比值。以钢筋混凝土结构构件为例，破坏的标志包括受拉主筋屈服拉断，最大裂缝宽度达到1.5mm，最大挠度达到跨度的1/50，受压混凝土破坏，受拉主筋端部滑脱或锚固破坏等。当按设计规范规定进行检验时，要求

$$r_u^0 \geqslant r_0 [r_u]$$

当设计要求按结构件实配钢筋承载力进行检验时，要求

$$r_u^0 \geqslant r_0 \eta [r_u]$$

$[r_u]$ 为结构构件承载力检验系数的允许值，r_0 为结构构件的重要性系数，η 为构件承载力检验修正系数，均按国家评定标准规定取用和计算确定。对于研究性的试验，在确定承载力检验系数实测值时，应按材料实测强度，钢筋的实际面积，构件的实测尺寸计算破坏荷载值。

（姚振纲）

承载力系数 bearing capacity factors

反映土的内聚力、基础埋深和基础宽度等三种因素对地基极限承载力影响的无量纲系数（N_c、N_q 和 N_γ）。这三个系数都是土的内摩擦角 φ 的函数，由于地基极限承载力公式推导时的基本假定不同，所得到的系数也不一样，各种方法的主要差别反映在 N_γ 值上，而 N_c 和 N_q 值变化不很大。

（高大钊）

承载力值的深宽修正 depth and width corrections for bearing capacity value

当按规范承载力表查用标准值确定承载力设计值时，须考虑基础实际宽度和埋置深度对承载力值的修正。这是由于承载力表所依据的载荷试验的载荷板宽度一般小于1m，埋深通常为零的情况，若不加修正而用于实际基础时其承载力值偏小。因此规范对各类土规定了深度修正系数和宽度修正系数来适当提高承载力的数值。

（高大钊）

承载力值的统计修正 statistical corrections for

bearing capacity value
考虑土的物理指标的变异性而采用概率统计方法(反映为回归修正系数)对地基土承载力基本值所作的一项修正。这是为了使设计用的承载力值具有相当的可靠性而对由规范承载力表所查到的承载力值进行诸多修正中之一种。　　　　(高大钊)

承载能力极限状态　ultimate limit state
结构或构件达到最大承载力或达到不适于继续承载的变形的极限状态。当结构或构件出现下列状态之一时,即认为超过了承载能力极限状态:①整个结构或某一部分作为刚体失去平衡(如倾复);②结构构件或连接因材料强度被超过而破坏(包括疲劳破坏);③结构构件或连接因产生过度的塑性变形而不适于继续承载;④结构转变为机动体系;⑤结构或构件丧失稳定(如压屈)。　　　　(邵卓民)

承重粘土空心砖　load-bearing clay hollow brick
用于承重结构的粘土空心砖。为了提高承载能力,大多采用竖孔砌筑,中国产品的主要规格有：190mm × 190mm × 90mm、240mm × 115mm × 90mm、240mm × 180mm × 115mm 等品种。其重力密度为 11.1~14.5kN/m³。　　　　(罗韬毅)

承重墙　bearing wall
房屋中用以承受上部竖向荷载和自重的结构墙。通常也起承受水平荷载、地震力等各种作用以及结构稳定的作用。与承重墙相对的是非承重墙,例如起分隔作用的隔墙。　　　　(江欢成)

承重墙结构　bearing wall structure
以结构墙(或称承重墙)作为房屋竖向的主要承重构件的结构体系。墙体既承受竖向荷载,又承受水平荷载及地震作用,同时还兼作为建筑物的维护和房间的分隔。在多层及 30 层以下的高层住宅、旅馆和办公楼中常用这种结构型式。为了强调承重墙在水平荷载下承受剪力的作用,也常称为剪力墙结构。承重墙结构在水平荷载作用下进行内力分析时,常假定楼板在其自身平面内的刚度为无穷大,并把水平力分配给各承重墙,而与它相交的另一方向承重墙的一部分,则作为它的翼缘参加工作。这种结构整体性好,刚度大。主要缺点是结构自重大,并且由于楼板跨度的限制,承重墙间距不能太大,平面布置受到较大限制。参见房屋结构体系(80 页)。
　　　　(江欢成)

承重墙梁　bearing wall-beam
除承受墙体与托梁的自重外,尚承受其他荷载的墙梁。多用于底层为大开间、上部为小开间的多层房屋,如商店—住宅等建筑。　　　　(王庆霖)

承重索　carrying cable
又称主索。预应力索网和双层悬索结构中下垂的索,相反曲率(上拱)的索称为稳定索,又称张紧索或副索。其实,在预应力条件下,这两类索相互张紧,共同承担外荷载。所谓承重与稳定(或张紧),或主与副,仅具有相对的意义。　　　　(沈世钊)

承重销　bearing pin
又称销。穿过构件主要用来承受剪力的部件。通常销的截面为圆形,而钢管混凝土柱中采用的承重销有工字形、T 形和 U 形,作为连接预制钢筋混凝土梁之用,这些承重销的竖板穿过钢管。其优点是工作可靠,但费工,且对浇灌管内混凝土有一定妨碍。　　　　(沈希明)

城市功能分区　zoning of urban function
对城市土地使用进行的总体布局。功能分区是在城市性质、规模确定的前提下,对城市现状、自然条件、技术和经济条件、生产生活规律综合分析的基础上进行的。　　　　(房乐德)

城市抗震防灾规划　urban earthquake disaster reduction planning
全面提高城市的综合抗震能力,保障地震时城市的安全和城市功能正常运转的规划。由各个分项规划组成:①提高城市综合抗震防灾能力的远期规划,包括新建工程抗震设计,已有工程结构震害预测和加固措施,以及以土地利用规划为主的非结构性措施;②震前准备规划,包括建立城市抗震防灾指挥中心,地震警报发布系统和地震情报传递系统,制定应急疏散和撤离措施,储备抗震救灾急需物资,抗震防灾宣传等;③抗震防灾应急规划,以控制震害规划和有效地减轻地震损失为主要内容;④震后恢复重建规划,包括加速恢复重建进程,安置灾民及减轻间接损失。　　　　(肖光先)

乘常数　multiplication constant
测距仪中计算与距离成比例的系统误差时采用的一个比例改正因子。主要由于测距仪精测尺频率偏离标准频率而引起的。通常采用与基线比较的方法检测,也可用频率计直接测定精测尺频率来确定。根据乘常数可对观测结果进行改正。
　　　　(何文吉)

程序　program
使计算机实现预期的目的而利用某种计算机语言所编排的一系列处理步骤。　　　　(黄志康)

程序框图　program diagram
程序设计的流程图。程序设计中的每一逻辑、运算、功能都能通过框图表达。　　　　(周宁祥)

程序设计语言　programming language
向机器表达命令和信息所遵循的规则。目前程序设计语言可分为三类:用计算机指令表达的机器语言;用能反映指令功能的助记符表达的汇编语言;独立于机器的接近于自然语言的高级语言。

(黄志康)

chi

驰振 galloping
　　由于流动分离和旋涡脱落而产生的空气动力负阻尼分量,导致细长结构失稳式的振动。

(卢文达)

持久强度 endurance limit
　　在荷载长期作用下保持不被压坏的最大强度。它反映了混凝土徐变性质,代表不致引起发散性徐变的最大应力。对于普通混凝土其值约为短期荷载下破坏强度的80%。木材的持久强度参见长期强度(22页)。钢材在应力循环下的持久强度参见疲劳极限(228页)。

(卫纪德)

持久试验 endurance test
　　见长期荷载试验(22页)。

持久状况 persistent situation
　　考虑荷载持续期与结构寿命期有相同数量级的设计状况。例如,在正常使用情况下,居住房屋结构承受家具和正常人员荷载的状况。

(陈基发)

持水度 specific water retention
　　在重力作用下,岩土矿分子引力和毛细力在真空隙中保持的水量与岩土总体积之比。用百分数表示。分为两种:毛细持水度和分子持水度。一般粘性土的持水度较大,而砂和具有宽大裂隙或溶洞的基岩的持水度较小。

(李 舜)

尺长方程式 equation of tape length
　　钢尺长度与温度变量的函数关系式。钢尺受其材料、制造误差及外界温度变化的影响,使其实际长度与名义长度不符,因此,钢尺应经国家计量部门或测绘管理部门定期进行检定,给出经检定后的尺长方程式:
$$l_t = l_0 + \Delta l_0 + \alpha(t - t_0)l_0$$
l_t为钢尺在温度t℃时的长度;l_0为名义长度;Δl_0为尺长改正;α为钢尺的膨胀系数;t和t_0分别为钢尺使用和检定时的温度。

(高德慈)

尺长改正 correction to the nominal length of tape
　　因钢尺在标准温度和标准拉力下的实际长度与名义长度不符而加的改正。在专门的检定场所,将名义长度为l_0的钢尺与标准长度比较,求出该尺在标准温度和标准拉力时的实际长度l,则该钢尺的尺长改正为$\Delta l_0 = l - l_0$。

(高德慈)

尺寸效应 size effect
　　结构构件和材料的强度随试件尺寸的改变而变化的性质。试验资料表明尺寸越小表现出相对强度越高,同时强度的离散性也越大。以混凝土结构为例,尺寸效应的产生由试验方法和材料的自身原因所致。混凝土抗压试验时试验机压板对试件承压面摩擦力所引起的箍紧作用,随试件受压面积与周长比值不同而影响程度不一,对小尺寸试件的作用比大尺寸试件为大,使试件强度提高也多。

(姚振纲)

尺垫 turning plate
　　安置在水准测量的转点上,用生铁铸成的三角形铁座。铁座中央有一突起的半圆顶,以支承水准标尺。

(汤伟克)

尺间隔 rod intercept
　　见视距法(274页)。

齿板连接 tooth-plate connection
　　用方形或圆形中空钢板冲压成单面或双面尖齿状的连接件,并以压力器具(通常多采用高强度螺栓)把此连接件压入木构件中,以接长构件或作为结构节点的连接。其承载能力由齿与木材的接触面承压控制,常用于中小跨度装配式屋架的节点中。

(王振家)

齿缝抗剪强度 shear strength of masonry along stepped joint
　　砌体受纯剪,剪力方向与水平灰缝垂直,试件沿齿缝截面破坏时砌体的剪应力极限值。其值一般可按通缝截面换算而得。

(钱义良)

齿环键连接 toothed-ring connection
　　圆钢环周围做成波状尖齿,用特制千斤顶压入构件木材中,用以接长构件或作为桁架节点的连接。由于齿与木材接触紧密,其承载力由木材承压控制,因此其工作较裂环键连接可靠,但较费工。

(王振家)

齿接抵承
　　见齿连接(29页)。

齿连接 notch and tooth connection
　　又称榫接、齿接抵承或抵接。一木构件端部榫头抵承在另一木构件的齿槽(凹槽)上以传递压力的连接。主要用在豪式木桁架端节点和受压斜杆与弦杆的节点,分单齿连接和双齿连接两种。齿连接除抵承面局部承压外还伴有剪切受力,特别是两构件交角较小时,其承载力将由剪切工作控制。剪切主要是顺纹受剪,剪切应力沿剪面分布极不均匀,分布长度也有限,其承载力与剪面上有无横向压紧力关系很大。

(王振家)

齿连接强度降低系数 reducing coefficient of timber shear strength for non-uniform distribution of shearing stress in notch

齿连接中,考虑沿剪面长度剪应力分布不均匀的强度降低系数。在木结构设计规范中用 ψ_v 表示。齿连接的剪应力分布极不均匀且分布长度有限,超过限值抗力不会因剪面长度增长而增加。单齿连接与双齿连接的 ψ_v 值,均由实验得出。

（王振家）

chong

冲沟 gully

暂时性的水流侵蚀作用所形成的一种较大规模的沟谷。它的深度大于 3m,有的深达几十米至几百米。长度可达几公里到几十公里。冲沟的沟头和沟壁都较陡,沟壁常发生崩塌,有的沟头向源推进速度较快。

（朱景湖）

冲击波 shock wave

爆炸所产生的热气体膨胀,压迫周围介质（空气、水或土）造成的向外传播的压力波。其主要特征是压力在波阵面上突然升高,在波阵面后随距离的增加而逐渐下降。在空气中产生的冲击波叫做空气冲击波。核武器爆炸时,其完整的空气冲击波特性除正压区外 P 在其后部还有一低于周围大气压力的负压区。空气冲击波向外运动时伴随着一股瞬间的十分强烈的类似风的作用。冲击波是一种破坏力量,可摧毁构筑物及造成生物（包括人员）伤亡,但也可以利用其特性进行各种建设性活动。

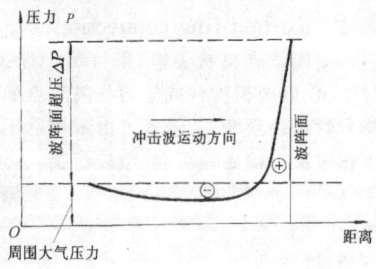

（张晓澌　王松岩）

冲击反应谱 shock response spectrum

表示单自由度体系在受到确定的瞬态输入运动下体系的反应峰值随其自振周期（或频率）而变化的一种图形。图形的横坐标表示体系的自振周期（或频率）,纵坐标表示加速度、速度或位移的时程反应的最大绝对值,对应的图形称为加速度、速度或位移冲击反应谱。有时利用三对数坐标,在一个图上可同时读出速度、加速度和位移的最大反应绝对值,这种图称为三联反应谱或三对数坐标反应谱。冲击反应谱在结构动力学和防护结构分析与设计中有着广泛的用途,包括反应分析、体系参数选择和隔震设计

等。

（熊建国）

冲击荷载 impact load

结构或构件在很短时间内受到数值很大的力。如爆炸时的冲击波对结构的作用。

（唐岱新）

冲击荷载系数 impulsive load factor

冲击荷载下荷载峰值与弹塑性体系的屈服抗力之比。它是当采用单自由度等效静载法进行结构弹塑性反应分析时,用以反映荷载动力效应而引入的一种系数。是根据冲击荷载的波形与特征时间以及结构的自振周期、阻尼和延性比来确定的。

（熊建国）

冲击力加载法 method of impact loading

利用对结构突加或突卸荷载使结构产生自由振动的一种加载方法。突加荷载法常用重物撞击结构获得,根据撞击重物的冲量使结构以一定的初速度作自由振动,又称初速度加载法。突卸荷载法是利用结构在荷载作用下产生一初始位移,当突然卸荷时,使结构在恢复弹性位移的过程中作自由振动,又称初位移加载法。冲击力加载法的特点是荷载作用时间极短,强迫振动的影响很快消失,主要是利用结构在自由振动情况下测定结构的动力特性。

（姚振纲）

冲击疲劳 shock fatigue

打桩时,桩身经受拉、压冲击应力的反复作用而引起的疲劳现象。长桩的沉桩过程需要经历数千次锤击,每一次锤击,桩身就经受一次拉、压冲击应力的反复作用,从而使混凝土内部砂浆与粗集料粘结面上原已存在的微裂缝逐渐发展,最终可能导致桩身混凝土破坏。

（陈冠发　宰金璋）

冲击韧性 impact ductility

见冲击试验(30页)。

冲击试验 impact test

确定带缺口的标准试件受冲击破坏时吸收能量大小的试验。材料受冲击破坏所吸收的最大能量,称为冲击韧性或缺口韧性。钢材的冲击韧性可以用冲击试验所耗的功的大小来衡量。击断试件所耗的功愈大,冲击韧性愈高,材料的韧性愈好,不易脆断。在负温下工作的钢材,可作负温冲击试验,以获得负温冲击韧性。中国用带 V 形缺口的夏比试件作冲击试验。过去则用带圆弧缺口的梅氏试件。冲击韧性的单位为焦耳。

（李德滋　王用纯）

冲积层 alluvium

河流侵蚀、搬运的物质最后堆积在河谷中的沉积层。山地河流的冲积物,无论在河床中或是河漫滩上皆以不同大小的砾石为主,并有些粗砂沉积;而平原河流无论河床、河漫滩或泛滥平原,都以细砂、粉砂和粘性土沉积为特征。冲积物可以分为下列几

种沉积相：①河床相——水流在河床中的沉积物。又可分为深槽沉积和浅滩沉积两部分；深槽沉积主要为砾石和粗砂，具大型斜交层理；浅滩沉积由砂砾、细砂和粉砂组成，形成斜层理和波状层理。河床沉积具有较强的透水性，冲积砂砾是混凝土骨料的主要来源；②河漫滩相和牛轭湖相沉积物。参见河漫滩沉积物(121页)和牛轭湖沉积物(223页)。

（朱景湖）

冲积平原 alluvial plain

大河中、下游由河流带来大量冲积物堆积而成的平原。其上地势平缓，河道宽浅，两岸形成天然堤和决口扇，河间洼地常积水成湖或变为沼泽。根据地貌的部位和作用的营力可分为山前平原、中部平原和滨海平原三部分。山前平原主要由较粗颗粒的洪积物和冲积物组成。中部平原以河流堆积物为主，在剖面中常夹有湖沼沉积的透镜体。在古河道中储存着丰富的地下水。滨海平原沉积物颗粒很细，冲积物与海相沉积物相互交错。

（朱景湖）

冲孔 punching hole

在冲孔机上按零件划线标示用冲模冲成要求的孔径的制孔方法。此方法效率高，但孔壁粗糙，重要结构不宜采用。

（刘震枢）

冲切 punch

在局部荷载作用下，使构件沿荷载作用边缘，与局部荷载成45°倾斜的混凝土抗拉承载

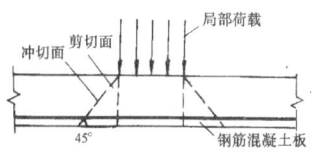

力较薄弱的截面，所产生的相对剪切变形。钢筋混凝土由于其抗拉强度远低于其抗压强度，因此在其柱基础、无梁楼盖以及桩基础承台等构件中，容易导致因冲切承载力不足而破坏。

（王振东）

冲切承载力 punch capacity

沿局部荷载作用面积周围与混凝土板式构件顶部相截交处，向外倾斜形成喇叭状锥体发生冲切破坏时，所达到的最大内力。

（王振东）

冲切破坏 punch failure

钢筋混凝土板在局部荷载作用下，由于抗冲切承载力不足沿局部荷载边缘发生向外倾斜的相对剪切破坏。其斜裂缝与水平线大约呈45°的倾角，破坏时在板内被斜裂缝所分割形成截头的破坏锥体，它是一种脆性破坏。钢筋混凝土的冲切在无梁楼盖、柱基础及桩基承台等结构构件中遇到，其承载力是随着混凝土的抗拉强度、板的有效高度以及荷载截面积的周边长度的增加而提高，但提高有一定限量。在一般配筋的板中当其抗冲切承载力不足时，可采用增加柱帽或在板内破坏斜裂缝处设置抗冲切箍筋及弯起筋等方法解决。抗冲切箍筋一般配置在局部荷载或柱反力作用面周边以外不小于$1.5h$范围内，此处h为板厚；弯起筋一般配置在与斜裂缝相截交的范围内。

（王振东）

冲刷 scour

疏松的岩、土体在地表水作用下发生的破坏现象。包括：①斜坡上暂时性流水的表面洗刷及沿沟槽向下的冲蚀；②河流的纵向侵蚀和侧向侵蚀。斜坡上的冲刷可使表土流失，或形成冲沟，破坏山地和农田。河流的纵向冲刷可加深河床，威胁桥台、桥墩等的稳定与安全；河流的横向冲刷可使凹岸侵蚀、凸岸堆积、河床在水平方向左右摆动，改变河流航道，使桥梁、码头失效，沿岸建筑物和农田受到威胁。

（蒋爵光）

冲刷深度 depth of scour

水流携带河床上的土，使河床冲刷下降的深度。随冲刷原因不同分为一般冲刷深度与局部冲刷深度。一般冲刷深度是当河流发生洪水时，河水的流速、流量随之增大产生之冲刷。局部冲刷深度是当水中修建墩(台)后，使流水面积缩小、流速增加，使墩(台)附近河床下降的深度。设计桥梁墩(台)基础埋置深度时，应考虑河流的冲刷深度。

（陈忠汉）

充分交互作用 full interaction

保证组合梁中混凝土翼缘板与钢部件间基本上无相对滑移的交互作用。即二者界面间的相对滑移小到可以忽略不计，因而可认为组合梁截面弯曲前后保持平截面不变。发生在完全抗剪连接时。

（朱聘儒）

充分利用点 fully usable point of bar

见抵抗弯矩图(47页)。

充气结构 pneumatic structure

由只能承受拉力的薄膜制品做成的、内部充以气体(通常为空气)的能承受外荷载的房屋结构。充气结构体内的气体压力一般比体外的空气压力为大，其概念来自自然界的有机体和肥皂泡。1917年建成第一座充气建筑——野战医院。经多年研究，70年代这种建筑技术已趋于成熟和实用。薄膜材料可用塑料薄膜、橡胶、或用合成纤维织成的、涂以聚合物的涂层织物等。按薄膜内外压强差的不同，可分为高压体系充气结构(又称气管式充气结构或气肋式充气结构)和低压体系充气结构(又称气承式充气结构)，其体型有显著不同。气压的产生、维持和正常控制，需要配置专用的充气机械。常需要设置专门设计的出入口和锚固设施。适用于体育馆、展览厅、仓库、车间、活动房屋、抗震救灾建筑，军

事、野营、地质勘测用房、雷达天线防护罩、飞机库、南北极区基地建筑、水坝、冬季施工罩、混凝土薄壳结构的模壳、农业暖房等。具有自重轻、装拆迅速、运输方便、造价低等优点,特别是临时性建筑,尤为合适。气承式充气结构的跨度已做到240m,覆盖面积达45000m²。但是薄膜材料的耐久性与充气结构的造价有时不相适应,并且充气以及因漏气而补充,需要机械设备日常运转。　　　　　（蒋大骅）

充气结构薄膜材料　membrane material for pneumatic structure

用作充气结构薄膜的材料。有塑料(聚氯乙烯、聚酯、聚酰胺、聚丙烯、聚氟乙烯)、合成橡胶(聚异丁基、聚氯丁二烯等)及合成纤维(聚酰胺、聚酯、聚丙烯腈、聚乙烯基纤维等)。要求抗拉强度及抗撕裂强度高、延伸性能好、加工(熔接或粘接)方便、耐久性好、防火性能好、抗气体扩散性能好、透光率好、受紫外线及水蒸气影响小、对机械和化学的影响不敏感、防尘性能好等。橡胶也可采用,但耐久性差,只适用于试验性和临时性的充气结构。合成纤维需做成编织物,其力学性能呈非线性,且各向异性,一般经线拉得较紧。编织物上往往有涂层。涂层材料有聚氯乙烯、氯丁橡胶、聚胺酯、聚四氟乙烯等单面或双面涂布。　　　　　（蒋大骅）

充气结构的出入口　entrance for pneumatic structure

人员和车辆进出气承式充气结构的门和小间。可做成旋转门、弹簧门、铰链门、气锁或气幕。为车辆出入,宜另设小间,两端做两扇门,先后开关。开门时因室内外的气压差,气流感觉甚急。要求设计时满足开启方便或自动开关,并且漏气少。
　　　　　（蒋大骅）

重复荷载　repeated loading

荷载 Q 值从小到大,又从大到小重复作用于结构的荷载。其下限值 Q_{min} 与上限值 Q_{max} 的比称荷载比,用 $\rho = \dfrac{Q_{min}}{Q_{max}}$ 来表示,一般 ρ 值在 0～1.0 之间。在重复作用 N 次后结构破坏,N 称为疲劳寿命。当重复荷载的上、下限为定值时称之为稳定重复荷载,否则称为不稳定重复荷载。其上限一般不超过结构的荷载标准值,所以其荷载效应低于静荷载作用下的设计值。经多次的重复作用后结构达到疲劳破坏。
　　　　　（李惠民）

重复荷载下的粘结　bond under repeated loading

又称疲劳粘结。在多次重复荷载下,构件内钢筋与混凝土之间相对滑移后的粘结。即在重复荷载作用下构件内钢筋两端应力差引起与混凝土之间的粘结退化,粘结应力下降。试验表明:其下降程度与应力比 $\rho^f = \tau_{min}/\tau_{max}$ 值、重复作用次数 N、钢筋型式、钢筋表面形状及表面粗糙度等因素有关。与混凝土强度、钢筋直径无明显关系。多次重复荷载作用下粘结力退化影响后的锚固长度,一般按构造规定来保证。
　　　　　（李惠民）

重复性　reproducibility

在同一工作条件下,仪器多次重复测出同一的物理量时,保持示值一致的能力,是仪器度量性能指标之一。常用示值的最大偏差与平均示值或与满量程的百分比表示。
　　　　　（潘景龙）

重现期　return period

可变荷载超过某一规定值的时间间隔。由于可变荷载可按随机过程考虑,因此重现期是随机变量。在许多情况下,可变荷载标准值是按规定的平均重现期确定的。
　　　　　（陈基发）

重置费用　replacement cost

估计在某一日期,重新购置或建造同等的、全新的工程结构所需的全部费用支出。　（肖光先）

chou

抽空三角锥网架　triangular pyramid space grid with openings

在三角锥网架基础上,抽去一些三角锥单元中的腹杆和下弦杆所形成的网架结构。抽空后下弦平面呈三角形和六边形组合的网格,称抽空三角锥网架Ⅰ型;下弦平面呈六边形网格的称抽空三角锥网架Ⅱ型,两种类型的上弦平面均保持三角形网格。它们适用于周边支承、建筑平面为三角形、多边形、圆形的中、小跨度或荷载较轻的建筑。

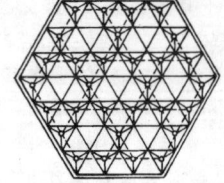 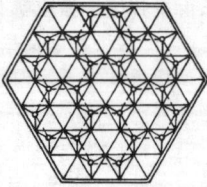

　　　　　（徐崇宝）

抽空四角锥网架　square pyramid space grid with openings

在正放四角锥网架基础上,保持周边网格不动,间隔抽掉中间部分四角锥的腹杆和下弦杆所组成的网架结构。也可视为由两向正交的立体桁架组成

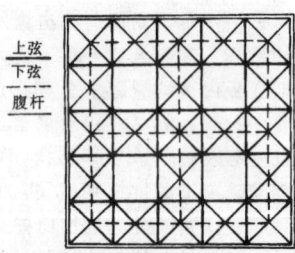

的网架。这种网架虽刚度有所降低,但一般仍能满足要求。具有杆件少、构造简单等特点,适用于中、小跨度建筑或屋面较轻的建筑。　（徐崇宝）

抽水试验　pumping test

利用井(孔)抽取地下水,以了解其涌水量与水位下降的历时变化关系,求取含水层的参数,并判明地下水与地表水及不同含水层间的水力联系的试验。可评价含水层的富水性、地下水资源并预测基坑的涌水量。试验可分为单孔抽水、多孔抽水和群孔互阻抽水。按揭露含水层的程度分为完整井抽水和非完整井抽水。按渗流运动性质分为稳定流抽水和非稳定流抽水。　（王家钧）

筹建机构　preparatory organization of construction

负责工程项目建设准备工作的部门。改建项目、扩建项目,更新改造项目,一般不单独设置筹建机构,其建设准备工作由原企业兼办,凡新建的大中型工程,工期比较长,经主管部门批准,可组织专职机构进行筹建工作。　（房乐德）

筹建项目　project in preparation

在基本建设计划年度内只做准备工作,还不能开工的项目。准备工作包括:选择建设场地征地,拆迁,委托设计,审查设计与编制设计概算,设备订货等项工作。　（房乐德）

chu

初步勘察　preliminary exploration

为建筑物的初步设计而进行的岩土工程勘察工作。它是在区域规划勘察的基础上在选定的建筑区内进行的勘察工作。其任务:为区域确定建筑总平面及其布局;确定主要建筑物地基基础方案以及对不良地质现象的防治方案提供工程地质资料。勘察方法为搜集已有资料,根据需要或区域条件进行必要的测绘、勘探、试验和长期观测工作,并对区域的工程地质条件做出对比评价。　（李　舜）

初步可行性研究　preliminary feasibility study

工程项目进行机会研究后,还不能决定取舍,需要进行的下一步研究。是机会研究和可行性研究之间的一个工作阶段。如果机会研究之后有足够的数据,也可越过初步可行性研究阶段,直接进入可行性研究。初步可行性研究的主要目的是:①分析机会研究的结论,提出投资决策;②确定是否应进行下一步可行性研究;③确定有哪些关键问题需要进行辅助性专题研究。　（房乐德）

初步设计　preliminary design

编制拟建工程的方案图、说明书和总概算的工作。是工程设计的第一阶段。经送审并批准的初步设计文件是施工准备工作的依据,进行二阶段设计时既是施工图编制及主要材料设备订货的依据,又是基本建设拨款和对拨款使用进行监督的基本文件。　（陆志方）

初步设计总概算　overall estimate of preliminary design

当一个建设项目采用二阶段设计(扩大初步设计、施工图设计)时,在扩大初步设计阶段,根据现行概算定额或概算指标和国家、省、市的有关规定编制的总概算。它是确定建设项目全部费用的文件。其作用是控制和确定建设项目造价,编制国家资产投资计划,签订建设项目总合同和贷款总合同的依据;也是投资包干和控制施工图预算和考核设计水平的依据。总概算书一般包括:编制说明、总概算表、综合概算书,其他工程的费用概算书等。

（蒋炳杰）

初步验收　preliminary turning-over

以建设单位为主,组织使用单位、施工单位、设计单位、建设银行对工程项目共同检查,评定单项工程或整个项目的工程质量使用的完整性,以及需要补课的内容等工作的统称。初步验收是为正式竣工验收或预验收做好充分准备。在初步验收中所指出的问题,有关方面必须在限期内改正完成。

（房乐德）

初见水位　preliminary water level

隔水顶板或覆盖层被凿穿时钻孔中的地下水位。　（李　舜）

初偏心　initial eccentricity

见初始缺陷。

初始荷载阶段　initial loading stage

见三阶段设计法(259页)。

初始挠曲　initial deflection

见初始缺陷。

初始偏心距　initial eccentricity

见偏心距(229页)。

初始缺陷　initial imperfection

与理论的计算模型相比,在未受荷载作用前即已存在于实际杆件中的各种缺陷。可分为几何缺陷和材料缺陷两类。以轴心压杆为例,主要几何缺陷有:杆轴的不平直,称为初弯曲,或初始挠曲;荷载作用点偏离截面的形心,称为初偏心。主要的材料缺陷常是残余应力,可使杆件提前出现塑性区,对轴心压杆的静力极限强度虽无影响,但对其稳定性则有较大的降低。　（夏志斌）

初始应力　initial stress

施加预应力前,预应力钢结构在部分使用荷载作用下产生的应力,即初始荷载阶段时预应力钢结构中的应力。二阶段设计中,无初始荷载阶段,也就无初始应力。　　　　　　　　　　(钟善桐)

初速度加载法　loading method of initial velocity

见冲击力加载法(30 页)。

初弯曲　initial crookedness

见初始缺陷(33 页)。

初位移加载法　loading method of initial displacement

见冲击力加载法(30 页)。

除尘器　dust remover

从气流中除去粉粒状物质的设备统称。是环境保护设备,用于净化空气。如用于回收生产过程的粉尘状物料则又是生产设备。用途广泛,形式多样。根据主要除尘机理的不同,目前用的除尘器可分为：①重力除尘如重力除尘器；②惯性除尘如惯性除尘器；③离心力除尘如旋风除尘器；④过滤除尘如袋式除尘器、颗粒层除尘器；⑤洗涤除尘如自激式除尘器、卧式旋风水膜除尘器；⑥静电除尘如电除尘器。
　　　　　　　　　　(蒋德忠)

除锈　rust removal

对钢材或钢构件表面的锈蚀进行清除的工艺过程。一般可分为人工简易除锈,酸洗除锈,喷砂除锈和抛丸除锈等四种。　　　(刘震枢)

触变泥浆　thixotropic fluids

在近代地下工程(如沉井、地下连续墙等)施工使用的、用以作为润滑套或护壁作用的一种泥浆。由于施工要求,它需要具有"静则凝、动则流"(称为触变性)的性能。这种泥浆常用膨润土、水和化学处理剂等配制而成。　　　　(董建国)

触变性　thixotropy

胶体的凝聚与分散的可逆交替性质。在工程上系指软粘性土的强度因受扰动(例如振动、搅拌等)而降低,但又因静置而逐渐恢复的特性。这是由于粘土粒间的水胶联结及静电引力和分子引力联结等在外力作用下被破坏,而使土粒相互分散成流动状态；但当外力去除,随静止时间增长,上述特殊的粒间联结又在相当程度上逐渐恢复。软粘性土触变性的强弱,与其粘土粒含量、粘土矿物的活动性及孔隙水溶液的离子成分和浓度等有关。其评价指标为土的灵敏度。　　　　　　　　(王正秋)

chuan

穿心钢板　piercing steel plate

穿过钢管混凝土柱用来承受梁端弯矩引起的拉力的竖直钢板。安放预制钢筋混凝土梁后,再将穿心钢板穿过钢管上的预留槽口,用角焊缝分别与钢柱及梁顶传递拉力的预埋钢板焊接。穿心钢板偏心受拉,同时还受剪力,因而工作较不利,且对浇灌管内混凝土也有一定妨碍。　　　(沈希明)

穿越分析　crossing analysis

研究响应峰值分布的分析方法。通过求出在单位时间内以正斜率(或负斜率)穿过响应 $y = a$ 的平均次数,可求出响应峰值分布。在单位时间内以正斜率通过响应 $y = 0$ 的平均次数,即为频率,其值为:

$$f_0 = \frac{1}{2\pi} \frac{\sigma_{\dot y}}{\sigma_y}$$

σ 为根方差。上述频率并不一定等于局部极大值的频率。极大值的频率应为:

$$f_{max} = \frac{1}{2\pi} \frac{\sigma_{\ddot y}}{\sigma_{\dot y}}$$

研究表明,对于窄带过程,极大值频率与正穿越 $y = 0$ 所得到的频率相同。　　(张相庭)

传递函数　transfer function

见频率响应函数(230 页)。

传感器　transducer

感受非电物理量并通过敏感元件转化成电量或电参量的元器件。如量测力值的荷重传感器,量测位移的位移传感器等。传感器不具有独立完成某量测任务的功能,需配用专门的二次仪表。
　　　　　　　　　　(潘景龙)

传距边　side for transferring length

又称求距边。由起始边 S_0 沿推算路线两相邻三角形之公共边 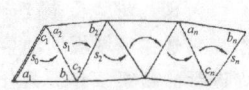 (S_1、S_2……S_n)。传距边所对的角 a_i、b_i 为传距角。三角形中另一条边称为间隔边,其所对的角 c_i 为间隔角。传距角用于推算边长,间隔角用于推算方位角。　　(彭福坤)

传距角　angle for transferring length

见传距边(34 页)。

传热系数　coefficient of thermal transmission

围护结构内外表面温差为 1K(1℃),单位时间内通过单位面积的热量。它的倒数称为围护结构的热阻。围护结构两侧空气温差为 1K(1℃),单位时间内通过单位面积的热量称为围护结构的总传热系数,单位为 W/(m²·K)。总传热系数的倒数称为围护结构的总传热阻。

　　　　　　　　　　(宿百昌)

船形焊　fillet welding in the flat position

见焊接位置(119 页)。

椽架 trussed rafter

将屋面系统的荷载直接传递到墙或支柱的密置的桁架式椽条。中国目前常用的是密置屋架,间距为1.5m左右,桁架沿用豪式木屋架,竖杆用两块木板做成。有时采用欧美式的椽架,以三角形桁架为主,一般构件为4cm×6cm的截面,采用木板下弦,间距为1.5m左右。50年代初期,曾广泛应用过前苏联的人字木屋架作为椽架,也称人字木椽架。屋面系统直接铺设在密置的椽条上,在椽条中部设斜撑以支托,椽架的横推力则由横拉条承受。上述三种椽架间距较小,结构轻便,便于运输安装,适用于中、小跨度的民用屋盖。

(樊承谋)

椽条 rafter

设置在檩条上,在其上铺设木屋面板或挂瓦条的木构件。屋面荷载分解为垂直椽条轴线和沿椽条轴线两个分力,因此椽条是个复合受力构件。轴力与椽条的固定方式有关:当椽条在屋脊部固定时,它将为拉力;当椽条在屋檐处抵住时,它将为压力。实际上在木结构中,椽条常钉在檩条上,此时轴力在椽的下部(靠近屋檐)为压力,上部为拉力。设计计算时,通常只考虑垂直分力引起的弯矩,轴力可略去不计。

(王振家)

chuang

窗间梁 spandrel beam

见裙梁(249页)。

窗口 window

用户定义空间的一个矩形区域用来显示该区域中的内容,是用户图形的一部分。是计算机图形学中的术语。

(翁铁生)

窗口管理 window control

管理窗口的软件,它提供全面的显示管理,用户能在屏幕上产生多个窗口,用以同时观察正在运行的多个任务。利用鼠标器,用户能方便地操纵窗口环境。如建立新窗口、打开或关闭窗口、隐藏、显露、移动现有窗口,以及改变窗口的尺寸等。

(陈国强)

chui

垂直角

见竖直角(278页)。

垂直位移观测 vertical displacement observation

为研究建筑物(构筑物)或地表的高程变化而进行的观测。它要先在变形范围以外的稳定地点埋设水准基点,在建筑物(构筑物)或地表能表示变形特征的部位埋设观测点,用精密水准测量、液体静力水准测量等方法,周期或连续地观测变形点的高程变化,从而求得观测点上升或沉降的情况。

(傅晓村)

锤击应力 driving stress

沉桩过程中由于锤击力引起的桩身动应力。它包括以波的形式沿桩身向下传播的压应力和反射回来的拉应力。由于土的阻力作用,压应力沿桩身向下逐渐减小。在锤击压应力最大的桩顶附近,有时也在支承桩的桩尖处,常需增配构造钢筋或增大断面尺寸。

(宰金璋 陈冠发)

chun

春材 spring wood

见早材(257页)。

ci

磁带 magnetic tape

一种涂有磁层的带状存储介质。常用的磁带有7磁道和9磁道的半英寸磁带,每一盘磁带上贴有两个反射标记:始端和尾端标记,两个标记之间是磁带实际存储数据的区域。记录密度有每英寸800位,1600位和6250位。磁带上数据以数据块为单位进行顺序存取,若干个数据块组成一个文件,文件之间由带标隔开。在微机及工作站上还常用一种1/4英寸的盒式磁带。

(郑 邑)

磁带机 magnetic tape unit

通过磁带介质和读写磁头进行数据读写的设备。它是一种大容量的、信息顺序存取的计算机外部设备。可用于数据的输入输出。也可以作为输入输出设备使用。目前中、高速磁带机广泛采用真空积带箱式,它由磁带驱动部件、卷带部件及磁头部件等组成,以真空箱作为磁带缓冲机构,实现高速和快启停,其带速已达200英寸/s,启动时间1ms,记录密度达6250位/英寸,数据传输率1.25MB/s。目前在微机和工作站上还可配置盒式磁带机,使用方便,但速度较慢。

(郑 邑)

磁带记录仪 magnetic-tape recorder

利用磁带上的强磁介质被磁化的原理进行记录电信号的一种仪器。它虽不能提供直接可见的电信号时曲线,但可重放电信号,供其记录仪或分析仪器使用。它可分数字式和模拟式两类,前者记录模拟信号经A/D变换器和编码器后形成二进制的高低电平;后者则记录电信号的模拟量,有直接记录

(DR)和调频记录(FM)两种记录方式,它们的适用频率范围不同。采用多路磁头的记录器,同一磁带上可同步记录多达数十通道的电信号。

(潘景龙)

磁电式测振传感器 magneto-electricity vibration transducer

俗称磁电式拾振器。是一种利用磁感应原理量测速度的器件。可分为相对式和绝对式两种。测点的运动使传感器中的线圈和磁场发生相对运动,从而在线圈中产生感应电势,它正比于测点的运动速度。配合专用的二次仪表,可记录测点运动的速度、位移等时程曲线。

(潘景龙)

磁电式拾振器 magneto-electricity vibration pickup

见磁电式测振传感器。

磁方位角 magnetic azimuth

见方位角(76页)。

磁粉探伤 magnetic particle inspection

利用在强磁场中,铁磁性材料表层缺陷产生的漏磁场吸附磁粉的现象而进行的无损检验方法。此方法适用于探测铁磁性材料的表面或接近表面的缺陷,如重要结构的焊缝表面缺陷的探测。

(刘震枢)

磁盘存储器 disk storage

信息随机存取的计算机外部设备。可用于数据的输入输出。磁盘存储器由磁盘驱动器和存储介质组成,存储介质的主要部件是一个或一组同轴的圆形盘片,盘片表面涂有磁记录层,每个盘面上有几百条同心圆的磁道,用来记录信息。磁盘存储器又可分为硬磁盘存储器和软磁盘存储器。

(郑 邑)

磁偏角 magnetic declination

地面某点的磁子午线与真子午线间的夹角。它是由于地磁两极与地球两极不重合所致。磁偏角的大小因地因时而异,有周年变化与周日变化,并与磁暴、磁力异常等有关。磁子午线北端在真子午线以东为东偏,取正值;以西为西偏,取负值。

(文孔越)

磁子午线 magnetic meridian

见子午线(380页)。

次固结 secondary consolidation

又称次压缩。饱和土体固结历时中主固结过程完成后,在土中孔隙水压力消散至零的恒量有效应力作用下发生的变形过程。一般认为这是由于土体骨架蠕变所致。

(魏道垛)

次梁 secondary beam

肋梁楼盖中承受楼板传来的荷载,并把它传给主梁的梁。

(刘广义)

次应力 secondary stress

由于桁架节点不是理想的铰接而在桁架杆件中产生的附加应力。其大小与杆件的延刚度成正比例关系。普通钢桁架杆件的延刚度一般都较小,次应力均忽略不计;但当桁架杆件的延刚度较大时,次应力必须按力学方法计算,并在设计杆件时加以考虑。

(徐崇宝)

cu

粗差 gross error

由于观测者的疏忽所造成的错误结果或超限的误差。例如瞄错观测目标、读数错误和记录错误等。为了避免粗差的出现,①提高观测人员的责任感,仔细检查所照准的目标;②再次照准及读数以检查观测值的一致性;③记录员回报观测数据;④计算校核等。

(郭禄光)

粗料石

见料石(198页)。

粗砂 coarse sand

见砂土(261页)。

粗制螺栓 black bolt

见C级螺栓(391页)。

cui

脆断 brittle fracture

材料在很小的塑性变形,甚至没有塑性变形情况下产生的断裂。属于脆性破坏。钢材中存在杂质、偏析,或构件在设计和制造时造成的构造缺陷,如圆孔、缺口和微裂纹等,都将造成应力集中,成为钢材发生脆性破坏的根源。脆断时的名义计算应力常低于材料的屈服点或条件屈服点。脆断的断口呈有光泽的晶粒状。断裂发生在瞬时,因而十分危险。

(李德滋 朱 起)

脆性 brittleness

材料在破坏前无明显变形或其他预兆而突然发生破坏的一种性质。

(陈雨波)

脆性破坏 brittle failure

结构或构件在破坏前无明显变形或其他预兆的破坏类型。发生这种破坏的结构或构件,其目标可靠指标需要相对取得大一些。砌体结构的破坏、钢筋混凝土结构由于混凝土先达到强度极限而导致的破坏等,多属脆性破坏。

(邵卓民 刘作华)

cun

存储器 memory, storage

计算机系统中用来接收和保存数据信息(包括程序)的部件。分主存储器和外存储器两种。主存储器可以通过总线直接访问。外存储器指主存以外的用来存取数据信息的驱动设备和存储介质。最常用的存储介质有半导体存储器、磁带、硬磁盘、软磁盘、光盘等。存储容量通常以千字节(KB)或者兆字节(MB)表示。 (李启炎)

D

da

搭接长度 overlap length

钢筋接头处需要重叠一段的长度。通过搭接长度内钢筋与混凝土的握裹作用,将一根钢筋的拉力(或压力)传递给另一根钢筋。若为焊接接头,则通过搭接部位焊缝传递。 (刘作华)

搭接接头 lap joint

见搭接连接。

搭接连接 lap connection

被连部件相互错叠,以角焊缝或螺栓连成一体的连接。由此形成的接头部分叫搭接接头。这种连接对被连板件加工精度要求不高,边缘不需特殊加工,在钢结构中应用很普遍,但传力偏心,有应力集中,且比较费钢。 (徐崇宝)

达到生产能力期限 deadline of production capacity reached

建成投产的生产性建设项目或单项工程,从投产之日起到实际产量达到设计能力时止所经历的全部时间。设计能力按年计算的,应从实际年产量达到的年度为准。这个指标综合地反映了基本建设全部经济活动工作和生产工作质量的好坏。 (房乐德)

打入桩 driven pile

用锤击方法沉入土中的桩。只要选用的锤重与桩相匹配,就能使桩穿过土层到达预定深度。从海洋采油平台用承载力几千吨的特大桩到一般建筑用的小桩均可适用,但沉桩时产生挤土、噪音和振动等公害,在市区应用会受到限制。 (张祖闻)

打印机 printer

将计算机处理结果转换成书面信息的输出设备。可按所采用的技术、打印速度、输出形式的不同来分类。例如,可分为打击式、非打击式、链式、喷墨、激光等类型;也可分为行式、字符式或页式。 (李启炎)

打桩公式 pile driving formulas

又称动力公式。系以能量守恒原理为基础,按复打(在沉桩结束 1～2 星期后复打)最终贯入度估算单桩承载力的公式。 (宰金璋)

打桩时的拉应力 tension stress during driving

打入桩在锤击时出现的沿桩身传播与反射的应力波使桩处于受拉状态时所产生的应力。打桩时桩顶受到锤击所产生的压应力是以波的形式沿桩身向下传播,当其传到桩底后又反射回来形成拉应力波,它将使桩身受拉。但由于土的阻力,它到达桩顶时已较微弱,故一般主要影响在桩身下半段,但当压力反射波到达桩头与桩锤此时又正巧跳离桩顶时,上半段压力反射波будут再次反射为拉应力波,打桩时的拉应力随桩尖土的变软而增大,有时会超过混凝土强度。 (宰金璋 陈冠发)

大板混凝土结构 panel concrete structure

以钢筋混凝土或预应力混凝土预制成的整块楼板及整块墙体通过相互焊接并用混凝土灌缝而成整体的结构。这种结构的刚度大,工厂预制时的工业化程度高,但该构件的混凝土隔声和保温的效果较差,有待进一步改进。 (王振东)

大板结构 large panel structure

由预制的大型墙板、楼板、屋面板组装成的房屋结构。墙板一般为一个房间墙面一块。墙板按材料分为:实心或空心普通混凝土墙板、轻骨料混凝土墙板、工业废料混凝土墙板、粘土砖振动砖墙板、钢筋混凝土和保温材料复合板。楼板、屋面板一般为一个房间一块,采用钢筋混凝土或预应力混凝土平板或圆孔板。墙板与墙板、墙板与楼板之间的连接有:湿接头、干接头、机械接头和预应力接头。 (陈永春)

大地水准面 geoid

假想处于静止平衡状态的海洋面延伸穿过大陆与岛屿的水准面。由于地球表面起伏不平和地球内部物质分布不均匀,大地水准面的形状是不规则的。

由大地水准面包围的形体称大地体。大地水准面是绝对高程的起算面。　　　　　　　　　（陈荣林）

大地体　geoidal shape

见大地水准面(37页)。

大地原点　geodetic datum

又称大地基准点。国家平面控制网中推算大地坐标的起算点。高精度测定该点的天文经度和纬度及该点至另一三角点的天文方位角，根据椭球定位的方法求得该点的大地经度和纬度及大地高。这些数据称"大地基准数据"。中国大地原点设在陕西省泾阳县永乐镇境内，根据该点推算的坐标，定名为1980年大地坐标系。　　　　　　　　　（胡景恩）

大孔空心砖　hollow brick

孔洞尺寸较大、数量较少的空心砖。孔洞数量一般为3～9个，孔洞率在35%以上，重力密度为8～11kN/m³。具有较好的保温性能，主要用于非承重部位，如隔墙和框架结构的填充墙等。
　　　　　　　　　　　　　　　　　（罗韬毅）

大梁　girder

见主梁(372页)。

大六角头高强度螺栓　high-strength bolt with large hexagon head

螺栓的头部为大六角形的高强度螺栓。国家标准对其细部尺寸有具体规定。　　　　　（钟善桐）

大陆架　continental shelf

作为大陆在水下的直接延伸部分，在大陆边缘呈带状分布的平缓地形。平均坡度0°07′，一般海深到200m，边缘可达500m。其宽度各地不一，自几公里到几百公里不等，有的甚至缺失。它的形成主要与第四纪冰期和间冰期的交替引起海平面变化有关。其上主要是泥砂等陆缘沉积物，在一些地方覆盖着贝壳和化学沉积物。且矿产资源(石油、天然气等)和渔业资源等十分丰富。　　　　（朱景湖）

大面　largest face of brick

砌体所用六面体砖块的两个最大面。
　　　　　　　　　　　　　　　　　（张景吉）

大偏心受压构件　eccentricly loaded member with tension failure

由受拉纵筋屈服引起破坏的钢筋混凝土偏心受压构件。受拉纵筋屈服后钢筋应变迅速增大，混凝土受压区不断缩小，最终导致构件丧失承载力。应当指出，除了偏心距外，混凝土强度、钢筋强度及配筋情况等截面特征也会直接影响构件的破坏形式。
　　　　　　　　　　　　　　　　　（计学闰）

大平板仪

见平板仪(231页)。

大气折光　atmospheric refraction

光线通过大气的不同密度层产生折射而形成连续曲线的现象。而空气密度除与所在点高程大小因素有关外，还受气温、气压等气候条件影响，因此大气折光影响 γ，其正确值不易确定，在稳定的气象条件下，其值约为地球曲率影响的1/7。对于水准测量和三角高程测量，大气折光和地球曲率对所测高差的总影响，用系数 f 来综合考虑，$f = 0.42\dfrac{D^2}{R}$，$R = 6371km$，D 为两点间水平距离。　　（汤伟克）

大型墙板　large wall panel

又称壁板。在工厂预制好的整块墙体构件。一般用于民用建筑全装配大板结构中。参见墙板(242页)。　　　　　　　　　　　　　　　（钦关淦）

大型屋面板　large-size roof slab

结构平面尺寸较大，直接支承于屋架或屋面梁上的肋形屋面板。其规格有 $1.5m×6m$、$3m×6m$、$1.5m×12m$、$3m×12m$ 等。目前应用最多的是 $1.5m×6m$ 预应力混凝土屋面板。在吊装及运输允许条件下，宜采用较宽的屋面板，以减少构件数量，加快施工速度。长度为12m大型屋面板可直接搁置在柱距为12m的屋架上，省去中间屋架和托架，但屋面板本身的用料较多。　　　　　（杨熙坤）

大型项目　major item

建设规模或总投资额较大的建设项目。一般按产品或主要产品的设计生产能力来划分为大、中、小型。难以按产品设计生产能力划分的按总投资额来划分。改、扩建项目，按新增加的设计能力或总投资额来划分。例如中国规定钢铁联合企业每年产钢能力在100万t以上(含100万t)的为大型建设项目，10万t以下的为小型建设项目，10～100万t之间的为中型建设项目。把建设项目划分为大、中、小型的目的，是为了加强对基本建设项目的分级管理，现行管理体制规定国家管理大、中型建设项目，各地区、各部门管理小型建设项目，对于国民经济具有特殊意义的某些建设项目，虽然设计能力或全部投资额不够大、中型标准，但经国家指定列入大、中型计划的也可以按大、中型建设项目管理。　（房乐德）

dai

呆荷载

见永久作用(348页)。

代码　code

信息的编码。在数据处理或通信中常用的代码有ASCII码，EBCDID码等。　　　　（周宁祥）

带壁柱墙　wall with pilaster

沿墙长方向隔一定距离将墙体局部加厚形成带有垛的墙体。当房屋墙体的承载力或高厚比验算不满足设计要求时(比如房屋的山墙或弹性方案房屋的纵墙),通常不将墙体全长加厚,而是隔一定距离局部加厚,形成 T 形或十字形截面以提高其承载力和稳定性。有时为了建筑立面造型的需要,亦可做成从墙面突出壁柱形成竖向线条。　　(张景吉)

带缝剪力墙　slitted shear wall
　　钢及钢筋混凝土框架中跨间填充墙身部位人为设置竖缝的剪力墙。在风载及正常使用荷载作用下,能保持足够刚度和强度,在地震作用下,能控制裂缝开展方向,调整刚度吸收大量地震能量,在保证强度条件下延性得以提高。　　(董振祥)

带负荷加固法　strengthening of structure under loading
　　不卸除荷载对结构进行的加固方法。当要求加固工作不影响生产时,应采取这种加固方法。因而加固是在结构具有较高的应力状态下进行的,应采取措施,防止结构在加固过程中发生危险或破坏。
　　(钟善桐)

带刚域框架　frame with rigid regions
　　把梁柱相交处假设为一段刚性域的框架。当梁、柱截面都较宽时,在梁柱相交处形成一个结合区,可认为是不产生变形的刚域。这时框架的梁、柱实际上都是带刚域的杆件。考虑刚域和剪切变形影响后,其计算方法与普通框架相同。刚域的长度通过试验与计算比较确定。　　(赵　鸣)

带钢　flat steel bar
　　见钢板(92 页)。

带肋圆顶　ribbed dome
　　为了提高承载能力,在壳板上设置径向肋或正交肋的圆顶。在轴对称恒载作用下,用径向肋体系并且采取必要的构造措施,可使最后的恒载压力线的曲率与球面相应点的曲率一致,从而实现无矩状态。这时沿纬向可不设环箍构件(边缘环箍仍需设置)。当这些肋交于圆顶时,可能过于密集,在圆顶需设置一压力环以汇集向内的推力。当荷载的压力线的曲率偏离球面相应点的曲率时,设置环箍是必要的。环箍愈强,肋的弯曲愈小。最后需要对圆顶进行整体分析。　　(范乃文)

带竖缝抗震墙　slitted aseismatic wall
　　在墙体中设置若干竖缝以提高结构延性的抗震墙。宽度较大的抗震墙延性较差,在强烈地震下,常出现交叉斜裂缝,呈剪切脆性破坏,严重时导致建筑物倒塌。在墙体中设置若干窄缝后,承受竖向荷载的能力基本保持不变,在小震的时候有整体结构墙的作用,而在大震作用下,窄缝两端出现较小的裂缝,被分割成的小墙肢呈弯曲状态变形,有较大的变形能力,从而吸收大量地震能量。在设计时,应按小震不坏、大震不倒的原则进行。　　(江欢成)

袋装砂井　sandwich
　　在透水性良好的编织袋内填充干净砂做成直径 7~12cm 的袋装砂柱。置其于地基土体中以代替砂井作为排水通道加速土的固结,是饱和软土地基的加固处理方法之一。施工时,使用振动锤下沉导管至设计标高,将袋装砂放入导管后拔管,则袋装砂柱留置于土体中。它在地基土变形时能保持连续性,又便于实施小直径和小间距的砂井布置,有助于提高排水固结效果。装砂袋材料目前常用的有聚丙烯编织布、聚乙烯编织布和麻布等。　　(陈竹昌)

dan

单板胶合木　LVL, laminated veneer lumber
　　旧称厚单板胶合板或密层胶合木。将原木旋切成厚度为 2.5~12.7mm 的单板,干燥后涂覆合成树脂胶、各层木纹相互平行叠合、热压胶结而成的人造板材。其出材率为锯材的 1.5 倍。由于能将木材的天然缺陷分层匀开,显著地提高了强度,当单板较薄时,甚至能达到清材的强度。其不足之处是单板的旋切裂缝影响木材的抗剪强度。单板胶合木能将等外材转化为上等木材,是国际范围内木材供应的材质等级逐渐下降后的一项新技术。单板胶合木采用辊轴热压机连续生产,也可利用普通胶合板热压机生产,用胶合指形接头接长。中国于 1981 年采用后一种方法试制成桦木单板胶合木。　　(樊承谋)

单波拱　single wave arch
　　见波形拱(14 页)。

单波壳　single wave shell
　　只有一个弧段的圆柱形薄壳。壳的空间工作是由壳板、边梁和横隔构件三者共同完成的。可用竖向平面内刚度很大的边梁来提高壳的承载力。
　　(范乃文)

单侧顺纹受剪　single shear parallel to grain
　　见顺纹受剪(286 页)。

单层厂房的抗震支撑系统　seismic bracing system of single-story factory
　　单层厂房中为了增强抵御地震水平作用的能力而设置于主体结构构件之间的构架体系。通常为钢结构,包括天窗架支撑、柱间支撑等。其功能除传递水平地震作用外,还可提高主体结构构件的整体刚度和稳定性。　　(张琨联)

单层网壳　single-layer latticed shell
　　将杆件沿一定规律布置而形成的单层曲面形杆系结构。与连续的薄壳结构类似,单层网壳主要以"薄膜内力"(即各杆件的轴向内力)形式抵抗外荷作用。单层网壳中汇交于一节点的各杆件近似地位于同一平面内,所以节点构造比较简单,施工方便。但由于刚度和稳定性条件的制约,单层网壳的经济使用跨度常受到一定的限制。 (沈世钊)

单层悬索结构 single-layer cable-suspended structure

由一系列平行工作的单悬索组成的结构。对于矩形或近似矩形的建筑平面,各悬索常平行布置,形成下垂的筒形屋面;对于圆形或近似圆形的建筑平面,各悬索常沿径向布置,形成碟形或伞形屋面。也可沿两个正交方向布置悬索,形成下垂的索网形式。由于这种体系由单悬索组成,为了保证必要的形状稳定性和刚度,一般须采用预制钢筋混凝土屋面板等重型屋面,在此基础上还可施加预应力,形成悬挂薄壳,或者,对于由平行悬索组成的体系,可设置横向加劲檩条(梁或桁架),形成所谓的索梁(桁)结构。
(沈世钊)

单齿连接 single notch and tooth connection

受压木构件只有一个齿榫,抵承在另一木构件的齿槽上以传递压力的连接。它的承载力取决于齿槽斜纹承压或齿根后受剪面的抗剪,当两构件相交的交角较小时常由后者起控制。

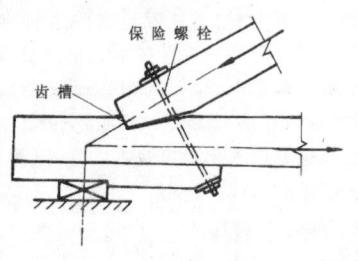
(王振家)

单点系泊 single buoy mooring system

近海区为集油、卸油的油轮系泊的一种装置系统。从使用要求可分浮式储油系泊装置和浮式海上

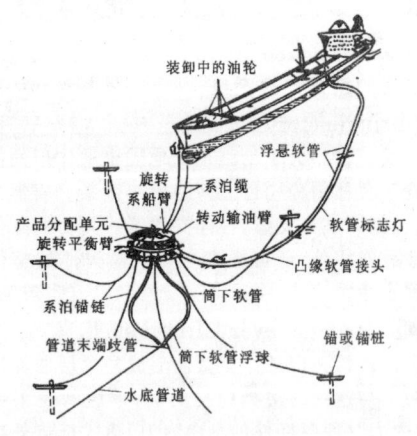

单点生产储油船装置。按结构可分浮筒式、钢臂式及固定塔架式等。常用浮筒式,是由特制浮筒,通过锚链系于海底,浮筒有单点、多点之分。油轮系泊装置在海上环境荷载作用下,可围绕浮筒旋转。该装置可设在离岸深水处。其最大特点:油轮可不用抛锚系于浮点,再由海底油管线通向陆地。可在开敞的海上进行装卸油作业,建筑时间短。但海上维护费用高。 (朱骏荪)

单独基础 individual footing

又称独立基础。用于单柱或高耸构筑物并自成一体的基础。它的型式按材料性能和受力状态选定。电视塔、烟囱、水塔和化工装置下的基础,平面形式一般为圆形或多边形。但除了自重和竖直活载以外,风荷载是高耸构筑物的主要设计荷载,为了使基础在各个方向具有大致相同的抗倾覆稳定系数,采用圆形基础最为合适。由于这类构筑物的重心很高。基础有少量倾斜就会使荷载的偏心距加大,从而导致倾斜的进一步发展。因此这类基础变形用容许倾斜来控制。当软土地基上的倾斜超过限值时,经常采用桩基础。 (朱百里)

单方造价
见平方米造价(231页)。

单轨吊车 electric block

又称电动葫芦,简称电葫芦,俗称猫头吊。行走于单轨道上的悬挂起重设备。通常悬挂在屋架或屋面梁(楼面梁)下。有电动、手动两类。电动的起重量为0.25~5t。也有防爆型的,可在具有爆炸混合物介质环境中工作。 (王松岩)

单剪销连接 single dowelled connection

用销把两个构件连在一起,销轴上只有一个受剪面的连接型式。 (王振家)

单筋梁 single-reinforced beam

受力纵筋只在截面受拉区配置的钢筋混凝土梁。 (刘作华)

单孔沉井 single hole open caissson

横截面内只有一个垂直井孔(即取土孔)的沉井。井孔布置对称于沉井的垂直中轴线。其平面形状可为圆形、正方形、矩形和椭圆形等。它适用于平面尺寸较小的工程。 (殷永安)

单控 single control
见控制冷拉率法(186页)。

单排孔沉井 single row hole open caisson

横截面内具有多于一个的一排垂直井孔的沉井。井孔之间沿沉井高度用隔墙隔开。其平面形状可有矩形、椭圆形等。它适应于建筑平面狭长的各种建筑物。 (殷永安)

单筒 single tube

单个筒体形成的结构。通常即为核心筒。
（江欢成）

单位工程 unit project
具有单独的设计文件，可以独立地组织施工，但不能独立地发挥生产能力或效益的工程。它是单项工程的组成部分。例如一般建筑安装工程项目可分为：一般土建工程、卫生工程、电气照明工程以及机械设备安装工程等项单位工程。（房乐德）

单位夯击能量 unit tamping energy
强夯场地中单位夯击范围的面积上所施加的夯击能量的总和。（张永钧）

单位剪切角 angle of unit shear
在单位剪力作用下体系发生的剪切变形角。
（何若全）

单位生产成本 unit cost of production
生产单位产品所消耗的生产费用。
（房乐德）

单位生产能力投资 unit production capacity investment
建成投产的建设项目或单项工程新增每单位生产能力所花费的投资。其计算公式是：单位生产能力投资＝全部投资完成额/全部新增生产能力。全部新增生产能力应按设计能力计算，有多种产品生产能力的企业，计算单位生产能力投资时，应将相关的系统工程投资按适当比例分摊。全部投资完成额，应是包括与建设项目直接有关的全部生产性和非生产性工程投资。单位生产能力投资的倒数，称为单位投资新增生产能力。（房乐德）

单系数极限状态设计法 single-coefficient limiting state design method
半概率半经验的、用单一安全系数表达的极限状态设计法。这一方法在荷载标准值和材料强度标准值的取值上采用了数理统计方法，并根据经验，在多系数分析的基础上，引入了单一的安全系数，以进一步考虑结构构件的破坏性质（延性破坏或脆性破坏）、工作环境和重要性等不确定因素的影响，保证结构可靠。按承载能力极限状态设计时，由设计荷载引起的结构内力乘以安全系数不应大于由材料设计强度等因素确定的结构承载力。中国钢筋混凝土结构设计规范(TJ10—74)采用了这一设计方法。
（吴振声）

单向板 one way slab
矩形板的两对边支承，仅在垂直于构件支承方向起承受荷载作用的板。当板为四边支承，且长边 l_2 与短边 l_1 之比较大时，荷载主要沿短跨传给两边支座，这时也称单向板。（刘广义）

单向板肋梁楼盖 beam-supported one way slab
见肋梁楼盖(192页)。

单项工程 single item
又称工程项目。一个建设项目中具有独立的设计文件，竣工后可以独立发挥生产能力或效益的工程。它是建设项目的组成部分，是由一个或多个单位工程所组成的综合体。例如生产性建设项目中的各个生产车间、办公楼、食堂、住宅等，文教建设项目中学校的教学楼、图书馆楼、学生宿舍等，都是具体的单项工程。（房乐德）

单项工程合同 unit project contract
根据一个单项工程的施工图纸和施工图预算以及该工程的具体情况，建设单位与施工单位签订的合同。（蒋炳杰）

单项工程验收 inspection and turning-over of single project
总体建设项目中单项工程按设计要求建设完成，能满足生产要求或具备使用条件，由建设单位组织施工单位、设计单位、生产单位或使用单位正式进行的验收。它是建设项目竣工验收工作程序的第一个阶段。单项工程验收前要进行自检和初步验收，并整理好有关施工技术资料和竣工图纸，以及试车记录、试车报告和建设总结等文件。（房乐德）

单斜式腹杆 single-inclined web member
见腹杆(89页)。

单用户 single user
计算机单用户操作系统上工作的用户。这种系统只能对单个用户的工作进行控制和管理。在这种系统中，一个用户一旦使用计算机就占有该计算机的所有资源。（周宁祥）

单肢箍筋 single leg stirrup
采用单根钢筋与纵筋垂直焊接或绑扎在一起的箍筋。一般仅在梁的宽度较小，同时纵筋沿宽度为单根布置时采用。这种箍筋只能抗剪，不能起抗扭作用。（王振东）

单肢稳定 stability of individual chord
组成格构式压杆的单肢的稳定性。由于不可避免的几何缺陷，格构式轴心压杆各单肢间受力并不相等；此外，格构式压弯构件各肢受力也不等。因此，设计时除验算整个格构式压杆的稳定性外，对其单肢的稳定性应作专门考虑或进行计算。
（夏志斌）

单值条件相似 unique conditional similitude
模型与原型的边界条件和运动的初始条件之间应满足的相似关系。边界条件所给的单值量为边界上的力和位移，初始条件给定的单值量为物体的初位移和初速度。（吕西林）

单轴对称钢梁 monosymmetric steel beam

见钢组合梁(98页)。

单柱支架　single column rack

用单根柱作支承管道的支架。柱顶带有小悬臂，管道搁支其上或悬吊其下。这种支架用在管道数量不多的情况下。为减少悬臂长度可将小管搁支在两根大管之上。支架常用钢筋混凝土制成，采用独立基础。　　　　　　　　　　　　（庄家华）

单桩沉降量　settlement of single pile

单桩在荷载作用下所产生的下沉量。它一般由桩身弹性压缩、桩侧摩阻力传布到桩底平面引起底面以下土体的压缩以及桩端反力引起土的压缩三部分组成。当荷载水平较高时，桩端还会产生塑性贯入变形。使用荷载下单桩沉降量的计算方法有以下几种：①弹性理论计算法，包括以 Mindlin 课题为基础的多种分析计算方法；②荷载传递分析计算法；③剪切变形传递计算法（适用于均匀土层中的摩擦桩）；④有限单元分析法；⑤分层总和法（适用于大直径桩）。　　　　　　　　　　　　（刘金砺）

单桩承载力　bearing capacity of single pile

单桩到达破坏状态时所能承受的最大轴向静荷载，它取决于土对桩的支承力和桩身材料强度，并取用两者中的较小值。按土对桩的支承力确定单桩承载力的方法分为静力法和动力法两大类。前者根据室内和原位土工试验的资料，后者则根据沉桩过程中或沉桩后的现场动力测试的资料，然后应用理论分析方法或者应用工程实践经验来估算单桩承载力。静力法可分为经验公式法、理论计算法、现场静载试验法等。动力法可分为打桩公式法、应力波动方程法等。单桩承载力主要由土对桩的支承力所控制；但对于端承桩、外露段较长的桩、超长桩、混凝土质量不易控制的就地灌注桩等，有时可能由桩身材料强度所控制。　　　　　　　　（陈竹昌）

单桩横向受力分析的常系数法　constant coefficient method of lateral loading analysis of single pile

又称张有龄法。在桩的横向受力分析时假定水平向弹簧（模拟桩周土的作用）的刚度 C_z（又称侧向地基反力系数或侧向地基模量）为与深度无关的常数而作的计算。　　　　　　　（徐　和）

单桩横向受力分析弹性半空间法　elastic semi-space method of lateral loading analysis of single pile

考虑桩-土共同作用的桩的横向受力分析方法。它假定地基是半无限的理想弹性体，桩周土处于纯弹性状态，土和桩的水平位移是协调的。分析计算中将桩全长分为若干个单元，每个单元受有均布的水平应力，根据明特林(Mindlin)方程和弹性地基上梁的挠曲方程分别求得每个单元处土的水平位移和桩的位移。由于土保持弹性状态，故可根据桩和桩周土的位移协调条件获得问题的解，求出桩的内力和位移。　　　　　　　　　　（徐　和）

单桩横向受力分析C法　C coefficient method of lateral loading analysis of single pile

在桩的横向受力分析时假定水平向弹簧（模拟桩周土的作用）的刚度 C_z 与深度的平方根成正比，即 $C_z = m \cdot z^{1/2}$（z 为地表以下的深度；m 为侧向地基反力系数的比例常数）的计算方法。
　　　　　　　　　　　　　　　　　（徐　和）

单桩横向受力分析K法　K coefficient method of lateral loading analysis of single pile

在桩的横向受力分析时假定水平向弹簧（模拟桩周土的作用）的刚度 C_z 在桩的第一位移零点深度以上取为变量，以下取为常量的计算方法。
　　　　　　　　　　　　　　　　　（徐　和）

单桩横向受力分析m法　m coefficient method of lateral loading analysis of single pile

在桩的横向受力分析时假定水平向弹簧（模拟桩周土的作用）的刚度 C_z 随深度成线性增加，即 $C_z = m \cdot z$（z 为地表以下的深度；m 为侧向地基反力系数的比例常数）的计算方法。
　　　　　　　　　　　　　　　　　（徐　和）

单桩横向受力分析 p-y 曲线法　p-y curves method of lateral loading analysis of single pile

在桩的横向受力分析时考虑土反力 p 与桩挠度 y 间非线性关系，将桩作为非线性地基上的梁来分析的一种方法。土层的 p-y 曲线，一般可从现场试桩中分别测出不同深度土层处的土反力和挠度，或根据实测的试桩资料，通过数值分析方法反算求得，或通过室内试验建立应力-应变曲线与现场 p-y 曲线间的相关关系。目前广泛采用的 p-y 曲线，是根据现场试验结果获得。根据各土层的实际 p-y 关系曲线，采用迭代法或增量法的非线性分析方法，求出桩的内力及位移。　　　　　　　（徐　和）

单自由度　single degree of freedom

只需要一个空间坐标就足以确定位移的体系。实际的结构系统往往是很复杂的，有时作为初步估算或在工程设计允许的误差范围内作近似的分析，将结构简化为单自由度体系。单自由度体系动力学问题的共同特征就是能用一个二阶常微分方程来描述它的动力特性。结构动力学中讨论单层单跨门型框架的振动时，有时把梁作为具有水平运动的质量，把柱简化为无质量的弹簧，这就构成了单自由度的振动体系，用单自由度振动理论，就能得到该门型框架的主要动力性能。工程上尚有许多情况如振动打

桩机、振动筛等等都是简化为单自由度体系来分析的。　　　　　　　　　　　　（汪勤悫）

单自由度等效体系　equivalent system with single degree of freedom

结构动力反应分析中,为了简化,将实际的结构(或构件)理想化地为只有一个自由度,但其主要动力特征与原结构(或构件)相同的一种近似模型。一般是通过变换系数将真实体系转换成等效体系的,而变换系数则根据真实体系和等效体系之间的动能、位能和外力所做的功的对应相等关系来确定。
　　　　　　　　　　　　（熊建国）

单 T 板
见 T 形板(394 页)。

dang

当量弯矩系数法　method of equivalent bending moment factor

在试验研究的基础上考虑墙梁的组合作用,给出了远小于简支梁最大弯矩值的当量弯矩计算托梁的方法。它不考虑托梁内存在的轴心拉力。是 1952 年由 R.H. 伍德提出的。　　（王庆霖）

当量应力　equivalent stress
见折算应力(359 页)。

挡风天窗　skylight with windscreen

又称避风天窗。采用增设挡风板或其他措施,保证排风口在任何风向下都处于负压区的一种天窗。挡风天窗能稳定排风,不发生倒灌。多用于工业厂房。常用的有矩形天窗、下沉式天窗和曲(折)线型天窗等几种形式。　　　　（蒋德忠）

挡距　span

导线在两端塔上的悬垂或耐张绝缘子之间的水平距离。一座塔与左右相邻塔挡跨之和的一半称水平挡距或风力挡距,一座塔与左右相邻塔之间的导线或避雷线弧垂最低点的水平距离为垂直挡距或质量挡距。导线与地面、建筑物、树木、铁路、公路、河流及其他架空线路之间,导线与导线,导线与避雷线之间均应保持必要的最小安全距离。　　（王肇民）

挡土墙　retaining wall

主要承受土压力,用于支挡土体或其它材料,借以保持地面的标高差异的工程结构物。是最常见的一种挡土结构物。根据支挡材料及土的性质和地基情况的不同而选用不同的结构形式,常用的有重力式、悬臂式以及锚杆、加筋土和锚锭板等重轻型挡土墙形式。其与土体相接触的面为墙背,另一侧面为墙面。墙背和墙面的最低点分别称为墙踵和墙趾。挡土墙不但需要满足结构强度的要求,并且需要验算在墙后土的推力作用下的倾覆和滑动的稳定性。
　　　　　　　　　　　　（蔡伟铭）

挡土墙台阶基础　stepped footing

底部做成台阶形式的挡墙基础。其功能和效果与倾斜基础相同,用以增加墙身的抗滑稳定性。

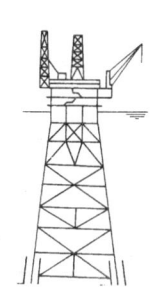

　　　　　　　　　　　　（蔡伟铭）

dao

导弹发射塔　guided missile launching tower
见卫星发射塔(311 页)。

导管架型平台　jacket platform

一般由上下层平台甲板和层间桁架或立柱构成的上部结构和基础结构组成,适合在软土地基上建造的海洋平台。甲板上布置成套钻采装置、辅助动力装置、泥浆循环净化设备及人员的工作。生活设施和直升飞机升降台等。基础结构包括桩和导管架。桩支承全部荷载并固定平台位置,桩数、桩长度和桩径由海底地质条件及荷载决定。导管架是由导管和导管间水平杆和斜杆焊接而成的钢质空间框架结构。导管架可在陆上预制好再用驳船拖运到建造平台地点安放于海底,其上部高出水面可建立临时工作平台。导管架的导管又可作为钢桩的导向和定位导管,钢桩沿导管打入海底。打桩完毕后导管与钢桩的环形空隙用水泥浆等胶结材料固结,使桩与导管形成一个整体,以承受巨大的竖向和水平荷载。

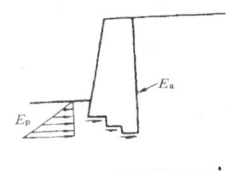

　　　　　　　　　　　　（魏世杰）

导航塔　navigation guiding tower

支承导航天线及其他设施的高耸结构。以单塔或多塔形式架立天线,通常以一定方位设置在沿海或内陆各地,形成一个导航系统,当飞机或轮船接收到各地导航天线发出的信号后,便可测算其所在位置和航向。　　　　　　　　　　　（王肇民）

导墙　guide wall

地下连续墙成槽施工之前为后续的成槽开挖作业导向以及维护地表土层的稳定,沿设计轴线开挖导沟构筑成的墙。通常用含钢率较低的现浇钢筋混凝土,也可用预制钢筋混凝土或钢材制成。
　　　　　　　　　　　　（董建国）

导热率
见热传导系数(251 页)。

导热系数　coefficient of thermal conductivity

见热传导系数(251页)。

导温系数
见热扩散系数(252页)。

导线测量 traverse survey
将地面上选定的相邻控制点以折线连接（称为导线），测量角度和边长，确定点的平面位置的全部工作。这些点称为导线点。相邻导线点之间的线段称为导线边。相邻导线边之间的水平角称为导线转折角。依据起算数据、观测到的角度与边长，推算各导线点的坐标。适用于地物密集的建筑区、通视困难的隐蔽区以及线路通过的带状地区。按布置形式可分为闭合导线、附合导线与支导线等；按精度可分为等级导线与图根导线。随着电磁波测距仪的发展，导线测量将会得到广泛应用。　　（彭福坤）

导线角度闭合差 angle closing error of traverse
导线角度观测值的总和与应有值之差。闭合导线的角度闭合差 $f_\beta = \Sigma\beta_测 - (n-2)\cdot 180°$，附合导线角度闭合差 $f_\beta = \alpha_始 - \alpha_终 + n\cdot 180° \pm \Sigma\beta_测$，（$\alpha$ 为坐标方位角，β 为导线转折角，n 为测站数）。求出 f_β 可发现测角的误差，并可衡量测角的精度。
　　　　　　　　　　　　（邹瑞坤）

导线内业计算 computation of traverse
根据起始数据及外业观测成果计算各导线点坐标的工作。具体计算步骤：角度闭合差的计算及调整；推算各边坐标方位角；坐标增量计算及其闭合差的调整；导线点坐标计算。使用电子计算机按编制计算程序进行坐标计算，可大大提高工作效率。
　　　　　　　　　　　　（邹瑞坤）

导线全长相对闭合差 relative length closing error of traverse
导线全长的闭合差与导线全长之比值。一般采用分子为1的分数表示：

$$K = \frac{f_d}{\Sigma D} = \frac{1}{\Sigma D/f_d}$$

K 为导线全长相对闭合差；$f_d = \sqrt{f_x^2 + f_y^2}$；$f_x$、$f_y$ 分别为纵横坐标增量闭合差。
　　　　　　　　　　　　（邹瑞坤）

倒棱木 wane
一端截面的四角有部分削弱，缺边、少角（缺棱），另一端截面仍为呈直角的矩形或方形的木材。利用倒棱木可以提高出材率。　　（王振家）

倒梁法 inverted beam method
把基础梁板看成倒置的梁或楼盖，而各个立柱是梁板的支点，假设反力为均匀分布而求出基础的弯矩和剪力的一种简化方法。这种方法求得的剪力与柱荷载之间不完全能够满足静力平衡条件。改进的方法在于根据反力的实测资料对反力分布作适当调整，以提高计算精度。　　　（朱百里）

倒锥形水塔 inverted cone water tower
具有上大下小倒置截头圆锥壳柜壁的水塔。它具有水压力最小处直径最大，水压力最大处直径最小的特点。支筒一般为等外径的圆筒形钢筋混凝土结构，施工时常用滑升模板或翻模灌浇支筒，然后在地面围绕支筒浇筑倒锥壳水柜，再利用千斤顶或卷扬机沿支筒提升水柜到顶部就位。　　（王肇民）

deng

灯塔 light house, harbour light
在海洋、江河和湖泊航线中，指引船舶安全行驶，识别方位并设有发光标志的塔形建筑物。有固定式及浮式两类。固定式建于港口岸边，也有在海上孤立建造。浮式有灯船或浮标灯之分。浮式一般用以指导航道及浅滩的位置。中国天津塘沽新港灯塔，全高56m，灯光射程8km，以导航为主，兼供海洋水文、气象测验，港务监督等综合使用。基础为54根直径为300mm，长24m开口钢管桩。墩台为圆锥形沉箱。为提高结构抗风浪、冰凌、冻融的耐久性，墩台在潮差段镶有花岗石。　　（朱骏荪）

等边角钢 equal-leg angle
亦称等肢角钢。互相垂直的两边尺寸相等的角钢。可用 $La \times t$ 表示其尺寸，单位为毫米，其中 a 为边宽，t 为厚度。　　（王用纯）

等代角柱法
把空间的框筒结构等代为具有加大角柱的腹板平面框架的框筒结构内力计算的一种简化方法。该方法认为框筒结构中，翼缘框架对腹板框架的空间作用主要是通过两方向交线处的角柱的轴向变形协调来实现，因此可以用一个截面比原角柱大的等代角柱来代替翼缘框架的作用，采用平面框架计算程序来求出腹板框架各杆件的内力，再将算出的各层角柱的轴力作用于带有实际角柱截面的翼缘框架上，计算出翼缘框架中各杆件的内力。
　　　　　　　　　　　　（赵　鸣）

等代框架法 equivalent-frame method
把板柱结构沿纵向和横向划分为具有"框架柱"和刚度与板相等的"框架梁"的纵向和横向框架，然后按框架求解结构内力的方法。是无梁楼盖内力计算方法的一种。应用此种方法应考虑可变荷载的最不利组合，并应将最后所得"框架梁"的弯矩值按一定比例分配给柱上板带和跨中板带。　（刘广义）

等幅变幅变形混合加载 mixed loading pattern with unvaried and variable amplitude deformation

周期性抗震静力试验中将等幅、变幅控制变形加载的两种方法相结合的加载方法。是周期性抗震静力加载使用得最多的一种方案。一般是等幅加载反复若干次后改为变幅值继续试验，等幅部分的循环次数一般可以从 2～10 次不等，可随试验研究对象和要求不同而异。这种加载制度可以综合研究结构构件的性能，其中等幅部分可研究强度和刚度的退化，变幅部分可研究在大变形增长情况下强度和耗能能力的变化。为模拟地震反应，也有采用在 2 次大幅值之间有几次小幅值的循环加载的混合方法。　　　　　　　　　　　　　（姚振纲）

等幅变形加载　loading pattern of unvaried amplitude deformation

周期性抗震静力试验中，按不变幅值的变形值控制加载的一种方法。试验控制变形加载的幅值是位移值或是其某一倍数的延性系数，但在整个试验过程中始终按试验确定的某一等幅位移施加。这种方法用于研究结构构件的强度和刚度退化，即在等幅变形加载情况下，强度和刚度都随加载周数的增加而不断降低的规律。　　　　（姚振纲）

等高距　contour interval

见等高线。

等高线　contour

地面上高程相等的各相邻点所连成的闭合曲线。它是表示地貌的一种符号。地形图上相邻等高线间的高差称等高距，亦称等高线间隔。相邻等高线间的水平距离称等高线平距。在同一幅地形图上等高距是相等的，因此，等高线平距越大则地面坡度越小。地形图上的一簇等高线不仅可以显示地面的高低起伏形态、实际高差，并且有一定的立体感。
　　　　　　　　　　　　　　　　（钮因花）

等高线平距　horizontal distance of contour

见等高线。

等精度观测　observation of equal-precision

又称等权观测。在相同的观测条件下，对某一个量或多个量所进行的观测。由于观测条件相同，则各观测值产生某一误差的概率相等，在平差时所赋予的权也相等。　　　　　　　　（傅晓村）

等离子切割　plasma cutting

利用等离子弧的高温（10000～30000℃）切割金属的方法。等离子切割设备包括电源、控制箱、水路系统、气路系统及割炬等部分。一般用于氧—乙炔焰所不能切割或难于切割的金属。切割气体多用氩气。电源为直流，被切割金属接正极。
　　　　　　　　　　　　　　　　（刘震枢）

等强度设计　equal capacity design

使轴心受力构件或部件的连接的承载力等于构件最大承载力的设计。当构件内力低于其可能的最大承载力时，不是根据实际内力，而是根据可能最大承载力来设计构件的连接和拼接。这样，连接和拼接与构件本身的承载力相等。在使用过程中，当构件的实际内力可能增大而不超过其最大承载力时，就不需要对连接和拼接进行加固。　　（钟善桐）

等曲率　equal curvature

曲面上某点的所有法截面的曲率均相同，在所有点的主曲率也都相等的性质。　　（范乃文）

等稳定设计　equal stability design

轴心受压构件两个主轴方向的整体稳定承载力或局部稳定与整体稳定承载力接近相等的设计。这样的设计是经济合理的。　　　　　　（钟善桐）

等效单自由度联机试验　hybrid test of equivalent single degree of freedom

将多自由度系统的结构转换成一单自由度系统进行的联机试验。对于结构刚度很大的多自由度系统，在地震过程中基本处于第一振型状态，从弹性到塑性范围内的振型保持一致。为了方便联机试验加载的控制，可以用结构顶点的荷载值为基准，而作用在各质量集中部位各点荷载在振动过程中的值与顶点荷载成一定比例，比例系数由第一振型决定，在试验全过程中比例始终保持一致。试验时使顶点位移加到计算的预定值，该位移的大小根据结构体系顶层位移与基底剪力通过单质点反应分析求得，称为等效位移。整个结构系统以顶点等效位移为标准，形成一个等效的单自由度体系。由于多自由度系统中外力分布不仅很复杂，而且随时间呈随机分布，以致使加载分布在每一高度的变化都很复杂。更由于结构地震反应试验必须进入非线性阶段，结构又必须能在较大的非线性范围内控制位移加载，这样给建立数学模型、计算机计算和液压加载控制等各方面都带来困难。试验证明等效单自由度联机试验便于精确控制，更为简单实用，是解决多自由度系统联机试验的一种有效方法。　　　　（姚振纲）

等效荷载　equivalent load

按结构实际工作用等效条件计算得到的荷载。结构试验时，为了加载的方便和减少加载的荷载量，可以用几个集中荷载来代替均布荷载进行试验加载。采用等效荷载时应验算由于荷载图式改变对结构产生的各种影响，必要时应对结构构件局部加强，或对某些参数进行修正。当构件满足强度等效时，而整体变形（如挠度）条件不等效，尚需对所测变形进行修正。取弯矩等效时，尚需验算剪力对构件的影响。　　　　　　　　　　　　　　（姚振纲）

等效紧箍力　equivalent confining force

钢管混凝土偏心受压构件计算中将非均布紧箍

力换算成为均布紧箍力的相当值。钢管混凝土构件在较大的压力作用下，由于混凝土的横向变形系数 μ_c 大于钢材的泊松比 μ_s，二者之间产生紧箍力。紧箍力的大小与 μ_s 及 μ_c 值有关，但 μ_c 又随压力的增加而增大。在偏心受压构件中，截面上混凝土的压应力为非均匀分布，因而紧箍力的分布也不均匀。为了便于计算，通过实验得到效应相同的某一等效紧箍力值，来代替非均布紧箍力。 （钟善桐）

等效静载法 equivalent static loading method
　　进行结构（构件）动力分析时，用静荷载代替动荷载，使其效应和动力效应相当的一种简化分析方法。这种方法为工程设计提供了很大方便，但由于它在处理时间效应等方面过于简化，在具体应用时必须考虑其局限性。 （熊建国）

等效矩形应力图 equivalent rectangular stress block
　　计算受弯、压弯及拉弯构件正截面承载力时所采用的应力分布图形。它按照合力相等，合力作用点不变的原则，将混凝土受压区曲线形应力分布图等效简化为矩形应力分布图。 （杨熙坤）

等效均布荷载 equivalent uniformly distributed load
　　设计楼面结构（板、次梁及主梁）时，为简化计算，在结构设计的控制部位按内力、变形或裂缝宽度等值原则，将实际分布的荷载换算成供计算用的均布荷载。 （王振东）

等效抗侧力刚度 equivalent rigidity in resisting horizontal force
　　按顶点位移等效的原则，对具有弯曲、剪切和轴向变形的抗侧力结构，简化成一个只考虑弯曲变形的悬臂杆的刚度。在内力、周期和稳定性计算中，直接引入剪切变形和轴向变形比较困难，而采用等效抗侧力刚度的方法，把悬臂杆件的弯曲刚度加以修正，在一定程度上反映轴向变形和剪切变形的影响，这样就使计算变得方便得多。只要求得其抗侧力结构的等效惯性矩，即可用简单的悬臂杆件的计算公式计算该结构。不同的结构（如小开口墙、联肢墙等），在不同荷载下（如均布荷载、倒三角形荷载等），有不同的等效抗侧力刚度。 （江欢成）

等效抗弯刚度 equivalent flexuous rigidity
　　见等效抗侧力刚度。

等效框架 equivalent frame
　　又称综合框架。框架-承重墙结构中，为简化计算，将所有框架合并在一起而成的一个模拟框架。将所有承重墙合并在一起，则称等效承重墙。等效框架及等效承重墙分别与原框架群及原墙群的侧向刚度（各层位移）等效。两者通过链杆或连梁联结成为一个综合结构，以此进行计算。这种分析方法的前提是：楼板在自身平面内的刚度无穷大，房屋体型较规整，结构墙布置较均匀对称。 （江欢成）

等效弯矩系数 equivalent moment factor
　　见梁整体稳定等效弯矩系数（198 页）。

等效应力幅 equivalent stress range
　　根据累积损伤律将变幅疲劳折算成具有相同疲劳损伤的常幅疲劳的应力幅值。按 Miner 线性累积损伤律得到的等效应力幅公式为：

$$S_r = \left(\sum_{i=1}^{n} f_i S_{ri}^m \right)^{1/m}$$

f_i 为应力幅 S_{ri} 出现的频率，m 为疲劳曲线的负斜率。
　　　　　　　　　　　　　　　　（杨建平）

等效总重力荷载 equivalent total representative value of seismic gravity load
　　当等效单质点系与原多质点系有相同的基本自振周期和相同的总地震作用时，该单质点系的重力荷载代表值。 （陈基发）

等肢角钢 equal-leg angle
　　见等边角钢（44 页）。

di

低承台桩基础 pile foundation with low cap
　　又称低桩承台基础。承台底面位于地面以下的桩基础。桩受到周围土体的约束作用受力较有利，稳定性好。 （陈冠发）

低合金钢 low alloy steel
　　含有适量锰、硅、钒等合金元素的低碳钢。这些元素能改善钢的机械性能和可加工性能。各元素的含量应符合国家标准 GB/T13304—91《钢分类》的规定含量界限值。这些界限值比合金钢的相应界限值低。按主要质量等级分普通质量、优质和特殊质量低合金钢；按其主要特性分可焊接低合金高强度结构钢、低合金耐候钢、低合金钢筋钢等。建筑结构主要用可焊接低合金高强度结构钢中的低合金结构钢和桥梁用低合金钢，低合金钢筋钢。常用其中的 16Mn、15MnV、16Mnq、15MnVq、20MnSi、20MnSiV 等。 （王用纯）

低合金结构钢 low alloy structural steel
　　见低合金钢。

低氢碱性焊条 low hydrogen type basic electrode
　　药皮中主要由碳酸盐及氟化物等碱性物质组成，焊后熔渣为碱性的焊条。正确使用时，熔敷金属中扩散氢的含量低于规定值。宜用于焊接直接承受

动荷载的结构。　　　　　　　（刘震枢）

低松弛钢丝　low-relaxation wire

冷拉钢丝在张力状态下回火而成的钢丝。这种回火工艺又称稳定化处理。低松弛预应力钢丝的松弛率可降低到普通矫直回火钢丝的 1/3 以下,当初始应力为抗拉强度的 0.7 倍、温度为 20℃ 时,1000h 应力松弛损失率不大于 2.5%。　　　（张克球）

低碳钢　low carbon steel

见碳素结构钢(294 页)。

低温脆断　brittle fracture at low temperature

又称冷脆。钢材在低温时发生的脆断。也即是由于低温促使有缺陷的钢材发生的脆性破坏。建筑钢材都有一个转变为脆性破坏的转变温度,如平炉沸腾钢为 −30℃,低合金钢为 −50℃。当气温低于转变温度时,钢材一般将发生脆性断裂。
　　　　　　　　　　　　　　（李德滋）

低压配电柜　low-voltage electric distribution cabinet

将低压电能按需分配的装置。其作用是控制、保护用电设备,补偿线路无功损耗,对电能进行计量和分配。安装有低压配电柜的房间叫低压配电室。
　　　　　　　　　　　　　　（马洪骥）

低压体系充气结构

见气承式充气结构(235 页)。

低周反复静力试验　static test of low cycle reverse

见周期性抗震静力试验(370 页)。

低周疲劳　low-cycle fatigue

结构经几次或几十次反复的大变形造成的疲劳。其应力水平大部分都超过屈服强度。记录反复的力-变形曲线即为反映结构或构件恢复力特性的滞回曲线。在低周疲劳条件下结构或构件多次超越屈服强度,其破坏准则应考虑损伤积累的影响,其中包括多次大变形与能量的吸收及耗散因素。
　　　　　　　　　　　　　　（余安东）

低周疲劳试验　low-cycle fatigue test

又称短寿命试验。材料和结构在低循环频率,高应力幅值作用下和经受重复塑性变形的疲劳试验。试验频率为 0.5~5Hz,一般循环次数在 $N<10^5$ 的范围内。常用于测定构件或结构的薄弱环节即应力集中或应变集中区域的低周疲劳性能,估计构件或结构的疲劳寿命。试验时结构构件的材料进入弹塑性阶段,出现宏观的屈服裂纹,应力-应变关系变得复杂,疲劳寿命较短。试验时以总应变幅值或塑性应变幅值作为力学控制参数,用应变-寿命曲线(ε-N 曲线)或循环应力-应变曲线表示。
　　　　　　　　　　　（韩学宏　朱照容）

狄维达格锚具　Dywidag anchorage

在预应力筋端头,采用冷压或热轧的方式制成螺纹,与特制的螺母和垫板配合锚固预应力筋的锚具。螺母主要形式呈锥形,带有窄槽并通过锥体与锥孔的配合,使钢筋卡得更紧。垫板一般由钢板冲压成钟形状锥面,能约束端部混凝土的横向变形,提高混凝土局部受压能力。适用于直径较粗的精轧螺纹钢筋。

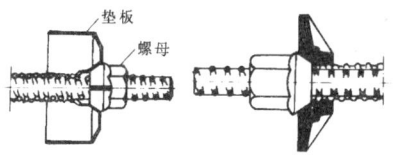

　　　　　　　　　　　　　　（李绍业）

抵接

见齿连接(29 页)。

抵抗弯矩图　diagram of bending resistance

又称材料图。钢筋混凝土梁各正截面所能承担弯矩的连线绘制出的弯矩图。该值可由所配置的纵向受拉钢筋截面面积所能承担的拉力对混凝土受压区合力作用点取矩而求得。钢筋的抵抗弯矩图与荷载弯矩图刚好相等的截面称为钢筋的充分利用点。它是在钢筋抵抗弯矩图范围内相应的荷载弯矩图为最大值时的对应点,是确定钢筋弯起位置的主要依据。除去切断的钢筋后所剩余的钢筋抵抗弯矩图与荷载弯矩图相截交的截面,称为钢筋的理论切断点。它是在切断前钢筋抵抗弯矩图范围内,相应的荷载弯矩图为最小值时的对应点。是确定钢筋切断位置的主要依据。设计时,为了避免纵筋切断后使混凝土拉应力骤增以及钢筋与混凝土之间的粘结锚固不足而发生斜裂缝,一般在理论切断点处需增加一个延伸长度后再切断,该点称为实际切断点。在设计中梁的纵向受力钢筋的切断和弯起,均应使其抵抗弯矩图不小于由荷载产生的弯矩图。

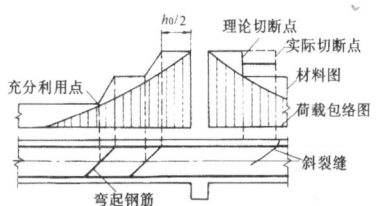

　　　　　　　　　　　（吕玉山　王振东）

底部剪力法　equivalent base shear method

又称基底剪力法或拟静力法。根据地震反应谱理论,以结构底部的总地震剪力与等效单质点的水平地震作用相等来求解底部剪力,并按一定规律分配到各层的计算水平地震作用的简化方法。地震作用沿高度的分布大致有三种:①倒三角形分布;②倒三角形分布加顶层集中力；③抛物线形分布。中国建筑抗震设计规范（GBJ 11—89）采用第二种方法。此法目前多用于分析以剪切变形为主的、比较规则的多层砖房、内框架和框架结构。　（张　誉）

底漆　rust inhibitive primer

钢材或钢构件的基体表面经除锈处理后进行涂刷的涂料。主要防止金属表面的再腐蚀。如红丹防锈漆、环氧富锌漆等。　　　　　　（刘震枢）

地层柱状图　columnar section of stratum

以柱状形式表示勘探深度内地质特征的图件。内容可包括地层的时代、厚度、岩性、地层间的接触关系以及地下水埋藏情况等。

（蒋爵光）

地道风降温系统　drop temperature system by tunnel air

一种不需要人工冷源，利用地表层的蓄热作用，达到降温目的的降温系统。中国一些单位研究表明：地道壁面温度一般比夏季室外空气温度低10℃以上。室外空气通过一定长度的地道，与壁面产生热交换，冷却降温后送入室内。这种系统多用于剧院、电影院、礼堂等对空调要求不高的公共建筑。优点是设备简单，节省投资，节约能源。

（蒋德忠）

地方材料　local material

又称地方管理物资。在计划经济体制下，由各省、市、自治区平衡分配，由地方物资部门、商业部门和各局的专业公司负责分配供应的物资。目前这一种材料分类管理的方法已不采用。当时它的特点是生产和需要均带有地方性，品种繁多，规格复杂，生产、分配、使用面广，不宜远程运输和区间调拨，如砖、瓦、砂、石等建筑材料。　　（房乐德）

地方管理物资

见地方材料（48页）。

地方震级　Local earthquake magnitude

利用（震中距小于100km）地方震记录资料所确定的震级。按公式 $M_L = \lg A - \lg A^*$，测算震级 M_L 中的 A 为两水平方向位移最大值的算术平均值(μm)，A^* 为零级地震时在该处引起的地动位移标准值（有表可查）。　　　　（李文艺）

地沟　trench

围护敷设于地下管线的构筑物。使管线不致与土壤直接接触，免受地下水影响；防止地面荷载传于管线。地沟承受土压力、水压力、地面传来的荷载与管沟自重。常用钢筋混凝土和砖石材料建成。横断面形状有矩形、圆形、半圆形和其他形状。施工方法一般采用明挖法或顶管法。在地沟线路上尚需设置检查井及供管线伸缩的伸缩节小室。按是否需要工作人员进入检修和操作，有可通行地沟与不可通行地沟。　　　　　　　　　　（庄家华）

地沟敷设　trench pipelining

管道装置在地沟内的一种常用管道敷设。分通行、半通行和不通行地沟等三种型式。通行地沟的通道净宽不小于0.7m，净高不低于1.8m，维修管理方便，但土方量大、造价高，适用于管道数量多、路面不允许开挖的地沟。半通行地沟的通道净宽不小于0.5m，净高一般1.0～1.4m，造价较省，广泛用于低压蒸汽和温度低于130℃的热水管沟。不通行地沟，适用于管径较小、数目不多的管网，在城市街区和中小型厂区广泛采用。

（蒋德忠）

地基　subgrade, foundation, subbase, ground

承受由基础传来或直接由上部结构传来的各种作用的土层或岩层的总称。未经人工处理的称为天然地基。　　　　　　　　　　　（高大钊）

地基沉降量　settlement of subsoil

地基土由于承受静荷载的作用所引起的竖向位移量。一般可分为瞬时沉降、压缩沉降（又称固结沉降）、次压缩沉降（又称次固结沉降）三部分。瞬时沉降量是在荷载施加后土粒骨架立即发生剪切畸变所产生的沉降量，而其他二部分则由于土体的排水固结和土粒骨架蠕变所产生。压缩沉降主要是由于主固结引起的沉降量，其变形速率取决于水从孔隙中排出的速率。次压缩沉降由土粒骨架在静荷载的持续作用下发生蠕变而形成。中国地基设计中常用的最终沉降量计算，指的是压缩沉降这一最主要的部分。对于瞬时沉降、次压缩沉降一般常略去不计，只在特殊的情况才考虑。　　　　　（钟　亮）

地基承载力安全系数　safety factor for bearing capacity

防止基础可能遭到承载力方面破坏的一种安全储备。设计时应保证地基极限承载力与基础底面压力的比值不小于该系数值。这种安全系数的选用主要取决于建筑物的安全等级、预期寿命、破坏后果和设计参数的可靠程度等。　　　（高大钊）

地基刺入剪切破坏　punching shear failure

沿基础周边的土发生竖向剪切使基础产生大的持续沉降的破坏模式。当发生此类破坏时，在荷载面积以外的土体相对来说很少受到牵连，基础没有明显的失稳，也没有大的倾斜发生。在载荷试验的荷载-沉降曲线上没有明显的拐点，其特点是沉降很大。此类破坏主要发生在压缩性高而强度低的粘性土和很疏松的砂土中。　　　　　（高大钊）

地基的液化等级　classification of subgrade liquefaction

对场地地震液化可能性和危害程度进行定量预估的指标。中国建筑抗震设计规范(GBJ11—89)以地基液化指数值0、5和15作为地基液化等级的界限指标；当地基液化指数$I=0$时，认为液化的可能性很小。一般不需对土的液化进行详细研究；当$0<I≤5$时，液化的危害性不大，只有特别重要的结构才需对液化问题进行详细研究和采取对策；当$5<I≤15$时，液化的危害性较大，一般需研究对策，当$I>15$时，液化的危害性大，需详细研究液化问题和采取相应的措施。　　　　　　　　(胡文尧)

地基非均剪刚度系数

见地基抗扭刚度系数。

地基非均压刚度系数

见地基抗弯刚度系数。

地基回弹测试　foundation resilience test

测定基坑开挖后，地基因卸荷所产生的回弹变形的试验。测定方法有现场和室内两种。室内方法是模拟实际加载和卸载试验求出土的弹性模量，从而计算出回弹变形量。　　　　　　(王家钧)

地基基础抗震　earthquake resistance of foundation

通过验算和采取各种措施保证地基和基础抗御地震作用的能力。一般包括下列诸方面工作：①选择对抗震有利的场地和地基；②对地基土发生液化和震陷等震动失效现象的可能性及危害性进行预估，必要时采用桩基础和进行地基处理；③场地地震反应分析和结构物-地基整体地震反应分析；④合理选择基础类型和埋置深度，加强基础和上部结构的整体性。⑤天然地基或桩基础竖向和水平承载力验算，基础结构抗震验算和采取必要的构造措施。
　　　　　　　　　　　　　　　　　(王天龙)

地基极限承载力　ultimate bearing capacity of subsoil

地基抵抗剪切滑动破坏所能承受荷载的极限能力。理论计算公式基本上可分为两种类型：一种是根据极限平衡理论，假定地基土是刚塑体，计算土中各点达到极限平衡时的应力及滑动面方向，由此解得地基的极限荷载；另一种是先假定土中滑动面的形状，然后根据滑动土体的静力平衡条件求解极限荷载。后者比前者简便，在工程实践中用得较普遍。此外，它还可以通过载荷试验结果得到的地基土极限荷载确定。　　　　　　　　　　(高大钊)

地基加固　consolidation of soil

建筑物(构筑物)地基的强度、变形和稳定性不能满足正常使用要求时所采取的加固措施。如：软土地基的强度——地基承载力设计值低于基础的竖向荷载；地基实际变形超过地基变形容许值；地基失稳，发生滑动的可能；地震时饱和粉砂和粉土，可能发生液化，引起喷水冒砂；岩溶(喀斯特)形成的溶洞、溶沟和土洞；湿陷性黄土遇水发生骤然湿陷；膨胀土遇水膨胀，失水收缩等等。以上情况均会危及建筑物(构筑物)的安全，应该进行地基加固处理。地基加固包括：软土地基加固、膨胀土地基加固、岩溶地基加固(喀斯特地基加固)、液化砂土地基加固、湿陷性黄土地基加固等。　　　(胡连文)

地基局部剪切破坏　local shear failure

从基础边缘开始并在土体中某处终止的滑动面的破坏图式。当基础产生很大的竖向位移时，滑动面也会延伸到地面，即使在这种情况下，基础也不会有灾难性的倾倒。在载荷试验的荷载-沉降曲线上，虽然也出现一个拐弯点，但并不明显；在拐点之后沉降并不急剧地增加。　　　　　　　(高大钊)

地基抗剪刚度系数　horizontal stiffness factor

又称地基水平刚度系数。地基土单位面积的抗剪刚度值。即$C_x=\dfrac{K_x}{F}$。按照基床反力系数假定，乘以基础底面积得到天然地基抗剪刚度值，进而作为集总参数用于质量-弹簧-阻尼器模型的基础振动计算。可由原位振动试验结果反算得到，也可按与抗压刚度系数C_z的相对关系$C_x=0.7C_z$取值。
　　　　　　　　　　　　　　　　　(王天龙)

地基抗扭刚度系数　torsional stiffness factor

又称地基非均剪刚度系数。地基土的抗扭刚度值与基础底面抗扭惯性矩的比值。即$C_\psi=\dfrac{K_\psi}{J}$。按照基床反力系数假定，乘以基础底面抗扭惯性矩得到天然地基抗扭刚度值，进而作为集总参数用于质量-弹簧-阻尼器模型的基础振动计算。可由原位振动试验结果反算得到，也可按与抗压刚度系数C_z的相对关系$C_\psi=1.5C_z$取值。　　(王天龙)

地基抗弯刚度系数　rocking stiffness factor

又称地基非均压刚度系数。是地基土的抗弯刚度值与基础底面抗弯惯性矩的比值。即$C_\varphi=\dfrac{K_\varphi}{I}$。按照基床反力系数假定，乘以基础底面抗弯惯性矩得到天然地基抗弯刚度值，进而作为集总参数用于质量-弹簧-阻尼器模型的基础振动计算。可由原位振动试验结果反算得到，也可按与抗压刚度系数C_z的相对关系$C_\varphi=2.15C_z$取值。
　　　　　　　　　　　　　　　　　(王天龙)

地基抗压刚度系数　vertical stiffness factor

又称地基竖向刚度系数。地基土单位面积的抗压刚度值。即$C_z=\dfrac{K_z}{F}$。K_z为抗压刚度值，F是面积。按照基床反力系数假定，乘以基础底面积得到天然地基抗压刚度值,进而作为集总参数用于质量-弹簧-阻尼器模型的基础振动计算。可用原位振动试验结果反算得到,也可按与地基土容许承载力的经验关系取值。　　　　　　　　　（王天龙）

地基临界荷载　critical load of subsoil

地基中产生的塑性区范围发展到一定的临界状态时承受的荷载。当作用在地基上的荷载达到极限荷载时,地基中要产生范围很大并相连成片且出露地面的极限平衡区（塑性区）,通常用规定塑性区的容许发展范围来限制荷载大小的办法以保证地基稳定的安全度。这种临界状态的荷载称为临界荷载。普泽列夫斯基（Пужыревскпй）在1923年采用条形荷载作用下地基中应力分布的理论解法并利用莫尔强度条件来研究土体中塑性区的范围,在近似假定条件下求出塑性区的边界方程,从而导得该荷载的表达式。按临界荷载设计基础属于按容许应力设计法设计的范畴。　　　　　　　　　（高大钊）

地基破坏模式　modes of shear failure for subsoil

地基发生抵抗剪切破坏失效形态的类别。根据对工程破坏实例的观察和对试验现象的研究,太沙基（Terzaghi）在1943年提出了两种破坏模式,即整体剪切破坏和局部剪切破坏;除了上述两种破坏模式之外,魏锡克（Vesic）在1963年提出第三种模式——刺入剪切破坏。地基破坏模式除了与地基土的性质有关外,还同基础埋置深度、加荷速率等因素有关。对它的研究有助于对地基丧失稳定性的机理的理解。　　　　　　　　　（高大钊）

地基容许变形值　allowable deformation of subsoil

同时考虑地基本身的强度限制和上部结构的强度和稳定要求而确定的地基土体的沉降控制值。它的确定目前都是通过实际工程的建筑经验调查,再辅以一定简化条件下的理论估算两种途径获得,其具体量值大小将视上部结构的不同类型和使用要求而作相应的取定。　　　　　　　　　（魏道垛）

地基容许承载力　allowable bearing capacity for subsoil

同时满足强度和变形两方面要求的地基单位面积的负载能力。它的确定不仅取决于地基土的工程性质而且还与基础类型、尺寸以及上部结构的容许变形值有关。只根据极限荷载除以安全系数或根据临界荷载确定的地基承载力仅满足了地基抗剪破坏安全程度的要求,只有当经过沉降验算证明已满足规定的容许变形要求时才能称为容许承载力。
　　　　　　　　　（高大钊）

地基上梁板的计算方法　method on calculation of foundation beams and plates

确定条形基础、筏板基础和箱形基础挠曲曲线和接触压力,并据以计算梁板基础的内力分布的计算方法。计算方法分两类:第一类方法只考虑基础作用荷载和反力之间的平衡条件。在中心荷载下,假设反力均匀分布。在偏心荷载下则为梯形分布。反力分布确定以后,用静力学方法计算基础梁板的弯矩和剪力。第二类方法除平衡条件外,还要求满足基础挠曲和地基变形之间的连续性条件和边界条件。为了计算地基变形可以使用基床系数法、弹性半空间理论和非线性的应力应变关系。近来发展了上部结构、基础、土体系的相互作用理论,以分析三种组成部分之间相互影响和相互制约关系。这种分析所得到的基础挠曲和内力比第一类方法结果大大减小。　　　　　　　　　（朱百里）

地基竖向刚度系数

见地基抗压刚度系数（49页）。

地基水平刚度系数

见地基抗剪刚度系数（49页）。

地基土比例界限　proportional limit of subsoil

对应于载荷试验所得荷载-沉降曲线上第一特征点的荷载。当荷载超过该特征点后,沉降与荷载不再呈线性关系,故又称拐点压力。如拐点明显,则可取此界限作为地基承载力。
　　　　　　　　　（何颐华　高大钊）

地基土极限荷载　ultimate load of subsoil

地基土载荷试验破坏荷载的前一级荷载。它是载荷试验的荷载-沉降曲线的第二特征点所对应的荷载值,可用作地基极限承载力的试验测定值。
　　　　　　　　　（高大钊　何颐华）

地基土破坏荷载　failure load of subsoil

地基土载荷试验中,满足下列情况之一时所达到的荷载。①载荷板周围的土明显地侧向挤出;②沉降急剧增大,荷载-沉降曲线出现陡降段;③24h内沉降速率不能达到稳定标准。
　　　　　　　　　（高大钊　何颐华）

地基稳定性　stability of subsoil

地基在外部荷载（包括基础重量在内的建筑物所有荷载）作用下抵抗剪切破坏的稳定安全程度。它取决于地基土的工程性质、基础的形状、平面尺寸和埋置深度,也取决于荷载的特征（中心竖直荷载、水平荷载或偏心荷载）和地面倾斜特征（基础置于斜坡上或水平地面上）。它是地基基础设计必须满足的基本要求之一,也是土力学的基本课题之一。
　　　　　　　　　（高大钊）

地基压力扩散角　spread angle of pressure in subsoil

为考虑地基表面荷载向土介质深处扩散且逐渐减小这一情况并使之实用简化而选定的某一应力分布角度。在此角度范围内压力在水平面上取作均匀分布。在用于软弱下卧层验算时,其值可根据土层类别及其性质确定。　　　　　　（陈忠汉）

地基液化指数　liquefaction index of foundation soil

场地液化危害性的定量指标。根据在一定强烈程度的地震作用下,土层液化可能性大小、可液化土层厚度和埋藏深度等条件确定。用以评价地基液化对工程结构可能造成危害的程度。

（王天龙　胡文尧）

地基应力　stress in soil mass

在荷载作用下,土体中任意点所产生的法向应力与剪应力。它可用来计算地基变形与确定强度稳定性是否满足。假定地基土是一个均质的、各向同性的半无限直线变形体,应用弹性力学的方法进行计算。这个假定和土是不连续的多相分散介质的实际情况有所出入,但在实用上其简化所带来的误差是容许的。　　　　　　　　　　　（陈忠汉）

地基整体剪切破坏　general shear failure

从基础一侧到地面有一个连续滑动面的破坏图式。在载荷试验的荷载-沉降曲线上出现一个明显破坏点以后,沉降急剧地增加。大多数出现破坏的地基是突然发生和灾难性的,并伴随着基础的巨大倾斜;在基础两侧邻近的土体有隆起的趋向,但土体的最终失稳只在基础的一侧发生。此类破坏主要发生在坚硬粘性土或密砂地基中,当软土的应变软化特性明显或加荷很快时,也可能出现这类破坏图式。

（高大钊）

地籍测量　cadastral survey

测绘和调查土地及其附着物的位置、数量、权属和利用现状的工作。通过测绘编绘成地籍图,通过调查编制成地籍册簿,两者都是地籍管理的基础资料。它为土地所有权及使用权不受侵犯提供法律依据,为合理征收土地使用税及利用土地提供准确与必要的数据。地籍测量的主要内容有:地籍控制测量,地形及附着物位置测绘,行政区划界线、权属界线、界址点位置的测绘,面积量算,土地及附着物权属、类别与等级的调查,地籍资料的动态监测与更新等。近代的地籍测量,除了保护土地所有者或使用者的权益和征收赋税外,还发展为多用途地籍和土地信息系统,为制定建设规划、国土整治等提供有关土地状况的科学依据。　　　　　（傅晓村）

地脚螺丝放样　laying out of foundation screw

将地脚螺丝安装在设备基础中规定的平面位置和标高上的测设工作。平面位置可根据在龙门板上的基础轴线予以固定,顶端标高可用水准仪测定。但当基础浇灌混凝土时,地脚螺丝的平面位置和高程可能发生变化,因此在混凝土凝固前应重复检查地脚螺丝的位置,并作必要的调整。　　（王　熔）

地理坐标　geographic coordinate

用经纬度表示地面点位置的球面坐标。通过某点的子午面与格林尼治子午圈平面所夹角度称该点的经度。从格林尼治子午圈分别向东、向西各0°~180°,分别称为东经和西经。通过某点的铅垂线与赤道平面所成的角度称该点的纬度。点在赤道平面以北、以南各0°~90°,分别称为北纬和南纬。

（陈荣林）

地裂缝　ground break

地面出现的裂缝。往往呈雁状排列。其中一类受基岩断裂所控制,另一类与土层的松软状况、含水层分布以及重力作用密切相关。一般在选址时尽量避免地裂缝带,否则需采用适当措施进行地基处理。

（李文艺）

地貌　landform

地表起伏形态的总称。它是内营力和外营力相互作用于地表的结果。在地理学中地貌又称地形。

（朱景湖）

地貌单元　geomorphic unit

由各种地貌要素(面、线、点)所构成的地貌形态组合。小的地貌单元,由面积不大的单一地貌形态所构成。例如,河谷可划分为谷底和谷坡两个地貌单元。大的地貌单元则是若干个单一地貌形态的组合构成。如大陆(陆地平原及大陆架)和海洋(洋底)是地球表面最大的两个地貌单元。　　（朱景湖）

地貌符号　geomorphologic symbol

地图上表示地貌平面位置和高程的规定符号。地形图上表示一般地貌如山头、鞍部等的地貌符号为等高线。等高线无法表示的特殊地貌如陡崖、冲沟等则用规定的地貌符号表示。　　（杨春宝）

地貌景观　geomorphic landscape

在成因上与发育历史上相互关联的各种不同地貌形态的组合。它主要决定于某一地区气候条件和地貌本身的高度差异。表现为纬度地带性和垂直地带性分布规律。由于这些因素在空间上的变化,地貌景观是异常复杂多样的。　　　　（朱景湖）

地貌类型　geomorphic type

根据形态成因,将地表多种多样的地貌进行分类建立的不同等级的科学分类系统。例如,首先将地貌划分为陆地地貌与海(洋)底地貌两大类。陆地地貌又可根据基本形态和海拔高度划分出第Ⅱ级类型,即平原、台地、丘陵和山地。第Ⅱ级以下着重表现外营力成因的形态类型,如冲积平原、侵蚀剥蚀山地等等。海(洋)底地貌也可划分出大陆架、大陆坡、大陆裙和深海平原(深海盆地)四种类型。
(朱景湖)

地貌图 geomorphic map
着重反映地貌的形态、成因、发展变化及其空间分布规律的图件。它是通过地貌调查绘制的，是区域地貌研究的主要成果，也是解决生产中地貌问题的重要依据。根据地貌形态和成因的综合特征及其在时间和空间上的关系绘制的称普通地貌图，如地貌类型图和地貌区划图；突出表现某些有关的地貌类型或某些地貌要素的特征和时空关系的，称专门地貌图，如崩塌、滑坡、泥石流等分布图、地面坡度图、地貌预测图和地貌作用强度图等。
(朱景湖)

地貌学 geomorphology
研究地表形态及其发生、发展和分布规律的科学。从地貌条件、地貌过程及其演化方向来研究地貌在各项工程建设中的应用。
(朱景湖)

地面沉降 ground subsidence
发生在未固结或半固结沉积层分布区的大面积地面缓慢下沉的现象。产生的原因是过量抽汲沉积层中的流体，如在大城市中因大量开发利用地下水或在石油开采区长期开采石油的结果。地面沉降已经成为现代许多大城市的重要公害问题。
(蒋爵光)

地面粗糙度 ground roughness
地表对风流摩擦作用影响的程度。对开阔场地(如海洋、平坦场地)摩擦作用小。对大城市中心，由于建筑物的影响，摩擦作用大。国家规范把地表按粗糙度分成三类，由于建设的发展，正在修订的规范则扩大为四类：①A 类——近海海面、海岛、海岸、湖岸及沙漠地区；②B 类——田野、乡村、丛林、丘陵以及房屋比较稀疏的乡镇和城市郊区；③C 类——有密集建筑群的城市市区；④D 类——有密集建筑群且房屋较高的城市市区。分类已与美国、日本等发达国家相似。
(欧阳可庆)

地面加速度 ground acceleration
地表质点运动的加速度。
(李文艺)

地面破坏小区划 ground failure microzonation
地震时地面各种破坏效应的分布。它包括液化、不均匀沉陷、滑坡崩塌、水平向无约束土体的侧向运动、地表断裂或局部变形、水淹、海啸等。当然对某一场地不可能同时有全部破坏类型。但迄今各种破坏类型的主要判据仍然以工程师们对地质条件的判断和已有的宏观资料类比为主，仅对液化、不均匀沉陷、滑坡等可作出定量估算，而这些方法本身还带有半经验半理论性质。
(章在墉)

地面摄影测量 terrestrial photogrammetry
将摄影机安置在地面测站上对景物进行摄影，根据摄影像片利用量测仪器绘制成地形图或作为非地形测量应用的一种方法。测图工作比航测简单，适用于小区域的大比例尺测图，对于山坡陡峭、地形复杂的地区作用尤为显著。但有因景物的遮蔽而产生摄影漏洞以及外业工作量大和精度不一致等缺点。
(王兆祥)

地面速度 ground velocity
地表质点运动的速度。
(李文艺)

地面塌陷 surface subsidence
由于自然作用或人类活动的影响，在地面一定范围内出现的一种迅速塌陷的地面变形现象。其成因有：①在岩溶地区开采或排泄大量地下水；②岩溶或黄土洞穴的发展；③地下开挖、爆破产生的影响；④地下水的潜蚀作用等等。地面塌陷的空间位置往往难以预测，塌陷时间突然，可使路基下沉、房屋开裂破坏、桥梁墩台沉落倾斜。
(蒋爵光)

地面位移 ground displacement
地表质点运动的位移。
(李文艺)

地面振动衰减 attenuation of ground vibration
由动力设备引起的基础振动，通过土体介质向四周传播，并由土体介质的内阻尼衰减和距离的几何阻尼衰减，把地面振动能量通过吸收扩散而逐渐消耗，使地面振动得到衰减的现象。这种衰减特性与振源、振动方向、传播方向、土体介质和波类等因素有关。一般撞击振源比周期性振源衰减快，振源频率高的比频率低的衰减快，垂直振动比水平振动衰减快，水平切向振动比水平径向振动衰减快，砂土类和松散土层内振动比亚粘土类内振动衰减快，同类土地下水位低的比地下水位高时振动衰减快，桩基或深基础比天然地基基础或浅基础在近距离范围内的振动衰减快。
(茅玉泉)

地坪标高 building ground elevation
俗称"±0 标高"。室内(或室外)地坪的设计高程。往上为"+"，往下为"－"。放样时根据建筑物附近水准点的高程，将±0 标高线测设到龙门板上。亦可测设比±0 高或低一定数值的标高线。但同一个建筑物只能选用一个±0 标高。
(王 熔)

地球曲率 earth curvature
表示地球弯曲程度的量。这个量一般用曲率半径或曲率(即曲率半径的倒数)来表示，地球是接近于绕椭圆短轴旋转而成的旋转椭圆体，它的曲率半径各处都不一致，它的形态和大小用长半径 a 和它的扁率 α 表示，由于 α 很小，故在不大区域测绘中可把地球看成为一个圆球，这时采用的曲率半径 R 为 6371km。
(陈荣林)

地球曲率影响 earth's curvature effect

在小范围内进行测量时,用水平面代替水准面所产生的误差影响。对距离 D 产生的误差为 $\Delta D = \dfrac{D^3}{3R^2}$,$R$ 为地球半径。当 $D=10$km 时,$\dfrac{\Delta D}{D}$ 约为 1/1200000,可忽略不计,对高差产生的误差为 $\Delta h = \dfrac{D^2}{2R}$,当 $D=1$km 时,Δh 约为 0.1cm,不容忽视。

(赵殿甲)

地球椭球 earth ellipsoid

见地球椭圆体。

地球椭圆体 earth ellipsoid

又称地球椭球。用于代表地球形状和大小的旋转椭球。通常用长半径 a 和扁率 α 表示,其值过去用弧度测量和重力测量方法测定,现代用观测人造卫星方法可测得更精确的结果。1980年中国采用的地球椭球参数值为:$a=6378140$m,扁率 $\alpha=1/298.257$。

(陈荣林)

地球物理场资料 data of geophysical field

研究推断地壳深部构造轮廓,探讨与地震关系的一种资料。可作为划定潜在震源区补充依据,常用的有布格重力异常图、航磁异常资料、现代构造应力场图、人工地震测深剖面等。

(章在墉)

地上结构 superstructure

在地下结构以上的房屋建筑结构实体。

地图分幅 sheet line system

将一个广大区域的地图,按规定尺寸划分成若干单幅的图。用于大比例尺的地形图常采用直角坐标线构成的矩形(40cm×50cm)或正方形(50cm×50cm、40cm×40cm)分幅法,用于中、小比例尺的地形图常采用由国际统一规定的经纬线构成的梯形分幅法。

(陈荣林)

地温动态观测 observation of ground temperature regime

对于地表下不同深度土层温度随时间变化的观察量测工作。地温动态研究对评价膨胀土随含水量变化而发生的膨胀和收缩变形及其对强度影响的大小及影响深度;对考察冻土的存在条件、发展趋势、冻土的分布、厚度及其稳定性以及冻土的物理力学性质变化等,都是非常重要的。

(杨桂林)

地下建筑 subterranean building

建造在地面以下的建筑物。如地下车间、地下商店、地下影剧院、地下仓库、地下停车场、地下人防工程等。它除了通向地面的出入口外,周围均受地层包围。它具有良好的隐蔽性和防护性,加上一定防护措施后可作为战时的人员掩蔽所。它在通风、防潮和消声等方面,均比地面上建筑要求高。

(房乐德)

地下结构 substructure

在地表下面或某一规定标高以下的房屋建筑结构实体。

地下连续墙 diaphragm wall

使用专用的成槽机械,开挖出具有一定宽度与深度的沟槽,采用泥浆护壁,在槽内设置钢筋笼,用导管法水下浇筑混凝土筑成的墙体。在基坑开挖时,它可用以防渗、挡土和提供对相邻建筑物基础的支护;它也可直接作为承受垂直荷载的基础结构部分。地下连续墙施工流程可分为三个主要阶段,即准备工作阶段、成槽阶段以及浇筑混凝土阶段。

(董建国)

地下水 ground water, underground water

以各种形式存在于地壳岩土中的水。它分布广,是一种宝贵的矿产资源和重要的供水水源。矿化水和地热水也可用于医疗。但在采矿、地下建筑等工程中,地下水也会造成一些危害,如引起矿井突然涌水、岩土体失稳等。所以要合理开采,利用地下水,并防治其危害。

(李 舜)

地下水动态观测 observation of groundwater regime

对于在各种自然和人为因素影响下,地下水的水位、流量、流速、水温、水质等随时间变化规律的观测研究工作。在土建工程中,当地下水对地基、围岩和边坡的变形、强度与稳定性,对基坑开挖或对地下结构物的防水、防潮和防浸蚀有较大影响,成为建筑设计和制定施工方案的重要依据时,对重要建筑宜进行不少于一个水文年(经历气候及相应地下水各项参数变化一周年)的长期观测工作。

(杨桂林)

地下水类型 classification of under ground water

地下水按埋藏条件或水的特征划分的类型。地下水按其埋藏条件可分为:上层滞水、潜水、承压水。按含水层性质可分为:孔隙水、裂隙水及岩溶水。按其状态可分为气态水、液态水和固态水;按水的结构形式可分为吸着水、薄膜水、毛细水、结晶水及重力水;按地下水质和水温的特点可分为矿化水及地热水等。

(李 舜)

地下水流速 velocity of ground-water flow

地下水在含水层中的运动速度。有实际流速和渗透流速两种概念。

(李 舜)

地下水侵蚀性 corrosiveness of ground water

溶解于地下水中的某些离子和气体对混凝土的化学侵蚀破坏能力。有结晶性侵蚀和非结晶性侵蚀两种。地下水 SO_4^{2-} 含量过多时,与混凝土中的铝酸钙起作用,生成硫铝酸钙结晶($3CaO \cdot Al_2O_3 CaSO_4$

·$31H_2O$),新的结晶体积增大,起膨胀作用,使混凝土胀裂;地下水中的氢离子较高时,水呈酸性,PH<7,对混凝土中的 $Ca(OH)_2$ 及 $CaCO_3$ 起溶解破坏作用;地下水中含有侵蚀 CO_2 时,使混凝土中的 $CaCO_3$ 转化为可溶于水的 $Ca(HCO_3)_2$ 而使混凝土受破坏。侵蚀性判定标准见相应的规范。

(李 舜)

地下水实际流速 actual velocity of ground water flow

地下水流在含水层空隙中的真实流动速度。

(李 舜)

地下水水化学图 hydrogeochemical map

反映地下水水化学成分及某些特殊元素分布规律的图件。一般可分为:表示地区地下水主要化学成分和矿化程度分布规律的普通水化学图;为专门目的而编制的某些特殊成分分布规律的专门性水化学图,如地下水污染状况图。 (杨可铭)

地下水位 ground water level

地下水面上任意一点的绝对标高。可分初见水位和稳定水位。潜水的初见水位有时和稳定水位不一致,承压水的稳定水位高于初见水位。

(李 舜)

地形

见地貌(51 页)。

地形点 topographic point

见地形特征点。

地形特征点 characteristic point of land form

简称地形点。地物和地貌的特征点总称。在测绘上,地物特征点是指地物平面方向变化点、交叉点、独立地物的中心点等,如房角、河流及道路转弯点、道路交叉点、境界线和地界线方向变化点等。地貌特征点是指地面坡度及平面方向的变化点,包括山顶、鞍部,以及山脊、山谷、山坡和山脚上的平面方向和坡度的变化点。 (潘行庄)

地形图 topographic map

将地面上的各种地形沿铅垂线方向投影到水平面上按一定比例缩绘成的图。它是规划设计及工程建设中不可缺少的资料。 (钮因花)

地形图测绘 surveying and mapping of topomap

按照一定的测量程序、方法和地形图图式规定的符号,将地物与地貌缩绘到图纸上的工作。主要包括:平面控制、高程控制和碎部测量等。主要成图方法有:航测成图法、速测仪测绘法、经纬仪测绘法和平板仪测图法等。随着电子技术的发展,测绘技术的进步,用测距仪、全站仪测绘地形图的技术将会日趋普及,并实现采集外业数据到计算和内业成图的自动化作业流程。 (彭福坤)

地形图图式 topographic map symbol

测绘和使用地形图所依据的一种技术文件。在中国由国家测绘总局制订,规定表示地物的有比例符号、非比例符号、线形符号和注记符号等,表示地貌时常用等高线。 (钮因花)

地性线 terrain line, bone line

地貌形态变化的棱线。如地貌表面是各种坡面组成的形态,这些坡面的交线即为地性线。主要有:①山脊线;②山谷线;③倾斜变换线,即两个倾斜度不同的坡面的交线;④方向变换线,即方向变换点之间的连线;⑤最大倾斜线,即地表流水的流经线。其中最重要的是山脊线和山谷线。地性线起控制地貌形状的骨骼作用,根据它和地形点勾绘的等高线所显示的地貌形态更能接近于实地情况。

(潘行庄)

地压 geostatic pressure

见山体压力(262 页)。

地应力观测 observation of ground stress

对于地壳岩土中各点应力状态随时间变化的观察量测工作。其方法有:①利用岩土的应力应变关系,如应力恢复法、应力解除法和钻孔加深法等;②利用岩土受应力作用时的物理效应,如声波法和地电阻率法等。现有的量测方法测出的地应力中不仅包含构造应力,还包含其他因素,如重力、地热等引起的非构造应力。地应力观测对地质构造、地震预报和城建、交通、矿山、水利、国防等部门的地下工程及边坡设计中有关问题的研究,具有实际意义。

(杨桂林)

地震 earthquake

地球内部运动的累积使地下岩层剧烈振动,并以波的形式向地表传播而引起地面强烈振动的现象。此种由天然原因(如地下岩层强烈错动、火山爆发等)造成的地震称天然地震;而一些人为的原因(如地下核试验、大爆破等)造成的称人工地震。

(李文艺)

地震波 seismic wave

地震时从震源释放出来的部分能量以弹性波的形式向周围传播的波动。一般分为两大类型:体波和面波。 (李文艺)

地震次生灾害 seismic secondary disaster

由地震间接引起的各种灾害。如地震时由于易燃易爆有毒有害气体泄漏而衍生火灾、中毒;由于管道、道路与桥梁损坏和通讯中断导致运输与信息阻塞;由于工厂停产导致其他有关企业损失等等。

(李文艺)

地震动 ground motion

天然地震、火山喷发、海浪拍岸以及爆破、工业振动和交通等引起的地面振动。地震工程中所指的地震动是由地震引起的地面振动。　　（李文艺）

地震动参数衰减　ground shaking parameter attenuation

地震动参数随震中距（或震源距、断层距）的增加而逐渐减小的函数关系。它表示潜在震源区的震级 M 和场地上地震动强度 A 之间的一条跨越距离为 R 的衰减关系。它具有地区性特点。对已经积累较多强震仪器记录地区，可用统计方法建立起该区地震动衰减公式；对于无强震记录但有一定数量宏观烈度资料地区，可综合利用既有地震动衰减又有烈度衰减的参考地区的资料，作适当修正并进行换算建立本地区的地震动衰减公式；或用目前普遍采用的加速度衰减公式

$$A_{\max} = b_1(\exp b_2 M)(R + b_4)^{-b_3}$$

b_1、b_2、b_3 为回归常数，b_4 为用来限制 R 接近于零时出现过大加速度的常数。　　（章在墉）

地震动参数小区划　ground shaking parameter microzonation

地震地面震动物理量的预期分布。按一定尺寸（如 500m×500m）网格将地震动参数计算结果绘成等值线图。将每一节点上反应值经规一化后绘成最大水平加速度、速度、位移等值线图，或周期为某一固定值的（如 0.2s、0.3s……）加速度（或速度、位移）反应谱值等值线图。这种图的比例尺一般为 1:1 万～2 万为宜。　　（章在墉）

地震动持续时间　duration of ground motion

对结构起破坏作用的超过一定强度的那一时段。它至今缺乏统一定义，在地震工程中只是一种相对概念，常用的定义如①R.A.Page 提出的加速度绝对值第一次与最后一次出现 0.05g 的时间差；②M.D.Trifunac 和 A.G.Brady 提出的根据地震动幅值平方积分得到的 $\int_0^t a^2(t)\mathrm{d}t$，删去积分头部与尾部各 5%，采用余下的 90% 积分值相对应的强震主要时段为持续时间。　　（章在墉）

地震动水压力　earthquake dynamic water pressure

地震时水体对建筑物或构筑物产生的动态压力。　　（陆伟民）

地震动土压力　earthquake dynamic earth pressure

地震时土体对建筑物或构筑物产生的动态压力。　　（陆伟民）

地震发生模型　earthquake occurrence model

描述地震发生的时间随机过程的概率模型。目前，在地震危险性分析中，世界各国应用最广泛的是平稳泊松模型（或称均匀泊松模型），它不仅在数学上最简单，并且所要求的参数只有一个年平均发生率，因此它能广泛地适用于各种历史地震资料情况。
　　（章在墉）

地震反应　earthquake response

地震发生时，地面运动使结构产生的变形与内力随时间变化的情况。地震引起的反应有位移反应、速度反应、加速度反应和剪力、弯矩等内力反应，这些物理量都随时间而变化。在对结构进行地震反应分析时，将结构的绝对加速度在各个时刻的数值乘以结构的质量就得到该时刻结构上作用的惯性力，也就是结构所受的地震作用。地面运动包含水平分量、竖直分量与扭转分量，可以分别或综合分析它们对结构的作用效应。按照地震的强弱，结构的反应有线性与非线性的不同。在强地震作用下，结构发生弹塑性变形，需要作非线性反应分析，如果把地震看作是确定性的过程，则所作的分析是确定性地震反应，而当同时考虑地震的随机性或模糊性时，把地面运动作为模糊随机过程，便须进行概率性地震反应分析。　　（陆伟民）

地震反应谱　earthquake response spectrum

简称反应谱。在给定的地震加速度作用时间内，单质点体系的最大反应（位移反应、速度反应、加速度反应）随质点自振周期变化的关系曲线。在结构设计时，为增强结构抵御地震灾害的能力，发展了一种地震作用下结构动力特性分析方法。20 世纪 30 年代首先在美国提出了反应谱概念。将建筑物简化为单质点体系，利用单质点体系运动方程求解在确定地震波输入下的反应时程，从而绘制以体系自振周期（或频率）为横坐标，最大反应值（绝对值）为纵坐标的一条曲线。随着结构阻尼的不同，可以得到相应一定阻尼的曲线，这些不同的曲线族构成了指定地震波的反应谱，又称响应谱。设计结构时确定自振周期后，利用反应谱直接判定结构最大反应，是一种简单而误差不太大的工程实用方法。对于多自由度体系，也可以通过振型分解把结构化为若干个单自由度体系再利用同一谱曲线。
　　（陆伟民）

地震风险水平　seismic risk level

确定工程遭受地震破坏的风险大小的标志。定数法最终结果给出的是某一场地在今后一定时期内可能遭遇的最大地震烈度或最大地震动加速度，而概率法最终结果给出的是某一场地的危险性曲线，就是该场地在今后一定时期内遭遇各种不同地震烈度或最大地震动加速度都是可能的，只是概率不同而已。　　（章在墉）

地震隔震 earthquake isolation

减小结构物在地震作用下动力反应的一种装置。有针对结构体系的隔震和针对设备的隔震。装置的种类很多，如橡胶垫隔震、钢珠滚动隔震、摩擦隔震、砂层隔震等。　　　　　（余安东）

地震荷载

见地震作用（58页）。

地震后果 earthquake consequences

地震灾害所造成人员伤亡和经济损失等方面的后果。虽然把地震灾害这种复杂现象归结为人员伤亡与经济损失还不够全面，以及在预测意义上它的不确定性很大，但这种定量预测却是防灾准备、震时组织抢险救灾和震后恢复重建必不可少的定量依据，也是政府部门、保险公司、经济学家、社会学家所需重要指标。　　　　　　　　（章在墉）

地震活动度 seismicity level

表示地震活动水平的尺度。在古登堡-里克特震级重现关系中，对于一个已知震源区，a 就是震级大于或等于零级的地震数量的尺度。震级重现曲线斜率 β 值是一个潜在震源区地震活动性强弱程度的尺度，其绝对值越大，地震活动水平越低；绝对值越小，就越表明该区有较高的地震活动性。
　　　　　　　　　　　　　　　（章在墉）

地震活动性参数估计 seismicity parameters estimation

对表示地震活动性的震级频度曲线斜率 β，地震年平均发生率 v 及震级上限 M_u 等参数的估计。当采用非泊松地震发生模型时，还应包括其它参数。为了确保各潜在震源区地震活动性参数的可靠性，在计算中应切实注意统计数据的完整性、统计量的稳定性和统计范围的整体性。　　（章在墉）

地震活动性资料 seismicity data

一个地区的地震孕育和发展过程有关资料的总称。它主要包括：地震目录、烈度区划图、震中分布图、强震等震线图、宏观调查报告、震源深度分布、地震时空分布、地震活动期划分、应变积累和释放过程、震级-频度关系、强震活动的重复性、迁移性和填空性等资料。　　　　　　　　（章在墉）

地震经济损失 earthquake property losses

由地震动和地质效应直接造成的物质损失、公共设施丧失功能带来的损失以及由此引起的各经济部门净产出减少的间接经济损失的总称。通常，地震经济损失可表示为各项损失的货币总值。它取决于三个因素，即地震烈度高低（或地震动特征），工程结构易损性、分布状况与数量，以及社会经济发展情况（主要体现在固定资产储备量、企业年净产值、人均收入等）。地震经济损失估计是一项非常繁重和复杂的统计分析，它是定量预测未来的地震灾害规模、减轻灾害措施费用——效益分析和确定地震灾害保险率等的基础，也是震后恢复重建、救援拨款，调整投资方向的科学依据。　　（肖光先）

地震勘探 seismic prospecting

用地震仪接收、记录人工激发产生的地震波在地层中的传播，并加以研究分析的勘探方法。在地面激发的地震波向地下传播时，遇到不同岩土层界面，产生反射或折射波返回地面，用仪器记录地震波的传播时间、振动波的形状等，以测定此界面的深度和形态，判断地层的岩性等。　　（王家钧）

地震烈度 seismic intensity

一定地点范围内地震破坏效应的平均水平的综合评价。它反映该地点的地面震动的强弱程度。从工程观点看来，虽然烈度是根据地震造成的地面破坏和建筑物破坏效应等现象综合评定的统计平均，但破坏程度轻重并不等于地震动强烈程度大小。对于一次地震来说，震级只有一个值，而随着震中距的变化，烈度可以有许多值。　　（肖光先）

地震烈度区划图 map of seismic intensity zone

用烈度来表示地震长期预报的地理分布图。用于国家建设规划和工程抗震设计参考。1957年"中国地震烈度区域划分图"（1:500万）是中国第一代区划图，1977年"中国地震烈度区划图"（1:300万）是第二代区划图，第三代区划图（1990年）采用以概率为基础的地震危险性分析方法，以烈度和基岩地震动加速度及速度表示。　　　（肖光先）

地震模拟振动台 earthquake simulation shaking table

结构抗震试验中能人工再现地震的动力试验加载设备。包括台面及基础、泵源及液压分配系统，加振器，模拟控制、数据采集和数据处理，还有与模控及数据采集系统相连接的计算机系统。为了再现地震，使振动台实现按规定的地震波形运动，采用以计算机系统为核心的数字迭代补偿技术，经过多次重复迭代，数据处理使台面输出波形较为接近所期望的地震波形。整个设备完全由计算机操纵，实现自动控制，能同时实现三向六自由度振动的模拟地震振动台，是90年代最为先进的地震研究试验设备。
　　　　　　　　　　　　　　　（姚振纲）

地震目录 earthquake catalogue

记录历史上发生的地震和近代发生的地震资料的目录。历史地震只有宏观现象描述，无定量数据。如①《太平御览》地震篇，自周至隋共录地震45条；②《文献通考》及《续文献通考》，自周至金共录地震268条；③《古今图书集成》地异篇，自周至清康熙共录地震654条；④1910年黄伯禄编《中国地震目录》

(法文版),自上古至清光绪 22 年共收录大小地震 3322 次。近代地震指 1900 年以后的地震,广泛参考了现代宏观调查资料和仪器观测资料。它包括发震时间(年、月、日、时、分、秒)、震中位置(经纬度、参考地名、震中精度类别)、地震强度(震级、震中烈度)、震源深度(km)、资料来源等。　　　(章在墉)

地震能量耗散　earthquake energy dissipation

地震时震源释放的能量通过各种形式耗散的现象。地震时的鸣响、海啸、地面结构物的运动和破坏等是地震通过声音、运动、摩擦阻尼等形式作功而耗散能量的表现。在结构中不同材料、结构形式的耗能能力是不同的,设计中使耗能能力加大对抗震是有利的。　　　　　　　　　　　　　　　(余安东)

地震能量吸收　earthquake energy absorption

地震时释放的能量转化为其他各种形式而被各种物质所吸收的现象。如地震时结构物的运动就吸收了部分地震能量并变成了自身的动能和应变能。不同材料、结构形式吸收能量的能力是不同的。
(余安东)

地震区　earthquake zone

经常发生地震的地区或地震能引起工程结构破坏的地区。

地震人员伤亡　earthquake casualty

地震直接或间接造成的人身伤亡。影响伤亡程度的因素有:地震烈度高低、结构类型和质量、人口密度、地震发生时间、警报系统的设置、关键设施的功能、人们心理状态以及抢救工作的成功率等。但在实际预测中一般只考虑其中若干主要因素。
(肖光先)

地震剩余危险性　residual seismic risk

计算危险性和可接受危险性的差值。它就是需要控制和减轻的危险性。一旦计算危险性被确定以后,通过应急反应措施等,使可接受的危险性有所增加,这样也就减轻了实际的地震危险性。
(章在墉)

地震时空不均匀性　time and space inhomogeneity of earthquake

对地震发生的时间、空间假设的一种修正。在地震危险性分析中,在时间上地震发生通常用均匀泊松过程来描述,在空间上即在划定的潜在震源内地震发生是等可能性的,即均匀等同的,这种假定有时不完全符合实际情况,因此当资料充分时,尚需对这种时空不均匀性进行修正。　　　(章在墉)

地震危险区　earthquake hazardous zone

见地震危险区划。

地震危险区划　seismic hazard zoning

根据区域地震活动性及地震地质条件,对各地震区、带中未来百年内可能发生的地震的地点和强度的判定。　　　　　　　　　　　　(章在墉)

地震危险性分析　seismic hazard analysis

对某一场地(或某一区域、地区、国家)在一定时期内可能遭受到的最大地震破坏影响的分析。它可以用地震烈度或其它地震动参数来表示。总的地震危险性则是指地震所造成的包括由此而产生的次生灾害的可能破坏和损失(经济损失、人员伤亡、对社会影响等一切损失的总和),它可以表示为损失率。在分析方法方面,当前普遍倾向于采用概率方法,以取代确定性方法。　　　(章在墉)

地震危险性评定　seismic hazard evaluation

对某一场地(或某一区域、地区、国家)在一定时期内可能遭受到的最大地震破坏影响的评定。包括地震危险区划、烈度区划、与地震危险有关的地质效应(如断裂、海啸)以及局部条件影响等。
(章在墉)

地震小区划　seismic microzonation

又称地震影响小区划。根据地震危险性分析结果以及工程场地的地形、土质特征等因素给出的可能遭遇的地震作用分布。它既编制各种小区划图,又将不同地区地震作用系数按场地条件进行调整,从而为工程设计提供输入地震动设计参数,并为城市及大型企业制订土地利用规划、抗震防灾规划提供依据。在采用地震烈度情况下,它还将大区的烈度区划图所给出的基本烈度,根据各个地段工程地质、构造特点等划分出地震烈度不同的小区域,并且详细地说明这些地区在地震时对结构破坏作用上的差异。　　　　　　　　　　　　(章在墉)

地震液化　earthquake-induced liquefaction

地震时地层振动使场地中饱和无粘性、少粘性土层向液体状态转化,引起土的刚度和强度的损失,进而导致建筑物沉降、滑坡、土坝破坏及其他灾害发生的现象。　　　　　　　　　　　　(王天龙)

地震影响系数　seismic influence coefficient

单质点弹性体在地震作用下的最大加速度反应与重力加速度比值的统计平均值。　　(应国标)

地震影响小区划　seismic effect microzonation

见地震小区划。

地震原生灾害　primary disaster of earthquake

由地震直接造成的灾害。例如房屋损坏或倒塌,道路、桥梁的破坏以及人员伤亡等。
(李文艺)

地震灾害　earthquake disaster

由地震造成的房屋破坏、设备损坏、人员伤亡、经济损失等灾害。一般分为地震原生灾害与地震次生灾害,即分别指由地震直接造成的破坏以及由地震引起煤气泄漏所导致的火灾、易燃易爆有毒有害气体散逸产生的灾害,生命线工程破坏引起的一连串经济和政治上的损失等。 (李文艺)

地震震级 earthquake magnitude

简称震级。根据地震释放能量的多少,表示地震大小的等级。1935年美国地震学家 C.F.Richter 提出震级标度的定义——规定以震中距100km处"伍德-安德生地震仪"(固有周期0.8s,放大倍数2800,阻尼系数0.8)所记录的水平向最大地动位移振幅(μm)的常用对数为该地震的震级。例如,若水平向最大振幅为1mm(即1000μm)时,常用对数为3,该地震震级为3级;若振幅为1μm,则对应地震震级为零级。后来又发展有面波震级(M_s)、体波震级(m_b)、地方震级(M_L)和矩震级(M_W)等不同类别。 (李文艺)

地震作用 earthquake action

俗称地震荷载。地震时地面运动引起建筑物的强迫运动。分水平地震作用和竖向地震作用。设计时根据其超越概率,可视为可变作用或偶然作用。在数学上,它是单质点体系振动方程即二阶常微分方程的非齐次项。在物理意义上,它表现为地震时建筑物自身的惯性力。 (章在墉)

地震作用效应调整系数 modified coefficient of seismic action effect

考虑抗震分析中结构计算模型的简化和弹塑性内力重分布或其它因素的影响,对结构或构件的地震作用效应(地震弯矩、剪力、轴向力和变形)进行调整的系数。

地震作用效应增大系数 magnifying coefficient of earthquake action effect

采用底部剪力法进行地震作用效应计算时,对屋面突出物考虑效应增大的系数。例如对验算突出屋面的屋顶间、女儿墙、烟囱等的抗震强度,对验算不等高单层厂房高低跨交接处以上柱中各截面的弯矩和剪力时,对验算单层厂房突出屋面的天窗架及其垂直支撑的抗震强度时,应乘以此系数 η,以考虑由于简化计算的误差。各种情况 η 的取值详见建筑抗震设计规范。η 值大于1,而小于等于3。增大系数 η 只对验算部位起作用,是局部效应,可不往下传递。 (陆竹卿)

地址 address

标识寄存器、存储装置和存储单元的编号和名字。它规定操作数所在的位置。 (周宁祥)

地质标本 geological specimen

野外采集,供研究或陈列用的地质体的一部分。它是重要的地质实物资料,应能代表所研究地质体的主要特征或反映其某些地质现象。如岩石、矿物、矿石、化石、构造标本等。当为某种目的而采集定向标本时,还应标明该标本在空间的产状方位。 (蒋爵光)

地质构造 geological structure

岩层(体)在地壳中的空间位置、形态、特征、分布、位移变化规律及其相互间的组合关系。它是地壳运动的产物,最常见的基本地质构造类型有:水平构造、倾斜构造、褶皱构造与断裂构造等。研究和判别建筑地区、场地的地质构造对区域规划、建筑场地的选择和建筑物的基础设置往往有着密切的关系。 (杨可铭)

地质观察点 point of geological observation

野外进行地质观察描述的地点。它的位置一般都布置在地质观察路线上的关键部位,如地层界线、标准层、构造线、不整合接触线、地下水出露处以及不良地质现象等部位上。它的布置和密度,以能控制各种地质界线和地质体,满足工程地质勘察的目的和要求为原则。 (蒋爵光)

地质观察路线 traverse of geological observation

简称观察线。为进行工程地质测绘及各种地质调查所布置的野外工作的路线。布置的方法通常有:横穿岩层走向或主要构造线方向的穿越路线法;沿重要地质界线或标准层走向追索的界线追索法;综合采用上述两种方法的全面踏勘法。观察线的间距,主要按制图比例尺大小、构造复杂程度、基岩出露情况以及各种地质现象的分布而定。 (蒋爵光)

地质界线 geological boundary

各种不同地质体、地质现象之间的界线。如地层分界线、断层线、不整合线、不良地质现象界线以及工程地质分区界线等。 (蒋爵光)

地质年代表 geochronologic scale

又称地质时代表。按年代顺序表示地史时期的相对年代和同位素年龄值的表格。内容包括各个地质年代单位、生物进化阶段及其开始和延续的年龄。 (杨可铭)

地质剖面 geological section

又称地质断面。显示沿某一方向地面以下一定深度内地层的层序、岩石成分、地质构造、接触关系等地质特征的断面。用来表示地质剖面的图件称地质剖面图。地质剖面是研究地层层序、地质构造特征等的重要依据。 (蒋爵光)

地质时代表 geologic age scale

见地质年代表。

地质踏勘 geological exploration

简称踏勘。在工程地质勘察之前,对工作区的地质情况和工作条件进行概略了解的工作。其目的是为了使工程地质勘察的工作内容、重点、方法以及计划安排更能切合实际。　　　　（蒋爵光）

地质图　geological map

将一定地区内各种地质体和地质现象的分布及其相互关系，按一定比例尺缩小，用规定图例投影于地形底图上绘制而成的图件。常见的有地层岩性图、构造地质图、基岩图、第四纪地质图等。在各种地质图上，通常附有地质剖面图。　　　（蒋爵光）

地质图例　geological legend

表示地质图上所绘制内容的示例。一般用各种符号如花纹、字母、数字、颜色、线条等表示。它是地质图的组成部分，是绘制及判读地质图的工具。
　　　　　　　　　　　　　　（蒋爵光）

地质图色标　colour scale of geological map

在地质图上，用以专门表示地层地质年代的颜色标准。它是地质图上地质年代符号的补充。根据地质图上的不同颜色，可以清晰地判释出各地层的地质年代及其相互接触的关系。　　（蒋爵光）

地质作用　geologic process

促使地壳的物质成分、构造及表面形态等不断变化和发展的各种自然作用的统称。是地质动力所引起的。按地质动力性质的不同，可分为两类：①由于地球自转、重力和放射性元素蜕变等能量在地壳深处产生的力称为内营力。该力对地壳的作用，称内动力地质作用(简称内力地质作用，又称内营力作用)，如构造运动、地震、岩浆活动及变质作用；②由于大气、水和生物在太阳辐射能、重力能和地球与月球引力等影响下产生的力称为外营力。该力对地壳表层所进行的各种作用，统称为外动力地质作用(简称外力地质作用，又称外营力地质作用)，如风化、剥蚀、搬运、沉积和成岩作用等。　　（杨可铭）

帝国峡谷地震　Imperial valley earthquake

又称英佩里尔谷地震。1940年5月18日在美国英佩里尔谷发生的地震。里氏震级为7.1，震中烈度9度。在美国与墨西哥边界处英佩里尔断层的右侧位移达4m余。死伤20余人。对工程有重要意义的是设在英佩里尔谷的埃尔森特罗(El Centro)城的强震仪记录，这是美国迄今为止所获得的最有用的加速度记录(南北分量)，峰值为326cm/s² (Gal)。　　　　　　　　　　（肖光先）

递归　recursion

函数在自己的定义中使用(调用)自己，或者通过调用其它函数导致间接地对自身的使用(调用)的过程。它是LISP语言的基础。　　（李思明）

第二类稳定　second category of stability problem

见压溃理论(333页)。

第四纪冰川　Quaternary glacier

第四纪地球显著变冷，在高、中纬度地区年均温低于0℃，降雪量大于消融量所形成的运动着的冰体。　　　　　　　　　　　　（朱景湖）

第四纪沉积物　Quaternary deposit

第四纪时期，由各种地质作用所形成的沉积物。它的特征是：由于形成时间短，一般仍保持松散状态；成因复杂，类型繁多，有些过渡类型不易划分；沉积层厚度不一；沉积物的成分、结构和颜色也各不相同。　　　　　　　　　　　　（朱景湖）

第四纪地质图　Quaternary geological map

表示勘察区内第四纪沉积物的分布、成因类型和时代的图件。大比例尺的图件还应反映第四纪沉积层相的变化及其工程地质性质，并可将其划分为若干工程地质单元体，作为进行工程建设的工程地质评价的依据之一。　　　（蒋爵光）

第四纪地质学　Quaternary geology

研究第四纪期间各种地质事件的科学。第四纪是地球历史上最新的阶段，其所占据的时间约为200多万年。在这短暂的地质时期中发生了古气候的变冷与冷暖波动，及其所导致的多次冰期与间冰期，多次全球性的海面变动；生物界的演化和大规模迁徙；人类及其文化的发生和发展；第四纪期间的构造运动和火山活动等。对第四纪沉积环境、地层的划分对比、古气候变化、生物的发展、地壳运动以及矿产的形成分布等进行研究，称为第四纪研究。
　　　　　　　　　　　　　　（朱景湖）

第四强度理论　fourth yield criterion

见变形能量强度理论(12页)。

第一类稳定　first category of stability problem

见轴心压杆稳定承载力(371页)。

第一振型　first mode

见基本振型(140页)。

dian

点焊　point welding

通过高压电流依靠电阻热把被焊件在接触点处融焊起来的一种电焊方法。主要用在冷弯薄壁型钢结构。有电弧点焊、电阻点焊等。钢结构组装中临时固定焊件于正确的相关位置时，也用点焊。
　　　　　　　　　　　　　　（钟善桐）

点位测设　stake out of point

根据设计实地标定建筑物某点点位的工作。根据不同的情况，可采用直角坐标法、极坐标法、角度交会法或距离交会法测设一点的平面位置。并由附

点位误差 positioning error of a point

根据观测成果所求得的待定点平面位置的误差。它是由观测误差及起始数据的误差造成的。一般是指相对于起算点的误差。　　（傅晓村）

点源 point focus

假定地震发生时能量释放集中的震源点。这对大地震来说显然是不合适的，因为大地震释放的全部能量是沿着断层破裂带扩散的，这种破裂有时可达数百公里，所以点源模型的假定可能会低估大地震的实际危险性。　　（章在墉）

点阵式打印机 dot matrix printer

由一组细针打印出符号的打印机。它采用点阵（一般为 5×7 或 7×9）组成字符图样。
（李启炎）

点阵式汉字库 point matrix Chinese character library

将汉字的点阵信息按一定的次序送入存储器形成的汉字库。点阵法是将一个方块字划分成二维平面上的若干不连续点阵。有点处用二进制"1"表示，无点处用二进制"0"表示，以形成一个汉字图形的二进制信息。　　（周锦兰）

点之记 description of station

记载控制点点位情况的资料。内容包括控制点类别、点名、等级、所在地、点位略图、实埋标石断面图、交通路线及委托保管等情况。（彭福坤）

电标定法 method of electronic calibration

用被测物理量的等效标准电量对量测仪器进行标定的一种方法。当量测系由数台仪器配套组成时，可以整个系统一次完成标定，也可逐台标定后根据它们的匹配关系获得整个系统的输出灵敏度。
（潘景龙）

电测剖面法 electrical profiling

在保持电极距不变的条件下，沿一定剖面方向逐点观测视电阻率，研究剖面方向一定深度的岩土电阻率变化的方法。根据电极排列方式不同，又分为对称剖面法、联合剖面法、偶极剖面法等。中间梯度法也属剖面法一类。主要用来探测陡立的地质体或地质构造。　　（王家钧）

电测深法 electrical sounding

在地面的测深点上，测量该点在不同极距的视电阻率值，以求得测深点下不同深度的地质断面情况的方法。一般多采用对称四极排列，故又称对称四极测深法。极距短时，测得的电流分布浅，反映了浅层的情况。极距大时，则反映深层的情况。如地下岩土层界面较平缓时，可用此法推断各层的厚度和深度。此法，尚可应用三极测深、偶极测深和环形测深等方法。　　（王家钧）

电测仪器 electronic measuring instrument

利用非电量电测技术原理制成的量测位移、应变、力值等物理量的仪器统称。它通常包括传感器和二次仪表两部分，并各自有独立的名称。如电阻应变计和静态电阻应变仪构成的量测静态应变的仪器，前者为传感器，后者为二次仪表。二次仪表可以是一个独立的仪器也可以是几个独立仪器组合而成，如量测动应变，二次仪表由动态应变仪和记录器组成。这些仪器均属电测仪器范畴。（潘景龙）

电磁波测距导线 tellurometer traverse

用电磁波测距仪测定边长的导线。其优点是精度高，速度快，受气候与地形影响小，便于通过闹市区，并可同时用三角高程测量按四等精度测定导线点的高程。当前，电磁波测距导线已能代替各等级的三角测量。　　（彭福坤）

电磁波测距仪 electromagnetic wave distance measuring instrument

简称测距仪。用电磁波（光波或微波）运载测距信号以测量点间距离的仪器。其测距基本原理为测定传输在待测点间的电磁波一次往返所需的时间 t，并根据电磁波在大气中的传输速度 c，求得距离 $D=\frac{1}{2}ct$。按测定 t 的方式不同，分为脉冲式测距仪（直接测定 t），相位式测距仪和脉冲式测距仪（间接得到 t）。脉冲式测距仪测程远，目前精度一般较低。相位式测距仪其测程较短而精度高。电磁波测距仪具有测程远，精度高，受地形影响小，轻便灵活，作业效率高等优点，因而得到了迅速发展，目前已逐步取代钢尺量距成为测距常规仪器。　（何文吉）

电磁激振器 electromagnetic vibration exciter

利用电磁激振原理产生振动的一种典型的动力加载设备。由磁系统（包括励磁线圈、铁芯、磁极板）、动圈（工作线圈）、弹簧、顶杆等部件组成。当在励磁线圈中输入稳定的直流电，使在铁芯与磁极板的空隙中形成强大的磁场。同时，由低频信号发生器供给交变电流，并经功率放大后输入工作线圈，使工作线圈按交变电流的谐振规律在磁场中运动，由此产生的电磁感应力，对结构施加振动荷载。激振力的大小与电流强度成正比。其频率范围在 0～200Hz 甚至更高，推力可由零点几到几十千牛。由于受激振力的限制一般仅适用于小型结构及模型试验的动力加载。　　（姚振纲）

电磁力加载法 loading method of electromagnetism force

利用通电的导体在磁场中将受到与磁场方向相垂直的作用力作为荷载的试验加载方法。按照电磁效应原理在永久磁铁或直流励磁线圈中安放绕线的动圈,通以交变电流可使固定于动圈上的顶杆产生往复的直线运动,按输入电流的大小与方向,对试验对象施加交变的振动荷载。当线圈内输入电流大小和方向恒定时(直流电)则可产生静力荷载。常用的加载设备有电磁式激振器和电磁振动台。

(姚振纲)

电磁式振动台 electromagnetic vibration table

利用电磁激振装置产生振动的一种动力加载设备。原理与电磁激振器相同,在构造上是利用一个支承于机架上的大功率电磁激振器推动一个活动的台面而构成整个振动加载系统。激振器按闭环设计,可达到自控要求,使台面按提供的信号进行振动,调整激振器的位置可以产生竖向或水平振动,满足试验的需要。对用于结构模型试验的电磁式振动台,经常会受到台面尺寸、模型重量和最大激振力等参数的限制。小型精密的电磁式振动台常作为标准振动台用于测振传感器的计量标定。 (姚振纲)

电磁探伤 wound detection by electromagnetism

利用电磁感应原理探测钢结构和焊缝缺陷的检测方法。电磁探伤可分为磁力(磁粉)检测和电磁感应检测。当钢结构材料或焊缝磁化时,试件表面将吸浮缓慢流动的磁粉,在缺陷部位由于漏磁显示出明显的磁痕,根据磁痕判定缺陷的存在、大小及位置的方法称磁力检测。磁粉有干磁粉和湿磁粉两种。给钢材通以电流产生磁场,根据测量缺陷部位磁场变化判定缺陷的探测方法称电磁感应检测法。电磁探伤的特点是检测速度快、可靠且成本低,但局限于铁磁材料表层缺陷的检测。 (金英俊)

电动硅化法 electrosilicification

对于渗透性很小的饱和粘性土,利用电渗作用把胶结剂注入土中以加固地基的方法。在土中打入两个电极管,通以直流电,并把水玻璃和氯化钙溶液先后由下端带孔的阳极管注入。由于电渗作用,胶结剂随土中的水由阳极流向阴极而进入土的孔隙中,使土颗粒胶结起来,从而使地基得到加固。

(蔡伟铭)

电动葫芦

见单轨吊车(40页)。

电法测井 resistivity log

根据岩层与围岩的电阻率差别,研究钻孔地质剖面的方法。工作时,用电缆把电极系放入孔内,沿钻孔剖面移动,用仪器记录测井曲线,据此来划分岩性。 (王家钧)

电法勘探 electrical prospecting

对岩土的电学性质及电场、电磁场进行探测的勘探方法。它可分为直流电法和交流电法。前者包括电阻率法、充电法、自然电场法、直流激发极化法等,后者包括电磁法、大地电磁场法、无线电波透视法、微波法、交流激发极化法等。又按工作场所可分为地面电法、坑道和井中电法、航空电法等。

(王家钧)

电焊条 covered electrode

简称焊条。涂有药皮的供手工焊用的金属棒。它由药皮和焊芯两部分组成。通常按用途、性能特征、药皮类型及焊渣的酸碱性等区别分类。

(刘震枢)

电荷放大器 charge-amplifier

一种输入阻抗极高的电量增值器件。主要用来放大压电晶体两端因电荷积聚而形成的电压信号,如压电式测振传感器使用的二次仪表,需要用它作前置级。 (潘景龙)

电弧点焊 arc spot weld

利用电弧所产生的热量使焊条和一定直径范围内的薄钢板熔化而完成的焊接。能把薄钢板焊在支承件上。当电弧焊沿薄钢板一定长度上焊接时,称为电弧缝焊。 (沈祖炎)

电弧缝焊 arc seam weld

见电弧点焊。

电弧焊 arc welding

简称弧焊。利用电弧作为热源的焊接方法。如常用的手工电弧焊。将电焊机的两极分别与焊件和焊条相连,打火后,在焊条端与焊件间产生电弧,将焊条熔化,填满焊件连接处,与焊件熔合形成焊缝,以达到连接的目的。按使用的电源不同,电弧焊可分直流焊和交流焊。 (刘震枢)

电葫芦

见单轨吊车(40页)。

电化学腐蚀 electrochemical corrosion

金属在与电解质溶液接触中产生电流而导致材料腐蚀的现象。由于不同金属或同一金属各部分的差异或同一电解质溶液各部分的差异,在金属界面上出现电位较高的部位成为阴极,电位较低的部位成为阳极,产生腐蚀电流,形成腐蚀过程。这是金属腐蚀的一种主要形式。 (施 弢)

电话站 telephone station

电话用户间通讯的控制站。电话站与其它建筑物合建时,用房一般包括交换机室,转接台室、配线室、电池室、电力室、电缆进线室及备品备件维修室等。电话站各技术用房面积随交换机程式及容量不同而异。 (马洪骥)

电缆电视系统 cable television

共用天线电视系统与闭路电视系统的总称。

(马洪骥)

电缆沟 cable trench

敷设电缆的小沟道。大的叫电缆隧道。电缆沟在进入建筑物处应设防火墙;电缆隧道进入建筑物处应设带防火门的防火墙。电缆沟或电缆隧道不应通过可能流入熔融金属液体或有损电缆外护层和护套物质的地段。

(马洪骥)

电缆桥架布线 wiring in bridge rack

电缆在桥架上敷设的方法。一般适用于室内外及高层建筑中电缆数量较多或集中的配电线路。如无特殊要求,应优先采用梯架敷设方式,其次采用托盘敷设方式;如有特殊要求,可采用槽板敷设方式。

(马洪骥)

电缆竖井 vertical cable shaft

建筑物内敷设导线或电缆的垂直井道。

(马洪骥)

电缆隧道 cable tunnel

见电缆沟。

电力配电箱 electric power distribution box

对电力负荷进行配电的装置。它对负荷有保护和控制作用。分墙上明装和墙内暗装两种形式。

(马洪骥)

电脑

见计算机(146 页)。

电热法 electric heating tensioning method

利用电流的热效应和钢筋热胀冷缩的特性,对混凝土构件施加预应力的方法。具体过程是:让低压大电流通过钢筋,使其加热并伸长到要求的长度,断电后立即将钢筋端部锚固在承力设备或构件上,在钢筋冷缩过程中使构件获得预应力。

(卫纪德)

电视塔 television tower

支承电视发射天线的高耸结构。用米波或分米波传递电视信号,其传播距离随发射天线高度和发射功率增大而增加。为了增加效益和扩大播送范围,塔一般较高,常建于城市中心。除用作电视广播外,经常考虑电信、气象、消防、交通指挥、新闻传播、旅游瞭望等综合利用。

(王肇民)

电位计式位移传感器 potentiometer type displacement transducer

见滑线电阻式位移传感器(129 页)。

电压放大器 voltage amplifier

使电压信号增值的电子器件。一般分为交流和直流电压放大器两大类,前者又可分为宽频带放大器和窄频带放大器等几种。它的输出和输入信号幅值比称增益,常用分贝(dB)表示。电压放大器的输出端常被看作内阻很高的电压源,不能输出电流,只能利用其信号电压。

(潘景龙)

电液伺服加载系统 electro-hydraulic servo loading system

采用自动控制和液压技术相结合的电液伺服闭环系统控制的结构试验加载设备。电液伺服闭环控制是指进行结构试验时应用非电量电测技术将荷载(作用力)、位移、应变、速度、加速度等物理量转换得到的电参量(一般为电压信号)作为指令信号,通过液压执行元件去控制液压系统中的高压液压油的流量,推动液压加载器油缸中的活塞对结构施加荷载。加载时通过特定的传感器量测某一物理量作为反馈信号,以电参量的方式实时与指令信号(试验要求控制达到的设定量)进行比较,从而自动修正液压执行元件的工作状态,使液压加载器活塞的动作趋向于传感器量测的物理量并与指令信号相一致。由于它可以精确地模拟结构构件所受的实际荷载,结构试验中用以模拟地震、波浪等荷载对结构的作用,控制模拟地震振动台及造波机等加载设备,在结构抗震和海洋工程试验中得到广泛应用。

(姚振纲)

电渣焊 electroslag welding

见熔渣焊(255 页)。

电子全站仪

见电子速测仪。

电子速测仪 electronic tachometer

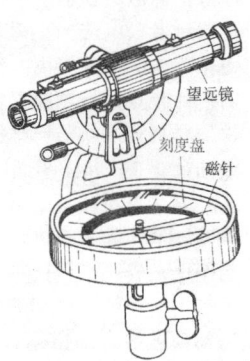

又称电子全站仪或简称全站仪。一种由电子测角,光电测距和微机相结合的多功能测量仪器。它们可结成一体构成整机式,也可组合在一起构成组合式。若用光学经纬仪与光电测距仪结合并附微机可构成半电子速测仪或半全站仪,也分为整机式和组合式。它在测站上可完成水平角、竖直角、斜距、平距、高差和 $\Delta x \Delta y$ 的全部测量与计算工作。还可以输入起始数据作进一步运算,如输入测站高程后计算并显示测点高程,输入测站平面坐标和方位角后输出测点平面坐标等。从而得到测点的全部测量数据。如配用电子手簿,自动记录测量数据通过与数控成图系统连接,则形成全部自动化流程。

(何文吉)

电子速测仪测绘法 method of electronic tachometer mapping

应用电子速测仪测绘地形图的方法。将仪器安置在测站点上,立尺点使用装在专用标杆上的单棱镜,测图时,瞄准棱镜,仪器能自动显示地形点的坐标和高程,实地将地形点展绘到图纸上。也可以把测量数据自动记录在电子手簿上,为建立数字地形模型提供解析数据。因此可以采用建立数字地形模型的方式,由自动绘图机来绘制地形图。

(潘行庄)

电阻点焊 resistance spot weld

利用电流通过焊件接触点所产生的热量进行的焊接。电阻热先熔化金属,再通过加压使焊件焊合。它是冷弯薄壁型钢结构常用的连接方法。

(沈祖炎)

电阻片 gage

见电阻应变计。

电阻应变计 electrical resistance strain gage

俗称电阻片或应变片。将应变转换成电阻量变化的检测元件。早期用纸作基底,其上贴有直径 0.05mm 以下的电阻丝绕成的敏感栅,现代则用有机胶膜等材料作基底,以金属箔经光刻成敏感栅代替电阻丝。用特种胶将它们贴在试件表面,随着试件的变形其敏感栅的电阻值发生变化。实验证明,这个电阻值的相对变化率正比于试件应变,其比值称电阻应变计的灵敏系数。按构造形式、功能和使用材料的不同,可分为丝式,箔式,半导体式,应变花式应变计等。

(潘景龙)

垫板 padding plate, backing plate

用以垫高或垫平构件位置的钢板。都用于结构安装过程中。

(钟善桐)

垫圈 washer

见螺栓连接副(204 页)。

diao

吊车车挡 crane block

为使吊车行驶安全,设在每条轨道端头(或所限制行驶范围的端头)的阻挡吊车越轨的装置。其位置及高度应按工艺资料确定。通常为型钢结构。它承受吊车缓冲器传来的撞击力所产生的剪力和弯矩,其有关材料均可采用平炉或顶吹转炉 Q_{235} 沸腾钢,物理化学指标均须符合有关规定,并须涂防腐剂。设计中可按中国通用标准图集《吊车轨道联结及车挡》选用。

(王松岩)

吊车吨位

见吊车起重量(64 页)。

吊车工作制 working system of crane

按吊车工作循环次数及载荷状态的分类。工作制共分四个级别,轻级:安装、维修用梁式吊车及电站用桥式吊车;中级:机加、冲压、钣金、装配等车间用的软钩桥式吊车;重级:繁重工作车间及仓库用的软钩桥式吊车,冶金厂用的普通软钩桥式吊车,间断工作的电磁、抓头桥式吊车;超重级:冶金厂专用桥式吊车,如脱锭、夹钳、料耙等,连续工作的电磁、抓头桥式吊车。厂房设计时,吊车工作制级别应由工艺确定和提供。

(王松岩)

吊车荷载 crane load

吊车运行时产生的竖向轮压及吊车起动、制动时由惯性力引起的水平力。当吊车满载且小车沿桥架横向运行至与一侧轮子最近的位置时,该轮产生最大竖向轮压;与此同时,另一侧轮子产生最小竖向轮压。吊车沿纵向及横向制动或起动时均引起水平荷载。设计时应根据荷载的最不利位置,按影响线法确定构件的内力。

(王振东)

吊车跨度 crane span

吊车轨道中心线间的距离,常用代号 L_K 或 L_D。

(王松岩)

吊车梁 crane beam

又称行车梁。供吊车在其上行驶的梁。通过吊车的轮子传到吊车梁上的压力称"轮压"。轮压随吊重和吊车跨度变化而不同,其作用大小还和吊车用的软钩或硬钩、使用频繁程度和操作方式不同而异。吊车梁上装置供吊车行驶的钢轨。吊车梁两端支承在柱子的牛腿上或专为支承吊车梁竖向力而设的分离式柱的柱顶上。一般用钢、钢筋混凝土或预应力混凝土制成。结构形式有梁式或桁架式。截面有矩形、T 型或 I 形等,钢吊车梁常采用双轴或单轴对称实腹截面。吊车梁受力复杂:既有吊车轮压的竖向力,又有纵向和横向的刹车力,这些荷载都应考虑其动力作用,它们的位置又是不断变换的,要根据荷载的最不利位置进行计算;横向力常由制动梁或制动桁架承受;吊车荷载是反复作用的,因此要验算疲劳强度,重视连接构造;吊车的荷载作用方向往往不能和吊车梁的弯曲中心相一致,因此还要计算扭矩。

(钦关淦 何若金)

吊车梁安装测量 survey of crane beam location

使吊车梁中心线位置和梁面标高符合设计要求的测量工作。主要内容有:①检查两排柱子牛腿面的实际标高;②根据柱子中心线在地面上标出吊车轨道中心线;③将中心线投测到牛腿面上;④使梁面中心线与牛腿面上的中心线对齐;⑤在牛腿面上加垫块,使吊车梁水平,其标高与设计标高一致。

(王 熔)

吊车轮压 crane wheel load

吊车大车的每个车轮对轨面所施压力。桥式吊车由大车和小车组成。大车在吊车梁轨道上沿厂房纵向行驶,小车在大车顶的轨道上沿厂房横向运行。当小车吊有额定最大起重量开到大车某端极限位置时,该端每个大车轮产生最大轮压 P_{max},另端为最小轮压 P_{min},二者同时发生。P_{max} 值可查吊车样本,P_{min} 由公式

$$N(P_{max}+P_{min})=大车自重+小车自重+吊车最大起重量$$

求得。式中 N 为大车每端轮数。　　（王松岩）

吊车起重量　lifting capacity of crane

俗称吊车吨位。吊车的额定最大起重能力。通常以 kN 计。　　　　　　　　　　（王松岩）

吊车制动轮　brake wheel of crane

吊车中起刹车作用的轮子。桥式吊车小车的四轮中有两个。大车每端的四轮(或两轮)中有一个为制动轮。　　　　　　　　　　（王松岩）

吊顶　ceiling

又称顶棚。设置在屋架下部,在建筑功能上满足防尘、保温、隔热、隔声、人工采光等要求,并使房屋内部美观的结构层。由吊顶面层(抹灰板条、木丝板、隔音板、石膏板等)、吊顶搁栅、吊顶梁等构件组成。　　　　　　　　　　（王振家）

吊顶搁栅　ceiling joist

简称搁栅。等距密置在吊顶梁之间,在其上铺设底板及保暖层的受弯构件。它是吊顶的组成部分。搁栅下面是灰板条(吊顶面层)。（王振家）

吊顶梁　ceiling beam

承受全部吊顶荷载的受弯构件。通常它与屋架下弦垂直放置,有利增强屋盖纵向刚度,当屋架间距较小时也可设在屋架平面内。吊点应设在屋架下弦节点处(或附近)。　　　　　（王振家）

吊顶面层

钉在吊顶搁栅下的抹灰板条与抹灰层的总称。
　　　　　　　　　　（王振家）

吊钩

见吊环。

吊环　hoisting ring

又称吊钩。在混凝土或钢筋混凝土预埋构件中预埋的环状钢筋。供吊装预制件之用。吊环除承受所吊预制构件的重量外,还要考虑起模时的吸附力和吊装时的冲击荷载。吊环须用软钢制作。参见预埋件(351 页)。　　　　　　　（钦关淦）

吊筋　hanging bar

在梁集中荷载作用点下部单独设立、并沿荷载两侧向上弯起承受局部剪力的钢筋。在工程中,当次梁以集中荷载形式作用于主梁,由此引起的局部剪应力在梁腹可能产生斜裂缝。设置吊筋可以防止因斜裂缝而引起的局部破坏。　　（王振东）

die

跌水井　drop well

用于连接沟底高差较大的两段沟道和降低上游沟道的水流速度的排水构筑物。一般在沟底高程急剧变化和水流速度需要降低的地点设置。上游沟道的管径不大于 400mm 时采用竖槽式跌水井。大于 400mm 时采用溢流堰式跌水井。　（蒋德忠）

叠合板　superimposed slab

由预制部分和后浇混凝土叠合而成为整体的板。预制部分可以是钢筋混凝土或预应力混凝土。设计时应分别对预制部分和叠合成整体后两种情况根据各自受力条件进行承载能力、裂缝和变形计算。后浇和预制板之间应有良好结合。　　（钦关淦）

叠合板抗剪连接　shear connection of superimposed slab

叠合板叠合面上承受水平剪力的连接构造措施。通过试验及工程实验证明:叠合板的抗剪连接,可作成凹凸不小于 4mm 的人工粗糙面,但承受荷载较大的叠合板,宜设置伸入叠合层的构造筋。
　　　　　　　　　　（周旺华）

叠合梁　superimposed beam

截面由同一材料若干部分重叠而成为整体的梁。如由几层木材叠合而成的梁、由预制混凝土部分和后浇混凝土叠合而成的梁。这里,预制部分可以是钢筋混凝土或预应力混凝土。后浇混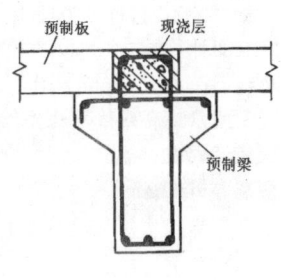

凝土在现场浇制,常与柱或楼板浇成整体。可以节省模板方便施工。同时还可增强结构的整体刚度和提高抗震性能。设计和施工时应采取措施,使预制和现浇混凝土面层间结合良好。设计计算中应分别对预制部分和叠合成整体后两种情况根据各自的受力条件进行承载能力的计算。正常使用时还应验算挠度和裂缝。　　　　　　　　（钦关淦）

叠合梁抗剪连接　shear connection of superimposed beam

叠合梁叠合面上承受水平剪力的连接构造措施。其抗剪连接构造是:设置从预制梁伸入叠合层不小于 $10d$(d 为箍筋直径)的连接箍筋,且应将叠合面作成凹凸不小于 6mm 的自然粗糙面。
　　　　　　　　　　（周旺华）

叠合式混凝土受弯构件　superimposed concrete

beam

在预制的钢筋混凝土或预应力混凝土梁、板上后浇一部分混凝土所组成的叠合结构。这种结构根据其在施工阶段是否设置支撑,可分为一阶段受力叠合梁(板)和二阶段受力叠合梁(板)两类。由于该结构为两阶段制造和二次受力,其受力性能和设计方法与钢筋混凝土和预应力混凝土受弯构件有一系列的差异。这种结构具有整体刚度好、节省三材且施工简便等优点。 (周旺华)

ding

钉的有效长度 effective length of nail

钉连接中,扣除不能传力的钉尖长度后的钉长。钉尖长度一般取 1.5 倍钉直径。当钉穿入最后一个构件的有效长度小于 4 倍钉直径时,这部分钉的工作是不可靠的,因此不考虑这个剪面的传力。
(王振家)

钉连接 nailed connection

用钉钉入被连接构件以阻止构件相互移动的连接。它与圆钢销连接的工作相近,所不同者钉由冷拔钢丝制成,其强度远高于一般钢材,故其单位截面积的受弯承载力,较圆钢销为高;且由于钉径过细,可忽视考虑外力作用方向与木材纤维呈斜角的折减。但是,钉连接使用过程中后效变形较大,因此在设计由永久荷载控制的或永久性的结构时,不宜采用钉连接或适当增加钉数不使满载。为避免钉钉时引起构件劈裂,在钉合落叶松和硬质阔叶材构件时,应在钉合前预先在构件上钻成 0.9 倍钉直孔,其深度不小于 0.4 倍钉长,然后将钉钉入。 (王振家)

钉连接计算系数 coefficient for calculation of nailed connection

按钉弯曲条件控制,确定连接一个剪面的设计承载力所用的计算系数。此系数与钉径、构件厚度的比值成正比。在木结构设计规范中用 k_v 表示。
(王振家)

顶点位移 top displacement

竖向和水平荷载作用下,在建筑物或构筑物的顶点产生的水平方向的偏移量。一般由四部分组成:水平荷载作用产生的位移,是整个位移的主要部分;不均匀竖向荷载引起的位移;由建筑物扭转引起的顶点附加位移;基础扭转及地基不均匀压缩引起的位移。顶点位移应控制在构件材料、使用要求和人的感受所能适应和承受的范围以内。
(陈宗梁)

顶环 top-ring

又称内环梁。见环梁(130 页)。 (陆钦年)

顶棚

见吊顶(64 页)。

顶砖 header

在砌体中,最小侧面与墙面平行放置的砖块。
(张景吉)

定位轴线 coordinate grid lines of building

确定建筑物主要承重结构位置的基准线。对厂房而言即确定厂房柱位的纵横线网。厂房平面的主要尺寸由柱网表示,柱网由纵向定位轴线(轴线与厂房纵向平行)和横向定位轴线(轴线与厂房横向平行)构成。一般纵向定位轴线从下向上用Ⓐ、Ⓑ、Ⓒ……表示,横向定位轴线从左至右以①、②、③……表示。纵、横定位轴线规定了各种构件、配件间的准确位置。具体作法应遵守国家有关规定。
(王松岩)

定值设计法 deterministic design method

将影响结构可靠度的各种主要变量作为非随机变量的设计方法,即确定性方法。这种方法采用以经验为主确定的安全系数,不能定量地度量结构可靠性。中国以往采用的容许应力设计法、破损阶段设计法和极限状态设计法都属于这个范围。
(邵卓民)

dong

冬期施工 winter construction

旧称冬季施工。当室外日平均气温连续 5d 稳定低于 5℃时,混凝土结构工程所进行的一种建筑施工方法。这时,由于气温较低,用通常方法施工对某些结构的材料强度或构件的承载力等难以达到结构设计预期的要求,因而必须采用特殊措施的施工方法。常用的冬季施工方法有暖棚法、蓄热法、蒸汽加热法和电热法等。 (王振东)

动荷载 dynamic load

动态的直接作用。与静荷载不同的是,动荷载引起结构或构件的加速度在设计中不能忽略。例如,厂房中桥式吊车起动或制动时对结构的水平力,风对高耸或高层房屋结构的脉动作用,各类机器运转时对承载结构的惯性力,以及突然施加在结构上的撞击力、爆炸力等。动荷载在结构中产生荷载效应应按动态方法分析得出,但为简便起见设计时经常采用准静态方法,即以动力系数增大静荷载后,仍按静态方法分析结构中的荷载效应。 (陈基发)

动荷载反应 effect of dynamic loading

结构受动荷载作用后引起的反应。由结构产生的强迫振动结果研究结构受损、破坏或不能正常使用等各种现象和由此产生的后果。不仅和动荷载的

动荷载特性测量　measurement of dynamic loading characteristics

对动力作用的大小、方向、频率等特性及其变化规律的测量。目的是为了弄清结构产生振动的荷载特性、研究结构的动力现象。最主要的是查找与探测对结构起主导作用的、危害性最大的振源。
（姚振纲）

动静法　method of dynamo-statics

根据质点及质点系达朗伯（D'Alembert）原理，在结构的各部分加上相应的惯性力及惯性力偶，使结构的运动方程改成形式上的静力平衡方程的一种方法。为了简化，常结合虚位移原理建立上述动态平衡方程。
（费文兴）

动力参数测量　measurement of dynamic parameter

在动力荷载作用下，反映结构强迫振动性能的振幅、频率、加速度和动应变等参数的测量。结构振幅测量与静力试验的挠度相似，必须将测点布置在结构有代表性的部位，可以反映结构的工作全貌。测量结构动挠度时要注意振幅对静挠度的叠加影响。测量结构不同点位的振幅，并用该振幅与振源处振幅的比值求得各点振幅衰减系数，确定振动在结构各部位的传播和衰减情况。结构抗震动力试验以及生产工艺对结构有特殊要求的部位，需要量测结构的加速度反应。为了避免动力荷载与结构自振频率一致而使结构发生共振，必要时还需测量结构的频率反应。
（姚振纲）

动力触探试验　dynamic penetration test

用一定重量的锤，提升到规定高度使其自由落下，将一定形状的圆锥形探头打入土中，根据打入土的难易程度来判定土的性质和进行分层的试验。该法设备简单，操作方便，对难以取样的无粘性土（砂土、碎石类土等），是有效的测试方法。（王家钧）

动力隔振　dynamic vibrating isolation

见积极隔振(139页)。

动力公式

见打桩公式(37页)。

动力固结法

见强夯(241页)。

动力设计控制条件　control condition for dynamic design

动力设计所应满足的条件。包括强度控制条件和振动控制条件。前者是在静荷载、动荷载共同作用下，结构不应丧失承载能力。验算强度时要考虑因材料"疲劳"而破坏强度有所降低。振动控制条件包括振动不应影响工作人员的身体健康，不应影响产品的加工精度，不应影响仪表、机器的正常工作等。
（郭长城）

动力试验　dynamic test

用各种动力加载设备模拟动力荷载作用的结构试验。包括动荷载特性测量，结构动力特性测量和结构动力反应测量。结构构件承受的动力荷载可以有机械干扰力、地震力、风力、爆炸冲击力、波浪力等。试验时施加的动力荷载形式有突加或突卸的冲击荷载，周期性荷载和随机荷载等。（姚振纲）

动力系数　dynamic factor

动荷载下，结构最大动位移和以动载峰值作为静载而产生的静位移之比。动力系数是当采用单自由度等效静载法进行结构弹性反应分析时，用以表征荷载动力效应而引入的一种系数，它一般是根据动荷载的波形与特征时间以及结构的自振周期与阻尼来确定。
（熊建国）

动力系数测量　measurement of dynamic factor

结构在动、静荷载分别作用下测量各自的变形以确定动力系数。如承受移动荷载作用的结构构件，由于受动力影响，结构在动荷载作用下产生的动挠度要比静荷载作用下的静挠度大。试验时移动荷载先以高速度行驶经过结构，测得动挠度 Y_d，再以最慢速度驶过结构，测得静挠度 Y_s。动挠度与静挠度的比值 K_d 即为动力系数，以下式表示：

$$K_d = Y_d / Y_s$$

（姚振纲）

动力压实法

见强夯(241页)。

动力有限元法　dynamic finite-element method

用于计算在动力作用下结构响应的有限元法。结构有限元运动方程可表示为

$$M\ddot{X} + C\dot{X} + KX = F$$

M、C 和 K 分别为质量、阻尼和刚度矩阵，F 为激励向量，$\ddot{X}$、$\dot{X}$ 和 X 则分别为结构的加速度、速度和位移向量。求解的方法一般采用逐次积分法和振型分解法。振型分解法可仅取前 n 阶振型的响应，而能达到满足精度的近似解。应用逐次积分法时，由于运动方程中出现了静力问题中所没有的惯性力和阻尼力项，而它们都取离散瞬时点上的运动量来描述并逐次地进行数值积分的，因此步长的大小和所假设的加速度、速度、位移的变化模式将决定解的精度、稳定性及运算工作量。　　（费文兴）

动态变形观测　observation for dynamic deformation

对在外力作用下物体变形的速度、加速度、频率等时间特性的观测。一般采用连续观测或短周期观测。在变形分析的数学模型中,要引入速度、加速度及时间等参数,以求得在某个时刻的瞬时变形。主要用于受外力作用且变形较大、较快的地面或建筑物。
（傅晓村）

动态电阻应变仪 dynamic strain indicator

量测电阻应变计电阻的相对变化量,并将其转换成相应于动应变的电信号输出的仪器。主要用来量测动应变,也可作为各种应变式传感器的二次仪表来量测动态参数。它一般采用惠斯顿电桥电路作测量电路,在激励电压作用下,把电阻应变计感受动应变后产生的电阻相对变化量转换成电信号,经仪器的放大器、解调制器等处理后由输出端输出。根据仪器的输出特性,可选用光线示波器,笔记录器或磁带记录器等动态记录器记录其输出信号。
（潘景龙）

动态作用 dynamic action

使结构或构件产生不可忽略的加速度的作用。动态直接作用称为动荷载,例如吊车荷载、设备振动,作用在高耸结构上的风荷载等;间接作用的有地震等。
（唐岱新）

冻结层间水 interpermafrost water

埋藏于多年冻土层中的地下水。呈固态或液态。呈固态时,多以冰脉、冰夹层和冰透镜体形式埋藏于多年冻土层中;呈液态时,多存在于多年冻结层上水和多年冻结层下水的融区通道中。冻结层间水的水温接近0℃,可作小型供水水源。
（李 舜）

冻结层上水 super permafrost water

埋藏在多年冻土层上部融化层中的地下水。冬季呈固态,夏季呈液态。以多年冻土层为隔水底板,构成潜水。在冬季,由于融化层的上部冻结,并随气温下降,可使冻土层上的水由潜水变成承压水。冻结层上水一般埋藏浅,水量小。
（李 舜）

冻结层下水 infrapermafrost water

埋藏于多年冻土层下含水层中的水。多分布在冲积层中,常呈液态,水温高于0℃。由于上覆多年冻土层,故常具承压水性质,动态稳定,水质较好,可作供水水源。
（李 舜）

冻结法 freezing process, freezing method

降温使不良地基土冻结,以维持挖方边坡稳定或保护建筑物的地基不受工程施工影响的方法。
（蔡伟铭）

冻结深度 depth of frost

地基土在冬季冻结的深度。不同地区的气温不同,土冻结的深度也不相同。
（秦宝玖　陈忠汉）

冻土 frozen soil

温度低于0℃,且土中水分冻结的土。按照冻结的持续时间分为①暂时性冻土:指在冬季受气温变化影响,冻结状态仅持续几小时至数日的土。②季节性冻土:指冬季冻结、春夏季融化的土。其冻结深度取决于气候、地理、地形及土质特征等因素。③多年冻土。又称永久冻土。指冻结状态持续三年或三年以上的土。分布在地球两极区域内的多年冻土称永久冻土带。中国东北大兴安岭至黑河一线以北地区以及青藏高原的高山地区也有多年冻土。冻土对工程建筑的影响在于产生冻胀、融陷和热融滑塌等特殊的不良地质现象及土的物理力学性质的剧烈变化。根据土的类别和总含水量可对冻土进行冻胀性和融陷性分级。
（杨桂林）

冻土导热系数 coefficient of thermal conductivity of frozen soil

1cm厚的冻土层,其层面温差为1℃时每秒钟在1cm^{2}面积上通过的热量。它是表示冻土导热能力的指标,用于冻土地区建筑工程热工计算及天然土体的冻融深度和温度场计算。
（王正秋）

冻土含水量 moisture content of frozen soil

冻土中所含冰和未冻水的总质量与干土质量之比(%)。其值大小可用于对冻土进行冻胀性及融沉性评价与分类。常用105～110℃温度下的烘干法测定。
（王正秋）

冻土抗剪强度 shear strength of frozen soil

冻土在外力作用下抵抗剪应力的极限能力。它是冻土重要的力学指标之一,可用于多年冻土地区确定地基承载力和验算边坡稳定等。试验方法有球形压模法、楔形仪法和三轴剪切仪法。它除与冻土颗粒的矿物组成、结构和构造有关外,还与冻土的温度、含冰量、外部压力及其作用持续时间有密切关系。它是温度、含冰量和荷载作用持续时间的函数。这是不同于一般融土最为明显的特征之一。
（王正秋）

冻土融化压缩试验 thaw compression test of frozen soil

测定冻土融化过程中在自重作用下的相对融沉量及冻土融化后在外荷作用下的压缩变形的试验。所测定的指标供冻土地基的融化沉降与压缩沉降计算之用。
（王正秋）

冻胀 frost heave

土在冻结时体积胀大的现象。冻结时土中水分从未冻区向冻结区转移,使冻结区水分增加,结冰产生体积膨胀。土的冻胀与土的类别和所处位置的水分转移条件关系甚大,对于粉质粘土有地下水补给的条件时冻胀性最大。
（秦宝玖）

冻胀力 frost heave force, frost heave pressure

土冻胀受到建筑物约束时，对建筑物产生的作用。地基土对基础的冻胀力，一般可分两种，一是基础底面以下的土冻结时，垂直作用于基础底面的力称为法向冻胀力。另一是基侧土体冻结作用在基础侧面使之向上隆起的力称为切向冻胀力。对于垂直于侧墙面的冻胀推力，则属于法向冻胀力之列。

（秦宝玖）

冻胀量 frost heave capacity

土冻结时，土体冻胀引起地表隆起的高度。目前对于冻胀量尚无成熟的计算方法，只能从土的冻胀率和冻深两个因素考虑，对于没有地下水补给条件的粘性土的冻胀率，可用下式估算：

$$k_d \approx 0.8(w - w_P)$$

k_d 为冻胀率；w 为土的天然含水量；w_P 为土的塑限含水量。

（秦宝玖）

冻胀率 frost heave ratio

冻深为 H_f（以冰结前地面标高起算）时的冻胀量与冻深的比值（%）。它可用于对地基土冻胀性的评价和分类，为工程采取防冻害措施提供依据。

（王正秋）

dou

抖振 buffeting

气流中的湍流引起的结构振动。这种运动往往是随机的。

（卢文达）

du

独立基础

见单独基础（40页）。

堵焊法 crack reparation by welding

用焊条的融敷金属焊补钢构件上的裂缝的方法。常用于裂缝不大的情况，且堵焊后应将表面磨光与原构件表面齐平。

（钟善桐）

度盘偏心差 eccentric error of circle

水平度盘的旋转中心与其分划中心不重合产生的误差。它是由度盘在刻度机上被刻划时的旋转轴与度盘在仪器上的旋转轴不一致所引起的。两中心间的距离称度盘偏心距。度盘零分划线与偏心距方向的夹角称度盘偏心角。随着度盘的转动，偏心角是有变化的。对水平方向读数的影响是以 2π 为周期的系统误差。在相距 $180°$ 的两个测微器上读数取平均值就可消除其影响。

（钮因花）

度盘偏心角 eccentric angle of circle

见度盘偏心差。

度盘偏心距 eccentric distance of circle

见度盘偏心差。

镀锌钢丝 zinc-coated wire

冷拉钢丝在加热镀锌后再经矫直回火处理而成的钢丝。其性能与矫直回火钢丝相同，但由于其表面每平方米镀有 250g 的锌层，大大提高了钢丝的抗腐蚀能力，适用于作斜拉桥钢索以及污水池等环境条件恶劣的工程结构中。

（张克球）

duan

端承桩 end-bearing pile

轴向荷载只依靠桩端下岩层或坚实土层的抵抗力支承的桩。不考虑桩身侧面与土间的摩阻力作用。

（洪毓康）

端焊缝 transverse fillet

焊缝轴线与焊件受力方向相垂直的角焊缝。端焊缝不但受剪，而且还受正应力，此时，变形模量大，因而刚度也较大，但仍按抗剪计算。其强度设计值是侧焊缝的 1.22 倍，但直接受动荷载作用时，不能考虑强度设计值的提高。

（李德滋）

端节点钢夹板加固法 strengthening method for end joint of timber truss by using steel covers

木屋架支座节点处，用四条扁钢板代替原下弦承受拉力的方法。如下弦端部腐朽或受剪面破坏时，可在卸荷后截去下弦端部损坏部分，然后把四条

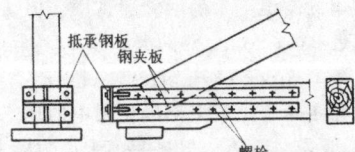

扁钢用螺栓和下弦连在一起，并在上弦和抵承钢板间放入木填块，拧紧焊在扁钢端部的螺栓代替原节点的工作。

（王用信）

端节点钢拉杆加固法 strengthening method for endjoint of timber truss by using steel bars

木桁架支座节点处，用四根钢拉杆代替原下弦承受拉力的方法。如端部腐朽或受剪面破坏时，可

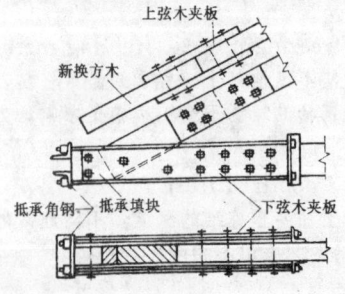

在卸荷后截去下弦端部损坏部分,然后把木填块放入木夹板中间,并通过抵承角钢外的螺帽,拧紧钢拉杆代替原节点工作。　　　　　　　(王用信)

端裂　end check, end split

木材端部的裂纹。木材干燥时,水分从端面蒸发要比侧面快得多(端面水分蒸发速度约为侧面的7~13倍),于是端部产生干裂,一般由表面向内扩展。为防止端裂,可用防水涂料将端面涂封以减缓端面蒸发速度。带有髓心的板材,由于径向、弦向收缩率不同(弦向大、径向小),更易产生端裂。
　　　　　　　　　　　　(王振家)

端铣　end-milling

对部件或构件的端部进行铣平的工序。一般用端部铣床铣平其接触表面,有时也以刨代铣。端部铣平主要用作直接传递压力,如重型厂房中把钢柱柱身与底板的接合处铣平,使柱身承受的压力直接传到柱底板上。　　　　　　　(刘震枢)

短加劲肋　short stiffener

钢梁中不贯通腹板全高而只在受压区设置的横向加劲肋。主要用在腹板高厚比较大且受压翼缘上有较大移动集中荷载时,这时设置纵向加劲肋并在其与受压翼缘间再设短加劲肋可进一步提高该部分腹板的稳定性。　　　　　　(瞿履谦)

短壳

见短圆柱壳。

短梁　short beam

跨高比介于深梁与浅梁之间的钢筋混凝土梁。中国规范(GBJ10—89)规定:对 $l_0/h \leqslant 2$ 的简支梁和 $l_0/h \leqslant 2.5$ 的连续梁,应按深梁进行设计。$l_0/h \geqslant 5$ 时一般认为为普通梁,即为浅梁。这样,$l_0/h = 2(或2.5)~5$ 的梁则称为短梁。上述的 l_0 为梁的计算跨度,h 为梁的截面高度。其特点:当为超筋时一般具有超筋梁的斜压式剪切破坏特征,而深梁即使纵筋为适筋也可能产生斜压式剪切破坏,它与深梁有所不同;但在少筋破坏时,受拉纵筋达到屈服甚至强化,而受压区混凝土未被压碎,出现类似于深梁的破坏特征,又和浅梁有所不同。
　　　　　　　　　　　　(王振东)

短期刚度　instantaneous rigidity

见抗弯刚度(180页)。

短期载荷试验　short term loading test

试验荷载从零开始加到结构最后破坏整个试验过程是在一个较短的时间内如几天、几小时、甚至几分钟内完成的结构试验。是一种常规的结构试验方法。限于试验条件、时间和其他各种因素,试验时不可能完全模拟结构构件在实际工作时承受长期荷载作用的条件。　　　　　　　(姚振纲)

短寿命试验　short life test

见低周疲劳试验(47页)。

短圆柱壳　short cylindrical shell

简称短壳。两横隔构件之间的距离 L_1(跨度)与两边梁之间的距离 L_2(波长)的比值小于1(通常 $L_1/L_2 = 0.5$),主要起拱板作用的圆柱形薄壳。它由壳板、边梁和横隔构件三部分组成。一般为多跨形式。由于跨度较短,一端边界上的弯曲效应将影响到另一端,应按有矩理论进行计算。用作屋盖时,壳板的矢高 f 不应小于 $1/8L_2$。这时壳板内的应力不大,通常不必计算,可按跨度及施工条件决定其厚度。边梁形式的选择应结合受力和建筑排水综合考虑,宜采用矩形截面。横隔构件截面有实腹式及空腹式(拉杆拱或拱形桁架)两种。

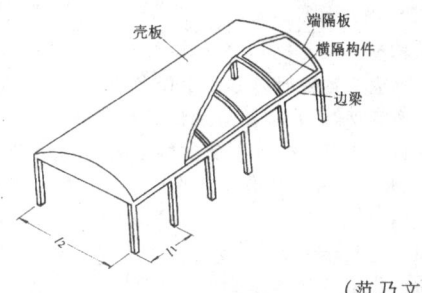

　　　　　　　　　　　　(范乃文)

短暂状况　transient situation

考虑荷载持续期较短而出现的可能性很大的设计状况。例如,在施工阶段或结构寿命期内,可能出现的比正常使用情况不利的环境条件或特大荷载的状况。　　　　　　　(陈基发)

短折板　short folded plate

$l/B < 1$ 的折板。l 为横隔间距,称为折板的跨度,B 为折板边梁间的水平距离,称为折板的宽度。对短折板来说,它的矢高 f_1 一般不小于 $B/8$。

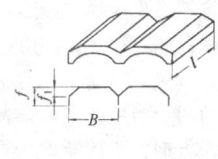

　　　　　　　　　　　　(陆钦年)

短柱　short column

长细比 $L_0/h \leqslant 8$ 的钢筋混凝土柱。这类柱受荷后侧向挠度很小,长细效应的影响可以忽略不计,其承载力由材料的强度控制。　(计学闰)

短柱试验　stub column test

对短柱施加轴心压力直至破坏的试验。通过试验,得到压杆整体的应力-应变曲线,可在一定程度上反映杆件内的残余应力和材料非匀质性等因素对杆件受力的影响。短柱试验应排除两端支承处的摩擦力和试件整体失稳对试验结果的影响,因此试件的长度不应小于截面最大尺寸的3倍,也不大于截面最小回转半径的15倍。试验时应使荷载中心地施加于试件的形心轴以消除荷载偏心作用的影响。
(沈祖炎)

断层 fault
岩层断裂的地质构造。构造两盘的岩性往往不同,形变速率也不同。可分为发震断层和非发震断层;有长度很短的小断层,也有绵延数千公里的大断层。断层附近的建筑物往往容易遭受地震的破坏。
(李文艺)

断层距 distance from the fault
观测点到断层面的垂直距离。 (李文艺)

断层破裂长度 fault rupture length
地震发生时,由能量释放造成的地层破裂的长度。其长度是震级 M 的函数。如可表示为
$$S = \exp(AM - B)$$
A 与 B 为回归常数。 (章在墉)

断裂构造 fragile structure
地壳岩体受地应力作用而产生变形,当变形达到一定程度时,岩体的连续性和完整性遭到破坏的一种构造类型。按其断裂的性质和特征可分为:①断层:是岩体受应力作用断裂后,两侧岩块沿断裂面发生明显的相对位移。②节理:是存在于岩体中的裂隙。这是岩体受应力断裂后两侧岩块无明显相对移位的小型断裂构造。由于断裂构造的产生和发展,常常对区域及建筑场地的稳定性有一定的影响。
(杨可铭)

断裂韧性 fracture toughness
裂纹发生失稳扩展而使材料断裂时在裂纹尖端处外加的应力强度因子值。它是材料抗脆断的固有特性。断裂韧性值越大,表明该材料的韧性越好,就越不易发生脆性断裂。 (何文汇)

断面图 section diagram
表示地面某一方向的高低起伏,按比例缩绘成的图。沿路线方向的断面图称路线纵断面图,与路线方向垂直的断面图称路线横断面图。
(钮因花)

断续焊缝 intermittent weld
沿焊件接头全长焊成具有一定间隔的焊缝。为完成此种焊缝而间歇进行的焊接方法,称断续焊接。
(刘震枢)

断续焊接 intermittent welding
见断续焊缝。

锻锤基础振动 vibration of foundation for forging hammer
由锻锤的冲击作用而产生的基础振动。是一个由初速度产生的自由振动计算问题。中国《动力机器基础设计规范》采用单自由度体系计算模型。计算基础振幅和自由振动频率时将基础、锤架、砧座、基础上填土的质量合并为一个质量块,取地基刚度为弹簧刚度,并对算得的结果作适当修正。计算砧座振幅和垫层动应力时,假定基础不动,垫层视为无重弹簧。也可以按双自由度体系计算。设计锤基础时应使打击中心、基础总质心、底面形心位于一条竖线上。振动由锤基振幅和加速度幅值控制,以保证工人健康、锻锤正常工作和附近厂房的地基不产生过大的不均匀沉陷。 (郭长城)

dui

堆积地貌 accumulation landform
由各种外营力堆积而形成的地貌。如,冰碛丘陵、新月形沙丘等。在地壳缓慢下沉,并被沉积物堆积所补偿的情况下,形成堆积平原。 (朱景湖)

堆积平原 accumulational plain
在构造运动下降速度不大的情况下,沉积物的堆积补偿下沉幅度而形成的平原。按其成因可划分为:冲积平原、三角洲平原、洪积平原、洪积—冲积平原、湖积平原和海积平原等。 (朱景湖)

堆石护坡 riprap stone revetment
堆置石块以防止水流冲刷斜坡的方法。堆石一般放置在坡脚下,在填方边坡或山坡的底脚应用厚堆石来加固。堆石也可在柴束编成的方格中堆放。堆石结构能随着下面底土的被冲刷而下沉,直达到冲刷线以下作为基趾。堆石顶面的高度一般位于预计平均高水位以上约1m。 (孔宪立)

堆载预压 preloading
建筑物建造之前,先在场地上堆载使地基土预先完成固结沉降和提高强度的地基处理方法。堆载一般利用填土,应有控制地分级加载。为减少预压时间或使用期沉降。有时也可采用超载预压。
(陈竹昌)

对称配筋柱 column with symmetrical reinforcement
截面两侧配筋完全相同的钢筋混凝土柱。工程中柱子截面上常要承受多种不同荷载组合的作用,可能引起正负两个方向的弯矩,有时两个方向的弯矩值比较接近时,采用这种配筋方法。采用对称配筋计算简单,施工方便,可防止钢筋布置方向错误,故工程中广泛采用。 (计学闰)

对称双剪销连接 symmetry double dowel connection
由两等厚的边侧构件和一个中间构件组成,构件间有两条缝隙且外力也对称的销连接。在木结构中应用最广。 (王振家)

对接 butt connection

见对接连接。在木结构中,木料端部直接对顶的连接。由于锯截截面的粗糙,两端面不能严密接触顶紧,因此这种接头不能传力,但它在特定情况下可减少胶接工作量和材料消耗,因此它只能在规范允许的部位采用,例如层板胶合梁弯矩较小的截面的内层。 (王振家)

对接焊缝 butt weld
焊条融熔金属填充在两焊件间隙或坡口内的焊缝。用于对接连接或T形连接中。当焊缝融熔金属充满焊件间隙或坡口,且在焊接工艺上采用清根措施时,属于焊透对接焊缝。否则,只要求一部分焊透、另一部分不焊的属于未焊透对接焊缝。焊透对接焊缝当符合一级或二级质量检验标准时,与母材等强;只符合三级质量检验标准时,焊缝的抗拉强度低于母材的强度。未焊透对接焊缝只能按角焊缝考虑。 (李德滋)

对接接头 butt joint
见对接连接。

对接连接 butt connection
简称对接。被连部件在同一平面内连成一体的连接。由此形成的构件接头部分称对接接头。在钢结构中,当在板端以对接焊缝连接时,传力简捷,无偏心或偏心较小;但对板件加工精度要求较高,一般对厚度大于6mm的焊件,板边需加工成坡口形式。当在被连板件的上、下加盖板用角焊缝或螺栓连接时,对板件加工精度要求不高,板端不需特殊加工,但比较费钢。在木结构中的对接连接参见对接(70页)。 (徐崇宝)

对数正态分布 log-normal distribution
随机变量 X 的概率密度为
$$f(x) = \frac{1}{(x-a)\sigma\sqrt{2\pi}} \cdot \exp\left[-\frac{1}{2}\left(\frac{\ln(x-a)-\mu}{\sigma}\right)^2\right], \quad x > a$$
的分布。换言之,X 并不服从正态分布,但 $\ln(X-a)$ 服从正态分布,其中 a 为实数。相应的概率分布函数为
$$F(x) = \frac{1}{\sqrt{2\pi}\sigma}\int_{-\infty}^{x}\frac{1}{t-a} \cdot \exp\left[-\frac{1}{2}\left(\frac{\ln(t-a)-\mu}{\sigma}\right)^2\right]dt, \quad x > 0$$
在工程结构中的抗力常被假设为服从对数正态分布。 (杨有贵)

对向观测 bilateral observation
又称双向观测。三角高程测量中往返观测高差的一种方法。对向观测所得高差绝对值的平均值,可以抵消地球曲率和大气折光对观测高差的影响,提高观测精度,但进行返测的时间间隔不宜太久。 (汤伟克)

对象 object
将数据本身与各事物一一对应,并与操作融为一体的数据结构。以这样的对象为主体的编程方法叫做面向对象(O—O)。 (陆伟民)

对中 centering
将仪器中心安置在通过测站点的铅垂线上的操作过程。可采用垂球、光学对中器或对中杆等进行,对中精度可达到2~3mm。 (钮因花)

对中误差 error of centering
又称测站偏心。仪器中心偏离测站点的误差。它与测站偏心距、边长以及水平角的大小有关。边长越短、偏心距越大、水平角越接近180°时,影响测角误差越大,此项误差可以通过计算改正。 (钮因花)

dun

镦头锚具 anchorage for button-head bar
钢丝端部镦粗成镦头后,锚固在开有穿过预应力钢丝的孔洞的锚环或锚板上的锚具。用于张拉端的镦头锚具由锚环和螺母组

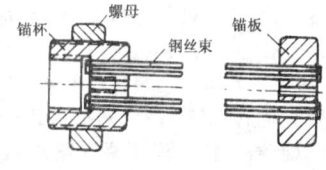

成;用于固定端的则仅有锚板。镦头锚具适用于碳素钢丝。锚固钢丝的数量,由工程需要而定。 (李绍业)

囤仓 bunker
见贮仓(372页)。

duo

多边形剪取 polygon clipping
判断多边形与窗口边界的相交关系,对现有的边分别予以舍弃、保留或分割,最后沿窗口边界封闭各个多边形。 (李建一)

多边形屋架 polygonal truss
上弦轴线呈折线形的屋架。折点位置在二次抛物线上。和梯形屋架相比受力性能好,和拱形屋架相比改进了拱形屋架两端坡度太大的缺点。采用钢筋混凝土和预应力混凝土制作。常用的跨度为24

~36m,在跨度较大的厂房中应用较多。

（黄宝魁）

多波拱 multi-wave arch

见波形拱（14页）。

多波壳 multiwave shell

由一系列直边相联的多个弧段所组成的圆柱形薄壳。可用最少的中间支座覆盖相当大的面积，适合于工业厂房、飞机库、商场等建筑物的顶盖。其边界条件比单波壳复杂得多，一般只能用电子计算机求解。

（范乃文）

多层房屋结构 multi-story building structure

一般指2～7层的房屋结构。它的种类较多，主要有砌体结构、框架结构、板柱结构和墙板结构等。它广泛用于住宅、商店、办公楼、旅馆、学校和其他公共建筑以及各类工业建筑。参见房屋结构体系（80页）。

（陈永春）

多次逐级加载 multi-time loading

按模拟地震试验要求，选择或设计一个合适的地震记录，输入模拟地震振动台的控制系统，逐级增大输入地震记录的幅值，多次驱动振动台台面运动，从而使试验结构或模型受到相应地震作用的试验。是模拟地震振动台试验中采用最多的一种加载制度。其特点是可以模拟试验结构由于多次地震而造成的变形损伤积累问题，可以反映小震、大震、余震的影响。一般包括测量试验结构自振特性时的输入、弹性阶段、开裂阶段、破坏阶段、倒塌阶段时的输入等。在每个加载过程中都可以得到试验结构的周期、阻尼、变形特性、刚度退化、能量吸收、耗能能力以及滞回特性等反映试验结构抗震性能的主要指标。

（吕西林）

多道抗震设防 multidefence system of seismic building

有意识地运用同一结构中各构件（部件）在地震中先后破坏引起的地震内力重分布，控制构件损坏的顺序，使整个结构不丧失对重力荷载的承载能力。

（应国标）

多点测量 multi-point measurement

在静态应变测量中，利用同一台静态电阻应变仪作一个以上测点的应变量测。它的关键是要解决好测点的切换技术，正确的温度补偿措施和消除导线电阻、电容等影响。

（潘景龙）

多核结构 multiple core structure

见组合筒（387页）。

多加劲板件 multiple stiffened (plate) element

在薄壁型钢构件中，两个纵边之间设有中间加劲肋的加劲板件。在加劲肋之间的板件称为子板件。

（张耀春）

多阶段设计法 multistage design method

预应力钢结构按初始荷载、预加应力和续加荷载等三个以上工作阶段进行设计的方法。将荷载适当分成几部分，部分荷载作用和施加预应力交替进行，因而构件或结构历经多阶段工作。构件或结构应满足每个阶段极限状态设计的要求。多阶段设计法比二阶段设计法或三阶段设计法可取得更大的经济效果，但拆卸这种结构时必须按建造时施加荷载和预应力的反序进行，且此法施工比较困难。

（钟善桐）

多孔空心砖 perforated brick

又称多孔砖。孔洞尺寸较小、数量较多的空心砖。孔洞数量一般为15～21个，孔洞率可达30%左右，孔型以圆孔居多。主要用于承重结构。

（罗韬毅）

多孔筒 multiple opening tube

见空腹筒（183页）。

多孔砖

见多孔空心砖。

多排孔沉井 multi-well open caisson

横断面内设置有若干道纵横交叉的内隔墙而形成多排多个垂直井孔的沉井。它将有助于在下沉施工中保证沉井均匀下沉，如发生偏斜，可以通过在个别井孔内挖土而得到纠正。这种沉井适用于平面尺寸大而重的建筑物。

（钱宇平）

多竖杆式天窗架 skylight truss with vertical members

由弦杆、斜杆及支承在屋架上的多根竖杆组成的天窗架。它与屋架连接构造简单，传递给屋架的天窗荷载较均匀。通常先与屋架在现场拼装后再整体吊装，适用于天窗高度及跨度较小的情况。

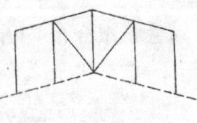

（徐崇宝）

多系数极限状态设计法 multi-coefficient limit state design method

半概率半经验的、用多个安全系数表达的极限状态设计法。这一方法在荷载标准值和材料强度标准值的取值上采用了数理统计方法，并与经验相结合引入了荷载系数、材料强度系数和工作条件系数，进一步考虑荷载、材料强度的变异性和结构工作环境或重要性的影响，以保证结构安全可靠。按承载能力极限状态设计时，由荷载引起的可能的结构最大内力不应大于由材料强度等因素确定的可能的结构最小承载力。中国1966年颁布的钢筋混凝土结构设计规范（BJG21—66）是按这一设计方法编制的。

（吴振声）

多用户 multi user

计算机多用户操作系统上工作的用户。这种系统支持多用户同时操作和工作。计算机自动把资源,按优先级别轮流分配给每个用户使用。

(周宁祥)

多余观测 excess observation

超过确定未知量所需的最少观测数的观测。例如观测一个三角形的两个内角,即可以确定形状。如观测了第三个角,则有一个多余观测,从而产生角度闭合差。故需进行平差以消除矛盾,提高和评定精度。

(傅晓村)

多遇地震 frequent occurrence earthquake

低于设防烈度的第一水准设计取值的地震。通常是一个地区最大机遇的地震,即统计上的众值烈度地震。

多肢箍筋 stirrup with multiple legs

四根或四根以上与纵筋垂直并绑扎在一起的箍筋。一般在梁的截面较宽、纵筋根数较多、截面剪力较大时采用。

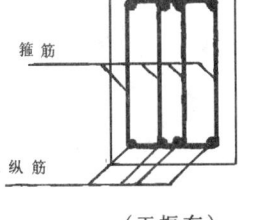

(王振东)

多肢墙 multi-pier wall

竖向开有多列洞口的结构墙。通常是指有较大洞口的墙,它的整体工作性能和双肢墙相似。

(江欢成)

多轴应变计 multiaxial strain gauge

见应变花式应变计(344页)。

多自由度 multidegree of freedom

又称有限自由度。需要用多于一个的有限个空间坐标描述其质点位移的体系。许多实际结构很难用单自由度体系来描绘它的动力性能,常常将其简化为多自由度体系。多自由度动力学问题的共同特征就是能用一组与自由度数相等的二阶常微分方程来描述它的动力性能,多自由度体系具有与自由度数相等的频率和振型。求解体系的自振频率及振型是工程上很重要的问题,特别是求解基频。线性多自由度体系的响应一般采用振型分析法,它是通过坐标变换使运动方程解耦,从而可用单自由度求解并叠加得到。单跨多层框架,地面站天线结构等等许多工程结构都是简化为多自由度体系来分析的。

(汪勤慤)

E

er

二阶段设计 two stages design

见工程设计(105页)。在进行建筑结构的抗震设计时,先按第一水准的地震作用进行抗震承载力验算,然后按第三水准的地震作用进行薄弱部位弹塑性变形验算的抗震设计,也称二阶段设计。

(陆志方)

二阶段设计法 two-stage design method

按两个工作阶段设计预应力钢结构的方法。在外荷载作用前对构件或结构施加预应力,然后承受全部荷载的作用。在这两个阶段,构件或结构都应满足极限状态设计的要求。采用这种设计法比三阶段设计法经济效果较低。但施工较简便。

(钟善桐)

二阶效应 secondary effect

在弯矩、轴力作用下,由于几何非线性对构件内力或变形引起的附加效应。它与构件长细比有关,构件越细长,二阶效应越大。例如在长柱设计中必须考虑二阶效应的影响。

(计学闰)

二阶柱 two-step column

在层高范围内有两个不同截面高度形成阶梯外形的柱。通常为了支承吊车梁和承担吊车传下的垂直与水平荷载,将支承吊车梁以下部位的截面加大。当有双层吊车时,还可以做成三阶柱。此外在厂房山墙处设置的抗风柱,为了让开山墙端跨屋架形成封闭轴线位置,柱也设计成变截面的二阶柱。

(陈寿华)

二类机电产品 machine-electric product grade II

在计划经济体制下,二类物资中由国家物资总局机电设备公司统一管理和组织供应的物资。目前这一种物资分类管理的方法已不采用。

(房乐德)

二类物资

见部管材料(16页)。

二维有限元模型 2-dimensional finite element model

用近似理论来模拟结构与介质的复杂几何形状、材料不均匀性、各种非线性力学性能以及任意复杂荷载的一种二维力学模型。对截断空间造成的人工边界处理要十分精心，以免边界上反射信号影响计算结果。单元尺寸受计算费用制约，又不应使直至截止频率范围内的计算结果失真。（章在墉）

二氧化碳气体保护焊 carbon-dioxide shield welding

简称CO_2焊。利用二氧化碳(CO_2)作为保护气体的电弧焊。焊接效率高，焊接变形小，可全位置焊接，多为半自动焊。（刘震枢）

F

fa

发震断层 seismic genetic fault

能够发生地震的断层。但在一定时期内并非发震断层的任何部位都会发生地震。往往在发震断层的两端或曲折处、与其它断层交汇的部位处以及应力较集中、岩石易破裂的地方发生地震。经验表明，发震断层附近的建筑物容易遭受地震破坏。
（李文艺）

筏板基础 raft foundation

又称筏形基础。支承整个建筑物或构筑物的大面积整体钢筋混凝土平板或由加肋的平板构成的基础。承受两个方向的柱或墙传来的荷载。
（高大钊）

法定计量单位 official system of units

国家以法令形式规定强制使用或允许使用的计量单位。1984年中国国务院颁布了《中华人民共和国法定计量单位》。它是以国际单位制的单位为基础，根据中国的情况，适当增加了一些其它单位构成的。中国法定计量单位包括6个部分：国际单位制的基本单位，国际单位制的辅助单位，国际单位制中具有专门名称的导出单位，国家选定的非国际单位制单位，由以上单位构成的组合形式的单位，由词头和以上单位构成的十进倍数和分数单位。不属于上述范围的计量单位将逐步废止。（邵卓民）

法兰盘连接 flange connection

两圆钢管杆件端部各焊一块边缘周围有螺栓孔的方板、圆板或圆环，并用螺栓连接起来的连接。适用于作空间桁架弦杆的对接。为便于构件紧密连接，法兰盘端面需要铣平，以减小拼接误差。连接螺栓常用经过调质的高强度材料，可减少螺栓直径，缩小法兰盘尺寸。为了减小法兰盘厚度，常在法兰盘与杆件之间加竖向肋板。（王肇民 沈希明）

fan

翻浆 frost boil

在冬春冷暖交替季节，因土中水的相继冰冻和融化，加以荷载(主要是车辆荷载)的反复作用，在地基特别是路基土体中出现的强度降低、土体软化、土浆翻冒挤出、甚至路面坍陷开裂等的病害现象。一般可采用在路基内降低地下水位、铺设粗粒土层等预防措施以消除或减轻病害。（陈忠汉）

反变形 counter deformation

又称预变形。焊接前给予焊件以与焊接变形反向的变形。如钢板组合的T形或I形断面的焊件，焊接角焊缝时可能产生角变形，在焊接前先给予反向的变形。（刘震枢）

反冲激振加载法 loading method of pulse rocket

又称火箭激振器加载法。利用炸药爆炸产生高压喷射气流的反冲力对结构进行加载的方法。原理是点燃装置在激振器合金钢壳体内的炸药，使之在燃烧过程中产生高温高压气体从喷口以极高的速度喷出，由此产生的反冲力对结构冲击进行激振。反冲激振器事先按试验要求安装在被试验的结构上，使结构产生振动。根据装入炸药的性能、重量及激振器的结构可以满足不同激振力的要求，目前国内使用的反冲激振器的反冲激振力可在1000～40000N内，持续时间为50ms。（姚振纲）

反对称双剪销连接 antisymmetry double dowel connection

用销把两等厚边侧构件和一个中间构件连在一起，销轴上有两个受剪面，且两边侧构件承受的力为大小相等、方向相反的反对称力时的销连接。
（王振家）

反复荷载 alternate load

在结构上连续若干次正、反方向交替施加的荷载。（唐岱新）

反复荷载下的粘结 bond under cyclic loading

反复荷载下钢筋与混凝土之间粘结力的退化规律。与重复荷载下的粘结相类似，在反复荷载下钢筋与混凝土之间的粘结力也要发生退化，二者的相对滑移要增大。但反复荷载下的粘结，通常是指荷载上限与下限变号情况下反复作用次数较少而作用荷载值又较大的粘结滑移性能。即在钢筋的应力达到甚至超过屈服强度的反复荷载作用下，钢筋与混凝土之间粘结力与滑移关系曲线所形成的滑移滞回环。（李惠民）

反极性

见反接。

反接 positive electrode method

又称反极性。用直流电源施焊时，焊件与电源负极连接，电极（如焊条）接电源的正极的接线方法。（刘震枢）

反力架 reaction frame

由立柱和横梁组成的刚性支架作为结构试验中荷载支承的装置。当与固定的试验台座联接后，用以承受加载设备对试验结构施加荷载时所产生的反作用力，较多用于液压加载。大型结构构件试验中也可用它作为保证结构侧向稳定的支架。（姚振纲）

反力墙 reaction wall

结构试验施加水平方向荷载时能承受水平荷载反作用力的荷载支承装置。大型结构试验室内较多采用底部与大型试验台座刚性固接的钢筋混凝土或预应力混凝土实体的或箱型截面的反力墙。也有采用移动式的钢反力墙。（姚振纲）

反力台座 reaction platform

用以固定反力架与平衡结构试验时施加竖向荷载及水平荷载的支承装置。在大型结构试验室内均采用固定的试验台座作为结构试验室的永久性装置。在预制构件厂和小型试验室中，可以采用由刚度较大的钢梁或钢筋混凝土大梁构成的梁式试验台座或由空间桁架组成的自身平衡系统的空间桁架式试验台座来满足中小型构件试验或混凝土制品检验的要求，这类台座的特点是荷载与反作用力形成一平衡的受力机构。为保证试验安全，抗弯大梁和空间桁架的强度与刚度均必须大于被试验的结构构件。（姚振纲）

反滤料试验 inverted filter test

选择反滤层填料的级配和规格、厚度以及有效程度的试验。由反滤料构成的反滤层是防止水工建筑物无粘性土地基因流土或管涌而发生渗透变形的重要措施。（王正秋）

反挠度 counter deflection

见反弯矩。

反射 reflection

波在传播过程中，由一种介质达到另一种介质（障碍物）的界面（反射表面）时，返回原介质的现象。反射分为正反射和斜反射。当入射角（入射波阵面和反射表面间的夹角）为零时的反射称为正反射；入射角不为零时的反射称为斜反射。（熊建国）

反射压力 reflected pressure

波在传播过程中，由一种介质达到另一种介质（障碍物）的界面发生反射时，在界面上所产生的压力。一般用它与入射超压之比——反射系数来表征。反射系数是入射波超压峰值和入射角的函数。（熊建国）

反弯点法 contraflexural point method

框架结构在水平荷载作用下按柱中有弯矩为零的截面存在的假定计算内力的近似方法。计算建立在两点假设之上，一是底层柱的反弯点在离柱底2/3楼层高度处，其余各层柱的反弯点均在1/2楼层高度处；二是作用在楼层上总的水平荷载按该楼层各柱的侧移刚度系数的大小分配。根据上述假设可求得柱端弯矩，进而由节点平衡算出各梁端弯矩。当框架的层高相近，梁柱线刚度比值较大时，此法的计算结果比较准确。（戴瑞同）

反弯矩 counter bending moment

预加应力时，在预应力钢结构受弯体系中产生与荷载作用时相反的弯矩。反弯矩可部分抵消受弯构件所承受的弯矩，节约钢材和减小挠度。预加应力时，受弯构件产生挠度，此挠度与荷载作用时构件产生的挠度方向相反，称反挠度。（钟善桐）

反位试验 reversing seat test

试件安装的位置与实际工作位置相反的结构试验。试件自重的影响与施加外荷载方向相反。单跨、简支受弯构件反位试验时，受拉区在上，受压区在下。对钢筋混凝土构件可以便于观测裂缝，但要防止在反向自重作用下试件受压区产生开裂或其他的永久变形。（姚振纲）

反应谱法 response spectrum method

采用反应谱对工程结构进行抗震设计的方法。1943年美国Biot根据地震仪记录得到的加速度，通过扭摆试验求得加速度作用于无阻尼振动系的反应，明确了由振动系自振周期的变化引起该振动系最大反应量的变化。最大反应量（位移、速度、加速度）与体系周期关系的函数曲线，称为反应谱。中国抗震设计规范是以反应谱理论为基础从大量强震记录得到的谱曲线，通过统计确定的标准反应谱，规范给出以地震影响系数 α 为纵坐标,结构自振周期 T 为横坐标的 α-T 关系曲线。α 是以重力加速度为单位的质点绝对加速度。该曲线考虑了场地土和近震远震的影响,可以直接用以计算不同周期结构的地震力。　　　　　　　　　　　　（张　誉）

fang

方差　variance, mean square deviation

随机变量 $x(t)$ 各值与其平均值之差的平方的平均值。它在一定程度上反映了观测数据离它的数学期望的分散程度。观测数据愈接近它的数学期望值,方差愈小,反之则愈大。对于连续随机变量,方差 Dx 为:

$$Dx = E[(x(t) - Ex)^2]$$
$$= \int_{-\infty}^{\infty} (x(t) - Ex)^2 p(x) dx$$
$$= Ex^2 - (Ex)^2$$

上式中 Ex^2 为概率密度函数的二次矩,常称为均方值。对于离散随机变量,上式变成:

$$Dx = \sum_{i=1}^{n} (x_i - Ex)^2 p_i$$

当各次概率 p_i 均相同即等于 $\frac{1}{n}$ 时,上式变成:

$$Dx = \frac{1}{n} \sum_{i=1}^{n} (x_i - \overline{x})^2$$

（张相庭）

方程式分析法　method of equation analysis

根据描述物理过程的方程式经过相似变换而获得相似判据的方法。在使用此方法时,总是先分析物理现象,建立描述现象的数学方程式,然后写出单值条件的相似常数表达式,再把相似常数表达式的关系代入方程式进行相似变换,最后比较所得的方程式,即可得相似指标式。将相似常数表达式代入相似指标式,即可得相似判据。这种方法比较确切可靠,所得的相似判据可以明显地表示出一些量的物理意义。　　　　　　　　（吕西林）

方钢　rectangular steel bar

横截面呈方形的钢材。可用作厂房内桥式吊车的轨道。　　　　　　　　　　（王用纯）

方木　rectangular timber

由原木锯解成矩形截面且截面宽度与高度之比小于 3 的木材。常用的截面尺寸为 6~24cm,针叶材的长度为 1~8m,阔叶材长为 1~6m。方木锯解的尺寸有统一规格,设计时必须遵循。木节斜纹等木材缺陷对方木的不利影响较对原木的大、较对板材的小,因此木材等级中,方木允许有缺陷的程度界于原木与板材之间。　　　　　（王振家）

方位角　azimuth

从地面某点的指北方向线起,顺时针方向量至地面某直线的水平角。其值变化范围为 0°~360°。从真子午线起算的为真方位角;从磁子午线起算的为磁方位角;从坐标纵轴起算的为坐标方位角。在平面直角坐标中,如将 AB 方向的方位角定为正方位角,其相反方向 BA 的方位角则为 AB 的反方位角。同一直线的正、反坐标方位角相差 180°,而正、反真方位角则相差 180°+γ,γ 为子午线收敛角。
（文孔越）

方向观测法　method of direction observation

把两个以上的方向合为一组依次观测水平角的方法。设测站上欲观测的方向为 A、B、C、⋯、F 等目标,其观测方法是盘左位置顺时针旋转照准部,从起始方向 A（零方向）依次照准各方向 B、C、⋯、F、A 等目标,并读水平度盘读数,纵转望远镜,用盘右位置逆时针从 A 分别观测 F、⋯、D、C、B、A 等目标,并读水平度盘读数,最后计算各观测目标的方向值,从而获得各方向间的水平角。　　（钮因花）

防爆窗　resistant explosion window

在生产时需传递爆炸物的洞口两侧设置可开启的能承受空气冲击波作用的窗。其作用是防止传递过程中发生爆炸从而波及窗外人员、设备或引起殉爆。使用时洞口一侧的窗处于开启状态,另一侧处于关闭状态。一般采用钢板或防爆玻璃制作。
（李　铮）

防爆间室　resistant explosion cubicle

又称抗爆间室。将爆炸的破坏作用控制在局部范围内而特设的防爆抗爆房间。它由可承受冲击波荷载与碎片作用的墙体和顶盖、泄压窗或排气孔及防护门组成。一般抗偶然爆炸的防爆(抗爆)间室(经常爆炸或特别重要的除外)都允许出现一定的塑性变形。　　　　　　　　　　　（李　铮）

防爆墙　resistant explosion wall

为了减小空气冲击波强度并阻挡碎片飞出,在爆炸源周围或某一作用方向为了保护人员、设备或防止殉爆而在建筑物外面用土体或钢筋混凝土围成的墙体。其高度不低于爆炸源及被保护的建筑物的檐高。　　　　　　　　　　（李　铮）

防爆设计　resistant explosion design

又称抗爆设计。为保证在爆炸条件下建筑物或构筑物的安全进行的设计。核爆炸情况下的工事须根据工事可能受到核冲击波荷载(包括地震力)进行设计。同时还必须进行防早期核辐射的屏蔽计算。化爆情况下,当结构自身承受在其内部爆炸的作用时,必须根据所作用的空气冲击波荷载进行设计;设计防爆结构时可采用等效静载法或动力分析方法进行结构反应分析,一般在满足使用条件的情况下,允许结构出现一定的塑性变形。截面计算时应考虑爆炸荷载作用下材料强度的提高。当受爆结构只受到外部爆炸作用时,在满足爆炸安全距离的条件下,可只采取抗爆构造措施。

(李 铮)

防波堤 breakwater

位于港口水域外围,用以防御风浪侵袭,保证港内水域平稳的水工建筑物。按其断面形状及对波浪的影响可分为:直立式、斜坡式、削角式、混合式、浮式,以及配有喷气消波设备和喷水消波的防波堤等多种类型。直立式防波堤(图 a)可分为重力式和桩式。重力式一般由墙身、基床和胸墙组成,墙身大多采用方块或沉箱结构,靠结构本身重量保持稳定,适用于波浪及水深均较大而基地较好的情况。缺点是波浪在墙身前反射,消波效果较差。板桩一般由钢板桩或大型管桩构成连续的墙身,板桩墙之间或墙后填充块石,其强度和耐久性较差,适用于地基土质较差且波浪较小的情况。斜坡式防波堤(图 b)由堤身、胸墙和基床组成,堤身可用天然块石、人工块石或土砂石材料,其优点是对地基承载力的要求较低,可就地取材,且施工较为简便、损坏后易于修复。波浪在坡面上破碎,反射较轻微,消波性能好。一般适用于软土地基。缺点是材料用量大,护面块石或人工块体由于重量较小,在波浪作用下易滚落走失,须经常修补。削角式防波堤(图 c)是直立式的一种。将水上部分的外侧筑成一 26°左右的斜角。当波浪越过削角时作用在堤身的水平力减小。但是越堤波浪对港内水域会引起扰动。混合式采用较高的明基床,是直立式上部结构和斜坡式堤基的综合体,适用于水较深的情况。浮式防波堤(图 d)由浮体及锚系装置组成。浮体布置成一列,并用锚锭固定浮漂在海上。试验表明,其消波性能对短波比长波好。浮体的宽度不得小于波长的一半。优点是建造迅速,移动方便,可作水库、内河等临时性防波设施。缺点是锚系在海底的强度较小。喷气消波式防波堤(图 e)是一种利用空气泡形成一道帘幕式的新型形式,帘幕破坏波浪内水分子运动轨迹,使波能削弱,波高减少约 70%~80%。仍处于研究阶段。

(朱骏苏 胡瑞华)

防腐蚀构造 anticorrosion measure

保证结构在腐蚀介质作用下,仍具有必要的耐久性的构造设计。构件的节点和接头应力求简单,应少开孔洞和凹槽以保持表面平整,减少腐蚀介质的积聚。对于木结构应尽量少用金属件,并注意通风、防潮。木屋架和梁的支承不宜隐藏在墙内,使易于检查和保养。

(吴虎南)

防腐蚀管线敷设 anticorrosion of layout of pipes and wires

防止管线受腐蚀介质侵害的敷设原则。在贮存强腐蚀性液体的容器和贮罐区、强腐蚀性盐类的堆场、仓库及站台下面,应尽量避免敷设管线和电缆。如必须敷设时,或将管线敷设在地下水位以下时,应采取适当的防腐措施。输送腐蚀液体、气体的管道,应尽可能集中布置;与电缆并列敷设时,应将管道与电缆分隔开。

(吴虎南)

防腐蚀建筑平面布置 plane layout of anticorrosion building

降低结构受腐蚀的建筑平面布置。在进行工厂总平面设计时,应首先对产生腐蚀性气体或粉尘的车间作合理布置,把排放腐蚀性气体或粉尘的车间、仓库、排气洞、中和池、贮槽和堆场,尽可能集中,布置在厂区主导风向的下风向地带,减少其有害影响。同时,也不能忽视对下风向的邻近其他建筑的影响。

(吴虎南)

防腐蚀结构选型 selection of anticorrosion structure

提高结构耐久性,减小腐蚀危害的结构型式的选择。当结构经常遭受腐蚀介质侵蚀时,将使截面削弱,承载力降低,变形加大,甚至倒塌。因此,应根据腐蚀介质的性质与材料的耐腐蚀能力合理选材,且使结构型式力求简单,减少腐蚀介质在表面的积聚。

(吴虎南)

防护结构 protective structure

阻隔周围环境各种可能破坏作用的结构。防爆结构中指为保护人员、贵重设备或重要设施免遭被爆炸的各种效应造成损伤、破坏,或避免爆炸物殉爆而设计的工程结构。应根据爆炸源的种类和特征以及防护结构的防护等级、要求的功能和所处位置等

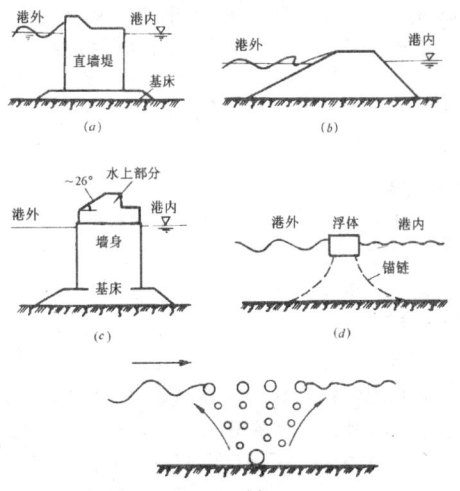

进行设计。防护结构有地面结构、浅埋结构和深埋结构三种主要形式。为了充分发挥岩土介质对于吸收冲击波和辐射能量的能力以及发挥岩(土)体的抗力,在防核爆炸情况下,多将防护结构构筑在地下,有时深达几百米,并采用喷锚、整体式钢筋混凝土或各种复合式的衬砌结构。此外,为了使结构内部的人员和设备在受到核袭击时不致遭受过大震动的影响,在结构内部采用各种隔震措施;为了使通讯设备免遭电磁脉冲的破坏,还需要采取相应的防电磁脉冲的措施。　　　　　　　　　(熊建国)

防护门　blast resistant door

具有一定防护冲击波和弹片的能力,设于人防地下室(或地下工事)出入口处的最外一道门。防护门向外开启,需经专门设计。当有防止放射性沾染和毒气的作用并减少门后的冲击波余压的要求时,防护门应做成密闭的。应采用钢筋混凝土或钢材制作,拱形和平板形最常见。　　(王松岩　李铮)

防护密闭门　protection and gas-tight

同时具有防护和密闭能力的人防地下室或地下工事出入口处的门。一般为外数第二道门。有时外数第一道门也设计成防护密闭门。需经专门设计。
　　　　　　　　　　　　　　　(王松岩)

防火材料　fire resistant material

在火焰和高温作用下,在限定的时间内能保持原有性能的材料。具有不燃性或难燃性,能满足结构使用要求,或能隔热以阻挡火势的蔓延,或在空气中受到火烧或高温作用时难起火、难微燃、难脱水碳化,而当火源移走后,燃烧或微烧立即停止的材料。　　　　　　　　　　　(钮　宏)

防火材料标准　standards of fire resistant material

对防火材料的等级和性能检验要求做出的规定。多数国家将建筑材料分成不燃和可燃二大类,有的国家又将可燃材料分为难燃、普通可燃和易燃三个等级。中国则分不燃性、难燃性、可燃性和易燃性四类,这些分级标志和命名是根据国家标准确定的。不同用途的防火材料,还可按其温度反应、传热性能分为不同的类型。　　　　(钮　宏)

防火窗　fire window

能起防火分隔作用的窗。通常用钢或钢筋混凝土的窗框和铁丝玻璃做成,并有防止玻璃在高温下玻璃掉落的措施,按耐火极限防火窗可分为甲、乙、丙三级。　　　　　　　　　　(张琨联)

防火措施　fire proof measurer

为了减少火灾导致的生命、财产损失而采取的技术手段。①为控制火灾时的火势和蔓延,规定可燃物和易燃物的管理、使用制度以及建筑设计中采用相应耐火等级的建筑结构,设置必要的防火分隔物以及规定一定的防火间距;②根据火势可能蔓延的速度,火灾时人员、财物疏散速度而设置一定的消防楼梯、通道等,以及结构布置上有意引导热量的流向;③为了控制火灾的发生,配备适量的室内、外消火栓或水喷淋系统装备及其它灭火器材,安装防电、防静电、自动报警系统等安全保护装置;④健全各种防火制度,培训救火人员,提高消防意识。
　　　　　　　　　　　　　　　(钮　宏)

防火带　fire belt

建筑物内用非燃烧材料建造的区域。它们将大面积的建筑物分隔为若干部分,以阻止火的蔓延,其宽度不小于 6m 的一段防火地带。　(林荫广)

防火堵料　anti-fire plug

用于堵塞电缆穿过的孔洞间隙,以防止火焰和烟气蔓延的材料。它分为无机和有机两种。无机防火堵料具有无霉、无毒、无气味、施工方便、生产效率高、重量轻、成本低、修补方便等特点。有的硬度适中具有弹性。其氧指数为 100(有的 $\geqslant 26 \geqslant 27 \geqslant 45 \geqslant 60$),即使在纯氧中也不会燃烧(或不易燃烧)。有着极为良好的防火和水密性能。主要用于电业系统、冶金系统、高层建筑的电线电缆井及船舰的电缆盒作封堵材料。或用于供电设备系统中堵塞电缆孔洞的缝隙。有机防火堵料也可用于船舶和建筑的防漏。它的防火性能和其他理化性能均很好,而且有一定的柔软性、拉伸性及可折性、施工方便。其氧指数 $\geqslant 60$。如气温过低,该堵料有可能稍硬,为便于施工,可将其适当升温(不大于 40℃ 为宜),待柔软后取用。产品宜贮藏在阴凉干燥处,贮存温度以不超过 40℃ 为宜。　　　　　　　　(钮　宏)

防火阀　fire dampers

火灾时能自动关闭的通风管道阀门。阀门装有易熔环,由铋、铅、锡、镉等金属配制而成。其作用温度一般比通风、空调系统正常工作时的最高温度高 25℃,火灾时达到作用温度,易熔环熔解,阀门能顺气流方向自行关闭,阻止火势沿风管蔓延。
　　　　　　　　　　　　　　　(蒋德忠)

防火隔层　fire-proof story

在建筑物内设置用来阻止火势蔓延的耐火极限较高的楼层。建筑设计时必须按房屋耐火等级和防火分隔层间距长度设置防火分隔层,以免造成严重的火灾损失。　　　　　　　　　(钮　宏)

防火隔断　fire-proof partition

防止火势在建筑物内外间或内部之间蔓延,而设置的耐火极限较高的分隔物。它的目的是把建筑物的空间分隔成防火分区,限制燃烧面积。防火隔断是针对建筑物不同部位、火势蔓延的途径设置的。

室内防火分隔物的类型有:防火墙、防火悬墙、防火卷帘、防火门、防火带、防火吊顶人孔的盖板、舞台防火幕及水幕等。从建筑平面看,与屋脊方向垂直的是横向防火隔断,与屋脊方向一致的是纵向防火隔断。从防火隔断的位置分,有内墙、外墙或室外独立的防火墙。内墙防火隔断是把房屋划分成防火分区的内部分隔断。防火隔断的材料选用耐火极限高或非燃烧材料制成。钢卷帘是用扣环或铰接的方法,由钢板条连成可以卷绕的链状平面,卷绕在门窗上口转轴箱中,形成卷起的帘。起火时把它放下来,挡住门窗口以阻止火势蔓延。可以形成一道临时性的防火隔断。
(钮 宏)

防火构件 fire resistant element
设置于建筑物内,用于阻止火势蔓延,具有较高耐火极限的防火分隔设施。如防火墙、防火门等。它应针对建筑物的不同部位和火势蔓延途径设置,其耐火极限要求,根据建筑物危险性类别确定。
(张琨联)

防火间距 fire distance
为了防止火势蔓延扩大,在各建筑物之间以及建筑物内部各部分之间留出的必要的安全距离。它不仅能阻止火灾的蔓延扩大,而且还可为灭火和安全疏散创造有利的条件。
(林荫广)

防火门 fire door
能起防火分隔作用的门。设于防火建筑中的防火墙、封闭式楼梯间、排烟道与设备井壁检查口等处。按耐火极限防火门可分为甲、乙、丙三级,通常设有能自动关闭的装置。
(张琨联)

防火墙 fire wall
截断一切燃烧体或易燃体的联系,防止火势蔓延的墙。根据建筑的使用性质和耐火等级的要求设置。在构造上必须截断一切燃烧体或难燃烧体的联系,不开门窗,或开门窗但必须有防火门、防火窗封闭。
(张琨联)

防火设备 fire protection equipment
火灾时用以灭火的设备。主要有:①消防车(有载炮泡沫消防车、水罐消防车、干粉泡沫联用消防车、东风高喷消防车、大功率特种消防车等);②消防泵(有手抬机动消防泵、固定消防泵组等);③泡沫设备(有泡沫比例混合器、空气泡沫混合器、压力比例混合器、中信泡沫产生器、液下喷射产生器、空气泡沫炮等);④自动喷水灭火系统(有高速喷射器、自动报警控制器、湿式系统装置、预作用系统装置、干湿两用系统装置等多种);⑤卤代烷1301灭火系统;⑥灭火器(有舟车式泡沫灭火器、二氧化碳灭火器、悬挂式定温自动灭火器、电控启动器及按钮等);⑦消火栓、消火栓箱(有室内消火栓、室外地上消火栓、地上消火栓出水咀、双出水阀室内消火栓箱、单出水阀室内消火栓箱);⑧消防梯(有6~9档人字梯、多功能梯);⑨TX-1型消防有线对讲机。
(钮 宏)

防火天花板 fire ceiling
又称防火吊顶。用非燃烧或难燃材料制成,设置于室内顶板下的建筑设施。通常是在木或钢吊顶搁栅下钉防火板。
(张琨联)

防火涂料 fire proof coating
又称阻燃涂料或延燃涂料。为减轻或减缓在火烧或高温作用时的温度反应,使基材保持原有的性能,而在其表面上涂刷的一层涂料。防火涂料的基本要求是隔热性、附着力和强度。中国常用的防火涂料有:106预应力混凝土楼板防火隔热涂料;L_B钢结构膨胀防火涂料等。
(钮 宏)

防火原理 fire protection principle
根据各种可能起火因素而采取的有效措施。为了减小火灾时的人员伤亡和经济损失,应分别从设计和使用两方面考虑。设计中根据使用的要求,选用适当的抗火材料和结构布置形式,减少火灾时的温度反应;设置火灾报警系统、消防栓、防火楼梯等以便及时发现和扑灭火灾,为火灾时有效地疏散人员、物资创造有利条件;管理可燃物的集中程度,考虑一定的防火间距,以及设置防火分隔物(如防火墙、防火窗、防火门等),控制火灾时的火势和蔓延。使用中应严格控制生产和生活中的明火、暗火等火源。
(钮 宏)

防挤沟 isolation trench
在桩群施工时为阻断土体侧向位移而设置的沟槽。实践表明对减轻浅层土体的挤压有一定效果。
(宰金璋 杨伟方)

防排烟 smoke prevention and elimination
见防烟排烟(80页)。

防水混凝土 waterproof concrete
结构密实具有抗渗防水性能的混凝土。有普通防水混凝土,外加剂防水混凝土和膨胀水泥防水混凝土三大类。在工程设计中,要按照水压及混凝土厚度确定必需的抗渗等级,再结合使用特性等选择防水混凝土类型,并计算确定配合比。在结构计算中要控制裂缝开展,在施工中要严格掌握材料质量、用量,水灰比及操作规程等,才能确保防水效果。
(黄祖宣)

防锈工程 antirust engineering
为了防止钢结构的锈蚀对其进行处理的工艺过程。它包括基体除锈(如酸洗除锈,抛丸除锈,喷砂除锈等)、底漆和面漆的分层喷涂。除锈方法及底漆和面漆的确定按规定要求进行。
(刘震枢)

防烟分区 smoke prevention zoning

为了控制烟气的扩散,将建筑物划分成不同的互相隔开的区域。其面积一般不超过 500m^2,且防烟分区不能跨越防火分区。划分的方式可采用挡烟垂壁,挡烟梁或挡烟隔墙等。 (蒋德忠)

防烟排烟 smoke prevention and elimination

简称防排烟。将火灾产生的烟气,在着火房间和其所在的防烟区内就地排出,防止烟气扩散的重要消防设施。有自然排烟和机械排烟两种方法。其目的为确保疏散和扑救用的防烟楼梯间、消防电梯内无烟。以保证建筑物内的生命安全,并为扑救工作制造条件。在国家建筑设计防火规范中,对不同建筑物的防烟排烟设施均有明确规定。
(蒋德忠)

防振沟 vibration-proof trench

用以隔振的沟。它是屏障隔振的一种特例,即屏障的孔隙是连续的沟。沟可设置在振源附近,以减小由振源引起辐射的波能传递;亦可设置在距振源一定距离处,以减少由振源传来的波能干扰。沟长应大于或等于波长,环形沟圆心角宜 > 90°,沟深 ≥ 1/3 波长,这样才有隔振效果。实际工程中,往往利用生产管沟或天然沟作为对一般机械振动的一种辅助隔振措施;有时在精密设备基础四周设置防振沟,沟内无物或放有砂、炉渣、木屑等松散材料,以隔离外界传来的高频振动干扰。 (茅玉泉)

防振距离 vibration-proof distance

将精密设备、精密仪器仪表远离动力设备振源,不采用任何防振措施而能满足正常使用要求所需的最小距离。 (茅玉泉)

防震缝 seismic joint

又称抗震缝。为了减少地震灾害,将建筑物分成若干结构单元而预先设置的间隙。建筑物各部分由于振动特性不同,在地震力作用下引起不同的变形,因而在结构中产生过大内力,造成开裂或破坏。故将体型和刚度差异大的部分用缝分隔。缝沿房屋全高设置,基础可不设缝。缝宽大小应根据房屋高度、场地类别和地震烈度而定,以避免在地震作用下房屋摇晃而互相碰撞。缝的布置应尽可能与沉降缝、伸缩缝结合起来。 (陈寿华 杨熙坤)

房屋刚度中心 building rigidity centre

简称刚心。当外力从各个方向作用于房屋各层平面上,使房屋只发生平移而无转动的作用点。当外力作用于该点外时,则既有平移又有转动。刚度中心的平面位置因层而异。 (江欢成)

房屋结构体系 building structural system

房屋中各主要受力构件所组成的承重结构的传力体系。一般由屋盖、楼盖组成水平向的承重结构体系,墙、柱组成竖直向的承重结构体系。水平向和竖直向的承重结构合在一起,才成为整幢房屋的完整的承重结构。水平向的承重结构主要承受竖向荷载的作用,有多种不同形式的结构体系,如交梁楼面、密肋楼面、无梁楼面、无檩屋面、有檩屋面、薄壳、折板、网架、索网等。竖直向的承重结构主要承受水平荷载的作用以及由水平向承重结构传来的竖向荷载,也有多种不同形式的结构体系,如框架结构、承重墙结构、筒体结构等。有时在同一幢房屋中,将不同形式的结构结合起来,成为混合式的结构体系。例如在水平向,不同楼层或同一楼层的不同部位采用不同形式的楼面。又如在竖直向,采用框架承重墙结构(框架与承重墙的结合)或框架筒体结构(框架与筒体的结合)等。 (蒋大骅 钦关溢)

房屋静力计算方案 calculating scheme of building

依房屋空间刚度不同确定墙体静力计算的模式。房屋的空间刚度与山墙或刚性横墙的间距以及楼盖在其平面内的刚度有关。它可分为:刚性方案、刚弹性方案、弹性方案。 (刘文如)

放大器 amplifier

将电量增值的一种电子器件。是电子仪表的一个重要组成部分。放大器的输出和输入信号的幅值比称灵敏度,两者均为电压信号时称增益,又称放大率,常用分贝(dB)表示。衡量放大器优劣程度的指标除灵敏度外,还有频率响应、信噪比等。按其功能不同,可分为电压放大器、功率放大器、直流放大器、交流放大器、宽频带放大器、窄频带放大器和其他特种放大器,如微分放大器、电荷放大器、积分放大器等。 (潘景龙)

放射性试验 radioisotopic test

测定岩土的天然放射性或将放射性同位素作为示踪剂测定地下水运动规律的试验。 (王家钧)

放射性同位素法测井 radioisotope log

在钻孔中利用放射性同位素作为示踪原子,测定和研究地下水的运动,以此来划分不同渗透性地层,检查钻孔技术情况和水力压裂效果等的测井方法。 (王家钧)

放样 templet making

根据施工图的图形和标志尺寸,按 1:1 的比例,在放样平台上或操作台上放实样的工序。为了便于制造和安装,放出实样后,按零件尺寸,并预留加工和焊接收缩的余量,用油毛毡或薄钢板制成样板或用适当宽度的薄钢板条或小方木制成样杆,对于需弯曲成型的零件,还应作卡样板。把图纸上设计好的建筑物(构筑物)或管道系统的平面位置和高程标定在实地上的测量工作,也称放样。参见施工放样

(269页)。　　　　　　　　　　（刘震枢）

放张强度　strength of concrete during releasing prestressed tendon

在先张法预应力混凝土构件中，放松预应力钢筋时的混凝土抗压强度。其值等于张拉控制应力除去由锚具变形、温差及钢筋应力松弛等形成的第一批损失应力值后的预应力钢筋合力在混凝土单位计算面积上产生的抗压强度。此时，相应的预应力钢筋应力等于张拉控制应力除去第一批损失应力及混凝土弹性压缩应力后所剩余的应力值。

（王振东）

fei

飞石安全距离　safety distance of explosive fragmentation

又称碎石安全距离。以爆炸飞石（碎片）破坏效应为依据保证安全所需的最小距离。一般以灾难性飞石在单位面积内分布的块数即飞石分布密度作为飞石安全距离标准。灾难性飞石（碎片）是指重量在0.127kg以上的飞石。　　　　　（李　铮）

非承重墙　non-bearing wall

亦称自承重墙。在房屋中仅起维护、隔断作用，除本身自重外不承受其它荷载的墙体。

（张景吉）

非承重墙梁　non-bearing wall beam

仅承受托梁和砌筑在其上的墙体自重的墙梁。如钢筋混凝土单层厂房中的基础梁、连系梁与其上围护墙体所组成的墙梁。　　（王庆霖）

非等精度观测　observation of unequal-precision

又称不等权观测。在不同的观测条件下，对某一个量或多个量所进行的观测。非等精度观测的结果，产生某一误差的概率不等，在平差时所赋予的权也不同。　　　　　　　　　　（傅晓村）

非电量电测技术　electronic measuring technigue of non-electronic physical quantity

采用量测电量的手段度量非电物理量的一种应用技术。其任务是研究将位移、应变、力值、加速度、温度等非电物理量转化成电量或电参量的敏感元件，确定它们间的函数关系并制成相应传感器的技术，根据敏感元件的电学特性研究相应的电子测量线路、调制器、放大器、解调制器和记录装置等，实现对非电量物理量的度量。　　　　　（潘景龙）

非发震断层　nonseismic genetic fault

断裂两盘不发生突然错动的断层。蠕滑断层和不活动断层属于非发震断层。　（李文艺）

非封闭结合　unsealing combination

屋面板及屋架和女儿墙间出现空隙的一种轴线结合方式。在单层装配式钢筋混凝土结构厂房中、由于吊车吨位大，吊车外轮廓尺寸和柱截面尺寸都有所增大，为保证柱子内缘与吊车外轮廓间有必要的空隙，要求柱外皮自轴线外移一定尺寸。这样，墙内缘与屋架端部间出现间隙，须另采取措施使屋面板封闭。　　　　　　　　　　（王松岩）

非焊接钢结构　non-welded steel structure

不用或不完全用焊缝作为连接而制作的钢结构。如铆接结构和栓焊结构（构件为焊接，构件间的连接用高强度螺栓）。　　　　（钟善桐）

非均匀受压板件　non-uniform compression plate element

板面内受非均匀压力（一般为线性分布）作用的板件。如受弯构件和压弯构件的腹板以及双向受弯构件和双向压弯构件的翼缘与腹板。　（沈祖炎）

非破损试验　non-destructive test

在不使结构构件破损的条件下进行的试验。测量与结构构件材料性能有关的物理量，如硬度、表面回弹值、密度、超声声波参数等，推定材料的强度、弹性模量和检测结构构件内部缺陷、材料的均匀性、密实性、钢筋位置和保护层厚度等，并由此推断结构构件的性能。其特点是：不需用荷载试验破坏结构构件，直接在结构构件上全面检测材料的施工质量。对于混凝土结构常用的非破损试验方法有回弹法、超声法，综合法。在不影响结构受力性能的条件下允许使用钻芯法和拔出法等局部破损的试验方法。对于金属结构构件常用的方法有射线探伤、超声探伤和电磁探伤等，用以检测母材和焊缝的材质缺陷（如夹渣、气孔、裂纹等）和施工质量（如未焊透、咬边等）。　　　　　　　　　　（姚振纲）

非燃烧体　non-kindling member

用非燃烧材料制成的构件，如砖墙、混凝土构件、钢梁等。　　　　　　　　（林荫广）

非烧结硅酸盐砖　non fired silicate brick

以硅质材料和石灰为主要原料，必要时加入集料和适量石膏，成型后的坯体采用湿热处理的方法使之硬化而成的砖。根据所采用的硅质材料不同可分为灰砂砖、粉煤灰砖、炉渣砖、矿渣砖等。

（罗韬毅）

非生产性建设　construction for nonproduction purposes

又称消费性建设。直接用于满足人民物质生活和文化生活需要的建设。包括：①住宅及其附属设施；②文教卫生建设；③科学实验研究建设；④公用事业建设；⑤其他建设，指各级行政机关和团体的建设（如建造办公楼等），以及其他非生产性的建设。

（房乐德）

非稳态滞回特性 unsteady hysteretic behavior
构件受同样大小反复荷载作用时，各周滞回曲线形状都在变化的恢复力特性。（余安东）

非线性地震反应 non-linear earthquake response
在地震作用下结构产生的超过弹性限度的反应。如果结构在强地震作用下，结构的力学计算模型应按恢复力和位移的非弹性关系考虑，结构及其共同作用的地基的弹性模量就不能保持常量。按照弹塑性模型由运动方程求得的反应为非线性地震反应，出于结构经济性的考虑，通常容许结构在地震时产生局部损坏而不倒坍。在此情况下，迭加原理不再适用，因而进行动力分析的难度较大，一般采用分段线性化或等效线性化等方法。（陆伟民）

非线性振动 non-linear vibration
惯性力、恢复力和阻尼力并非全部相应地与加速度、位移和速度的一次方成正比，或激振力依赖于响应的多次方的振动。非线性振动的方程是非线性微分方程，结构的响应量与激振力不成比例，叠加原理不适用。（李明昭）

非圆弧滑动面的杨布法 non-circular arc Janbu's method of slope analysis
又称普遍条分法（GPS法）。由杨布（Janbu）提出的假设整个非圆弧滑动面上的安全系数不变来分析土坡稳定的方法。土坡破坏时的滑动面不一定是圆弧。杨布法可以求出最一般情况下的安全系数及滑动面上的应力分布。在平面应变条件下，杨布假定：整个滑动面上的安全系数都是一样的；土条上所有竖直荷载合力作用在力的作用线与滑动面的交点处；推力线的位置根据土压力理论计算确定。根据平衡条件，得出安全系数计算公式。此法计算比较复杂，必须多次迭代，但它不仅可求出平均安全系数及滑动面上应力分布，还可以求出土条界面上抗剪切的安全系数。（胡中雄）

非周期性抗震动力试验 nonperiodical seismic dynamic test
利用随机振动源作为激振力的动力试验。外激励没有固定的周期和幅值，外激励在一次试验中是随机的，外激励对结构的作用是通过基础运动而使结构产生惯性力。这种试验是在20世纪60年代以来发展起来的，一般包括模拟地震振动台试验、人工地震试验、天然地震试验、强震观测等。中国从唐山地震以来陆续进行了这种试验，它是评价结构抗震能力最有效的试验方法。（吕西林）

非周期性抗震静力试验 nonperiodical seismic static test
按某一确定性实际地震反应制订的加载制度进行的结构抗震静力试验。由给定的输入地震加速度记录，通过计算机对结构进行动力反应的全过程分析，将计算得到的位移反应的时程曲线作为输入数据，按每一时刻的位移值施加到结构上去，并实测结构构件的非线性反应。这方法需要在试验前假定结构的恢复力特性模型。由于材料屈服、结构构件开裂和局部破坏等因素会引起结构强度刚度的退化，要求假定的数学模型确切地描述结构的真实状态比较困难。近代发展将计算机技术直接应用于控制结构抗震静力试验的加载、检测、数据采集和处理，可以满足按实际地震反应输入加载，又不需事先假定结构的恢复力特性，将计算机分析与恢复力实测结合起来的一种计算机-加载器联机试验，是非周期性抗震静力试验的新发展。（姚振纲）

沸腾钢 rimmed steel
一种脱氧很不充分的钢。加入锰铁脱氧，钢液中还有较多的FeO，它和碳作用，形成CO气体逸出，引起钢液的剧烈沸腾。沸腾钢材质不均匀，机械性能和抗腐蚀性较差，但成材率高，价格比镇静钢低。也常用于建筑结构。沸腾钢用符号F表示。（王用纯）

费用-效益分析 cost-benefit analysis
从经济效益角度来评价技术方案的分析方法。它可以从费用出发来研究各种方案的效益；或从效益出发来研究各种方案的费用。其步骤：①明确目标，确定衡量效益的目标；②提出可供选择方案，估算各方案的费用；③选择决策准则；④建立费用和效益模型；⑤比较确定最优方案。（肖光先）

fen

分辨率 resolution
显示器显示图形及图像的精细程度和分辨能力。是显示器常用的一个重要指标。目前常用的阴极射线管显示器的分辨率包括水平分辨率和垂直分辨率，它们分别指水平方向上可分辨的像素个数和显像管高度范围内可分辨的最多扫描线数。与微机配套使用的显示器分辨率通常有 640×200、640×350、640×480 以及 1024×768 等。（郑邑）

分布筋 distribution steel
又称温度收缩钢筋。在钢筋混凝土单向板中与受力钢筋相垂直的构造筋。它通常置于受力纵筋的内侧，用以固定受力筋的位置，还可以承受混凝土的收缩及温度应力，限制裂缝宽度。（刘作华）

分布密度函数 distribution density function
见概率密度函数（90页）。

分部工程 construction work element

单位工程中具有一种或多种功能的结构部位。它是单位工程的组成部分。例如一般土建单位工程是由基础、地面、墙体、楼面、门窗、屋面、装饰等部分组成。
（房乐德）

分层法 divide story method

框架结构在竖向荷载作用下截每层为单独结构计算内力的近似方法。此法根据每层梁上的荷载对其他层梁的影响忽略不计的假设，沿垂直方向将框架截成若干个上下柱端均为固定端连接的敞口框架，且忽略其侧移，按力矩分配法计算各杆端弯矩，考虑到上下柱端均为固定连接的假设与实际情况不符，故计算中除底层外其他各柱的线刚度均乘折减系数 0.9，传递系数取 1/3。所得敞口框架的梁弯矩即为框架梁的最后弯矩，迭加敞口框架中相应的柱端弯矩得框架柱最后弯矩。
（戴瑞同）

分段下沉法 subsiding by stages

见一次下沉法（341 页）。

分段预制柱 column precast in sections

分段预制的柱。它常用于受起吊能力或预制场地限制而不能采用预制整根柱时。接头方法可采用钢帽式接头（图 a）榫式接头（图 b），或上段钢柱下段混凝土柱拼接。拼接位置应考虑分段合理、受力较小、传力明确、施工简便。在多层框架中也有按楼层高度分段预制的柱，梁柱节点采用钢板焊接连成整体或现浇接头连成整体。

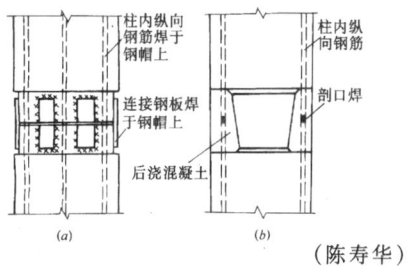

（陈寿华）

分隔墙 partition

又称隔断。在房屋建筑内部，分隔建筑单元的非承重竖向构件。

分级加载 gradation loading

当结构试验按试验荷载值进行试验时，将荷载值按不大于 20% 分成若干级对结构逐级施加的加载方法。同样在超出试验荷载值以后或进行结构破坏试验时，也可以按预计破坏荷载的一定百分比进行分级加载，当有特殊需要时荷载分级尚可增加，每级加载的百分比可减小。其目的是用以控制加载速度使结构比较充分地变形。便于试验者观测结构的各种反应与荷载间的相互关系，能真实了解结构各阶段的工作性能，对于混凝土结构就能获得结构正确的开裂试验荷载实测值和极限荷载实测值。
（姚振纲）

分离式柱脚 separating column base

见柱脚（373 页）。

分模数 sub module

基本模数的分数尺寸单位。中国采用的分模数有：$\frac{1}{2}$M(50mm)、$\frac{1}{5}$M(20mm)、$\frac{1}{10}$M(10mm)、$\frac{1}{20}$M(5mm)、$\frac{1}{50}$M(2mm)、$\frac{1}{100}$M(1mm)等。$\frac{1}{2}$M、$\frac{1}{5}$M、$\frac{1}{10}$M 等分模数适用于各种节点构造、构配件的截面以及建筑制品的尺寸等。$\frac{1}{20}$M、$\frac{1}{50}$M、$\frac{1}{100}$M 等适用于成材的厚度、直径、缝隙、构造的细小尺寸以及建筑制品的公差等。
（房乐德）

分时计算机系统 time sharing computer system

由计算机硬件和具有分时能力的操作系统组成，可供多个用户分享的系统。它把处理机按时间片分配给各个用户。用户作业所运行的程序和处理的数据在需要时才调入计算机存储器中，不用时保存在辅助存储器内。分时操作系统处理诸如主存储器和辅助存储器间程序和数据的传送，与外围设备的接口、编译和子程序库的存取，以及用户结果等工作。
（李启炎）

分水线 divide line

见山脊线（262 页）。

分位数 fractile

又称分位值。在给定概率的条件下，表征随机变量 X 取值范围分界点的数。如结构设计中采用的材料强度标准值等就是相应于一定保证率的分位数的值。
（杨有贵　王振家）

分位值 quantile

见分位数。

分析解

见岩坡分析的解析法（336 页）。

分项工程 construction work sub-element

能用较简单的施工过程施工，并可用适当计量单位计算，便于进行排序计价的工程的基本构造要素。它是分部工程的组成部分。例如砖基础分部工程，是由基槽开挖、基础垫层、砖基础、防潮层及回填土等分项工程组成。
（房乐德）

分项系数 partial factor

为了保证所设计的结构或构件具有规定的可靠指标而在设计表达式中采用的系数。当采用概率设计法时，分项系数包括结构重要性系数、荷载分项系数、材料强度分项系数等。这些系数都是根据给定

芬克式屋架 Fink truss

见三角形屋架(258页)。

粉尘浓度 dust concentration

单位体积空气中的粉尘含量。有两种表示方法：一种是质量浓度，即每立方米空气中所含粉尘的毫克数(mg/m^3)。另一种是颗粒浓度，即每立方米空气中所含粉尘的颗粒数。前者用于工业通风技术，后者用于空气净化技术。　　(蒋德忠)

粉尘浓度极限 limit of dust concentration

见粉尘浓度界限。

粉尘浓度界限 limit of dust concentration

又称粉尘浓度极限。不会引起爆炸的粉尘浓度的最高限度。超过这个限度，遇到电火花、金属碰撞引起的火花或其他火源，空气中粉尘与其周围的氧发生氧化反应，所产生的热量向周围空间迅速传播，使周围的粉尘与空气的混合物也达到氧化反应所必需的温度，由于连锁反应，在极短的时间内，能使整个空间发生剧烈的氧化反应，产生大量的热量和燃烧产物，形成迅速增高的压力波，即产生了爆炸。
　　(蒋德忠)

粉煤灰砌块 flyash block

见硅酸盐砌块(114页)。

粉煤灰砖 fly ash brick

又称烟灰砖。以粉煤灰为主要原料，掺配一定比例的石灰、石膏或其它碱性激发剂，再加入一定量的炉渣或水淬矿渣作集料，经加水搅拌、消化、轮碾、压制成型、常压或高压蒸汽养护而成的砖。抗压强度一般为7.35～9.80MPa，较高者可达16.0MPa。重力密度小于粘土砖。抗冻性、长期强度稳定性以及防火性能等均不及粘土砖。可用于一般工业与民用建筑。　　(罗韬毅)

粉砂 silty sand

又称极细砂。见砂土(261页)。

粉土 silt

又称垆姆。塑性指数小于或等于10，且粒径大于0.075mm的颗粒含量不超过全重50%的土。上述定义中的后一界限标准，也有按粒径小于0.005mm的颗粒含量(粘粒含量)超过全重3%的。粉土属于砂土和粘性土之间的过渡性土类，其工程性质介于砂土与粘性土之间，如稍具有塑性和粘结性，透水性较弱，压缩性较低，静强度较高，但具有显著的毛细性，抗渗流稳定性差以及较大的可液化性等。如上特性取决于其粘粒含量。粉土按粘粒含量可分为砂质粉土和粘质粉土。　　(杨桂林)

粉质粘土 silty clay

旧称亚粘土。又称壤土。塑性指数大于10并小于或等于17的粘性土。具有弱透水或半透水性。其组成及工程特性参见粘性土(223页)。
　　(杨桂林)

feng

风动机塔 wind driving machine tower

装设风动叶片和发电机设备的高耸结构。用3～4个叶片装设在塔顶迎风方向，通过转轴连杆与发电设备相连。叶片与风动机可随风向变化作全方位转动，使发电机组处于最佳状态。　　(王肇民)

风荷载 wind load

风作用在建筑物(构筑物)表面上计算用的风压。当流动空气遇地面结构物而受阻时，在结构表面上产生压力和吸力，其大小和作用方向随时间而变化，且与当地的气象、地貌，以及结构的外形、高度和动力特性有关。风荷载标准值由基本风压乘以风压高度变化系数、风载体型系数和风振系数确定。
　　(陈基发)

风化 weathering

组成建筑物和构筑物的各种材料在自然环境中缓慢变质和破坏的过程。如日照能促进有机物的变质；材料孔隙内的水结冰膨胀，经反复冻融，而使材料逐渐破坏；含有侵蚀性组分的水使材料破坏；以及热胀冷缩、风沙冲刷等引起的破坏。工业污染常能加剧其进程。　　(施 羿)

风化系数 weathering index

风化岩石与新鲜岩石的饱和单轴极限抗压强度之比。它反映岩石的风化程度，是岩石按风化程度分类的参考指标之一。　　(杨桂林)

风机盘管 fan coil

由小型风机和冷却(加热)盘管组成的空调系统末端装置。安装在空调房间内，盘管通以冷(热)媒冷却(加热)室内循环空气从而达到空调目的。其优点是：布置灵活，各房间可独立调节室温，广泛用于宾馆、医院和办公楼等多层多室建筑。机组分立式和卧式两种，可明装也可暗装。　　(蒋德忠)

风积层 eolian deposit

经风搬运再堆积的沉积层。特点是：砂粒的分选好；砂粒的磨圆度高；砂粒表面有麻坑；风成砂一般以石英为主；砂丘的不同部位形成水平层理或交错层理。　　(朱景湖)

风淋室 air washing chamber

又称空气吹淋室。安在洁净室入口处，进行人身净化并能防止污染空气进入洁净室的一种装置。人员先经过风淋室，使身体各部位都受到经过高效

风帽 wind cap

又称避风风帽。安装在自然排风系统上,利用风力造成的负压加强排风能力的一种装置。

（蒋德忠）

风谱 wind spectrum

以风为输入量的功率谱密度。在随机振动分析中,输入的是统计值,输出的也是统计值。因为根方差与自功率谱密度具有一定的关系,输入的功率谱密度乘以频率响应函数绝对值的平方就等于输出的功率谱密度,所以输入常以功率谱密度为代表。如果以风速的形式作为输入,则为风速谱,以风压的形式作为输入,则为风压谱。在风谱图形上反映风功率谱密度与风频率的关系,需由实测或风洞试验求出。从风谱曲线上,可以看出风的不同频率贡献的大小。

（张相庭）

风速 wind speed

由于大气层空气压力的差异而形成气体流动的速度。可分为瞬时风速、平均风速、脉动风速、平均最大风速等。按国际蒲福(Beaufort)风力等级表,可分为 13 个等级。相当于平地 10m 高处风速 <1km/h 为 0 级;1~5km/h 为 1 级;6~11km/h 为 2 级;12~19km/h 为 3 级;20~28km/h 为 4 级;29~38km/h 为 5 级;39~49km/h 为 6 级;50~61km/h 为 7 级;62~74km/h 为 8 级;75~88km/h 为 9 级;89~102km/h 为 10 级;103~117km/h 为 11 级;>117km/h 为 12 级。

（欧阳可庆）

风速风压关系 relation between wind speed and wind pressure

风速转换为风压的关系公式。当气流以水平速度 v 运动时,对于不可压缩理想流体不考虑流动过程中摩擦等损失时,气流所具有的静压能和动能之和保持不变,即

$$w_s V + \frac{1}{2}\rho v^2 V = C$$

或

$$w_s + \frac{1}{2}\rho v^2 = C_1$$

该式称为伯努利方程,w_s 为气流产生的静压强,V 为体积,ρ 为空气密度,C 和 C_1 为常数,$\frac{1}{2}\rho v^2$ 为风速 v 产生的风压,因而风速风压关系公式应为

$$w = \frac{1}{2}\rho v^2$$

各地空气密度 ρ 不同,上式的具体表达式亦有不同。例如对于中国内陆平原地区、东南沿海地区和青藏高原地区,上式右面分别为 $\frac{1}{1600}v^2$、$\frac{1}{1700}v^2$、$\frac{1}{2600}v^2$。由于国家规范采用的风速资料大都为前一时期各台站利用风压板的风压数据换算,采用 $v = \sqrt{1600w}$ 而未采用上述不同的系数,因而该规范注明按 $\frac{1}{1600}v^2$ 来确定风压,这样才符合这些记录资料。

（张相庭）

风速谱 wind-speed spectrum

见风谱。

风压 wind pressure

又称风速压。由风速产生的单位面积上的压力。是建筑工程设计上计算风荷载的依据。风的时程曲线中含有长周期成分和短周期成分,因而可将风分为平均风和脉动风,前者相当于长周期成分,后者相当于短周期成分。与平均风对应的风压为平均风压,与脉动风对应的风压为脉动风压。工程设计上常将某一高度处符合一定条件的平均风压称为基本风压。基本风压乘以结构风载体型系数、风压高度变化系数、风振系数后即为作用在结构上的风荷载。

（张相庭）

风压高度变化系数 coefficient of wind pressure variation with height

考虑风压随高度而变化的系数。由于地面上的粗糙性质对气流的粘滞作用,使地面的平均风速呈沿高度向地面减小的趋势。基本风压是以 10m 高处的风速为基准确定的,因此不同高度处的风压应乘相应的风压高度变化系数加以修正。由于系数取值还考虑到地面粗糙程度的影响,因此其他国家也称为曝露系数(exposure factor)。

（陈基发）

风压谱 wind-pressure spectrum

见风谱。

风载体型系数 shape coefficient of wind load

简称体型系数。考虑风荷载随建筑物的体型及部位而变化的空气动力反应系数。当气流遇到地面阻碍物时,由于气流运动发生变化,在阻碍物表面将引起相应的压力变化。压力的分布取决于来流风在阻碍物上的空气动力反应。它与阻碍物的外形和来流风的速度有关。设计中通常以风载体型系数来考虑这个因素。在一般情况下,迎风面的体型系数为正值,背风面和两个侧面的体型系数为负值。

（陈基发　卢文达）

风振 wind-excited vibration

由风激励的结构动态作用。在顺风向,由于风力中的脉动风是短周期成分,因而引起结构顺风向风振。风力是随机的,所以顺风向振动也是随机的。在横风向,由于风的旋涡脱落,它或者具有确定的频率,或者是随机形成和脱落,都能引起横风向风振。

风振的作用常用等效的静力作用在结构上来表示，该等效静力惯性力，称为风振力。因此在顺风向有脉动风引起风振等效的风振力，在横风向也有旋涡脱落引起的风振力。

（张相庭）

风振系数 gust response coefficient

在来流风速脉动的影响下，对水平刚度较小的结构，因产生了不可忽略的加速度而必须按受动荷载考虑时所采用的系数。当按规范设计时，允许通过按近似公式导出的风振系数来增大风荷载，然后采用静力学的方法计算结构。

（陈基发）

封闭箍筋 closed stirrup

在构件截面周边设置，将纵筋箍住形成封闭状的箍筋。这种箍筋的作用效果好，一般均可采用。

（王振东）

封闭结合 sealing combination

厂房周边轴线和围护墙内缘（即柱子外缘）重合的一种轴线结合方式。它可仅用一种外形尺寸的屋面板将整个屋面封严（铺到女儿墙内缘），这种轴线叫做封闭轴线。它可以使厂房构造方案简化，构件类型减少。为装配式单层工业厂房最常用的轴线划分和结合方式。

（王松岩）

封闭式母线配线 wiring in enclosed type bus-bar

母线在封闭式槽板中敷设的方法。适用于干燥和无腐蚀气体的室内场所。水平敷设时，距地面高度不应低于 2.2m；垂直敷设时，距地面 1.8m 以下部分应采取防止机械损伤措施。

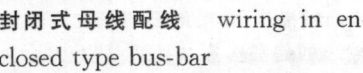
封闭结合

（马洪骥）

封闭轴线 sealing grid line

见封闭结合。

封底 seal

当沉井下沉到达设计标高后，将沉井底面用混凝土封住的施工技术。混凝土封底分湿封底和干封底两类。当不排水挖土而井内有水时，采用湿封底，即用水下混凝土灌筑法施工，封底厚度除按力学条件计算外，还应考虑沉井的抗浮稳定因素。当排水挖土或井内无水时，可采用干封底施工，即在井底矿渣层上铺设 50cm 左右素混凝土层。为消除有可能出现的向上的水压，在素混凝土层中视封底面积的大小，设置若干个集水井，以便抽水减压。

（钱宇平）

峰因子 peak factor

见保证系数（6 页）。

峰值应力应变 strain corresponding to the maximum stress

又称峰值应变。材料应力-应变曲线上极限应力所对应的应变值。混凝土的峰值应变一般在 0.0015~0.0020 范围内。

（计学闰）

蜂窝梁 castellated beam

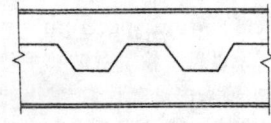

把工字钢或 H 型钢的腹板沿齿形切开，错位后焊接而成的、腹板上具有蜂窝状孔洞的梁。使用蜂窝梁可用较少的钢材做成较高的截面，从而提高了梁的承载力和抗弯刚度。它适用于剪力较小的梁。

（何若全）

蜂窝裂

见内裂（221 页）。

蜂窝形三角锥网架 honeycomb-shaped triangular pyramid space grid

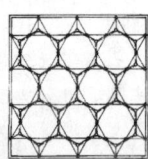

由三角锥体和十四面体组合而成的网架结构。它的上弦平面为正三角形和六边形网格，下弦平面为正六边形网格，下弦与腹杆位于同一竖向平面，属于一种依靠支座水平约束才能保持几何不变的它约结构体系。这种网架形式美观，每个节点都只有 6 根杆件汇交，节点构造简单，但空间刚度较差，适用于中、小跨度的多边形平面建筑。

（徐崇宝）

fu

弗朗恰地震 Vrancea earthquake

1977 年 3 月 4 日在罗马尼亚弗朗恰发生的地震。里氏震级为 7.2，震源深度 100km，震中位置在布加勒斯特东北约 160km 处，震中烈度达 8~9 度。水平加速度峰值 0.2g，卓越周期 1.4s。造成 3.29 万栋房屋破坏或倒塌，十几层的钢筋混凝土结构破坏较多。死亡 1570 人，重伤 1 万余人。

（肖光先）

弗列西涅锚具 Freyssinet anchorage

见锥形锚具（379 页）。因法国 Freyssinet 公司首先制造而得名。

浮石混凝土砌块 pumeconcrete block

利用产自火山的天然浮石为集料，水泥、粉煤灰为胶结料，加水搅拌、振捣成型、养护而成的砌块。多做成空心砌块，以用于保温或保温兼承重的外墙体。砌块重力密度为 8~12kN/m³，抗压强度一般为 2~4.5MPa。

（唐岱新）

浮运沉井法 method of floating open caisson

在水深流急、筑岛困难的情况下,在陆地上(干坞或船坞内)制作沉井,然后浮运到现场就位的施工方法。浮运沉井的结构,可以采用空心井壁、设置假底,在井孔上加设临时性的顶盖或在沉井周围安设浮筒等。浮运的方法,可以采用滑道入水或利用潮汐或水位上涨时浮起。　　　　　(钱宇平)

符合水准器 coincidence level

在管状水准器上面安装一组棱镜以提高其置平精度的一种装置。借棱镜的反射作用把水准器气泡两端的气泡头的一半影像传递到一个观察孔中,当看到气泡的两端半影像符合成一个整气泡头时,即气泡居中。此装置多数装在水准仪及经纬仪的竖盘读数设备上。　　　　　　　　(邹瑞坤)

辐射采暖 radiant heating

散热设备放热以辐射热为主的一种采暖方式。常用的辐射散热设备有与建筑结构相结合的低温混凝土辐射板;将钢管直接埋在混凝土板里、管内通热水,板表面散放辐射热,且分为墙面、天棚、窗下、踢脚板、地板等几种型式。此外还有热媒以蒸汽和电热为主的钢制块状和带状辐射板和以气体燃料加热的红外线辐射器。　　　　　　　(蒋德忠)

俯焊 overlook welding position

见焊接位置(119页)。

辅助等高线 extra contour

见助曲线(372页)。

辅助性专题研究 auxiliary study on special topics

建设项目初步可行性研究中,对某一个或某几个方面所进行的专门性探讨。如市场需求预测、价格预测、合理经济规模、设备选择的专题性研究。它是建设项目(特别是大型项目)进行可行性研究的前提。　　　　　　　　　　　　(房乐德)

腐蚀 corrosion

材料受外界介质侵蚀,而使性质发生变化,以致强度降低甚至破坏的现象。腐蚀类型有:化学腐蚀、电化学腐蚀、溶蚀、胀蚀、碳化、风化、碱集料反应等。有时为单一存在,有时为复合存在。常见的某些缓慢毁损现象,如楼地面、柱、梁的损坏,钢铁件的锈蚀,木构件的腐朽等都是腐蚀所致。腐蚀原因多种多样,形成过程复杂。如酸、碱、盐类介质引起建筑材料的化学反应,生成可溶性盐类;存在孔隙和毛细孔的材料,受酸、碱介质渗入后,可生成结晶型盐类;金属材料因材质不纯或受力不均,从而导致材料腐蚀;一部分有机材料,在遭受有机溶剂介质作用后会体积膨胀变形、软化、甚至溶解,使材料强度急剧下降而破坏。　　　　　　　　(吴虎南)

腐蚀介质 corrosion medium

在温度、湿度、环境杂质、日照、时间等外界因素影响下,能使与其相接触的特定材料产生性质改变或形体破坏的气体、液体或固体。可分为酸性介质和碱性介质。常见的腐蚀现象有:大气、土壤、海水对建筑物和构筑物的腐蚀。大气中的硫化物和氯化物伴同水汽和氧气对建筑金属具有明显腐蚀性;土壤中的酸性介质和硫酸盐,对混凝土有破坏作用,氯盐、硫酸盐、硫化物和酸性介质对建筑金属有明显的腐蚀作用。海水中的硫酸盐、镁盐对混凝土有破坏作用;氯盐则引起混凝土中钢筋的锈蚀。酸性介质对工业设备和构筑物的侵蚀,普遍而严重。
　　　　　　　　　　　　　(施 弢)

腐蚀疲劳 corrosion fatigue

在反复荷载和腐蚀环境联合作用下的疲劳。其特点为断口有锈蚀,应力循环的频率对疲劳强度有显著影响等。　　　　　　　　(杨建平)

腐朽节 decayed knot

枯死的树枝受木腐菌侵蚀后出现的腐朽死节。它对木材强度的不利影响颇大。
　　　　　　　　　　　　　(王振家)

负荷等级 loadgrade

电力负荷根据其重要性和对供电可靠性的要求及中断供电可能造成的危害程度划分的等级。一般可分为三级:一级负荷、二级负荷和三级负荷;一级负荷中又有特别重要负荷。不同等级的负荷对供电电源各有不同的要求。　　　　(马洪骥)

负剪力滞后 negative shear-lag

槽形截面或工字形截面结构在横向荷载作用下,翼缘截面上正应力分布不均匀的现象。具体表现在近肋(腹板)部应力最小,离肋(腹板)越远,应力越大。常见于结构的自由端或简支端附近。如在筒体结构顶部垂直于侧向力方向的各柱中,角柱的平均轴向应力最小(甚至与根据材料力学定性分析的应力方向相反),离角柱越远,柱内轴向应力越大。
　　　　　　　　　　　　　(张建荣)

负筋 reinforcement for negative moment

钢筋混凝土受弯构件中承受负弯矩的纵筋。
　　　　　　　　　　　　　(刘作华)

负温冲击韧性 impact toughness under negative temperature

又称低温冲击韧性。在负温状态下材料受冲击破坏所吸收的最大能量。对承受动荷载的重要钢结构,又常处于负温状态下工作时,除钢材常温冲击韧性应满足规定的标准外,尚应满足 −20℃ 甚至 −40℃ 下对冲击韧性的要求。　　(钟善桐)

负阻尼 negative damping

在振动过程中,使结构产生等效的阻尼力为负值的作用。这种负阻尼不但不消耗体系的能量,而是相反地对体系输入能量,使体系产生自激振动。例如松动的轴承内,由于干摩擦而引起轴的抖动,输电线由于风对电线的作用而引起的自激振动等都是由于负阻尼的作用所致。　　　　　　(汪勤慈)

附合导线　annexed traverse

在导线测量中,敷设在两已知边间的导线。导线起始于一已知边,经过若干导线点后,终止于另一已知边。因此,具有方位角与坐标检核条件。一般用于平面控制的加密,道路、管道、河渠等线路的工程勘测与施工测量。　　　　　　(彭福坤)

附加箍筋　additional stirrup

见复合箍筋。

附加偏心距　additional eccentricity

见偏心距(229页)。

附着式振动器　adhibiting vibrator

见振动器(361页)。

复测法　repetition method

又称倍角法。用复测经纬仪重复测量水平角的方法。即对同一水平角重复测量数次,取其算术平均值作为水平角值。其方法是:盘左位置,从左目标顺时针方向照准右目标,保持原有读数,再从右目标逆时针方向照准左目标,按此法反复观测一水平角的 n 倍,只读取第一次照准左目标及最后一次照准右目标的读数 a 和 b,则水平角 $\beta_{左} = \dfrac{b-a}{n}$。对同一水平角,应按盘左、盘右观测取中数。此法可减少读数误差,提高测角精度。　　　(钮因花)

复合板　compound panel

具有不同功能的不同材料分层构成的板。例如屋面用的混凝土、泡沫隔热层及表面防水层的三合一板。夹芯板也是复合板的一种。　　(张耀春)

复合保护　composite protection

为延长金属保护层的寿命及出于美观的考虑,在维持保护层所需厚度的前提下再行涂漆的维护措施。涂漆前应进行除油、磷化和钝化处理,以保证漆膜与金属保护层间的附着力。由于红丹底漆对镀锌层有浸蚀作用,因此镀锌的钢板不得涂红丹底漆维护。　　　　　　　　　　　　(张耀春)

复合箍筋　complex stirrup

在混凝土结构构件中配置由矩形箍筋与附加箍筋组成联合作用的箍筋。附加箍筋在矩形箍筋内设置,它有矩形、菱形、多边形等不同形式,有时或做成S型拉结筋的形式。当构件截面尺寸较大,或每边纵筋根数较多时,为了协助矩形箍筋防止纵筋发生屈曲,才增设这种附加箍筋。　　　(王振东)

复合墙板　sandwich wall panel

也称夹心墙板。由两种或两种以上材料复合而成用于外墙的墙板。常用于寒冷地区。一般用钢筋混凝土做成骨架,起结构作用;中间夹以轻质材料,起保温作用。保温材料一般有炉渣、泡沫混凝土、粉煤灰加气块、膨胀珍珠岩和聚苯乙烯泡沫塑料板等。有的墙板内外都有钢筋混凝土面层保护,有的仅做一面,另一面粉砂浆保护。　　　(钦关淦)

复合受扭构件　torsion member subjected to other forces

在扭矩、弯矩、剪力及轴力等各种内力复合作用下的构件。在土建工程中,如雨篷梁在雨篷板荷载作用下,使构件内产生弯矩、剪力和扭矩,属于弯剪扭构件;托架上弦在屋架偏心荷载下,其内力属于压扭构件,下弦是拉扭构件等等。处于在弯矩、剪力和扭矩共同作用下的内力状态,较小的扭矩能减少构件弯压区的压力,从而提高弯扭构件的承载力;但过大的扭矩反使拉区纵筋提早屈服,降低构件的承载力。剪力和扭矩所产生的扭、剪压应力,部分是相互影响的,计算时应考虑其承载力降低的相互关系。
　　　　　　　　　　　　(王振东)

复式框架

横梁不能在所有的楼层全部贯通,部分柱子在一层或数层的水平约束条件相异的框架。其分析和一般框架相似,但复式柱的侧移弯矩受所贯通楼层水平位移的影响。

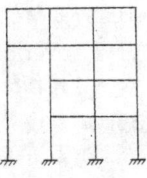

(陈宗梁)

复制　copy

在文件和数据处理中,为产生存储信息的复制品而进行的操作。　　　　　　(王同花)

副索

见承重索(28页)。

傅立叶谱　Fourier spectrum

在地震工程中输入地震波振幅或相位角与频率的关系曲线。作为周期性的地震地面运动,用傅立叶级数对它的记录波形进行分析,即分解为正弦波与余弦波系列,从零频率开始,以 $1/N·\Delta t$ 为间隔的离散振动分量,其中 N 为采样数,Δt 为采样点时间间隔。以建立地震波的各个分量的振幅为纵坐标,频率为横坐标的关系曲线,为傅立叶振幅谱;以分解的波系列的相位角为纵坐标,频率为横坐标的关系曲线为傅立叶相位谱。从傅立叶谱中可以了解地震波含有什么样的频率分量和哪些分量的振幅较大,推测这个地震波对结构物的影响。其中振幅最大的分量所对应的频率为卓越频率。　　(陆伟民)

腹板　web

T形、工字形等截面中,连接截面一个或两个翼缘的板件。在钢筋混凝土梁中又称梁肋。梁的腹板主要承受剪力，柱的腹板主要受压。为保证梁腹板的稳定性，可在其一侧或两侧设置横向加劲肋和纵向加劲肋。　　　　　　　　（何若全　陈止戈）

腹板折曲　web crippling

受弯构件的腹板在支座反力或集中力的作用下有可能发生折皱而破坏的现象。当作用力较大时，在支座或集中力作用处，应设置加劲肋，以防止发生腹板折曲。　　　　　　　　　　　　（沈祖炎）

腹杆　web member

位于桁架外围杆件以内、主要承受剪力的杆件。弯矩则由桁架外围的上、下杆件（弦杆）承受。腹杆的合理布置应使短杆受压，长杆受拉，数量宜少，杆件夹角宜在 30°～60°之间，并尽量使节点受荷。常见的腹杆布置形式有①人字式——腹杆数较少，可调整上弦节间尺寸以做到节点受荷，一般用于无吊顶荷载的桁架；②单斜式——长杆受拉，短杆受压，适用于有吊顶的桁架；③再分式——在①、②基本腹杆体系上加上再分腹杆可使桁架节点受荷；④交叉式——通常用于支撑体系。此外还有⑤K式及⑥米式，主要用于跨度及荷载较大的桁架。

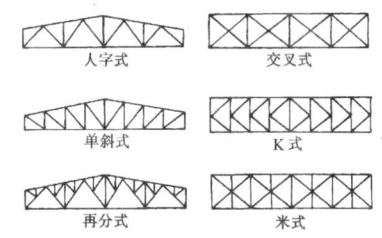

　　　　　　　　　　　　　　　　（徐崇宝）

腹剪裂缝　web-shear crack

见斜裂缝(327 页)。

腹筋　web steel

箍筋和弯起筋的统称。参见有腹筋梁(348页)。　　　　　　　　　　（吕玉山　王振东）

覆盖　overlaying

为节省存储用量而使用的一种程序设计技巧。程序运行时，在不同的时间可以反复使用同一存储区或当某段程序不再需要时，另一段程序可以占用它的位置。　　　　　　　　　　　（王同花）

G

ga

伽马分布　gamma distribution

简称 Γ 分布。随机变量 X 的概率密度为
$$f(x) = \frac{e^{-x}x^{m-1}}{\Gamma(m)}, \qquad x \geqslant 0$$
的分布。$\Gamma(m) = \int_0^{+\infty} e^{-x}x^{m-1}\mathrm{d}x$，$m$ 是一个正参数，它决定分布的形状。当 m 为整数时，$\Gamma(m)=(m-1)!$，$m=1$ 的 Γ 分布是指数分布。
　　　　　　　　　　　　　　　　（杨有贵）

gai

改建项目　alteration project

企业和事业单位，为了提高生产效率，改进产品质量，或改进产品结构，对原有设备、工艺流程或房屋进行技术改造或更新的建设项目。有些企业原有生产作业线由于生产能力不平衡，为了提高综合生产能力，增加一些附属和辅助车间和非生产性工程，也属于改建项目。
　　　　　　　　　　　　　　　　（房乐德）

盖板　cover plate

两个在同一平面内且厚度相等或相近的构件的端部，通过螺栓或焊缝间接连接时加设在被连构件两面的板件。参见对接连接(71 页)。
　　　　　　　　　　　　　　　　（陈雨波）

概率　probability

表示随机事件出现的可能性大小的量。例如在 n 个统计资料中，满足某一条件的有 m 个，则符合条件的可能性是 m/n，也称该数为频数。只有当资料无限多时，该数才以极大的可能性接近于概率，或简称为概率。但是从严格意义上讲，要试验无穷多次是不可能的，工程上多数只允许重复试验有限次而获得有限个统计资料。因此，实际随机事件的精确概率是得不到的，通常的做法是根据足够多的统计资料所得到的结果就作为概率来处理。
　　　　　　　　　　　　　　　　（张相庭）

概率分布　probability distribution

随机变量取值的统计规律。一般采用概率密度函数和概率分布函数来描述。　（邵卓民）

概率分布函数　probability distribution function

表示随机变量 $x(t)$ 不大于某一给定值 x 的概率 $P(x)$ 的函数。工程上最常用的概率分布函数有

正态分布、瑞雷分布、泊松分布、极值分布等。

(张相庭)

概率分析 probability analysis

使用概率论方法来研究预测不确定因素和风险因素对决策结果影响的一种定量分析方法。

(房乐德)

概率极限状态设计法 probability-based limit state design method

将影响结构可靠度的各种主要变量作为随机变量，且以相应于结构或构件各种功能要求的极限状态作为依据的结构设计方法。这是一种概率设计法与极限状态设计法相结合的设计方法。它发展了 50 年代前苏联学者创立的极限状态设计法，主要表现在：①以结构的失效概率或可靠指标来度量结构可靠性，且建立了结构的可靠指标与极限状态方程之间的数学关系；②设计表达式中各分项系数的取值是根据各种变量的统计特征，在概率分析的基础上经优选确定的。中国的建筑荷载规范、钢结构、混凝土结构、砌体结构、木结构等设计规范，以及建筑抗震、建筑地基基础设计规范均已采用这种方法。

(邵卓民)

概率密度函数 probability density function

表示随机变量 $x(t)$ 在单位区间内出现的概率 $P(x)$ 的函数。对于连续随机变量 $x(t)$，概率密度函数 $p(x)$ 与概率分布函数 $P(x)$ 存在以下导数关系：

$$p(x) = \frac{dP(x)}{dx}$$

对于离散随机变量，上式变成：

$$p(x) = \frac{\Delta P(x)}{\Delta x}$$

概率密度函数应具有：①非负，即 $p(x) \geqslant 0$；②概率密度函数图形的面积应等于 1，即 $\int_{-\infty}^{\infty} p(x) dx = 1$。

(张相庭)

概率设计法 probabilistic design method

将影响结构可靠度的各种主要变量作为随机变量的设计方法。即非确定性方法。这种方法采用以概率理论为基础确定的失效概率或可靠指标，能够定量地相对度量结构可靠性。采用这种新的设计方法，可使所设计的各类结构构件具有大体相等的可靠度，从而在宏观上做到合理利用材料。按照在结构设计中运用概率分析方法的深度，有时将这种方法分为三个水准：水准Ⅰ（半概率法）、水准Ⅱ（近似概率法）和水准Ⅲ（全概率法）。它是本世纪 40 年代提出来的，70 年代后期开始在国际上逐步进入实用阶段，许多有关结构设计的国际标准已不同程度地采用了此法；在 80 年代，中国的建筑结构设计规范均已按照国家标准《建筑结构设计统一标准》的规定采用了此法，且正在向土木工程结构领域推广中。

(邵卓民)

概率统计分析方法 analysis based on probability and statistical theory

见随机振动分析(290 页)。

概念设计 conceptual design

由震害和工程经验总结得到的，改善建筑抗震性能的基本原则、思路和要求，用以指导建筑结构具体的细部抗震措施和计算分析方法。

(应国标)

gan

干封底 dewatering seal

沉井下沉到设计标高后，在无水条件下浇筑混凝土底板的施工方法。采用此法时，必须使井底置于足够厚度的不透水粘土层上并考虑其下是否有含承压水的砂层，以免施工中发生井底涌土事故。

(董建国)

干裂 drying split, seasoning check

又称纵裂。木材在干燥过程中或干燥后，因干燥应力而形成的各种裂纹。主要由于木材各部分干燥不均匀和径、弦向收缩率不一所引起。按照裂纹发生的部位、原因及次序可分为端裂、表裂和内裂。

(王振家)

干砌石护坡 stone revetment

铺砌石块层于坡面上以加固斜坡的措施。适用于坡面涌水、坡度缓于 1∶1、高度小于 5m 的边坡。干砌石要求石料坚硬，在砌层下宜设反滤层。

(孔宪立)

干扰频率 excitation frequency

见激励频率(143 页)。

干式喷水灭火系统 water spray fire extinguishment system (dry type)

由干式报警装置、闭式喷头、管道和充气设备等组成的消防设施。该系统在报警阀的上部管道内充以有压气体。火灾时，闭式喷头开启，充气管网的压力骤降，水通过报警阀进入喷水管网经喷头喷出，同时发出报警信号。适用于室内温度低于 4℃ 或高于 70℃ 的建筑。

(蒋德忠)

干线管道 main pipeline

将气体或液体从开采或生产的地方输送到城市、加工厂或转运基地的管道。有石油管道、燃气管道、石油产品管道等。沿线建有通讯线路、中间唧送泵站(输油管道)和压汽机站(输气管道)等。

(庄家华)

干硬性混凝土 harsh concrete

混合料坍落度为零(cm)、干硬度为30～180(S)的混凝土。钢管混凝土构件中,封闭在管内的核心混凝土,由于凝结时水分难以挥发,故常采用。

(苗若愚)

杆系结构体系 framed structural system

用杆件相互联结而组成几何形状不变的建筑结构构件的总体。如连续梁、桁架、框架等。

gang

刚度 rigidity, stiffness

见结构刚度(163页)。

刚度法 stiffness method

利用结构的刚度建立运动方程的方法。结构作为 n 自由度体系,若用刚度矩阵 K 来描述其弹性特性,则结构自由振动运动方程按动力平衡条件可写成如下的矩阵形式

$$M\ddot{X} + KX = 0$$

式中刚度矩阵 K 的元素等于单位位移所需的各个外力。令该体系仅在第 j 坐标上产生单位位移而需在第 i 坐标上所加的外力定义为刚度系数 $K_{ij}(i,j=1,2,\cdots,n)$,由各 K_{ij} 即组成体系 $n \times n$ 阶的刚度矩阵。对于弹性体系来说,一般总能找到它的刚度矩阵。根据结构的刚度矩阵 K 和质量矩阵 M,即可求得固有频率和振型。

(费文兴)

刚度验算 check of rigidity

结构或构件在荷载标准值作用下产生的最大变形不超过其容许值的验算。例如,规范规定了梁的最大挠度 v 的控制限值称容许挠度,通常用相对挠度的容许值 $[v/l]$ 表示。因而梁的刚度按公式 $v/l \leqslant [v/l]$ 验算,l 为梁的跨度。又如,柱子的刚度则是按柱子的长细比不大于容许长细比来验算。刚度验算的目的主要是防止过大的构件变形,以免影响结构或构件的正常使用。例如,框架的水平变形过大时,将使非承重结构开裂;楼层梁的挠度过大时,将影响楼盖上的精密机床产品加工的精度;以及引起人的不安全感等。 (陈雨波 王振东)

刚架 rigid frame

梁和柱刚接而构成的框架。工程中一般指由等截面或变截面梁柱杆件组成的单层刚接框架。可以是单跨或多跨。柱和基础的连接有铰接和刚接两种,铰接支承构造方便也比较适应地基的变形,是工程中常用的形式。刚架杆件,当跨度较小时用等截面,跨度较大时用变截面。横梁跨度较大时跨中采用铰接。当为整体变截面的曲杆或拱时,为减小水平推力,可在基础处或柱顶设置水平拉杆。一般用钢或预制和现浇的钢筋混凝土材料做成。

(陈宗梁)

刚接 rigid connection

构件与构件之间既能传递垂直和水平作用,又能传递转动力矩的连接方式。刚接时构件与构件之间的作用力可分解为垂直力、水平力和弯矩。

(陈雨波)

刚接框架

梁柱节点刚性连接,节点处杆件变形连续的框架。由于其强度、延性和整体刚度一般都较好,在地震和非地震区都被广泛应用。常采用钢或钢筋混凝土材料制作。在高层或超高层建筑中常和剪力墙或核心筒组成复合受力体系,能较好地发挥各自的受力特性,获得经济的效果。它是一种超静定次数很高的结构。

(陈宗梁)

刚弹性方案房屋 building with rigidelastic diaphragm

刚性横墙的间距及在荷载作用下楼盖的水平位移介于刚性方案与弹性方案之间的房屋。属于空间受力体系。墙体计算简图采用弹性方案的基本假定并考虑空间工作的影响。 (刘文如)

刚性层 horizontal rigid belt

见水平加强层(283页)。

刚性垫块

见梁垫(197页)。

刚性方案房屋 building with rigid diaphragm

在荷载作用下楼盖水平位移忽略不计,楼盖作为墙体不动铰支座的房屋。满足刚性方案的条件是:楼盖结构的刚度和刚性横墙的间距均符合规范规定。其优点是房屋的空间刚度好,墙体受力以轴向压力为主,弯矩较小,计算简便。

(刘文如)

刚性防水 rigid waterproofing

采用刚性防水材料做成的建筑物防水构造。主要材料有防水混凝土、防水砂浆等。用防水混凝土做成构件可使围护、承重和防水等作用三者合一,并因其具有较高的抗渗性,耐久性强,刚度、整体性好,施工简便,质量可靠,故在地下防水工程中得到广泛应用。水泥砂浆防水是通过严格的操作技术并掺入适量的防水剂,提高砂浆的密实性以达到抗渗作用,它具有造价低,施工简单,易于修补等优点,一般用于受静水压力较小的防水工程或防潮。

(黄祖宣)

刚性横墙 rigid transversal wall

满足刚度与强度要求的横墙。在水平荷载作用下的计算简图为固定于基础顶面的悬臂梁。承受由楼盖传来的水平集中力,水平位移不超过横墙高度1/4000的横墙可作为刚性方案、刚弹性方案房屋楼盖的水平支座,当横墙满足规定的厚度、高宽比、洞口减弱率并与纵墙有可靠联结时可不做水平位移验算。　　　　　　　　　　　(刘文如)

刚性基础　rigid foundation

基础底部扩展部分不超过基础材料刚性角的天然地基基础。　　　　　　　(朱百里)

刚性节点　rigid joint

结构中构件与构件连接处能传递弯矩和剪力等的节点。例如,高层钢结构中的钢柱与钢梁,以及钢管混凝土柱与钢梁的连接,可采用高强度螺栓和坡口焊缝的混合连接,或全焊连接组成刚性节点。钢管混凝土柱与钢筋混凝土梁,则可采用设在柱子上的上、下加强环和牛腿分别传递梁端弯矩和剪力,也可将钢筋混凝土梁的受拉钢筋环绕柱组成钢筋环绕式刚性节点型式。　　　　　(沈希明)

刚性连接件　stiff connector

工作时只有弹性滑移变形和一定程度的弹塑性滑移变形的连接件。其变形性能只要求在完全抗剪连接时能进行剪力重分配,使得钢部件与混凝土部件之间的纵向界面剪力能均等地分配给组合梁剪跨内的每个连接件。如,块式连接件。
　　　　　　　　　　　(朱聘儒)

刚性楼盖　stiff floor

自身平面内的刚度很大,假定各点水平变形都一致的一种楼盖。为了便于分析和简化计算,通常都把这种楼盖视为绝对刚性,作为空间分析时变形和内力的协调条件。为使这一假定能符合或接近实际,对楼板的横向支承间距、板的厚度、长宽比和配筋构造都有一定的要求。
　　　　　　　　　　　(陈宗梁)

刚性模量　rigidity modulus

见剪切模量(152页)。

刚域　rigid zone

梁与柱相交处,假设为刚体的核心区域。　　　(江欢成)

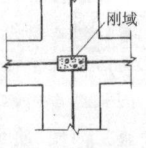

刚域

钢　steel

以铁为主要元素、含碳量一般在2%以下,并含有其他元素的材料。钢按化学成分分类为:非合金钢、低合金钢和合金钢。钢按主要质量等级,对非合金钢和低合金钢有普通质量、优质和特殊质量之分;对合金钢只有优质和特殊质量之分。钢按主要特性分类更多,如以规定最低强度为主要特性的非合金钢、非合金工具钢;可焊接低合金高强度结构钢,低合金钢筋钢;合金钢筋钢、合金工具钢等。建筑结构主要用非合金钢中的碳素结构钢,如Q235钢;低合金钢中的16Mn、Q 345、15MnV、16Mnq、15MnVq钢;各种钢筋钢等。
　　　　　　　　　　　(王用纯)

钢板　steel plate

横截面呈矩形以平板供货的钢材。按厚度分为薄钢板和厚钢板。厚度小于或等于4mm的钢板称薄钢板(steel sheet),厚度大于4mm的称厚钢板(heavy steel plate)。钢板是造船、机械、建筑等工业的重要材料。宽度较小的成卷钢板又称带钢,宽度较大的成卷钢板又称卷板,板上压有花纹的又称花纹钢板。　　　　　　　　(王用纯)

钢板结构墙　steel plate structural wall

在高层钢结构中,由钢柱、钢梁及梁柱间的钢板所组成的组合构件。其中的钢板,用于抵抗水平力,维持组合构件中梁柱的稳定。钢板上常带有加劲肋,以保证钢板的局部稳定,减小钢板的厚度。加劲肋的间距、形式、大小及其方向,由它的经济性和加工难易决定。　　　　　　　(江欢成)

钢板梁　steel plate girder

见钢组合梁(98页)。

钢材复验　re-examination of steel

对购入的钢材,取样检验各项规定的技术性能及对原技术质量证明文件的验证。
　　　　　　　　　　　(刘震枢)

钢材矫正　straightening of steel

见钢材校正(92页)。

钢材校正　straightening of steel

又称钢材矫正,简称矫直。用外力使钢材变形使之达到规定的平直度的工序。在室温时校正叫冷校正,加热后校正叫热校正。一般加热温度不得超过其正火温度。　　　　　　(刘震枢)

钢材抗拉强度　tensile strength of steel

又称钢材极限强度。钢材拉伸试验中的最大拉力除以试件原始截面面积所得的应力值。它表示材料所能承受的最大应力值。抗拉强度与屈服点之比,称强屈比。

　　　　　　　　(王用纯　刘作华)

钢材应力—应变曲线　stress-strain curve of steel

按国家标准规定,取钢材作拉伸试验,以应力σ和应变ε为坐标轴画出的关系曲线。低碳钢的应力-应变曲线分弹性、弹塑性、塑流和强化直至拉断破坏等四个工作阶段。由此曲线可确定钢材的比例极限f_p、屈服点f_y、钢材抗拉强度f_u和伸长率$\varepsilon(\delta)$

等。

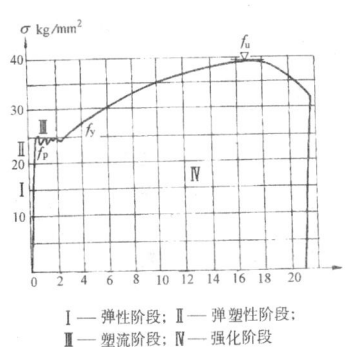

Ⅰ—弹性阶段；Ⅱ—弹塑性阶段；
Ⅲ—塑流阶段；Ⅳ—强化阶段

（王用纯）

钢沉井 steel open caisson

用钢材制作的沉井。它可以做成任意形状的平面和剖面，且可制成便于装配的沉井的个别部、杆件。钢沉井的刚度和强度都很大，但费用昂贵，一般用于大型浮运沉井。中国南京长江大桥使用的钢沉井，平面尺寸为 16.19m×25.01m，井内分成 15 个方格，采用分节分块拼装，每节为开口箱形，井壁双侧皆用钢板焊成，井壁内灌注混凝土，井孔支撑为桁架结构，井孔内有 4 个直径为 3m 的钢气筒，沉井下沉到设计标高后，内插 13 根直径为 3m 的预应力钢筋混凝土管柱并嵌入基岩。 （殷永安）

钢尺 steel tape

又称钢卷尺。钢制带状的一种丈量距离的工具。可卷入盒内或尺架上，尺宽 10～15mm，厚约 0.4mm，长度有 50m、30m 和 20m 等多种。全尺分划到毫米，有的仅在起点处 1dm 范围内用毫米分划，每米及每分米处用数字注记。 （高德慈）

钢尺检定 standardization of steel tape

检定钢尺长度的工作。在检定场，用待检钢尺按一定拉力和操作方法，对已知标准长度进行多次往返丈量并记录温度，求得经过温度改正后钢尺所量结果，将其与已知长度比较，求得该尺的尺长改正数。以后用该尺量距时，应对所量得的距离进行尺长改正。 （高德慈）

钢的包辛格效应 Bauschinger effect of steel

简称包辛格效应。钢筋初次受拉屈服后再反向受压时，其受压屈服点较受拉屈服点降低且不再出现屈服台阶的现象。此现象由德国人 Bauschinger 于 1887 年通过钢材拉压试验发现。影响该效果的因素较多，诸如钢材品种、退火回火工艺、加载速率及加载历史等。 （董振祥）

钢管 steel tube

横截面呈圆环形的钢材。直接热轧成型的称无缝钢管，由板材卷焊成的称焊接钢管。焊接可以用对接直焊缝，也可以用对接螺旋形焊缝。建筑结构宜用焊接钢管。 （王用纯）

钢管桁架 steel tubular truss

用钢管制成的一种平面或空间的格架式结构或构件。钢管截面的抗弯刚度和抗扭刚度大，抗压性能好，且易于防腐。钢管桁架的腹杆都直接焊在弦杆上，因而构造比较简单。 （徐崇宝）

钢管混凝土 concrete filled steel tube

在钢管中先填混凝土，使二者组合成一体的一种组合材料。用此材料制成的构件有实心的和空心的两种。后者采用离心法制成，因而钢管内混凝土中心形成一个空心。 （钟善桐）

钢管混凝土桁架 concrete filled steel tube truss

采用钢管混凝土杆件作为主要受压杆件的组合桁架。钢管混凝土桁架中的受拉杆件和非主要受压杆件可采用空钢管、圆钢或角钢等。

（苗若愚）

钢管混凝土换算刚度 equivalent rigidity of concrete filled steel tube

钢管混凝土截面中钢管和混凝土截面刚度的代数和。钢管混凝土构件在计算使用阶段的变形时，按下列换算刚度计算：压缩和拉伸刚度 $EA = E_s A_s + E_c A_c$；弯曲刚度 $EI = E_s I_s + E_c I_c$。式中 A_s、I_s 和 E_s 分别为钢管的横截面面积、对其重心轴的惯性矩和弹性模量；A_c、I_c 和 E_c 分别为核心混凝土的横截面面积、对其重心轴的惯性矩和弹性模量。

（苗若愚）

钢管混凝土换算惯性矩 equivalent moment of inertia of concrete filled steel tube

将钢管混凝土中的混凝土惯性矩按弹性模量比换算成相当钢材的惯性矩后的总惯性矩。此换算惯性矩按下式计算：$I = I_s + I_c/n_0$；式中 I_s 和 I_c 分别为钢管和核心混凝土对截面重心轴的惯性矩；$n_0 = E_s/E_c$ 是钢材和混凝土的弹性模量比。

（苗若愚）

钢管混凝土结构 concrete filled steel tubular structure

在结构体系中采用钢管混凝土构件为主要承重构件的结构。钢管混凝土构件最宜用来承受压力，因而常用于单层工业厂房和多层建筑中的柱，以及各种设备构架柱。当构件既受压力，又有较大的弯矩作用时，应采用二～四肢组成的钢管混凝土柱。

（钟善桐）

钢管混凝土柱 concrete filled steel tubular column

钢管内填充混凝土构成的柱。分圆形，方形和多边形三种。圆钢管混凝土柱在轴压下的紧箍力作用和经济效果最好，但梁柱连接构造较复杂；方钢管混凝土柱在轴压下的紧箍力作用和经济效果较差，但梁柱连接构造较简便，截面惯性矩也比圆钢管大；多边形钢管混凝土柱介于二者之间，但成形较困难。目前,中国主要应用圆钢管混凝土柱。它的工作特点是：在压力作用下,钢管和混凝土间产生相互作用的紧箍力,使核心混凝土处于有利的三向受压工作状态,能改善塑性,提高抗压承载力,节省材料以及施工简便,可缩短工期。这种构件最宜用作轴心受压和小偏心受压的构件,当偏心较大时,应采用双肢、三肢或四肢组成的组合柱。此外,中部为空心的钢管混凝土构件,属预制构件,用于桩基及一些送变电构架中。　　　　　　　　　　（钟善桐）

钢管混凝土组合柱　built-up column of concrete filled steel tube

二～四根钢管混凝土杆件组合的柱。二肢柱适用于轻级工作制吊车的厂房柱,三肢柱和四肢柱适用于中级、重级工作制吊车的厂房的边柱和中柱。三肢柱截面为不可变结构体系,受力性能好,用钢量少。柱肢间都用缀条连接,缀条宜用空钢管。
　　　　　　　　　　　　　　（沈希明）

钢管结构　steel-pipe structure

用钢管制作的钢结构。一般适用于不直接承受动荷载的结构。主管与支管之间在节点处宜直接焊接。　　　　　　　　　　（陈雨波）

钢管桩　steel pipe pile

用钢管制成的桩。一般可在底部开口的情况下打入或振动沉入土中。当需将钢管桩打入很深土层时,可用抓斗、螺钻、或空气吸泥机清除管内土,以减少桩端阻力。敞口钢管桩的挤土效应小,但造价较高。　　　　　　　　　　（陈强华）

钢轨　rail

为了直接承受铁路车辆或起重设备的轮压而轧成特定形状的钢材。以每米的重量划分等级,有重轨和轻轨两种。　　　　　　　（王用纯）

钢号　steel grade

现称牌号。碳素结构钢按屈服点的高低,低合金结构钢按钢中碳和主要合金元素的含量划分的产品牌号。根据国家标准 GB700—88《碳素结构钢》的规定,碳素结构钢的牌号有：Q195、Q215、Q235、Q255 和 Q275。其中的 Q 是屈服点汉语拼音首位字母；数字为以 N/mm^2 为单位表示的屈服点的数值。上述牌号后面还应有质量等级符号和脱氧方法符号,按质量等级分 A、B、C 和 D 四级,由 A 到 D 表示质量由低到高。脱氧方法的符号,以 F 表示沸腾钢,b 为半镇静钢,Z 和 TZ 为镇静和特镇静钢。Z 和 TZ 符号可省略。如 Q235.B、Q235.B.F。根据国家标准 GB1591—88《低合金结构钢》的规定,低合金结构钢的牌号以其平均含碳量的万分数和主要合金的名称表示,如 16Mn 钢,其主要合金元素为锰(Mn),平均含碳量为 16/10000。　　　（王用纯）

钢桁架　steel truss

用钢材制造的一种平面或空间的格架式结构或构件。为用于桥梁和工业与民用房屋屋盖的主要承重构件。按杆件截面型式及节点构造特点分普通钢桁架、重型钢桁架和轻钢桁架。普通钢桁架的杆件通常由两个角钢组成 T 型或十字型截面；桁架节点处用一块节点板连接汇交的各杆,连接方法多采用焊接。这类桁架具有易于取材,构造简单,制造方便等优点,应用也最广。重型钢桁架杆件用钢板或型钢组成工形或箱形截面,杆件汇交处用两块平行的节点板连接,适用于跨度和荷载较大的桁架。钢桁架杆件一般均较细长,设计时应注意使桁架在节点处受荷,桁架杆件的轴线在节点处尽量汇交于一点,以避免杆件受弯矩作用。
　　　　　　　　　　　　　　（徐崇宝）

钢-混凝土组合梁　steel-concrete cmposite beam

见组合梁(386 页)。

钢-混凝土组合柱　steel reinforced concrete column

见劲性钢筋混凝土柱(173 页)。

钢绞线　strand

以一根直钢丝为芯、六根钢丝在其外同一层上螺旋形地绞制在一起,并经回火处理而制成的线材。钢绞线整根破断力大,柔性好,是重荷载、大跨度预应力结构构件的理想用材。经稳定化处理后的低松弛钢绞线,松弛性能与低松弛钢丝相同,其应用前景更为广泛。　　　　　　　　（张克球）

钢结构　steel structure

由普通低碳钢或普通低合金钢热轧制成的各种型材(如工字钢、槽钢、角钢)、管材和钢板等用焊缝、螺栓、铆钉或胶结连接组成的结构。具有下列特点：强度高,在相同的工作条件下,自重比混凝土结构和木结构小；塑性和韧性好,接近于匀质各向同性体,因而按理论计算的结果与实际受力情况更为符合,且更适合于受振动荷载和冲击荷载；可焊性好,制造和施工简便,有良好的装配性,因而工业化程度高,可缩短工期,综合经济效益高；但易锈蚀,不耐火,因而维护费用较高。根据连接的方法不同,钢结构有焊接结构、铆接结构、栓焊结构和螺栓结构等。其中以焊接钢结构应用最广。它广泛用于重型工业厂房、大跨度结构、高耸结构、高层建筑、受动荷载的结构、移动结构和其它各种构筑物,如贮罐、高炉、各种平台和井架结构等。　　　（钟善桐）

钢结构防腐蚀　corrosion protection of steel structure

钢结构防火　fire protection of steel structure

保证在火灾时钢结构不遭破坏的技术措施。钢结构在火灾中材料性能将改变和引起附加温度应力,导致构件的承载力和抗变形能力降低。甚至引起结构破坏。防火措施主要是在钢结构构件表面涂或包防火层,以降低火灾时结构构件的温度,防止结构局部或整体破坏。　　　　　　（秦效启）

钢结构腐蚀　corrosion of steel structure

由于腐蚀介质的侵蚀作用,使钢结构的截面减小和承载力下降的现象。腐蚀损坏一般从表面开始,然后逐渐扩展到材料内部。钢材都有与氧结合形成氧化物的倾向。大气中的水分和氧使钢材生锈,生成水化氧化铁,而沉积在钢材表面。大气中的二氧化碳,即使浓度极低,也能加速腐蚀过程。电化学腐蚀是钢材的主要腐蚀形式。　（吴虎南）

钢结构加固　strengthening of steel structure

为了适应功能要求对现有钢结构进行的加固。需要进行加固的原因主要有:①因生产技术的改进或生产工艺的变更,要求提高整个钢结构或个别构件的承载力,或改变原有的结构体系;②因设计时原始资料不全或考虑不周,为了使用安全,要求作必要的加固;③由于设计制造和安装方面存在缺点,建成的钢结构不能负担实际使用荷载的作用,因而要求对整个结构或个别构件作必要的加固;④建成的钢结构由于不正常的使用,或遭受自然灾害或战争的损害,造成个别构件出现破坏迹象甚至已遭到局部损伤,因而要求加固以恢复钢结构的使用功能。加固方法有:①增加部分新结构或新构件;②加大构件截面和加固连接;③增加辅助构件以提高构件的承载力;④改变结构的力学体系。以上几种方法常混合采用。　　　　　　　　　　　（钟善桐）

钢结构抗震性能　seismic behavior of steel structure

钢结构抗御地震作用和保持承载能力的性能。历次地震灾害调查结果说明,钢结构具有较好的抗震性能,震后幸存的结构中,钢结构和木结构占大多数。其原因有:①钢材在屈服后要经历较大的塑性变形,再进入强化阶段,然后破坏。因此,钢构件具有良好的延性,在地震作用下能吸收巨大的能量。②与其他材料相比,钢材的容重与强度的比值较低,因此构件重量较轻,在地震作用下受力也较小。③钢材具有较好的抗疲劳性能,在地震的反复作用下不易损坏。但在强震作用下,钢结构构件有可能出现整体和局部失稳。　　　　（欧阳可庆）

钢结构设计规范　design code for steel structures

国家颁布的钢结构设计应遵循的技术标准。中国先后颁布了三次钢结构设计规范:①1954年《钢结构设计规范(试行草案)》(规结4—54),采用了容许应力设计法。②1974年《钢结构设计规范》(TJ17—74),采用了以容许应力表达的极限状态设计法。③1988年《钢结构设计规范》(GBJ17—88),采用了以概率理论为基础的极限状态设计法。
　　　　　　　　　　　　　　　　　　（钟善桐）

钢结构制造　fabrication of steel structure

将普通碳素钢、低合金钢轧制的钢板和型钢,按照施工图及规定的要求,主要通过放样、号料、切割、边缘加工、矫直、钻孔、弯曲、装配、焊接、非破损检验、构件校正、除锈及涂刷油漆等工序制造成为构件的生产全过程的总称。　　　　（刘震枢）

钢筋　reinforcement

在钢筋混凝土和预应力混凝土结构中采用的棒状或丝状钢材。其材质主要有普通碳素钢、优质碳素钢和低合金钢。通过热轧、轧后余热处理、热处理(调质处理)、稳定化处理和冷加工(冷拉、冷拔、冷轧、冷扭)中的一种或几种工艺过程制造成不同的类别。外形有光圆、带肋(等高肋、月牙肋)、精轧螺纹、刻痕、绞结以及扭转等。各种钢筋都应具有一定的强度、塑性、韧性,良好的工艺性能、粘结锚固、抗疲劳以及抗腐蚀等性能。对热轧钢筋还要有较好的可焊性。　　　　　　　　　　　　（张克球）

钢筋扒锯加固法

对开裂墙体采取钢筋扒锯局部加固的简易措施。这种方法可用于建筑物立面美观要求不高或强度满足抗震要求的开裂墙体。也可用于非地震产生的墙面裂缝的修复。　　　　　（夏敬谦）

钢筋环绕式刚性节点　rigid joint with encirclement bar

钢筋混凝土梁的梁端上部受拉钢筋绕过钢管混凝土柱并延至相邻跨以传递弯矩产生的拉力的梁柱节点。用于梁宽和管柱直径相近的情况。优点是传力简捷,省钢和施工方便。　　（沈希明）

钢筋换算直径　equivalent diameter of steel bars

混凝土构件受拉区配置不同直径的钢筋时,按钢筋总周长相等或钢筋总面积不变的原则,将其换算成直径相同而作用与实配钢筋等效的钢筋直径。设计时根据等效的钢筋换算直径,计算构件的裂缝宽度。　　　　　　　　　　　　　　（赵国藩）

钢筋混凝土 reinforced concrete

将钢筋以合理形式组成骨架浇筑在混凝土中结合成整体并共同工作的组合材料。在混凝土构件中配置钢筋承担拉力可以充分发挥二种材料的特性,大大提高其承载力;在受压区配置钢筋协助混凝土承压,可以减小截面尺寸。钢筋和混凝土两种性质不同的材料能结合在一起共同工作,主要是由于它们之间存在有粘结力,或称握裹力;二者线膨胀系数相近;混凝土保护钢筋不受锈蚀并提高结构的耐火极限。钢筋混凝土具有耐久、可模、整体性好,便于就地取材等一系列优点,因而在各种建设领域内得到广泛地应用。 (刘作华)

钢筋混凝土沉井 reinforced concrete open caisson

用钢筋混凝土制作的沉井。它是最理想并常用的一种沉井。用钢筋混凝土可以将沉井做成任意的平面和剖面形状,且可以按照在不同施工阶段作用于沉井上的力系设计,使钢筋和混凝土材料获得最合理的利用。 (殷永安)

钢筋混凝土过梁 reinforced concrete lintel

由钢筋混凝土做成的过梁。其施工方法可以是预制构件,也可以现场浇灌。此过梁按受弯构件计算,作用的荷载仅考虑墙体高度小于梁跨范围内的梁板荷载及高度小于1/3梁跨的墙体自重。
(宋雅涵)

钢筋混凝土恢复力模型 restoring force model of reinforced concrete

钢筋混凝土恢复力和变形关系的数学表达形式。它主要用来考察结构的动力特性和进行结构地震反应分析。恢复力模型有多种形式,典型的有双线型、三线型模型等,在模型中也可考虑退化作用。此外,还有曲线形式的恢复力模型。恢复力模型的选用可视不同的受力特征而定。剪力和轴力的大小,配筋的粘结滑移性能及构件的特征都对恢复力特性有一定影响。通过低周反复加载试验或振动台试验可获得原始数据,再用回归分析或系统识别等方法确定恢复力模型的各个参数。 (余安东)

钢筋混凝土结构 reinforced concrete structure

由钢筋和混凝土组成的复合材料建造的结构。这种结构能够充分利用钢材抗拉和混凝土抗压的优点,因而具有较高的强度、较好的延性和整体性。它适用于梁板及框架等结构形式,可以制作成整体式、装配式和装配整体式,以及预应力混凝土结构等形式。钢筋混凝土结构广泛应用于工业及民用建筑工程、水利工程、桥梁及地下结构工程等。
(杨熙坤)

钢筋混凝土结构防腐蚀 corrosion protection of reinforced concrete structure

保证钢筋混凝土结构在腐蚀介质作用下仍具有必要的耐久性技术措施。主要防止或限制腐蚀性介质与钢筋混凝土相接触。防腐蚀措施可采用表面涂刷耐腐蚀涂层,做耐腐蚀薄膜隔离层、饰面层或衬砌,对与较高浓度酸液接触的钢筋混凝土结构,则必须用耐酸混凝土或聚合物混凝土来代替普通混凝土。 (喻永言)

钢筋混凝土结构防火 fire protection of reinforced concrete structure

保证在火灾时钢筋混凝土结构不遭破坏的技术措施。当温度超过400℃时,钢筋力学性能劣化,使结构的承载能力降低,其耐火极限取决于混凝土保护层厚度。预应力混凝土结构受热后,预应力易于消失,故应有更大的保护层厚度。 (张琨联)

钢筋混凝土结构腐蚀 corrosion of reinforced concrete structure

腐蚀介质从钢筋混凝土结构表面沿内部孔隙、裂缝和毛细孔扩展,并与混凝土中某些组成物发生反应而出现的某些缓慢破损的现象。腐蚀介质不但使混凝土腐蚀,还会透过混凝土保护层与钢筋接触,加上水分和氧气,使钢筋引起电化学腐蚀,产生锈蚀膨胀而出现沿钢筋的纵向通长裂缝。钢筋锈蚀生成氧化铁锈,截面缩小,强度和韧性降低,致使在规定的使用期限内,不能满足承载力、变形性和抗渗透性的要求。影响钢筋腐蚀的因素,既有内部的,即钢筋的化学成分、显微结构、内应力、钢筋的布置及其表面状况,又有外部的,即腐蚀介质的特征。
(吴虎南)

钢筋混凝土结构疲劳计算 fatigue calculation of reinforced concrete structure

钢筋混凝土结构或构件在荷载重复作用多次时的强度、变形、裂缝宽度等的计算。也包括在给定的荷载重复作用下能承受重复次数的计算(疲劳寿命的计算)。构件疲劳强度验算包括正截面受拉区纵筋和受压区混凝土疲劳强度的验算、斜截面中箍筋和弯起筋疲劳强度的验算。 (李惠民)

钢筋混凝土套柱法

在墙垛四周用钢筋混凝土围套进行加固的方法。围套限制了砌体的横向变形,从而增强了其抗压的能力。 (唐岱新)

钢筋混凝土-砖组合砌体 reinforced concrete-brick composite masonry

砖砌体和钢筋混凝土组合成为整体而共同工作的一种组合砖砌体。常采用钢筋混凝土作砌体的面层,面层厚度大于45mm。跨度小于或等于18m的单层厂房,柱距为4~6m,吊车起重量在20t及其以下,轨顶标高在8m及其以下的排架柱中,可采用钢筋混凝土—砖组合砌体。柱的顶、底部以及牛腿处是直接承受或传递荷载的主要部位,必须设置钢筋混凝土垫块,以确保构件安全、可靠地工作。

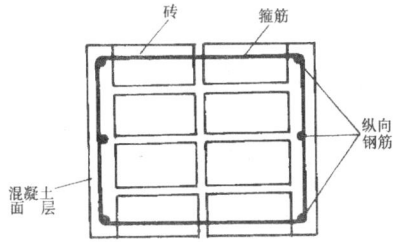

钢筋接头 bar splice

当钢筋长度不够时采用的相互焊接或搭接部分。焊接接头是通过焊缝传递内力的,其传力可靠,应优先采用。搭接接头其拉力由一根钢筋通过混凝土的粘结应力传至另一根。当钢筋接头长度不足时,将相对滑移而破坏。
(王振东)

钢筋强度标准值 nominal value of steel strength

按照一定的试验方法测得的具有不小于95%保证率的钢筋强度。设钢筋强度符合正态分布,则其相应95%保证率的强度标准值为:$f_{yk} = \mu_f - 1.645\sigma$。$\mu_f$为钢筋强度平均值,$\sigma$为标准差。中国规范为了使钢筋的强度标准值与钢筋的检验标准统一起见,受拉热轧钢筋的标准值取等于"冶标"屈服强度废品值,而对于没有明显屈服点的钢筋则取极限抗拉强度检验指标作为其强度的标准值。
(卫纪德)

钢筋强度设计值 design value of steel strength

在设计时,钢筋采用的强度。即钢筋强度标准值f_{yk}除以钢筋的材料强度分项系数γ_s的值。公式为$f_y = f_{yk}/\gamma_s$。
(卫纪德)

钢筋砂浆砌体 reinforced mortar masonry

砌体和钢筋砂浆组合成为整体而共同工作的一种组合砌体。常采用钢筋砂浆作砌体的面层,其厚度较薄,一般为30~45mm。当钢筋砂浆砌体构件一侧的受力钢筋多于4根时,应设置附加箍筋或拉

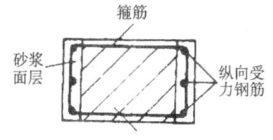

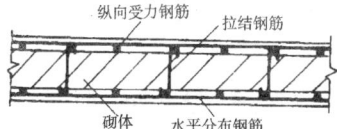

结筋。对于截面长短边相差较大的构件及墙体,应设置穿通构件及墙体的拉结筋和水平分布钢筋。在砌体面层中,如设置横向受力钢筋和竖向分布钢筋,则称为钢筋网砂浆砌体,为方便施工和加强整体性,同样应设置穿通砌体的拉结筋。
(施楚贤)

钢筋网砂浆套层法

在砌体构件两侧或四周用抹以砂浆的钢筋网片形成套层进行加固的方法。具体构造参见钢筋网水泥砂浆加固法。
(唐岱新)

钢筋网水泥砂浆加固法

于墙体的一侧或两侧铺设钢筋网并抹(或喷射)水泥砂浆以提高砌体的抗剪强度的方法。加固层厚度一般为35mm。须采用强度等级较高的水泥砂浆,并保证钢筋网与墙体可靠连接和砂浆与墙体的粘结,钢筋直径宜为φ4~φ6,网格尺寸宜采用300mm×300mm,并用锚固筋固定。水泥砂浆抹面的钢筋外保护层厚度不得小于10mm。
(夏敬谦)

钢筋位置测量 measurement of reinforcement seat

利用电磁感应原理测量混凝土构件中钢筋位置及保护层厚度的方法。缠绕在探头(铁芯)上的线圈,由交变电信号的激励产生交变磁场,当探头靠近钢筋时,磁路中的磁阻发生变化而引起线圈的感应电势变化,经放大由电表显示,其变化大小与保护层厚度、钢筋直径、间距及方向等有关。
(金英俊)

钢筋锈蚀测量 measurement of reinforcement rust

在钢筋混凝土表面上,测定混凝土内部钢筋锈蚀程度的方法。利用混凝土中钢筋锈蚀的电化学反应引起的电位变化来测定钢筋锈蚀状态的一种方法,又称半电池电位试验法。
(金英俊)

钢筋应变不均匀系数 coefficient of non-uniform distribution of steel strain

两条主裂缝之间受拉钢筋的不均匀应变的平均值与裂缝所在截面内受拉钢筋的最大应变的比值。沿受拉钢筋长度的钢筋应变分布,可将钢筋剖槽用链式内贴电阻应变片或其他方法量测。作为简化计算,沿钢筋长度的钢筋应变分布,可用三角函数、抛物线函数或其他函数表达,而后求其平均值。裂缝截面内受拉钢筋应变除用试验方法测定外,也可用近似公式计算。钢筋应变的不均匀系数也可直接用经验公式计算。
(赵国藩)

钢筋约束区 confining region of steel bar

混凝土构件开裂后,钢筋对其周围混凝土回缩起抑制作用的区域。其大小与钢筋的直径、数量、位置及构件尺寸和受力性能等有关,是一些裂缝宽度计算公式中采用的一个参数。在普通钢筋混凝土构件中,采用直径较细、间距较密的配筋,可获得对裂缝宽度有较好的约束效果。 （赵国藩）

钢筋砖过梁 reinforced brick lintel

底部配有钢筋的平砌式砖过梁。其砌筑方法与墙体相同,在其计算截面高度范围内,采用较高强度等级的砂浆砌筑。一般在过梁底铺设20～30mm厚的水泥砂浆层。此种过梁的跨度不宜超过2m。
（宋雅涵）

钢卷尺

见钢尺(93页)。

钢类 grade of steel

根据旧的国家标准GB700—79《普通碳素结构钢的技术条件》,普通碳素结构钢按供货保证项目不同而分的类别。分甲类、乙类和特类三种。甲类钢(代号A)按机械性能供货,供应时必须保证的条件称基本保证条件,它包括抗拉强度和伸长率的保证。按供需双方协议保证的条件称附加保证条件,它包括屈服点、冷弯试验合格、常温和负温冲击韧性等保证。附加保证项目愈多,价格愈高。乙类钢(代号B)按化学成分供货,保证碳、硅、锰、硫及磷等元素符合国家标准的规定。特类钢(代号C)同时按机械性能和化学成分供货,价格高,很少采用。
（王用纯）

钢梁 steel beam

承受横向荷载为主的实腹式钢构件。分为型钢梁和钢组合梁两种。 （何若全）

钢梁经济高度 economic depth of steel beam

设计工字形截面钢组合梁时,根据翼缘和腹板等用钢总量最少这一条件决定的梁的最优高度。
（陈雨波）

钢梁强度 strength of steel beam

钢制受弯构件抵抗弯曲、剪切、局部承压以及它们共同作用下破坏的能力。按弹性设计时,以危险截面最大应力到达屈服点作为极限状态;按塑性设计时,则以危险截面上的正应力全部到达屈服点作为极限状态。但利用钢材塑性时需要符合一系列条件;一般以危险截面的部分高度产生塑性变形作为极限状态进行设计。在复杂应力作用下,以折算应力到达屈服点作为钢梁强度极限状态。钢梁的抗剪能力和抗局部承压能力按钢结构设计规范中有关公式验算。 （陈雨波）

钢木桁架 steel-wood truss

采用木材作为主要受压杆件,钢材作为主要受拉杆件的组合桁架。钢木桁架的上弦杆和受压腹杆一般采用方木或圆木,其余杆件采用角钢或圆钢。这种桁架可以充分发挥钢材和木材各自的工作特点,自重轻,起吊、安装和运输较方便,因而是一种合理经济的组合结构。 （王振家）

钢木结构 steel-timber structure

由钢材与木材为构件组成的组合结构。木材抗压及压弯的工作性能良好而钢材抗拉强度高。钢木结构可以充分发挥各自材料的优点,扬长避短,获得极大的经济效益。以桁架为例,上弦和受压腹杆采用木材,下弦及受拉腹杆采用钢材的钢木桁架,在相同跨径(中等跨径)和相同荷载作用下,所耗钢材大体上仅相当于全钢桁架的支撑所需;与钢筋混凝土桁架相比,其自重仅约为后者的1/3～1/5。
（王振家）

钢木组合梁

见组合梁(386页)。

钢丝束 wire tendon

由若干根钢丝组成的束。多用作预应力结构中的预应力构件。 （钟善桐 李绍业）

钢丝网加固 strengthening of steel wire mesh

在坡面铺设钢丝网以防止坡面落石、剥落或局部滑动的护坡措施。钢丝网每端要绞结于牢固的锚杆上。钢丝可用ϕ6mm圆筋,间距20～30cm,锚杆一般用ϕ19～22mm的钢筋,并锚固于稳固岩石内。
（孔宪立）

钢丝网水泥沉井 ferro-cement open caisson

用钢丝网和水泥制作的沉井。这是将制造钢丝网水泥船的经验应用于建造沉井,这种沉井做成双壁式便于自浮。浮运就位后在壁内灌水或灌筑混凝土,使沉井下沉。这种材质的沉井具有较高的弹性和抗裂性。 （殷永安）

钢丝网水泥结构 ferro-cement structure

以水泥砂浆为基体加入片状钢丝网和单根的骨架钢筋组成的结构。它多用于薄壳、薄板结构。近年来有将钢丝网用作大体积混凝土结构的表面配筋,也有用钢丝网水泥薄板作为模板与混凝土浇注成组合结构。钢丝网水泥结构用骨架钢筋固定钢丝网片。钢丝网水泥薄板结构的厚度小,保护层很薄,水泥砂浆的强度较高,施工时要仔细保证钢丝网的设计位置和保护层厚度。薄壁钢丝网水泥结构常用于轻型结构,如屋面板、轻体房屋建筑、渠道护面、农船、渔船、水池、水塔及水管等结构。 （赵国藩）

钢组合梁 built-up steel girder

截面用钢板、型钢等组成的梁。由三块钢板组成的梁,也称钢板梁。当梁的截面对两个主轴均为对称时为双轴对称钢梁。为提高梁的整体稳定,节约材料,可单独加强受压翼缘,成为单轴对称钢梁。钢组合梁可以承受较大的荷载,做成较大的跨度。

(何若全)

杠杆式应变仪　tensometer

利用杠杆放大原理制成的一种应变量测仪表。仪表的两刀口卡在试件表面上,试件变形后两刀口间的微小距离变化通过杠杆放大后由指针在度盘上指出,从而计算得到试件的应变。由于仪表使用了两组杠杆放大,又称双杠杆应变仪。　(潘景龙)

gao

高层房屋结构　tall building structure

一般指 8 层以上的房屋结构。视层数多少采用框架结构、框架-承重(剪力)墙结构、承重(剪力)墙结构和筒体结构。主要用于住宅、饭店、旅馆、办公楼以及其它公共建筑,也可用于工业建筑。参见房屋结构体系(80 页)。　(陈永春)

高差　difference of elevation

地面两点间高程之差。它是反映地面点起伏的基本要素,由于所用仪器和方法不同,测定高差的方法有水准测量、三角高程测量和气压高程测量。水准测量精度最高,也是最常用的方法;三角高程测量精度次之,但速度较快,多用于碎部测量;气压高程测量精度较低,但仪器携带方便,多用于高山峻岭地区的野外踏勘。　(汤伟克)

高差闭合差　closure error of elevation

观测高差总和与应有高差之差。用于衡量水准测量和三角高程测量的精度。根据水准测量路线布置形式,对于支水准路线,高差闭合差 $f_h = \Sigma h_{往} + \Sigma h_{返}$。附合水准路线时,$f_h = \Sigma h_{测} - (H_{终} - H_{始})$。闭合水准路线时,$f_h = \Sigma h_{测}$。三角高程测量中,双向观测高差闭合差 $f_h = h_{往} - h_{返}$。城市测量规范中规定,三等水准测量高差容许闭合差 $f_{h容} = \pm 12\sqrt{L}$ mm,四等水准测量 $f_{h容} = \pm 20\sqrt{L}$ mm,图根水准测量 $f_{h容} = \pm 40\sqrt{L}$ mm 或 $f_{h容} = \pm 12\sqrt{n}$ mm。L 为水准路线长度,以 km 计;n 为测站数。

(汤伟克)

高承台桩基础　pile foundation with high cap

又称高桩承台基础。上部露出地面以上的桩及底面位于地面以上的承台组成的基础。在江河中则一般均位于施工水位以上。这种桩基础由于桩身部分露出地面,故刚度较小稳定性较差,但施工比较方便,特别是水中的高桩承台。　(陈冠发)

高程　elevation

由高程基准面起算的地面点的高度。由于选用基准面不同而有不同的高程系统。主要用正高系统和正常高系统。正高系统是地面点沿实际重力方向至大地水准面的距离。正常高系统是地面点沿正常重力方向至大地水准面的距离。地面点的正常高可从水准测量所得的高差加正常高改正求得。正常高改正根据地面点的重力值可精确求得。地球表面上各点沿正常重力方向量取其正常高,获得相应的各端点所构成的曲面称之为似大地水准面。中国的高程系统采用正常高系统。　(陈荣林)

高程基准面　sea-level datum

在测量上作为地面点高程的起算面。它是由验潮站所确定的平均海水面。不同地点的验潮站所确定的平均海水面都有差异。旧中国各地所采用的高程基准面都不一致。中华人民共和国成立后,为了统一中国高程系统,国务院于 1959 年批准试用 1950～1956 年青岛验潮站所测定的黄海平均海水面作为中国统一的高程基准面,称"1956 年黄海高程系"。后来又积累了更多的验潮资料,1987 年 5 月又经国务院批准使用 1952～1979 年青岛验潮站资料计算确定黄海平均海水面为中国的统一高程基准面,称"1985 国家高程基准"。　(陈荣林)

高程控制网　vertical control

为测定地面点高程而建立的控制网。高程控制网视测区面积大小、精度高低和工程性质要求,采用水准测量方法逐级建立。国家高程控制网分四个等级,即一、二、三、四等水准网。一、二等网用于观测地壳垂直运动,平均海水面的变化,地震预报以及高精度的工程建设中,并作为国家高程控制的全面基础。三、四等水准网直接作为地形测图和各种工程建设的高程控制。城市高程控制分为二、三、四 3 个等级的水准网,是城市大比例尺测图、城市工程测量和城市地面沉降观测的基本控制。在山区或水准测量有困难的地区,可采用三角高程测量作为高程控制。

(汤伟克)

高度角

见竖直角(278 页)。

高厚比　ratio of height to thickness

墙柱的计算高度(H_0)与墙厚或矩形柱截面的边长(h)之比,以 $\beta = \dfrac{H_0}{h}$ 表示。有时称墙柱高厚比。H_0 是根据房屋类别和墙柱的支承条件按规定采用。由于纵向弯曲的影响,β 的大小将影响墙柱的受压承载力,验算时,h 为轴向力偏心方向的边长,当轴心受压时为截面较小边长。除了验算墙柱承载力外,尚需满足构造措施,即通过验算高厚比保证其在使用和施工阶段的稳定性,验算时,对于矩形柱,h 为其截面短边的长度。梁腹板的宽厚比有时也称高厚比,但涵义与此截然不同。　(张景吉)

高级语言 high level language

接近于人们使用习惯的程序设计语言。它允许用英文语句方式写解题的计算过程,程序中所用的运算符号和运算式子,都和我们日常用的数学式子差不多。高级语言便于一般人学习,独立于机器语言,可以适用不同的计算机,通用性强,书写程序比较短,便于推广和交流。但计算机不能直接识别和执行用高级语言书写的程序,必须用编译或解释程序翻译成机器语言。
(黄志康)

高阶振型 high order mode shape

在多自由度和连续体的自由振动中,对应于二阶频率以上的振动型式。例如,不等高单层厂房受地震作用时除基本振型外高阶振型在高低跨连接处的影响比较显著,如果采用只考虑基本振型影响的基底剪力法计算其地震力时,就必须根据抗震规范的规定采用相应的考虑高阶振型影响的修正方法。
(汪勤愙 张琨联)

高强度螺栓 high-strength bolt

见高强度螺栓连接。

高强度螺栓连接 high-strength bolted connection

用高强度螺栓将两个或两个以上的零件或构件连成整体的连接。高强度螺栓由低合金钢或优质碳素钢制成,经过热处理获得较高强度,并具有一定的塑性和韧性;螺母和垫圈一般用优质碳素钢制成并经过热处理;安装时用特殊扳手拧紧螺母使螺栓内产生设计要求的预拉力。高强度螺栓抗剪连接分为摩擦型和承压型两类。摩擦型高强度螺栓连接依靠被夹紧的板件接触面间的摩擦传力,以摩擦力刚被克服、被连接板件发生相对滑移为极限状态。承压型高强度螺栓连接则允许板件接触面间摩擦力被克服并发生相对滑移,随即栓杆与孔壁相接触,依靠螺栓抗剪和栓杆与孔壁相互挤压传力,以发生螺栓剪切或孔壁承压破坏为极限状态。摩擦型连接承受动荷载和疲劳的性能优于承压型;后者可省螺栓用量,但仅允许用于不直接承受动荷载的结构。高强度螺栓连接还可承受沿螺栓轴向作用的拉力,或同时承受剪力和拉力。高强度螺栓性能等级分 10.9S 与 8.8S 两级。
(王国周)

高强度螺栓拧紧法 tightening process of high strength bolt

用特制工具拧紧螺帽使高强度螺栓获得预定的预拉力的方法。高强度螺栓主要为摩擦型。依靠拧紧它的螺母产生螺栓的轴力,即所谓预拉力。使螺栓对连接板叠产生压紧作用,达到板叠间的摩擦面传递外力的作用。高强度螺栓的拧紧有扭矩法,转角法、扭剪法和张拉挤压法等四种。都必须经过初拧和终拧两步骤。初拧后的连接以板叠相互密贴为宜。
(刘震枢)

高强度螺栓预拉力 pretension in high-strength bolt

拧紧高强度螺栓时栓杆内产生的拉力。设计预拉力由螺栓的屈服强度、螺栓有效截面面积、螺栓材质的变异性、预拉力的变异性和损失以及拧紧时扭矩剪应力使螺纹处折算应力增大的影响等因素确定。
(王国周)

高强混凝土 highstrength concrete

见普通混凝土(235 页)。

高斯分布 Gauss distribution

见正态分布(364 页)。

高斯—克吕格平面直角坐标系 Gauss-Kruget plane rectangular coordinate system

根据高斯横置椭圆柱正形投影原理建立的大地坐标系。为控制长度变形,将地球 6°(或 3°)为一投影带,共分成 60 个(或 120 个)投影带。每投影带内的中央子午线投影后为纵(x)轴,赤道投影后为横(y)轴,两轴的交点为该投影带的坐标原点。本方法由德国数学家、物理学家、天文学家高斯(1777~1855 年)于 19 世纪 20 年代拟定,后经德国大地测量学家克吕格(1857~1923 年)于 1912 年对投影公式加以扩充,故名。在避免坐标出现负值,规定将坐标纵轴西移 500km,即每带横坐标均加 500km;并规定在横坐标值前冠上所在投影带的带号。如某点在 20 带的中央子午线西 244km,赤道以北 3600km,则该点的高斯坐标:$x = 3600km, y = 20256km$。中国也采用此坐标系。
(陈荣林)

高斯曲率 Gauss curvature

曲面在给定点处的主曲率的乘积。即 $K = k_1 k_2$。沿两个主坐标曲线方向的法截面曲率 $k_1 = \frac{1}{R_1}$ 与 $k_2 = \frac{1}{R_2}$ 称为主曲率,R_1, R_2 为主曲率半径。若 $K = 0$,表示至少有一个主曲率为零,即壳体在某一方向无曲率,称为零高斯曲率壳,如筒壳、锥壳等,这种壳体的中面是可展面;若 $K > 0$,表示两个主曲率均为正或均为负,即壳体的两个主曲率半径在中面的同一侧,称为正高斯曲率壳,如球壳、椭球面壳等;若 $K < 0$,表示两个主曲率符号相反,即两个主曲率半径在中面的两侧,称为负高斯曲率壳,如双曲抛物面薄壳。此外,尚有混合型曲率壳,即一个壳体内兼有正、负高斯曲率部分,如圆环形壳。
(范乃文)

高耸结构 high-rise structure

又称塔桅结构。高度较大,横断面相对较小,水平荷载(特别是风荷载)在设计中起主要作用的结构。根据其结构形式可分为自立式的塔式结构和拉线式的桅式结构。现代工业技术领域里塔桅结构类型繁多，用途广泛，例如无线电塔、电视塔、导航塔、微波塔、输电线路塔、环境气象塔、卫星发射塔、炼油塔、水塔、烟囱、排气塔、冷却塔、钻井塔、风动机塔等。这些结构可用钢、钢筋混凝土及预应力混凝土建造，根据各自工艺要求有不同的结构形式。

（王肇民）

高耸结构的温度作用效应 temperature effect on high rise structure

温度变化，如季节温差，不均匀日照和筒壁内外温差等，对高耸结构的作用效应。拉线式桅杆在季节温差作用下，纤绳将松弛或绷紧，对杆身的变形、承载力和稳定产生影响。烟囱和炼油塔等圆筒形钢筋混凝土塔的向阳面与背阴面的不均匀日照温差，以及筒内高温、筒外常温的差异等，将引起结构筒体内的温度应力、内力和变形，以及裂缝开展等。烟囱常用耐火材料做内衬，用以降低筒壁温差。

（王肇民）

高耸结构荷载 load on high-rise structure

作用在高耸结构上的荷载。分为永久荷载（自重、设备重、土重、土压力、线网拉力等），可变荷载（风荷载、地震作用、裹冰荷载、雪荷载、温度作用、安装荷载、检修荷载、塔楼楼面使用荷载等）和偶然荷载（线网拉断、基础沉陷等）等。其中风荷载和地震作用为其控制荷载。

（王肇民）

高位给水箱 high level water-supply tank

为保证室内给水管网所需的水压，在建筑物顶层设置的调节和贮存水量用的水箱。水箱分为圆形和矩形两种。常用钢板或钢筋混凝土制作，后者经久耐用，但自重较大，只有建筑结构允许时方可采用。

（蒋德忠）

高温水采暖系统 high-temperature water heating system

供水温度高于100℃的热水采暖系统。由于供水温度升高，散热设备的散热性能增强，热媒流量减少，故具有管道细、水泵小、电力省、散热设备少等优点，经济效益显著，在集中供热和大型采暖系统中得到广泛采用。供水温度，国外有的已到200℃以上，中国目前已达到150℃，正向180℃乃至更高的目标发展。

（蒋德忠）

高温徐变 high temperature creep

在恒定的高温和应力长期作用下，钢材不断产生塑性变形的现象。在工作应力低于材料的屈服点时就可能发生。温度相同而应力大小不同时徐变过程不一样。徐变时，应力保持不变，塑性变形随时间的延长而增加。

（何文汇）

高效钢材 high efficiency steel

通过增加钢材品种、改善钢材强度和优化截面形状等措施，获得更高的经济效益的钢材。如高强度低合金钢、耐候钢、H形钢、冷弯薄壁型钢、压型钢板等。

（王用纯）

高压固结试验 high pressure consolidation

加压达1000kPa以上的一种固结试验。通常它以较小的压力开始，采用小增量多级加荷方法，使在$e \sim \log p$曲线的下段出现直线线段。该试验结果可确定先期固结压力p_c和分析应力历史对土压缩性的影响。它对正确进行地基变形计算具有重要意义。

（王正秋）

高压配电柜 high-voltage electric distribution cabinet

将高压电能按需分配的装置。其作用是控制、保护用电设备，补偿线路无功损耗，对电能进行计量和分配。安装有高压配电柜的房间叫高压配电室。

（马洪骥）

高压体系充气结构

见气管式充气结构(236页)。

高周疲劳 high-cycle fatigue

低应力高寿命的疲劳。疲劳寿命一般大于10万次，尽管缺口处有可能出现塑性变形，但塑性区范围和塑性应变非常有限，材料的绝大部分处于弹性状态。

（杨建平）

高周疲劳试验 high cycle fatigue test

又称长寿命试验。材料和结构在高循环频率、低应力幅值作用下的疲劳试验。一般循环数$N > 10^5$以上。常用于测定材料和构件在某一预定寿命（循环次数为$N = 10^7$）下的疲劳耐久极限。试验时结构和材料的绝大部分处于弹性状态，应力-应变是线性关系，疲劳寿命较长。试验用S-N曲线表示，其中S为试件的名义应力幅值，N为试件疲劳破坏时的循环次数。建筑结构中重级工作制的吊车梁及其连接系统的疲劳试验是高周疲劳试验的典型实例。

（韩学宏　朱照容）

ge

搁栅 joist

见吊顶搁栅(64页)。

割线模量 secant modulus

见变形模量(12页)。

割线模量比 ratio of secant modulus

组合构件中两种材料的割线模量之比。计算钢管混凝土构件的变形时，常用钢材与混凝土的割线模量比$n = E_{sk}/E_{ck}$，式中E_{sk}和E_{ck}分别为钢材和混

凝土的割线模量。　　　　　　　　（苗若愚）

格构式拱　latticed frame arch

拱身由格构式构件组成的拱。一般拱的拱身可以作成实体钢筋混凝土或钢的矩形或工字形截面。当跨度比较大，拱身截面高度在1.5m以上时，为了减轻结构自重，宜作成格构式钢拱。其拱身截面高度与跨度之比为 1/30～1/60。　　　　（唐岱新）

格构式构件　latticed member

用缀件将肢件连成整体截面的构件。把两个、三个或四个肢体用缀件连接在一起，使整个截面较为开展，且受压时绕两个主轴有相近的稳定承载力，因而截面设计能达到经济合理，受拉时则可提高刚度。缀件采用缀条的称缀条构件，采用缀板的称缀板构件。用作柱子的格构式构件称格构式柱。相应地可分为缀条柱和缀板柱。　　　　　　（何若全）

格构式天窗架　lattice skylight truss

由两个三角形桁架组成的天窗架。是三铰刚架式天窗架的扩大。可用于12m跨度的天窗。
　　　　　　　　　　　　　　　　（唐岱新）

格构式桅杆　lattice mast

杆身为角钢、圆钢、钢管或薄壁型钢组合成多边形等截面或变截面空间桁架结构的桅杆。除三边形截面外，杆身内每隔一定高度布置横膈，以防截面变形。组合构件之间用螺栓或焊接连接。杆身划分成若干节段，用法兰盘螺栓或搭接板螺栓连接。
　　　　　　　　　　　　　　　　（王肇民）

格构式柱　lattice column

用缀材把两个以上的柱肢联接而组成整体的柱。它为格构式构件的一种。此种柱子截面上通过缀材的一根主轴称虚轴，另一根通过肢件的主轴称实轴，如双肢柱。但在三肢柱或四肢柱，则两根主轴均通过缀材。　　　　　　　　　（钟善桐）

隔板　baffle

为减小柱底板厚度而设的加劲板。在地基反力作用下，底板所受弯矩大小与底板各区格的大小、边长比和周边支承情况有关。隔板常作为部分底板的一个支承边。在预应力钢构件中，为了提高预应力值，也在构件中设置隔板。　　　　（何若全）

隔热层　thermal insulating layer

建筑物(构筑物)为了阻隔热能的传导而设置的构造层。烟囱隔热层就是设于烟囱内衬与筒身之间的隔热构造层。当烟气温度小于或等于150℃时，可采用空气隔热层，厚度50mm；当烟气温度大于150℃时，宜采用无机填充材料，例如高炉水渣、蛭石、矿渣棉等，其厚度一般为80～200mm。
　　　　　　　　　　　　　　　　（方丽蓓）

隔声指数　index of sound insulation

国际标准化组织(ISO)建议采用的将被确定声的值与建议标准曲线相比较时相应的隔声量值。它表示构件的隔声特性。对空气声记做 I_a，撞击声记做 I_i。与标准曲线相比较必须满足两个条件：①任一单一隔声量值($\frac{1}{3}$倍频程中心频率)，与标准曲线相应数值差均不大于8dB；②各单一隔声量总和与标准曲线相应数值差的总和不得大于32dB。在这种情况下与500Hz对应的曲线交点的隔声值即为隔声指数。隔声量的定义式为：

$$R = 10 \lg \frac{1}{\tau}$$

τ 为透射系数，通常把 τ 值小的材料称为隔声材料。　　　　　　　　　　　　　（肖文英）

隔水层　aquifuge, impermeable layer

难以通过重力水流的岩土层。一般孔隙极细小的土层，如粘土、粉质粘土以及致密的页岩和岩浆岩等。　　　　　　　　　　　　　　　（李舜）

隔油井　oil separator

用于处理污水中含有食用油脂和矿物油等含油物质以防止管道堵塞和保证排水系统维护安全的构筑物。其工作原理是使含油污水流速降低，水流方向改变，并使油类浮在水面上加以收集排除。当污水中含有汽油等挥发油类时，隔油井不得放于室内。
　　　　　　　　　　　　　　　　（蒋德忠）

隔振材料　isolation material

具有一定弹性、阻尼、强度和刚度，并能吸收动力设备或外界振源引起的干扰振动能量的材料。如钢弹簧、橡胶、乳胶海绵、泡沫塑料、玻璃纤维、软木、毛毡、砂、油(各类粘滞性油)等。　（茅玉泉）

隔振参数　parameter of vibrating isolation

决定隔振体系动力特性及影响隔振效果的参变量。其中有质量 m，刚度 K，或固有频率 ω，以及阻尼比 D；还有振源的干扰力(位移、速度、加速度)和干扰频率特性。　　　　　　　　　（茅玉泉）

隔振垫　vibration cushion

将隔振材料制成块状或条状，直接安置在动力设备或精密设备、精密仪器仪表的底座下起到一定减振作用的垫。常用的材料有海绵、橡胶、软木等。根据隔振体系的需要，对不同隔振材料垫有不同的频率选择范围，如海绵在2～5Hz，橡胶8～20Hz，软木>10Hz。隔振垫支承面积应按有关资料计算。
　　　　　　　　　　　　　　　　（茅玉泉）

隔振器　vibration isolator

又称减振器、消振器或吸振器。由隔振材料组成各种隔离不同类型干扰振动的装置。如橡胶隔振器、橡胶制品隔振器、钢弹簧隔振器(包括圆柱形螺旋弹簧、板弹簧)、空气弹簧隔振器以及液压式隔振

隔振系数 coefficient of vibrating isolation

隔振后的输出振动量与隔振前的输入振动量之比。对积极隔振，指传给基底上力的最大值与作用力的最大值的比值。对消极隔振，指被隔振物体振动的最大值与基底的最大值的比值。当为单自由度体系简谐振动时，无论哪种隔振，隔振系数 η 均表为

$$\eta = \sqrt{\frac{1 + 4D^2\alpha^2}{(1-\alpha^2)^2 + 4D^2\alpha^2}}$$

式中 D 为阻尼比，$\alpha = \omega_0/\omega$ 为频率比，ω_0 为干扰频率，ω 为隔振体系固有频率。 （茅玉泉）

个体 individual unit

组成总体的每个基本单元。如研究一批钢材的强度时，其中某一根钢材的强度就为个体。
（杨有贵）

各态历经过程 ergodic random process

每次记录数据的概率分布特性都相等的随机过程。由此，可以只用一次记录对时间的平均来代替各次记录的平均。其时间历程应该是无限长或相当长，与时间的起始点的选取没有关系，因而各态历经过程必是平稳随机过程。但平稳随机过程不一定是各态历经过程。例如根据风荷载的特点，除了初始时刻附近的时间以外，在以后较长的时间内，各次记录数据的概率分布基本相同，因而可作为各态历经过程处理。各态历经过程是在平稳随机过程的基础上对样本选取进一步作出假设的结果。
（张相庭）

gen

根方差 root variance

又称标准离差。方差的算术平方根。与方差一样也用来表示随机变量的分散程度。其量纲与 $x(t)$ 的量纲一致，因而比方差更为常用。其式为：

$$\sigma_x = \sqrt{Dx}$$

在工程设计上，根方差与数学期望值一样，是决定设计值的重要因素。如果已知结构的保证概率，即可确定保证系数 μ，此时该变量 $x(t)$ 的设计计算值 $x_c = Ex + \mu\sigma_x$。如果 $Ex = 0$，$\mu\sigma_x$ 即为设计计算值。
（张相庭）

geng

更新世 Pleistocene epoch

第四纪两个地质时代中较老的一个。与之相当的地层单位称为更新统。早更新世的下限距今240万年左右，中更新世距今大约 80~15 万年前，晚更新世距今大约 15~1 万年前。 （朱景湖）

更新统 Pleistocene series

见更新世。

gong

工厂拼装 shop assembling

构件在出厂前拼装成整体的工艺过程。大型构件受运输、装卸起重设备条件限制，由多个构件组成。由于构件复杂，制作过程中的累积误差难以控制，因而在工厂中拼装成整体，再拆卸后运送到工地。有时还在安装接口添置安装螺栓孔或定位器。如大型框架、桥梁、塔架和设备等。 （刘震枢）

工程拨款 project appropriation

建设银行根据建设单位与施工单位签订的承包工程合同和施工图预算，按照国家规定的拨款条例和施工进度拨付给施工企业的工程价款（包括开工前预付款）；竣工验收后，结清尾款的全过程。
（蒋炳杰）

工程测量 engineering survey

为工程建设规划、设计、施工和管理营运以及为特殊工程而进行的各种测量工作。如规划设计阶段的控制和地图测绘，施工阶段的建筑施工测量，管理营运阶段的变形观测和为维修养护等而进行的测量。按工程对象分有建筑、公路、铁路、水利、矿山、城市和国防等工程测量。 （陈荣林）

工程差价 project price differential

工程的施工图预算与竣工决算之间的差价。任何工程在施工过程中都不可避免地由于客观上原因的变化（如设计变更、施工过程中材料、工资等的调价，不可预见的因素等）而带来差价问题。差价是工程结算主要内容之一。 （蒋炳杰）

工程地球物理勘探 engineering geophysical exploration

简称工程物探。应用物理学原理以研究地下物理场（重力场、电场等）为基础，解决工程勘察中有关的工程地质、水文地质等问题的一种勘探方法。不同岩土的密度、含水程度、弹性、导电性、放射性等的差别，可用专门仪器进行量测，并以此推断解释地质问题。在工程勘察中常用的物探方法主要有电法勘探和震法勘探。在特殊条件下，也有利用岩土的天然放射性来划分地层，利用放射 γ 射线的放射性同位素测定地层的密度或利用中子源测定其含水量等。 （王家钧）

工程地质比拟法 engineering-geological analogy

又称工程地质类比法。对已建工程的建筑类型、设计原则、施工方法、使用效果与建筑场地工程地质条件之间的关系进行全面调查研究找出规律并以此作为类似条件下拟建工程设计、施工参考的方法。

（杨可铭）

工程地质测绘 engineering geological survey and mapping

通过地质观察和测量，按照勘察阶段所要求的详细程度，对测区范围的工程地质条件的空间分布以一定比例尺将其填绘在地形底图上的工作过程。它是工程地质勘察中一项基础工作，也是研究测区范围工程地质条件的一种重要工作方法。它所填绘的图件和取得的有关资料是评价测区工程地质条件，分析和预测有关工程地质问题的基础。

（蒋爵光）

工程地质单元体 engineering-geological element

按工程地质条件的异同对建筑地区划分的单元。同一单元的工程地质条件类似。在工程地质勘察中，按工程地质单元体特征布置勘探试验工作及统计整理试验成果，能较好地反映该单元内工程地质条件的综合情况。

（杨可铭）

工程地质分区图 map of engineering geological zonation

根据工程地质条件的综合分析，把全区范围内工程地质条件或工程地质评价具有共同性的部分作为一个区，划分为若干不同工程地质分区的图件。根据不同的分区目的和工程建设的要求，进行分区时所考虑的因素和依据可能有所不同。如为城市规划而进行的综合性的工程地质分区，为山区道路建设的斜坡岩体稳定性分区等。

（蒋爵光）

工程地质勘察 engineering geological investigation

为查明建筑场区的工程地质条件而进行的勘察纲要编写、工程地质测绘、勘探、试验、长期观测和内业资料整理等工作的总称。它的任务是对建筑场区的工程地质条件作出评价，对可能出现的工程地质问题进行预测，为选定最佳建筑场地和正确合理地进行工程设计、施工提供依据。根据工程设计阶段的不同要求，工程地质勘察也相应划分为不同阶段。

（蒋爵光）

工程地质勘察报告 report of engineering geologic investigation

在工程地质勘察的基础上，依据工程特点编制成的综合反映勘察区工程地质条件及其评价的文件。它是工程规划、设计和施工的重要依据。

（蒋爵光）

工程地质勘探 engineering geological exploration

为研究、评价勘察场区的工程地质条件，查明岩土的物理力学性质所进行的地下深部调查。勘探工作包括掘探、钎探、钻探、触探、物探和化探等。

（王家钧）

工程地质内业整理 collation of engineering geological data

将工程地质勘察中测绘、勘探、试验和长期观测的各种资料进行系统整理和全面综合分析的工作。它是工程地质勘察工作的重要环节。通过内业整理，在对有关资料进行综合分析的基础上，编制出工程地质图和编写出相应的工程地质勘察报告。

（蒋爵光）

工程地质评价 engineering geological evaluation

在查明勘察区内工程地质条件的基础上，对可能产生的工程地质问题的成因机制、发展演化趋势及其对工程或地质环境产生的影响，作出的分析判断和结论。据此可对工程规划、场址选择、工程建筑物的设计、施工或防护措施作出正确的决策或提出合理的方案。

（蒋爵光）

工程地质剖面图 engineering geological profile

反映沿勘探方向上工程地质条件的地质剖面图件。它能够反映沿剖面线方向的地貌界线、工程地质分区界线、不良地质现象界线，以及地面以下地层岩性、地质构造、地下水位等的内容。大比例尺的工程地质剖面图上还常注明岩土的物理力学性质等指标。它与平面图配合使用，可以充分反映出建筑物或其基础埋置范围内的工程地质条件。

（蒋爵光）

工程地质条件 engineering-geological condition

与工程建设有关的地质因素的总称。一般系指区域、场地的地形、地貌、地层岩性、地质构造、水文地质条件、岩土体应力状态、不良地质现象及天然建筑材料的情况等。研究工程地质条件对城乡规划、工程布局、建筑物地基基础方案选择以及工程设计及施工等有着重要的意义。

（杨可铭）

工程地质图 engineering-geological map

反映和评价建筑地区工程地质条件，分析和预测可能发生某些工程地质问题的图件。一般可分为综合性工程地质图和专门性工程地质图两种：综合性工程地质图全面反映工程建设地区工程地质条件的分布特征、变化规律及相应的分析和评价，如区域工程地质图、工程地质分区图等；专门性工程地质图是反映某些特殊工程地质作用或问题的图，如滑坡分布图、基岩顶板或桩基持力层顶板埋藏深度图等。

工程地质图一般应附剖面图和柱状图。

(杨可铭)

工程地质学 engineering geology

调查、研究、解决与人类工程活动有关的地质问题的学科。它是一门土木工程学与地质学的边缘学科。其研究任务是查明和评价各类工程建筑场区的工程地质条件,分析和预测在人类工程活动的影响下地质条件可能发生的变化,选择最优建筑场地并提出解决不良地质问题的建议,为保证工程的设计合理、造价经济、施工顺利及正常使用提供可靠的科学依据等。

(杨可铭)

工程地质资料 engineering geological data

通过工程地质勘察获取或搜集到的与所研究区域的工程地质评价有关的地质原始数据、图件、文字报告或其它资料。它是分析研究该区域工程地质条件和工程地质问题的基本依据。

(蒋爵光)

工程地质钻探 engineering geological drilling

为研究和查明勘察场区的工程地质条件,为工程设计、施工、地基处理服务的钻探工作。钻探形成的钻孔以勘探为目的的称勘探孔,以在钻孔内进行测试(如标准贯入试验、十字板剪切试验、波速试验等)为目的的称测试孔,以施工(灌浆、碎石桩、砂桩等)为目的的称施工技术孔。钻探的深度、直径、方向、布置及钻进方法等,应按不同的工程需要和用途确定。

(王家钧)

工程动力地质学 engineering geodynamics

研究与工程建设有关的工程地质作用和各种自然地质作用及其形成条件、发展规律和预测、防治技术的学科。工程地质作用系指由于人类工程活动所引起的作用,如地下建筑围岩应力的重分布、高层建筑的地基变形、开挖路堑边坡的失稳、过量开采地下水引起的地面沉降等;自然地质作用系指地震活动、泥石流、砂丘移动、岩溶、滑坡、崩塌等。研究上述问题对分析、判断建筑地区的稳定有重要的理论和实用意义。

(杨可铭)

工程分包合同 project sub-contract agreement

建设单位与总包单位签订总包合同后,总包单位将承包的工程部分分包给一个或几个分包企业或将专业性较强的工程分包给专业公司签订的合同。

(蒋炳杰)

工程结构 building and civil engineering structure

房屋建筑和土木工程的建筑物(构筑物)及其相关组成部分的总称。前者的结构称建筑结构。后者则常指公路、铁路、港口、航道和水利水电等类工程的结构。

(钟善桐)

工程结算 project settlement

建设单位与施工单位,在一个单位、单项工程竣工验收、交付使用后,以施工图预算为基础,根据工程合同的规定将施工过程中应调整的费用进行调整后的工程造价。它除执行平方米造价包干、施工图预算加系数包干的工程外,一般要编制竣工结算,作为结算工程价款,考核工程成本和编制竣工决算的依据。

(蒋炳杰)

工程决策分析 engineering decision analysis

全面衡量效益、费用和地震危险性之间关系的决策过程。根据一个场地或地区的地震危险性概率以及地震可能造成的灾害程度,提出减轻地震危险性的各措施方案,针对每一方案,估算措施的可靠程度,即减轻地震危险的有效性和提高抗震能力所增加的费用。然后评价在可接受的危险性下减轻灾害措施的投资效益以及取得的减少损失费用是否合适,由此来确定最优方案。

(肖光先)

工程勘测 engineering reconnaissance survey

对工程建设所涉及的区域进行经济调查和技术勘测的工作。经济调查的主要目的是了解与工程建设有联系的自然地理和经济资源、工农业生产及其发展情况、交通运输、水、电和建筑材料的供应条件。技术勘测的主要目的是提供地形、地质和水文等资料。按其工作先后分为:①在原有资料基础上进行野外调查(包括经济、地质和水文地质的现场核对);②初步勘测,主要是对比较方案的区域测绘地形图以及对经济和地质情况的调查,为初步设计提供资料;③详细勘测,对被批准方案的地区进行大比例尺地形图的测绘,进行地质勘探,为技术设计提供资料。有时根据工程情况可将初步勘测和详细勘测这两阶段合并进行。

(陈荣林)

工程量差 project quantity differential

建筑工程在施工过程中因设计变更或材料使用等所引起的工程量的变化。

(蒋炳杰)

工程设计 engineering design

在工矿、道桥及民用建筑等工程施工前,进行调查研究和科学分析,通过周密构思及计算、绘图工作,最后提出作为施工依据的设计文件及图纸的全过程。工程设计应根据批准的设计任务书进行。对一般工业与民用建筑物的设计,可分为扩大初步设计和施工图设计两个阶段,称二阶段设计。对规模巨大和技术特别复杂的工程项目,有时采取三阶段设计(即初步设计、技术设计和施工图设计)的方式。

(陆志方)

工程设计招标 invite tenders of project design

建设单位择优选定设计单位的一种发包方式。工程设计招标有利于增强技术经济责任感和竞争性,提高工程设计质量及节省建设投资,加快设计进

度。工程设计招标方式可分为：公开招标、邀请投标招标、协商议标招标。　　　　　　　（房乐德）

工程施工　project construction

土木、建筑及其设备安装的现场修建工作。包括建筑施工和安装施工。它是实现基本建设计划，由设计图纸变为工程实体的重要一环。工程施工泛指工程的实施，是一个特殊的生产过程，具有流动性大，露天、高空、地下作业，生产周期长，占有资金多，多部门多工种配合复杂等特点。施工前要求做到投资、征地、施工图纸、设备材料、施工力量方面五落实，并做好施工准备工作。施工中要严格按照施工图纸和技术规程、规范进行。　（房乐德）

工程施工招标　invite tenders of project construction

又称建筑工程施工招标。招标单位（建设单位或工程项目主管部门）择优选定施工单位的一种发包方式。工程施工招标方式分为：①公开招标；②邀请招标。公开招标，是招标单位通过公开发表招标广告，吸引有关施工企业参加投标。邀请招标，是招标单位通过信函等形式，向有承包能力的若干企业发出通知或特邀自己比较信任的少数施工企业，用投标或议标方式确定中标单位的方法。建筑工程实行工程施工招标时，必须具备以下条件：①工程项目具有经主管部门批准的设计文件和概算书，并已列入基本建设年度计划；②建设用地已经征用；③建设资金、设备、材料等均已落实；④工程标底业经审定。　　　　　　　（房乐德）

工程数据库　EDB, engineering data-base

在工程应用中的数据集合。数据内容包括两部分：一部分是原始数据，表示工程中实体与属性的关系。实体具有名称、几何、物理参数等性质，由计算机进入 EDB，并能按要求及时对数据重新加以组织或更新；另一部分是系统在运行过程中由某些算法从原始数据中产生的，称为"导出数据"。这些数据从属于原始数据和算法，在 EDB 中不能直接修改。EDB 应能对：场地规划、方案生成、体系分析、结构设计分析、内部设计、设计图生成及经济核算等进行统一的数据管理。　　　　　　　（陈国强）

工程项目　construction item

见单项工程（41页）。

工程修改核定单　authorization sheet for revised project

见设计变更（264页）。

工程岩土学　rock and soil engineering

研究岩石与土的工程性质及其成因、变化和改良的学科。它的研究内容有：岩土的物理、水理、力学性质及控制这些性质的物质成分和结构特征；岩土体在荷重作用下，可能发生的变化及其对建筑物或建设地区稳定性的影响；岩土不良工程性质的改良；岩土类别和性质的区域分布规律等为城乡规划、工程建设布局、岩土工程设计和施工等提供依据。
　　　　　　　（杨可铭）

工程震害　earthquake damage of engineering

工程结构由于地震所造成的破坏。它取决于地震本身强烈程度和工程结构的抗震性能。其破坏机理既有地震动直接引起的，也有地表破坏（断裂、液化等）引起的。建筑结构产生不同震害的原因主要有：①结构本身强度和延性不足；②各结构构件之间联结不牢；③构造布置不合理；④非结构构件处理不当。生命线工程震害不仅与部件本身强度、构造有关，并取决于生命线网络布局特点。　（肖光先）

工程总承包合同　project prime contract

根据有关条例对单项工程较多、工期较长的工程建设项目，由建设单位与承包公司或施工企业签订的全面的承包合同。主要内容为：①工程项目，开竣工日期；②单位工程项目造价，总造价；③工程质量要求；④建设与施工双方职责；⑤付款办法，奖罚条款。　　　　　　　（蒋炳杰）

工地拼装　field assembling

构件在安装工地预先进行地面拼装的工艺过程。在工厂试拼装的构件，运到工地后，在吊车起重能力可能时，将高空作业改为地面作业，在地面拼装固定后再起吊就位。也可将多个构件拼装成整体后再行吊装。　　　　　　　（刘震枢）

工矿企业抗震防灾规划　earthquake disaster reduction planning of industrial enterprise

地震区各系统的大中型企业，形成独立工矿区的企业，地震时可能发生严重次生灾害的企业和对社会生产与人民生活有重大影响的企业独立地编制的抗震防灾规划。其要求是针对企业实际情况和特点，分析本企业现有抗震能力和准备程度，推断未来地震灾害的主要内容、原因，可能造成次生灾害及波及范围，对生产装置的要害部位和抗震薄弱环节，特别对生产过程中起关键和主导作用的重要设备、结构复杂和修复周期长的设备、以及可能导致严重次生灾害的设备，制定保证生产及抗震防护措施。使抗震加固和平时的维修、大修、改造、更新相结合；当前与长远的生产发展规划相结合；本企业与所在城市抗震防灾规划相结合。　　　（肖光先）

工形柱　I-column

截面成工字形的柱。是一般单层工业厂房中最常用的一种形式。比矩形柱节省混凝土减轻自重，但预制时模板比较复杂。　　　（陈寿华）

工业构筑物　industrial structure

工业建筑中除厂房结构之外，为特定用途而建造的结构物。有为贮存用的贮罐、筒仓、贮液池、水塔等，为输送用的管道、沟渠、地沟、管道支架、皮带运输廊等，为工艺处理用的冷却塔、造粒塔、排气塔、烟囱、净化构筑物等及其他如塔式结构、塔桅结构、挡土墙、反应堆安全壳等各种构筑物。常用钢材或钢筋混凝土建成。　　　　　　　（庄家华）

工业建筑　industrial building
供工业生产用的建筑物的总称。包括各种车间及仓库等。　　　　　　　　　　（房乐德）

工业墙板　wall panel for industrial building
用于工业建筑的墙板。墙体面积在一般单层厂房中约占建筑面积的50%～60%，采用装配式预制墙板对建筑工业化有很大作用，有地震设防要求的工业建筑尤宜采用柔性连接的墙板。工业墙板一般都是非承重构件（少数单层厂房也有采用承重墙板的）。多数为横向布置，少数多层厂房中也有采用竖向墙板的。横向墙板长度同柱距，高度按扩大模数定型。截面形式有实心、空心、槽形、箱形和复合形等。常用的墙板根据用料不同有钢筋混凝土板、轻集料混凝土板、石棉水泥板、波形增强塑料板（透光或不透光）和金属压型板等。外墙板中带窗框的叫窗框板，在工厂制作时可把窗扇一起安装好，使施工更为方便。　　　　　　　　　（钦关淦）

工业区　industrial district
地区或城市范围内工厂设置较集中的用地。工业区的布置要考虑自然资源供给、运输条件与市场消费需求的方便，及对城市环境污染的影响。
　　　　　　　　　　　　　　（房乐德）

工业通风　industrial ventilation
用通风方法控制生产过程中产生的粉尘、有害气体、高温、高湿，创造良好的生产环境和保护大气环境的一门综合性技术。控制工业有害物的通风方法有局部通风、全面通风和事故通风等几种方法，其中以局部通风的方法最有效。根据动力不同分为自然通风和机械通风。　　　　　　（蒋德忠）

工艺设计　process design
工艺规程设计和工艺装备设计的总称。它是工业企业工艺准备工作的主要组成部分。工艺规程设计的主要内容有决定产品制造和质量检验的过程与方法、选择设备、确定必要的工艺装备、制订工时定额和原材料消耗定额、拟定劳动组织和生产组织等。工艺装备设计工作的内容是根据工艺规程的要求，设计各工序所需要的非标准设计专用工具，如冲模、压模、夹具和刃具等。　　　　　　（陆志方）

工字钢　I-beam
横截面呈工字形（I形）的热轧型钢。它分轻型和普通工字钢，后者简称工字钢。以高度厘米数作为型号。当型号相同时，轻型工字钢的厚度较小，每米重量较轻。工字钢由两块翼缘和一块腹板组成。因翼缘宽度较窄，且厚度由边缘向中间增厚，这种截面在压力作用下，往往不经济，宜用宽翼缘工字钢代替。　　　　　　　　　　（王用纯）

工字形梁　I-beam
由上、下翼缘及竖向腹板组成工字形截面的梁。钢筋混凝土工字形梁一般设计成上、下翼缘不对称的薄腹梁；靠近支座处则改为厚肋的T形或矩形截面，以抵抗较大的剪力。在计算工字形梁的正截面承载力时，可忽略受拉下翼缘混凝土的抗拉作用，因而计算方法与T形截面梁相同。　　　（陈止戈）

工作平台梁　beam of working platform
工业厂房中供生产操作用的平台的梁。一般为型钢梁，有时也采用钢筋混凝土梁。　　（钟善桐）

工作站　workstation
人与计算机联系，实现人机信息交换的物理设备。属于超级微机一类。它集运算分析、数据和图形的输入输出、图形和图像处理、通信连网等各种功能于一体。尤其以快速的图形功能为特点，是当今计算机辅助设计领域中的主流设备。（薛瑞祺）

公共建筑　public building
为了满足人们进行社会活动而建造的各种非生产性建筑物的总称。如办公楼、图书馆、学校、医院、车站、体育馆、电影院、商店、纪念馆等。
　　　　　　　　　　　　　　（房乐德）

公共显示装置　public display unit
在大型公共场所，以信息传播为目的的记时记分及动态显示装置。民用航空站，中等以上城市的火车站、大城市的港口码头、长途汽车客运站等，应设置营运动态显示屏。大型商业、金融营业厅，宜设置商品、金融信息显示牌。体育用显示装置必须有计时显示功能。各种公共显示装置均应实行电子计算机控制。户外设置的主动光公共显示装置，应具备日场、夜场亮度调节功能。显示系统的控制、数据电缆（线），应做防音频、防电磁干扰处理。
　　　　　　　　　　　　　　（马洪骥）

功率谱　power spectrum
在地震工程中输入地震波各频率分量的波形幅值平方与频率间的关系曲线。地震是周期性的地面运动，在将各振幅采样值的平方相加后除以采样点数得到均方值（又叫平均功率），如果把某个地震波的平均功率用有限傅立叶级数表示，也就是将波的平均功率分解成包含各频率的分量，以其幅值为纵坐标，频率为横坐标即可构成功率谱曲线。功率谱与傅立叶谱实质相同，功率谱中的采样函数可以是加速度、速度或位移，但与傅立叶谱不同的是取平方值，因此它强调了波的各分量对结构物能量的影响。

（陆伟民）

功率谱密度 power spectrum density

平均功率按圆频率 ω 分布的密度。即单位频带范围内的密度，以 $S_x(\omega)$ 来表示。因此平均功率可写成：

$$Ex^2 = \int_{-\infty}^{\infty} S_x(\omega) d\omega$$

$Ex^2(t)$ 常常是 t 时刻平均能量的度量，例如 $x(t)$ 表示位移，则它就与 t 时刻平均势能成正比，如果 $x(t)$ 表示速度，则它就与 t 时刻平均动能成正比，从这意义上谈，$S_x(\omega)$ 又代表了各频率对平均能量的贡献。$S_x(\omega)$ 愈大，该频率对结构的贡献也愈大。功率谱密度分互功率谱密度和自动率谱密度，取决于两个随机过程是属于不同的或相同的随机变量，并常用 $S_{xy}(\omega)$ 和 $S_x(\omega)$ 来表示。功率谱密度的量纲是 xyt 或 $x^2 t$ 所具有的量纲。工程上常应用自功率谱密度求出根方差。因而是一个重要的量值。

（张相庭）

供暖系统 heating system

见采暖系统(17页)。

拱 arch

由支座支承的一种曲线或折线形构件。它主要承受各种作用产生的轴向压力。有时也承受弯矩、剪力或扭矩。有带拉杆和不带拉杆之分。用砖石砌体、钢筋混凝土、木材、金属材料建造的拱结构在桥梁结构及房屋结构中都有广泛应用。拱结构跨度可以很大，已有跨度大于 100m 的拱结构。拱的矢高与跨度的比值可根据受力情况及建筑设计需要确定，一般在 1/8～1/2 之间。按拱的构造可分为无铰拱、双铰拱、三铰拱、落地拱等。拱的轴线形状应尽可能和恒荷载作用下压力曲线相接近，有抛物线、圆弧线、悬链线等。按拱身截面形状分有矩形截面拱、波形拱、折板拱、格构式拱等。按施工方法分预制装配式、现浇整体式以及装配整体式等。

（唐岱新）

拱板屋架 truss with arch slab

以槽形截面拱形板为上弦，预应力混凝土平板为下弦，腹杆由横隔板和钢筋斜拉杆组成的屋架。这是一种板架合一的屋盖结构。可沿房屋纵向接连排列，直接搁置在柱顶的托梁或承重墙上。既可减少结构构件的种类和数量以及施工吊装工序，又具有受力性能合理、结构高度小、空间刚度好和用料省等优点，但施工较复杂。它用于跨度和吊车起重量不大的厂房和仓库中。

（杨熙坤）

拱度 arching factor

拱的矢高与拱的跨度之比。桁架起拱时，反挠度与桁架跨度之比。

（徐崇宝）

拱壳空心砖 hollow brick for arches

又称挂钩砖或拱壳砖。专门用于砌筑拱壳结构的异型空心砖。施工时，利用砖的钩、槽互相钩挂悬砌，由简单的样架控制曲线，不需模板支撑。砌筑的筒拱屋面跨度可达 45m，而屋面厚度仅 250mm。当采用双曲线波形拱时，跨度还可加大。用拱壳空心砖建造的屋盖或楼盖，具有节约木材、钢材和水泥的优点。不过，此种砖的生产成本高，成品率低，砌筑技术要求严格，同时，拱壳结构不具备抗震和防水功能，故使其推广与发展受到一定限制。

（罗韬毅）

拱壳砖

见拱壳空心砖。

拱形屋架 arch truss

上弦轴线呈抛物线形的屋架。因外轮廓与承受均布荷载时的弯矩图相适应，因而其上下弦内力分布均匀，腹杆内力很小，经济指标很好。采用预应力混凝土制作的拱形屋架跨度目前可达 36m。

（黄宝魁）

拱形屋面板 arch roof slab

纵向截面为拱形的肋形屋面板。由于纵肋是变高度的并与弯矩分布图接近，经济指标优于普通屋面板。常用规格为 1.5m×6m。

（杨熙坤）

共用天线电视系统 CATV，community antenna television

简称 CATV 系统。许多用户电视机共用一套室外天线的电视收看系统。它由接收天线、前端设备及信号传输分配系统三部分组成。CATV 系统规模按其容纳的用户输出端口数量，可分为：A 类：10000 户以上；B1 类：5001～10000 户；B2 类：2001～5000 户；C 类：301～2000 户；D 类：300 户及以下。

（马洪骥）

共振 resonance

体系在周期性变化的外干扰力作用下时，当干扰频率与固有频率接近或相等时，振幅急剧加大的现象。

共振法 resonance method

见强迫振动法(241页)。

共振风速 resonant wind-speed

见临界风速(200页)。

gou

构架式机器基础振动 vibration of frame type foundation

由于机器(如汽轮发电机组)旋转部分离心力的作用而使其构架式基础产生的振动。动力计算模型和允许振动随机器转速 n_0 不同而不同。对于低频机器($n_0 \leqslant 1000\text{r/min}$)基础,不考虑顶板的变形,计算顶板的水平扭转振动并控制水平振幅。中频机器($1000 < n_0 \leqslant 3000\text{r/min}$)基础,采用多自由度空间计算模型,不考虑地基的变形,而取出横向框架当作双自由度体系计算,再考虑空间影响系数。由扰力点下的竖向振幅控制,除控制工作转速下的振幅外,还控制开停车过程中的振幅。高频机器($n_0 > 3000\text{r/min}$)基础,由于原动机是低频的,要考虑地基变形。用空间或平面模型计算,由振动速度控制。

(郭长城)

构架式塔 frame tower

用离心灌筑法预制的钢筋混凝土管、预应力混凝土管或普通钢筋混凝土作为构件,用法兰螺栓连接或焊接成空间桁架或空间刚架的塔式结构。其外形类似于钢塔。也可以在现场整体浇筑。

(王肇民)

构件 member

组成结构的单元。按受力状况的不同,有受弯构件、轴心受压构件、压弯构件、弯扭构件等。

(钟善桐)

构件剪切破坏 shear failure of member

构件在以剪力为主的外荷载作用下,达到和超过剪切强度时各部分之间产生滑移的破坏现象。例如,钢筋混凝土梁接近梁端处的斜向破坏属于剪切破坏。对于轴心受压钢管混凝土短试件,也常发生内部混凝土的剪切破坏,可以明显地观察到钢管外部的剪切错位现象。

(苗若愚)

构件校正 straightening of structural member

俗称成品构件校正。构件在装配焊接后,相关尺寸部分不符合施工图标示要求的外形,对残留的弯曲或扭曲变形进行校正的工序。校正方法有机械校正法或火焰加热校正法。前法叫冷矫直、后法叫热矫直。

(刘震枢)

构造 construction

在工程结构中,将若干构件或零部件按照使用功能要求组合起来形成一个整体时它们之间的相互关系。按其范围大小可分局部构造和整体构造。在结构设计中,有些部件的尺寸是按构造要求确定,不需要通过验算。

在工程地质学中,关于地壳中的岩层(体)的构造,参见地质构造(58页)。

(钟善桐)

构造地貌 structural landform

由地壳构造运动或火山活动所形成的各种地貌。一般可分为:反映构造形态的背斜山、向斜山和单面山等;由构造运动形成的地貌,如山地、台地、平原和盆地等。

(朱景湖)

构造地震 tectonic earthquake

地球内部构造运动所引起的地震。通常是由于地壳中岩层断裂或原有断裂两侧发生彼此错动而造成的地震。这类地震占全世界天然地震的绝大部分,强度大,对人类社会危害也大。

(李文艺)

构造筋 structural reinforcement

钢筋混凝土构件中为考虑在设计计算中所忽略的作用因素以及为了保证构件正常工作所必须放置的钢筋。例如有约束作用的板支座附近的负筋、板角钢筋,梁中的架立筋,梁柱侧面的腰筋等。

(刘作华)

构造平原 structural plain

地面与水平构造岩层层面一致的平坦地形。如滨海平原。

(朱景湖)

构造要求 detailing requirements

为了解决在建筑结构设计中,尚难以用分析计算来据实表达某些部分的安全或正常使用问题,所采用的按实践经验总结出来的构造措施。也即有些部件的尺寸或部件之间的间距是按构造要求确定,不需要通过验算。

(钟善桐)

构筑物 structure

又称结构物。一般指为某种技术目的服务,而没有房间或人们一般不直接在内进行生产和生活活动的建筑物。例如烟囱、水塔、桥梁、涵洞等。

(方丽蓓)

gu

箍筋 stirrup

又称钢箍或横向钢筋。设置在纵筋外侧,方向与纵筋垂直并将纵筋紧紧箍住的钢筋。有单肢和多肢、开口和封闭、螺旋等形式。其直径一般为 $6\sim10\text{mm}$,间距一般取相当于截面的短边尺寸或由计算确定。箍筋用以承受剪力或扭矩,防止受压纵筋压屈。此外,还用以固定纵筋位置,便于浇灌混凝土。

(王振东)

古德曼图 Goodman diagram

描绘构件或连接在重复荷载作用 N_1 次后发生疲劳破坏时的疲劳强度与应力比的关系图。从大量的 S-N 曲线试验资料整理后绘出。绘制时以应力循环的最小应力为横坐标,以最大应力(以拉应力为正)为纵坐标绘出应力循环上下限的曲线。可用其确定不同应力比疲劳强度。

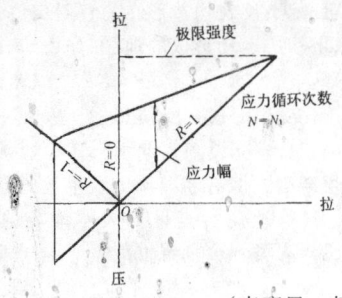

(李惠民　杨建平)

古典桁架理论　the classical truss theory
见桁架理论(124页)。

骨架　skeleton
见龙骨(202页)。

骨架曲线　skeleton curve
反复荷载作用下结构或构件的力-位移滞回曲线峰点的连线。它与单调加载时的力-位移曲线很接近,一般认为可用后者(或作一些修正)近似地代替。
(余安东)

骨料咬合　aggregate interlock
沿裂缝方向骨料颗粒与水泥浆之间传递剪力的作用。与裂缝宽度成反比,与裂缝方向骨料相对位移成正比。在研究裂缝出现后构件承载能力时需考虑之。例如:无腹筋梁试验指出,临近破坏时,骨料咬合作用所承担的剪力占总剪力的35%～50%。在有腹筋梁中,由于腹筋的存在,能限制斜裂缝宽度增长,有助于维持骨料咬合作用。骨料咬合剪力传递由两部分组成:①凸体接触时,由接触面传递;②细粒粗糙物在两凸体产生相对滑移时,在接触面产生摩擦力传递。
(董振祥)

固定荷载　fixed load
见固定作用。

固定梁　fixed beam
见两端固定梁(198页)。

固定误差　solid error
用电磁波测距仪测距时,对测距误差的影响与距离无关的一些误差。如测相误差、仪器加常数误差和对中误差等。
(何文吉)

固定支架　fixed rack
架空管道线路上为嵌固管道而设置的支承结构。支架上托支管道的支座,用螺栓或焊接定位管道做成固定支座,不允许管线受热(或内压力)在支架位置产生位移。这种支架作为控制管线上管道变形影响范围的固定点,保证各分段内补偿器能在一定的补偿量内正常工作。
(庄家华)

固定资产动用系数
见固定资产交付使用率。

固定资产交付使用率　rate of fixed assets transferred and in use
又称固定资产动用系数。基本建设中一定时期内新增固定资产价值对同期投资完成额之比。其计算公式是:

$$\text{固定资产交付使用率} = \frac{\text{计算期新增固定资产价值}}{\text{计算期投资完成额}} \times 100\%$$

一般来说,固定资产交付使用率越高,未完工程占用率越低,但亦有一定界限,因为基本建设建设周期较长,要保持施工生产均衡地进行,必须有一定数量的未完工程作为周转条件。
(房乐德)

固定资金　fixed funds
固定资产的货币表现。在生产企业中一般是指建筑物、机械设备、运输工具等劳动资料的货币表现。
(房乐德)

固定作用　fixed action
在结构空间位置上具有固定分布的作用。其中的直接作用称为固定荷载。例如,建筑楼面上固定的设备荷载、结构自重等。
(唐岱新)

固件　firmware
固化于计算机电路中的软件和电路本身的总称。固件由大规模集成电路芯片做成。常见的是微程序控制存储器(只读存储器)。其中,可以包含计算机的指令解释程序,也可以含有语言编译程序,或者是操作系统的一部分。其特点是在电源切断以后其中内容不会丢失。
(李启炎)

固结度　degree of consolidation
在一定的压力作用下,土体在某一时刻的固结变形量与其最终固结变形量的比值。它的确定是工程实践中分析土体固结问题所要解决的主要内容之一,也是估计土的强度随固结而增长时必不可少的一个参数。
(魏道垛)

固结试验　consolidation test
测定饱和试样在侧限与轴向排水条件下,变形与压力或孔隙比与压力、变形与时间的关系的试验。用以确定土的单位变形量、压缩系数、压缩指数、回弹指数、压缩模量、固结系数及前期固结压力等指标。根据所得各项指标可判断土的压缩特性、计算土工建筑物和地基的变形。对于非饱和试样,则称之为压缩试验(不测定变形速率及固结系数等)。
(王正秋)

固结系数　coefficient of consolidation
反映土体排水固结过程快慢的主要参数。可通过试验测得。单位为cm^2/s。理论上它是变量,它取决于土的渗透系数、天然孔隙比、水的重力密度、土的压缩系数,在不同的排水方向时,其值也不同,但实用上常取作常数。　　　　(魏道垛　王正秋)

固有频率　natural frequency

又称自振频率。结构作自由振动时的频率。当结构受初始干扰后,将以一定大小的频率作振动。这种频率只取决于结构本身的固有性质(刚度和质量分布等),与初始干扰(起始条件)无关,因此人们把结构的自由振动频率称作为固有频率,结构固有频率的计算参见频率(230页)。　　(汪勤慜)

固有周期　natural period of vibration

又称自振周期。结构按某一振型完成一次无阻尼绕性自由振动所需的时间。该周期只与结构本身的固有性质(刚质和质量分布)有关,而与初始干扰(初始条件)无关。它是体系固有频率 f 的倒数。结构固有周期的计算参见周期(369页)。

　　　　　　　　　　　　　(汪勤慜)

gua

挂钩砖

见拱壳空心砖(108页)。

挂瓦条　batten, tiling batten

铺设屋面平瓦的木条。它是屋面木基层的组成部分,设在最上层,为双向受弯构件,一般截面均取为方形。挂瓦条长度至少应跨越二、三个支承构件的间距。　　　　　　　　　　(王振家)

guan

关东地震　Kanto earthquake

1923年9月1日在日本关东发生的地震。里氏震级为8.2,震中在关东相模湾海底之下。相模湾海底有较大的地基变动,在伊豆大岛和相南海岸之间地区,南半部沉陷约100m,北半部隆起约100m。关东西北部陆地最大沉陷1.4m,东南部沿海最大隆起1.8m。离震中不远的东京和横滨两市900处同时起火,东京被烧毁旧市区50%,横滨被烧毁80%,死亡9.9万人,重伤10万人,失踪4.3万余人。　　　　　　　　　　　　(肖光先)

关系模型　relational model

用二维表格来表示记录及记录之间联系的模型。这种模型是唯一可数学化的,在数学上把二维表格叫做关系。关系的每一行叫做元组,相当于文件的一个记录;关系的每一列叫做属性,相当于记录的字段。它具有下列性质:①没有二个元组在各个属性上是完全相同的;②行的次序无关紧要;③列的次序无关紧要。　　　　　　　　　　(陆　皓)

观测误差　observation error

任一量的观测值与准确值之差。观测值是指消去粗差和系统误差的观测值,准确值是不含误差的真值。观测误差具有偶然误差的性质。为了减弱观测误差的影响,可通过重复观测提高观测成果的质量。　　　　　　　　　　　　　(郭禄光)

观测值　observation

应用测量仪器对未知量观测得到的数值。在相同的条件下,对同一量观测的各个观测值称为等精度观测值,否则称为非等精度观测值。未知量最或然值的精度,主要取决于观测值的精度,观测时可采用适当的观测措施,以满足对观测值的精度要求。

　　　　　　　　　　　　　(郭禄光)

管壁有效宽度　effective width of steel tube

具有加强环的钢管,沿钢管长度方向参加加强环工作的管段长度。钢管混凝土柱与梁的刚性节点常采用环绕钢管的加强环,加强环和钢管沿钢管壁焊接。当加强环传递梁的内力而工作时,和环相连处的钢管有部分参加受力;通常根据理论与实验结合的方法导出此有效宽度值,供计算中采用。

　　　　　　　　　　　　　(钟善桐)

管道　pipeline

输送气体、液体或松散固体颗粒的构筑物。按用途分为石油及其制品管道、燃气管道、供热管道、城市上下水管道、输混凝土管道和输煤管道等。输送固体时需用水或气体作介质。管道必须能防漏并具有耐腐蚀和耐磨损的性质,还要承受其自重、输送物料重和各种外荷载,如土压力、水荷载、风荷载、地面传来荷载、温度作用和地震作用等。承受高温高压的管道要用金属管;有压管道均用环形截面,主要材料为钢、铸铁、预应力混凝土、石棉水泥、塑料等。无压管道截面不限于环形,主要材料为混凝土、钢筋混凝土、砖石砌体、陶土制品等。管道通常埋置于地下,也有架空敷设或水下敷设,视管道种类及需要而定。架空管道用管道支架支承。管道线路按其主次有干线管道与支线管道。　　(庄家华)

管道支架　pipe rack

为支承架空管道而设置的构筑物。由跨越结构、支承结构和基础三部分组成。跨越结构有①管道跨越:整个跨度由管道自身强度承担荷载产生的内力,不需用结构构件(a)。②结构跨越:设置钢或钢筋混凝土桥式结构,管道敷设其上(b),用于跨度较大的情况。③组合跨越:管道与结构构件组合成桥式结构共同受力(c)。支承结构用来支承跨越结构,有单柱、双柱、刚架和塔架等类型,用钢或钢筋混凝土制成。基础常采用钢筋混凝土独立基础或联合基础,建在天然地基上,地质较差且沉降要求较高时可采用人工地基。按其在线路上的位置和作用的不同区分为中间支架、固定支架和伸缩节支架,按支架本身构造的不同,有单柱支架、双柱支架与三角形支架等。

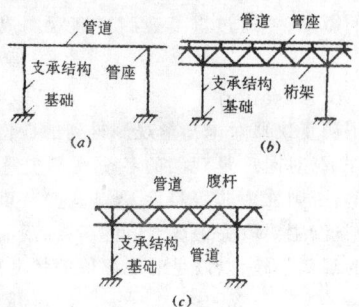

(庄家华)

管节点承载力 load carrying capacity of tubular joint

见节点局部变形(161页)。

管理程序 supervisor

为了提高计算机使用效率,合理使用资源,方便用户而设计的程序。目前,管理程序已发展成操作系统。

(周锦兰)

管理数据库 management data-base

将订货、进货管理、生产计划、施工进度、半成品管理、库存管理、市场预测、人员计划、财政管理等应用数据,按一定的组织方式存放在外存贮器上的数据集合。用于直接提供有关管理信息的事实数据,借助这类数据可以进行决策。面向通信的生产信息和控制系统(COPICS)是一个以管理数据库为基础,联机通信为特点的系统,可以用作生产动态信息处理,从用户市场需求预测开始,通过生产计划,直到产品的生产及销售的企业活动的全过程自动化。建筑工程施工管理数据库也是动态数据库,以反映实时状况供作调整决策。

(陆 皓)

管状水准器 level tube

简称水准管。测量仪器中用于精确整平仪器的部件。用玻璃制成,外形呈管状,纵剖面内壁为一圆弧。管内注满酒精或乙醚,加热封闭,冷却后形成一个气泡。管内壁圆弧中心为水准管零点,在水准管表面由零点向两端刻有对称的分划线,相邻分划线的间距一般为2mm。当管内气泡的两端距水准管零点的分划数相等时,称水准管气泡居中。水准管的角值一般为$10''\sim 60''$。

(邹瑞坤)

惯性力加载法 inertial force loading method

利用物体质量在运动时产生的惯性力对结构施加动力荷载的方法。在结构动力试验中常用的惯性力加载方法有冲击力加载法、离心力加载法以及近几年发展起来的反冲激振加载法。惯性力加载法较多用于结构动力特性试验中对结构进行激振。

(姚振纲)

灌缝 joint seal

用细石混凝土灌装配式钢筋混凝土结构构件之间的缝隙,以加强构件之间整体性的构造措施。如在铺板之间灌入细石混凝土,将使楼板在竖向荷载作用下的变形具有整体的连续性。 (邹超英)

灌浆法 grouting method

用气压、液压或电化学原理,把某些能固化的浆液注入到土的裂隙或孔隙中,从而改善地基的物理力学性质,达到防渗、堵漏、加固地基目的的一种方法。可根据不同的加固目的选择固化剂,如提高地基的力学强度和抗变形能力,一般采用水泥类,硅胶或树脂类浆液;以防渗堵漏为目的时,采用水泥浆液,丙凝或铬木素等材料;或采用不同浆材及不同灌浆方法的联合工艺。采用这种方法时应注意浆材对人体的影响及对环境的污染。 (蔡伟铭)

guang

光笔 light pan

手拿的铅笔状的光检出器;可对计算机所需数据随时进行修改和补充。其工作原理是光电转换,操作人员使用光笔直接在显示屏上画图或对所显示的图形进行修改、选择。 (薛瑞祺)

光标 cursor

通常指显示器屏幕上当前操作(如修改、插入、删除等)位置的标志。它是由若干光点组成的一个特殊符号,常用的光标有十字形、箭头、下划线、块状等。光标位置可由计算机控制,也可由光笔或鼠标器控制。 (郑 邑)

光盘 optical disk

用激光技术存储信息的盘。一个单盘能够存储大量信息,早期的光盘只能一次性写入,用于仅从其读取数据信息,现在已开发出能多次读写的光盘。

(陈福民)

光线跟踪法 ray tracing

既能透过又能反射光线的表面明暗处理方法。其基本思想是从视点开始,沿各条光线作反向跟踪,并通过每一个象素直至它们的起源。 (黄志康)

光线示波记录器 light-beam oscillograph

利用感光原理记录电信号时程曲线的仪器。仪器中的振动子处于磁场中,根据电动机原理,电信号推动振动子中的小镜片与线圈一起转动,由此使小镜片的反射光束产生摆动,它在等速走动的感光纸上记录下振幅正比于电信号的时程曲线。感光纸上还同时记录有时标信号,因此,根据记录曲线可分析电信号的各种动态参数。一台记录器可同时装入多个振子,故能同时记录多个测点的电信号时程曲线。振动子有多种型号,它们具有不同的灵敏度和频率适用范围,可按需要选择。 （潘景龙）

广义刚度 generalized stiffness

用振型作为广义坐标系讨论动力响应时,对应于这个坐标的刚度。可用虚位移原理推得广义刚度为 $K_j^* = \varphi_j^T K \varphi_j$,其中 K 为刚度矩阵,K_j^* 则为对应于 j 阶振型 φ_j 的广义刚度。若将体系考虑为广义单自由度体系,令体系的形状函数记为 $\psi(x)$,则弹性基础、梁的弯曲刚度和局部弹簧所引起的体系广义刚度为

$$K^* = \int_0^L K(x)[\psi(x)]^2 dx + \int_0^L EI(x)[\psi''(x)]^2 dx + \Sigma K_j \psi_j^2$$

其中 $K(x)$ 为弹性基础的分布刚度,$EI(x)$ 为欧拉梁的抗弯刚度,$\psi''(x)$ 为 $\psi(x)$ 对 x 的二阶导数,K_j 为在 x_j 处局部弹簧刚度,$\psi_j = \varphi(x_j)$。 （汪勤慰）

广义激振力 generalized exciting force

用振型作为广义坐标系讨论动力响应时,对应于这个坐标的激振力。广义激振力为 $P_j^*(t) = \varphi_j^T P(t)$,其中 $P(t)$ 为激振力向量,$P_j^*(t)$ 为对应于 j 阶振型 φ_j 的广义激振力。连续体系的广义激振力为 $P_j^*(t) = \int_0^L p(x,t) \varphi_j(x) dx$,其中 $\varphi_j(x)$ 为 j 阶振型函数,$p(x,t)$ 为激振分布力。若将体系考虑为广义单自由度体系,令体系的形状函数记为 $\psi(x)$,则广义激振力为 $P^*(t) = \int_0^L p(x,t) \psi(x) dx + \Sigma P_j \psi_j$,其 $p(x,t)$ 为激振分布力,P_j 为在 x_j 处的激振集中力,$\psi_j = \psi(x_j)$。 （汪勤慰）

广义剪跨比 generalized of shear span to depth ratio

受弯构件计算截面的弯矩 M 与相应剪力 V 之商和截面有效高度 h_0 之比,以 λ 表示 $\left(\lambda = \dfrac{M}{Vh_0}\right)$。对简支构件广义剪跨比与剪跨比相等 $\left(\lambda = \dfrac{a}{h_0} = \dfrac{M}{Vh_0}\right)$。在连续构件中,广义剪跨比小于剪跨比 $\left(\dfrac{a}{h_0} > \dfrac{M}{Vh_0}\right)$。 （卫纪德）

广义算术平均值 generalized arithmetic mean

见加权平均值(149页)。

广义值 generalized value

用广义坐标讨论结构动力学问题时,对应于这个坐标的各种物理量的值。在讨论振动时采用振型作为广义坐标系,就有对应于这个坐标系的广义物理量,如广义质量、广义阻尼、广义刚度及广义激振力等等。一般来说,这些广义物理量的值可以用哈密顿(Hamilton)原理或虚位移原理来确定。例如在直角坐标系中体系的位移用 u 表示,力用 F 表示,现改用振型 φ 作为广义坐标系,于是位移用广义坐标 η 来表示,则有 $u = \varphi \eta$,对应于振型坐标的广义力 F^* 如下求得,$\delta w = \delta u^T F = \delta \eta^T \varphi^T F = \delta \eta^T F^*$,其中 $F^* = \varphi^T F$ 的大小称为广义力的值。 （汪勤慰）

广义质量 generalized mass

用振型作为广义坐标系讨论动力响应时,对应于这个坐标系的质量。可用虚位移原理推得为 $M_j^* = \varphi_j^T M \varphi_j$。其中 M 为质量矩阵,M_j^* 则为对应于 j 阶振型 φ_j 的广义质量。对于连续体则广义质量 $M_j^* = \int_0^L m(x) [\varphi_j(x)]^2 dx$,其中 $m(x)$ 是质量分布函数,$\varphi_j(x)$ 是 j 阶振型的振型函数。若将体系考虑为广义单自由度体系,令体系的形状函数记为 $\psi(x)$ 则广义质量为 $M^* \approx \int_0^L m(x) [\psi(x)]^2 dx + \Sigma M_j \psi_j^2 + \Sigma I_{oj} (\psi_j')^2$。其中 $m(x)$ 是质量分布函数,M_j, I_{oj} 分别为 x_j 处的集中质量和转动惯量,ψ_j, ψ_j' 分别为 x_j 处的 $\psi(x)$ 的值及转角。 （汪勤慰）

广义阻尼 generalized damping

用振型作为广义坐标系讨论动力响应时,对应于这个坐标系的阻尼。广义阻尼为 $C_j^* = \varphi_j^T C \varphi_j$。其中 C 为阻尼矩阵,φ_j 为第 j 阶振型。若将体系考虑为广义单自由度体系,令体系的形状函数记为 $\psi(x)$,则弹性地基梁的广义阻尼为 $C^* = \int_0^L C(x)[\psi(x)]^2 dx + \Sigma C_j \psi_j^2$,其中 $C(x)$ 为基础分布阻尼系数,C_j 为在 x_j 处的局部阻尼系数,ψ_j 为在 x_j 处的 $\psi(x)$ 的值。 （汪勤慰）

广域网 wide area network

覆盖范围一般大于 10km 的计算机网络。按应用性质,分专用网和公共数据网两类。 （周锦兰）

gui

规则 rule

一个前条件和一个结果命题构成的一对关系。它是一个包含两个部分的条件语句。语句的第一部

分包含一个或多个 if 子句,它建立了一个必须使用 if 的条件。第二部分包含一个或多个 then 子句。它表示条件的结果。　　　　　　　　　　(李思明)

规则建筑　regular building in earthquake zone

从建筑布局、工艺安排到结构布置上,对抗震建筑各构件沿高度和水平方向的尺寸、质量、刚度直至强度分布等诸多因素,相对均匀、对称和合理的综合要求。　　　　　　　　　　　　　　　(应国标)

规则库　rule base

规则的集合。规则基本上以 if-then-else 的形式来记述。其中 if 为前提部分,then 为肯定结论部分(动作),else 为否定结论部分(动作)。据此构造规则库易于设计、修改和管理。　　　　　(陆伟民)

硅化加固法　consolidation of soil by silicifying

简称硅化法。旧称矽化加固法。将以硅酸盐(水玻璃)为主的混合溶液作为胶结剂灌注至地基土中,使土粒胶结以加固原有建筑物的地基,或消除其湿陷性的方法。它是注浆加固方法的一种。适用于透水性较大的土。灌注可用压力灌浆,也可用自流式灌浆。水玻璃相对密度宜用 1.13～1.15,注孔半径 R 为 0.3～0.4m,孔距宜为 1.73R。

(胡连文　蔡伟铭)

硅酸盐砌块　silicate block

以硅质材料和石灰为主要原料,加入少量石膏振动成型,经蒸汽养护后制成的砌块。按所用的硅质材料不同有粉煤灰砌块、炉渣混凝土砌块等。一般为实心砌块,也可做成空心砌块。　(唐岱新)

轨顶标高　rail top elevation

吊车轨顶至厂房地坪±0.00 的距离。主要根据生产工艺及吊车运行操作所需的空间确定。其值 H_1 = 地坪上设备或检修部件的高度 h_1 + 起吊部件与设备或检修部件间运行时的安全距离 h_2 (500mm) + 起吊部件高度 h_3 + 吊索高度 h_4 + 吊钩至吊车轨面的最小距离 h_5。H_1 值又称标志标高,它须调整为 600mm 的倍数。构造高度(即真实标高)与标志标高之间允许有±200mm 的差值。

(王松岩)

gun

辊弯　bending process

金属零件在外力作用下弯曲成型的工序。可分为冷弯和热弯。冷弯是在室温条件下进行的。由于钢材在室温时的塑性变形有一定限度,或由于设备能力不足,将零件加热后弯曲成形时叫热弯(俗称煨弯)。热弯的加热温度约为 800～900℃。热弯时的模具应考虑热胀冷缩的因素。冷弯模具亦应考虑其回弹的影响。辊弯在专用的压力机上进行。

(刘震枢)

辊圆　rolling round

在卷板机上将钢板卷曲成圆弧状的工序。常用的为三辊卷板机,一辊在上,两辊在下,呈品字形放置。卷圆的最小曲率半径应符合卷板机的最小辊圆半径。卷板机有上辊可调的,亦有下辊可调的,通过辊子上下移动调整,控制卷圆的曲率半径。

(刘震枢)

滚筒式绘图仪　roller plotter

靠滚筒的转动带动图纸(x 轴),绘图笔架在图纸上作横向(y 轴)运动绘制出图形的一种绘图仪。

(李启炎)

滚轴支座　rolling support

铰支座下用辊轴支持在光滑面上构成的支座。不能传递弯矩,可作水平移动。用于荷载特别大又要求允许水平位移的构件支承端。　　(陈雨波)

guo

锅底形振动器　pot-shape vibrator

见振动器(361 页)。

国拨材料　material allocated by state

又称统配物资或一类物资。在计划经济体制下,由国家计委统一平衡分配的物资。目前这一种材料分类管理的方法已不采用。那时列为国拨材料的物资,一般均为对国民经济有重大作用,为大多数部门和企业共同需要的重要物资,或是少数地区生产,供应全国的物资,以及一些配套性强、高大精尖,产需矛盾大的物资。它包括主要的原料、材料、燃料和机电产品,如钢材、木材、水泥、煤炭、橡胶和金属切削机床等。　　　　　　　　　　(房乐德)

国际单位制　SI, international system of units

简称 SI。由国际计量大会(CGPM)所采用和推荐的一贯单位制。它由 SI 单位(SI 基本单位、SI 辅助单位和 SI 导出单位)、SI 词头和 SI 单位的十进倍数与分数单位三部分组成。目前,国际单位制的基本单位是长度单位米(m)、质量单位千克(kg)、时间单位秒(s)、电流单位安培(A)、热力学温度单位开尔文(K)、物质的量单位摩尔(mol)、发光强度单位坎德拉(cd),共 7 个。所谓一贯单位,是指由基本单位构成时比例因数为 1 的导出单位。例如,导出单位牛顿(N)与基本单位千克(kg)、米(m)、秒(s)的关系为 $1N = 1kg·m·s^{-2}$,其中比例因数为 1。在国际单位制中,SI 单位具有一贯性。　　(邵卓民)

国家预算内项目　project within national budget

又称预算内建设项目。国家基本建设计划中由国家预算中财政拨款和信贷贷款建设的项目。财政拨款建设属于国家投资建设,建设单位无偿使用的项目;预算贷款建设属于国家贷款建设,建设单位有偿使用的项目,建设单位要按期归还国家贷款的本金和利息。 （房乐德）

国民经济评价 national economic evaluation

在宏观方面从国家角度分析投资的经济效益、社会效益和环境效益以对某一个建设项目所作的评价。国民经济评价方法,在中国尚处于探讨研究阶段,其他国家的作法可参照联合国工业发展组织编制的《工业项目评价手册》、《项目估价实用指南》等。 （房乐德）

裹冰荷载 ice load

温度较低、湿度较大的地区在结构表面凝结冰凌而产生的荷载。裹冰重不但增加了结构竖向荷载,而且还增加了构件的挡风面积,对有架空导线的高耸结构特别不利。此荷载是造成线网拉断、结构倒塌的因素之一。 （王肇民）

裹冰厚度的高度递增系数 height increasing factor of ice thickness

考虑导线或构件上的裹冰厚度随其所在高度而变化采用的系数。高度越高,裹冰越厚。以离地10m高度处的观测资料,统计50年一遇的最大裹冰厚度为基准,确定基本裹冰厚度。计算裹冰荷载时,采用一个随高度裹冰厚度递增的系数。 （王肇民）

裹冰厚度修正系数 revision factor of ice thickness

计算裹冰荷载时,为了考虑架空线、拉线及结构构件表面裹冰后所引起的荷载及挡风面积增大的影响,对裹冰厚度采用的一个基本修正系数。导线或构件上的裹冰厚度随其所在部位而变化,并与导线或构件直径有关,直径越大,裹冰厚度越薄。这个系数随构件直径增大而逐渐减小。 （王肇民）

过程模式知识表示 knowledge representation by procedure pattern

将知识包含在若干过程中的知识表示方法。其中各个过程分别指定应做的事和如何去完成的方法。它宜于表达启发式信息和便于模块化。 （陆伟民）

过梁 lintel

设在门、窗或洞口上部用以支承砌体自重或其上部屋盖、楼盖传来荷载的构件。常用的有木过梁、钢过梁或钢筋混凝土过梁。洞宽小且上面荷载不大时,常用砖拱过梁或配筋砖过梁等,但地震区不用。 （钦关淦　宋雅涵）

H

hai

海拔 height above sea-level

见绝对高程(177页)。

海城地震 Haichen earthquake

1975年2月4日在辽宁海城发生的7.3级地震。震中烈度10度强。倒塌房屋111余万间,死亡1300余人。由于1969年渤海7.4级地震发生后考虑到华北强震有可能"北迁"的危险,促进辽宁省的地震观测工作逐步开展起来,加上震前发现大量的前兆现象,使海城地震的预报取得初步成功。 （李文艺）

海底输油管线 undersea pipeline

敷设在海底用来汇集和输送海底石油和天然气的管道。通常由钢管构成,其断面构造可分为单层管、双层管和三层管,分别用于输送单一材料、两种材料和在输送过程中需要加热的材料。管道直径根据输送材料的性质、输送量和输送速度来确定。管壁厚度根据受力状态计算,并适当增加钢管壁厚以提高抗腐能力。敷设方法有牵引法和敷管船敷设法。目前国外已开始采用蛇形不锈钢软管作为海底输油管线,具有敷设方便且敷管不受海底地形影响,但造价太高。 （魏世杰）

海积物 marine deposit

海盆内由于波浪、潮汐和海流的作用以及海洋生物作用所形成的沉积物。包括:①滨海相沉积——又可分为砂砾质海岸沉积物和淤泥质海岸沉积物;②潟湖相沉积——碎屑物以泥沙沉积为主,常形成碳酸岩、石膏、芒硝和盐的沉积;③浅海相沉积——以粉砂和粘土为主,常形成海相生物沉积岩;④深海相沉积——以生物软泥为主,产锰结核。 （朱景湖）

海浪荷载 ocean wave load

由海浪水质点与结构构件作相对运动引起的对结构的直接作用。这种直接作用的机理十分复杂，通常认为与波高、波周期、水深、结构的尺度与形状、结构或构件的相互干扰和遮蔽作用以及海生物附着等因素有关。海浪荷载的工程计算通常在结构构件的特征尺度（对管状构件为直径）小于等于波长的20%时，采用半理论半经验的 Morison 方程；大于波长的20%时，采用绕射理论求解。为弥补理论之不足，设计中除采用计算分析外，还常需作水力模型试验以更准确地确定波浪力。海浪是一种随机性很强的波动。因此在深水区域的海洋土木工程结构海浪荷载计算、结构的疲劳和动力分析中谱分析法是一种更为有效和可靠的方法。谱分析中将海浪视为许多不同波高和波周期的规则波线性迭加而成的不规则波，用概率论和数理统计的方法，分析由波浪实测而得的数据。由于这种方法能更好地反映海浪能量随波浪频率的分布规律，已在工程设计中得到越来越多的应用。　　　　　　　　　　（孙申初）

海滩　beach

由海相砂砾质松散物所堆积成的，微微向大海倾斜的陆地。它分布在海岸崖麓和海岸线之间，是激浪流的产物。在海滩上经常可以看到滨岸堤，可分为砂堤、砾石堤和贝壳堤。　　　（朱景湖）

海塘　embankment wall

中国古典式挡潮水的挡土墙。一般不作装卸货物之用。钱塘江观潮段修筑的挡潮墙是典型的海塘工程。　　　　　　　　　　　　　（朱骏苏）

海啸　tsunami

地震引起的巨大海浪冲击海岸的现象。大地震导致海底地形发生较大的起落升降时，海水向突然低洼的地方涌去又再返回海面，形成一种波长长达数百乃至上千公里的海浪向远方传去。接近海岸时，由于海底变浅骤使浪高增至10m以上，呈排山倒海之势呼啸冲上岸边并严重毁伤近岸建筑设施与人员。海啸由此得名。1960年智利大地震后，使远隔万里的夏威夷群岛和日本先后遭到海啸的袭击，损失惨重。中国由于大陆架较宽，且海外多岛屿，一般不易遭到海啸的袭击。　　　　（李文艺）

海洋工程　ocean engineering

研究海洋开发和海洋资源利用的科学技术。它与传统的造船业、土木工程、港口工程、水利工程有密切关系。是近几十年来随着海洋资源的开发和利用而兴起的一个新产业。它是兴建海上不同用途的各种工程设施的工程技术，包括海上石油钻井和生产平台，石油储存，转运和输送用的装置和管线，海上机场，海上牧场，海上旅馆和旅游设施，海上灯塔等工程结构物的规划、设计和建造。它是一门综合性科学，包括波浪力学、近海结构、海洋土与海底工程、海洋腐蚀、海洋工程装置动力学等重要分支学科。　　　　　　　　　　　　　（胡瑞华）

海洋工程结构荷载

施加在近海工程结构上的各种直接作用。常见的有结构自重、设备自重、贮油贮水重、生产备品和生活用品重、设备动力荷载、靠船力、系缆力、落物引起的冲击力、水浮力、土压力、施工荷载以及风、海流、海冰、波浪和地震等荷载。　　（孙申初）

海洋结构模块　block

已经进行充分预舾装的海洋结构物的立体分段。如设备舱室、钻杆堆场及居住舱室等模块。模块的最大尺度和重量受到海上起重设备起重能力的限制。　　　　　　　　　　　　　（魏世杰）

海洋平台　offshore platform

为在海上进行钻井、采油、集运、观测、导航、施工等项作业提供生产和生活设施的构筑物。按其结构特性和工作状态可分为固定式、活动式和半固定式三大类。固定式主要有导管架型平台、塔型钢质平台和重力式混凝土平台；活动式主要有自升式平台和半潜式平台；半固定式主要有张力腿式平台和拉索塔式平台。　　　　　　　（魏世杰）

海原地震　Haiyuan earthquake

公元1920年12月16日在海原发生的8.5级大地震。宏观震中位于宁夏回族自治区海原县的干盐池附近。极震区面积达2万余平方公里。这里山崩地裂、河流壅塞、交通断绝、房屋倒塌，震中烈度达12度。这次地震造成上百万间房屋倒塌，23万余人死亡，有感范围超过了大半个中国，甚至在越南海防附近的观象台上也有"时钟停摆"的现象。中国用现代科学方法考察震害是从海原地震后才开始的。
　　　　　　　　　　　　　　　　　（李文艺）

海震荷载　sea seismic load

海上地震作用的旧称。习惯上指海底地震引起的地面运动和海啸对结构的各种作用。海啸时海面会发生巨大起伏，结构设计中要考虑它所引起的动水压力作用。地面运动引起的地震作用大小不仅与所在海域的地震烈度有关，而且也与地基特性和结构本身的质量和刚度分布状况以及材料特性等有关。常用的地震作用分析方法有地震反应谱理论和时程分析法两种。后者能较好揭示地震震害发生的位置及程度。对一般海洋土木工程结构物，国内外也都允许按反应谱理论进行结构设计。
　　　　　　　　　　　　　　　　　（孙申初）

han

含冰量　ice content

冻土中冰的质量与冰和未冻水总质量之比。它反映冻土中固态水的相对含量,是冻土物理指标之一,常用量热法测定。　　　　　　(王正秋)

含钢率　steel ratio

在钢和混凝土组成的构件中钢材含量的百分率。对钢筋混凝土构件又称配筋率。在钢管混凝土构件中是钢管截面面积与核心混凝土截面面积之比。在纤维混凝土构件中是钢材体积所占总体积之比。　　　　　　　　　　　　(钟善桐)

含水层　aquifer

地面以下富集重力水的饱水带。构成条件是:岩土层具有能容纳水的空隙;水在重力作用下可自由流出;有贮存和聚集地下水的地质条件。
　　　　　　　　　　　　　　　　(李　舜)

罕遇地震　rare occurrence earthquake

高于设防烈度的第三水准设计取值的地震。通常是设计时所能抗御的最大地震。

罕遇烈度　rare intensity

在新的中国地震区划图中,50 年内超越概率为 2%~3%的地震烈度。基本烈度为 6 度时,罕遇烈度为 7 度强;基本烈度为 7 度时,罕遇烈度为 8 度强;基本烈度为 8 度时,罕遇烈度为 9 度弱;基本烈度为 9 度时,罕遇烈度为 9 度强。《建筑抗震设计规范》(GBJ 11—89)取为第三水准烈度。
　　　　　　　　　　　　　　　　(肖光先)

汉森公式　Hansen's equation

汉森在 1970 年提出的确定地基极限承载力公式。其基本假定和太沙基公式相似,但考虑了基础形状和埋深、荷载倾斜和偏心以及地面倾斜和基础底面倾斜等 6 个因素对极限承载力的影响,并用形状、深度、基底倾斜、荷载倾斜等修正系数和有效宽度的方法对太沙基极限承载力公式中的相应项逐一进行修正。　　　　　　　　(高大钊)

汉字编码方案　encode of Chinese character

用数字代码或字母代码表示汉字的编码方法。是将汉字输入计算机的主要方法之一。它将每个汉字按笔形或偏旁部首或形、声、韵、调加以编码,从而可实现用普遍 ASCⅡ 码字符键盘直接向计算机输入汉字。目前国内外采用的汉字编码方案有几百种之多。归纳起来,主要有:以形为主,以音为主和形音结合三种类型。　　　　　　　　(周锦兰)

汉字处理　Chinese character processing

对汉字信息生成、输入、存储、检索、加工、传输和输出的处理。常用的汉字处理包括汉字处理程序,汉字库调用程序,汉字文件编辑程序等。组成一个汉字有不同的方法,目前用得较普遍的是"点阵法"与"向量法"。　　　　　　　(周锦兰)

汉字库　Chinese character library

汉字信息处理系统的主要部件之一。将几千个汉字的信息按一定的次序存放在存储器中,就形成汉字库。　　　　　　　　　　(周锦兰)

焊道　welded seam

见焊缝。

焊钉　welding stud

具有墩粗的钉头,圆柱形的杆身,将钉尾焊于构件上的连接件。多用于钢和混凝土的组合构件中,承受剪力。　　　　　　　　　　(钟善桐)

焊缝　welded seam

俗称焊道。由焊条或焊丝熔化后在被连构件间形成的金属条缝。它由熔敷金属熔化堆积而成,和被连构件熔合在一起。　　　　　(钟善桐)

焊缝计算长度　effective length of weld

又称焊缝有效长度。计算焊缝强度时所取的焊缝长度,是焊缝的实际长度减去焊缝二端起落弧处质量较次的部分,通常减去 10mm。对接焊缝采用引弧板时则采用实际长度。
　　　　　　　　　　　　　　　　(李德滋)

焊缝有效长度　effective length of weld

见焊缝计算长度。

焊缝有效厚度　effective thickness of weld

又称焊喉。计算焊缝强度时采用的表示受力范围的焊缝厚度(h_e)。对接焊缝等于较薄焊件的厚度;K 型焊缝等于竖板的厚度;角焊缝等于不计余高后,焊根至焊缝表面的最短距离。参见焊脚尺寸(118 页)。对未焊透的对接焊缝,取 $h_e = S$ 或 $h_e = 0.75S$。

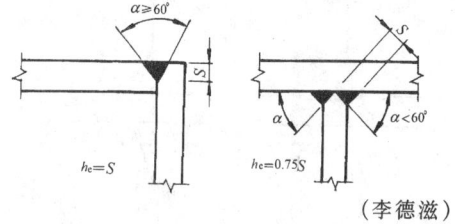

(李德滋)

焊缝质量级别　grade of weld quality

焊缝按质量划分的等级。按钢结构工程施工及验收规范规定,焊缝质量要求分三级:一、二级要求焊缝不但通过外观检查,而且通过 X 光或 γ 射线的检验标准;三级只要求通过外观检查。
　　　　　　　　　　　　　　　　(钟善桐)

焊缝质量检验标准　criterion for inspection of weld quality

中国政府颁布的检查和评定焊缝质量应遵循的技术规定。分为三级。三级只要求检查外观缺陷及几何尺寸;二级除通过外观检查外,尚应用超声波探伤检查;一级除外观检查和超声波检查外,尚应进行X-射线探伤检验和透照。各级检查对焊缝缺陷的允许值都有规定。　　　　　　　　　　(李德滋)

焊根　weld root, root

角焊缝、斜角焊缝、单面V坡口或X坡口正面对接焊缝的底部(见焊脚尺寸)。当需要在焊根进行补焊或进行X坡口的反面焊接前,应将焊缝的底部清除干净(即清根)。
　　　　　　　　　　(朱起)

焊喉　weld throat

见焊缝有效厚度(117页)。

焊剂　welding flux

焊接时能够熔化形成熔渣和气体,配合焊丝焊接的一种专用的颗粒状材料。对熔化金属起保护和冶金作用。按颗粒结构不同分为玻璃状、浮石状和结晶状焊剂,按熔渣性质分为酸性和碱性焊剂。
　　　　　　　　　　(刘震枢)

焊件　welded member

采用焊接连接的零部件。参见焊趾(119页)。
　　　　　　　　　　(钟善桐)

焊脚　leg of weld, weld leg

角焊缝与焊件的相交线。此相交线的长度即焊脚尺寸。　　　　　　　　　(钟善桐)

焊脚尺寸　leg size of fillet weld

表示角焊缝两边大小的尺寸。常用h_f表示。对于凸形角焊缝,是从一个板件的焊趾到焊根(母材与母材的接触点)的距离;对于凹形角焊缝,是从焊根到垂直于焊缝有效厚度的垂线与板边交点的距离。

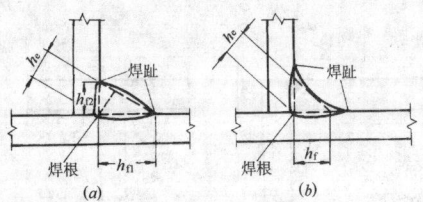
　　　　　　　　　　(李德滋)

焊接　weld

将金属融合在一起的方法。最常用的有电弧焊、气焊、接触焊等。　　　　(钟善桐)

焊接变形　welding deformation

在焊接过程中或冷却后焊件产生的变形。前者称为焊接热变形(简称热变形),后者称为焊接残余变形(简称焊接变形)。残余变形包括纵向收缩,横向收缩,角变形,波浪变形和扭曲变形等。减少焊接变形的主要方法有:①选择合理的焊接参数;②尽可能采用对称焊缝;③施焊时采用反变形法等。
　　　　　　　　　　(李德滋)

焊接材料　welding material

焊接时所消耗的焊条、焊丝、焊剂和保护气体等材料的总称。　　　　　　　(刘震枢)

焊接残余变形　residual welding deformation

见焊接变形。

焊接残余应力　residual welding stress

见焊接应力(119页)。

焊接方法　welding process

从焊接开始到焊接结束,形成合格的焊缝的方法。分手工焊、半自动焊和自动焊等,视设备条件和设计要求选用。　　　　　　(钟善桐)

焊接钢板节点　welded steel plate joint

网架中由十字型节点板和盖板焊接组成的节点。对于小跨度网架的受拉节点也可不设盖板。这种节点刚度较大,造价较低,但现场焊接工作量较大。适用于由角钢、槽钢等杆件组成的二向网架。　(徐崇宝)

焊接钢管　welded steel tube

见钢管(93页)。

焊接工艺　welding technique

从焊接开始到焊接结束以形成合格焊缝的工艺措施。以一系列焊接工艺参数规定其过程。
　　　　　　　　　　(陈雨波)

焊接工艺参数　welding condition

焊接时,为保证焊接质量而选定的物理量的总称。如焊接电流,电弧电压,焊接速度和线能量等。
　　　　　　　　　　(刘震枢)

焊接骨架　welded framework

将纵筋与横向箍筋通过人工或机械焊接成平面或空间的骨架形式,并将其固定在模板中,以便于浇灌混凝土的钢筋骨架。它主要用于梁柱构件中。
　　　　　　　　　　(王振东)

焊接结构　welded structure

采用焊接连接组成的钢结构。参见钢结构(94页)。　　　　　　　　　　(钟善桐)

焊接空心球节点　welded hollow spherical joint

网架中用空心球将汇交的管形截面杆件焊接在一起的节点。空心球用两块圆钢板热压成两个半球后对焊而成。当球径较大时,可在球体内加衬环肋,并与两个半球焊成一体,加环肋后承载力可提高15%~30%。这种节点传力明确,造型美观,构造简单,便于连接任意方向的杆件,而且各杆件在节点处自然对中。适用于圆钢管杆件组成的网架。

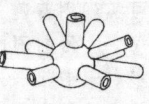
焊接空心球节点
　　　　　　　　　　(徐崇宝)

焊接连接 welding connection

将构件或部件用焊缝连成一体的连接。是目前钢结构最主要的连接方法。优点有:易于采用自动化作业,质量好;不削弱截面,构造简单,省工省料;连接的密封性好,刚度大。缺点是:在焊件中产生焊接残余应力和残余变形;在低温下会损坏焊缝热影响区材质的力学性能,使焊接结构在低温下易于脆断。 （李德滋）

焊接梁 welded girder

采用焊缝连接的钢组合梁。由于焊接梁不受截面形式和尺寸的限制,制作简便,因而在工程中大量应用。但焊接梁易产生较大的残余应力和残余变形,故应特别注意材料的可焊性、焊接方法、焊接次序和焊接前的处理。 （何若全）

焊接裂纹 weld crack

焊接接头中由于焊接的原因引起的各种裂纹。常见的有热裂纹、冷裂纹、再热裂纹和层状撕裂等。 （刘震枢）

焊接缺陷 weld defect

在焊接接头中产生的不符合设计或工艺要求的缺陷。一般的焊接缺陷为气孔、咬边、弧坑、未熔合、未焊透、夹渣、烧穿、焊瘤、裂纹等。所有的缺陷都破坏了焊缝的连续性,降低了焊接接头的机械性能。所以必须遵照有关规定,检验确定各种缺陷的部位,对不允许存在的缺陷进行返修。 （刘震枢）

焊接热变形 thermal welding deformation

见焊接变形(118页)。

焊接热应力 thermal welding stress

见焊接应力。

焊接瞬时应力 instantaneous welding stress

见焊接应力。

焊接网 welded grid

将经过冷加工的小直径Ⅰ级钢筋作为纵筋和横向钢筋,通过机械焊接而成的平面网格。它是用作钢筋混凝土板壳等结构构件的受力钢筋和分布钢筋的钢筋骨架;在装配式高层结构中,为了增加楼板的整体性而设置的后浇层内,亦需配置这种焊接网。 （王振东）

焊接位置 welding position

简称焊位。施焊时,焊缝对于施焊者的相对空间位置。有平焊、横焊、立焊和仰焊等位置。平焊系指施焊者俯首进行的水平焊接,故又称俯焊;对于T形连接中的焊缝,常将T形焊件按45°放置,形成俯焊缝施焊位置,这时又称船形焊。横焊系指施焊者进行大致与手臂同高的水平焊接。立焊系指施焊者进行由下而上的垂直焊缝焊接。仰焊系指施焊者仰首进行的水平焊缝焊接。平焊最易保证焊接质量,横焊次之,立焊又次之,仰焊最难保证质量,应尽量避免。 （李德滋）

焊接应力 welding stress

由于焊接在焊件内部产生的自相平衡的应力。按作用的时间,它可分为焊接瞬时应力(又称焊接热应力)和焊接残余应力(简称焊接应力)二种。前者是在焊接过程中某一瞬间的焊接应力。后者是在焊件冷却后残留的焊接应力,它有纵向(沿焊缝轴线)、横向(垂直于焊缝轴线)和沿厚度方向三种。焊接残余应力对低温脆断、疲劳强度和构件的稳定承载力都有不利影响。降低焊接残余应力的方法很多,如预热、锤击、振动、回火和局部火焰处理等。 （李德滋）

焊瘤 overlap

焊接过程中熔化金属流淌到焊缝之外,在未熔化的母材上所形成的金属瘤。 （刘震枢）

焊丝 welding wire

焊接时作为填充金属或同时用来导电的金属丝。常用于自动焊、半自动焊及气焊等。 （刘震枢）

焊条 electrode

见电焊条(61页)。

焊透对接焊缝 penetrated butt weld

见对接焊缝(71页)。

焊位 welding position

见焊接位置。

焊药 solder

施焊时保证焊缝质量而采用的化学合成物。手工焊时,焊药涂在焊条上;自动焊时,焊药随着焊缝的形成,经漏斗和导管自动堆集到焊缝上。焊药受热熔化,在熔池周围形成保护气体,在熔化的焊缝金属表面形成熔渣,阻止熔化金属与空气接触,同时还对焊缝金属补充一些需要的化学元素。 （钟善桐）

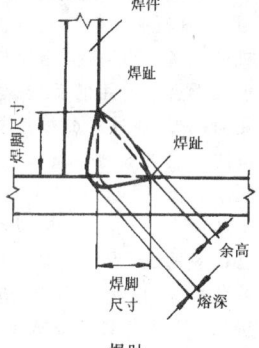

焊趾 weld toe

焊缝表面与母材的交界处。 （李德滋）

hang

夯点布置形式 arrangement of tamping points

指重锤夯实或强夯(主要指后者)施工时夯锤落

点的分布方式。一般位置常按三角形或正方形布置,夯点间距一般根据地基土的性质和要求加固的深度确定。
(张永钧)

夯击遍数 number of tamping passes
强夯设计时所确定的单位夯击能量,分次(每次均有一定的间隔时间)施加于地基土上的遍数。夯击遍数应根据土的性质确定,一般来说,颗粒较粗、渗透性强的地基,夯击遍数可少些,反之,颗粒较细、渗透性弱的地基,夯击遍数要多些。
(张永钧)

夯击范围 tamping area
需要进行强夯处理的范围。考虑建筑物基底压力的扩散和确保抗液化要求,夯击范围应大于建筑物基础范围。
(张永钧)

夯实碾 impaction roller
依靠冲击力夯实土的机械。有利用二冲程内燃机原理工作的火力夯、利用离心力原理工作的蛙夯和借助于连杆机构及弹簧工作的快速冲击夯等多种类型,适用于狭小面积及基坑的夯实。
(祝龙根)

行式打印机 line printer
一次打印一整行字符的打印机。一般采用可更换的字符链或钢带。其特点是打印速度快,一般每分钟可打印 300~2000 行。
(李启炎)

航测
见航空摄影测量。

航测成图法 method of aerophotogrammetric mapping
利用航空摄影资料编制成图的方法。通常有模拟法、解析法和数字测图法等。模拟法是利用光学、机械设备,通过模拟相片在摄影瞬间的空间方位,实现摄影过程的几何反转,建立摄影地区地形的光学几何模型,通过对此模型的量测以绘制地形图。解析法是通过量测像点坐标,利用相邻相片间的相互联系和像点与地面点的对应解析关系,通过计算求出地面点的坐标,并据以绘制成图。数字测图是由已记录的且可贮存(输入)于计算机的地形信息,如数字影像、地面坐标等,应用计算机对它们进行分析、处理,并据以绘制成图。
(王兆祥)

航空标志色 signal colour of airline
为保证飞机白天航行的安全,涂刷在处于航线上或机场附近的钢筋混凝土高耸构筑物(如烟囱、水塔等)上的黑白(混凝土本色)相间的方格。一般涂刷在构筑物离地面 50m 以上的区段。方格宽度一般为构筑物横截面周长的 1/4,标志色高度为 5~7.5m。
(方丽蓓)

航空地质调查 aerial geological reconnaissance
以各种航空器(主要是飞机)为遥感平台进行的地质调查。它包括两种方式:直接在航空器上对地面进行目测;以航空遥感图像为主要数据进行的地质调查。一般主要指后者。它与地面地质调查的主要区别在于搜集既有资料的基础上,先在室内预测,再经野外重点实况调查进行验证,最后复判成图,并编写相应的文字报告。
(蒋爵光)

航空摄影测量 aerophotogrammetry
简称航测。利用飞机从空中对地面进行摄影所获得的航摄相片,经过各种摄影测量仪器的处理绘制成地形图的方法。航测方法成图的过程是:航空摄影(包括摄影和摄影处理);外业工作(包括控制测量和相片调绘);内业工作(包括控制点加密和测图工作)。内业测图的任务实质上是把中心投影的相片转化为正射投影的地形图。测图的方法有全能法测图、分工法测图、解析测图仪测图、数字化测图和用正射投影技术制作正射影像图等。
(王兆祥)

航摄比例尺 scale of aerophotography
航摄仪的主距 f 与相对于摄区平均高程水平面的航高 H 之比。即 $\frac{1}{m} = \frac{f}{H}$。它代表一个摄区的平均摄影比例尺,却并不表示某张相片的实际比例尺。它可根据成图比例尺、成图方法和摄区地形情况而定,是拟定航空摄影计划时首先要确定的技术要求。
(王兆祥)

航摄相片 aerophotograph
从空中对地面进行摄影,再经过摄影处理后得出的影像和方位与实地景物一致的正片。它具有丰富的地面信息,可真实而详尽地显示地面的形象。以测绘地形为目的的航空摄影都是近似垂直摄影,相片的倾角不大于 2°,像幅的尺寸一般为 18cm×18cm 或 23cm×23cm。它是地面的中心投影,由于相片的倾斜和地面的起伏,使相片上的影像产生变形,相片上各处的比例尺不一致,故不同于正射投影的地形图。
(王兆祥)

hao

豪式木桁架 wood Howe truss
斜腹杆受压,竖杆受拉,且除受拉竖杆由圆钢制成外,其余杆件均用木材制成的桁架。(下弦用圆钢或型钢制成者为豪式钢木桁架)由于这种桁架的上、下弦间以及斜腹杆与弦杆间都传递压力,因此可采用齿接抵承,而竖拉杆两端可用螺丝扣调节其长度以消除制作期间和使用过程中由于木材干缩引起的桁架松弛,使桁架连接紧密,增强了刚度。这个特点给使用半干材制作桁架提供了条件,这也是中国木屋架普遍采用豪式木桁架的原因之一。

（王振家）

号料 marking-out of material

用样板或样杆在平整好的钢材上划线的工序。也可按施工图尺寸直接在钢材上划线,但应考虑预留加工及焊接收缩余量。

（刘震枢）

耗能系数 dissipation coefficient

又称能量耗散比。一个振动周期内能量耗散量与振幅最大处所具弹性势能的比值。当对数衰减率 λ 不大时,耗能系数 $\psi \approx 2\lambda \approx 4\pi\zeta$,其中 ζ 为阻尼比。

（汪勤慜）

he

合金钢 alloy steel

含有较多锰、钒、铬等合金元素的钢。这些元素能改善钢的机械性能和可加工性能。各元素的含量应符合国家标准 GB/T13304—91《钢分类》的规定含量界限值。按主要质量等级分优质合金钢和特殊质量合金钢。按主要使用特性分工程结构用合金钢、合金钢筋钢、压力容器用合金钢、合金工具钢等几十种。建筑结构中主要用合金钢筋钢,如 GB1499 规定的 40Si2MnV、45SiMnV 等。

（王用纯）

合理经济规模 rational economic scale

单位产品生产成本最低时的生产规模。随着生产规模的扩大会提高劳动生产率,降低生产成本,但当规模扩大到一定程度后,又会由于生产规模扩大到与企业管理人员的能力不相适应,难以协调各生产环节而造成一些费用大幅度上升。所以,企业存在着合理经济规模的选择问题。

（房乐德）

河流阶地 river terrace

在特大洪水时期不被水流所淹没的沿河长条状分布的台阶地形。是由河流发生堆积和下切侵蚀所形成。每一级阶地包括阶地面和阶地陡坡两部分。阶地高度是指阶地面与河流平水期水面之间的垂直距离。按照结构和形态特征,阶地可划分为侵蚀阶地、堆积阶地（上叠阶地、内叠阶地）、基座阶地（包括覆盖基座阶地）和埋藏阶地。在山区,河流阶地常是村屯和城镇所在地,是耕地分布的主要地带,也是铁路选线的场所。在冲积平原地区,河漫滩和河流低阶地构成平原的主体。

（朱景湖）

河漫滩 flood plain

河床以外,洪水期被水流淹没的宽阔平坦的谷底部分。平原河流的河漫滩较发育而且很宽广,在河床两侧呈对称分布,或者只分布在河流的凸岸。山地河流河漫滩不发育,宽度较小,但它的相对高度较大。在特大洪水期淹没的谷底部分,称为高河漫滩。在每年涨水季节被洪水淹没的谷底部分,称为低河漫滩。

（朱景湖）

河漫滩沉积物 flood plain deposit

河流洪水期淹没河床以外的谷底部分所形成的沉积物。河漫滩的下层是河床相的砂砾石,具有斜交层理；上层是河漫滩相的细砂和粘性土,具有微细的水平层理。这种现象称为河漫滩的二元结构。

（朱景湖）

荷载 load

又称直接作用。施加在结构上的集中力或分布力。可分为永久荷载、可变荷载、偶然荷载、固定荷载、可动荷载、静荷载、动荷载等等。

（唐岱新）

荷载标准值 characteristic value of load

在结构或构件设计时,对某种荷载采用的基本代表值。其值一般根据设计基准期内最大荷载概率分布的某一偏于不利的分位数确定,即

$$Q_k = \mu_Q + \alpha\sigma_Q$$

Q_k 为荷载标准值,μ_Q 为最大荷载的统计平均值,σ_Q 为最大荷载的统计标准差,α 为保证率系数。

（邵卓民）

荷载长期效应组合 combination for long-term load effects

结构或构件按正常使用要求考虑结构变形、裂缝等效应的极限状态设计时,所采用的永久荷载标准值效应与可变荷载准永久值效应的组合。

（陈基发）

荷载代表值 representative value of load

结构或构件设计时采用的荷载取值。结构上的荷载就其出现后的大小而言都有不确定性,一般可按随机变量处理。但在设计结构或构件时,为便于分析计算,有必要选用一个适当的定值用以代表该类荷载的大小,即代表值。根据设计中所考虑的不同问题,荷载可采用不同的代表值,如荷载标准值、荷载频遇值、荷载准永久值等。

（陈基发）

荷载短期效应组合 combination for short-term load effects

结构或构件按正常使用要求考虑结构变形、裂缝和振动等效应的极限状态设计时,所采用的永久荷载标准值效应与一种起主导作用的可变荷载标准值效应或频遇值效应,再与其他可变荷载组合值效应的组合。

（陈基发）

荷载分项系数 partial factor for load
为了保证所设计的结构或构件具有规定的可靠指标而对设计表达式中荷载项采用的分项系数。可分为永久荷载分项系数和可变荷载分项系数。
（邵卓民）

荷载-挠度曲线 load-deflection curve
受弯构件的挠度随荷载增加而增大的关系曲线。通常由试验测得。主要反映构件的破坏过程和变形性能，其特点与弯矩-曲率关系曲线相似。
（杨熙坤）

荷载频遇值 frequent value of load
对于可变荷载，当考虑结构局部损坏或疲劳破坏时的极限状态及结构在使用过程中发生使人感受不适的极限状态时，所采用的在结构预期寿命内的荷载代表值。对前一种极限状态，可根据荷载在预期寿命内可能超过该值的次数确定；对后一种极限状态，可根据荷载在预期寿命内超过该值的持续时间不大于可以接受值的条件确定。 （陈基发）

荷载谱 loading spectrum
描绘各个荷载随机值与对应频率之间的关系图。在结构使用期内荷载重复作用 N 次，每次的荷载值是随机变量。通常横坐标为荷载随机值，纵坐标为对应的频率。类似于荷载谱的还可以有应力谱、荷载效应谱等。 （李惠民）

荷载谱曲线 curve of loading spectrum
常称 L-N 曲线。它表示以纵坐标为荷载随机值 q_A 的对数值，横坐标为随机值大于和等于 q_A 的作用总次数 N_A 的对数值之间的关系曲线。

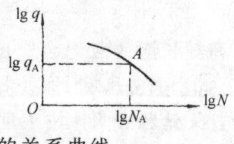

（李惠民）

荷载倾斜系数 load inclination factor
地基极限承载力公式中考虑荷载倾斜影响的修正系数。 （高大钊）

荷载设计值 design value of load
荷载标准值或其它代表值乘以荷载分项系数后的值。 （陈基发）

荷载系数设计法 load-coefficient design method
见破损阶段设计法（234页）。

荷载效应 effect of load
见作用效应（390页）。

荷载效应基本组合 fundamental combination for loads
结构或构件按承载能力极限状态设计时，考虑除偶然作用外所有参与组合的荷载效应组合。此时取永久荷载标准值与主导可变荷载标准值，再与其他可变荷载的效应组合。组合的设计表达式中相应的荷载分项系数原则上应按预定的可靠度确定。
（陈基发）

荷载效应偶然组合 accidental combination for loads
结构或构件按承载能力极限状态设计时，考虑某一种偶然荷载或偶然作用参与组合的荷载效应组合。此时，设计表达式中相应的荷载分项系数原则上应根据偶然荷载或偶然作用发生的可能性及预定的可靠度确定。 （陈基发）

荷载效应谱 effective spectrum of loading
描绘荷载效应随机值与对应频率之间的关系图。结构或构件，在随机的重复荷载作用下产生的效应也是随机量。 （李惠民）

荷载效应谱曲线 curve of effective spectrum of loading
纵坐标为随机荷载效应值，横坐标为荷载效应值大于和等于该值的作用总次数的关系曲线。与荷载谱曲线相类似。 （李惠民）

荷载效应系数 coefficient of effect of load
见作用效应系数（390页）。

荷载效应组合 combination of load effects
简称荷载组合。当有两种或两种以上可变荷载在设计中必须同时考虑时，由于各种可变荷载不可能以其标准值同时出现，而在设计表达式中对可变荷载效应取值采用某种折减的方式。
（陈基发）

荷载准永久值 quasipermanent value of load
对于可变荷载，当考虑其持久性部分对结构变形或裂缝等效应产生附加作用（例如由于结构徐变引起的）而影响结构正常使用的极限状态设计时，所采用的荷载代表值。当其持久性部分不易识别时，例如风、雪荷载，可根据超过该值的持续时间不大于 50% 总时间的条件确定。 （陈基发）

荷载准永久值系数 coefficient of quasi-permanent value of load
见作用准永久值系数（390页）。

荷载组合 combination of load
见荷载效应组合。

荷载组合值 combination value of load
荷载组合时，可变荷载所采用的代表值。其值为荷载标准值乘以荷载组合值系数。
（陈基发）

荷载组合值系数 coefficient of combination value of loads
荷载组合时，对参与组合的可变荷载效应值予以折减的系数。设计时可对主导荷载效应（最大可变荷载效应)外的其他可变荷载效应乘以荷载组合值系数,也可对全部荷载效应应乘以小于1的荷载组合系数。　　　　　　　　　　　　(陈基发)

荷重传感器　load cell

将力值转换成电量或电参量的器件。按其原理不同,可分为压磁式,压阻式,压电式和目前普遍使用的应变式等数种。应变式荷重传感器利用弹性元件在荷重作用下产生应变的原理制成,荷重与应变呈线性关系,可用电阻应变仪或专用的二次仪表测定力值。　　　　　　　　　　　　(潘景龙)

核爆动荷载　nuclear explosion dynamic load

核爆炸所产生的爆炸波在空中、土中或水中传播,对结构产生的瞬时(冲击性的)动荷载作用。它随时间的变化而异,故在结构动力计算时须作某些简化,并认为是垂直于作用面、沿作用面均匀分布,有时也将其折算为等效静荷载。　　(王松岩)

核爆炸　nuclear explosion

通过核反应时释放出来的巨大能量实现的爆炸。这个能量转化为冲击波、放射性辐射和光辐射(核爆炸的全部能量中,约50%转化为冲击波,30%转化为光辐射,5%转化为贯穿辐射及15%转化为放射性沾染)。冲击波能毁坏建筑物,并杀伤来不及躲入掩蔽所的人员;放射性辐射对人员的杀伤是发生在爆炸瞬时(贯穿辐射)或是在放射性烟云下降之后(放射性沾染);光辐射使皮肤烧伤或引燃材料造成火灾。核爆炸放射性辐射分为早期核辐射和剩余核辐射两种。　　　　　　　　(王松岩)

核心混凝土　core concrete

在钢管或螺旋箍筋内受约束的混凝土。例如,钢管混凝土柱承受较大纵向压力荷载时,钢管内混凝土受钢管的紧箍作用,处于三向受压应力状态,提高了承载力,延缓了内部微裂缝的扩展,增大了极限压应变。　　　　　　　　　　　(苗若愚)

核心混凝土截面　core area of concrete

又称截面核心面积。钢筋混凝土构件截面计算中所用的除去混凝土保护层厚度所剩余的截面。对保护层取值各国规范略有不同。中国规范对配有螺旋箍筋的柱及受扭构件,取纵筋外表面至截面最近外边缘的距离;美国ACI规范对受扭构件取箍筋中心线至截面最近外边缘的距离。在局部承压计算时,核心混凝土截面是指配置钢筋网或螺旋箍筋范围内的混凝土面积。　　　　　　　(计学闰)

核心筒　core

建筑核心部位的筒体。通常由墙体围成,刚度大,抵抗房屋大部分水平力。核心筒内通常集中设置楼梯、电梯、管线及一些辅助用房。(江欢成)

盒子结构　modular box structure

由预制的盒子状构件组装成的房屋结构。盒子结构分为无承重骨架和有承重骨架两类。无承重骨架全为承重盒子构件叠置。有承重骨架是非承重盒子构件悬挂在现浇钢筋混凝土井筒上或嵌填在钢或钢筋混凝土框架内。盒子构件大多采用钢筋混凝土,也有采用铝合金或增强塑料制成。(陈永春)

heng

恒荷载

见永久作用(348页)。

恒载试验　dead load test

荷载维持不变,持续一定时间的结构试验。荷载的大小,持续时间可按不同结构和不同要求确定。如检验钢筋混凝土结构变形、裂缝宽度时,要求在使用状态试验荷载值作用下进行恒载试验,对于在使用阶段不允许出现裂缝的结构构件的抗裂性试验,应在开裂试验荷载计算值作用下进行恒载试验。试验时应按规定观测结构变形的发展情况。

(姚振纲)

桁架　truss

由若干杆件构成的一种平面或空间的格架式结构或构件。在荷载作用下桁架的杆件主要承受各种作用产生的轴向力(有时也承受节点弯矩和剪力)。这样,可充分利用材料的强度,与实腹式构件相比用料较省,自重较轻,刚度较大,但制作比较费工,结构占用空间较大。根据力学性能桁架分静定桁架和超静定桁架;根据受力特性分平面桁架和空间桁架;按材料不同分钢桁架、钢筋混凝土桁架、木桁架、钢与钢筋混凝土或钢与木的组合桁架(目前在中国木桁架已很少采用);按外形分三角形桁架、梯形桁架、平行弦桁架及多边形桁架等等。桁架的材料和外形主要应根据跨度、荷载、屋面材料、材料供应及经济合理性等条件综合考虑确定。　　　　　(徐崇宝)

桁架拱　braced arch

拱身由钢桁架构件组成的拱。是格构式拱的一种。桁架杆件类似于轻钢桁架,弦杆用两个角钢或薄壁型钢,腹杆用角钢组成。腹杆体系常采用斜杆式或带竖杆的三角式。在支座铰和拱顶铰部位拱身截面均应改成实腹式,同时还需设置适当的加劲肋,以传递较大的集中反力。桁架拱宜分段做成折线形。　　　　　　　　　　　　　　(唐岱新)

桁架节点　joint of truss

桁架杆件汇交处,各杆件通过可靠方法连成一体的部位。为避免杆件偏心受力,各杆轴线在节点上应尽量汇交于一点。桁架节点构造与桁架杆件的材料和截面形式等有关。例如普通钢桁架的节点,通常是将一块钢板夹在各杆的两肢角钢中间，用角焊缝把角钢与钢板连接在一起。节点处焊连各杆的钢板称为节点板。　　　　　　　　（徐崇宝）

桁架理论　the truss theory

又称古典桁架理论。将开裂后的钢筋混凝土构件比拟成桁架模型，通过变形协调和平衡条件，计算出受剪、受扭构件钢筋和混凝土内力的一种理论。计算时以纵筋为弦杆、箍筋为竖杆、斜裂缝间混凝土为与纵轴成 45°的斜压杆，是由 Ritter 和 Morsch 在 20 世纪初首先提出计算受剪内力的一种理论计算法。至 1929 年 Rausch 将受扭构件截面设想为一个箱形管，通过管壁上的环向剪力流来抵抗扭矩；并把箱形管看作一个空间桁架，以此来抵抗横向剪力流。管壁上每一直线部分在纵向如同一个平面桁架来抵抗剪力。该理论仅适合于纵筋与箍筋体积相等的情况，计算时有局限性；同时由于忽略了混凝土直接的抗剪及抗扭作用，在低配筋率时计算偏于保守，而在高配筋率时，由于钢筋不能屈服，则计算偏于不安全。　　　　　　　　　　　　（王振东）

桁架起拱　arch camber of truss

制作桁架时，预设反挠度（与荷载作用下产生的挠度反向的变形）的作法。桁架起拱可部分或全部地抵消因自重及荷载作用所产生的挠度，以满足正常使用要求和给人以良好的观感。跨度较大的桁架一般都要起拱。例如对两端简支、跨度为 15m 和 15m 以上的三角形钢桁架和跨度为 24m 及 24m 以上的梯形钢桁架，当下弦无曲折时宜起拱。拱度（反挠度与桁架跨度之比）约为 1/500。　（徐崇宝）

桁架墙　truss wall

由框架和框架平面内的支撑桁架组成的以抗侧力为主的结构。支撑框架的形式有 X 型、K 型和 W 型等数种。在高层钢结构和钢筋混凝土结构建筑中，常采用一个或若干个楼层

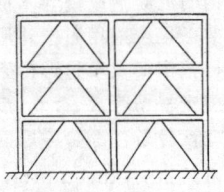

高度的斜撑形成桁架墙，构成整体刚度大的空间抗侧力体系。　　　　　　　（陈宗梁）

桁架式吊车梁　crane truss

由若干直杆组成的一般具有三角形区格的吊车梁。由钢或钢筋混凝土制成。在吊车荷载作用下桁架中杆件主要承受轴向压力或拉力，从而能充分利用材料强度以节省材料，但制作较复杂，只有在吊车梁的跨度较大时才能显示其经济效益。
　　　　　　　　　　　　　　　　（钦关淦）

桁架式檩条　latticed purlin

由型钢和圆钢组成格构式的檩条。按其截面型式不同，又区分为平面桁架式及空间桁架式两种。平面桁架式檩条的上弦一般可采用单角钢、双角钢、槽钢、薄壁型钢，下弦可采用圆钢或型钢，腹杆一般采用圆钢并制成连续 V 形及 W 形。这种檩条受力明确，用料省，重量轻，但侧向刚度较差；空间桁架式檩条截面呈三角形，由三个平面桁架所组成。与平面桁架式相比，具有整体刚度好，承载能力较强，不需设置拉条，安装方便等优点，但制造费工耗钢量较大，宜用于跨度、荷载及檩条间距较大的情况。
　　　　　　　　　　　　　　　　（刘文如）

桁架筒　braced tube

由桁架墙围成的筒体。整个结构的空间作用很强，刚度大，抗扭性能好。常用于超高层钢结构建筑。　　　　　　　　　　　　（江欢成）

横担　crossarm

输电线路塔上通过耐张绝缘子串悬挂导线的水平横梁或悬臂梁。根据导线与地面等物的最小安全距离决定离地高度，根据悬挂导线的回路数决定其水平长度。横担可布置成单层或多层形式，一般采用钢桁架，并与塔身连成整体。在低压线路上由绝缘的瓷质材料支承导线时则称为瓷横担。
　　　　　　　　　　　　　　　　（王肇民）

横风向风振　across-wind vibration

在横风向由于旋涡的形成和脱落而产生的振动。实验表明，对于圆筒形结构，横风向风振最为厉害。旋涡脱落的规则性一般与结构雷诺数有关。国家规范规定：对圆筒形结构，当雷诺数在 3×10^5 以下和 3.5×10^6 以上，该旋涡脱落较大程度上具有规则性并具有确定的频率，此时表现为横风向确定性振动，当旋涡脱落频率与自振频率接近一致时，将发生共振，将使结构产生很大的响应。当雷诺数在 3×10^5 和 3.5×10^6 之间，旋涡脱落不规则，此时表现为横风向随机振动。　　　　（张相庭）

横隔板　diaphragm

保持薄壳空间屋盖截面不变形的构件。它支承在墙上、大梁或柱上。它的静力计算为确定切向荷载作用下产生的内力；它的截面按偏心受拉计算。它有以下几种型式：等截面形式、变高度实腹梁式、空腹梁式等。　　　　　　　　（陆钦年）

横隔构件　diaphragm member

承受壳板及边梁沿切线方向传来力的构件。这种构件应具有较大的平面刚度。筒壳常用的横隔构件有以下几种型式：变截面梁、带拉杆的拱及弧形桁架等。沿双曲扁壳四周也有横隔构件，型式与筒壳相同。锯齿形薄壳的横隔构件一般采用曲杆刚架。横膈构件主要是受拉，合理方案是采用带有拉杆的拱；当壳体波长较大时，也可采用拱形桁架。
　　　　　　　　　　　　　　　　（陆钦年）

横膈 diaphragm

在格构式构件或大型实腹式构件中，为增加截面刚度，防止截面变形而设置的膈。在钢结构中，横膈由钢板或角钢在肢件内与肢焊连。一般设置在构件两端和中间的适当部位以及有较大水平力作用之处。

（何若全）

横焊 horizontal welding position

见焊接位置(119页)。

横键连接 transverse keyed connection

见木键连接(214页)。

横墙承重体系 transversal bearing wall system

竖向荷载主要由横墙承受的体系。荷载的传递路线是：楼盖→横墙→基础→地基。与纵墙承重体系比较：楼盖的构件用料较少，房屋的空间刚度较大，整体性较好，受地基不均匀沉陷的影响较小。

（刘文如）

横墙刚度 stiffness of transverse wall

横向墙体抵抗单位变形的能力。在砌体结构中厚度不小于180mm，开洞水平截面面积不超过50%，长度不小于墙高或$H/2$（H为多层房屋横墙总高）或水平最大位移不大于$H/4000$的墙体，才能作为刚性横墙。

（唐岱新）

横翘 cup crook, cupping

又称横弯。木板由于干缩发生的沿板面宽度的弯曲。见翘曲(244页)。通常发生于弦切板，是由于径向、弦向收缩差异所引起，弦切板的外材面（靠树皮一侧）的宽度收缩大于内材面，因而外材面凹入，内材面凸出（恰与生长轮弧线方向相反），离髓心越远，翘曲的程度越大。板材两面干燥速度不一致也会使板翘曲（这通常是暂时的，只要不产生永久变形，整块板材干燥后翘曲就可消失）。此外，干燥前期产生残余变形的木材再锯分时，也会发生横翘。径切板通常不发生横翘。

（王振家）

横弯

见横翘。

横纹承压 bearing perpendicular to grain

旧称横纹挤压。外力与木材纤维相垂直，通过构件接触传力时，接触面上的受压状态。常见于屋架下弦拉杆下垫木对构件的承压以及桁架支座处下弦与枕木的承压等。它的特点是变形大，因而常以比例极限作为其强度指标。横纹承压分：(a)全表面；(b)局部长度；(c)局部长度和宽度横纹承压；

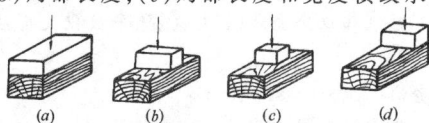

(d)端部部分长度四种情况。全表面横纹承压的抗力低于后三者(统称局部横纹承压)。例如，局部长度横纹承压，由于纤维的连续性，未着力部分有助于减少变形从而提高抗力，这种效应以两端未着力部分的长度均与承压长度相等时为最大；由于纤维横向间联系较弱，第三种横纹承压与第二种无明显区别；第四种横纹承压的抗力介于第一种与第二种之间。

（王振家）

横纹剪截 shear across the grain

外力与木材纤维走向垂直，且纤维走向也垂直于剪力作用面的木材受剪。它的强度极高，变形也大。销连接中，木销的工作就是如此，因此它的承载力取决于销本身抗弯或销槽承压。在板销梁中，板销纤维必须竖放且与梁纵轴垂直，使板销为横纹剪截工作，以保证板销梁工作可靠。

（王振家）

横纹受剪 shear perpendicular to grain

见木材受剪(213页)。

横纹受拉 tensile perpendicular to grain

外力作用方向与木材纤维走向相垂直的受拉状态。木材横纹受拉强度甚低，对针叶材一般仅为顺纹受拉强度的2.5%～5.0%；对阔叶材也不过10%～20%，并且一旦开裂，这一点强度也将丧失殆尽。因此在木结构中严禁出现此种受力状态。

（王振家）

横向变形系数

见泊松比(14页)。

横向焊缝 transverse weld

焊缝轴线垂直于焊件长度方向的焊缝。以焊缝在构件上的位置划分，而与焊缝受力方向无关。

（钟善桐）

横向加劲肋 transverse stiffener

垂直于钢梁、钢柱或木胶合板梁等构件的纵轴线每隔一定间距设置的加劲肋。在钢梁和钢柱以及胶合板梁的腹板中普遍采用。对梁的腹板能显著提高其在剪切等应力作用下屈曲的临界应力；对钢柱腹板一般按构造要求和在有较大横向力处设置。

（瞿履谦）

横向框架 transverse frame

沿房屋短向布置的框架。一般称房屋的短向为横向。这时横向框架为房屋的主要承重结构，楼面竖向荷载和作用于纵向墙面的水平荷载通过横向框架传至基础。由于房屋短向柱子较少，框架梁的跨度常大于开间且截面一般又较大，有利于增加横向刚度，为大多数的多层框架结构所采用。

（陈宗梁）

横向力系数 transverse force factor

横风向力与顺风向风力之比。在空气动力学中,常称升力系数。国家有关规范将该系数取为0.25。　　　　　　　　　　　　(张相庭)

横向配筋砌体　transversal reinforced masonry

在水平灰缝内配置钢筋的砌体。采用钢筋网时又称为网状配筋砌体,采用水平通长钢筋时(包括桁架形钢筋)又称为水平配筋砌体。砌体内设置的钢筋网可以是方格网,或连弯钢筋网,对于后者,砌筑时网的钢筋方向互相垂直,钢筋网的间距指同一方向网的距离。横向配筋砌体承受纵向压力时,砌体的横向变形受到钢筋的约束,从而间接地提高了砌体的抗压和抗剪强度。

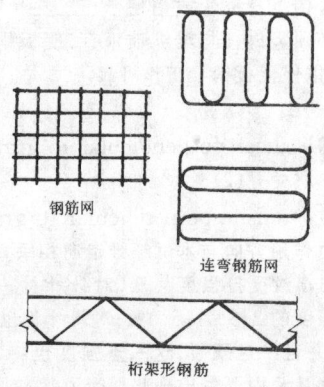

钢筋网

连弯钢筋网

桁架形钢筋

(施楚贤)

横向水平支撑　transverse horizontal brace

在相邻屋架的上弦或下弦平面内用水平交叉腹杆组成的水平桁架。一般设在厂房端部及伸缩缝两旁柱距内。较长的厂房,还需在中间加设一、二道。横向水平支撑与相邻屋架形成一个空间整体,使屋架工作条件得到改善。布置在上弦平面内的称上弦横向水平支撑;布置在下弦平面内的称下弦横向水平支撑;两者布置在同一柱距内。横向水平支撑和系杆一起将山墙风力传至纵列柱,还可以减小屋架上下弦杆的计算长度。当屋面为大型屋面板无檩体系且其构造具有足够的刚性时,认为可起上弦横向水平支撑作用。当无天窗时,可不必再设置上弦横向水平支撑。参见屋盖支撑系统(313页)。

(陈寿华)

横向张拉法　lateral tension method

横向推或拉预应力赘余构件建立预应力的方法。将高强度预应力构件二端分别用螺帽锚固在构件上,再在构件的适当位置设垂直于预应力构件并带螺纹的连杆,拧转连杆,推或拉预应力构件,使成折线形,从而建立预应力。　　　　　(钟善桐)

横轴　transverse axis

见望远镜旋转轴(309页)。

hong

红粘土　red clay

分布于中国西南和部分中南湿热气候区的碳酸盐类岩石经风化残积形成的褐红、棕红、黄褐等颜色的高塑性粘土。其粘粒含量一般达全重的60%～70%,主要矿物成分为多水高岭石、三水铝土矿、赤铁矿及胶态SiO_2。液限一般大于50%,有较强的稳定的粒间联结。一般具有较高的强度和较低的压缩性,但由地表向下随深度及湿度增大而变软。红粘土具有明显的收缩性,裂隙发育。经过再搬运坡积、洪积形成的,仍保留红粘土基本特征,液限为45%～50%的土俗称次生红粘土。

(杨桂林)

宏观等震线图　macroscopic isoseismal map

标有地震烈度等值线的图。即不同震中距上各点的地震破坏效应按一定的烈度表转换成为烈度值,再将它们相等值的各点连成的曲线图。

(章在墉)

宏汇编语言　macroassembly language

适用于宏指令以避免交叉编译和缩短编译时间的汇编语言。宏汇编语言赋予各个汇编语言指令语句以符号名字,每当名字被引用时就执行这些汇编语言指令语句。　　　　　(黄志康)

洪积层　Proluvial

山溪暂时性洪流在出山口处,不受地形约束而成放射状水流,将携带的碎屑物质堆积而成的洪积扇沉积物。其组成物质大小不一,磨圆不好,分选性差,无层理。自顶部至边缘有一定相变。顶部主要为砾石、砂和砂质粘土,中部主要是砂和砂质粘土,下部主要为粘性土,前缘主要是粉质粘土。在顶部地表水潜入地下成地下水,至边缘地带又重新出露地表,因而在这里常常形成沼泽和盐渍化土壤。

(朱景湖)

hou

后处理　postprocess

执行程序后对结果数据的后加工,它使一个系统添加一些附加功能。其结果产生一些原来计算机程序不提供的附加输出。　　　　(周宁祥)

后方交会法　method of resection

见经纬仪交会法(171页)和平板仪交会法(231页)。

后浇带　post-cast strip

在现浇混凝土连续结构中施工时所预留出的后

浇区带。具体作法是将连续结构的板划分成几个单元,在板的混凝土强度达到设计要求或当采用升板法施工在单元板块提升完毕以后,再在预留缝隙中浇灌混凝土,使板块之间成为一整体板带。后浇带宽度一般在 0.80～1.00m,预留位置宜在板的内力较小处,或使其在提升时不至造成有较大的悬臂为宜。其目的是使结构可不设或少设温度伸缩缝及沉降缝。　　　　　　　　　　　　　(王振东)

后热　postheating

在焊接后,立即对焊件全部(或局部)进行加热或保温,使其缓冷的工艺措施。后热所要达到的温度称后热温度。其目的是改善焊缝的金属组织,消除焊件的残余应力和残余变形。　　　(钟善桐)

后张法　post-tensioning method

先浇灌混凝土后张拉预应力筋的施加预应力的方法。具体为先浇灌混凝土构件并留有孔道,待混凝土达到要求的强度后,将预应力筋穿入预留孔道,在其一端或两端(也可变角)进行张拉,用锚具锚住,从而使构件建立了预压应力。预留孔内可灌入水泥浆(也可不进行灌浆做成无粘结预应力结构),使预应力筋与混凝土之间获得粘结力。
　　　　　　　　　　　　　　　　(陈惠玲)

后张法预应力混凝土结构　post-tensioned concrete structure

在混凝土达到规定的强度后,直接在构件上张拉按设计要求布置在孔道内的预应力钢筋而实现预应力的混凝土结构。后张法预应力施工不需要台座,但预应力钢筋需要用专用锚具来锚固。
　　　　　　　　　　　　　　　　(计学闰)

后张自锚　post-tensioning prestressed concrete with self-anchor concrete wed

将构件端部的预留孔道扩大成锥形,在其中浇灌高强砂浆或细石混凝土形成自锚头,来锚固预应力筋的一种后张法锚固技术。张拉时,需先在构件两端设承力架,在其上张拉预应力筋并作临时锚固。然后浇灌自锚头待其达到一定强度后放松钢筋取下承力架,钢筋中的预拉力最终传给自锚头承受。后张自锚不用锚具节省了钢材和加工费,但增加了自锚头混凝土的浇灌和养护时间,延长了工期。
　　　　　　　　　　　　　　　　(卫纪德)

厚实截面　compact section

由宽厚比不超过塑性设计规定限值的钢板件组成的截面。这时,腹板及受压翼缘具有足够的刚度,能实现全部塑性和产生足够的旋转,不致由于局部屈曲而丧失截面承载力。　　　　(朱聘儒)

候平均气温

见严寒期日数(336 页)。

hu

呼应信号装置　signal mutual induction unit

以寻人为目的的声光提示装置。可分为医院呼应信号装置、旅馆呼应信号装置、公寓(住宅)呼应信号装置、其它场所(营业量较大的电话、邮政营业厅、银行取款处、仓库提货处等场所)的呼应信号装置以及无线呼叫系统信号装置(用于大型医院、宾馆、展览馆、体育馆、体育场、演出中心等公共建筑)。医院、旅馆呼应信号装置,应使用 36V 及以下安全电压。系统连接电缆(线)应穿钢管保护并做屏蔽接地,一般不宜采用明敷方式。　　　(马洪骥)

弧坑　crater

电弧焊时,由于起弧或止弧不当,在焊缝末端或接头处形成低于主体金属(母材)表面的凹坑。它降低焊缝的机械性能。　　　　　　　(刘震枢)

弧裂　cup shake

见轮裂(204 页)。

弧形木构件抗弯强度修正系数　modified coefficient for the timber flexural strength of curved members

在层板胶合结构中,设计弧形胶合木结构时,考虑木板弯曲成形后所产生的附加应力对弧形构件受弯工作的不利影响所采用的强度降低系数。此项系数恒小于 1,是木板厚度与构件曲率半径比值的函数。显然,弧形构件曲率半径越小或木板厚度越大,附加应力就越大,对强度的影响也就越大,该系数也就越小。在木结构设计规范中用 ϕ_m 表示。
　　　　　　　　　　　　　　　　(王振家)

弧形屋架　bow string truss

上弦轴线呈圆弧形的屋架。这种上弦与下弦的内力分布较为均匀,腹杆内力较小。由于圆弧曲率处处相等,因而构件规格少,便于制作安装。胶合屋架多采用这种形式。　　　　　　　(黄宝魁)

弧形支座　curve support

用厚钢板(或钢铸件)加工成弧形,作为传力方式的支座。不能传递弯矩。允许水平方向位移。弧形支座用于荷载较大又要求允许水平位移的构件支承端。　　　　　　　　　　　　　　(钟善桐)

湖积层　lake deposit

在相对平静的湖水中形成的沉积地层。根据湖水的动力条件及其空间分布,湖相沉积可分为:①湖滨三角洲相沉积——主要由砂质和泥质的交互沉积层组成,分选良好;②湖滨相沉积——以砂砾层为主,具有明显的斜层理和斜交层理,砾石多呈扁圆形,沉积物多为棕黄色或灰黄色;③湖心相沉积——

多为富含有机质的黑色淤泥或粘土,具有微薄纹层。在干旱地区的盐湖中形成各种盐类沉积层。

(朱景湖)

互功率谱密度 cross-power-spectrum density

两个随机过程属于不同的随机变量时的功率谱密度。可用相干函数来表示。相干函数与功率谱密度的关系为

$$\mathrm{coh}(\omega)=\frac{|S_{xy}(\omega)|}{\sqrt{S_x(\omega)S_y(\omega)}}\leqslant 1$$

互功率谱密度与互相关函数的关系可由维纳-辛钦公式求得为:

$$S_{xy}(\omega)=\frac{1}{2\pi}\int_{-\infty}^{\infty}R_{xy}(\tau)e^{-i\omega\tau}d\tau$$

(张相庭)

互相关函数 cross-correlation function

两个随机过程属于不同的随机变量时的相关函数。它用来表示两个随机过程的相关切程度。其式为 $R_{xy}(t_1,t_2)=E[x(t_1)y(t_2)]$。如果是平稳随机过程,其式可简化为 $R_{xy}(\tau)=E[x(t)y(t+\tau)]$。如果是各态历经过程,则可表示为 $R_{xy}(\tau)=\lim_{T\to\infty}\frac{1}{T}\int_0^T x(t)y(t+\tau)dt$,$T$ 为所取的足够长的时间长度。如果 $Ex=Ey=0$,互相关系数可用互相关函数来表示,它们之间的关系为:$\rho_{xy}(\tau)=\left|\frac{R_{xy}(\tau)}{\sqrt{R_x(0)R_y(0)}}\right|\leqslant 1$。互相关函数与互功率谱密度关系由维纳-辛钦公式求得为:

$$R_{xy}(\tau)=\int_{-\infty}^{\infty}S_{xy}(\omega)e^{i\omega\tau}d\omega$$

(张相庭)

护坡 slope protection, revetment

为防止边坡遭受破坏,在坡面上所作的各种铺砌和栽植的统称。它的作用为使坡面免受雨水、河水或沟渠水的冲蚀,减缓温差及湿度变化的影响,防止和延缓软弱岩土体表面的风化、碎裂和剥蚀的演变过程,从而保护边坡整体稳定。坡面防护设施不应承受外力作用,要求坡面岩土稳定牢固。若雨水集中或汇水面积较大时,应有排水设施相配合。护坡一般同时采用几种方法来综合治理。

(孔宪立)

护坡的上下限 upper-lower limit of slope protection

边坡面因遭受破坏而需要采取防护治理措施的范围的上下界边位置。受到有流水作用的岸坡通常可分成三个不同破坏状况的坡面层次:下层——低于平均正常水位,处于水下部分的岸坡,经常受水流淘沙;中层——处于平均正常水位和高水位之间的坡面层,此层只在洪水期的短时间内被淹没,但在洪峰退去水位消落时,岸坡表层的岩土常被地下水流携出,造成岸坡破坏。平时,这层坡面也会受到波浪和流水的作用;上层——位于高水位上方的坡面,平时只受到风化作用,洪水期时会受到爬升波浪的影响,且常因下、中层岸坡的被破坏向上扩展延伸而至此层。水流对上述三层的不同作用,使得需要划定相应的各自防护范围的上下限界。

(孔宪立)

hua

花篮螺丝

见正反螺丝套筒(364页)。

花纹钢板 figured steel plate

见钢板(92页)。

滑动稳定性 sliding stability

挡土墙在土推力作用下沿基底水平滑移的稳定性分析。滑动力为主动土压力的水平分量 E_x,抗滑力为墙重 W 和主动土压力的竖向分量 E_y 在基底产生的摩阻力,抗滑安全系数为:

$$F_{\mathrm{滑}}=\frac{(W+E_y)\mu}{E_x}$$

μ 为墙与地基土之间的摩擦系数。图(a)为挡土墙的稳定性验算;图(b)为挡土墙的滑移验算。

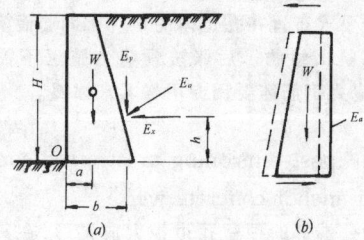

(蔡伟铭)

滑坡 landslide

由于自然地质作用或人类工程活动的影响,斜坡上的岩、土体在重力作用下,沿着斜坡内部一定面(或带)整体地、缓慢地(有时快速地)向下滑动的现象。向下滑动的岩、土体称滑坡体;下伏的稳定岩土体,称滑床;滑坡体与滑床之间的界面,称滑动面;滑坡后缘滑动面出露的陡壁称滑坡壁。一般说来,滑坡的发生发育是一个缓慢长期的变化过程,通常可将其发育过程划分为蠕动变形、滑动破坏和渐趋稳定三个阶段。滑坡的存在可使位于其上的建筑物变形破坏,或使附近的建筑物受到威胁。

(蒋爵光 李文艺)

滑坡动态观测 observation of landslide regime

对滑坡的水平位移、垂直位移及其他要素随时

间变化情况的观测研究工作。通过它可以了解滑坡的发生和发展规律、判别滑坡发生的原因和影响因素，以制定有效的防治措施。此外，为了验证整治处理滑坡的效果，也需进行动态观测。

（杨桂林）

滑坡加固 stabilization of landslide

支挡可能发生滑动的土体，以确保建筑物（构筑物）的稳定与安全的加固措施。一般先用盲沟截（排）除滑坡体内外的地下水和地面水，不使其渗入滑动面，然后用挡土墙或抗滑桩进行支挡。

（胡连文）

滑坡影响 Landslide effects

山区天然边坡和人工边坡失去稳定，对邻近地区的影响。如大型土坝、尾矿坝、河堤、路堤滑坡和坍陷等。河流两岸滑坡严重时会堵塞河道，淹没大片邻近地区。尾矿坝滑坡还会污染环境。

（章在墉）

滑线电阻式位移传感器 linear electric resistance displacement transducer

一种将线位移变为滑线电阻触点位置变动，从而使它的两个电阻发生差动变化的器件。在激励电压作用下，它呈电位计工作，故又称电位计式位移传感器。如滑线电阻的阻值合适，可利用电阻应变仪来量测位移。

（潘景龙）

滑移变形 slide deformation

钢-混凝土组合梁中钢部件与混凝土部件之间的相对变形。表现为抗剪连接件的变形，当连接件产生弹性、弹塑性或塑性变形时，部件间就产生对应的滑移变形。

（钟善桐）

化粪池 septic tank

将生活含粪便污水进行沉淀，并对沉淀污泥进行厌氧消化的小型处理构筑物。生活含粪便污水经化粪池处理后，再排入城市污水管道。化粪池可采用砖、石、钢筋混凝土等材料砌筑，其中砖砌最常用。

（蒋德忠）

化学腐蚀 chemical corrosion

材料同与其相接触的腐蚀介质间发生化学反应而引起性质改变或形体破坏。例如，大气、土壤、海水和工业污水对水泥砂浆和混凝土的腐蚀，主要为化学腐蚀。参见腐蚀介质（87页）。

（施弢）

huan

环箍式压力测力计 compression ring

利用椭圆形钢环承受压力后产生径向变形的原理制成的测力仪器。径向变形由百分表测定，由于钢环工作在弹性阶段，因此可按百分表测得的变形量确定被测压力值。一般用来量测结构支座反力和液压加载器的作用力等。

（潘景龙）

环境保护 environmental protection

有计划地保护和改善自然生态环境的行为。它是一项范围广泛、综合性很强的工作，其目的是保持生态平衡、保护人体健康和自然资源，促进生产力的发展，使之更适合人类劳动、生活和自然界生物的生存。它的内容主要包括："三废"的治理，噪声、农药、放射性和振动等污染、地面沉降的控制，自然资源的保护等。中国环境保护的方针是：全面规划、合理布局、综合利用、化害为利、依靠群众，大家动手，保护环境，造福人民。

（房乐德）

环境气象塔 environmental meteorological tower

用来测定低层大气中各种气象要素和污染物质的竖向分布及其随时间变化规律的高耸结构。主要观测不同高度的风速、温度、湿度、湍流和大气的各种成分及其变化规律，为气象预报、治理污染和土木建筑设计提供可靠的数据。塔身沿高度设有若干平台和伸臂，以便装置仪器，进行观测，并用电缆把各类信息传至机房进行数据处理。

（王肇民）

环境随机振动试验法 testing method of ambient random vibration

又称脉动法。利用结构物受地面脉动激励而产生的脉动现象测定结构动力特性的一种试验方法。地面脉动来源于地球微小的地震活动、风浪等自然原因以及诸如机器运转，车辆来往等人为扰动。由地面脉动激励起的结构物脉动经常使结构处于微小而不规则的振动之中，这是一种振动幅值微小，而频谱丰富的随机振动。它有一个重要的性质，就是明显地反映出结构的固有频率和自振特性。利用模态分析法从记录到的结构脉动信号中可以识别出反映结构动力特性的全部模态参数。对于能直接反映结构自振特性特点的脉动记录波形，可采用主谐量法进行分析；对于大多数随机振动反应，均需按随机过程理论应用功率谱，传递函数和相关分析等方法，由专用数据处理机进行模态分析。现代计算机技术的发展和快速富里哀变换方法（FFT）的出现，为环境随机信号分析和数据处理提供了理想的手段。

（姚振纲）

环境污染 environmental pollution

环境素质恶化，影响人们生活条件的现象。主要包括：工业三废对大气、水质、土壤和动植物的污染；地球上生态系统遭到不适当的扰乱和破坏；一些无法再生的资源被滥采滥伐；由于固体废物、噪声、

环梁 ring beam

壳体结构中设置的环形构件。根据圆形壳体顶盖通风采光等要求,一般可在壳体中央开设圆形孔洞。壳体还可根据顶部是否开孔,分为闭口壳和开口壳。闭口壳由壳面及外圈支承环(简称外环梁)组成。对于开口壳,在开孔边的圆环称为顶环或内环梁。外环梁可以支承在环墙上或柱子上。当外环梁承受的拉应力大于 $8f_t$ (f_t 为混凝土受拉设计强度)时,宜考虑配预应力筋,或采取其他构造措施。当配预应力筋时,其预应力值以能使环内应力接近于壳体边缘处按薄膜理论算得的环向应力值为宜。　　　　　　　　　　(陆钦年)

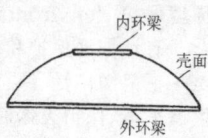

环裂 ring shake

见轮裂(204页)。

环形焊缝 circumferential weld, girth weld

沿环形分布首尾相连接的焊缝。多用于筒形焊件及连接盖板的周边环焊中。　　(陈雨波)

环形基础 ring shaped foundation

由环梁和环形翼缘板所组成的基础。多用作水塔基础。水塔顶部的水柜支承在由多根立柱组成的空间框架上,而立柱则支承在环梁上。翼缘板分为内环及外环两部分。环梁不是位于翼缘平均半径上,而是放在分块面积的形心处,以便使翼缘的径向弯矩为最小。这种布置方式引起的作用力偏心还有效地降低了沿基础切向所产生的扭矩。环形基础的变形用容许倾斜控制,其沉降应不致妨碍基础下面进出水管的正常工作。　　　　　　(朱百里)

缓蚀剂

见阻锈剂(386页)。　　　　　　　　(施 羿)

换算长细比 equivalent slenderness ratio

计算开口薄壁受压构件或格构式受压构件在弯扭失稳时所采用的长细比。这些构件在受轴心压力时会由于弯扭变形或剪切变形而降低稳定承载力。为简化计算,把计算公式写成欧拉临界应力公式的形式,而用换算长细比来修正它们的差别。
　　　　　　　　　　　　　　(沈祖炎　何若全)

换算截面 equivalent section

不同材料组成的组合截面根据变形协调条件换算成单一材料的截面。例如两种材料的组合截面,以一种材料的截面为基准,另一种材料的截面则在其截面形心处按照它与基准材料弹性模量之比作截面面积换算,两者几何叠加后,所得的统一于基准材料的匀质截面。在钢筋混凝土结构中,习惯以混凝土为基准材料,在组合结构中,则习惯以钢为基准材料。　　　　　　　　　　(朱聘儒　陈惠玲)

换算截面惯性矩 converted second moment of area

两种以上材料组合的截面,经换算成一种材料的面积后截面的惯性矩。　　　　(陈雨波)

换算截面模量 converted section modulus

两种以上材料组合的截面,经换算成一种材料的截面后截面的抵抗矩。　　　　(陈雨波)

huang

黄土 loess

干旱及半干旱气候条件下的一种未经固结的特殊的粘性土或粉土沉积物。在中国,分布于西北、华北及山东等地区。一般呈黄色或褐黄色。占全重60%以上为粒径 0.075～0.005mm 的粉土颗粒组成,富含可溶盐和钙质结核。具有肉眼可见的大孔隙,垂直柱状节理发育。干燥时较坚实,能保持直立陡壁。遇水浸润易崩解,并发生大量的沉陷(湿陷),从而使工程地质条件复杂化。按其湿陷性大小可分为湿陷性黄土和非湿陷性黄土。按其湿陷起始压力与土体饱和自重压力的相对大小可分为自重湿陷性黄土和非自重湿陷性黄土。　　　(杨桂林)

黄土梁 loess flat-topped ridge

长条形的黄土垄岗地形。根据它的脊线起伏可分为平梁和斜梁两种。梁的顶部较平坦,横剖面呈穹形。　　　　　　　　　　　　　　(朱景湖)

黄土峁 loess replat

孤立的黄土丘陵。平面呈圆形或椭圆形,周围均为凸形坡。根据切割情况和形态特征又可分为塬峁、梁峁和巅峁几种类型。
　　　　　　　　　　　　　　　　(朱景湖)

黄土湿陷 loess collapsing

在黄土地区,由于水的浸湿,黄土的结构迅速破坏,地表发生突然显著下沉的现象。这种现象的发生能导致建筑物突然下沉、不均匀沉降或渠道的破坏。参见湿陷性黄土(271页)。
　　　　　　　　　　　　　　　　(蒋爵光)

黄土湿陷试验 collapse test of loess

测定各种黄土类土在非浸水与浸水条件下的变形和压力关系的试验。用以确定压缩系数、湿陷系数、自重湿陷系数及湿陷起始压力等黄土的压缩性及湿陷性指标,以判别湿陷性黄土地基的压缩性及湿陷等级,为设计施工提供资料。该试验采用以实际荷重为基础的单线法。在初步勘察阶段也允许采用双线法进行试验。　　　　　　　(王正秋)

黄土塬　loess platform

保持较完整的黄土堆积高原面。它的四周为沟谷的沟头所蚕蚀。塬顶部极平缓,坡度不到1°,边坡的坡度可达3°~8°。经沟谷强烈切割的黄土塬,称破碎塬。
（朱景湖）

hui

灰缝　joint of masonry

在砌体中,连结块材之间的砂浆层。块材上下皮之间的灰缝称为水平缝,块材相邻之间的缝称为竖缝,它们使块材粘结成整体,增强砌体的强度、稳定性和透气性。
（张景吉）

灰土垫层　lime-soil cushion

挖除基础底面下要求处理范围内的湿陷性黄土或软弱土,用按比例均匀掺加熟石灰的土并分层夯压至要求密实度所构成人工的地基持力层。主要用于湿陷性黄土和软粘土的加固,消除黄土地基的湿陷性、提高地基承载力、减少地基沉降和降低土层的透水性。
（平涌潮）

灰土基础　lime-soil foundation

由石灰和土混合做成的基础。灰土是中国一种传统的建筑材料,当石灰的用量在一定范围内时,其强度随着用灰量的增大而提高,但超过一定限量后,强度不但增加很小,且有逐渐减小的趋势。一般体积比为2:8和3:7的灰土为最佳含灰率,经分层夯实后,其干重度在$14.5\sim15.5kN/m^3$,强度达300kPa左右。
（曹名葆）

灰土挤密桩　lime-soil column

以沉管、冲击或爆炸法在地基土内挤压成孔,并在孔内填以石灰拌和的粘性土(俗称灰土)且分层夯实而成的桩柱体。它与周围地基土组成灰土桩复合地基。一般适用于处理湿陷性黄土和松软的杂填土地基。
（胡文尧）

灰土挤密桩加固法　soil compaction by lime-soil pile

通过土的挤压,以减少地基土的孔隙比,提高地基的强度和消除湿陷性的方法。用挤压成形桩孔(孔径d一般为280~600mm,孔距为1.8~3.0d),孔内填以压实系数为0.95的灰土,形成灰土挤密桩。该法适用于地下水位以上的湿陷性黄土地基和填土地基的加固。
（胡连文）

恢复力特性　restoring force character

反映构件或结构在撤去外荷载后恢复原状的性能。通常用构件或结构在反复荷载作用下的力-变位关系曲线,即恢复力曲线来表示。对结构进行弹塑性动力分析,即时程分析时,需事先确定构件的恢复力曲线。钢筋混凝土结构和构件的恢复力曲线非常复杂,所以在具体运用时,须在保持曲线基本特点的前提下,对其进行简化,得出理想化了的恢复力曲线,称为恢复力模型。常用的恢复力模型为折线型,如双线型、双线不退化型和三线退化型等。
（戴瑞同）

恢复项目　revival project

企业或事业单位的固定资产因自然灾害、战争或人为的灾害等原因已全部或部分报废,而后又投资恢复建设的项目。不论是按原有规模进行建设,还是在恢复中同时进行扩建的都算恢复项目。
（房乐德）

回声干扰　echo disturbance

声源发出直达声50ms后,迟来的强反射声所产生的对直达声的干扰。回声的干扰程度决定于回声相对于直达声滞后的时差和强度差。此外,还与房间的混响时间有关,混响时间愈短或回声延迟时间愈短,回声的声级愈小,愈能降低回声的干扰。
（肖文英）

回溯　backtracking

在PRLOG语言中,指模式匹配时的搜索顺序。问题求解过程中在各种点上产生推测,以及当一个推测导致一个不接受的结果时,返回先前的点而产生另一选择。
（李思明）

回弹法　rebound method

又称施密特回弹锤法。用回弹仪测定混凝土表面的回弹值,根据回弹值与强度的相关关系推定混凝土抗压强度的一种试验方法。回弹仪弹簧驱动的重锤具有一定的初始动能,它通过弹击杆弹击混凝土表面后,一部分能量消耗在混凝土的塑性变形上,而另外一部分弹性能量传给重锤回弹,重锤的回弹距离与弹簧初始拉伸长度之比(百分比)称为回弹值。回弹仪还能检测砌体的砖或砂浆的强度。直射式回弹仪有小型(L型)、中型(N型)和重型(M型)等几种型式。
（金英俊）

回弹指数　resilience index

固结试验的$e\sim\log p$曲线上卸荷段的平均斜率C_s。公式表示为:

$$C_s = \frac{e_i - e_{i+1}}{\log p_{i+1} - \log p_i}$$

e_i、e_{i+1}为回弹曲线上与压力p_i、p_{i+1}相应的孔隙比。用C_s可估算卸荷后土体的回弹量,它是土体弹塑性增量分析理论中的一个重要指标。
（王正秋）

回转半径　radius of gyration

见长细比(22页)。

汇编语言　assembly language

一种依赖于某一型号计算机而采用助记符表示机器指令的符号语言。由基本字符集、语句、标号以及它们的使用规则所组成。汇编语言把机器指令，地址和数据加以符号化，因此它比机器语言易懂、易记、易修改。用汇编语言编制的程序必须经汇编程序翻译以后才能为机器所接受，它的特点是节省内存，执行速度较快，并可精细地控制和使用机器资源，因而常被用于系统程序，实时控制程序和常用标准子程序的设计。　　　　　（黄志康）

汇水面积 catchment area

汇集水流量的面积。也即某一泄水口（例如桥梁、涵洞、堤坝等）断面和互相连接的分水线所包围的雨水汇集面积。　　　　（潘行庄）

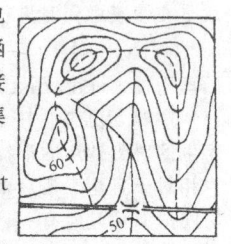

汇水面积

会场扩声 amplifier at meeting-place

将会场舞台上的语言、音乐等自然声经过人工调音放大，使听众席上每个听众都能不失真地清晰地听到的声控方式。具备下列条件之一者宜设置会场扩声系统：①会场座位≥300；②会场体积≥1000m³，观众席最远点超过15m。会场座位多于2500，为大型扩声系统；1200～2500为中型；少于1200为小型。大中型会场扩声用技术用房，宜选择在会场后排或舞台前两侧三层以下房间。小型会场扩声一般不专设控制机房，扩音机可为移动式。　（马洪骥）

绘图仪 plotter

绘制图形和文字的计算机外围设备。能将计算机信号转换成图形输出。有平板式、滚筒式、静电绘图仪、喷墨绘图仪等多种类型。使用墨水笔、圆珠笔等作为绘图笔的平板式、滚筒式绘图仪也称为笔式绘图仪。它可以带有1支或者2支、4支乃至8支笔。　　　　　　　　　　　（李启炎）

hun

混合结构 mixed components structure

由多种结构（砌体结构、混凝土结构、木结构、轻型钢结构）的构件所组成的结构。在混合结构中，常以砖、石、混凝土或灰土等材料做基础，用各类砌体制作主要承重的墙、柱，用钢筋混凝土做楼板或屋盖，或用木楼板、木屋盖，或用轻型钢结构做屋盖。混合结构中，如以砖砌体为承重墙、柱，有时也称为砖混结构。如用木材或钢木做成楼板、屋盖，则称为砖木结构。　　　　　　　　（唐岱新）

混合砂浆 cement lime mortar

由一定比例的水泥、石灰或粘土膏浆、砂加水搅拌而成的砂浆。与水泥砂浆相比改善了和易性，提高了砌筑质量，节约水泥，广泛应用于地面以上的砌体。　　　　　　　　　　　（唐岱新）

混合土 mixed soil

主要由级配不连续的粘性土、粉土和碎石粒组成的土。当碎石土中的粉土或粘性土的重量大于25%时，称为Ⅰ类混合土；当粉土或粘性土中碎石粒组大于全重25%时；称为Ⅱ类混合土。混合土作为建筑物的地基和环境，要考虑其土质和性状的不均匀性及分布深度和厚度在水平与竖直方向变化的复杂性。　　　　　　　　　（杨桂林）

混凝土 concrete

由水泥、石灰、石膏等无机胶结料和水或沥青、树脂等有机胶结料的胶状物与集料按一定比例拌合，并在一定条件下硬化而成的人造石材。有普通混凝土、轻集料混凝土、特种混凝土等。一般所称的混凝土是指水泥混凝土。它由水泥、水及砂石集料配合制成，水泥具有活性，加水后起胶凝作用；集料只起骨架填充作用。水泥与水发生反应后形成坚固的水泥石将集料颗粒牢固地粘结成整体，使混凝土具有一定的强度。　　　　　　（卫纪德）

混凝土包覆加固法 strengthening of steel structure by postcasting concrete

用混凝土将构件包住以增大构件截面，提高构件承载力的加固方法。常用于钢柱的加固中。这时原有钢柱加固后成为劲性钢筋混凝土柱，提高了承载力。必要时，还应适当加些钢筋。　（钟善桐）

混凝土保护层 concrete cover

钢筋混凝土构件表面至最近钢筋外边缘的混凝土层。适当的保护层厚度可以保护钢筋不受锈蚀，提高耐火极限以及为钢筋提供必要的混凝土握裹力。　　　　　　　　　　　（刘作华）

混凝土变形 deformation of concrete

由各种原因引起的混凝土形状和体积的改变。例如，混凝土在水化过程中的体积改变（在水中养护时体积稍有膨胀，在干燥状态下水分蒸发引起的收缩）；温度变化引起的变形；混凝土在受力状态下的变形等等。后者表现为弹塑性性质，其中弹性部分主要是水泥晶体和集料受力后的弹性变形，塑性部分主要是水泥凝胶体的粘性流动、水泥晶体的结构滑移以及混凝土内部微裂缝的产生和发展的结果。　　　　　　　　　　（计学闰）

混凝土标号 grade of concrete

用边长为20cm的立方体混凝土试块，在温度为20℃±3℃、相对湿度不低于90%的条件下养护28d，以每秒3～5kg/cm² 或以每秒5～8kg/cm²（当混凝土标号在300号及以上时)的加载速度进行试验,并按统计方法算得具有84.13%保证率的极限抗压强度值。单位为 kg/cm³。中国在1988年以前的规范 TJ10—74,以此作为混凝土各种力学指标的基本代表值。试验时当用边长为15cm的立方体及边长为10cm的立方体试块时,应分别乘以尺寸换算系数0.95及0.90。混凝土标号与混凝土强度等级的换算关系为:

混凝土标号	100	150	200	250	300	400	500	600
混凝土强度等级	C8	C13	C18	C23	C28	C38	C48	C58

(王振东)

混凝土沉井 concrete open caisson

素混凝土制作的沉井。由于混凝土的抗拉强度较低,最好做成圆形横截面,当下沉深度不大(15m以内)且有足够的井壁厚度(>35cm)时,也可以做成矩形截面。
(殷永安)

混凝土动弹性模量 modulus of dynamic elasticity of concrete

用动力学方法(例如共振法、超声法等)在周期性交变的微应力作用下测定的混凝土的弹性模量。记为 E_d。此值比静弹性模量略高,它可反映材料的抗冻性、耐久性。动弹性模量 $E_d = V^2\rho/g$,V 为纵波在混凝土中传播的速度,ρ 为混凝土的密度,g 为重力加速度。
(计学闰)

混凝土复杂应力强度 strength of concrete under combined stresses

混凝土材料在几个方向的正应力和剪应力组合作用下的强度。这些应力在混凝土内可以引起三个方向的正应力和剪应力,也可通过计算转换为三个方向的主应力。从理论上讲,复杂应力下混凝土的强度可以通过有关强度理论来计算,但由于混凝土的非弹性性质,强度理论将十分复杂,目前主要通过直接试验或模型试验来求得。
(计学闰)

混凝土干缩 drying shrinkage of concrete

见混凝土收缩(136页)。

混凝土构件截面受压区高度 depth of compressive zone of concrete member

见截面受压区高度(169页)。

混凝土护坡 concrete protection of slope

在坡面铺置混凝土层的护坡措施。适用于1:0.5以下的坡度。陡于1:1的边坡应加钢筋或钢丝网,坡脚应设置基础。在混凝土层中每隔3~5m设置一个泄水孔。每隔5~6m设置一处伸缩缝。
(孔宪立)

混凝土基础 concrete foundation

由砂、水泥、碎石三种材料,在一定配合比情况下加水混合制成的一种基础。由于基础内不设置钢筋,所以基础台阶的宽高比要满足许可的规定。混凝土的强度等级的选择,视作用在基础上的荷载大小而定,一般为大于或等于C10的混凝土。
(曹名葆)

混凝土剪力传递 shear transfer in concrete

钢筋混凝土构件开裂后剪力的传递方式与途径。开裂前剪力沿剪切面传递,如牛腿与柱的界面,框架中梁柱节点等;开裂后剪力主要通过下列作用进行传递:①未开裂混凝土承担的剪力;②斜裂缝间的骨料咬合作用;③纵向钢筋的销作用;④抗剪钢箍的作用。如无腹筋梁临近破坏时,各部分承担剪力的作用大致如下:未开裂混凝土承担剪力20%~40%;斜裂缝间骨料咬合35%~50%;纵筋销作用15%~25%。
(董振祥)

混凝土结构 concrete structure

以混凝土为主制作的结构。它是素混凝土结构、钢筋混凝土结构及预应力混凝土结构的总称。由于混凝土的抗压强度较高,而抗拉强度很低,因此素混凝土结构在使用上受到限制。钢筋混凝土结构是在混凝土中配置钢筋以代替混凝土承受拉力,从而大大提高了构件的承载力。预应力混凝土结构是在构件加载以前对钢筋施加预拉力,相对地钢筋对混凝土施加预压应力,使其在使用时可全部或部分抵消荷载产生的拉应力,从而提高了构件的抗裂性和刚度,并能充分利用高强材料,以建造大跨结构。混凝土结构自19世纪中叶开始应用,距今已有150年左右的历史。这种结构除能充分发挥混凝土和钢筋两种材料的受力性能外,还具有较好的耐火性、耐久性、可模性及整体性。同时混凝土集料可就地取材,故被广泛采用。
(王振东)

混凝土结构腐蚀 corrosion of concrete structure

腐蚀介质从混凝土结构表面逐渐向内部孔隙、裂缝和毛细孔扩展,并与混凝土中某种组成物发生反应,而出现的一种缓慢破损现象。介质不同对混凝土的腐蚀亦不同。酸性介质同水泥水化产物中的 $Ca(OH)_2$ 及其他水化产物起化学反应,生成可溶性盐类或体积膨胀的结晶盐类。碱性介质中强碱与某些水泥的水化产物反应,生成胶结力不强的氢氧化钙和易溶于碱溶液的钠盐。当介质侵入混凝土的孔隙和毛细孔后,可引起结晶。结晶的膨胀力足以使混凝土开裂、疏松、层层脱皮。盐类介质的胀蚀,危害更大。
(吴虎南)

混凝土结构加固 strengthening of RC struc-

对强度、刚度或变形、抗裂度或裂缝宽度以及稳定性等不能满足设计规范要求的混凝土结构必须采取的技术措施。主要有：加大截面加固法、预应力加固法、外包型钢加固法和增设支点、构件或支撑加固法等。加固后的钢筋混凝土、预应力混凝土和素混凝土结构的安全等级，一般应与原有结构的安全等级相同。　　　　　　　　　　　　（黄静山）

混凝土结构抗震加固　strengthening of seismic reinforced concrete structure

对不符合抗震要求或震后损坏的混凝土结构所采取的增强或恢复使用功能的技术措施。对整体结构可采取增设剪力墙或支撑体系，对钢筋混凝土框架梁、柱，采用外包型钢构架或现浇钢筋混凝土外套等加固措施。对框架梁柱节点可用增设型钢套箍加固。单层厂房钢筋混凝土柱采用型钢或钢筋混凝土围套加固，柱肩及牛腿可用钢套箍和钢筋混凝土围套加固。　　　　　　　　　　　　（夏敬谦）

混凝土结构设计规范　design code for concrete structure

中国1989年颁布的，在钢筋混凝土结构设计规范(TJ10—74)基础上修订的混凝土结构设计规范(GBJ10—89)。与规范TJ10—74相比，内容有较多实质性突破：①采用了新的国际通用符号和法定计量单位；②采用了概率极限状态设计法，首次规定以可靠度作为对可靠性的统一度量；③修改了混凝土强度标准值的取值，混凝土试件改用按国际标准边长为150mm的立方体尺寸；④正截面采用平截面假定，给出钢筋任意应力的计算公式和混凝土的应力应变曲线，合理变换了偏心增大系数的计算公式；⑤调整了抗剪承载力公式，增加了无腹筋梁、连续梁、偏压及偏拉等构件的抗剪计算公式；⑥全面改进和补充了受扭构件的设计计算方法；⑦修改了裂缝控制等级的方法，改进和补充了裂缝和变形的计算公式；⑧修改了部分的预应力损失值的计算方法；⑨改进和补充了冲切、局压和疲劳的计算方法；⑩增加了剪力墙、叠合梁板、深梁及预埋件锚筋的设计计算方法；⑪修改了构件的部分构造要求；⑫增加了钢筋混凝土构件截面的抗震设计方法等。钢筋混凝土结构设计规范(TJ10—74)于1991年6月30日废止。
　　　　　　　　　　　　（王振东）

混凝土界面抗剪强度　interface shear strength of concrete

混凝土界面受剪破坏时单位界面面积上所受的剪力。它主要靠集料的咬合力，对试件施加垂直于界面的横向压力或配置垂直于界面的横向钢筋提高界面抗剪强度。　　　　　　　（朱聘儒）

混凝土抗剪强度　shear strength of concrete

剪切面上无正应力时混凝土承受的最大剪应力。由于混凝土抗拉强度远小于抗剪强度，故剪切破坏实际上是主拉应力引起的破坏。抗剪强度无法直接测定，只能通过强度理论分析求得。其值约为抗压强度的 $1/6 \sim 1/4$，约为抗拉强度的2.5倍。
　　　　　　　　　　　　（卫纪德）

混凝土抗裂强度　cracking strength of concrete

混凝土抗拉强度平均值减去一倍标准差(即 $\mu_{ft} - \sigma$)，具有84.13%保证率的抗拉强度。括号内的 μ_{ft} 表示混凝土抗拉强度平均值，σ 表示其标准差。中国规范TJ10—74曾取用此强度指标，但由于混凝土的抗裂性能不稳定，以此强度指标验算钢筋混凝土构件，保证其在使用阶段不出现裂缝没有绝对的把握，故在中国新制订的规范 GBJ10—89 中予以取消，即在钢筋混凝土构件中不作抗裂性验算的规定，仅在预应力混凝土构件中需进行构件抗裂性的验算。　　　　　　　　　　　　（王振东）

混凝土抗渗性　seepage resistance of concrete

混凝土抵抗水渗透的性能。一般用抗渗等级来表示。中国对抗渗等级测定的方法是：用龄期为28d，顶面直径为175mm，底面直径为185mm，高度为150mm的圆台体或直径与高度均为150mm的圆柱体试件，侧面用不透水材料密封，并将其压入抗渗仪的试件套中，试验从试件一端施加水压为0.1MPa开始，以后每隔8h增加水压0.1MPa，在试件的另一端观察，当在6个试件中发现有2个表面有渗水时的最大水压来表示。　　　　（王振东）

混凝土抗折强度　tensile strength of concrete under bending

又称混凝土弯曲抗拉强度或抗折模量。在150mm×150mm×600mm混凝土梁的跨中1/3处对称加载，破坏时按材料力学弯曲应力公式算得的截面边缘受拉强度。在道路、机场等工程的设计和施工中均以此强度为主要依据。　（卫纪德）

混凝土棱柱体抗压强度　prismatic compressive strength of concrete

见混凝土轴心抗压强度(136页)。

混凝土立方体抗压强度　cubic strength of concrete

以边长为150mm的立方体混凝土试块，在常温或按标准方法养护28d，以每秒 $0.3 \sim 0.5 N/mm^2$ 或以每秒 $0.5 \sim 0.8 N/mm^2$(当混凝土抗压强度预估在 $30 N/mm^2$ 及以上时)的加载速度进行试验所得的抗压强度极限值，单位为 N/mm^2。试验时当用边长为200mm的立方体及边长为100mm的立方体试块时，应分别乘以尺寸换算系数1.05及0.95。当按标准方法制作、养护和试验,并具有95%保证率时的混凝土抗压强度极限值,即为混凝土强度等级。混凝土立方体抗压强度一般不直接用作构件承载力的计算依据,而只能作为评定混凝土强度等级的一种标准。

(卫纪德)

混凝土内部电测技术 electronic measuring technique in concrete

量测混凝土内部应变的一种电测技术。主要研究合适的应变传感器,它能准确地反映混凝土的内部应变,又不干扰它的应力场分布,其次由于在浇筑混凝土时需把传感器按预定方向和部位埋入,因此要研究它们的防潮,防护,温度补偿,定位措施。常用的传感器有应变砖,振弦式和差动式等应变传感器。

(潘景龙)

混凝土凝缩 concrete shrinkage due to solidifying

见混凝土收缩(136页)。

混凝土劈裂 split of concrete

与单向压力平行的混凝土受拉开裂破坏。它是由于混凝土受压侧向变形所引起的。利用这一性能,可以在混凝土试块上下加压力,造成垂直于压力方向的拉力,而间接地测出其抗拉强度。在结构构件中,劈裂往往是脆性的,必须加以防范。加强横向配筋,增加对混凝土的约束是制止劈裂的主要手段。

(余安东)

混凝土劈裂抗拉强度 split tensile strength of concrete

按照标准方法制作、养护的立方体或圆柱体混凝土试块,以每秒 $0.02\sim0.05\text{N/mm}^2$ 或以每秒 $0.06\sim0.08\text{N/mm}^2$(当强度等级为 C30 及以上时)的加载速度,在其轴向施加线荷载,进行劈裂试验间接测定的混凝土抗拉强度。试验时在其垂直的劈裂面上将产生基本均匀分布的拉应力,直至劈裂破坏时测得作用其上的荷载 P 值,然后根据 P 值按弹性力学公式 $f_{ts}=\dfrac{2P}{\pi d\cdot l}=0.637\dfrac{P}{d\cdot l}$ 计算出混凝土劈裂抗拉强度 f_{ts} 值。公式中 d 为立方体试块边长或圆柱体试块直径,l 为立方体试块边长或圆柱体长度。试验时采用 150mm×150mm×150mm 的立方体标准试块,或 $d=150$mm,$l=300$mm 的圆柱体试块,当采用 100mm×100mm×100mm 立方体试块时,应乘以尺寸换算系数 0.85;垫条一般采用 5mm×5mm 的方钢垫条。由于混凝土轴心抗拉强度测定比较困难,通常都采用劈裂抗拉强度来检验混凝土的抗拉强度,但此法不适用于集料粒径过大的混凝土。

(卫纪德)

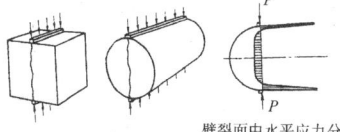

劈裂面中水平应力分布

混凝土疲劳变形模量 modulus of fatigue deformation of concrete

在给定的应力比下,混凝土试件采用与静力弹性模量相同的试验条件,在荷载重复 N 次后所得到的应力上限值与相应总应变的比值。

(李惠民)

混凝土砌块 concrete block

用碎石(或卵石)、砂、水泥为原料,加水搅拌、振捣成型经养护而制成的块体。一般多做成空心砌块。这种砌块制作简便,强度较高,中国南方各省应用较多。

(唐岱新)

混凝土强度 concrete strength

混凝土达到某种应力极限状态的力学指标,以应力 N/mm^2 表示。混凝土强度与水泥品种和用量、水灰比、配合比、集料性质、养护条件、施工方法、荷载性质、试件形状和大小、试验方法等因素有关。具体有:立方体抗压强度、轴心抗压强度、弯曲抗压强度、抗拉强度、抗折强度、持久强度和疲劳强度等。

(卫纪德)

混凝土强度等级 strength grade of concrete

按照标准方法制作、养护的立方体或圆柱体混凝土试块,用标准试验方法测得并具有一定保证率的抗压强度。它是混凝土各种力学指标的基本代表值。中国规范 GBJ10—89 规定:用边长为 150mm 的立方体混凝土试块,在温度为 20℃±3℃、相对湿度不低于 90% 的条件下养护 28d,以每秒 $0.3\sim0.5\text{N/mm}^2$ 或以每秒 $0.5\sim0.8\text{N/mm}^2$(当强度等级在 C30 及以上时)的加载速度进行试验,并按统计方法算得具有 95% 保证率的抗压强度极限值,单位为 N/mm^2,即为混凝土强度等级。以 C 为标志,共分为 C7.5、C10、C15、……、C55、C60 等 12 个等级。试验时当用边长为 200mm 的立方体与 100mm 的立方体试块时,应分别乘以尺寸换算系数 1.05 及 0.95。中国旧规范 TJ10—74 是以标号作为混凝土各种力学指标的代表值。改称混凝土强度等级后,在以下几点作了修改:①试件标准尺寸,由边长 200mm 的立方体改为边长 150mm 的立方体;②由旧规范规定的强度具有 84.13% 保证率改为具有 95% 保证率;③单位由 kg/cm^2 改为 N/mm^2。这样经换算,混凝土强度等级(如 C20)与相应的标号(如 200 号)相比,强度指标约提高 2N/mm^2。

(王振东)

混凝土软化 softening of concrete

在复杂内力作用下,混凝土的横向拉应力降低了混凝土的抗压能力,反映在应力-应变曲线上使相应的压应力减小、压应变增大的现象。考虑混凝土的软化效应能较准确地预测复杂内力下构件的受力性能。考虑混凝土软化的方法很多,但其基本途径都是将应力-应变曲线进行适当修正,变为理想化的软化混凝土的应力-应变曲线。　　　（计学闰）

混凝土三向应力强度 strength of concrete under triaxial stresses

混凝土在三个相互垂直方向的正应力组合作用下的强度极限值。其破坏强度与三个方向正应力的不同组合有关,其变化规律为一空间曲面。在三向压应力作用下混凝土的强度和变形能力均有提高,螺旋箍筋柱、钢管混凝土、抵抗局部受压的横向配筋等都是根据这个原理发展起来的。　（计学闰）

混凝土收缩 concrete shrinkage

混凝土在空气中结硬时体积缩小的现象。初期,收缩发展较快,而后逐渐减缓,一般两年后趋于稳定,最终收缩应变值约为$(4\sim8)\times10^{-4}$。收缩包括干缩和凝缩。混凝土干缩是指混凝土内自由水分蒸发而引起的收缩;混凝土凝缩则是混凝土内部的水泥石在水化、凝固及结硬过程中发生的体积缩小。当混凝土在水中结硬时其体积还略有膨胀,但其值远小于气硬时的收缩值。影响收缩的因素有:水灰比、水泥品种及用量、混凝土的密实度、早期养护方法和龄期等。当收缩受到约束时,会在混凝土内部引起拉应力,甚至产生裂缝,从而影响结构的效能和外表。钢筋混凝土构件收缩时,由于钢筋的阻碍,使收缩值减小,并产生内应力,混凝土受拉,钢筋受压。配筋较多时,甚至会使混凝土出现早期裂缝。在预应力混凝土构件中,收缩将引起预应力损失。
　　　　　　　　　　　　　　　（刘作华）

混凝土双向应力强度 strength of concrete under biaxial stresses

混凝土承受两个相互垂直方向正应力时的强度极限值。其值与两个方向的应力组合有关,双向受压将提高混凝土的强度极限值。　　（计学闰）

混凝土弯曲抗拉强度

见混凝土抗折强度(134页)。

混凝土弯曲抗压强度 flexural compressive strength of concrete

有弯矩作用时混凝土受压强度的换算指标。计算受弯构件和压弯构件时,用等效矩形应力图(合力大小相等,作用点位置不变)代替截面受压区实际的曲线应力图所得的极限应力值。　　（卫纪德）

混凝土微裂缝 micro-crack of concrete

混凝土由于在硬化过程中体积的缩小以及多余水分的蒸发,在内部水泥石与集料界面处以及水泥石内部形成的局部微细裂缝。它是影响混凝土强度和变形的重要内在因素之一。在荷载作用下,由于微裂缝引起的应力集中会加速裂缝的发展,并形成新的微裂缝。　　　　　　　　（刘作华）

混凝土应力-应变关系 stress-strain relationship of concrete

从加载开始直到混凝土破坏的应力-应变关系。它反映了混凝土的重要力学特性,是建立强度、变形和裂缝计算理论的重要依据。它与材料性质、混凝土配合比、加载龄期、混凝土强度、加载速度、试件形状及尺寸以及试验方法等许多因素有关,所以必须用标准试件和标准试验方法进行测定。加载时通常采用逐渐增加应力的方法,当加载到应力峰值时混凝土即告破坏;若采用控制增加应变的方法,当加载到应力峰值对应的应变后,虽然混凝土的抗压能力降低了,但仍能继续变形和承受荷载,这样能更确切地反映混凝土在结构中的变形能力。（计学闰）

混凝土圆柱体抗压强度 compressive strength of concrete cylinder

直径 D 为 150mm(或 6in),高度为 300mm(或 12in)的混凝土圆柱体的所能承受的最大压应力。和立方体抗压强度一样,圆柱体抗压强度也是评定混凝土强度等级的一种标准。美国、日本等都用圆柱体抗压强度来评定混凝土强度等级。
　　　　　　　　　　　　　　　（卫纪德）

混凝土轴心抗拉强度 axial tensile strength of concrete

由混凝土受拉棱柱体试件,在其轴心施加拉力试验所得的抗拉强度极限值。一般采用 100mm×100mm×500mm 的混凝土棱柱体试件,在其两端的中心轴线上预埋短钢筋,按标准方法养护 28d,以每秒 $0.02\sim0.05$N/mm^2 或每秒 $0.06\sim0.08$N/mm^2 (当强度等级为 C30 及以上时)的加载速度,对预埋钢筋施加拉力直至破坏,并乘以尺寸换算系数 0.85 后所得的抗拉强度极限值。此法由于试件制作时两端预埋钢筋轴线对中比较困难,同时试件截面质量中心与几何中心很难一致,故不易准确测定,通常较少采用。　　　　　　　　　　（卫纪德）

混凝土轴心抗压强度 compressive strength of concrete

又称混凝土棱柱体抗压强度。高度与正方形截面边长之比为 2~3 时的混凝土棱柱体试件,按标准方法制作、养护及试验所得的轴心抗压强度极限值。当试件高度增大后,试验机压板与试件两端接触面摩擦力时试件中部影响相对减弱,因此它反映了混凝土处于单向全截面均匀受压时的抗压强度,常用试件截面尺寸为:100mm × 100mm、150mm ×

150mm,200mm×200mm。当截面尺寸为 100mm×100mm 及 200mm×200mm 时，应分别乘以尺寸换算系数 0.95 及 1.05；其高宽比对试件强度的影响可以不计。　　　　　　　　　　（卫纪德）

混响时间　reverberation time
当室内声场达到稳态，声源停止发声后，声音衰减 60dB 所经历的时间。记做 T_{60}。单位为秒(s)。根据室内平均吸声系数 $\bar{a}$ 的大小，使用不同的公式计算。　　　　　　　　　　　　（肖文英）

huo

锪孔　counterboring hole
用钻床或手电钻，装上锪钻头，在零件或构件上加工出锥形沉孔的方法。一般零部件用沉头螺栓或沉头铆钉连接时，需在相应部位的孔的一端锪成规定的沉孔。　　　　　　　　　　　（刘震枢）

活动支架　movable rack
见中间支架(368 页)。

活断层　active fault
晚更新世以来，即距今约 10 万年至今的期间有活动的断层。　　　　　　　　　　（李文艺）

活荷载
见可变作用(182 页)。

活节　live knot
在采伐前树木枝条生长期间形成的木节。它和周围木材全部紧密相连，材质坚硬，对木材强度的不利影响较死节、漏节均轻。　　　　　（王振家）

火箭激振器加载法　loading method of rocket-exciter
见反冲激振加载法(74 页)。

火山地震　volcanic earthquake
火山活动引起的地震。可以是火山爆发产生的震动，也可能是火山活动引起构造变动而产生地震，或是构造变动引起火山喷发而发生的地震。　　　　　　　　　　　　　　　（李文艺）

火山渣混凝土砌块　volcanic slag concrete block
以破碎后的天然火山渣为集料制成的砌块。类似于浮石混凝土砌块，只是重力密度较大，强度较高，参见浮石混凝土砌块(86 页)。（唐岱新）

火焰切割　flame cutting
俗称气割。利用火焰的热能将钢材切割处预热到一定温度后，喷出高速切割气流(常用高压氧气流)实现切割的工序。常用的有氧-乙炔焰切割、氧-丙烷焰切割。　　　　　　　　（刘震枢）

火灾损伤　fire damage
由于火灾导致结构和结构材料性能降低的现象。如：高温下钢材的强度降低和蠕变，高温下混凝土酥裂和结构保护层剥落，木构件的断面烧失，各类结构的严重挠曲和扭曲变形等。　　（吴振声）

火灾自动报警　automatic fire alarm
在建筑物发生火灾时可自动发出警报信号的装置。在建筑物中设置火灾警报系统能早期发现火灾并自动报警，能防止和减少火灾危害，保护人身和财产安全。火灾自动报警系统分：①区域报警系统；②集中报警系统；③控制中心报警系统。火灾报警系统主要设备有：火灾探测器、火灾报警控制器、火灾报警装置、消防联动控制装置、固定灭火系统控制装置等。　　　　　　　　　　　　（马洪骥）

火灾自动灭火　automatic fire extinguisher
建筑物中一旦发生火灾，便能自动启动进行灭火自救的装置。建筑物中设置的火灾报警系统发现火情自动报警后，经确认通报系统确认属实，便启动自动灭火系统灭火，对建筑物实行初期自救。灭火系统可分：消火栓灭火系统、卤代烷灭火系统、二氧化碳灭火系统、泡沫灭火系统及干粉灭火系统等。　　　　　　　　　　　　　　　（马洪骥）

J

ji

击实试验 moisture-density test

对粘性土瞬时地重复施加机械功能,使土体密实以测定土的干密度与含水量关系的一种试验。在一定击实功能作用下,土的密实度随其含水量而变,能使土达到最大干密度的含水量称为最优含水量。含水量低时,颗粒表面结合水膜薄,阻力大,不易压实;含水量逐渐增加时,结合水膜增厚,润滑作用增大,在外力作用下则容易压实。但当含水量超过最优含水量后,以致孔隙中出现了自由水,击实时过多水分不易立即排出,势必阻止土粒靠拢,击实效果下降。在测定土的干密度和含水量关系后,即可确定土的最大干密度和相应的最优含水量,为压实土方的工程设计和现场施工提供土的压实性参数。

(王正秋)

机动法 the flexibility method

利用虚位移原理计算板在塑性铰线形成后的极限荷载的方法。假定板由塑性铰分割成几个可变体系后,在板的跨中塑性铰线处令其产生单位虚位移($\delta=1$),则按由荷载乘以其作用点处相应虚位移所作的总外功,与在塑性铰线上的极限弯矩和其相对转角所作的总内功相等的原则,可推导出板的极限荷载的计算公式。按此法推导公式,方法比较简单。

(王振东)

机构控制 mechanism control

采取某些结构措施和设计手段,使结构在强震下形成合理的耗能机构,以吸收和耗散地震等动力作用输入的能量。

(余安东)

机会研究 opportunity study

以自然资源和市场预测为基础,选择建设项目,寻找最佳投资机会的研究工作。它是可行性研究的第一个工作阶段。通过分析自然资源情况,消费品需求的潜力,取代进口商品情况与出口的可能性,发展工业的政策以及现有的农业格局(与农业有关的工业项目)来鉴别投资机会,提供一个可能进行建设的投资项目。它是比较粗略的,要求时间短,花钱少,如果机会研究有成果,再进行初步可行性研究或直接进入可行性研究。

(房乐德)

机器基础计算 computation of machine foundation

设计承受动荷载的机器基础所作的计算。机器基础常用的型式有块式、构架式等。机器块式基础和构架式基础一般承受简谐荷载。但锤基础承受冲击荷载。各种类型的基础都要作静力计算和动力计算,但计算模型、计算方法和控制量各不相同。

(郭长城)

机器语言 machine language

计算机直接使用的唯一程序语言或指令代码,这些语言或代码不需翻译即可在机器上执行。机器语言使用绝对地址和操作码。高级语言须经过翻译成机器语言才能为计算机接受并执行。

(周宁祥)

机械力加载法 method of mechanical loading

采用吊链、卷扬机、铰车、花篮螺丝、螺旋千斤顶及弹簧等机具所产生的机械力对结构施加荷载的方法。在采用吊链、卷扬机,铰车和花篮螺丝等机具配合钢丝或绳索对结构施加拉力时,当与滑轮组联合使用,则可以改变作用力的大小和加载的方向。螺旋千斤顶及弹簧等机具常用于结构构件的持久荷载试验。

(姚振纲)

机械碾压 machinery rolling

采用碾压机械压实松软土的方法。碾压效果主要决定于土的含水量和碾压机械的压实能量。能量愈大,土的含水量愈接近最优含水量,碾压效果越好。

(祝龙根)

机械排烟 mechanical smoke elimination

利用通风设备进行排烟的方法。是高大建筑常用的排烟方式。其特点是不受室内外条件影响,排烟效果稳定,但投资较大,管理复杂。根据用途不同可分为:①机械排烟、自然进风方式;②机械排烟、机械送风方式;③正压送风方式。

(蒋德忠)

机械式连接件 mechanical connector

又称紧固件。将部件系紧在一起的机械式固定件。如螺栓、铆钉、射钉、自攻螺钉等。在冷弯薄壁型钢结构中常用自攻螺钉、盲铆钉、膨胀螺栓和射钉等连接件,将屋面和墙面压型钢板紧固到主体结构上。

(张耀春)

机械式仪表 mechanical instruments

根据杠杆、齿轮或摩擦轮传动比等机械原理放大和利用机械零件制成的各种量测仪表的统称。包括各种位移量测仪表，如千分表、百分表、水准式倾角仪等；应变量测仪表，如手持式应变仪、杠杆式应变仪；力值量测仪表，如拉力测力计、压力测力计等；以及振动量测仪表，如接触式测振仪、万能测振仪等。　　　　　　　　　　　　　　（潘景龙）

机械式振动台　mechanical vibration table

利用机械激振装置使振动台台面产生振动的动力加载设备。台身的运动主要由机械控制，一般是用安装在台身中部的一组水平旋转的偏心块所产生的离心力来推动，由此产生的单向水平的简谐力，强迫台身作单向的水平谐和运动。也可采用曲柄连杆机构来带动台面运动，通过调整曲柄或偏心矩的大小来调节台面振幅，由传动机构变速箱及整流电机来调整台面频率。由于受调节和控制的限制，只能产生简谐振动，目前已经较少使用。　（姚振纲）

机械通风　mechanical ventilation

又称人工通风。利用通风机使空气流动的通风方式。　　　　　　　　　　　　　　（蒋德忠）

机制红砖　machine-made red brick

砖坯采用机械设备成型，原料中含有一定量铁的氧化物，在高温氧化气氛中焙烧成的红色砖。机制砖密实度大，抗压强度一般为 7.36～19.62MPa。
　　　　　　　　　　　　　　（罗韬毅）

机制青砖　machine-made blue brick

砖坯采用机械设备成型，原料中含有一定量铁的氧化物，在还原气氛中焙烧成的青灰色砖。其性能与机制红砖基本相同。　　　（罗韬毅）

鸡腿剪力墙

见框支剪力墙(190页)。

积分放大器　integrating amplifier

具有积分功能的电子放大器件。它使输出信号和输入信号间满足一次或二次积分关系。当采用速度或加速度传感器测动位移时，二次仪表中需配备这种器件。　　　　　　　　（潘景龙）

积极隔振　positive vibrating isolation

又称动力隔振或主动隔振。减小振动传出以求得隔振效果的措施。即减少动力设备所产生的振动对支承结构、精密设备、精密仪器仪表及生产操作人员的有害影响，而对动力设备所采取必要的隔振措施。一般当动力设备较少，而被影响的精密设备较多时，对动力设备采取积极隔振比较经济合理。其隔振装置是将隔振器直接安装在设备的机脚下或安装在支承动力设备的刚性台座下。隔振效果用隔振系数衡量。　　　　　　　　　　（茅玉泉）

积极消能　active energy dispersion

利用外部需要输入一定能量的装置进行消能。如吸震器、调谐质量阻尼器、主动拉筋装置等。主要目的是积极干预结构的地震反应，使之有利于结构的安全。　　　　　　　　　　　　（余安东）

积累损伤　cumulative damage

结构在它整个使用寿命中积累起来的损伤。可能导致它失效或破坏。积累损伤范围很广，包括疲劳、腐蚀、裂缝开展、徐变等。工程结构的积累损伤研究是从对金属试件进行低周疲劳试验开始的，自20世纪60年代以来，建立了多种损伤模型与损伤函数，大都与塑性变形幅值有关，也有的引入能量耗能指标。　　　　　　　　　　　（余安东）

积雪分布系数　distribution coefficient of snow load

在确定雪荷载标准值时，考虑积雪受风作用而在屋面上不均匀分布对结构影响的系数。其值与屋面形式及坡度有关，设计时，可按荷载规范的规定采用。　　　　　　　　　　　　　　（王振东）

基本变量　basic variable

影响结构可靠度的主要变量。如恒荷载、活荷载、材料强度、几何参数、计算模式精确性等。它们一般是随机变量。　　　　　　（邵卓民）

基本等高线　intermediate contour

见首曲线(276页)。

基本风速　basic wind speed

根据气象台、站在当地空旷平坦地面上10m高处观测到的10min平均风速资料，通过极值分析得出的相应于规定平均重现期(30年、50年或100年)的风速基准值。其他国家的取值标准不尽相同。
　　　　　　　　　　　　　　（陈基发）

基本风压　basic wind pressure

又称基本速度压。根据基本风速 v_0(m/s)，按 $\frac{1}{2}\rho v_0^2$(N/m^2)确定的压力值。ρ 为当地的空气密度(kg/m^3)。它间接反映了当地的风速基准值。
　　　　　　　　　　　　　　（陈基发）

基本建设程序　capital construction procedure

每个建设项目从决策、设计、施工和竣工验收直到投产交付使用的全过程中，各个阶段、各个步骤、各个环节的工作先后顺序。近40多年来，随着各项建设事业的不断发展，特别是近10多年来管理体制进行的一系列改革，基本建设程序也不断有所变化，逐步完善和走向科学化、法制化。现行的基本建设程序分为7个阶段。它们是：①项目建议书阶段(包括立项评估)；②可行性研究阶段(包括可行性研究报告评估)；③设计阶段；④开工准备阶段；⑤施工阶段；⑥竣工验收阶段；⑦后评价阶段。一般来说，必须循序而进，有些阶段可以适当交叉，有些环节可以有些简化，但不能省略，更不能颠倒。严格按基本建设程序办事,对保证建设项目的成功决策、顺利建设和达到预期的投资效果,具有十分重要的意义。

(房乐德)

基本建设年度投资计划 capital construction annual investment program

建设项目总投资在各计划年度内投资分配的文件。该计划中列有:①各单项工程按年分配的投资额;②建安工作量,设备工器具购置价值,其他费用按年分配的投资额。 (房乐德)

基本建设项目 capital construction item

简称建设项目。在一个场地或几个场地上,按一个总体设计进行建设的各个单项工程(或称工程项目)的总体。在行政上有独立的组织形式,在经济上实行独立核算。按用途可分生产性建设项目和非生产性建设项目;按性质可分新建、扩建、改建、恢复和迁建等项目;按建设规模可分大型、中型、小型等项目;按建设过程可分筹建、施工、投产、收尾等项目;按资金来源可分国家预算内、自筹资金项目等。在中国生产性建设中,一般以一个企业,一个独立工程为一个建设项目;在非生产性建设中,以一个企事业单位为一个建设项目。 (房乐德)

基本建设项目计划 capital construction project plan

简称建设项目计划,又称建设实施计划。建设项目总进度计划和建设项目年度计划的合称。

(房乐德)

基本烈度 basic intensity

在地震烈度区划图及各类工程结构抗震设计规范中,表示地震影响大小的尺度。根据1977年编制的中国地震烈度区划图,指一个地区在未来100年内在一般场地条件下可能遭遇的最大地震烈度,即是这个地区的地震长期预报。根据1990年新的中国地震区划图,它相当于50年内超越概率约为10%的烈度值,《建筑抗震设计规范》(GBJ 11—89)取此值为第二水准烈度。 (肖光先)

基本模数 basic module

模数的基本尺寸单位。用符号M表示。当前世界各国一般采用100mm或4英寸为基本模数。中国制定了《建筑统一模数制》,采用的基本模数(M)为100mm。 (房乐德)

基本速度压

见基本风压(139页)。

基本雪压 basic snow pressure

经统计得出的当地一般空旷平坦地面上30年一遇的最大雪压,或每年达到或超过该值的概率为1/30的最大雪压。设计时,可按荷载规范全国基本雪压分布图的规定采用。 (王振东)

基本振型 fundamental mode shape

又称第一振型。多自由度和连续体自由振动中,最小的固有频率所对应的振动型式。

(汪勤悫)

基础 foundation

与地基土直接接触,并将建筑物、构筑物以及各种设施的上部结构所承受的各种作用和自重传递到地基的结构组成部分。建筑物的荷载(墙或柱荷载)通过基础使作用在地基土上的压应力等于或小于其容许的承载力。基础本身因满足材料冲剪和弯曲的要求而具有一定的高度和厚度。 (曹名葆)

基础持力层底面等高线图 contour map of foundation bearing plate

见基础持力层顶面等高线图。

基础持力层顶面等高线图 contour map of foundation bearing bedtop

表示基础的持力层顶面埋藏深度、标高及其变化趋势的一种图件。与此相似,尚可绘制基础持力层底面等高线图。它们被用来表示持力层的顶面或底面的起伏情况,是选择基础埋置深度的重要依据。对于采用桩基础的场地,可借以确定桩的长度和桩尖进入持力层的深度。 (王家钧)

基础的补偿性设计 design of compensated foundation

在软土地基上用挖去的土重来补偿建筑物及其基础的荷载,以减少沉降的设计方法。随着基坑深度的加大,地基的附加应力就减小,补偿荷载可增加。处于地下水位以下的基础还会受到浮力,(实测资料表明,不管土的渗透系数大小如何,基础将受到全部浮力),只是浮力全部发挥所需的时间或长或短而已。当扣除全部浮力以后的基础底面总压力分别等于、小于或大于底面标高处的先期固结压力时,就相应地称为全补偿、超补偿或欠补偿。箱形基础或带有四周挡土墙的筏板基础是最合适的补偿形式。开挖基坑以后浇筑基础和上部结构,使地基处于卸载后的再压缩状态,所产生的沉降将比非补偿性基础小很多。使用补偿性基础时应当注意基坑底部回弹,因坑壁位移而危害邻近建筑,基坑敞露太久会引起坑底土体扰动和人工降水引起的后果等一系列问题。 (朱百里)

基础放样 setting out of foundation

根据设计把建筑物(含机械设备)的墙基础或柱子基础标定到实地的工作。对于墙基础,根据墙轴线的位置在地面上用石灰标出基础开挖边线,当开挖到设计标高和打好垫层后,再把轴线引到垫层上并放出基础边线。对于柱基础,根据柱列中心线定出每个柱基中心位置,在其四周打四个定位桩,上钉小钉,用石灰标出挖坑范围。挖到设计标高和打好垫层后,在基础上标出柱基中心,用于支模。最后,再把柱列中心线投设到杯口上,供柱子吊装用。

(王熔)

基础隔振措施 vibration isolation of foundation

为减小动力机械的振动对周围人员、建筑物、重要设备的影响而采取的隔除或减少振动的措施。可分为积极隔振和消极隔振两种。前者是对振源采取某种措施以减少它传播出去的能量,如将动力机械置于不同刚度的弹簧减振器或各种橡胶制品、软木、海绵、玻璃纤维等的上面;后者则对受振动影响的基础采取某种减振措施(上述减振器材也可采用)。对于某些对防振有特殊要求的精密设备,现已发展了一种带油阻尼器的悬挂体系和伺服反馈装置,效果颇佳。隔振措施须经设计计算,务使动力机械的扰力频率与隔振体系的自振频率之比大于2。隔振效果还可用隔振效果系数即隔振后与隔振前基础作用于地基上的动力或基础振幅之比来检验。

(杜坚)

基础连系梁 linking beam of foundation

为保证基础各部分的整体性,在各排基础之间增设的梁。其作用是减少由于荷载分布不均匀或由于房屋各部位的地基土压缩性不同而产生的不均匀沉降对房屋结构的不良影响,故是防止房屋开裂的结构措施之一。

(曹名葆)

基础梁 foundation beam

工业建筑中支承非承重墙用以代替墙体基础的梁。当基础需埋深较大时,采用基础梁可节约造价,还可以消除柱基和墙基之间的沉降差。一般做成钢筋混凝土预制梁,两端搁置在柱基的杯口上。寒冷地区砌体结构中为了防止冻土影响,需将基础落深,为了节约墙体材料,常用基础梁将墙体和墙体所受荷载传至两旁深基础上。梁板式筏形基础中的梁或基础中的连系梁等也统称为基础梁。

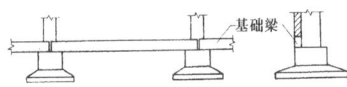

(钦关淦)

基础台阶宽高比的容许值 allowable value of width-height ratio of foundation steps

为了使产生在基础内的拉应力、剪应力不超过其容许值,对用砖石材料砌筑基础的每一台阶的宽度与其高度之比所作的限制。其值与材料类型、规格以及基础底面承受压力的大小等有关,通常在0.5~1.0之间。

(曹名葆)

基础形状系数 shape factor of foundation

考虑基础形状对地基极限承载力影响的修正系数。由于数学上求解的困难,根据对各种形状的基础所做的对比载荷试验,采用半经验系数来修正。

(高大钊)

基础有效宽度 effective width of foundation

在基础承受偏心距为 e 的竖向荷载情况下,极限承载力计算公式中的体积力项所取用的宽度。常用 B' 表示,$B' = B - 2e$(B 是基础原有宽度)。理论和试验研究表明,用此值计算所得的极限承载力是偏于安全的。

(高大钊)

基础振幅计算 calculation of vibration amplitude of foundation

基础在动力作用下引起振幅的计算方法。振幅应限制在某一范围内,以保证设备或振动机械本身以及周围人员、设备、建筑物等的安全和正常。其大小可用基于不同假定的某种理论进行计算,目前常用的有半无限体和质量-弹簧-阻尼器体系两种理论。鉴于基础下面岩土性质的多变以及其他一些复杂因素,许多计算参数难以准确确定,计算结果有时与实际情况不尽一致。

(杜坚)

基础自振频率 natural frequency of foundation

由恢复力和惯性力所决定的地基基础系统的固有动态属性。可计算确定,其大小与基础质量和支承基础的岩土变形特性有关。鉴于基础大多具有一定的埋置深度等复杂条件,计算结果往往与实际情况不相一致。已建成的基础也可实测,常用方法有衰减法和共振法,后者适用于小阻尼情况。根据振动状态,基础可有多个自由度,对应于每一自由度,必有一自振频率。所设计基础的自振频率务必与机械动力的频率错开,以防产生共振。

(杜坚)

基础最小埋深 minimum embedded depth of foundation

在季节性冻土地基上,基础埋深的最小容许值。为了避免地基土冻胀对基础的影响,确定基础埋深应考虑冻深因素,国家规范规定,其值应大于建筑物采暖影响下的冻深减去容许残留冻土层的厚度值,即:$d_{min} = z_0 \psi_t - d_{fr}$。$d_{min}$ 为基础最小埋深(m);z_0 为标准冻深(m);ψ_t 为采暖对冻深的影响系数;d_{fr} 为基底下容许残留的冻土层厚度(m)。

(秦宝玖 陈忠汉)

基床系数法 subgrade coefficient method

又称文克尔法。假定地基单位面积所受的压力与沉降成正比以计算弹性地基梁的方法。其表达式为 $p = k \cdot y$,p 为地基反力(kPa);k 为基床系数(kN/m³),表示使地基产生单位沉降所需的压力;y 为地基沉降值(cm)。根据作用在梁上的荷载 $q(x)$ 和按上述假定求得的地基反力 $p(x)$ 可写出地基梁的挠

曲微分方程为

$$EJ \frac{d^4 y}{dx^4} = q(x) - p(x)$$

EJ 为梁的刚度；x 为坐标。解方程可得基础梁各点的挠度 y，再按 $p = k \cdot y$ 求反力分布，进而算得梁的内力。　　　　　　　　　　（钱力航）

基底附加压力　net contact pressure

建筑物建造后在基底平面处新增加的压力其值可按下式确定：

$$P_0 = P - \sigma_c = P - \gamma_p D$$

P_0 为基底附加压力（kPa）；P 为基底平均压力（kPa）；σ_c 为基底平面处土的自重应力（kPa）；γ_p 为基础底面以上天然土层的加权平均重度（kN/m³）；D 为基础埋置深度（m）。　　（陈忠汉）

基底接触压力　contact pressure beneath foundation

又称基底压力或基底反力。在荷载作用下，基础底面和地基土之间接触面上的法向压力。它是基础结构计算和地基中附加应力计算的依据。其分布图形和地基与基础之间的相对刚度、荷载的大小与分布、地基土的种类与性质、基础埋置深度以及基础面积等因素有关。柔性基础的接触压力与其上面的荷载分布一样；刚性基础则较为复杂，可用地基与基础共同作用的原理分析计算，或用简化方法计算。
　　　　　　　　　　　　　　（陈忠汉）

基底平均压力　average contact pressure

在外荷载及基础自重作用下，基础底面产生的平均压应力。是基底接触压力的简化计算值。其值可按下式确定：

$$P = \frac{N + G}{F}$$

P 为基底平均压力（kPa）；N 为上部结构传至基础顶面的垂直荷载（kN）；G 为基础和其上的土的自重（kN）；F 为基底面积（m²）。　　（陈忠汉）

基底倾斜系数　base tilt factor

地基极限承载力公式中考虑基础底面倾斜影响的修正系数。其中对超载项和体积力项的修正系数可证明是相等的，其值与基底倾角 α 以及土的内摩擦角 φ 有关，内聚力项的修正系数仅与 α 值有关。
　　　　　　　　　　　　　　（高大钊）

基线　baseline

三角测量中推算三角网起始边边长所依据的基本长度。基线对三角网的边长精度起保证作用，必须具有很高的精度。其长度可用电磁波测距仪测定，也可利用因瓦尺直接丈量。　　（彭福坤）

基线测量　base measurement

精密测定基线长度的工作。如用因瓦尺对基线或三角网起始边边长进行测量，主要工序为：①将轴杆架头上的一条细线置于基线方向上并按因瓦尺长度设置轴杆架；②用水准仪逐个测定相邻两轴杆头间的高差，据以进行倾斜改正；③用因瓦尺依次丈量相邻轴杆头间的距离。目前，都采用电磁波测距仪直接测定起始边的长度。　　（彭福坤）

基线条件　base line condition

在三角网中，从一条已知边（基线）开始，经有关的观测方向或角度推算到另一已知边时，其推算值应与已知边的边长相等的条件。由于观测误差使这一条件不能满足而产生闭合差，经过平差后可得到解决。　　　　　　　　　　（傅晓村）

基岩　bed rock

未经外力搬运，在地表出露或被松散沉积物覆盖的基底岩石。在基岩大面积裸露地区进行地质勘察时，主要通过对岩石露头的观察、描述和测绘，不用或少用勘探手段，即可初步了解基岩的地质情况；而在基岩广泛被第四纪地层覆盖的地区，对下伏基岩的了解，往往采用物探、钻探、掘探等手段。
　　　　　　　　　　　　　　（蒋爵光）

基岩地震动　seismic bedrock motion

基岩表面的地震动或地震引起基岩面的运动。一般工程抗震设计中，将介质中剪切波速 500m/s 以上的介质称为计算基岩，借以沿用基岩地震动衰减规律。　　　　　　　　　　（李文艺）

基岩埋藏深度图　map of burial depth of bed rock

在第四纪地层覆盖区，反映基岩顶面埋藏深度在平面上变化的图件。该图件绘有地形等高线和基岩顶面等高线，图中每一点的基岩埋藏深度可从该点地形标高减去基岩顶面标高求得。　　（蒋爵光）

激光打印机　laser printer

在打印过程中采用激光技术的打印机。由激光图形发生器、扫描多面镜、感光鼓、送纸机构、显影器、定影器等组成。高效激光打印机每分钟可打印 50000 行以上，页式每分钟可打印 4～8 页。　　（李启炎）

激光铅垂仪　laser plummet apparatus

将激光束导致铅垂方向用作铅直定位测量的仪器。在仪器的空心竖轴两端，各有螺扣联接望远镜筒和激光器筒。

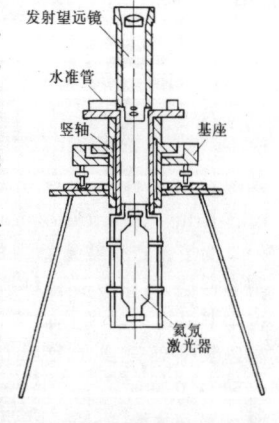

激光铅垂仪

如将激光器筒安装在下端,望远镜筒安在上端,构成向上发射激光的铅垂仪,反之则构成向下发射激光的铅垂仪。使用时,将仪器对中、整平后,接通电源便可铅直发射激光束。　　　　　　　　（何文吉）

激光扫描仪　laser scanning instrument

以激光束扫描形成激光水平面用于标定场地标高的仪器。氦氖激光器竖直装置在仪器内,激光束经直角分光棱镜分离成两条反向的激光束,其中一束光略向上倾斜,另一束光略向下倾斜,当直角分光棱镜以每秒 10 周的转速旋转,根据倍频原理,两条光束在水平面上叠加,形成人眼可见的激光水平面,借助标尺便可标定任意点的标高。　（何文吉）

激励频率　excitation frequency

又称干扰频率。激振源为简谐函数 $F\cos\Omega t$ 或 $F\sin\Omega t$ 时的圆频率 Ω。所谓激振源就是体系作强迫振动时所受到的外界激励因素（力、加速度等）。为了避免共振和减少振动的幅值,在设计结构时必须使结构的自振圆频率远离激励频率。（汪勤悫）

激励周期　excitation period

结构受到外加周期性激励（力、加速度等）时的周期。外加周期性激励有 $f(t)=f(t+T_p)$,T_p 就是激励周期。激励周期是从时间角度来反映外加激励的特征,它是一个重要的物理量。为了避免结构共振和减小振动的幅值,在设计结构时,必须使结构的固有周期远离激励周期。　　　（汪勤悫）

激振层楼板振动　vibration of floor which subjected to exciting forces

机床所在层楼板的振动。较粗计算方法是截取一个梁条,不考虑梁、板的共同工作,不考虑不同梁条上机器作用的相互影响,当作连续梁计算。中国《多层厂房机床上楼楼盖设计暂行规定》和电子工业部、冶金工业部部定标准采用有限元法、能量法及藉助于表格的简化计算方法。采用的计算模型是截取一层楼板,考虑梁板共同工作和楼板上各台机器的相互影响。大量实测结果表明,上述截取一层楼板的计算模型给出的计算结果偏于安全且误差远小于梁条计算模型。　　　　　　（郭长城）

极条件　side condition

又称边长条件。为消除推算边长的矛盾而列的条件。在大地四边形和中点多边形中,以某一点为极,由任一边出发,围绕极点按有关角度推算其它各边,最后回到出发的那条边,其长度应保持不变。由于观测误差而使这一条件不能满足,经过平差后可得到解决。　　　　　　　　　（傅晓村）

极细砂

见粉砂（84 页）。

极限变形　ultimate deformation

结构或构件在某种极限状态下所产生的变形。例如,极限应变、极限位移、极限裂缝宽度等。
　　　　　　　　　　　　（邵卓民）

极限荷载　limiting load

使结构或构件达到某种规定极限状态的荷载值。例如,使结构达到承载能力极限状态的最大荷载,或达到正常使用极限状态规定的变形或裂缝宽度限值时的荷载。　　　　（唐岱新）

极限荷载设计法　ultimate load design method

见破损阶段设计法（234 页）。

极限宽厚比　limited width-thickness ratio

又称最大容许宽厚比。在薄壁构件中板件宽厚比的最大限值。当板件宽厚比超过此限值时,将造成板件过于柔性,在荷载作用下产生显著的变形,或使设计规范中计算有效宽厚比的公式不适用。
　　　　　　　　　　　　（沈祖炎）

极限拉应变　ultimate tensile strain

钢筋混凝土材料受拉开裂时的应变值。如钢筋混凝土受弯构件受拉区即将开裂时的应变。
　　　　　　　　　　　　（董振祥）

极限平衡理论　ultimate balance theory

以结构构件最危险截面的应力达到极限强度时内外力平衡为基础的计算理论。钢筋混凝土结构的极限平衡理论,为 Гвоздев 在 1936 年提出。它假定构件即将破坏时：①在构件固定边界及跨中最大弯矩处,分别形成负、正"塑性铰"；②构件的全部变形集中在塑性铰上,其弹性变形甚小,构件可视为刚体,破坏时绕塑性铰转动；③破坏时结构往往形成多种可变体系,以其中最危险一个的相应塑性铰求得其极限弯矩；④截面上钢筋达到屈服强度,混凝土达到弯曲抗压强度。这样,则可按内外力矩平衡条件,求得其所需的配筋。　　　（王振东）

极限强度　ultimate strength

结构材料所能承受的最大应力。参见钢材抗拉强度（92 页）。　　　　　　　　（王用纯）

极限误差　limited error

见容许误差（255 页）。

极限压应变　ultimate compressive strain

构件受力后,受压部分破坏时的最大应变值。对梁或柱,此值愈大构件的延性愈好。混凝土的极限压应变在 0.002～0.008 之间,它与混凝土的材料组成、加载速度、截面上的应力梯度以及混凝土强度等级等因素有关。低强度混凝土的极限压应变一般比高强度的大。　　　（计学闰　董振祥）

极限应变　ultimate strain

材料受力后在应力-应变关系图上对应于最大应力的应变。其值大小与试件型式、荷载类型和加

荷速率等有关。　　　　　　　　（董振祥）

极限轴压比　balanced ratio of axial compression stress to strength

见轴压比(371页)。

极限状态　limit state

见结构极限状态(164页)。

极限状态方程　limit state equation

当结构或构件处于极限状态时,影响结构或构件可靠度的各种变量的关系式。一般表达式为 $Z = g(X_1, X_2, \cdots, X_n) = 0$,一种简单的表达式是 $Z = R - S = 0$。参见结构功能函数(164页)。

（邵卓民）

极限状态设计表达式　expression for limit state design

结构或构件按极限状态设计时采用的判别式。一般以影响结构可靠度的主要因素(荷载、材料强度、几何参数等)的标准值和相关的系数来表达。各种因素的标准值一般根据统计资料且考虑一定的保证率来确定;当统计资料不足时也可根据经验确定。各种系数可根据给定的目标可靠指标经概率分析和优化处理确定,也可根据工程经验确定。对于不同的极限状态,采用不同的设计表达式。

（邵卓民）

极限状态设计法　limit states design method

以相应于结构或构件各种功能要求的极限状态为依据的结构设计方法。它要求结构或构件满足承载能力极限状态和正常使用极限状态。这种方法是本世纪50年代由前苏联学者提出的。在中国先后采用过多系数和单系数表达的极限状态设计法,近年来已开始采用概率极限状态设计法。有些学者还正在研究结构的连续倒塌极限状态、耐久极限状态等。

（邵卓民）

极值概率分布　probability distribution of the largest value

所有极大值均不超过某允值 a 的概率分布。也就是最大的极大值也不超过某允限值的概率分布。A.G.Davenport 求得极值的概率分布函数为:

$$P(\xi_a) = \exp\left[-\gamma T_0 \exp\left(-\frac{\xi_a^2}{2}\right)\right]$$

$$\xi_a = \frac{a}{\sigma_y}$$

$$\nu = \frac{1}{2\pi}\sqrt{\frac{\int_{-\infty}^{\infty} \omega^2 S_y(\omega)d\omega}{\int_{-\infty}^{\infty} S_y(\omega)d\omega}}$$

y 为响应, ω 为圆频率, S 为功率谱密度, T_0 为所取的时间段。

（张相庭）

极值Ⅰ型分布　type Ⅰ extreme value distribution

随机变量的概率分布函数为

$$F_Ⅰ(x) = \exp(-e^{-x}),$$
$$-\infty < x < +\infty$$

的分布。当原始分布为指数型分布时,样本的极值 $X_n^* = \max(X_1, X_2, \cdots, X_n)$ 以 $F_Ⅰ(x)$ 类型为渐近分布,且当 n 充分大时, X_n^* 的分布近似地为 $F_n(x) = \exp[-e^{-d(x-\beta)}]$, α, β 为参数。在工程结构的可靠度分析中,房屋活荷载的年最大值分布、设计基准期的最大值分布等都可用极值Ⅰ型来描述。

（杨有贵）

极值Ⅱ型分布　type Ⅱ extreme value distribution

随机变量的概率分布函数为

$$F_Ⅱ(x) = \begin{cases} \exp(-x^{-\alpha}) & x > 0 \\ 0 & x \leqslant 0 \end{cases}$$

$$(\alpha > 0)$$

的分布。当原始分布为柯西分布时,样本极大值 X_n^* 的渐近分布为 $F_Ⅱ(x)$ 类型。当 n 充分大时, X_n^* 的分布为

$$F_n(x) = F_Ⅱ\left(\frac{x - b_n}{a_n}\right)$$

$$= \begin{cases} \exp\left\{-\left(\frac{x - b_n}{a_n}\right)^{-\alpha}\right\} & x > b_n \\ 0 & x \leqslant b_n \end{cases}$$

式中 a_n, b_n 为分布参数。　　　　（杨有贵）

极值Ⅲ型分布　type Ⅲ extreme value distribution

随机变量的概率分布函数为

$$F_Ⅲ(x) = \begin{cases} \exp[-(-x)^{\alpha}] & x \leqslant 0 \\ 1 & x > 0 \end{cases}$$

$$(\alpha > 0)$$

的分布。当原始分布为有界型分布时,样本极大值 X_n^* 的渐近分布为 $F_Ⅲ(x)$ 类型。且当 n 充分大时, X_n^* 的分布为

$$F_n(x) = \begin{cases} \exp\left\{-\left(\frac{\omega - x}{\omega - \mu_n}\right)^{\alpha}\right\} & x \leqslant \omega \\ 1 & x > \omega \end{cases}$$

α, μ_n 为分布参数, ω 为上限值。

（杨有贵　王振家）

极坐标法　polar coordinate method

用极角、极距确定点的平面位置的方法。用于测地形图和施工放样。　　　　　（王熔）

集水线　thread of stream

见山谷线(262页)。

集中供热系统　central heating system

以热水或蒸汽作为热媒,集中向具有供暖、通风、生产工艺、热水供应等多种热用户的较大区域供

应热能的系统。它是节省能源,减少环境污染,改善人民生活的一项重要技术措施。按热源不同,分为热电厂的供热系统和区域锅炉房的供热系统。

(蒋德忠)

集中荷载增大系数 magnification coefficient of concentrated load

考虑动荷载作用的影响而加大集中荷载的系数。用于吊车梁上翼缘受吊车轮压集中荷载作用时,腹板上边缘在其计算高度处局部承压强度的计算。

(钟善桐)

集中式空调系统 central air conditioning system

又称中央式空调系统。所有空气处理设备(包括风机、冷却器、加湿器、过滤器等)都设在集中的空调机房内,通过风管把空调机与空调房间连系起来的空调系统。

(蒋德忠)

集中质量模型 lumped mass model

取一单位宽度横截面并将它化为集中质量的剪切型计算模型。各质量间用弹簧和阻尼器相连,弹簧代表土体与水平向变形有关的刚度,是剪切模量函数;阻尼代表各质量在运动中耗能大小。适用于水平向比较均质土层反应计算的一种常用的力学模型。

(章在墉)

几何参数标准值 nominal value of geometric parameter

结构或构件设计时采用的几何参数的基本代表值。其值一般采用设计规定值。

(邵卓民)

几何非线性 geometrical non-linearity

结构的内应力同时受外力引起的几何变形影响的特性。一般在位移较大的结构中,如长柱、柔性拱及某些薄壳结构等需考虑几何非线性。

(董振祥)

几何非线性振动 geometrically non-linear vibration

位移足以引起结构的几何特性的显著变化,使恢复力与响应呈非线性关系的振动。 (李明昭)

几何相似 geometrical similitude

模型与原型各相应部分的几何尺寸之间应满足的相似关系。模型与原型的长度之间的比例系数即称模型比例。

(吕西林)

几何造型 geometrical modeling

三维几何物体在计算机内部的表示和操作方法。常用的有 CSG 法,B-Rep 法等。 (李建一)

挤密碎石桩加固法 soil compaction by stone pile

用挤密碎石桩加固地基的方法。适用于地下水位以下的地基加固。其加固机理与成孔方法参见灰土挤密桩加固法(131页)。

(胡连文)

挤土桩 displacement pile

具有实体截面或底端封闭的空心截面桩。用打入、压入或振动沉入法将其沉入土中,使土体挤开,造成土体侧向位移的一种桩型。这时地表将隆起或下沉。沉管灌注桩亦属挤土桩的一种。

(陈强华)

挤压式锚具 extrusion type anchor

预应力钢结构中预应力部件二端穿入套筒经挤压成形的锚具。用软钢空心套筒,将钢丝束或钢铰线穿入套筒,用千斤顶顶压,强迫套筒通过直径较小的型模,套筒金属产生塑流,填满钢丝间空隙,达到锚固目的。再在锚具外表车成螺丝扣,锚定在构件上。

(钟善桐)

给水度 specific yield

饱水的岩土在重力作用下可自由流出的水的体积与岩土总体积之比。表示岩土体饱水后在重力作用下能流出的一定水量的性能。其最大值等于岩土的容水度减去持水度。

(李 舜)

给水系统 water-supply system

又称上水系统。由水源、管网和用水设备三个基本部分组成,供给工业和居民生产、生活、消防用水的系统。按供水对象不同,可分为:①生产给水系统;②生活给水系统;③消防给水系统。

(蒋德忠)

计划任务书

见建设项目计划任务书(154页)。

计量单位 unit of measurement

简称单位。在具有相同量纲的同类量中,经约定选取作为标准量的某一特定量。在这一类量中,其他量的大小均能以该标准量来度量。表达式为

$$Q = \{Q\}[Q]$$

Q 为量的量值,$[Q]$ 为所选取的单位,$\{Q\}$ 为以单位 $[Q]$ 表达时量的数值(纯数)。例如,长度 $l = 10$m 与位移 $u = 0.5$m,两者量纲相同,属同类量,选择米(m)为单位来度量,其数值分别为 10 与 0.5。可见,计量单位实际上就是同类量中经约定而公认的数值为 1 的特定量。在结构设计中,长期以来多采用工程单位制单位,现已采用以国际单位制单位为基础的中国的法定计量单位。

(邵卓民)

计量单位制 system of units of measurement

简称单位制。为给定的量制建立的一组单位。其中,基本量的计量单位,称为基本单位;导出量的计量单位,称为导出单位。基本单位是独立定义的,导出单位则按物理量关系由基本单位构成。选用不同的基本单位,就形成不同的单位制。例如在力学上,以厘米、克、秒为基本单位形成了 CGS 制,以米、

千克、秒为基本单位形成了 MKS 制,以米、千克力、秒为基本单位形成了工程单位制(重力单位制)等。

(邵卓民)

计曲线 index contour

按基本等高距的 5 倍(或 4 倍)绘出的一条粗的并注有高程的等高线。 (钮因花)

计算长度 effective length

见长细比(22 页)。计算杆件扭转屈曲临界力时采用的计算长度,参见扭转屈曲计算长度(224 页)。 (夏志斌)

计算长度系数 coefficient for effective length

见长细比(22 页)。

计算机 computer

俗称电脑。是能存储信息(包括程序和文档)、控制数据的流向、执行数据的算术和逻辑运算的电子机械设备。它通常由运算器、控制器、输入输出设备及一些逻辑部件组成。计算机从其功能、运算速度和存储容量来看一般可分为巨型计算机,大、中型计算机,小型计算机和微型计算机。巨型机可用于全球气象预报,航天技术,计算化学,核物理等数据运算量大、速度要求极快的应用中;在一些中等规模的计算中心,信息中心或数据处理中心大多采用大、中型计算机作为其主机系统;小型计算机通常作为数据采集点在分布式系统中运行,或者作为专用计算机使用。以电子管为元件的计算机属第一代的;以晶体管为元件的计算机属第二代的;以集成电路为元件的计算机属第三代的;以大规模集成电路为元件的计算机属第四代的;非冯诺曼的智能化的计算机属于新一代计算机。

(杭必政　陈福民)

计算机辅助城市规划 CACP, computer aided city planning

利用计算机图形输入、剪切、拼合及层次迭合等功能及 CAD 工作站等设备编制城市规划的一种现代化方法。城市分块地形测绘图(含现状建筑物)通过数字化仪,图形扫描和键盘输入以生成城市现状图库。由计算机生成的城市分区规划方案模型能与现状图迭合,以供对不同方案进行在人口密度、道路交通、地下管道以及环境效益等方面的分析研究。通过任选视点的新老街景透视可供研究和保持高层建筑群体的合适包络轮廓图。 (周礼庠)

计算机辅助工程可行性分析 computer aided construction project feasibility studies

利用计算机数据库存、分类、属性、分析、汇总、修改等功能使其成果更及时、正确、可靠与全面的高效分析方法。建立各类数据库是它的一个重要组成部分。当应用于城市规划、选址方案、总平面、单项工程方案设计等需利用图形数据库;对需求分析,项目规模、标准及工程协作条件等可利用非图形数据库形成。不同类型工程需要不同数据库,这些库的建立,包括各种扩大指标的采集、筛选、入库都需要很高的条件和很大的工作量。 (周礼庠)

计算机辅助工程设计概预算 computer aided quantity surveying for project design

利用计算机的快速运算和庞大数据库等功能以节省人力、加快进度和保证质量地编制工程设计概预算的方法。将国家或省、市概预算定额等输入计算机以生成定额数据库,及选取简捷、正确的公式编制计算工程量的程序是它的主要组成部分。工程分项及其工料组成能具有可变性的特点以适应跨省市的应用。它有计算正确、成果清晰、易于查错与修改并能提供设计所需某些材耗与造价的扩大指标等优点。 (周礼庠)

计算机辅助建筑设计 CAAD, computer aided architectural design

建筑师的传统设计经验与电子计算机技术相结合的设计方法。一个完整的 CAAD 系统由电子计算机,高分辨率显示器,成套的字符及图形输入、输出设备,数据库及实用性强的应用软件等组成。CAAD 萌芽于 60 年代初,至 80 年代已进入技术上实际可行、经济与环境效益上可取的阶段。应用范围已扩展到:城市与详细规划,建设项目可行性研究,初步设计,施工图设计以及使用流程分析,环境设计等。随着人工智能与专家系统的深入发展,CAAD 自动、优化程度的提高,将为建筑师们提供更多的构思条件以及提高设计质量与设计水平,并势将最终从根本上改革传统的设计方法。

(周礼庠)

计算机辅助设计 CAD, computer aided design

使用计算机的软件和硬件帮助设计人员进行工程设计或产品设计。一个完整的 CAD 系统由电子计算机,字符和图形输入、输出设备以及系统软件和 CAD 应用软件等组成。使用 CAD 系统能提高设计工作的自动化程度、节省人力和时间以及提高设计的质量。CAD 技术在土建工程设计中得到广泛应用,初步设计、技术设计、结构分析、施工图绘制和概预算的编制等都可由设计人员使用 CAD 系统来完成。 (金瑞椿)

计算机辅助设计方案评估 appraisal of computer aided design scheme

按指标评价体系进行专家对各类指标评审打分,再由计算机汇总计算,给出优选序号的较为科学的评估方法。不同类型的设计方案要建立不同的指标评估体系,不同指标又要有不同的、合适的权重,如使用上的适用性、合理性、技术上的先进性、可靠性、经济、环境和社会效益、进度的可靠性、合理性、三材耗用量以及能耗等都应根据实际情况综合考虑，定出权重。　　　　　　　　　　（周礼庠）

计算机辅助设计方案优化　optimization of computer aided design scheme

利用计算机的快算、分析、比选等功能，经确定优化目标并将有关图纸、资料输入后，由计算机进行优化，提出最佳方案的先进设计方法。可以是整个工程设计的优化或分项工程设计的优化。例如：住宅建筑总平面布置中日照最佳效果，医院设计中病区的优选平面布置。　　　　　　　　（周礼庠）

计算机辅助实验　computer aided experiment

利用计算机的高速运算、存贮和图形输出等能力，控制试验机和数据采集系统，完成实验的过程。计算机对实验过程的控制可以是在线的或实时的，它可模拟各种自然力（如重力、风载、地震、海浪等）对实验对象（实物或模型）的作用，也可计及实验对象的反作用，将加载过程和数据分析过程融为一体，使实验过程自动化，实验设备智能化，实验结果精确化。　　　　　　　　　　　　　　（史孝成）

计算机辅助投标　computer aided bidding

利用计算机数据库和快速提取、修改、汇总等功能以加快进度，保证编制标书质量的方法。它可分为工程投标与设计投标两大类，都需要建立数据库；其工作主要基于建造与设计的实践经验，编制分门别类的资料库供按需选取。它还应具备适用范围、属性说明的各类分项工程造价、材耗等指标；对设计投标尚须有建筑物平面类型、层数、标准、地基条件等图形与非图形数据库，其建库工作量大，要求高。　　　　　　　　　　　　　　（周礼庠）

计算机辅助制造　CAM, computer aided manufacturing

利用计算机系统进行生产准备、生产过程控制的一项专门技术，能使产品生产的全过程实现自动化、最优化。其基本原理为：以制造数据库为核心，根据计算机辅助设计和生产管理系统的要求进行生产准备和生产过程控制。计算机辅助制造系统可广泛用于各种机械制造业、电机制造业、船舶制造业、汽车制造业、土木建筑业等领域。它与计算机辅助设计、计算机辅助管理相结合，正向综合生产系统和集成化制造系统的方向发展。　　（乌家骅）

计算机-加载器联机试验　computer-actuator on line test

利用计算机控制，按实际地震反应计算得到的位移驱动电液伺服加载器对结构施加荷载，并进行结构反应的量测、数据采集和处理的试验全过程。联机系统试验过程从输入某一确定性地震地面运动加速度开始，将结构试验得到的反应量立即输入到计算机，计算得到结构瞬时的变形和恢复力的关系，再由计算机算出下一时程地震反应的位移，并将计算所得各控制点的变形转变为控制信号，输入加载器强迫结构按真实的地震反应变形，并承受与此相应的荷载。整个试验由专用软件系统通过数据库和运行系统来执行操作指令，连续循环完成整个系统的控制和运行，直到输入地震加速度时程所指定的时刻。这样使试验施加的荷载或变形和结构构件的非线性力学特性两者都同结构在实际地震作用下所经历的真实过程完全一致。但这种试验是用静力方式进行的，不是在振动过程中完成的，不反映应变速率对结构的影响，所以又称拟动力试验或伪动力试验。　　　　　　　　　　　　　　（姚振纲）

计算机生成建筑动画片　CGAA, computer generated architectural animation

将在计算机内按选定的视点移动轨迹生成的建筑物、街景或城市景观的连环屏幕显示，连续拍摄成的动画片，能动态地映示设计人欲审视的景象。CGAA既是一部建筑艺术片，更是一部动态研究城市规划或建筑设计的科技片，其设计者的制片构思要满足两者的需要。CGAA的制作主要是：①制片构思和视点轨迹的制定；②根据视野范围搜集已有城市测绘图、建筑平立面图及规划设计、新建筑物方案设计的图纸、资料，经数据准备后输入计算机以生成所需视野的三维景象模型；③应用视点轨迹控制程序作控制点处画面的检视以形成视点轨迹；④在视点沿轨迹以不同的行速移动时全面检视诸画面并修饰轨迹、视向与阴影、色彩；⑤通过拍摄屏幕画面或内录设备制成CGAA录像带。　　　　　　　　　　　　　　（周礼庠）

计算机生成建筑模型　CGAM, computer generated architectural modeling

通过合适的输入和编辑、造型手段在计算机内生成建筑物的模型。其过程是将建筑物体形和各表面颜色、材质等属性经数字化后输入计算机，再以相应的应用软件驱使生成建筑物的足尺模型并按需进行消隐和上色。CGAM有线框与表面模型两类，可用不同颜色表示，表面模型可进行阴影、色彩处理，显示逼真的画面。两类模型都可从任选视点显示或输出其透视画面供审视其设计的优、缺点，且易于修改、重显。它可在配有高分辨率显示器的微机系统上实现。　　　　　　　　　　（周礼庠）

计算机图形学　computer graphics

计算机科学与图形学结合的新学科。它自60年代初形成以来，已经发展成为以图形硬件设备、图形专用算法和图形软件系统等为研究内容的一门学科。它所研究的图形是从客观世界的物体中抽象出来由计算机生成的带有灰度、色彩和形状的图形。
（王东伟）

计算机网络 computer network
各种通信线路互联起来的独立计算机系统以及网络专用设备的集合。是计算机技术和通信技术的结合，可实现数据通信、资源共享、分布处理等功能。数据通信即信息传输，如文件传输、电子邮件、图像传输等。资源共享分硬件资源共享和软件资源共享。分布处理是指一个程序分成若干个任务，同时在不同机器上运行。网络连接的方式有集中式、分布式和环式。根据网络覆盖范围的大小，计算机网络分广域网和局域网。
（周锦兰）

计算机系统 computer system
由计算机硬件、软件构成的物理和逻辑组合。硬件包括主机和外部设备。主机包括运算器和控制器组成的中央处理器和主存储器。外部设备包括输入设备、输出设备、外存储器、数据通讯设备和外围设备（包括数/模、模/数、转换器等）。软件包括系统软件和应用软件；系统软件通常指的是操作系统、编译程序和诊断程序等。当前在单机基础上发展起来的以 UNIX 操作系统为软件基础，把高速计算和高质量的图形处理能力结合起来的实用计算机系统——工作站，它具有足够大的存储器、足够小的体积和功耗，可以放在办公桌前让工程设计人员使用。特别是由网络联接起来的一组工作站构成以工程数据库为核心的、"可视化"的"网络计算"环境，已形成工作站的一种发展趋势。
（杭必政）

记录 record
构成文件的基本单位。可分为逻辑记录和物理记录。逻辑记录是由彼此有关的一组相邻的文件元素组成。物理记录是指磁盘、磁带等存储介质上可以寻址的连续信息的最小单位，通常也称为块(block)。
（王同花）

记录器 recorder
记录电压或电流信号的仪器。可分为模拟式和数字式两类。模拟式主要用来连续地记录模拟电信号的时程曲线或两个信号间的函数关系，它的每个通道只能记录一个电信号，常用的有光线示波记录器、笔式记录仪、X-Y 函数记录仪等。数字式则以数字形式打字记录经模/数变换后的电信号，一个打印装置可依次打印多通道电信号。当动态电测仪器中具有数据存储单元时，它也可与量测时间不同步地打印数字形式的动态信号。
（潘景龙）

技术设计 design development
协调编制拟建工程的、重大的、较复杂的各有关工种图纸、说明书和概算的工作，是三个阶段设计的中间阶段。经过送审并批准的技术设计文件是施工图编制及主要材料、设备订货的依据，是基本建设拨款和对拨款使用进行监督的基本文件。一般建设项目可取消技术设计阶段。
（陆志方）

技术设计修正总概算 revised overall estimate of design development phase
对采用三阶段设计的重大的、较复杂的建设项目，在技术设计阶段对初步设计总概算予以修正以后的总概算。这样能使工程造价更符合实际。修正概算与概算起同等作用。
（蒋炳杰）

jia

加长孔 lengthened hole
见长圆孔(22 页)。

加常数 additive constant
由于测距仪的电路信号延迟、光波几何回路以及仪器和反射器的偏心等综合影响而构成的附加常数。对此仪器在出厂前均已测定并采用电路延迟的补偿办法加以预置。由于仪器经长途运输和长期使用加常数会有变化，应定期检测，以便对观测成果进行改正。
（何文吉）

加大截面加固法
采取增大混凝土结构、构件或构筑物的截面面积和配筋量，以提高其承载力和满足正常使用要求的一种加固方法。加固时根据需要采用单侧加厚、双侧加厚、三面加厚或四面加厚。可广泛用于钢筋混凝土的梁、板、柱、基础、屋架与桁架的弦杆或腹杆以及连接节点等结构构件和筒、仓、塔类构筑物的加固。
（黄静山）

加固系数 coefficient of strengthening
又称有效加固系数。采用带负荷加固法中计算新焊缝、新铆钉或新加截面的承载力时，考虑各种不利影响因素而引入的系数。
（钟善桐）

加筋土挡土墙 reinforced earth retaining wall
由竖向面板、与面板锚接的拉筋以及拉筋范围内的填土共同组成的挡土结构物。它依靠拉筋与土之间的摩阻力来平衡墙背土体的推力，以保持面板的稳定。设计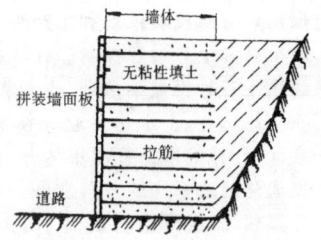时除验算拉筋外，还要验算它在土压力作用下的整体稳定性。这种挡土墙 60 年代起源于法国，现已在世界各国获得广泛的应用，具有用料省、占地少等优点。但必须考虑金属拉筋的防腐蚀问题。

（蔡伟铭）

加劲板件 stiffened (plate) element

通称两边支承板件。在薄壁型钢构件中，两纵边均与其他板件相连接的板件。 （张耀春）

加劲肋 stiffener

钢梁或钢柱等构件中为加强腹板或其他板件以保证其局部稳定而设置的垂直于板面的钢板或型钢肋条（参见局部稳定176页）。常用的有横向加劲肋、纵向加劲肋和支承加劲肋以及短加劲肋等。同样，木结构胶合板梁中为加强胶合板腹板和保证其局部稳定，也常设置加劲肋；这时，一般采用横向加劲肋、支承加劲肋和支座区格的斜向加劲肋，用木板制成。加劲肋的侧向刚度较大，它把板件分成较小区格，从而提高板件的临界应力。

（瞿履谦 王振家）

加气混凝土砌块 aerated concrete block

由水泥、石灰（或矿渣）、砂（或粉煤灰）加适量铝粉（发气剂）经蒸压成型而制成的实心块体。内部含有大量均匀而细小的气孔，因而自重轻、保温性能好，又易于加工。广泛用于保温外墙、框架结构填充墙以及内部轻质隔断，也可用于承重墙体。但经常处于室内相对湿度大于80%的结构及处于侵蚀性环境或表面温度高于80℃的结构不宜采用。

（唐岱新）

加强部位（区） stiffened part (zone) of seismic building

为提高钢筋混凝土构件的延性，在其局部改变配筋构造的部位（区）。包括梁端、柱端的箍筋加密区、抗震墙边缘构件和底部加强部位等。

（应国标）

加强环 ring stiffener

为了加强管形截面的刚度和承载力，在管外设置的环。如钢管混凝土柱和梁连接处，在柱上相应于梁高位置的上下各设一个加强环和梁连接，以传递梁端弯矩。 （钟善桐）

加权平均 weighted arithmetic average

给每一个值指定一个称为权的非负系数，并将各个数值与相应的权的乘积之和除以权的总和所得的商。 （杨有贵）

加权平均值 weighted mean

又称广义算术平均值。非等精度的直接观测值，按所属的权取其平均值。权是权衡轻重之意。它与中误差 m 的平方成反比，即 $p \propto \dfrac{1}{m^2}$。设某量的一组观测值为 $l_1, l_2, \cdots, l_n$，权为 $p_1, p_2, \cdots, p_n$，则该量的最或然值即为加权平均值 $x = \Sigma(p_i l_i)/\Sigma p_i$。

（郭禄光）

加速度反应谱 acceleration response spectrum

以结构自振周期（或频率）为横坐标，加速度反应时程的最大绝对值为纵坐标的关系曲线。这个在特定的地震波和不同阻尼比下按照反应谱理论构造的曲线族，可以作为确定某自振周期结构最大加速度反应值的依据。将自振周期平方乘以位移最大绝对值可得拟加速度反应谱。结构物的地震作用可由加速度反应谱给出。

（陆伟民）

加腋 haunch

在梁的一端或两端的一定范围内，采取截面加高的措施。可采用对称或不对称的，直线或曲线形式。按变截面梁或变截面框架分析。
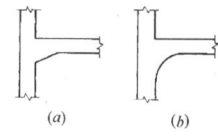
采取这一措施，可提高梁截面的承载能力，节约材料，不明显影响建筑物的净空。图 a 为直线加腋，图 b 为抛物线加腋。

（陈宗梁）

加载龄期 concrete age of loading

混凝土及钢筋混凝土试件，自浇灌混凝土时起至加载试验时止所经过的时间。在确定混凝土强度等级时，中国规范规定的标准试验方法的加载龄期需养护28d。对混凝土及钢筋混凝土构件进行承载力试验时，其混凝土强度应由在相同养护条件及相同加载龄期时的混凝土标准立方体试块测得的强度来确定。混凝土强度是随着加载龄期而增长，但其增长速度是随着加载龄期的增加而减慢。

（王振东）

加载速度 velocity of loading

试件进行加载试验时，每秒钟所增加应力的大小。对钢材试验时的加载速度亦可以每秒钟所增加应变的大小来表示。在确定混凝土强度等级时，中国规范规定的标准试验方法的加载速度为 $0.2 \sim 0.3 \text{N/mm}^2 \cdot \text{s}$。试验中加载速度对材料强度的影响，一般的规律为：加载速度愈快，材料强度增长值愈大；但随着材料强度的提高，其增长值则逐渐减少。

（王振东）

加载图式 loading diagram

按照结构试验的目的，对结构施加的荷载分布形式。试验时的荷载要与结构设计计算的荷载图式或为研究某一问题的图式相一致。在试验加载过程中，由于受试验条件的限制和为了加载的方便，对单项目的的试验可以改变试验的荷载图式而采用等效荷载进行试验。

（姚振纲）

加载制度 loading system

又称加载方案。结构试验时，荷载施加的方案。

包括加载速度的快慢,加载时间间歇的长短,分级荷载的大小和加载卸载循环的次数等。结构构件的承载能力和变形性质与其所受荷载作用的时间特征有关,不同性质的结构试验必须根据试验的要求制订不同的加载制度。一般结构静力试验采用一次单调静力加载制度,结构抗震静力试验采用控制荷载或变形的低周反复加载制度,一般结构动力试验采用正弦激振的加载制度,结构抗震动力试验采用模拟地震的随机激振试验。　　　　　　（姚振纲）

夹层板 stress skin panel, sandwich panel

面层为承重板材,中层为加肋或无肋隔热间层的组合板件。按受力状况可分承弯夹层板和承轴力夹层板两类。面层常用胶合板、铝合金板、钢板、玻璃钢板等作成。承受弯夹层板的间层可由肋或具有抗剪能力的轻质材料组成,如刨花板、泡沫塑料或蜂窝板等。承受轴向力的夹层墙板间层具有隔声、隔热要求,它需与面层可靠连接。

（王振家）

夹具 grip

先张法张拉钢筋时,用以保持预应力筋拉力并将其固定在张拉台座(或设备)上临时性锚固的工具。它可以重复使用。常用的有:锥销夹具、方套筒二片式夹具、圆套筒三片式夹具、镦头夹具等。此外,预应力张拉用的还有:偏心夹具、楔形夹具等。

（李绍业）

夹心墙板

见复合墙板(88页)。

夹芯板 sandwich panel

在两层薄板或薄压型板之间注塑或粘贴硬质多孔保温塑料构成的复合板。具有围护、隔热和承重三项功能,多用于屋面和墙面围护体系中。

（张耀春）

夹渣 slag inclusion

焊后残留在焊缝中的熔渣。它降低焊缝的机械性能。　　　　　　　　　　　　（刘震枢）

甲类钢 A grade steel

见钢类(98页)。

假定高程 assumed elevation

见相对高程(321页)。

假定平面直角坐标 assumed plane rectangular coordinate system

在不大的测区内,不与统一坐标系相联系的独立平面直角坐标系。在平面控制网中,选择一个控制点假定其坐标值作原点,选在测区西南角,选定一边假定其坐标方位角,以此作为推算控制网中各点坐标的起算值。

（陈荣林）

假想弯矩法 assumed moment method

根据静力平衡条件建立网架截面弯矩与节点荷载关系式,求解弯矩,进而求得网架杆力的方法。它是计算网架的近似方法,计算精度较差;其优点是计算简便,能利用表格直接算出网架杆力。多用于斜放四角锥及棋盘形四角锥类型的网架试选截面。

（徐崇宝）

价格预测 price prediction

探索价格未来发展趋势的客观可能性的技术。它是市场调查中的主要内容之一。按其预测的范围,可分为总体预测、分类预测、品种预测、典型预测等;按时间可分为短期预测、中期预测和长期预测。

（房乐德）

架空敷设 overhead pipelining

管道敷设在独立支架、带纵梁的桁架或建筑物墙壁上的一种方式。是工业管道的主要敷设方式。适用于地下水位较高,年降雨量较大,地质上为湿陷性或腐蚀性土壤以及地形高差大和地下敷设石方量大的地区。按支架高度不同,管道保温层表面至地面净距 0.5~1.0m 为低支架;2~2.5m 为中支架;大于 4.5m 为高支架。电缆的架空敷设,参见架空线路。

（蒋德忠）

架空线路 overhead line

采用架空敷设的室外配电线路。1kV 以上称为高压架空线路,市区常用 3~10kV;1kV 以下称为低压架空线路,市区常用 380/220V。架空线路一般采用木杆、预应力钢筋混凝土杆或钢塔架设。

（马洪骥）

架立筋 supplementary reinforcement

用以固定箍筋和主筋位置,形成钢筋骨架的构造筋。　　　　　　　　　　　（刘作华）

jian

兼容机 compatible computer

硬件和软件环境不需调整或少需调整,就可运行另一种计算机的所有软件的一种计算机。

（周宁祥）

减压平台 relief platform

设在挡土墙背的水平悬臂板。其作用是隔断土的自重应力传递,从而减小作用在墙背的土压力;而且,水平悬臂板上的土体重量有利于墙身的稳定。

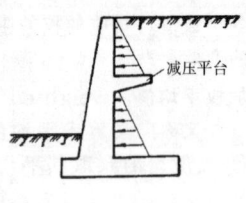

（蔡伟铭）

减压下沉 bleeder sinking

将工作室内的气压迅速降低迫使沉箱下沉的施

工方法。沉箱下沉到一定深度时,作用在外壁上的土摩擦力逐渐增大。当刃脚下的土全部掏空而沉箱仍不能下沉时,可采用此法。压力降低的数值及其延续时间的选定,必须使得地下水和土还来不及渗进工作室。采用此法时工人必须撤出。

（殷永安）

减振器 vibration damper

见隔振器(102页)。

剪变模量 shear modulus

又称剪切模量或刚性模量。材料（包括地基土）在单向受剪且应力和应变呈线性关系时,截面上剪应力与对应的剪应变的比值。以符号 G 表示,$G = \tau/\gamma$。G 和弹性模量 E 之间,有关系式：

$$G = \frac{E}{2(1+\gamma)}$$

γ 为泊松比。钢材的剪变模量约为弹性模量的 0.38 倍,混凝土的约为 0.43 倍,砌体的约为 0.4 倍。地基土的剪变模量,可用于计算基础动力分析所需要的集总参数——弹簧刚度 K。一般通过现场波速试验或室内共振柱试验得到。随着应变幅度加大,须考虑其非线性变化。

（王用纯　王天龙）

剪跨比 ratio of shear span to depth

简支梁上集中荷载作用点到支座边缘的最小距离 a（a 称剪跨）与截面有效高度 h_0 之比。以 $\lambda = \frac{a}{h_0}$ 表示。它反映计算截面上正应力与剪应力的相对关系,是影响抗剪破坏形态和抗剪承载力的重要参数。

（卫纪德）

剪力流 shear flow

薄壁管受扭矩 T 作用时,其管壁横截面内沿周边方向单位长度的剪力。1896 年 Bredt 假定薄壁管受扭后其横截面形状保持不变,横截面内剪应力 τ 为均匀分布,若以 A_0 表示剪力流中心线所包围的核芯面积,h 为管壁变厚度,并取 $q = \tau \cdot h$,则按平衡条件推导出扭矩的公式为 $T = 2A_0 \cdot q$,q 称为剪力流。

（王振东）

剪力墙 shear wall

用于承受大部分水平力的结构墙。一般由钢筋混凝土或预应力混凝土制成。由于高层建筑如何抵抗水平力是设计的关键,人们为强调墙体在承受水平力方面的作用,习惯于把高层建筑的结构墙称为剪力墙。

（江欢成）

剪力墙结构 shear wall structure

在高层和多层建筑中,由一系列纵向、横向的剪力墙和楼盖组成,且竖向和水平作用均由剪力墙承受的结构。在侧向荷载作用下,可以认为剪力墙自身平面刚度较大,出平面刚度很小。可将纵、横向剪力墙分别计算,以资简化。

（董振详）

剪力墙连梁 coupling beams of shear wall

连接双肢及多肢剪力墙的水平短梁。连梁起到连系和约束墙肢的作用。若其刚度及强度均很大,则墙的整体性好,破坏情况近于悬臂墙。若刚度及强度太小,过早破坏后,使墙体形成单独墙肢,大大削弱墙体刚度。较好的情况是,连梁端部钢筋先屈服,形成塑性铰,既可大量吸收地震能量,又能对墙肢起到一定的连系及约束作用,结构延性及整体性均好。

（董振祥）

剪力滞后 shear lag

又称剪切滞后。工形、槽形或箱形构件受弯时,由于剪力的影响,使翼缘中的正应力,从腹板处的最大值,向翼缘外侧逐渐减小的现象。翼缘愈宽,这一现象愈明显,在此情况下,只能考虑一定宽度的翼缘参加工作。这种现象常存在于房屋、桥梁和其它结构中。宽度较大的板,在受集中荷载时,远离集中力部分的纵向应变落后于集中力附近部分的纵向应变的现象,也称为剪力滞后。故板在受集中荷载时,只能考虑一定宽度的板参加工作。高层建筑框筒结构相当于一根固定于地基的箱形悬臂构件,在水平荷载作用下,作为腹板的框架角柱的变形,通过窗裙梁,使作为翼缘的框架柱发生轴向变形,从而使翼缘框架参加工作,但由于窗裙梁的弯曲和剪切变形,翼缘框架柱的轴力,从角柱向中间柱逐渐减小,也是一种剪力滞后现象。这种现象同样存在于实腹筒结构中。

（江欢成　王用纯）

剪力中心 shear center

又称弯曲中心或弯心。使构件只产生弯曲变形,不产生扭转的横向荷载在截面平面上的作用点。剪力中心也是截面上剪应力合力所通过的点。它是截面的一个几何特性。

（沈祖炎）

剪摩擦 shear friction

通过垂直于裂缝面压力及钢筋产生的传递剪力和抵抗滑移的作用。主要藉助于裂缝间骨料咬合作用和钢筋销作用。常用于验算开裂构件沿裂缝方向剪切承载能力。

（董振祥）

剪摩理论 shear-friction theory

在横向力和垂直荷载共同作用时,考虑摩擦力影响的一种砌体抗剪强度理论。设垂直荷载产生的正压力为 σ_0,无垂直压力时砌体的通缝抗剪强度为 f_{mv0}。剪摩理论认为,在 σ_0 作用时,砌体抗剪强度由初始抗剪强度 f_{mv0} 和摩擦力 $\mu\sigma_0$ 两部分组成：$f_{mv} = f_{mv0} + \mu\sigma_0$。$\mu$ 为与接触面的摩擦系数有关的系数。一般说来,在 σ_0 不高时,该理论求得的 f_{mv0} 与试验结果较符合，σ_0较高时，符合程度稍差。此外，按剪摩理论，开裂后的砌体仍有抗剪能力。

(钱义良)

剪切 shear, shearing

两个力线距离很近、大小相等、方向相反的平行力作用于结构构件时构件的受力状态。在钢结构制造中，剪断机的刀刃对准钢材上的切断标示处，剪刀下移切断钢材的工序，也称剪切。剪切工作劳动强度较大，质量差，有渐被气割取代的趋势。

(陈雨波　刘震枢)

剪切波 shear wave

又称S波、横波。传播时介质质点振动方向与波的前进方向相垂直的体波。它是使介质呈剪切状态的波动，因此只能在地球内部固体部分中传播。由于断层错动所激发的地震波能量中S波比P波大，而且一般建(构)筑物的抗侧力能力较弱，所以S波往往是造成工程结构破坏的主要原因之一。

(李文艺　杜坚)

剪切带 shear band

边坡破坏时，滑动土体破裂面及其邻近的一条带状薄层。破裂面实际上不是一个面而是一条带状薄层。特别在超压密的土层中，破裂面是其邻近的土由于剪胀作用导致强度降低而形成的。

(胡中雄)

剪切模量 shear modulus

见剪变模量(151页)。

剪切型变形 shearing type deformation

抗侧力结构在水平力作用下，发生的以剪切为主的变形。变形曲线凸向水平力作用方向。纯框架结构的变形是典型的剪切型变形。

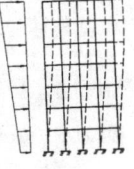

(江欢成)

剪切振动 shearing vibration

剪切变形形成的振动。①是弯曲和剪切的耦合振动中所含的剪切型组成部分。在梁的高长比甚大时剪切振动有可能比弯曲型的成分占优势，因此可作剪切振动处理；②抗弯刚度为无穷大而且质量很大的横梁用一组可以不计质量的竖柱与基础连接，忽略柱的伸缩，横梁只能发生水平振动。惯性力只是作用在横梁上的水平力，靠竖柱的剪力来平衡。

(李明昭)

剪切滞后 shear lag

见剪力滞后(151页)。

剪取 clipping

切掉窗口以外部分的物体模型，只显示窗口以内的内容。

(李建一)

剪压比 shear compression ratio

柱所受的剪力与柱的全截面面积和混凝土抗压强度乘积之比值。是钢筋混凝土构件截面尺寸控制的一个重要参数。剪压比越大，构件或节点受剪切破坏的可能性越大。这种破坏一般属脆性破坏，设计时应予以重视。对于薄壁构件或深梁构件一般应比常规截面的剪压比控制更严一些。

(陈宗梁)

剪压破坏 shear compression failure

在梁的弯剪区段出现斜裂缝后，直到与斜裂缝相交的腹筋屈服，随之斜裂缝端部的混凝土在剪应力和压应力共同作用下被压碎致使失去承载力的破坏形态。是钢筋混凝土梁斜截面受剪破坏形态之一。多发生在剪跨比大于1且腹筋配置适当的有腹筋梁或剪跨比为1～3的无腹筋梁中。按计算配置腹筋可防止剪压破坏。

(卫纪德)

简单收益率 simple rate of return

又称静态收益率。项目达到设计规模后正常生产年份的净收益与总投资之比。这个指标适用于简单而生产变化不大的项目的方案选择和最终评价。根据总投资中是否包括建设期贷款利息来分，简单收益率又有以下两种计算方法：①按现金流量计算；②按财务平衡表计算。

(房乐德)

简易隔振 simple vibrating isolation

在防振设计中，不用隔振器就能达到一定程度隔振效果的简易措施。如将振源区与精密区保持一定距离，以避免对精密设备发生有害影响；利用结构沉降缝或伸缩缝增加振动传路线，衰减振动，减小影响；尽可能将动力设备运行的方向与结构刚度大的方向一致，与精密设备位置方向相反；尽可能将精密设备设在底层或地下室，并支承在刚性工作台(例如水磨石台)上；精密设备间采用整体厚混凝土地面(≥500mm)；楼层上的精密设备布置在刚度大的区域，如在主梁上或靠墙边；各种管道采用柔性接头，遇到结构或墙体采用弹性支承等。从而起到一定的隔振效果，满足一般隔振要求。

(茅玉泉)

简支梁 simply supported beam

一端为轴向有约束的铰支座，另一端为能轴向滚动的支座的梁。它是力学分析中梁的基本型式。

(陈雨波)

碱集料反应 alkali aggregate reaction

混凝土中的活性集料，如非晶态或晶化很差的二氧化硅，与水泥组分中的碱(Na_2O和K_2O)反应，生成碱-硅酸凝胶，因水分进入，使体积膨胀，导致混凝土强度降低或开裂破坏的现象。防止方法为应用低碱(例如，$Na_2O + 0.658K_2O < 0.6\%$)水泥或选择合适集料。

(施　弩)

碱性介质 alkaline medium

碱性并具有腐蚀性的气体、液体和固体。液相介质的酸度值 pH 大于 7。在工业生产中的钠、钾等碱性溶液在较高浓度时能使硬化水泥浆体和集料破坏。另外,土壤中的含碱溶液在反复渗入混凝土孔隙并蒸发后,会产生结晶压力,破坏混凝土。除铝、锌外,金属一般不受碱性介质的侵蚀。参见腐蚀介质(87页)。　　　　　　　　　　（施 弢）

间隔边　interval side

见传距边(34页)。

间隔角　interval angle

见传距边(34页)。

间接钢筋

螺旋箍筋、焊接环筋以及砌体结构中的网状配筋的统称。它可约束材料的侧向变形,形成三向应力状态,从而提高材料的抗压强度。　（王振东）

间接钢筋配筋率　indirect reinforcement ratio

在网状配筋构件的截面核心内,单位体积混凝土中所包含的钢筋体积。对配筋网的钢筋,通常称为间接钢筋。　　　　　　　　　（杨熙坤）

间接加载梁

荷载不直接作用于梁顶,而是作用在梁的中下部的钢筋混凝土梁。其作用在中下部的荷载位于梁的截面受拉区,易将梁下部混凝土撕裂,设计时宜设置吊筋或增加箍筋将荷载传至梁顶。在实际工程中如:有悬吊设备的梁、倒 T 形截面下翼受力梁、整浇肋梁中的次梁作用于主梁、梁侧面局部挑出等不同形式间接传递荷载的梁。当为间接加载时,在梁加载点的顶面产生拉应力,容易引起斜拉破坏,其抗剪能力比直接加载时梁的抗剪能力有所降低。

（吕玉山　王振东）

间接平差　adjustment of observation equations

又称参数平差。对一个或多个未知量,在多余观测的条件下,按最小二乘法原理以求未知量的最或然值并评定其精度的过程和方法。平差时先组成以观测量为独立未知量的函数表达式,列出误差方程,组成法方程,求得未知量并评定其精度。

（傅晓村）

间曲线　half-interval contour

又称半距等高线。按1/2基本等高距加绘的等高线。图上常以长虚线表示,一般用于平缓山顶、鞍部、地面倾斜等地段。　　　（钮因花）

建设标准　construction standard

又称建筑标准。对建设项目在功能和指标等方面所做的统一规定和要求。对建设标准的确定,要考虑当时社会经济发展水平和人民生活水平的高低;要全面贯彻适用、安全、经济和适当注意美观的原则,中国规定了不同建筑的一些建筑标准。

（房乐德）

建设地点　location of construction site

建设项目坐落的位置。建设项目建设地点的确定关系到生产布局是否合理、建设项目本身的建设速度以及生产和使用是否合理等。　（房乐德）

建设工期　construction period

建设项目或单项工程,从正式开工起,到全部建成投产止所经历的时间。在建设过程中因国家基本建设计划调整,经上级正式批准而停缓建的时间,可以在建设工期内扣除。但在建设过程中的节假日或建设、设计和施工单位自身原因而停止工作的时间则不应扣除。建设工期是从建设速度角度来考查投资效果的指标,缩短建设工期,既能减少固定资产投资的占用,又能为国民经济提前创造更多的财富。对全国或一个地区,一个部门在一定时期内的所有建设项目实际建设速度的考查,可以用平均建设工期指标。平均建设工期的计算方法是:报告期内(一年或一个五年计划)全部建成投产项目的实际建设工期之和,除以全部建成投产项目的个数。

（房乐德）

建设规模　scope of construction

表示建设投资多少的指标。从微观上讲,是指建设项目的投资额或年生产能力。从宏观上讲,是指地方、部门或国家投资总规模,即基本建设投资总额。　　　　　　　　　　　　　　　（房乐德）

建设目的　purpose of construction

兴建某项工程必要性的说明。主要说明该工程在地区经济平衡、部门经济平衡、国民经济全局中以及改善城市基础设施和环境效益方面的地位和作用。　　　　　　　　　　　　　　（房乐德）

建设前期工作计划　prior working schedule of construction

关于建设项目前期工作进度安排的文件。该文件中要写明对项目的可行性研究、设计任务书和初步设计等工作完成的时间、要求及承担上述任务的负责单位和负责人。改建、扩建项目由原企业、事业单位编制,新建项目由主管部门提出。

（房乐德）

建设实施计划　construction implementation program

见基本建设项目计划(140页)。

建设条件　construction condition

建设项目建设中的经济和环境状况。经济条件是指国民经济发展状况及投资来源情况,环境条件包括:工程地质条件、水文地质条件、交通运输条件、材料供应条件、协作配合条件、基础设施条件等。

（房乐德）

建设投资　construction investment

全称建设投资额。以货币形式表现的建设总量。建设投资占国民收入及财政支出的比例,反映了建设规模的大小。基本建设规模过大或过小,对生产发展都是不利的。基本建设投资来源有:国家财政拨款,银行基本建设投资贷款,地方、部门、企业自筹资金、引进外资等。其主要用途有:建筑安装工程的费用,设备、器具、工具的购置费用,基本建设所需的其他费用,如设计勘察费、征用土地费、迁移补偿费、职工培训费等。　　　　　(房乐德)

建设项目　construction project
见基本建设项目(140页)。

建设项目计划任务书
见简称计划任务书。见可行性研究报告(183页)。

建设项目年度计划　annual schedule of construction project
又称综合基本建设工程年度计划。依据建设项目总进度计划安排的年度计划进度。它包括文字说明和表格两部分。文字说明主要内容是:上一个年度计划的执行情况和存在的问题,本年度计划的依据、原则和条件等。主要表格有:①本年计划项目表;②项目施工排队计划表;③竣工投产、交付使用计划表。这些表格中反映了投资、建筑面积、施工条件(施工力量、施工图纸、材料、设备)落实情况,新增生产能力,新增固定资产价值等情况。
　　　　　　　　　　　　　(房乐德)

建设项目总进度计划　general progress schedule of construction project
对建设项目分年度安排的总计划。建设项目总进度计划对保持项目建设的连续性,增强建设工作的预见性,具有重要作用。包括文字说明和表格两部分。文字说明主要内容是:建设项目的概况和特点,安排总进度的原则和依据。主要的表格有:①工程项目一览表;②按单项工程安排的建设项目总进度表;③投资计划年度分配表;④施工单位承包工程划分表;⑤建设项目进度平衡表(表明各种设计交付日期,设备供应日期,配合协作的供水、供电、道路接通日期)。　　　　　　　　(房乐德)

建设依据　construction basis
兴建某项工程的主要根据。如国民经济长远规划,生产力布局,区域规划,城市规划的要求,以及国家有关法令政策的决定等。矿区、林区、水利项目还应指明矿产资源、开采、开发条件等自然经济状况。
　　　　　　　　　　　　　(房乐德)

建设周期　construction period
全国或一个地区、一个部门所有施工项目全部建成平均需要的时间。它是从宏观上分析建设速度和投资效果的一个指标。它不仅包括了计算期内建成投产项目,也包括了未建成投产的在建工程项目的因素在内。因此,在建的未完工程越多,建设周期就越长。它的计算方法有:①按建设总投资额计算:

$$建设周期 = \frac{施工项目的计划总投资额}{施工项目的全年实际完成投资额}$$

其含义是:按本年实际完成投资水平,全部完成在建项目所需时间。②按项目个数计算:

$$建设周期 = \frac{全年施工项目个数}{全年建成投产项目个数}$$

其含义是:按本年完成投资项目个数水平,全部完成在建项目所需时间。由于各施工项目的建设规模大小不同,所需时间差别较大,因此应按大中型和小型项目分别计算:③按生产能力计算:

$$建设周期 = \frac{本期在建规模(以生产能力计)}{本期新增生产能力}$$

其含义是:按本年建成新增生产能力的水平,把本年施工的在建项目的设计生产能力全部完成所需时间。因为在建项目的设计生产能力和本年建成新增生产能力都是实物指标,所以这种计算方法,只适用于按行业计算的建设周期。　　　　(房乐德)

建设准备　preparation for construction
建设项目计划任务书批准后,正式工程项目开始施工前,建设单位所做各项准备工作的总称。首先是组织筹建机构,由筹建机构进行下列建设准备工作:①进行征地拆迁;②委托设计和施工工作;③依批准的总概算和工期,编制分年度基本建设计划;④组织材料和设备订货;⑤搞好施工单位进场前的准备工作;修建大型暂设工程和进行"三通""一平"工作。　　　　　　　　　　　　(房乐德)

建筑安装工程
房屋和构筑物的建造、设备安装及管线敷设等活动的合称。　　　　　　　　　　(房乐德)

建筑安装工程合同　building installation engineering contract
发包单位(建设单位、甲方)和承包单位(施工单位、乙方)之间承包和招标承包建筑安装工程施工任务而签订的经济合同。双方通过合同形式,固定经济关系,明确双方责任,分工协作,互相制约,互相促进,共同完成建设任务。工程合同的内容包括:开、竣工日期;工程造价;工程质量;技术资料和材料设备供应;拨款结算的方式等。　　　(蒋炳杰)

建筑标准　building construction standard
见建设标准(153页)。

建筑地基基础设计规范　Foundation Design code for Buildings
1989年批准施行的建筑工程地基基础设计的国家标准。编号为GBJ7—89。它是对原工业与民用建筑地基基础设计规范(TJ 7—74)进行修订而成的,按有关国家标准的要求规定了设计原则和计算方法,修改了符号、计量单位和基本术语。对土的分类和描述作了部分修订,规定了砂土下限,增加粉土一类及其承载力表,采用数理统计方法确定土的工程特性指标,修订了中国季节性冻土标准冻深图,修改了沉降计算深度的确定方法,调整了沉降计算经验系数,规定了桩基承台抗弯计算的方法。

(高大钊)

建筑地基设计规范承载力公式 bearing capacity equation suggested in the Building Foundation Design Code

中国建筑地基基础设计规范推荐的,以 $P_{1/4}$ 公式为基础并对其中之体积力项作适当经验修正而得到的地基承载力计算公式。所谓 $P_{1/4}$ 是指容许地基土中塑性区开展的最大深度为基础宽度的 1/4 所相应的基础作用荷载。它也是一种临界荷载。中国采用 $P_{1/4}$ 作为地基承载力已有较长的历史并取得一定的经验。

(高大钊)

建筑电气 building electrotechnics

建筑物电气装置的设计与施工安装的总称。电气装置系在一定的空间或场所中若干互相连接的电气设备的组合。而电气设备则为发电、变电、输电、配电或用电的任何物件,诸如电机、变压器、电器、测量仪表、保护装置、布线材料、电气用具等。

(马洪骥)

建筑方格网 building square grid

由正方形或矩形组成的工业建筑场地的施工控制网。为了放样工作简便迅速,使方格网的边和建筑物的轴线平行。其边长一般为 100～500m,测设精度视工程要求而定。方格交点需埋设标石,用三角测量、导线测量等方法测定其平面位置。用三、四等水准测量的方法测定其高程。

(王 熔)

建筑防火 fire prevention for building

为防止建筑物(构筑物)起火而采取的防火措施。

(林荫广)

建筑防水 building waterproofing

为防止雨水或地下水侵入建筑物而采取的各种措施。一般分为:屋面防水、地下室防水(地下水有一定压力时)、地下室防潮(地下水无压力时);按照采用的防水材料性质又可分为:柔性防水与刚性防水。在进行防水设计时,首先要掌握周围的水文地质及气象条件,再根据排、防结合的原则,选择经济而有效的防水措施,并须有可靠的细部处理,以保证形成完整的防水层。

(黄祖宣)

建筑高度 building height

建筑物室外的设计地面到顶层檐口或屋面面层顶面的垂直距离。建筑高度不包括突出屋面的非使用空间(如瞭望塔、水箱室、电梯机房、排烟机房和楼梯出口小间)的高度。

(李春新)

建筑工程设计软件包 BDP, building engineering design software package

一项用于建筑工程设计领域的大型工程应用软件。其功能包括:建筑工程结构分析计算,地基基础分析计算,采暖空调设计计算,建筑物理(声、光、热)设计计算和施工网络规划。

(陈国强)

建筑工程施工招标 invite tenders of project construction

见工程施工招标(106 页)。

建筑工程预算价格 budget price of engineering construction

建筑工程项目按施工图预算所确定的金额。它由直接费、间接费、计划利润和税金组成。

(蒋炳杰)

建筑构造设计 building construction design

对建筑物或构筑物中各部位的构、配件的组成或相互连接的方式、方法的设计。在进行建筑构造设计时,应根据建筑设计的总体要求,建设地域的习俗,建筑材料供应情况,施工人员的操作技能和施工机具等综合因素,正确、合理地对有关构造的形式进行选择与设计。建筑构造设计是使设计意图实际再现的过程。它是指导施工的重要设计文件之一。

(陆志方)

建筑红线 building property line

由规划部门审批的,在城镇规划建设图纸上划分建筑用地和道路用地而用红色表示的边界线。它具有法律效能,任何其他部门和个人均不能在建筑红线以内的地区布设建筑物(构筑物),否则就侵犯了土地所有权或使用权,应负法律责任。

(王 熔)

建筑基线 building base line

在小地区建筑场地上作为施工测量平面控制的基线。它们应靠近主要建筑物并与其轴线平行,以便用直角坐标法测设建筑物轴线。其形式有:①三点直线形;②三点直角形;③四点 T 字形;④五点十字形。

(王 熔)

建筑结构 building structure

见结构(161 页)。在不致混淆时可简称结构。

(钟善桐)

建筑抗震设计规范 Seismic Design Code of Building

基于震害宏观调查和理论研究,考虑了国家的经济条件,经国家批准为建筑工程抗震设计所制定的技术法规。它包括总则,抗震设计的基本要求,场地、地基和基础,地震作用和结构抗震验算,各种类型房屋和构筑物的抗震设计要求等。中国现行的《建筑抗震设计规范》(GBJ11—89)与《工业与民用建筑抗震设计规范》(TJ11—78)相比,增加了对6度地震区房屋的抗震设计要求,提出了体现抗震设计原则的强度验算和变形验算的二阶段设计要求,采用了以概率理论为基础的结构抗震验算表达式,修改了场地分类标准、设计反应谱和地震作用的取值,改进了饱和土液化判别和抗液化措施,补充了结构的抗震概念设计规定、抗震分析方法及提高各类建筑的整体性、构件的变形能力和吸能能力的各项抗震措施,并增加了砌块房屋、钢结构单层厂房和土、木、石房屋抗震设计的有关规定。《建筑抗震设计规范》(GBJ11—89)更加科学、先进和实用。

(张 誉)

建筑密度 building density

又称建筑系数。一定用地范围内所有建筑物及构筑物占地面积之和与总用地面积之比,以百分数计。其计算公式为:

$$建筑系数 = \frac{建筑物和构筑物占地面积}{用地范围的面积} \times 100\%$$

建筑密度说明建筑物和构筑物分布的疏密程度、卫生条件及土地使用程度。合理的建筑密度,应在节约用地的原则下,尽可能满足建筑物的通风、采光和防火、防爆等方面的空间要求,并保证有足够的道路、绿化和户外活动的场地。

(房乐德)

建筑面积 building area

建筑物勒脚以上各层外墙所围水平面积的总和。它是控制建筑规模的重要技术经济指标。建筑面积的计算按国家颁布的《建筑面积的计算规则》执行。

(李春新)

建筑平面利用系数 utilization factor of floor space

简称平面系数,又称 K 值。在一般房屋的建筑面积中使用面积所占的百分比。但在居住建筑中,一般指建筑面积中居住面积所占的百分比。通常用 K 表示。它是衡量设计经济合理性的主要指标之一。

(房乐德 李春新)

建筑热工 building thermotechnics

又称建筑热物理。研究建筑物在不同气象条件下的传热和传湿状况的学科。它和建筑声学、建筑光学一样,是现代建筑环境设计中的重要内容,它和建筑气候学及建筑设计的关系密切。具体为运用传热和传质的原理,结合建筑构造、建筑材料的热工性能、室内和室外的气象条件等提出合理的建筑措施。

(宿百昌)

建筑热物理 building thermophysics

见建筑热工。

建筑设计 architectural design

建筑物或构筑物在建筑、结构、设备等方面的综合性设计工作。也可仅指建筑方面的设计工作。在中国,建筑设计是以"适用、安全、经济和适当注意美观"为原则,既不千篇一律,又要具有中国特色。根据建筑任务要求,通过调查研究,综合考虑功能要求以及投资、材料、环境、地质、水文、结构、构造、设备、动力、施工等因素,设计成建筑单体或群体的图纸文件。

(陆志方)

建筑声学 architectural acoustics

研究建筑内外声环境的一门科学。通过研究使人获得具有各种使用功能的建筑的允许和满意的声环境。它包括:①城市噪声源的规划,使城市有合适的声环境分布,噪声源不干扰人的正常生产和生活;②各种厅堂内的音质设计,使厅堂有合适的响度、较高的清晰度和足够的丰满度;③制定各类房间的允许声级标准。提供设计和治理噪声干扰的依据。提出对各类噪声源的控制途径、措施和步骤,并对一些可能不符合标准的声环境进行预评价和可行性论证;④对声环境及声学材料,提供适宜的实验条件,制定可比的统一测试规范,为各类声学装置和构件提供可靠的数据。

(肖文英)

建筑施工测量 building construction survey

建筑物(构筑物)在施工阶段所进行的各种测量工作。主要内容有建筑场地施工控制网的建立;建筑物定位、施工放样、建筑安装和检查的测量;建筑物在施工中的变形观测以及完工后的竣工测量等。由于建筑物(构筑物)的用途、结构、施工方法的不同,施工测量的精度也不同,特别对于一些特殊工程、高层建筑及大型构筑物,精度要求更高,必须采用严密的测量方法和高精度的测量仪器。

(王 熔)

建筑体积 building bulk

建筑物各层外墙所围水平面积与其各层层高之积的和。

(李春新)

建筑物 building

简称建筑。供人们进行生产、生活、储藏物资或其他活动的房屋或场所。通常是由基础、墙、柱、屋顶和门窗等主要构件组成可供人们使用的空间。广义的建筑物也包括附属的构筑物在内。

(房乐德)

建筑物变形观测 observation of building deformation

测定建筑物及其地基在荷载及其他作用下随时间而变形的工作。根据荷载或其他的作用,可分为静态变形观测和动态变形观测。它的主要内容有沉降观测、位移观测、倾斜观测和裂缝观测等。变形观测的基准点及观测点应按设计要求预先埋设,用精密测量方法定期进行观测。观测周期随建筑物的性质及变形速度而定,变形量大时,观测周期宜短;变形量小,观测周期宜长。观测资料要进行严密的数据处理和变形分析,以便对变形的原因、性质、大小、规律等做出科学的判断。其成果也是验证设计理论和检验施工质量的重要资料。 （傅晓村）

建筑物长高比 length-height ration of building
建筑物的长度与高度之比。对于砖石承重结构的房屋,长高比大,则房屋的整体刚度就差,纵墙墙面因挠曲过度而容易开裂。对于3层和3层以上的房屋,其长高比宜小于或等于2.5;对于平面形状简单,内、外墙贯通,横墙间隔较小的房屋,长高比的控制可适当放宽,但一般不大于3.0。不符上述要求时,应设置沉降缝。 （曹名葆）

建筑物沉降观测 settlement observation of buildings
简称沉降观测。对建筑物(构筑物)下沉情况随时间变化的观察、分析与量测工作。它是垂直位移观测的一种。其目的是为确定建筑物沉降的原因、条件、预测其发展趋势,以便及时采取适当的加固维护措施。根据沉降观测得到的建筑物各部位的实际沉降值,还可检验地基变形计算参数及计算理论与方法的正确性,并研究地基土与建筑物上部结构共同作用的关系。观测方法参见垂直位移观测(35页)。 （杨桂林）

建筑物等级 building grade
按建筑物在国民经济中所起的作用,划分成的建筑等级。一般按使用质量、耐久程度和耐久等级及建筑艺术方面的质量来定建筑物的等级。它一般分三等,用罗马字Ⅰ、Ⅱ、Ⅲ表示。设计时应根据不同的建筑物等级,采用不同的标准及有关定额,选择相应的材料及结构。 （林荫广）

建筑物防雷 building lightning protector
建筑物防止雷电危害的措施。建筑物防雷装置由接闪器、引下线和接地装置三部分组成。其作用是防止直击雷、雷电感应和雷电波沿导体侵入建筑物内。 （马洪骥）

建筑物放样 setting out of building
在实地根据设计标定建筑物位置的工作。首先测设建筑物的墙、柱列或设备基础轴线,据以定出每一个基础的中心位置,然后设置龙门板或定位桩。施工时根据龙门板或定位桩就能确定轴线位置、基础开挖深度及地坪标高(±0)。 （王 熔）

建筑物自动化系统 BAS, building automation system
又称建筑物管理系统(BMS)。以计算机为核心,对建筑物(或建筑群)所属各类设备的运行、安全状况及能源利用实行综合自动监测、控制、调节与管理的系统。 （马洪骥）

建筑系数 building factor
见建筑密度(156页)。

建筑主轴线 building main axis
建筑方格网或主要建筑物放样的轴线。测设主轴线的目的是保证建筑场地上所有建筑物按设计的位置正确地标定在实地上。测设时在轴线上至少标定三点,若三点不在同一直线上,应进行调整。 （王 熔）

建筑坐标系 building coordinate system
又称施工坐标系。供建筑施工放样用的一种平面直角坐标系。其坐标轴与建筑物的主要轴线一致或平行,便于建筑物放样。例如,建筑方格网的A轴(x轴)和B轴(y轴)分别平行于建筑物的纵、横中心线。为避免出现负的坐标值,将坐标原点置于设计总平面图的西南角上。建筑坐标系需与测量坐标系连接,以便进行坐标换算。 （王 熔）

键合梁 keyed compound beam
用键块(可以是顺纹、横纹或斜纹)作为连接件将两根或三根方木或原木拼合而成的叠合梁。这种梁的可靠性取决于工匠能否将全部键准确而紧密地镶嵌进梁中。如制作不精,有可能个别键超载导致逐个键块间的梁段或键块本身被剪坏。由于各个接触面与梁身顶紧,较纵键(需各两个接触面顶紧)易于保证制作质量,且由于压紧力的存在大大改善了被连接构件的抗剪工作,因此常采用斜键键合梁。方木或原木间有空隙者称离缝键合梁,此种梁易于风干且有利于增大梁的刚度。 （王振家）

键连接 keyed connection
用板块、盘状块或圆环等连接件,嵌入被连接构件间用以阻止构件相互移动的连接。键可用木、钢、铸铁或其他材料做成。键连接中,键本身承受集中压力,而被连接构件则由于键所承受的压力不在同一水平面而产生平衡力矩的推力,此推力由承拉的系紧螺栓扣紧。木键连接的承载力常取决于木键本身抗剪或木键间被连接构件抗剪,二者都是脆性工作,并且某一键破坏后可能迅速逐个破坏。因此,中国只在木桥中尚可遇到木键连接,其余种类的键已很少采用。 （王振家）

jiang

浆砌石护坡 mortar stone revetment of slope
铺砌有浆料胶凝的石块层于坡面上以加固斜坡

的措施。适用于软质岩石或密实土层的边坡。浆料可用水泥砂浆、石灰砂浆或其他胶凝浆料,浆砌石经常修筑成护面墙。有大量涌水的斜坡不宜采用。

(孔宪立)

降落漏斗 cone of depression

抽取地下水时,在抽水点附近区域内水位降落,形成漏斗状水面的现象。它以抽水点为中心向周围扩展,距抽水点愈近,水位降落愈大,水力坡度也愈大;距抽水点愈远,水位降落愈小,水力坡度愈小。群井抽水相互产生严重干扰时,可以产生区域性降落漏斗。

(李 舜)

降温池 temperature drop tank

为满足市政干线排水温度不高于40℃的规定而设置的排水构筑物。如用于锅炉排污水的降温处理。一般采用红砖砌筑,用冷水加以混合冷却后再排入市政干线。常用的采用虹吸式降温池,用虹吸管来控制混合冷却效果,达到排水温度要求。

(蒋德忠)

jiao

交变荷载 alternative load

规则或不规则地施加于结构上的正、反向交替变换的荷载。如吊车水平制动力等。 (唐岱新)

交叉梁系法 method of intersecting beam system

把交叉桁架系网架或井字梁楼盖简化为交叉梁系的计算方法。是计算网架或井字梁楼盖的近似方法之一。按交叉梁系的解法不同又区分为①有限元法;②差分法;③力法。三种方法中力法较少采用。有限元法将各交叉梁在节点处分开,使成为若干个离散的单元梁,以节点位移为未知数,用矩阵位移法求解,从而求得杆件内力,此法计算精度可满足一般工程要求,差分法采用交叉梁理论建立交叉点处挠度-荷载的微分方程,用差分法求解挠度,继而求得网架或梁的内力,此法当不考虑剪切变形时的计算精度较差。

(徐崇宝)

交叉式腹杆 cross web member

见腹杆(89页)。

交流焊 AC arc welding

使用交流电电源的电弧焊。交流电源一般使用弧焊变压器。

(刘震枢)

交通面积 passage area

建筑物中各房间之间,楼层之间和房间内外之间联系通行的水平净面积。即各类建筑物的门厅、过厅、走廊、楼梯间以及电梯和自动扶梯所占的水平净面积。

(李春新)

胶合板 plywood, veneer plywood

用奇数层的旋切单板(单板厚度小于等于3mm),按相邻各层纤维相互垂直的要求进行叠合、涂胶、加压而成的人造板材。叠合层数越多,其材性越趋各向同性。其出材率一般较锯制板材多25%以上。

(王振家)

胶合板管桁架 composite truss of tubular plywood and steel ties

受压的上弦和腹杆由胶合板卷成的管状杆件作成,受拉的下弦和腹杆由钢材作成的桁架。管状截面有利于抗压屈曲,因此是一种自重轻、抗力大的结构型式。

(王振家)

胶合板节点板 glued plywood gusset

用胶合板胶成的节点板。用在间距较近、杆件受力小的桁架中。胶结时可用钉加压。

(樊承谋)

胶合板结构 plywood construction

用胶合板为蒙板(或蒙皮),板、方材或层板胶合木为龙骨(骨架)胶粘而成的承重结构。由于胶合板抗剪承载力好,特别是当表板纤维与剪力呈45°交角时其抗力更佳,常用作工字形或箱形截面的梁、柱、框架及拱等的腹板以承受剪力。胶合板各单板间的木材纤维相互垂直,因此,胶合板层数越多,其力学性能越趋于各向同性。此外,胶合板幅度和长度均较宽大,因此它是极好的承重板材,以它作为蒙皮用于大型屋面板(或夹层板)、胶合板壳以及胶合板褶板结构。胶合板出材率较锯材可增加25%以上。胶合板结构美观质朴自然,结构承重与装饰相结合,是较理想的结构方案。但其耐久性不如层板胶合结构。

(王振家)

胶合板梁 ply web beam

由层板胶合木和胶合板胶接而成的梁。梁的上、下翼缘由层板胶合木作成,承受正应力;梁的腹板由抗剪性能好的胶合板作成。腹板贯穿上、下翼缘层板者为工字型胶合板梁;上、下翼缘层板外蒙以胶合板者为胶合板箱形梁。胶合板梁物尽其用,是一种较合理的结构型式。箱形梁外型美观。

(王振家)

胶合板箱形拱 ply box arch

承重主龙骨用方木或层板胶合木,外蒙以胶合板的拱。这种拱外形美观,可用于公共建筑中。

(王振家)

胶合板箱形框架 ply box frame

承重主龙骨采用方木或层板胶合木,并以胶合板为蒙皮的框架。这种框架外形美观,重量轻,便于安装运输,常用于可拆装的展览馆等建筑中。

(王振家)

胶合板箱形梁 ply box beam

见胶合板梁(158页)。

胶合梁 glued beam

借助胶(主要是各种树脂胶)将木板胶接而成的梁。具有以下优点:①可沿梁截面高度按不同工作状态合理配置不同等级的木板,以求物尽其用;②可拼接成工字形等理想的受弯构件截面,还可沿梁轴拼接成随弯矩变化的变截面梁;③可剔除木节等缺陷提高木材等级,可短材长用劣材优用,提高木材利用率;④制成的构件无干裂扭曲之虞;⑤由于胶接抗剪刚劲,梁的整体性好,大截面的胶合梁耐燃性也高;⑥可工业化生产,产品质量易于保证并可提高生产效率。胶合梁中多为逐层将木板胶接而成的层板胶合梁。侧立腹板的工字形梁性能稍差。

(王振家)

胶合木 glued timber

用胶粘方法将木板或小方木胶合而成的人造材。
(王振家)

胶合木接头 glued joint of timber member

将木料用胶接长或横向拼合的接头。在胶合木结构发展的初期,受拉木料采用1/10坡度的斜搭接,受压木料用对接接头。试验证明,对接接头并不理想,后用1/5坡度的斜搭接代替。50年代后期发展了用铣刀机械加工的胶合指形接头。这种接头加工精度高,接头部位短,能节省木材,到80年代已为短木料接长的主要型式。横向拼合的木板不考虑传力的要求,只要求上、下层板各自接头的间距不小于4cm即可。
(樊承谋)

胶合木结构 glued timber structure

用木板层叠胶结的层板胶合木组成的层板胶合结构,胶合板与方木或层板胶合木胶结的胶合板结构以及用单板胶合木组成的结构的统称。这种结构不受木材天然尺寸的限制;能根据受力特点和使用要求制成合理截面和变截面的构件或弧形构件;还能按沿截面和沿跨度的应力变化,配置不同等级的木料或胶合板,做到材尽其用。现代化的防腐、防虫、防火技术,使胶合木结构具有良好的耐久性。它使木结构扬长避短而获得新生。欧美等国大跨度的尿素仓库、干煤棚及嬉水园等都采用层板胶合拱,就是利用胶合木结构的化学稳定性。近年来美国相继建成采用跨度为153m、162m和208m的层板胶合木圆顶和122m的单板胶合木筒拱的体育馆。中国80年代后期也建成跨度为60m的层板胶合木圆顶和跨度为80m的层板胶合拱。
(樊承谋)

胶合指形接头 glued finger joints of timber member

将木料端头用铣刀加工成楔状指形,涂胶后相互插入而成的接头。用于短木料接长。普通木制品或承重木结构皆宜。当用于层板胶合木的单板或木结构的构件时,为保证接头的抗拉强度与被接长木料等效,首先应按被接长木料的强度等级控制指边坡度,强度越高则坡度应越缓。以防止沿指边剪坏,一般为1/8~1/12。接头的抗拉强度随指端宽度的减小与指长(或指距)的增大而提高,前者为主要因素,后者为次要因素,常用的指长范围为20~30mm,与其相应的指端宽度为1.0~1.2mm。当具有高频电快速干燥设备,可采用10~20mm的短指接,与其相应的指端宽度为0.5~1.0mm。对于非承重的木制品甚至可采用指长为5mm,指端宽度为0.2mm为指形。

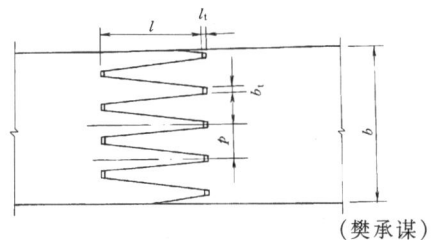

(樊承谋)

胶结法 cementation

向土内注入化学浆液或胶结剂,以改善地基土性质的方法。常用的胶结剂有水泥类、石灰类、沥青类及其他化学物质等。
(蔡伟铭)

胶结连接 adhesive bonded connection

简称胶连接。用胶粘剂将两个或两个以上零件或构件连成整体的连接。胶粘剂的作用是增大和紧密构件间的接触面,并借助分子间力的能量以抵抗剪切滑移。其优点是:工艺简单,应力分布均匀,疲劳强度高,消能能力好,不破坏被连接构件,密封性好,防腐蚀性能好。缺点是:耐热性差,会老化变脆,目前又尚缺少完善的非破损检验方法。胶结连接抗剪强度高,应尽可能把连接设计成接触面积大的搭接型式。胶接连接在木结构中的应用最为普遍,在金属结构中目前主要用于航空航天工业。

(王国周 王振家)

胶结作用 adhesion action

混凝土中水泥凝胶体颗粒对钢筋表面的化学附作用。它与水泥品种和用量有关,水泥活性好,对钢筋的吸附作用强,即胶结作用大。胶结作用在加载初期较大,当产生滑移后胶结力消失。

(刘作华)

胶连接 adhesive connection

见胶结连接。

胶粘钢板加固法 strengthening RC beam by bonding steel plate

在钢筋混凝土梁的下表面、上表面或两个侧面胶粘钢板以提高梁的正截面和斜截面强度的方法。适用于加固承载静力作用的受弯构件。粘结钢板的厚度宜为 3～6mm。粘结剂必须是强度高、耐久性好，具有一定弹性的建筑结构胶。使用条件一般要求环境温度不超过 60℃，相对湿度不大于 70%。

（黄静山）

角点法 corner-points method
矩形面积分布荷载作用时，应用应力迭加原理计算土中任意点竖向应力的一种方法。

（陈忠汉）

角度交会法 angle intersection method
用两个角度确定点的平面位置的方法。测定点位时，在两个已知点 A、B 上分别设站，观测 α 和 β 角，用前方交会法计算 P 点的坐标，或用图解法定出该点的位置。放样时，按 A、B、P（待放样点）三点的坐标反算出 α 和 β 角值，在现场测设 α、β 角，即可交会出 P 点的位置。

（王 熔）

角钢 angle
横截面呈 L 形的热轧型钢。按互相垂直的两边尺寸，可分等边角钢和不等边角钢。亦称等肢角钢和不等肢角钢。两个角钢组成的 T 形截面，常用作屋架、塔架等桁架中的杆件和各种支撑杆件。

（王用纯）

角焊缝 fillet weld
连接不在同一平面内的两焊件而截面为三角形的焊缝。当焊缝的两焊脚边互相垂直时，称为直角焊缝，简称角焊缝。两焊件有一定的倾斜角度时称为斜角角焊缝。它是最常使用的一种焊缝型式。

（李德滋）

角焊缝有效截面积 effective cross-section area of fillet weld
角焊缝在计算时，所采用的有效面积。对于直角角焊缝取 $0.7h_f \Sigma l_w$，h_f 是焊脚尺寸，Σl_w 是焊缝的计算总长度。

（钟善桐）

角接接头 corner joint
见角接连接。

角接连接 corner connection
互成 90°的板件在板边以角焊缝或对接焊缝连成一体的连接。由此形成的接头部分称角接接头。主要用于箱形组合截面的梁与柱。

（徐崇宝）

角砾 angular gravel
见碎石土（290 页）。

角频率 angular frequency
见圆频率（355 页）。

绞扭钢筋
见冷轧扭钢筋（194 页）。

铰接 hinged connection
构件与构件之间只能传递垂直和水平作用而不能传递转动力矩的连接方式。铰接时构件之间的作用力通过连接的中心。

（陈雨波）

铰接框架 hinged frame
梁或桁架和柱铰接连接的框架。大多用于单层房屋。当横梁跨度不太大，结构比较对称，竖向荷载比较均匀时也用于多层建筑，横梁可以是简支或连续。多层铰接框架的设计应注意保证节点和结构的整体稳定及地基变形的适应性。水平荷载通常由剪力墙承受。

（陈宗梁）

铰支座 hinged support
又称铰轴支座或固定铰支座。用铰轴作为传力方式的支座。此种支座只传递通过铰轴中心的作用力，不能传递弯矩，也不能产生线位移。用于荷载较大而不允许位移的构件支承端。

（陈雨波）

校核测点 check measuring point
为了校核试验测量数据的可靠性而专门布置的测点。校核性测点一般布置在结构的零应力处或在理论计算比较有把握的区域上，以及在应力十分明确的部位。用以发现由于测量仪表工作不正常以及各种偶然因素所产生的误差。往往还利用结构和荷载作用的对称性，在主要测点相对称的位置上布置一定数量校核用的测点。利用对称性来验证量测结果的可靠程度。必要时也可将其作为正式数据，供分析试验结果使用。

（姚振纲）

校准法 calibration
见目标可靠指标校准法（217 页）。

矫直 straightening
见钢材校正（92 页）。

jie

接触式测振仪 vibrograph
一种用接触式安装的测量相对振动量的仪器。测点的动位移经仪器的杠杆放大后推动笔尖摆动，它在等速移动的纸带上记下动位移时程曲线，由此可分析出测点振动的振幅、频率、阻尼等动态参数。当被测振动频率较高时，可手持仪器接触测点进行量测。

（潘景龙）

接口 interface
不同硬件和不同软件之间的交接部分。硬件接口指两种硬设备的连接装置。软件接口指两个程序块的接口程序,或程序共同访问的存储区。

（周宁祥）

接线盒　connection box

在用各种管子配线的线路中间或末端装设的,为了分线、穿线或接负荷而用的盒子。有铁制和塑料制两种。明管敷设时接线盒明装,暗管敷设时接线盒暗装。

（马洪骥）

接桩　splicing pile, pile extension

沉桩时将分段桩身连接起来的方法。由于打（压）桩架高度的限制以及桩的制作、起吊运输等条件的限制,常将桩身分段连接,常用的接桩方法有机械锁口、角钢焊接、法兰接桩和硫磺胶泥接桩等。

（陈冠发）

节点　joint

又称结点。两个或两个以上的构件或杆件相互连接在一起而保持平衡的部位。　（王振东）

节点板　gusset

见桁架节点(123页)。

节点大样设计　detail design

对建筑物或构筑物的局部以较大的比例尺绘出的详图设计。应做到构造合理、用料做法相宜、位置尺寸准确、交待清楚、方便施工,并加以编号,注明比例。编号应与详图索引号一致。

（陆志方）

节点荷载　load at joint

作用于桁架节点上的荷载。在这种荷载作用下,桁架杆件轴心受力,用料比较经济。

（徐崇宝）

节点核心区　joint core

刚性节点中梁柱相交所包络的范围。它是框架的关键部位,对整个结构的安全和承载能力的影响甚大,也是震害比较集中的部位,受弯矩、轴力和剪力的联合作用,受力相当复杂,剪力和压力的组合作用是核心处破坏的主要因素。提高节点核心区强度和延性的主要方法是加强核心处混凝土的约束、控制轴压比、剪压比以及采取有效的钢筋锚固等构造措施。　　　　　　　　　（陈宗梁　赵鸣）

节点局部变形　local deformation of joint

钢管桁架的主管受支管内力作用,在节点部位产生的变形。当支管为压力时,主管可能发生压屈变形;支管管径小于主管管径较多时,主管可能因产生较大冲剪或弯曲的塑性变形而破坏。为了保证钢管桁架节点处不产生过度的局部变形,须对支管轴心力加以限制;此支管轴心力所能达到的最大限值称为管节点承载力。其值主要与管节点形式、支管受拉或受压、支管外径与主管外径之比、支管与主轴线间的夹角等因素有关。　　　（徐崇宝）

节间荷载　load between joints

作用于两个桁架节点之间的荷载。在这种荷载作用下,直接承受荷载作用的杆件属压弯构件或拉弯构件。

（徐崇宝）

节理　joint

见断裂构造(70页)。

节子　knot

见木节(214页)。

洁净度　degree of cleaning

洁净空气环境中空气含尘量多少的程度。含尘浓度高则洁净度低,含尘浓度低则洁净度高。工程上一般以含尘浓度表示洁净度。以[粒/L]表示时称颗粒浓度,以[mg/L]表示时称计重浓度。

（蒋德忠）

洁净室　clean room

工作区要求具有一定洁净度级别的房间。工作区气流为垂直向下的平行流的洁净室称垂直平行流洁净室。气流为水平的平行流称水平平行流洁净室。气流速度不均匀,有一定涡流区的称乱流洁净室。

（蒋德忠）

结点　joint

见节点。

结构　structure

房屋建筑和土木工程的建筑物(构筑物)及其相关组成部分的实体。但从狭义上说,指各种工程实体的承重骨架,也即是若干构件或部件按确定的方法组成互相关联的能承受作用的平面或空间体系。应用在工程中的结构称工程结构,它是在一定力系作用下维持平衡的一个部分或几个部分的合成体。例如桥梁、堤坝、房屋结构等。当局限于房屋建筑中采用的工程结构则称为建筑结构。除房屋整体结构外,建筑中的屋盖结构、墙体结构等也属建筑结构。根据所用材料的不同,结构有金属结构、混凝土结构、钢筋混凝土结构、木结构、砌体结构和组合结构等。　　　　　　　　　　　　　　　（钟善桐）

结构安全性　safety of structure

结构在正常施工和正常使用条件下承受可能出现的各种作用(如荷载、温度变化、不均匀位移等)的能力,以及在偶然事件(如地震、爆炸等)发生时和发生后仍保持必要的整体稳定性的能力。

（邵卓民）

结构标准　structure standard

对工程结构领域中的重复性事物和概念所做的统一规定。它以科学、技术和实践经验的综合成果为基础,经有关方面协商一致,由主管机构批准,以特定形式发布,作为共同遵守的准则和依据。结构规范、结构规程都是结构标准的表达形式。常用的结构标准包括:术语、符号、制图标准、试验方法标准、设计标准、施工及验收标准、质量检验评定标准等。

(邵卓民)

结构承载力 bearing capacity of structure

简称承载力。结构、构件或截面承受荷载效应的能力。通常以在一定的受力状态和工作状况下结构或构件所能承受的最大内力,或达到不适于继续承载的变形时相应的内力来表示。有时也以结构或构件达到某种承载能力极限状态时相应的荷载来表示。按受力状态有受拉承载力、受压承载力、受弯承载力、受剪承载力、受扭承载力等;按工作状况有静态承载力、动态承载力等。以往承载力又称强度,而现强度仅表示材料所能承受的最大应力。

(邵卓民　王振东)

结构倒塌 collapse of structure

结构整体丧失承载力的损坏现象。如结构的整体倾覆和失稳。局部的结构破坏也可能导致结构倒塌。

(吴振声)

结构动力反应测量 measurement of structural dynamic response

结构在动荷载作用下各种反应的测量。包括:由强迫振动所产生的结构动力参数、结构振动形态和结构动力系数的测量等。为研究结构的强度、刚度以及如何满足正常使用条件等提供依据。

(姚振纲)

结构动力特性 dynamic behaviour of structure

用结构的自振频率、振型和阻尼等描述结构动力性质参数的总称。这是因为结构对外力的动力响应与结构的这些参数有关。结构阻尼的大小与结构的物理性质(材料等)有关,它是由试验测定的。结构的自振频率及其振型则可以通过测试或计算来得到。结构的自振频率 ω 和振型的计算,实际上是求解齐次方程 $[K-\omega^2 M]u=0$ 的广义特征值问题。振型形式对应于特征向量。其中 M 为结构的质量矩阵,取决于结构的质量分布;K 为结构的刚度矩阵,取决于结构的刚度分布;u 为位移向量。对于连续体结构则为求解适合边界条件的连续体的齐次偏微分方程的非零解。对于大振幅情况严格说不存在上述固定的自振频率和振型,因为结构的刚度随着振幅的增To而不断地变化。结构物的某个自振周期与地震波、脉动风、波浪等的卓越周期越接近,与该周期对应的振动响应受到地震、风振力、波浪作用力等的影响越大,阻尼越小响应也越大。因此掌握动力特性,对结构设计是十分重要的。

(汪勤慤)

结构动力特性测量 measurement of structural dynamic character

对结构的自振频率、阻尼系数和振型等反映结构动力特性的系数的量测。包括:测量结构按自身固有频率作振动时的反应,分析结构自振或共振条件下的反应曲线,得到结构的自振周期(自振频率)、阻尼系数和结构振型等动力特性,它们将反映结构振动系统的基本特性。可采用人工激振试验法或环境随机振动试验法量测。

(姚振纲)

结构防腐蚀设计 anticorrosion design of structure

确保结构在腐蚀介质作用下仍具有必要的耐久性设计。当结构经常遭受腐蚀介质侵蚀时,截面削弱,可靠性降低,严重时甚至会发生倒塌事故。为此,合理的结构设计必须考虑提高建筑物或构筑物耐久性和减轻腐蚀危害的有效措施。根据腐蚀介质(酸、碱、盐、有机溶剂类)的特性、浓度、聚集状态(气相、液相、固相)及其结构的接触状态作用,建筑材料的耐腐蚀性能等选择结构的型式。无论何种结构型式,体形力求简单,传力路线明确,减少构件凹凸,避免介质积聚。设计应遵循"预防为主,重点设防"的原则。针对腐蚀介质对结构的危害程度,分别确定防腐蚀标准。设计应同建筑、工艺、通风、上下水道等专业设计密切配合,俾使结构可靠、经济。

(吴虎南)

结构防火 fire protection of structure

保证在火灾时结构不遭破坏的技术措施。主要是降低火灾的烈度、缩短火灾时间,以及提高结构的耐火极限。钢结构、木结构、钢筋混凝土结构,由于使用的材料不同,故对防火的要求和措施亦各不同。

(秦效启)

结构防火设计 fire protection design of structure

为了防止和减少火灾对结构的危害而采取的防火措施。包括结构选型、承重结构、材料的燃烧性能和耐火等级的选择,采用有效的构造措施和防火技术等。在火灾时,结构将会受到损坏。如:①木结构表层被烧失,削弱了承重的断面。②钢结构受热,将出现塑性变形,随着局部破坏,而造成整体失稳。必须设法推迟达到极限温度的时间,如在构件表面喷涂隔热的保护层,即各种防火涂料。③预应力混凝土结构遇热,钢筋伸长导致预加应力降低,变形和裂缝增大。④高温下建筑材性的劣化,结构中增加了热应力。⑤次生灾害造成的结构超载引起倒塌。结构防火设计的基本原则是:合理选用结构类型和尺寸;合理选用耐火和防火材料;阻止空气流动,采取隔断措施。

(钮　宏)

结构非线性分析 non-linear analysis of structure

结构构件按其材料的几何非线性性能,用平衡条件、物理条件和变形协调条件,确定其在不同荷载下内力-变形、应力-应变关系的分析。钢筋混凝土的非线性分析包括:对钢筋及混凝土材料的非线性分析、钢筋混凝土构件的非线性分析以及板、拱等在平面应力状态下,利用有限元法进行的非线性分析等问题。此外还有如何考虑裂缝出现和发展、粘结力的破坏、徐变对结构的影响等而进行的非线性分析。
(王振东)

结构分析程序 ①SAP,structural analysis program, ② MSC/NASTRAN, the macneal schwender corporation/NASA structural analysis program

①一个通用的可应用于线性弹性系统的静力和动力分析有限元素法计算机程序。70年代初由美国加里福尼亚大学伯克利分校的 E.L.Wilson 等创建。它的文本不断地更新,目前国内常用的是 SAP5、SAP6。SAP5 共有 196 个子程序,2 万多语句行,用 FORTRAN 语言编写。有空间梁元、平面应力元、板壳元和三维块元等 10 余种类型的单元。可进行多工况静力分析、振型和频率计算以及时程分析等计算工作。还具有图形输出和带宽优化等功能。

②由美国 MSC 公司开发的一种有限元结构分析程序。迄今已有 20 多年历史。目前为 66 版,语句规模为 80 万条。它可用于线性、非线性静动力、热传导、屈曲、蠕变、断裂和结构优化等分析。程序采用先进的多层超单元、循环对称、5 种以上动力凝聚、自动动态增量、自动再启动及数据库等算法,并配以专用的前后处理程序 MSC/XL。它还提供面向用户的开放式的 DMAP 语言,可任意方便地增删固定的求解序列,以满足用户特殊要求。
(金瑞椿 李军毅)

结构分析通用程序 structural analysis program for general purpose

为进行结构工程中一般的静力、动力分析而编制的计算机程序。其特点是适用性强。这类程序除提供各种类型的单元外,还提供加入新单元的接口。它可以完成刚架、薄壁结构、板壳和组合结构的弹性和非线性分析。这类程序的使用具有较大的灵活性,用户可以根据自己的需要,组织不同的计算流程。但对于某一特定的结构形式,或对于需要重复计算的问题,通用程序的效率就不及针对上述特点编写成的专用程序高。
(金瑞椿)

结构分析微机通用程序 SAP84

由北京大学开发的专门用于微机的一个通用结构分析程序。吸收了 SAP5 程序中的主要功能,并在多重子结构和自由格式输入等方面作了扩充。为了克服微机内存容量有限的困难,SAP84 设计成由 50 多个独立程序组成的总体结构。每一个独立程序本身可以单独地编译和运行,而它们之间的联系则通过一系列盘文件来实现。要完成一个特定的结构分析问题,可以通过依次地执行若干适当的程序来完成。
(金瑞椿)

结构缝 structural joint

见变形缝(12 页)。

结构刚度 stiffness of structure, rigidity of structure

简称刚度。结构或构件抵抗变形的能力。通常以施加于结构或构件上的力(力矩)与它所引起的线位移(角位移)之比来表示。在截面设计中还经常采用截面刚度(rigidity),这是指在弹性阶段材料的弹性模量或剪变模量与截面面积或截面惯性矩的乘积,一般为常量。按受力状态不同,刚度可分为轴向刚度、弯曲刚度、剪变刚度、扭转刚度等。对于弹塑性结构构件,例如钢筋混凝土结构构件,刚度为变值,其值与材料组成、荷载大小及作用时间长短、混凝土开裂情况、混凝土收缩和徐变,以及钢筋的滑移等有关。结构设计时考虑短期刚度和长期刚度两种。
(邵卓民 杨熙坤)

结构刚度特征值 characteristic value of structural stiffness

在框架-剪力墙结构体系中,反映剪力墙和框架的刚度比的参数(以 λ 表示)。

$$\lambda = H\sqrt{\frac{C_F}{E_w J_w}}$$

H 为结构总高度,C_F 为总框架的剪切刚度,$E_w J_w$ 为总剪力墙的抗弯刚度。当 λ 很小时,剪力墙承担总剪力的大部分,结构变形呈弯曲形;当 λ 较大时,变形呈剪切形,框架承担总剪力的大部分。
(赵 鸣)

结构钢 structural steel

适合于制造建筑结构或构筑物的钢材。这类钢材一般都具有较高的强度和较好的塑性,对在低温环境或受动荷载的情况下工作的结构钢,还要求有较好的韧性,用于焊接结构则应有较好的可焊性。碳素结构钢中的 Q235(旧称 3 号钢),低合金结构钢中的 16Mn 钢及 15MnV 钢等,是常用的结构钢。
(王用纯)

结构隔振设计 construction vibration-proof design

为了减少工业生产厂房的各种动力设备对厂房结构、精密设备、精密仪器仪表发生的动力影响而作的结构设计。结构振动设计时，首先应选择一个避开有害振源的安静环境，选择合理的结构型式，进行合理的结构布置和振源布置，然后进行结构振动计算和隔振设计，并对其振动影响采取必要的构造措施，以及消能隔振措施，以满足结构动力强度和动力稳定的要求，满足或防止影响安置在结构上精密设备和精密仪器仪表的正常使用，确保生产操作人员健康无害。　　　　　　　　　　　　（茅玉泉）

结构工程　structural engineering

为兴建各类工程结构而进行的勘察、规划、设计、施工和设备调试等各种技术工作和工程实体。在各类土木工程中，结构工程都是一个必不可少的重要部分。　　　　　　　　　　　（钟善桐）

结构工程事故　structural engineering accident

由于设计、施工或使用中的人为错误产生的结构损坏。结构设计中的计算错误和构造不当，施工中不按图施工和操作错误，使用中超负荷或不合理等都可能造成后果严重的工程事故。
　　　　　　　　　　　　　　　　　（吴振声）

结构功能函数　performance function of structure

描述结构完成预定功能状况的函数(Z)。一般表达式为 $Z = g(X_1, X_2, \cdots, X_n)$，其中 $X_i (i = 1, 2, \cdots, n)$ 为影响结构可靠度的各种主要变量。一种简单的表达式是 $Z = R - S$，其中 R 为结构抗力（承载力、稳定性、刚度、抗裂度等）或其函数，S 为结构的作用效应（内力、变形、裂缝宽度等）或其函数。R 和 S 均为综合变量。显然，当 $Z > 0$ 时，结构能够完成预定的功能，处于可靠状态；当 $Z < 0$ 时，结构不能完成预定的功能，处于失效状态；当 $Z = 0$ 时，结构处于极限状态。　　　　　　　　　（邵卓民）

结构功能要求　requirements in relation to the performance of structure

设计时预定的结构应具备的各种功能。在中国国家标准《建筑结构设计统一标准》中规定的结构应具备的功能可概括为安全性、适用性和耐久性。
　　　　　　　　　　　　　　　　　（邵卓民）

结构构件实际承载力　actual bearing capacity of structural member

抗震设计中，因材料强度标准值、构件实际截面（包括钢筋截面、钢材全截面等）以及对应于重力荷载代表值的轴向力计算得到的结构构件承载力。包括截面实际承载力和楼层实际承载力。

结构化查询语言　SQL, structured query language

基于早期的关系数据库管理系统 system R 的数据子语言，具有数据描述、查询、操作和其它控制作用的数据语言。用于数据库操作时既可作为查询语言，又可嵌入主语言使用。SQL 有 SQL-DDL 及 SQL-DML 之分，前者用来描述关系数据库的结构和完整性约束；后者用来说明关系数据库应用程序的数据库过程和执行语言。　　　　　（陆　皓）

结构极限状态　limit state of structure

简称极限状态。结构或构件能够满足设计规定的某一功能要求的临界状态。中国国家标准《建筑结构设计统一标准》规定，设计时需考虑的结构极限状态有两类：承载能力极限状态和正常使用极限状态。对于结构的每种极限状态，在设计规范中都规定了明确的标志或限值，作为判别结构或构件是否满足规定的功能要求的依据。　　　（邵卓民）

结构加固设计　strengthening design of structure

为弥补结构损坏和结构缺陷使之恢复结构物原定的功能要求，或为使结构物适应新的功能要求而拟定的技术措施。已有结构物由于设计、施工或使用过程中的错误，或者由于遭遇非常的外部作用（如地震、火灾、爆炸等）导致结构损坏而不能继续使用，或由于欲改变结构物的使用要求，则应在技术可能和经济合理的前提下进行结构加固设计、修复或加强结构，使之能满足继续使用中的安全性、适用性和耐久性的要求。结构加固方法与结构的类型、结构损坏的原因和程度以及新的功能要求有关。加固是一项综合性技术。在进行加固前应对需加固的结构进行鉴定，对可能采取的方法进行可行性论证，然后遵循有关的技术标准进行设计。
　　　　　　　　　　　　　　　　　（吴振声）

结构检验　structural examination

利用检测仪器和检测技术对结构（或构件）性能进行的测定。通过对结构进行调查研究，检查结构的设计施工质量，了解其使用状态。目的是鉴定结构的可靠性，保证结构的使用安全和增大已建结构的再利用程度。结构检验的方法包括检查、验算和荷载试验。检查是测定结构各部分（跨度、高度等）和构件实际截面尺寸，混凝土结构的钢筋位置、锈蚀程度、保护层厚度、检查结构各部分的沉降变形、开裂及破损情况。用非破损试验方法检查测定结构件的材料力学性能。按照实际的结构构件尺寸和截面大小，实际的材料性能和地质资料，根据有关设计规范验算结构的承载能力。荷载试验是检验结构在荷载作用下的工作状态，一般采用非破损性试验以保证结构的继续使用。对于预制构件质量检验则主要用破坏性试验，以构件承载力、刚度、抗裂性和裂缝宽度等检验指标来评定其工作性能。

(姚振纲)

结构抗风设计 structural design against wind

保证结构在风力作用下能满足安全和经济要求的设计。一般包括下列几个方面：①在结构体型方面，应使其外形对风的阻力为最小，尽量使结构表面光滑平整，避免凹凸角。圆柱形结构或构件沿风向的阻力很小，但有时会产生横向共振作用。对构件外露的结构（如塔、拉绳桅杆等），应尽量采用构件粗大而数量少的型式。②在构造方面，应加强抗风措施，防止结构损坏。例如对轻型屋面，为了防止风吸力将屋面掀起，应将屋面有效地锚固或在屋面上加设压重。对圆柱形结构，为了防止产生横向共振，可在圆柱表面设置螺旋形凹槽或凸缘，以破坏卡曼涡流。③在计算方面，按有关规范规定核算结构顺风向的内力和位移以及结构局部（如幕墙、窗玻璃等）风压力的影响，核算圆柱形结构在垂直风向的风振作用，以及对某些具有特殊外形的结构核算结构驰振、颤振、抖振等。④设置振动控制系统，如在结构顶部设置主动或被动（平移质量式或摆式等）减振器，或在结构底部设置耗能装置。⑤对于特别重要或外形特殊的结构，须进行风洞模型试验，以确定其体型系数和风振特性，作为计算的依据。

(欧阳可庆)

结构抗力 resistance of structure

简称抗力。结构或构件承受作用效应的能力。如承载力、稳定性、刚度、抗裂度等。影响结构抗力的主要因素是材料性能、几何参数、计算模型精确性等。这些因素的不定性形成了结构抗力的不定性。

(邵卓民)

结构抗裂度 crack resistance of structure

简称抗裂度。结构或构件抵抗开裂的能力。可用受拉边缘的拉应力达到材料抗拉强度时结构或构件的承载力与其相应使用荷载作用下计算的内力（轴向力或弯矩值）的比值；或开裂时混凝土拉应力与其相应使用荷载作用下计算的混凝土拉应力的比值来度量。对于预应力混凝土结构，其抗裂度亦为预应力度（应力比）与混凝土自身抗裂度之和。

(陈惠玲)

结构抗震加固 strengthening of seismic structure

对不满足抗震要求的结构采取的加强措施或对震损后的结构进行修复。加固标准视结构的重要性和现状区别对待。一般根据结构抗震鉴定的结果，针对加固的具体要求，选择合适的加固方法，使加固后的结构在遭遇相当于抗震加固采用的设防烈度的地震影响时，一般不致倒塌伤人或砸坏重要生产设备。通常按砌体结构抗震加固和混凝土结构抗震加固，采用不同的加固方法。

(夏敬谦)

结构抗震能力 earthquake resistant capacity of structure

结构物能抵抗地震最大烈度的能力。也就是在满足一定的评定标准的情况下，结构物最终能抵抗多大烈度的地震。对于某一具体结构来说，结构的抗震性能只研究结构在地震时的表现，而结构的抗震能力还要研究结构最终能抵御多大的地震并满足一定的要求。

(吕西林)

结构抗震能力评定 evaluation of earthquake capacity of structure

根据结构的动力特性和试验结果，建立适当的计算模型，通过分析和计算来研究结构抗震性能和判断结构抗震能力的全过程。评定的标准为：在一定的地震动作用下，结构的强度、变形以及整体性能等能否满足国家技术标准给出的各项要求。评定的方法有：①根据周期性结构抗震静力试验结果，利用共振容量法来评定所能承受的最大加速度峰值；②通过周期性动荷试验或共振试验确定结构的最大承载能力和滞回特性；③通过结构物的地震反应试验，对照抗震试验结果，从强度和变形能力方面进行评定；④通过模拟地震振动台试验、人工地震试验、天然地震试验的结果来评定；⑤根据国家有关的技术标准和规范，通过计算和比较进行评定。

(吕西林)

结构抗震设计 earthquake-resistant design of structure

按一定的安全准则和设防标准，对工程结构预先采取设防措施，以减轻震害避免伤亡的技术工作。它包括概念设计和参数设计，前者从结构总体概念上考虑抗震的工程决策，诸如结构选型、材料特性的利用、多道防御的可能、地基与上部结构的关系、抗震缝的设置、非结构构件的贡献以及拟定抗震构造措施等；后者内容有计算地震作用，验算构件截面强度等。两者是缺一而不可的。抗震设计原则是"小震不坏，大震不倒"。中国当前采取三个水准的设防要求；以众值烈度为第一水准烈度，目标是正常使用；以基本烈度为第二水准烈度，目标是结构的非弹性变形或损坏控制在可修复的范围；以罕遇烈度为第三水准烈度，目标是不致倒塌。抗震设计采用二阶段设计：第一阶段是强度验算，通过构造措施满足第三水准的设防要求。一般性结构只进行第一阶段设计，地震时易倒塌的建筑和特别重要的建筑，需进行第二阶段设计。

(张 誉)

结构抗震试验 structural seismic test

在地震或模拟地震荷载作用下，研究结构构件抗震能力或抗震性能的试验。分为抗震静力试验与抗震动力试验。结构抗震静力试验又可分为周期性抗震静力试验与非周期性抗震静力试验。结构抗震动力试验可分为周期性抗震动力试验与非周期性抗震动力试验。与静力试验相比，它可以给结构提供一定的应变速率，特别是非周期性动力试验可以达到地震再现的目的。周期性加载的结构抗震试验偏重于结构构件抗震性能的评定，而非周期性加载的结构抗震试验则偏重于结构抗震能力的评定。

（姚振纲）

结构抗震性能 earthquake resistant behavior of structure

在地震作用下工程结构物的强度、刚度、抗裂度、变形能力、耗能能力及破坏形态等指标的总称。它与结构形式、构造措施、材料特性及工程质量等因素有关，在进行试验研究时还与加载制度、结构的边界条件等有关。

（吕西林）

结构抗震修复 repairing of seismic structure

对地震后产生裂缝、局部破坏以及不均匀沉降等震害的结构使其恢复原有功能而采用的修复措施。对于开裂墙体通常采用压力灌浆、水泥抹面及钢筋扒锯等措施。对于钢筋混凝土框架梁、柱开裂、局部破损或存在较小缺陷等情况，可用环氧树脂或107胶水泥砂浆进行灌缝修复。破损较严重时，可用微膨胀水泥砂浆或混凝土以及喷射细石混凝土等进行修补。

（夏敬谦）

结构可靠度 degree of reliability for structure

结构在规定的时间内，在规定的条件下完成预定功能的概率。它是结构可靠性的一种定量描述，可用结构的可靠概率（p_s）来度量，但习惯上用结构的失效概率（p_f）来度量。两者具有简单的互补关系 $p_s + p_f = 1$。如果只涉及结构安全性的度量，则可称为结构安全度。合理确定结构的设计可靠度，关系到结构的安全与经济，是制定结构设计规范需要解决的首要问题。

（邵卓民）

结构可靠性 reliability of structure

结构在规定的时间内，在规定的条件下，完成预定功能的能力。它是结构的安全性、适用性和耐久性的概称。其中，规定的时间一般指设计基准期，规定的条件一般指正常设计、正常施工、正常使用的情况。

（邵卓民）

结构可靠状态 survival state of structure

结构或构件能够满足设计规定的某一功能要求的状态。其临界情况称为极限状态。

（邵卓民）

结构控制 structure control

通过分析与设计，人为地改变结构在各种外界影响如地震、振动、风等的作用下的性能与反应。可分为主动控制和被动控制。主动控制依靠外界的能量干扰结构的动态反应，使之利于安全；被动控制不依靠外界的能量输入，而是通过隔振、吸振或阻尼耗能等使结构动态反应减小。实际应用可以单独利用主动或被动控制，也可以是二者的组合。

（余安东）

结构老化 ageing of structure

结构在使用中不可避免的缓慢的损坏过程。如：结构磨损、钢筋锈蚀、混凝土碳化、结构材料性能随时间的恶化，重复荷载作用下损伤的积累。

（吴振声）

结构面积 structural area

构成建筑物承重体系、分隔平面各组成部分的墙、柱、垛及隔断等构件所占的平面面积。

（李春新）

结构磨损 wearing of structure

使用过程中因摩擦和碰撞而造成的结构损伤。

（吴振声）

结构耐久性 durability of structure

结构在正常使用和维护条件下，随时间变化而仍能满足预定功能要求（结构安全性、结构适用性、外观完整性）的能力。

（邵卓民）

结构疲劳试验 structural fatigue testing

在重复或反复荷载作用下，为确定结构疲劳强度和疲劳寿命而进行的试验。结构构件在承受足够多次循环或交变的应力（应变）幅值作用后，由于结构构件内某一部位发生局部损伤的递增积累，导致裂纹形成并逐渐扩展，以致完全破坏。按应力（应变）循环或交变的幅值和频率变化的情况，结构疲劳试验可分为常幅疲劳、变幅疲劳和随机疲劳。目前建筑结构试验中主要是等幅稳频多次重复荷载作用下的常幅疲劳试验。

（朱照容）

结构破坏 structural failure

结构或构件丧失承载力的损坏现象。它包括结构的局部破坏和整体破坏。可分为延性破坏和脆性破坏两种情况。

（吴振声）

结构墙 structural wall

建筑物中承受竖向荷载、水平荷载、抵抗地震作用和保持结构稳定的墙体。一般都兼有多种功能，当强调某种功能时，常以该功能命名为剪力墙、抗震墙、抗风墙、承重墙等。其所用材料主要是砖、砌块、钢筋混凝土、钢板等。它有多种形式，如小开口墙、双肢墙、多肢墙、联肢墙、框支墙等。

（江欢成）

结构缺陷 structural defect

结构内在的（非外部作用引起的）损坏。如结构材料性能不正常的质量变异，设计和施工中的错误所造成的结构性能降低，设计理论的局限性可能造

成的结构中潜在的危险。　　　（吴振声）

结构设计　structure design

在结构的可靠与经济之间选择一种合理的平衡,力求以最低的代价,使所建造的结构在规定的条件下和规定的使用期限内满足各种预定功能要求的过程。为达到此目标,所采用的结构设计方法可分为两大类:定值设计法与概率设计法。结构设计工作包括方案选择、内力分析、截面计算、构造处理、工程绘图等。结构设计必须以工程力学为基础,遵循各类结构设计技术规范和规程,符合适用、安全、经济的要求。　　　（邵卓民　陆志方）

结构设计符号　symbol for structural design

在结构设计中采用的标志。通常由主体符号和上、下角标构成。主体符号一般代表物理量,常以一个字母(斜体)表示;上、下角标代表物理量或物理量以外的术语、说明语,常以一个字母、缩写词、数字(均为正体)或其它标记表示。中国国家标准《建筑结构设计通用符号、计量单位和基本术语》(GBJ83—85)和国际标准《结构设计依据—标志方法—通用符号》(ISO3898)中,均对结构设计采用的符号作出了规定。　　　（邵卓民）

结构设计原理　principles of structure design

进行结构设计时所遵循的基本原则和采用的计算方法。它包括:①建筑结构应满足的功能要求;②评价结构可靠性的方法;③经济合理地实现功能要求的设计准则;④作用效应和结构抗力的计算方法。随着生产和科学技术的发展,在不同时期中国先后采用过容许应力设计法、破损阶段设计法、极限状态设计法及概率极限状态设计法。极限状态设计法和概率极限状态设计法均按建筑结构的功能要求,规定结构必需满足两种计算极限状态——承载能力极限状态和正常使用极限状态,并确定了相应的极限状态设计表达式,以保证结构的可靠和经济。这两种设计方法均考虑了材料的塑性性能,但在结构可靠性的评价方法上不相同。　　　（吴振声）

结构失效状态　failure state of structure

结构或构件不能满足设计规定的某一功能要求的状态。　　　（邵卓民）

结构试验　structural test

对工程结构(或构件)施加荷载或其他作用,由结构内力、变形或动力反应检验和判断实际性能的工作。施加的荷载可以仿重力、机械干扰力、地震力、风力等,或是施加温度、变形等因素的作用。量测的内容可以有结构构件的变形、挠度、应变、裂缝、振幅、频率等各种有关参数和破坏特征。是检验工程质量设计方法的可靠性,探索新结构理论、改善施工工艺的重要手段。按试验目的分为研究性试验和检验性试验(或生产性试验);按试验对象的尺寸分为原型试验和模型试验;按结构加载性质分为静力试验和动力试验;按试验荷载作用时间的长短分为长期试验和短期试验;按试验场地的条件分为现场试验和试验室试验;按结构允许破损的程度分为破坏试验和非破损试验。　　　（姚振纲）

结构试验机　structural testing machine

能对结构构件进行压、拉、弯、剪等力学性能试验的一种比较完善的液压加载系统。构造和原理与一般材料试验机相同,由大吨位的液压加载器、测力操纵台和试验机架三部分组成,是结构试验室内进行大型结构构件试验的一种专门加载设备。典型的结构试验机俗称长柱试验机,可用于柱、墙板、砌体、节点与梁式构件的受压或受弯试验。目前中国最大吨位结构试验机的最大荷载在5000~10000kN,国外可达30000kN甚至更大。采用先进电液伺服技术的结构试验机可以通过专用的中间接口与计算机相连,还可配以专门的数据采集和数据处理机,使试验机的操纵和数据处理由程序控制自动操作。

　　　（姚振纲）

结构试验设计　design of structural test

为实现结构试验的目的而对试件、加载设备、试验装置和量测方法等进行综合研究而制订的方案和计划。包括试件设计,试验加载设计和试验观测设计等主要内容。结构试验设计所制订的方案与计划对整个结构试验工作是具有指导意义的技术文件。

　　　（姚振纲）

结构适用性　serviceability of structure

结构在正常使用条件下满足预定使用要求(如变形、裂缝、振动等)的能力。　　　（邵卓民）

结构损坏　structural damage

影响结构满足使用功能要求的现象。如结构材料性能的降低、结构的内部缺陷、局部破损、过宽的裂缝、过大的变形、构件的破坏以及结构倒塌等或正常使用条件下的结构磨损、混凝土碳化、钢material锈蚀以及结构材料的损伤积累等。对结构损坏根据情况不同可作经常性维修、加固处理或报废。

　　　（吴振声）

结构物　structure

见构筑物(109页)。

结构性能评定　evaluation of structural character

利用试验得到的能反映结构实际工作的各项参数,根据计算理论、设计规范或检验标准的规定,对结构构件进行承载力检验、挠度检验、抗裂检验和裂缝宽度检验,并由此对结构性能作出评价。对于不同性质的结构可以有不同要求和不同的检验内容。

如钢筋混凝土构件和允许出现裂缝的预应力混凝土构件应进行承载力、挠度和裂缝宽度检验，要求不出现裂缝的预应力混凝土构件应进行承载力、挠度和抗裂检验。 （姚振纲）

结构影响系数 structure effect factor

考虑结构的弹塑性变形、阻尼特性、振型组合、非承重结构的抗震作用以及地基变形等对地震作用影响的系数。由于塑性变形等因素的存在，使发生在实际结构上的地震作用比按单质点弹性体系确定的设计地震力大为降低，所以中国抗震设计规范（TJ 11—78）在确定设计地震力的公式中，曾以结构影响系数来反映两者之间的差异。但是，因为其取值基本上是经验性的，从概念上讲，无论在反映结构的实际受力方面，还是当考虑地震作用效应的组合时，结构影响系数都有不明确和局限之处。
（戴瑞同）

结构允许振动 permissible vibration of structure

结构振动量（振幅、速度、加速度）符合规定值的振动。一般控制速度，中国《机器上楼楼盖设计暂行规定》中规定，加工不平度一般的机床，其底座允许振动速度为 1mm/s。有的控制振幅、加速度。控制振动量的设计方法称振幅法。另一种方法叫共振法。该法认为只要避开共振一定范围，不必验算振动量。例如原联邦德国动力规范（DIN4024）规定结构自振频率要离开扰力频率 20%，而对振动量未提出要求。 （郭长城）

结构振动设计 design of structural vibration

满足振动要求的结构设计。作结构振动设计时要解决下列问题：①扰力（动荷载）的确定；②允许振动的确定；③研究计算模型和计算方法；④提出可靠、合理的设计方案。无论哪项工作都要经过调查研究和分析。最好能给出不作动力计算的条件或简算方案。 （郭长城）

结构重要性系数 factor for importance of structure

为了体现不同安全等级的结构或构件具有不同的设计可靠指标而在设计表达式中采用的系数。对安全等级为一、二、三级的房屋结构或构件，结构设计规范规定分别取结构重要性系数为 1.1、1.0、0.9。 （邵卓民）

结构-桩-地基土相互作用 structure-pile-foundation interaction

见土-结构相互作用（304页）和桩-土相互作用（378页）。

结构自重 construction weight

由结构或构件自身质量引起的重力。一般采用根据结构标志尺寸算得的体积与结构材料重力密度的乘积。 （唐岱新）

结合水 bound water

受分子引力和静电吸引力吸附于岩土颗粒表面的水。由于岩土颗粒表面一般带有负电荷，其周围形成电场，在电场范围内的偶极性水分子被粘土颗粒表面负电荷所吸引，定向地排列在外围，便形成结合水。其中被牢固吸附在颗粒表面的一层水是固定层，称强结合水。在固定层以外，由于静电引力变小，极化水分子活动性大些，形成扩散层，称弱结合水。附在颗粒表面上的一层结合水叫结合水膜。结合水膜大小与粘土颗粒粗细即比表面积大小有关，比表面积愈大，结合水膜愈发育。结合水膜的发育程度对粘性土物理力学性质影响很大。
（李 舜）

结晶水 crystal water

以分子形式 H_2O 存在于组成岩土的矿物结晶格架固定位置上的水。它是矿物水的一种。这种水本身就是矿物成分。通常加热到一定温度时，水分子与矿物分离，矿物结晶形态发生变化，但化学性质不变，如石膏 $CaSO_4 \cdot 2H_2O$，蒙脱石 $Al_2[Si_4O_{10}](OH)_2 \cdot nH_2O$。 （李 舜）

截面抵抗矩塑性系数 plastic coefficient of the moment of resistance of section

混凝土受弯构件即将开裂时的截面弹塑性抵抗矩与其弹性抵抗矩之比。 （杨熙坤）

截面核心距 distance of kern of section

构件偏心受压时最大受压纤维处的毛截面抵抗矩 W_1 与截面面积 A 之比值。在双轴对称截面且压力作用在对称轴平面内时，它是截面上某点至另一对称轴的距离。凡压力作用在截面核心区内或边缘线上时，截面将不产生拉应力。 （陈雨波）

截面剪切变形的形状影响系数 shape influence coefficient of section shear deformation

考虑截面剪切变形的形状对平均剪应力的修正系数。原"工业与民用建筑抗震设计规范"（TJ 11—78）规定砌体结构的抗震抗剪强度验算时，采用简化的计算剪应力的方法。即采用全部剪力除以全部受剪面积作为求得的剪应力的方法。为了减少简化方法的误差，引入系数 ζ 加以修正，即 $KQ \leqslant R_\tau \cdot A/\zeta$，$KQ$ 为安全系数乘以外剪力，A 为受剪面积，R_τ 为抗剪强度。对矩形截面，形状影响系数 ζ 可取为 1.2。在"建筑抗震设计规范"（GBJ 11—89），ζ 值直接在抗剪强度值中考虑，不再出现 ζ 值。
（陆竹卿）

截面收缩率 reduction of area

材料拉伸试验断裂后，试件的最小截面面积与

原始面积之比。它是衡量材料塑性变形能力的指标之一。　　　　　　　　　　　　（王用纯）

截面受压区高度　depth of compressive zone of section

结构构件在受弯、压弯、拉弯时，截面上法向应力等于零的中和轴位置至受压区外边缘的距离。当为混凝土及钢筋混凝土构件时，为不计及混凝土受拉工作时截面的受压区高度。在计算钢筋混凝土受弯、压弯及拉弯构件正截面承载力时，按纵向力作用点与受压区混凝土合力相重合的原则，将混凝土受压区曲线应力分布图简化成面积相等的等效矩形应力分布图时的受压区高度，称作换算受压区高度。
　　　　　　　　　　　　（杨熙坤）

截面塑性发展系数　plastic adoptive factor of section

当以验算截面上部分高度的正应力达到屈服点作为极限状态进行设计时得出的弹塑性抵抗矩与弹性抵抗矩的比值。现行设计规范规定塑性发展区的高度为截面高度的 $\frac{1}{8} \sim \frac{1}{4}$。　　（陈雨波）

截面塑性系数　plastic factor of section

见截面形状系数。

截面系数　factor of section

见截面形状系数。

截面限制条件

为使构件达到极限承载力时配筋量不至过多，不使混凝土首先被压坏，截面应具有的最小尺寸的条件。在正截面受弯构件中，若纵筋用量过多，相应受压区高度过大，受拉纵筋不能屈服，形成超筋破坏；在斜截面受剪构件中，若腹筋用量过多使腹筋不能屈服，形成斜压破坏；在受扭构件中，若纵筋及箍筋用量过多，使纵筋和箍筋均不能屈服，形成完全超配筋梁而导致构件脆性破坏。因此，当不符合上述所具有的最小尺寸的限制条件时，应加大构件截面尺寸或提高混凝土强度。对于正截面受弯构件，还可以在混凝土受压区设置纵向钢筋加以解决。
　　　　　　　　　　　　（王振东）

截面消压状态　decompressive condition of section

预应力钢筋合力点处混凝土法向应力等于零时截面的应力状态。即预应力混凝土构件受到荷载作用后，在钢筋重心处产生的混凝土拉应力 σ_c 恰好与预压应力 σ_{pc} 相抵消，混凝土的应力为零。达到这种状态时相应的预应力钢筋中的应力值，称为消压预应力值。　　　　　　　　　　　　（王振东）

截面形状系数　shape factor of section

又称截面塑性系数，简称截面系数。梁截面的塑性抵抗矩与弹性抵抗矩的比值。用于验算以形成塑性铰为极限状态的设计中。形状系数只取决于截面的几何形状，与材料的性质无关。
　　　　　　　　　　　　（陈雨波）

截面有效高度　effective depth of section

钢筋混凝土受弯、压弯及拉弯构件正截面受拉钢筋合力作用点至受压区边缘的距离。
　　　　　　　　　　　　（杨熙坤）

截水沟　catch drain

当挡土墙后有山坡时，为了保证挡墙的稳定而在坡顶上设置的横向排水沟。用以防止雨水渗入填土。墙后积水会使土的抗剪强度降低，重度提高，土压力增大。如出现稳定水位，还受到水的渗流和静水压力的影响。墙后水体的作用常是导致挡墙破坏的原因之一。　　　　　　　　（蔡伟铭）

截锥形幕结构　curtain construction of cut-off cone

见幕结构(218页)。

解释程序　interpreter program

将高级语言写出的源程序作为输入，并不产生目标程序，而是边解释边执行源程序的程序。一般说来，它比编译程序化费的机器时间较多，但存储空间占用较少。　　　　　　　　　　（周锦兰）

界面受剪　interface shear

在构件中沿一个特定的平面或界面成相对滑移的剪切作用。　　　　　　　　　　（朱聘儒）

界限长细比　boundary slenderness ratio

钢管混凝土轴心受压构件的强度与稳定、弹性稳定与弹塑性稳定分界点的长细比。轴心受压构件的临界应力值与构件长细比有关，当构件长细比较大时，临界应力低于钢-混凝土组合材料的比例极限，属于弹性稳定。随着长细比的减小，临界应力逐渐提高，进入弹塑性稳定。当临界应力等于比例极限时，对应的构件长细比称弹性稳定和弹塑性稳定的界限长细比，约在 100～120 之间。长细比继续减小，临界应力不断提高到等于组合材料的屈服点时，由稳定问题转化为强度承载力问题，这时的构件长细比称为强度与稳定的界限长细比，约在 10 左右。
　　　　　　　　　　　　（钟善铜）

界限含水量　Atterberg limits

土从一个状态变化到另一状态的分界含水量。1911 年由瑞典农学家阿太堡(Atterberg)首先提出，故又称阿太堡界限。在土建工程领域，主要指液限、塑限和缩限。液限是塑性状态的上限，塑限是塑性状态的下限；含水量低于缩限，水分蒸发时土体积不再缩小。它与土的粒度成分、矿物成分、比表面积、表面电荷强度等一系列因素有关，是这些因素的综合反映。目前，中国及其他国家对粘性土按塑性指

界限偏心距 balanced eccentricity

钢筋混凝土偏心受压构件当纵向受拉钢筋屈服和受压混凝土被压碎同时发生时荷载的偏心距。它和截面形状尺寸、材料强度和配筋量等因素有关。

（计学闰）

界限破坏 balance failure

构件在受拉钢筋屈服的同时，受压区外边缘处的混凝土也达到极限压应变的破坏状态。对受弯和受扭构件，它是适筋和超筋的界限；对偏心受压构件，它是大偏心受压构件和小偏心受压构件的界限。

（刘作华）

jin

金属保护层 metal protective coat

钢材表面通过合金化、电镀或热浸镀锌等方法形成的防锈层。这是一种比较高级的防护措施。一般在金属保护层上可不另涂漆维护。

（张耀春）

金属结构 metal structure

由普通低碳钢、普通低合金钢或铝合金的板材和型材采用焊缝、螺栓、铆钉或胶结连接组成的结构。分普通钢结构（简称钢结构）、冷弯薄壁型钢结构和铝合金结构等三大类，以普通钢结构用途最广。

（钟善桐）

紧箍力 confining force

钢管混凝土构件受压，当混凝土横向变形系数超过钢材的泊松比时，钢管与核心混凝土间的相互作用力。由于紧箍力的作用，钢管处于纵向、径向受压而环向受拉的应力状态，核心混凝土则受到钢管的约束而处于三向受压应力状态，因而改善了塑性和抗动力性能，并提高了抗压承载力。

（钟善桐）

紧固件 fastener

见机械式连接件(138页)。

进深 depth

在建筑平面组合中，与开间垂直的纵向内外墙轴线间的距离。

（李春新）

近地风 ground wind

在高度较低处受地表摩擦作用影响的风流。在梯度风高度以下，风速按附图所示的曲线变化。高度愈低，地表摩擦作用的影响愈大，因而风速愈小。风速变化可用下列指数或对数公式表示：

$$\frac{\overline{v}}{\overline{v}_s} = \left(\frac{z}{z_s}\right)^\alpha$$

$$\frac{\overline{v}}{\overline{v}_s} = \frac{\lg z - \lg z_0}{\lg z_s - \lg z_0}$$

$\overline{v}$、z 为所考虑点的平均风速和高度；$\overline{v}_s$、z_s 为标准高度(10m)处的平均风速和高度；α、z_0 为与地面粗糙度有关的数。指数公式对上部摩擦层比较符合实际，而对数公式则相反。

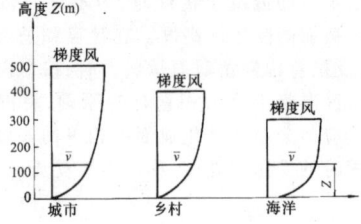

（欧阳可庆）

近海结构工程 offshore structural engineering

研究不同用途的固定式近海工程结构的设计和建造的一门学科。如建造海上石油钻探和采油平台、码头、防波堤等。是海洋工程的一个重要分支。与传统的结构工程不同，在设计中必须考虑结构物的运输和安装，并应具有足够承受严峻环境荷载的生存能力。目前广泛用于海洋石油开发、军事及航运部门。

（胡瑞华）

近景摄影测量 close range photogrammetry

一般指摄影距离在100m以内的地面摄影测量。它主要用于非地形摄影测量。所用摄影机有在象框上设有框标的量测用摄影机，或没有框标的非量测用普通摄影机，也有用可进行同步摄影的短基线双象摄影机。测图仪器有专用立体测图仪、航测用全能测图仪或解析测图仪。

（王兆祥）

近似概率设计法 first order second moment method

又称一次二阶矩法。将影响结构可靠度的主要变量作为随机变量，且以经概率分析确定的失效概率或可靠指标来度量结构可靠性的设计方法。它在概率分析中以随机变量的平均值（一阶原点矩）和标准差（二阶中心矩）为参数，且对结构功能函数作了线性化处理。这是一种概率设计法。国际上有时称为水准Ⅱ方法。按照具体处理手段的不同，此法又可区别为中心点法与验算点法。

（邵卓民）

近似平差 approximate adjustment

在未知量有多余观测的条件下，不是严格按照最小二乘法原理处理观测值的过程和方法。为简化计算，它将各部分几何条件的闭合差分别处理，或者去掉某些复杂的几何条件。经过近似平差所得结果并非最佳值。

（傅晓村）

近震 near earthquake

离指定场地或观测点较近的地震。地震学中指震中距在100～1000km范围内的地震,这时地震波能量主要在地壳内传播。工程抗震中的近震是"设计近震"的简称,是从地震造成的破坏效果着眼的:指场地所在的设防烈度区内发生的地震或邻近的比本地区设防烈度大1度地区内发生的地震。

(李文艺)

浸水挡土墙 submerged retaining wall

沿江、河、海岸建造的挡土墙。如长年浸水的码头护岸、河岸或海岸的防护墙,沿河路堤的挡墙、溢洪坝等。用以防止坡脚受水流冲刷和淘刷。

(蔡伟铭)

浸水试验 immersion test

又称试坑浸水试验。判定地基自重湿陷的野外试验方法。在现场开挖一圆形(或方形)试坑,其直径(或边长)不小于湿陷性土的厚度,并且不小于10m,坑深一般为50cm,坑底铺以5～10cm厚的粗砂或石子,并于坑底和附近地面布置变形观测点;必要时埋设不同深度的变形观测点。然后在试坑内浸水并保持30cm水位,同时进行地基湿陷变形观测,并记录耗水量、浸湿范围和地表是否有裂缝等,试验直至自重湿陷性土层全部被浸湿,湿陷变形达到最后5天的平均湿陷量小于每昼夜1mm为止。

(秦宝玖)

jing

经典的非贝叶斯方法 classical non-Bayes method

地震危险性分析中将来自地震学及地质学的信息采用直接地及非正式地包括在震源模型及资料分析中的方法。它不需要正式地用先验信息去确定后验信息。

(章在墉)

经济效益指标 economic benefit indicator

反映某一方面经济效益的数字。由指标名称和数值所组成。如投资回收期为×年;投资利润率为××%;达到设计生产能力的年限为×年等。

(房乐德)

经纬仪 theodolite, transit

测量工作中主要测量水平角和竖直角的仪器。由望远镜、水平度盘、竖直度盘、水准器、基座等部件组成。按精度分为精密经纬仪和普通经纬仪;按读数设备分为光学经纬仪和游标经纬仪,目前生产和使用的多属光学经纬仪。随着科学技术的发展,已生产陀螺经纬仪,

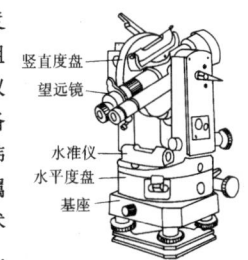

激光经纬仪和电子经纬仪等。中国生产的经纬仪系列标准有 DJ_{07}、DJ_1、DJ_2、DJ_6、DJ_{15} 和 DJ_{60} 六个型号。其中"D"、"J"分别为"大地测量"、"经纬仪"的汉语拼音第一个字母,07、1、2、6、15、60分别为该类仪器以秒表示的一个测回水平方向的中误差。

(邹瑞坤)

经纬仪测绘法 method of transit mapping

应用经纬仪测绘地形图的方法。将经纬仪安置在测站点上,在它近旁安放展有图根点的测图板。测图时,以水平度盘为0°00′瞄准另一已知点,然后使望远镜瞄准竖立在地形点上的标尺,读取水平角,并按视距测量的方法测定测站点到地形点的水平距离和高差,当场在测图板上按上述数据用极坐标法或直角坐标法定出地形点的位置,并注记高程。此后,逐点逐站进行测绘,从而绘出地形图。

(潘行庄)

经纬仪导线测量 theodolite traversing

用经纬仪测角、钢尺量距,确定导线点平面位置的工作。通常用于建立图根平面控制,也可用于建立较小的独立测区的首级平面控制。

(彭福坤)

经纬仪交会法 intersection method by theodolite

用经纬仪观测水平角,根据已知点利用方向线相交测定待定点平面位置的一种方法。由于图形结构简单,外业工作量小,是加密平面控制的常用方法。为了保证交会点的精度,在待定点上构成的交会角应在30°～150°之间。在两个以上的已知点设站测定已知点至未知点的方向而计算出未知点位置的,称为"前方交会法";在未知点上分别测定至三个以上已知点的方向而计算出未知点位置的,称为"后方交会法";在一个已知点上测定已知点至未知点的方向,并在未知点上测定至两个已知点的方向,从而计算出未知点位置的,称为"侧方交会法"。

(彭福坤)

经线 meridian

见子午线(380页)。

经验系数法 empirical coefficient method

以总弯矩乘以在实践经验的基础上提出的分配系数,求出无梁楼盖板的跨中及支座弯矩的方法。是无梁楼盖内力计算方法的一种。由于分配系数是"经验系数",故在应用时要满足一定的条件,与等代框架法相比,计算简便,但适用范围小。

(刘广义)

精度估算 precision estimation

评价观测成果优劣的精密度与准确度的总称。精密度简称精度,是对某一量重复观测值之间的密

集程度。观测值密集则精度高,反之则低。精度取决于随机误差,常用标准差 σ 衡量,σ 值愈小,精度愈高。准确度是某一量重复观测值与真值的接近程度。影响准确度的因素,不仅是观测值的随机误差,还有未经改正的系统误差引起的偏离,如果没有偏离,即系统误差的影响减弱到最小限度,则标准差也可作为准确度的度量值。

(郭禄光)

精简指令系统计算机 RISC reducing instruction set computer

一种指令少而精、格式固定一致、寻址方式少、采用单周期操作、结构大大简化的计算机。该技术由 IBM 公司的 John Cocke 在 20 世纪 70 年代开发出。在这种计算机中尽可能地减少了存储器的存取操作,大量的运算和中间结果的存取都在寄存器内进行。同时,还采用了流水线技术和编译器优化技术,使其运算速度极快。现已广泛应用于小型机、微型机和工作站的设计中。

(李启炎)

精密量距 precision length measurement

采用精密仪器进行高精度的距离测量。它是一项较细致而复杂的工作。根据量距精度要求可选用因瓦尺、电磁波测距仪或钢尺。如用钢尺进行精密量距,应往返丈量;事先检定尺长;清理现场,用经纬仪定线,并按长钉以大木桩,桩顶标以"+"号;逐次丈量各相邻两标志间的距离;在尺两端同时读数,每尺段在不同位置读数 3 次;每隔一定时间测定钢尺温度;用水准测量测定各相邻标志的高差。距离计算须加入尺长、温度和倾斜改正。其丈量精度在 1/10000~1/30000 范围内。

(高德慈)

精密切割 precision cutting

应用自动切割机,配合特制割嘴进行切割的方法。切割后的断口表面的粗糙度不得大于 0.03mm,即其断口表面类似机械刨削。

(刘震枢)

精密水准测量 precise leveling

用精密水准仪配合精密水准尺测定地面点高差的工作。主要适用于国家一、二等水准测量、地震预报测量和精密工程测量。一等水准测量每公里高差中误差不大于 ±0.5mm,二等水准测量每公里高差中误差不大于 ±1mm,主要操作规程及技术指标见有关规范。对所测高差应加入正常重力位水准面不平行和重力异常的改正,即归化为正常高系统,从而获得地面点唯一确定的精确高程。

(汤伟克)

精轧带肋钢筋 finish rolled ribbed bar

钢筋表面无纵肋,横肋为不相连梯形螺纹的大直径、高强度热轧钢筋。这种钢筋可采用套筒连接,并用专用螺帽作锚具,解决了高强度钢筋不能焊接的问题。

(张克球)

精制螺栓 finished bolt

旧称 A 级螺栓和 B 级螺栓。杆身和各部分表面经加工成有较高精度(相对于 C 级螺栓)的螺栓。钢结构用的精制螺栓常用低碳合金钢或中碳钢制成,经淬火并回火;强度等级常用 8.8 级。其中 A 级用于杆径(等于螺纹公称直径)$d \leqslant 24$mm 及长度 $l \leqslant 150$mm 和 $10d$ 的螺栓,B 级用于 $d > 24$mm 或 $l > 150$mm 或 $10d$ 的螺栓,A 级螺栓的精度要求更高。相应被连接零件上的螺栓孔用 I 类孔,孔径与螺栓杆径相等,但分别允许正和负公差。其抗剪、抗拉和抗疲劳性能都较好。但因制造和安装复杂,目前应用较少。

(瞿履谦)

井壁侧壁摩阻力 frictional resistance on caisson wall

沉井下沉时,外壁和土之间的摩擦力。沉井穿越的各土层对井壁的单位摩阻力 f_i,可按照土的类别,参考有关规范提供的数值选用或由试验资料确定。沉井侧面总摩阻力 R_f 按摩阻力不同分布形式假定计算,一般可按如下的假定计算:即沿深度成梯形分布,距地面 5m 范围内按三角形分布,5m 以下为矩形分布。则总摩阻力为:

$$R_f = U(h - 2.5)f_0$$

U 为沉井的周长,h 为沉井的入土深度,f_0 为单位面积摩阻力 f_i 的深度加权平均值。

$$f_0 = \frac{\Sigma f_i h_i}{\Sigma h_i}$$

(钱宇平)

井筒基础 well-shaped foundation

在现场开挖直径为 2~6m、深度为 1.5~2m 的圆形基坑,贴近坑壁浇筑钢筋混凝土井筒,然后填以混凝土而成的基础。其上缘有外延的突出翼缘,使井筒嵌入坑壁土中,以保证坑壁稳定和施工安全。继续开挖基坑,浇筑井筒。这样的工艺轮番进行,直到最下一节井筒支承在良好持力层或岩层上为止。清基后,吊放钢筋骨架,在一串井筒所围护的内部空间内充填混凝土或块石混凝土,并加振密,最后形成井筒基础。与沉井基础不同,每节井筒制成后即定位于既定深度而不再下沉。该法能清除土中孤石,直接检验坑底土质;亦可凿除表面风化岩,必要时,扩大底部支承面,以提高其承载力。借四周土体的固着力可以抵抗水平荷载,可用于桥梁基础,以及塔桅结构和高层房屋的基础,亦可用作防止山岩土体滑动的阻滑桩。

(朱百里)

井字楼盖 two-way ribbed floor

由两个方向相互交叉不分主次的井字状梁及其上的板所组成的楼盖。它是双向板肋梁楼盖的特例。梁有正交正放、正交斜放及斜交等几种形式。

(刘广义)

颈缩现象 necking-down

对塑性较好的材料,当拉伸试件的应力接近抗拉强度时,试件截面局部收缩的现象。

(王用纯)

劲性钢筋混凝土结构 concrete structure with stiff reinforcement

由型钢、钢筋和混凝土浇筑成整体的组合结构。型钢是劲性钢筋混凝土中主要的配筋。劲性钢筋混凝土具有比普通钢筋混凝土结构承载力大,刚度大,防火性、耐久性和延性好等优点。型钢可用来支撑浇筑混凝土的模板,承受混凝土自重及施工荷载,加快施工速度。这种结构一般用于高层结构,或在地震区的建筑物中。其构件主要为梁和柱,在高层建筑中的剪力墙的端部,也有配置型钢而组成劲性钢筋混凝土剪力墙。

(赵国藩)

劲性钢筋混凝土结构抗震性能 seismic behavior of steel reinforced concrete structure

劲性钢筋混凝土结构抗御地震作用和保持承载力的性能。劲性钢筋混凝土在弯曲与剪切作用下,其恢复力曲线较为稳定,呈梭状延性好。据日本分析,这种材料的框架结构的强度是钢筋混凝土结构的 1.5~2.0 倍,其剪力墙结构为 2.0~4.0 倍。1978 年日本宫城县地震中,这种结构表现良好,仅 13% 的主体结构有轻微损害。

(余安东 张誉)

劲性钢筋混凝土梁 concrete beam with shape reinforcement

又称钢-混凝土组合梁。用型钢或型钢组成骨架配筋的混凝土梁。型钢或其骨架可按钢结构进行建造,先行承受施工荷载,安装就位后绑扎箍筋,再浇筑混凝土。外包的混凝土除了可以增强截面的强度和刚度外,还可以为钢梁防火隔热。

(朱聘儒)

劲性钢筋混凝土柱 concrete column with shape reinforcement

又称钢-混凝土组合柱。用型钢或型钢组成的骨架作配筋的混凝土柱。型钢或其骨架可按钢结构进行建造,先行承受施工荷载,安装就位后绑扎箍筋,再浇筑混凝土上包。外包的混凝土除了可以增强截面强度和刚度外,还可为钢柱防火隔热。

(朱聘儒)

劲性悬索 rigid suspended element

采用具有一定抗弯刚度的劲性构件(如工字钢、格构式构件等)制成以保证形状稳定性的悬挂构件。一般的柔性悬索以受拉方式承受外荷载,能充分发挥材料的性能,但由于是几何可变体系,在局部荷载或集中荷载作用下要产生较大的机构性位移。而劲性悬索是几何不变体。在均匀恒荷作用下,呈悬链线或抛物线形状的劲性悬挂构件以轴向受拉为主;在局部或集中荷载作用下,构件形状不发生显著变化,但构件内除轴向力外,还将产生弯矩,因此,在同样荷载下,劲性悬索的材料用量要比柔性悬索大得多。

(沈世钊)

径裂 radial shake, radial crack

又称心裂。在木材断面内部沿半径方向的裂纹。它是立木裂纹,由于立木受风的摇动或在生长时产生内应力而形成,常见于过熟材的根株部分。径裂可形成单一径裂,或从髓心向树干各个方向形成一系列辐射的裂纹,称星裂。当木材不适当干燥时,径裂尺寸会逐渐扩大。

(王振家)

径切板 radial sawn plank

木板端面的年轮切线与板宽边的夹角大于 60° 之板。

(王振家)

径切面 radial section

顺树干方向,通过髓心锯割的切面。在横截面上看,凡是平行于木射线的切面,或垂直于年轮的切面都称径切面。径切面上年轮呈条状相互平行并与木射线垂直。径切板收缩小,不易翘曲。

(王振家)

净侧向荷载 net lateral loading

在空气冲击波作用下,结构正面由于超压和动压作用产生的荷载减去背面所受到的对应荷载后的净荷载。超压和动压都是时间的函数,因此净侧向荷载也是时间的函数,并且和结构平行于波阵面方向上的长度、波阵面速度等有关。

(熊建国)

净高 clear height

房间内工程完成后地面到顶棚或其他结构构件装修后底面的垂直距离。

(李春新)

净换算截面　net equivalent section

在钢-混凝土组合截面及普通钢筋混凝土截面中，仅考虑混凝土截面中受压区（扣除开裂的受拉区）的换算截面。但在后张法预应力混凝土截面中，则指扣除预应力钢筋及其孔道后其余组成材料（普通钢筋和混凝土）的换算截面。　　（朱聘儒）

净截面　net section

扣除孔道、凹槽等削弱部分的混凝土截面面积。在后张法预应力混凝土结构中，计算由预加应力产生的混凝土法向应力以及施工阶段混凝土的预压应力时，均应采用净截面。　　（陈惠玲）

净截面效率　efficiency of net cross section

连接处构件净截面强度与其毛截面强度的比值。通常以百分数表示。连接的铆钉或螺栓排列得合理，可获得较高的净截面效率。　　（王国周）

净现值　NPV, net present value

又称NPV。按设定的折现率或基准收益率将各年的净现金流量折现到基准年的现值之和。计算公式为：

$$NPV = \sum_{t=1}^{n}(CI - CO)_t a_t$$

CI为现金流入；CO为现金流出；$(CI-CO)_t$为第 t 年的净现金流量；a_t 为第 t 年的折现系数（与基准收益率 i 对应）；n 为发生净现金流量最终年限。净现值是反映项目在建设和生产服务年限内获利能力的动态评价指标；净现值大于或等于零的项目是可以接受的。在方案选择时，应选净现值大的方案。对于投资不同的方案选择时，还应计算净现值比率来衡量。　　（房乐德）

静电绘图仪　electrostatic plotter

利用静电感应技术在一种特殊碳纸上记录图形的绘图仪。这是一种点阵式也称光栅式绘图仪。
　　（李启炎）

静定结构　statically determinate structure

用静力平衡条件即可求解结构构件的作用效应和抗力两个基本变量的结构构件。

静荷载

见静态作用（175页）。

静力触探试验　SPT, static penetration test

用仪器量测土的贯入阻力，以分析土层性质变化，划分土层，提供土的强度、变形指标，判别液化的一种原位测试。它兼具勘探和测试的双重作用。该试验是以静力方式，将一定规格、形状和尺寸的触探头，按规定的贯入速率匀速地贯入土中。触探头可分为单桥探头和双桥探头两种，前者用以测定土的比贯入阻力，后者测定土的锥头阻力和侧壁摩擦阻力。触探头上又有安装测孔隙水压力，测孔斜以及测音响等的装置，进一步扩大该试验的使用范围。
　　（王家钧）

静力单调加载试验　monotone static test

见静力试验。

静力法　static method

将重力加速度的某个比值定义为地震烈度系数，以工程结构的重力和地震烈度系数的乘积作为工程结构的设计用地震力。　　（应国标）

静力试验　static test

又称静力单调加载试验。用重力或各种类型的加载设备模拟静力荷载作用的结构试验。最常见的试验加载过程是外加的荷载从零开始逐步递增到试验要求的某一荷载值，或者一直加到结构构件破坏，在一个不长的时间段内完成试验加载的全过程。在结构抗震试验时，作用于结构的是周期性的反复荷载，由于反复加载的周期远大于结构自振周期，称为低周反复静力加载试验。　　（姚振纲）

静力载荷试验　bearing test

模拟建筑物基础受静荷载的条件，求得荷载与地基变形的关系，以及在荷载作用下土体下沉随时间的变化规律的现场试验。该试验是在刚性的承压板上加荷，测定地基土的变形，借以确定地基土的承载力和变形模量，预估实体基础的沉降等。这种试验可在试坑中进行，也有在钻孔中进行，由于孔底不易整平，浮土不易清除，目前大多不采用钻孔载荷试验。也有在桩顶上加荷载做试验，称桩载荷试验。尚有采用螺旋板作为承压板，旋入地下预定深度，用千斤顶施压、反力由地锚提供，以量测承压板沉降的试验方法，称为螺旋板载荷试验。　　（王家钧）

静态变形观测　observation for static deformation

对建筑物（构筑物）稳定性的观测。主要采用周期观测以研究变形的空间特性。在数据处理中，对不同周期的点位进行重叠性检验，其结果只表示在某一期间内的变形值。　　（傅晓村）

静态电阻应变仪　static resistance strain indicator

量测电阻应变计电阻相对变化量，并将其转变成相应应变量的仪器。主要用来测量静态应变，也可以作为各种应变式传感器的二次仪表。它用惠斯顿电桥电路作测量电路，在交流或直流激励电压的作用下，把电阻应变计感受应变后产生的电阻相对变化转变成电信号，经仪器的放大器、相敏检波器等处理后进入指示仪表。早期的模拟式仪器，大都采用平衡法测量，根据测量电路中的可调电阻确定被测应变量。近代的数字式仪器则采用不平衡法测量，由专用的数字电压表确定被测应变量，并可打印

记录。　　　　　　　　　　　　（潘景龙）

静态收益率

见简单收益率(153页)。

静态作用　static action

不使结构或构件产生加速度,或所产生的加速度可以忽略不计的作用。静态直接作用称为静荷载,例如,结构自重、建筑的楼面活荷载等。
（唐岱新）

静止土压力　earth pressure at rest

当挡土墙受有约束以致不发生任何移动时,作用于墙背的土压力。其大小与天然土层中自重应力的水平分量相等,$p_0 = K_0 \gamma z$,K_0为土的静止侧压力系数,γ为土的重度,z为从地面到计算位置的深度。不容许有侧向变形的地下室侧墙及顶部被桥面嵌固的桥台都符合于这一条件。
（蔡伟铭）

静止土压力系数　coefficient of earth pressure at rest

又称静止侧压力系数K_0。具有水平表面的半无限土体在自重作用下,土中任一点有效水平应力与有效竖向应力之比。可由试验测定,也可以近似地按经验公式$K_0 = 1 - \sin\varphi'$(φ'为土的有效内摩擦角)计算。
（蔡伟铭）

jiu

旧金山地震　San Francisco earthquake

1906年4月18日在美国旧金山发生的大地震。里氏震级为8.3。实际上它是由于沿着长约400km的圣安德烈斯(San Andreas)断层重新滑动的结果,右旋走向滑动位移最大达6.4m,最大垂直位移不超过1m。旧金山附近许多城镇都遭受了很大破坏,几条主要输水干线破坏,供水中断,火灾蔓延,燃烧三天三夜,使旧金山市区12.2平方公里内508个街区2.8万余栋建筑物被烧毁,经济损失达4亿美元(当时市值)。死亡700～800人。这次地震是现代可见断层形成的最好例证。
（肖光先）

ju

拘束应力　restraint stress

见约束应力(356页)。

居住面积　living area

居住建筑中供人起居休息的室内水平净面积。例如住宅中的起居室、卧室;宿舍中的寝室和招待所中的客房等。
（李春新）

局部承压

见局部受压。

局部横纹承压　local bearing perpendicular to grain

见横纹承压(125页)。

局部挤压

见局部受压。

局部浸水边坡　local submerged slope

一部分在水位线以上,一部分在水位线以下的边坡。在条分法计算土体体积力时,水位线以上部分土体采用天然重度,水位线以下采用浮重度。当水流自坡内流出时,要注意渗透压力对边坡稳定性的影响。要特别注意由于水位突然下降引起边坡不利状态的验算。
（胡中雄）

局部抗压强度　local bearing strength

构件在局部均匀压力或局部不均匀压力作用下,局部受压面积上所能承受的最大压应力。其值由于未直接受压部分及下部材料的约束作用而得到提高,提高的程度与局部受压面积比及局部受压面积的相对位置等有关。对于钢筋混凝土构件,还与间接配筋的体积配筋率有关。
（唐岱新　杨熙坤）

局部抗压强度提高系数　magnifying coefficient of bearing strength

以局部受压面积表达的局部抗压强度与结构材料抗压强度之比值。它主要与局部受压面积比、局部受压面积相对位置等有关。（唐岱新）

局部空调机组　individual air conditioning unit

见整体式空调机组(363页)。

局部倾斜　local incline

砖石承重结构沿纵墙方向某一限定距离(例如常取6～10m)内两点的沉降差与此距离的比值。它是反映建筑物变形特征的物理量之一,用以防止因局部沉降差过大而引起建筑物损坏的控制指标。
（魏道垛）

局部屈曲　local buckling

见局部稳定(176页)。

局部失稳　local unstability

见局部稳定(176页)。

局部受压　local bearing

又称局部挤压或局部承压。构件的局部截面上承受压力时的受力状态。在受压的局部范围内单位面积上的压力称局部压应力(local compressive stress)。
（杨熙坤）

局部受压承载力　local bearing capacity

在局部荷载作用下构件局部受压所能承受的最大内力。
（唐岱新）

局部受压面积 local bearing area

局部荷载作用范围的面积。对于预应力混凝土构件,当通过垫板传递局部荷载时,可按预应力筋和螺帽与垫板接触边缘沿 45°扩散角传至混凝土的面积计算。

(杨熙坤)

局部受压面积比 ratio of calculating area to local bearing area

影响局部抗压强度的计算面积与局部受压面积的比值。它是决定局部抗压强度的主要参数。

(唐岱新)

局部通风 local ventilation

利用局部气流,使局部工作地点不受有害物污染,造成局部空间良好空气环境的通风方式。分局部进风和局部排风两种方式。

(蒋德忠)

局部稳定 local stability

钢构件的腹板和翼缘等板件保持其平面形状,承受荷载而不发生屈曲的能力。梁、柱等构件的腹板或翼缘当其厚度相对较小时,可能在构件整体失稳或强度破坏之前,就偏离其原来平面位置而发生波状凸曲现象,称为该构件局部失稳或局部屈曲。局部屈曲有可能导致构件较早地丧失承载力。为使构件的组成板件有足够的局部稳定性,通常限制其宽厚比或高厚比不超过一定的限值,或用加劲肋加强。

(王国周 瞿履谦)

局部斜纹 local inclined grain

又称涡纹。木节或夹皮附近年轮形成的局部弯曲。

(王振家)

局部卸荷加固法 strengthening of structure under partial unloading

卸除部分荷载后对结构或构件进行加固的方法。一般卸除使用荷载及部分永久荷载,然后进行加固。

(钟善桐)

局部粘结-滑移滞回曲线 local bond-slip hysteretic curve

反映结构的局部锚固区钢筋与混凝土之间粘结力在反复荷载下退化规律的曲线。在地震等强烈的反复荷载(低周反复荷载)作用下,钢筋应力达到甚至超过屈服强度,钢筋产生较大的反复拉压交替变形,使得局部锚固区钢筋与混凝土之间粘结力退化和相对滑移增加,每次循环所对应的粘结力—滑移关系曲线成滞回环形状。

(李惠民)

局域网 local area network

覆盖范围一般小于 10km 的计算机网络为专用网。

(周锦兰)

矩形地沟 rectangular trench

横断面为矩形的地沟。由顶板、沟壁及底板三部分组成。通常采用钢筋混凝土结构,沟壁也常用砖砌成,顶板采用预制钢筋混凝土铺板。当中间加一道支承墙时横断面形成两跨结构。对于不通行地沟,应考虑检修时揭顶板的起重条件。

(庄家华)

矩震级 moment magnitude

利用地震的地震矩大小而确定的震级。由于通常的震级与地震波频段有关,而地震矩在数值上等于震源区介质剪切模量、断层破裂面积与断层错距的乘积,反映了震源的总体特征。所以越来越多的地震学家认为应采用矩震级来刻划地震大小。

(李文艺)

巨型结构 megastructure

又称巨型框架。隔数层布置的强度和刚度都很大的水平构件(桁架或大梁),与大型外柱(或角筒)连成整体,形成一个梁跨为若干倍建筑开间、柱高为若干倍层高的大型框架结构。既有利于结构上承受侧向荷载的作用,又便于建筑上布置大空间。巨型框架中填充的小框架可设计成仅承受竖向荷载作用。施工时可先进行巨型框架的施工,巨型框架施工结束后,各小框架可同时施工,从而可加快施工进度。

(张建荣)

距离交会法 distance intersection method

又称长度交会法。用两段距离相交确定点的平面位置的方法。测图时,分别测量距离 a、b,然后算出 P 点的坐标,或用图解法确定该点 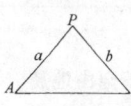 的平面位置。放样时,先按给定的 A、B、P(待放样点)的坐标,反算出距离 a、b,然后在实地分别以 A、B 为圆心,相应的 a、b 为半径作圆弧,其交点即为 P 点的平面位置。距离交会的长度应小于卷尺长度。

(王 熔)

锯切 sawing

用锯来切断材料的方法。常用的为圆盘锯。根据锯片的不同,又分为砂轮锯、无齿锯、镶齿圆盘锯等。无齿锯生产效率高,成本低,但噪音大。砂轮锯受砂轮片直径所限,故广泛用于切断小号型钢。

(刘震枢)

juan

卷板 rolled up steel plate

见钢板(92 页)。

卷边槽钢 lipped channel

见冷弯槽钢(193 页)。

卷边角钢 lipped angle

见冷弯角钢(193页)。

卷边 Z 形钢　lipped zees, lipped Z-bar
见 Z 形钢(395 页)。

jue

决策变量　decision variable
在决策问题中,建立数学模型时需要求解的或控制的变量。如在抗震工程结构最优设计时,结构造价及地震损失费用是设防烈度(或加速度)的函数,设防烈度(或加速度)就是决策变量。
（肖光先）

决策支持系统　decision support system
以计算机为基础的知识信息系统。是利用数据和模型去解决非结构或半结构问题的一种交互式的软件系统。作为改善决策效率和效能的辅助工具,在实际问题中得到广泛应用。与专家系统不同,它不直接提供问题的答案,而是建立一个方便的环境,给决策者运用各种决策分析技术去求解问题。
（陆伟民）

决策准则　decision criterion
用来评价方案效果所拟定的相应标准。对于象抗震一类风险型决策,如果知道地震危险性概率,可以采用益损期望值、效用期望值等作为评价方案的决策准则。
（肖光先）

绝对高程　absolute elevation
又称海拔。由平均海水面起算的地面点的高程。中国国家测绘局于 1987 年 5 月颁布采用 1952~1979 年验潮资料计算确定的黄海平均海水面作为中国统一的高程基准面。
（陈荣林）

绝对湿度　absolute humidity
单位体积空气中所含水蒸气的质量。即湿空气中水蒸气量与湿空气体积之比。是湿度的一种表示方式。一般用一立方米空气中所含水蒸气的克数(g/m^3)来表示。
（宿百昌）

绝对误差　absolute error
不顾及观测量大小的观测误差。中误差和平均误差都具有绝对误差的性质。
（郭禄光）

掘探　pit exploration
旧称山地工作。采用挖掘或爆破以揭露岩土层的勘探方法。如剥土、浅坑、槽探以及为了了解深部而挖掘的坑道。
（王家钧）

jun

均方根　RMS, root mean square method
见平方总和开方法(231 页)。

均匀受压板件　uniform compression plate element
板面内受均匀压力作用的板件。如轴心压杆的翼缘与腹板以及受弯构件和压弯构件的受压翼缘。
（沈祖炎）

竣工测量　final survey
建筑物(构筑物)竣工验收时的测量工作。对于主要建筑物和构筑物的墙角、地下管线的转折点、窨井中心、道路交叉点等细部点,用解析法测算其坐标;对于主要建筑物和构筑物室内地坪、上水道管顶、下水道管底、道路变坡点等,用水准仪测量其高程。一般地形点按地形图精度测绘。竣工测量成果主要是竣工总平面图、分类图、断面图以及细部点坐标、高程明细表等。这些是改建、扩建和管理维护所必须的资料。
（王　熔）

竣工决算　final account for completed project
关于建设项目或单项工程从筹建到竣工验收后形成固定资产的全部费用的文件。其内容由文字说明和决算报表两大部分组成。文字说明主要包括：工程概况、设计概算和基建计划执行情况,各项技术经济指标完成情况,各项拨款使用情况,建设成本和投资分析等。决算表格内容一般包括：工程概况表,财务决算表,交付使用财产总表和明细表。
（蒋炳杰）

竣工图　completed drawing
建筑工程竣工后,根据工程施工实际情况绘制的图纸。在施工过程中,常因各种原因而变更设计,修改原施工图,因此须绘制竣工图以作为工程验收资料和技术档案,但如原施工图没有较大修改则可不必绘制竣工图。
（房乐德）

竣工项目　completed project
在基本建设计划年度内,建设项目按计划任务书的要求全部建成,具备投产、使用条件,承建单位向建设单位办理交付和接收手续的建设项目。
（房乐德）

竣工验收　inspection and turning-over of completed project
为了检查竣工项目是否符合设计要求而进行的一项工作。竣工验收的依据为：经过批准的设计任务书、初步设计、施工图设计和说明施工过程中的工程修改核定单及施工记录,以及施工技术验收规范等文件。竣工验收程序一般分两阶段进行：单项工程验收和全部验收。由主管部门或地区组织验收委员会,审查建设单位提出的竣工验收报告和提供的技术经济的全部文件和证件,并实地检查工程的质量情况,最后由它代表国家对整个工程做出鉴定,并签署建设工程的验收鉴定书。
（房乐德）

竣工验收自检 self-inspection of completed project

每一个单项工程竣工时以至整个项目竣工后,承建单位对工程项目完成情况所进行的检查。其目的是为初步验收做好充分准备。检查的主要内容包括:工程是否按图施工,有否漏项,施工质量情况,隐蔽工程验收资料及关键部位施工记录等。

(房乐德)

竣工总平面图 general plan of completed project

综合反映工程竣工后主体工程及其附属设备(包括地下和架空设施)的平面图。尽可能绘制在一张图纸上。重要细部点按坐标展绘并编号,以便与细部点坐标、高程明细表对照。地面起伏一般用高程注记方法表示。内容太多可另绘分类图,如电力系统图、给排水系统图等。

(王 熔)

K

ka

喀斯特 karst

见岩溶(337页)。

喀斯特地基加固 consolidation of karst

见岩溶地基加固(337页)。

kai

开花螺栓 expanded bolt

螺栓的杆部设有开花头,可以单面安装并拧紧栓杆使开花头张开形成钉头的螺栓。多用于板件的连接。

(张耀春)

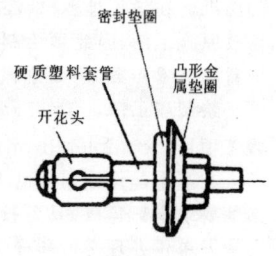

开花螺栓

开间 bay

在建筑平面组合中,沿面宽方向布置的最大模数单位或房间两横隔墙或进深梁之间的轴线的距离。

(李春新)

开口箍筋 open stirrup

仅在梁截面的两侧和弯曲受拉边三个侧面设置,形成开口状将纵筋箍住的箍筋。一般仅用在不承受扭矩和动荷载,且受压区纵筋是按构造配置时的现浇T形截面简支梁或连续梁的顶部受压的跨中处。

(王振东)

开裂扭矩 cracking torque

钢筋混凝土受扭构件即将出现裂缝时所承受的扭矩。其值主要与混凝土强度等级及截面尺寸有关,相应的钢筋应力不大。但构件开裂以后,混凝土立即卸载,扭矩主要由钢筋承担。在适筋范围内,其开裂扭矩值一般为破坏扭矩的 $\frac{1}{3} \sim \frac{1}{7}$。

(王振东)

开裂弯矩 cracking moment

又称抗裂弯矩。混凝土构件在裂缝即将出现时所能承受的弯矩。开裂弯矩与混凝土品种、等级、构件截面尺寸、配筋情况及荷载性质等因素有关。预应力混凝土受弯构件的开裂弯矩,除上述因素外,还主要与预应力钢筋对混凝土截面的预压力的大小及作用点的位置有关。在试验研究时,对观测裂缝出现的标准通常是由放大镜观测到的可见裂缝、荷载—变形曲线上的斜率首先突变点、或监测仪表出现的突变信息等方法综合判定。

(赵国藩)

开挖线 cutting line

土方工程中开挖地区与不开挖地区的边界线。施工时即从开挖线按边坡的设计坡度开挖至设计高程面。它的位置可在大比例尺地形图上以图解法求出,再按图上的位置测设于地面;也可按照设计的坡脚线位置和高程以及边坡的坡度在现场用试探法测求。

(傅晓村)

开尾栓铆钉 drive-pin rivet

在尾部开缝的筒状铆钉体内装有分离的栓钉,靠打入栓钉顶开尾部形成钉头的铆钉。多用于钢板件的连接。

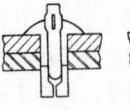

(张耀春)

kan

勘察阶段 exploration stage

根据建筑工程设计阶段的要求,相应地对岩土工程勘察划分的阶段。一般可分为可行性研究勘察阶段、初步勘察阶段、详细勘察阶段及施工勘察阶段。　　　　　　　　　　　　　　（李　舜）

勘察原始资料　primitive data of investigation

工程地质勘察的原始记录、图件、标本、试验数据、试样(岩石、土、水)分析鉴定成果以及照片等资料。它是分析研究和内业整理的重要基础和依据。这些资料的可靠、完备和详细程度,直接关系着勘察工作的质量。　　　　　　　　（蒋爵光）

勘探技术　exploration technique

研究各种勘探所采用的仪器、设备、工具、勘探方法、勘探的技术标准和操作方法等系统性工作的总称。　　　　　　　　　　　　　　（王家钧）

kang

抗拔桩　unlift pile

以承受上拔荷载为主的桩。常用于电视塔、高压输电线塔及水池等具有较大上拔荷载的基础中。桩的抗拔承载力主要依靠桩侧面土的抗拔摩阻力及桩自重两部分,土的抗拔侧阻力一般小于抗压侧阻力。　　　　　　　　　　　　　（洪毓康）

抗爆　resistant explosion

为了减小爆炸物在生产或贮存过程中发生爆炸,而对生产或贮存爆炸物的场所或遭受爆炸作用的建筑物采取抵抗爆炸空气冲击波、爆炸震动、爆炸碎片等的各种措施的统称。抗爆措施也可以与泄压措施同时采用。　　　　　　　（李　铮）

抗侧力刚度　lateral stiffness

使结构顶部发生单位水平位移所需的作用在顶部的水平力。在实际工程结构中,荷载的作用一般是以某组的形式出现的,如均布荷载,倒三角形荷载等,因而可将其推广为在某组荷载下结构的抗侧力刚度。　　　　　　　　　　　（江欢成）

抗侧力结构　lateral load resisting structure

抵抗水平(侧向)力的结构。侧向力来自风荷载和地震作用等。它可以是框架、承重(剪力)墙和筒体等结构。　　　　　　　　　（江欢成）

抗侧力试验台座　lateral force resistance test platform

将抵抗水平荷载作用的反力墙与平衡竖向荷载的试验台座联成一体,能适应结构抗震试验要求的试验台座。它需要安置液压加载器施加模拟地震作用对结构产生的水平惯性力,同时要能满足低周反复控制荷载或施加位移的要求,抗侧力结构要有足够的强度和刚度来承受和平衡水平荷载所产生的弯矩和剪力。它通常是钢筋混凝土或预应力混凝土的实体墙或刚度较大的箱型结构。抗侧力台座的反力墙常设置在台座的端部。也有设置在试验台座的中部,可以在反力墙的两侧进行结构试验。近年也有建成平面内成为直角的抗侧力墙体,以在平面内 x、y 二个方向对结构施加水平荷载。国内外也有将试验台座建造在低于地面一定深度的地坑内,利用坑壁作为抗侧力墙体,这时在坑壁四周的任意部位均可安装液压加载器对结构施加水平推力。　　　　　　　　　　　　　　　　（姚振纲）

抗冻性　freezing and thawing resistance

经过在标准条件下养护或同条件下养护后的混凝土试件和用于砌筑砌体的块材,在规定的冻融循环制度下保持强度和外观完整性的能力。或称材料抵抗冻融循环的能力。　　　　（王振东）

抗风墙　wind-resistant wall

建筑物中用以抵抗水平风力的结构墙。抗风墙和抗震墙的主要区别在于前者的延性要求不高,一般用于非地震区。　　　　　　（江欢成）

抗风柱　wind-resisting column

又称防风柱。在单层厂房的山墙处专为承受风力设置的柱子。山墙所受风荷载,一部分传至抗风柱的基础,一部分通过抗风柱顶与屋架上弦的连接,利用上弦横向水平支撑或刚性屋面的刚度,传到厂房纵向柱列中去。当高大厂房设有下弦横向水平支撑时,还可将柱顶与屋架下弦的连接作为抗风柱的另一支点,以便有效地传递风力。抗风柱与屋架间应做成只能传递水平力的节点。　　　　　（陈寿华）

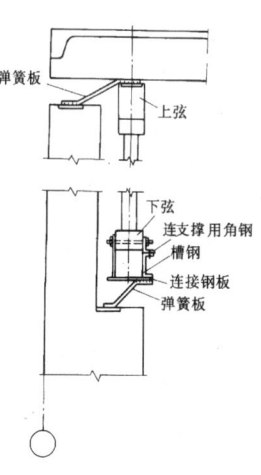

抗浮系数　coefficient of antifloatage

沉井抗浮稳定性验算的控制指标或安全系数。为沉井的自重与浮力的比值。常用 K 表示,此值常取 $1.05\sim1.10$。沉井自重应包括井壁、底梁和封底混凝土等的重量。当计入侧壁反摩阻力时,可取

$$K = \frac{沉井自重 + 侧壁反摩阻力}{浮\ 力} \geqslant 1.25$$

　　　　　　　　　　　　　　　　（钱宇平）

抗滑挡土墙 anti-slide retaining wall

在滑坡地段设置的用以减少滑坡推力,防止滑坡或阻止滑坡继续发展的支挡结构。可在坡脚或坡身的适当位置设置,也可根据需要在边坡上设置一道或多道。

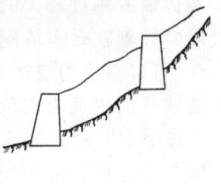

(蔡伟铭)

抗滑移系数 slip coefficient

摩擦型高强度螺栓连接中,一个摩擦面的抗滑移力除以板件接触面间的压紧力所得的值。由试验确定。其大小主要与构件接触表面状态和钢材性质有关。接触表面经过喷砂等方法处理后,其值增大,强度高的钢材其值比强度低的略高。 (王国周)

抗滑桩 anti-slide pile

用于抵抗水平滑动失稳的桩。桩的入土深度应穿过滑动面一定深度,使桩能抵抗部分土体的滑动力,增强抗滑稳定性。 (洪毓康)

抗剪连接件 shear connector

简称连接件。位于钢-混凝土组合梁钢部件与混凝土部件之间的钢件。它固定在钢部件上翼缘并埋于混凝土内,用以承受纵向界面剪力,有:栓钉、槽钢连接件、块式连接件、弯起钢筋连接件等。

(朱聘儒)

抗剪强度 shear strength

材料所能承受的最大剪应力。 (唐岱新)

抗拉强度 tensile strength

材料所能承受的最大拉应力。 (唐岱新)

抗力 resistance

见结构抗力(165页)。

抗力的抗震调整系数 seismic coefficient of resistance

调整抗震设计规范与其他结构设计规范的抗力设计值之间差别的系数。结构构件的截面抗震验算采用下列表达式:

$$S \leqslant R/\gamma_{RE}$$

S 为抗震设计时组合荷载,R 为按有关规范计算结构构件承载力设计值,γ_{RE} 的具体数值,可在建筑抗震设计规范中查明。 (陆竹卿)

抗力分项系数 partial factor for resistance

为了保证所设计的结构或构件具有规定的可靠指标而对设计表达式中抗力项采用的分项系数。对于有些结构或构件,可采用材料强度分项系数代替抗力分项系数。 (邵卓民)

抗裂度 cracking resistance

见结构抗裂度(165页)。

抗裂检验 crack resistance examination

通过对混凝土结构构件的抗裂检验,对其抗裂度作出评价。结构构件抗裂检验以构件的抗裂检验系数的实测值 r_{cr}^0 为检验评定指标。要求

$$r_{cr}^0 \geqslant [r_{cr}]$$

r_{cr}^0 是构件试验时第一次出现裂缝的荷载实测值与正常使用的短期荷载检验值(包括自重)的比值。$[r_{cr}]$ 是构件的抗裂检验系数的允许值,可按国家评定标准计算确定。 (姚振纲)

抗裂能力 cracking resistance

结构构件抵抗开裂的能力。在混凝土构件中,由正截面边缘混凝土受拉应力控制的抗裂能力,称为正截面抗裂能力;由腹部混凝土主拉应力控制的抗裂能力,称为斜截面抗裂能力。 (王振东)

抗扭刚度 torsional rigidity

又称扭转刚度。使受扭构件产生单位扭转角所需的扭矩。在钢结构中,其值为剪变模量 G 与截面极惯性矩(扭转常数)J 的乘积 GJ。它表示构件抵抗扭转变形的能力。钢筋混凝土构件为不均质材料,抗扭刚度在开裂前接近于弹性材料的刚度;而在开裂后主要随荷载、截面尺寸、钢筋及混凝土材料性能以及配筋率等因素而变,目前各国对此没有较为一致的计算方法,仍处于研究阶段。

(王振东 陈雨波)

抗扭最小配筋率 minimum reinforcement ratio for torsion

钢筋混凝土受扭构件在承受相当于素混凝土受扭构件极限扭矩时所必须的配筋率。其值包括最小配箍率,即必须的箍筋体积与相应混凝土体积之比 $\left(\rho_{sv,min} = \dfrac{A_{st1} \cdot u_{cor}}{bh \cdot s}\right)$。$A_{st1}$ 为单肢箍筋截面面积,u_{cor} 为核芯截面周长,s 为箍筋间距,b、h 分别为矩形截面的短边及长边尺寸;以及最小纵配筋率,即必须的纵筋的截面面积与相应混凝土截面面积之比 $\left(\rho_{st,min} = \dfrac{A_s}{bh}, A_s \text{ 为纵筋截面面积}\right)$,设计时可按规范规定数值取用。 (王振东)

抗渗流稳定性验算 checking calculation on stability against seepage

由地下连续墙支护的富水砂性土层基坑开挖中,为防止发生流砂和管涌等渗流变形破坏所进行的抗渗流安全度计算。 (董建国)

抗弯刚度 bending-rigidity of section

又称弯曲刚度。构件截面产生单位曲率所施加的弯矩。弹性体构件(如钢构件)截面的抗弯刚度为材料弹性模量 E 与截面惯性矩 I 的乘积 EI。弹塑性体构件(如钢筋混凝土结构构件),其截面刚度与

弯矩大小与作用时间有关,因此可分为荷载按短期效应组合的短期刚度和荷载按短期效应组合并考虑长期效应组合影响的长期刚度。　　(杨熙坤)

抗弯强度　flexural strength
　　在受弯状态下材料所能承受的最大拉应力或压应力。如混凝土的弯曲抗压强度,砌体的弯曲抗拉强度。　　(唐岱新)

抗压强度　compressive strength
　　材料所能承受的最大压应力。　(唐岱新)

抗震变形能力　seismic deformability
　　结构在地震作用下可承受的最大变形。例如钢筋混凝土构件,如果混凝土达到了极限压应变值,就不能继续变形而发生破坏。变形能力不是一个常量,而是与结构本身的特性和配筋率、箍筋率、混凝土材性、轴压比、剪跨比以及梁柱强弱比等因素有关。可以通过试验与非线性分析讨论这些因素与变形能力之间的定性与定量关系,分析增加变形能力的途径与构造措施。　　(余安东)

抗震变形能力允许值　permitted seismic deformability
　　结构在地震作用下为保证一定的安全储备而规定的变形限值。是根据结构试验及有关理论分析研究而得到的。在小地震与其他荷载组合作用下,变形限值可以取为常数。因为这时限制结构变形主要是为了防止非承重的脆性的装饰与围护材料的破坏和感观的不舒适。但在大地震作用下,变形限值与主体结构的各种影响延性的因素都有关系,将不再是一个常数,应当给出能反映这些因素中主要参数影响的限值。如果只给一个常数,则只是一种粗糙的简化。　　(余安东)

抗震变形验算　earthquake-resistant deformation check
　　结构在地震作用下的变形计算。一般进行两种变形验算:在小震作用下,应验算与其他作用组合下结构的变形,使之满足限值。主要目的是防止脆性的承重材料如玻璃、饰面等的开裂和感官的舒适;在大震作用下,主体结构将不可避免地进入塑性阶段,强度已不再是主要控制参数,结构依靠大变形来吸收和耗散地震能量。但变形过大,偏心距增大效应所引起的二次矩过大,材料也将会达到极限应变值而破坏,造成结构倒坍,所以应通过变形验算来控制变形限值。地震的变形效应可通过弹塑性地震反应分析取得,而结构的变形能力不是一个常量,与结构的各种性能有关。变形验算应针对薄弱部位、薄弱层进行。变形验算时也应考虑其可靠性。
　　　　　　　　　　(余安东)

抗震措施附加费用　cost of seismic countermeasures
　　减轻地震造成损失所采取的各种抗震措施(包括工程的、场地的等)而增加费用的总和。通常以初始造价的百分比表示。　　(肖光先)

抗震措施有效程度　efficiency of seimsic countermeasures
　　由于采取抗震措施后,工程结构在使用时期内危险概率减小的程度。抗震措施使原有的危险概率由 p 降至 p',则 $p' = p(1-r)$,r 为抗震措施的有效程度或称抗震措施的可靠性。它可从试验分析、理论计算或从施加措施后的结构在真实地震作用下的反应观测到。当 $r=0$ 时,$p'=p$,措施无效;当 $r=1$ 时,$p'=0$,措施绝对可靠,所以 r 的变化范围为 $0\sim 1$。　　(肖光先)

抗震等级　classes of seismic measure
　　现浇钢筋混凝土结构中,综合烈度、高度、场地、结构组成和建筑类别等因素,对其抗震构造和相应的构造计算要求高低的一种衡量尺度。
　　　　　　　　　　(应国标)

抗震防灾规划　earthquake disaster reduction planning
　　从城市和企业的总体规划、基础设施的抗震能力和应急对策等方面来强化该地区的抗震能力、减轻地震灾害的纲领性文件。主要对策有:抗震防灾区划对策、提高工程结构抗震能力对策、生命线工程防灾对策、防止地震次生灾害对策、避震疏散对策、震前应急准备和震后抢险救灾对策、抗震防灾人才培训和宣传教育对策等。编制抗震防灾规划的基本目标是:逐步提高抗震防灾规划区的综合抗震能力,最大限度地减轻地震灾害,保障地震时人民生命财产的安全和经济建设的顺利进行。使城市在遭遇相当于基本烈度的地震影响时,要害系统不遭较重破坏,重要工矿企业能正常或很快恢复生产,人民生活基本正常。　　(肖光先)

抗震防灾应急规划　earthquake disaster emergency planning
　　抗震防灾规划中,按震后抢险救灾等应急措施作出的分项规划。它包括:①地震伤亡人员的搜索和救援;②组织医疗急救服务,以及死亡人员处理;③应急食物和饮用水的供应;④建立临时性避难场所;⑤有效限制次生灾害规模;⑥供水、供电、交通、通讯等生命线工程的恢复;⑦组织震害调查,弄清实际震害程度和规模;⑧抗震救灾宣传、教育,安定人心;⑨强化社会治安等。　　(肖光先)

抗震缝
　　见防震缝(80页)。

抗震构造措施　seismic constructional measure

通过加强构件之间连接或设置辅助构件提高建筑物整体抗震能力的技术手段。主要包括构件之间的连接方法，圈梁、构造柱、支撑系统等辅助结构的设置要求，构件截面尺寸与配筋的基本要求，构件易损部位的加强措施等。目的在于提高建筑物抗御地震时的整体稳定性、变形能力和薄弱部位的强度，以弥补计算的不足与无法顾及之处。

(张琨联)

抗震墙 aseismatic wall

建筑中用以抵抗地震作用的结构墙。它除需满足一般结构墙的强度和刚度要求外，还有一定的延性要求。为防止抗震墙发生脆性剪切破坏和锚固破坏，设计中常有意让其某些部位(如连梁)在较大地震时出现塑性变形，以及采用带竖缝抗震墙等，吸收地震能量，获得较好的延性。抗震墙的顶层、底部1/8建筑高度范围以及楼梯间、电梯间、端部山墙和端开间的内纵墙等是抗震墙的加强区。要从材料、配筋、截面形式和尺寸各方面作适当加强。

(江欢成)

ke

科学数据库 scientific data-base

将价格、产量、电子元件参量、物理化学性质、技术规格、统计特性等，按一定的组织方式存放在外存贮器上的数据集合。用于直接提供数值数据。典型的科学数据库有美国经济数据库(PTS)，价格数据库(PRICEDATA)，红外光谱数据库，质谱信息数据库等。

(陆 皓)

颗粒分析 grain-size analysis

测定干土中各粒组所占该土总质量百分数的方法。用以了解土中颗粒大小分布情况，供土的分类及概略判断土的工程性质及建材选用之用。测定方法：粒径大于0.074mm的土用筛分法；粒径小于0.074mm的土用物理分析法，如密度计法等。

(王正秋)

颗粒分析曲线 grain-size analysis curve

表示土的颗粒组成的曲线。以粒组的平均粒径为横坐标，粒组的百分含量为纵坐标的颗粒分析曲线称为分布曲线；以横坐标表示粒径而以纵坐标表示小于各粒径的颗粒的累积百分含量的颗粒分析曲线则称为累积曲线。

(蒋爵光)

可编程序计算器 programmable calculator

一种可以通过汇编语言和BASIC等一类语言进行简单程序编制的计算器。

(杭必政)

可变荷载

见可变作用。

可变作用 variable action

在设计基准期内量值随时间变化且其变化与平均值相比不可忽略的作用。其中直接作用称为可变荷载，习称活荷载，简称活载，例如安装荷载、楼面活荷载、风荷载、雪荷载、吊车荷载等；而间接作用有温度变化、常遇烈度的地震等。

(唐岱新)

可动荷载

见可动作用。

可动作用 free action

旧称移动作用。在结构上一定范围内可以任意分布的作用。其中的直接作用称为可动荷载。例如，吊车荷载、可移动设备荷载等。

(唐岱新)

可焊性 weldability

在一定的材料、工艺和结构条件下，金属经过焊接后能具有良好接头的性能。良好接头的焊缝金属和热影响区金属不会发生裂纹，其力学性能也不低于被焊钢材。

(徐崇宝)

可接受的地震危险性 acceptable seismic risk

确定工程结构抗震设防标准时具有概率意义的安全准则。它取决于结构使用年限和未来地震对该种结构可能造成破坏后果的严重性，并结合国家可能承受的减轻灾害费用负担综合确定。

(章在墉)

可靠概率 probability of survival

结构或构件能够完成某一预定功能的概率。设计时要求结构应具有的功能包括结构的安全性、适用性和耐久性。全部功能要求均能满足，就是结构可靠。

(邵卓民)

可靠指标 reliability index

用来相对度量结构可靠性的一种数量指标。常以β表示。它与结构的可靠概率(p_s)或失效概率(p_f)具有数值上的对应关系。当p_s越大或p_f越小时β越大，所以它能够反映结构的可靠程度。在中国国家标准《建筑结构设计统一标准》中对β的取值作了统一规定，从而可使所设计的房屋建筑中的各种结构构件具有大体相同的可靠度。

(邵卓民)

可连接目标模块 linkable object model

经过编译或汇编产生的机器语言程序块。这种程序块互相连接成可执行的目标程序。

(周宁祥)

可溶盐试验 soluble salt test

测定土中可溶性盐的种类和含量的试验。可溶性盐类按其溶解难易程度可分为易溶的、中溶的和难溶的。测定土中可溶性盐类的种类和含量,对研究盐渍土和湿陷性黄土的物理力学性质(可塑性、透水性、膨胀性、压缩性和抗剪强度等)及其在浸水条件下的变化,都具有重要意义。

（王正秋）

可通行地沟　passable trench

工作人员可以进入检修和操作的地沟。这种地沟除敷设管道外,应有高度不小于1.8m,宽度不小于0.7m的人行通道。地沟较长时应有通风与照明。管线密集的地区常将各种管道一起敷设在这种地沟内,成为综合地沟。

（庄家华）

可行性报告　feasibility report

叙述可行性研究结果的文件。其内容随行业不同有所差别,但基本内容是相同的。一般,工业建设项目的可行性报告内容为:①总论,包括项目的概况、研究结果概要;②市场需求情况和拟建规模;③资源、原材料及主要协作条件;④建厂条件和厂址选择;⑤设计方案;⑥环境保护;⑦生产组织、劳动定员和人员培训;⑧实施进度计划;⑨投资估算和资金筹措方式;⑩财务和国民经济评价;⑪评价结论,包括项目的可行性、存在的问题和建议。编制报告时,对一些特殊要求,如国际贷款机构的要求,要单独说明。

（房乐德）

可行性研究　feasibility study

对建设项目在技术上是否先进、适用、可靠,在经济上是否合理,在财务上是否盈利的综合分析和论证。它是期望达到最佳经济效果的一种工作方法。一般分为三个工作阶段:①机会研究;②初步可行性研究;③可行性研究。它应用于工程建设之中,并取得了明显的经济效益。它们应用的理论知识十分广泛,涉及到生产技术科学、经济科学和管理科学等等,现在已经形成一整套系统的科学研究方法。作为一门科学,它已被各国所共认,并被广泛采用。

（房乐德）

可行性研究报告　feasibility study report

旧称设计任务书或建设项目计划任务书。确定建设项目主要任务和重要原则的文件。它是由建设项目的主管单位组织或委托有关单位进行可行性研究,对研究结果所形成的文件(称可行性报告)进行评估通过后,即可整理为可行性研究报告,并成为项目立项决策的依据,也是项目办理资金筹措、签订合作协议和编制初步设计等工作的依据和基础。内容包括:①建设目的和依据;②建设规模,产品方案或纲领;③生产方法或工艺原则;④矿产资源、水文地质条件和工程地质条件;⑤原材料、燃料、动力、供水、运输等协作配合条件;⑥资源综合利用、保护环境、治理"三废"的要求;⑦建设地点,占用土地的估算;⑧建设工期要求;⑨投资控制总额;⑩劳动定员控制人数;⑪要求达到的经济和环境效益。改、扩建的大中型项目的可行性研究报告还应包括原有固定资产的利用程度和现有生产能力发挥情况,自筹基本建设大中型项目应注明资金、材料、设备的来源。

（房乐德）

可行性研究勘察　reconnaissance exploration

为总体规划和选择场址而进行的岩土工程勘察。其目的为编制区域建筑规划提供区域的工程地质条件的一般情况,论证区域规划建设的技术可能性和经济合理性。勘察工作主要是搜集研究文献档案资料。在工程地质条件复杂的情况下,进行路线踏勘及小比例尺区域性工程地质测绘及必要的勘察工作。

（李舜）

克恩郡地震　Kern County earthquake

1952年7月21日在美国加州克恩郡发生的一次强烈地震和一系列余震。主震里氏震级为7.7。经济损失约0.48亿美元,死亡12人。在塔夫特(Taft)记录到东西向最大加速度为1.47g的地震,它是除了埃尔森特罗记录外,在动力分析方面常用的强震记录。这次地震对美国已经抗震设计的结构是第一次重大考验,对主震加余震的累积效应引起了人们的注意。如克恩医院1938年扩建部分曾经抗震设计,只有轻微破坏,而其余部分破坏相当严重,以致大部分必须拆除。抗震与非抗震建筑破坏差别非常明显。

（肖光先）

刻痕钢丝　indented wire

表面带有经辊压产生的规律性凹痕并经矫直回火处理的预应力钢丝。其表面凹痕可以增加钢丝与混凝土之间的粘结强度,适用于先张法生产的预应力混凝土结构构件的配筋。

（张克球）

kong

空斗砌体　hollow masonry wall laid by brick

将部分或全部砖立砌,内留有空洞的砌体。是中国较古老的传统结构形式,用于木构架房屋的围护墙或内部隔断。新中国成立后也用于2～4层房屋的承重墙。墙厚一般为240mm,分为一眠一斗,一眠多斗和无眠斗墙几种。这种砌体省材料、造价低、自重轻。但由于砌筑质量要求高,墙体整体性差,应用不广泛,地震区不宜采用。

（唐岱新）

空腹筒　open web tube

也称框筒、多孔筒。由具有较大孔洞的墙体(壁式框架）或密柱、深梁围成的筒体。其中和水平力平行部分称为腹板框架，和水平力垂直部分称为翼缘框架。在水平力作用下，这两类框架相交的角柱的竖向变形，使翼缘框架参加整体空间工作，翼缘框架通过它的柱子的拉压作用，承受大部分倾覆力矩，而腹板框架则通过它的梁柱弯曲作用，抵抗水平剪力。空间作用的大小，和梁柱的刚度比、结构平面的长宽比以及角柱的大小有关。梁柱刚度比大，平面长宽比接近于1，角柱较小，则空间作用较大。

（江欢成）

空腹屋架 vierendeel truss

没有斜腹杆，竖杆与上下弦杆刚接的屋架。适用于横向天窗、下沉式天窗的房屋，一般采用预应力混凝土制作。 （黄宝魁）

空间工作 space work

又称空间作用。工程结构中各部分构件相互联系，相互制约而形成的空间整体工作状态。单层厂房中各平面排架（山墙可理解为广义的排架）通过屋盖、联系梁等纵向结构构件的连系而形成整体，当个别排架直接受到荷载作用而产生侧移时，其他未直接承受荷载作用的排架也将产生侧移而共同工作。

（张琨联）

空间结构 space structure

组成结构单元的杆件、支座和各种作用，不在同一平面内，且在计算时是按空间受力考虑的结构或构件。但往往通过适当的假定，可以简化成平面结构。

空间框架 space frame

由不同方向的梁交接，能承受任意方向外力作用的框架体系。各组成框架通过楼面协调各框架间的变形和位移，计算按空间受力考虑。当组成框架比较规则，荷载作用的范围容易划分时，可以简化为平面框架计算。 （陈宗梁）

空间相关系数 coefficient of spatial correlation

表示两点间同时出现最大风压的概率分布系数。风压实测和实验表明，当某点出现最大风压时，离该点的距离愈远的点，同时出现该风压的概率就愈小，对无限远的点，同时出现该风压的概率已为零。实验还表明，除了与两点距离有关外，还与风的频率、速度有关。频率域空间相关系数，也常称为相干函数（coherence function）。工程上为了计算方便，在统计基础上，也常采用只用两点距离表示的空间相关系数。在风振分析中，必须考虑风压空间相关系数，计算是很繁琐的。如果将不考虑风压空间相关性的计算结果乘以一系数，即等同于考虑风压空间相关性的真实结果，则该系数就称为空间相关性折算系数。该系数可按随机振动理论求出。由于该系数在第1振型中在 $1\sim 0$ 之间变动，而风振对一般悬臂型结构中常只考虑第1振型的影响，因而采用该折算系数可使计算带来很大的方便。

（张相庭）

空间性能影响系数 coefficient of space action

砌体房屋在水平荷载作用下考虑空间作用的墙顶最大侧移（U_{max}）与不考虑空间作用的墙顶侧移（U_f）的比值。通常以 $\eta = \dfrac{U_{max}}{U_f}$ 表示。它反映了房屋空间作用的强弱。屋（楼）盖水平刚度越大，横墙间距越小，η 值越小，则空间作用越大。当 $\eta \approx 0$ 时，房屋的空间作用最强，称为刚性方案房屋；当 $\eta \approx 1$ 时，房屋的空间作用最弱，称为弹性方案房屋；当 $0 < \eta < 1$ 时，房屋的空间作用介于上述两种方案之间，称为刚弹性方案房屋，η 为计算这类房屋时所采用的折减系数。 （张景吉）

空气冲击波安全距离 air blast safety distance

以空气冲击波破坏效应为依据保证安全所需要的最小距离。对同一建筑物而言，空气冲击波的破坏作用主要取决于入射超压峰值及其作用时间，一般以入射超压峰值或入射比冲量作为空气冲击波安全距离的标准。 （李 铮）

空气吹淋室 air washing chamber

见风淋室(84页)。

空气弹簧隔振器 vibrating isolator of air bag

在密闭的气囊中充入一定压力的气体，使它具有弹簧的性质而制成的隔振器。当空气弹簧在上部或底部受到振动干扰而产生位移时，胶囊的形状变化引起胶囊容积的改变，使囊内气压升高或降低。囊内气压的增减，使其中空气的内能发生变化，从而起到吸收振动能量的作用，而获得隔振效果。空气弹簧隔振器能隔强烈振动和低频干扰振动，耐疲劳，使用寿命长。 （茅玉泉）

空气调节 air conditioning

简称空调。采用人工的方法，创造和保持人们生活、生产过程和科学实验所要求的空气环境的一门综合性技术。通过对空气进行过滤净化、加热、冷却、加湿或减湿处理和送、回风气流组织，使某一特定空间的空气温度、湿度、洁净度和空气流动速度满足生产工艺和人体舒适要求。在现代技术发展中，有时还要满足人们对空气的压力、成分和气味提出的要求等。 （蒋德忠）

空气净化 air cleaning

去除空气中的污染物质，使空气洁净的过程。净化措施为：①空气过滤，利用过滤器有效地控制从室外引入室内的全部空气的洁净度；②组织气流排污，在室内组织特定型式和特定强度的气流，利用洁净空气把生产环境中发生的污染物质排除;③提高室内空气静压,防止外界污染空气侵入室内。

(蒋德忠)

空气相对湿度 relative humidity

空气中实际所含水蒸气密度和同温度下饱和水蒸气密度的百分比值。也是水蒸气分压力与该温度下饱和水蒸气分压力之比。相对湿度过高或过低对人体健康和生产都有影响。它是围护结构蒸汽渗透计算的重要技术指标。

(宿百昌)

空心板 hollow slab

截面带有孔洞的装配式钢筋混凝土板。其孔有圆形、矩形及椭圆形等。与实心板相比,具有自重轻、刚度大,且隔热、隔音性能好等优点,因而大量用于民用建筑的屋面及楼盖。

(邹超英)

空心截面型钢 hollow section shaped steel

由板围成的圆管、方管和矩形管截面的型钢。在冷弯薄壁型钢结构中,除钢管(圆钢管)之外的方管和矩形管均由圆管经冷轧或冷拔成形。空心截面型钢多用做杆系结构的受力杆件。

(张耀春)

空心墙板 hollow core wall panel

用于房屋外墙的空心板。大部抽圆孔,空隙率可达35%~50%。一般由钢筋混凝土或预应力混凝土制成。建成后双面平整,比较美观,且不易积灰。可适用于对保温要求不太高的单、多层厂房或仓库。如用轻集料混凝土制作墙板还可提高保温性能。

(钦关淦)

空载试验 no-load test

又称零载试验。结构经过某一个加载、卸载的试验历程后卸除全部外加荷载,在规定的时间内观测结构变形恢复情况并量测其残余变形的试验。空载试验的时间按结构类型和试验性质的要求不同而变化。

(姚振纲)

孔板送风 air supply through orifices

空调系统内空气经过开有若干圆形或条缝形小孔的顶棚孔板送入室内的一种送风方式。其特点是送风均匀,在工作区能够形成比较均匀的速度场和温度场;防止室内灰尘的飞扬,满足较高的洁净要求。整个顶棚均匀地穿孔即为全面孔板,主要用于送风量大且有较高净化要求,高精度和有低速要求的房间。在顶棚上部分面积穿孔者称为局部孔板,适用于有局部热源或局部区域要求较高的空调精度和较小气流速度的空调工程。

(蒋德忠)

孔洞率 void ratio

又称空心率。空心砖和空心砌块的孔洞和槽的体积总和与按外廓尺寸计算的体积之比的百分率。

(罗韬毅)

孔前传力 load transfer before bolt hole

摩擦型高强度螺栓连接中,每个螺栓所传递的荷载的一部分在该螺栓孔中线前,通过板件接触面间的摩擦传给另一构件的现象。验算构件在连接处螺栓孔中心线净截面的强度时,应考虑由于孔前传力导致荷载的减小。

(王国周)

孔式试验台座 hole type test platform

见箱式试验台座(323页)。

孔斯曲面 Coos surface

由孔斯提出的一套简缩的记号来简化空间曲面的参数表达形式。从而使得运算式显得简洁明确,不会引起混淆,同时可方便地用程序控制输入顶点来改变曲面的形状。但孔斯曲面建立在一些数学概念之上,如位置向量、切向量和扭矢等,使用户不便,贝齐尔函数拟合法则较好地克服了这一困难。

(薛瑞祺)

孔隙比 void ratio

土中孔隙体积与土颗粒体积之比 e。它反映土的密实程度的一个很重要的物理性质指标,是判别土的变形和强度特征的主要依据之一。

(王正秋)

孔隙率 porosity

土中孔隙体积与土的总体积之比 $n(\%)$。它表明土的密实程度,孔隙率愈大,表示土的密实度愈小。

(王正秋)

孔隙水 pore water

埋藏在土层或岩层孔隙中的地下水。它一般分布在第四纪松散沉积层中。

(李 舜)

孔隙水压力 pore water pressure

土体受荷后在孔隙水中产生的压力。根据有效应力原理,施加于饱和土体的总应力等于孔隙水压力(非饱和土时为孔隙水压力加孔隙气压力)和颗粒之间有效应力之和,而有效应力对土抗剪强度和评价土的固结程度影响很大,所以,测定土中孔隙水压力的数值大小及其消散程度,对于正确评价地基土的强度和稳定性及其固结程度非常重要。室内孔隙水压力及其消散过程的测定可在三轴剪力仪中进行。

(王正秋)

孔隙水压力消散 pore water pressure dissipation

土体在外界因素(首先是外荷载)作用下所诱发产生于孔隙中的超静水压力(或孔隙水压力增量)随时间逐渐减小的过程。产生这种现象的主要环境条件是土孔隙中具有水体以及土孔隙与外界具有不完全封闭的通路。通常认为研究土的孔隙水压力消散过程对于饱和土体(粘性土和细粒的无粘性土)具有重要意义。

(魏道垛)

控制变形加载 loading pattern of controlled deformation

在周期性抗震静力试验中以变形(线位移或角位移)为控制值进行加载的结构试验。当结构构件具有明确的屈服点时,一般以屈服位移的倍数作为控制值,当不具有明确的屈服点时,也可直接以某一位移值控制。如砌体结构可以开裂位移为控制值,开裂后的加载值按开裂位移的倍数逐级增加。控制变形加载可分为变幅变形加载、等幅变形加载和等幅变幅变形混合加载等加载制度。

(姚振纲)

控制测点 control measuring point

反映试验结构构件主要性能,对结构试验起指导或控制作用的测点。如受弯构件跨中或最大挠度部位的挠度测点,产生最大弯矩或最大剪力截面的应变测点等。这些测点在荷载作用下的反应是检验结构的刚度和强度的主要依据,同时在试验过程中这些测点的反应可以对整个试验加载量测起控制作用。

(姚振纲)

控制层 control story

剪力墙体系中,层间相对位移与层高之比(δ/h)最大并接近于规范限值,或内力最大截面设计要特别加强的薄弱层。控制层对于墙肢通常是底层、顶层或刚度突变层,对于连梁通常是中层。

(江欢成)

控制荷载和变形的混合加载 mixed loading pattern with controlled force and deformation

周期性抗震静力试验中一种先控制荷载再控制变形的低周反复加载方法。在控制荷载作用时,不管实际产生的位移是多少,一般是经过结构的开裂后逐步增加荷载,直到结构屈服。再改用位移控制,开始时要确定一位移值,它可以是结构构件的屈服位移,在无明显屈服点的试件中,可以由研究者自定数值,在控制变形加载起,即按屈服位移或自定位移的倍数逐级加载,直到结构破坏。如在进行框架的梁柱节点联合体抗震性能试验时,控制荷载时可先加到理论屈服荷载的75%,再加到试件屈服,然后按变形控制,以实际屈服位移的倍数逐级增加,按延性来控制试验。

(姚振纲)

控制荷载加载 loading pattern of controlled force

周期性抗震静力试验中,通过控制施加于结构构件荷载数值的变化来实现多次循环低周反复加载的方法。荷载值由小到大,逐级增加,直到结构破坏。由于这方法不如控制变形加载时按试验对象的屈服位移的倍数来研究结构恢复力特性那样直观,在实践中用得较少。

(姚振纲)

控制冷拉率法 method of strain control

又称应变控制或单控。仅控制钢筋冷拉率而不控制钢筋应力的冷拉方法。钢筋的冷拉率必须先由试验确定并要满足规范要求。冷拉时由冷拉率求出钢筋的伸长值作为冷拉的依据。此法施工简单,但冷拉后钢筋的屈服点较离散。

(卫纪德)

控制器 controller

计算机中用来控制输入输出操作的处理器。其功能包括:①在输入输出期间进行代码的转换;②对数据的有效性、正确性进行检查;③对数据进行缓冲处理等。

(李启炎)

控制设计法 controlling design method

通过事先分析和预定的构造措施,确定结构在大震作用下的破坏机制,控制塑性区部位及塑性区发展次序的一种设计方法。通过控制设计,可以预计结构在受荷过程中的破坏机构、结构特性的变化、耗能机制及极限抵抗能力。此法从控制的角度研究设计,使结构能更合理地抵抗地震作用。

(余安东)

控制应力法 method of stress control

又称双控。以控制钢筋应力为主,同时控制冷拉率不得超过一定范围的冷拉方法。此法能保证钢筋冷拉质量。用作预应力筋的冷拉钢筋应采用此法冷拉。

(卫纪德)

kou

扣件 fastener

将两个以上构件连接为一体的连接件的泛称。例如销、键、螺栓等。

(王振家)

ku

库仑土压力理论 Coulomb's earth pressure theory

1773年由法国学者库仑依据极限平衡的概念,并假定滑动面为平面,分析了作用于滑动楔体上的力系平衡而建立的总土压力的计算理论。库仑主动土压力和被动土压力的表达式分别为:

$$E_a = \frac{1}{2}\gamma H^2 K_a$$

$$E_p = \frac{1}{2}\gamma H^2 K_p$$

土压力系数 K_a 和 K_p 除与土的 φ 角有关外,还与墙后填土面的倾角、墙背倾斜角以及墙背与填土间的摩擦角有关。库仑理论适用于无粘性填土,由于假定破坏面为平面,而实际是曲面,所以,计算的主动土压力偏小,通常情况偏差约 2%～10%,但计算被动土压力,常会引起不能容许的偏大误差。

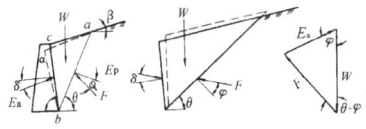

(蔡伟铭)

kua

跨度 span

结构或构件两相邻支承间的距离。房屋建筑中相邻横向两柱中心线间的距离,也称跨度。一般民用建筑中常用跨度有 4.8m 或 0.3m 的倍数。一般等跨式(或不等跨式)厂房中,常用跨度有 6.0m 或 3.0m 的倍数。内廊式厂房常用跨度有 6.0m、6.6m、6.9m(或 7.0m),走廊宽 2.4m～2.7m。

(陈寿华)

跨中板带 floor strip in midspan

无梁楼盖中柱网轴线间除去柱上板带后剩余部分的板带。跨中板带支承在柱上板带上,通过后者把荷载传给柱。

(刘广义)

kuai

块材

见块体。

块石 rock block

见碎石土(290 页)。

块式机器基础振动 vibration of block type machine foundation

放置诸如活塞式压缩机等机器的块状基础的振动。在振动计算中不考虑基础的变形。有两种计算模型。一种把地基视为弹性半空间,叫弹性半空间理论;另一种把基础-土体体系视为质量块-弹簧-阻尼器体系。中国《动力机器基础设计规范》采用后一种。考虑各向振动具有不同阻尼。基础质心与基础底面形心应位于一条竖线上,其误差限定在一定范围内。通常发生的振动有:竖向振动、扭转振动、水平回转振动。前二者按单自由度体系算式计算。水平回转振动,用简化的振型分解法计算。基础顶面的振幅应小于允许值,以保证机器运行良好。

(郭长城)

块式连接件 block-type connector

自身刚度很大的连接件。在纵向界面剪力作用时,连接件的前沿面对混凝土均匀地局部挤压。它的主体有横放焊在钢部件上翼缘上的方钢或立放焊在钢部件上翼缘上的 T 字钢头或槽钢头,再加焊钢筋锚环承受掀起力。

(朱聘儒)

块体 unit

又称块材。用于砌体结构中的各种块状材料。如各种砖、砌块、土坯和石块。多用天然材料经加工而成,具有特定的形状和物理性能。

(罗韬毅)

块体和砂浆粘结强度 bond strength between unit and mortar

砌体受拉、受弯和受剪时,水平灰缝中砂浆和砖石连接面的应力极限值。按力作用的方向,粘结强度分为法向粘结强度与切向粘结强度。前者,力垂直于灰缝面;后者,力平行作用于灰缝面。法向粘结强度很低而且不易保证,所以工程中不允许利用。

(唐岱新)

块体强度等级 grade for strength of masonry unit

旧称块体标号。按块体的抗压强度或按抗压强度和抗折强度划分的等级。以符号 MU 表示。

(唐岱新)

kuan

宽厚比 width-to-thickness ratio

板宽与板厚之比。有时也称高厚比。为保证构件中板件(如柱的腹板)的局部稳定规定了宽厚比限值。规定的准则是板件局部屈曲不发生在构件整体屈曲之前,亦即板件屈曲时的临界应力 $\sigma_{cr,l}$ 应大于或等于构件整体屈曲时的临界应力 $\sigma_{cr,0}$。计算轴心受压柱腹板的 $\sigma_{cr,l}$ 时,应在四边简支板单向均匀受压弹性屈曲临界应力计算式中计入翼缘对腹板的弹性嵌固系数和临界应力可能到达弹塑性阶段的修正系数。$\sigma_{cr,0}$ 可由该轴心受压构件的长细比查得的整体稳定系数与钢材屈服点求得。据此可得柱腹板宽厚比限值与构件长细比的关系式。另一准则是板件局部屈曲不发生在构件强度破坏之前,即 $\sigma_{cr,l}$ 应大于或等于钢材屈服点。

(王国周 沈祖炎)

宽翼缘工字钢 wide flange I-shape

见 H 形钢(392 页)。

(王用纯)

kuang

矿山压力 mining pressure

见山体压力(262页)。

矿渣砖
见硬矿渣砖(347页)。

框格式挡土墙 crib retaining wall

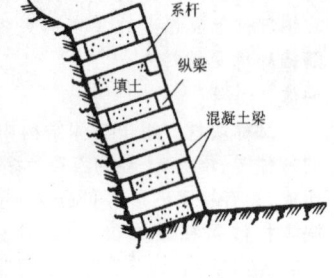

又称笼式挡土墙。用预制混凝土构件、木材或钢构件纵横交叉拼装成垛式框格,内中用土或砂石填满做成的挡土墙。其整体相当于重力式挡土墙的作用。

(蔡伟铭)

框架 frame
由水平向布置的梁和竖向布置的柱组成的一种平面或空间、单层或多层的承重结构。当梁、柱之间的连接为刚接时称为刚架;当梁(或桁架)和柱铰接而成的单层框架称为铰接排架;仅将柱与基础节点作成铰接时称为铰支座框架。框架结构有单跨、多跨之分,可以是等跨或不等跨、层高相等或不相等。框架各杆件轴线和外力作用线同处于一平面内者,称为平面框架;若各杆件轴线不在同一平面者,则称为空间框架;空间框架也可由平面框架组成。框架可以承受竖向荷载和水平荷载及其共同作用。一般框架多为高次超静定结构,梁柱构件内均受到弯矩、轴力、剪力的作用,但在设计中对框架梁往往仅考虑弯矩和剪力的作用,对框架柱则主要考虑弯矩和轴力的作用。

(张 誉 张建荣)

框架-承重墙结构 frame-wall structure

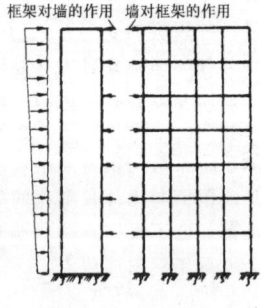

又称框架-剪力墙结构。简称框墙结构或框剪结构。在高层建筑或工业厂房中,承重墙和框架共同承受竖向和水平作用的一种组合型结构。参见房屋结构体系(80页)。这种结构既具有框架结构在使用上的灵活性,又具有承重墙结构较大的刚度和较好的抗震能力。承重(剪力)墙和框架各自承受一部分水平力,承重墙的刚度一般比框架大得多,承受大部分水平荷载。由于它们是受力性能不同的两种结构,墙以弯曲变形为主,上部变形相对较大,框架以剪切变形为主,下部变形相对较大,它们通过楼板和连梁连结而协同工作,使之具有一条共同的弯剪型变形曲线。它们的协同工作,有利于减小层间变形和顶点位移,提高整体刚度。设计中常要求框架具有承担一定比例的地震力的能力,当墙一旦破坏时,框架仍能承担一定比例的地震作用和竖向荷载而不致倒坍。

(江欢成)

框架-剪力墙结构 frame-shear wall structure
见框架-承重墙结构。

框架结构 frame structure
以框架作为房屋竖向的主要承重构件的结构体系。框架既承受竖向荷载,又承受水平荷载及抵抗地震力等各种作用。框架结构结合房屋特点分为单层框架或多、高层框架,从杆件之间的连结又分为刚结框架和铰结框架,后者不允许形成几何可变体系。框架结构在各种房屋建筑中应用十分普遍,它是建筑物的承重骨架,参见房屋结构体系(80页)。

(陈宗梁)

框架抗震设计 seismic design of frame
以框架结构为对象,包括结构选型,地震作用的计算,截面设计和抗震构造措施等内容的设计工作的总称。结构选型力求平面简单对称,具有较大的扭转刚度;立面宜规则均匀,避免有过大的外挑或内收;为使结构在纵横两个方向均能承受地震作用,宜采用双向框架。计算地震作用时,应分别在结构的两个主轴方向考虑水平地震作用,可以采用底部剪力法或反应谱振型分析法;当结构特别重要或刚度、质量沿竖向特别不均匀时,宜采用时程分析法进行分析。框架结构设计,力求满足强柱弱梁原则,使框架在地震作用下呈梁铰型延性机构;为使梁端塑性铰区减少发生脆性剪切破坏,截面设计应满足强剪弱弯要求;框架节点应具有足够的抗剪强度。

(张 誉 赵 鸣)

框架梁 frame girder
框架中的横向构件。常用以支承楼板、屋面板和墙体,与柱共同承受竖向和水平荷载。一般用钢、钢筋混凝土、木材以及它们的组合材料做成。与柱的连接可以是铰接或刚接,工程中一般以刚接为主。

(陈宗梁)

框架梁端加强区
钢筋混凝土刚性框架梁中,梁端预期塑性铰区加强箍筋配置的区段。其目的为约束梁端混凝土。刚性框架的梁端通常承受较大的弯矩和剪力,地震作用下为使梁端塑性铰可能形成的部位提供必要的延性,促使梁主筋在柱面以外屈服,使塑性铰外移。加强梁端还可防止钢筋混凝土梁的主筋在节点内的滑移和抗弯强度未充分发挥以前的非延性的剪切破坏。加强范围一般不宜过小并与梁高有一定的比例要求。加腋也是梁端加强的处理方法之一。

（陈宗梁）

框架梁柱节点　beam-column joint of frame

又称结点。框架梁、柱杆件相互交汇的连接点。通过它传递相邻杆件的内力，是框架的重要组成部分。连接方式有铰接和刚性连接两种。钢框架的节点常用焊接或高强度螺栓连接。在地震区，钢筋混凝土框架的节点应采用整体刚性连接，并达到足够的延性，以避免脆性破坏和过大的变形。节点区承受弯矩、轴力和剪力的联合作用，受力复杂，应予以特别注意。

（陈宗梁）

框架模式知识表示　knowledge representation by frame pattern

以物体和状况等为对象用一定形式来表示的数据结构。它通常由框架的识别名规定了具体内容的槽(slot)与值组成，其中的值也可以是另一个子框架。以框架为单位进行知识表示，其集合组成一个框架系统，适宜于表达复杂的对象。框架模式不但可表达静态知识，也可表示逻辑推理，类似于人的思维方式。

（陆伟民）

框架式基础　frame foundation

由纵、横框架、底板(筏基)等组合而成的一种空间结构形式的基础。主要作为设备较多的机械如汽轮发电机组，大型压缩机等的基础。框架范围内有较大的空间，为众多设备、管线的布置以及操作、检修提供了条件和方便。这种基础一般采用钢筋混凝土结构，构件断面合理，用料经济，但计算(尤其是整体动力特性的计算)较复杂。

（杜　坚）

框架体系抗震计算方法　methods of seismic analysis for frame system

框架体系在地震作用下内力计算方法之总称。基本方法是，将框架各构件的质量近似地集中到各相应的楼层平面上，根据反应谱理论确定地震力，按静力作用进行内力计算。具体计算方法有两大类，一类是适用于电算的有限元法，一类是适用于手算的近似方法，包括竖向荷载作用下的分层法和水平荷载作用下的反弯点法及D值法。当采用近似方法时，需合理选取计算单元，将框架体系简化成平面结构进行计算。如采用有限元法，则可将框架体系视作由互相垂直的纵、横框架组成的空间结构，也可简化为平面结构计算。对于特别重要的框架结构，则应采用输入地震波的时程分析法来计算内力。

（戴瑞同）

框架-筒体结构　frame-tube structure

简称框筒结构。由框架和筒体通过楼板(包括梁)连结协同工作的结构体系。参见房屋结构体系(80页)。其中筒体可以是实腹筒、空腹筒或桁架筒。房屋中可以有若干筒(如四角筒)，或仅有一个核心筒。它的受力性能和适用范围大致和框架-剪力墙结构相似。但由于筒体是空间结构，它的抗侧力作用比剪力墙更强，承受水平力的比例更高，可以用于更高的房屋。筒中筒结构，在其外框筒柱距较大时(例如大于4m)，翼缘框架参加空间工作的作用很小，水平力主要在腹板框架和核心筒间分配，这种结构应看成是框架-筒体结构，而不再是筒中筒结构。

（江欢成）

框架柱　frame column

框架中的竖向构件。是框架梁的支承构件，与框架梁共同承受竖向和水平荷载，并传至基础。常用钢、钢筋混凝土或砌体等材料做成。用于地震区的钢筋混凝土柱及其节点必须控制轴压比，使其有足够的延性，并符合强柱弱梁的受力要求。

（陈宗梁）

框架柱的抗震设计　seismic design of frame column

对框架柱进行抗震设计的总称。一方面保证柱有必要的强度，另一方面应使柱具有足够的延性，以吸收和耗散地震能量。为此，框架柱的抗震设计应遵循以下原则：①强柱弱梁；②应保证柱发生剪切破坏之前，先发生受弯破坏；③限制柱的轴压比；④配置足够的约束箍筋。

（赵　鸣）

框架柱端加强区

钢筋混凝土框架柱中，在节点附近增加箍筋配置的区段。目的为增强混凝土的侧向约束作用，提高柱端的抗震能力和增加延性。柱端受竖向压力、弯矩和剪力的联合作用，当压力或弯矩较大时易发生混凝土被压碎或钢筋压屈鼓胀等脆性破坏现象。尤其是角柱和边柱，因受扭转和偏心作用影响，破坏比内柱更甚，于结构的抗震非常不利，因而都需加强。加强区的范围一般不宜过小并与柱截面的尺寸有一定的比例要求。

（陈宗梁）

框剪体系抗震计算方法　methods of seismic analysis for frame-shear wall system

框架剪力墙体系在地震作用下各种计算内力方法之总称。基本方法是，将框架和剪力墙各构件的质量近似地集中到各层楼板平面上，根据反应谱理论确定地震力，按静力作用计算内力。具体计算方法有两大类，一类是在假设基础上的近似计算，一类是可用电子计算机求解的矩阵位移分析。最简单的分析方法是按一个固定的比例将水平力分配到框架和剪力墙上去。更合理的方法应该考虑框架和剪力墙之间的协同工作，即协同分析法。当地震力的合力作用点与房屋的刚度中心不一致时,必须考虑由此而引起的扭转对结构受力的影响。对于特别重要的框剪体系应采用输入地震波的时程分析来计算结构内力。　　　　　　　　　　　　　(戴瑞同)

框筒　frame-tube
　　见空腹筒(183)页。

框支剪力墙　framed shear wall
　　又称鸡腿剪力墙。底层为框架的剪力墙。适用于底层要求大空间,而底层以上仍需采用剪力墙的结构。底层楼盖处侧向刚度发生刚度突变,在地震作用冲击下,常因底层框架刚度过小而引起破坏。实用中,常将一部分剪力墙底层改为框架,而另一部分剪力墙贯通至基础,这样既能形成较大空间,又保证结构抗震能力。
　　　　　　　　　　　　　(董振祥)

框支墙　frame-supported wall
　　底层或下部几层为框架,上部为剪力墙的结构。它是为了适应下部大开间的使用要求而采用的一种结构型式。纯框支墙的侧向刚度在框架顶部突变,在地震力作用下,常发生破坏甚至倒坍。为改善这种结构的受力性能,在抗震设计中,应有相当数量的剪力墙直接落地,形成框支墙和落地墙协同工作的体系,同时在下部设置刚性楼层,使水平力主要传递到落地剪力墙上。
　　　　　　　　　　　　　(江欢成)

kuo

扩初设计　extended preliminary design
　　见扩大初步设计。

扩大初步设计　extended preliminary design
简称扩初设计。是三阶段设计中把初步设计和技术设计合并在一起的设计。　(房乐德)

扩大模数　extended module
　　基本模数的倍数尺寸单位。中国采用的扩大模数有:3M(300mm)、6M(600mm)、12M(1200mm)、30M(3000mm)、60M(6000mm)等。1M、3M、6M等基本模数和扩大模数适用于门窗洞口、构配件、建筑制品及建筑物的跨度、柱距和层高的尺寸等。12M、30M、60M等扩大模数适用于大型建筑物的跨度、柱距、层高及构配件的尺寸等。　　(房乐德)

扩建项目　extended project
　　为了扩大原有产品的生产能力和效益或增加新产品的生产能力和效益,在原有基础上进行房屋、设备或设施扩充的建设项目。　(房乐德)

扩孔　enlarging hole
　　用钻床、电钻或风钻,装上钻头式铰刀,将零部件上的孔扩大的方法。一般为提高板叠上的孔的通过率,零件上先钻成小一级的孔,组装后经过扩钻到规定孔径。　　　　　　　　　(刘震枢)

扩展基础　spread foundation
　　又称扩大基础。将块石、砖、混凝土或钢筋混凝土做成的截面适当扩大,以适应地基容许承载能力或变形的墙下或柱下的天然地基基础。
　　　　　　　　　　　　　(蒋大骅)

阔叶材　broad-leaved wood,hard wood
　　由被子植物亚门的双子叶植物纲树种生产成的商品材。一般,硬质阔叶材加工困难,强度高,较耐腐(桦木除外),在木结构中常用作板销、垫块、木键等;软质阔叶材耐腐性差,常用来制作胶合板。中国常用的阔叶材树种有水曲柳、栎木(柞木)、青冈、桦、杨等。　　　　　　　　　　　(王振家)

L

la

拉结筋 tie-reinforcement

设置在相邻构件缝隙之间,保证构件之间相互联系的钢筋。它属于构造钢筋,设置后,加强了结构的整体性和稳定性。铺板与墙体、铺板与铺板之间、纵墙与横墙之间、柱子与围护墙之间,都可通过拉结筋来增强联系。　　　　（邹超英　刘作华）

拉力测力计 tension ring

利用各种环形弹性元件在拉力作用下产生变形伸长的原理制成的测力仪器。弹性元件的伸长经齿轮传动比放大,由指针在度盘上指出相当于该伸长的被测拉力值。一般用来量测绳索中的拉力。
　　　　　　　　　　　　　　（潘景龙）

拉梁

见连系梁(195页)。

拉铆钉 pull-stem rivet

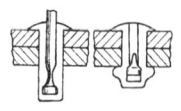

由单面安装,通过张拉芯杆使钉尾外筒挤压形成钉头的铆钉。　　　　　　　　（张耀春）

拉索塔式平台 guyed tower

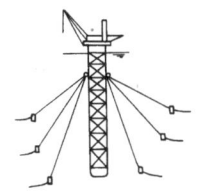

由上部甲板、塔体和拉紧钢索组成的海洋平台。塔体是根瘦长的空间桁架结构,下端依靠重力基座坐落于海底,上端支承作业甲板。近水面处用钢索拉紧塔体使其保持直立状态。受风、波和流作用时平台仍可维持在许可范围内摆动。造价低,适用于 300～600m 深的海域。　　　　　（魏世杰）

拉索预应力钢桁架 prestressed steel truss with cables

见预应力钢桁架(352页)。

拉索预应力钢梁 prestressed steel beam with cables

见预应力钢梁(353页)。

拉弯钢构件强度 strength of steel tension-flexure member

钢制拉弯构件抵抗破坏的能力。按弹性设计时,以受拉边缘纤维屈服作为极限状态。这时,截面上的正应力呈直线分布。按塑性设计时,则以危险截面上的正应力全部到达屈服点,也即出现塑性铰作为极限状态,这时与受弯构件形成塑性铰时的区别是中和轴与形心轴并不重合。为安全计,一般只考虑部分发展塑性,即以危险截面上的部分正应力到达屈服点作为极限状态。　　（陈雨波）

拉弯构件 tension-flexure member

同时承受轴心拉伸和弯曲的构件。有两端铰支的偏心受拉构件,兼受轴心拉力和端弯矩的构件以及同时承受轴心拉力和横向荷载的构件等。
　　　　　　　　　　　　　　（夏志斌）

拉弯木构件承载力 bearing capacity of flexural and axial tension timber member

木构件承受偏心纵向拉力或承受轴向拉力与横向弯矩共同作用的能力。前者称偏心受拉木构件承载力。拉弯工作对木构件极为不利,加之受拉工作对木材缺陷影响又极为敏感,且构件工作呈脆性,因此在设计中应力求避免。　　　　（王振家）

拉应力限制系数 limited tension stress ratio

根据预应力筋的品种与结构构件的种类,对受拉区混凝土允许拉应力进行限制所采用的系数。即在荷载短期效应组合作用下受拉边缘混凝土的拉应力不超过允许拉应力 $\alpha_{ct}\gamma f_{tk}$ 值,此处 γ 为受拉区混凝土塑性影响系数,f_{tk} 为混凝土的抗拉强度标准值,α_{ct} 为混凝土拉应力限制系数,α_{ct} 在 0～1 之间变化。对预应力混凝土：Ⅰ类（一级）为 $\alpha_{ct}\leq 0$；Ⅱ类（二级）为 $0<\alpha_{ct}\leq 1$；Ⅲ类（三级）为 $\alpha_{ct}>1$。
　　　　　　　　　　　　　　（陈惠玲）

喇叭型坡口焊 flare bevel groove weld

弯角与平板间形成一个喇叭型坡口的焊缝。当冷弯薄壁型钢在弯角处用焊缝与平板连接时,常采用这种连接,但喇叭型坡口的尖端常不能填满焊条的熔敷金属。　　　　　　　（沈祖炎）

lan

蓝脆 blue brittleness

钢材在 250℃ 温度左右性质变脆的现象。在此温度时,钢材抗拉强度和屈服点都有上升,而塑性却降低。这时进行热加工容易产生裂纹。因而蓝脆现象也是导致出现焊缝热裂纹的原因之一。
　　　　　　　　　　　　　　（李德滋）

lan

澜沧-耿马地震　Lancang-Gengma earthquake

1988年11月6日在云南西南的澜沧、耿马与沧源三县交界处先后发生的7.6级和7.2级两次强烈地震。地震有感范围半径达500km。震中区伤亡约7000人，倒塌房屋30余万间，严重破坏达60余万间。损失共计折款14亿多元。　　（李文艺）

lang

朗金土压力理论　Rankine's earth pressure theory

又称极限应力法。是1857年由英国学者朗金研究了半无限土体在自重作用下处于极限平衡状态时的应力情况而建立的土压力计算理论。为了使墙后的应力状态符合半空间土体中和墙背方向、长度

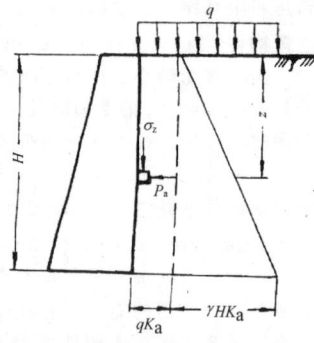

相对应的竖直截面上的应力状态，必须假定墙背是直立的、光滑的以及墙后填土是水平的。墙背深度z处的主动土压力和被动土压力表达式为：

$$p_a = \gamma z \tan^2\left(45° - \frac{\varphi}{2}\right) - 2c\tan\left(45° - \frac{\varphi}{2}\right)$$
$$= \gamma z K_a - 2c\sqrt{K_a}$$
$$p_p = \gamma z \tan^2\left(45° + \frac{\varphi}{2}\right) - 2c\tan\left(45° + \frac{\varphi}{2}\right)$$
$$= \gamma z K_p - 2c\sqrt{K_p}$$

对于砂性土，上列式中取$c=0$。　（蔡伟铭）

lao

老堆积土　paleo-deposited soil

第四纪晚更新世（Q_3）及其以前堆积的土层。如相应年代堆积的老粘性土、老砂土、老粉土及老黄土等。一般呈超固结状态，强度高，压缩性低。
　　　　　　　　　　　　　　　　（杨桂林）

le

乐甫波　Love wave

SH波（介质质点沿水平向振动的一种剪切波）在水平成层地壳构造中干涉迭加而形成的波。是由A.E.H. Love根据理论计算而发现的一种面波。其特点是使地表质点沿水平方向振动。当地壳较薄时（如经过海洋地壳传来），会产生相当强的乐甫波。
　　　　　　　　　　　　　　　　（李文艺）

lei

雷诺数　Reynolds number

在空气流动中，流体质点的惯性力与粘性力之比。19世纪末科学家雷诺通过实验得出，当惯性力与粘性力之比相同时，动力性能便相似。依靠雷诺数解决风洞试验模型的相似性，便能由试验结果推出真实结构所受的力。根据雷诺数不同范围，可以得到不同的旋涡脱落的特性。雷诺数可由$69000vB$来确定，其中v为气流速度，B为垂直于气流方向的结构截面的最大尺度，对于圆柱形结构，B即为直径D。　　　　　　　　　　（张相庭）

累积分布函数　cumulative distribution function

见概率分布函数（89页）。

累积损伤律　cumulative damage rule

承受变幅循环应力的构件和连接，每次应力循环产生的损伤积累到临界值时发生疲劳破坏的规律。最常用的近似规律是Miner线性累积损伤率，可以写成

$$\Sigma \frac{n_i}{N_i} = 1$$

n_i为应力σ_i的循环次数，N_i为该应力作用下的疲劳寿命。　　　　　　　　　　　　　（杨建平）

肋梁楼盖　beam-supported reinforced concrete floor

由钢筋混凝土板、次梁和主梁组成的楼盖。如果板是单向板，则称为单向板肋梁楼盖。反之，如果板是双向板，则称为双向板肋梁楼盖。
　　　　　　　　　　　　　　　　（刘广义）

leng

冷拔低碳钢丝　cold drawn low-carbon wire

由热轧低碳圆盘条经过多道模拔而成的钢丝。通常由预制构件厂或施工单位自行加工，由于生产分散，原材供应不一，操作工艺不易控制，性能离散性大。根据中国规范GBJ10—89规定，可用于中小型构件预应力筋的甲级冷拔低碳钢丝，必须经过逐盘检验；用作普通钢筋的乙级，则仅要求分批检验。冷拔低碳钢丝强度标准值为$550\sim700N/mm^2$，与原材相比，提高幅度大，但延性则降低较多。
　　　　　　　　　　　　　　　　（张克球）

冷拔钢丝　cold-tension wire

冷拉并产生塑性变形后的钢丝。这种钢丝的屈服点提高,但延性下降,常用于预应力钢筋混凝土结构中。　　　　　　　　　　　　（钟善桐）

冷脆　cold shortness
见低温脆断(47页)。

冷加工　cold forming
在常温下对钢材进行冷拉、冷拔、冷弯等的加工过程。特别常用的是冷拉,可以用来提高钢材强度,例如制成冷拉钢筋等。　　　　　（王用纯）

冷矫直　cold straightening
见构件校正(109页)。

冷拉
见冷加工。

冷拉钢筋　cold stretched bar
利用热轧钢筋抗拉强度与屈服强度的比值(强屈比)高的应力应变特性,经冷拉而成的钢筋。有冷拉Ⅰ级钢筋、冷拉Ⅱ级钢筋、冷拉Ⅲ级钢筋和冷拉Ⅳ级钢筋。钢筋冷拉的目的是提高屈服强度,用作预应力钢筋,以节约钢材。冷拉有控制应力和控制冷拉率两种方法,用作预应力钢筋,宜采用控制应力方法。　　　　　　　　　　　　（张克球）

冷拉钢丝
见预应力钢丝(353页)。

冷拉强化　steel strengthen after cold stretching
见冷作硬化(194页)。

冷拉Ⅰ级钢筋　cold stretched bar grade Ⅰ
直径12mm及以下的热轧Ⅰ级钢筋经冷拉而成的钢筋。其强度标准值按 $280N/mm^2$ 采用。该钢筋冷拉的主要目的是利用冷拉伸长度和调直,但最大冷拉率不得超过10%。　　　　（张克球）

冷拉Ⅱ级钢筋　cold stretched bar grade Ⅱ
热轧Ⅱ级钢筋经冷拉而成的钢筋。其强度标准值为 $450N/mm^2$。在预应力混凝土结构中用得较多。　　　　　　　　　　　　（张克球）

冷拉Ⅲ级钢筋　cold stretched bar grade Ⅲ
热轧Ⅲ级钢筋经冷拉而成的钢筋。其强度标准值为 $500N/mm^2$。在预应力混凝土结构中用得较多。　　　　　　　　　　　　（张克球）

冷拉Ⅳ级钢筋　cold stretched bar grade Ⅳ
热轧Ⅳ级钢筋经冷拉而成的钢筋。其强度标准值为 $700N/mm^2$。是中国使用较为广泛的预应力钢筋品种之一,但其强度仍不高,且需经焊接、冷拉等多道工序,焊接质量不易保证。
　　　　　　　　　　　　　　　　（张克球）

冷铆　cold riveting
铆钉在常温状态下进行铆合的工序。直径≤10mm 的钢铆钉可以冷铆。用于不重要和受力小的零配件连接。塑性良好的铜合金、铝合金等制成的铆钉则广泛使用冷铆。　　　（瞿履谦）

冷却塔　cooling tower
火力发电站及其他工业中用于冷却循环水的塔式结构。塔内依靠水的蒸发,将其热量传给空气使水冷却。由通风筒体和支柱组成。通风筒体为大直径钢筋混凝土双曲线旋转壳体结构,下部边缘支承在等距离的V形或X形支柱上,以构成塔的进风口。　　　　　　　　　　　　　　　（王肇民）

冷弯薄壁型钢　thin-walled cold-formed steel
在室温下由薄钢卷板、薄钢板或带钢经冷加工成型的型材。分两个系列:一种是棱柱状型材,常用的有冷弯角钢、冷弯槽钢、Z形钢、帽形截面型钢和空心截面型钢等,主要用于结构承重构件,壁厚一般为2～4mm;一种是板状型材,包括各种压型钢板,主要用于屋面、墙面等围护结构和组合楼盖,其基板厚度一般为0.4～2mm。由于壁薄,截面开展,具有较好的力学性能,用做受压构件和受弯构件时,可节省较多的钢材。　　　　　　　　　（张耀春）

冷弯薄壁型钢结构　thin-walled cold-formed steel structure
简称冷弯型钢结构。由冷弯薄壁型钢用焊接或用各种采取冷加工成形的紧固件连接组成的结构。冷弯薄壁型钢通常是由2～6mm厚的带钢或钢板经冷轧或压弯制成各种形状的型材,最常用的有卷边和不卷边角钢、槽钢、Z形钢、外卷边槽钢、圆管、方管和矩形管以及压型钢板等。特点是自重轻,比普通热轧钢结构可节约钢材10%。常用于屋盖结构、组合楼盖结构、房屋四周的围护结构和其它结构等。由于壁薄,使用时应重视防腐蚀问题。
　　　　　　　　　　　　　　　　（钟善桐）

冷弯薄壁型钢结构技术规范　technical code for thin-walled cold-formed steel structure
国家颁布的冷弯薄壁型钢结构设计应遵循的技术标准。中国先后颁布了二次冷弯薄壁型钢结构技术规范:①1975年《薄壁型钢结构技术规范》(TJ18—75),采用了容许应力设计法。②1987年《冷弯薄壁型钢结构技术规范(GBJ18—87),采用了以概率理论为基础的极限状态设计法。
　　　　　　　　　　　　　　　　（钟善桐）

冷弯槽钢　cold-formed channel
由薄钢板经冷加工制成的槽形截面型材。有卷边和不卷边二种截面形式。卷边槽钢的翼缘属部分加劲板件,临界应力较高。多用做压杆和檩条,也可构成工字形组合截面型材。　　　（张耀春）

冷弯角钢　cold-formed angle

由薄钢板经冷加工制成的角形截面型材。有卷边和不卷边二种截面形式。卷边角钢的二肢端部加劲板件,临界应力较高。多用做压杆或组合梁的上下翼缘。　　　　　　　　　（张耀春）

冷弯试验　cold bending test

又称弯曲试验。钢材常温下弯曲180°以鉴定抗裂纹能力的试验。按钢材原有厚度经表面加工成板状,弯曲180°后,如外表面和侧面不开裂、也不起层,则认为合格。　　　　　　　　　　（钟善桐）

冷弯效应　effect of cold work

钢材经冷加工成型而引起材料性能变化的现象。冷弯型钢是由薄钢板冷加工成型的。成型后,弯角部分的材料发生强化和硬化,屈服点有明显提高。抗拉强度有一定提高,延伸率有所下降。平板部分材料性能的变化则与冷加工成型的工艺有关:冷弯成型时,没有明显变化;冷轧成型时,屈服点有一定提高。在冷弯薄壁型钢结构设计中利用冷弯效应可以获得经济效益。　　　　　（沈祖炎）

冷弯型钢　cold-formed steel

在室温下由钢板经冷加工成型的型材。最大壁厚可达25mm,常用的壁厚为0.4～6mm。主要用于建筑工程、车体结构、公路设施、仓储货架结构、农用机械和轻工制品等方面。　　　　（张耀春）

冷弯性能　behavior of cold bending

钢材经一定角度冷弯后抵抗产生裂纹的能力。是钢材塑性变形能力及冶金质量的综合指标。钢材进行冷弯试验后,如无裂纹无分层,则冷弯合格。否则为不合格。重要结构的钢构件,要求冷弯合格。　　　　　　　　　　（王用纯　卫纪德）

冷压式锚具　cold-extrusion anchor

预应力钢结构中预应力部件二端穿入套筒经冷压成形的锚具。将钢铰线穿入锥形钢套筒,用模具将套筒冷压成圆形,套筒金属产生塑性流动,握紧钢铰线,达到锚固目的。然后在锚具外表车成螺丝扣,锚定在构件上。　　　　　　　（钟善桐）

冷轧带肋钢筋　cold-rolled dribbed bar

以低碳热轧圆盘条通过冷轧减径并在其表面轧出横肋的钢筋。通常带有三列横肋,规格为4.0～12.0mm,强度标准值高于550N/mm^2,塑性性能优于普通冷拔低碳钢丝,粘结性能好,适用于钢筋混凝土板类构件和中小型预应力混凝土构件,也适用于焊接各种形状的钢筋网。　　　　（张克球）

冷轧扭钢筋　cold-rolled and twisted bar

又称绞扭钢筋。以普通碳素镇静钢（Q235）圆盘条为原材,经冷轧成扁平状并扭转而得的钢筋。其强度比原材提高一倍,与混凝土的粘结强度显著增加,适用于一般钢筋混凝土构件,但其延伸率仅为3%左右,延性较差。　　　　　　　（张克球）

冷作硬化　cold work hardening

又称应变硬化或冷拉强化。用冷加工的办法使金属材料产生塑性变形后,屈服点提高,塑性和韧性明显下降的现象。当金属材料未经冷加工,仅仅放置一段时间后,也产生屈服点提高,塑性和韧性明显下降的现象,则称时效硬化。金属材料冷作硬化后经过一段时间,硬化更严重的现象,称应变时效。若将经过冷作硬化后的材料按要求进行热处理,可消除硬化现象。钢结构为防止脆性破坏,要避免钢材产生冷作硬化。钢筋则常采用冷加工方法提高强度以节约钢材。　　　　　　（王用纯　卫纪德）

li

离差系数　deviation coefficient

根方差与均值的比值。是用来表示随机变量分散程度的另一个数值。方差或根方差虽能在一定程度上表达变量的分散程度,但未涉及与均值的关系。不同的均值,虽然方差或根方差相同,但其分散度可不相同,补充采用离差系数就能解决这一问题。其式在数学期望采用算术平均值情况下为:

$$\mu_d = \frac{\sigma_x}{x}$$

（张相庭）

离心混凝土抗压强度　compressive strength of centrifugally casted concrete

用离心法成型生产的混凝土所能承受的最大压应力。这种混凝土密实性好,与相同配合比的普通混凝土相比强度高、耐久性好。由于离心成型的特点,混凝土外表面较密实,强度高;内表面水泥浆含水量较高,密实性和强度都比外表面差,故测定离心混凝土强度宜采用圆筒形试件。　　（计学闰）

离心力加载法　centrifugal force loading method

利用旋转的偏心质量产生的离心力对结构施加简谐振动荷载的加载方法。试验加载时将带有成对偏心质量的离心激振器固定在试验结构上,由激振器底座把激振力传递给结构,按照激振方向的不同要求,改变偏心质量配置的方式可以产生垂直或水平方向的激振力。激振器产生的激振力等于旋转质量离心力的合力。改变质量的大小或调整带动偏心质量旋转电机的转速,即改变偏心质量旋转的角速度,即可调整激振力的大小。离心力加载的特点是运动具有周期性,作用力的大小和频率,按一定规律变化,使结构产生强迫振动。也可用作结构疲劳试验的加载方法。　　　　　　（姚振纲）

里氏震级 magnitude on Richter scale

震中距100km处"伍德-安德生地震仪"所记录的水平向最大地动位移振幅(μm)的常用对数值。是1935年美国地震学家C.F.Richter提出的震级标准。　　　　　　　　　　　　　　(李文艺)

理论切断点 theoretical cutting point of bar

见抵抗弯矩图(47页)。

理想化震源 idealization of seismic focus

潜在震源一经确定,为了简化数学处理,根据潜在震源区、带的几何形状,将它们理想化为点源、线源和面源三种类型的震源。　　　　(章在墉)

力矩守恒算法 conservation method of moment

假定受压区混凝土合力对受拉钢筋合力点的力矩为常数,用极限平衡理论计算小偏心受压构件的方法。小偏心受压构件截面上应力较小一侧的钢筋不能屈服,混凝土压应力分布为曲线图形,应力值均为未知数,不能确定截面应力状态,因此不能直接应用偏压基本公式求解。根据对大量小偏心受压柱的试验资料的分析研究发现:"在小偏心受压范围内,不论偏心距大小,截面是全部受压或部分受压,也不论钢筋用量多少,在极限状态下受压区混凝土合力对受拉钢筋合力点的力矩近似为常数。"采用这一假定可使计算大为简化。　　　　　　(计学闰)

立管 riser

把海底石油由海底输送到海面的管线。其上端和下端分别用万向接头与海底基座和平台上的井口(或输油终端站浮筒)相连接。管外承受波浪力、海流力和水压力等,管内承受内压。立管在外力作用下,轮廓线不断变化并产生很大位移,因而受力分析时必须采用非线性大位移理论。　　　　(魏世杰)

立焊 vertical welding position

见焊接位置(119页)。

立面设计 elevation design

建筑物或构筑物外部造型的设计。根据平面设计及剖面设计的各部位有关尺寸,绘出四个不同方向的立面,并对平面及剖面加以调整、统一和加工以达到美观的目的。　　　　　　　　(陆志方)

沥青混凝土护坡 bituminous concrete protection of slope

在坡面铺置沥青混凝土层的护坡措施。沥青具有很好的防渗能力和足够的强度,且具柔性,坡面不易开裂。　　　　　　　　　　　　　(孔宪立)

砾砂 gravelly sand

粒径大于2mm的砾石粒对砂土的物理力学性质影响最显著。参见砂土(261页)。　　(杨桂林)

溧阳地震 Liyang earthquake

1974年4月22日在江苏溧阳发生的5.5级地震。全县房屋倒塌和震毁7.9万多间,震后不少房屋重建或按原样(例如按空斗墙原样)修复。5年后,1979年7月9日在原震中区又发生一次6级地震,使34万多间房屋倒塌和震毁,特别是上次地震破坏的房屋,原样修复,这次又原样破坏。事实表明,及时吸取震害教训并在重建家园的村镇规划中采取抗震措施是十分重要的。　　(李文艺)

lian

连接 link, connection

①在程序和程序之间建立传递参数和控制的过程,使整个程序可以执行。

②在建筑结构设计中,是指构件或杆件间以某种方式的结合。如钢结构中的焊接、铆接、螺栓连接等。　　　　　　　　　　(周宁祥　蒋大骅)

连接板 connecting plate

将结构的各构件、杆件或部件连接在一起以形成节点的钢板。如柱脚连接板。在桁架中的连接板,一般称节点板。　　　　　　　(陈雨波)

连接件 connector

见抗剪连接件(180页)。

连梁 lintel

双肢墙或多肢墙中连接墙肢的横向部分。在结构分析时,通常忽略连梁的轴向变形,在水平力作用下,假定连梁两端水平位移相等。连梁在剪力墙中的作用,除传递水平力外,对墙肢提供约束弯矩,以减小墙肢内力和位移。相对于墙肢,连梁是次要部分。抗震设计时,常有意让它先出现塑性铰,以吸收地震能量。　　　　　　　　　　(江欢成)

连系梁 tie beam

又称拉梁。布置在房屋结构中将构件拉结在一起以增加整体作用的梁。一般不直接承受与梁轴垂直的荷载。如基础设计中常用连系梁将几个独立柱基础连接起来,以协调不可预期的外力作用。一般采用现浇钢筋混凝土制作。　　　　(钦关淦)

连续布点量测裂缝法 measuring crack by continuous strain gages

见应变链(344页)。

连续焊缝 continuous weld

沿焊件接头全长连续布置的焊缝。为完成此种焊缝而连续进行的焊接方法,称连续焊接。但有时为了降低构件中的焊接应力,对连续焊缝也不采取连续焊接,而采取分段倒焊法等其他焊接方法。

　　　　　　　　　　　　　　(刘震枢)

连续焊接 continuous welding

见连续焊缝(195页)。

连续基础 continuous footing

将柱行或柱列,甚至将整个建筑物放在一个基础上而形成的基础。如条形基础、筏板基础或箱形基础等。它具有较大的刚度,因而能抵抗差异沉降,跨越地基中的局部软弱地带,减小上部结构中的次应力。它用C20~C25级混凝土浇筑。当地下水对混凝土有腐蚀作用时要验算裂缝开展;当基础用作地下室时,应具有0.6~0.8MPa防渗要求。

(朱百里)

连续梁 continuous beam

连续地跨设在两个以上跨度间的梁。有三个以上支座的连续梁为超静定结构,需用变形协调原理求解。

(陈雨波)

连续梁抗剪 shear of continuous beam

钢筋混凝土连续梁反弯点附近的抗剪。在连续梁剪跨区间内,靠近支座及跨中处,分别出现负、正弯矩,并存在着一个由负到正的反弯点。梁在负、正二向弯矩和

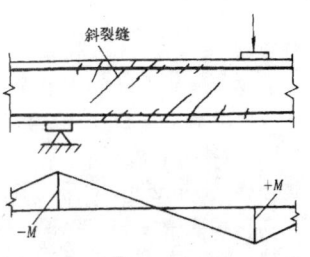

剪力作用下,在反弯点两侧附近可能出现二条较宽斜裂缝。此时,在斜裂缝处由于混凝土开裂使纵筋应力增加,而在反弯点处,钢筋应力却很小。在这不大的区域内,纵筋的拉力差过大,使钢筋和混凝土之间的粘结力破坏,从而使钢筋受拉的纵向长度扩大,而混凝土受压区相应减少,降低了反弯点处的抗剪能力。这是连续梁抗剪的特点。

(吕玉山 王振东)

连续幕结构 continuous curtain construction

见幕结构(218页)。

连续栅片法 continuum laminar analysis

将框架或双肢剪力墙每一楼层处的连梁沿结构竖向假定为连续栅片的分析方法。使连梁所连的两端剪力墙肢不仅在每一楼层标高处而且沿整个高度都具有相同变形,从而可建立二阶微分方程求解,是一个适于手算的计算方法。

(董振祥)

联合测图法 method of joint mapping

以小平板仪为主联合其他仪器测绘地形图的方法。最常用的是小平板仪与经纬仪联合测图:将小平板仪安置在测站点上,在它的近旁安置一台经纬仪,并将其位置测绘在图纸上。测图时,用照准仪绘出方向线,用经纬仪按视距测量方法测定出经纬仪到地形点的距离和高差,然后从图上经纬仪位置出发,用两脚规在描绘的方向线上截取距离定出该地形点的位置,并注其高程,随后逐点逐站测绘,从而绘出地形图。在平坦地区,可以用水准仪代替经纬仪,称为小平板仪与水准仪联合测图。

(潘行庄)

联合基础 combined footing

有两根以上的立柱(筒体)共用的基础,或两种不同型式基础共同工作的基础。它使用于下述情况:新建建筑物的柱子贴近毗邻建筑物,若采用单独基础则因荷载偏心距太大而产生差异沉降;相邻立柱的间距很小;相邻立柱的荷载相差较大,若采用单独基础会产生差异沉降。联合基础的底面积可设计成矩形或梯形。基础底面形心应当与柱荷载合力作用点相互重合,以免产生倾斜。在设计中假设接触反力为均匀分布,据以计算基础的弯矩和剪力,供基础断面设计之用。

(朱百里)

联合经营合同 joint operating contract

一个规模较大的工程建设项目,必须组织多个单位联合承包才可能完成建设任务时由多单位组成联合体与建设单位签订的承包合同。

(蒋炳杰)

联合选址 location selection for two or several relative factories use

几个有关建设项目一起进行的场址选择。例如利用一厂的产品或"三废"作为另一厂的原材料的联合企业,进行成组成套的布局就属于联合选址的范畴。可以做到:①各厂建成后,原材料、燃料、动力或产品运输合理;②主要项目和配套项目在布局上、规模上、进度上配套同步建设;③统筹安排厂外工程、市政公用工程,以及生产服务设施等。

(房乐德)

联系尺寸 related dimension

装配式单层厂房中,在边柱外缘与纵向定位轴线间所加设的尺寸。通常以代号 D 表示。具体数值可根据吊车吨位,上柱截面尺寸和有无走道板情况决定。

(王松岩)

联肢墙 linked pier wall

双肢墙和多肢墙的统称。习惯上指墙肢刚度较大而连梁刚度较小的墙,而将墙肢刚度较小而连梁刚度较大的墙称为壁式框架。这是出于内力分析上的方便和计算准确性上的考虑。联肢墙常用连续化的方法即用均匀分布的竖向弹性薄片来代替连梁进行计算。它的延性一般优于壁式框架。

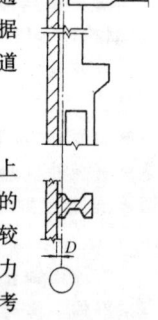

联系尺寸

(江欢成)

炼油塔 refined oil tower

石油提炼过程中的塔状设备。塔身有圆筒型、

圆锥台型、分段变截面筒体等。钢板结构塔身直接放在基础上或放在钢筋混凝土框架上，可单独耸立或通过平台连成群体。塔体对地基变形要求很高，在正常运行时，塔内温度较高，需要考虑温度应力的影响。塔筒直径与壁厚之比较大，属于弯曲薄壁型结构。

（王肇民）

liang

梁 beam, girder

一种由支座支承，跨越一定空间的直线或曲线形构件。它主要承受各种作用产生的弯矩和剪力，有时也承受扭矩。常用材料有木、钢、钢筋混凝土等。在房屋结构中有屋面梁、楼面梁、圈梁、过梁、连系梁、基础梁和吊车梁等。在桥梁和其它工程中也多应用。在一般楼盖结构布置中根据传力要求，常将楼板上荷载先传至次梁上，再由次梁传至主梁上，主梁有时也叫大梁。根据其支承条件不同，有简支梁、悬臂梁、固端梁和连续梁等。主要承受弯矩和剪力，在设计时除应满足承载能力的要求外，还要控制其变形值，对预应力混凝土梁和钢筋混凝土梁还要满足抗裂和裂缝宽度的要求。其截面一般做成矩形，将长边放置在与荷载平行的方向。为了节约材料，还可将截面做成I形、T形或空心的，有时还根据沿梁轴弯矩的变化，做成变高度的梁。梁高随梁跨度增加而增加，其比例根据材料和荷载不同而异。

（钦关淦）

梁垫 concrete padstone

又称垫块或刚性垫块。为了增大梁端砌体局部受压面积，降低局部应力而在梁端设置的垫块。通常在梁端设置混凝土的刚性垫块，垫块高度 $t_b \geqslant$ 180mm；垫块的长度大于梁宽，但每边超过梁宽部分应不大于 t_b。垫块可用预制混凝土块，也可以与梁端现浇成为整体。混凝土垫块可按构造配筋。

（唐岱新）

梁端砌体局部受压 local bearing strength of masonry at beam end

梁或屋架端部支承处砌体的非均匀局部受压状态。首先应计算梁端有效支承长度以确定局部受压面积，还要考虑压应力图形的完整系数以及局部抗压强度提高系数。当梁端受有上部荷载时，应考虑砌体对梁端的约束作用和卸荷作用。　（唐岱新）

梁端有效支承长度 effective supporting length at beam end

计算砌体局部抗压强度时，梁端底面与砌体实际接触的长度。由于梁的翘曲变形，该长度不等于梁端的支承长度，其值主要取决于梁及砌体的刚度。

（唐岱新）

梁端约束支承 restriction support at beam end

多层砌体结构房屋的楼盖梁受到梁端上部砌体所传荷载的作用或与梁端相联构件的约束，使其不能自由转动的支承状态。其约束的程度取决于梁的刚度、梁传荷载，梁端上部荷载的大小或相联构件的刚度以及梁端砌体内拱卸荷的程度。

（唐岱新）

梁-拱联合受力机构 beam-arch combined mechanism

设有偏洞口时墙梁的组合受力机构。荷载通过跨越洞口的大拱和大墙肢内的小拱向下传递。因此托梁不仅作为大拱的拉杆，还作为小拱一端的弹性支座承受较大的垂直压力，使托梁还具有梁的受力特征。

（王庆霖）

梁截面不对称影响系数 coefficient for unsymmetrical section of beam

梁在整体稳定计算时，由于上下翼缘不对称所产生的影响系数。梁的整体稳定系数是根据双轴对称工字形截面导得的，当上下翼缘不对称时，应考虑其影响。

（钟善桐）

梁肋 rib of beam

在T形或工字形截面钢筋混凝土梁的弯曲平面内设置连结上、下翼缘的肋板。它增加截面的刚度和受压区混凝土压力与受拉纵筋拉力的内力偶臂，同时承受剪力。　（陈止戈）

梁式承台 pile cap as beams

呈梁式破坏特点的独立基础下的桩基承台。在开裂破坏过程中，在两个方向上互相交替承担上部主要荷载，交替地起拱的作用，因而计算弯矩时考虑全部桩的反力而不分配到两个方向上。

（高大钊）

梁式吊车 beam crane

吊车架身为轻型实腹钢梁、沿着吊挂在屋架(屋面大梁)、楼板梁下或铺在吊车梁上的钢轨行走的吊车。有单梁与双梁之分。较桥式吊车简单轻便。起重量一般为 0.5～3t，有手动及电动两类。吊车跨度 L_K 一般在 12m 以下。世界上也有起重量为 5t者，L_K 达 30m 以上，有四个悬挂点。　（王松岩）

梁式楼梯 beam-stair

带有斜梁的钢筋混凝土楼梯。它由踏步板、斜梁、平台梁和平台板组成；踏步板支承在斜梁上；斜梁和平台板支承在平台梁上；平台梁支承在承重墙或其它承重结构上。梁式楼梯一般适用于大中型楼梯。

（李铁强）

梁整体稳定 overall stability of beam

在最大刚度平面内承受荷载的梁抵抗侧扭屈曲的能力。当梁处于整体稳定状态时，如受到某种微小扰动,虽然可使梁发生侧向位移和扭转变形,但一旦扰动去除,梁就能迅速恢复其原来的平衡位置。当荷载加大到一定数值时,微小扰动可使梁的侧向位移和扭转变形迅速加大直至丧失承载能力,此时称梁丧失了整体稳定,或称产生了侧扭屈曲。影响梁整体稳定性的因素有:梁的侧向无支长度、梁截面的形式和尺寸、荷载的形式及其作用点高度和梁的支承情况等。　　　　　　　　　　　(夏志斌)

梁整体稳定等效弯矩系数　coefficient for overall stability equivalent bending moment of beam

简称等效弯矩系数。梁在整体稳定计算时将沿构件长度分布不均匀的弯矩(如为均布荷载或跨中一个集中荷载时)化成均布弯矩时所采用的系数。用于验算压弯构件稳定的相关公式中,取 βM 为等效弯矩,β 是等效弯矩系数,M 是构件计算段内的最大弯矩。　　　　　　　　　　　(夏志斌)

梁整体稳定系数　coefficient of overall stability of beam

梁在整体稳定计算时所采用的强度折减系数。常用 φ_b 表示。它与梁的截面型式、截面特性、支承情况和荷载类型等有关。　　　(陈雨波)

梁-柱　beam-column

见压弯构件(334页)。

两次仪高法　observation method by two instrument heights

在一个测站上采用两次仪器高度观测高差,进行测站检核的方法。若测量地面上两点的两次高差之差在限值之内,则取其平均值作为该两点的观测高差。　　　　　　　　　　　　　(汤伟克)

两端固定梁　beam fixed at both ends

简称固定梁。两端均为不产生轴向、垂直位移和转动的固定支座的梁。　　　(陈雨波)

量　quantity

现象、物体和物质的可以定性区别和定量确定的一种属性(国际计量局等组织于1984年给出的定义)。所谓定性区别,是指量可按量纲划分为同类量;所谓定量确定,是指在同类量中可以选定计量单位,使每一个量经量测后均能以数值表达。结构设计中常用的量是力学量、几何量、热学量等,它们都是物理量。在全部物理量中确定一组互相独立的物理量,使其他物理量均能通过它们来定义或借助于方程来表示,则这组物理量称为基本量,其他物理量称为导出量。例如,选取长度、质量、时间为基本量后,全部力学量都可以用这些量的函数来表达,则其它力学量均为导出量。选用不同的基本量,就构成不同的量制。　　　　　　　　　　　(邵卓民)

量本利分析

见盈亏平衡分析(347页)。

量程　range

仪器能量测的物理量的最大值。是仪器的度量性能指标之一。如2m规格的钢卷尺其量程为2m。有些仪器考虑到量测准确度的要求,规定了允许量测的最小物理量。因此,它又常用测量范围来表示。
　　　　　　　　　　　　　　　　　　(潘景龙)

量纲　dimension of a quantity

量制中的一个量以该量制中的基本量来表示的表达式。它是用来定性地描述各种物理量与基本量关系的。物理量的量纲一般可表达为基本量纲乘方之积的形式,称为量纲积。即
$$\dim Q = A^{\alpha}B^{\beta}C^{\gamma}\cdots\cdots$$
Q 为某物理量,A、B、C、……为基本量的量纲,α、β、γ、……为量纲指数。例如,力 F 的量纲为
$$\dim F = LMT^{-2}$$
L、M、T 为基本量长度、质量、时间的量纲,量纲指数分别为 1、1、-2。所有力学量纲都可以用 L、M、T 来表示。量纲指数不全为 0 的物理量称为有量纲量,量纲指数全为 0 的物理量称为无量纲量。无量纲量的量纲积为 1,例如,应力比 $\rho = \dfrac{\sigma_{\min}}{\sigma_{\max}}$ 的量纲 $\dim \rho = L^0 M^0 T^0 = 1$。因为一个量制中的基本量是相互独立的,所以在该量制中任何物理量的量纲积是唯一的。　　　　　　　　　　　(邵卓民)

量纲分析法　method of dimension analysis

根据描述物理过程的物理量的量纲和谐的原理,寻求物理过程中各物理量间的关系而建立无量纲参量即相似判据的方法。被测的量的种类,称为这个量的量纲,它只区别量的种类,而不区别一个量的不同量度单位。同一类型的物理量,具有相同的量纲。任何完整的物理方程式中,各项的量纲必须相同,这样才能用加、减并用等号联系起来,这就是量纲和谐。量纲和谐的概念是量纲分析法的基础。
　　　　　　　　　　　　　　　　　　(吕西林)

liao

料斗　hopper

由斜壁和卸料口组成的用以储存和卸料的结构。斜壁倾角根据贮料性质要求确定,一般应大于贮料内摩擦角 5°~10°。两斜壁相交线倾角,也应略大于贮料的内摩擦角。如贮存容易拱堵的贮料时,还应采用动力设施或采用钢板料斗。　(侯子奇)

料石　processed stone

经过加工的石材。按加工的程度可分为:①细料石:通过细加工,外形规则,叠砌面凹入深度不大

于10mm,截面的宽度、高度不小于200mm且不小于长度的1/4。②半细料石:规格尺寸同上,但叠砌面凹入深度不大于15mm。③粗料石:规格尺寸同上,但叠砌面凹入深度不大于20mm。④毛料石:外形大致方正,一般不加工或仅稍加修整,高度不小于200mm,叠砌面凹入深度不大于25mm。

(唐岱新)

lie

烈度表 intensity scale

按地震破坏宏观现象评定烈度大小的依据。除日本外,国际上一般都按12度分度。现有烈度表的共同特点是:Ⅰ~Ⅴ度以人的感觉为主,物体反应为辅;Ⅵ~Ⅹ度以房屋破坏为主,人的感觉和其他现象为辅;Ⅺ、Ⅻ度以自然地表破坏现象为主。

(肖光先)

烈度工程标准 engineering standard of intensity

选择以某种物理量来度量和划分烈度的标准,即烈度定量化。这些量应能反映地震作用的破坏效应,如最大地面加速度、最大地面速度、地震反应谱值等。

(肖光先)

烈度衰减 intensity attenuation

地震烈度随震中距(或震源距)的增加而逐渐减小的函数关系。根据一定范围内的历史地震等震线资料按长、短两个轴向统计得到。尽管所采用函数形式各种各样,但最常用的烈度 I 函数形式为:

$$I = C_1 + C_2 I_0 - C_3 \ln(R + C_4) + \lambda$$

或

$$I = C_1 + C_2 M - C_3 \ln(R + C_4) + \lambda$$

$I_0 、 M 、 R$ 分别为震中烈度、震级、震中距;$C_1 、 C_2 、 C_3$ 为统计回归常数;C_4 为用来限制当 R 接近于零时出现过大烈度的常数;λ 为均值为零、标准差为 σ 的正态分布随机变量,用来考虑衰减关系中的不确定性。

(章在墉)

裂缝观测 fissure observation

为掌握建筑物(构筑物)裂缝的现状和变化规律所进行的观测。观测内容有裂缝的位置、走向、长度及宽度等。观测方法可用近景摄影测量或直接量测。直接量测裂缝宽度可用游标卡尺、金属测缝计及电阻式测缝计等。为掌握裂缝与其它因素的关系,应同时测定建筑物的温度及荷载等。

(傅晓村)

裂缝间距 crack spacing

混凝土构件开裂后主裂缝之间的距离。裂缝间距与混凝土保护层厚度、受力钢筋直径、数量、表面形状、混凝土有效受拉面积或钢筋约束区等因素有关。由于混凝土质量的不均匀性,沿构件受力方向主裂缝之间的间距往往不等,其最大裂缝间距约为平均裂缝间距1.3~2.0倍。中国混凝土结构设计规范计算裂缝宽度时,平均裂缝间距是根据两主裂缝间纵向受力钢筋拉应力合力之差与其间周围混凝土和钢筋的粘结力相平衡的假设条件而得出。

(赵国藩)

裂缝控制等级 classes for cracking control

结构设计时,根据构件的工作条件、钢筋种类、施工工艺和环境条件,对混凝土构件的裂缝出现与否、裂缝出现后的严重程度及其对结构的危害性等不同要求所规定的控制等级。中国混凝土结构设计规范规定的裂缝控制等级:一级为严格要求不出现裂缝的构件,即按荷载短期效应组合计算时,构件混凝土不产生拉应力;二级为一般要求不出现裂缝的构件,即按荷载长期效应组合计算时,构件混凝土不应产生拉应力,而在荷载短期效应组合下,构件混凝土受拉边缘拉应力不应超过规定的拉应力限制系数与混凝土抗拉强度的乘积;三级为允许出现裂缝的构件,但其最大裂缝计算宽度不应超过设计规范规定的允许值。

(赵国藩)

裂缝控制验算 calculation of cracking control

按照正常使用极限状态,对荷载短期效应组合并考虑长期效应组合影响构件的抗裂度或裂缝宽度的验算。混凝土结构裂缝的发生和发展,与构件的工作环境、所用材料和施工条件等因素有关。如外界温度变化、大体积混凝土结硬过程中水泥的水化热、碱集料反应、钢筋锈蚀、地基不均匀沉陷、荷载作用、预应力钢筋锚固端的压力以及混凝土收缩等。若按裂缝形成的原因不同,可分为非荷载效应引起的裂缝(如收缩裂缝等)和由荷载效应引起的裂缝(如与构件纵轴线正交的正截面裂缝、斜交的斜截面裂缝、扭曲截面的裂缝等)。对前一种裂缝,通过合理选择材料,加强施工措施、养护、加设构造缝或配置构造筋等进行裂缝控制;而对后一种裂缝,则通过裂缝宽度验算加以控制。

(赵国藩)

裂缝宽度 crack width

混凝土结构开裂后同一裂缝两侧混凝土表面之间的距离。在试验研究中,混凝土表面裂缝宽度可用读数显微镜或经过校验的裂缝观测片等仪表量测,其最大裂缝宽度取荷载作用下在指定区段(如纯弯段)内各条主裂缝的最大值,或取测得的各主裂缝宽度总体分布分位数为 α 的特征裂缝宽度,α 值通常取0.95。对各条主裂缝间的平均裂缝计算宽度,可由荷载短期效应组合并考虑长期效应组合影响时构件的两主裂缝之间受力钢筋平均应变与在受力钢筋水平处混凝土的平均应变之差乘以主裂缝之间的平均间距而求得;其计算的最大裂缝宽度可由平均裂缝宽度乘以考虑荷载长期作用影响以及裂缝不均匀的扩大系数而得出,也可对影响裂缝宽度的主要因素进行统计分析,得出经验公式。设计时要求构件计算的最大裂缝宽度应不大于容许的最大裂缝宽度,以满足正常使用极限状态的要求。

(赵国藩)

裂缝宽度检验 examination of crack width

通过对混凝土结构构件的裂缝检验,对其裂缝宽度作出评价。结构试验时在正常使用的短期检验荷载作用下受拉主筋处最大裂缝宽度的实测值要求小于或等于构件的最大裂缝宽度允许值,即

$$W_{s\,max}^0 \leqslant [W_{max}]$$

$[W_{max}]$值可按国家评定标准规定取用。

(姚振纲)

裂环键连接 split ring connection

将带有缝隙的钢环置入被连接构件事先铣成的环槽中,用以接长构件或作为结构节点的连接。放置钢环时,应将缝隙垂直于受力方向,俾使环与构件的心块紧密接触。环内心块木材受剪,环与心块贴紧,构件木材承压。裂环键连接的承载力取决于心块受剪,因此连接为脆性破坏,特别是当制作不良时,不仅单个键抗剪能力大为降低,且可能逐个破坏,因而工作可靠性较差。

(王振家)

裂面效应 effect of cracked section

反复荷载作用下,混凝土开裂面在闭合过程中传递压力的作用。即使没有完全闭合,由于骨料的咬合也能传递一定压力。这种效应,使重新受压的已开裂截面与新受压的未开裂截面具有不同的性质。反复加载下的混凝土应力-应变关系宜考虑裂面效应。

(余安东)

裂纹扩展速率 crack growth rate

经过一次应力循环,裂纹尺寸的稳定扩展量。一般以 da/dN 表示。在腐蚀介质和拉应力作用下,单位时间内裂纹扩展的尺寸,一般以 da/dt 表示,称为应力腐蚀裂纹扩展速率。此处 a、N 和 t 分别为裂纹尺寸、循环次数和时间。

(何文汇)

裂纹失稳扩展 instable propagation of crack

裂纹快速扩展的现象。如应力强度因子幅值微小的增加,就引起裂纹扩展速率急剧上升,或者在应力强度因子临近断裂韧性时即将发生局部突进或快速扩展的现象。

(何文汇)

裂纹源 crack initiation

裂纹萌生和扩展的发源处。如加工制造、焊接、淬火、酸洗及装配等过程中产生的初始裂纹。在原来没有宏观裂纹的构件中,内部的微观缺陷如夹渣、微孔、晶界、相间界、位错群等也可成为裂纹源。

(何文汇)

裂纹张开位移 COD, crack opening displacement

简称COD。在裂纹尖端附近区域内,由于应力达到材料的屈服点,并形成一个塑性区,使裂纹尖端处的表面张开的距离。它的临界值是弹塑性断裂力学中材料断裂韧性的重要度量值。

(何文汇)

裂隙水 fissure water

埋藏在岩层裂隙中的地下水。根据岩层中含水裂隙的成因,分为:风化带裂隙水、成岩裂隙水和构造裂隙水。构造裂隙水又可分为脉状裂隙水、层状裂隙水和带状裂隙水。

(李 舜)

lin

临界标准贯入击数 critical SPT blow count

以标准贯入试验来判别现场地基土液化与否的一项经验性指标。当实测标贯值大于它时表明土层不会液化,反之会液化。该值随土层埋藏深度、地下水位、振动强烈程度和地动持续时间而异,可以用图、表、公式表示。

(胡文尧)

临界范围 critical range

按建筑物周围风速流场随雷诺数大小的变化规律,把雷诺数划成的几个范围。建筑物所受到的横向风荷载及其附近的风速流场特性与雷诺数 R_e 的大小密切相关,它是计算横向风荷载的依据。圆筒形结构实验结果表明,它可分为三个临界范围来分析:①亚临界范围,国家规范取 $3 \times 10^2 < R_e < 3 \times 10^5$。此时,旋涡出现周期性脱落,斯脱罗哈数 $S_t \approx 0.21$。横风向风振将是有规则的接近周期性振动。风压分布与雷诺数和结构表面粗糙度无关。②超临界范围,规范取 $3 \times 10^5 < R_e < 3.5 \times 10^6$。此时,流场出现随机性旋涡分离,不能定义斯脱罗哈数 S_t,振动是随机的。风压分布与雷诺数和结构表面粗糙度有关。③跨临界范围,规范取 $R_e > 3.5 \times 10^6$。此时,流场重新出现周期性旋涡脱落,$S_t \approx 0.27$。振动主要是有规则的,也伴有随机振动。风压分布与雷诺数无关,只与表面粗糙度有关。

(卢文达)

临界风速 critical wind-speed

又称共振风速。在亚临界和跨临界范围,使旋涡脱落的频率接近于结构自振频率的风速。

(卢文达)

临界荷载 critical load

构件或部件达临界状态时所承受的荷载。

(夏志斌)

临界孔隙比 critical void ratio

砂土在剪力作用下体积不发生变化的孔隙比。室内试验表明。当密实砂土受剪时,体积发生膨胀,而松散砂土在受剪时体积却发生收缩,因此任何一种砂土都有一个临界孔隙比。如果砂土层的天然孔隙比大于此值,由于振动的作用,砂土的体积会减小,若处于不排水状态,孔隙水压就会升高,可能产生液化;反之就不会液化。　　　　（胡文尧）

临界弯矩　critical bending moment

在最大刚度平面内承受横向荷载的梁在即将发生侧扭屈曲时所能承受的最大弯矩。梁内最大弯矩低于上述临界弯矩时,梁是整体稳定的,或简称稳定的。大于临界弯矩时,梁即丧失整体稳定。
　　　　　　　　　　　　（夏志斌）

临界温度　critical temperature

见转变温度(375页)。

临界斜裂缝　critical diagonal crack

见斜裂缝(327页)。

临界应力　critical stress

在弹性阶段,轴心受压构件、梁、压弯构件和板件在荷载作用下达稳定临界状态时,截面上的最大压应力。在弹塑性阶段,达稳定临界状态时,则以截面的平均压应力为临界应力。　　（钟善桐）

临空墙　exposed wall

位于人防工程防护密闭门以外,出入口通道内的墙或下沉式广场中的人防地下室外露墙,或其它在外侧不覆土的人防地下室外露墙。　（王松岩）

临时性加固　temporary strengthening

为了适应临时性的功能要求对现有结构或构件采取的技术措施。根据短期的使用要求,对现有的结构或构件经分析不能满足强度或稳定条件时,应采取适当的方法,给予临时加固。例如吊装平面桁架时,为了确保桁架在平面外的稳定,用脚手杆进行绑扎。加固方法既要简便可行,又要易于拆卸。
　　　　　　　　　　　　（钟善桐）

临塑荷载　critical edge pressure

使土体中刚要出现而尚未出现塑性区(即 $Z_{max}=0$)时的荷载。它是临界荷载的一种,由两项组成,即超载项和内聚力项,基础宽度对它没有影响。其值较适用于软土地区。　　　　（高大钊）

檩条　purlin

置于屋架上,承接屋面板或椽条及其以上屋面荷载传给屋架的构件。按材料分为木檩条、钢檩条和钢筋混凝土檩条。钢筋混凝土檩条多采用Γ型和T型截面。钢檩条按受力性能分为实腹式檩条及桁架式檩条。实腹式檩条构造简单,制作方便,应用比较普遍,可采用Ⅰ型、槽型等普通热轧型钢,也可采用冷弯薄壁型钢,后者比较省料。桁架式檩条仅用于跨度及间距较大的情况。檩条多垂直于屋架上弦放置,在屋面荷载作用下绕截面两主轴弯曲;也可采用竖直方向放置,在屋面荷载作用下只绕截面一个主轴弯曲,受力较合理,但与屋架连接较复杂。
　　　　　　　　（刘文如　徐崇宝）

ling

灵敏度　sensibility

被测单位物理量引起仪器示值的变化量。是仪器的度量性能指标之一。如光点检流计每 $1\mu A$ 使光点偏转的距离为 5mm,则它的灵敏度为 5mm/μA。当被测物理量和仪器示值属同一物理量时,又称放大倍数或放大率。　　　　（潘景龙）

灵敏度分析

见敏感性分析(211页)。

菱形形变　diamonding

方形截面的木材干燥后变为菱形的形变。常发生于以生长轮的某一切线为对角线的方木中,这是因为弦向收缩大于径向收缩所致。　　（王振家）

零载试验　zero load test

见空载试验(185页)。

领域　domain

指知识的一个专题范围的人工智能专门术语。医学、工程和管理科学等都是领域。
　　　　　　　　　　　　（李思明）

令牌环网　token ring network

采用令牌控制存取方式协议的局域网。其拓扑结构为环型。计算机网上各个节点向网络发送数据必须首先截取令牌的环网。系统保证在任何指定时刻环网上只有一个令牌,通常此令牌以高速率在网上周旋。在正常运行的这种网络上不会出现冲突(或因冲突而重发数据。)　　（周锦兰）

liu

流动资金　current funds

企业生产经营活动中,在生产领域和流通领域供周转使用的资金。流动资金主要用于购置原材料、燃料、辅助材料、发放工资、支付其他生产费用。建筑安装企业的流动资金按其在再生产过程中所处领域和阶段可分为生产领域中的流动资金和流通领域中的流动资金两类。生产领域流动资金又分为储备资金和生产资金两部分。前者主要用于以下各项:主要材料、结构件、其他材料、机械配件、周转材料、低值易耗品;后者主要用于以下各项:未完施工、辅助生产在产品、待摊费用。流通领域中的资金又分为结算资金和货币资金两部分。前者主要表现为：应收已完工程款、备用金和应收款；后者主要表现为银行存款和现金。　　　　　　　（房乐德）

流幅　plastic flow range

见屈服阶段(247 页)。

流砂　quicksand

在临空条件下,地下水渗流时,使饱和砂土产生流动的现象。它的产生与地下水的动水压力有关,动水压力等于土的浮重度时,砂土颗粒即处于悬浮状态,随地下水流动。流砂现象易发生在细砂、粉砂、粉土等土层中。在这些土层中的基坑或沉井施工,由于开挖或抽水,容易产生流砂,造成大量翻砂、涌水,使基坑、沉井遭到淤埋。

（蒋爵光　陈忠汉）

流水施工　flow construction

将拟建工程划分劳动量尽可能大致相等的施工段的一种合理组织施工的方法。其特点是：按一定的施工工艺,依次地、连续地、均衡地由一个施工段转移到另一个施工段,反复地完成同类的工作,在各施工段上的工作连续时间大致相等,从而保证各施工过程能进行连续、均衡施工。　　（林荫广）

流水文件　stream file

有序字符的集合,是一种无结构的文件。文件长度是该文件所包含的字符个数。对操作系统来说,管理比较方便,对用户而言,适于进行字符流的正文处理。　　　　　　　　　　（王同花）

流限　yield limit

见屈服强度(248 页)。

long

龙格-库塔法　Runger-Kutte method

数值方程中一阶常微分方程初值问题的一种数值求解方法。结构动力分析中利用此法求解多自由度体系的二阶线性微分方程组的运动方程,这时作降阶处理,化为一阶常微分方程组,然后利用递推的计算公式求解各离散点上的位移、速度与加速度。此法便于列表进行手工计算。　　　（陆伟民）

龙骨　frame work

又称骨架。胶合板箱形结构中承受轴力的部件。它是结构的主要承重部件,由板、方木或层板胶合木制成,在其外侧蒙以胶合板承受剪力构成胶合箱形结构。在房屋结构中,指用来支承板状墙体覆面材料的主柱,参见墙架立柱(243 页)。

（王振家）

龙门板　sight rail

俗称线板。施工时作为恢复轴线位置及地坪标高所设的板。设置龙门板的顺序为：①设龙门桩：一般离建筑物 1～1.5m 处设置方形大木桩。②抄平：用水准仪根据附近水准点将地坪标高($±0$)测设到所有龙门桩上,并划线,再沿此线钉上边缘平滑的木板。③投点：用经纬仪将轴线投到龙门板上并钉小钉。为了施工方便,还可在龙门板上划出(或钉小钉)基础边线和基槽开挖边线。施工时,将细绳系在钉子上,在交线处挂垂球,即可控制建筑物的轴线位置和地坪标高。　　　　　　　（王　熔）

笼式挡土墙

见框格式挡土墙(188 页)。

lou

楼板振动计算　computation for floor vibration

放在多层厂房楼板上的机床所产生的楼板振动的计算。楼板振动由保证加工精度所限定的竖向振动速度控制。它分为激振层楼板振动和层间影响计算。其它国家用较粗的计算模型计算激振层楼板振动,未见有计算层间影响的文献。中国自 70 年代开始用较精确的计算模型研究激振层楼板振动的计算方法,近年来又研究了层间影响。在机床上楼的楼盖设计中满足下列条件者可不作动力计算；①符合按动力计算规定的梁、板刚度要求；②机床合理布置且楼板满足一定的构造要求；③加工精度要求较粗。

（郭长城）

楼层屈服强度系数

按结构构件实际配筋并按材料强度标准值计算的楼层受剪承载力和楼层弹性地震剪力的比值。该系数愈大,表示受剪安全性愈大。当此系数小于 1 时,表示弹性地震作用大于结构的承载力,楼层处于塑性状态,此时,整体结构要有较好的延性和变形能力才能防止结构的倒塌。建筑抗震设计规范(GBJ 11—89)规定：对设防烈度为 7～9 度的框架结构和底层框架的砖房,当楼层屈服系数小于 0.5 时,宜进行高于设防烈度预估的罕遇地震作用下薄弱层(部位)的变形验算。　　　　　　　（陆竹卿）

楼盖　floor

由板和梁等构件组成,用以承受竖向荷载的平面结构。其类型按材料不同可分为木楼盖、钢筋混凝土楼盖及钢筋混凝土-钢组合楼盖等。木楼盖一般用于小型房屋结构中,由于木材需有一定生长期,取材不易,应尽量避免采用。钢筋混凝土楼盖结构体系刚度大、受力性能及整体性好,故在土建工程中被广泛采用。钢筋混凝土-钢组合楼盖常用的型式为钢筋混凝土和钢梁的组合楼盖,一般用于荷载及跨度较大的情况。　　　　　　（王振东）

楼面活荷载　live load on floor

作用在工业与民用房屋楼面上的可变荷载。它包括人员、家具及一般设备产生的荷载。

（王振东）

楼面活荷载折减 discount of live load

考虑活荷载出现的概率，设计时对其标准值进行的折减。因实际的活荷载并不是以规范规定的标准值满布在楼面上，且楼面愈大，楼层愈多，满值满布的可能性愈小，故在设计梁、墙、柱及基础时，可对规定的楼面活荷载标准值进行折减。（王振东）

楼梯 stair

在房屋建筑中设置供人们竖向行走或运输用的部件。有梁式楼梯、板式楼梯、悬挑式楼梯及螺旋楼梯等。分别由踏步板、平台板、平台梁、楼梯斜梁、楼梯斜板、扶手和栏杆等构件组成。（王振东）

漏节 seriously decayed knot

木身连同周围木材都已腐朽的木节。常呈筛孔状、粉末状或空洞状。它的腐朽已深入树干与树干内部的腐朽相连，成为树干内部腐朽的外部特征。它对木材强度的不利影响最为显著。（王振家）

lu

垆姆 loam

见粉土(84页)。

炉渣混凝土砌块 cinder concrete block

见硅酸盐砌块(114页)。

炉渣砖 cinder brick

又称煤渣砖。以炉渣为主要原料，掺配适量的石灰、石膏或其它碱性激发剂，经加水搅拌、消化、轮碾、成型和蒸汽养护而成的砖。抗压强度 9.8～19.6MPa，砌体强度与粘土砖相近。重力密度介于 $16\sim18kN/m^3$ 之间，耐热温度可达 300℃。

（罗韬毅）

炉种 kinds of furnace

炼钢使用的冶炼炉的类别。有平炉、转炉和电炉等。炉种不同表示炼钢的方法不同，所得钢材的质量因而也不同。钢结构使用的钢材，一般由平炉或氧气转炉冶炼。（王用纯）

卤代烷 1211 灭火系统 haloalkane 1211 fire extinguishment system

用于不宜用水扑灭的电气火灾，可燃气体火灾、易燃和可燃液体火灾以及易燃固体物质的表面火灾的固定灭火装置。由火灾探测器，1211 灭火器和喷头及管道组成，并配有紧急启动器。火灾时由探测器控制 1211 灭火器通过喷头喷洒 1211 灭火剂。卤代烷有毒，灭火剂喷射之前应发出报警信号，同时应控制灭火时间和 1211 浓度。（蒋德忠）

路堤挡土墙 road embankment wall

因受地形限制或其它建筑物干扰而必须收缩路堤坡脚时，设置于坡脚处的挡土结构。用以防止陡坡路堤下滑。（蔡伟铭）

路肩墙 road shoulder wall

支挡路肩填土的挡土结构物。用以保证路堤稳定和收缩坡脚。（蔡伟铭）

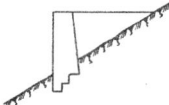

路堑墙 cut slope wall

支挡路堑侧面开挖面上土体的挡土结构物。用以降低边坡高度，减少山坡开挖和避免破坏山体平衡。

（蔡伟铭）

露点 dew point

又称露点温度 t_d(℃)。空气中含湿量保持不变，降低其温度直至呈饱和状态而刚刚出现冷凝水时的温度。（宿百昌）

lü

铝合金 alloy aluminum

由铝和较少量其它金属如铜、镁或锰组成的合金。建筑上用的铝合金，强度和塑性都很好，重量也轻，但因弹性模量低，价格高，目前多用于门窗和高层建筑中玻璃幕墙的龙骨等、有时也用铝压型板作为外墙或屋面材料。（王用纯）

铝合金结构 aluminum alloy structure

由铝合金型材、管材和板材用焊缝、螺栓、铆钉或胶接连接组成的结构。具有下列特点：重量轻，密度只有钢材的 1/3；抗腐蚀性好；耐冷，低温韧性好；抗磁；碰撞时不产生火花；耐久性好及外观美。但弹性模量比钢材小，因而变形较大，且成本高，目前在中国应用受到限制。（钟善桐）

铝型材 aluminum section

用铝合金压制成的工字形、槽形、角形、Z 形、各种异形截面以及压型板等型材。

（王用纯）

铝压型板 aluminum profiled sheet

1mm 左右的薄铝板，经冷压成型的不同波高、不同波宽的压型板材。可用于外墙和屋面。

（王用纯）

滤鼓

排水下沉的沉井中，用以聚集封底渗水的装置。由钢制法兰短管或铸铁短管制成。通过滤鼓的孔眼将封底垫层上的渗水汇于鼓内，再用泵抽干，然后浇灌钢筋混凝土底板，待达到设计强度后，停止抽水，并用混凝土将法兰短管填满，再焊封钢板。滤鼓的数目应按预计的地下水量而定（一般为 1～4 个），并均匀分布于底板。

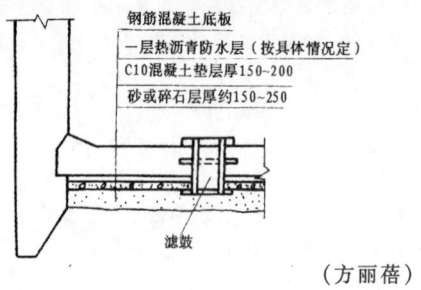

（方丽蓓）

luan

卵石 pebbles

见碎石土(290 页)。

卵石填格护坡 pebble fill in grid

用混凝土框条或其他材料框条将坡面分割成格状,于框格内填充卵石的护坡方法。此法既能排水也能防止表层滑动。　　　　（孔宪立）

乱毛石

见毛石(207 页)。

lun

轮裂 round shake

在木材断面沿年轮方向开裂的裂纹。成整圈的称环裂,不成整圈的称弧裂。轮裂在原木表面看不到,在成材表面则成纵向沟槽。轮裂常发生在窄年轮骤然转为宽年轮的部位,有些树种在立木时就发生轮裂,伐倒后如保存不当会逐渐扩大。轮裂影响木材的利用价值。　　　　（王振家）

luo

罗盘仪 compass

利用磁针测定直线的磁方位角或磁象限角的仪器。主要部件有磁针、刻度盘和望远镜。当安平仪器,松开磁针后,在地磁影响下,磁针恒指地磁南北极。望远镜固定在刻度盘上并随其一起转动。刻度盘为逆时针注记。当望远镜照准地面某点,待磁针稳定后,根据磁针北端在刻度盘上的读数,即得该方向的磁方位角或磁象限角。常用于独立测区的近似定向及低精度测量,不宜在含铁物质及高压线附近使用。　　　　（文孔越）

逻辑模式知识表示 knowledge representation by logic pattern

以逻辑作为表达工具描述有关知识的知识表示方法。它具有严密性与便于推理的特点,通用性强。
　　　　（陆伟民）

螺距 pitch

螺纹或螺旋箍筋沿轴线方向的间距。在螺旋箍筋柱中即为相邻螺旋箍筋的间距,螺距太大,混凝土受到的侧向约束不均匀,侧向应力小的部位混凝土可能提前破坏;螺距太密,施工不便。一般以 40～80mm 为宜。　　　　（计学闰）

螺母 nut

见螺栓连接副。

螺栓 bolt

一端是六角形或其它形状的放大头部,另一端带有螺纹的圆杆。常与螺母、垫圈组合使用。是钢结构、木结构和机器中常用的紧固件的一种。
　　　　（瞿履谦）

螺栓结构 bolted structure

采用螺栓连接组成的钢结构。参见钢结构(94 页)。　　　　（钟善桐）

螺栓连接 bolted connection

用螺栓将两个或多个部件或构件连成整体的连接。螺栓分受力螺栓与安装螺栓两类。在钢结构中,受力螺栓有普通螺栓、精制螺栓和高强度螺栓(又分摩擦型与承压型两类)三种,除摩擦型高强螺栓外,它们均以螺栓抗剪控制其承载力。在木结构中,受力螺栓与圆钢销连接工作相同,以螺栓受弯控制其承载力。如构件被螺栓夹紧,则由于螺帽下垫板的嵌入,其抗弯承载力较圆钢销稍高,但在设计计算中不予考虑。安装螺栓在钢结构和木结构中,都普遍使用。　　　　（王振家）

螺栓连接副 set of bolt connection

螺栓和与之配套的螺母和垫圈的总成。是钢结构、木结构和机器中常用的紧固件的一种。螺栓与螺母将被连接件夹紧;垫圈垫在螺母或螺栓头与零件之间以增加接触面积,改善接触条件和保护零件表面。垫圈通常用平垫圈,也可用具有弹性的弹簧垫圈,防止螺母松动。　　　　（瞿履谦）

螺栓连接计算系数 coefficient for calculation of bolted connection in structural timber

在木结构中,按螺栓弯曲条件控制确定连接一个剪面的设计承载力所用的计算系数。此系数与螺栓直径与构件厚度之比值成正比。在木结构设计规范中用 k_m 表示。　　　　（王振家）

螺栓连接斜纹承压降低系数 reducing coefficient of timber compressive strength for calculation of oblique to grain bolted conne

螺栓连接中,考虑螺栓传力方向与构件木纹成角度时木材承压强度降低的系数。螺栓直径越大,此系数越小。在木结构设计规范中用 ψ_a 表示。

(王振家)

螺栓球节点 bolted spherical joint

采用螺栓将管形截面的杆件和钢球连接起来的节点。一般由钢球、螺栓、销子（或螺钉）、套筒和锥头或封板等零件组成。这种节点构造复杂，零部件多，但现场焊接工作量小，装拆方便。

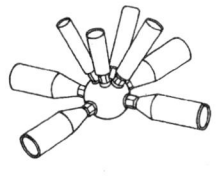

(徐崇宝)

螺栓有效截面积 effective cross-section area of bolt

螺栓在计算时所采用的有效面积。其值等于 $\frac{\pi}{4}d^2$。螺栓受剪时，d 为螺栓杆直径；螺栓受拉时，d 为螺栓净直径。

(钟善桐)

螺丝端杆锚具 thread anchorage

由螺丝端杆、螺母及垫板组成，将螺丝端杆与预应力筋对焊，用螺母及垫板锚固预应力筋的锚具。螺丝端杆采用 45 号钢，须经调质处理，对焊应在钢筋冷拉以前进行。是用于张拉端锚固的锚具，适用于预应力钢筋标志直径为 18～36mm 的冷拉 Ⅱ、Ⅲ 级钢筋。

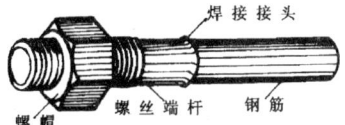

(李绍业)

螺旋箍筋 spiral stirrup

圆形或多边形截面受压柱中，配置连续缠绕在受力钢筋外侧围成螺旋形的箍筋。其作用是使截面核芯内混凝土形成三向受压状态，从而提高柱子承载力。

(王振东)

螺旋箍筋柱 column with spiral hoop

配有纵筋及螺旋箍筋或焊接环形钢箍的钢筋混凝土柱。螺旋箍筋并不直接承受纵向荷载，而是约束混凝土的侧向变形，从而提高混凝土的强度。在长细比 $L_0/d > 12$ 的长柱或偏心受压柱中，混凝土的侧向变形很小，螺旋箍筋几乎不起侧向约束作用；在轴心受压短柱中，混凝土的侧向变形较大，螺旋箍筋的配筋效益比纵向钢筋好，相同的用钢量可使承载力提高更多。螺旋箍筋越多，承载力提高越多，核心混凝土的塑性变形也越大，但过大的塑性变形会使混凝土保护层剥落。螺旋箍筋应布置得密而匀，以保证提供均匀的侧向约束。

(计学闰)

螺旋楼梯 spiral stairs

踏步板呈螺旋式上升形的楼梯。可分为悬挑式和非悬挑式两种。悬挑式楼梯踏步板一端悬挑，另一端呈螺旋形固定在立柱上；非悬挑式的楼梯为两端固定在框架横梁上，或其中一端支承在基础顶面上

呈螺旋形的板式楼梯，其梯段板同时受弯、剪、扭的作用，是空间受力体系，计算复杂，但造型新颖，常在公共建筑中采用。

(王振东)

螺旋纹 spiral grain

见扭转纹（224 页）。

螺旋桩 auger pile

将叶片装在空心钢管上或预制钢筋混凝土管上，并以蒸汽绞车或卷扬机将其拧入土中的桩。

(陈强华)

落锤试验 drop weight test

用落锤法确定钢材发生无延性断裂时的最高温度的试验。此温度称无延性转变温度（NDT）。试验温度间隔应在 ±5℃ 范围内。在不同的温度下，在标准试件上按一定的冲击能量落锤，由裂纹源破裂开始的裂纹刚好扩展到试件另一边或试件的二个边缘时，认为试件已断裂。

(王用纯)

落地拱 grounded arch

拱脚直接支承于基础上的拱。构造简单，但拱脚处基础受较大水平推力，一般可加设拉杆。同时侧边建筑内部的空间利用不好。常用于展览馆、体育馆、菜市场、仓库等公共建筑以及桥梁等构筑物。

(唐岱新)

M

ma

马鞍形壳
见双曲抛物面薄壳(281页)。

马丁炉钢 Martin furnace steel
见平炉钢(233页)。

马尔柯夫过程 Markov process
又称一步记忆随机过程。现在时刻的随机变量只依赖于最近的前一时刻的随机变量的随机过程。如果依赖于以前 n 个时刻的随机变量,则称为高阶马尔柯夫过程或多步记忆随机过程。各阶马尔柯夫过程完全可由它的一阶概率密度函数 $P(x,t)$ 和转移概率密度函数来决定。二阶概率密度函数可写成:$p(x_1,t_1;x_2,t_2) = p(x_1,t_1) \cdot p(x_2,t_2|x_1,t_1)$,$t_1 < t_2$;三阶概率密度函数为 $p(x_1,t_1;x_2,t_2;x_3,t_3) = p(x_1,t_1) \cdot p(x_2,t_2|x_1,t_1) \cdot p(x_3,t_3|x_2,t_2)$,$t_1 < t_2 < t_3$,等等。马尔柯夫过程也可以二阶概率密度函数 $p(x_1,t_1;x_2,t_2)$ 或已知随机过程的初始值和转移概念密度函数 $p(x_2,t_2|x_1,t_1)$ 所决定。工程上有许多随机过程是符合马尔柯夫过程的,或者说十分接近于马尔柯夫过程。对于响应是马尔柯夫过程,求解响应的幅域信息(概率密度函数等)可用 FPK 法。FPK 法是求解白噪声激励下非线性随机振动响应比较完善的一个方法。

(张相庭)

码头 wharf, guay
供船舶停靠、装卸货物和上下旅客的水工建筑物。按其型式及功能的差异,分直立式、半直立式、斜坡式、多级式、顺岸式、突堤式、岛式、墩式、缆车式、驳岸式、浮式以及开敞式等。其中直立式码头应用最广,其装卸机械化工艺简单,生产效率高,船舶停靠便利。半直立式、斜坡式以及多级式码头常用于水位差变动较大的河港。但装卸环节多,机械难于靠近码头前沿,装卸效率低。顺岸式、突堤式、岛式及墩式码头多建于河口及海港内。码头线与岸线基本平行时采用顺岸式码头。突堤式码头与岸线呈垂直或不小于 45°的夹角,其优点是在有限的岸线内,可建造较多的泊位,但码头向外突出,影响水流,易发生泥沙淤积。顺岸式码头的优缺点则刚好与之相反。浮式码头即趸船码头,它可随水位涨落而升降,适合于水位变动幅度较大的港口,借助于活动引桥把趸船与岸连接起来,一般用作客运、轮渡及其他辅助码头。岛式、墩式及开敞式码头通常建于较深水区,多作为原油、煤炭、矿石等的专用装卸码头。按结构形式有重力式、高桩式和板桩式。主要根据使用要求、自然条件和施工条件综合考虑而定。重力式码头靠结构自重保持稳定,整体性好,坚固耐用,损坏后易于修复,有整体砌筑式和预制装配式,适用于较好的地基。高桩式码头由基桩和上部结构组成,上部结构有梁板式、无梁大板式、框架式和承台式等。它属透空式结构,波浪和水流可在水线下通过,对波浪不发生反射,不影响泄洪,可减少淤积,适用于软土地基。板桩式码头由板桩墙和锚碇设施组成,借助于板桩和锚碇设施承受地面荷载和墙后填土的侧压力。它结构简单,施工速度快,除特别坚硬和过于软弱的地基外,均可采用,但结构整体性和耐久性较差。

(朱骏荪 胡瑞华)

mai

埋弧焊 submerged arc welding
见埋弧自动焊。

埋弧自动焊 automatic submerged arc welding
简称埋弧焊。电弧在焊剂层下形成并熔化焊丝,且用自动焊接装置完成全部焊接操作的焊接方法。适用于长焊缝的焊接,焊缝质量和生产率较高。

(刘震枢)

埋件
见预埋件(351页)。

脉冲函数 impulse function
又称 δ 函数。满足下面两式的函数:
$$\delta(t) = \begin{cases} \infty, & (t = 0) \\ 0, & (t \neq 0) \end{cases}$$
$$\int_{-\infty}^{\infty} \delta(t) dt = 1$$
由此可见,$\delta(t)$ 函数仅在 $t=0$ 处有脉冲值。在动力问题中如果输入荷载 $F(t) = \delta(t)$,则该输入函数常称为脉冲函数。

(张相庭)

脉冲响应函数 impulse response function
在脉冲函数 $\delta(t)$ 作用下单自由度结构的位移

响应。常用 $h(t)$ 表示，它也相应于初始位移为零初始速度为 1 的自由振动响应。脉冲响应函数 $h(t)$ 与频率响应函数 $H(i\omega)$ 互为福里哀变换关系，其关系为：

$$h(t) = \frac{1}{2\pi}\int_{-\infty}^{\infty} H(i\omega)e^{i\omega t}d\omega$$

（张相庭）

脉动法 microtremor method
见环境随机振动试验法（129页）。

脉动风速 fluctuating wind speed
风速偏离其平均值的脉动分量。用 v_f 表示。由于风的不规则性引起，其强度随时间按随机规律变化。由于脉动风的动力作用，结构在顺风向产生振动，称为顺风向风振，一般可按随机振动理论计算，设计时则按等效静风载用风振系数来考虑。

（欧阳可庆）

脉动风压 fluctuating wind pressure
风速偏离其平均值的脉动分量所引起的风压。由于脉动风是短周期，已接近结构基本周期，因而它对结构的作用是动力的，引起结构的振动。由于风力是随机的，因而引起的结构振动也是随机的。脉动风压的根方差（或标准离差）一般应为：

$$\sigma_{wf} = E\left[\frac{1}{1600}(2\bar{v}v_f + v_f^2)\right]$$

v_f 为脉动风速，$\bar{v}$ 为平均风速。通常可以略去 v_f^2，因它与 $2\bar{v}v_f$ 相比是微量，这样就得简单的式子。在工程设计计算中，对脉动风压根方差还应给以一定保证率，即乘以保证系数 μ，作为设计计算值。此时：

$$w_{fc} = \mu\sigma_{wf}$$

脉动风压设计计算值也常用平均风压 $w_m(z)$ 乘以脉动系数 $\mu_f(z)$ 来表示，因此脉动系数定义为：

$$\mu_f(z) = \frac{\mu\sigma_{wf}(z)}{w_m(z)}$$

（张相庭）

脉动疲劳 pulsating fatigue
在应力变化的整个过程中应力比为零时的疲劳。

（杨建平）

脉动增大系数 fluctuating amplification factor
经脉动风压的动力作用而增大的系数。脉动风压考虑振型及风压空间相关性影响后再乘以该系数即相当于脉动风压的动力作用。由于脉动风压是随机的，该系数应按随机振动理论导出。其式为：

$$\xi_j = \omega_j^2\sqrt{\int_{-\infty}^{\infty}|H_j(i\omega)|^2 S_f(\omega)d\omega}$$

ω_j 为第 j 振型自振频率，$H_j(i\omega)$ 为第 j 振型频率响应函数，$S_f(\omega)$ 为风谱。脉动增大系数取决于风速或风压以及结构的自振频率（或周期）和阻尼比。如果将上式看成拟静态分量和共振分量所组成，当采用 A.G.Davenport 的风速谱经验公式时，可得简化公式为：

$$\xi_j = \sqrt{1 + \frac{x_j^2\frac{\pi}{6\zeta_j}}{(1+x_j^2)^{4/3}}}, \qquad x_j = \frac{30}{\sqrt{w_0 T_j^2}}$$

在简化公式中，则决定于二个参数：$w_0 T_j^2$ 和 ξ_j，w_0 为基本风压，T_j 为第 j 振型周期，ζ_j 为第 j 振型阻尼比。对非标准地貌 B 的地区，w_0 应改为取该地区 10m 高的风压值。

（张相庭）

mang

盲孔 non-penetrating hole
见小孔释放法（326页）。

盲铆钉 blind rivet
可由单面安装上紧的铆钉。根据构造可分为拉铆钉、膨胀铆钉和开尾栓铆钉等。

（张耀春）

mao

毛换算截面 gross equivalent section
在组合截面中，考虑全部组成材料的换算截面。即不扣除孔洞等对截面的削弱，也不考虑钢筋混凝土截面受拉区的开裂。

（朱聘儒）

毛料石
见料石（198页）。

毛石 rubble
又称乱毛石。形状不规则，其中部厚度不小于 200mm 的石材。

（唐岱新）

毛石混凝土基础 stone-concrete footing
在模板内轮流地放置混凝土层和毛石层捣筑而成的基础。通常每浇灌 12～15cm 厚混凝土层后，铺砌毛石一层。毛石掺量约为 20%～30%，毛石插入混凝土的深度约为石块高度的一半，并尽可能地紧密些，然后在石块上再灌注新的混凝土层，填满空隙并将石块完全盖没。它的强度主要取决于混凝土的强度，一般采用 C7.5～C10 级混凝土。

（曹名葆）

毛石基础 stone footing
用强度较高的天然石料和水硬性的砂浆砌筑而成的基础。它广泛用于山区和采石地区。虽然它施工慢、体积大，但符合就地取材原则，故造价低廉。毛石基础的最小宽度为 50cm（平毛石砌体）～60cm（乱毛石砌体）。台阶采用两皮砌块高度，具体视石块的厚度而定；台阶的宽度一般在 20cm 左右。

(曹名葆)

毛细水 capillary water

受到水和空气交界面处的表面张力作用，存在于水面以上岩土体毛细空隙中的水。它能传递静水压力，能在毛细作用下在空隙中运动，并且有毛细的内聚力。

(李 舜)

毛细水带 capillary-water zone

由毛细作用力产生的，存在于空气带与饱水带之间的水带。它与饱水带有水力联系。在毛细水带内土的含水量随深度而变化，自地下水位向上毛细水的含水量逐渐减小，但到毛细悬挂水带后，含水量可能增大。

(李 舜)

毛细水上升高度 height of capillary rise

毛细作用力所能维持的水柱高度。毛细直径愈小，水柱高度愈大。毛细水上升高度和速度影响着建筑物的受潮情况、地基和道路的冻胀和翻浆，也会引起土地的沼泽化和盐碱化。但毛细水易被植物利用。

(李 舜)

锚碇板挡土墙 tie back retaining wall

墙身设有倾斜的或水平的连杆锚碇板，利用锚定板的抗拔力保持墙身稳定性的挡土墙。锚碇板必须设置在墙后土体的破坏区以外。

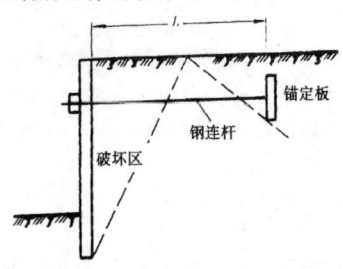

(蔡伟铭)

锚碇基础 anchored footing

直接奠基在岩石露头上，将钢筋网和钢筋混凝土柱子的主筋安放和伸入岩石基坑中的基础。如把岩石基坑的纵断面凿成上小下大的楔形断面，还可以承受抗拔力。由于岩体的强度和弹性模量很大，其承载力和沉降一般能满足设计要求，假使建筑物的基础有一部分位于岩基上而另一部分位于填土或可压缩性地基上，则常常在岩基上的基础底面设置不同厚度的砂土褥垫，以调整建筑物的不均匀沉降。

(朱百里)

锚杆挡土墙 anchored retaining wall

墙身由锚固在墙后稳定土层或岩层中的锚杆支承的一种轻型挡土墙。相对于重力式挡土墙，它的优点是可

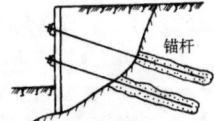

节省大量材料，广泛用于铁路、公路、码头护岸和桥台等处。

(蔡伟铭)

锚固 anchorage

将钢筋固定在混凝土中的各种方法的总称。它是保证钢筋和混凝土共同工作，组成钢筋混凝土结构的必要条件。锚固可以通过握裹作用来实现，也可以在钢筋上焊接锚固件来增强锚固作用。在预应力混凝土中，还可利用锚具进行锚固。在木结构中，为加强整体性，保证支撑系统正常工作，而将木屋盖构件用螺栓或其他连接件连在屋架及墙体上，也称锚固。

(刘作华)

锚固长度 anchorage length

钢筋埋入混凝土内，为了通过钢筋与混凝土粘结达到所要求的钢筋应力而需要的长度。它是保证结构可靠工作的重要构造措施。根据拔出试验测得使钢筋达到屈服所需的锚固长度称为基准锚固长度。按钢筋所处部位和所起作用不同有受拉、受压、支座、节点及钢筋截断时等锚固情况，其锚固长度各异。

(刘作华)

锚具 anchorage

后张法中，用以将预应力筋的端头永远固定在混凝土结构或构件上的工具。锚具按锚固原理不同可分为：支承式和楔紧式两类。支承式锚具锚固时预应力筋的内缩量小，按其支承方式不同可分为：螺杆锚具(螺丝端杆锚具、锥形螺杆锚具等)和镦头锚具。楔紧式锚具锚固时预应力筋的内缩量大，按其楔紧方式不同又分为：锥销锚具(如钢质锥形锚具等)和夹片锚具(JM型锚具、XM型锚具、QM型锚具等)。锚固时预应力筋的内缩量不应超过预期值。此外，锚具尚应满足分级张拉、补张拉等工艺要求。当锚具如能满足夹具的使用要求时，也可作为夹具使用。

(李绍业)

锚具变形损失 loss of prestress due to anchorage deformation

采用 JM 型锚具的预应力钢结构，因锚具受力变形而引起的内力损失。JM 型锚具由锚环和楔形夹片组成，预应力钢铰线的内力通过夹片传给锚环，使锚环环向受拉，直径扩大，夹片移动，由此造成预应力损失。钢铰线张拉后锚固时，以及结构在继续受荷载作用时，都有锚具变形损失，可通过计算确定损失值。

(钟善桐)

锚栓 anchor bolt

将柱脚锚固于基础的螺栓。其作用是承受拉力，固定柱脚位置。它要有足够的强度，并预先埋置在混凝土基础内。

(何若全)

铆钉 rivet

见铆钉连接。

铆钉连接 riveted connection
用铆钉将两个或多个零件或构件连成整体的连接。铆钉为一端有预制钉头的圆柱形短杆,插入在被连接零件上预先制成的孔中,用铆钉枪连续锤击或压铆机压挤铆成另一端钉头。铆接方法分热铆或冷铆。钢结构中用热铆,铆钉材料常用塑性和顶锻性能较好的铆螺钢,孔可为钻成或冲成的Ⅰ类孔或Ⅱ类孔。钢结构中常用的铆钉型式为半圆头铆钉(俗称圆头铆钉)。沉头铆钉和半沉头铆钉用于钉头不能突出或受限制的部位(只适用于承受剪力)。平锥头铆钉钉头肥大,适用于有腐蚀介质的环境中。铆钉连接的塑性、韧性、抗冲击荷载和抗疲劳的性能均好,但工艺复杂,目前基本上已被焊缝连接和高强度螺栓连接所取代。

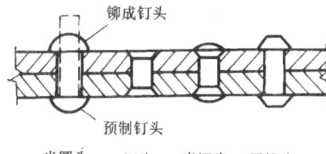

(瞿履谦)

铆接结构 riveted structure
采用铆钉连接组成的钢结构。参见钢结构(94页)。 (钟善桐)

铆接梁 riveted girder
采用铆钉连接的钢组合梁。由于铆钉连接工作性能好,连接可靠,往往在承受较大动荷载时采用。铆接梁的受拉翼缘净截面有削弱,所以常不能充分利用材料。由于施工复杂,劳动强度大,近年来在钢结构工程中已很少采用。 (何若全)

帽形截面型钢 hat section shaped steel
见外卷边槽钢(307页)。

mei

煤矸石砌块 gangue block
以自然煤矸石为集料,煤矸石无熟料水泥为胶结料配制成半干硬性混凝土,经振捣成型养护而成的砌块。重力密度为 $12 \sim 14 \text{kN/m}^3$,砌块抗压强度 $6 \sim 18 \text{MPa}$。 (唐岱新)

煤气罐 gas-holder
俗称煤气柜。贮存煤气的低压容器。分湿式和干式两种。湿式罐由若干个可升降的套筒形塔节组成,随贮存气体量的变化而升降。塔节之间设有水封,以防止煤气泄漏。干式罐为一直立圆筒,内设活塞,随贮存气体量的变化而升降。活塞采用油液密封或柔膜密封。 (欧阳可庆 侯子奇)

煤渣砖
见炉渣砖(203页)。

men

门槛值 threshold
在应力强度因子幅值(ΔK)坐标轴上表示裂纹状态变化的界限值。超过或低于此值,现象有显著差异。如疲劳裂纹应力强度因子门槛值为 ΔK_{th},当 $\Delta K < \Delta K_{th}$ 时,裂纹不发生扩展而处于稳定状态。当 ΔK 增加到 ΔK_{th} 时,裂纹即开始发生扩展。随着 $\triangle K$ 的继续增大,裂纹扩展速率急剧上升。门槛值一般为某一特定的常数值。 (何文汇 韩学宏)

门式刚架 portal frame
形状似门的单跨或多跨刚架。柱脚支座可以是刚接或铰接。工程中习惯对由斜交横梁构成的双铰或三铰刚架以及由水平横梁构成的双铰或无铰单层框架统称之。适用于吊车吨位不大的工业厂房、仓库、一般公共建筑和商业建筑。通常用钢或预制和现浇钢筋混凝土材料做成。 (陈宗梁)

门形刚架式天窗架 Π shaped rigid frame skylight truss
由预制的门式刚架作成的天窗架。结构简单,但受力性能不如三铰刚架式,一般跨度为 6m。 (唐岱新)

mi

米赛斯屈服条件 Mises yield condition
见变形能量强度理论(12页)。

米式腹杆 double cross web
见腹杆(89页)。

密闭门 sealing door
具有密闭能力、设于人防地下室或地下工事出入口处且位于防护门或防护密闭门后的门。两道具有密闭能力的门可形成一道防毒通道。须经专门设计。 (王松岩)

密闭状态养护 sealed up concrete curing
混凝土浇灌后处于与外界隔绝状态下的养护。钢管混凝土构件在浇灌管内混凝土后,常将构件两端封闭,因而管内混凝土处于密闭状态。实验证明:密闭状态下养护的混凝土 28d 强度和自然养护的混凝土 28d 强度基本相等。 (钟善桐)

密肋板 closely ribbed slab
由密排小肋及板面组成的钢筋混凝土板。与实心平板相比,在混凝土折算厚度相同时,密肋板有效高度大大提高,因而刚度增加,用钢量减少。为使天棚平整和隔音、隔热性能良好,可以在板肋间填以轻质填块。通常一个房间设计成一块板,可使吊装次数减少。跨度较小时,也可以是每块为槽形截面的装配式铺板。 (邹超英)

密肋楼盖 ribbed floor

次梁(肋)间距很密的钢筋混凝土肋形楼盖。可分为三种类型:①肋间无填充物型,其顶板厚不少于50mm,肋的间距为500~700mm;②肋间填以空心砖,其顶板厚30~50mm,肋的间距及高度随空心砖尺寸而定。空心砖一般用粘土烧制成,也可用轻质混凝土或填塑料盒等;③肋间填以空心砖而顶面无钢筋混凝土板。密肋楼盖其肋的跨度一般不超过6m,也可以设计成一个房间由一块或数块密肋板组成的装配式楼盖,但目前较少采用。 (王振东)

密实度 compactness

砂土或碎石土颗粒排列松紧的程度。它的大小取决于:①土颗粒的级配;②成因和形成的地质年代;③上覆地层压力;④地下水的存在及其运动状况等因素。 (杨可铭)

mian

面板纤维

见表板纤维(13页)。

面波 surface wave

一种只能沿着地表附近或沿着地球内部某一界面传播的地震波。由两种或多种体波干涉迭加而形成的。面波波速比体波慢,而周期比体波长。面波振幅随着离开界面距离增大按指数规律迅速衰减,但在水平方向上比体波衰减慢,因此由远震激发的地震动中面波的影响比体波大。通常所指的面波是体波传到地面时激发产生的乐甫波和瑞雷波。

(李文艺 杜坚)

面波震级 surface wave magnitude

根据面波资料计算得到的震级,以 M_s 表示。国际上通常指的震级就是面波震级,中国也规定以 M_s 为震级标度标准。计算公式为

$$M_s = \log\left(\frac{A}{T}\right)_{max} + \sigma(\Delta) + C$$

A 为面波水平向最大地动位移(μm),T 为与 A 相应的周期(s),$\sigma(\Delta)$ 为量规函数,C 为观测台站的校正值。 (李文艺)

面积测定 area scaling

在地形图上测某一区域面积的方法。测定的方法有:①图解法,将要测定的图形划分成一些简单的几何图形,如三角形、梯形等,然后在图上量取所需尺寸,根据几何公式计算出面积。也可用透明方格纸和透明方格板,或者用平行线法估算面积;②求积仪法,根据求积仪上的读数计算面积,现今可用图形数字化器直接测定;③解析法,实地测定该区域边界一些点的有关数据,计算出该区域的面积,这是面积测定最精确的方法。 (潘行庄)

面漆 surface paint

涂刷覆盖在底漆上的涂料。作用是保护底漆,抵抗环境的不利影响。根据环境的温度、湿度、酸性、碱性等分别选用不同的面漆。其性能应与底漆相符。 (刘震枢)

面水准测量 area leveling

为测定一块地面的起伏状态所进行的水准测量。通常在测量的范围内按要求布设矩形格网,或按一定间隔布设互相平行的断面,并测出断面上各点的平面位置,再用水准测量测出方格顶点或断面点的高程。其目的用于土建工程或农田基本建设的土地平整,据以计算各点的填挖深度及施工的土方量。在平坦地区,也可用以测绘地形图。

(傅晓村)

面向对象语言 object-oriented language

以对象为主体,根据对象互相传送消息作为求解问题基础的程序设计语言。是继过程式语言(如Fortran)和逻辑式语言(如 Prolog)后发展起来的,常用面向对象语言有 C++、Smalltalk 和 Actor。语言的实体是对象,在"对象"、"类"、"消息"与"方法"的概念基础上编制程序,以问题参与的对象及发送给对象的消息来实现实际过程的模拟。具有可靠性、可修改性与可理解性等特点,使软件生产率大幅度提高,对计算机软件科学发展起着重大影响。

(陆伟民)

面向问题语言 problem-oriented language

为解决特殊问题而设计的一种编程语言。使用这种编程语言时人们不必了解计算机内部逻辑,不必关心问题的解法和计算过程的描述。只需指出问题,给出输入数据和输出形式就能得到所需的结果。如结构分析语言、机床控制专用语言、医学诊断专用语言和电路设计专用语言等。 (黄志康)

面源 area focus

凡不能归纳为点源和线源的潜在震源。将一潜在震源区划分为若干个子区,每个子区可当作相互独立的震源。这样,每一子区到场地的震源距离就确定了。 (章在墉)

min

民用建筑 civil building

居住建筑和公共建筑的总称。　（房乐德）

敏感度　susceptibility

影响方案评价的一个或几个因素估计值发生变化而引起方案结果的相对变化以及变化的敏感程度。　（房乐德）

敏感度分析

见敏感性分析。

敏感性分析　sensibility analysis

又称敏感度分析或灵敏度分析。对方案评价起作用的各个因素发生变化时，对方案评价结果的影响程度的预测分析。分析时，假定各影响因素之间是相互独立、一个一个改变影响因素，分别确定他们的敏感度。一般对建设项目经济效益评价的敏感性分析步骤是：①首先确定基本情况下的投资收益率；②确定对经济评价的影响因素有哪些；③选择这些不确定因素的变化范围及增减量；④按选定的经济分析方法对影响因素作敏感性计算；⑤根据计算结果，绘出敏感性分析图，并判断经济决策将如何随之变化。　（房乐德）

ming

明牛腿连接　evident corbel-piece joint

预制柱面外露牛腿用以支承横梁的一种连接方式。一般采用梁下缘预埋件与柱子牛腿面上的预埋件或螺栓连接，根据梁柱节点的刚度和整体性不同构成铰接或刚接连接。这种连接适用于横梁跨度和梁端剪力较大的结构，由于施工安装都比较方便，排架及建筑和使用都允许外露牛腿的框架常采用这种方式连接。

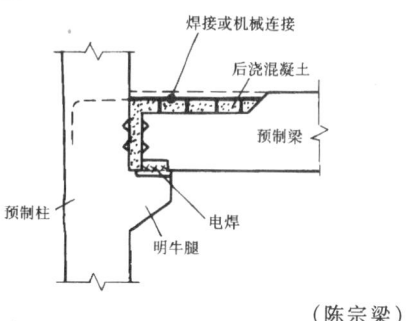

（陈宗梁）

mo

模拟地震振动台试验　earthquake simulation shaking table test

在模拟地震振动台上进行的结构抗震动力试验。振动台是通过台面运动使试验物产生惯性力的大型动力试验设备。这种试验可以按照人们的意图和要求，再现各种形式的地面运动加速度记录，可以模拟地震的全过程，可以在实验室让人们直观认识和了解地震时结构物的破坏现象，为进行更深入的理论分析提供依据。根据振动台负荷量的大小，既可以进行任何形式的模型试验，还可以进行某些原型和构件的试验。试验的加载制度有一次性加载和多次逐级加载。进行这种试验时一般应考虑试验结构的振动周期和所在的场地条件以及振动台台面的输出能力等。　（吕西林）

模数　module

一种选定的标准尺度单位。它是建筑物、建筑构配件、建筑制品以及有关设备尺寸相互间协调的共同基础。可分为：基本模数、扩大模数和分模数三类模数数列。　（房乐德）

模数数列　module series

由基本模数、分模数和扩大模数的倍数所构成的一套尺寸单位的数列。是建筑设计、建筑构造、建筑构配件以及建筑制品选定尺寸大小的标准。
（房乐德）

模数制　modular system

在统一模数的基础上，各种尺寸之间相互协调配合的一系列规定。它规定了标志尺寸为基本模数或扩大模数的倍数，缝隙尺寸为分模数的倍数。模数制为建筑设计、构件生产以及施工等方面的尺寸协调提供了基础，从而提高了建筑工业化的水平，降低造价并提高房屋设计和建造的质量和速度。建筑设计应采用国家规定的建筑统一模数制。
（房乐德）

模态　modal

见振型（361页）。

模态分析法　method of mode-shape analysis

环境随机激振试验中通过量测结构传递函数采用随机信号数据处理方法分析结构动力特性的方法。结构的脉动是由地面脉动源 $x(t)$ 输入所引起的响应 $y(t)$，这种脉动信号是一种随机过程。结构的响应 $y(t)$ 输出必然反映了系统即结构自身的动力特性，系统的激励和响应有以下关系

$$Y(\omega) = H(j\omega) \cdot X(\omega)$$
$$S_y(\omega) = [H(j\omega)]^2 \cdot S_x(\omega)$$

$X(\omega)$ 和 $Y(\omega)$ 分别是激励（输入）和响应（输出）的富氏变换。$S_y(\omega)$ 和 $S_x(\omega)$ 分别是输入和输出的自功率谱。$H(j\omega)$ 是传递函数或频率响应函数。

$$H_{(j\omega)} = \frac{1}{1 - \left(\frac{\omega}{\omega_0}\right)^2 + j2\zeta\left(\frac{\omega}{\omega_0}\right)}$$

则 $S_y(\omega) = \dfrac{1}{\left[1 - \left(\frac{\omega}{\omega_0}\right)^2\right]^2 + \left(2\zeta\frac{\omega}{\omega_0}\right)^2} \cdot S_x(\omega)$

由上式可见结构脉动反应的功率谱是结构自振特性和地面脉动功率谱的函数，当 $\omega=\omega_0$ 时，在结构脉动反应的功率谱上出现峰值，反映出结构的自振特性。为此可以通过计算脉动反应的功率谱确定自振频率和阻尼，利用共振峰处各高程脉动反应的功率谱值，按相对比值定出结构振型。同样可按传递函数或相关分析由幅频、相频特性图得到结构动力特性参数。近代专用频谱模态分析仪及数据处理机的问世与发展，基于随机过程功率谱、传递函数和相关分析等理论的应用，所有计算、富里哀变换和图形显示均可直接由仪器快速完成。　　　（姚振纲）

模型混凝土　model concrete

见微粒混凝土(310页)。

模型试验　model test

在采用适当比例和相似材料制成的与原型相似的试验结构(或构件)上施加比例荷载，使模型受力后再演原型结构实际工作的结构试验。试验对象为仿照原型(实际结构)并按照一定比例尺复制而成的试验代表物，它具有实际结构的全部或部分特征。模型尺寸一般要比原型结构小。按照模型相似理论，由模型的试验结果可推算实际结构的工作。严格要求的模拟条件必须是几何相似、物理相似和材料相似。模型按相似条件可分为相似模型和缩尺模型，按试验目的可分为弹性模型和强度模型。

（姚振纲）

模型柱　model column

分析柱子力学性能时，作为计算单元的一个上端作用有集中力的单向弯曲悬臂柱。（计学闰）

摩擦型高强度螺栓连接　high-strength bolted friction-type connection

见高强度螺栓连接(100页)。

摩擦桩　friction pile

桩的荷载主要依靠摩阻力支承的桩。对于全部荷载都由摩阻力支承的桩，常称为纯摩擦桩。

（洪毓康）

磨光顶紧　milled end bearing

见刨平顶紧(6页)。

墨西哥地震　Mexico earthquake

1985年9月19日在墨西哥发生的地震。里氏震级为8.1，震中位置在太平洋海岸杰利斯柯(Jalisco)与奥阿克沙卡(Oaxaca)之间墨乔坎(Michoacan)地区。这次地震是科卡斯(Cocas)板块向北美板块下面俯冲导致的，总的断裂长度约为150km。靠近海岸的城镇只遭受中等破坏，但离太平洋海岸300～400km的墨西哥城却遭受严重破坏，这是由于墨西哥城建造在特克斯科科(Texcoco)湖中的一个岛屿上，厚的湖相沉积层将地面运动加速度明显地放大，使卓越周期以及强震持续时间增长所致。这次地震使860栋中、高层建筑倒塌，经济损失50亿美元，1万人丧生，20万人流离失所。　　（肖光先）

mu

母材　parent metal

又称主体金属。被焊接的钢材。　（李德滋）

母线　bus

见总线(384页)。

木材的变形　deformation of timber

木材受外力作用后产生的尺寸或形状的改变。由于木材是天然高聚物复合体，因此它的变形状态和其他复合材料相似，可以分为弹性变形、粘弹变形和塑性变形三种。　　　　　　（王振家）

木材等级　grade of timber

按木材缺陷的严重程度以及有无髓心划分的木材类别。中国木结构设计规范将木材分为三个等级，即Ⅰ等材、Ⅱ等材和Ⅲ等材。其中Ⅰ等材对木材缺陷限制最严、Ⅱ等材次之。由于木材缺陷对原木、方木和板材抗力的不利影响各不相同，因此同一等级的木材，对原木的缺陷限制较宽、对板材的限制最严。又由于木材缺陷对各种受力情况的不利影响也不同，规范规定对缺陷敏感者采用优质木材，例如受拉构件和拉弯构件用Ⅰ等材；受弯构件和压弯构件用Ⅱ等材；受压构件及次要受弯构件可采用Ⅲ等材；等外材不得用于承重结构中。还应注意：设计规范中的木材分级与市场木材供应等级不同，因此，不得用木材供应等级标准取代设计规范的等级标准。

（王振家）

木材防腐处理　wood preserving process

利用适合的木材防腐剂对木材进行加压浸注或常压处理，以抑制危害木材的生物、延长木材使用年限的措施。加压浸注法是将木材放入密封压力罐中，在真空或加压下注入防腐药剂。此法适用于枕木、电杆等防腐要求高的木材，并且处理后不便再进行木材加工。常压处理有：①涂刷法，适用于就地处理；②浸渍法；③长期浸泡法；④扩散法，此法适用于湿材和难处理的木材；⑤热冷槽法，此法效果较好，但采用此法时木材必须充分干燥。　（王振家）

木材防腐剂　timber preservative

能毒杀或抑制危害木材的生物(木腐菌、蠹虫、白蚁和海生钻木动物等)，延长木材使用年限的化学药剂。有：①油质防腐剂，主要有煤杂酚油(中国习惯称防腐油)、煤焦油与煤杂酚油的混合油和煤焦油，以煤杂酚油应用最多；②油溶性防腐剂，常用的有五氯酚、环烷酸铜等；③水溶性防腐剂，主要有氟化物、硼化物、砷化物等；④复合防腐剂，如氟铬酚或氟酚合剂、硼酚合剂、酸性铬酸铜、铜铬砷剂、氟铬砷酚合剂等，复合防腐剂市售种类繁多，大同小异。在木结构设计规范中列有常用木材防腐剂表，可根据各防腐剂特点及适用范围进行选用。　　（王振家）

木材腐朽　decay of wood

木材受到木腐菌或其他微生物浸染而引起组织分解，使木材变得松散、易碎、直至抗力几乎丧失殆尽的现象。木腐菌分泌的各种酶促使木材细胞壁中的纤维素、半纤维素和木质素被分解（纤维素被水解危害最为严重）。木材腐朽的条件除染菌外，还必须有足够的水分，因此木材对潮危害极大，并且腐朽过程析出的水会使未腐木材迅速腐朽形成恶性循环，因而木材一旦腐朽蔓延甚速。　　（王振家）

木材干缩　shrinkage of wood

木材在干燥过程中，随着细胞壁上吸着水的散失使木材尺寸和体积减小的现象。沿树干长度纵向收缩很小，可以忽略不计；横向收缩很大，且弦向收缩大于径向收缩，这是木材干裂原因之一。
　　（王振家）

木材干缩率　shrinkage rate of wood

木材干燥前、后其尺寸（纵向、弦向、径向）或体积之差与干燥后尺寸或体积的百分比。通常以含水率为纤维饱和点（干燥前）时的状态和绝干状态（干燥后）时相比，这种干缩率称全干干缩率。自纤维饱和点时的状态至气干状态的干缩率称气干干缩率。自纤维饱和点时的状态至窑干状态的干缩率称窑干干缩率。一般的木材全干干缩率：纵缩为 0.1%～0.3%；径缩为 3%～6%；弦缩为 6%～12%。体积干缩率为 9%～14%。　　（王振家）

木材干缩系数　shrinkage coefficient of wood

在纤维饱和点以下，含水率每降低 1% 时的木材干缩率，即干缩率除以引起收缩的含水率。
　　（王振家）

木材各向异性　anisotropism of wood

木材的物理、力学性能沿树干和横截面的各个方向都不相同的特性。为研究方便，通常将沿树干作为正交三向坐标之顺向（顺纹方向）；横截面内与年轮相切者为横纹切向（也称弦向）；垂直于年轮切线者为横纹径向。顺纹方向的强度与弹性模量最大，横纹切、径向的强度与弹性模量虽不同，但差别较小，为简便计，通常不作区别，而将木材按二维各向异性研究其力学性能。木材的物理性能诸如干缩率、湿胀率、导热系数、隔音能力等也都具有各向异性，顺纹方向与横纹方向相差较大，横纹切向与径向之间相差较小，但横纹切向的干缩率大于横纹径向近一倍，这是木材干燥开裂的主要原因之一。
　　（王振家）

木材含水率　MC, moisture content in wood

木材中水的重量和烘干后绝干材重量的百分比，以 W 表示：

$$W = \frac{G - G_0}{G_0} \times 100\%$$

G 为木材试块烘干前木材与材中水分的合重；G_0 为木材烘干后的重量。在纤维饱和点以下，木材含水率的变化将引起木材物理力学性能的改变。含水率减少：木材强度增大、变形减小、木材干缩；含水率增加：强度降低、变形增大、木材湿胀。
　　（王振家）

木材裂缝

见木材裂纹。

木材裂纹　crack of wood

又称木材裂缝。树木生长期间或伐倒后，由于受外力或温度和湿度变化的影响，使木材纤维间发生分离的现象。裂纹有径裂、轮裂、干裂等。裂纹对木材抗剪的影响最大。裂纹还破坏了木材的完整性。
　　（王振家）

木材强度等级　classes for strength of structural timber

为使强度及受力性能相近的木材可按统一的计算指标进行设计和检验，将不同的树种按其抗弯设计强度的取值分成的等级。木结构设计规范将常用树种的设计强度值和弹性模量共分为十一个等级，其目的是使木构件的可靠指标能稳定于目标可靠指标容许变动的范围内。
　　（王振家）

木材缺陷　defects in timber

任何能够降低木材工艺质量或使用价值的异常或不规则的现象。它包括树木在生理上和生长发育过程中所遭受到的某些不良影响以及采伐后处理不当或加工不当等所造成的各种缺陷。根据中国的国家标准，分为九类，即：木节、变色及腐朽、虫害、裂纹、树干形状缺陷、木材构造缺陷、伤疤、不正常的沉积物和木材加工缺陷（主要指锯解不良引起的斜纹）等。其中腐朽、木节、斜纹及裂纹对材质影响最大。
　　（王振家　陆文达）

木材受剪　shear of timber

两个大小相等、方向相反、两力线平行、间距很近的力（称剪力）作用于同一木材上的受力状态。依据外力和木材纤维走向间的夹角 α 以及剪力面在木材上的位置，可分为：①顺纹受剪（α=0）；②横纹受剪（α=90°，且木材纤维走向平行于受剪面）；③横纹剪截（α=90°，且木材纤维走向垂直于受剪面）；④斜纹受剪（0<α<90°）。大体上横纹受剪强度约为顺纹受剪强度之半，斜纹受剪强度介于顺纹受剪与横纹受剪之间，横纹剪截强度最高。木材受剪系脆性

破坏。木材受剪工作在结构中常发生在齿连接、键连接和受弯构件中。 （王振家）

木材受弯承载力 flexural loading capacity of timber

木材承受横向荷载的极限能力。通常情况下它由截面的正拉应力达到极限起控制(此时受压区外边缘纤维也已失稳形成皱褶)，只有当梁支座附近有集中荷载或其他特殊情况下方可能由截面的剪应力达到极限起控制。由于木材抗压工作具有塑性，应力可以重分布，而抗拉工作无塑性，从而构件截面正应力将近似地呈折线分布。此时木材受弯承载力将与构件截面形状和木材抗拉与抗压强度的比值有关。相同截面模量下，圆形截面因塑性区越向中和轴发展截面越宽因而有利于压应力重分布，其承载力将大于矩形截面(此外原木纤维未被割断也可提高其承载力)。另外，由于受压区正应力有塑性分布，致使截面的剪切应力分布高度有所减少，从而构件抗剪切承载力将有所降低，但一般仍由正应力控制。 （王振家）

木材受弯强度 flexural strength of timber

根据标准横向弯曲试验所测得的极限弯矩 M，按公式 $\sigma_m = M/W$ 求得的强度。W 为截面抵抗矩；σ_m 为木材的受弯应力设计值。它是一种折算强度。由于木材的抗压强度远低于抗拉强度，且抗压工作具有显著的塑性性能而抗拉工作则无。因此木材受弯破坏时截面上的正应力分布与匀质材料迥然不同。这个折算应力可以用 K 倍受压强度来表达。系数 K 与木材抗拉、抗压强度的比值以及截面形状等因素有关，约为 1.8 左右。在相同截面模量下相同树种的圆形截面受弯强度可较矩形截面提高近一成。 （王振家）

木材斜纹 cross-grain, sloping grain

木材的纤维走向与树干纵轴明显不一致的现象。可分：①扭转纹(或称螺旋纹)；②天然斜纹；③人为斜纹；④局部斜纹。斜纹将由于作用外力产生垂直纤维方向的分力和纤维被割断(扭转纹除外)而降低木材强度，纤维的倾斜度越大，木材强度降低得也越多，扭转纹纤维在未被割断时，强度降低程度小于天然斜纹和人工斜纹，因此具有扭转纹的原木应尽可能以原木形式直接使用而不加锯解。 （王振家）

木材阻燃剂 fire-retardant chemical

能使木材耐高温，在火焰灸烧下不立即着火燃烧或具有良好滞火效果的药剂。按其功能可分为铵盐和防火漆两大类。前者的防火作用在于当它被热分解时放出强酸，使木材脱水，夺去木材中的氢和氧，燃烧的碳包围未燃烧的木质形成保护层以减缓燃烧速度。各种防火漆的防火作用在于燃烧时形成不燃的薄膜(如过氯乙烯防火漆)或形成蜂窝状隔热层(如膨胀型丙烯酸乳防火漆)。铵盐为无机盐，防火漆则为有机类阻燃剂。 （王振家）

木腐菌 wood-destroying fungi

寄生于木材并能导致木材发生腐朽的多种真菌。它们多属于担子菌纲的多孔菌目和伞菌目，有数百种。真菌借助菌丝或菌丝体在木材内蔓延，菌丝端头能分泌酶，分解木材细胞壁组织中的纤维素、半纤维素和木质素，使长链大分子断裂，同时还能消化胞腔中的内含物的淀粉、糖类等作为养料，使木材组织破坏。真菌通过孢子分裂繁殖，速度惊人，因此杜绝木材染菌极困难。木腐菌生长的条件是：养料、适宜的温度(20～35℃)、足够的湿度(空气相对湿度≥85%，木材含水率>20%)和氧气，四条缺一不可。 （王振家）

木桁架 timber truss

采用木材制作的由若干杆件构成一种平面或空间的格构式结构或构件。由于木材不宜受拉，故常见的是用木材作为受压杆件，钢材作为主要受拉杆件的钢木桁架。在中国，常用的钢木桁架为豪式木桁架。 （陈雨波）

木桁条

见木檩条(216页)。

木夹板加固法

采用增设木夹板并用螺栓连接组成一个拉力接头来代替需加固部分以传递拉力的方法。如屋架的下弦或拉杆出现局部严重斜裂缝时，可把木夹板和原拉杆连接在一起通过螺栓和木夹板传递原构件的拉力。

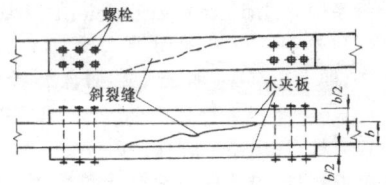

（王用信）

木键连接 keyed connection of wood

用硬质阔叶材木板块作为连接件的键连接。常用作木梁的叠合加高。外力与键的木纹平行者称纵键连接，与木纹垂直者称横键连接。纵键和被连接构件承压和抗剪；横键承载力由横纹承压或横纹抗剪控制，较纵键低。纵键对制作精度需求较严，且为脆性工作，因此往往用斜键连接取代纵键连接。 （王振家）

木节 knot

俗称节子。树木生长时被包在树干中的树枝部分。它是木材不可避免的一种缺陷。树干根部木节隐生在内部,有死节、活节;树干中部是活节和死节的混合区;梢部为活节区。木节会破坏木材构造的正常性和均匀性,使木材纤维发生倾斜,这将减弱木材的强度。其减弱程度与受力状况、木节的大小、分布情况(单生或群生,在材面中部或边部)、木节与周围木材结合的程度、木节本身的材质状况以及径切面木材纤维的倾斜等因素有关。因此木节是评定木材等级的主要标志。木节对木材抗拉强度的不利影响最大;对抗压强度,由于具有塑性其不利影响较小;对抗弯强度,木节位于受拉区边部时不利影响较大,而位于受压区时不利影响较小。木节的不利影响对原木较方木为小,对板材的影响最大。活节不利影响最小,死节其次,漏节最大。对横纹抗压强度,由于木节材质坚硬反而有利;恰好位于剪面上的活节以及垂直于剪面上的活节,也由于其材质坚硬,其剪切强度反有所增高。　　　　　　(王振家)

木结构　Timber structure

利用种子植物类的乔木(通称树木)作为承重构件材料的结构。木材是可再生资源,可就地取材,易于加工,表观密度小,具有很好的压、弯抗力,塑性好。全部构件均由木材制成者称全木结构。受拉件用钢材,受压构件及压弯构件用木材,充分发挥不同材料的优点者称钢木结构。用层板或层板与胶合板胶结成各种合理截面的构件并以之组成的结构可次材优用、短材长用因而得到了广泛应用,此种结构称胶合木结构。木结构的缺点有:木材尺寸受天然限制(胶合木结构除外),从而结构的接头和节点多,加之弹性模量较低,连接松弛致使整个结构刚度较弱;木节、裂缝、斜纹等天然缺陷对木材抗力的不利影响颇大;力学及物理性能各向异性;抗剪、抗拉时呈脆性;常温下有蠕变;温、湿度和荷载作用时间的久暂都对其力学性能产生影响;此外,木材易受虫害和易燃、受潮后易于腐朽。由于中国木材资源短缺以及上述缺点,木结构的应用受到较大限制,但胶合木结构的发展使木结构自重轻、制作安装简便和化学稳定性等优点得到发挥,又能充分利用木材资源,因而除民用建筑外,木结构还在体育建筑等大跨度结构中得到应用。　　　　　　(王振家)

木结构防腐蚀　corrosion protection of timber structure

保证木结构在腐蚀介质作用下仍具有必要的耐久性的技术措施。设计时结构措施应尽量减少节点、接头和金属件,加强通风,防止构件受潮;木材防腐蚀可用各种防腐蚀溶液浸渍或喷洒,或以防腐蚀涂料涂刷木材表面。如要求更高时,可使木材电木化,即用酚甲醛树脂胶浸渍,随后以加热法处理。
　　　　　　(喻永言)

木结构防火　fire protection of timber structure

保证在火灾时木结构不遭破坏的技术措施。木结构是易燃结构,一般以采用构造防火措施为主,当建筑防火要求较高时,木材应作防火处理,使成为难燃材料。木屋架宜采用大截面的结构。木屋盖应尽量采用防火吊顶。　　　　　　(秦效启)

木结构腐蚀　corrosion of timber structure

由于菌类寄生或昆虫类蛀蚀引起木结构截面减小和承载力下降的现象。当木材传染到腐朽菌类后,由肉眼看不见的菌丝,产生直接的破坏作用。日常最容易碰到的菌类有:腐木真菌、白菌、膜菌、坑菌、柱菌等。菌类引起木材破坏性的腐烂,往往使木材产生纵向或横向的裂缝。菌类寄生使木材腐烂的必备条件为:温度、氧气、湿度,三者缺一不可。此外,还有昆虫类蛀蚀,木材被蛀成空洞,以致构件截面削弱,承载力降低。　　　　　　(吴虎南)

木结构构造防腐

从构造上不使木结构受潮以达到防腐目的的措施。在木结构设计中应以构造防腐为主辅以防腐剂处理。使木材受潮的水源有:雨雪水的渗漏、冷凝水及结霜、毛细现象吸入的水及木材腐朽过程中纤维素水解析出的水。因此,构造防腐的原则是:防止渗漏、通风良好以及结构处于同一温度场等。为此,构造防腐的具体措施是:屋盖防水要严密;保暖层必须铺匀;隔气层应铺设在正温一侧并且应连续铺设不得断开;导热性能相差大的木构件与金属件间应局部涂覆防腐剂;梁或屋架端部不得密封于砌体中,四周应留有空隙;木构件与砌体接触处应垫以油毡隔开;吊顶中屋脊两侧对称设置三角天窗(旧称老虎窗)(每 30～35m² 建筑面积设 1m² 三角天窗);木屋盖不宜内排水也不宜设木天沟等。　　　　(王振家)

木结构加固　strengthening of timber structure

木结构在使用过程中,因遭腐朽、虫蛀或干裂致使结构处于危险工作状态时使结构恢复正常工作状态的技术措施。木结构易遭腐朽、虫蛀的部位常是支座节点(也称端节点),可采用端节点钢拉杆加固法或采用端节点钢夹板加固法;易产生纵向弯曲变形的是受压腹杆和上弦,可采用弯曲木压杆调直加固法;易产生危险干缩裂缝的多是下弦拉力接头的螺栓受剪面和支座节点齿连接受剪处,可分别采用下弦钢拉杆加固法和端节点钢拉杆加固法或用端节点钢夹板加固法;易产生危险斜裂缝和危险木节旁涡纹裂缝的是受拉下弦或其他拉杆,可采用木夹板加固法。　　　　　　(王用信)

木结构胶合　gluing of timber structure

为保证胶合木结构的质量,木材的备料、刨光、拼接、涂胶、加压、温度控制等生产的全过程。具体过程为：木料先经过窑干或气干达到 18% 以下的含水率；根据构件受力的要求配制不同等级的木料；采用指形接头或斜搭接头将短料接长；刨光层板的被胶表面；清除油脂和污垢后涂胶叠合；加 0.5～0.6MPa 的压力在 16～30℃ 的车间内养护 24～32h；卸压，并进行构件外表的加工；经过胶缝的质量检验，确定合格的产品。 （樊承谋）

木结构抗震性能 seismic behavior of timber structure

木结构抗御地震作用和保持承载能力的性能。根据历次地震灾害调查结果，木结构具有很好的抗震性能，震后幸存的结构中，木结构和钢结构占大多数。其原因有：①木材在破坏前要出现很大的变形。在变形过程中，材料能吸收巨大的地震能量。另外，木材还具有较大的阻尼。因此，木材有很好的延性和滞回耗能作用。②与其他材料相比，木材的表观密度与强度的比值很低，因此构件重量很轻，在地震作用下受力也很小。③木材具有很好的抗疲劳性能，在地震的反复作用下不易损坏。④木结构常用的节点连接（如斗拱、榫卯、螺栓、钢钉等）都具有较大的变形能力，因而也起耗能作用。

（欧阳可庆）

木结构连接 connection of timber

两个或两个以上的木构件，借助某种扣件或媒介物（如胶层）使构件相连形成各种型式的结构或使构件接长加高加厚的方法（两构件直接抵接传递压力时则毋须扣件）。设计时：①尽可能少用或不用脆性工作的扣件；②在同一连接中，在计算其承载力时，不应考虑两种或两种以上刚度悬殊的连接物共同工作的可能性；③连接必须传力简捷明确，在同一连接中不宜同时采用直接传力与间接传力两种传力方式。常用的有螺栓连接（圆钢销连接）、钉连接、齿连接、键连接、胶连接等，最近又出现了新型的组钉板连接。 （王振家）

木结构设计规范 design code for timber structures

国家颁布的木结构设计应遵循的技术标准。中国先后颁布了三次木结构设计规范：①1955 年《木结构设计暂行规范》（规结—3—55），采用了容许应力设计法；②1973 年《木结构设计规范》（GBJ 5—73），采用了以容许应力表达的极限状态设计法；③1988 年《木结构设计规范》（GBJ 5—88），采用了以概率理论为基础的极限状态设计法。 （樊承谋）

木结构维护 timber structure maintenance

定期对木结构进行检查并予以必要的维修加固的通称。与其他结构相比，木结构的维护工作特别重要，因为木结构在使用过程中导致损坏的因素较其他结构多，例如雨雪渗漏可致潮腐朽；干燥可能产生裂缝，严重时会导致丧失抗剪能力和连接松弛；此外还有虫害和化学侵蚀等。定期观察变形（例如观察屋架挠度）最有助于发现问题。如发现结构的变形骤增应仔细检查，检查的重点是：屋架支座有无腐朽、天棚保暖层是否均匀、下弦受拉接头夹板的螺栓孔附近有无裂缝、齿连接剪面有无开裂、压杆是否鼓出、支撑系统是否完善和松动等。 （王振家）

木结构用胶 adhesive for structural timber

用以粘结承重木构件的胶粘剂。根据胶合木结构的使用条件选用。对于露天结构应采用中性接触剂的间苯二酚胶；经常受潮的结构宜采用酚醛树脂胶；在室内温、湿度正常的条件下，也可采用脲醛树脂胶。每种胶在使用前均应按国家标准的试验方法，检验干态和湿态的胶缝抗剪强度。其强度应达到整体木材的要求。胶液的工作活性在 20℃ 的温度下应保持 2h 以上。胶液的温度应在 10～20℃ 之间，以防粘度过大或加速凝结。 （樊承谋）

木梁 wood beam

一种承受横向荷载的木构件。木梁宜设计为静定梁。主要有用单根方木和原木制成的实体梁、组合梁和胶合梁。组合梁又称叠合梁，用板销、键块等连接件将二根或三根方木（用键块连接成的键合梁还可用原木）叠合而成。由于连接件的挠性（柔顺性），使板销梁、键合梁等叠合梁的刚度和抵抗矩等较实体梁为低，计算时应有所折减。四、五十年代以来广泛采用胶合梁，用胶料作为媒介将若干层木板胶结而成者称层板胶合梁，由于胶缝抗剪强度高不会被剪坏，胶合梁的刚度和实体梁一样，计算时可不作折减。除层板胶合梁外，还有用胶合板作为腹板的胶合板梁及胶合板箱形梁。此外，50 年代以前曾经出现过钉合交叉腹板梁，它制作简便，但后效变形大，二战时在前苏联曾得到广泛应用。

（王振家）

木檩条 wood purlin

又称木桁条。跨越屋架间或山墙间或山墙与屋架间，用以支持椽条或屋面板的木制受弯构件。常见的有简支檩和悬臂檩（简支檩条的一端或两端挑出一定长度的檩条）。简支檩条的截面有圆形或矩形。矩形截面木檩条一般宜正放（截面某主轴与地面垂直），如构造上需要（例如上弦设保暖层）也可斜放（截面某主轴与屋架上弦垂直），此时檩条工作为斜弯曲。悬臂木檩条在沿屋脊全长范围内都受均布荷载作用时，其计算弯矩仅为简支檩条之半，因此可获得可观的经济效益。除上述两种木檩条外，还有一种由两块木板用钉拼合而成的连续檩条，由于它只能承受单向弯曲，不宜斜放，且钉接的后效变形也大，现已少用。

（王振家）

木射线 wood ray

见髓射线(290页)。

木网状筒拱 timber cellular barrel arch

用标准木网片相互交叉呈菱形或方形网格组成的筒状空间结构。木网片可由板材或层板胶合木做成,相互可用榫接或用螺栓连接。计算时简化为二铰拱或三铰拱带,网片按压弯构件计算。此种结构室内顶部美观,刚度好,常用于陈列馆、体育馆、商场等建筑。 （王振家）

木屋盖 wooden roof

由木构件组成的房屋顶部结构。在结构功能上,它承受作用在其上的全部荷载和作用,并把它们传递给下部结构(柱或墙)。在建筑功能上,它可以防止雨雪渗漏、防尘、保暖、隔热等,并使房屋内部整洁、美观。由以下几部分组成:屋面木基层、屋架、支撑、天窗架和吊顶。后三项视需要而设。此外,从建筑的角度看,木屋盖尚包括屋面防水层和保暖层在内。 （王振家）

木屋盖支撑 wooden roof bracing

为保证木屋盖具有必要空间刚度的结构体系。其作用有:①承受并传递纵向风力、吊车刹车制动力以及地震作用并提供屋盖的纵向刚度;②保证屋架受压上弦平面外的稳定不致屈曲鼓出;③保证屋架在架设及使用期间不偏离竖直平面。木屋盖支撑主要由上弦横向水平支撑和垂直支撑两部分组成,其中前者对保证屋盖刚度起主要作用。在有悬挂吊车时,为使刹车制动力传递过程简捷也可设下弦横向水平支撑和通长的水平系杆。 （王振家）

木屋面板 roof sheathing

铺设屋面材料用的承重木板。它可垂直或平行屋脊铺设;为提高屋面刚度,其接头应相互错开或每隔一段宽度错开;当采用斜铺屋面板时,可极大地提高屋面刚度。木屋面板可密铺也可稀铺,为防止木板翘曲撕裂防水油毡,板不宜过宽,一般不超出15cm,板厚以1.5cm为佳,过厚耗材量大,过薄易变形和损坏。 （王振家）

木质部 xylem,wood

介于形成层和髓心之间的木材。它分初生木质部和次生木质部,后者占木质部的绝大部分。其机能有:①输导根部吸收的无机盐和水分;②贮存光合作用产生的营养物质;③支持树体。正是这第三种机能使木材具有必要的强度和刚度。 （王振家）

木柱 wood column

承受上部结构传来的压力,并将其传至基础或下部结构的木构件。木材顺纹抗压工作可靠,因此木柱可充分发挥其优点。由单根原木或方木做成的木柱为整体柱。还可由板材(或板材与填板、盖板)用螺栓(或钉)叠合而成木组合柱或胶接成层板胶合柱。木组合柱应考虑扣件柔性(扣件刚度弱,受力后变形大)的不利影响,计算时应将与接缝平行的轴的长细比适当放大。螺栓或钉的直径及数量也要由计算确定。胶合柱由于胶层刚劲,其计算与整体柱相同。偏心受压时,还可设计成双肢木缀条柱。

（王振家）

木组合柱 built-up column of wood

见木柱。 （王振家）

目标程序 object program

由源程序经过汇编或编译所产生的机器语言程序。它一般由机器内的二进制码组成,形成机器内的硬件指令和数据。 （周宁祥）

目标函数 objective function

在有约束的优化问题中要求极大化或极小化的函数,是决策者所期望目标的数字描述。在分析地震危险性的工程决策问题中,目标函数若为所期望的总损失,则使其值为最小,若所期望的为受益,则使其值为最大。 （肖光先）

目标可靠指标 design reliability index

结构设计时规定采用的可靠指标值。

（邵卓民）

目标可靠指标校准法 calibration method for determination of reliability index

简称校准法。通过对现存结构或构件内含可靠度的反演计算和综合分析来确定今后设计时采用的结构或构件可靠指标的方法。用这种方法确定可靠指标,实质上是继承了结构设计可靠度取值的历史经验,比较稳妥可行,因此许多国家在制定结构设计规范时均已采用。中国国家标准《建筑结构设计统一标准》中给出的统一的可靠指标也是用这种方法确定的,其数值相当于多年来按规范设计的各种结构构件所具可靠度的平均值。 （邵卓民）

目标可靠指标理论推导法 theoretical method for determination of reliability index

根据影响结构可靠度的全部变量的统计资料,应用概率分析方法求出各种结构的失效概率,从而确定设计时采用的可靠指标的方法。这种方法尚不实用,不仅因为数学运算上有困难,而且由于不少影响结构可靠性的因素(如结构重要性、结构失效的社会影响、人为过失等)是非统计性的,难以定量表达。

（邵卓民）

目标可靠指标协商给定法 consultation method for determination of reliability index

参照人们在日常生产和生活中从事各种活动所冒的实际风险(事故出现率),用类比的方法选择一个可以为人们接受的结构失效概率,以确定设计时采用的可靠指标的方法。例如，有人建议取房屋结构的年失效概率为 10^{-5}，这相当于在设计基准期50年内的失效概率为 5×10^{-4}，当变量服从正态分布时相应的可靠指标为3.29。　　　　（邵卓民）

目标偏心差　eccentric error of object

照准目标偏离点位所产生的误差。是指用标杆立于目标点上作为照准标志，当标杆倾斜而观测时又照准标杆顶部时，使照准点偏离目标所产生的目标偏心误差。对水平角观测的影响是边长越短和瞄准位置越高，其影响越大。此误差可以通过计算改正。　　　　　　　　　　　　（钮因花）

目镜　eyepiece

光学仪器中靠近眼睛的透镜或组合透镜。一般由两个或两个以上透镜组成。由物体发出的光束，通过物镜后形成的实像，位于目镜的焦点以内时，通过目镜就可看到物体的放大虚像。　（邹瑞坤）

幕结构　curtain structure

由整体联系的三角形或梯形薄板所组成的空间结构。它是折板结构的变体。这些板的顶点朝上，并以下部周边的角支承在柱上。由于这种屋盖具有圆顶

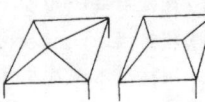

的工作性能，板的倾斜角可以允许比折板结构小些，这样就形成了十分经济、钢筋用量很少的结构。如果以一平面截割锥体形幕结构的顶部，即成截锥形幕结构。通常对于方形柱网的单层工业厂房，有用幕结构做成的多跨连续屋盖，即成连续幕结构。其缺点也与折板屋盖一样，在冬季可能会形成雪堆，并导致屋面漏水。为了消除这一缺点，在幕结构上面建造轻质的平屋顶是有利的。因为在这种屋盖中总的材料用量还是比普通框架型式的屋盖为少。幕结构也可用于楼层中，为了形成平的楼面，幕间的低洼处用木护板或为了防火目的用钢筋混凝土板来遮盖。　　　　　　　　　　　　（陆钦年）

N

nai

耐腐蚀天然料石　corrosion-resistant natural processed stone

具有耐腐蚀性能，经过加工表面平整的耐腐蚀天然石材。可分为耐酸和耐碱两大类。二氧化硅（SiO_2）含量不低于55%者耐酸，含量愈高，耐酸愈好。氧化钙（CaO）、氧化镁（MgO）含量高者耐碱。有些二氧化硅含量很高的石料，也可作耐碱材料使用。常用的天然石料有花岗岩、石英岩、安山岩等。　　　　　　　　　　　　（喻永言）

耐腐蚀涂料　corrosion-resistant paint

由成膜物质（油脂、树脂）与填料、颜料、增韧剂、有机溶剂等按一定比例配制而成的防腐蚀液体。它涂刷于材料表面后能结成坚硬的薄膜，可保护材料、防止腐蚀性介质的侵蚀。主要适用于遭受气相腐蚀和腐蚀性液体滴溅到的部位。在酸性介质或碱性介质作用下，可采用耐腐蚀漆。　　（喻永言）

耐腐蚀铸石制品　corrosion-resistant cast stone product

以天然岩石（辉绿岩、玄武岩等）或工业废渣（冶金废渣、化工废渣）为原料，加入一定的附加剂（如角闪岩、白云石、萤石等）和结晶剂（如铬铁矿石、钛铁矿石）经熔化、浇铸、结晶、退火等工序而制成的一种非金属耐腐蚀成品。它具有一般金属所达不到的耐磨和耐酸碱腐蚀性能。此外，还具有不导磁、不导电等特殊性能。制品规格繁多，有板形与异形制品二类。可耐除氢氟酸及沸腾磷酸外的各种强酸碱。　　　　　　　　　　　　（喻永言）

耐候钢　weathering steel

能形成防锈蚀的保护膜、耐大气腐蚀性能较好的钢材。中国已生产的 CortenA、09CuPRe 和 09MnCuPTi 等系列耐候钢，其耐大气腐蚀的性能已明显地优于碳素结构钢，现已应用于铁路车辆。在高耸结构和冷弯薄壁型钢结构中，耐候钢将得到应用。　　　　　　　　　　　　（王用纯）

耐火等级　fire-resistance rating

建筑物抵抗火灾能力的等级。它由组成房屋的构件的燃烧性能和构件最低的耐火极限决定的。在中国根据国家有关规定耐火等级共分四级。不同耐火等级的建筑物，对其各类构件的耐火极限和燃烧性能均有不同的要求，在《建筑设计防火规范》中均有具体规定。　　　　　　　　（林荫广）

耐火混凝土　fire-resisting concrete

由耐火集料（包括粉料）和胶结料（或加入外加剂）加水或其它液体配制而成的耐高温（通常在1000℃以上），并在高温下保持所需物理力学性能的特种混凝土。按所用的胶结料不同可分为：硅酸盐水泥耐火混凝土；铝酸盐水泥耐火混凝土；水玻璃耐

火混凝土；磷酸盐耐火混凝土；硅质耐火混凝土；镁质耐火混凝土等。按自重又可分为普通耐火混凝土和轻质耐火混凝土。在耐火混凝土中，使用温度在900℃以下的称为耐热混凝土。　　（卫纪德）

耐火极限　refractory limit

构件从受到火的作用时起，到失掉支持能力或发生穿透裂缝或背火一面温度升高到220℃时止所经历的时间(h)。　　（林荫广）

耐火能力　refractory power

俗称几小时防火。结构构件承受火灾作用的能力。即按耐火试验标准温度曲线加热，结构构件仍能满足承载能力要求所持续的时间。　　（秦效启）

耐酸混凝土　acid-resistant concrete

在各种胶结料中（如水玻璃、硫磺、合成树脂等）分别加入固化剂、增韧剂、稀释剂、耐酸粉料和耐酸粗细集料配制而成的混凝土。根据胶结料的不同称为水玻璃混凝土、硫磺混凝土和树脂混凝土。用于浇筑受腐蚀介质作用的地面整体面层、设备基础及池槽槽体等。　　（喻永言）

耐酸胶泥　acid-resistant paste

在各种胶结料中（如水玻璃、硫磺、合成树脂等）分别加入固化剂、增韧剂、稀释剂、耐酸粉料配制而成的防酸腐蚀的膏状物质。根据胶结料的不同分别称为水玻璃胶泥、硫磺胶泥和树脂类胶泥。水玻璃胶泥用来铺砌耐酸块材，具有较好的耐酸性能，但不得用于碱性介质作用的部位，抗渗和耐水性能亦较差。硫磺胶泥用来胶结板块材，灌注管道接口，能耐浓硫酸、盐酸及40％的硝酸，不耐浓硝酸及强碱，不适用于温度高于80℃或冷热交替部位、与明火接触部位或受重物冲击部位。树脂类胶泥用来砌筑耐酸块材，耐腐蚀性、抗水性好，强度高，但抗冲击韧性较差。　　（喻永言）

耐酸砂浆　acid-resistant mortar

在各种胶结料中（如水玻璃、硫磺、合成树脂等）分别加入固化剂、增韧剂、稀释剂、耐酸粉料和耐酸细集料配制而成的浆状物质。根据胶结料的不同分别称为水玻璃砂浆、硫磺砂浆和树脂砂浆。水玻璃砂浆用于抹灰和浇筑耐酸整体面层；硫磺砂浆用来胶结板块材，灌注管道接口；树脂砂浆用来作防腐蚀抹面。　　（喻永言）

耐酸陶瓷制品　acid-resistant pottery and porcelain product

由粘土、瘠性材料和助熔剂用水混合后制成一定几何形状，经过干燥及高温焙烧，形成致密、耐酸性能良好、表面光滑的砖板制品。可分陶、瓷二大类。陶类砖板（包括缸砖）耐磨度较好，价格较瓷类低，但气孔率、吸水率较大，强度、耐酸性能均比瓷类低；瓷类砖板的结构致密，气孔率、吸水率较小，比陶类坚硬，耐酸性能比陶类好，但质脆，价格比陶类为高。　　（喻永言）

nan

难燃烧体　difficult kindling member

用难燃材料制成的构件，或用燃烧材料制成又以非燃烧材料作保护层的构件。如沥青混凝土构件、板条抹灰墙、水泥刨花板墙等。　　（林荫广）

nao

挠度　deflection

构件在荷载作用下受弯时产生的位移。如梁受弯曲时产生的跨中位移，屋架受荷时产生的跨中垂度等。　　（钟善桐）

挠度计　deflectometer

一种大量程的线位移量测仪表。测点的位移可由仪表的测杆直接引入，也可以通过张线引入仪表的主体，利用齿轮或摩擦轮传动比放大，最小分度值一般为0.01mm。主要用来量测大型结构的挠度和侧移等。　　（潘景龙）

挠度检验　deflection examination

通过对结构构件挠度的检验，对其刚度性能作出评价。结构构件试验时，在正常使用的短期检验荷载作用下，结构构件的短期挠度实测值a_s^0要求小于或等于构件短期挠度的允许值$[a_s]$，即

$$a_s^0 \leqslant [a_s]$$

式中短期挠度允许值是各种结构设计规范给出的构件挠度允许值。对混凝土结构还应考虑荷载长期组合对挠度增大的影响系数。当设计要求按实配钢筋确定的构件挠度计算值进行检验或仅检验构件的挠度、抗裂、裂缝宽度时要求

$$a_s^0 \leqslant 1.2 a_s^c$$

a_s^c是在正常使用的短期检验荷载作用下，按实配钢筋确定的构件短期挠度计算值。　　（姚振纲）

挠度增大影响系数　affected coefficient for increasing of deflection

计算钢筋混凝土受弯构件长期挠度时，考虑荷载长期效应组合对挠度增大所取用的影响系数。以θ表示。目前有关荷载长期作用对挠度影响问题尚缺乏资料，中国《规范》（GBJ10—89）规定，对矩形、T形、倒T形和工形截面受弯构件的长期刚度B_L，按短期刚度B_S乘以系数$M_S/[M_L(\theta-1)+M_S]$来反映，其中M_L、M_S分别为按荷载长期及短期效应组合计算的弯矩值。对θ值试验分析表明，θ值是随

着受压钢筋配筋率 ρ' 和其受拉钢筋配筋率 ρ 比值的增大,对受压混凝土徐变起抑制作用的增强而减少,计算时一般用经验公式 $\theta = 2 - 0.4\dfrac{\rho'}{\rho} \geqslant 1.6$ 来确定。

(王振东)

nei

内部收益率 IRR, internal rate of return

投资项目在建设和生产服务年限内,各年净现金流量现值累计等于零时的折现率。企业内部收益率的计算公式为:

$$\sum_{t=1}^{n}(CI-CO)_t a_t = 0$$

CI 为现金流入;CO 为现金流出;$(CI-CO)_t$ 为第 t 年的净现金流量;a_t 为第 t 年的折现系数(与 i 对应的),$a_t = \dfrac{1}{(1+i)^t}$。n 为建设和生产服务年限的终止年份;i 为折现率。根据上式,可通过相应的现金流量表现值计算,用试算法求得 i 值,即为项目的内部收益率。

(房乐德)

内衬 flue lining

砌置于构筑物内缘的保护层。如烟囱内衬就是砌置于烟囱或工业炉内缘的保护壁。用以抵御高温及侵蚀性介质对筒壁的损害。根据温度及侵蚀性介质的性质可采用耐热混凝土预制块、耐火砖或强度不低于 MU7.5 的普通粘土砖砌筑。

(方丽蓓)

内隔墙 internal parting wall

为了加强沉井的刚度或使用需要,把整个沉井分隔成若干个取土井而筑成的墙。在沉井下沉过程中通过取土井中有选择的取土,可纠正其发生的倾斜和偏移。内隔墙的底面标高一般比井壁刃脚踏面标高高 0.5m 以上,以免妨碍沉井下沉。在内隔墙的下部应开有施工孔,以便于施工中工人能往来于各取土井,并可简化排水的施工组织。

(钱宇平)

内拱卸荷作用 unloading effect of interior arch

墙体孔洞上方由于砌体的刚性形成内拱使上部荷载直接传给支座的卸荷现象。例如过梁上部墙体的高度大于过梁净跨范围的荷载,计算过梁时可以不考虑。

(宋雅涵)

内浇外挂结构体系 structural system with cast-in-situ concrete interior walls and prefabricated exterior walls

由预制混凝土外墙板、现浇钢筋混凝土内墙和预制钢筋混凝土大楼板组成的结构体系。该体系的主要承重和抗侧力结构为内部纵、横墙。预制外墙板分为承重和不承重两类。不承重的外墙板仅起围护作用,不需与现浇内墙形成牢固的整体连接,可以通过螺栓与楼板连接或采取其它柔性连接方法。承重的外墙板除起围护作用外还起剪力墙作用,必须与现浇内墙牢固连接。通常做法是在外墙板的两侧伸出环筋与现浇内墙伸出的 U 形钢筋相重合,在套环内插入竖筋,浇灌成整体。这种体系适用于建造 8~30 层的房屋建筑。

(陈永春)

内浇外砌结构体系 structural system with interior cast-in-situ concrete walls and exterior brick walls

由砖砌外墙、现浇钢筋混凝土内墙和预制钢筋混凝土大楼板组成的结构体系。该体系的主要承重和抗侧力结构为内部纵、横墙。砖外墙承受部分垂直荷载和侧向力。楼板采用一间房一块预制大板或若干块预制小楼板。用这种体系建造的多层住宅,既有砖外墙良好的保温、隔热、防水性能,又有钢筋混凝土内墙良好的抗震性能,而造价和用钢量与砖混结构相近,施工速度又与一些工业化住宅结构体系相近。这种体系适用于建造 7 层以下的住宅。

(陈永春)

内聚力 cohesion

又称粘聚力。土粒之间连结的能力。即当法向应力为零时土粒间的抗剪强度。测定该项指标的方法参见三轴剪切试验(260 页)。

(杨可铭)

内框架 interior frame

外墙采用砌体,内部由钢筋混凝土梁、柱组成的框架。它与砌体房屋相比能提供较宽敞的内部空间,但由于是用两种不同的材料组成,在承受横向力作用时整体变形受砌体的制约,抗震能力较差。适用于层数不多的商业建筑和一般的轻工业厂房。高烈度地震区不宜采用。

(陈宗梁)

内框架承重体系 internal frame-external masonry wall system

竖向荷载主要由外墙和内部的钢筋混凝土框架承受的体系。荷载的传递路线是:楼板→梁→外纵墙、钢筋混凝土柱→基础→地基。由钢筋混凝土柱代替内墙形成较大的内部空间。由于竖向承重构件材料及基础类型不同,易产生不均匀竖向变形。

(刘文如)

内力臂法 resisting moment arm method

在试验和理论分析的基础上通过确定抵抗力矩的内力臂计算托梁拉力的方法。1969 年由 P. 布尔豪斯提出。中国砌体结构设计规范 GBJ3—88 进一步发展与完善了内力臂法。用内力臂系数乘以墙梁计算高度确定内力臂值,计算托梁拉力。用托梁弯矩系数乘以简支梁最大弯矩确定托梁弯矩。托梁按偏心受拉构件计算。

(王庆霖)

内力重分布 internal force redistribution

又称内力重分配。钢筋混凝土超静定结构受荷后由于受拉钢筋屈服和混凝土的塑性变形、裂缝开展以及出现塑性铰等原因,使结构各截面间的内力分布发生变化和相互调整的过程。例如在钢筋混凝土连续梁中,若中间支座处首先开裂并形成塑性铰,则该支座不能再承担更多的弯矩。如继续增加荷载,则连续梁的内力将发生重分布,最终转变成像简支梁一样工作。设计时利用这一特性,可以人为地调整结构的内力分布,使配筋更为合理。

(叶英华)

内力重分配

见内力重分布。

内力偶臂 arm of internal couple

构件截面受拉区的合力作用点至受压区合力作用点之间的距离。它与构件截面有效高度的比值称为内力偶臂系数。

(刘作华)

内力组合 combination of member force

又称荷载效应组合。确定构件在各种荷载作用下可能的最不利内力的计算方法。结构在使用期内除永久荷载外,有可能承受两种或两种以上的可变荷载。设计结构构件和构件的连接时,可能的最不利内力并不一定是全部永久荷载与全部可变荷载同时相遇的情况,因此应根据不同的结构构件及连接采用适当的组合规则进行内力计算。考虑到可变荷载在设计基准期内同时以最大值相遇的概率很小,还要遵照有关规定对不同的可变荷载相遇取不同的组合系数。在对梯形屋架杆件内力组合时,除应考虑全跨永久荷载及全跨可变荷载相遇的组合外,还应考虑全跨永久荷载与半跨可变荷载相遇的组合,后一种组合是针对屋架跨中附近的某些腹杆可能由拉杆变为压杆的情况。

(徐崇宝)

内裂 inner check, inner crack

又称蜂窝裂。木材干燥过程中在内部产生的裂纹。干燥前期木材表层在拉应力作用下产生伸张残余变形。到干燥后期,此残余变形妨碍木材内层干缩,使内层木材受拉,如此拉应力超过木材横纹的抗拉强度,木材被撕裂产生内裂。干燥前期木材表层产生的伸张残余变形越大,干燥后期内裂危险也越大。硬质阔叶材,特别是厚板或大断面方材容易产生内裂。

(王振家)

内摩擦角 angle of internal friction

土体莫尔包络线(又称莫尔圆包线)的切线与正应力坐标轴间的夹角。常以 φ 表示。剪切曲线在无粘性土试验中表现为一直线;在粘性土试验中为一曲线,但在实际应用时仍用直线近似表达。参见三轴剪切试验(260页)。

(杨可铭)

内营力 endogenic force

见地质作用(59页)。

内营力地质作用 endogenic geologic process

见地质作用(59页)。

neng

能量耗散比 dissipation ratio

见耗能系数(121页)。 (汪勤悫)

ni

泥浆 mud fluid

用粘土和其它胶质材料与水搅拌形成的悬浮液。它作为钻探时的循环润滑介质,并起到保护和稳定孔壁的作用。

(王家钧)

泥浆护壁 wall protection by slurry

在地下连续墙成槽过程中,在槽内充满触变泥浆而成的使槽壁土体保持稳定不坍塌的一种液态支撑。泥浆液面通常应高出地下水位 $0.5\sim1.0m$。由于泥浆的比重大于地下水的比重,液面又高,因此,泥浆的液柱压力维护了槽壁的稳定。同时,泥浆压力又使泥浆渗入槽壁土体的孔隙,从而在槽壁表面形成一层组织致密,透水性很小的泥皮胶结体,进一步加强了槽壁的稳定。

(董建国)

泥石流 debris flow

一种突然爆发,来势凶猛,历时短暂,含有大量泥砂石块等固体物质的特殊洪流。其形成条件是:①泥石流沟上游有面积较大、坡度陡峻的汇水区,沟床纵坡大,谷床狭窄;②汇水区内,岩石破碎,松散固体物质丰富;③暴雨集中或冰雪强烈消融,能在短期内供给大量地表水流。典型的泥石流沟可分为上游形成区、中游流通区和下游沉积区。泥石流破坏力极强,能冲毁或淹埋大面积农田、村镇或工程设施。

(蒋爵光)

泥石流沉积物 debris flow sediment

山地沟谷中含有大量泥、砂、石块和水的特殊洪流的沉积物。其固体的物质含量一般超过15%,最多可达80%以上。按照泥石流体结构,可分稀性泥石流和粘性泥石流两种。泥石流沉积物的特征是:①以泥和砾石成分为主;②有成层现象,每一层反映了一次泥石流沉积;③砾石组织结构的特征是砾石的长轴以纵向占优势,砾石面多倾向上游,倾角较大;④砾石表面有擦痕,具多组方向,以直线形和微弯形为主;⑤在泥流层上部常有泥球。

(朱景湖)

泥滩 mud beach

分布在潮汐作用强烈的平缓地区的淤泥质滩

泥炭 peat
有机质含量超过全重60%的软粘性土。除有泥炭质土特征外,暗无光泽,有机物大部分未分解,可见大量的植物纤维结构,土质极松。工程中不能利用。参见软土(257页)。　　　　　　(杨桂林)

泥炭质土 peaty soil
有机质含量占全重10%～60%的软粘性土。深暗色、黑色,无光泽,有腥臭味。有机物分解不完全,可见明显的植物纤维结构。质轻,天然孔隙比大于2.0,液限大于65%,浸水体胀,易崩解,干缩明显。工程中一般不予利用。参见软土(257页)。
(杨桂林)

倪克勤公式 Nikitin's equation
由前苏联学者倪克勤(N. V. Nikitin)根据弹性理论应力叠加原理推导出来的钢筋混凝土双向偏心受压柱的计算公式。其表达式为 $\frac{1}{N} = \frac{1}{N_{ox}} + \frac{1}{N_{oy}} - \frac{1}{N_o}$,式中 N 为双向偏心受压柱的极限承载力;N_{ox}、N_{oy} 分别为仅在 y、x 轴方向有偏心时柱的承载力;N_o 为中心受压时柱的承载力。此式只能用来验算已知截面的承载力,若用来设计必须反复试算。由于混凝土不是理想弹性材料,用此式计算会产生一些误差,故只是一个简化的计算式。　　(计学闰)

拟板法 equivalent plate method
将网架连续化为各向同性或各向异性平板,通过分析此平板求解网架变形、内力的方法。此法按一般弹性平板理论建立板的基本微分方程,用差分法、级数法或有限元法求解板的挠度、弯矩和剪力,进而求得网架的杆力。因此法一般不考虑剪切变形的影响,计算精度较差。　　　　　(徐崇宝)

拟动力试验 pseudo dynamic test
见计算机-加载器联机试验(147页)。

拟夹层板法 equivalent sandwich plate method
将平面桁架或角锥组成的网架简化为由三层不同性质材料组成的夹层板,通过分析这一夹层板求解网架变形与内力的方法。此法将网架的上、下弦连续化为不计厚度的上层和下层板,将腹杆折算成厚度与网架高度相等的夹心层,采用平板弯曲理论建立包含板的挠度 w 及两个方向转角 φ_x、φ_y 的微分方程,用解析法或其它方法求解微分方程,再根据内力与变形的关系求得网架杆力。这种方法一般考虑网架的剪切变形,具有一般工程要求的精度,多用于周边简支的正交正放类网架。　　　(徐崇宝)

拟静力试验 pseudo static test
见周期性抗震静力试验(370页)。

拟膜薄壳 quasi-membrane shell
不考虑弯矩和剪力,仅利用平衡条件就可决定其中应力的薄壳。这种应力为薄膜应力,沿壳壁厚度均匀分布。对于许多情形,当薄壳用适当的构造措施,保证免于在其中发生弯矩时及在略去那些在薄壳中由于很小的弹性变形而发生不很大的弯矩条件下,采用薄膜应力的假定是正确的。这给薄壳的应力分析带来了很大的方便。　　　(陆钦年)

逆作法 reverse construction method
地下结构工程施工时采用的在地下连续墙支护的范围内,自上而下,逆行作业的一种方法。边开挖土方边进行结构施工,即先构筑顶板,然后是顶层楼板,依次往下直至底板构筑完工。逆作法施工具有减少地层扰动,减少环境影响和上部地面工程可以同时施工等优点。但此方法的施工工艺较复杂。
(董建国)

nian

年超越概率 annual probability of exceedance
场地在一年中至少遭到一次地震强度超过某一给定值的概率。如对一般建筑物采用 2.1×10^{-3},即地震重现周期475年,它相当于50年超越概率为10%。　　　　　　　　　　　(章在墉)

年轮 annular growth ring
见生长轮(267页)。

粘滑断层 viscoslip fault
断裂两盘作不平稳滑动并有突然应力降的滑动的断层。在原有断层面上发生粘滑的结果就导致地震的产生。　　　　　　　　　　(李文艺)

粘结滑移 bond slip
由于钢筋与混凝土之间粘结力的破坏而引起的相对滑移。光面钢筋主要是由于粘结力中的化学胶结力破坏而导致滑移量的增大;变形钢筋当化学胶结力破坏而开始滑移后,主要是由于钢筋横肋与混凝土之间的局部挤压变形和钢筋周围径向裂缝的开展而导致滑移量的增大。一般的情况是:粘结力的大小直接影响钢筋混凝土构件裂缝的分布与开展;当粘结力愈大,钢筋的搭接和在混凝土中锚固愈可靠,则其相对滑移量愈小,构件的刚度也愈大。
(刘作华　董振祥)

粘结滑移理论 the bond-slip theory
假定在荷载作用下,随着受力钢筋与周围混凝土粘结应力的增大而产生相互滑移的裂缝宽度计算理论。按照这种理论,裂缝宽度等于混凝土在裂缝

粘结裂缝 bond crack

由粘结强度破坏引起沿钢筋方向发生相对滑动而产生的裂缝。钢筋与混凝土接触表面由于剪应力的存在产生粘结力,钢筋的拉力通过粘结力传递给混凝土。粘结裂缝是沿着纵向钢筋与混凝土接触面的水平位置上当粘结力超过其相应的粘结强度时出现的,梁的剪跨比愈小,粘结裂缝发展愈充分,梁的受剪承载力降低愈多。 （吕玉山　王振东）

粘结退化 bond degeneration

在重复荷载作用下,钢筋与混凝土的握裹强度逐渐降低而滑移量增大的现象。其基本原因是由于钢筋与混凝土接触面附近的边界层混凝土内裂缝发展和局部挤碎所致,它是由加载端（或裂缝截面）逐步向内发展,导致构件裂缝发展和刚度降低。粘结退化程度与最大粘结应力值、荷载重复次数和钢筋表面状况等因素有关。 （刘作华）

粘聚力 cohesion

见内聚力(220页)。

粘弹变形 viscoelastic deformation

加荷过程结束后,随着荷载持续作用时间的延续,仍在继续发展的变形。当构件截面应力小于或等于材料的长期强度时,其变形速度将逐渐衰减最后为零,并且变形可逆;当截面应力大于材料的长期强度时,其变形速度最终将为某一定值,并且残存部分塑性变形。 （王振家）

粘土 clay

塑性指数大于 17 的粘性土。几乎不透水或隔水。其组成及工程特性参见粘性土。 （杨桂林）

粘土空心砖 clay hollow brick

用粘土制成,其孔洞率等于或大于 15% 的砖。孔洞率高的可达 70% 左右。按孔洞的尺寸和数量分为多孔空心砖、大孔空心砖等。按在建筑结构中的用途分为承重空心砖和非承重空心砖;按砌筑时孔洞的方向分为竖孔空心砖和水平孔空心砖;按在建筑物中的部位分为砌墙空心砖（包括墙体空心砖）、楼板空心砖、拱壳空心砖、花格空心砖等。特殊需要时还有异形空心砖。空心砖具有重力密度较小,保温隔热性能好,可降低生产中原料、燃料的消耗等优点,是墙体材料产品结构改革的重要途径。 （罗韬毅）

粘土砂浆 clay mortar

由粘土、砂加水搅拌而成的砂浆。强度低,一般用于简易或临时性房屋的砌体。 （唐岱新）

粘性土 cohesive soil

塑性指数大于 10 的土。由于所含大量粘土颗粒及次生亲水性矿物的物化、胶化作用,从而容水量大,透水性小,排水困难,湿润时具有较高的塑性和粘结性。与一般砂土相比,强度较低、压缩性较大、压缩过程较长。风干时强度增大,压缩性降低。其工程性质主要取决于由形成年代和成因所决定的结构强度、塑性和含水程度。粘性土按塑性指数可分为粉质粘土和粘土。 （杨桂林）

粘质粉土 clayey silt

旧称轻亚粘土。又称轻壤土。粒径小于 0.005mm 的颗粒含量（粘粒含量）超过全重 10% 的粉土。其组成及工程特性参见粉土(84 页)。

（杨桂林）

niu

牛轭湖沉积物 oxbow lake deposit

曲流因裁弯取直而被废弃的河床,因淤塞与原来河道隔离所形成的湖中沉积物。牛轭湖处于静水环境,常有水生物繁生。形成富含有机质的粘土沉积物,颜色灰黑,沉积层具有薄层层理,富水性强,常以透镜体形式夹于河床相和河漫滩相冲积层之间。 （朱景湖）

牛腿 corbel

由柱侧伸出的用以支承屋架、框架梁、吊车梁、墙梁等构件的承重部件。一般用钢筋混凝土浇成,通常都为实腹式,尺寸较大时可做成空腹桁架式。还可用型钢或钢板焊接而成。 （陈寿华）

扭剪比 torsion-shear ratio

构件截面扭矩 T 对剪力 V 与横截面宽度 b 的乘积的比值（T/Vb）。 （王振东）

扭剪法 torsion-shear process

根据螺栓尾部特制卡头抵抗规定的扭矩值拧紧高强度螺栓的方法。 （刘震枢）

扭剪型高强度螺栓 torsion shear type high-strength bolt

螺纹尾部设有断裂沟槽和梅花头的高强度螺栓。安装时用专用扳手拧紧螺母,以梅花头承受拧紧扭矩的反力。当梅花头沿断裂沟槽扭断时,螺栓刚好产生设计预拉力。操作简易,但对制造要求较高,耗钢多,成本高。

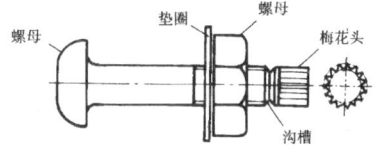

（王国周）

扭矩法 torsion process

根据规定的工艺拧紧螺帽达到预定扭矩值拧紧高强度螺栓的方法。 （刘震枢）

扭矩-扭转角曲线 torque-twist curve

将构件在荷载作用下的扭矩和相应的扭转角绘制成的关系曲线。该曲线上的斜率，称为抗扭刚度。构件在开裂前，其扭矩与扭转角基本上成线性关系；在即将开裂时的抗扭刚度约为其弹性扭转刚度 GI_p 的 0.85 倍。开裂时扭转角突然增大；开裂后曲线斜率逐渐减低，直至扭矩极限值时趋近水平，导致构件破坏。 （王振东）

扭壳

见双曲抛物面薄壳（281 页）。

扭翘 twisting

又称扭弯。木材成材的一个角偏离了另外三个角平面的翘曲。参见翘曲（244 页）。通常由于斜纹或其他不规则纹理所引起。 （王振家）

扭曲截面承载力 carrying capacity of twisty section

又称受扭构件承载力。有时也称受扭构件强度。结构构件在扭矩作用下，到达破坏或产生不适于继续承载的变形时，其扭曲截面所能承受的最大扭矩。参见承载力（27 页）。钢筋混凝土纯扭构件自开裂至破坏，在四个侧面与其主拉应力相垂直方向产生斜裂缝，由此形成一个空间受力状态的歪斜扭曲面。如构件还有弯矩和剪力等作用，则应力和变形更为复杂。 （王振东）

扭曲率 twist curvature

薄壳中相隔单位距离的两相对边的斜度改变率。设从壳板中切出一个单元，它的四条边一般不平行，是一个翘曲的四边形。由于两相对边的斜度不相等，从而形成扭曲状态。 （范乃文）

扭弯

见扭翘。

扭弯比 torsion-bending ratio

构件截面的扭矩与弯矩比值。 （王振东）

扭转常数 torsion constant

又称自由扭转常数或圣维南扭转常数。圆形或非圆形截面的构件自由扭转时，计算单位长度扭转角时所采用的广义几何特性。计算受扭构件单位长度扭转角 θ 的公式为

$$\theta = T/GJ$$

T 为截面总扭矩；G 为剪切模量；J 即为扭转常数。当构件为薄壁管时，

$$J = 4A_m^2 / \int_0^{L_m} \frac{ds}{t}$$

A_m 为薄壁中线所包面积；L_m 为中线长度；ds 为微单元沿中线的长度；t 为薄壁厚度。对于圆形实心杆，J 等于极惯性矩；对于等厚度薄壁圆管，J 也近似地等于极惯性矩；对于非圆形截面，则要用积分公式计算。 （陈雨波）

扭转刚度 torsional rigidity

见抗扭刚度（180 页）。

扭转屈曲 torsional buckling

见轴心压杆屈曲形式（371 页）。

扭转屈曲计算长度 effective length of torsional buckling

计算开口薄壁轴压杆件扭转屈曲临界力时采用的长度。其值与压杆的支承条件有关。不同支承条件的压杆都可换算成用计算长度表示的两端简支杆件，以计算其扭转屈曲临界力。 （沈祖炎）

扭转失稳 torsional buckling

见轴心压杆屈曲形式（371 页）。

扭转塑性抵抗矩 plastic torsion resistance

受扭构件按全塑性材料计算时对截面扭转中心的一次面积矩。以 W_t 表示。对于矩形截面，$W_t = \frac{b^2}{6}(3h-b)$，$b$、$h$ 分别为其短边及长边。对于 T 形及工字形截面，一般先分别求出腹板 $b \times h$、受压翼缘 $h'_f(b'_f - b)$ 及受拉翼缘 $h_f(b_f - b)$ 各自的扭转塑性抵抗矩 W_{tw}、W'_{tf} 及 W_{tf} 值后，即可得出 $W_t = W_{tw} + W'_{tf} + W_{tf}$。上述的 b_f、b'_f 及 h_f、h'_f 分别表示受拉及受压翼缘的宽度与厚度；腹板的 W_{tw} 值按矩形截面的公式求得，受拉及受压翼缘的 W_{tf} 与 W'_{tf} 值可近似分别按以下二式求得：$W_{tf} = \frac{h_f^2}{2}(b_f - b)$，$W'_{tf} = \frac{h'^2_f}{2}(b'_f - b)$。 （王振东）

扭转纹 twisted grain

又称螺旋纹。当纤维或管胞的排列不与树轴相平行，而是沿螺旋的方向围绕树轴生长时，在树干或原木的表面产生的呈扭曲状的纹理。 （王振家）

扭转振动 torsional vibration

杆件在激振扭矩、惯性扭矩、阻尼扭矩和恢复扭矩共同作用下断面绕杆的扭心轴发生的扭转现象。在扭转不与断面的翘曲（断面由平面变成有凹凸的面）耦合的杆件能够有单纯的扭转振动，否则扭转振动与翘曲振动不可分开。举例来说，实体圆断面和等厚度薄壁圆筒断面属于前者；实体矩形断面和矩形薄壁箱型断面属于后者。断面的扭转中心和形心一致的杆件扭转振动和弯曲振动是无耦合性的。断面的扭转中心和形心不一致的杆件，弯曲振动和扭转振动发生耦合，槽形薄壁断面即为一例。

（李明昭）

O

ou

欧拉临界力 Euler's critical load

理想的轴心压杆按屈曲理论求得的临界荷载。常记作 N_{cr} 或 N_E，由欧拉(Euler L.)于1759年推出，故名。$N_E = \pi^2 EI/l_0^2$，式中 EI 为杆件的抗弯刚度，l_0 为压杆的计算长度。公式适用于弹性工作阶段的细长轴心压杆。荷载到达欧拉临界力时压杆截面上的应力 σ_E 称欧拉临界应力。$\sigma_E = N_E/A = \dfrac{\pi^2 EAr^2}{l_0^2 A} = \dfrac{\pi^2 E}{\lambda^2}$。$r$ 为回转半径，A 为截面面积，λ 为长细比。 （夏志斌）

欧拉临界应力 Euler's critical stress

见欧拉临界力。

偶然荷载

见偶然作用。

偶然误差 accident error

随机性的观测误差。是由于仪器制造的误差和精度的限制、观测者感官能力的限制及外界条件的变化引起的。例如在同一条件下，观测大量的三角形的内角，各三角形角度的闭合差，按正负大小排列有以下特性：①偶然误差的绝对值不超过一定的限值；②绝对值小的误差比绝对值大的误差出现的机会多；③绝对值相等的正负误差出现的机会相等；④偶然误差的平均值随观测次数的无限增加而趋近于零。如果以误差的大小为横坐标，出现的个数为纵坐标，连接各直方图的顶点而成对称于纵轴的误差分布曲线，为正态分布曲线。偶然误差是无法消除的，只有通过多余观测提高观测成果的质量。

（郭禄光）

偶然状况 accidental situation

考虑由偶然事件引起，荷载持续期很短且出现的可能性不大的设计状况。例如，发生罕遇地震、火灾、爆炸的状况。 （陈基发）

偶然作用 accidental action

在设计基准期内不一定出现而一旦出现其量值很大且持续时间较短的作用。其中，直接作用称为偶然荷载。例如，罕遇烈度的地震、爆炸、撞击等。

（唐岱新）

P

pai

排架 bent frame, framed bent

屋盖承重构件在柱顶与柱铰接，而柱与基础为刚接的一种单层框架。是一般单层工业厂房常用的结构形式。随跨数不同可分为单跨、双跨或多跨排架；随各跨高度的变化可分为等高排架和不等高排架；按所用材料的不同可分为钢筋混凝土排架、钢排架和钢屋架与钢筋混凝土柱组成的排架。跨度较小，没有吊车或吊车起重量很小的厂房也可以做砌体柱排架。由柱与屋架构成的称横向排架；由柱与吊车梁、连系梁、柱间支撑构成的称纵向排架。横向排架承受屋面荷载、吊车竖向荷载和横向水平荷载，以及屋盖和纵向墙面上传来的水平荷载。各排架间由于承受横向力的大小不同，常需利用屋面及其支撑的刚度考虑空间作用。纵向排架除承受吊车纵向水平荷载和山墙传来的风荷载以及纵向地震力外，还起稳定横向排架和保证整个厂房纵向刚度的作用。柱子断面的纵向刚度较小，纵向水平力一般均需通过柱间支撑传至基础。

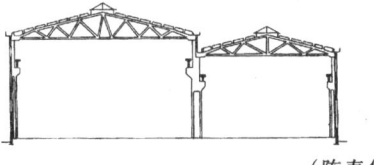

（陈寿华）

排架柱 bent frame column

排架结构中，为支承屋盖、吊车梁、连系梁，主要承受轴向压力和弯矩的柱。根据不同截面形式，有矩形柱、I形柱、双肢柱,也有用圆形或管形的。一般常用钢筋混凝土预制而成。厂房高度或吊车吨位特别大时须用钢柱。还有一种在钢管中灌以混凝土的钢管混凝土柱。个别轻型厂房也有用砌体柱或配筋砌体柱的,但承载能力低、刚度差,有吊车的厂房不宜采用。根据有无吊车和吊车层数不同,柱可以为等截面柱、二阶柱、多阶柱。一般都是采用整根预制。当高度较高、重量较大,受施工吊装能力限制时,也可采用分段预制拼装而成。为了节约钢材,也可采用下柱为预制钢筋混凝土、上柱为钢的组合柱。柱型选择时应考虑使用特点、吊车情况、柱距、柱高、施工条件等因素,力求受力合理,外形简单,材料节约,并在同一厂房中柱型规格不宜太多。

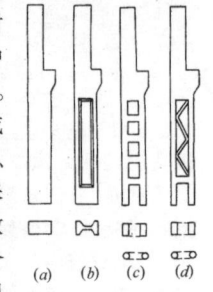

(陈寿华)

排气塔 purge stack
排放石油、化工、冶金、轻工等企业所产生尾气的高耸结构。排放的尾气多属于温度较低、湿度较大、介质浓度较高的生产气体,通过排气塔排入高空予以稀释,以减少对环境污染的影响。由排气筒体和支承结构组成。排气筒体为钢筒、聚氯乙烯筒。支承结构用钢塔、钢桅杆、钢筋混凝土的构架或筒体。

(王肇民)

排水检查井 inspection well
供检查、清理管道的排水构筑物。室外排水管道交汇处与方向、坡度、高程、管道断面改变处及管线长度超过规定间距时均需设检查井。普通检查井用砖砌,大型矩形检查井采用钢筋混凝土浇筑。

(蒋德忠)

排水下沉法 method of drained sinking
沉井下沉时将井内水抽去后挖土下沉的施工方法。根据沉井所通过土层的地质情况,沉井下沉方法有排水下沉及不排水下沉两种。当沉井下沉所穿越的土层其渗透性较小或无承压水时,不会由抽水而产生大量流砂现象,可采用排水下沉法施工。沉井内的挖土和出土的方法视土层的不同情况,可采用水力机械施工或使用抓土斗出土。

(钱宇平)

牌号 steel grade
见钢号(94页)。

pang

旁压试验 lateral compression test
通过特制的旁压器在钻孔内对孔壁施加横向压力,使土体产生变形,测出压力和变形关系的试验方法。用以计算地基土的变形模量和容许承载力。当试验是在事先钻好的孔内进行,称为预钻式;若在旁压器下端带有特制的冲水钻头,自行成孔并就位试验的,称为自钻式。该法可在不同深度进行试验,不受地下水的限制,试验的应力条件接近于轴对称圆柱孔穴扩张的课题。

(王家钧)

pao

抛落无振捣浇灌法 free-full pour concrete without vibration
钢管混凝土构件施工时,将混凝土直接从管顶抛入管内不加振捣的浇灌法。这是1984年中国创新的混凝土浇灌法。混凝土从管顶自由落下,靠冲击动能达到密实。实验证明,能保证质量。但距管顶较近范围内的混凝土应进行振捣。采用此法的关键是混凝土的合理配比和控制水灰比。掺高效能减水剂后,坍落度控制为 $16\sim18\mathrm{cm}$。此法已在中国得到推广,优点是施工简捷,但管柱内不宜有零部件。

(钟善桐)

抛石护坡 rip-rap protection of slope
防护边坡水下部分免受水流冲刷的措施。适用于洪水急流水位变迁不定,流速大于 $3\mathrm{m/s}$ 的水下斜坡的防护。抛石防护类似于在坡脚设置护脚,亦称抛石垛。它的坡度不应陡于抛石浸水后的天然休止角,石料粒径一般为 $15\sim20\mathrm{cm}$,应尽量用大石块。

(孔宪立)

抛丸除锈 rust removal by spurting iron sand
用抛丸机将钢丸定向抛射到钢材表面的除锈方法。参见喷砂除锈(227页)。

(刘震枢)

抛物面壳 paraboloid shell
中面是旋转抛物面的薄壳。由竖直面上的一条抛物线绕竖轴旋转一周而形成的曲面,称为旋转抛物面。用作屋盖时,壳板同边缘构件一起组成空间结构。壳体通常在边界处有弯曲应力,虽然这种边界力的影响将随着离开边界距离的增加而迅速衰减(即边界效应),但精确的解答应该是有矩理论与无矩理论的解答之和。抛物面壳易于建造,外形美观且富于表现力。

(范乃文)

pei

配箍率 stirrup reinforcement ratio
箍筋截面面积与腹板水平截面面积的比值。

(卫纪德)

配筋率 reinforcement ratio

见纵筋配筋率(384页)。

配筋砌体 reinforced masonry

配有钢筋的砌体。它可提高砌体结构的承载力,扩大应用范围。根据钢筋设置的方式,配筋砌体分横向配筋砌体和纵向配筋砌体。通过钢筋对砌体施加预压应力时称为预应力配筋砌体。用配筋砌体作成的结构称为配筋砌体结构。

(施楚贤)

配筋砌体结构 reinforced masonry structure

由配筋砌体作为承重骨架的结构。主要型式有横向配筋砌体结构和纵向配筋砌体结构。

(施楚贤)

配筋砌体结构抗震性能 seismic behavior of reinforced masonry structure

配筋砌体结构抗御地震作用和保持承载能力的性能。配筋砌体有的直接在砌体中配置钢筋,也有在砌体外配置而利用砂浆面层或混凝土面层与砌体连成整体。配筋墙体则常采用在砖缝中配置纵向钢筋和横向钢筋。纵向钢筋的作用主要是提高纵向的约束能力,而横向钢筋是为了提高抗剪强度。空心砖和空心混凝土砌块,利用砌体本身的孔洞,放置纵向钢筋,孔洞用砂浆或细石混凝土填实。中国试验表明,这种结构可用于8度地震区。配筋砌体结构除在新建工程中应用外,在房屋抗震加固工程中,应用更为广泛。

(陆竹卿)

配筋强度比 reinforcing strength ratio

钢筋混凝土受扭构件截面内对称布置的全部纵筋体积乘以纵筋屈服强度 f_y 与相应箍筋体积乘以箍筋屈服强度 f_{yv} 之比。以 ζ 表示。若以 A_{stl}、A_{st1} 分别表示纵筋及箍筋的截面面积,以 s 表示箍筋间距,以 u_{cor} 表示截面核芯部分的周长,$u_{cor} = 2(b_{cor} + h_{cor})$,式中 b_{cor}、h_{cor} 分别表示核芯截面的短边及长边尺寸,则 $\zeta = A_{stl} \cdot s \cdot f_y / A_{st1} \cdot u_{cor} \cdot f_{yv}$。此外亦可用平衡配筋比 ζ_1 表示,$\zeta_1 = A_{stl} \cdot s / A_{st1} \cdot u_{cor}$。

(王振东)

配重下沉法 subsiding by matching weights

见强迫下沉法(241页)。 (方丽蓓)

pen

喷浆护坡 gunite protection of slope

将浆液喷射于坡面上的护坡方法。此法主要防止基岩风化剥落,适用于基岩裂隙小,无大崩坍发生之坡面。断层的破碎带,涌水或冻胀严重的地方不宜采用。浆液可用水泥或石灰等。为了加速灰浆凝固可掺入速凝剂。喷浆厚度一般30~50mm。

(孔宪立)

喷墨打印机 ink-jet printer

采用喷墨技术打印符号的打印机。由带电的墨水,经引导通过喷嘴,打印到纸上,产生的图形和文字具有较高的质量。

(陈福民)

喷砂 sand-blasting

用风机以一定的压力向构件表面喷射一定粒径的天然砂或铁砂处理钢材表面的一种方法。高强度螺栓连接处构件接触表面经喷砂后,洁净度和粗糙度增加。从而连接的抗滑移系数得以提高。

(王国周)

喷砂除锈 rust removal by spurting sand

对钢材或钢构件表面喷射砂粒清除表面锈蚀的方法。如喷射的材料为钢丸时,又称抛丸除锈。一般利用压缩空气流通过喷嘴将砂粒(或钢丸)喷射到构件表面清除锈蚀。

(刘震枢)

喷水冒砂 sand boil, mud spouts

由于地震影响使饱含水的砂土层受到挤压,呈液化状态并在地表产生喷水冒砂现象。不仅对道路、农田造成破坏,而且使地基失效,导致建筑物破坏。1964年日本新潟地震的主要震害特征就是喷水冒砂导致建(构)筑物的破坏。

(李文艺)

盆地 basin

周围是山地,中间为低地的地形。其形状、大小和盆底的高度极不一样。有些底部比较平坦,有些地形相当复杂,其上发育着平原、平行岭谷、丘陵、方山和浅洼地。按所处的位置,可划分为内陆盆地和外流盆地。按其成因,可划分为构造盆地、河谷盆地和溶蚀盆地等。

(朱景湖)

peng

膨胀罐 expansion vessel

封闭式热水采暖系统中能容纳系统加热后的膨胀水量的密闭压力容器。罐体能承受系统的压力变化。安装位置不受高度限制,可安装在锅炉房或热力站内。主要用于高温水采暖系统,也可用在低温水采暖系统,以取代高处的膨胀水箱。

(蒋德忠)

膨胀螺栓 expanded bolt

螺栓的杆部设有开缝的套管,可从单面安装并拧紧栓杆使套筒受压,筒瓣压曲而形成钉头的螺栓。多用于板件与支承件之间的连接。

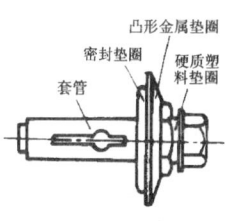

(张耀春)

膨胀铆钉 explosive rivet

俗称爆炸铆钉。在铆钉体的尾部内腔装有化学膨胀剂,通过对钉头加热而使尾部膨胀形成钉头的铆钉。多用于钢板件的连接。

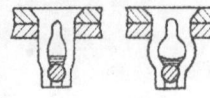

（张耀春）

膨胀水泥法

见自应力法(381页)。

膨胀水箱 expansion tank

用于贮留热水采暖系统加热后的膨胀水量的水箱。通常用钢板制成,分圆形和矩形两种,安装在采暖系统的最高处。 （蒋德忠）

膨胀土 expansive soil

又称胀缩土。含大量亲水性粘土矿物,具有显著的吸水膨胀、失水收缩特性的高塑性粘性土。其发生胀、缩变形时,土体强度也随之显著降低与增高,并由于土体各部位变形不均伴随产生不规则网状裂隙,影响建筑物地基和边坡的稳定性。膨胀土也可作为填料或灌浆材料用于土坝心墙、钻孔止水及处理岩石中的裂隙等,以隔水或降低其透水性。根据其自由膨胀率或线胀缩总量可分为强胀缩性、中等胀缩性和弱胀缩性膨胀土。 （杨桂林）

膨胀土地基加固 consolidation of expanding soil

为减少膨胀土遇水膨胀、失水收缩对结构的危害所采取的措施。一般有:①严防水渗入基础,如加宽散水坡;②加大基础砌置深度;③地基承载力用足(利用房屋自重控制土体的膨胀);④换土;⑤采用桩基础等。此外,还应遵守《膨胀土地区建筑技术规范》的有关规定。 （胡连文）

pi

批处理 batch process

无需人工干预执行程序的方法。在一个程序执行完了之后才开始下一个程序的执行;或者把输入数据或作业中相同的项目集中起来,用同一个程序一次运行处理完毕以方便操作和提高处理效率。
 （周宁祥）

劈裂 split

又称贯通裂。顺木纹方向纤维分离形成的两面通透的开裂。可由木材干燥时产生的干燥应力所致,也可因外力作用而出现。如销槽下由销轴左右分开的承压应力的合力(相当于尖楔)作用,当销轴距构件端部过短时(例如小于等于两倍销径时),就会产生劈裂。劈裂是脆性工作。混凝土受劈裂作用的性能参见混凝土劈裂(135页)。 （王振家）

皮尺 linen tape

又称布卷尺。用麻线织成的丈量距离的带状尺。可卷入盒内。尺长有50m、30m等多种。一般以尺的端点为零,全尺分划到厘米,在每米及每分米处有数字注记。有伸缩性,只能用于较低精度的量距工作。 （高德慈）

疲劳承载力 fatigue capacity

构件所能承受的最大动态内力。 （陈雨波）

疲劳极限 fatigue limit

材料和连接在给定的应力比下,经受任意多次的应力循环不会发生疲劳破坏时的重复应力上限值。 （杨建平 李惠民）

疲劳裂纹 fatigue crack

经历一定次数的应力循环后,因损伤积累而由裂纹源发展成的宏观裂纹。随着应力循环次数的增加此裂纹不断扩展,在达到临界尺寸后即发生失稳扩展而破坏。 （何文汇）

疲劳粘结

见重复荷载下的粘结(32页)。

疲劳破坏 fatigue failure

在荷载反复作用下,结构构件母材和连接缺陷处或应力集中部位形成微细的疲劳裂纹,并逐渐扩展以至最后断裂的现象。它是一个累积损伤过程。结构细部构造、连接型式、应力循环次数、最大应力值和应力变化幅度(应力幅)是影响结构疲劳破坏的主要因素。疲劳破坏往往发生在名义应力小于材料抗拉强度甚至屈服点的情况。根据应力循环次数的范围,疲劳破坏分成低周疲劳和高周疲劳二大类。
 （杨建平）

疲劳强度 fatigue strength

在规定的作用重复次数和作用变化幅度下,材料所能承受的最大动态应力。换言之,是在给定的应力比下,对应于某个应力循环次数,结构材料发生疲劳破坏的重复应力上限值。按照疲劳试验得出的S-N曲线或修正古德曼图确定。钢筋的疲劳强度一般用单根钢筋在高频拉伸机上作等幅疲劳试验得出,也可在钢筋混凝土受弯构件作稳定疲劳试验时从受拉纵筋中得到。混凝土的疲劳抗压强度是在与混凝土棱柱体静力抗压强度相同的试验条件下,经稳定的重复荷载作用$\geqslant 4\times 10^6$次时得到的。
 （杨建平 李惠民）

疲劳强度曲线 fatigue strength curve

见 S-N 曲线(394页)。 （李惠民）

疲劳强度修正系数 modifying coefficient of fatigue strength

混凝土疲劳强度设计值与其相应静力强度设计值的比例系数。以 γ_ρ 表示。钢筋混凝土构件在重复荷载作用下,由于其内部微裂缝的发展,致使混凝土破坏时的疲劳强度低于相应的一次加载时静力强度。其强度降低的程度,是根据一定的应力大小和重复作用次数,在截面同一纤维上的最小应力 σ_{min}^f 与其最大应力 σ_{max}^f 的比值 ρ^f 的大小来确定的。实际计算时一般将 ρ^f 值换成 γ_ρ 值来反映对混凝土强度的影响。

(王振东)

疲劳容许应力幅 allowance stress range of fatigue

构件进行常幅疲劳计算时所容许的应力幅。它按构件和连接类别及应力循环次数确定。

(钟善桐)

疲劳试验机 fatigue testing machine

由高压油泵通过液压脉动器使液压加载器产生液压脉动荷载的试验加载设备。它的核心部分是产生脉动负荷的液压脉动器,脉动器是由飞轮带动的曲柄连杆机构传动和控制脉动器活塞的行程而产生脉动油压,输入加载器而形成正弦波形的脉动荷载。在一定的油压下调整脉动器活塞的行程,即可得到不同要求的脉动荷载,用于结构疲劳或材料疲劳试验。结构疲劳试验机的脉动器上设有分油器,可满足几个加载器同时进行多点加载试验的要求。一般的疲劳试验机只能做单向疲劳试验,如配以特殊的装置(蓄力器),还可以做双向交变疲劳试验。如果用电液伺服机构控制,则可满足随机疲劳的加载要求。

(姚振纲)

疲劳寿命 fatigue life

结构构件疲劳试验开始到结构发生疲劳破坏时的应力循环次数。它是由裂纹形成寿命和扩展寿命两部分组成,其表达式为

$$N_f = N_0 + N_p$$

裂纹形成寿命 N_0 为产生宏观裂纹的循环次数;扩展寿命 N_p 为从裂纹形成到扩展至临界状态,直至最后破坏时刻的循环次数。

(韩学宏 杨建平)

疲劳验算 fatigue analysis

结构构件及其连接在动荷载多次重复作用下可能发生疲劳破坏时,为保证安全,对荷载作用的应力幅进行的验算。分常幅疲劳验算和变幅疲劳验算。在钢结构中,实验证明,只承受变化压应力时,钢材不发生疲劳。因而《钢结构设计规范》规定只对变化拉应力处的钢材(母材)和连接才需进行疲劳验算。

(钟善桐 陈雨波)

pian

偏差系数 eccentric coefficient

随机变量 $x(t)$ 的三阶中心矩与根方差的三次方的比值。是用来反映随机变量观测数据的对称或不对称程度。数学期望表征随机变量的概率加权平均值,而均值表示算术平均值,根方差和离差系数则表征数据的分散程度,它们都不能表示数据的对称和不对称程度。为此需用数据的奇次方来作为指标。为了数据的无量纲化,用 $x(t)$ 的三阶中心矩除以根方差的三次方来表示。偏差系数 μ_e 为:

$$\mu_e = \sum_{i=1}^{n}(x_i - \overline{x})^3/\sigma_x^3$$

(张相庭)

偏光显微镜分析 polarization microscope analysis

利用晶体光学原理,在偏光显微镜下研究鉴别岩土的矿物成分、结构形态、胶结构类型及次生矿物数量等的分析方法。它可结合区域地质及岩土层产状确定岩土的矿物成分,借以分析岩土体工程地质条件,判断岩体的稳定性。

(王正秋)

偏析 segregation

钢材中的化学成分的局部富集。沸腾钢偏析严重,特别是硫、磷元素的偏析将使钢材的焊接性能恶化并降低钢材的塑性和韧性。

(王用纯)

偏心材

见应力木(346 页)。

偏心距 eccentricity

截面所承受的弯矩 M 和轴力 N 的比值 $e_0 = M/N$。当只有一个偏心力作用时即为此偏心力与截面形心的距离。工程中由于截面几何尺寸不准确、材料质量不均匀等原因,截面形心和截面反力的合力中心可能不重合。此外,荷载实际作用点也可能有误差,这些都会引起附加弯矩,由附加弯矩引起的偏心距称附加偏心距 e_a;设计中要考虑附加偏心距的影响,用 $e_i = e_0 + e_a^a$ 作为加载开始时的偏心距,并称为初始偏心距。应当指出,由于存在弯曲变形,随荷载增加偏心距还会发生变化,并且沿构件轴线各截面的偏心距是不同的,通常说的偏心距是指危险截面的偏心距。

(计学闰)

偏心距增大系数 modifying factor of eccentricity

计算钢筋混凝土偏心受压构件时考虑挠度二阶效应影响的偏心距与初始偏心距的比值。

(计学闰)

偏心率 eccentricity ratio

又称相对偏心。荷载作用偏心距 e 与截面核心距 ρ 的比值。用以衡量偏心压杆的偏心程度。$e = M/N$;$\rho = W_1/A$。M 为弯矩;N 为压力;W_1 为最大受压纤维处的毛截面抵抗矩;A 为截面面积。钢

筋混凝土柱常用矩形截面,偏心率是偏心距 e 和截面有效高度 h_0 之比。　　　(陈雨波　计学闰)

偏心受拉构件 eccentric tension member
见偏心受力构件。

偏心受拉木构件承载力 bearing capacity of eccentric tension timber member
见拉弯木构件承载力(191页)。

偏心受力构件 eccentric-loaded member
仅承受拉力或压力且力的作用线与截面形心轴线平行但不重合的构件。前者称偏心受拉构件,后者称偏心受压构件。　　　　　(陈雨波)

偏心受压构件 eccentric compression member
见偏心受力构件。

偏心受压木构件承载力 bearing capacity of eccentric compression timber member
见压弯木构件承载力(334页)。

偏心影响系数 influence factor for eccentricity
轴向力的偏心距对无筋砌体受压短构件承载力的影响系数。随着偏心距的增大,截面上压应力的不均匀性加剧,将导致构件的受压承载力相应降低。
(张景吉)

piao

漂石 boulder
见碎石土(290页)。

漂移 drift
见仪器稳定性(342页)。

pin

拼接角钢 connecting angle
又称连接角钢。在桁架拼接节点或杆件接长处,用于连接断开的两部分的短角钢。短角钢的截面一般应与被连杆件相同,长度则应根据所传内力计算确定。拼接角钢除起传力作用外,还可增强接头处桁架平面外的刚度。

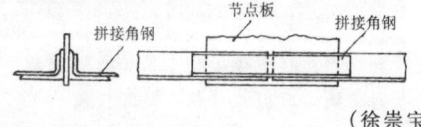

(徐崇宝)

拼接接头 assembling joint
组成构件的材料由于长度不够或截面发生变化而做的接头。　　　　　(徐崇宝)

频率 frequency
单位时间内振动的次数。单位为赫兹(Hz)或简称为赫。具有小阻尼的与无阻尼的体系的振动频率相差甚小,阻尼引起的频率降低往往可略去不计。单自由度无阻尼线性体系的自振频率为 $f = \sqrt{K/M}/2\pi$ 赫,可见频率与弹簧刚度 K 的平方根成正比,与质量 M 的平方根成反比(多自由度及连续体系频率的计算参见结构动力特性162页)。结构自振频率是结构的重要动力特性,因为激振频率与结构自振频率相近时会引起结构激烈振动,以致破坏。因此有时要调整结构自振频率,这可通过调整结构关键部件的刚度或结构某些部位的质量来实现。此外,相对频率和圆频率也都可简称为频率,但涵义各不相同。　　　　　(汪勤悫)

频率密度 frequency density
将随机变量 X 的可能值范围分为 c 个区间 $(x_i, x_{i+1})(i = 1, 2, \cdots, c)$,对 X 的 n 次观察中,事件 $\{x_i < X \leqslant x_{i+1}\}$ 发生的频率与区间 (x_i, x_{i+1}) 长度的比。
(杨有贵)

频率响应 frequency response
仪器输出信号的幅值和相位随输入信号频率而变化的特性。表示仪器对输入信号频率变化的适应能力,是动态量测仪器度量性能指标之一。常用幅频和相频特性曲线来表示,分别说明仪器输出信号与输入信号间的幅值比和相位角与输入信号频率的关系。　　　　　(潘景龙)

频率响应函数 frequency response function
又称传递函数。表示输入值为 $e^{i\omega t}$ 与输出响应的关系的系数。用 $H(i\omega)$ 表示。例如对于单自由度结构,输入的广义力为 $F(t) = e^{i\omega t}$,输出的位移响应为 $y(t)$,则有
$$y(t) = H_{Fy}(i\omega)e^{i\omega t}$$
频率响应函数根据输入和输出的不同有不同符号,如果输入为 $P(t) = e^{i\omega t}$,输出为应力 $\sigma(t)$,则应写成 $H_{P\sigma}(i\omega)$。在不致混淆情况下,有时脚码符号也常略去。频率响应函数 $H(i\omega)$ 与脉冲响应函数 $h(t)$ 互为福里哀变换关系,即:
$$H(i\omega) = \int_{-\infty}^{\infty} h(t)e^{-i\omega t}dt$$
(张相庭)

频数 frequency
若干次独立重复试验中,某一事件出现的次数。
(杨有贵)

频域分析 analysis in frequency domain
结构受到以频率的函数 $F(\omega)$ 表示的任意振动激励的作用时按频率进行的振动分析。对于线性结构,把任意振动激励按频率从零到无穷大展开成各个简谐分量项,求出结构对每个分量的响应,叠加这些响应即得结构的总响应。即把对结构的任意激励

这个时间过程表示为对频率的福里衰积分。这个频率函数与时间函数互成福里衰变换对(常用快速福里衰变换技术)。对某些问题,如谐波分解、频率响应等,用频域分析更为方便。　　　(费文兴)

ping

平板式绘图仪　fled bed plotter

图纸铺在静止不动的平板上,绘图笔在计算机控制下沿竖直和水平(即 x 和 y)方向移动绘制出图形的一种笔式绘图仪。大型平板式绘图仪具有极高的绘制精度和较快的绘图速度。　　(李启炎)

平板网架　lattice grid

见网架结构(308 页)。

平板仪　plane-table

用图解法测定点的平面位置和高程的一种仪器。它的主要部分有:①照准仪;②测图板;③三脚架;④罗针及对点器等。按仪器构造的不同分为大平板仪和小平板仪。大平板仪的照准仪带有望远镜及竖直度盘等,小平板仪的照准仪较简单,有的使用觇板照准器。平板仪按相似图形原理可进行图根导线测量及地形图测绘。　　(潘行庄)

平板仪安置　setting of plane-table

在测站上安放好平板仪的工作。包括:①对点:利用对点器使图上已知点和地面测站点位于同一铅垂线上,容许误差一般以 $0.05 \times Mmm$, M 为比例尺分母;②整平:借助水准器使测图板处于水平位置;③定向:使图上已知方向线与地面上相应方向线一致或平行,或依磁针确定图板的磁北方向。
　　(潘行庄)

平板仪导线　plane-table traverse

用平板仪图解转折角与点位的视距导线。在已知点上安置平板仪,照准待定点,用视距法同时测定平距与高程,沿照准方向用两脚规按测图比例尺截取所测定的水平距离,并刺出待定点点位。平板仪导线两端必须附合到已知点上,一般仅用于隐蔽地区中等比例尺测图。　　(彭福坤)

平板仪交会法　intersection by plane-table

又称图解交会法。依据已知点用平板仪交会出待定点在图上的位置。其方法有:①前方交会:分别在两个已知点设站测绘出已知点至待定点的方向线,从而交会出待定点在图上的位置;②侧方交会:在一个已知点设站测绘出该点与待定点的方向线,再目估待定点在图上的近似位置,并在待定点设站用另一已知点交会出待定点在图上的位置;③后方交会:在待定点上根据三个以上已知点用图解法测绘待定点在图上的位置。　　(潘行庄)

平板载荷试验　loading plate test

在一定面积的载荷板上逐级施加荷载,同时记录与每一级荷载相应的稳定沉降量,以模拟基础工作状态的一种原位试验。通常在试坑中进行,试坑底面的边长应不小于压板边长的 3 倍,试验结果为荷载-沉降曲线,可用以确定地基承载力和变形模量。但它测定到的仅是厚度约为 3 倍载荷板宽度内土层的设计参数,在地下水位较高的地区,无法用于较深的土层。　　(高大钊)

平差　adjustment of observations

用最小二乘法原理处理各种量测结果相互间关系的矛盾所用的方法。在其他工程领域中,平差的方法也用来处理观测成果或试验数据,以获得最可靠的结果和评定其精度。参见测量平差(20 页)。
　　(傅晓村)

平差值　adjusted value

见最或然值(389 页)。

平洞　adit

向岩土体内掘进的水平坑道。其一端直通地表,断面顶部形状多为拱形。两端都通达地表的则称为隧道或隧洞。平洞常作为运输、通风、排水的通道。　　(王家钧)

平方米造价　construction cost per square meter

又称单方造价。每平方米建筑物的价格。它反映了单位建筑面积费用消耗的水平。是比较和分析建设投资经济效果的重要指标。其计算公式为:

$$\text{每平方米造价} = \frac{\text{竣工建筑物的价值(元)}}{\text{竣工建筑物建筑面积}(m^2)}$$

　　(房乐德)

平方总和开方法　root square sum method

又称均方根法。在多自由度或无限自由度系统中,取各振型独立响应平方总和的开方作为总响应的方法。在这些系统中,各振型都对响应作出贡献,其表现为既有各振型独立作出的贡献,也有各振型交叉项作出的贡献。当阻尼较小且固有频率较为稀疏时,交叉项影响相对较小,可予略去。此时可采用平方总和开方法来求出总响应。　　(张相庭)

平腹杆双肢柱　double leg column with horizontal web

在两肢杆之间沿柱高每隔一定距离用水平杆联系的双肢柱。这种柱施工较方便,平行腹杆间整齐的孔洞可用以设置管道,但受力性能比斜腹杆双肢柱差。适用于承受弯矩不太大的情况。参见排架柱(225 页)。　　(陈寿华)

平焊　flat welding position

见焊接位置(119 页)。

平衡分枝　bifurcation of equilibrium path

见轴心压杆稳定承载力(371页)。

平衡含水率　EMC, equilibrium moisture content

木材中的水分与空气相对湿度相当,木材中运动状态的水分不再蒸发,木材也不再吸湿,达到稳定平衡时的木材含水率。它是空气相对湿度 φ 及温度 t 的函数。在中国,南方高些,北方低些,夏季高些,冬季低些,全国全年平均大致在15%左右变动。

（王振家）

平衡扭转　equilibrium torsion

静定结构构件仅承受外荷载作用时,其内扭矩是用以平衡外扭矩按静力平衡条件独立来确定的扭转。它主要解决构件扭转的承载力问题,使结构构件不至因承载不足而遭受破坏。　（王振东）

平截面假设　plane section supposition

构件受力变形后,截面仍保持为平面,截面上的应变为直线形分布的假设。对钢筋混凝土受弯构件,在应力较小直至混凝土开裂前,正截面基本符合平截面假设;在开裂后特别是在裂缝截面临近破坏时平截面是不存在的。但试验表明:破坏前裂缝附近一定区段内的平均应变基本上符合平截面假设。平截面假设对简化计算以及弹塑性分析提供了必要的变形协调条件。　（杨熙坤）

平均单位综合生产能力投资　average unit composite production capacity investment

一定时期某行业新增某种主要产品的单位生产能力所耗用的投资。其计算公式是:平均单位综合生产能力投资＝本期累计投资额/本期主要产品新增生产能力。这个指标是按部门平均计算的单位生产能力投资,因为包括了未完工程和配套工程(如电力行业的输、变电等)的因素在内,所以一般比按投产的建设项目或单项工程计算的单位生产能力投资要高。　（房乐德）

平均风速　mean wind speed

在某一给定时间间隔(即时距)内风速的平均值。附图表示瞬时风速 v 随时间 t 的变化,$\bar{v}$ 为时距 $\Delta t = t_2 - t_1$ 的平均风速。中国目前取当地比较空旷平坦地面,离地10m高,10min平均年最大风速 $\bar{v}$ 作为统计样本,统计出30年一遇的设计所用平均最大风速来确定基本风压为结构的设计依据。

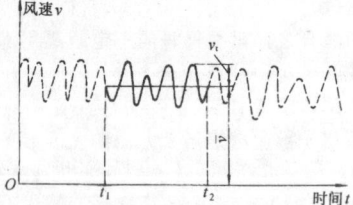

（欧阳可庆）

平均风压　mean wind pressure

又称静力风压或稳定风压。风力中以平均风速按风速风压关系公式求得的风压。它的作用有一定的持续时间,具有相当大的周期,一般在10min以上,远大于结构的自振周期,它一般为零点几秒到几秒。因此,在结构上其作用效应与作为静荷载的效应相当,对结构的作用可用静力方法计算。平均风压随地面粗糙度、高度等不同而不同。为了便于比较,国家荷载规范以当地空旷平坦地面、离地10m,统计得30年一遇的10min平均年最大风速 $\bar{v}$ 为标准。换算成风压,称为基本风压 w_0。各地区基本风压的大小,表征各地所受平均风力的大小。

（张相庭）

平均粒径　mean diameter

颗粒级配曲线上,累积颗粒含量为50%的粒径 (d_{50})。可用来评价土抗渗稳定性及砂土振动液化的可能性。　（王正秋）

平均曲率　average curvature

在荷载作用下混凝土构件开裂后两条主裂缝之间各截面曲率的平均值。平均曲率亦可以平均曲率半径的倒数来表示。对于开裂后的钢筋混凝土受弯构件,其中和轴位置沿纵轴方向是变化的,亦即其相应的曲率是不相等的。试验表明,在钢筋屈服前按平均中和轴沿截面的高度量测得的平均应变,仍然是符合平截面假设的。因此可以根据其平均曲率按材料力学方法,求得开裂后钢筋混凝土受弯构件的刚度。　（赵国藩）

平均误差　average error

真误差 Δ 的绝对值的平均值。即
$$\theta = \pm \frac{[|\Delta|]}{n}$$

θ 与中误差 m 的关系式为
$$\theta = \frac{4}{5}m$$

当个数 n 不大时,θ 不能反映个别大的误差的影响,因此通常不用 θ 作为衡量观测精度的标准。

（郭禄光）

平均最大风速　mean maximum wind speed

在给定条件下平均风速的最大值。中国规范取10min平均年最大风速 $\bar{v}$ 作为统计样本,统计出30年一遇的设计所用平均最大风速值。

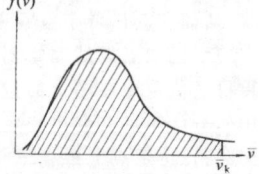

为了保证结构的安全,在 30 年内出现的风速不超过设计所用风速值 $\overline{v}_k$ 的概率(即图中阴影部分的面积)不应小于保证率 $P = 1 - \frac{1}{30} = 96.67\%$。

(欧阳可庆)

平炉钢 open-hearth steel

又称马丁炉钢。用平炉冶炼得到的钢。它用铁水及废钢作原料,炼出的钢品种多,质量好。但冶炼时间长,成本高。 (王用纯)

平面结构 plane structure

组成结构单元的杆件、支座和各种作用,在计算时可视作为在同一平面的结构或构件。

平面控制网 horizontal control net

在测区内按一定规则连接平面控制点所构成的几何图形。用于地形图测绘和施工放样的平面控制。按照测区大小、精度高低、地形条件等由高到低逐级加密,构成统一的平面控制网。主要布网形式有三角网、导线网、边角网和三边网等。 (彭福坤)

平面框架 plane frame

组成框架各杆件的轴线和承受外力的作用线视为在同一平面内的结构。是一种计算模式。各榀框架按单独受力计算,不考虑相邻框架的变形和位移协调。荷载和计算单元取柱列的间距。形式比较规则的多层框架常按平面框架进行内力分析,以便于简化计算。 (陈宗梁)

平面设计 plan design

建筑物或构筑物中各使用部分和交通部分在水平方向的形状、门窗(或洞口)的位置布置和尺寸大小以及相互组合关系的设计。它是建筑设计中的重要内容,包括单个房间的平面设计及整幢建(构)筑物的平面设计。平面设计时,首先应满足生产和使用在平面上的流程以及各部位相互关系的要求,要协调好平面、立面、剖面的关系;同时,还要协调好结构设计、给水排水、采暖通风、消防、安全等方面的关系。 (陆志方)

平面系数

见建筑平面利用系数(156 页)。

平台板 landing slab

构成楼梯休息平台的板式构件。它承担休息平台上的荷载,并把它传给平台梁。 (李铁强)

平台活荷载 live load on deck

工业建筑楼面上的无设备区及工作平台上的操作荷载的统称。它包括操作人员、需用工具、零星原料和成品产生的荷载。设计时可按均布荷载考虑。

(王振东)

平台梁 landing beam

楼梯中用以支承平台板、斜梁或梯段板的梁式构件。 (李铁强)

平稳随机过程 stationary random process

所有统计量与各次记录中时刻 t 的选取无关的随机过程。也就是说,某时刻某随机函数的统计值同任一时刻的统计值是完全相同的。如果仅数学期望和相关函数满足上述条件,这种随机过程称为弱平稳随机过程,全部满足的,也可称为强平稳随机过程。风荷载和波浪荷载等都常作为平稳随机过程来处理。 (张相庭)

平行施工 parallel construction

在工作面允许条件下,对一栋或若干栋房屋的同一施工过程组织若干个相同专业的工作队(组),同时投入施工,同时完工或次第完工的组织施工的方式。其特点:工期短,每日投入的资源量大,工作队(组)不能连续施工和不能实现专业化,现场管理复杂。 (林荫广)

平行弦屋架 parallel chord roof truss

上、下弦杆相平行的屋架。此种屋架在构造上具有构件和节点便于屋架的标准化及其制造的工业化等优点。常用于不需要作屋面坡度的地方。

(陈雨波)

平原 plain

地面较平整(一般平均坡度小于 7°)或有轻微波状起伏的地形。按照其绝对高度,可划分为高平原和低平原。高平原海拔高度在 200m 以上,低平原的海拔高度一般在 0～200m 之间。按照表面形态,可划分为倾斜平原、凹状平原和波状平原。按照成因类型,还可划分为构造平原、剥蚀平原和堆积平原。 (朱景湖)

平锥头铆钉 cone head rivet

见铆钉连接(209 页)。

屏幕编辑程序 on-screen editing

对显示器屏幕上的字符进行编辑的程序。包括字符及字符行的插入、删除和修改等功能。

(周锦兰)

屏障隔振 vibrating isolation using obstacle shielding

利用屏障以减弱地面振动影响的方法。主要利用土体内弹性波传播时遇到屏障物,根据波的反射、散射和衍射原理,而获得消耗波能达到隔振的目的。由"透射效应"确定隔振效应,由"衍射效应"确定屏障范围,由"吻合效应"确定屏蔽效果。其隔振效果与屏障深度、宽度和厚度有关。屏障一般由土体介质中的固体、流体或孔隙带所组成。固体由桩列(实心、空心桩)、板(钢、钢筋混凝土、木)桩组成防振屏障,在相同深度和宽度下,以空沟屏蔽效率为最好。实际工程中,利用支承建筑物的桩基起屏障隔振作

po

坡顶裂缝开展深度 tension crack depth on the top of slope

土坡顶部土体因受拉作用所产生的裂缝开展的深度。这多在粘性土坡中发生，由于是粘性土，所以边坡的上部存在着一个张拉应力区。张拉应力可使土体产生裂缝，它的深度可以从库仑极限平衡条件公式中计算得到。 （胡中雄）

坡积层 Slope wash

在坡面流水作用下，被带到坡地平缓处或坡麓地带堆积下来的沉积层。坡积物围绕坡地分布形成的裙状地形，称坡积裙。坡积层的碎屑物质的岩性成分取决于坡地的基岩成分。碎屑物的机械组成是砂性土、粘性土、石块或碎屑。因搬运距离不远，碎屑物的磨圆度很差。组成物质有粗略分选并微具层理结构。自顶部至前缘颗粒由粗变细，由碎石、粗砂逐渐变成细砂、粉砂直至粘土。 （朱景湖）

坡角 slope angle

边坡坡面与水平面之间的夹角。坡角越大，边坡稳定性越差。如果切向分力超过土的抗剪强度，位于坡面以上的土将会向下滑动。所以无粘性土的边坡最大坡角应小于或等于土的内摩擦角。 （胡中雄）

坡口 groove

按设计或工艺需要，在焊件待焊边缘加工成一定形状的沟漕。如V形、X形和U形等，都用于对接焊缝，目的是保证焊缝的质量。 （钟善桐）

坡口焊缝 groove weld

在焊件边缘带坡口的对接焊缝。开坡口的作用是使对接焊缝能焊透，以保证焊缝质量。坡口型式可采用Ⅰ型、V型、X型和K型等多种。应根据被焊件的厚度、连接方式和施焊条件等采用合适的坡口型式。 （李德滋）

坡面冲蚀 slope surface erosion

斜坡表面岩土等物质受到雨水、河水、沟渠水、波浪、冰融、人类活动等自然作用力和人为作用力的影响，发生松散、溶解和碎裂以及被搬运他处的现象。坡面冲蚀会破坏坡面工程，使边坡整体失稳。河岸、沟渠、海岸的坡脚经常被流水冲刷，使边岸变形、坍毁和后移。 （孔宪立）

破坏棱体 failure wedge

挡土墙后填土体达到极限状态时，破裂面与墙背之间的滑动土体（参见库仑土压力理论186页）。被动极限状态时的破坏棱体大大地大于主动极限状态。 （蔡伟铭）

破坏试验 failure test

以求得结构构件的破坏荷载、实际安全储备和观测结构破坏特征为主要目的的结构加载试验。施加荷载直至结构破坏，破坏荷载值可根据结构出现的破坏形态和特征来确定。 （姚振纲）

破碎带 crushed zone, fracture zone

岩体中具有一定宽度和相当延伸长度的非单一裂缝组成的破碎条带地段。使岩体丧失其连续性和完整性。由断层所生成的破碎带含有断层角砾岩、碎裂岩、糜棱岩或断层泥等。由斜坡破坏生成的破碎带也可含有角砾、碎裂块石和糜棱状粘土等。由破碎带组成的滑带为滑坡体的滑动位置。 （孔宪立）

破损阶段设计法 destructive stage design method

又称荷载系数设计法或极限荷载设计法。以结构构件破坏时的承载力为依据的结构设计方法。结构设计时，按材料强度平均值求得的结构构件承载力，不应小于规定的使用荷载产生的结构中的最大内力与安全系数的乘积。此法考虑了结构破坏阶段材料的塑性。但由于采用了根据经验确定的安全系数，因而对结构的安全度不能给出科学的评价。 （吴振声）

破心下料 cutting radially through the pith

通过髓心锯解木材的破料方法。采用这种锯解下料方法，可以消除由于弦向和径向收缩不一致所形成的指向髓心的干缩裂缝。这是一种可以极大地减少方木开裂程度的合理锯解方法。当原木直径较大时，沿方木底边破心下料，当原木直径较小时，可沿方木侧边锯解。

 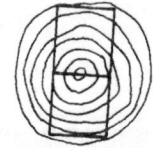

侧边破心下斜　　底边破心下斜

（王振家）

pou

剖面设计 cross-section design

建筑物或构筑物在垂直方向的设计。主要解决建（构）筑物的剖面形式、建（构）筑物各部分的高度（室内外高差、窗台高、窗高、门高、门洞高、层高等）；建（构）筑物各部分（地面、楼层、屋顶、阳台、檐口、雨篷、墙身等）的结构构造以及空间利用等问题。在进行剖面设计时除满足使用要求外还要考虑到立面的形象。　　　　　　　　　　　（陆志方）

pu

铺板 planking

实心板、空心板、槽形板、T形板等预制板的统称。一般有钢筋混凝土板和预应力钢筋混凝土板两种，可密铺形成楼面。　　　　　　（邹超英）

普氏标准击实试验 Proctor standard compaction test

用普氏标准击实仪确定填土密度（用最大干密度表示）与相应的最优含水量之间关系的一种试验。这种仪器锤重 2.51kg，落距 30.40cm，锤击面直径 5.08cm，试筒直径 10.12cm，高 11.65cm。试验时分 3 层击实，每层 23 次。　　　　　　（祝龙根）

普通钢箍柱 column with common stirrup

配有纵筋及普通箍筋的钢筋混凝土柱。纵筋协同混凝土承受压力，以减小构件截面尺寸，改善混凝土强度的离散性，增加构件的延性，以及减小混凝土的徐变变形。箍筋和纵筋组成骨架，防止纵筋受力后发生压屈，以保证纵筋与混凝土直到破坏前能够共同工作。它是工程中一种常用的钢筋混凝土柱。　　　　　　　　　　　　　　（王振东）

普通混凝土 conventional concrete

以普通砂、石做集料，与水及水泥配制而成单位体积重为 $21\sim24\mathrm{kN/m^3}$ 的混凝土。它可浇制成各种结构，是目前应用最广泛的混凝土。中国普通混凝土的常用强度等级是 C15～C45。C50～C80 的称为中高强混凝土。超过 C100 的称为高强混凝土。
　　　　　　　　　　　　（卫纪德）

Q

qi

齐次坐标 homogeneous coordinates

计算机图形学中使三种基本变换能用同一种同类的一致的方法来实现，并把三种变换结合在一起的坐标。对于二维空间，平面上的点的齐次坐标表示法是与每一点 (x,y) 每一个有序三元组 (h_x,h_y,h) 联系起来，其位置坐标 $[x,y]$ 用齐次坐标表示为 $[h_x,h_y,h]$。当 $h=1$ 时，变换后的齐次坐标和变换后的正则坐标相同，为便于计算，选择 $[x,y,1]$ 作为二维齐次坐标来表示未经变换的点。当 $x=0$ 时，这点表示平面上通过普通坐标 $(0,0)$ 和 (x,y) 的直线上的无穷远点。　　　　　（翁铁生）

棋盘形荷载布置 load arrangement as chessboard

为计算钢筋混凝土连续双向板跨中最大弯矩对可变荷载所作的最不利布置。当求某区格板的跨中最大正弯矩时，则在该区格及其前后和左右每隔一区格布置可变荷载，形成国际象棋盘形。
　　　　　　　　　　　　（原长庆）

棋盘形四角锥网架 square pyramid space grid of checkerboard

在正放四角锥网架基础上，保持周边四角锥不变，将中部四角锥间隔抽空，下弦改为正交斜放而形成的网架结构。其外形与国际象棋棋盘相似。此类网架受压上弦短，受拉下弦长，网格受力合理，杆件数少，屋面板规格统一，适用于中、小跨度建筑。
　　　　　　　　　　　　（徐崇宝）

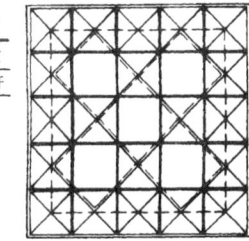

起吊应力 handling stresses

桩在起吊过程中因其自重荷载及惯性产生的桩身最大弯曲应力。它通常是对预制钢筋混凝土桩而言，且往往对桩身配筋起着控制作用。设计中应合理确定吊点的位置与数量，使桩身最大正、负弯矩基本相等且数值较小。　　　（宰金璋　陈冠发）

气承式充气结构 air-supported structure

又称低压体系充气结构。由较低的室内外压强差（10～100mm 水柱）的空气支承的薄膜所做成的充气结构。适用于大跨度的体育馆或展览厅等。薄膜作为建筑物的屋顶。室内气压比室外大气压稍高（正压）或稍低（负压）。因压差小，不舒服感很小或很快消失。常设置索网或索、拱等作为充气

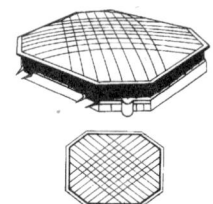

结构的附加支承,且必须设置专门设计的出入口。

（蒋大骅）

气干材 air seasoned wood, air dried wood

经过自然风干达到或接近平衡含水率的木材。采用气干材时,由于裂缝均已出现并不再开展,可不再担心裂缝扩展,并可避开裂缝选材,从而提高了结构工作的可靠程度。制作木门窗和家具时,如无条件采用窑干材时,可采用气干材,以保证不出现裂缝和变形。

（王振家）

气割 gas cutting

见火焰切割(137页)。

气管式充气结构 air-inflated structure

又称高压体系充气结构。由若干根直的或曲的气管组成的梁式、框架式或拱式的充气结构。有时多根气管并排相连或采取其它构造措施,形成气被式充气结构。管内气压达 2000～70000mm 水柱,比低压体系充气结构的气压高 100～1000 倍。图示某展览馆的屋顶和墙壁由 16 根直径 4m、长 78m 的拱形气管组成,拱脚围成一直径为 50m 的圆。管内气压为 1000mm 水柱,暴风雨时为 2500mm 水柱。 （蒋大骅）

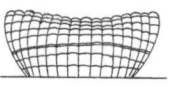

气焊 gas welding

利用气体火焰作热源的焊接方法。通常指氧—乙炔火焰焊。设备简单,适用范围广。（刘震枢）

气孔 blow hole

焊接时,熔池中的气体在熔化金属凝固时未能逸出而残留下来,在焊缝金属中形成的空穴。它降低焊缝的机械性能。

（刘震枢）

气流组织 arrangement of air current

合理地组织室内空气的流动,使其温度、湿度、流速分布等能更好地满足工艺要求和符合人们舒适感的技术。送、回风口的形状、位置和送风射流参数(主要指送风温差、送风口直径、送风速度等)是影响气流组织的主要因素。 （蒋德忠）

气象改正 meteorological correction

因测距时的实际大气折射率 n 与仪器设计制造时所选定的标准大气折射率 n_0 不同而对测距结果所做的改正。改正数 $\Delta D = D(n_0 - n)$。D 为水平距离。为了计算方便,仪器都带有附图或附表,以温度、气压和湿度为引数查得改正数 ΔD。还有的仪器可以置入气象改正,自动完成改正计算。

（何文吉）

气压沉箱 pneumatic caisson, compressed air caisson

利用压缩空气排水使工人能入内操作将之沉入土中的有盖无底的箱形结构。可以用作桥梁墩台和各种构筑物的深基础或地下构筑物。水下作业时,可用压缩空气将工作室内的水压出,使工人能在无水条件下挖土操作。土通过井筒和气闸运出。在挖土的同时,沉箱顶盖上接着砌筑;在自重作用下,刃脚切入土中,克服土的摩擦力和其他阻力而逐渐下沉。此时工作室内的压缩空气压力也相应地增大。下沉到设计标高,经检验、整平地基后,用混凝土填塞工作室。其缺点是工人必须在高压空气下操作。若采用水力机械化和电视遥控无人施工方法,则可减轻工人劳动强度,也无需对下沉深度有所限制。

（殷永安）

气压给水装置 pneumatic water supply equipment

利用密闭贮罐内空气的可压缩性,贮存、调节和压送水的装置。一般由密闭罐、水泵、补气装置和控制设备组成。可起到高位给水箱和水塔的相同作用。其优点是灵活性大,建设周期短。缺点是调节水量较小,压力波动大,经常费用较高,供水可靠性不如水塔和高位给水箱。 （蒋德忠）

气压加载法 method of air pressure loading

利用气体压力对结构施加均布荷载的方法。常用于平板及壳体结构的荷载试验。加载方法有两种:一种是利用压缩空气输入气囊对结构施加压力;另一种是利用抽真空的方法,使结构内外产生压力差,由负压作用对结构施加均布荷载。

（姚振纲）

气闸 air lock

气压沉箱和气压盾构施工时一个既能供人进出,又能保持空气压力的重要装置。它由三个圆柱形钢筒制成(主气闸、人用变气闸和料用变气闸),连接在沉箱顶盖上的井筒顶上。钢筒之间设有向内开启又能密封的门,以达到工人、材料和挖出的土可通过气闸进出工作室,但又能防止工作室内的空气压力损失的目的。但是人员进出气闸时必须严格遵守操作规程的有关规定,以保安全。 （殷永安）

砌合 bond

在墙柱中,将块材上下错缝、内外搭接而不是重叠堆齐的砌筑方法。这将增强砌体的强度和稳定性。

（张景吉）

砌块 block

比砖尺寸大的砌体块材。高度为 180～350mm 的块体,一般称为小型砌块;高度为 360～900mm 的块体,一般称为中型砌块;大型砌块尺寸更大,由于起重设备限制,很少应用。按其所用材料分为混凝土砌块、硅酸盐砌块、煤矸石砌块、加气混凝土砌块、浮石混凝土砌块、火山渣混凝土砌块、陶粒混凝土砌块等。按其空心程度分为实心(密实)砌块和空心砌

块。　　　　　　　　　　　　（唐岱新）

砌块砌体　block masonry

由砌块和砂浆砌筑而成的砌体。按所用材料和尺寸不同分成许多类型。它们具有各自不同的使用性能。小型砌块尺寸较小，型号多，尺寸灵活，适用面广，但手工砌筑劳动量大。中型砌块尺寸较大，适于机械化施工，提高了劳动生产率，但型号少，使用不够灵活。大型砌块尺寸大，便于机械化施工，但需要相当的生产设备和施工能力。　　（唐岱新）

砌块砌体结构　block masonry structure

简称砌块结构。由各种砌块砌体作为承重骨架的结构。　　　　　　　　　　（唐岱新）

砌体　masonry

由块体和砂浆或稀细石混凝土经粘砌或其它手段形成的整体材料。它主要分为无筋砌体和配筋砌体（包括组合砌体）两大类。砌体构件有时也称为砌体。　　　　　　　　　　　　（陈行之）

砌体变形性能　strain capacity of masonry

砌体在荷载作用下承受变形的能力。砌体是脆性材料，变形能力差，主要取决于水平灰缝砂浆的变形。砖砌体轴心受压的极限压应变一般为 $(20\sim30)\times10^{-4}$，极限拉应变约为 $(2\sim4)\times10^{-4}$。　　（刘文如）

砌体反复受剪　masonry subjected to the reversed shear

砌体在短时间内受到正反向剪力交替作用的状态。比较典型的是墙体承受地震作用时的情况。一般来说，砌体反复受剪时，砌体裂缝发生是对称的。例如，在地震作用下，墙体产生交叉的斜裂缝。
　　　　　　　　　　　　（钱义良）

砌体房屋的承重体系　load-carrying system of masonry building

按承重墙体的布置方式区分的砌体房屋体系。分为纵墙承重体系、横墙承重体系、纵横墙承重体系、内框架承重体系等。　　　　（刘文如）

砌体复合受剪　masonry subjected to combined shear

砌体受剪时，其外荷载除横向力（剪力）外，尚有其它荷载（如垂直荷载）的受剪状态。根据强度理论和试验结果表明，复合受剪时，砌体抵抗横向力（剪力）的极限承载力与单纯受剪时不同。当横向力（剪力）和垂直压力共同作用时，其极限承载力得到提高。　　　　　　　　　　　　（钱义良）

砌体构件抗剪承载力　shearing capacity of masonry member

砌体构件（墙、柱、过梁、墙梁等），承受外荷载时，其抵抗横向力（剪力）的能力。此时，砌体构件破坏面通常为斜裂缝或与横向力平行的砌体通缝中的水平裂缝。一般来说，破坏截面上的砌体不是单纯受剪，但破坏主要是由于横向力（剪力）所引起的。
　　　　　　　　　　　　（钱义良）

砌体构件抗弯承载力　bending capacity of masonry member

砌体构件受弯时所能承受的最大内力。砖砌平拱过梁、挡土墙等均属这类构件。在弯矩作用下砌体可能沿齿缝截面、或沿砖和竖向灰缝截面、或沿通缝截面因弯曲受拉而破坏。　　（唐岱新）

砌体构件受压承载力　loading capacity of compressive masonry member

砌体构件受压时所能承受的最大内力。其值除受砌体抗压强度和截面尺寸影响外，还与轴向力偏心距和构件高厚比有关。随着轴向力偏心距增大，截面上压应力的不均匀性加剧；随着构件高厚比增大，构件纵向弯曲影响越趋明显，附加偏心距逐渐加大，从而导致构件的承载力相应降低。
　　　　　　　　　　　　（张景吉）

砌体构件轴心抗拉承载力　axial tensile loading capacity of masonry member

砌体构件轴心受拉时所能承受的最大内力。承受均匀环向拉力的砖池壁即为这类构件。承载力计算时采用的砌体抗拉强度应考虑可能出现的不同破坏形态而取其小者。　　　　（唐岱新）

砌体结构　masonry structure

以砖砌体、砌块砌体、石砌体或土坯砌体为主建造的结构。这类结构在中国已有两千多年的历史。其主要特点是：可以就地取材、施工简便、造价低，承压能力强，而且具有耐火、保温、隔声、抗腐蚀等良好性能以及较大的大气稳定性。砌体结构广泛地应用于民用房屋和中、小型工业建筑。有配筋砌体结构和无筋砌体结构两大类。　　　　（唐岱新）

砌体结构防腐蚀　corrosion protection of masonry structure

保证砌体结构在腐蚀介质作用下仍具有必要的耐久性的技术措施。腐蚀介质会引起砌体的化学腐蚀和结晶性腐蚀，导致出现裂缝、疏松、脱皮等损坏现象。墙面、柱面受酸性介质作用时，宜采用玻璃钢、耐腐蚀涂料、软聚氯乙烯板、耐酸陶板或板型耐酸瓷砖等保护；受碱性介质作用时，宜采用水泥砂浆或耐腐蚀涂料保护。对受腐蚀性地下水侵蚀的墙身与墙基础，则表面应抹沥青砂浆层或铺贴油毛毡防腐蚀层。　　　　　　　　　　（喻永言）

砌体结构非线性分析　nonlinear analysis of masonry

根据确定的砌体应力应变关系或恢复力特性曲线确定的力变形关系对砌体结构进行内力以及变形

的计算分析。除了上述物理非线性之外，有时尚应考虑几何非线性的分析。　　　　　（唐岱新）

砌体结构腐蚀　corrosion of masonry structure

由于腐蚀介质作用，发生化学腐蚀、溶蚀、胀蚀、风化、碳化、及其他化学腐蚀，导致砌体结构材质改变或形体破坏的现象。如酸性介质同含钙水化产物或砖中的氧化铝反应，生成水溶性的反应产物。碱性介质中的氢氧化钠同含钙水化产物反应，生成胶结力很差的反应产物。另外，硬化的水泥砂浆、混凝土砌块和砖都不同程度地存在孔隙和毛细孔，当腐蚀介质侵入后，引起结晶性破坏，这一现象，在干湿频繁交替的情况下，尤为严重。　　　（吴虎南）

砌体结构加固　strengthening of masonry structure

现有砌体结构由于使用要求改变或遭受某些损害，导致承载力降低、开裂，不能满足功能要求时所采取的措施。一般加固的方法有：钢筋扒锔加固法、压力灌浆修补裂缝、钢筋网砂浆套层法、钢筋混凝土套柱法、壁柱加固法、外包角钢加固法等。应根据具体情况采取切实有效的方法进行加固。如果由于地基不均匀沉陷等原因导致墙体开裂，应首先解决继续开裂的因素，待裂缝稳定后对墙体进行修复。
　　　　　　　　　　　　　　（唐岱新）

砌体结构抗震加固　strengthening of aseismic masonry structure

对不符合抗震要求或震后损坏的砌体结构所采取的加强或恢复使用功能的技术措施。加固目标是提高房屋的抗侧力强度、变形能力和整体性。中国常用的加固方法有拆砌或增砌抗震墙，压力灌浆加固法，水泥砂浆抹面加固法，钢筋网水泥砂浆加固法，外加钢筋混凝土柱加固法，圈梁及钢拉杆加固法，包角、镶边或加芯柱以及增设支撑或支架等。
　　　　　　　　　　　　　　（夏敬谦）

砌体结构抗震性能　seismic behavior of masonry structure

砌体结构抗御地震作用和保持承载能力的性能。砌体结构是由脆性材料构成，变形能力很差，在历次地震灾害中经常发生局部破坏，有的甚至发生整体倒塌，以1976年唐山地震的破坏最为严重。因此，地震区的砌体结构要求具有有效的结构布置和可靠的构造措施，有时需采用配筋砌体，以保证结构整体和局部的抗震能力，增加变形能力。所谓有效的结构布置，主要包括以下内容：选择合适的建筑场地；建筑平、立面尽量均匀对称，质量和刚度变化均匀；合理设置抗震缝；尽量采用横墙承重或纵、横墙共同承重的结构体系；按规定限制房屋的高度、房屋的高宽比；限制横墙的最小间距等。砌体结构抗震构造措施主要有：按规定设置建筑物的圈梁和构造柱，注意墙体的砌筑质量和纵、横墙互相连接的可靠性；以及预制构件的搁置长度等。　（陆竹卿）

砌体结构设计规范　design code for masonry structure

为保证砌体结构设计质量由国家机关批准颁布的基本设计文件。1973年颁布试行的《砖石结构设计规范》(GBJ3—73)是中国第一本砖石结构设计规范。它是总结中国建设经验、科研成果并参考国外资料修订的，首次提出了刚弹性方案房屋的计算方法并采用了统一的受压构件计算公式。1988年修订的《砌体结构设计规范》(GBJ3—88)采用了按《建筑结构设计统一标准》(GBJ68—84)规定的概率法设计准则和法定计量单位；修改了砌体强度、长柱偏压、局部受压的计算公式；补充了多层房屋空间工作计算；增加了墙梁、挑梁等新的内容；全面反映了中、小型砌块房屋的设计规定，因而规范的名称相应地改为《砌体结构设计规范》。　　　　（唐岱新）

砌体截面折算厚度　equivalent thickness of masonry section

当砌体的横截面为非矩形时，按其回转半径(r)相等的原则折算为当量矩形截面时的厚度。以h_t表示，$h_t \approx 3.5r$。　　　　　　（张景吉）

砌体抗剪强度　shear strength of masonry

砌体受纯剪时的剪应力极限值。砌体是一种各向异性材料，在受剪时尤其明显，其抗剪强度和砌体剪切破坏面状态有密切关系。对应于不同的砌体剪切破坏面有不同的砌体抗剪强度，如通缝抗剪强度、齿缝抗剪强度等。当灰缝的抗剪强度高于块体的抗剪强度时，破坏也可能沿块体开裂，这时为沿块体破坏的砌体抗剪强度。　　　　　　（钱义良）

砌体抗拉强度　tensile strength of masonry

砌体轴心受拉的应力极限值。根据砌体承受拉力的方向，可分：①拉力方向垂直于水平灰缝，抗拉强度取决于法向粘结力，破坏截面沿通缝截面发生，规范规定不允许采用这种值；②拉力方向与水平灰缝平行，破坏可能沿垂直及水平灰缝发生，称沿齿缝破坏，也可能沿垂直灰缝穿过块体发生，在设计时通常不考虑垂直灰缝的抗拉能力，其抗拉强度取决于块体的抗拉强度。　　　　　　　　（刘文如）

砌体抗压强度　compressive strength of masonry

砌体的标准试件，在标准条件养护下，轴心受压测得的应力极限值。其值受材料性能、几何尺寸、砌筑质量、试验方法等因素的影响。　　（唐岱新）

砌体砌筑方式　pattern bonds of masonry

将块体与砂浆砌合成砌体时，块体所具各面被

置于各种不同位置的方式。有一顺一顶、三顺一顶、五顺一顶等方式。　　　　　　　　　（陈行之）

砌体强度调整系数　coefficient for adjusting the masonry strength

为了反映某些情况下(如振动影响、截面过小、砂浆和易性差等)构件的砌体强度与其设计值之间差异而采取的系数。　　　　　　　（唐岱新）

砌体受压的应力应变关系　stress-strain relationship of masonry under compression

砌体受压时应变随着应力增加而变化的规律。砌体是弹塑性材料,应力与应变呈曲线关系,应变比应力增加的速度快。曲线一般采用对数关系表达式。　　　　　　　　　　　　（唐岱新）

砌体弯曲抗拉强度　flexural-tensile strength of masonry

砌体受弯时所能承受的最大拉应力。按其破坏状态,可分为沿齿缝截面、沿通缝截面和沿块体截面破坏的三种不同的弯曲抗拉强度,应根据受力方向和材料性能采用较小值。　　　　　（唐岱新）

qia

卡板　splint

设置在屋架上弦上部两斜放木檩条端部对顶处两侧的成对带切口的木夹板。它应分别顶紧在屋架上弦两侧,并用圆钉和檩条钉牢,使檩条可作为屋面上弦水平支撑桁架的传力竖杆,可靠地传递作用其上的纵向力。　（王振家）

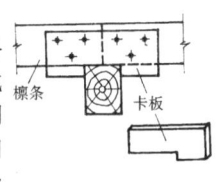

qian

千分表　dial gauge

利用齿条和齿轮的传动比把被测位移放大,最小分度值为 0.001mm 的一种机械式线位移量测仪表。常用来量测微小的位移,如钢筋在混凝土中的相对滑移,木屋架杆件与榫头接触面处的挤压变形等,配以适当夹具,也可作应变量测的指示仪表。
　　　　　　　　　　　　（潘景龙）

千斤顶　jack

见液压加载器(341页)。

千斤顶拉顶法　method of push-tension by jack

采用双作用千斤顶张拉高强度钢铰线,随后推顶 JM 系列锚具夹片锚定钢铰线以建立预应力的方法。预应力钢结构中采用高强度钢铰线作预应力赘余构件时都采用此法。　　　　（钟善桐）

千斤顶张拉法　method of tension by jack

采用千斤顶张拉预应力构件建立预应力的方法。预应力钢结构中采用高强度钢筋或钢丝束作预应力赘余构件时大都采用此法。在高强度钢筋端部或钢丝束的锚具上制成螺丝扣,张拉后用螺帽进行锚固。此法构造简单,施工方便。　　（钟善桐）

迁建项目　construction of migratory project

原有企业或事业单位,由于各种原因迁移到另外的地方进行建设的项目。迁到另外的地方进行建设,不论其建设规模是否维持原来的规模,都是迁建项目。　　　　　　　　　　　　（房乐德）

钎探　rod sounding

用打击钢钎探测土层的勘探方法。如目前已列入中国勘察规范的轻型动力触探。它可根据锤击数来提供土的强度和变形的计算指标。　　（王家钧）

牵引式滑坡　retrogressive landslide

边坡下部岩体率先滑动,使上复岩体失去支撑,被牵引而滑动,造成向边坡上部延伸的滑坡。它由多个滑体所组成,每个滑体后缘有明显的张裂缝与滑体下的滑动面相连接。牵引式滑坡经常有多个滑坡台阶。　　　　　　　　　　（孔宪立）

前处理　preprocess

执行程序前对数据的预先加工,它使用户可用尽可能少的输入数据来完成所要做的工作。
　　　　　　　　　　　　（周宁祥）

前端电视设备室　front end TV equipment room

共用天线电视系统或闭路电视系统的前端设备用房。一般分设备间和控制室两部分。用户的闭路电视系统设备应与共用天线电视系统设备统一结合考虑,闭路电视系统的用房宜与共用天线电视系统的前端电视设备间统一规划,并尽量共用或靠近。
　　　　　　　　　　　　（马洪骥）

前方交会法　method of forward intersection

见经纬仪交会法(171页)和平板仪交会法(231页)。

潜蚀　subsurface erosion

地下水在一定水力坡度下,由于动水压力产生的渗流作用,将土体中较细颗粒冲动带走的现象。结果使土体结构变松,孔隙增大,强度降低,甚至形成空洞或引起地表塌陷。　　　　　（蒋爵光）

潜水　phreatic water

埋藏在地表以下,第一个稳定隔水层以上具有自由水面的重力水。潜水的自由水面称潜水面,潜水面上任一点距基准面的绝对标高称潜水位,地面至潜水面的距离为潜水埋藏深度,潜水面至隔水底板的距离为潜水含水层厚度。潜水面可自由升降,为无压水或局部承压水。主要由大气降雨、地表水渗入补给,补给区与分布区一致。潜水水位、流量、化学成分随着地区和季节的不同而变化。它是重要的供水水源,埋藏较浅,分布较广,开采方便。但易受污染,应注意保护。　　　　　　　　(李　舜)

潜水等水位线图　contour map of water table
　　表示潜水面形状的水位等高线图。它是以地形图为底图,用在同一时间内测得的潜水位的标高,按一定等高距连接而成。配合地形等高线,用该图可以确定潜水的流向、水力坡度、潜水的补给排泄关系及潜水埋藏深度等。　　　　　　　　(李　舜)

潜水埋藏深度图　isobaths map of water table
　　反映某地区某一固定时期潜水埋藏深度在平面上变化规律的图件。一般以地形图为底图,根据同一时间测得的潜水埋藏深度值,将相同埋深点联接而成。有长期观测地下水动态资料的地区,可编制某年和某特征期的潜水埋藏深度图。该图可作为供水、排灌设计的重要依据。　　　　　　(李　舜)

潜在震源　potential source　　　　　　qian
　　分析场地地震危险性时,那些在未来一定时间内可能发生危及场地上工程结构安全的地震的地方。　　　　　　　　　　　　　　(李文艺)

潜在震源区　potential source area
　　潜在震源在地表上的投影的集合。同一个潜在震源区内应具有相同的震源类型、相同的震级上限以及其它相同的地震活动性参数。通常同一个潜在震源区的地下地质构造是相同的。　　(李文艺)

潜在震源区划分　zonation of potential seismic sources
　　对所研究场地300km半径范围内,在今后工程使用期限内可能发生破坏性地震的区、带(按地质上属于同一构造单元)进行划分。　(章在墉)

浅仓　shallow bin, bunker
　　又称斗仓。短期贮存松散的块粒状物料或燃料,贮料计算高度小于圆形筒仓内径或矩形筒仓短边内侧尺寸1.5倍的贮仓。主要由仓体和支承结构组成。仓体部分包括进料机、仓顶盖、竖壁和斜壁。支承结构包括梁、柱、支撑和基础。按结构形式,可分为方形斗仓、圆形斗仓、槽形仓、单斜仓和平底仓等几种。　　　　　　　　　　　(侯子奇)

浅井　shallow shaft
　　具有直通地表的出口,深度和断面都较小的垂直坑道。横断面形状多为矩形,深度不超过20m。
　　　　　　　　　　　　　　(王家钧)

浅梁　shallow beam
　　跨高比较大,且在正截面受弯计算中截面应变符合平截面假设的钢筋混凝土梁。它是工程中常用的钢筋混凝土梁。试验表明,开裂后梁的弯曲受拉区应变虽不连续,但若采用跨过几条裂缝量测其平均应变基本上是符合平截面假设的。(王振东)

浅源地震　shallow-focus earthquake
　　震源深度在70km以内的地震。地球大陆上发生的地震中有95%以上属于浅源地震,对人类社会危害极大。地震灾害主要由浅源地震造成。
　　　　　　　　　　　　　　(李文艺)

欠固结土　underconsolidated soil
　　由于人类的工程活动或自然地质条件的变迁,导致在现存的自重压力作用下未完成固结过程以致仍在继续缓慢地进行着排水固结的土体(层)。其判别标志是现存的自重压力大于其先期固结压力或者超固结比 $OCR<1$。　　　　　　(魏道垛)

欠载效应系数　factor for under loading effect
　　变幅疲劳的等效应力幅与最大应力幅的比值。可用公式表示为:$\alpha_1 = \Delta\sigma_e/\Delta\sigma_{max}$,它与应力谱形状和设计寿命有关。疲劳验算要求满足 $\alpha_1\Delta\sigma_{max} \leq [\Delta\sigma]_{n_d}$。式中$[\Delta\sigma]_{n_d}$为与设计寿命对应的容许应力幅。在选定参考的应力循环次数,例如200万次的$[\Delta\sigma]$为设计标准时,则以欠载效应等效系数 α_f 代替α_1,疲劳验算按下式进行:$\alpha_f\Delta\sigma_{max} \leq [\Delta\sigma]_{2\times10^6}$。
　　　　　　　　　　　　　　(俞国音)

纤绳　guy
　　加强桅杆站立稳定性的斜向钢丝绳。一端与杆身连接,另一端与埋入地中的地锚连接。纤绳沿桅杆高度方向布置一层或数层。平面上为三向或四向,其斜向倾角为30°~60°,通常45°。同立面内所有各层纤绳可相互平行,或在地面交于一点并共用一个基础。纤绳常用浸油麻心或无麻心的多股镀锌钢丝绳或单股钢绞线制成。　　　(王肇民)

纤绳初应力　initial stress in guy
　　为了减少桅杆位移和振动,增强其整体稳定,通常在安装纤绳上施加拉应力。初应力过大,会增加杆身纵向力,不利于强度和稳定;初应力偏小,使纤绳节点刚度不足,容易导致桅杆变形过大而失去整体稳定。　　　　　　　　　　　(王肇民)

纤绳地锚　anchor of guy
　　固定桅杆纤绳的基础。有重力式、挡土墙式和板式。重力式靠结构重量平衡纤绳拉力,施工简单方便,但较费材料。板式深埋土中,由板上被动土压力抵抗纤绳拉力,比较经济。挡土墙式介于两者之间,靠结构重量与底板上土重、挡土墙上的被动土压力共同抵抗纤绳拉力。在岩石地基中,地锚基础常做成锚桩形式。　　　　　　　　　(王肇民)

qiang

强地面运动　strong ground motion

由于地震使地表质点运动加速度大于某一限值（如 $100cm/s^2$）的强烈地面运动。造成强地面运动的因素不仅与震级大小有关，而且还与震源距（或与发震断层的距离）远近、局部场地地质与地形条件有关。　　　　　　　　　　　　　（李文艺）

强度　strength

材料抵抗破坏的能力。通常以在一定的受力状态和工作状况下材料所能承受的最大应力来表示。按受力状态有抗拉强度、抗压强度、抗弯强度、抗剪强度等；按工作状况有静态强度、动态强度等。
（邵卓民）

强度极限　limit of strength

见极限强度(143页)。

强度模型　strength model

为研究试验对象的全部特性，包括超载以至破坏时的特性而设计和制作的模型。这种模型的设计和制作比较复杂，通常要求模型及材料的性能在各个阶段完全相似。　　　　　　　　　（吕西林）

强夯　dynamic compaction

又名动力固结法或动力压实法。将夯锤（锤重一般为 100~400kN）提到一定高度处（落距一般为 6~40m）让其自由落下，给地基以冲击和振动，从而达到加固地基目的的一种施工技术。常用于处理碎石土、砂土、低饱和度的粉土和粘性土、杂填土、湿陷性黄土等地基，它不仅能提高地基土的强度、降低其压缩性，还能改善其抗振动液化的能力和消除土的湿陷性。此法具有加固效果显著，适用土类广、施工设备简单、经济易行、节省材料和施工期短等优点，已成为目前中国常用的地基处理方法之一。　　　　　（张永钧）

强夯有效加固深度　effective depth of dynamic compaction

采用强夯加固地基时，夯锤的冲击能使地基土的物理力学性能获得显著改善或提高的相应深度。它是反映加固效果的重要参数。　　（张永钧）

强化阶段　hardening stage

见应变强化阶段(344页)。

强剪弱弯　strong shear capacity and weak bending capacity

钢筋混凝土结构中，使构件正截面受弯承载力对应的剪力低于该构件斜截面受剪承载力的设计原则，以改善构件自身的抗震性能。　　（应国标）

强结合水

见吸着水(317页)。

强迫下沉法　method forced sinking

沉井下沉过程中，当出现下沉过慢或不能下沉的情况时所采取的各种强迫沉井下沉的措施。例如，当井壁侧面摩阻力过大时，可采用井壁外侧射水法、泥浆套法或井上加荷法（配重下沉法）等迫使其下沉；对于不排水下沉的沉井，也可部分抽水助沉。当刃脚下正面阻力过大时，则可用挖除刃脚下土体办法助沉。　　　　　　　　　　　（钱宇平）

强迫振动　forced vibration

又称受迫振动。外部激励引起的结构振动。此时，结构上同时存在外部激励、惯性力、恢复力和阻尼力。该振动是上述4种力在结构上的动平衡过程。常发生的激励是激振力和支座运动。磁场和温度的激烈变化也起激励作用。激振力是指其大小、方向、作用位置和分布方式随时间而变的外力。强迫振动有一个极为重要的特征：当简谐激振力的频率（称为强迫振动频率）接近于结构的任一个固有频率时，产生共振。此时结构的位移和内力达到非常大的值，甚至能引起结构的破坏。　　（李明昭）

强迫振动法　method of force vibration

也称共振法。利用激振设备激励结构产生强迫的简谐运动以测量结构的动力特性或动力反应的试验方法。当激振力的频率与结构自振频率相等时结构产生共振。利用激振设备可以连续改变激振频率并进行频率扫描的特点，扫描时经过结构各阶自振频率，在共振曲线上均会出现相应的共振峰值。对应于各共振峰值的频率即为结构的第一频率（基频）、第二频率，以及更高阶的自振频率。同时可以由共振曲线用半功率法求得结构的阻尼特性。采用多台测振仪同步测量共振时结构各点的位移反应，也可求得相应于各阶频率时的振型曲线。但必须注意各台仪器的相位。　　　　　　　　（姚振纲）

强迫振动加载　loading of forced vibration

利用激振设备通过变频扫描，由共振原理使结构产生强迫振动。是结构动力试验和抗震试验中采用较多的一种加载方法。试验大多是利用机电控制的偏心起振机，将它安装并固定于结构的顶层楼板或支撑在走廊两侧的墙壁或框架柱上，使激振力通过楼板、墙柱传递到整个结构，引起结构的强迫振动。由此测定结构的动力特性，并研究结构极限承载力和破坏特征。对于结构模型也可以用单向周期性振动台或电磁激振器。加载可以用稳态正弦激振和变频正弦激振方法。试验时常采用重复共振和延长共振持续时间使结构或模型增大位移，迫使结构破坏。这种方法与实际地震反应尚有差别，对评定结构抗震性能和抗震能力具有一定困难。　　　　　　　（姚振纲）

强屈比　ratio of tensile strength to yield point

材料的抗拉强度与屈服强度的比值（其倒数为屈强比）。它表示应力达到屈服点后到最后破坏所具有的安全储备程度。强屈比大，则强度承载力的潜力高，但材料有效利用率低，反之，安全储备降低。

建筑钢结构中钢材的强屈比一般为 1.6 左右,进行塑性设计时则不应小于 1.2。钢筋混凝土结构中采用冷拉或其它冷加工的钢筋,应保证有适宜的强屈比。　　　　　　　　　　　　　　（王用纯）

强震观测　strong ground motion observation

用仪器观测强震地面运动和工程结构的反应。主要任务有:①取得强地震时不同地质、地形条件下地面运动的记录,为研究强震地面运动特征、影响场、烈度工程定量标准,局部场地条件的影响,震源机制等提供基础资料;②取得工程结构在强地震作用下振动过程的记录。为抗震结构设计和确定有效的抗震措施提供工程数据。因此,强震观测是地震工程研究中直接研究地震破坏作用和结构抗震性能的一种基本手段。自 1932 年美国开始此工作以来,引起地震工程界很大重视,中国在 1966 年后有了较大发展。　　　　　　　　　（肖光先　吕西林）

强震观测数据　data of strong ground motion observation

用仪器方法在实际地震中记录到的自由场地震动或结构反应记录。一般为加速度记录,经数值积分后可得速度和位移记录。一套完整的强震观测数据应包括①地震目录;②仪器常数;③记录台站地质条件及场地土类别。　　　　　　（章在墉）

强震观测台网　strong motion observation network

一个地区内各强震台和各种类型的台阵组成的观测系统。其目的是便于仪器的统一管理和数据分析。　　　　　　　　　　　　　　（肖光先）

强震观测台阵　strong motion observation array

按不同的观测目的,由多台仪器组成不同型式的仪器布设方案的仪器群。一般分为两类:①地震动观测台阵,包括震源机制台阵、传播效应台阵、局部效应台阵和特殊地震动台阵等;②结构反应台阵,包括房屋结构地震反应台阵、地基——结构系统地震反应台阵,桥梁、水坝、高炉、水塔、烟囱、核反应堆等结构地震反应台阵等。　　　（肖光先）

强震仪　strong motion instrumentation

主要用来记录强地面运动的仪器。它由拾振系统、记录系统、触发-起动控制系统、时标系统和电源系统组成。其类型很多,通常按记录方式,记录物理量(位移、速度、加速度)和记录线道数分类。
　　　　　　　　　　　　　　　　（肖光先）

强轴　major axis

对构件截面具有最大惯性矩的形心主轴。它与弱轴正交。　　　　　　　　　　（夏志斌）

强柱弱梁　strong column and weak beam

框架中柱的截面承载能力大于梁截面承载能力的一种设计概念。荷载作用下,梁、柱杆件的承载能力达到屈服强度以后有可能导致结构的破坏,如果是柱先于梁达到屈服后引起的破坏,极易造成整个结构的失稳而倒坍;如果梁先于柱达到屈服,破坏将是局部的,不致造成整个结构的倒坍。因此,在地震区设计框架时,需符合这种受力要求。（陈宗梁）

墙板　wall panel

预制的板状墙体构件。按在建筑物中的位置可分为内墙板和外墙板。内墙板主要用作承重构件,是一种预制的结构墙;也可承受横向力,起剪力墙的作用。外墙板是一种围护结构,可以承重,一般为非承重结构。内墙板用单一材料制作,外墙板因有保温隔热和防水等功能要求,常用多种材料做成复合墙板。材料有砖(做成振动砖墙板)、钢筋混凝土、轻集料混凝土、石棉水泥、钢、铝合金和增强塑料等。
　　　　　　　　　　　　　　　　（钦关淦）

墙板板缝材料防水　sealing material waterproof of wall panel seam

主要依靠防水材料来堵阻雨水渗入板缝的做法。防水材料有掺各种防水剂的砂浆、油膏和聚氯乙烯胶泥等。有时也采用构造防水和材料防水并存的方法。

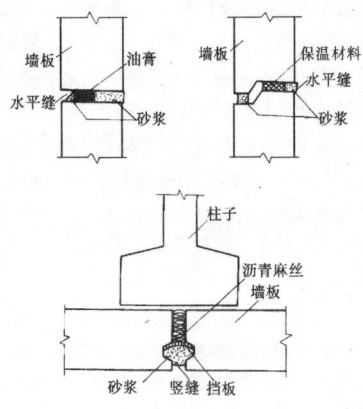

（钦关淦）

墙板板缝构造防水　constructive waterproof of wall panel seam

依靠墙板外形构造处理板缝间防水的做法。在

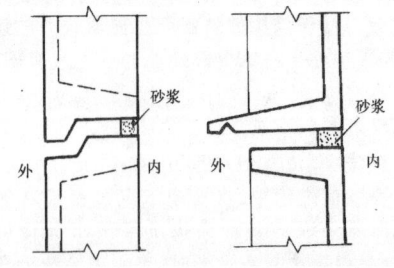

墙板上下边缘做成斜口或凸出雨坡加滴水,使雨水在未及侵入墙板板缝前引出墙面。内墙面缝中砂浆主要起堵风沙的作用。

(钦关淦)

墙板板缝空腔防水 cavity waterproof of wall panel seam

利用板缝间的空腔防水的方法。雨水常依靠毛细管作用沿板缝渗入墙板内,缝中预留空腔可阻断毛细管通道,取得防水效果。做成双空腔,效果更好。

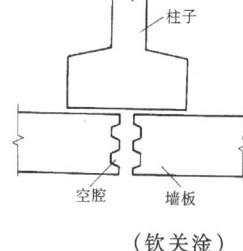

(钦关淦)

墙板刚性连接 rigid connection between wall panels

墙板与柱子之间不能转动的一种连接。一般用角钢将墙板中预埋板和柱中预埋板上下相焊接,使墙板和柱连成刚接,墙板重量逐块通过焊缝传到柱上。节点简洁美观,但安装时电焊工作量大,并对抗震不利,地震区不宜采用。

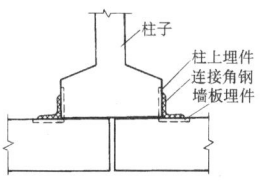

(钦关淦)

墙板柔性连接 flexible connection between wall panels

墙板与柱子之间容许有少量转动可能的连接。墙板两端底部凸起,支承在下面墙板上。每隔若干墙板将板重经柱上预埋支点传至柱上。墙板与柱的连接只起传递水平力的作用,柱子和墙板间可转动。柔性连接有多种方法,采用压条连接,也属柔性连接。

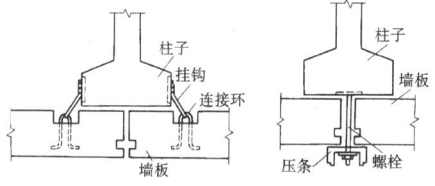

(钦关淦)

墙背附着力 cohesion on wall

墙后填土为粘性土时墙与填土之间沿墙背面作用的粘着力。当存在附着力时,主动土压力减小,被动土压力增大。墙背附着力一般可取等于$(0.5\sim 0.7)c$(c 是填土的内聚力值)。

(蔡伟铭)

墙背摩擦角 friction angle of wall

墙背与填土之间的摩擦角 δ。它与墙背的粗糙程度、填料的性质、有无地面荷载、排水条件等因素有关。一般在 $0\sim\varphi$ 之间。根据经验,当墙背光滑或排水不良时,取 $\delta=0\sim\dfrac{1}{3}\varphi$;当墙背粗糙和排水良好时,取 $\delta=\dfrac{1}{3}\varphi\sim\dfrac{1}{2}\varphi$;当墙背很粗糙和排水良好时,取 $\delta=\dfrac{1}{2}\varphi\sim\dfrac{2}{3}\varphi$;当墙背与填土间不可能滑动时,取 $\delta=\dfrac{2}{3}\varphi\sim\varphi$。

(蔡伟铭)

墙架立柱 wall stud

俗称墙体龙骨。用来支承墙体材料的立柱。在冷弯薄壁型钢结构中,常用带卷边的槽形或 Z 形薄钢构件制成。用作外墙立柱时,为了增大热阻,在腹板上常开有孔洞或缝隙。

(张耀春)

墙架组合体 wall assembly

用连接件将板状覆面墙体材料固定到由墙架立柱和横向构件组成的墙体骨架上构成的轻质墙体。常用来做隔墙和低层建筑的内外墙体。

(张耀春)

墙梁 wall-beam

由钢筋混凝土托梁和砌筑在其上计算高度范围内的墙体所组成的组合构件。分为承重墙梁和非承重墙梁。墙梁中的墙体与钢筋混凝土托梁有良好的组合工作性能。墙梁具有很大的刚度和承载力。其主要的破坏形态有正截面受弯破坏、托梁或墙体斜截面剪切破坏以及托梁顶面端部砌体局部受压破坏。

(王庆霖)

墙前土体抗隆起验算 checking on soil heave in front of wall

由地下连续墙支挡的软粘土基坑开挖时为防止坑底隆起而进行的验算。当挖深至某一深度时,由于墙后地面超载及土体自重的作用,可能使坑中土体产生强度破坏,坑底发生隆起。

(董建国)

墙体 wall

简称墙。用以分隔或围护房屋建筑单元的一种竖向的平面或曲面构件。它主要承受各种作用产生的中面内的力。有时也承受中面外的弯矩和剪力。

(唐岱新)

墙体龙骨 wall stud

见墙架立柱(243页)。

墙体稳定性验算 check of stability for diaphragm wall

地下连续墙墙体及其支撑系统(如施工临时支撑、锚杆、主结构的梁板等)在施工期间特别是基坑开挖过程中的强度与稳定性计算。其中对于支撑系统还要求足够的刚度和合适的安放位置。

(董建国)

墙下筏板基础 raft foundation under walls

又称不埋式基础。承受墙体传来荷载的筏板基础。常设计成厚 20~40cm 整体浇筑的钢筋混凝土板。它既作为建筑物的室内地坪，又作为基础的合二为一的结构体，墙下部分筏板可局部加厚。它适用在地基为老填土、旧城区废宅基，建筑层数在 6 层以下，长高比小于 3，横墙承重的混合结构建筑工程中。建筑物荷载的合力应尽量与基础底面形心相重合，还应注意地基压缩性沿横向的不均匀性，用调整房屋两侧基础的挑出长度来减小或避免房屋的横向倾斜。这种基础也可做成不埋式，具有不挖土、节省建筑材料、缩短工期、降低造价等优点。

（朱百里　殷永安）

墙下条形基础 strip foundation under walls

在墙体下的条形基础。用以传递连续的条形荷载，可采用砖、毛石、灰土或素混凝土等材料砌筑而成。当基础上的荷载较大，或地基土承载力较低而需要加大基础宽度时，也可采用钢筋混凝土的条形基础，以承受所产生的弯曲应力。

（曹名葆）

墙肢 wall-column

开洞剪力墙中洞口两侧的竖直部分。一般为偏心受压构件。它的左右两侧需按计算或在构造上加强。压应力较大时，两侧应设翼缘或暗柱。

（江欢成）

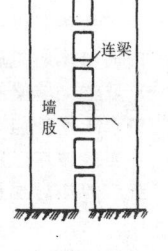

墙肢

墙柱高厚比 ratio of height to thickness of wall and column

见高厚比（99 页）。

qiao

桥路特性 bridge performance

电阻应变测量桥路中，桥路各臂电阻的阻值和它们的相对变化对桥路输出灵敏度的影响。在惠斯顿桥路中，相邻桥臂的电阻变化差动地影响桥路输出，而相对桥臂则叠加地影响输出。

（潘景龙）

桥式吊车 bridge crane

吊车架身为钢桁架，两端各有二或四个轮子，沿着铺在吊车梁上的钢轨行走的吊车。吊车梁可用钢或钢筋混凝土制成。起吊重物的吊钩有硬钩及软钩，有单钩和双钩（主钩、副钩）之分。

（王松岩）

壳 shell

外形呈曲面，厚度往往较薄，主要承受各种作用产生的中面内的力，有时也承受弯矩、剪力或扭矩的构件。厚度很薄的壳称薄壳。

（唐岱新）

壳体基础 shell foundation

以钢筋混凝土壳体结构形成的空间薄壁基础。有正锥壳、倒锥壳和椭圆形壳等多种形式。以 M 形薄壳基础为例，它由外圈的正圆锥壳和内圈的倒圆锥壳，底面环梁等几部分组成。沿前二者的联结处设置环梁，以便与上部结构相联结。在烟囱、水塔等高耸构筑物的荷载作用下，倒锥壳承受压力，正锥壳和底面环梁承受拉应力。施工时，先按设计要求精心制作土胎，用水泥砂浆抹面，然后进行钢筋混凝土作业。壳体厚度一般取为 80~150mm，壳面与水平面倾斜角为 30°~35°。钢筋骨架应当用间距较密而直径较小的双层配筋。壳体基础具有良好的抗倾性能。

（朱百里）

壳体结构 shell structure

由各种形状的壳与边缘构件（梁、拱、桁架）组成的空间结构。

（陈雨波）

翘曲 warping

在荷载作用下或由于其他因素，结构材料或构件的侧面或横截面发生变形不再保持平面形状的现象。例如，开口薄壁构件在约束扭转时横截面不再保持平面而产生凹凸。在木结构中，由于木材收缩的各向异性以及存在应力木、斜纹或近髓心木材的不正常收缩等原因，使成材发生形状变化而翘曲。木材翘曲的主要形式有：纵翘、横翘、侧边纵翘、扭翘和菱形形变等。

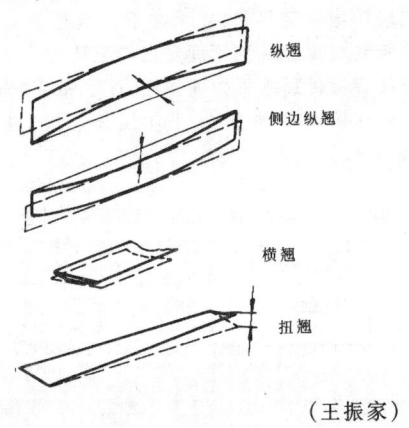

（王振家）

翘曲常数 warping constant

见扇性惯性矩（262 页）。

翘曲刚度 warping rigidity

弹性模量 E 与截面翘曲扭转常数 I_w 的乘积。它表示构件抵抗翘曲扭转变形的能力。

（郭在田）

翘曲抗扭刚度 warping torsional rigidity

见扇性惯性矩（262 页）。

翘曲扭转常数 warping torsion constant

见扇性惯性矩(262页)。

qie

切割 cutting
　　按照钢材表面的划线标记,通过机械剪切、冲切、锯切或火焰切割等方法,将钢材分解成为零件的操作工序。根据选用的机具不同,又可分为手工切割,半自动切割,自动切割和精密切割。后者切割的零件边缘质量较高,其表面光洁度可与机加工媲美。手工切割效率低。质量差,宜少选用。
　　　　　　　　　　　　　　　　（刘震枢）

切角 cutting corner
　　将板件的角切去一部分的加工工序。如梁的横向加劲肋,为避开翼缘的焊缝,应作切角。
　　　　　　　　　　　　　　　　（陈雨波）

切线模量 tangent modulus
　　材料应力-应变曲线上某点切线倾角的正切。弹性阶段的切线模量即弹性模量。钢材和木材应力-应变曲线的弹塑性阶段,混凝土应力-应变曲线的应力上升段,都是应力愈高,切线模量愈低。钢材的切线模量用于研究钢材在弹塑性阶段的工作性能。
　　　　　　　　　　　　　　（王用纯　刘作华）

切线模量比 ratio of tangent modulus
　　组合构件中两种材料的切线模量之比。计算钢管混凝土构件的稳定承载力时,常用钢材与混凝土的切线模量比 $n' = E_{st}/E_{ct}$,式中 E_{st} 和 E_{ct} 分别为钢材和混凝土的切线模量。
　　　　　　　　　　　　　　　　（苗若愚）

切线模量理论 tangent modulus theory
　　用切线模量确定理想轴心压杆在非弹性工作阶段稳定承载力(屈曲临界力)的理论。将欧拉临界力公式中的弹性模量 E 用切线模量 E_t 代替即得。
　　　　　　　　　　　　　　　　（夏志斌）

qing

轻钢桁架 light steel truss
　　大部分杆件采用小于∟45×4 或∟56×36×4 的角钢、圆钢或冷弯薄壁型钢制成的桁架。外形有三铰式、芬克式和梭式。具有自重轻、用料省、便于运输安装的优点。由小角钢及圆钢制成的桁架由于杆件截面小,抵抗偏心力的能力差,因而要求杆件重心线在节点处严格对中,否则计算杆件及连接时要计入偏心的影响。
　　　　　　　　　　　　　　　　（徐崇宝）

轻钢结构 light-weight steel structure
　　见轻型钢结构。　　　　　　　　（钟善桐）

轻骨料混凝土结构抗震性能 seismic behavior of lightweight aggregate concrete structure
　　由轻质集料制成的钢筋混凝土结构抗御地震作用和保持承载能力的性能。由于轻骨料混凝土弹性模量较低,抗剪能力差,其结构的延性和耗能能力受到一定影响。因此,轻骨料钢筋混凝土框架结构房屋的高度,一般限制在 30m 左右,剪力墙结构的房屋高度限制在 70m 以内,框剪结构的房屋高度限制在 60m 左右。为使结构某些部位出现塑性铰后有足够转动能力,纵向受力钢筋的强度比不应小于 1.25,并要求钢筋实际屈服强度与钢筋强度标准值比值不应过大,以保证达到"强柱弱梁"和"强剪弱弯"的设计要求。
　　　　　　　　　　　　　　　　（张　誉）

轻集料混凝土 lightweight aggregate concrete
　　用轻集料和胶结料配制而成的,自重不大于 $19kN/m^3$ 的混凝土。一般用水泥做胶结料。依据其细集料不同可分为全轻混凝土(用轻砂)和砂轻混凝土(用普通砂)。完全不用细集料的称为无砂大孔轻集料混凝土。根据轻集料品种的不同又可分为陶粒混凝土、浮石混凝土、煤矸石混凝土等。
　　　　　　　　　　　　　　　　（卫纪德）

轻壤土
　　见粘质粉土(223页)。

轻型槽钢 light gage channel
　　见槽钢(18页)。

轻型钢结构 light-weight steel structure
　　简称轻钢结构。由薄壁型钢、小号型钢或圆钢组成的钢结构。常用于荷载小、无吊车的轻工业厂房、仓库或一些中、小跨度的屋盖结构中。
　　　　　　　　　　　　　　　　（钟善桐）

轻型工字钢 light gage I-beam
　　见工字钢(107页)。

轻亚粘土
　　见粘质粉土(223页)。

氢白点 hydrogen flake
　　见白点(2页)。

氢脆 hydrogen embrittlement
　　当钢材或焊缝中氢含量较多时,在一定条件下,因氢体积膨胀而产生的脆裂。　　（朱　起）

倾倒破坏 toppling failure
　　陡峻边坡的岩体沿节理等不连续面或软弱面发生向坡面方向成板状或柱状倾倒的破坏。破坏的主要原因是岩体在重力作用下产生倾倒力矩,当倾倒力矩克服抵抗力矩时,岩体失稳而倾倒。此外,位于潜在倾倒体后侧的陡倾斜节理中经常有水和冰的楔入而产生对倾倒体的侧压力,促进倾倒的发生。

(孔宪立)

倾覆稳定性 overturning stability

挡土墙在土推力作用下绕墙趾倾覆转动的稳定性分析。用抗倾覆安全系数 $F_倾$ 表示稳定性大小,其计算式如下:

$$F_倾 = \frac{Wa + E_y b}{E_x h}$$

式中分子表示抗倾覆力矩,等于墙重和主动土压力的竖向分量对墙趾的力矩;分母表示倾覆力矩,等于主动土压力的水平分力对墙趾的力矩。

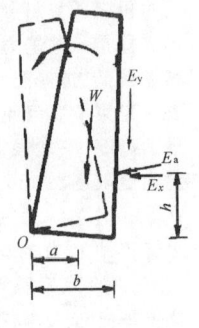

(蔡伟铭)

倾斜改正 correction for slope

每一尺段的倾斜距离化为水平距离所加的改正。当尺段两端点的高差为 h,倾斜距离为 l,则倾斜改正为 $\Delta l_h \approx -\frac{h^2}{2l} - \frac{h^4}{8l^3}$。改正数应按每尺段进行计算,恒为负值,当精度要求稍低时,只取公式中的第一项。

(高德慈)

倾斜观测 inclination observation

对建筑物(构筑物)倾斜所进行的观测。可用近景摄影测量,也可通过测量它的基础相对沉降或高点与低点的相对水平位移来推算其倾斜量。测定相对沉降可用精密水准测量、液体静力水准测量、气泡式倾斜仪等。测定相对水平位移,可用吊垂球线法、垂准仪法、经纬仪投影法及测水平角法等。

(傅晓村)

倾斜观测标 mark for tilt observation

设于建筑物或构筑物顶部,用以观测其倾斜的标志。一般与沉降观测标同时设置。

(方丽蓓)

倾斜基础 sloping foundation

为了增加墙体的抗滑稳定性,将基底做成逆坡的一种挡墙基础。由于基底逆坡过大可能使墙身连同基底下的三角形土体一起滑动,因而逆坡大小宜有限制。对于一般情况,基底坡度不宜大于 0.1:1(竖向:横向);岩石地基一般不大于 0.2:1。

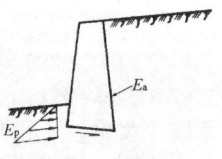

(蔡伟铭)

倾斜岩层 tilted stratum

岩层层面与水平面有一定的交角且倾向基本一致的岩层。由于地壳运动的原因,绝对的水平岩层极少出现,而倾斜岩层在自然界中则最为常见。

(杨可铭)

清材 clear stuff, clear timber

无任何缺陷的木材。为消除木材缺陷对其强度的影响,木材的标准强度就是用清材制作标准试件,并根据标准试验方法的规定所作的试验结果的均值减去相应的标准差得出的。

(王振家)

清根 back chipping

从焊缝背面清理焊根,为背面焊接作准备的操作工艺。一般多采用碳弧气刨清根。

(刘震枢)

qiong

穹顶 arched dome

像天穹一样,中间隆起而四周下垂成拱形的屋顶。其中面一般是球面、椭球面和旋转抛物面。除壳板外还设有边缘构件,通过它搁置在支承构件上。穹顶是一种壳体结构,受力简单。壳板的径向和环向弯矩极小,主要承受压应力,可以充分发挥混凝土、砖石等材料的性能。边缘构件对壳板起箍的作用,它本身主要承受环向拉力和弯矩。穹顶的支承环箍可以直接支承在墙或柱上,也可以支承在斜拱或斜柱上。斜拱和斜柱按正多边形布置,袒露在外,极为壮观,使建筑物立面别具风格。

(范乃文)

qiu

丘陵 hill

相对高度小于200m的孤立高地。一般顶部浑圆、坡度较缓、坡脚线较不明显。丘陵面积较小,分布星散,孤立,坡面上岩屑覆盖较厚。相对高度小于100m的一般为低丘陵,否则为高丘陵。

(朱景湖)

求积仪 integrating instrument

测定图形面积的仪器。常用的为极点求积仪,由极臂和航臂构成。使用时,将极臂一端的重锤小针压在欲测图形外或图形内,然后将航针沿图形的轮廓线绕行一周,在计数圆盘与计数小轮上读得分划数,由求积仪说明书中查出每一分划所代表的面积,即可算出图形的面积。用求积仪求面积,精度欠

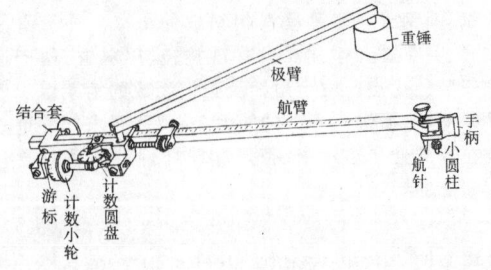

佳,特别是小面积或狭长地带的图形面积不宜使用。目前有电子数字求积仪和光电求积仪能自动完成各种比例尺、各种图形的面积测量与单位换算,其测量精度与速度大为提高。 （文孔越）

球面壳 spherical shell

又称圆顶。以球面为中面的薄壳。壳板的径向和环向弯矩极小可以忽略,主要承受沿球面分布的压力,能充分发挥混凝土等材料抗压强度高的性能。圆顶通过边缘环箍搁置在支承构件上。

（范乃文）

球面网壳 spherical braced domes

见网状穹顶(309页)。

qu

区域工程地质学 regional engineering geology

研究区域工程地质条件的形成特征和分布规律的学科。它的研究任务是判别不同区域可能产生的工程地质问题,为区域规划、工程布局和防治不良工程地质条件提供基础资料。 （杨可铭）

区域锅炉房 regional boiler house

集中向一个较大区域,具有供暖、通风、生产工艺、热水供应等多种热用户供热的大规模锅炉房。它是集中供热系统主要热源型式。按安装的锅炉型式,分为蒸汽、热水和蒸汽热水兼有三种。

（蒋德忠）

区域水文地质学 regional hydrogeology

研究区域的水文地质条件、地下水资源及其开发利用的学科。 （杨可铭）

区域稳定性 regional stability

工程建设区域现今地壳及其表面地层稳定的程度。研究区域稳定性对城乡规划、建设布局等具有重要的意义。 （杨可铭）

曲梁 curved beam

截面中轴为曲线的梁。对扇形等非整体式壳体结构需要的边缘构件通常做成曲梁的形式,以支承壳面传来的作用力。在壳体结构中,它可作为外环梁。当外环梁系支承于若干柱子上时,可以柱子为支点,按多跨连续曲梁计算其内力。 （陆钦年）

曲率系数 coefficient of curvature

颗粒级配曲线上,累积颗粒含量为30%的粒径d_{30}的平方与累积颗粒含量为60%的粒径d_{60}和有效粒径d_{10}乘积的比值C_c。公式表示为$C_c = \dfrac{d_{30}^2}{d_{60} \cdot d_{10}}$。它是描述级配曲线平滑程度的指标,与不均匀系数$C_u$配合可确定粗粒土级配的好坏。当$C_u \geq 5, C_c = 1 \sim 3$时为良好级配;不同时满足上述两条件为不良级配。 （王正秋）

曲率延性系数 curvature ductility factor

截面达到极限状态时的曲率ϕ_u与截面开始屈服时的曲率φ_y的比值,即$\mu = \varphi_u/\varphi_y$。是衡量截面延性的延性系数。截面极限状态时的曲率是指其承载能力下降到某个限值,如85%的极限承载能力时的曲率,或为截面上混凝土的压应变达到极限值,如0.0033时的曲率。截面开始屈服时的曲率是指其最靠外边缘的纵向受拉钢筋达到屈服应变时的曲率。该系数可根据力的平衡条件,从截面的应变图形上按平截面假定直接求得。 （戴瑞同）

曲面造型 surface modeling

用曲面生成法产生的曲面去逼近实际物体形状的造型方法。常用的曲面有Bezier曲面,B样条曲面等。 （王东伟）

曲线型恢复力模型 curvilinear restoring force model

以曲线型函数表示的恢复力模型。没有明显的转折点,对有的结构或构件较为适合,但比直线型滞回曲线复杂。 （余安东）

驱动器 driver

计算机主机设备与外部设备之间的接口。它根据其实现方式又分为硬件驱动器(例如磁盘驱动器、磁带驱动器、软盘驱动器等)和软件驱动器,它为各种不同的输入/输出设备正常运行提供所要求的信号电平和指令。 （陈福民）

屈服变形 yield deformation

钢筋混凝土构件中钢筋应力屈服时的变形。与配筋量、钢筋型号、混凝土强度指标等有关。

（董振祥）

屈服程度系数 yielding extent coefficient

框架层间屈服剪力与给定烈度地震作用下引起的楼层的弹性地震剪力之比值(ζ_x)。用以计算结构层间抗震能力指标的主要参数。通过与框架结构的延性指标η相乘得出β值,
$$\beta = \zeta_x \eta$$
可评估结构在遭受设防烈度的地震影响时的安全度。钢筋混凝土框架房屋中最小屈服程度系数ζ_{xmin},所在的层称为结构薄弱层。ζ_{xmin}与各层ζ_x比值不宜小于0.7,当$\zeta_{xmin}/\zeta_x < 0.7$时,应进行框架层间弹塑性变形的计算。 （董振祥）

屈服点 yield point

见屈服强度(248页)。

屈服阶段 yield stage

又称屈服台阶。在有明显屈服点的钢材应力-应变曲线上,从屈服开始到应变强化前的工作阶段。这阶段的应变幅度称流幅。碳素结构钢中Q235的

流幅约为1.5%。　　　　　（王用纯）

屈服强度　yield strength

又称屈服应力。材料在受力过程中，荷载不增加或略有降低而变形持续增加时所承受的恒定应力。在从材料拉伸试验得出的应力-应变曲线上，出现应力不变而应变继续增加时对应的点，称屈服点。又称流限。对应的应力即屈服强度。对钢材来说，当存在上屈服点和下屈服点时，一般用下屈服点表示钢材屈服点或屈服强度。对没有明显屈服点的高强度钢材，以产生0.2%残余应变的应力作为其条件屈服点或条件屈服强度。钢材屈服点是确定其强度设计值的主要依据。　　　　　（王用纯）

屈服曲率　yield curvature

承受弯矩作用的钢筋混凝土构件，在钢筋应力达到屈服时的构件曲率。在计算结构构件延性或求弯矩-曲率关系时需用之。　　　　　（董振祥）

屈服台阶　yield stage

见屈服阶段(247页)。

屈服应力　yielding stress

见屈服强度。

屈强比　ratio of yield point to tensile strength, yield ratio

见强屈比(241页)。

屈曲　buckling

结构、构件或板件达到临界状态时在其截面刚度较小方向产生另一种微小变形的状态。
　　　　　（钟善桐）

屈曲后强度　postbuckling strength

又称超屈曲强度。具有不同边界支承条件的板件在发生局部屈曲后继续承受更大荷载的能力。组合截面中的较薄腹板（或其他板件）屈曲后发生平面外微小凸曲变形并部分退出受力后，由于其周边受翼缘和加劲肋等支承条件的限制，在腹板中面上随即产生薄膜拉应力（张力），对腹板继续变形起一定的约束作用。当荷载继续增加时，两侧翼缘和加劲肋及其邻近部分腹板还可承受继续增加的压力（钢柱）或压力和拉力（钢梁的上、下翼缘）以及剪力，直到荷载使腹板两侧边缘达到屈曲强度时，才达到极限承载力。目前在普通钢梁和钢柱等的设计中一般不考虑屈曲后强度，而作为其承载能力的储备。但在冷弯薄壁型钢构件中，则通常采用有效截面特性来考虑屈曲后强度的影响。　　（瞿履谦）

屈曲理论　theory of buckling

见稳定理论(312页)。

取土器　sampling tube

采取土试样所用的器具。它的直径、长度取决于所需提供的测试指标及其试验的要求。中国土工试验的环刀尺寸一般为$30cm^2$、$50cm^2$，故取土器直径不宜小于89mm，其壁厚取决于所取土的性质，一般取软土时，宜用壁厚为3～4mm。取土器按结构可分为球阀式、活阀式、活塞式。取土方法可采用击入法、压入法、振动法等。　　　（王家钧）

取芯法　cores method

见钻芯法(388页)。

取样检验　sampling by cutting specimen from structure

由原有结构构件上取下试样进行材性检验的方法。当原有构件所用材料的材性不明时，或为了充分发挥所用材料的实际承载力时，应从构件上取试样测定所需材料的力学性能指标。在构件上的取样位置和数量应具有充分的代表性。　　（钟善桐）

quan

圈梁　ring beam, waist beam

砖石砌体结构沿建筑物外墙四周和全部或部分纵横内墙上设置的连续封闭梁。一般设在多层房屋的顶层和底层，中间各层也可全部或隔层设置。圈梁起加强房屋的整体刚度和墙体稳定性的作用，有利于抗震和控制诸如不均匀沉降或其它因素而造成的墙身开裂。由钢筋混凝土制成，一般多为现浇，也可分段预制现场接浇而成。另一种钢筋砖圈梁，在4～6皮砖范围内的砌体用不低于M5砂浆砌筑，底部和顶部的水平灰缝内分上下两层布置不少于6ϕ6纵向钢筋。地震区都用现浇钢筋混凝土圈梁。
　　　　（钦关淦　宋雅涵）

圈梁及钢拉杆加固法

一种用钢筋混凝土梁和拉杆对屋盖和楼盖进行加固的方法。对于装配式楼（屋）盖和木屋盖建筑物，当原有圈梁及拉杆不符合抗震要求时，采取增设圈梁及钢拉杆加强措施，通常用钢筋混凝土圈梁，特殊情况下用型钢圈梁。钢筋混凝土圈梁截面及配筋应根据抗震设防烈度、墙厚、砂浆强度以及钢拉杆的设置情况选取。拉杆与圈梁、圈梁与墙体之间应有可靠的拉结。　　　　　（夏敬谦）

权　weight

权衡不等精度观测值之间相对可靠程度的精度指标。测量中采用中误差平方的倒数作为权，用p表示。它可由各观测值间不同精度的比例关系来确定。　　　　　（赵殿甲）

全部验收

见总交工验收(383页)。

全概率设计法　probability theory-based design method

对影响结构可靠度的各种变量均采用随机变量或随机过程概率模型来描述,并通过概率分析求出最优的失效概率来度量结构可靠性的设计方法。近似概率设计法只要求在中心点处或验算点处进行结构可靠度校核,而这种方法则要求根据全部变量的概率密度函数对结构可靠度进行估计。这是一种理想的概率设计法,国际上有时称为水准Ⅲ方法。由于数学运算上的困难,加上有些变量的概率密度函数很难确定,因此这种方法尚难于普遍应用。

(邵卓民)

全过程分析 full-range analysis

利用计算机对结构或构件从开始受力直到破坏的模拟分析。可以对结构或构件整个受力阶段进行分析研究,而不是局限于某一特定的受荷状态(如弹性状态、塑性状态及极限状态)。一般藉助于有限元法进行计算,对材料列出本构关系,确定单元形式,根据平衡条件、变形协调条件编制计算程序,而后由电子计算机进行大量计算,从而得出各级荷载下整个结构的位移场、应变场和应力场。可了解结构在任意荷载阶段的受力机制,以便对结构建立受力物理机制。在一定程度上可以模拟结构的试验过程。

(董振祥　计学闰)

全面通风 full-scale ventilation

对房间的全部进行通风换气,排除室内污染空气,不断供给新鲜空气的一种常用的通风方式。它可以使房间空气中的有害物浓度冲淡到最高允许浓度以下。

(蒋德忠)

全新世 Holocene epoch

第四纪最新的一个地质时代。从1万年前开始,一直延续到现在,与之相应的地层单位称为全新统。全新世以温暖气候占优势,气候仍有几次温暖干湿交替,但波动幅度不大。

(朱景湖)

全新统 Holocene series

见全新世。

全预应力混凝土结构 fully prestressed concrete structure

在荷载短期效应组合作用下构件受拉边缘的混凝土不产生拉应力,即保持压应力或零应力工作状态的预应力混凝土结构。其预应力度 $\lambda \geqslant 1.0$。这种预应力混凝土结构的抗裂性好,刚度大。当结构或构件按严格要求不出现裂缝时(如有防止渗漏要求的结构以及处于严重腐蚀环境的结构等),应进行这种状态的设计。

(陈惠玲)

全站仪

见电子速测仪(62页)。

泉 spring

地下水的天然露头。一般分布在山区沟谷底部、山坡脚下、洪积扇前缘或河谷阶地前缘的陡坡下及现代火山区。按出露情况可分为承压的上升泉和无压的下降泉;按补给来源可分为上层滞水泉、潜水泉和承压水泉;按成因可分为侵蚀泉、接触泉、溢出泉、断层泉及周期性喷发的间歇泉;按泉水的化学成分及温度又可分为矿泉、温泉或热泉。泉水可作供水水源。含有特殊成分的泉水可用于医疗。矿化度高的泉水可供提取盐类或其他微量元素的原料。

(李　舜)

que

缺口韧性 notch toughness

见冲击试验(30页)。

缺口效应 notch effect

钢材由于缺陷(裂纹、栓钉孔、刻槽、缺口、凹角及宽度或厚度改变等)导致韧性下降,易产生疲劳裂纹和脆性断裂等的效应。

(李德滋)

确定性法 deterministic method

又称定数法。地震危险性分析中将历史地震及地质构造资料等数据作为确定性参数进行分析的一种方法。一般的步骤是:①确定各类震源区及相对于场地的位置 R;②以震级 M 及震中距 R 为参数,根据结构频段范围选择几组控制地震;③根据选定的 M 及 R 从衰减曲线上确定该场地的最大水平向加速度值作为地震动设计参数;④根据局部场地条件,对上述参数作必要修正。确定性方法没有概率含义。

(章在墉)

确定性振动 deterministic vibration

能用确定性函数来完全描述的振动。在确定性振动问题中,输入是确定性的,输出必然也是确定性的。

(李明昭)

确定性振动分析 deterministic vibration

振动特性为确定性的体系(不论是常参数体系还是变参数体系),受到外界确定性的激励作用时所进行的振动分析。一般可分实验研究和理论分析两种手段。实验研究又可分模型试验与现场实测;而理论分析则有精确法及各种近似法,有按振动的时间过程分析(时域分析)和按振动的频率组成分析(频域分析)等。对一些重要而又较复杂的结构,应同时进行实验研究与理论分析,以便相互检验和补充。

(费文兴)

qun

裙梁 spandrel beam

也称窗裙梁、窗间梁。高层建筑筒体结构中,连接外筒（或框筒）柱的梁。为使框筒结构或筒中筒结构的外筒形成空间整体作用，往往直接取上下层窗的间距为裙梁的截面高度，因此其截面刚度和线刚度均比普通框架梁要大得多。

（张建荣　江欢成）

群柱稳定　column-group stability

升板结构在楼板提升阶段，保证所有柱子不丧失稳定的状态。在提升过程中，中柱所受的纵向荷载最大，边柱次之，角柱最小。由于群柱有楼板的连系，只能所有柱子同时失稳，不会发生单根柱子的失稳。其次，群柱与楼板形成整体后，增加了截面的刚度。因此，群柱总的临界力总是大于各单柱临界力之和。亦即升板结构柱的稳定性问题是由群柱稳定性所控制的。

（邹超英）

群桩沉降比　settlement ratio of pile group

度量群桩沉降因群桩效应而增加幅度的指标。它是群桩沉降与单桩在平均荷载下的沉降之比，其表达式为：

$$R_s = \frac{S}{S_1}$$

R_s 为群桩沉降比；S、S_1 分别为群桩和单桩的沉降量。它随影响群桩效应的有关因素而变化，其中以桩数的影响最为显著。

（刘金砺）

群桩沉降量　settlement of pile group

桩群在荷载作用下所产生的下沉量。它是由桩身弹性压缩、桩侧摩阻力传布到桩底平面引起土的压缩、桩端反力引起土的压缩（荷载水平较高时还会产生塑性贯入）三部分组成；在桩较短、承台尺寸较大的情况下，承台土反力传布到桩底平面引起土的压缩也会成为群桩沉降量的一部分。在常用桩距条件下，由于相邻桩应力的重叠导致桩端平面以下应力水平提高和压缩层加深，因而群桩沉降量和持续时间往往大于单桩。计算方法有以下几种：①等代墩基法：在常用桩距条件下，视承台以下一定范围内(2～3倍桩长)桩与桩间土为等代墩基，按常用的扩展式基础的沉降计算法（如分层总和法）计算其沉降，并考虑等代墩基外围摩阻力的扩散影响；②弹性理论叠加法：由按明特林（Mindlin）课题求得的某一基桩自身侧阻和端阻引起的沉降和其它桩对该桩的影响所产生的沉降叠加起来，利用刚性承台或柔性承台的变形、荷载相容条件，求得群桩沉降量；③沉降比法：利用弹性理论求得不同桩数和一定排列的群桩沉降比乘以相应荷载下的单桩沉降求得群桩沉降；④原位测试（静力触探、标准贯入等）经验估算法：适用于取土测试困难的砂性土中的群桩沉降量估算。

（刘金砺）

群桩深度效应　depth effect of pile group

群桩承载力随桩入土的深度而呈一定规律变化所产生的影响及其效果。试验表明，均匀砂土中的群桩，其侧阻和端阻大体上随桩入土深度增加而增大，无明显的"临界深度"和"稳值"显示；均匀粉土中的群桩，端阻显示与单桩相近的临界深度（约为 8 倍桩径)，侧阻深度效应不明显。软下卧层对群桩承载力的削弱影响比单桩明显，即"临界深度"比单桩小。

（刘金砺）

群桩效应

见群桩作用。

群桩折减系数　reduction factor of pile group

度量群桩承载力因群桩效应而降低幅度的指标。它是以群桩和单桩在相同荷载水平（如设计承载力）下其极限承载力的比值来表示，其表达式为：

$$R_c = \frac{P_u}{nQ_u}$$

R_c 为群桩折减系数；P_u、Q_u 为群桩、单桩的极限承载力；n 为群桩中的桩数。它随影响群桩效应的有关因素而变化，当以控制沉降确定群桩承载力时，在常用桩距条件下，R_c 随桩数增加而明显减小。

（刘金砺）

群桩作用　pile group action of pile

也称群桩效应。群桩基础由于承台、桩、土的相互作用而产生的明显不同于单桩工作性状的变化及其效果。群桩基础的承载力往往不等于各单桩承载力之和。对于摩擦桩，由于相邻桩摩阻力和端阻力的重叠和干扰，桩群下压缩层加深，沉降量增大，发挥极限侧阻和端阻所需沉降量增加，群桩效应显著。在硬化型土中的摩擦群桩，侧阻（常用的桩距条件下）因桩相互作用而提高。低承台群桩由于桩土相对位移受到承台限制使侧阻降低，端阻有所提高（桩长与承台宽度比小于 2.5 条件下)。端承桩的群桩效应不明显，其群桩承载力可取各单桩承载力之和。群桩效应受土性、成桩方法、桩距、桩数、桩的长径比、桩长与承台宽度比等多因素的影响而变化。

（刘金砺）

R

ran

燃点 burning point
可燃物质开始燃烧时的温度。它是确定火灾发生危险度的重要因素。
(秦效启)

燃烧 combustion
物质与氧产生化学反应,而发火或发焰的现象。燃烧必须同时具备三个条件:可燃物质、氧气和热源。燃烧有蒸发燃烧、分解燃烧、扩散燃烧、自燃等五种形态。
(秦效启)

燃烧体 kindling member
用燃烧材料制成的构件。如木门窗等。
(林荫广)

rang

壤土
见粉质粘土(84页)。

rao

扰动土 disturbed soil sample
天然结构和状态已被破坏的土。仅在为了鉴别土的类别及某些物理性质(如液限、塑限等)而不需确定土的其它物理力学性质指标时,可采取扰动土进行试验。
(王家钧)

绕角焊 fillet weld with return
绕过焊件转角延续2倍焊脚尺寸的角焊缝。在转角处的角焊缝有较大的应力集中,如在该处起、落焊弧,则因起、落弧产生的焊缝缺陷与上述的应力集中现象重叠,极易产生裂纹。采用绕角焊即可避免。
(李德滋)

绕射 diffraction
波在传播中,当遇到有限尺寸的障碍物体(如结构)时波和物体间的相互作用过程。在绕射过程中,作用于物体正面的波被反射回去,其余的波绕过物体继续传播,然后,入射波阵面在物体背面合拢。作用时间短的空气冲击波撞击大目标时,绕射过程产生的净侧向荷载比动压荷载更重要。
(熊建国)

re

热变形 thermal deformation
见焊接变形(118页)。

热处理钢筋 heat treated bar
又称调质钢筋。用中碳低合金带肋钢筋经淬火—回火处理生产的钢筋。中国产热处理钢筋规格为6.0、8.2、10.0mm三种,极限强度等于或大于1470N/mm^2,延伸率δ_{10}等于或大于6%;与预应力钢丝相比,热处理钢筋粘结性能好,大盘卷供货,无需焊接和调直,是仅用于预应力构件的一种钢材。目前主要用于铁路轨枕。
(张克球)

热传导系数 thermal conductivity
又称导热系数或导热率。材料在稳流条件下导热性大小的指标。导热现象在固体、液体和气体的质点直接接触时发生,不同材料的热传导系数可由实验测定。它一般用符号λ表示。在数值上等于温度梯度为1时,在单位时间内通过垂直于梯度方向的单位面积而传递的热量。在建筑热工中,它是计算构成外围护结构层中每一层材料的导热性和确定其总传热阻的重要指标。
(秦效启 宿百昌)

热惰性指标 thermal inertia index
温度波在围护结构内部衰减快慢程度的指标,用D表示。当为单层材料围护层时,其值为热阻R与材料蓄热系数S的乘积。多层材料围护结构时,其值等于各层材料的热惰性指标之和。D值越大,温度波在其中衰减得越快,围护结构的热稳定性越好。
(宿百昌)

热法测井 thermal log
又称温度测井。根据钻孔内温度随深度变化的规律来研究地质构造、岩土性质以及钻孔技术状况的测井方法。
(王家钧)

热风采暖 hot-air heating
依靠热风强制对流加热室内空气的一种采暖方式。适用于耗热量大的建筑物、间歇使用的房间和防火防爆的车间。具有热惰性小、升温快、设备简单、投资省等优点。分为集中送风、管道送风、悬挂式和落地式暖风机等型式。

热工高度　thermodynamically altitude

由锅炉火床至烟囱筒顶的高度。是烟囱的热工专业术语。　　　　　　　　　　　（方丽蓓）

热工计算　thermotechnical calculation

为了节能、经济和保证室内的舒适热环境,在建筑设计时利用热工学原理进行的计算。具体内容有:材料选择,确定各层的布置和构造措施,计算建筑物围护结构隔热保温层厚度,检验各部位内表面温度,空气渗透,防止内表面结露和结构内部凝结。根据有关规定和应满足的条件,对围护结构材料、厚度与作法进行调整。　　　　　　　　（宿百昌）

热矫直　hot straightening

见构件校正(109页)。

热扩散系数　thermal diffusion coefficient

又称导温系数。材料热传导系数与其热容量的比值。它是物体热惯性的度量,表征了温度变化的速度。在其他条件相同的前提下,具有较大热扩散系数的物体内空间各点温度会较快地趋于均匀一致。　　　　　　　　　　　　　　　（秦效启）

热力网　heating pipe network

室外供热管网的简称。包括蒸汽和热水供热管网。敷设方式有架空敷设、地沟敷设和无沟敷设三种。　　　　　　　　　　　　　　　　（蒋德忠）

热力站　heating station

设置热用户引入管与集中供热管网相连接的热力入口装置的专用房间。配置有分水器,关断和调节阀门及计量、检测仪表。复杂的还设置有热交换器、循环水泵或混水器等,是热用户供热管理中心。
　　　　　　　　　　　　　　　　（蒋德忠）

热裂纹　hot crack

钢材在热加工及焊接的过程中所产生的裂纹。形成的重要原因之一是钢中的硫或氧的含量偏多。
　　　　　　　　　　　　　　　　（朱　起）

热铆　hot riveting

铆钉在高温状态下进行铆合的工序。钢结构中主要用热铆,铆钉用塑性和顶锻性能较好的铆螺钢ML2、ML3 或其他结构钢制成。铆合时把铆钉加热到 1000~1100℃(呈淡黄色用压缩空气铆钉枪铆合)或 650~670℃(呈褐红色用压铆机铆合)。
　　　　　　　　　　　　　　　　（瞿履谦）

热水采暖系统　hot water heating system

以水作为热媒的采暖系统。它广泛用于居住和公共建筑及工业企业厂房。按热媒参数分为低温热水(供水温度低于 100℃)和高温热水;按系统循环动力分为自然循环和机械循环;按系统的每组主管根数分为单管和双管;按系统的管道敷设方式分为垂直式和水平式。　　　　　　　　　（蒋德忠）

热塑性　hot plasticity

钢材在加热温度超过 600℃ 时的塑性性质。这时受热而产生的变形称为热塑性变形。钢材的热塑性变形是焊接冷却后产生焊接残余应力的原因之一。　　　　　　　　　　　　　　　　（钟善桐）

热弯　hot bending

见辊弯(114 页)。

热应力分布　distribution of thermal stress

结构构件因受热而产生的应力分布规律。受热时,对于无约束的构件,变形是自由的,而对有约束的构件,其内部将产生与约束变形相对应的约束应力——热应力。　　　　　　　　　　（秦效启）

热影响区　HAZ,heat-affected zone

简称 HAZ。焊接或热切割过程中母材因受热的影响(但未熔化)而发生的金相组织和机械性能变化的区域。由焊缝熔合线向外,热影响区大致可分为下列六个区域:不完全熔化区,过热区,正火区,再结晶区,部分再结晶区及蓝脆区。热影响区内钢材结晶较粗,硬度高,塑性差,因而容易产生裂纹。热影响区的总宽度一般为 5~6mm。
　　　　　　　　　　　　　　　　（李德滋）

热轧钢筋　hot rolled steel bar

采用热轧方式生产而成的钢筋。包括用普通碳素钢经热轧而成的光面钢筋,用低合金钢经热轧而成的带肋钢筋。　　　　　　　　　　　（王振东）

热轧型钢　hot rolled steel shape

通过热轧形成一定截面形状的钢材。钢结构中常用的有热轧工字钢、槽钢、角钢和带钢等。
　　　　　　　　　　　　　　　　（王用纯）

热轧 I 级钢筋　hot-rolled plain bar grade I

普通碳素镇静钢(Q235)经热轧而成的光面钢筋。强度级别为屈服强度 $235N/mm^2$,极限强度 $370N/mm^2$;其塑性好,易加工成型、易焊接,以直条或盘条交货,大量用于钢筋混凝土板的受力钢筋和梁板的辅助配筋。　　　　　　　　　（张克球）

热轧 II 级钢筋　hot-rolled ribbed bar grade II

钢号为 20 锰硅(20MnSi)、20 锰铌(20MnNb(b))的低合金钢经热轧而成的变形(等高肋)钢筋。外形为月牙肋,强度级别为屈服强度 $335N/mm^2$,极限强度 $510N/mm^2$,其表面一般有表示"II"的标志(II、两道或两圆点),易识别。II 级钢筋塑性好、易加工成型、易焊接,是中国 80~90 年代钢筋混凝土结构构件受力钢筋用材最主要的品种。
　　　　　　　　　　　　　　　　（张克球）

热轧 III 级钢筋　hot-rolled ribbed bar grade III

钢号为 20 锰硅钒(20MnSiV)、20 锰钛

(20MnTi)的低合金钢经热轧而成的带肋钢筋。外形为月牙肋,强度级别为屈服强度400N/mm²,极限强度570N/mm²。表面一般有Ⅲ级标志。该钢筋综合性能优于热轧Ⅱ级钢筋。

(张克球)

热轧Ⅳ级钢筋 hot-rolled ribbed bar grade Ⅳ

钢号为40硅₂锰钒(40Si₂MnV)、45硅锰钒(45SiMnV)和45硅₂锰钛(45Si₂MnTi)的热轧带肋钢筋。它是中国预应力用钢材品种之一,使用时均需冷拉。由于含碳量较高,焊接应从严掌握,对焊时一般采用预热——闪光焊或焊后通电热处理工艺,且必须在冷拉之前焊接。

(张克球)

ren

人防地道 underground traffic tunnel for air defence

战时人民防空用(疏散、救护、抢险、指挥、运输)的地下交通工程。需经专门设计。

(王松岩)

人防地下室 antiaircraft basement

直接建于建筑物地下,具有一定防护能力,供战时人员掩蔽用的地下房屋。是地上建物的组成部分。需经专门设计,既应符合战时使用要求,又应认真考虑结合平时使用。

(王松岩)

人防工程 people's air defence

人民防空工程,简称人防。是防备敌人突然袭击,特别是大规模的核袭击,有效地保存有生力量和战争潜力的重要工程保障。

(王松岩)

人防掩蔽所 antiaircraft shelter

用作保护居民战时免受空袭的防护(非军防)建筑物。分掩蔽室和防辐射体两类。前者是用以防护人员免遭核爆炸全部杀伤因素(冲击波、核辐射)、毒剂和细菌武器的伤害作用,后者只能防护人员免遭放射性沾染的伤害。同时,尚可按防护性质、容量和配置位置进行分类。按防护性质就是按防核爆炸冲击波的程度分类;按配置位置可分为附建式(即设在Ⅰ、Ⅱ级耐火建筑物中的防空地下室)和单建式两种,附建式可设计成占用大楼的全部或部分地下,不占用空地,造价低,且与生活、生产区联系密切,便于人员迅速进入掩蔽地点。这类民防建筑物具有不同等级的防护能力,需经专门设计。

(王松岩)

人工爆炸加载法 loading method of artificial explosions

用地面或地下大量炸药的爆炸作为引起瞬态地面运动的人工地震加载方法。它可以模拟某一烈度或某一确定性天然地震对结构产生的地震效应。可采用地面质点运动的最大速度幅度值作为衡量相应地震烈度的标准,这时产生的地面运动的加速度在幅值大小、频谱特性和持续时间等有关特征方面都可与地震时地面运动相比拟。

(姚振纲)

人工地震波 artificial seismic wave

由计算机生成的模拟地震地面运动的加速度时间序列。由于它既反映了真实地震动的某些特征(如不同土质的随机波的峰值、频谱特性、持续时间等),又体现了未来地震的发生在时间、空间、强度分布上的不确定性,因此适用于地震小区划和工程结构地震反应分析。

(李文艺 陆伟民)

人工地震试验 artificial earthquake test

采用地面或地下爆破法引起地面运动,从而对地面上的结构物施加类似于地震动引起的动力作用的试验。人工地震可以用核爆炸和化学药物爆炸的方法产生,但比较普遍的是用化学药物爆炸的方法产生人工地震。用化学药物形成人工地震的方法有两种:一种是直接爆破,一种是密闭爆破。化学药物爆炸产生的人工地震的效果与装药量有密切关系,结构物所承受的动力作用还与离爆炸中心的距离有关。中国从20世纪80年代以来曾进行过几次化学药物爆炸的人工地震试验。

(吕西林)

人工激振试验法 test method with artificial excited vibration

采用某种动力加载方法、加载设备或装置对结构施加动力荷载,使结构产生自由振动或强迫振动,由此测量结构动力特性或动力反应的试验方法。常用的加载方法有自由振动法和强迫振动法。

(姚振纲)

人工塑性铰 artificial plastic hinge

利用特殊的构造措施在预定的位置形成可转动的塑性区。按照设计意图设置人工铰的位置、数量和出现次序后,可避免剪切破坏,提高结构延性,并实现较为有利的破坏机构。

(余安东)

人工填土 artificial fill

由人类活动而堆填的土。根据其组成物质和堆填方式可分为:①素填土:由碎石、砂、粉土或粘性土等一种或几种材料组成的填土,不含或很少含杂质。按其主要组成物质分为碎石素填土、砂性素填土、粉性素填土和粘性素填土。它们经分层夯实者称压实填土。②杂填土:含有大量建筑垃圾、工业废料或生活垃圾等杂物的填土。③冲填土:由水力冲填泥砂形成的填土。人工填土的工程地质问题,在于其分布厚度、物质组成、颗粒级配和密实度的不均匀性。其工程性质还与堆积时间有关。

(杨桂林)

人工通风 artificial ventilation

见机械通风(139页)。

人工制冷 artificial refrigeration

见人造冷源。

人工智能 AI, artificial intelligence

用机器模拟人类某些智力活动的方法。是一门新兴的边缘学科，研究如何使机器具有认识问题与解决问题的能力，实现其感知功能、思维功能、表达行动功能及学习记忆等功能。主要研究目标有：①计算机智能化，包括模式识别、自然语言理解、专家系统、机器翻译等；②用计算机研究人类的智能，回答诸如人类为什么会思考、如何思考等一系列疑难问题。人工智能开辟了人类文明史的新时代。

(陆伟民)

人工智能语言 artificial intelligence language

在计算机上实现人工智能问题求解所采用的程序设计语言。如 LISP 语言，PROLOG 语言以及新近发展的面向对象语言等。　　　(李思明)

人激振动加载法 loading method of man-excited vibration

人们利用自身在结构上有规律地活动引起结构振动的加载方法。即在结构物的某个位置，使人的身体作与结构自振周期同步的前后运动，使结构产生足够大的惯性力，就有可能形成适合作共振试验的振幅。这种方法用于结构动力特性试验，对于自振频率比较低的大型结构，完全有可能被激振到所产生的反应足以进行量测的程度。在开始几周运动后振幅就达到最大值，当停止运动时结构作有阻尼的自由振动，可以测得结构的自振周期与阻尼值。

(姚振纲)

人孔 manhole

构筑物或设备上供维修工人进出的孔洞。如在英兹式水塔水柜顶盖上，为使工人能够进出均设有人孔。其形式为不小于 600mm×700mm 的矩形孔或直径为 700mm 的圆形孔。　　(方丽蓓)

人为斜纹 processing cross grain

直纹原木沿平行树轴方向锯解时，由于根粗梢细，生产的板、方木材面与纤维不平行而产生的斜纹(纤维或年轮被切断而形成)。此外，将直纹弦切板再锯解成小方条或板条时，如锯解方向与纤维方向呈一定角度时也会产生人为斜纹。　(王振家)

人造冷源 artificial cold source

又称人工制冷。利用制冷装置获得的冷源。实现人工制冷的方法很多，按物理过程不同有：液体气化法、气体膨胀法、热电(偶)法等。按制冷温度的不同，可分为①普通制冷——高于-120℃；②深度制冷——-120℃～20K；③低温和超低温制冷——20K 以下。　　　　　　　　　(蒋德忠)

人字木橡架

见橡架(35页)。

人字式腹杆 triangular web member

见腹杆(89页)。

刃脚 cutting edge

位于沉井壁最下端，其截面形状作成有利于切入土中的上宽下尖的部分。要求有一定的强度，以免挠曲及碰坏。当通过紧密土层，尤其当土层中含有坚硬物体时，其尖端处须有踏面，并用角钢保护。

(钱宇平)

韧皮部 phloem, bark

又称树皮。由介于形成层和树干表皮之间各种细胞组成的树木组成部分。由形成层向外，韧皮部分内皮、周皮和外皮三层。内皮的细胞起在树根与树冠之间竖向输导营养物质的作用，并将营养物质横向输送到树干或加以贮存。周皮是活细胞逐渐死亡的过渡层。外皮全部为死细胞，它专司从外部保护树干的职责。　　　　　　　　(王振家)

韧性 ductility

荷载作用下钢材吸收机械能和抵抗断裂的能力。在单轴应力作用下，钢材的韧性是断裂前单位体积所吸收的总能量(包括弹性能和非弹性能两部分)。在多轴应力状态下，钢材抵抗开裂和裂纹扩展的能力一般用缺口韧性来描述，韧性高的钢材具有较高的抗动荷载作用和抗脆性破坏的能力。

(朱　起)

rong

容水度 water capacity, specific moisture capacity

岩土体能容纳水量的程度。用岩土中所容纳水的体积与岩土体积之比的百分数表示，在数值上等于岩土体积的孔隙率、裂隙率或岩溶率。但具有膨胀性的粘土，充水后体积膨胀，容水度便会大于原来的孔隙率。在实践中常碰到容水度小于或大于孔隙率的情况。　　　　　　　　　　(李　舜)

容许变形值 allowance of deformation

设计结构或构件时所容许的变形量。是为了保证结构构件的正常使用而对变形的限制。

(钟善桐)

容许残留冻土层厚度 allowable thickness of residual frost layer

容许在建筑物基础下有少量对建筑物无害的冻土层厚度。根据多年冻土地区建筑物变形的观测，建筑物地基冻胀变形的容许值定为 10mm，也就是说这种冻胀变形不会引起建筑物的破坏。在这种条件下相应的容许残留冻土层厚度为：
对弱冻土　　　　$d_{fr} = 0.17 z_0 \psi_t - 0.26$
对冻胀土　　　　$d_{fr} = 0.15 z_0 \psi_t$
对强冻胀土　　　$d_{fr} = 0$
上述 d_{fr} 为容许残留冻土层厚度(m)；z_0 为标准冻结深度(m)；ψ_t 为采暖对冻深的影响系数。
（秦宝玖）

容许长细比　allowable slenderness ratio
设计时杆件所容许采用的最大的长细比。规定容许长细比是为了使所采用的杆件不致过分细弱，使杆件在运送时和使用过程中不致发生过大的弯曲变形。
（夏志斌）

容许钢筋极限拉应变　allowance for ultimate tensile strain of steel bar
钢筋混凝土结构构件由受拉控制的纵筋达到正截面极限状态承载力时的钢筋拉应变限值。该值根据当时技术条件，由相应的规范规定。
（王振东）

容许挠度　allowable deflection
见刚度验算(91页)。

容许误差　allowable error
又称极限误差。在一定的观测条件下，偶然误差的绝对值不应超过的一定限值。根据概率统计的理论，偶然误差 Δ 大于中误差 m 出现的概率为32%，大于 $2m$ 的概率为 5%，大于 $3m$ 的概率为3%。因此以 $\Delta = 2m$ 或 $3m$ 作为观测误差的容许范围。如超过其容许值则应重测。
（郭禄光）

容许应力设计法　permissible stress design method, allowable stress design method
以弹性理论为基础，根据结构构件截面计算应力不大于规范规定的材料容许应力的原则，进行结构构件设计计算的方法。结构设计时，按线性弹性方法计算的、在规定的使用荷载作用下结构中的应力不应大于结构设计规范规定的材料容许应力。容许应力值系由材料所能承受的最大应力(平均极限强度或平均屈服强度)除以根据经验规定的安全系数而得。
（吴振声）

溶洞　cavern
地下水对可溶性岩层侵蚀所形成的洞穴、通道、暗河等的总称。
（李　舜）

溶洞水　cavern water
又称岩溶水。埋藏在可溶性岩层的溶孔、溶隙与溶洞(洞穴、通道、暗河)中的地下水的统称。溶洞水的形成受岩溶发育规律的控制(即有可溶岩、富侵蚀性强循环的地下水和炎热的气候条件)。
（李　舜）

溶蚀　dissolving attack
水泥砂浆和混凝土中的水化产物在腐蚀介质的作用下生成水溶性的反应产物而不断被溶出的现象。淡水渗滤而造成的上述过程又称溶析。腐蚀介质有：酸类，含有可交换离子的盐类，软水，有机油类和脂肪类。它是水泥砂浆和混凝土的最主要腐蚀形式之一。密实的砂浆和混凝土的溶蚀仅限于表层而损害较少。
（施　发）

溶析
见溶蚀。

熔敷金属　deposited metal
焊条或焊丝熔化后形成的焊缝金属。施焊时，焊条或焊丝在高温电弧作用下熔化，填充到焊件之间，与部分熔化的母材共同凝固后形成焊缝。
（李德滋）

熔合线　weld junction
焊缝金属与母材的结合线。截取焊接接头截面经腐蚀后，可显示出焊缝的熔合线。参见焊趾(119页)。
（李德滋）

熔深　penetration depth
在焊缝横截面上母材熔化的深度。参见焊趾(119页)。
（李德滋）

熔渣焊　fusion-slag welding
又称电渣焊。利用电流通过液态熔渣所产生的电阻热为热源的熔化焊接方法。宜用于厚板在垂直位置的焊接。
（刘震枢）

融化深度　thaw depth
温度在零度或零度以下的冻结土层，在大气转为正温度时，由于气温和地温的平衡作用，在地表下土被融化的深度。在一年的季节周期内融化深度大于冻结深度的地区，只存在季节性冻土；融化深度小于冻结深度的地区，则存在有夏季不能融化的冻土，这种情况延续三年以上的地区称为多年冻土区。
（秦宝玖）

融陷　thaw collapse
又称融沉。冻结了的土层融化时，由于土中的冰变为水分析出和土被融化的水所软化而产生的土层下沉。
（秦宝玖）

融陷系数　coefficient of thaw subsidence
又称融沉系数。评价冻土融陷程度的重要指标。计算式为：$A_0 = \dfrac{h - h'}{h}$。A_0 为融陷系数；h 为土试样融化前的厚度(cm)；h' 为土试样融化后的厚度(cm)。根据 A_0 值可将冻土分为：$A_0 < 0.02$ 为弱融陷的；$A_0 = 0.02 \sim 0.06$ 为融陷的；$A_0 > 0.06$ 为强融陷的。
（秦宝玖）

rou

柔度法 flexibility method

利用结构的柔度建立运动方程的方法。结构作为 n 自由度体系,若用柔度矩阵 Δ 来描述其弹性特性,则结构自由振动运动方程可写成如下的矩阵形式

$$\Delta MX + X = 0$$

式中柔度矩阵 Δ 的元素等于单位外力所引起的体系的位移。令体系第 j 坐标上作用单位力而在第 i 坐标上所引起的位移定义为柔度系数 $\delta_{ij}(i,j=1,2,\cdots,n)$,由各 δ_{ij} 即组成体系 $n\times n$ 阶的柔度矩阵。在一些情形下,例如静定弹性结构,建立柔度矩阵比建立刚度矩阵方便。柔度矩阵与刚度矩阵互为逆矩阵。但从刚度矩阵 K 可能找不到 δ_{ij},如体系的自由度中包含刚体运动时,刚度矩阵的行列式为零,即刚度矩阵是奇异的,此时就不存在逆矩阵。
(费文兴)

柔性垫梁 flexible concrete padstone

梁端底部设有长度超过刚性垫块构造要求的梁或圈梁。其下砌体局部受压应力沿垫梁长度方向分布不均匀,局部受压强度计算一般是以其最大压应力与砌体抗压强度的比值进行控制。(唐岱新)

柔性防水 pliable waterproofing

采用柔性材料做成的建筑物防水构造。主要材料有钢板、卷材及涂膜等。钢板防水主要用于高温、大振动及防水要求严格的特殊防水工程。由于其造价高,施工复杂,一般工程不宜采用。卷材防水因其能适应结构微量变形,具有一定的防腐蚀性和效果较可靠而得到广泛应用。近年来除传统的各种沥青质卷材外,还研制生产了以各种合成高分子材料为主体的卷材或涂膜(如三元乙丙橡胶防水卷材,氯化聚乙烯橡胶防水卷材、聚氨酯防水涂料等),虽然造价较高,但因在使用温度范围、耐久性及施工操作等方面性能良好而日益发展。(黄祖宣)

柔性连接件 flexible connector

工作时除了弹性及弹塑性滑移变形外,还有相当的塑性滑移变形的连接件。它不仅能满足刚性连接件的变形性能要求,还能在部分抗剪连接时适应附加的滑移变形要求。如栓钉、槽钢连接件及弯起钢筋连接件。(朱聘儒)

ru

蠕变 creep

见徐变(330页)。

蠕滑断层 creep-slip fault

断裂两盘缓慢而平稳地错动的断层。它属于非发震断层。(李文艺)

褥垫 bedding course

将岩石表面剥去一部分后再覆土填实所形成的地基垫层。当基础一部分支承在岩石上另一部分支承在土层上时,可通过控制褥垫厚度和刚度以调节软硬两边建筑物的沉降差,防止产生裂缝。
(胡中雄)

ruan

软磁盘 floppy disk

又称软盘。盘片为圆形塑料片,外罩方形盘套的一种存储介质。尺寸有 8、5.25、3.5 英寸等多种,接触式磁头通过盘套上开口按磁道、扇区存取信息、盘套上的索引孔作为磁道起始位置标志,写保护缺口在必要时可起保护盘上数据的作用。按盘片使用的面及记录密度,分为单面单密度,单面双密度和双面双密度软盘片。软磁盘已被广泛用作微、小型计算机的存储器,它也可作为一种输入设备使用。常用的软磁盘容量为 360KB、720KB、1.2MB、1.44MB 等。
(郑 邑)

软钩吊车 soft hook crane

吊重通过钢丝绳传给小车的桥式吊车。是通常的吊钩类型。(王松岩)

软化系数 softening index

岩石在饱和状态与风干状态的单轴极限抗压强度之比。岩石按软化系数可分为软化岩石和不软化岩石。软化岩石浸水后,其物理力学性质变化显著。岩石软化系数的大小主要取决于含泥量及其中主要粘土矿物的类别与性质。(杨桂林)

软件 software

为运行、管理、维修和开发计算机所编制的各种程序及其文档的总称。软件与硬件的结合,才是一个完整的计算机系统。计算机软件可分为系统软件和应用软件。它包括各种语言的汇编或解释、编译程序;调试程序;故障检查和诊断程序;程序库;操作系统;数据管理系统;计算机的监控管理程序;各种维护使用手册和有关文档以及各个领域为解决具体问题而编制的专用程序。(周锦兰)

软件工程 SE, software engineering

达到新兴行业水平的生产计算机软件的工程。它生产的产品是软件。同其它工程一样,主要是以人员、工具和管理作为支柱。人员是指软件工程中的生产者,在生产中起决定性的作用;工具是指生产者所使用的软件工具;软件工程的管理职能是负责

软件工具 software tool

在生产软件过程中所使用的软件。能帮助开发、测试、分析、维护其他计算机程序及其文档资料,实现软件生产过程的规范化及自动化。

（周锦兰）

软件开发环境 software environment

软件开发所需要的硬件、软件,工具系统群,指导软件开发的各种方法,从事软件开发的技术人员和管理人员等。

（周锦兰）

软弱下卧层验算 check for underlying soft soil

软弱下卧层顶面处所承受的应力是否超过此层土的承载力设计值的一种设计校核。如果应力过大,则应改变基础尺寸或减小荷载直到满足要求为止。软弱下卧层顶面处的附加应力可用考虑了持力层与下卧层的相对刚度对应力分布的影响的方法来计算。

（高大钊）

软土 soft soil

主要由粉土粒和粘土粒组成,富含有机质及高亲水性粘土矿物,压缩性高、强度低的灰色或灰黑色的软粘性土。包括淤泥、淤泥质粘性土、淤泥质粘质粉土等。一般分布于沿海的滨海相、三角洲相、溺谷相;内陆平原或山区的河漫滩与废河道相、湖相及沼泽相等地区。软土的天然含水量高(接近或大于液限),孔隙比大(一般大于1)。具有灵敏的结构性特征。按其有机质含量可分为有机质土、泥炭质土和泥炭。

（杨桂林）

软土地基加固 consolidation of softsoil

对压缩性高的软土地基所采取的增强措施。一般采用:①换填法;②预压法;③深层搅拌法;④高射喷射注浆法;⑤桩基础法等。目的是增强地基强度,减少沉降量。加固时采取何种方法应因地制宜。

（胡连文）

软质岩石 soft rock

新鲜岩块的饱和单轴极限抗压强度小于30000kPa的岩石,如粘土岩、页岩、千枚岩、绿泥石片岩、云母片岩及泥质胶结砂岩、砾岩等。还可按上述强度指标再分为次软岩石(5000～30000kPa)和极软岩石(小于5000kPa)。

（杨桂林）

rui

瑞雷波 Rayleigh wave

1885年 L.J.W.S.Rayleigh 从理论计算中发现的一种面波。瑞雷波波速比乐甫波慢。它所引起的质点运动轨迹为垂直平面中的逆进椭圆,其地震动的最大水平位移大致是其最大垂直位移的0.68倍,且比最大垂直位移早到场地。远震产生的地震动中瑞雷波影响较大。

（李文艺）

瑞雷分布 Rayleigh distributions

概率分布函数的一种。其概率密度函数为

$$p(a) = \frac{a}{\sigma_y^2} \exp\left(-\frac{a^2}{2\sigma_y^2}\right)$$

a 为响应 y 不超过的允限值,σ 为根方差。响应峰值分布经分析属于瑞雷分布,即峰值不超过 $y=a$ 的概率分布。

经过计算,瑞雷分布的数学期望 $Ea = \sqrt{\frac{\pi}{2}}\sigma_y$,根方差 $\sigma_a = \sqrt{2-\frac{\pi}{2}}\sigma_y \approx \frac{2}{3}\sigma_y$。

（张相庭）

ruo

弱结合水

见薄膜水(5页)。

弱轴 minor axis

对构件截面具有最小惯性矩的形心主轴。它与强轴正交。

（夏志斌）

S

sai

塞焊缝 plug weld
两构件叠接,上构件开有圆孔,用电焊条熔敷金属填满圆孔形成的焊接。当采用非圆形的槽孔时,称为槽焊缝。　　　　　　　　(李德滋)

san

三边测量 trilateration
利用电磁波测距仪直接测定三角网中各三角形的边长,根据起始元素确定控制点平面位置的工作。首先推算各三角形的内角,继而推算出各边方位角和各控制点的平面坐标。三边网中的起始元素为起始边的坐标方位角和起始点的平面坐标。
　　　　　　　　　　　　(彭福坤)

三对数坐标反应谱 tripartite logarithmic response spectrum
见冲击反应谱(30页)。

三废治理 treatment of waste liquid、waste gas and waste residue
采用物理、化学和生物等措施,对生产和建设中的废液、废渣和废气进行整治和处理,使其符合"三废"排污有关规定的工作。它是保护环境、消除公害、防止污染的一种措施,也是综合利用的一个重要方面。　　　　　　　　　　　　(房乐德)

三合土基础 foundation made of materials
由石灰、砂、集料(碎石或碎砖等)混合砌筑而成的基础。通常三合土的比例(体积比)为 $1:2:4\sim1:3:6$(石灰:砂:集料)。每层虚铺厚度 $20\sim30$cm 后,逐层夯实,使基础有一定强度,这类基础台阶宽高比的容许值为 $0.5\sim0.67$。　　　(曹名葆)

三角测量 triangulation survey
将地面上选定的控制点构成一系列相互联接的三角形,并确定其平面位置的工作。这些平面控制点称为三角点。在点上设置测量标志,观测所有三角形内的水平角,并精确测定起始边边长和方位角,逐一推算其余边的边长和方位角,进而按起始点坐标推算其余各点的平面坐标。　　　(彭福坤)

三角高程测量 trigonometric leveling
利用三角学原理,对地面点高程进行的测量。适合于地面起伏较大的山区和丘陵地区。测量方法是在测站点安置仪器,量取仪器高 i 和照准目标高 V,测定至照准点的竖直角 α,若测站点至照准点水平距离 D 为已知,根据三角学原理,测站点至照准点高差:
$$h = D \cdot tg\alpha + i - V$$
当测站点高程 $H_{站}$ 为已知,照准点高程 $H_{点} = H_{站} + h$。当两点间距离 $D \geqslant 300$m 时,应考虑地球曲率和大气折光的改正。　　　(汤伟克)

三角形屋架 triangular truss
外形呈三角形的屋架。用于屋面坡度较陡的有檩屋盖结构。在沿跨度均匀分布荷载作用下屋架杆件内力沿

芬克式

屋架跨度分布很不均匀,弦杆材料强度利用不够充分。常用的腹杆布置方式有:豪式、芬克式等。芬克式腹杆体系是将屋架划分成左右两个相等的小三角形桁架;很便于运输安装;杆件夹角适中便于构造;桁架的长杆受拉,短杆受压,内力分布也比较均匀,用料经济,是钢屋架常用的形式。　(徐崇宝)

三角形支架 triangular rack
支承管道,在管线方向做成三角形构架型式的支架。在两斜柱中间布置若干水平腹杆。这种支架大都用作固定支架,或高度很大的中间支架,可承受支架底部沿管线方向较大的弯矩。
　　　　　　　　　　　　(庄家华)

三角洲 delta
在河流入海(湖)的河口地段,将大量泥沙沉积下来而形成向海(湖)突出的堆积体。其上地势低平,港汊纵横。可分为尖头形三角洲、扇形三角洲、鸟爪形三角洲和岛屿形三角洲等类型。
　　　　　　　　　　　　(朱景湖)

三角洲沉积物 delta deposit
在河流流入海洋或湖泊的入口处,大量泥沙堆积成略似三角形的沉积物。可分为:①顶积层——三角洲的水上部分和水下部分的沉积物,由河流、湖沼等沉积而成,以粉砂为主,具水平微层理和交错层理;②前积层——位于水下三角洲前缘斜坡的沉积物,以粘土质粉砂为主,具斜层理和波状层理;③底积层——平铺在海底或湖底上的沉积物,由粘性土

组成,具有规则的水平层理,沉积物中富含有机质。

（朱景湖）

三角锥网架 triangular pyramid space grid

以三角锥体为基本单元组成的网架结构。三角锥的底及棱边构成该网架的上弦及腹杆,连接三角锥顶点的杆件成为网架的下弦。这种网架整体刚度大,杆件受力均匀,上、下弦节点汇交杆件数均为9根,节点构造类型统一。适用于周边支承,建筑平面为三角形、多边形及圆形等空间结构。

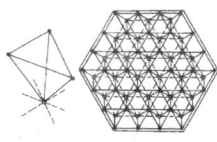

（徐崇宝）

三铰刚架 3-hinge rigid frame

柱和基础铰接支承外,横梁中部用铰接连接的单跨刚架。梁柱节点刚接,承受较大的弯矩时,一般都把截面放大做成变截面。三铰刚架荷载作用所产生的水平推力比双铰刚架小,柱脚支座容易处理,并且对地基不均匀变形的敏感性也低,适用跨度一般较大,但在不对称荷载作用时的受力变化比较敏感。用钢或钢筋混凝土材料制作,适用于商业和一般的公共建筑、仓库和轻工厂房。

（陈宗梁）

三铰刚架式天窗架 skylight truss of 3 hinged rigid frame type

由两个三角形刚架组成,中间设一个铰以便于制作和运输的天窗架。有时为了减小横梁的弯矩,斜杆外移不交于中间铰。这种天窗架的跨度一般为6m。

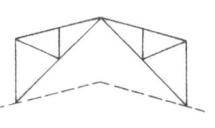

（唐岱新）

三铰拱 3-hinged arch

拱脚及拱顶做成铰接构造的拱。是装配式拱应用型式之一。但由于跨中存在拱铰,使拱及屋盖结构构造复杂。三铰拱是静定结构,不受支座沉陷的影响。

（唐岱新）

三铰拱式天窗架 skylight truss of 3-hinge arch

由两个三角形桁架组成,跨中与屋架连接的两端节点为铰接的天窗架。它与屋架的连接点最少,运输安装简便,可用于钢屋架,也可用于钢筋混凝土屋架。适用于较小跨度情况。

（徐崇宝）

三铰拱屋架 roof truss of 3-hinge arch

上弦为钢筋混凝土或预应力混凝土构件,下弦为角钢、顶点铰接的屋架。自重较轻,适用于跨度在15m以下的中、小型厂房。这种屋架刚度较差,并应防止水平荷载作用时下弦可能受压。

（唐岱新）

三阶段设计 design of three stages

见工程设计(105页)。

三阶段设计法 three-stage design method

按三个工作阶段设计预应力钢结构的方法。将荷载适当分成两部分,即初始荷载和续加荷载。构件或结构先承受初始荷载作用,称初始荷载阶段;然后施加预应力,进入预加应力阶段;最后承受剩余的续加荷载,称续加荷载阶段。在每一阶段,构件或结构都应满足极限状态设计的要求。此法的经济效果比二阶段设计法较高,但施工较复杂。

（钟善桐）

三联反应谱 tripartite response spectrum

见冲击反应谱(30页)。

三顺一顶砌筑法

以三皮顺砖一皮顶砖相间的砌合方式。此法易使墙面达到平整。在转角处可减少砍砖,砌筑速度快,但在顺砖层之间出现三皮通缝,墙体的整体性较差。

（张景吉）

三通一平 getting work site ready for construction

在施工现场修通道路、接通施工用水、用电、平整好施工场地的工程。它是施工现场准备工作中的重要内容,也是搞好施工必备的基本条件。对特区建设、城市统建小区建设和利用外资工程的现场提出"七通一平",即指上水、下水、供电、道路(或通航)、供热、通讯、煤气及平整场地。

（林荫广）

三维图形B-Rep法 boundary representation

一种边界造型方法。它把三维几何体看成由某些二维的边界面围成,每个面又由一维的线段围成,每一线段则由点所决定。使用此方法能表示出体、面、线和点的相互关系,从而显示整个三维物体。

（王东伟）

三维图形CSG法 constructive solid geometry

又称体素拼合法。用若干个基本体素拼合来描述物体的方法。如圆柱体、长方体、圆锥体、球体等。根据物体的实际情况,对有关体素进行一系列集合运算,即可得到所需要的复杂形状。

（李建一）

三维有限元模型 3-dimensional finite element model

当用近似理论来模拟连续体问题时,为了提高计算精度,解决形状复杂的特殊问题时所采用的一种有效的三维力学模型。单元形状与节点可与任何复杂形状突变位置相适应,在系统反应精度与单元合理数量之间可以随意调整。但由于技术上复杂,耗资巨大,一般不轻易采用。

（章在塘）

三线型恢复力模型 trilinear restoring force model

用三直线段表示骨架曲线的恢复力模型。通常第一转折点取开裂点,第二转折点取屈服点,对一般的钢筋混凝土构件较为合适。

(余安东)

三向网架 three-way lattice grid

由三向互成60°的桁架组成的网架结构。由于网架的基本单元为几何不变的三棱体,因此不需另加支撑。这种网架空间刚度大,受力性能好,能均匀地把荷载传至支承;但汇交于一个节点的杆件很多,节点构造比较复杂,一般采用圆钢管杆件和焊接空心球节点连接。特别适用于跨度较大,且建筑平面为三角形、六边形、多边形和圆形的空间结构。

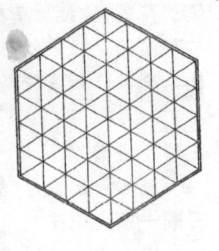

(徐崇宝)

三支点式天窗架 skylight truss with 3-supporting point

支承在屋架脊节点和两个侧柱上,弦杆弯折的三角形桁架而形成的天窗架。它与屋架连接结点较少,常与屋架分别吊装,施工比较方便。适用于天窗架跨度较大的情况。

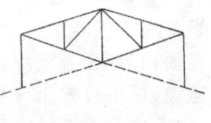

(徐崇宝)

三轴剪切试验 triaxial shear test

在固定土的侧向压力(周压)条件下,不断增加轴向压力使土发生破坏的一种剪切试验。通常用3~4个圆柱形试样分别在不同的恒定周压(σ_3)下,施加轴向压力($\Delta\sigma$)进行剪切直至破坏。根据破坏时的σ_1($\sigma_1 = \sigma_3 + \Delta\sigma$)和$\sigma_3$绘制莫尔圆。莫尔圆的包线即为土的抗剪强度与法向应力的关系曲线,并据此可确定土的内聚力c和内摩擦角φ之值。

其最大优点是能够控制剪切试验时的排水条件。根据排水条件试验方法有:①不固结不排水剪(UU),试样在试验过程中均不排水;②固结不排水剪(CU),试样先排水固结,然后在不排水的情况下剪切破坏;③固结排水剪(CD),试样在试验全过程中均充分排水。同一种土用不同试验方法所测得的抗剪强度指标是不同的。

(王正秋)

伞形壳

见双曲抛物面薄壳(281页)和组合壳(387页)。

散粒材料的拱作用

筒仓上部贮料停滞下落所形成的物料拱现象。在筒仓设计时,应考虑物料拱塌落所产生的冲击,对结构的受力影响。

(侯子奇)

散流器 diffuser

一种装设于房间上部,气流从风口向四周辐射状射出的送风装置。诱导性能较好,送出的气流能与室内空气充分混合。结构型式多种多样,外形有圆形、矩形或方形。改变散流器扩散圈,调整出风方向,可得到不同的送风类型,因而用途广泛。

(蒋德忠)

散热器 radiator

采暖系统中以对流和辐射方式将热能散放到室内的设备。是应用最广和最普遍的散热设备。常见的分为铸铁和钢制两大类。铸铁的耐腐蚀、寿命长,目前国内应用最多,又分为翼型和柱型两类。钢制的节省金属、结构紧凑、外形美观、安装方便。第二次世界大战后在国外开始大量研制使用,中国70年代试制,目前已有一定的生产能力。它又分为钢串片、板式、扁管式及钢制柱式几类。

(蒋德忠)

sao

扫描仪 scanner

通过光电扫描的原理自动地将图形或文字输入计算机的设备。

(薛瑞祺)

sha

砂岛 sand island

在水中修筑沉井(或沉箱)时,先在施工场地填筑砂土所做成的供制作沉井和进行沉井下沉施工的人工岛。依据水深和流速的不同,可不用围堰围护或采用围堰填土筑岛。不得使用淤泥、泥炭及粘性

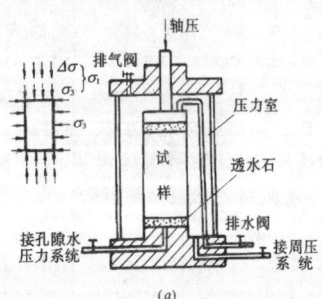

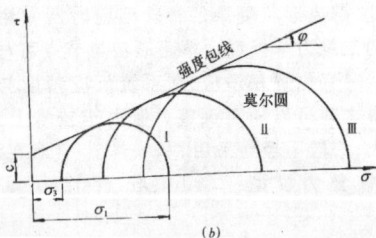

土修筑土岛。砂岛的顶面标高应比在沉井制造期间可能发生的最高水位高出 0.5～1.0m。

(殷永安)

砂垫层 sand cushion

在基础底面下用砂或砂砾做成的人工持力层。当地基土满足不了建筑物要求的承载力和变形条件时,挖除基础底面下一定深度范围内的软弱土,分层换填强度较大的砂或砂砾,并夯压至要求的密实度而成。它具有提高地基承载力、减少地基沉降量、加速软弱土层的排水固结、防止地基冻胀、消除膨胀土的胀缩等作用。

(平涌潮)

砂堆比拟法 sand-heap analogy

利用砂堆特性来比拟构件内力的方法。在计算受扭构件承载力时,假定截面材料强度已进入全塑性状态,采用如下的比拟法求解构件截面的扭转承载力:如果把一张硬纸板剪成受扭构件截面的形状,将它平放并在其上堆满砂子,其砂堆的自然斜率即为其截面最大剪应力 τ;砂堆的二倍体积,即为其截面的扭矩 T。如对于圆形截面,$\tau=\mathrm{tg}\varphi=\dfrac{h}{r}$,$T=2$ 倍砂堆体积 $=2\cdot\dfrac{\pi r^2}{3}h=\dfrac{2}{3}\pi r^3\tau$。

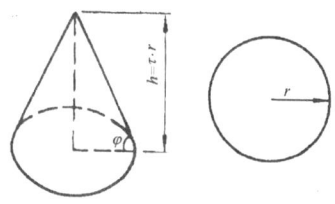

(王振东)

砂浆 mortar

由无机胶结料(水泥、石灰、石膏、粘土等)、细集料(砂)按一定比例加水搅拌而成的砌筑材料。按其用途分为砌筑砂浆和抹面砂浆,总称建筑砂浆。按其成分可分为无塑性掺合料的水泥砂浆、有塑性掺合料(石灰浆或粘土浆)的混合砂浆以及不含水泥的石灰砂浆、粘土砂浆和石膏砂浆等。按其重力密度可分为不小于 $15kN/m^3$ 的重砂浆和小于 $15kN/m^3$ 的轻砂浆。工程上对砂浆的要求主要有:和易性(流动性和保水性)、粘结力和强度。

(唐岱新)

砂浆保水性 water-maintainability of mortar

新拌砂浆在存放、运输和使用过程中能够保持其中水分不致很快流失的能力。保水性不好的砂浆在施工过程中容易泌水、分层、离析、失水而降低流动性,同时,在砌筑时水分容易被砖石迅速吸收,影响胶凝材料的正常硬化,从而降低砂浆的强度。

(唐岱新)

砂浆变形 deformation of mortar

砂浆硬化后受外界作用所产生的几何形状的改变。如受力后的压缩变形、横向扩张、塑性流变,以及干缩、湿胀、热胀、冷缩、碳化、收缩等。

(张兴武)

砂浆标号 grade of mortar, mortar grade

采用边长为 7.07cm 的立方体试块,在标准条件下养护 28d 测定的抗压强度(kg/cm^2)。GBJ3—73 规范规定有:100、50、25、10 和 4 等 5 种。其相应的强度等级为:M10、M5、M2.5、M1 和 M0.4。

(张兴武)

砂浆稠度 consistence of mortar

见砂浆流动性。

砂浆的应力应变关系 stress-strain relationship of mortar

砂浆标准棱柱体试件,受压试验所得出的应变随应力变化的规律。同砖相比砂浆的变形能力大得多,其极限应变大于 0.003。

(张兴武)

砂浆和易性

砂浆流动性与砂浆保水性的总称。

(唐岱新)

砂浆力学性能 mechanical properties of mortar

砂浆硬化后受力作用的反应。一般指砂浆抗压强度、压缩应变、弹性模量、泊松比、塑性流变等。

(张兴武)

砂浆流动性 flowability of mortar

又称砂浆稠度或砂浆可塑性。在自重或外力作用下砂浆流动的性能。流动性良好的砂浆,砌筑时容易铺成均匀密实的砂浆层,便于施工操作又能提高砌筑质量。砂浆的流动性由标准圆锥沉入砂浆中的深度来表示。

(唐岱新)

砂浆强度等级 strength grade of mortar

根据砂浆试块的抗压强度划分的等级。GBJ3—88 规范规定有:M15、M10、M7.5、M5、M2.5、M1 和 M0.4 等 7 种。砂浆抗压强度是指边长为 70.7mm 的立方体试块,经标准养护后,加压试验所得的应力极限值(MPa)。

(张兴武)

砂井 sand drain

在直径 30～40cm 的地基土体竖孔内填设砂料形成的砂土桩体。主要用作地基土中水的排水通道以加速地基固结。

(陈竹昌)

砂壤土

见砂质粉土(262 页)。

砂土 sand soil

粒径大于 2mm 的颗粒含量不超过全重 50%,且粒径大于 0.075mm 的颗粒含量超过全重 50% 的土。上述定义中的后一界限标准,也有按粒径小于 0.005mm 的颗粒含量(粘粒含量)不超过全重 3%

的。按颗粒级配分为砾砂、粗砂、中砂、细砂和粉砂。砾砂:粒径大于2mm的颗粒占全重25%～50%;粗砂:粒径大于0.5mm的颗粒超过全重50%;中砂:粒径大于0.25mm的颗粒超过全重50%;细砂:粒径大于0.075mm的颗粒超过全重85%;粉砂:粒径大于0.075mm的颗粒超过全重50%。定名时应根据粒名组由大到小以最先符合者确定。该类土主要由石英、长石及云母等原生矿物组成,粘土粒含量很少。砂土呈单粒结构,透水性大,压缩性低,压缩过程快,抗剪强度高。以上特性与其组成颗粒大小和密实度有关。细砂、粉砂中毛细水发育,抗渗流稳定性差,在振动荷载作用下易于液化。　　(杨桂林)

砂土的相对密度　relative density of sand
简称相对密度。砂土最疏松状态的孔隙比(e_{max})和天然孔隙比(e)之差与砂土最疏松状态的孔隙比和最紧密状态的孔隙比(e_{min})之差的比值。公式表示为

$$D_r = \frac{e_{max} - e}{e_{max} - e_{min}}$$

它是砂土紧密程度的指标,其值在0～1之间,数值愈大土愈密实。它对填土质量控制及建筑物砂土地基的承载力和抗剪稳定性等方面具有重要意义。
　　　　　　　　　　　　　　　　　(王正秋)

砂土液化　liquefaction of saturated soil
饱和的砂土或粉土在振动作用下,土粒完全悬浮于水中,因而丧失强度和承载能力的现象。导致砂土液化的振动有机械振动和地震。由于砂土液化,可使建于砂土或粉土地基上的建筑物产生强烈的沉降,甚至倾倒破坏。地震引起砂土液化时,产生喷水冒砂现象。　　　　　　　　(蒋爵光)

砂质粉土　sandy silt
旧称亚砂土。又称砂壤土或砂质垆坶。粒径小于0.005mm的颗粒含量(粘粒含量)不超过全重10%的粉土。砂质粉土的工程性质接近粉砂。参见粉土(84页)、砂土(261页)。　　　(杨桂林)

砂质垆坶　sandy loam
见砂质粉土。

砂桩　sand pile, sand column
用冲击或振动等方法将钢套管按一定间距沉入地基土中挤压成孔,然后边拔管边向管内灌砂并振捣密实而成的砂质柱体。是软弱地基处理常用的方法之一。这种处理方法对整个地基起到挤压密实的作用,砂桩本身又以其较周围土体为大的刚度而承受大部分上部结构及基础的荷载,从而与周围被加固土一起组成复合地基。可提高地基承载力、减少沉降、防止振动液化等,适用于处理杂填土和粘性土和深层松砂等地基。　　　　　　　(王天龙)

shan

山地　mountainous land
一般指高度较大,坡度较陡的高地。最高点一般不在边缘,具有明显的坡麓线,由山麓、山坡和山顶组成。山坡有直线形、凹形、凸形和复式等形状,具有较大的坡度。山顶有平坦的、圆锥形的、穹形的和角锥形的。山地按海拔高度可划分为:低山(<1000m)、中山(1000～3500m)、高山(3500～5000m)和极高山(>5000m);按成因,可划为构造山(单面山、猪背脊、褶皱山和断块山等)、火山和侵蚀剥蚀山地。　　　　　　　　　　　　　　　(朱景湖)

山谷线　valley line
又称集水线。山谷两侧坡面在低处的交线。即谷地相邻最低点的连线。也是山谷两侧坡面的地表水汇集所流经的路线。它是编制地形图时用作综合等高线的控制骨架之一。
　　　　　　　　　　　　　　　　　(潘行庄)

山脊线　crest line
又称分水线。若干相邻山顶、鞍部连接的凸棱部分的棱线。它是山体两侧坡面的交线,沿山体方向延伸,是山体相邻最高点的连线。地表水分别向两侧坡面分流。它是编制地形图时用作综合等高线的控制骨架之一。　　　　　　　　(潘行庄)

山坡墙　slope wall
用于支挡山坡可能坍落的覆盖土层土体或破碎岩石的支挡结构。　　　　　　　　(蔡伟铭)

山体压力　rock pressure in hill
又称岩石压力、矿山压力、地压、围岩压力等。地下洞室、巷洞周围因开挖而发生应力重分布的那一部分岩土体(围岩)作用于洞体衬砌或支护上的压力。其大小及分布规律与地质条件、洞体开挖深度、平面布置及断面形状和尺寸等有关。它是确定洞室、巷洞的衬砌或支护及其他安全措施的设计荷载的主要依据。山体压力的基本观测方法,参见地应力观测(54页)。　　　　　　(杨桂林)

闪点　sparking point
易燃和可燃液体物质蒸发的可燃气,遇火引起混合物闪燃的最低温度。闪点是鉴别易燃液体和可燃液体形成爆炸危险性的主要数据。
　　　　　　　　　　　　　　　　　(房乐德)

扇性惯性矩　warping torsion constant
又称翘曲扭转常数、翘曲常数或约束扭转常数。截面在扇性坐标系中按直角坐标计算截面惯性矩的方式得到的几何量。通常以I_w表示。弹性模量E与截面扇性惯性矩的乘积EI_w称为截面的翘曲抗扭

刚度,它表示开口薄壁构件抵抗约束扭转变形的能力。　　　　　　　　　　　　　　（沈祖炎）

扇性坐标系　sectorial coordinate system

用扇形面积表示曲线上任意点位置的坐标系统。计算开口薄壁杆件的内力和变形时,常采用。截面上任一点的扇性坐标能反映该点的翘曲变形。
　　　　　　　　　　　　　　（沈祖炎）

shang

上部结构和基础的共同作用分析　analyses on interaction of superstructure and foundation

将上部结构和基础视作一个受力体系的整体分析。传统的基础设计计算方法是人为地将上部结构和基础割离成两部分,没有考虑柱脚处基础的变形及其与上部结构的变形协调,因此与实际状态不符。共同作用的分析方法是将地基基础和上部结构视为一个整体来承受地基反力的作用,采用有限元法分析该体系各部分的内力。既考虑了上部结构对减小基础变形的贡献,也考虑了由于基础沉降在上部结构产生的次应力,因而是比较合理的分析方法,但计算比较复杂。　　　　　　　　　（钱力航）

上层滞水　vadose water, perched water

分布于包气带中局部不透水层或弱透水层之上的重力水。上层滞水靠大气降雨、融雪等渗入补给,而消耗于蒸发和隔水层的边缘下渗。其存在具有季节性。它可作为短期小型供水,但应注意污染。在基坑开挖中要注意由于上层滞水可能引起的突然涌水事故。　　　　　　　　　　　（李　舜）

上刚下柔多层房屋

底层不符合刚性方案要求,而上面各层符合刚性方案要求的多层房屋。例如,底层为商店,上部为住宅的房屋可能属于此类。　　（张景吉）

上柔下刚多层房屋

顶层不符合刚性方案要求,而下面各层由相应楼盖类别和横墙间距可确定为刚性方案的多层房屋。例如顶层为会议室的办公楼可能属于此类房屋。　　　　　　　　　　　　　（张景吉）

上水系统　water-supply system

见给水系统(145 页)。

shao

烧穿　burn-through

焊接过程中,熔化金属自焊口背面流出而形成穿孔的缺陷。　　　　　　　　（刘震枢）

烧结非粘土砖　fired brick without clay

采用非粘土原料经 1000℃ 左右高温烧制而成的砖。常用的有烧结页岩砖、烧结煤矸石砖和烧结粉煤灰砖。非粘土砖的生产和广泛推广使用可以保护国土资源、利用废料,是砖瓦工业发展的方向。
　　　　　　　　　　　　　　（罗韬毅）

烧结粉煤灰砖　fired fly-ash brick

以粉煤灰为主要原料,掺配一定比例的粘土或煤矸石粉等胶结料,经过混合搅拌、成型、干燥等工序,最后在 1000℃ 左右 的高温下烧制而成的砖。重力密度比粘土砖小,强度与粘土砖相近。粉煤灰是一种工业废料,用于制砖可以节约 50% ~ 60% 的原煤,并减少污染。　　　　　　　　　（罗韬毅）

烧结煤矸石砖　fired brick of colliery waste

以煤矸石为主要原料,经过配料、粉碎、成型、干燥等工序,最后在 1000℃ 左右的高温下烧制而成的砖。煤矸石砖抗压强度一般为 $13.7 \sim 24.5$ MPa;其抗折强度一般为 $3.9 \sim 5.0$ MPa,其重力密度一般为 $14 \sim 17$ kN/m^3。煤矸石用于制砖可以节约原煤,并避免对环境的污染。　　　　　　　（罗韬毅）

烧结普通砖　fired common brick

旧称普通砖。外形尺寸为 240mm × 115mm × 53mm,无孔洞或孔洞率小于 15%,原料经过制备、成型、干燥等工序后,采用 1000℃ 左右高温焙烧而成的砖。可用于生产烧结砖的原料很多,根据其主要成分可分为烧结粘土砖和烧结非粘土砖两大类。
　　　　　　　　　　　　　　（罗韬毅）

少筋混凝土结构　low reinforced concrete structure

配筋率低于普通钢筋混凝土结构的最小配筋率,介于素混凝土结构和钢筋混凝土结构之间的一种少量配筋结构。在混凝土中配置少量的钢筋,在一定程度上弥补混凝土的偶然缺陷,加强最薄弱截面,改善混凝土的不均匀性,提高了混凝土的抗拉能力,从而推迟了裂缝的出现,防止开裂后构件过早地破坏,对于一些尺寸较大的构件,在混凝土中配置少量的钢筋,在满足抗倾复、抗滑移的稳定性要求和保证构件可靠度的前提下,能够适当减少混凝土用量,从而达到经济的目的。少筋混凝土一般在水工建筑物,如闸墩、闸底板、水电站厂房、挡水墙、船坞闸等工程中采用。　　　　　　　　　（王振东）

少筋梁　underreinforced beam

受拉纵筋配筋率小于最小配筋率的钢筋混凝土梁。由于配筋过少,混凝土一旦开裂,裂缝处混凝土拉力全部转给钢筋,并使其立即屈服,甚至拉断而导致梁的破坏,属脆性破坏性质。破坏时梁的计算弯矩低于开裂弯矩,它既不经济又不安全,在设计中应避免使用。　　　　　　　　　　　（刘作华）

she

设备工程设计　equipmentof engineering design

根据建设项目、生产工艺、使用要求、机器结构和性能等因素对设备进行计算、选用、绘图的过程。在通常情况下，对土建工程以外的给水排水、采暖通风、动力照明、通讯、消防等设计，一般也可通称为公用设备工程设计。应符合技术先进、经济合理的原则，并要注意机器设备配套。配套一般分三类，即项目配套、机组配套、单机配套。单机配套是机组配套的基础，机组配套是项目配套的前提。只有在设备工程设计时注意了设备配套工作，才能使建设项目和机器设备在建设和生产过程中迅速发挥作用。

（陆志方）

设备基础施工测量　construction survey of equipment foundation

定出设备基础轴线位置的工作。设备基础的施工，一般在厂房主体结构安装完毕后进行。工作程序为：①根据厂房柱列轴线与设备基础轴线的关系，定出设备基础轴线和地脚螺丝的平面位置；②基础混凝土凝固前，检查与校正地脚螺丝的位置；③用水准仪测定基础顶面的标高。　（王　熔）

设备选型　equipment selection

对生产工艺设计中所采用的生产加工和控制用的机械设备、电气设备、仪表与量测设备、生产过程运输设备、其他设备和机械等的型号、规格、数量、生产能力与生产厂家等的选定。设备选型中要考虑：①满足生产工艺与生产能力要求；②质量可靠；③技术上先进；④经济上合理；⑤设备间相互配套，便于安装与检修；⑥尽可能配套选择。　（房乐德）

设备坐标　equipment coordinates

与图形设备相关联的坐标系，设备本身规定的在显示表面上采用的坐标系。原点定在左下角，也有定为左上角的。　（翁铁生）

设防烈度　design intensity

按国家批准权限，审定作为一个地区抗震设防依据的地震烈度。　（肖光先）

设计变更　modification of design document

在设计单位向施工单位作设计交底的图纸会审中决定对原设计图纸进行较大修改，或在施工前及施工过程中发现原设计有差错或与实际情况不符，以及当施工条件变化、用料变化等原因不能按原图施工时由原设计单位提出对设计文件的修改。由原设计单位以设计变更通知单（又称工程修改核定单）的形式办理。它是设计文件的组成部分，应存入技术档案，作为施工、交工验收及工程结算的依据。

（陆志方）

设计部门　design organization

又称设计单位。指在组织上有独立的机构，在经济上实行独立核算，为建设项目或单项工程编制设计文件，并对设计全面负责的法人。中国的设计机构按其业务性质分为：①规划与建筑设计单位；②工艺设计单位；③专业工程设计单位。按其隶属关系可分：①国务院各专业部门所属设计单位；②地方设计单位。按其设计技术条件可分：①甲级设计单位；②乙级设计单位；③丙级设计单位；④丁级设计单位。一个工程项目由两个或两个以上单位共同设计时，要确定一个设计单位为主体设计单位，由它组织设计协调和汇总，并对设计的合理性与整体性全面负责。　（房乐德）

设计单位　design organization

见设计部门（　　页）。

设计反应谱　response spectrum for design

用于结构抗震设计的反映不同场地土质条件下地震发生时的标准反应谱曲线。根据反应谱理论，把代表较为坚硬土的Ⅰ类场地，较为软弱的Ⅳ类场地和介于两者之间的中硬土Ⅱ类场地和中软土Ⅲ类场地的足够多的实际地面运动记录作为运动方程的输入，得到多条反应谱曲线，经过统计平均和平滑化后以最大绝对加速度与重力加速度的比值 α（地震影响系数）为纵坐标，结构自振周期 T 为横坐标，建立随场地土质条件变化的反应谱曲线。当设计烈度为 6 度、7 度、8 度、9 度时，α_{max} 分别为 0.04、0.08、0.16、0.32。　（陆伟民　许哲明）

设计干密度　design dry density

根据建筑的结构类型、填土性能、现场条件及现场试验结果，参照最大干密度确定的干密度的设计值。　（平涌潮）

设计回访　asking for criticisms by return a visit to user

工程交付使用后，设计单位组织设计人员到建设单位和施工单位进行的访问。其目的是征求施工单位和用户对设计质量及使用效果的意见，分析存在的原因，以改进设计。　（房乐德）

设计基准期　design reference period

计算结构可靠度时，为了反映各种影响因素（荷载、材料强度、几何尺寸等）随时间变化的特征而取用的基准时间。中国国家标准《建筑结构设计统一标准》规定，对于房屋建筑，计算结构可靠度采用的设计基准期取 50 年。这是一个供分析用的时间参照值。它与结构的使用寿命有一定联系，但两者并非完全等同。当实际使用年限超过设计基准期以后，结构不一定不能使用，但其失效概率可能大于设计预定值。如果采取了有效的维修措施，结构仍然

有可能继续使用相当长一段时期。（邵卓民）

设计技术经济指标 technical and economical target of design

设计综合成果在生产技术水平和经济效果方面所能达到程度的标志。如场地利用系数、建筑密度、平面系数、每平方米主要材料消耗、平方米造价等。一个指标只能反映某一方面的情况。综合反映设计成果的技术和经济水平,要用设计技术经济指标体系。（房乐德）

设计阶段 design stage

根据批准的计划任务书对拟建工程在技术上和经济上作全面研究、综合分析和计算、绘图的过程。任务是:对工程项目设计任务书中提出的任务,进一步在建设规模、产品方案、总体布置、工艺流程、设备选型、主要建筑物、构筑物、公用设施、劳动定员、占地面积、综合利用、三废治理、生活福利设施、主要技术经济指标等方面作统筹安排,采用多种方案比较分析,择优选用,以达到技术上先进,经济上合理的原则。（陆志方）

设计任务书 design program

见可行性研究报告(183页)。

设计文件 design documents

各种设计技术文件的总称。如设计任务书、工程勘察设计合同、工程地质勘察报告、各种设计图纸、计算书、设计说明书、主要材料及设备明细表、工程总概算书等。设计文件的审批,根据规定的程序,按建设项目的大、中、小型类别,按隶属关系分别由某主管部门负责。经批准的设计文件,如:全厂总平面布置、主要设备、建筑面积、建筑结构、安全卫生措施和总概算等需做修改时,必须经原设计文件批准机关同意,未经同意,不得变更。（陆志方）

设计限值 limiting design value

结构或构件设计时采用的作为极限状态标志的内力或变形的界限值。例如,应力限值、应变限值、位移限值、裂缝宽度限值等。（邵卓民）

设计许可证 design licence

又称设计证书。表明设计单位资格等级的证书。中国现行的设计证书分为甲、乙、丙、丁四级。（房乐德）

设计值 design value

对影响结构可靠度的主要变量的标准值偏于不利地乘以或除以相应的分项系数后的值。（邵卓民）

设计质量评定 evaluation of design quality

对设计单位管理水平和设计文件水平的检查与评分。单位管理评定内容包括:技术经济责任制各项指标完成情况;设计文件完整情况;开展创优评优和方案竞赛情况;技术档案和文件管理;各级审核和审核记录单完善情况;有无设计质量评定书;基础建设、人员培训情况;奖罚制度是否健全;领导班子作风情况等。设计文件质量评定包括各专业图纸质量,并依项目是民用建筑还是工业建筑各专业评分后所给的权重而不同。（房乐德）

设计状况 design situation

结构设计确定荷载时所依据的结构使用情况和环境条件。用以确定结构的设计条件和设计取值。设计状况分为三种:持久状况、短暂状况和偶然状况。对于不同设计状况应考虑不同的结构体系和环境条件,采用相应的荷载和材料性能设计值,并以不同水平满足结构可靠性要求。（陈基发）

射钉 powder-actuate fastener

由带有尖头的锥形压花钉体和伞状活动垫圈组成的钉子。由专用射钉枪将尖头射入被连构件,靠垫圈与锥形钉杆之间挤压

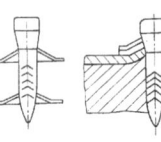

力压住被连件。多用于板件与支承件之间的连接。（张耀春）

射线防护 ray protection

使射线对人体的总照射量限制在国家防护规定容许范围内所采取的方法或措施。当给定射线源时,决定人体接受的总照射量的因素是照射时间、与射线源的距离及屏蔽情况。因而防护的基本方法就是尽可能缩短人们被照射的时间,在场地选择和总图布置中使人们尽可能远离射线源,以及采用某种屏蔽物将人体与射线源隔挡。在建筑工程中利用围护结构作为屏蔽物是防护射线的重要手段。在设计中,首先要根据使用要求,确定围护结构的内容(如墙、顶板、地面、门窗等)和合理的布置方式;其次要根据射线特性,选择经济而有效的一种或几种材料,并计算其厚度;最后要采用合理的构造措施使围护结构联结成一个完整的封闭空间,以防止射线通过缝隙泄漏。混凝土由于其含有水的成分、可塑性大、还可掺入其他高密度的防护物质,并具有足够的机械强度,因而是广泛采用的一种经济、有效的屏蔽材料。（黄祖宣）

射线探伤 wound detection by ray

利用射线的穿透性能和射线的吸收、散射现象使穿透物体的缺陷部位与无缺陷部位的射线强度不同这一特性,根据反映到底片的影像,判定缺陷的大小、位置及性质的方法。射线种类很多,一般采用 X 射线、γ射线及中子射线等穿透物体能力强的射线。射线探伤方法能有效地反映缺陷的真实形态、大小及位置,并具有很好的可靠性,但探伤速度慢、设备

昂贵、成本高,难于发现裂缝一类线性缺陷。多用于金属材料及焊缝探伤。　　　　　(金英俊)

射线源　source of ray

能产生各种射线的物质或物体。自然界中放射性元素、放射性同位素能天然产生 α、β、γ 射线和中子流。应用现代科学技术的各种加速器(用人工方法使带电粒子加速到较高能量的装置)还可产生质子、氘核、氚核等粒子流,但在停机后即不再产生射线。各种射线源已在工农业生产、国防建设、医疗部门等领域得到日益广泛的利用。　　(黄祖宣)

摄影测量　photogrammetric survey

利用摄影相片或数字化影像测绘物体的形状、大小和空间位置的方法。按摄影机所在位置的不同,可分为航天摄影测量、航空摄影测量和地面摄影测量等。以绘制地形图为目的的称为地形摄影测量,以其他为目的的如对建筑物、机械制品甚至对人体的测量,则称为非地形摄影测量。　(王兆祥)

摄影基线　photographic base

在航空摄影测量或地面摄影测量中,两张重叠的相片(象对)在摄影时物镜中心相隔的距离。摄影基线的长度决定于象对所需的重叠度和航高或摄影距离的大小。　　　　　　　　(王兆祥)

shen

伸长率　elongation

又称延伸率。在拉伸试验中,试件拉断后留下的永久变形(残余变形)除以试件标距原长的百分数。它表示材料塑性变形能力的大小,是材料机械性能的一个重要指标。　　(王用纯　刘作华)

伸缩缝　expansion and contraction joint

又称温度伸缩缝。在较长的建筑物中,为了减轻材料胀缩变形对建筑物的不利影响而在建筑物中设置的缝。通常沿建筑物的纵向及横向每隔一定长度处设置伸缩缝,将过长过宽的建筑物分割成几段,以减小温度变化引起的不利影响,避免产生裂缝。分段长度和缝的宽度根据温度变化程度和结构性能而定。伸缩缝只需将墙体和屋(楼)盖断开,而基础仍然保持连续。伸缩缝处一般采用双柱、双屋架、双梁、双板。有时也采用单柱,将伸缩缝一侧的屋架、梁搁置在另一侧的可动支座上,以便能在水平方向自由变形。房屋的伸缩缝最大间距即指温度变化所引起的内应力不超过砌体或混凝土抗拉强度时结构的最大长度。其值一般通过理论分析和调查研究综合确定。　　　　　(陈寿华　张景吉)

伸缩节支架　extension joint rack

架空管道线路上布置在伸缩节区段内的支承结构。支架上托支管道的支座做成允许管道在纵横两向位移的滑动支座。管线的伸缩节往往做成门形,也有做成 L 形与 Z 形的自然补偿。管道在伸缩节处可能出现两个方向的位移。　　　　(庄家华)

伸缩器　expansion bend

又称补偿器。在管道中每隔一定距离装设的,承受管道热胀冷缩的补偿装置。它的功用是保证管道在热状态下的稳定和安全,减少管道受热膨胀时所产生的应力。最常用的型式为方形伸缩器,用无缝钢管煨弯而成,(大管径时采用焊接钢管制成)。此外还有套管伸缩器、波形伸缩器和球形伸缩器等,多用于特殊场合。　　　　　　(蒋德忠)

伸缩器穴　expansion bend chamber

在地沟敷设或无沟敷设的情况下,为了装设方型伸缩器所设的地沟局部扩大部分。其高度与地沟高度相同,平面尺寸根据安装伸缩器所需尺寸而定。分单面和双面伸缩穴两种,当管道根数较多时用后者,可减少伸出部分长度。　　　　(蒋德忠)

深仓　silo

又称筒仓。较长期贮存物料,贮料计算高度大于或等于圆形筒仓内径,或大于矩形筒仓短边内侧尺寸 1.5 倍的贮仓。主要由仓体和支承结构组成。仓体部分包括进料孔、仓顶盖、仓壁和仓底。支承结构包括支柱和基础(也可无支柱,仓底直接支于基础上)。　　　　　　　　　　　(侯子奇)

深层水泥搅拌法　deep mixing method

利用水泥作固化剂,通过专门的深层搅拌机械,在地基深处就地将喷出的水泥浆液与周围土强制拌和,以形成水泥土桩的方法。当相邻水泥土桩搭接而形成壁状加固体时,可作为基坑开挖时的挡土墙。
　　　　　　　　　　　　　　　(蔡伟铭)

深层压实　deep compaction

对软弱土深部施加压实能量,使之密实的方法。主要有砂、石桩挤密法,强夯法,振冲桩法,降水预压法,爆破法等。　　　　　　　(祝龙根)

深度系数　depth factor

地基极限承载力公式中考虑基础埋置深度影响的修正系数。在一般的极限承载力公式推导时,忽略了基底高程以上土的抗剪强度,当要计及这部分土的抗剪强度时,可用此系数对超载项和内聚力项进行修正,对体积力项则不作修正。　(高大钊)

深梁　deep beam

截面高度 h 与跨度 l_0 较接近的梁。一般认为 $l_0/h \leqslant 2$ 的简支梁和 $l_0/h \leqslant 2.5$ 的连续梁属于深梁,但各国规范的规定不尽相同。它承受外荷载时,正截面应变不符合平截面假设。与普通梁相比:其抗弯内力臂与截面高度之比值(z/h)较小;连续深梁跨中弯矩较大,支座负弯矩较小,且与 l_0/h 的大小有关。钢筋混凝土深梁出现斜裂缝后,形成以纵向受拉钢筋为拉杆、以混凝土为拱肋的"拉杆拱"受力状态,受剪承载力主要靠混凝土提供,水平和竖向腹筋作用较小。深梁竖向刚度大,因而支座不均匀沉降会显著地影响连续深梁的内力。 （陈止戈）

深熔焊 deep penetration welding
采用一定的焊接工艺或专用焊条以获得较大熔深焊道的焊接方法。 （刘震枢）

深源地震 deep-focus earthquake
震源深度超过 300km 的地震。1934 年 6 月 29 日在印度尼西亚苏拉威西岛东发生 6.9 级地震的震源深度达 720km 左右,是迄今已知地球上发生的震源最深的地震。中国在吉林省珲春与西藏自治区东南部发生过深源地震。深源地震虽反映了地球内部深处的物质运动情况,具有一定的科学研究价值,但对一般的工程建筑危险性较小。 （李文艺）

渗透流速 seepage velocity
渗透水流通过岩土单位过水断面的流量。它不是地下水的真正实际流速,而比实际流速小,是实际流速与孔隙率的乘积。 （李 舜）

渗透探伤 penetrating inspection
利用带有荧光染料或红色染料的渗透剂的渗透作用,显示缺陷痕迹的无损检验方法。带前者的称荧光法,带后者的称着色法。此类方法适用于各种材料和焊缝的表面探测。 （刘震枢）

渗透系数 seepage coefficient, coefficient of permeabitlty
当水力坡度为 1 时,地下水在多孔介质中的渗透流速。它是衡量岩土体透水性的指标。它不仅与多孔介质有关,而且与地下水的粘滞性、比重及温度有关。按渗透系数的大小可把岩土分为:透水岩土、半透水岩土和不透水岩土。 （李 舜）

渗透压力 seepage pressure
水在土内流动时水对土骨架的作用力。它是由动力转化成的体积力,其方向与水流方向一致,大小与水头梯度成正比。 （胡中雄）

sheng

升板楼盖
见提升式楼盖(295 页)。

生产方法 process technique
又称生产工艺。利用劳动工具对劳动对象进行加工,最后使之成为产品的方法。选择生产方法的主要依据是原材料和产品的特点,现行的技术条件和经济效果如何。 （房乐德）

生产防火类别 production fireproof style
简称生产类别。根据生产过程中火灾危险性的特征而划分的级别。可分为五大类。甲类防火生产的生产过程火灾危险性最强,乙、丙、丁、戊类防火生产的生产过程火灾危险性依次降低,即戊类防火生产的生产过程火灾危险性相对地最小。
 （房乐德）

生产纲领
见产品方案(22 页)。

生产工艺 process technology
见生产方法。

生产类别 production style
见生产防火类别。

生产性建设 productive construction
用于物质生产或满足物质生产需要的建设。包括:①工业建设;②建筑业建设;③农林水利气象建设;④运输邮电建设;⑤商业和物质供应建设;⑥地质资源勘探建设。 （房乐德）

生产准备 production preparation
建设项目投产前的各种准备工作。生产准备工作一般由建设单位组织专门的机构进行。开始的时间要依建设进度、项目或单项工程生产技术的特点而定,通常在竣工验收前进行。不同的工业部门生产准备的工作内容是不同的,但主要包括:①人员准备,如各类人员的配备、招收和培训;②外部供应协作配合条件的准备,主要是原材料、协作产品以及燃料、水、电、汽等辅助条件的供应;③组织工器具、备件的制造和订货;④组织管理的准备,包括管理机构的筹备和设置,管理制度的建立,生产技术资料与产品样品的收集等;⑤参与设备安装和设备动用前的准备工作。 （房乐德）

生长轮 growth ring
树木通过形成层的活动,于一个生长季节中所产生的次生木质部,在横切面上围绕髓心出现的一个完整轮状结构。温带或寒带的树木,一年仅形成一个生长轮,因而又称年轮。由年轮的数目可知树木的存活年限。 （王振家）

生赤锈 rusted
高强度螺栓连接处构件接触表面有意使其产生赤锈的处理方法。表面经喷砂后,置于室外 30～60 天,使处理的表面生锈。但安装前须清除浮锈。经过这样处理的连接其抗滑移系数比未生赤锈的有所增大,从而抗滑移承载能力有所提高。
 （王国周）

生活区 living district
企事业为职工服务的公用文化福利设施较集中的地区。公用文化福利设施包括:集体宿舍、家庭住

宅、食堂、幼儿园、浴室、医院、电影院、俱乐部、商店等。　　　　　　　　　　　　　　　　（房乐德）

生命线工程　lifeline engineering

保证城市功能发挥和正常运转，保障人民生活有关的网络系统工程。如上下水、供电、交通、通信、煤气等工程。　　　　　　　　　　　（肖光先）

生态平衡　ecological balance

又称自然平衡。地球上生态系统中各因素之间进行着正常的物质交换和能量交换，达到一个相对稳定的平衡状态。生态系统是指生物群落与其相互作用的周围环境所构成的整体。（房乐德）

声波法测井　acoustic wave log

利用声波在介质中的传播特点来研究岩土的结构、构造、孔隙性、裂隙方向等一系列地质因素的测井方法。　　　　　　　　　　　　（王家钧）

声波法探测　sonic prospecting

利用声波在介质中传播，测定其能量消耗、吸收以探测岩土层的方法。这种方法可测定工程或岩土体在动荷载的瞬时冲击、反复振动作用下，动应力引起的动应变以及波动时的微波速度、横波速度、振幅等物理参数，从而计算岩土的动参数。利用声波电视，可研究岩土层中的裂隙性质、大小、岩性的变化等，在地基监测中还用于检验混凝土灌注桩的桩身质量。　　　　　　　　　　　　　　（王家钧）

声发射法　acoustic emission method

根据声发射的基本原理和结构材料受力时的声发射特性，判断结构内部破坏状态及受力经历的检测方法。结构在荷载作用下产生变形和断裂时，或材料内部存在的缺陷在外部条件（如外力、温度等）作用下改变状态时，以弹性波的形式释放能量，称声发射。此法是研究材料声发射源的发声机理、声发射信号在材料中的传输、信号的分析方法和特征参数的确定、以及声发射源的定位等的一门科学，此法还能检测结构内部缺陷形成、发展和破坏的整个动态过程。　　　　　　　　　　　　　　（金英俊）

声压级　sound pressure level

表示声音强弱等级的基本物理量。记做 L_p，单位为分贝（dB）。定义式为：

$$L_p = 20\log\frac{p}{p_0}$$

p 为有效声压（均方根值——任一瞬时最大声压 $\frac{p_m}{\sqrt{2}}$）；p_0 为基准声压（人耳可闻低限，$p_0 = 0.0002\mu b$（微巴）或 $2\times10^{-5} N/m^2$）。这是一个客观的量，与人耳的听闻特性不一致，所以常采用主观的量，即符合人耳听闻特性的声级，以及在各种实用的测量中使用的等效声级 L_{eq}、日夜等效声级 L_{dn}、统计声级 L_{10}、L_{50}、L_{90} 等。　　　　　　　　（肖文英）

圣费尔南多地震　San Fernando earthquake

1971年2月9日在美国加州圣费尔南多发生的地震。里氏震级为6.5，震源深度10km，震中在与圣安德烈斯断层平行的被认为不活动的圣盖勃里尔（San Gabriel）断层带东南端。在帕柯依玛（Pacoima）坝上获得了水平加速度峰值为1.25g的强震记录。经济损失10亿美元，死亡64人，千余人受伤。这次地震造成立体交叉高速公路、铁路、管道、变电站等破坏，从此推动了生命线工程的抗震研究。　　　　　　　　　　　　　　　　（肖光先）

圣维南扭转常数　Saint-Venant constant

见扭转常数（224页）。

剩余核辐射　residual nuclear radiation

长期作用的核爆炸放射性辐射。来自核分裂的放射性碎块和卷入放射性烟云的土壤微粒。其结果是从爆心投影点到下风方向爆区的范围内形成放射性云迹区。当这些微粒沿烟云运动方向降到地面时，便造成放射性沾染区。放射性微粒通过呼吸器官和食物进入人体组织，产生体内照射。对人来说，主要危险是放射性碎块所产生的丙种射线。可采取掩蔽所（室）等防护措施。　　　　　　（王松岩）

shi

失效概率　probability of failure

结构或构件不能完成某一预定功能的概率。设计时要求结构应具有的功能包括结构的安全性、适用性和耐久性。某一功能要求不能满足，就是结构失效。　　　　　　　　　　　　　　（邵卓民）

施工程序　construction procedure, construction program

在工程施工中，不同施工阶段之间所固有的、密不可分的先后施工次序。它既不能超越，也不许颠倒。对于单位工程来说，其施工程序可分为：签订工程承包合同、施工准备、全面施工、竣工验收和交付使用。　　　　　　　　　　　　　　（林荫广）

施工单位　engineering construction unit

又称施工企业。从事各种房屋建筑、土木工程建造，设备安装、管线敷设以及装饰装修等活动的企业。在行政上有一定的组织机构，在经济上进行独立的核算，拥有一定数量的固定资产和流动资金，已依法登记，有批准手续，在银行开设账户，具有法人资格。在中国，施工企业按所有制或资金来源分为：国营企业、集体企业、私营企业、联营企业、中外合资经营企业、外资企业等；按资质等级分为等级施工企业和非等级施工企业；按规模分为大、中、小型企业；

按性质分为:建筑施工企业、安装施工企业和综合性建筑安装施工企业。　　　　　　　　（房乐德）

施工放样　setting out

简称放样。见测设(20页)。　　（陈荣林）

施工缝　construction joint

钢筋混凝土连续结构,当浇灌混凝土需间隔2h以上,考虑其停止浇灌时在构件中的合理位置所设的连接部位。一般设置在构件内力较小的截面处。
　　　　　　　　　　　　　　　（王振东）

施工荷载　site load, construction load

在施工或检修时,结构或构件受到的由人员和小型工具引起的、作用在某一最不利位置的临时荷载。在设计屋面板、檩条、挑檐、雨篷和预制小梁等小型、轻型构件时比较敏感,应按规范的规定采用。在海洋土木工程中,施工荷载指结构物建造、装船、运输、下水和安装等阶段的临时性荷载。例如,平台建造和安装阶段的吊装力、结构物装船运往现场时的装船力和运输力、结构物从驳船上沿甲板滑道滑向海中时的下水力等等。设计时应予以考虑。
　　　　　　　　　　（王振东　孙申初）

施工技术交底　explaining requirements of construction technology to contractor or worker

把设计要求,施工措施向基层以至工人做必要说明的工作。技术交底要分级交底,即公司→工程处→施工队→班组。每一单位工程和分部、分项工程开始前,分别由各级技术负责人、单位工程负责人、工长、班组长进行;其中对班组交底是关键的一环。技术交底的主要内容是:图纸交底、技术组织措施、安全技术措施与规程、施工验收规范质量要求、操作规程要求等。　　　　　　（房乐德）

施工阶段验算　checking calculation for construction stage

结构构件按施工阶段可能出现的荷载,在荷载短期效应组合作用下进行承载力、裂缝及变形的验算。对预制钢筋混凝土构件,除按使用阶段进行设计计算外,还应对制作、运输和安装可能出现的荷载,进行施工阶段的验算。　　　（王振东）

施工勘察　exploration during construction

与设计、施工单位相结合进行地基验槽、地基处理加固效果检验、施工中岩土工程问题监测等补充勘察的工作。目的是解决与施工有关的岩土工程问题,并为施工阶段地基基础的设计变更提出相应的工程地质资料。如当岩土体条件与原勘察资料不符,需要进行地基处理或进行深基础施工检验及监测时就需要进行此项工作。　　　（李　舜）

施工控制网　construction control network

为建筑物(构筑物)的施工放样而布设的控制网。分平面控制网和高程控制网。前者常采用三角网、导线网、建筑基线或建筑方格网的形式。后者常采用水准网形式。控制网的精度由建筑物的定位精度所决定。有时由于工程的某一部分或大型设备基础的定位精度要求较高,可在大的控制网内部建立精度较高的局部独立控制网。与国家控制网相比较,施工控制网的控制面积较小,边长较短,绝对误差较小,大多数是独立网和采用独立的施工坐标系。
　　　　　　　　　　　　　　　（王　熔）

施工企业　engineering construction enterprise

见施工单位。

施工日记　construction record

施工过程中有关自然情况、劳动组织、技术等方面逐日的原始记录。施工日记是由施工队一级有关人员所写的,主要记录气象情况、工程进展情况、采用的施工方法及施工技术、施工组织及人员出勤和分工情况、以及施工中发生的问题及其解决方案,如图纸修改记录,质量、安全、机械事故的发生及其分析处理记录,有关领导对施工中各方面问题的建议或决定等。　　　　　　　　　（房乐德）

施工顺序　order of construction

分部、分项工程或工序间的先后衔接顺序。它的确定是为了按照客观的施工规律组织施工,也是为解决工种之间在时间上的搭接以期做到保证质量、安全施工、充分利用空间、争取时间,实现缩短工期的目的。　　　　　　　　　　（林荫广）

施工图设计　construction document design

根据批准的扩大初步设计或技术设计绘制进行建筑安装工程和制造非标准设备需要的图纸的工作。是工程设计的最终阶段。它可分为施工图和施工详图。前者是表明建筑物、构筑物、机器设备的布置及其相互配合、外型尺寸等情况的平面图及剖面图。后者是表明设备、建筑物、构筑物的一切构件的尺寸、连接情况、结构构件的截面和所用材料的明细表、设备明细表等。它还应包括设计说明书、计算书和施工图预算。　　　　　　　（陆志方）

施工图预算　budget on engineering construction

工程开工以前,根据已批准的施工图纸、施工方案(或施工组织设计),按照现行统一的建筑工程预算定额和工程量计算规则等,逐项计算汇总编制而成的工程费用文件。可用以确定工程造价。它是招、投标确定标底、签订工程合同、建设银行办理拨付工程款的依据,也是施工企业经济核算的基础。施工图预算即为预算成本,它体现了现阶段经营管理的社会水平。　　　　　　（蒋炳杰）

施工图纸会审　make a joint check up on the

blue-prints for a project

简称图纸会审。工程项目施工前,施工单位熟悉图纸内容后邀请建设单位、设计单位共同对施工图纸及有关技术文件进行的审查。其目的是了解设计意图,明确技术要求,并及早消除图纸中的差误。会审中要解决:①设计依据与施工现场的实际是否符合;②设计是否考虑了施工条件,对材料和工艺上的特殊要求施工单位能否满足;③设计是否符合国家有关标准、规范及规程;④施工图纸及说明是否齐全,各专业图纸间有否矛盾;⑤图纸的尺寸、标高、轴线、节点构造、预留洞等有无错误与遗漏。对会审中提出的问题要做出决定,并由主持单位写出会审记录,经参加会审单位会签后,分发有关单位,作为设计变更和施工的依据。　　　　　　（房乐德）

施工项目　project under construction

在基本建设计划年度内,进行建筑和安装活动的建设项目。它包括本年度内所开工的项目,上年度跨入本年内续建的项目以及在本年前曾停止建设而在本年度内重新恢复施工的项目。施工项目的个数是反映基本建设战线长短的指标之一。
　　　　　　　　　　　　　　（房乐德）

施工许可证　engineering construction permit

工程项目可以正式开始施工兴建的凭证。在中国,施工许可证是由建设单位提出申请,经城市建筑主管部门审查合格后,予以发放的。发放的条件是:工程项目已办理完用地批件及拆迁协议书;建设准备工作已完,设计文件符合城市规划、防火、卫生、人防等要求。　　　　　　　　　（房乐德）

施工营业执照　engineering construction operating licence

施工企业进行合法经营的凭证。在中国,它是由施工企业申请,经企业所在地的市(县)以上业务主管部门和工商管理部门审查资格许可后发给的。它规定了企业经营范围和法人代表,施工企业不得超范围经营。　　　　　　　　　（房乐德）

施工张力　pretension in construction

预应力钢结构施工时对预应力杆件实际施加的预应力张拉值。当预应力钢结构中的预应力杆件需分批张拉时,后张拉者将引起已张拉的预应力杆件发生预应力损失,为弥补此损失,应通过计算提高预应力值作为施工时张拉值的依据。　（钟善桐）

施工准备　preparation for construction

为拟建工程施工而进行的各项准备工作,它是施工组织设计内容之一。它包括:技术准备、物资准备、劳动组织准备、施工现场准备和施工场外准备。根据准备工作完成时间不同,它可分为开工前施工准备、各施工阶段阶段前施工准备。　（林荫广）

施工组织设计　planning and programming of project construction

以拟建工程为对象而编制的,用以指导其施工全过程各项施工活动的技术、经济、组织的综合性文件。主要内容包括:工程概况及其特点分析;施工方案;施工进度计划;劳动力、材料、构件、半成品、机具需要量及供应计划;施工平面图;保证工程质量、安全施工和降低工程成本以及冬、雨季施工技术组织措施;主要技术经济指标等;其目的是为了取得较好的建设投资效益,合理地组织施工过程,保证施工顺利进行。根据编制对象不同,它可分为:施工组织总设计、单位工程施工组织设计和分部(项)工程施工组织设计。　　　　　　　　　　（林荫广）

施工坐标系　construction coordinate system

见建筑坐标系(157 页)。

施密特回弹锤法　Schmidt rebound hammer method

见回弹法(131 页)。

湿材　wet timber

含水率的平均值大于 25% 以上的木材。湿材干燥后可能在结构的关键部位呈现危险的裂缝,甚至导致抗剪承载力的丧失。此外,由于木材干缩使结构节点松弛、刚度减弱、变形增大,且湿材易遭腐朽和虫蛀。因此,湿材在未干燥前不宜用来制作结构。同样,由于湿材在干燥过程中将发生翘曲、干缩等变形,在未干燥前也不宜制作门窗、家具等木制品。　　　　　　　　　　　　（王振家）

湿式喷水灭火系统　water spray fire extinguishment system (wet type)

由湿式报警装置、闭式喷头和管道等组成的消防设施。该系统在报警阀的上下管道内均经常充满压力水。当火灾发生时火焰或热气流使布置在天花板下的闭式喷头自动打开喷水灭火,同时自动发出火警信号报警。适用于室内温度不低于 4℃ 且不高于 70℃ 的建筑。　　　　　　　（蒋德忠）

湿陷量　collapsible settlement

地基在附加荷载和土自重作用下遇水产生湿陷的数值。由地基遇水后土的再压密和侧向挤出两部分组成。国家规范提出湿陷性黄土地基受水浸湿饱和时的总湿陷量按下式计算:

$$\Delta S = m \sum_{i=1}^{n} \delta_{si} h_i$$

ΔS 为总湿陷量(mm);δ_{si} 为第 i 层土的湿陷系数;h_i 为第 i 层土的厚度(mm);m 为考虑侧向挤出和地基浸水机率等因素的修正系数。　　（秦宝玖）

湿陷起始压力　initial collapse pressure

黄土产生湿陷的最小压力。它可用野外试验或室内试验确定。当采用野外试验确定时,则为在压力与浸水下沉量关系曲线上的转折点所对应的压力。当曲线的转折点不明显时,可取浸水下沉量与压板宽度之比为 0.015 所对应的压力。当采用室内试验确定时,为 $p \sim \delta_s$(压力与湿陷系数)曲线上 $\delta_s = 0.015$ 所对应的压力。湿陷起始压力可用于控制设计压力,也可用于确定地基处理的范围和判定自重湿陷。

(秦宝玖)

湿陷系数 coefficient of collapsibility

衡量土体在某一给定的压力作用下浸水后湿陷性强弱程度的指标。根据室内有侧限压缩试验,按下式确定

$$\delta_S = \frac{h_p - h'_p}{h_0}$$

δ_S 为湿陷系数;h_0 为保持天然湿度和结构的土样厚度;h_p 为土样在加压至 p 时,下沉稳定后的土样厚度(mm);h'_p 为上述加压稳定后的土样,在浸水作用下下沉稳定后的土样厚度(mm)。压力 p 定为自基础底面起算(初步勘察自地面下 1.5m 起算)10m 以内用 200kPa,10m 以下至非湿陷性土层顶面则用其上覆土的饱和自重压力(大于 300kPa 时仍用 300kPa)。

(秦宝玖)

湿陷性地基 collapsible subsoil

松散、干燥而且遇水产生附加下沉的地基。主要是指湿陷性黄土地基,但松散的填土和干燥的松砂地基有时也带有一定的湿陷性。在国家的规范中以湿陷系数大于或等于 0.015 的土定为湿陷性土。

(秦宝玖)

湿陷性黄土 collapsible loess

遇水浸湿后发生大量沉陷的黄土。黄土是第四纪地质历史时期干旱气候条件下的沉积物。一般具有以下特点:①有湿陷性;②颜色以黄为主,如灰黄、褐黄等;③富含碳酸钙成分;④天然剖面呈垂直节理;⑤具肉眼可见的大孔隙,孔隙比一般在 1.0 左右,平均值大于 1.0,天然含水量一般在塑限左右,平均值小于塑限;⑥含大量的粉土颗粒(0.05~0.005mm),约占颗粒总重量的 50%~70%。国家有关规范给出了湿陷性黄土的分布图。

(秦宝玖)

湿陷性黄土地基加固 consolidation of collapsing soil

对遇水骤然湿陷的黄土地基进行的处理。其方法有:①垫层法;②强夯法;③挤密桩法;④预浸水法;⑤电渗法;⑥矽化法;⑦振冲法;⑧桩基础等。并应遵守现行《湿陷性黄土地区建筑规范》的一般规定。

(胡连文)

湿陷性土 collapsible soil

土体在 200kPa 压力下受水浸湿时附加湿陷量与承压板宽度之比大于 0.023 的土。它包括干旱和半干旱地区具有湿陷性的黄土、碎石土及砂土等,广泛分布于中国西北、华北及山东部分地区。

(杨桂林)

湿胀 wet swelling

木材吸收水分,细胞壁中吸着水增加,引起细胞壁乃至整个木材尺寸胀大的现象。木材弦向湿胀最大,径向次之,纵向最小。

(王振家)

十胜冲地震 Tokachi-oki earthquake

1968 年 5 月 16 日在日本十胜冲发生的地震。里氏震级为 7.9。主要受影响的城市有青森市和八户市。经济损失 1450 亿日元,死伤 58811 人。这次震害特点是由于震前连续几天下雨,土体都处于饱和状态,因此土结构破坏占很大比例。此外,钢筋混凝土短柱构件破坏引起了工程界的重视。

(肖光先)

十字板剪切试验 vane shear test

用插入软粘性土中的十字型翼片,以一定的速率旋转,测出土的抵抗力矩,以此求得不排水抗剪强度的一种原位剪切试验。它不需采取土样,对于难以取样的高灵敏性的粘性土,可在天然应力状态下扭剪。该法在沿海软土地区已被广泛使用。

(王家钧)

十字交叉条形基础 crossed strip foundation

在柱网下沿纵、横方向交叉设置的条形基础。其横截面做成倒 T 形,底面宽度由建筑物的容许沉降和地基承载力决定。为了减小基础的差异沉降,可以适当减小外围的基础宽度。根据柱荷载在纵、横向基础上分配的平衡条件以及纵横向基础在该柱下挠度相等的连续性条件,可以解出柱荷载在纵横向基础上的分配,然后按一般条形基础的设计原理来决定每个条形基础的弯矩、扭矩和剪力分布。

(朱百里)

十字丝分划板

见十字丝网。

十字丝网 reticule

又称十字丝分划板。安装在望远镜的物镜与目镜之间供瞄准目标用的标志。一般是在玻璃平板上刻成相互垂直或交叉的细线。其作用是通过十字丝中心与物镜光心的连线作为瞄准用的视准轴,经纬仪上十字丝的竖丝用于观测水平角,横丝用以观测竖直角,水准仪上的横丝用于读取水准尺上的读数,与横丝平行的上、下两根短丝称视距丝,可用于测量从仪器中心至观测点间的水平距离。此处十字丝环还可作为视场光栏,限制视场范围,使成像清晰。

(邹瑞坤)

石灰砂浆 lime mortar
由石灰、砂加水配制而成的砂浆。强度低但砌筑方便,属于气硬性材料,多用于地面以上非潮湿环境的砌体。　　　　　　　　　(唐岱新)

石灰稳定法 lime stabilization
在土料内掺合一定数量的石灰,并在最优含水量情况下加以压实,用来修筑基层或垫层的施工方法。也可向地基中输入石灰粉并强制与土搅拌混合。石灰与水、土作用能产生吸水、发热和膨胀挤压等效应,同时,石灰与水、土发生化学作用,经过一定时间后硬化,使加固处理土的强度增加并长期保持稳定。在饱和软土地基中使用此法时,可添加粉煤灰或火山灰等掺合料。　　　　　(蔡伟铭)

石灰桩 lime pile, lime column
用沉管、冲击或爆炸法在地基内挤压成孔,将经过适当粉碎的生石灰填入孔内并经捣实而成的挤密桩。是软弱地基处理的方法之一。生石灰在熟化过程中有吸水(吸收土内水分从而降低土的含水量)、膨胀(挤压周围的土)和发热(使上述反应进一步加强)等作用,而使地基土的工程性质得到改善。它主要适用处理湿陷性黄土地基和软土地基。
　　　　　　　　　　　　　　　(胡文尧)

石砌体 stone masonry
由天然石材和砂浆或混凝土砌筑而成的砌体。分为料石砌体、毛石砌体和毛石混凝土砌体。料石砌体可用作一般民用房屋的承重墙、柱以及拱桥、坝和涵洞等。毛石砌体多用作房屋基础。这两种砌体都是用砂浆砌筑而成的。毛石混凝土砌体是在预先安好的模板内浇筑一层混凝土,再铺砌一层毛石,如是交替地进行,一般用作房屋和构筑物的基础和挡土墙等。　　　　　　　　(唐岱新)

石砌体结构 stone masonry structure
简称石结构。主要承重骨架由石砌体材料构成的结构。　　　　　　　　　　(唐岱新)

时程分析法 time-history method
由结构基本运动方程输入地面加速度记录进行积分求解,以求得整个时间历程的地震反应的方法。　　　　　　　　　　　　　(应国标)

时程分析设计法 time-history design method
由建筑结构的基本运动方程,输入对应于建筑场地的若干条地震加速度记录或人工加速度波形,通过积分运算求得整个加速度时间历程中结构的地震内力和变形,并以此进行构件截面抗震验算和层间变位角验算的设计方法。　　(应国标)

时间因数 time factor
在土体固结度的计算式中的一个主要反映固结历时大小的无量纲参数。它与土的固结系数、排水途径及拟定的固结时间等因素有关。(魏道垛)

时效硬化 age-hardening
随着时间增长钢材强度提高而塑性降低的现象。钢材轧成后常有碳和氮化合物等微量杂质以固溶体的不稳定形式存在于纯铁晶体中,并随着时间增长逐渐从晶体中析出,从而加强了晶体群之间的间层,对纯铁体的塑性变形起遏制作用。致使钢材强度提高和塑性降低。钢材冷加工后(特别是在温度较高时)时效硬化发展加快。　(卫纪德)

时域分析 analysis in time domain
结构受到以时间的函数 $f(t)$ 表示的任意振动激励的作用时按时间过程的振动分析。时域分析对线性和非线性结构都适用。把激励时间过程划分为许多很小的时段,每个时段的激励相当于一个冲量作用于结构,即可求出结构在每个时段结束时的响应。时段取得越小,分析精度将越高;当所取时段趋于零时,求得的响应即为精确解。对于线性结构,常用著名的杜哈美(Duhamel)积分求得结构的总响应。
　　　　　　　　　　　　　　　(费文兴)

时钟 clock
计算机电路中的脉冲或信号源装置。它产生周期性的脉冲信号对计算机所有操作的同步协调起着重要的作用。计算机时钟的频率很高,以每秒百万个脉冲(MHz)来度量。在计算机系统特别是分时系统中还有一个用来计时的实时时钟,它可对每个使用计算机的用户进行计时。　　　(李启炎)

时钟系统 clock system
由母钟和子钟群组成的准确同步的时间显示系统。下列民用建筑工程宜设置时钟系统:①大中型火车站、大型汽车客运站、内河及沿海客运码头、国内干线及国际航空港等;②广播电视及电信大楼、大型图书馆、展览馆、科技文化活动中心、大型宾馆等;③国家重要科研基地及其它有准确统一计时要求的部门或场所。在涉外或旅游宾馆工程中宜设置世界钟系统。母钟站宜与电话站或广播电视站以及计算站等机房合并设置。　　　　　(马洪骥)

实腹式构件 solid member
具有整体截面只有实轴不用缀件的构件。这种截面对两个主轴的惯性矩常不等,但制造方便。
　　　　　　　　　　　　　　　(何若全)

实腹式桅杆 solid-web mast
杆身为单根无缝钢管、卷板焊接钢管、卷板螺栓连接钢管或采用离心式灌筑的预应力混凝土管柱结构的桅杆。为了便于制造、运输和安装,杆身可划分成若干等长度的标准节段,节段之间用法兰盘螺栓或搭接板螺栓连接。　　　　　(王肇民)

实腹式柱 solid-webbed column

具有整体截面的钢柱。常用的有 I 形、箱形、圆形、十字形等,可以是轧制的或焊接的。由柱身、柱头和柱脚组成。设计时应满足强度、刚度、整体稳定和局部稳定要求。　　　　　　　(王国周)

实腹筒 solid web tube

由墙体(包括小开口墙)围成的筒体。它的受力特点,有如箱形悬臂薄壁构件,基本符合平截面假定,具有很好的抗弯、抗扭性能。通常用作为核心筒。　　　　　　　　　　　　(江欢成)

实际材料图 map of primitive data

反映野外地质工作及其所获得的地质实际资料的图件。内容包括地质勘察工作中的观察路线、观察点、实测地层剖面位置、各种取样点、以及勘探测试位置等。这一图件是重要的原始资料和编绘其它图件的基础,也是评议地质工作质量的依据。
　　　　　　　　　　　　　　　(蒋爵光)

实际切断点 real cutting point of bar

见抵抗弯矩图(47 页)。

实体式基础 block foundation

一种整块、实心或含有少量空间的块式基础。广泛用作有动力作用的机器如金属切削机床,压缩机,锻打机,轧钢机等的基础。所使用的材料主要为混凝土(一般有少量构造配筋)或其他圬工材料。这种基础具有较大的质量和刚度,并常借此来减少基础的振幅和调整振动频率,以满足使用要求。
　　　　　　　　　　　　　　　(杜　坚)

实体造型 solid modeling

以若干个称为体素的基本立体模型为元素,进行布尔运算后,构造出各种复杂几何实体的造型方法。　　　　　　　　　　　　(李建一)

实物试验 real object test

见原型试验(354 页)。

实心板 solid slab

截面无孔洞的钢筋混凝土板。一般是指装配式钢筋混凝土板。该板制作简单,但自重大,材料用量较多,适用于荷载及跨度较小的走道板、地沟盖板、楼梯平台板等。　　　　　　(邹超英)

实轴 material axis

在格构式构件截面上通过且垂直于肢件的主轴。当格构式受压构件绕实轴屈曲时,剪切变形对构件承载力的影响很小,可以忽略不计。所以格构式构件绕实轴的稳定承载力与一般的实腹式构件稳定承载力的计算方法相同。　　　　(何若全)

矢高 arch rise

拱顶轴线到拱脚的垂直距离。　　(唐岱新)

使用面积 usable floor area

各类建筑物中供人活动的使用房间和辅助房间的室内水平净面积。例如学校中的教室、实验室;办公楼内的办公室、会议室、厕所;商店中的营业厅、库房以及各种暖、通、水、电的设备用房等。
　　　　　　　　　　　　　　　(李春新)

示坡线 slope indication line

地形图上指示斜坡降落方向的短线。它与等高线垂直相交。一般规定在谷地、山头及斜坡方向不易判读处以及凹地的最高、最低等高线上绘出。　　　　　　(潘行庄)

世界坐标 global coordinates

用户处理自己的图形时所采用的坐标系。所用单位亦由用户确定。用户在使用图形系统创建图形时,就是用此坐标系来描述图形数据的,计算机在图形档案中记录的就是这些数据。　　(翁铁生)

市场调查 market survey

市场规模、位置、性质、特点等资料的收集及动态分析。其目的是据此进行经济分析,即市场分析。市场分析的结果可供企业做出以下各项决策:是否生产该产品,生产多少,市场发展次序,分配路线,要否扩大生产能力,生产能力如何配置,怎样管理销售等。　　　　　　　　　　　　(房乐德)

事故通风 accident ventilation

用于排除生产设备发生事故时突然散发的有害气体的通风方式。它也能排除因事故产生的有爆炸危险的气体,以保证车间的安全。　　(蒋德忠)

事实 fact

一个其真实性可接受的句子,是人工智能专门术语。在大部分知识系统中,一个事实包含一个属性和一个特殊的关联值。　　　　(李思明)

试件设计 specimen design

结构试验对象的设计。包括试件的尺寸、形状、数量、试验加载和量测对试件的构造要求。试件尺寸设计要注意尺寸效应的影响。试件形状设计要考虑试验边界条件的模拟。对于从整体结构中取出的部分构件单独进行试验时,特别是对比较复杂的超静定体系尤须注意为试验加载提供约束条件的模拟,以满足力学的相似关系。试件数量设计由参与研究的各种参数对试验结果的影响来确定,参与的参数多,变动范围大,则试件数量增加,在实际试验中可采用多因数正交试验法设计确定试件数量。当试件采用模型时,应该按相似理论进行设计。
　　　　　　　　　　　　　　　(姚振纲)

试坑渗透试验 pit permeability test

在现场测定非饱和岩土层渗透系数的简易试验。即在试坑中的水位始终保持 10cm 时,量测其吸水量,求出垂直渗透系数。当钻孔中地下水埋藏很深,不便进行抽水试验时,也可用注水法测定渗透系数。
（王家钧）

试验观测设计 test measuring design
结构试验的观测项目、测点布置和仪器选择的综合设计。根据试验的目的和要求,按结构受力状态和各部位的变形(应变、位移、转角、挠度、曲率、振幅等),选择合适的仪器仪表或传感元件,确定在试验结构上的布置位置、方向和数量,由此测量结构在荷载作用下的反应。测点必须布置在结构上具有代表性的部位,力求减少试验工作量而尽可能获得必要的数据资料。选择仪器仪表及传感元件必须注意量程和精度的要求。为了保证量测数据的可靠性,应布置一定数量的校核测点,用于消除试验环境的温湿度及其他偶然因素对量测数据的影响。
（姚振纲）

试验加载设计 test loading design
结构试验的加载图式、加载制度、加载设备和加载装置的选择与综合设计。要求使结构试验结果符合结构的设计计算简图和实际工作情况,由试验加载采取的技术措施和约束条件形成与设计目的相一致的变形和受力状态。要注意由于加载速度不同引起应变速率变化和加载装置的约束作用分别对试件强度和变形的影响。
（姚振纲）

试验室试验 laboratory test
在专门建设的结构试验室内进行的结构构件试验。可以利用专门的试验设备,减少或消除环境的干扰影响,保证试验结果的准确度。试验室试验适宜于进行研究性的工作,利用试验室的条件,消除某些对试验结构实际工作有影响的次要因素,突出研究的主要目的。试验室试验的对象可以是原型或模型试验,结构可以一直试验到破坏。大型结构试验室为近年来发展足尺结构的整体试验提供了有利的试验条件。
（姚振纲）

试验台座 test platform
结构试验室内用以平衡施加在试验结构上的荷载所产生的反作用力的一种永久性固定的大型试验装置。它本身是一巨型的整体钢筋混凝土或预应力钢筋混凝土的厚板或箱型结构。试验台座的尺寸和承载力可按试验室的规模和试验功能要求而定。台座的刚度应很大,使其受力后变形极小,可使台面上同时进行的几个结构试验,互不影响。试验台座同时可用以固定横向支架,以保证试件的侧向稳定。还可以固定水平反力架或与反力墙连接,用以对试件施加水平荷载。结构动力试验台座可进行结构疲劳试验。按台座的结构形式可分为板式试验台座和箱式试验台座,按结构的不同有槽式、预埋螺栓式和孔式试验台座等。用于抗震试验的有抗侧力试验台座。
（姚振纲）

视差 parallax
使用望远镜时目标影像平面与十字丝分划板平面不重合引起的误差。由于不重合,当观测者眼睛在目镜端上下左右晃动时,目标影像与十字丝发生相对移动而产生观测误差。因此在观测前必须对望远镜仔细调焦以消除该误差。
（邹瑞坤）

视差法测距 parallax distance measurement
用测得定长基线的视差角来计算水平距离的一种方法。在测线一端安置经纬仪。在另一端设置定长并垂直于测线的基线 b,用经纬仪测量基线两端标志的水平角,称为视差角,常用 γ 表示。计算该测线水平距离 D 的公式为: $D = b/2 \cdot \text{ctg}\gamma/2$。
（陈荣林）

视差角 angle of parallax
见视差法测距。

视场角 field angle
人眼对远方某点凝视时所能看到的空间范围对眼睛的最大张角。当望远镜位置不变时,由望远镜内所看到的空间范围对物镜光心的夹角称望远镜视场角。它与望远镜的放大率成反比。测量仪器上的望远镜视场角约为 $30' \sim 2°$。
（邹瑞坤）

视距乘常数 stadia multiplication constant
物镜焦距 f 与两视距丝间距 p 之比。用公式表示为: $K = f/p$,在仪器制造中一般使 $K = 100$。
（陈荣林）

视距导线测量 stadia traversing
用视距测量方法确定导线点点位的工作。在各导线点设站,测定转折角,同时用视距法测定导线边的倾斜距离及其竖直角,然后,先计算导线边的边长与高差,再计算导线点的平面坐标和高程。视距导线测量操作简便,受地形限制较少,但精度不高,一般用于中、小比例尺地形图测绘。
（彭福坤）

视距法 stadia method
利用视距仪测量距离的一种方法。常用的是在望远镜的十字丝分划板上与横丝平行且上下刻有两条对称的短丝(称为视距丝)视距仪。测距时将仪器安置在测站上,读出直线端点标尺上的上下丝读数之差 l(称视距间隔或尺间隔)及竖直角 α。则仪器至标尺的水平距离为: $D = Kl\cos^2\alpha$。K 为视距乘常数。一般仪器,$K = 100$。这种方法测距精度不高,理论上可达 $1/500$,实际上只能达到 $1/200$ 左右。多用于地形测量。
（陈荣林）

视距间隔 stadia intercept
又称尺间隔。见视距法。

视距仪 stadia

利用视距装置按几何光学原理测量距离的一种仪器。按视距原理可分为定角视距仪和定长基线视距仪两类。用视距仪测量距离精度不高，多用于地形测量。　　　　　　　　　　　（陈荣林）

视口　view port
　　屏幕域中设备坐标空间的一个矩形区域，是屏幕域的一部分。用以定义规格化的坐标变换。
　　　　　　　　　　　　　　　　（翁铁生）

视线高程　elevation of sight
　　仪器的水平视线与高程起算面间的距离。当需要安置一次仪器，测算很多点的高程时，可先求出仪器的视线高程，再计算欲求点的高程。
　　　　　　　　　　　　　　　　（汤伟克）

视准轴　collimation axis
　　又称照准轴。望远镜光心与十字丝分划板中心的连线。通常用望远镜照准目标就是使目标在视准轴方向上，亦即使目标通过物镜时其成像恰好落在十字丝分划板上。　　　　　　　（邹瑞坤）

视准轴误差　error of collimation axis
　　又称照准轴误差。视准轴与横轴不正交而产生的微小偏角。常以 C 表示。主要由十字丝中心偏离正确位置而引起。当视准轴接近水平时，同一目标盘左读数 L 与盘右读数 R 之差为两倍视准轴误差(两倍视准差)，即 $2C = L - R \pm 180°$。在短暂的观测时间内，视准轴受温度等影响所产生的变化很小，各方向算得的 $2C$ 值相差不多，可用 $2C$ 变化情况判断观测结果的质量。采用盘左、盘右观测同一目标时取中数可抵消此项误差的影响。
　　　　　　　　　　　　　　　　（钮因花）

适筋梁　ideally reinforced beam
　　纵向受拉钢筋配置适量，受载后随荷载增加钢筋先达到屈服，混凝土后被压碎的钢筋混凝土梁。它在破坏前，由于钢筋产生较大的塑性变形而引起梁的裂缝宽度和挠度增大，有明显的破坏预兆，并且延续过程较长(称为塑性破坏)。工程设计中应尽量采用适筋梁。　　　　　　　　　（刘作华）

室内计算温度　indoor calculating temperature
　　在进行室内热工计算时采用的室内中央垂直线上离地面 1.5m 高处的空气温度。为简化计算，假定整个房间的空气温度一致，房间内所有表面的换热系数(热转移系数)一致；冬夏季室内计算温度均因房间用途和标准之不同而有不同的设计值。
　　　　　　　　　　　　　　　　（宿百昌）

室内外高差　difference between inside and outside ground levels
　　在建筑设计中，由确定的底层室内地坪标高(通常指 ±0.000)到室外地坪设计标高的垂直距离。
　　　　　　　　　　　　　　　　（李春新）

室外电缆线路　outdoor cable line
　　采用电缆敷设的室外配电线路。根据环境条件有三种敷设方式：①电缆直接埋地敷设；②电缆穿管或排管埋地敷设；③电缆在电缆沟或电缆隧道内敷设；④电缆架空敷设。　　　　　　（马洪骥）

室外计算温度　outdoor calculating temperature
　　为了进行热工计算，根据若干年的气象记录，按规定的方法求得的标准室外温度。围护结构的保温、隔热与室内采暖等不同的计算，分别采用不同的室外计算温度，如围护结构冬季及夏季室外计算温度，采暖室外计算温度。　　　　　（宿百昌）

shou

收缩裂缝　shrinkage crack
　　混凝土因收缩变形受约束引起拉应力过大而产生的裂缝。混凝土收缩包括：混凝土因失水而收缩，其所产生的裂缝，通常称为龟裂；混凝土内因水泥浆的凝固硬化及碳化作用过程中引起的收缩。在浇筑混凝土后加强初期养护，能防止或减少收缩裂缝。
　　　　　　　　　　（吕玉山　王振东）

收缩率　shrinkage degree
　　土试样在失水时收缩的程度。它可分为：体积收缩率——试样收缩达到稳定时的体积收缩量与试样原体积的比值；线收缩率——试样单向收缩量与同向的原尺寸的比值。它的数值大小与同一土样的线膨胀率组合可用作判别土的胀缩特性。
　　　　　　　　　　　　　　　　（王正秋）

收尾项目　finishing project
　　在基本建设计划年度内，已经验收投产，设计生产能力也已全部达到，但还遗留少量扫尾工程的项目。但有的工程未按设计规定的内容将所有单项工程建成，虽对生产影响不大，也已办理过竣工验收手续并投产使用，因没有全部建成验收投产，不论遗留工作量大小，不能作为收尾项目。　　（房乐德）

手持式应变仪　deformeter
　　一种利用千分表或百分表制成可供手持的应变量测仪表。使用时，将仪表的两个测针分别插入试件表面的两个小孔内，测得试件变形前后两个孔间的距离变化，从而获得试件平均应变。非测读期间，仪表不附着在试件上。适用于较大应变的量测。
　　　　　　　　　　　　　　　　（潘景龙）

手工焊　manual welding
　　用手工完成全部焊接操作的焊接方法。通常指手工电弧焊。是焊接的基本方法。　　（刘震枢）

手工砖　hand-made brick
　　手工制坯经焙烧而成的砖。其密实度远低于机

首曲线　index contour

又称基本等高线。在同一幅地形图上,按规定的等高距描绘的等高线。等高距与比例尺有关,一般可参照下表选用:

测图比例尺	1:500	1:1000	1:2000	1:5000
平地(m)	0.5	0.5	0.5,1	1
丘陵(m)	0.5	0.5,1	1	2

根据工程要求及地形条件,等高距也可适当调整。

（钮因花）

首子午线　first meridian

又称本初子午线。通过格林尼治天文台的经线。是地球上计算经度的起始线。　（陈荣林）

受剪承载力　shear capacity

构件所能承受的最大剪力,或达到不适于继续承载的变形时的剪力。也即到达承载能力极限状态时的剪力。　（陈雨波）

受剪面层作用　shear diaphragm action

见受力蒙皮作用。

受拉承载力　tensile capacity

构件所能承受的最大轴向拉力,或达到不适于继续承载的变形时的轴向拉力。也即到达承载能力极限状态时的轴向拉力。　（陈雨波）

受拉构件承载力　carrying capacity of tension member

有时又称受拉构件强度。结构构件在纵向拉力作用下,达到破坏或不适于继续承载的变形时的轴向拉力。钢筋混凝土受拉构件的承载力,是指破坏时正截面所能承受的最大内力(包括轴向拉力及弯矩)。对钢筋混凝土轴心受拉及小偏心受拉构件,其截面处于完全受拉状态,一旦开裂混凝土退出工作,构件承载力按全部由钢筋承担计算;对大偏心受拉构件,由于截面始终有受压区存在,其承载力计算方法与大偏心受压构件相同。

（王振东）

受拉构件强度　strength of tension member

结构构件在纵向拉力作用下,达到破坏或不适于继续承载的变形时截面所能承受的最大拉应力。参见受拉构件承载力。

（王振东）

受拉铰　tension hinge

钢筋混凝土构件即将破坏时,其截面上的混凝土未被压碎而受拉钢筋首先屈服,产生较大的塑性变形而形成的铰。受拉铰在钢筋混凝土受弯及大偏心受压等构件中出现,其特点是延性好,有较大的吸收能量的能力。因此在抗震和抗爆结构中,尽可能设计成这种铰。参见塑性铰(288页)。

（叶英华　王振东）

受拉破坏　tension failure

钢筋混凝土构件,由于受拉钢筋首先屈服而产生的破坏。破坏前,构件的塑性变形较大,裂缝开展较宽,破坏时有较明显的预兆。适筋梁、大偏心受压构件等属此种破坏。　（刘作华）

受力蒙皮作用　stressed skin action

又称应力蒙皮作用或受剪面层作用。与主体结构可靠连接的围护面层和主体结构共同承受荷载的作用。例如,在冷弯薄壁型钢房屋结构中,可将整个屋面系统看成水平受弯的深梁。在横向水平荷载作用下,纵向边缘构件起翼缘的作用,承受轴向拉力和压力,薄钢面层起腹板作用,传递剪力。充分考虑受力蒙皮作用,不仅能真实反映结构的实际工作,还可获得相当的经济效益。

（张耀春）

受扭承载力　torsional capacity

构件所能承受的最大扭矩,或达到不适于继续承载的变形时的扭矩。也即到达承载能力极限状态时的扭矩。　（陈雨波）

受扭构件　torsion member

在与构件纵轴垂直的两个平面内分别作用着大小相等、方向相反的力偶矩的构件。单纯受扭的钢筋混凝土构件内力状态较为复杂,工程中应用极少,因此,对该类构件的研究,只是作为解决弯扭及弯剪扭等构件承载力的基础。　（王振东）

受扭构件强度　strength of torsion member

见受扭构件承载力。　（王振东）

受扭纵筋　longitudinal reinforcement for torsion

承受扭矩的纵向钢筋。一般应沿构件截面周边对称布置。　（刘作华）

受弯承载力　flexural capacity

构件所能承受的最大弯矩,或达到不适于继续承载的变形时的弯矩。也即到达承载能力极限状态时的弯矩。　（陈雨波）

受弯构件　bending element

处于主要在弯矩作用下的内力状态的构件。承受横向荷载的梁属受弯构件。　（钟善桐）

受压承载力　compressive capacity

构件所能承受的最大轴向压力,或达到不适于继续承载的变形时的轴向压力。也即到达承载能力极限状态时的轴向压力。　（陈雨波）

受压构件承载力　carrying capacity of compression member

有时又称受压构件强度。钢筋混凝土构件在纵向压力作用下，破坏时正截面所能承受的最大内力（包括轴向压力和弯矩）。在钢筋混凝土偏心受压构件中，正截面破坏可能由混凝土被压碎引起，也可能由受拉纵筋屈服引起，甚至还可由构件失稳引起。其正截面承载力可对应许多不同的弯矩和轴力的组合。图中 ab 段曲线为混凝土被压碎时的正截面承载力极限，bc 段曲线为纵筋受拉屈服时的正截面承载力极限。当内力组合 (M,N) 在曲线范围内时，其正截面安全可靠。

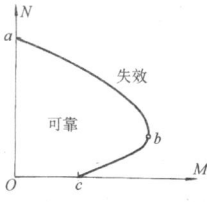

（计学闰）

受压构件强度　strength of compression member

钢筋混凝土构件在纵向压力作用下破坏时正截面所能承受的最大压应力。参见受压构件承载力（276 页）。　　　　　　　　（王振东）

受压铰　compression hinge

钢筋混凝土构件即将破坏时，其截面上的受拉钢筋并未屈服而受压混凝土将首先被压碎，此时，由于受压混凝土的塑性变形而形成的铰。受压铰在钢筋混凝土超配筋受弯及小偏心受压等构件中出现，其特点是在弯矩—转角曲线图上没有明显的转折点，当荷载超过极限弯矩以后，曲线明显下降而发生破坏，塑性性能差，属于脆性破坏。设计时应加密箍筋形成约束混凝土，以增加混凝土的塑性变形。参见塑性铰（288 页）。　　　（叶英华　王振东）

受压破坏　compression failure

钢筋混凝土构件因受压区混凝土首先达到强度极限而导致的破坏。属脆性破坏性质，破坏前无明显预兆。超筋梁、轴心受压构件及小偏心受压构件等属此种破坏。　　　　　　　　　（刘作华）

shu

疏散照明　evacuation lighting

在发生火灾等事故引起正常工作照明中断的情况下，供人员疏散使用的照明。包括安全出口标志灯和疏散标志灯。　　　　　　　　（马洪骥）

输电线路塔　transmission tower

支承高压或超高压架空送电线路导线和避雷线的高耸结构。根据在线路上的位置，作用和受力情况，可分为悬垂型或耐张型的直线塔、转角塔、跨越塔、换位塔、终端塔等。还可根据不同的电压等级、线路回路数、导线及避雷线的布置方式，确定塔的名称。同一条线路上的塔，可因地制宜建成多种结构形式。　　　　　　　　　　　　（王肇民）

输混凝土管道　concrete transport pipe

将混凝土拌和料输送到浇筑地点的管道。拌和料由混凝土泵泵入管道进行输送；也可用气泵利用压缩空气的压力使空气和混凝土的混合料浆沿管道移动。管道由不同长度的管段和弯头组成。有快速拆卸装置。输毕冲洗管道。工程施工中的泵送混凝土将会用到这种管道。　　　　　　　（庄家华）

输颗粒管道　granule transport pipe

以气或水作介质来输送松散固体颗粒的管道。气力输送是利用气流的动能使散粒物料呈悬浮状态随气流沿管道输送。如输送水泥、煤粉、面粉、谷物及铝厂、镁厂的粉末状材料等。一些矿石可加水呈稀浆状态运送。　　　　　　　　（庄家华）

输气管道　gas pipeline

输送天然气、石油气、煤气及供热蒸汽等气体的管道。为有压管道，应具有气密性。常采用钢管、铸铁管、塑料管等。在管线适当位置上安装阀门、补偿器（伸缩节）和放散管等附件，供运行管理、检修、安装等的需要。　　　　　　　　（庄家华）

输入反演　inversion of input

从已知的输出（反应）与结构系统特性求输入（激励）的分析过程。它是传统的从已知的输入和结构特性求解反应的动力学问题的近代发展。根据地面运动记录和土层特性估计基岩的振动是典型的输入反演问题。　　　　　　　　（陆伟民）

输入输出设备　input/output device

简称 I/O 设备。把数据输入计算机或把计算机处理的结果数据记录下来的设备。常用的输入设备有纸带输入机、磁卡阅读机、光电阅读机、磁盘驱动器、磁带机、扫描仪、键盘等。常用的输出设备有纸带穿孔机、电传打字机、打印机、绘图仪、图形显示器、终端、磁盘驱动器、磁带机、语音输出装置等。　　　　　　　　　　　　（郑　邑）

输液管道　liquid pipeline

输送石油、石油产品、供热热水、自来水及废水等管道。除排废水管道外，多属有压管道，液体充满整个有效断面，采用环形断面；排水管道一般是无压自流管，故管段需作坡度，水流顺坡定向流动，断面不一定是环形。　　　　　　　　（庄家华）

属性　attribute

指一个对象的性质和特征。在人工智能中，一个属性的值是该属性的数量和质量。例如截面形状和截面面积是型钢的两个属性。　　（李思明）

鼠标器　moose

其外形类似于数字化仪上的定位游标，其操作时对应于屏幕上迅速移动的光标。它可以与图形显示器直接相连,控制显示屏上的光标,选择菜单或进行简单的图形输入。
(薛瑞祺)

束筒 bundled tube

由多个筒体成束组合而成的结构。是组合筒结构的一种形式。它实际上是一个多于两个腹板框架的框筒结构。在水平力作用下,内腹板框架,不仅用于抵抗剪力,更使翼缘框架中剪力滞后现象减小,使它的柱子受力较均匀,使整个结构的空间作用很好地发挥。这种结构一般用于 50 层以上的办公大楼,110 层的美国 Sears 大楼,就是由 9 个筒体组成的典型的束筒结构。
(江欢成)

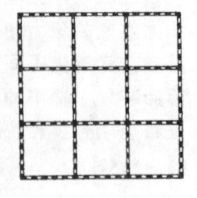

树根桩 root pile

又称微型桩。一种就地灌注的小直径(约为 100~300mm)的钢筋混凝土桩。施工时先行预钻孔,到达预定深度并清孔后,插入钢筋笼,填入骨料,再进行高压力灌注水泥浆以提高侧阻力,经结硬而成桩体。这种桩用于地基加固和基础托换时,通常是作成一系列不同倾斜度的桩束,状似树根故名。
(杨伟方)

竖井 vertical shaft

向岩土体内掘进,深度和断面积都较大的竖直井。按用途可分为勘探竖井和开采竖井。后者又可分为主井、副井及通风井等。竖井如果不直通地表则称为暗井。
(王家钧)

竖井内布线 wiring in vertical shaft

导线或电缆在电缆井内垂直敷设的方法。一般适用于高层建筑内垂直配电干线的敷设、控制线路和弱电线路的敷设。
(马洪骥)

竖盘

见竖直度盘(278 页)。

竖盘指标差 index error of vertical circle

当望远镜视准轴位于水平方向、竖盘水准管气泡居中时,竖盘指标读数与理想读数(90°或 90°的倍数)之差。其值可影响竖直角的正确性。通过盘左、盘右两个位置观测同一目标求得的平均竖直角可抵消其影响。
(钮因花)

竖盘自动补偿器 automatic compensator of vertical circle

测量仪器稍有倾斜仍能读得正确竖盘读数的自动补偿装置。它是使竖盘指标自动归零的一组装置。
(钮因花)

竖向固结 vertical consolidation

在考虑土体排水固结问题时,假设土中孔隙水的排出只在(或主要在)竖直方向上进行,而且土层也只产生竖向压缩的一维固结状态。由于实际土体的固结总是多维状态的,因此竖向固结常成为工程实用上的某种简化。
(魏道垛)

竖向支撑 vertical brace

又称垂直支撑。为保证屋架出平面的稳定而设的联结两个相邻屋架的竖向小桁架。它可以提高厂房的整体刚度。通常与下弦横向水平支撑相配合设置。布置在厂房端部和伸缩缝处。参见屋盖支撑系统(313 页)。
(陈寿华)

竖直度盘 vertical circle

简称竖盘。安装在横轴(水平轴)一端,与望远镜一起俯仰转动,量测竖直角的装置。其构造与读数同水平度盘,但其分划线的注记形式有全圆式(按顺时针或逆时针方向注记)和象限式两种。
(邹瑞坤)

竖直角 vertical angle

又称高度角或垂直角。在同一竖直面内某点到观测目标的方向线与水平线间的夹角。目标在水平线以上的竖直角称"仰角",在水平线以下的称"俯角"。为确保观测精度,一般选择中午前后大气垂直折光变化较小时观测。
(钮因花)

竖直桩 vertical pile

桩的轴线方向成竖直的桩。主要用来承受竖直荷载,对水平荷载的承受能力较差。是工程中应用最多的一种桩型。
(洪毓康)

竖轴 vertical axis

见仪器旋转轴(342 页)。

数据操纵语言 DML, data manipulation language

用户与数据库管理系统的接口,也是用户操作数据库中数据的工具。通常它不作为独立语言,而是嵌入到主语言如 COBOL、FORTRAN、PASCAL、PL/1 中使用,所以 DML 也称为数据子语言(data sublanguage)。它由一组操纵命令组成,具有控制、修改、查找、重组织等功能。
(陆 皓)

数据管理 data administration

对计算机系统中的数据进行控制和管理,以确保数据的准确性和安全性,而不致遭受破坏和被非法存取。它具有对数据的组织、编目、定位、存贮、检索和维护等功能。
(陆 皓)

数据库 data-base

以一定的组织方式存贮在计算机的外存上,相互有关且具有数据冗余少、数据共享、数据安全和完整等特性的数据集合。其中①冗余少是指数据库中的数据具有最少重复;②数据共享是指数据库中的数据可以为多个用户、多个应用程序服务;③数据独立是指数据库中的数据与应用程序无关,即不同的应用程序可按自己需要的数据结构去访问数据库中的数据;数据库中物理组织发生改变,而应用程序不需改写;④安全性是指保护数据库以防止不合法使用;⑤完整性是指在使用数据库中数据的过程中要确保其正确性和一致性。数据库在计算机辅助设计方案评估、概算、预算、投标以及计算机生成建筑模型中起重要作用。对于一个特定的数据库来说,它集中统一地保存和管理着某一单位或某一领域所有有用的数据。按其应用领域可分为商用数据库、管理数据库、科学数据库、文献数据库和工程数据库等。按其内容性质有图形数据库和非图形数据库之分。 (陆 皓)

数据库管理系统 data-base management system

一组作为数据库系统核心的系统软件。对数据库中数据的一切操作都是在 DBMS 的指挥、调度、控制下进行,它具有数据定义、数据库管理、数据库的建立和维护、通信等功能,通常由系统运行控制程序、语言翻译处理程序、公用程序所组成。DBMS 是在操作系统之上作为数据库用户与操作系统之间的接口。 (陆 皓)

数据库管理员 data-base administrator

一个(或一组)负责整个数据库系统建立、维护、协调工作的专门人员。他们对于系统软件和部门的所有业务工作都很熟悉,并能担负起下列具体职责:定义和存贮数据库数据,对数据库的使用和运行进行监督和控制,数据库的维护和恢复等。
 (陆 皓)

数据描述语言 DDL, data description language

用来描述数据库的概念模式。它可以描述数据的逻辑结构、物理特征、存贮映射、访问规则等。在数据库设计及修改设计时均要用它。DDL 有模式 DDL、子模式 DDL、物理 DDL 之分。 (陆 皓)

数据模型 data model

反映数据库中记录间联系的数据结构方式。按照 ANSI/X3/SPARC 建议,数据模型一般分为三级,即概念级、外部级和内部级。它们从不同角度描述数据库的数据内容以及数据间联系方式。数据模型由相应级别的数据模式来定义。数据模型应具有数据内容描述功能。数据间联系描述功能以及数据语义描述功能。就目前已有商品化数据库管理系统支持的数据模型来说,根据它们处理数据间联系的方式,有关系模型、层次模型、网状模型,这三种数据模型又称为基本的数据模型。为了试图反映现实世界结构的更多内容,还有扩充的数据模型,称为语义模型化(Semantic modeling)。语义模型是面向对象的(object oriented),是指通过丰富的数据结构,直接存贮实体和实体间的联系。数据库中实体的名称不只是一个标识符,它们含有语义。用户可以顾名思义地指定实体,对实体进行操作而实现信息管理。属于语义模型的有 E-R 模型、函数数据模型(functional data model)扩充的关系模型(RM/T)、对象历史模型(object history model)等。 (陆 皓)

数据语言 data language

用来描述实体及其联系的一套符号表示法。是数据库管理系统提供给所有用户用于建立数据库、使用数据库和对数据库进行维护的工具。数据语言就某一特定的数据模型而言,有数据描述语言、数据操纵语言和查询语言之分。 (陆 皓)

数学期望 mathematical expected value

以随机变量每个值的概率为该值的加权数的加权平均值。反映了随机变量 $x(t)$ 的集中位量的数字特征。对于连续随机变量,数学期望 Ex 可表示为:

$$Ex = \frac{\int_{-\infty}^{\infty} xp(x)\mathrm{d}x}{\int_{-\infty}^{\infty} p(x)\mathrm{d}x} = \int_{-\infty}^{\infty} xp(x)\mathrm{d}x$$

由此可见,数学期望是用概率密度函数 $p(x)$ 的一次矩所表达,在图形上它等于概率密度函数曲线的面积形心的坐标。对于离散随机变量,上式变成:

$$Ex = \sum_{i=1}^{n} x_i p_i$$

当各次随机变量的概率 p_i 均相同即等于 $\frac{1}{n}$ 时,上式就变成算术平均值,即

$$\bar{x} = \frac{1}{n}\sum_{i=1}^{n} x_i$$

(张相庭)

数字比例尺 numerical scale

见比例尺(8页)。

数字化仪 digitizer

计算机辅助设计系统中把图形变成计算机数据的输入设备。使用时由操作人员用定位游标对准放置在数字化仪上图纸的图形坐标,按下游标上的按钮,从而把图形变成计算机内的坐标数据。常用的有机械编码方式、超声波式、全电子感应式等。其中全电子式精度最高,分辨率可达 $100\sim 200 \mu m$。

(薛瑞祺)

数字式打印记录仪 printer

以数字形式打印记录电信号的仪器。模拟电信号需经模/数变换、编码后它才能接受。有低压电火花、热笔及印泥等多种记录方式,又有字符头和点矩

阵等几种构字形式。专用的记录仪，还可打印出非电物理量单位，如应变、($\mu\varepsilon$)位移、(mm)、力值(N)、温度(℃)等单位。 （潘景龙）

shuan

栓钉 stud
又称圆柱头焊钉连接件。一种带大头的钉杆制成的抗剪连接件。一端用专门焊机焊于钢部件的翼缘上，钉杆及大头端均埋于混凝土中。常见栓钉的直径为 $\phi12\sim\phi22$，钉长应不小于杆径的 4 倍，大头直径应不小于杆径的 1.5 倍。 （朱聘儒）

栓焊结构 bolt-welded structure
焊接杆件或构件用高强度螺栓组成的钢结构。常用于桁架式桥梁和高层钢框架中，各杆件或构件由焊接连接组成组合截面，而在节点处则用高强度螺栓连接成结构。采用栓焊结构的主要优点是施工速度快。 （钟善桐）

shuang

双侧顺纹受剪 double shear parallel to grain
见顺纹受剪(286 页)。

双层网壳 double-layer latticed shell
由两层平行或基本平行的曲面形杆系用腹杆连系形成的空间杆系结构。其构成有两种可能的方式：①上、下两层杆件一一对应，与相应的腹杆一起构成平面桁架式的构件(称为网片)，整个双层网壳可视为由许多桁架式网片交汇组合而成；②不能分解成平面网片，而完全按照一定的空间规律构成网壳，例如由一系列四角锥或三角锥组成的体系。双层网壳的节点上需汇交来自不同方向的许多杆件，构造比较复杂。但由于这种网壳具有一定厚度(两层曲面杆系之间的距离)，其刚性和稳定性较单层网壳大为增强，因而可以跨越很大的空间。
 （沈世钊）

双层悬索结构 double-layer cable-suspended structure
由一系列下垂的承重索和相反曲率的稳定索组成，二者之间通过适当连系构件连接起来而形成的结构。由于承重索和稳定索曲率相反，就有可能对体系施加预张力，使索内始终保持足够大的张紧力，从而提高了整个体系的形状稳定性和刚性，所以可采用轻型屋面。对于矩形或近似矩形的建筑平面，两层索一般均平行布置，承重索和稳定索可成对地布置在同一竖向平面内，也可错开布置形成各种波形屋面。对于圆形建筑平面，常将双层索沿辐射方向布置，也可沿相互正交的两个方向布置，形成双层交叉网格。 （沈世钊）

双齿连接 double notches and teeth connection
有两个齿榫齿槽相抵传递压力的连接。当两木构件相交的角度较大时，双齿连接的承载力常取决于承压，此时采用此种连接可使承压面积增加一倍从而获得较大效益。双齿连接的剪切应力分布较单齿连接均匀，抗剪承载力可较单齿连接增加 30% 左右，双齿连接的二个受剪面应保持一定间隔，两齿深度之差至少 2cm 或更多。双齿连接要求两抵承面同时顶紧，对制作技巧要求较严。 （王振家）

双重井字楼盖 double two-way ribbed slab
在井字楼盖区格内再划分为较小形井字楼盖的一种楼盖形式。它一般应用在跨度很大的楼盖结构中。小井字梁像次梁一样工作，它使双向板跨度减小，大井字梁像主梁一样工作，使次梁跨度处在经济范围内。与肋梁楼盖相比，构件受力更趋向合理，建筑造型较美观。 （刘广义）

双杆身桅杆 guyed double mast tower
两杆身平行竖立组成门字型，或斜向布置成 V 字型，杆身之间有横梁或柔索连系的桅杆。除了双杆身相互连系的方向外，尚有对称布置的互交 90°或 120°的数层纤绳拉住双杆身。双杆身受力时相互影响，共同作用。用在输电线路塔和具有反射网的无线电桅杆中。 （王肇民）

双钢筋 twin-bar reinforcement
采用两根冷拔低碳钢丝纵向并联，横向用冷拔低碳钢丝点焊联结成的梯格形骨架。它可以代替钢筋混凝土中的单根钢筋。由于双钢筋骨架与混凝土共同工作时有可靠的锚固，故能有效地限制构件裂缝开展，充分发挥钢丝的高强性能。 （原长庆）

双杠杆应变仪 tensometer
见杠杆式应变仪(99 页)。

双铰刚架 2-hinge rigid frame
横梁为整体杆件与柱刚性连接，柱与基础是铰接支承的单跨刚架。横梁可以是等截面、变截面的；或者是拱。跨度较小时用等截面和柱水平相接，跨度较大时用变截面和柱斜交相接。双铰刚架施工和安装一般比较困难，当横梁为变截面曲杆或拱时产生较大的水平推力。用钢或钢筋混凝土材料制作。房屋建筑中一般用于跨度不太大的商业建筑、仓库和轻工厂房。 （陈宗梁）

双铰拱 arch hinged at ends
两个拱脚做成铰接构造的拱。是装配式拱常用的型式，一般做成带拉杆的。当拱的重量很大且无足够能力的吊装机械时，可将拱分成两部分，拱顶采用金属接头以得到刚性的连接。双铰拱制造和安装简单,而且用料比较经济,应用最为普遍。

（唐岱新）

双筋梁 double-reinforced beam

在截面的受拉和受压区同时配置受力纵筋的钢筋混凝土梁。一般在下列情况采用：①当构件承受的弯矩较大,而增加截面尺寸和提高混凝土强度等级均受到限制,以致单筋梁无法满足承载力的要求；②在不同荷载效应组合下会产生异号的弯矩；③在截面受压区构造上已配置纵向受力钢筋时。梁内配置受压钢筋可提高截面的延性和减小长期荷载作用下的变形,但不经济。

（陈止戈）

双控 double control

见控制应力法(186页)。

双力矩 warping bending moment

把翘曲正应力在扇性坐标系中按直角坐标计算力矩的方式得到的物理量。开口薄壁杆件约束扭转时截面上会产生翘曲正应力。翘曲正应力是一个自相平衡的不产生合力和合力矩的体系。

（沈祖炎）

双面尺法 double-sided observation

在一个测点上利用红黑面水准标尺测量两点间高差,进行测站检核的方法。黑面和红面高差在限差之内,则取其平均值作为两点观测高差。

（汤伟克）

双模量理论 double modulus theory

又称折算模量理论。用双模量确定轴心压杆非弹性工作阶段屈曲时的临界力的理论。认为用折算模量 E_r 代替欧拉临界力中的弹性模量 E,即得非弹性阶段屈曲时的临界力。E_r 值与弹性模量 E 和切线模量 E_t 两者有关。该理论与试验结果相比较,符合程度不如切线模量理论,故已较少采用。

（夏志斌）

双曲薄壳 double curvature shell

既在纵向又在横向弯曲,具有双向曲率的薄壳。这种壳面不能简单地由辊压或折叠一平面而形成的,是一不可展曲面。在这一类壳体中,最主要的一种是中面为平移曲面的壳。平移曲面是由一根动曲线沿着与它相交但不在同一平面上的另一根定曲线平行移动而形成的。有正高斯曲率和负高斯曲率壳两种。在建筑物顶盖中常会遇到这种壳体。由于具有双向曲率,所以这种壳较单曲壳刚劲。

（范乃文）

双曲扁壳 double curvature shallow-shell

简称扁壳。具有双向曲率的扁平壳体。所谓扁平是指壳体的中面曲率半径远较壳体的其他尺寸为大,或壳体的最大矢高(壳体的底面

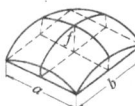

距壳体中间的最大垂直距离)远较底面的尺寸为小。在建筑结构中,旋转扁壳的底面多为圆形,其他形式的底面常为矩形。四周的横隔构件可以采用薄腹梁、拉杆拱、拱形桁架等。横隔构件主要承受沿壳边传来的顺剪力,壳板主要承受压力,且压力数值很小。因此,只需很小的厚度就可覆盖很大的跨度,受力合理,经济效果良好。

（范乃文）

双曲拱 double-parabolic arch

见波形拱(14页)。

双曲抛物面薄壳 double curvature paraboloid shell

中面为双曲抛物面的薄壳。设有两条抛物线,它们所在的平面互相垂直,顶点和轴均重合,而凹向相反。将其中一条(如上凸的)平行于自身

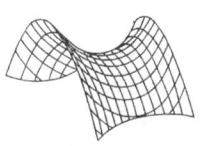

且使其顶点在另一条抛物线(下凹的)上移动,则此移动的抛物线便形成一个曲面,称为双曲抛物面。它具有两个对称面,一个对称轴。若沿横轴或纵轴作一竖直截面可得一抛物线；若作一水平截面则得一双曲线。通过曲面上的每个点,都有两条直母线,可以从曲面上切出任何翘曲的四边形。因此,它也是直纹面。在工程上,由竖向抛物线和水平双曲线所围成的壳称为马鞍形壳；由一个翘曲的四边形所形成的壳称为扭壳。参见组合壳(387页)。可以将几个直边形的扭壳组合成为伞形壳。双曲抛物面壳受力合理,易于建造,造型美观而富于表现力。

（范乃文）

双曲抛物面网壳 hyperbolic paraboloid latticed shell

见鞍型网壳(1页)。

双线型恢复力模型 bilinear restoring force model

用二直线段表示骨架曲线的恢复力模型。第一刚度取弹性刚度,第二刚度取屈服后的刚度,以屈服点为转折点。

（余安东）

双向板 two-way slab

矩形板四边支承时,长边 l_2 与短边 l_1 尺寸差别不很大,在短跨与长跨两个方向均承受荷载作用的板。属双向受弯构件,如为钢筋混凝土板,应进行双向配筋。

（原长庆）

双向板肋梁楼盖 beam supported two-way slab floor

见肋梁楼盖(192页)。

双向观测

见对向观测(71页)。

双向偏心受压柱 column with biaxially eccentric loads

纵向力同时偏离截面两个主轴的受压构件。它的中和轴是斜方向的,一般情况下破坏时荷载的偏心距将偏离初始偏心所在的竖向平面,即构件发生了扭曲。若简单地分别计算两个主轴方向的偏心然后进行叠加会产生较大误差。 （计学闰）

双向受弯构件 biaxial bending beam

绕横截面上两个主轴方向均受弯的构件。如坡向屋面上斜向放置的檩条和连系梁等都是双向受弯梁(斜弯梁)。 （何若全）

双肢墙 couple wall

竖向开有一列洞口的结构墙。它的竖直部分称墙肢,横向部分称连梁。双肢墙通常是指有较大洞口的情况,这时,在水平力作用下,墙肢的局部弯矩已超过整体弯矩的15%,整体截面的变形不符合平截面假定。 （江欢成）

双肢柱 double leg column

由两根主要以承受轴向力为主的竖向肢杆,中间连以腹杆组成的柱。可分为平腹杆双肢柱和斜腹杆双肢柱两种。它比实腹柱省材料,多用于吊车起重量较大的单层工业厂房中。肢杆、腹杆截面可做成矩形或管状。参见排架柱(225页)。
 （陈寿华）

双轴对称钢梁 bisymmetric steel beam

见钢组合梁(98页)。

双柱支架 double column rack

采用双柱并在柱顶和横梁作为支承管道的支架。横梁有单层与多层,视管道数目而定。横梁与柱刚接时则形成刚架,有较大的刚度。常用钢筋混凝土制成。可用作中间支架、固定支架或伸缩节支架。 （庄家华）

双作用千斤顶 double-acting jack

张拉预应力钢筋时,具有拉伸钢筋和顶压锚具两种作用的张拉千斤顶。即其一个作用是夹住钢筋进行张拉,另一个作用是将夹片顶入锚环,使预应力钢筋被夹紧。 （李绍业）

双T板 double T slab

截面由两个T形组成的梁板合一的构件。板面可扩展得比较宽,以两个肋作为支座,可以减少板的横向配筋。可作为屋面承重结构及桥梁。
 （黄宝魁）

shui

水泵接合器 water pump adapter

供消防车向室内管网供水的接口。当室内消防水泵发生故障或室内消防用水不足时,消防车从室外消火栓、消防水池取水,通过水泵接合器将水送至室内管网。型式有墙壁式、地上式和地下式三种。
 （蒋德忠）

水泵站 water pumping station

设置水泵的构筑物(或房屋)。在市政建设中,它是整个给排水系统正常运转的枢纽。一般分为给水泵站、排水泵站、雨水泵站、循环水泵站等。在给水系统中,为保证输水,需要提高水的压力时,在排水管网中为保证重力流,需要提升污水时,均要设置水泵站。 （方丽蓓）

水池 water tank

贮存水或进行水处理的构筑物。是贮液池的一种。给水排水工程中,用于贮水的,有清水池、高位水池、调节池等。用于水处理的,有澄清池、滤池、曝气池等。按水池高宽比;有浅池、深池。平面形状有矩形、圆形。顶盖形式有敞口(即无顶盖)、平顶、壳顶。矩形水池有单格的及多格的。一般用钢筋混凝土、预应力混凝土或砖石建造。内外表面应采用防水措施。 （侯子奇）

水池浮力 buoyance

地下水对水池的向上浮力。处在地下水位中的水池必须进行抗浮验算,按空池验算整体抗浮。多格水池及池内设有柱子时,还应进行局部抗浮验算。整体抗浮不满足时,应抬高整个水池的标高,减小地下水的浮力或采取加大池体自重或加设锚杆等措施。 （侯子奇）

水柜 water tank

又称水箱。水塔构筑物中,由支架支承起来的贮水容器。水柜是水塔的主体。常用的结构形式有:钢筋混凝土平底式、倒锥壳式、英兹式。
 （方丽蓓）

水力压裂法 hydraulic fracturing method

又称水力致裂法。对封闭的一段钻孔施加水压,使孔壁出现张性劈裂,以测定初始劈裂压力,然后停止压水,测定闭合压力的方法。此法可测定岩土体的原位初始水平应力。若利用不同方向的钻孔做压裂试验,可量测岩土体的三维应力状态。
 （王家钧）

水流荷载 current load

受风力、气压梯度、地球偏转力和湍流摩擦力等作用, 又受海底地形、海岸及岛屿轮廓影响,海洋中的海水沿一定方向大规模流动而引起的作用力。当只考虑海流作用时海流荷载可由下式确定:

$$f_D = \frac{1}{2} C_D \rho A U_C^2$$

f_D 为单位长度上的阻力(N/m); C_D 为阻力系数; ρ 为海水密度(kg/m^3); A 为单位长度构件在垂直于

海流方向平面上的投影面积(m^2/m);u_C为设计海流流速(m/s)。应考虑海流流速随水深的变化。对于长细比大的构件还要考虑Von Karman涡流引起颤振的可能性。设计中还应适当考虑水流和波浪的共同作用,此时,应在计算总的作用力之前将流速与波浪水质点速度求矢量和,取其在垂直于杆件方向上的分矢量用于Morison方程中。位于河口附近海域的海工建筑物也会受到与上述性质相似的荷载作用。

(孙申初)

水幕消防系统 water curtain fire extinguishment system

由水幕喷头、管道和控制阀等组成的阻火、隔火消防装置。该系统宜与防火卷帘或防火幕配合使用,起防火隔断作用,还可单独用来保护门窗洞口的部位。

(蒋德忠)

水泥砂浆 cement mortar

或称纯水泥砂浆。由一定比例的水泥、砂加水搅拌而成的砂浆。其强度较高,但流动性(和易性)差,为水硬性材料,主要用于地下砌体以及潮湿环境的砌体。

(唐岱新)

水泥砂浆抹面加固法

于墙体的一侧或两侧采用水泥砂浆抹面以提高砌体的抗剪强度的方法。抹面厚度一般为20mm,采用强度等级较高的水泥砂浆分层抹面,并应保证砂浆面层与加固墙体有可靠粘结。

(夏敬谦)

水泥稳定土 cement stabilized soil

在土料中掺合一定量的水泥,加水均匀拌和并压实到密实状态所形成的混合土料。可用于形成坚硬的垫层或基层。

(蔡伟铭)

水喷淋系统 sprinkler system

火灾时,室温达到某一定值时可自动喷水和发出火警信号的消防给水系统。在火灾危险性较大的建筑物内,为了及时扑灭初期火灾减少火灾损失,常设置该系统。主要由自动喷水头、管网、检查信号阀和火警信号器等组成。根据地区气候条件和建筑的采暖设施情况,自动喷水管网有充水自动喷水管网和充气自动喷水管网。当发生火灾时,达到规定温度时,自动喷水,自动灭火。检查信号阀为平时检查火警信号和发生火灾时发出火警信号的直立式单向阀;火警信号器在自动喷水开始喷水之初,就能发出火警信号,常用的火警信号器有机动式火警信号铃和电动式火警信号器。

(钮 宏)

水平度盘 horizontal circle

由金属或玻璃制成,用来测量水平角的圆盘形装置。圆周边缘上刻有圆心角相等的分划线,相邻两分划间的弧长所对的圆心角称度盘分划值。有全圆分360°的60分制和400g的100分制。金属度盘一般用游标读数,精度较低,玻璃度盘借助光学测微器读数,精度较高,近代测量仪器都采用玻璃度盘。

(邹瑞坤)

水平加强层 horizontal rigid belt

又称刚性层。在普通框架(或框筒)结构的某一层高范围内水平向布置的桁架结构或现浇钢筋混凝土大梁。在竖向一般布置在建筑设备层及顶层;在平面上则既沿建筑物四周布置,又连接核心筒和外柱。其作用是:约束周边框架和核心筒的变形,减少结构在水平荷载作用下的侧向位移,并使各竖向构件的温度变形趋于均匀,减少楼盖结构的翘曲。

(张建荣)

水平角 horizontal angle

一点到两目标的方向线垂直投影在水面上所成的角。亦即通过该两目标方向线所作竖直面间的两面角。图中AOB是三个位于不同高程的地面点,OA和OB两方向线所夹的水平角就是通过OA和OB的两个竖直面投影到水平面上的夹角$\beta = \angle aob$。

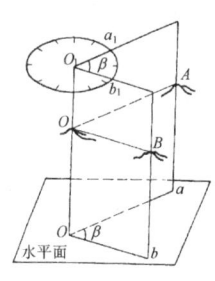

(钮因花)

水平位移观测 horizontal displacement observation

对建筑物(构筑物)平面位置变化的观测。观测时需先在建筑物上设置一定数量的观测点,并在建筑物附近稳定的地方建立平面基准点,利用不同的观测方法,求出观测点相对于基准点的位移值,以确定建筑物水平位移的情况。

(傅晓村)

水平向固结 horizontal consolidation

土中孔隙水主要由水平方向的通路排出而导致土体达到的固结。在分析诸如砂井地基或水平层理发育或含众多水平粉砂薄层等实际土体排水固结问题时,常作此类固结运算。

(魏道垛)

水平岩层 horizontal stratum

岩层产状呈水平或近于水平的岩层。原始的沉积岩层,除了在盆地边缘或盆地底部有突起部分造成原始倾斜岩层外,一般均呈水平产状。即同一层面的各个部分都大致具有相同的海拔高程。因此在地质图上水平岩层的地质界线也大致与地形的等高线平行。

(杨可铭)

水平遮弹层 horizontal shell-proof layer

水平铺筑于人防地下室外墙两旁或成层式人防地下工事顶部的防护层。用于迫使航、炮弹在遮弹层中爆炸,或使航、炮弹只能在遮弹层外沿浸彻土中爆炸，以避免航、炮弹紧贴支撑结构爆炸。采用材料可为干、湿砌乱毛石砌体或毛石混凝土，素混凝土等，需经专门设计。　　　　　　　　（王松岩）

水塔　water tower

用来保持和调节给水管网中水量和水压的储水和配水的塔式结构。主要由水柜（水箱）、塔身和基础三部分组成。水柜可用钢板、钢筋混凝土、钢丝网水泥、玻璃钢或木材建造，外形有圆柱壳式、倒锥壳式、球形、箱形、碗形、水珠形等。塔身常用的结构形式有支筒式和支架式两种。支筒用钢筋混凝土或砌体结构，支架用钢构架或钢筋混凝土刚架结构。较低的水塔也可用砖石砌成 H 形或其他平面形状作为支座。　　　　　　　　（王肇民　方丽蓓）

水塔穿箱防水套管　waterproof casing pipe through water tank

在水塔的进、出、溢、排水等管道穿过水箱壁处预埋的套管。管道和套管可为刚性连接（用法兰盘直接连接）或柔性连接（管道穿过套管，在管道与套管之间塞胶圈、沥青、麻刀等密封材料，表面抹防水水泥砂浆）以达到不漏水的目的。其通过处的混凝土壁厚通常在套管内径 D 加 200mm 的范围内局部加厚至 200mm，并同时在孔口处加设 4φ10 加固钢筋。　　　　　　　　（方丽蓓）

水塔塔身　water tower body

水塔中水柜的支承结构。常用的结构形式有钢筋混凝土支架式、支筒式及砖支筒式。　　　　　（方丽蓓）

水文地质测绘　hydrogeological mapping

对地区的地下水及其有关的地形、地貌、地层、岩性及地质构造等地质因素进行实地观测并绘制图件的工作。　　　　　　　　（杨可铭）

水文地质勘察　hydrogeological investigation

为查明区域或地区的水文地质条件所进行的勘察工作。一般情况下，它是通过水文地质测绘、勘探（含物探）、现场试验、水质分析及地下水动态观测等工作方法来完成的。　　　　　　　　（杨可铭）

水文地质条件　hydrogeological condition

建设地区地下水埋藏条件、分布和补给、径流、排泄条件以及水质、水量等特征的总称。研究和掌握地区的水文地质条件才能合理开发利用地下水资源和有效防治地下水的危害。　　　　（杨可铭）

水文地质图　hydrogeological map

以水文地质勘察的资料为依据，编制反映一个地区地下水分布和特征的图件。这些图件均为城乡建设规划及环境保护的基础资料。　　（杨可铭）

水文地质学　hydrogeology

研究地下水的形成、分布、埋藏条件、运动规律、水质、水量和动态的科学。也研究如何合理利用地下水以及有效防治和消除地下水的危害。
　　　　　　　　（杨可铭）

水下封底　underwater seal

沉井下沉到设计标高后在井内有水条件下浇筑底板的施工方法。此方法适用于当沉井的刃脚是停留在渗透系数较大或易出现流砂的土层中。水下封底混凝土的厚度，应满足沉井抽水后的抗浮要求。
　　　　　　　　（董建国）

水箱　water tank

见水柜（282 页）。

水准标尺　level staff

简称水准尺。用于进行水准测量的标尺。分为①普通水准标尺，用干燥木料或金属材料或玻璃钢材料制成。按其构造不同分为折尺、塔尺、板尺等。按其刻划分单面尺和双面尺。②精密水准标尺，在木制尺尺身中间制有尺槽，内嵌有一条厚 1mm 宽 2.6mm，膨胀系数极小的钢瓦合金带，长 3m，尺上绘有 1cm 或 0.5cm 的分划，同一根尺面上绘有两排分划，左侧为基本分划，右侧为辅助分划，用来检查读数和提高测量精度。为了立尺时能处于竖直状态，在尺身侧面装有圆水准器。　　　（汤伟克）

水准测量　leveling

用水准仪和水准标尺，测定地面上两点间高差的方法。由已知高程点出发，沿选定的水准路线逐站测定各点的高程。　　　　　　（汤伟克）

水准尺

见水准标尺。

水准点　benchmark

用水准测量方法测定的高程控制点。有永久性和临时性两种。永久性的等级水准点，埋设在地基稳固、能长久保存、又便于观测和使用的地方。水准点标石中间嵌有半球形金属标志，并刻有水准点等级、编号、建造单位和时间。临时性的水准点可利用地面突出坚硬岩石以油漆标记，或用木桩打入地面。在城镇和厂矿建筑区，可选择稳固建筑物的墙脚埋设金属标志作为永久性的水准点。　　（汤伟克）

水准管

见管状水准器（112 页）。

水准管分划值　scale value of level

又称水准器角值。水准器上相邻两分划之间的圆弧所对的圆心角值。即气泡移动一个分划间隔时水准器倾斜的角值。水准器的半径愈大，分划值愈小，则灵敏度愈高。不同精度的仪器，应选择分划值相适应的水准器。　　　　　　（邹瑞坤）

水准管灵敏度　sensitivity of level tube

水准管气泡移动的敏感程度。它与水准管分划值有关,分划值愈小,则灵敏度愈高。

(邹瑞坤)

水准管轴 axis of level tube

通过水准管纵剖面圆弧中心(水准管零点)并与内表面相切的切线。当水准管气泡居中时,水准管轴处于水平位置。

(邹瑞坤)

水准结点 junction point of leveling line

若干条单一水准路线相交的点。具有水准结点的水准网,通过平差计算,结点的高程精度将提高。

(汤伟克)

水准路线 leveling line

进行水准测量所敷设的路线。其形式有支水准路线、附合水准路线、闭合水准路线和若干条单一水准路线相互连接构成的水准网。上述前三种水准路线主要用于小区域或带状地区的水准测量。

(汤伟克)

水准路线检核 check of leveling line

对水准路线观测成果所进行的检核。由于读数、照准和仪器构造不完善的误差以及外界气候条件变化等影响,使测量成果带有误差。必须对水准路线进行成果检核,计算路线全长的高差闭合差。若闭合差在容许范围内,可按与路线长度成正比的原则进行调整。

(汤伟克)

水准面 level surface

自由静止的水面。在地球重力场中,该面处处与重力方向成正交。在同一个水准面上各点重力势相等。

(陈荣林)

水准器 bubble, level

测量仪器中用于整平仪器的主要部件。气泡居中表示仪器处于水平位置。它是由略微弯曲的玻璃管内装酒精或乙醚一类的不冻液体制成。分圆水准器及管状水准器两种。

(邹瑞坤)

水准器角值 scale value of level

见水准管分划值(284页)。

水准式电测倾角传感器 electronic measuring angular transducer

利用导电液体保持水平的原理,从而使两电极在倾角作用下发生差动的电阻变化来量测倾角的一种器件。使用专门的二次仪表或交流电源激励的电阻应变仪来测读倾角。

(潘景龙)

水准式倾角仪 angular meter

利用水准管作为指零位置的一种角位移量测仪器。读数时,必须拧动仪器的调节盘,使水准管气泡居中,按度盘增量获得试件的角位移。常用来量测结构节点、构件截面等在荷载作用下产生的转角。

(潘景龙)

水准仪 level

利用水平视线测定地面两点间高差的仪器。主要部件有望远镜、水准器、基座。按仪器构造分为定镜式微倾水准仪(简称微倾水准仪)和自动安平水准仪。按精度等级分为精密水准仪和普通水准仪。中国水准仪系列标准有:$DS_{0.5}$、DS_1、DS_3、DS_{10}、DS_{20}等型号,D 和 S 分别为大地测量和水准仪汉语拼音第一个字母,0.5、1、3、10、20 为该类仪器以 mm 为单位的每公里水准测量高差的中误差。

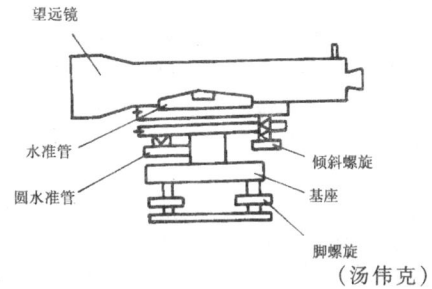

(汤伟克)

水准原点 leveling origin

国家的高程起算点。中国的水准原点设在青岛,其高程是以 1952~1979 年青岛验潮站的观测资料推算出的黄海平均海水面作为零点,用精密水准测量联测到水准原点,经平差后求得其高程为 72.260m。为了检查其高程有无变化,在原点附近埋设了若干水准点,定期进行连测,以资检核。

(陈荣林)

shun

顺风向风振 along-wind vibration

风激励的结构在顺风向引起的振动。由于风力可分为平均风和脉动风,前者相当于长周期成分,与静力作用相当,后者相当于短周期成分,它对结构作用是动力。因此顺风向风振相当于脉动风引起的结构在顺风向的振动。由于脉动风是随机的,因而顺风向风振属于风激励的随机振动。结构分析应按随机振动理论进行。

(张相庭)

顺弯

见纵翘(384页)。

顺纹承压 bearing parallel to grain

旧称顺纹挤压。外力与木材纤维平行,通过构件接触传力时,接触面上的受压状态。例如受压弦杆接长的接头。它与顺纹受压工作的区别在于承压工作仅考察接触面处的应力和应变状态。顺纹承压强度略低于顺纹受压,这是由于锯截面的受压表面粗糙以及两构件接触处材质坚硬的晚材层与材质松软的早材层可能相互错开而造成的,但在设计时两者不作区别。

(王振家)

顺纹受剪 shear parallel to grain

外力作用方向与木材纤维走向平行的木材受剪。当外力作用于受剪木材一侧且与木材纤维走向平行者称为单侧顺纹受剪,其剪切应力沿剪面长度分布极不均匀,例如齿连接的受力状态;两外力作用于受剪木材两侧且与木材纤维走向平行者称为双侧顺纹受剪,其剪切应力沿剪面长度分布较为均匀,例如纵键的受力状态。　　　　　　（王振家）

顺纹受拉 tensile parallel to grain

外力作用方向与木材纤维走向平行的受拉状态。清材试件的木材顺纹受拉强度虽很高,但由于木节、斜纹等天然缺陷的存在将大大降低其强度,且为脆性工作。因此,在木结构中顺纹受拉要求木材等级极严。　　　　　　　　　　（王振家）

顺纹受压 compress parallel to grain

外力与木材纤维平行的受压状态。当构件短且粗时(构件自由长度$\leq 7b$,b为构件截面短边尺寸),构件顺纹受压工作的承载力将由截面强度控制;当构件细长时,构件顺纹受压工作的承载力将由失稳时的临界荷载控制。　　　　　（王振家）

顺序文件 sequential access file

存取信息时必须按照文件中的顺序逐个寻找的文件。例如磁带文件。它的主要特点是结构简单,但若要检索第j个记录,则必须先查完前面$j-1$个记录。　　　　　　　　　　　　　（王同花）

顺砖 stretcher

在砌体中,较大侧面与墙面平行放置的砖块。
　　　　　　　　　　　　　　　（张景吉）

瞬时沉降 immediate settlement

土体在外荷载施加的初始阶段在竖向发生的变形。亦称初始沉降。工程上估算瞬时沉降时仍以弹性理论中半无限空间的变形解答作为主要方法。对于软粘土需要采用相应的不排水条件下的计算指标,如不排水模量和土的泊松比等。
　　　　　　　　　　　　　　　（魏道垛）

瞬时风速 instantaneous wind speed

风流在某一时刻的速度。它随时间按随机规律变化。　　　　　　　　　　　　　（欧阳可庆）

瞬时弹性变形 instantaneous elastic deformation

与加荷过程同步的弹性变形。加荷过程可以甚短、也可能稍长。加荷过程一旦结束,此变形立即停止,且在卸荷后能全部消失。　　　　（王振家）

瞬时应变 instantaneous strain

加载(或卸载)时立即产生(或恢复)的应变。它与应力成正比,是材料的线性弹性变形。
　　　　　　　　　　　　　　　（计学闰）

Si

丝扣拧张法 turnbuckle pipe method

拧转正反螺丝套筒(花篮螺丝)、张拉钢筋建立预应力的方法。预应力钢结构中采用高强度钢筋作赘余构件时可采用此法。将高强度钢筋分为两段,与构件相连的一端分别用螺帽锚固在构件上。另一端分别制成正的和反的螺丝扣,插入套筒中。拧转套筒,收紧钢筋,建立预应力。　　（钟善桐）

丝式应变计 wire strain gauge

用直径0.05mm以下的高阻金属丝作敏感栅的电阻应变计。它通常用纸作基底,制作工艺简单、价廉,但灵敏系数的离散性大,横向效应较大,因此有被箔式应变计取代的趋势。目前,只在需要较大标距时才采用。　　　　　　　　　（潘景龙）

斯肯普顿公式 Skempton's equation

1951年,斯肯普顿对不排水条件下的饱和软粘土$(\varphi=0)$所提出的地基极限承载力公式。令太沙基极限承载力公式中$N_q=1, N_\gamma=0$,并考虑基础的形状和埋置深度对承载力系数N_c的影响,则计算公式为:
$$q_u = c_u N_c + \gamma_D$$
N_c值由下列经验公式计算:
$$N_c = 5.14\left(1 + 0.2\frac{B}{L}\right)\left[1 + \left(0.053\frac{D}{B}\right)^{1/2}\right]$$
当$D/B=4$时,$B/L=0, N_c \not> 7.5; B/L=1, N_c \not> 9.0$。　　　　　　　　　　　　　（高大钊）

斯脱罗哈数 Strouhal number

旋涡脱落频率f_s和垂直于流速方向结构截面最大尺度B的乘积与气流风速v之比值。用$S_t = \frac{f_s B}{v}$来表示,为一无量纲参数,由科学家斯脱罗哈提出。斯脱罗哈数S_t可以通过实验求出,由于雷诺数与v及B有关,因而它也可表示为结构截面形状和雷诺数的函数。对于圆筒体结构,当雷诺数为3×10^5以下或3.5×10^6以上时,其值约在$0.2 \sim 0.3$;当雷诺数在上述二数之间时,斯脱罗哈数较不规则,为随机值。在工程中,如果已测得斯脱罗哈数,则由定义可以确定旋涡脱落的频率f_s,为横风向风振计算所需的横向风力提供了必需的参数。
　　　　　　　　　　　　　　　（张相庭）

死节 dead knot

采伐前树木已枯枝后留下的木节。它和周围木材部分地或全部地脱离。坚硬的死节干枯后容易脱落,故也称脱落节。材质松软变质的死节称松软节。死节的存在将降低木材的抗力,对死节位于边部的

受拉构件尤甚。　　　　　　　（王振家）

死循环　endless loop

无终止地循环执行程序。一般它是由于程序设计不完备而造成。　　　　　　　（周宁祥）

四角锥网架　square pyramid space grid

以四角锥体为基本单元组成的网架结构。根据上弦杆(即锥体的底边)与边界关系,分为正放四角锥网架与斜放四角锥网架两类,前者杆件受力均匀,空间刚度好,屋面结构规格单一;后者在周边支承时,短上弦受压,长下弦受拉,受力合理,但需在周边布置刚性边梁以保证网架几何不变。适用于各种跨度的矩形平面建筑。

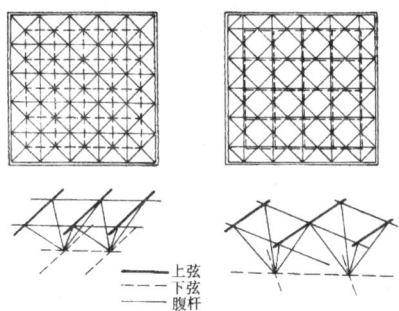

—— 上弦
--- 下弦
—— 腹杆

（徐崇宝）

伺服式测振传感器　servo vibration transducer

具有自动调节本身动态性能的振动测量传感器。如容差式测振传感器中引入被测振动的反馈信号,形成一闭环控制回路,可自动调节传感器本身的自振频率、阻尼比等,以提高测振传感器的灵敏度、信噪比和扩展使用频带。反馈信号可直接引自传感器的输出端,亦可引自二次仪表放大器的某级输出端,前者称无源伺服,后者称有源伺服。

（潘景龙）

song

松弛　relaxation

又称徐舒。材料在弹性应力作用下,由于其弹性变形不断地、缓慢地转化为塑性变形而使应力减小的现象。松弛时,应力随时间的延长而降低,但是变形总量保持不变。松弛的发展开始较快,以后逐渐减慢。钢材的松弛值与初始应力大小、钢材强度高低及钢材种类等有关。是造成混凝土结构预应力损失的主要原因。　　（何文汇　卫纪德）

松弛损失　loss of prestress due to wires relaxation

高强度钢丝或钢铰线在高应力下应力减小的现象。在预应力钢结构中,为了弥补松弛损失,可采用超张拉法。　　　　　　　（钟善桐）

松潘地震　Songpan earthquake

1976年8月16日在四川松潘、平武之间发生的7.2级地震。22日与23日又接着发生6.7级与7.2级地震。震中烈度9度。极震区山崩地裂、泥石流严重、农田被毁,许多房屋遭到不同程度破坏,但由于震前有预报并采取了防震措施,人畜伤亡甚少。　　　　　　　（李文艺）

松软节　loose knot

见死节(286页)。

sou

搜索　search

从初始状态开始寻找问题的一组可能解,并最终求得满意解的过程。常用的搜索方法有:①单向搜索,在问题树中从初始状态出发向目标单方向搜索;②双向搜索,在问题树中分别从初始状态和目标结点双向搜索,寻找最佳求解路线;③广度优先搜索,按"最早产生的结点优先扩展"的原则来定义估计函数,即对问题树中的结点按层搜索;④深度优先搜索,按"最晚产生的结点优先扩展"的原则来定义估计函数,即对问题树中的结点按一个分枝向下搜索,如无目标结点则返回并沿另一分枝搜索,直至找到目标结点为止;⑤最佳优先搜索,根据估计函数对未扩展的结点全部进行估计,从中选出最佳结点扩展。

（薛瑞祺　李思明）

su

素混凝土结构　plain concrete structure

由单一的混凝土材料建造的结构。混凝土抗压强度较高而抗拉强度很低,同时密度较大,因此它主要用于受压、卧置在地基上的受弯及以重力作为平衡体的结构。如混凝土柱或墙、大体积基础、重力式挡土墙及地下涵管等结构;同时还广泛应用于桥梁、水利及地下等工程结构中。　　　　（杨熙坤）

速度反应谱　velocity response spectrum

以结构自振周期(或频率)为横坐标,速度反应时程中的最大值(绝对值)为纵坐标而得到的关系曲线。利用此谱曲线可以按照结构的周期和阻尼比查出在该地震波作用下结构的最大速度反应。它代表地震动给予结构物的最大能量,代表地震破坏作用的一项指标。　　　　　　　（陆伟民）

塑料带排水　plastic band-shaped drain

由带有竖向排水通道的塑料芯带和包在其周围的合成纤维材料或多孔塑料制成的滤水套用以加固

软土层的竖向排水方法。属预制型排水井，加固原理与砂井相同。施工时将它装入插板机的芯轴内压入土中后上提芯轴而成。它具有结构强度高、布井间距小、排水效果好和施工期限短等特点。

（陈竹昌）

塑料管配线 plastic-tube wiring

导线穿塑料管的敷设方法。分硬质塑料管和半硬质塑料管两种，可明敷设亦可暗敷设。

（马洪骥）

塑限 plastic limit

土由塑性状态转变到半固体状态的界限含水量 $w_p(\%)$。它的数值大小，可反映土中粒度成分及粘土矿物的类型和含量。阿太堡塑限测定方法是滚搓法，现发展为圆锥仪液限—塑限联合测定法。

（王正秋）

塑性 plasticity

材料产生塑性变形的能力。代表材料塑性性能的指标有伸长率、截面收缩率和冷弯等。塑性好的材料破坏前将产生较大的塑性变形，有利于防止结构构件发生破坏。

（徐崇宝 刘作华）

塑性变形 plastic deformation

作用引起结构或构件的不可恢复变形。此种变形在应力保持不变的情况下，仍继续增加。单位长度的塑性变形叫塑性应变。在钢结构中，利用材料的塑性变形性能可以考虑内力重分布，从而减少构件危险截面所受的内力而达到节约材料的目的。在木结构中，是指当构件截面应力超出木材长期强度，粘弹变形发展到一定程度后，在截面应力不变下不断发展直至破坏的变形。

（钟善桐 王振家）

塑性抵抗矩 section plastic modulus

构件全截面形成塑性铰时的截面抵抗矩。

（陈雨波）

塑性铰 plastic hinge

由弹塑性材料做成的结构，在荷载作用下某一截面某些部位的正应力达到材料的屈服强度，形成象铰那样转动而所承受的弯矩并不降低的部位。钢结构中，当截面上所有纤维达到受拉和受压屈服强度时，即形成塑性铰。钢筋混凝土结构，由受拉钢筋屈服形成受拉铰，由受压混凝土的塑性变形形成受压铰。随荷载或内力的增大，塑性变形将向铰两侧的截面延伸，所以塑性铰实际上是一个塑性区段，该区段的长度称塑性铰区长度。超静定结构形成塑性铰后不仅其变形能力增加，而且内力产生重分配。塑性铰在地震作用时能吸收较大的能量，减轻结构的地震作用影响，利用这一特性可采用构造措施做成人工铰，并控制塑性铰在预定的有利部位产生。

（王振东 张 誉）

塑性铰线 yield line

钢筋混凝土板式构件中的受拉钢筋屈服后形成的线状塑性铰。其特性与受弯构件塑性铰的特征完全相同。其位置一般可按下列规律确定：①板的短跨跨中最大正弯矩处的位置；②沿固定边界处，产生负弯矩的位置；③相邻板块发生相对转动的相交轴线处。

（原长庆）

塑性铰线法 the method of yield line

利用平衡条件计算板在塑性铰线形成后的极限荷载的方法。先假定出塑性铰线的位置，由塑性铰线把板分割成若干块板块，然后取每个板块满足各自的平衡条件，并将各板块列出的平衡方程叠加在一起，由此可求出极限荷载或极限弯矩。

（原长庆）

塑性铰转动能力 rotational ability of plastic hinge

截面的极限转角 θ_u（即塑性铰的极限转角）与钢筋屈服时截面转角 θ_y 的差值。在超静定结构构件中，各塑性铰均具有足够的转动能力，才不致在其转动过程中使受压区混凝土过早破坏，从而保证在结构中先后出现足够数目的塑性铰，最后形成机动体系而破坏，即实现内力的完全重分布。塑性铰的转动能力主要取决于钢筋种类、配筋率和混凝土的极限压应变。

（叶英华）

塑性破坏 plastic failure

构件在明显丧失承载力之前，产生很大塑性变形的破坏状态。钢筋混凝土构件受力后，受拉钢筋首先屈服，因钢材塑性较好，进而要经历较长的塑性伸长，随之才引起构件裂缝急剧开展、变形激增，因而构件破坏前有明显的预兆。

（刘作华）

塑性区 plastic zone

又称塑性域。荷载作用下，构件形成塑性屈服状态的范围。构件的某些部位由于受力集中或连接薄弱可能变形集中，刚度减小，形成塑性区，或称塑性铰区。钢筋混凝土刚性框架节点附近的杆端，剪力墙的根部是塑性铰通常容易产生的区段，要特别注意提高约束混凝土的能力，保证结构的整体性和提高延性的配筋构造措施。对于层高和柱截面长边之比小于一定比例的短柱和填充墙框架柱，其层高范围中的柱截面都有可能成为塑性铰区。

（陈宗梁）

塑性区开展最大深度 maximum depth of plastic zone

在外荷载作用下地基土体在竖直方向上产生塑性变形的最深位置。地基土的塑性变形范围（即塑性区）最初出现在基础底面两侧边点，然后逐渐向深度和侧向扩展，塑性区范围就随之而扩大。对塑性

塑性曲率 plastic curvature

在塑性铰长度 L_p 范围内,截面的曲率中除弹性部分 φ_e 外的塑性部分 φ_p 的曲率。通常 φ_e 可取等于 φ_y,即塑性曲率为截面的极限曲率 φ_u 与受拉钢筋屈服时的截面曲率 φ_y 的差值。塑性铰的转角 θ 理论上可由塑性曲率的积分来计算,但由于它的分布不规则,可由一高度为塑性曲率 $\varphi_u - \varphi_y$,宽度为塑性铰等效长度 τ_p 的等效矩形来代替,则 $\theta = (\varphi_u - \varphi_y)\tau_p$。$\tau_p$ 值理论上可由塑性曲率的积分面积与等效矩形塑性区面积相等的方法得出。$\tau_p = \beta L_p$,β 为小于或等于 1 的系数。 （张景吉）

塑性设计 plastic design method

充分发挥材料塑性性能的设计方法。例如钢梁受弯时,以截面充分发展塑性形成塑性铰为承载力极限状态。如考虑不使钢梁的变形过大,则以截面部分发展塑性为承载力的极限。在静不定受弯的结构体系中,只当出现两个或两个以上的截面塑性铰时,结构才达到承载力极限状态,这一现象称为塑性设计中的内力重分布。采用塑性设计显然要比按弹性设计节约材料,但对直接承受动荷载的结构,不能采用塑性设计,只能采用弹性设计,以免结构发生脆断。 （钟善桐）

塑性图 plasticity chart

以塑性指数 I_p 为纵标,液限 W_L(%)为横标的直角坐标图。由 A·卡萨格兰特为本世纪 40 年代提出,按经验对塑性图用 A、B 两条线划为 4 个区、6 种土。根据土的 I_p 和 W_L 的实测数值,将其点于图上,就知土的类别。因此塑性图可用于粘性土的分类。在卡氏塑性图的基础上,一些国家的材料工业部门依据本国土的特性和经验,制定相应的塑性图供土的分类用。

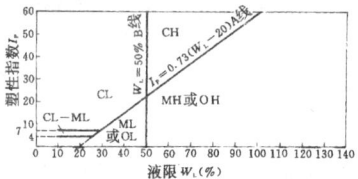

CH — 高塑性粘土　　CL — 低塑性粘土
MH — 高塑性粉土　　ML — 低塑性粉土
OH — 高塑性有机质土　OL — 低塑性有机质土

（杨桂林）

塑性应变 plastic strain

见塑性变形(288页)。

塑性指数 plasticity index

土的液限与塑限之差。公式表示为 $I_p = w_L - w_p$,以不带百分号的百分数表示。它的数值大小反映粘性土呈塑性状态时含水量的变化范围,代表土的粘性和可塑性。通常,工程中用塑性指数对粘性土进行分类,如 $I_p > 17$ 为粘土;$17 \geqslant I_p > 10$ 为粉质粘土。 （王正秋）

suan

酸碱度试验 acidity and alkalinity test

又称 pH 值试验。测定土的水浸出液或悬液酸碱度的试验。以 pH 值表示酸碱度的大小。常用的方法有酸度计电测法和比色法。 （王正秋）

酸洗除锈 acid pickling

简称酸洗。用配比适当的酸液对钢材表面进行除锈的方法。当酸洗过程不完善时,焊接构件在焊缝的缺陷部位可能残留酸液,使构件发生腐蚀和氢脆的机会增加。故酸洗后必须用碱液中和、清水冲洗。 （王国周　刘震枢）

酸性焊条 acid electrode

药皮中含有大量酸性氧化物,焊后熔渣为酸性的焊条。它的工艺性能和焊缝成形较好,但抗裂性能和冲击韧性不如低氢碱性焊条。 （刘震枢）

酸性介质 acidic medium

酸性并具有腐蚀性的气体、液体和固体。液相介质的酸度值 pH 小于 7。腐蚀的程度随酸度值的降低而增强。工程中常见的有:含有碳酸和腐殖酸的天然水;工业废水和被污染的地下水,水中的酸都能对碱性的水泥砂浆和混凝土产生腐蚀作用,破坏结构;对金属则促进电化学腐蚀。酸性气体常伴随水汽产生作用。参见腐蚀介质(87页)。

（施　羿）

算术逻辑部件 ALU, arithmetic logic unit

计算机中央处理机中执行算术和逻辑运算的部件。它能执行二进制的加、减、乘、除以及逻辑运算等操作。 （李启炎）

算术平均值中误差 mean square error of arithmetic

根据观测值的中误差评定算术平均值的精度。设对某一量的一组等精度直接观测值为 $l_1, l_2, \cdots, l_n$,观测值的中误差为 $m_1 = m_2 = \cdots = m_n = m$,按误差传播定律得出的算术平均值中误差为

$$M = \pm \frac{m}{\sqrt{n}}$$

（郭禄光）

sui

随机变量 random variable

自然界中常遇到一种变量,它在相同条件下由于偶然因素的影响,可能取各种不同的值,但这些值落在某个范围内的概率是确定的。在工程中通过随机试验而表征的物理量常有位移、速度、加速度、内力、应力、相位角等,这些量值在多次随机试验中是不重复的,因而在作随机变化。

(张相庭 杨有贵)

随机存储器 RAM,random access memory

计算机中既能读出又能写入的存储器。半导体存储器是目前常用的随机存储器。用户可用来装入已有程序(包括操作系统的一部分)、写入新程序以及存取数据。当电源切断后随机存储器中的内容不能保存。

(李启炎)

随机过程 random process

观测结果依赖于随机变量所表示的过程。例如风荷载以及风荷载作用于结构所产生的物理量如位移等不仅表现出随时间为变动参数而复杂变化,而且不同次观测结果不会重现同一波形。随机过程是从集合论上掌握具有这种非重现性的复杂现象。如以时间为变动参数所表示的振动现象为对象时,则称为随机振动。随机过程也可以不以时间 t 为变动参数,也常有用空间坐标给出的,此时的随机变量也常称为随机函数。

(张相庭)

随机疲劳试验 random fatigue testing

变幅变频随机荷载作用下的疲劳试验。即以结构构件承受随机荷载历程或响应时间历程编制成荷载谱进行等价模拟加载,由计算机控制电液伺服试验机再现全部荷载的时间历程,是一种理想的试验方法。

(姚振纲)

随机事件 random event

自然界中在相同条件下可能发生也可能不发生的某一类事件。例如在风荷载作用下某结构发生一定幅度的振动,地震发生时某结构某截面达到某一内力等等,都是随机事件或简称事件。一般随机事件是通过随机试验来考察的,在进行试验之前,虽然能估计其结果的可能范围,但不能确定究竟出现那一个数值。

(张相庭)

随机文件 random file

可以随机地访问文件中的任一个记录的文件。在访问或更新文件中的记录时,可以不考虑文件中记录的排列次序或位置,具有灵活性和快速访问的特点。

(王同花)

随机振动 random vibration

不能用确定量和确定函数来描述但又有确定的统计规律可循的振动。以前发生过的激励(例如地震、风等)不会以其原样再现于今后,但能从以往的记录找出表示其统计规律的数字特征,用来预计今后可能发生的激励。结构(包括介质)的固有特性虽然是已存在的现实,但有时由于性质的离散性和量测的误差,也只能在概率统计规律上掌握。在激励和结构这两者中,只要有其中之一是不能确定地掌握的(也就是说,只能从其概率统计规律上加以掌握),则结构输出的响应也只能在概率统计规律上加以掌握。

(李明昭)

随机振动分析 analysis based on random vibration theory

又称概率统计分析方法。在荷载和结构都具有或其中之一具有随机性时的结构振动分析。随机荷载不但随时间不断变化,而且在不同时间出现的两次荷载不会重现同一波形,如风荷载,地震作用等。结构某些力学特性也可以是随机的,例如阻尼、弹性模量等。由于各次振动都不相同,不可能预测在任何时刻结构响应的确定值,但是可以采用概率统计方法来计算响应的统计值。因此随机振动分析,除了必须应用结构动力学基本知识以外,还必须应用概率统计法则来计算各种统计值,来定量评价结构的安全度。

(张相庭)

髓射线 medullary rays

从树干中心呈辐射状或断或续地穿过年轮射向树皮的辐射状条纹。在木质部中的髓射线叫木射线。髓射线径向输送水分及养料,它是薄壁细胞,强度较低,木材干燥时,易沿髓射线开裂。

(王振家)

髓心 pith

位于树干中心第一年生的初生木质部。树木受生长环境影响,有时髓心也会偏于一侧。髓心材组织松软,强度低,它与周围的木质联系较弱,易开裂,因此要求质量高的用材,特别是板材,不允许带有髓心。

(王振家)

碎部测量 detail surveying

测定碎部点的平面位置和高程,并对照实地以相应的符号在图上描绘地形的工作。测量的方法有:小平板仪测图法,经纬仪测绘法,大平板仪测图法及电子速测仪测绘法等。

(潘行庄)

碎石 rock fragments

见碎石土。

碎石土 crushed stone soil

粒径大于 2mm 的颗粒含量超过全重 50% 的

土。按其颗粒级配和形状分为漂石、块石、卵石、碎石、圆砾和角砾土。漂石、块石：粒径大于200mm的颗粒超过全重50%；卵石、碎石：粒径大于20mm的颗粒超过全重50%；圆砾、角砾：粒径大于2mm的颗粒超过全重50%。其中漂石、卵石和圆砾的颗粒形状以圆形及亚圆形为主；而块石、碎石和角砾的颗粒形状则以棱角形为主。定名时应根据粒径组由大到小以最先符合者确定。该类土由岩石碎屑或石英、长石等原生矿物组成，呈单粒或非均质单粒与团聚混合结构，孔隙大，透水性强，压缩性低，抗剪强度大。以上特性与其密实度、粗粒的含量、性质、磨圆度及孔隙充填物的性质和数量有关。

（杨桂林）

sun

榫接 tenon joint

见齿连接(29页)。

SUO

缩尺 scale

见比例尺(8页)。

缩尺模型 scale model

按原型尺寸缩小而设计和制作的模型。它是建筑结构试验中采用的一种主要模型。根据相似理论的要求，缩尺模型的各部位尺寸及制作所需材料的粒度应按相同的比例尺寸来缩小，当模型尺寸较大时较易制作，而当模型尺寸很小时制作非常困难，有时不得不根据研究问题的重点作一些简化。尺寸很小的缩尺模型难以模拟原型结构的细部构造，只能在一定程度上反映原型结构的整体性能。

（吕西林）

索桁架 cable truss

成对的承重索和稳定索位于同一竖平面内，二者之间通过受拉钢索或受压撑杆连系，构成犹如桁架一般的平面体系。它是双层悬索结构中的一种特殊类型。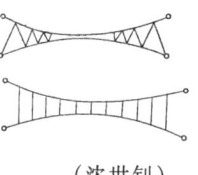

（沈世钊）

索桁结构 cable-truss structure

在一组平行的单悬索上横向设置具有一定抗弯刚度的桁架的结构。其作用和要求参见索梁结构。

（沈世钊）

索梁结构 cable-beam structure

在一组平行的单悬索上横向设置具有一定抗弯刚度的加劲梁的结构形式。梁两端支承在纵墙上，并与各悬索在相交处互相连接。梁使原来独立工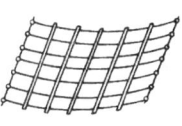
作的各悬索连成整体，并与索共同抵抗外荷。此外，还可通过使纵墙标高略低于索标高的办法，在安装时使索内产生适量预张力。进一步改善整个体系的刚度和形状稳定性。

（沈世钊）

索网结构 prestressed cable-net structure

又称鞍形索网。由两组相互正交的、曲率相反的索直接交叠连接组成，形成负高斯曲率曲面的结构。索网固定在各种类型的周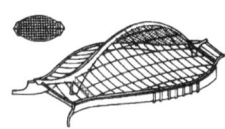
边构件上。由于两组索的曲率相反，对索网就有可能施加预张力，使其具有较好的形状稳定性和刚度，因而这种索网结构上可采用轻型屋面。其周边构件可以做成闭合空间曲梁的形式，也可以做成强大的边拱，将推力直接传给基础；还有些索网通过强大的边索锚固在若干固定的支点上。

（沈世钊）

T

ta

塔楼 tower platform

因电视、广播、气象、通信、消防、交通指挥等需要设置在一定高度、单层或多层、不同平面或立面形式的空中楼阁。承重结构有辐射形悬臂桁架、梁板结构或倒锥形混凝土薄壳等，应根据不同的塔体形式采用相适应的塔楼结构。塔楼尚可兼作旅游瞭望、空中餐厅等。　　　　　　　　（王肇民）

塔式结构 tower structure

下端固定、上端自由的高耸结构。按材料划分为钢塔、钢筋混凝土塔、砖石塔和木塔。钢塔常做成平面为三角形、四边形、六边形和八边形，立面轮廓为斜直线、曲线或折线形的上小下大空间桁架或空间刚架。钢塔构件可用钢管、角钢、圆钢及其组合截面。一般可在工厂预制，运到工地整体或分散安装。混凝土塔则为多边形构架或筒形结构，构架式混凝土塔可用预制构件工地安装，筒形混凝土塔采用现场灌浇施工。砖石塔用砖或石砌筑。（王肇民）

塔桅结构 tower and guyed mast structure

见高耸结构（100 页）。

塔型钢质平台 steel tower platform

由钢制的腿柱、水平杆、斜杆和大梁组成的适用于软土地基的海洋平台。为减小挡水面积，桩均设置在腿柱内，排成圆形，桩顶与腿柱焊接，空隙内灌入水泥浆，以防止薄壁腿柱发生局部压屈，并使桩固定在腿柱下端。　　　　　　　　（魏世杰）

踏勘 reconnaissance

地质踏勘的简称。到测区现场实地勘察地形、地质情况与搜集资料的工作。主要了解测区现状，实地调查原有控制点点位、觇标埋石的质量与现时情况等。　　　　　　　　（彭福坤）

tai

台地 platform

具有坡度较陡（一般大于 10°）的台坡和坡度较缓（一般小于 7°）的台面组成的地形。台面水平投影面积一般大于台坡投影面积，台坡高度一般大于 30m。按其成因可划分为冲积台地、洪积（山麓冲积）台地和侵蚀剥蚀台地。　　　　（朱景湖）

台座 pretensioning platform

在先张法施工中，用于承受预应力筋全部张拉力的设施。分为两种形式：墩式台座，由传力墩、台面和横梁组成；槽式台座，由传力梁、台面和横梁组成。　　　　　　　　（李绍业）

太沙基地基极限承载力公式 Terzaghi's ultimate bearing capacity equation

太沙基 1943 年在《理论土力学》一书中提出确定条形浅基础的地基极限承载力公式以及后来修正过的公式的总称。从实用上考虑，对长宽比 $L/B \geqslant 5$ 及埋置深度 $D \leqslant B$ 的基础，可看作是条形浅基础。此公式是在忽略了土的重度对于滑线形状的影响以及基础底面与土之间存在着足够大的摩擦的假定条件下导得的。极限承载力由下式计算：

$$q_u = cN_c + \gamma_D D N_q + 0.5\gamma_0 B N_\gamma$$

N_c、N_q、N_γ 为承载力系数，是地基土内摩擦角 φ 的函数；γ_D 为基础埋置深度范围内土层的重度；γ_0 为持力层土体的重度；c 为持力层土的内聚力，单位 kPa。1948 年在太沙基和佩克合著的《工程实用土力学》一书中提出了方形基础和圆形基础的公式，其中对于局部剪切破坏模式，建议采用较小的 φ'、c' 值代入上面公式计算，即令 $\text{tg}\varphi' = \frac{2}{3}\text{tg}\varphi$、$c' = \frac{2}{3}c$。　　　　　　　　（高大钊）

tan

弹塑性抵抗矩 moment of elastic and plastic resistance of section

在弯矩作用下构件截面考虑材料正应力为弹塑性状态分布时的截面抵抗矩。对混凝土构件，其值为截面拉应力按矩形分布，压应力按三角形分布时，所求得的与裂缝即将出现时弯矩相对应的截面抵抗矩。　　　　　　　　（杨熙坤）

弹塑性反应谱 elastoelastic response spectrum

以结构自振周期为横坐标，结构在强震作用下弹塑性最大反应值为纵坐标的关系曲线。在输入高强度地震波后，通过非线性地震反应计算可求得单质点体系的弹塑性变形，计及材料非线性滞回特性，得到的最大位移、最大速度和最大加速度反应值均超出弹性极限。弹塑性反应谱表达了在强烈地震下结构的反应大小,它可作为考虑材料弹塑性变形结构设计的一个依据。　　　　　　　　　(陆伟民)

弹塑性阶段　elastic-plastic stage

材料作拉伸试验时,应力与应变不成比例关系的阶段。在钢材的一次拉伸应力-应变曲线中,从弹性极限到屈服点属于弹塑性阶段。在此阶段,荷载增加时,应变比应力增长快。应变包括弹性应变和塑性应变两部分,卸荷后,引起残余应变。
　　　　　　　　　　　　　　　(钟善桐)

弹塑性稳定　elasto-plastic stability

见弹性稳定。

弹性变形　elastic deformation

作用引起的结构或构件的可恢复变形。作用消失后,变形也即消失。　　　　　　(王用纯)

弹性抵抗矩　moment of elastic resistance of section

在弯矩作用下弹性体构件截面形心主轴的惯性矩与该轴至截面最外边缘距离的比值。
　　　　　　　　　　　　　　　(杨熙坤)

弹性地基梁法　elastic foundation beam method

将墙体视作托梁的弹性地基,计算墙梁的方法。1960年由Б.Н.日莫契金提出。即根据弹性理论平面问题建立微分方程,利用墙、梁界面上的剪应力等于零和垂直位移相等的边界条件求解墙体应力的计算公式。将墙与梁界面上的垂直应力乘以墙厚作为托梁的计算荷载,托梁按受弯构件计算。该法的不足是忽略界面上的剪力。　　　　(王庆霖)

弹性方案房屋　building with elastic diaphragm

无刚性横墙或刚性横墙的间距超过刚弹性方案规定的房屋。这时,在荷载作用下楼盖水平位移不能忽略。作用在纵墙上的水平荷载通过墙柱传给基础,属于平面受力体系。房屋空间刚度差,水平荷载完全由纵墙本身承受,墙体承受弯矩较大。
　　　　　　　　　　　　　　　(刘文如)

弹性后效　elastic hysteresis

又称徐变回复。受荷构件(或结构)卸载后,除了可立即恢复的瞬时变形外,还有一部分变形需要经过一段时间才能逐渐恢复的现象。(计学闰)

弹性极限　limit of elasticity

材料作拉伸试验时,当应力消失时,应变全恢复的最大应力值。它和比例极限很接近,一般略高于比例极限。　　　　　　　　　　　(王用纯)

弹性模量　modulus of elasticity

材料在单向受拉或受压且应力和应变呈线性关系时(也即在弹性极限内),截面上正应力与对应的正应变的比值。用符号E表示。对不存在弹性阶段的建筑材料,采用初始弹性模量E_0(应力应变曲线上原点处的切线模量)或割线模量E_s(应力应变曲线上原点与某点的连线倾角的正切)。混凝土以E_0为其弹性模量,砖石砌体则以应力为0.4倍砌体的抗压强度时的E_s为其弹性模量。混凝土的弹性模量与混凝土强度、配合比等有关,在一定程度上还受加载龄期、加载速度及试件形状和尺寸等的影响。钢材弹性模量(又称杨氏模量)基本保持不变,为$206\times10^3 \text{N/mm}^2$。　　　　(王用纯　刘作华)

弹性模量比　ratio of elastic modulus

组合构件中两种材料的弹性模量之比。计算钢筋混凝土和钢管混凝土构件时,常用钢材与混凝土的弹性模量比$n_0=E_s/E_c$,式中E_s和E_c分别为钢材和混凝土的弹性模量。　　　　　(苗若愚)

弹性模型　elastic model

为研究试验对象在弹性阶段的应力和变形状态而设计和制作的模型。这种模型的设计和制作比较简单,只要模型的几何尺寸及模型材料的弹性性能与原型相似即可。　　　　　　　(吕西林)

弹性嵌固　elastic edge restraint

组成结构构件的板件与板件相连边界处变形的相互约束。按弹性稳定理论求解板的临界应力是根据理想边界条件得出的。实际构件中板件边界条件既非理想简支,又非完全固定,而是受相连板件的部分约束。常在简支板临界应力计算式中引入一个板边弹性嵌固系数以考虑此影响。
　　　　　　　　　　　　　　　(王国周)

弹性稳定　elastic stability

结构或构件的临界状态处于弹性工作范围内的稳定。否则为非弹性稳定或弹塑性稳定。
　　　　　　　　　　　　　　　(夏志斌)

弹性应变　elastic strain

引起应变的作用消失后,能完全恢复的应变。
　　　　　　　　　　　　　　　(王用纯)

坦墙的第二滑裂面　second failure surface of smooth wall

墙背与垂直面的夹角大于$(45°-\dfrac{\varphi}{2})$时,在墙后土体可能出现的两个对称的主动滑裂面中靠近墙背的滑裂面。

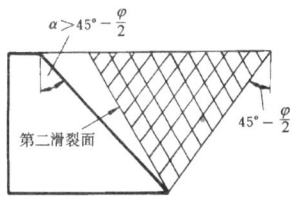
第二滑裂面

当墙背倾角小于或等于$(45°-\dfrac{\varphi}{2})$时,第二滑裂面沿墙背发生。　　　　　　　　　　　(蔡伟铭)

碳当量　carbon equivalent

碳弧气刨 carbon arc gouging

用在石墨棒或碳棒与工件之间产生的电弧将金属熔化,并用压缩空气将其吹掉,在金属表面上加工沟槽的方法。普遍用于清根或处理焊缝内部缺陷。
(刘震枢)

将钢材中除铁以外的有关化学成分,按经验公式折算成的碳含量。根据碳当量可衡量钢材的可焊性,碳当量愈高,可焊性愈差。 (王用纯)

碳化 carbonation

水泥砂浆、混凝土和硅酸盐制品中的水化产物在有水的条件下与大气中的二氧化碳生成碳酸钙的现象。二氧化碳能与硬化水泥浆体中的氢氧化钙生成碳酸钙,也能侵蚀和分解其他水化产物(如水化硅酸钙、水化铝酸钙等)而生成碳酸钙。碳化会增加混凝土的收缩和降低抗拉强度,也可使混凝土中的钢筋失去碱性保护而锈蚀。碳化对某些建筑制品能提高强度,因此,也在生产工艺中加以利用。
(施 羖)

碳素钢丝 carbon steel wire

将优质热轧高碳钢圆盘条经等温淬火再拉拔而成的钢丝。若拉拔后即交货的又称为冷拉钢丝;如再经矫直回火消除内应力处理,则为矫直回火钢丝。碳素钢丝是预应力混凝土构件用材的主要品种。
(王振东)

碳素结构钢 carbon structural steel

以规定最低强度为主要特性的一种钢。是非合金钢中的一种。其牌号用屈服点的数值等表示。例如 Q235(屈服点 $235N/mm^2$ 的碳素结构钢)。碳素结构钢的含碳量在 $0.06\% \sim 0.38\%$ 之间。一般称含碳量少于 0.25% 的为低碳钢,其屈服点在 $195 \sim 235N/mm^2$ 之间。Q235 钢是适合于制造建筑结构的钢材。 (王用纯)

tang

唐山地震 Tangshan earthquake

1976 年 7 月 28 日在河北唐山发生的 7.8 级地震。造成 24 万余人死亡,上百亿元损失。是 20 世纪来全球伤亡最大的一次地震。震中烈度达 11 度。唐山地震后,有些位于 6 度区的大中城市开始改变不(抗震)设防的状态。 (李文艺)

tao

陶粒混凝土砌块 haydite concrete block

用陶粒(粘土陶粒、页岩陶粒或粉煤灰陶粒)为集料,普通砂或轻砂为细集料的轻质混凝土砌块。一般做成空心砌块用于保温或保温兼承重的外墙体。砌块重力密度为 $8 \sim 11 kN/m^3$,抗压强度一般为 $3 \sim 6 MPa$。 (唐岱新)

陶土空心大板 ceramic cellular panel

由磨细的粘土通过真空高压挤压成型,经焙烧而成的带格孔式空心板状构件。板的主规格尺寸为 $300mm \times 600mm \times 3000mm$,孔洞率达 60%,壁厚仅 10mm,实体抗压强度高达 80MPa。竖立可作墙板,墙内填塞高效保温材料可以增加墙体热阻。在孔洞中配筋灌以水泥砂浆可作为楼板。它的自重轻、强度高、施工速度快,是很好的墙体和楼板材料。
(唐岱新)

套箍系数 confining factor

又称套箍指标。在钢管混凝土构件中,钢管与核心混凝土轴心抗压强度承载力之比。套箍系数越大,构件的承载力也越高。 (钟善桐)

套箍效应 hooping effect

局部荷载下使混凝土受压产生横向变形,而周围混凝土及间接配筋对其箍住所起的套箍作用。混凝土局部受压时这种横向变形受到套箍的抑制,处于多向受压状态,使混凝土局部受压强度有所提高。
(杨熙坤)

套箍指标 confining index

见套箍系数。

套管对接 connection with casing pipe

相同直径的钢管在连接处附加一个套管的对接。套管内径等于对接管的外径,截面面积应不小于对接管的截面面积。套管的二端与对接管焊接。
(沈希明)

套管护孔 casing-off hole

在钻探过程中,将金属或非金属圆管下入钻孔,以防止孔壁坍塌、涌砂、涌水等所采取的一种措施。目的是维护钻孔。 (王家钧)

te

特类钢 C grade steel

见钢类(98 页)。

特殊土 special soil

具有特殊的成分、状态、结构及工程性质特征的土。如湿陷性土、红粘土、软土(包括淤泥及淤泥质土、泥炭质土及泥炭)、膨胀土、盐渍土、冻土、混合土、人工填土和污染土等。在分布上,它们一般各具有一定的区域性。 (杨桂林)

特种混凝土 special concrete

具有特殊功能和用途的混凝土。如:防水混凝土、道路混凝土、耐火混凝土、耐酸混凝土、纤维混凝

土、聚合物混凝土、防辐射混凝土等。　（卫纪德）

ti

梯度风 gradient wind

在高空中，风速不受地表摩擦的影响而按气压梯度（即空气压力沿单位距离的变化率）自由流动所形成的风流。由于地表摩擦作用，低空风速比高空小，离地高度愈低，风速愈小。高度达到 300～500m 以上时，风速比较稳定而形成梯度风。参见近地风（170页）。　（欧阳可庆）

梯度风高度 height of gradient wind

在高空中风速不受地表摩擦的影响而按气压梯度（即空气压力沿单位距离的变化率）自由流动时的最小高度。与地表摩擦作用的大小有关。对开阔场地（如海洋、平坦地面等），由于地表摩擦作用小，在较小高度处就能形成梯度风。反之，对大城市中心，由于建筑物摩擦作用大，需在较大高度处才能形成梯度风。根据实测资料，对海洋、乡村和大城市，梯度风高度分别约为 250～300、350～400 和 450～500m，也有资料取更低的值。参见近地风（170页）。　（欧阳可庆）

梯形屋架 trapezoid truss

外形呈一个或两个梯形的屋架。一般与柱铰接，在全钢厂房中则多与柱刚接。屋架上弦坡度一般为 1/10～1/12，且只在上弦节点处承受屋面荷载，但腹杆长度较大，内力较大，材料利用不如拱形屋架经济。它是厂房和较大跨度的房屋最常用的形式。　（黄宝魁）

提升环 elevating hoop

升板结构中设置在板中预留柱孔周围以加强板孔在提升阶段强度和抗裂性的型钢环或钢筋环。无柱帽节点中的提升环在结构使用阶段，作为传力构件，提高了板的抗冲切承载力。　（邹超英）

提升式楼盖 lift floor

又称升板楼盖。以地坪或下一层板作为上一层板的胎模，就地叠层浇筑，然后提升、就位，与柱形成刚性节点的钢筋混凝土楼盖。为防止脱模困难，板与胎模间涂有隔离层。施工时利用柱子作为提升爬杆，提升设备附着在柱子上，一边同步提升楼板，一边沿柱向上爬升，至楼板设计标高就位后，进行柱帽的浇筑，形成刚性连接的节点。设计时应考虑群柱稳定以及升板楼盖提升阶段和使用阶段受力性能的特点。　（邹超英）

提升顺序 lifting program

在提升式楼盖施工中，为保证群柱稳定，将楼板分期提升到设计位置的合理施工顺序。其原则是：尽量降低重心，避免提升过程中头重脚轻；同时尽早使就位的板与柱形成刚接，增加结构稳定。
　（邹超英）

体波 body wave

地震时从震源传出并能在地球内部各方向传播的波动。它包括地震纵波和地震横波（剪切波）。
　（李文艺）

体波震级 body wave magnitude

根据体波资料计算得到的地震震级。常用 m_b 或 m 表示。计算公式为

$$m_b = \log\left(\frac{A}{T}\right) + Q(\Delta, h) + S$$

A 为地震动位移的最大振幅（μm）；T 为体波周期（s）；$Q(\Delta, h)$ 为起算函数，与震中距 Δ 和震源深度 h 有关；S 为观测站相对于国家标准台的校正值。
　（李文艺）

体积配筋率 reinforcement ratio per unit volume

钢筋混凝土构件中所配置钢筋体积与相应混凝土体积的比值。在计算时混凝土体积一般是指包括钢筋在内的体积。　（王振东）

体型系数 shape factor

见风载体型系数（85页）。

tian

天窗架 skylight truss

支承天窗荷载并传给屋架（或屋面梁）的承重结构。天窗耸立于屋面之上，天窗架不但传递竖向荷载，而且还要承受水平风荷载和地震作用。它可为钢结构或钢筋混凝土结构，一般多与厂房屋架结构采用相同材料，以便在耐火性与抗腐蚀性方面取得一致。钢天窗架常用形式有多竖杆式、三支点式及三铰拱式等。钢筋混凝土天窗架的常用形式有三铰刚架式、门形刚架式、格构式以及组合式等。
　（徐崇宝）

天然地基动力参数 dynamic parameters of natural subsoil

为进行天然地基上结构物与地基土的整体动力计算所需的计算参数。按动力计算的基本系统是质量-弹簧-阻尼器模型的假定，计算中用到的集总参数为：参振质量 m、弹簧刚度 K 和系统阻尼比 D。得到这些参数的途径有：①基于基床反力系数假定，由原位试验结果或经验关系确定天然地基动力参数刚度系数和系统阻尼比。刚度系数包括抗压刚度系数 C_z、抗弯刚度系数 C_φ、抗剪刚度系数 C_x 和抗扭

刚度系数 C_φ。刚度系数乘以基础底面积即得到弹簧刚度。系统阻尼比相应于不同振型分别为 D_z、$D_{x\varphi1}$、$D_{x\varphi2}$ 和 D_φ。②基于弹性半空间假定，由原位波速试验或室内共振柱试验确定天然地基动力参数：土的剪切波速 V_s 或剪切模量 G 和土的泊松比 μ，结合基底尺寸和振动频率，由理论计算得出集总参数。　　　　　　　　　　　　(王天龙)

天然地震试验　natural earthquake test

利用天然地震对结构进行有目的有计划的抗震试验。在频繁出现地震的地区或在短期预报可能出现较大地震的地区，有意识地建造一些试验性结构物，或在已建成的结构物上安装一定数量的测震仪器，以便在地震发生时测得结构物的动力反应。根据经济条件和试验要求，这种试验大体上可以分为三类：第一类是对加固的房屋进行试验以了解加固效果；第二类是测试新建的试验性房屋在地震中的各种反应从而为理论研究提供依据；第三类为地面、结构物、基础等的长期观测。国外有些国家已在地震多发区建立天然地震试验场，建造试验结构物和安装试验设备，在发生不同震级地震时观测结构的反应。　　　　　　　　　　　　(吕西林)

天然地震试验场　field of natural earthquake test

为利用天然地震进行抗震试验所建设的试验基地。包括大型抗震试验室、观察摄像中心、数据处理中心以及各类结构物试验区域和各种工业设备试验区域等。　　　　　　　　　　　　(吕西林)

天然冷源　natural cold source

利用自然条件提供的冷源。如利用天然冰进行食品冷藏、利用深井水冷却空气防暑降温。其优点是节约能耗，价格低廉，是一种很有前途的冷源。
　　　　　　　　　　　　(蒋德忠)

天然石材　natural stone

从天然岩石中开采出来的石块。按其加工后的外形规则程度可分为料石和毛石。
　　　　　　　　　　　　(唐岱新)

天然斜纹　natural inclined grain

锯解有扭转纹的原木生产出来的板、方木在弦切面上出现的斜纹。锯解弯曲的原木也会在板、方木上产生天然斜纹。　　　　(王振家)

天然休止角　natural angle of repose

简称休止角。砂土在堆积时，其天然坡面与水平面所成的最大倾角。砂土在干燥状态时，天然休止角接近于疏松状态土样的内摩擦角。测定方法有圆盘法、抽板法、倾倒法等。　　(王正秋)

填板　filler plate

在两型钢之间，用以填充其空隙的钢板。用填板连接而成的双角钢或双槽钢构件，可按实腹式构件进行计算，但填板间的距离不应超过规范规定的数值。　　　　　　　　　　　　(陈雨波)

填充墙框架　infilled frame

框架梁、柱之间按一定的要求用砌体填充，框架和填充墙起整体受力作用的结构。这种结构可增加整体刚度，减小水平位移。填充墙用连接钢筋和框架柱拉结，框架梁底以细石混凝土或高强度等级的水泥砂浆嵌实。地震作用时填充墙对框架提供了较大的早期刚度，并且可以承受一部分剪力，但填充墙作为框架的一种支撑存在，要注意避免出现剪切破坏。　　　　　　　　　　　　(陈宗梁)

填挖边界线　boundary line of cutting and filling

又称不填不挖线或施工零线。它是在土地平整或其它土方工程中，填方地区与挖方地区的交界线。例如在路基工程中，半填半挖断面上设计断面线与地面线的交点即为填挖边界线上的点。在土地平整中，如相邻的格网顶点一为填方一为挖方，即可按填挖深度依比例求出该边上不填不挖的一点。将这些相邻的点相连，即为填挖边界线。　　(傅晓村)

填挖深度　filling height or cutting depth

在土石方工程中，地面高程与设计高程之差。如地面高程高于设计高程为挖深，反之则为填高。在计算时，通常是以该点的设计高程减地面高程，其值为"＋"时表示填高，为"－"时表示挖深。
　　　　　　　　　　　　(傅晓村)

tiao

调幅法　moment adjustment method

钢筋混凝土连续梁考虑塑性内力重分布时，将按弹性方法计算的支座负弯矩峰值减小一个数值后，按平衡条件计算的一种方法。调幅的原则是：①为节省钢筋，调整后的跨中截面弯矩应小于并尽量接近于原包络图的弯矩值；②为保证塑性铰具有足够的转动能力，应满足受压区高度 $x \leqslant 0.35h_0$ 的条件，h_0 为有效高度；③为防止塑性铰截面裂缝过宽和变形过大，调幅值不应大于 30%；④必须满足平衡条件。　　　　　　　　　(张景吉)

调试　debugging

对程序检测、定位并排除错误的过程。
　　　　　　　　　　　　(陈国强)

调质钢筋

见热处理钢筋(251页)。

挑梁　cantilever beam

又称悬挑梁。埋置于砌体中的悬挑构件。例

如,悬伸出房屋墙面的阳台、雨篷中的悬臂梁等。设计时应进行抗倾覆验算。

(宋雅涵)

挑梁计算倾覆点 calculated overturning point of cantilever beam

挑梁倾覆验算的取矩点。根据试验研究,按挑梁下砌体压应力的合力点取用。

(宋雅涵)

挑梁抗倾覆荷载 overturning resistance load of cantilever beam

挑梁在倾覆时,作用于挑梁上抵抗倾覆的荷载。实验表明,挑梁的倾覆破坏是砌体在梁尾端发生斜向阶梯形裂缝。斜向裂缝与垂直方向的夹角约为58°。挑梁的抗倾覆荷载可取挑梁尾端上部45°扩散角范围内的砌体自重与楼面标准恒载之和。当挑梁上部有洞口时,应扣除洞口部分的砌体重量。

(宋雅涵)

挑梁埋入长度 embedded length of cantilever beam

为了保证挑梁抗倾覆的稳定性,挑梁必须伸入砌体内的长度。

(宋雅涵)

条带法 the strip method

将作用在钢筋混凝土板上的荷载 q 分解成由短跨及长跨二个方向板带所承受的均布荷载 q_x、q_y,每个方向板带分别按单向板进行计算的方法。对荷载 q 分解的原则:矩形板跨中部位荷载朝短跨方向传递;接近正方形的板跨中部位荷载以及角区部位荷载向二个方向传递,$q_x = q_y = \frac{1}{2}q$;靠近支座处的荷载朝支座方向传递。按此法计算板的内力,进行 x 及 y 二个方向的配筋。

(原长庆)

条分法 slice method

又称瑞典法。将滑动面上的土体分成若干竖直土条以验算土坡稳定的方法。它是由瑞典工程师W.费里纽斯(Fellenius)首先提出的。这种方法不但可用于简单土坡,也可以用于较复杂的情况。具体步骤如下:①任意选定一个可能的滑动面,将滑动面以上的土体分成若干个竖直土条;②将每一土条的

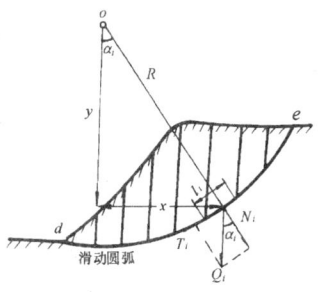

滑动圆弧

重量 Q_i 分解为法向压力 $N_i = Q_i \cos\alpha_i$ 和切向力 $T_i = Q_i \sin\alpha_i$;③计算滑动土体的滑动力矩和抗滑力矩 $M_滑 = R\sum_i^n Q_i \sin\alpha_i$,$M_抗 = R \mathrm{tg}\varphi \sum_i^n Q_i \cos\alpha_i + RcL$。式中 R 为滑动面半径;L 为滑动圆弧长度;c,φ 为土的抗剪强度指标;④计算稳定安全系数,$F_s = \frac{M_抗}{M_滑}$;⑤假定若干其他可能的滑动面,依次计算相应的安全系数,对应于最小安全系数的滑动面即为最危险的滑动面。

(胡中雄)

条件平差 adjustment of condition equations

在多余观测的前提下,根据各观测值之间所构成的几何条件,按最小二乘法原理处理观测成果的过程和方法。平差时首先列出条件方程,并解算方程,再求出观测值的最或然值并评定其精度。

(傅晓村)

条件屈服点 assigned yield point

见屈服强度(248页)。

条件屈服强度 conditional yield strength

无明显屈服点的钢筋(硬钢),经过10s钟加荷卸荷后发生0.2%的残余应变时所对应的应力。在金属结构中又称条件屈服点。

(刘作华)

条形基础 strip foundation

在平面上长度远大于宽度的一种带状基础。可沿墙下设置,也可在长度方向上同时承受若干个柱子传来的荷载。

(高大钊)

tie

贴覆盖板加固法 reparation of steel structure with coverplate

在构件局部受损处加盖板或拼接板来加固构件受损截面的方法。常用于钢构件遭受意外的外力作用,截面受到机械式损伤而无法校正的情况,也可用于需提高承载力的连接点的加固中。

(钟善桐)

铁管配线 iron-tube wiring

导线穿铁管的敷设方法。厚壁的叫钢管,薄壁的叫电线管。分明敷设、暗敷设两种。

(马洪骥)

tong

通风柜 ventilation cabinet

实验室内为了进行产生有害物的工艺操作而设置的通风设备。柜顶设排风管,采用机械通风或自然通风使柜内形成负压,防止有害物外逸到室内。

(蒋德忠)

通风孔 vent hole

构筑物或设备上、为使内外空气能够交换而设置的孔洞。如英兹式水塔水柜顶部就设有通风孔洞。英兹式水塔水柜顶部采用金属风帽不设避雷针时,通风孔可直接设在水柜上部的顶面。当水柜顶部需设避雷针且风帽兼做避雷针座时,则通风孔设在风帽侧壁,在平面上按120°圆心角布置。

(方丽蓓)

通缝抗剪强度 shear strength of bed joint of masonry

砌体受纯剪,剪力方向与水平灰缝面平行,试件沿水平灰缝截面破坏时砌体的剪应力极限值。试件分单剪和双剪两种。砖砌体试件采用剪切面为240mm×370mm的双剪试件,砌块砌体采用单块砌块的单剪试件。

(钱义良)

通用设计 internal standard design

见标准设计(13页)。

同步建设 synchronal construction

要求将相关联的项目或工程同时建成投产或使用的建设方式。但不一定要求同时开工。同步建设的目的是为了发挥项目的综合经济效益、社会效益和环境效益。

(房乐德)

砼 concrete

混凝土的简写字。砼(音 tong)与混凝土同义,可等用,但在同一技术文件、图纸、书刊中两者不宜混用。

(卫纪德)

统配物资

见国拨材料(114页)。

筒仓 silo

见深仓(266页)。

筒壳

见圆柱形薄壳(355页)。

筒体 tube

筒形墙体。与框架和承重墙相仿,常作为房屋竖向的主要承重结构。其截面周边为矩形、圆形或其他形式。矩形筒体可看作为箱形或工形截面的承重墙,或看作为四片承重墙的组合体。所以,有较好的空间结构作用,能抵抗各方向传来的力或作用,其强度和刚度都比框架或单片承重墙为大。是20层以上高层房屋常用的结构型式。筒体常用钢筋混凝土、钢制成。有多种型式,如实腹筒、空腹筒、多孔筒、桁架筒等。按筒体在房屋平面中位置和组成的不同,有核心筒、外框筒、单筒、筒中筒、组合筒、束筒等。

(江欢成)

筒体结构 tube structure

由竖向箱形截面悬臂筒体组成的结构。筒体既承受竖向荷载,又承受水平荷载并抵抗地震作用。是高层和超高层房屋常用的结构型式。参见房屋结构体系(80页)。

(江欢成)

筒体结构抗震设计 seismic design of tube structure

以具有较强抗侧力的筒状结构为对象的抗震设计。由密排柱与裙梁形成的框筒,犹如一个周围开了很多孔的筒,整体上是嵌固在地基上的悬臂梁。在水平荷载作用下它是整体结构的主要抗侧力构件,它的内部结构为普通混凝土板柱体系时,称为框筒结构;当内部用剪力墙筒增加刚度时,形成筒中筒结构;当中心为抗剪薄壁筒,而外围为普通框架所组成时,则为筒体框架结构;有时由若干个筒体并列连接为整体的结构,则为束筒结构。筒体结构具有较好的抗震性能和较大的抗侧力刚度。为使筒体结构有效地承受侧向地震作用,结构平面宜选用方形或矩形,沿外轮廓两个方向布置的框架宜正交,平面长宽比不宜大于2,高宽比宜大于3。外框筒柱间距一般为2.5~3m,不宜大于4m。内筒的边长宜大于外筒相应方向边长的1/3。在内力分析时,由翼缘框架的轴向拉压应力组成的整体弯矩应不少于地震荷载产生的总弯矩(底层处)的20%,筒体部分承担的地震剪力值在底层处宜不少于总地震剪力值的50%,否则应调整设计方案。

(张 誉 张建荣)

筒形网壳

见柱面网壳(374页)。

筒中筒 tube in tube

由外围框筒及核心筒组成的结构。内外筒通过平面内刚度很大的楼板协同工作。它的受力性能类似于框架-承重墙结构,但比它要强得多。外框筒抵抗房屋上部大部分的水平力,核心筒抵抗下部大部分的水平力。这种结构常用于50层以上的办公大楼。筒中筒有时也做成三重筒。

(江欢成)

筒中筒体系抗震计算方法 aseismic nalysis for tube in tube structures

筒中筒体系在地震作用下各种计算内力方法之总称。分析地震作用时,一般采用反应谱振型分析法和时程分析法。采用的弹塑性反应分析模型应能反映筒中筒体系的受力性能,对可按框剪结构处理的筒中筒结构,也可按框剪结构的模型选用。输入的地震波可直接选用地震记录,也可选用人工地震波。结构正交布置时,应在两个主轴方向分别考虑水平地震作用;有斜交抗侧力结构时,应分别考虑斜交方向的水平地震作用,并考虑水平地震力扭转的影响;需要时还应考虑竖向地震作用与水平地震作用的不利组合。

(赵 鸣)

tou

投产项目　project put into production

在基本建设计划年度内,要求建成投产或交付使用的建设项目。它可分为全部投产和部分投产项目两种。在工业建设中,前者是指设计上所规定的生产作业线全部建成,经过试运转,验收合格,正式移交生产部门使用的建设项目;后者是指设计上所规定的若干产品作业线的一个或其中的几个产品作业线可全部建成,或一种产品全部设计生产能力的一部分可以建成,经过试运转,验收合格,正式移交生产部门使用的单项工程。　　　　（房乐德）

投资回收年限　recovery period of investment

又称投资回收期。建设项目建成后从实现的利润中收回投资（包括投产后增加的投资）的年限。考虑资金时间价值时,即动态计算的投资回收期,是从投资开始时算起,到全部投资收回为止的时间;不考虑资金时间价值时,即静态计算的投资回收期,是从投产后算起,到全部投资收回为止的时间。投资回收期一般以年为单位。它是综合反映建设过程和投产后生产过程两方面投资效果的重要指标。静态法计算的投资回收期的倒数为投资利润率。
　　　　（房乐德）

投资回收期

见投资回收年限。

投资决策　investment decision

关于基本建设投资的关键问题的决定。分为宏观投资决策和微观投资决策两部分。宏观投资决策是对一定时期的基本建设投资规模、投资在部门和地区间如何分配的决定。微观投资决策,即建设项目投资决策,是对建设项目根本性问题进行了可行性研究后,由投资决策者对建设项目、建设地点、建设方案等的决定。项目投资决策是通过计划任务书、厂址选择报告和初步设计分阶段进行的。投资决策对投资效果的好坏起决定性的作用。
　　　　（房乐德）

投资效果系数　effect coefficient of investment

实现投资所得到的经济利益与同期投资总额之比率。要分别按国民经济部门和地区以及企业三级进行计算。评价国民经济投资效果时,其投资效果系数为单位投资额（如每亿元）提供的国民收入增长额。其计算公式是:投资效果系数＝某时期国民收入增长额/某时期全社会固定资产投资额。部门和企业的投资效果系数可以用盈利计算。其计算公式是:投资效果系数＝某时期盈利增长额/某时期部门（或企业）固定资产投资额。由于当年投资往往不能在当年使国民收入和盈利得到增长,因而当计算投资效果系数时,原则上应把某时期国民收入增长额或盈利增长额与1～2年或2～3年前的相应时间间隔内投资进行对比。　　　　（房乐德）

投资效益分析　effectiveness analysis of investment

基本建设所得的有用成果和所消耗或占用的劳动量（人力、物力、财力）之间的对比分析。基本建设投资的所得不仅仅反映在建设过程中所得的有用成果（如新增固定资产价值、新增生产能力等）,还包括建成投产后在生产过程中所取得的成果（如盈利额、国民收入增长额等）,因此,它是综合性的分析,是通过一系列指标来考查判断的。宏观投资效益指标有:建设周期、未完工程占用率、固定资产交付使用率、平均单位综合生产能力投资、投资效果系数;微观投资效益指标有:建设工期、单位生产能力投资、达到生产能力期限、投资回收期、新增固定资产产值率等。　　　　（房乐德）

投资效益指标体系　effectiveness index system of investment

反映基本建设投资经济效益的一系列相互联系的指标组成的整体。是指投入基本建设的资金在建设过程中取得的使用效果（如新增固定资产、新增生产能力等）和建设项目投产后生产活动中所取得的效果（如盈利额、国民收入增长额等）。考核基本建设投资效益的主要指标有:①建设工期;②单位生产能力投资;③达到生产能力期限;④投资回收年限;⑤新增固定资产产值率;⑥建设周期;⑦固定资产交付使用率;⑧未完工程占用率;⑨平均单位生产能力投资;⑩投资效果系数。前五项指标是从单个建设项目的微观角度考核投资效益的指标;后五项是从全国、地区或部门宏观的角度考核基本建设投资效益的指标。　　　　（房乐德）

透水层　permeable layer

地下水流能够通过的岩土层。其透水性能的强弱决定于岩土的空隙大小、联通程度、空隙的多少和形状,可用渗透系数来衡量。　　　　（李　舜）

透水性　perviousness

岩土体允许水流通过的能力。岩土体之所以能透水是由于具有相互连通的空隙,成为渗透通道。岩土体透水性的强弱决定于岩土的空隙大小、多少、形状和连通程度。　　　　（李　舜）

tu

凸榫基底　foundation base with tenon

在挡土墙基础下加设凸榫以增加抗滑稳定性的

措施。如果凸榫不够深,滑动区可能越过凸榫沿最小抗滑路径发生,进入坚实土或岩石的凸榫最为有利。

(蔡伟铭)

突沉 sudden sinking

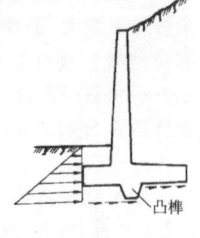

凸榫基底

在软土地区采用排水下沉法的沉井所发生突然的较大量下沉的现象。突沉容易使沉井产生较大的倾斜或超沉。防止措施一般是控制均匀挖土;在井壁四周近刃脚处的挖土不宜过深。如条件许可时也可改为不排水下沉法施工。此外,在设计时常采用增大刃脚踏面宽度或增设底梁以及使内隔墙底部与刃脚踏面齐平的方法,以防止发生突沉。

(钱宇平)

突加荷载法 suddenly loading method

见冲击力加载法(30页)。

突卸荷载法 suddenly unloading method

见冲击力加载法(30页)。

突缘支座 supporting plate

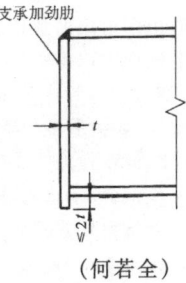

设在梁端而且突出下翼缘的支承加劲肋。梁通过突缘支座把力传给下部结构。除对一般支承加劲肋的要求外,为防止压缩变形过大,突缘支座板伸出梁的下翼缘不应超过板厚的2倍。突缘支座的底部应刨平,且应有足够的厚度。

(何若全)

图段 segment

又称图块。在计算机绘图中由若干图元组成的一个图形实体。一个画面由若干个图段组成。对图段的描述,-除有关其组织结构的规定外,还包括对图段属性的规定。

(翁铁生)

图根导线测量 mapping control traversing

直接为地形测图所进行的导线测量。图根导线可以单独建立,也可以附合在高级控制点间。

(彭福坤)

图根点 mapping control point

直接满足地形测图需要的控制点。一般采用导线测量、三角测量、经纬仪交会与图解交会等方法测定。图根点的高程用水准测量或三角高程测量等方法测定。

(彭福坤)

图根水准测量 mapping control leveling

测定图根点高程的等外水准测量。布设成闭合水准路线、附合水准路线时,只进行单程观测。如作为小地区首级高程控制或布设支水准路线时,需进行往返测。

(汤伟克)

图号 sheet numbering

地形图分幅的代号。中国基本地形图编号以1:100万地形图的编号为基础进行系统编号的。对于大比例尺地形图一般采用图幅西南角坐标公里数编号法、行列编号法或自然编号法。

(陈荣林)

图解交会法 alidade method

见平板仪交会法(231页)。

图廓 margin

每幅图的边界。分内图廓和外图廓,内图廓是图幅的实地范围线,其四角都有实际地面的坐标值或经纬度。外图廓仅起装饰作用。一般用粗线或其他图案描绘。对于矩形图幅,内外图廓之间每隔10cm注有地面坐标值。对于梯形图幅,内外图廓之间绘有黑白相间的分度带,它是内图廓加密分划,并且还绘有公里方格网的坐标值。中国80年代之后出版的梯形图幅的内外图廓之间无黑白相间的分度带,只有加密分划线。

(陈荣林)

图示比例尺 graphical scale

见比例尺(8页)。.

图形软件标准

适用于不同计算机图形硬件或图形软件之间的一些图形功能定义编成的标准程序库和文档。目前由美国或国际上计算机组织所正式提出或正式采纳的图形软件标准有7种,分为3类。一类是针对图形应用界面的,有CORE标准、GKS标准、PHIGS标准;一类是针对图形数据贮存格式的,有VDM标准(后改为CGM标准、IGES标准);另一类是用于图形输出设备及网络通信线路的,有VDI标准和NAPLPS标准。

(薛瑞祺)

图形输入板 tablet

一种较低精度的数字化仪。可用于要求不高的图形输入,菜单选择。

(薛瑞祺)

图形数据库 graphic data-base

应用系统中和图形有关连的数据的集合。它包括图形的特征和图形内某些参数的定义等。由图形系统产生的图形数据应能直接使用命令语言对图形进行审视或修改,也可以用关系数据模型来存储图形数据。

(陈国强)

图形条件 figure condition

三角网按条件平差时,为满足图形形状而列的角度条件。例如平面三角形内角之和应为180°,但由于观测误差使这一条件往往不能满足,可通过平差得到解决。

(傅晓村)

图元 primitive

计算机制图中最基本的图形元素。如点、线段、圆弧、字符、描述符等。图元所具有的特征有:颜色、

图纸会审 joint check up on the construction document

见施工图纸会审(269页)。

土层反应计算 soil layer response calculation

土层力学模型在基岩地震动输入下，地表各点反应值的计算。一般采用波动方程解析解、集中质量模型或有限元模型。不论采用何种方法都要解决好①输入地震动选取；②土壤非线性特性；③考虑土壤动力非线性特性的计算程序。　（章在墉）

土的饱和密度 saturation density of soil

土中孔隙充满水时的单位体积的质量(g/cm^3)。它的确定与确定土的饱和重度的方法相同。参见土的饱和重度。　（王正秋）

土的饱和容重 saturation unit weight of soil

见土的饱和重度。

土的饱和重度 saturation weight density of soil

旧称土的饱和容重。土的孔隙充满水时的单位体积重量 γ_{sat}(kN/m^3)。它可通过土的其他物理指标(土粒相对密度、孔隙比等)计算确定。

（王正秋）

土的崩解性 slaking of soil

粘性土浸入静水中，由于土颗粒间的连结被削弱和破坏，使土体产生崩散解体的特性。一般用崩解所需时间和崩解的速度、数量和方式来说明土的崩解程度。土的崩解性与土的粒度成分、矿物成分和结构等因素有密切关系。　（杨可铭）

土的变形模量 modulus of deformation for subsoil

把土作为直线变形体并考虑三向应力条件导得的变形指标。一般按由载荷试验荷载-沉降曲线上直线段的数据，用下式求得：

$$E_0 = \frac{Pb(1-\mu)^2}{S}\omega$$

P 为压力(kPa)；S 为对应于 P 的沉降量(m)；b 为载荷板的直径或宽度(m)；μ 为土的泊松比；ω 为与载荷板的形状、刚度有关的系数。

（高大钊　何颐华）

土的泊松比 Poisson's ratio of soil

土单元体在单轴拉压条件下侧向应变与轴向应变的比值。可通过实测土的侧压力系数或土的纵波波速、横波波速换算得到。是进行地基土两维或三维应力应变分析时所需要的一个弹性常数。

（王天龙）

土的初始剪切模量 initial shear modulus of soil

应变幅值趋向极小时土的剪切模量。由剪应力-剪应变关系试验曲线外推得到，可近似地以应变幅值不大于 10^{-6} 时测定的剪切模量代替。是双曲线型应力-应变关系模型参数之一。　（王天龙）

土的等效滞后弹性模型 equivalent hysteretic elastic model of soil

将土的非线性应力应变关系，通过随应变或应力幅值而变的割线模量、等效阻尼比转换为线性关系的数学模型。一般用于地基土地震反应分析。根据假定的循环应变或循环应力的幅值确定土的弹性常数和耗损系数，然后应用滞后弹性模型进行线性分析，按分析得出的应力或应变的幅值，调整模型参数，再次进行线性分析，用这样的迭代计算来逼近非线性反应的真实解答。模型参数与应变或应力幅值之间的关系可用曲线或数学表达式事先加以确定。双曲线关系、修正的双曲线关系(Hardin-Drnevich模型)和抛物线关系(Ramberg-Osgood模型)等即是常用的关系式。　（王天龙）

土的动力性质参数 dynamic property parameter of soil

为计算、研究建筑物、地基及动力机器基础在振动荷载作用下的动力性状(位移、速度、加速度等)和稳定性所必需的土动力特性计算指标。它包括动模量、阻尼比、动强度、动变形及各种受力条件下的刚度系数等。这些指标的正确测定往往决定了建筑物、地基动态反映分析的计算精度。所以正确测定土的动力性质参数是非常重要的。　（王正秋）

土的浮密度 submerged density of soil

在地下水位以下，土受到水的浮力作用后单位土体积中土颗粒的有效质量(g/cm^3)。

（王正秋）

土的浮容重 submerged unit weight of soil

见土的浮重度。

土的浮重度 submerged weight density of soil

又称土的有效重度。旧称土的浮容重。在地下水位以下，土受到水的浮力作用后，单位土体积中土颗粒的有效重量 γ'(kN/m^3)。它可通过土的其他物理指标(土粒相对密度、孔隙比等)计算确定。浮重度可用于地下水位以下的地基自重应力和强度计算。　（王正秋）

土的干密度 dry density of soil

单位土体积中固体颗粒的质量(g/cm^3)。其用途与土的干重度的用途相同。参见土的干重度。

（王正秋）

土的干容重 dry unit weight of soil

见土的干重度。

土的干重度 dry weight density of soil

旧称土的干容重。单位体积土中固体颗粒的重

量 $\gamma_d(kN/m^3)$。用它可以评定土的紧密程度,并作为人工填土压实质量的控制指标。 （王正秋）

土的含水量 moisture content of soil

同一体积土中水的质量与固体颗粒质量之比 $w(\%)$。它是反映土的状态的基本物理性质指标之一,其大小将影响土的力学性质;它又是计算土的干重度、孔隙比、饱和度等指标的依据之一。标准的测定方法是保持温度在 105~110℃ 下的烘干法。
 （王正秋）

土的剪切波速 shear wave velocity of soil

剪切波在土层中的传播速度。常用以表征土的刚度性质,是地基土抗震分析中的常规指标。常用的原位测试方法有利用直达表面波的地表稳态振动法和利用直达剪切波的钻孔测速法。 （王天龙）

土的结构强度 structural strength of soil

土的粒间联结强度。土的粒间联结有由细小土粒之间的静电引力和分子引力及其引起的极性水分子定向排列形成的水胶联结;也有由土中的铝、钙、铁等元素的氧化物或含水氧化物形成的胶结。土的粒间联结强度大小主要取决于土粒的矿物成分、粒度成分、土的含水量和孔隙水溶液的成分及其性质。
 （杨桂林）

土的拉姆贝尔格-奥斯古德模型 Ramberg-Osgood model of soil

简称 R—O 模型。用于地基土地震反应分析的一种表示土的动力非线性应力-应变关系的数学模型。能满足对波动方程进行直接积分的要求。模型用抛物线方程来描述应力-应变关系的骨架曲线,按曼辛二倍法将骨架曲线方程改造成卸荷与再加荷曲线方程。 （王天龙）

土的灵敏度 sensitivity of soil

原状土的抗剪强度和具有与原状土相同密实度和含水量的扰动土的抗剪强度之比 S_t。一般用相应的无侧限抗压强度或十字板剪切试验强度求得。它是土的结构性指标,反映土的强度由于结构受到破坏而降低的程度。对灵敏度大的土,要特别注意保护基槽,使其结构不受扰动。 （王正秋）

土的密度 density of soil

见土的质量密度(303页)。

土的膨胀变形量 deformation of expansion of soil

膨胀土中含水量增加而引起的地基上升变形。可按下式计算:
$$s_e = \psi_e \sum_{i=1}^{n} \delta_{epi} \cdot h_i$$
ψ_e 为经验系数;无经验时,3层及3层以下房屋可采用 0.6;δ_{epi} 为基底下第 i 层土的膨胀率,由室内试验确定;h_i 为第 i 层土的计算厚度;n 为基底至计算深度内划分的土层数。 （陆忠伟）

土的膨胀力 expansive force of soil

原状土样在体积不变时,由于浸水膨胀产生的最大内应力。它为确定地基承载力提供参数。可由试验确定。 （陆忠伟）

土的膨胀率 rate of swelling of soil

一定条件下土的体积因不断吸水而增大,单位体积土的膨胀量用 δ_{tp} 表示。它是计算膨胀变形量的参数。可按下式计算:
$$\delta_{tp} = \frac{e_i - e_0}{1 + e_0} \times 100(\%)$$
e_i 为压力 p_i 时土膨胀后的孔隙比;e_0 为土样的天然孔隙比。 （陆忠伟）

土的容重 unit weight of soil

见土的重度(303页)。

土的渗透试验 permeability test of soil

测定土透水能力大小的试验。渗透是水在多孔介质中运动的现象。渗透系数 k 是表达这一现象的定量指标,反映土透水能力的强弱,可用来分析地基变形与时间的关系和计算地下水渗流量。法国水力学家达西(H. Darcy)根据实验结果认为:当土中水流流线互相平行(即层流)时,渗透水流的速度 v 与水头梯度 i 成正比。渗透试验就是以达西定律为依据的。室内常用的渗透试验方法有两类:常水头的——试验过程中水头梯度为常量;变水头的——在试验过程中水头梯度是变量。 （王正秋）

土的收缩变形量 deformation due to shrinkage of soil

土中含水量减少引起地基的收缩下沉量。按下式计算:
$$s_s = \psi_s \sum_{i=1}^{n} \lambda_{si} \cdot \Delta w_i \cdot h_i$$
φ_s 为经验系数,无经验时,3层及3层以下房屋可采用 0.8;λ_{si} 为第 i 层土的收缩系数;Δw_i 为收缩过程第 i 层的含水量变化幅度;h_i 为第 i 层土的厚度。 （陆忠伟）

土的收缩系数 coefficient of shrinkage of soil

含水量减少1%时土样的竖向收缩变形量。按下式计算:
$$\lambda_s = \frac{\Delta \delta_s}{\Delta w}$$
$\Delta \delta_s$ 为收缩过程中与两点含水量差对应的竖向线缩率之差;Δw 收缩过程线性段两点含水量之差。
 （陆忠伟）

土的线弹性模型 linear elastic model of soil

用线性弹簧模拟土单元体的往复应力应变关系

的物理数学模型。模型假定其应力和应变始终按比例变化,服从胡克定律,加荷过程中应变及时产生,卸荷过程中应变及时恢复,周期荷载作用下的应力应变关系为单一的直线。一般用两个独立的弹性常数,如弹性模量和泊松比或剪切模量和体积模量,即可描述整个模型。当地基土或土工构筑物动力分析中涉及的应变幅值小于 10^{-4} 时,线弹性模型基本符合实际。
(王天龙)

土的压实 compaction of soil
采用人工或机械的方法对表层土或填土施加压实能量,使土达到预定的密实度,以提高土的承载力,减少压缩性。
(祝龙根)

土的液化 soil liquefaction
土体在一定条件下剪切刚度和抗剪强度大幅度降低,表现出类似于流体性质的现象。排水条件不良的、偏松的饱和砂土或粉土,在往复剪应力作用下,颗粒排列变密的趋势使作用于土颗粒的重力向孔隙水压力转化,产生并保持较高的超孔隙水压力,粒间有效应力接近或等于零,从而产生液化现象。土体液化在宏观上导致:①在低洼或地表有薄弱环节的地段,下部液化土层中的压力水会挟带土颗粒冲出地面,形成喷水冒砂现象;②在斜坡土体和地基土层中,由于常驻剪应力的作用而使土体沿斜坡"无限度"或有限度流滑和结构物不同程度的倾侧、下沉或上浮;③液化土层中超孔隙水压力的消散导致土的压密,不均匀的沉降引起地面建筑物损坏;④挡土墙后土体液化引起挡土墙丧失稳定。
(王天龙 胡文尧)

土的质量密度 mass density of soil
简称土的密度。单位体积土的质量(g/cm^3)。是土的物理性质指标之一。其用途与土的重度的用途相同。参见土的重度。
(王正秋)

土的滞后弹性模型 hysteretic elastic model of soil
用于地基土或土工构筑物动力分析的一种表示土的滞后弹性应力应变关系的物理数学模型。将土单元体模拟为线性弹簧和线性阻尼器的各种组合,假定其周期荷载作用下应变幅值与相应的应力幅值之间保持比例关系,而瞬时的应变与应力之间则存在固定的相位角滞后。周期的应力应变关系曲线形成一个封闭的、包围着一定面积的滞回圈。对于一维问题,模型可用弹性常数和耗损系数两个常系数来描述。开尔文-沃伊特模型、麦克斯韦模型、三元件模型和常量滞后模型等均属于这类模型。
(王天龙)

土的滞回曲线方程 hysteresis curve equation of soil
土单元体在循环荷载作用下应力应变关系曲线的数学表达式。用以与地震波的传播分析相结合,按时间和位置直接对波动方程进行积分,求解地基土的非线性地震反应。包括骨架曲线方程、卸荷与再加荷曲线方程及交叉规则。常用的骨架曲线方程有双曲线方程和拉姆贝尔格-奥斯古德方程,一般按曼辛规则将骨架曲线方程改造成卸荷与再加荷曲线方程,曲线交叉时可按扩展的曼辛规则处理。
(王天龙)

土的重度 weight density of soil
全称土的重力密度。旧称土的容重。单位体积土的重量 $\gamma(kN/m^3)$。它是土的基本物理性质指标之一,是室内试验、现场测试及填土质量控制所必需测定的。用它与土粒相对密度和土的含水量一起可以换算出土的干重度、孔隙比、饱和度等指标。室内测定土的重度,对粘性土一般采用环刀法;如土样易碎裂,难以切削,可用蜡封法。
(王正秋)

土的重力密度 gravitational density of soil
见土的重度。

土的阻尼比 damping ratio of soil
反映土在振动荷载作用下内部能量耗损程度的一个指标。等于单元土体振动 1 周所耗损的能量值与该循环过程中单元土体达到最大应变时所储存的势能值比值的 $\frac{1}{4\pi}$。是滞后弹性模型的参数之一。
(王天龙)

土的最大剪应力 maximum shear stress of soil
循环剪应变幅值趋向无穷大时土中循环剪应力所逼近的极限值。由剪应力-剪应变关系试验曲线外推得到,可近似地以修正后的土的抗剪强度代替。是双曲线型应力-应变关系模型参数之一。
(王天龙)

土地利用规划 land use planning
抗震防灾规划中,根据地震影响小区划,对土地使用等级和限制等作出的分项规划。以控制发展规模,减少人口密度,合理布局和功能分区,并结合旧城改造和绿化规划等。
(肖光先)

土地平整测量 land smoothing survey
在建筑场地及农田基本建设中,为平整高低起伏的地面而进行的测量。其内容有:①依地形条件在场地上布设方格网,或按一定间距平行地布设断面;②用水准测量或三角高程测量测出各方格顶点或断面上各点的高程;③进行场地的竖向设计,以确定场地的高程及坡度;④计算各点的填挖深度及土方量;⑤确定开挖线;⑥绘制施工图等。
(傅晓村)

土工聚合物 geopolymer

又称土工织物，俗称土工布。用于岩土工程的合成纤维材料。它可分为编织型、浇铸型和有纺型三种。其作用主要有反滤、排水、隔离和加筋等。由于具有高抗拉强度、良好连续整体性、高透水性（或高隔水性）、高抗腐蚀性，可弥补岩土材料的许多不足。因而已成为地基处理技术的一个重要分支领域，获得广泛的应用。 (高大钊)

土工织物 geotextile

见土工聚合物（303页）。

土建工程设计 civil engineering design

建筑工程中建筑与结构部分的构思、计算与绘图的过程。即建筑设计与结构设计的统称。它可按二阶段设计或三阶段设计进行，参见工程设计（105页）。 (陆志方)

土-结构相互作用 soil-structure interaction

在外界激励下，地基土-基础-结构物三者相互的影响。三者中任何一方受到外界干扰（激励）的作用都会导致整个体系的振动。在地震作用下，土与结构连接时的相互作用表现为：①地基基础对上部结构振动周期和阻尼特性的影响；②上部结构对底部输入地震波的反馈作用。 (曹国敖)

土力学 soil mechanics

研究土在荷载作用下的应力、变形、强度和稳定性等问题的学科。它以研究土的力学性质、土中应力分布规律、地基变形、土体强度和稳定、土压力理论及测试技术等为主要内容。 (杨可铭)

土粒比重 specific gravity of particle

见土粒相对密度。

土粒相对密度 relative density of particle

旧称土粒比重。土粒在保持温度 $105\sim110℃$ 下烘至恒重时的质量与同体积 $4℃$ 纯水质量的比值 d_s。其大小主要决定于土粒的矿物成分。测定方法，对粒径小于5mm的土，用比重瓶法；对粒径大于5mm的土，可用浮称法或虹吸筒法。 (王正秋)

土锚杆 ground anchor

由钢质拉杆（粗钢筋、高强度钢丝束或钢绞线等）与水泥浆锚固体组成的、一端嵌固于土层（如粘性土、粉土、砂或砾石等）中的受拉杆件结构体系。沿其长度可分为两段，即自由段和锚固段。后者为钢杆、水泥浆体与土体构成的凝固体。自由段则将锚固段所发挥的锚固力传到土体表面的锚头而成土锚结构。用于支挡结构物中的土锚杆，能将结构物承受的侧向水、土压力及浮力等通过锚杆传递分散到周围地层介质中。 (杨伟方)

土坯 adobe

又称土坯砖。用粘土加水后通常还加入切短的稻草，经搅拌、脱坯、晾干而成的砌体材料。其尺寸稍大于普通粘土砖。 (唐岱新)

土坡滑动面

见土坡破裂面。

土坡剪切面 shear plane of slope

见土坡破裂面。

土坡破裂角 angle of rupture

土坡破裂面与水平面的夹角。 (胡中雄)

土坡破裂面 rupture plane of slope

又称土坡滑动面或土坡剪切面。土坡失稳时滑动体与稳定土体之间的边界面。在粘性土的均质土坡中，破裂面呈曲面形状，在坡顶处的破裂面接近于竖直方向，在接近坡脚处渐趋水平；在由砂、卵石、砾石等组成的无粘性土坡中，破裂面近似于平面，如土体中存在软弱夹层时，可能出现由平面和曲面组成的复合破裂面。 (胡中雄)

土坡稳定分析 stability analysis of slope

对土坡滑动面上滑动因素与抵抗因素之间的相互平衡关系的分析。土坡在重力和其他外力作用下都有向下和向外移动的趋势，如果土坡内的土能够抵抗住这种趋势，则此土坡是稳定的，否则就会发生滑动。土坡丧失稳定性时，一部分土体相对其下面土体产生滑动。滑动因素主要包括土体的重力和其他外力在滑动面上促进滑动的切向分力。抗滑因素主要是指土体的抗剪强度产生的抵抗力。 (胡中雄)

土坡稳定分析的有效应力法 effective stress method of stability analysis

在计算滑动因素和抗滑因素时，除扣除孔隙应力的影响外同时采用有效强度指标的土坡分析方法。孔隙应力由土坡内渗流或土的固结状况决定，也可以从现场测压计测定或从流网分析及固结理论分析计算得到。在完全饱和的土体中，孔隙应力就是孔隙水应力。它随着渗流或土固结的时间而变化，所以相应的有效应力也随时间而变化。有效应力强度指标是从室内排水三轴剪力试验测定，同时还要测定与渗透和固结有关的渗透系数。因此，采用有效应力法除了理论上比较完善，还可以分析计算不同时刻土坡的稳定性。 (胡中雄)

土坡稳定分析的总应力法 total stress method of stability analysis

不计及孔隙应力，只考虑总应力，并采用总应力强度指标的土坡分析方法。土中应力是通过颗粒之间的孔隙流体和土颗粒构成的骨架传递的。通过土骨架传递的力称为有效应力；通过孔隙流体传递的力称为孔隙应力。两者之和称为总应力。总应力强度指标可以从室内不排水三轴剪切试验或现场十字板试验测定。这种分析方法比较简单，计算结果仅仅代表土坡施工结束时的稳定状态。

（胡中雄）

土坡稳定圆弧整体分析 circular-arc method of slope stability analysis

在均匀的各向同性的土层中，边坡的破坏假定是沿着一个圆弧滑动面滑动所进行的土坡稳定分析。滑动土体 abda 沿着圆弧 ad 滑动时，滑动体的重力 W 对于滑动圆弧中心点 O 的滑动力矩必然等于或大于滑动面上总阻力 S 所产生的抗滑力矩。边坡的稳定安全系数为抗滑力矩与滑动力矩的比值。抗滑力是由与正应力无关的粘聚力和与正应力成正比的摩擦力两部分组成。圆弧滑动面的位置是任意假定的，所以要通过多次试算，其中安全系数最小的圆弧面是最危险的滑动面称为临界滑动面。

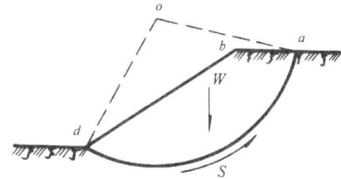

（胡中雄）

土压力 earth pressure

土体作用在建筑物或挡土墙等支挡构筑物上的侧向压力。其值既与土的性质有关，也与建筑物位移的方向和大小有关。根据其对建筑物或构筑物的作用，可分为主动土压力和被动土压力。

（高大钊）

土压力合力、方向和作用点 resultant direction and point of action of earth

挡土墙稳定计算中土压力确定的三个要素。土压力的作用方向与土压力的性质有关，还与挡墙的类型、地面坡角、墙背倾角、墙背摩擦角等因素有关。一般情况下，合力作用点在墙高下部的 1/3 高度处。

（蔡伟铭）

土液化机理 mechanism for soil liquefaction

土体发生液化时的物理力学现象及其解释。主要可区分为结构崩解型和循环活动性型两类。一般通过室内模拟试验进行研究，对于不同机理的液化，在工程上应采取不同的对策。

（王天龙）

土与结构相互作用的集中参数法 lumped parameter method of soil-structure interaction

将连续体等效为多自由度体系分析土与结构相互作用的计算方法。在土与结构相互作用体系的分析中，将结构物的地基下换算成等价的质量-弹簧阻尼器体系，并用一刚性杆连接于结构物的质点上的力学计算模型。

（曹国敖）

土与结构相互作用的有限元法 FEM of soil-structure interaction

将连续体离散化为有限单元，分析土与结构相互作用的计算方法。其特点是：①可以考虑结构周围土的变形和加速度沿土深度变化；②基础底下输入的地震波不必与自由场地处相同；③可用合理的方法确定随应变而变化的土的动力性质；④能够适当考虑土的材料阻尼和辐射阻尼；⑤可以计算邻近结构的影响；⑥提供了一个求解结构四周场地运动的途径。

（曹国敖）

土中压缩波 compressed wave in soil

空中爆炸或地面爆炸产生的沿地表传播的空气冲击波拍击土壤而产生的压应力波。其参数取决于空气冲击波参数及土壤性质。

（王松岩）

土桩 soil column

以沉管、冲击或爆炸法在地基土内挤压成孔并在孔内填以最优含水量的素土再分层夯实而成的挤密桩。是软弱地基处理的方法之一。它与周围地基土组成土桩复合地基。一般适用于处理湿陷性黄土地基和松软的杂填土地基。

（胡文尧）

tui

推出试验 push-out test

抗剪连接件直接用推压方式进行的剪切试验。工字钢居中，两侧翼缘上各焊一排被试的抗剪连接件并紧贴着浇筑混凝土翼缘板。试验机仅与工字钢上端及混凝土翼缘板下端接触，加压后界面上连接件所受的极限剪力即为其抗剪承载力。

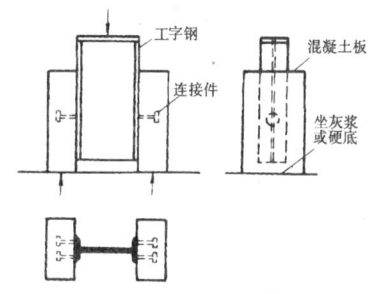

（朱聘儒）

推理 inference

又称逻辑推理。回答相应专业领域中的有关问题，或证明某种假设是否正确的逻辑过程。在推理过程中采取的策略、方式或算法就是推理机制。对于不同的知识表示方式，可以使用不同的推理机制。

（薛瑞祺）

退化型恢复力模型 degrading restoring force model

构件在反复加卸载条件下,考虑刚度不断减小的恢复力模型。典型的有 Clough 和 Nielsen 退化型滞回曲线。　　　　　　　　　　（余安东）

tuo

托架　supporting truss

大跨度柱距中用以支承中部屋架的构件。在单层厂房中,当柱距大于屋架间矩时,常在两柱间纵向设置托架以支承屋架。根据需要,托架上可设置几个屋架。托架一般由钢或预应力混凝土桁架做成,跨度小时也可为梁式构件。　　　（钦关淦）

托梁　supporting beam

墙梁中承托墙体的钢筋混凝土梁。在施工阶段,托梁与其上的新砌砌体尚未形成组合作用,托梁为一受弯构件。使用阶段的墙体与托梁形成组合构件后,托梁是偏心受拉构件。　　　　（王庆霖）

托梁换柱法　method of replacing column

在柱子近旁设置临时性支承,将柱子上部的梁托住,卸除柱子承受的全部荷载以更换柱子的方法。此法能保持梁原来的工作状态。必须更换新柱时采用此法。应注意梁的临时支承位置能否可靠地传递支反力,必要时应进行局部加固。　　（钟善桐）

托马氏转炉钢　Thomas converter steel

见侧吹碱性转炉钢(19页)。

托柱换基法　method of replacing foundation

在基础近旁设置临时性装置,将柱子托住,卸除基础承受的全部荷载以更换新基础的方法。这种方法能保持原有柱以上构件的工作状态,常用于地基发生沉陷或需增大原有基础承载力等情况。
　　　　　　　　　　　　　　（钟善桐）

脱落节

见死节(286页)。

脱氧　deoxidation

炼钢过程中去除氧的过程。硅、铝是较强的脱氧剂,锰是弱脱氧剂。按脱氧程度不同,分镇静钢、半镇静钢和沸腾钢。　　　　　　　（王用纯）

椭球面壳　ellipsoidal shell

以椭球面为中面的薄壳。锅炉等压力容器的筒体为圆柱壳,而两端的封头常作成球面壳或椭球面壳。建筑物的顶盖也可采用椭球面壳,同圆顶一样,也要设置边缘构件。椭球面壳具有轴对称的形式,可使计算简化。　　　　　　（范乃文）

W

wa

挖孔桩　excavated pile

在稳定的土层中用人工分段挖土形成竖直或倾斜的孔,孔中放入钢筋笼,然后填筑混凝土形成的桩。挖孔桩的直径一般宜大于 80～100cm,孔深不宜超过 50m。在硬-坚硬的粘土、黄土及软岩中,可挖成扩大的桩端,以增加桩端承载能力。一般情况下,孔内应设置混凝土或砖护壁,以保持孔壁稳定;黄土地区可不设护壁。　　　　　（陈强华）

洼地　depression

四周均围有各种不同斜坡的低地。一般规模较小。如果沉积物的堆积速度跟不上构造下沉的速度,就要形成大型的洼地,其底部甚至比海平面低。河流和海洋等的差别堆积作用所形成的浅洼地,有的积水后形成湖沼。由于地下冰的融化所形成的沉陷洼地,称做热融洼地。　　　　　（朱景湖）

瓦椽

见瓦桷。

瓦桷

又称瓦椽。铺设在小青瓦下和檩条之上,用以承受瓦重、雪荷载和施工集中荷载,受轴力与弯矩共同作用的构件。它是屋面木基层构件之一,实际上是稀铺的木屋面板。　　　　　　（王振家）

瓦垄铁　corrugated sheet

见压型钢板(334页)。

wai

歪形能理论　energy of distortion yield criterion

见变形能量强度理论(12页)。

外包钢混凝土柱　concrete column with steel corner angle

在角钢与箍筋焊成的骨架中充填混凝土构成的柱。箍筋埋在混凝土内而角钢肢背露在柱角外侧。外包钢混凝土柱比钢柱省钢,且仍保留钢柱的可以

直接焊接的优点。　　　　（朱聘儒）

外包角钢加固法

在墙垛四周用角钢和钢板形成围套进行加固的方法。参见型钢—砖组合砌体(330页)。
（唐岱新）

外包型钢加固法

在钢筋混凝土构件外侧边设置型钢构架,以提高构件承载力和满足正常使用的一种加固方法。可分为干式外包法和湿式外包法。可用于加固钢筋混凝土的柱、梁以及屋架或桁架的弦杆、腹杆和节点等。外包型钢加固可按《混凝土结构加固技术规范》规定的方法进行设计计算。
（黄静山）

外观检查　visual examination

用肉眼或借助卡规,或用低倍放大镜观察焊缝,检查焊缝表面的气孔、咬边、焊瘤、烧穿、弧坑、未焊满及焊接裂纹等缺陷的方法。
（刘震枢）

外加变形　imposed deformation

结构或构件由于地面运动或地基不均匀沉降等作用引起的变形。
（唐岱新）

外加钢筋混凝土柱加固法

采用外加柱和外加圈梁或拉杆对房屋进行整体加固的方法。当多层房屋中横墙不满足抗震承载能力要求,一般根据抗震设防烈度外加钢筋混凝土柱来加固房屋。外加柱与圈梁或拉杆应连成封闭的整体。柱截面一般在200～350mm,柱与圈梁或拉杆和墙体间应妥善连结,柱与墙体连接一般采取钢筋拉结、压浆锚杆和销键锚固等措施。
（夏敬谦）

外卷边槽钢　hat section

旧称帽形截面型钢。由薄钢板经冷加工制成的U形截面型钢。多用做轻钢桁架的上下弦杆和轻型组合梁的上下翼缘。
（张耀春）

外摩擦角　angle of external friction

土与其他材料表面间的摩阻力——正应力关系曲线的切线与正应力坐标轴间的夹角。

它是建筑物抵抗滑动稳定验算的主要参数之一。
（杨可铭）

外营力　exogenic force

见地质作用(59页)。

外营力地质作用　exogenic geologic process

见地质作用(59页)。

wan

弯钩　hook

钢筋混凝土构件用光面钢筋配筋时,钢筋两端弯成钩形的部分。设置弯钩是为了增加与混凝土的锚固作用。

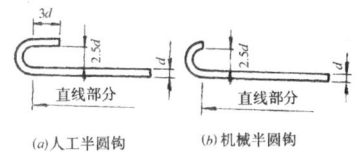

（王振东）

弯剪裂缝　shear-bending crack

见斜裂缝(327页)。

弯剪扭构件

见复合受扭构件(88页)。

弯矩-曲率曲线　M-φ curve

在荷载作用下,构件某截面所承受的弯矩 M 与该截面曲率 φ 的关系曲线。在弹性范围内构件的 M-φ 关系为直线;超过弹性范围则呈下凹的曲线,曲线尾部渐趋水平。
（刘作华）

弯扭构件

在扭矩与弯矩复合作用下的构件。参见复合受扭构件(88页)。
（王振东）

弯扭屈曲　torsional-flexural buckling

见轴心压杆屈曲形式(371页)。

弯扭失稳　torsional-flexural buckling

见轴心压杆屈曲形式(371页)。

弯起钢筋连接件　bent-up bar connector

用弯起筋制成的连接件。弯起筋下平段焊在钢部件的上翼缘上,在混凝土中以一定角度弯起,再弯折一水平段。钢筋的弯起方向应沿纵向界面剪力的方向。
（朱聘儒）

弯起筋　bent up bar

钢筋混凝土构件中按一定角度弯起的受力纵筋。其水平段可承受弯矩,弯起段可以承受剪力。
（刘作华）

弯曲刚度　bending rigidity

见抗弯刚度(180页)。

弯曲木压杆调直加固法

减小木压杆弯曲变形和恢复弯曲压杆承载力的方法。压杆出现弯曲变形时,可在弯曲边增设方木并拧紧螺栓使变形恢复。

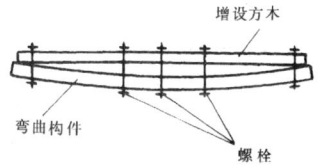

（王用信）

弯曲屈曲　flexural buckling

见轴心压杆屈曲形式(371页)。

弯曲失稳 flexural buckling
见轴心压杆屈曲形式(371页)。

弯曲式倾倒 flexural toppling
边坡岩体被陡倾斜节理切割成连续的柱体,在重力和其他力的作用下柱体向坡外发生弯曲而导致的倾倒。发生此类倾倒的地质条件是在倾倒柱体后侧形成与坡向相反的陡倾斜节理。处理时应加固坡面潜在弯曲式倾倒的柱体。
（孔宪立）

弯曲试验 bend test
见冷弯试验(194页)。

弯曲型变形 flexuous type deformation
抗侧力结构在水平力作用下,发生的以弯曲为主的变形。变形曲线凸向水平力相反方向。嵌固于地基上的悬臂杆件的变形是典型的弯曲型变形。
（江欢成）

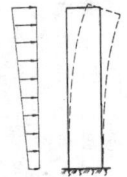

弯曲型变形

弯曲振动 flexure vibration
又称挠曲振动。杆件在横断面的一个惯性主轴平面内发生的横向振动。振动过程中的外力是：在上述惯性主平面内的激振力、与横向加速度相应的横向惯性力、与横断面绕中和轴的角加速度相应的惯性力矩以及横向阻尼力(实际上振动受到的结构内部阻尼也可以放在外力阻尼中考虑)。严格地说,杆的横向振动是弯曲和剪切耦合的振动。只当剪切变形的作用很小时可以单计弯曲振动。
（李明昭）

弯曲中心 bending center
见剪力中心(151页)。

完全抗剪连接 complete shear connection
采用足够的连接件,保证组合梁充分发挥抗弯承载力时的抗剪连接。要求在组合梁的剪跨中,连接件的最大负荷与连接件个数的乘积不小于保证组合梁受弯承载力充分发挥时所需的纵向界面剪力。
（朱聘儒）

完全卸荷加固法 strengthening of structure under unloading
将全部荷载卸除后对结构或构件的加固方法。加固计算除螺栓连结和铆钉连接外,和新结构设计完全相同。加固时须停止结构或构件的使用。
（钟善桐）

晚材 late wood
又称夏材。一个生长轮中,朝向树皮,生长于生长季节晚期(夏末)的部分木材。它材色较深,一般材质较坚硬,组织致密,表观密度和强度都较高。木材中晚材层厚与一个生长轮宽之百分比为晚材百分率。一般,此百分率越大,木材强度越高。
（王振家）

晚材百分率 percentage of late wood
见晚材。

万能测振仪 universal vibration instrument
利用质量弹簧系统的惰性原理制成的振动量测仪。测点的振动使仪器中的质量块与固定在测点上的仪器躯体产生相对位移,它和测点的动位移比值与测点振动频率和质量弹簧系统的自振频率比和阻尼情况有关,如阻尼适当,频率比又远大于1,则这个比值接近1。相对动位移经仪器中的杠杆放大后推动笔尖摆动,并在等速移动的纸带上记下动位移的时程曲线,据此可分析出振动的振幅,频率,阻尼等动态参数。仪器可量测水平、垂直和任意方向的振动,还可量测动应变和相对动挠度等。
（潘景龙）

wang

网架 lattice grid
见网架结构。

网架节点 joint of space truss
网架杆件交汇处杆件相互连接或杆件与支承连接的部位。它们起着传递杆件内力的重要作用。为避免网架杆件偏心受力,杆件轴线在节点处必须汇交于一点。网架节点汇交杆数较多,一般为6～9根,多达13根。节点耗钢量约占整个网架的20%左右。根据构造方式不同,可分为焊接钢板节点、焊接空心球节点、螺栓球节点、焊接钢管节点、毂式节点、空间板节点等类型,网架节点型式要根据网架类型、受力性质、杆件截面形状、制造及安装等条件确定。
（徐崇宝）

网架结构 lattice grid structure, space truss structure
又称平板网架,简称网架。由多根杆件按一定网格形式通过节点连接而成的大跨度覆盖的空间结构。它属于高次超静定的空间杆系结构,空间刚度大,整体性强,抗震性能好,用料较经济,可适应各种几何形状的建筑平面,被普遍用于大、中跨度的公共建筑与工业厂房的屋盖结构。根据网架组成形式区分为由二向或三向平面桁架相交而组成的交叉桁架体系及由三角锥或四角锥作为基本单元而组成的空间桁架体系两大类型;根据网架支承情况不同有周边支承、四点支承、多点支承;根据网架层数不同有双层、三层及多层,一般多采用双层。网架杆件可采用钢管截面,也可采用角钢制成。网架的节点汇集杆件数较多,一般为6～9根,最多达13根,用于节点的材料在网架的总用钢量中占的比重较大。根据网架节点构造不同,有焊接钢板节点、焊接空心球节点、螺栓球节点、焊接钢管节点、空间板节点、毂式节点等多种型式,目前以焊接球和螺栓球节点应用最多。
(徐崇宝)

网壳 reticulated shell

见网壳结构。

网壳结构 latticed shell

简称网壳。将杆件按一定规律布置形成的壳体结构。从外形分,有网状穹顶、柱面网壳、鞍形网壳等类型。网壳可采用钢、铝合金、木(包括胶合木)或钢筋混凝土等材料制作构件,通过适当的节点连接而组成。工程实践中应尽量采用呈单层曲面杆系形式的单层网壳,其构造比较简单;但当跨度和荷载较大时,为了保证网壳的稳定性和刚度,常需要采用双层网壳。网壳结构由于有利的空间受力作用,能经济地跨越很大的空间;结构形式丰富多彩,造型美观,是大跨度建筑中常用的结构类型之一。
(沈世钊)

网状模型 network model

用丛结构来表示记录及记录之间联系的模型。它具有下列性质:①可以有一个以上结点无双亲;②至少有一个结点有多于一个双亲。网络模型和层次模型在本质上是一样的,从逻辑上看,它们都是用结点表示记录,用连线表示记录之间联系;从物理上看,都是用指针来实现两个文件之间联系。但网络与层次相比也有两点主要不同:①用系(set)描述记录之间联系,它有一个首记录以及一个或若干个属记录,组成一棵二级树;②两个记录之间有二种或二种以上的联系。
(陆皓)

网状配筋砌体抗压强度 compressive strength of mesh-reinforced masonry

在水平灰缝内配有网状钢筋的砌体的受压应力极限值。除了对无筋砌体强度影响的因素外,影响配筋砌体强度的因素有钢筋的强度等级和配筋率等。一般,随钢筋强度和配筋率的增大,配筋砌体抗压强度提高。但在配筋砌体中,钢筋强度等级的变化很少。即使采用高强钢筋,其强度取值亦受到限制。此外,配筋率过大,钢筋强度不能充分利用,使用上也不经济;配筋率过小,砌体强度提高很有限。网状配筋砌体的配筋率不应大于1%,也不应小于0.1%。
(施楚贤)

网状穹顶 braced domes

呈各种正高斯曲率曲面形式的网状屋盖。其中球形曲面的网状穹顶,即球面网壳是最常见的空间结构形式之一。这种网壳受力性能好(以轴向受力为主),刚度大,因而多数情况下均可采用单层体系,一般当跨度(底面直径)超过60~70m时,才需考虑双层方案,通常是为了保证结构的稳定性。网状穹顶的网格形式十分多样化;对网状穹顶而言,最常用的有肋环型、施威特勒(Schwedler)型、凯威特(Kiewitt)型、短程线型。此外,对双层网壳而言,尚可采用四角锥型、三角锥型等空间网格形式。

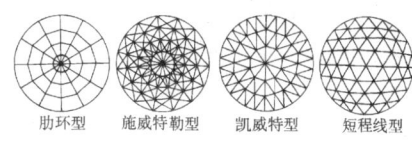

肋环型　施威特勒型　凯威特型　短程线型
(沈世钊)

往复式机器扰力 generating forces of reciprocating machine

往复式机器运动部分的不平衡惯性力。对于基础来说它就是扰力。当曲柄旋转时通过连杆、使活塞作往复运动。将运动质量折算成两

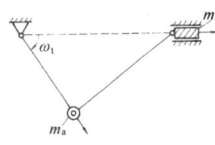

个集中质量 m_a 及 m_b。曲柄作匀速转动,其角速度为 ω。产生的扰力的水平分量表为

$$P_1 \cos\omega t + P_2 \cos2\omega t$$

竖向分量表为 $P_3 \sin\omega t$。其中含 ωt 的叫一谐波扰力,含 $2\omega t$ 的叫二谐波扰力。$P_1 = (m_a + m_b)r_0\omega^2$, $P_2 = m_b r_0 R_0 \omega^2$, $P_3 = m_a r_0 \omega^2$, r_0 为曲柄半径,$R_0 = r_0/L_0$, L_0 为连杆长度,ω 为曲柄角速度。
(郭长城)

望板 roof boarding

不设吊顶的木屋盖中的木屋面板或铺设保温材料的木板。在室内可以望到。
(王振家)

望远镜 telescope

由物镜、目镜、调焦透镜及十字丝分划板等组成的观察远处目标的光学设备。通过物镜成像,调焦透镜调节焦距,使不同距离的目标在十字丝分划板面上清晰地成像,再通过目镜放大,就可观测目标。它有内对光和外对光两种,近代测量仪器大都采用内对光望远镜。
(邹瑞坤)

望远镜放大率 magnification of telescope

从望远镜中看物体与肉眼直接看同一物体大小之比。对无穷远的物体,望远镜放大率又等于物镜焦距与目镜焦距之比。
(邹瑞坤)

望远镜旋转轴 rotational axis of telescope

又称横轴或水平轴。经纬仪望远镜作俯仰纵转的几何轴。该轴安装在照准部支架轴套内或轴承上,其上安有望远镜和竖直度盘。
(邹瑞坤)

wei

微波塔 microwave tower

支承传递信号微波天线的高耸结构。可进行接力通信、卫星通信、散射通信或移动通信等。在同一线路上,隔一定距离建立若干个塔,形成一个微波线或微波网,各个塔根据所处地形、地质条件,采用不同高度和相适应的结构形式,或建在高层建筑顶上,常采用钢或钢筋混凝土制作。 (王肇民)

微地貌 microlandform

使较大地貌形态表面复杂化的极小的地势起伏。它是形体较小的地貌形态。例如,小丘、雨裂、纹沟、海滩或风成沙丘表面的波纹等。 (朱景湖)

微粒混凝土 micro-concrete

又称模型混凝土。按模型比例尺寸将骨料粒径缩小而制成的混凝土。按照相似理论的要求,用于制作模型的微粒混凝土中的粗骨料、细骨料的尺寸都应按比例缩小,且各种骨料的配合比也应与原型混凝土相同。用微粒混凝土制作的模型可以较好地模拟实际混凝土结构的弹塑性工作状态或极限承载能力,但它与实际尺寸的混凝土仍有差别,例如尺寸效应及收缩、徐变的影响等等。 (吕西林)

微型计算机 microcomputer

简称微机,俗称微电脑。它是用大规模(或超大规模)集成电路制成的微处理器、存储器、只读存储器和配套的输入输出接口组成的计算机。它体积小、功耗低、结构简单、使用方便、价格便宜。整个微型机可以放在办公桌上使用。其特点有:①采用了大规模或超大规模集成技术;②基本配置比较简单;③采用了总线结构,中央处理器、存储器、外部设备之间的数据交换都通过总线传输完成;④配置的操作系统目前以CP/M或MS-DOS为主。中国使用的微型机上还配置了汉字操作系统。微型计算机已广泛地应用在办公室自动化、事务处理、过程控制、数值计算和图形处理方面,也可作为智能终端。 (杭必政)

煨弯 hot bending

见辊弯(114页)。

韦布尔分布 Weibull distribution

随机变量的概率分布函数为

$$F(t) = \begin{cases} 1 - e^{-\frac{(t-\gamma)^m}{t_0}} & t > \gamma \\ 0 & t < \gamma \end{cases}$$

的分布。其中常数 m 叫做形状参数,γ 叫做位置参数,t_0 叫做尺度参数。 (杨有贵)

围焊缝 surrounded weld

端焊缝和侧焊缝共同围成的角焊缝群。有L型和[型之分。端、侧焊缝虽然刚度不同,但由于改善了应力集中状况,围焊缝的工作性能是可靠的。 (李德滋)

围护结构 enclosure

用以分隔建筑物室内和室外空间的结构。包括屋盖、楼面、地面、外墙、外门和外窗等。它须满足保温隔热等热工要求以及挡风、避雨、遮阳和隔声等功能,有时还需要满足防火和防爆泄压的要求。屋面要承受积雪和积灰的荷载,上人的屋面还要支承各种使用荷载。外墙结构分承重墙和非承重墙。承重墙除支承自身重量外,还要承受从屋盖和楼盖传来的荷载,有时还要与结构骨架共同承担风和地震的作用。非承重墙一般指单层厂房排架结构的外墙、框架中的填充墙和贴附在骨架外的墙板或玻璃幕墙等。玻璃幕墙简洁美观,施工快,但造价高,消耗能源多,只在高级建筑中应用。非承重墙也要承受风压力和吸力的作用。围护结构暴露在外,在形式、材质和色彩上应根据需要尽可能力求美观。 (钦关淦 宿百昌)

围岩变形观测 observation of surrounding rock deformation

对于地下洞室、巷洞周围因开挖而发生应力重分布的那一部分岩土体(围岩)变形变化的观测研究工作。其观测方法原理,参见地应力观测(54页)。观测所得的围岩变形参数及其各部位的变形性质、变形量及变形围岩压力(由于围岩变形挤压衬砌和支护造成的压力),是判断洞体稳定程度和进行衬砌及支护结构设计的主要依据。 (杨桂林)

围岩压力 surrounding rock pressure

见山体压力(262页)。

桅式结构 guyed mast structure

由一根或数根下端为铰接或刚接的细长竖立杆身和若干层斜向纤绳所组成的高耸结构。按杆身构造的不同,有实腹式桅杆、格构式桅杆、双杆身桅杆等几种。纤绳用高强度镀锌钢丝绳,并用花篮螺丝预加应力,以增强桅杆的刚度和整体稳定性。平卧拼成的桅杆可利用卷扬机和把杆整体竖立,或将杆身分成多段逐节安装。 (王肇民)

伪动力试验 pseudo dynamic test

见计算机-加载器联机试验。(147页)。

伪静力试验 pseudo static test

见周期性抗震静力试验(370页)。

尾矿粉砖 tailing ore brick

以选矿时废弃的尾矿粉为主要原料制成的砖。是综合利用的主要途径之一。抗压强度可达14.70

~19.60MPa。 （罗韬毅）

卫星发射塔 satellite launching tower
航天发射场实施卫星及其运载火箭的组装、检测、维护、加注燃料、填充压缩气体，保障人员器材流动和最后发射卫星或火箭的塔式结构。当用于发射导弹时，称为导弹发射塔。塔上敷设有液、气、水、空调等管路，动力、控制、通信、电视等电缆。塔上沿高度设有工作平台。塔顶有起重设备以吊装组件。塔身采用矩形截面空间桁架结构。 （王肇民）

卫星图像 satellite images
以卫星为遥感平台，用非摄影装置（如侧视雷达、多光谱扫描仪等）获取的各类遥感影像。在使用上，有时也把在卫星上用摄影装置（如照相机等）获取的影像称为卫星图像。 （蒋爵光）

卫星图像解释 interpretation of satellite image
见卫星图像判释。

卫星图像判读 interpretation of satellite image
见卫星图像判释。

卫星图像判释 interpretation of satellite image
又称卫星图像解释或卫星图像判读。以卫星遥感图像为基础资料，利用各类判释标志（如目标的光谱信息、宏观信息和群体组合的图案、色调等）对图像上的目标属性进行解释和推理判断的过程。
（蒋爵光）

卫星相片 satellite photograph
简称卫片。以卫星（包括航天飞机）为遥感平台，用摄影方式（如长焦距、高分辨率照相机）获取的目标影像。但有时也把以卫星为遥感平台，用非摄影方式（如雷达、扫描仪等）获取的影像叫做卫星相片。 （蒋爵光）

未焊透 lack of penetration
焊接时焊缝根部未完全熔透的现象。它对焊缝强度影响很大。 （刘震枢）

未焊透对接焊缝 partial penetrated butt weld
又称部分焊透对接焊缝。见对接焊缝(71页)。 （李德滋）

未加劲板件 unstiffened (plate) element
通称一边支承、一边自由板件。在薄壁型钢构件中，一纵边与其他板件相连接，另一纵边为自由的板件。参见板件(3页)。 （张耀春）

未熔合 lack of fusion
焊接时，焊缝与母材之间，或分层焊接时焊缝各层之间，或点焊时母材与母材之间未完全熔化结合的部分。在要求焊缝与母材等强度时，特别是承受动荷载时不允许这种缺陷的存在。 （刘震枢）

未完工程占用率 occupancy rate of project in process
年末还没有建成投产或交付使用的工程（俗称半截子工程）所占用的投资额对同期实际完成投资额之比。未完工程占用率越高说明基本建设资金冻结在未完工程上过多，基本建设战线过长，投资分散，严重影响投资效果的发挥。这个指标亦是计划安排基本建设规模依据之一。 （房乐德）

位移反应谱 displacement response spectrum
以结构自振周期（或频率）为横坐标，位移反应时程的最大绝对值为纵坐标的关系曲线。利用它可以确定在指定地震波作用时的最大位移反应，若从速度反应谱除以自振频率或从加速度反应谱除以自振频率平方则得到拟位移反应谱。 （陆伟民）

位移延性系数 displacement ductility factor
结构或结构构件达到极限状态时某部位（通常指顶端）的侧移值 Δu 与开始屈服时同一点侧移值 Δy 的比值，即 $\mu = \Delta u / \Delta y$。是衡量结构整体延性的延性系数。结构或结构构件极限状态时的侧移值是指其承载能力下降到某个限值，如 85% 的极限承载能力时的位移值。开始屈服时的侧移值是指其出现塑性时的位移值，为计算方便，也可取结构或结构构件在荷载规范规定的水平力作用下所求得的该部位最大弹性位移。

（戴瑞同）

wen

温差应力 stress due to temperature difference
组合梁中混凝土与钢部件由于温度差而引起的应力。当外界温度发生突变时，混凝土与钢由于热惰性不同，升温或降温速度也不同，形成两者的温差，在受抗剪连接件的约束情况下，产生了温差应力。 （朱聘儒）

温彻斯特磁盘 Winchest disk
采用密封式磁头和磁盘一体化组合结构，轻浮力的磁头块，磁头能够接触起停，在记录介质的表面上涂有润滑剂等温彻斯特技术的磁盘。这种技术可以减少机械上的复杂性和使用上的困难，盘组不受污染，可靠性高，记录密度高，容量大，目前微型、小型计算机大多使用这种磁盘。 （郑邑）

温度补偿 temperature compensation
消除温度变化对量测结果影响的一种措施。如在利用电阻应变计量测应变的方法中，可在惠斯顿电桥的两个相邻臂上接两枚同规格的电阻应变计，当它们处于同一变化的温度场中，可自动地消除温度变化产生的虚应变。 （潘景龙）

温度测井
见热法测井(251页)。

温度改正　correction for temperature

钢尺在丈量时的温度 t 与检定时的标准温度 t_0 不一致引起长度变化所加的改正。如钢尺的膨胀系数为 α（一般为 $0.000012/℃$），则丈量一个尺段 l 的温度改正为 $\Delta l_t = \alpha(t-t_0)l$。　（高德慈）

温度伸缩缝

见伸缩缝(266 页)。

温度作用　temperature action

变形受到约束的结构或构件，当外界温度变化或在有温差的条件下所产生的内力及潜在变形。
（唐岱新）

文档　documents

程序的详细说明。方便程序的使用、维护和修改。通常包括四部分：①功能说明：程序解决的问题；采用的算法或方法；输入、输出数据；参考文献。②程序说明：功能描述；语言和编程细节；模块说明；文件处理方法。③操作说明：硬件环境和外围设备；数据准备要求。④测试和维护说明：测试报告；维护记录和修改说明。　（陈国强）

文件　file

若干记录的有组织的集合。它可以是若干程序的集合，也可以是一批数据的集合。文件必须有文件名，内部可以划分为若干个记录。可分为用户文件（由用户建立和使用）和系统文件（供系统程序使用）等，按文件的组织形式可分为顺序文件、流水文件、随机文件等。　（王同花）

文克尔法

见基床系数法(141 页)。

文献数据库　document data-base

将二次文献的书目，以目录形式按一定的组织方式存放在外存贮器上的数据集合。它还可细分为题录数据库和文摘数据库，前者的内容是指普通图书目录所含目录特征；后者的内容是指除目录特征外还带有文摘。例如英国科学文摘(INSPEC)数据库，美国工程索引(COMPENDEX)数据库等。
（陆　皓）

纹理　texture

自然景物纹理和景物表面纹理的统称。前者是从整体上观察到的一种景物的视觉特征，它能较好地刻划景物的整体形状、大小及浓淡分布等属性；而后者是景物表面提示的一种较强规则的模式，它向观察者提供了景物表面的深度、取向和色彩分布等信息。用计算机来模拟纹理，将会使图像更加丰富和富于真实感。　（王东伟）

稳定安全系数　safety factor of stability

土体稳定分析中抗力与作用之比。表示方法有很多种，圆弧滑动法计算时，用抗滑力矩与滑动力矩之比；确定地基承载力时，用计算或现场试验的极限荷载与设计荷载之比；在软土地基上确定填土高度时又用计算临界高度与实际填土高度之比等等。
（胡中雄）

稳定承载力　buckling strength

构件在稳定状态下所能承受的最大压力。见轴心压杆稳定承载力(371 页)。　（夏志斌）

稳定分枝　stable bifurcation

具有平衡分枝的稳定问题出现平衡分枝后，要求增加荷载，变形才能进一步增大的现象。例如大挠度理论分析轴心压杆屈曲理论中的平衡分枝即属这种情况。　（夏志斌）

稳定理论　theory of stability

又称屈曲理论。分析结构、构件和板件发生屈曲或失稳时的临界力以及屈曲后性能的理论。分弹性稳定理论和弹塑性稳定理论。　（钟善桐）

稳定疲劳　steady fatigue

在重复荷载作用下，其上、下限和上下限的差值为定值时的疲劳作用。实际上重复荷载一般都是不稳定的，当其上、下限值变化较小时，用简化的稳定重复荷载来代替是一种近似计算方法。此外，材料疲劳强度 S 与疲劳寿命 N 的关系图 S-N 曲线也是在稳定重复荷载下作出的，它是计算材料不稳定疲劳强度的依据。
（李惠民）

稳定水位　steady water table

不随时间变化的地下水位。实际上，地下水位是随时间变化的。常假定在某一时间段内，对微小的水位变化幅度可以忽视。　（李　舜）

稳定索　stabilizing cable

见承重索(28 页)。

稳定系数　strength reduction factor

又称压屈系数。构件的临界应力与材料强度标准值之比，或构件的临界力和相同截面短试件的最大承载力之比。钢结构和木结构采用前者，例如：钢结构的轴心压杆的稳定系数 $\varphi = \sigma_{cr}/f_y$，系数 φ 旧称纵向弯曲系数；受弯构件的稳定系数 $\varphi_b = \sigma_{cr}/f_y$。钢筋混凝土结构采用后者，是长柱承载力与相同截面短柱承载力之比，这些承载力都由实验确定。在钢管混凝土结构中也称长细比影响系数。σ_{cr} 和 f_y 分别是构件的临界应力和钢材的屈服点。
（夏志斌　王振东）

稳定性　stability

结构或构件保持稳定状态的能力。
（唐岱新）

稳定滞回特性　steady hysteretic behavior

构件受同样大小的反复荷载作用时，每一周循环荷载的滞回曲线形状都很相近的恢复力特性。曲线峰点都接近于骨架曲线上的同一点,滞回曲线具有稳定的形状。　　　　　　　　　　（余安东）

稳态正弦激振　steady-state sinusoidal excitation

对结构作用一个按正弦变化的激振力进行激振的方法。是抗震试验强迫振动加载的一种加载制度。在激振周期精确地保持在某一数值时,量测结构的反应,再将周期调到另一个数值,重复进行测量。通过测量结构在各个不同周期下的振幅,得到结构的共振曲线。这种方法使激振频率在一段时间内固定,使全部瞬态振动消除并建立起均匀的稳态振动。　　　　　　　　　　　　　（姚振纲）

WO

涡纹　swirl grain, vortex grain
见局部斜纹(176页)。

卧位试验　level seat test

试件安装的位置与实际工作位置成90°的结构试验。试验时试件自重与施加的外荷载在相互垂直的两个平面内。对于长柱和矢高大的屋架等构件可以降低试验装置的高度,便于布置仪表及试验观测。但不能真实反映结构自重的影响,同时有一个侧面由于贴近地面无法观测。在试件侧面与地面各支承点之间必须设置滚动支承以减少摩擦对试件变形的影响。现场试验时经常采用成对构件的卧位试验,以解决试验装置的空间稳定和荷载内力的平衡,但用作平衡用的构件必须在强度和刚度上予以加强。　　　　　　　　　　　　　（姚振纲）

握裹力　bond force

又称粘结力。混凝土抵抗埋入其中的钢筋被拔出的能力。主要由三部分组成:胶合力、摩擦力和机械咬合力。机械咬合力又包括表面咬合力和齿肋咬合力(带肋钢筋时)。　　　　　　　（刘作华）

握裹强度　bond strength

钢筋与混凝土的接触面上发生握裹破坏时的极限平均握裹应力。测定握裹强度一般采用拔出试验。握裹应力沿钢筋锚固段分布不均匀,平均握裹强度 $\tau_{平均}$ 值为: $\tau_{平均} = \dfrac{T}{\pi d l}$, T 为拔出力, d 为钢筋直径, l 为钢筋在混凝土内的锚固长度。影响握裹强度的主要因素:混凝土强度等级、混凝土保护层厚度、浇灌混凝土时钢筋所处的位置、钢筋表面形状以及钢筋净距、有无横向钢筋及垂直压力等。
　　　　　　　　　　　　　（刘作华）

WU

污染土　polluted soil

由外来的致污物质侵入土体而改变了原生性状的土。对污染土应查明其分布、污染源、污染物的化学成分和性质、污染途径和污染史;研究土与污染物的相互作用及其时间效应;分析土体受污染前后的化学性质、矿物成分、粒度组成、结构特征和物理力学性质的变化及其机理;确定污染土对金属和非金属建筑材料的腐蚀性和对环境的其他影响以及对污染土的利用与处理措施。　　　　（杨桂林）

屋顶突出物　projection over roof

建筑物顶层屋面因内部使用和构造要求突起的建筑配件。例如烟囱、通风道和出屋面人孔等。
　　　　　　　　　　　　　（李春新）

屋盖　roof
见屋盖结构。

屋盖结构　roof structure

简称屋盖。房屋顶部起承重作用的结构。在某些结构中它还兼起围护作用。屋盖承重结构是房屋结构的重要组成部分,应尽可能减轻其自重,这不但可节约其自身及其支承结构的用料并有利于抗震。屋盖承重结构的构件主要有:板类、檩条、屋面梁、屋架、天窗架、拱、薄壁空间结构、网架结构、悬索结构等。有些大跨结构不但作为屋盖而且起到侧面承重和维护作用,如一部分薄壳结构、落地拱、充气结构等。　　　　　　　　　　　　　（唐岱新）

屋盖体系

屋盖结构中由于所采用结构构件的传力系统不同而形成的类别。例如,单层工业厂房中由屋面板、檩条、屋架或屋面梁组成的屋盖称为有檩体系屋盖;由大型屋面板与屋架或屋面梁组成的屋盖称为无檩体系屋盖。又如薄壳、悬索等做成的屋盖可称为空间结构体系屋盖。　　　　　　（唐岱新）

屋盖支撑系统　roof bracing system

在屋盖结构中为保证整体刚度或传递水平力而设置的一套联结杆件所形成的系统。支撑虽是辅助性构件,却有着重要的作用。它可以加强屋架纵横方向刚度、保证在正常使用条件下不丧失稳定性、传递水平荷载、减小弦杆计算长度,并保证构件安装时的安全方便。支撑一般由角钢组成。支撑的布置应考虑厂房柱网、高度、结构形式、吊车类型、吨位和工作制、有无天窗、有无振动设备、屋面有檩无檩体系等因素。由于设置的部位和所起的作用不同,可以分为横向水平支撑、纵向水平支撑、竖向支撑、系杆等。附图为单层钢筋混凝土厂房有天窗无檩体系上弦支撑平面图及下弦支撑平面图，图中所示为各种支撑位置的示意，1为上弦横向水平支撑；2为上弦刚性系杆；3为下弦横向水平支撑；4为屋架下弦或柱顶刚性系杆；5为竖向支撑之投影；6为下弦柔性系杆；7为下弦纵向水平支撑。

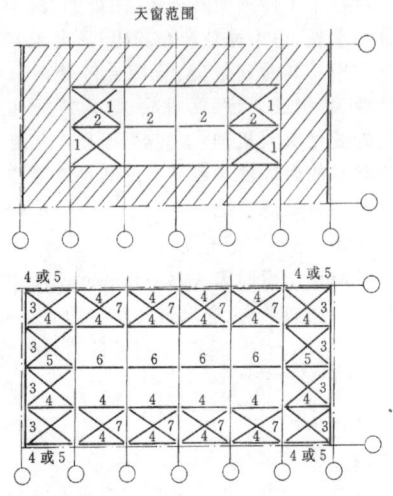

(陈寿华)

屋架 roof truss

把屋面荷载传递给柱子或墙体的桁架。一般多为平面桁架，当跨度较大时也可采用空间桁架。屋架与屋盖的支撑系统或屋面的刚性铺板可共同形成有足够刚度的空间结构，有利于传递竖向及水平方向的荷载。屋架除了按材料分类外，可按外形分三角形屋架、梯形屋架、多边形屋架、弧形屋架、拱形屋架等；按腹杆体系可分人字式、芬克式、斜杆式、再分式、交叉式等等。屋架的腹杆体系应根据其跨度、荷载、屋面材料、材料供应、经济合理性等因素确定。

(徐崇宝)

屋面板 roof slab

将屋面荷载传递到屋架或其它支承结构上的屋面构件。分为大型板和小型板（支承在檩条上）两大类。前者有大型屋面板、F型屋面板、预应力混凝土夹心保温屋面板、拱形屋面板以及各种薄壳屋面板等；后者有小型屋面板、钢筋混凝土槽瓦、钢丝网水泥波形瓦、石棉水泥瓦、压型钢板、瓦垅铁、玻璃钢瓦、增强塑料波形板等。应用时应根据具体条件（房屋使用要求，施工安装条件，屋面坡度，保温防水方式等）以及技术经济指标选择。有时也采用木材制成的屋面板，参见木屋面板（217页）。

(杨熙坤)

屋面活荷载 live load on roof

作用在工业与民用房屋屋面上的可变荷载，其值一般按水平投影面计算。对于不上人的屋顶，主要考虑施工及维修时工作人员、常用工具和零星材料等产生的荷载；对于上人的屋顶，一般按相应的楼面活荷载采用。

(王振东)

屋面积灰荷载 ash load on roof

厂房屋面上烟灰产生的按作用在水平投影面上考虑的活荷载。在设计冶金厂、水泥厂等大量排灰的厂房及邻近建筑物，且屋面坡度小于45°时，应加以考虑。在设计屋面上易于堆灰部位的屋面板及檩条时，其取值应适当增大。

(王振东)

屋面梁 roof beam

承受屋面荷载的梁。多为水平方向放置。按其支承情况分为简支梁、连续梁、悬臂梁等；按其截面形式分矩形梁、T形梁、工字形梁、箱形梁、花篮梁、倒T梁、双T板等。当一系列梁的轴线以一定角度相交时可形成网格形的交叉梁，通常作为建筑物的楼面、屋面承重系统。梁可以由钢材、胶合木材、钢筋混凝土、预应力混凝土甚至砖石砌体作成。

(黄宝魁)

屋面木基层 wood roof decking

支承屋面材料（防水层）并将屋面上荷载传递给屋盖承重结构的构造和承重用的木构件统称。由挂瓦条、木屋面板、(或瓦桷)、椽条和檩条等屋面构件组成。除上述功能外，还对提高屋盖的空间刚度和保证屋架上弦的平面外稳定发挥一定的作用。木屋盖中屋面木基层特别是屋面板耗材颇可观，因此设计时宜进行方案比较以期节约木材。 (王振家)

无侧限抗压强度 unconfined compression strength

试样在侧向不受任何限制条件下抵抗轴向压力的极限强度 q_u(kPa)。对内摩擦角 $\varphi \approx 0$ 的饱和软粘土，其不排水抗剪强度等于无侧限抗压强度的1/2。

(王正秋)

无侧移框架 frame without sidesway

水平位移很小或对内力的影响可忽略不计的框架。一般采取在框架房屋的端部或中间部位设置刚度很大的墙体，水平荷载通过刚性楼面完全传递给刚性墙体承受，框架不承受水平荷载也不考虑水平位移对内力的影响。

(陈宗梁)

无缝钢管 seamless steel tube

见钢管(93页)。

无腹筋梁 beam without web reinforcement

仅配有纵筋，不配箍筋和弯起筋的梁。工程实际中仅梁高小于150mm的小梁才允许采用。

(卫纪德)

无沟敷设 pipelining without trench

管子直接埋设于地下，其保温结构与土壤直接接触的室外供热管道的一种敷设方式。具有保温与承重的双重作用。且能减少土方工程、节约大量建筑地沟的材料和工时，故最为经济。一般用于地下水位较低，土质不会下沉、土壤腐蚀性低、渗水性好、不受腐蚀性溶液浸入的地区。其保温方法有现场整体浇灌和工厂预制两种。后者施工简便，防水和保温性能较好，在城市供热管网得到普遍推广。

(蒋德忠)

无滑移理论 the non-slip theory

假定在荷载作用下，构件受力钢筋与周围混凝土之间无相对滑移的裂缝宽度计算理论。按照这种理论，在裂缝宽度发展不是很大时，钢筋与其周围混凝土之间的粘结并未破坏，相对滑移可以略去不计，钢筋表面处的裂缝宽度可假定为零，混凝土裂缝随着距受力钢筋距离的增大而增大，混凝土表面的裂缝宽度为最宽。

(赵国藩)

无机富锌漆涂层 inorganic zinc-rich paint coat

结构构件除锈后，为提高抗锈能力而涂刷的无机富锌漆的保护层。无机富锌漆的常用配方之一为锌粉15g、水玻璃1g、1%海藻酸钠溶液2.5g。可涂刷或喷刷，干燥后，再刷28%氯化镁溶液。总厚度约50μm。呈浅灰色。

(王国周)

无铰拱 hingeless arch

拱身不设铰，拱脚为刚接的拱。由于支座的约束，跨中弯矩分布比较有利，因而比较经济，但要求有比较强劲的支座。一般现浇钢筋混凝土拱可做成无铰拱。

(唐岱新)

无筋扁壳 unreinforced shallow shell

只存在均匀的主压应力，不需配置受力钢筋的壳体。无筋扁壳理论是在薄膜理论的基础上发展起来的。此种扁壳的计算是先假定壳体的内力完全符合于理想情况，即其中只有相互正交的两个主压内力，而且各点的主压内力均相同，然后根据这些条件反推壳体的曲面方程式，因而毋需进行复杂的应力计算。理论上应用无筋扁壳理论设计是可以取得一定的经济效益的。

(陆钦年)

无筋砌体 unreinforced masonry

未配置钢筋或未与钢筋混凝土组合的各种砌体。工程上常用的有砖砌体、砌块砌体、石砌体、空气夹心砌体和空斗砌体等。

(唐岱新)

无筋砌体结构抗震性能 seismic behavior of unreinforced masonry structure

见砌体结构抗震性能(238页)。

无梁楼盖 flat floor, plate floor

由钢筋混凝土板承重，不设主梁和次梁的楼盖。可分为两类：无柱帽无梁楼盖和有柱帽无梁楼盖。与肋梁楼盖相比，板跨较大，板较厚，不经济。但由于没有梁，棚顶较平整，建筑净空增高。

(刘广义)

无檩屋盖结构 purlinless roof structure

屋面不设置檩条，直接将大型屋面板搁置在屋架或屋面梁上的屋面结构。主要由屋面板、屋架(或屋面梁)及支撑系统组成。屋面板与屋架一般采用三点焊接。屋盖刚度大、整体性好，施工速度也比有檩屋盖结构快。是一般厂房中最常用的较成熟的屋面形式，但自重较大。

(杨熙坤)

无粘结预应力混凝土结构 unbondedly prestressed concrete structure

先浇灌混凝土，后张拉包有涂层的无粘结预应力筋，使混凝土建立预压应力的预应力混凝土结构。具体做法是在结构或构件浇灌混凝土前，预埋入包有涂层的预应力筋，待混凝土达到设计要求的强度后，用机械方法张拉无粘结预应力筋，并用锚具两端锚固，由于锚具阻止预应力筋回缩使构件建立了预压应力。采用此种预应力筋，可使布筋灵活，简化留孔、穿筋、灌浆等工作，施工方便。但其预应力筋的强度不能充分发挥，锚具质量要求较高。这种混凝土结构广泛应用于预应力混凝土简支及连续板、梁结构以及桥梁和结构加固等工程中。

(陈惠玲)

无牛腿连接 without corbel-piece joint

梁柱接头中横梁不依靠预制柱牛腿支承的一种连接方式。对于横梁跨度和使用荷载都不很大的框架，常采用这种连接。有多种做法：柱子预埋型钢与横梁下部主筋电焊，横梁上部主筋与柱子预埋钢筋电焊或机械的连接；柱子预留连接横梁主筋的孔洞，用锚杆的连接，但这种连接施工和安装的要求一般较高；较常采用的方法是将节点区柱子截面做成榫式，施工时横梁直接搁置在柱截面上，用后浇混凝土将梁、柱连成整体的做法。

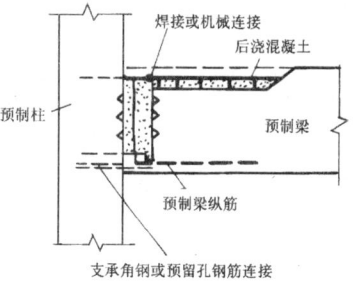

(陈宗梁)

无限自由度 infinite degree of freedom

需要用无数个独立坐标来描述其质点位移的体系。实际的结构具有连续质点，它可以看作由无数个质点借弹性联系组成的连续系统，其中每个质点都具有独立的自由度，所以实际结构都是具有无限自由度的体系。无限自由度体系的动力学特征是用偏微分方程来描述的。在结构动力学中简单的、连续质量分布的杆、梁、板、壳是可以作为连续体来讨论其动力特性的,但稍复杂的连续体结构作为无限自由度体系来研究,在数学上是较困难的,往往无法解决,因而常将其离散为多自由度体系来讨论。

(汪勤悫)

无线电波透视法 radiowave penetration method

根据岩土对电磁能的吸收能力强弱来分析地质构造和检查洞穴的勘探方法。在坑内或钻孔内发射电磁波,在地面或钻孔内接收,可逐点移动观测。根据发射源与接收点之间电磁场强度的明显增减,即可找出异常的范围、规模。透视的距离与介质的电磁性质和无线电波频率有关,频率越高,导体吸收作用越强,穿越距离越短。一般采用高频发射电磁波和高灵敏度接收电磁能量的仪器。　(王家钧)

无线电塔 radio tower

发射或接收无线电波所用的高耸结构。主要用于通信、广播、电视、雷达、导航、遥测遥控等领域。塔身可作为无线电发射天线的辐射体、或仅作为天线的支承结构,天线结构可用单塔作为发射体,或用群塔悬挂水平或竖向天线线网,按定向要求组合成天线阵列。　(王肇民)

无延性转变温度 nil ductility transition temperature

简称 NDT。材料无延性断裂时的最高温度。由爆炸膨胀试验定出。低于它时弹性裂纹传播到整块试板且中间无凹陷变形;高于它时则发生凹裂。此值也可以由不同温度下的落锤试验试件断裂与否定出。它与材料断裂韧性降至冷脆状态的转变温度相近。　(何文汇)

五顺一顶砌筑法

以五皮顺砖一皮顶砖相间的砌合方式。此法的优缺点与三顺一顶类似,砌筑速度更快,而墙体的整体性则更差。　(张景吉)

物镜 objective

光学仪器(如望远镜、摄影机等)中面对被观测或被摄物体的透镜或组合透镜。物体发出的光束通过物镜后形成物体的实像。为消除各种像差、畸变等的影响,物镜都由两片或两片以上不同形状或不同材料的透镜组成。　(邹瑞坤)

物理非线性振动 physically non-linear vibration

因材料的应力和应变的非线性关系而使振动方程出现非线性项的振动。材料的应力和应变的非线性关系主要有两种:①在塑性阶段应力不与应变呈线性关系;②应力和应变恒呈曲线变系。

(李明昭)

物理相似 physical similitude

模型与原型的各相应同名物理量之间应满足的相似关系。它随着试验的要求不同和材料性质不同而有很大的差别,其相似关系式可以根据各物理量之间的关系导出。　(吕西林)

误差传播定律 law of propagation of error

观测值的中误差对观测值函数的传播律。设 Z 为独立观测值 $l_1, l_2, \cdots, l_n$ 的函数,即

$$Z = f(l_1, l_2, \cdots, l_n)$$

全微分得

$$dZ = \sum_{i=1}^{n} \left(\frac{\partial f}{\partial l_i}\right) dl_i, (i = 1, 2, \cdots, n)$$

dZ 和 dl_i 表示 Z 和 l_i 的偶然误差,具有真误差的性质,$\left(\frac{\partial f}{\partial l_i}\right)$ 为函数 Z 对观测值 l_i 的偏导数,可视为常数。按中误差的定义,并顾及偶然误差的特性,得观测值 l_i 的中误差 m_i 对观测值函数 Z 的中误差的传播式为

$$m_Z = \pm \sqrt{\sum_{i=1}^{n} \left(\frac{\partial f}{\partial l_i}\right)^2 m_i^2}$$

误差传播定律是用来评定任一观测值函数的精度。

(郭禄光)

误差椭圆 error ellipse

描述待定点在平面上误差分布规律的椭圆。其长短半轴的大小,即表示点位误差极大值和极小值;长短半轴的方向,即点位产生最大和最小误差的方向。　(傅晓村)

X

xi

吸附力 adsorption force

构件叠层生产时,在构件与构件界面之间由于真空造成的吸力。起吊时,可先提升角部,继而提升边缘,再提升中部,使空气逐步进入构件界面之间,以减小吸附力。 （邹超英）

吸水池 suction tank

内部贮水供水泵吸水用的构筑物。其尺寸应满足吸水管的布置、安装、检修和水泵正常工作的要求。其有效容积不得小于最大一台水泵每分钟的出水量。在室外多采用钢筋混凝土结构,在室内也可采用钢板制作。 （蒋德忠）

吸水井 suction well

小容量的吸水池。 （蒋德忠）

吸振器 vibration absorber

见隔振器(102页)。

吸着水 absorbed water

又称强结合水。最靠近土粒表面,静电引力最强,牢固吸附在颗粒表面的水。它不同于一般液态的水,不能传递静水压力,只有变成蒸汽才能移动,密度约为 $1.2\sim2.4 g/cm^3$,冰点为 $-78℃$,力学性质与固体相似,具有很大的粘滞性、弹性和抗剪强度,不受重力影响。吸着水与空气湿度存在动力平衡关系,它不能被植物根系吸收。

通过毛细作用吸附在木材细胞壁上的水。它的变化引起木材物理、力学性能的变化。吸着水充满细胞壁,木材含水率达到纤维饱和点。
（李　舜　王振家）

稀浆 grout

又称稀细石混凝土。由胶结材料和细集料组成的具有高坍落度的砌筑材料。分为细稀浆和粗稀浆。常用的细稀浆配合比为 1 份水泥, $2\frac{1}{2}$ 或 3 份砂,2 份细石子(粒径不超过 10mm);粗稀浆为 1 份水泥,3 份砂,2 份细石子(粒径不超过 20mm)。允许外加不超过 1/10 的石灰膏或熟石灰。稀浆的坍落度一般为 200～250mm。 （陈行之）

铣孔 milling hole

选用杆形铣刀用铣床按照构件上的准确位置加工大孔径的加工方法。当要求较高的精度和较低的孔壁表面粗糙度,且要求孔的位置准确同心时采用。
（刘震枢）

系杆 tie bar

在屋架间为提高屋盖结构整体性和传递山墙风力而设置的水平杆。它在与屋盖水平支撑共同作用下可以减少上下弦杆出平面的计算长度。保证屋架上下弦杆的稳定。系杆布置要与横向水平支撑的节点相连。一般在上弦横向水平支撑与上弦交接点处都设置而在下弦仅在中部设置。分承受压力的刚性系杆和承受拉力的柔性系杆两种。刚性系杆通常由双角钢组成十字形或 T 形截面,也有用钢筋混凝土的。柔性系杆通常由单角钢组成,参见屋盖支撑系统(313 页)。 （陈寿华）

系紧螺栓 check bolt

木结构中,构造上起夹紧作用,防止结构或构件因木材干缩而松弛的螺栓。根据构造需要设置,用以维持构件的几何位置,保证构件正常工作;此外,通过系紧螺栓的束紧力还可以阻止被系紧构件发生翘曲变形。显然,被系紧构件的总厚度越厚,所需束紧力也越大,螺栓直径自然也应越粗,一般取构件总厚度的 1/30 左右。系紧螺栓的垫板尺寸应与直径相应。此外,木组合柱的连接也采用系紧螺栓。这时系紧螺栓(钉)的数量及直径将影响柱的计算长度,故需经设计计算选用。 （王振家）

系统标定法 method of system calibration

用被测物理量的标准量对量测系统进行整体标定的一种方法。例如压电晶体加速度计,电荷放大器和光线示波记录器构成的加速度量测系统,使用标准振动台发生的标准加速度对这个系统进行标定,确定记录纸上单位振幅代表的加速度值。
（潘景龙）

系统软件 system software

语言处理和操作系统的软件。前者主要着眼于使用户脱离具体机器的结构,采用接近用户习惯的高级语言来编制应用程序,在高级语言和计算机语言之间实现一种转换或翻译。后者则是实现对具体机器的管理,以便更有效地发挥计算机的功能,为用户建立一个良好的处理环境。 （周锦兰）

系统识别 system identification

从已知的输入(激励)和输出(反应)求结构系

特性。是现代自动控制理论在土木工程上的应用。以估计质量、刚度、阻尼等为任务的称为物理参数识别;以估计系统固有频率、主振型等为任务的称为模态参数识别或试验模态分析。若对系统全然不知而进行识别是"黑盒"问题;通常对结构的数学模型有初步的估计,通过系统识别确定模型参数,这是"灰盒"问题。识别方法是应用动力测试设备与手段测定并记录结构受激励的输入与输出,利用线性规划或最小二乘法等技术进行迭代、择优,使结构反应的实测量与计算量之间的误差成为最小从而确定结构物理参数或模态参数,获得一个与真实系统等价的数学模型。可用于验证、修改或优化结构的理论模型或直接用于结构系统的动力学设计。

(陆伟民)

系统识别方法 method of system identification

利用结构系统的输入和输出数据,通过运算求得能反映结构系统特性的计算模型的方法。系统识别有两个主要优点:①模型和参数的调整可以用计算机自动地进行;②整个识别过程直接得到试验数据的检验。因此,通过系统识别计算得到的模型与参数可靠性较大。在结构工程中,系统识别方法已应用于:①利用反复加载试验研究钢筋混凝土构件的力学性能;②利用结构物脉动反应量测值识别实体结构的动力参数;③利用实际结构物的强震记录识别结构的动力计算模型;④利用振动台模型试验结果识别非线性计算模型和参数;⑤利用动力试验诊断结构的损伤积累性能和识别结构物的抗震能力。

(吕西林)

系统误差 systematic error

按一定规律出现的测量误差。主要是仪器制造或检验校正不够完善和外界条件的影响而引起的。例如尺长不准,水准仪的视准轴不平行于水准管轴,钢尺丈量时温度的变化等。在相同的条件下进行观测时,出现的系统误差,其数值、符号保持不变,或按一定的函数关系变化,它对观测成果会产生累积性的影响。应找出原因通过观测或计算手段尽可能予以消除,或减弱到最小限度。

(郭禄光)

细长柱 slender column

长细比 $L_0/h > 30$ 的钢筋混凝土柱。这类柱由于过分细长,往往在很小的荷载下就由失稳引起破坏,破坏时柱中应力达不到相应的材料强度。此外,徐变变形也会明显降低细长柱的承载力。

(计学闰)

细料石

见料石(198页)。

细砂 fine sand

见砂土(261页)。

xia

下沉系数 coefficient of sinking

代表沉井穿越土层能力的控制指标。为了保证沉井在任何下沉阶段都能顺利下沉,沉井设计时应进行下沉系数 K_1 的验算。下沉系数 K_1 的一般表达式为: $K_1 \geq \dfrac{G}{R_f}$, G 为沉井自重(不排水下沉时应扣除浮力); R_f 为侧壁总摩阻力。K_1 值一般取 1.15~1.25。在软土地基中的深层厚壁沉井,为了确保沉井能顺利下沉, K_1 通常取得较大。但是为了防止沉井发生突沉或超沉,有时还需验算下沉稳定性的下沉系数 K_2, $K_2 = \dfrac{G}{R_f + R_1 + R_2 + R_3}$。$R_1$、$R_2$、$R_3$ 分别为踏面、隔墙和底梁下的土抗力总和。一般 K_2 宜接近于 1。

(钱宇平)

下撑式预应力钢梁 prestress-braced steel beam

用设置在梁下的预应力构件和撑杆施加预应力的钢梁。张拉锚固于梁两端的高强度预应力杆,通过撑杆对梁产生反弯矩(预应力),部分地抵消梁的内力,以节约钢材。

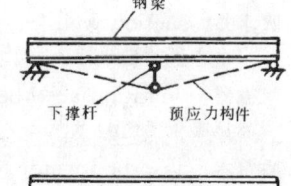

(钟善桐)

下弦钢拉杆加固法 strengthening method for bottom chord of timbertruss by using steel bars

用四根钢拉杆代替桁架下弦拉力接头传递拉力的方法。当下弦拉力接头的木夹板在螺栓受剪面附近出现裂缝时,可在原木夹板两端外侧,各增设一对木夹板,其截面和螺栓数量与原拉力接头相同。然后通过抵承角钢外侧螺帽拧紧钢拉杆以代替原接头承受的拉力。

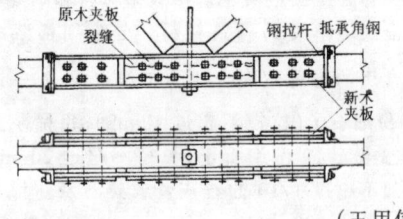

(王用信)

夏材 summer wood

见晚材(308页)。

xian

先期固结压力　preconsolidation pressure

土体(层)在其自然地质历史过程中曾承受过的最大固结压力。该值是相对于目前现存的上覆压力即自重压力而言的,常带有与目前自重压力相比较的含义,故冠以"先期"二字以示其反映土体自然的(而非人工的)应力历史状态的意义。目前此值主要是通过室内高压力下的压缩试验方法($e-\log P$ 曲线)获得。　　　　　　　　　　　(魏道垛)

先张法　pretensioning method

先张拉预应力筋后浇灌混凝土的施加预应力的方法。具体为张拉预应力筋(冷拉钢筋或高、中强钢丝、钢铰线),将其临时固定在台座或模板上,再浇灌混凝土,待混凝土达到要求的强度后,放松预应力筋,此时其张拉力通过预应力筋与混凝土之间的握裹力传给混凝土,给混凝土施加了预压应力。
　　　　　　　　　　　　　　(陈惠玲)

先张法预应力混凝土结构　pre-tensioned concrete structure

在台座上张拉并锚固预应力钢筋,然后浇灌混凝土,当混凝土达到规定的强度后,放松并切断预应力钢筋而实现预应力的混凝土结构。预应力钢筋回缩而产生的预压力是通过钢筋与混凝土之间的粘结力传递给混凝土的。　　　　　　(计学闰)

纤维饱和点　FSP,fiber saturation point

木材细胞腔内及细胞间的自由水全部蒸发,而细胞壁上的全部空隙又为吸着水所充满,从而使细胞壁上的水分达到饱和状态的木材含水率。各树种达到纤维饱和点时的含水率大致在23%～31%之间,平均为30%左右。在纤维饱和点以下,含水率的改变将引起木材物理和力学性能的变化,此时,随着含水率减少,强度增大、变形减小、木材干缩,木材绝缘性能增强、导热性差。而随着含水率增加,则强度降低,变形增大,木材湿胀,导电性和导热性均增加。　　　　　　　　　　　　(王振家)

纤维混凝土　fiber reinforced concrete

掺入适量短而细的纤维制成的混凝土。所用的纤维有:钢纤维、玻璃纤维、碳纤维、石棉纤维、聚丙烯纤维、尼龙纤维、植物纤维等。钢纤维的等效直径一般为0.3～0.8mm,长度为25～70mm。钢纤维混凝土与其它条件相同的混凝土相比,具有更高的抗拉、抗弯、抗冲切、抗疲劳和耐磨损的能力,同时使混凝土的延性增加,韧性和耗能也得到改善。钢纤维混凝土通常用于有抗震要求的框架节点区,要求控制裂缝及变形的构件,以及用于如轨枕、桥面、路面、工业地面、机场道面、隧洞衬砌、边坡护面、屋面、预制桩等工程建筑物中。　　　(赵国藩)

纤细截面　slender section

由宽厚比大于对厚实截面所规定限值的钢板件组成的截面。　　　　　　　　　　(朱聘儒)

掀起力　uplift force

抗剪连接件为阻止混凝土翼缘板与钢部件分离所受的拉力。它与连接件所受的纵向界面剪力方向垂直,通常此拉力不大于后者的1/10。
　　　　　　　　　　　　　　(朱聘儒)

弦杆　Chord

见腹杆(89页)

弦切板　chord sawn plank

木板端面的年轮切线与板宽边的夹角小于30°之板。　　　　　　　　　　　　(王振家)

弦切面　tangential section

顺树干方向,与年轮相切的面。年轮在弦切面上呈"V"字形,花纹美观,但由于弦向干缩率大于径向,弦切板易翘曲。　　　　　　(王振家)

显示器　display

能把计算机处理结果在屏幕上显示的设备。通常指采用阴极射线管的显示器。有字符显示器、图形显示器和图像显示器之分。按色彩又可分为单色显示器和彩色显示器。字符显示器只能显示字符和数字信息。图形显示器能显示文字和图形,主要用于计算机辅助设计。图像显示器一般要求使用较大屏幕和具有较高分辨率,用来显示彩色和多级灰度的图像。还有一种采用液晶技术的显示器(LCD即Liquid Crystal Display)。它是以字符或者其他特殊符号的模式排列的液晶通过变换其方位来显示各种符号的装置。其特点是功耗小,常用于便携式计算机上。　　　　　　(郑　邑　陈福民)

显示器屏幕　display screen

阴极射线管内面涂有荧光材料的盘形玻璃体。当电子束击中荧光屏某处时,该处的荧光粉发光,出现一个光点。通过光栅扫描,在荧光屏上将出现光点描绘出来的轨迹。若在阴极射线管的视频输入端输入文字或图形信号,就可以在屏幕上显示文字或图形。显示屏幕由象素组成。象素是指光栅扫描图形系统中,在屏幕上可以点亮或熄灭的最小单位。
　　　　　　　　　　　　　　(郑　邑)

现场结构试验　field structural test

在施工现场或生产使用条件下进行实际结构的试验。它可以获得近乎实际工作状态下的资料数据。由于受客观条件与现场干扰等因素影响,在使用高精度高灵敏度的观测仪表设备方面会经常受到限制,试验的精度和准确程度受温度、湿度等自然环

现浇混凝土构件 cast-in-situ concrete member

在施工现场支模、绑扎钢筋或安置钢筋骨架,然后就地浇灌混凝土的结构构件。当构件所需的数量较少,或体形不规则,或在缺乏预制条件等情况时采用。
(王振东)

现状图 existing circumstances drawing

描绘某地段(或某单位用地)的地面物和地下物现实状况的图纸资料。一般是分门类绘示出建筑物、构筑物、绿地、道路、管线工程、地下人防工程的位置与深度(层数或标高)。
(房乐德)

限额以上建设项目 construction project beyond the ceiling

全部投资大于或等于投资限额的建设项目。投资限额是用以划分重大建设项目和一般建设项目的投资额界限。投资限额在各部门是不同的,随着国民经济的发展,限额标准也在重新规定。
(房乐德)

线板

见龙门板(202页)。

线槽配线 line trough wiring

导线在线槽板中敷设的方法。有木槽板、塑料线槽、金属线槽三种。前两种线槽明敷设,后一种则可明可暗。
(马洪骥)

线段剪取 line clipping

判断线段与窗口边界的关系,求得相交点,切去窗口以外的线段,保留窗口内的那一部分。
(李建一)

线刚度 rigidity per unit length

见延刚度(335页)。

线框图 wire frame

用线条定义物体的棱线来表现物体形状的图形。它是表达建筑物计算机模型方式之一。
(翁铁生)

线能量 energy input

又称 λ 热量。熔焊时一般指电弧焊,由焊接能源输入给单位长度焊缝上的能量。其计算公式为 $q = 60UI/v$;q 为焊接线能量(J/cm),U 为焊接电压(V),I 为焊接电流(A),v 为焊接速度(cm/min)。
(刘震枢)

线膨胀系数 thermal expansion ratio

温度每升高一度材料伸长的应变值。普通集料的混凝土线膨胀系数约为 $(0.7 \sim 1.3) \times 10^{-5}$ 1/℃;钢筋为 1.2×10^{-5} 1/℃;砖砌体约为 0.5×10^{-5} 1/℃;木材切向约为 0.43×10^{-5} /℃;石砌体约为 0.8×10^{-5} 1/℃。
(刘作华)

线型 curve mode

概率分布函数或概率密度函数所表达的曲线的俗称。针对某一种随机变量,可以选取最符合观测数据适合度最好的概率分布函数或概率密度函数。以风荷载为例,目前世界各国都选用极值 I 型分布曲线作为线型。

计算机术语中的线型(line style)是线图元的一种属性。它规定"线"图元在输出画面中的式样,有实线、虚线、点划线、点线等。
(翁铁生 张相庭)

线性地震反应 linear earthquake response

在地震作用下结构产生的在弹性限度内的反应。结构在弱震作用下,简化为单自由度或多自由度体系的力学计算模型,结构及其共同作用的地基的弹性模量保持不变,结构或构件的恢复力与位移关系是弹性的,按照弹性恢复力关系由运动方程求得的反应是线性地震反应,这时结构材料不会出现裂缝,结构刚度与阻尼不发生改变。这种情况可以应用迭加原理计算结构的地震反应。也就是地震引起的结构振动分解成一个或多个不同的振型分量,分别加以处理后再迭加而得到总的地震反应。
(陆伟民)

线性加速度法 linear acceleration procedure

在逐次积分法中,在每一时段 $[t, t + \Delta t]$ 即在步长 Δt 时间内,假设结构各结点加速度呈线性变化的分析方法。$t + \tau$ 时刻的加速度为

$$\ddot{X}_{t+\tau} = \ddot{X}_t + \tau A$$

式中 $A = (\ddot{X}_{t+\Delta t} - \ddot{X}_t)/\Delta t$。将上式积分并由初始条件就能求出该时段结束时刻的速度、位移和加速度。为了避免逐次积分时误差积累,每一时段结束时刻的某一分量,例如位移,可由增量形式的运动方程来求出。线性加速度法不是无条件稳定的方法,当时段取得较大时可导致发散。
(费文兴 陆伟民)

线性振动 linear vibration

惯性力、恢复力和阻尼力各与加速度、位移和速度的一次方成正比而且激振力不依赖于高次方响应的振动。线性振动的方程是线性微分方程。结构的响应量(位移和内力等)与激振力成正比,叠加原理成立。材料服从虎克定律、变形很小而且阻尼是线性粘滞型的、结构振动是线性振动的具体例子。线性振动最简单,线性振动理论就成为振动理论的基础部分。有些难解的非线性振动可以依据一定的条件近似地化成线性振动来求解。
(李明昭)

线源 linear focus

假定地震能量释放沿着断层破裂长度(断层线)的震源。其破裂源可在断层线上任何点发生并由该点向两侧对称地传播。　　　　　　　（章在墉）

陷落地震　collapse earthquake

由于地下岩洞塌陷引起的地震。一般发生在可溶性岩石分布地区,能量较小。　　　　（李文艺）

xiang

相对高程　relative elevation

又称假定高程。由任意水准面起算的地面点的高程。当测区附近无国家水准点时,可假定某点的高程作为起算值,以测定其他各点的高程。
（陈荣林）

相对界限受压区高度　balanced relative depth of compressive area

钢筋混凝土构件达到适筋梁与超筋梁的界限破坏时,混凝土受压区的计算高度与截面有效高度的比值。以 ξ_b 表示。它是判断构件破坏形态的重要参数。若梁的相对受压区高度小于或等于相对界限受压区高度,即为适筋梁;反之,则为超筋梁。
（刘作华）

相对偏心　relative eccentricity

见偏心率(229页)。

相对偏心距　relative eccentricity

荷载的偏心距与截面有效高度的比值。
（计学闰）

相对频率　relative frequency

简称频率。观察到等于某给定值(或落于某给定组)的次数(频数)与观察总数之比。当观察次数少时,频率有随机性(波动性),但当试验次数不断增加时,又有稳定性规律。贝努里大数定理提供了可用频率代替概率的理论根据。　　（杨有贵）

相对受压区高度

受弯构件截面受压区换算高度与该截面有效高度之比。　　　　　　　　　　　　（王振东）

相对误差　relative error

绝对误差与观测量之比。当观测误差与观测量的大小有关时,绝对误差不能确切表达其观测精度,则用相对误差表示。如分别观测 50m 和 200m 的两段距离,其绝对误差分别为 10mm 和 20mm,则相对误差分别为 1/5000 和 1/10000,它说明后者的观测精度高于前者。　　　　　　　　（郭禄光）

相干函数　coherence function

在频域上表示两个随机过程相关密切程度的系数。其最大值为 1,最小值为零。它可用功率谱密度来表示,即

$$\text{coh}(\omega) = \frac{|S_{xy}(\omega)|}{\sqrt{S_x(\omega)S_y(\omega)}}$$

由此可知,互功率谱密度也可用相干函数和自功率谱密度来表示。在工程上,常利用上述关系来求出互功率谱密度。　　　　　（张相庭）

相关公式　interaction formula

在结构计算中,处理两个或两个以上变量的相关关系时所采用的半理论半经验公式。如钢压弯构件的验算,分别按轴心压力和考虑轴心压力影响后的弯矩算出各自的压应力,并令二者之和不超过钢材的强度设计值。为使此相关公式算得的结果与根据压弯构件稳定理论求得常用截面的极限承载力相符,公式中适当引入调整系数,因而属于半理论半经验。压弯构件相关公式还须满足两个条件,即当令公式中的轴心压力为零时,它应是梁的计算公式;当令弯矩为零时,它应是轴心压杆的计算公式。　　　　　　　　　　　　（夏志斌）

相关函数　correlation function

两个随机过程的数学期望为零。根方差为 1 时的相关系数。是用来表示这两个随机过程的相关密切程度的一个函数。如果两个随机过程分别属于两个随机变量,则该相关函数称为互相关函数,两个随机过程属于同一随机变量,则该相关函数称为自相关函数,相关函数的量纲是 xy 或 x^2 的量纲。在工程上常应用自相关函数求出根方差值。
（张相庭）

相关曲线　interaction curve

构件在两种内力共同作用下,表明对其相应的承载力有相互影响作用的关系曲线。工程中常用的有偏心受压构件的压—弯相关曲线,弯剪扭构件中的弯扭相关曲线及剪扭相关曲线等。例如剪扭相关曲线:以 V、T 分别表示剪扭构件的剪力及扭矩,以 V_0、T_0 分别表示相应受弯构件的抗剪承载力及受扭构件的抗扭承载力,以 $\frac{V}{V_0}$、$\frac{T}{T_0}$ 分别表示无量纲坐标,则其相关曲线一般可用 $\left(\frac{V}{V_0}\right)^2 + \left(\frac{T}{T_0}\right)^2 = 1$ 表示。构件在多种内力共同作用时,各种承载力之间的相关关系表现为一多维曲面。
（王振东）

相关屈曲　interaction of buckling

薄壁构件中的板件局部屈曲与构件整体屈曲的相互作用。薄壁构件的板件宽厚比较大,局部屈曲后产生屈曲后强度,构件并不随之立即发生整体屈曲;同时构件由于初始缺陷早已发生弯曲,使其组成板件的应力状态不断变化;这样,构件随着荷载的增加,在局部与整体相互作用下丧失稳定承载力。　　　　　　　　　　　　（王国周）

相关系数 correlation coefficient

在时域上表示两个随机过程的相关密切程度的系数。如果两个随机过程属于不同随机变量，则为互相关系数。如果属于相同的随机变量，则为自相关系数。最密切时其值为1，最不密切即不相关时，其值为零。互相关系数和自相关系数为：

$$\rho_{xy}(t_1,t_2) = \frac{E[\overline{x(t_1)-Ex(t_1)} \cdot \overline{y(t_2)-Ey(t_2)}]}{\sigma_x(t_1) \cdot \sigma_y(t_2)}$$

$$\rho_x(t_1,t_2) = \frac{E[\overline{x(t_1)-Ex(t_1)} \cdot \overline{x(t_2)-Ex(t_2)}]}{\sigma_x(t_1) \cdot \sigma_x(t_2)}$$

对于平稳随机过程，上式变成：

$$\rho_{xy}(\tau) = \frac{E[\overline{x(t)-Ex} \cdot \overline{y(t+\tau)-Ey}]}{\sigma_x \cdot \sigma_y}$$

$$\rho_x(\tau) = \frac{E[\overline{x(t)-Ex} \cdot \overline{x(t+\tau)-Ex}]}{\sigma_x^2}$$

(张相庭)

相邻荷载影响 influence of adjacent loads

由于荷载在地基内传递时产生的应力扩散作用对邻近基础所产生的附加影响。距离较近的相邻荷载（如邻近的基础或附近的大面积地面荷载），会使该被影响的基础底面下的附加应力发生重叠而增加，从而引起附加沉降。考虑相邻荷载的影响可以采用角点法。

(陈忠汉)

相似常数 similitude parameter

根据各种相似关系所确定的模型与原型之间各物理量的比例系数。有几何相似常数，位移相似常数，质量相似常数等等。例如几何相似常数 $S_l = l_m/l_p$，式中 l_m 和 l_p 分别为模型和原型各相应部分的长度。

(吕西林)

相似第二定理 the second similitude theorem

某一现象各物理量之间的关系方程式，都可以表示为相似判据之间的函数关系，写成判据方程式的形式。判据方程式的记号，通常用 π 来表示。因此，相似第二定理也称 π 定理。此定理告诉人们如何处理模型试验结果，即应以相似判据间关系所给定的形式处理试验结果，并将试验结果推广到其他相似现象上去。

(吕西林)

相似第三定理 the third similitude theorem

现象的单值条件相似，而且由单值条件导出来的相似判据的数值相等，是现象彼此相似的充分和必要条件。当考虑一个新现象时，只要它的单值条件和已经研究过的现象的单值条件相似，而且由单值条件所组成的相似判据的数值和已经研究过的现象的数值相等，就可以肯定这两个现象相似。因此，可以把已经研究过的现象的结果应用到这一新现象上去。第三定理使相似理论成为组织试验和进行模拟的科学方法。

(吕西林)

相似第一定理 the first similitude theorem

彼此相似的现象，单值条件相似，其相似判据的数值相同。单值条件是指决定于一个现象的特性并使它从一群现象中区分出来的那些条件。属于单值条件的因素有：系统的几何特性；介质或系统中对于所研究现象有重大影响的物理参数；系统的初始状态，边界条件等。该定理所揭示的相似现象的性质，是牛顿于1686年首先发现的，它说明了两个相似现象在数量上和空间中的相互关系。

(吕西林)

相似定理 similitude theorem

相似理论中的三个基本定理，即相似第一定理，相似第二定理和相似第三定理。其基本内容是：描述现象的方程式及边界条件与所取的基本单位无关，它必定是齐次方程式；如果方程所需的物理量有 n 个，并且在这 n 个量中含有 N 个量纲，则独立的无量纲群数有 $n-N$ 个，每个无量纲群数称作 π 项；两个现象相似的充分和必要条件是现象的单值条件相似和由单值条件导出的相似常数相同。

(吕西林)

相似模型 similitude model

按相似原理的要求设计和制作的模型。它是将原型放大或缩小后设计和制作的。在设计和制作模型时，一般要尽可能地满足相似理论中所要求的相似条件，并用这些相似条件进一步指导模型试验和数据分析工作。根据试验条件和要求，相似模型还可以分为弹性模型和强度模型以及实用模型等等。

(吕西林)

相似判据 similitude relationship

也称相似准则。各种不同物理量的相似常数及相似指标之间应满足的关系式。相似判据应该从参与该现象的各物理量之间去寻找，它是判断模型与原型之间相似程度的依据。例如几何相似系数 S_l 与应变相似系数 S_ε 及位移相似系数 S_x 的关系式为 $S_l = S_\varepsilon S_x$。

(吕西林)

相似原理 similitude principle

研究自然界相似现象的性质和鉴别相似现象时所必须遵守的一些原则。在结构工程中，指的是模型试验时为了得到与原型结构相似的工作情况所必须满足的一些相似要求。主要内容有：①模型各部位的尺寸与原型的关系；②模型材料应满足什么条件；③模型上的荷载以什么方式施加；④模型的试验结果如何推算到原型；⑤模型与原型的各种构造措施之间的关系等。

(吕西林)

相位测距法 method of distance measurement by phase

通过测定连续测距信号往返传输在测线上所产

生的相位差 φ，间接求得传输时间 t 确定点间距离 D 的方法。

即 $$\varphi = N \cdot 2\pi + \Delta\varphi$$

传输时间 $$t = \frac{\varphi}{2\pi f}$$

因而 $$D = \frac{C}{4\pi f}(N \cdot 2\pi + \Delta\varphi)$$

f 为测距信号的频率。相位测距法是电磁波测距基本方法之一，只能测定相位差的尾数 $\Delta\varphi$，而整周期数 N，仅用一个测距频率无法确定，必需选用一组测距频率配合使用以决定 N 值。为了有效地反射测距信号和标定测点目标，需在测点上安置配用的反射器。用此法测距可达到很高精度，但测程较短，是目前电磁波测距中应用最广泛的一种测距方法。 （何文吉）

箱式试验台座 box type test platform

又称孔式试验台座。由钢筋混凝土或预应力钢筋混凝土的箱型结构为主体的结构试验台座。比其他形式的台座具有更大的刚度。箱式台座的顶板即是试验台座的台面，沿纵横两个方向按一定间距留有竖向贯穿的孔洞，用于固定荷载支承装置，试验量测与加载工作可在台面上进行，也可在箱形结构内部进行。大型箱式试验台座同时可兼作试验室房屋的基础，箱形结构内部成为试验室的地下室，可供长期荷载试验或具有特种要求的试验使用。
（姚振纲）

箱形基础 box foundation

由底板、顶板、侧墙及一定数量的内隔墙构成的整体刚度较好的形似箱形的钢筋混凝土基础。由于其整体性好，调整不均匀沉降的能力强，适用于地基软弱，荷载较大的高层建筑、多层工业建筑、筒仓及船坞等构筑物，其顶板厚度一般为 20～40cm，侧墙为 25～50cm，内隔墙为 20～40cm，底板为 40～100cm，其设计计算可按有关规范和弹性地基梁板理论进行。 （钱力航）

箱形基础的整体倾斜 overall inclination of box foundation

由于箱形基础的整体刚度大，地基的不均匀沉降导致箱形基础的整体位移的现象。设计时以考虑横向整体倾斜为主，因其值的大小直接影响上部结构的应力分布和整个建筑物的稳定性。整体倾斜的计算应全面考虑引起地基不均匀沉降的各种因素，其容许值的确定则应满足建筑物的稳定和使用要求，并不致造成人们的心里恐慌。 （钱力航）

箱形基础局部弯曲计算 local flexure calculation of box foundation

按薄板理论对箱形基础底板因局部弯曲引起的内力和钢筋配置量所作的计算。箱形基础的侧墙和内隔墙将其底板划分为许多区格，每个区格形成一块双向板或单向板。内隔墙和侧墙为板的支承边。这种双向板或单向板在基底反力的作用下产生的弯曲即为局部弯曲。 （钱力航）

箱形基础下基底平均反力系数法 method on coefficient of subgrade reaction of box foundation

计算箱形基础下基底不均匀分布反力的简化方法。根据弹性地基梁板理论和试验结果，在荷载作用下箱形基础基底反力的分布是不均匀的。但按弹性地基梁板计算十分繁琐，且计算结果与实际不尽相符。根据基底反力的实测数据，经过统计分析，获得不同地基土、不同长宽比箱形基础在单位荷载作用下的基底反力分布曲面方程。将矩形箱形基础底面等分成若干个区格，假定每个区格内的反力是均布的，其值即为反力系数值，以此代替曲面方程。反力系数与基底平均压力之积即为该区格的反力。 （钱力航）

箱形基础整体弯曲计算 overall flexure calculation of box foundation

按静定梁或弹性地基梁板理论，对箱形基础由整体弯曲引起的内力进行的计算。计算时将箱形基础作为一个整体视作置于地基上的梁或板。
（钱力航）

箱形梁 box girder

由四块板组成的矩形或正方形管状截面的梁。其特点是截面中心部分是空的，材料分散于四周，因而抗扭刚度好，整体稳定易得到满足，且自重轻，可跨越较大的跨度；但板件应限制一定的宽厚比，或设置加劲肋，以保证局部稳定。箱形梁沿长度每隔一定距离和较大集中荷载处，应设置横膈。钢箱形梁常用作桥梁或荷载大且空间受限制的横梁。 （何若全　黄宝魁）

详细勘察 detailed exploration

在初步勘察的基础上，在具体的地段上针对其具体建筑物对地基及其他的地质问题进行的岩土工程勘察工作。其任务是查明建筑范围内的地质结构、岩石和土的物理力学性质，地下水埋藏条件和侵蚀性，不良物理地质现象等。为基础设计、地基处理加固、不良地质现象的防治工作等具体方案作出论证和结论。本阶段的勘察工作方法主要是大量勘探、试验、实验室研究和长期观测工作。
（李　舜）

响应峰值分布 peak-value distribution of response

响应峰值超过某允限值 a 的概率分布。在结构分析中，可以选择响应超过某允限值的概率大小作为准则，但在一些要求更为严格的问题中，常以响应峰值而不是响应超过某允限值的概率大小作为准则。通过穿越分析，可以得到响应峰值分布，它属于瑞雷分布，其概率密度函数为：

$$P(a) = \frac{a}{\sigma_y^2} \exp\left(-\frac{a^2}{2\sigma_y^2}\right)$$

σ 为根方差。

(张相庭)

向量式汉字库 vector Chinese character library

将汉字的坐标向量按一定的次序存放在存储器中形成的汉字库。其优点是所占存储器容量较少，但相应的汉字输出设备的速度则较低。

(周锦兰)

向斜 syncline

见褶皱构造（360页）。

项目建议书 project proposition

对拟建项目的建设原则和有关重大问题等提出建议的文件。在中国，对重大建设项目开展可行性研究之前，都要编制项目建议书，其主要内容包括：产品方案、技术和工艺流程条件、建设地区、建设规模等。它既是编制计划任务书的依据，又是对重大项目开展可行性研究工作的依据。

(房乐德)

相片地质解释 geological interpretation of photograph

见相片地质判释。

相片地质判读 geological interpretation of photograph

见相片地质判释。

相片地质判释 geological interpretation of photograph

又称相片地质解释或相片地质判读。以航空相片（包括航天相片）为基本数据，相片的影像特征与自然属性的对应或相关关系作判释标志，对相片上的地质目标进行解释和推理判断的过程。判释标志可分直接判释标志（如地质体的轮廓、形态、规模大小及阴影特征等）和间接判释标志（如地貌、水文、土壤、植物等）。

(蒋爵光)

相片调绘 photo-annotation

通过相片的判读和野外实地调查，对地物地貌综合取舍后，按规定的图式符号绘注在相片上的工作。调绘的内容包括：道路、水系、居民点、管线、植被等主要地物和陡崖、冲沟等不用等高线表示的地貌以及相片上不能反映出的如行政区的划分界线和村镇名称等。

(王兆祥)

相片略图 photomosaic

用未经纠正的多张航摄相片拼接而成的相片图。和相片一样，存在各种变形，比例尺也不一致，但它可以很快地制成并可作为一种近似的平面图使用。

(王兆祥)

相片判读 photo-interpretation

根据地面景物在相片上的成像规律和特征来识别相片上各种影像所表示的景物。根据成像服从中心投影的规律以及根据影像的形状、大小、色调、阴影和物体相互关系等特征，可以判明地面景物的类别和性质。为提高判读质量，可借助于放大镜、立体镜和标准样片等工具。

(王兆祥)

相片平面图 photoplan, photomap

将纠正过的航测相片拼接起来，并经整饰加工所制成的带有地面影像的平面图。经过纠正的相片可消除相片倾斜所引起的误差，并统一了比例尺，但不能消除因地面起伏所产生的误差，故只适用于平坦地区。

(王兆祥)

象限角 quadrant angle

从地面某点的标准方向线北端或南端起量至某直线所在象限内的锐角。从真子午线、磁子午线或坐标纵轴起算的分别称为真象限角、磁象限角、坐标象限角。为了表示直线的所在象限，在角值前应注明北偏东、南偏东、南偏西或北偏西。

(文孔越)

像点位移 displacement of images

由于各种因素导致像点偏离其正确位置的距离。像点产生位移的原因主要是摄影时相片的倾斜和地面的起伏，此外还有物镜的畸变、大气折光、地球曲率及底片和相纸的收缩变形等。其大小和方向，随产生位移的原因及像点在相片上不同的位置而异。

(王兆祥)

像素 pixel

显示屏上形成光栅线的光点。图像是由许多光栅线组成，每条光栅线都有编号，每条光栅线上的像素也编上号，这样每个像素均可由光栅线号和线中的像素号加以唯一确定，通过使一些像素变亮，使另一些像素变暗，显示屏上产生图像。

(翁铁生)

橡胶隔振器 rubber vibrating isolator

利用橡胶（天然胶、丁睛胶、氯丁胶、丁基胶）原料制成的隔振器。因为橡胶具有阻尼、刚度、足够的强度、较大的内摩擦力、耐磨、耐温、耐油、耐热等性能以及与金属粘结牢固等特点。它无论在拉、压还是剪切、扭转等受力状态下，变形都较大。但这种变形通常要给予限制，并与其厚度成一定比值关系。具体要求见有关技术资料。

(茅玉泉)

xiao

消防控制室 fire-fighting control chamber

建筑物中消防系统设备的控制中心。在消防控制室内设有固定灭火系统控制装置及消防联动控制装置，对自动报警、自动灭火的各种设备进行控制和监视。
（马洪骥）

消防楼梯 fire stair

为火灾时人员（包括消防队员）和财物安全疏散设置的楼梯。其布置受众多因素的影响，如人行动速度、人体尺寸、人员密度以及不同使用性质的要求等等。消防楼梯也可兼做平常上下的交通楼梯。但消防楼梯间不应开窗及设置烧水间、煤气管道、可燃材料贮存室等。为了保证行走安全，消防楼梯间内不应有影响疏散的凸出物（如散热器等），要在踏步外缘采取防滑措施。没有室外楼梯时，应考虑设置室外消防梯，或设屋面维修梯时，兼顾灭火和疏散的需要，把铁爬梯设在窗间墙、靠近窗口的位置上。室外消防梯应便于登上各层窗口和建筑物的屋顶。但消防梯在屋檐上的位置，不要面对老虎窗，以免闷顶窜出的火焰，影响消防员的安全。
（钮 宏）

消防通道 firepath

为火灾时人员和财物的安全疏散以及消防人员通行所设的通道。为了防止火势蔓延至通道而阻碍交通，消防通道不宜开窗洞，不应设在可燃材料和易燃材料贮存室及锅炉房等房间内。安全出口的数量和宽度，要在建筑物的各个部分都能满足安全疏散的需要。为了避免因打不开门而把人困在起火的房间内，疏散通道上的门，不应采用悬吊门或推拉门。为了安全疏散的需要，消防通道内，最好到处都有疏散指示标志。
（钮 宏）

消费性建设 consumer construction

见非生产性建设（81页）。

消火栓给水系统 hydrant water supply system

由消防给水管道、消火栓，水龙带和水枪等组成的消防设施总体。
（蒋德忠）

消极隔振 passive vibrating isolation

又称被动隔振。减小振动传入以求得隔振效果的措施。即减少经支承结构传递来的外界干扰振动对精密设备、精密仪器、仪表的影响而对精密设备、精密仪器、仪表所采取的必要隔振措施。一般当动力设备较多，而精密设备较少时，采取消极隔振比较经济合理。其隔振装置是将隔振器设置在精密设备、精密仪器仪表的底座或台座下。隔振效果用隔振系数衡量。
（茅玉泉）

消极消能 passive energy dispersion

利用结构物本身指定部位或装置产生预料中的消能。例如设置人工塑性铰等耗能装置。
（余安东）

消能 energy dispersion

通过吸能或耗能的措施，消耗地震输入结构的能量。分为积极消能和消极消能，或者为二者的组合。具体措施有隔震设施、消能支撑、消能节点、人工塑性铰等。消能在理论上和实践上对结构抗震具有积极意义。
（余安东）

消能节点 energy dispersion joint

设置于结构某些节点中利用其塑性转动或滑移来耗能的一种装置。有的还可以自由地拆装，破坏后可以调换。应通过分析设置在恰当的部位，以保护主体结构的安全。
（余安东）

消能支撑 energy dispersion bracing

能吸收和耗散地震释放能量的支撑。基本形式是在普通交叉支撑的节点处设置摩擦耗能、塑性变形耗能等装置，可用于框架或排架结构。
（余安东）

消声器 silencer

为符合噪声标准而安装的专门消声装置。根据消声原理的不同，常用的消声器有以下几种：①利用吸声材料吸收声能消声的"阻性消音器"，如管式、片式、格式和声流式等；②利用共振吸声的共振式消音器；③利用管道截面的突变，反射声波消声的抗性消音器，如膨胀式消声器；④集中阻性、抗性和共振型消声作用的复合式消声器，它是中国近年实际工程常用的型式。
（蒋德忠）

消压预应力值 decompressive prestress value

见截面消压状态（169页）。

消振器 vibration elimination

见隔振器（102页）。

销 pin

见承重销（28页）。

销连接 dowelled connection

用圆柱形棒或矩形板块作为扣件插入构件中，以阻止被连接构件相对移动的连接。在木结构中，前者称圆销连接，常用于受拉构件的接长、桁架中腹杆与弦杆以及塔架中立柱与斜杆、立柱与水平杆、水平杆与斜杆等的节点连接；后者称板销，用于梁身叠合加高的板销梁中。圆销和板销可用钢材、硬质阔叶材、玻璃钢等材料制成，其中圆钢销和硬木板销最常用。根据被连接构件的多少以及受力状态，分为：单剪销连接、对称双剪销连接、对称多剪销连接、反对称双剪销连接和反对称多剪销连接五类，其中对称双剪销连接应用最广。销连接工作复杂，受力后销本身承弯和承压、构件销槽承压、销间构件承剪、销槽下尚承受劈裂。在圆钢销连接设计中，设计规范限定构件的最小厚度、销间和销与构件端部的最短距离和最大销径，以便圆钢销连接的承载力由圆钢销承弯控制。为防止因木材干缩使构件产生间隙，常以部分螺栓取代圆钢销以夹紧构件。
（王振家）

销栓作用 dowel action
穿过混凝土裂缝的钢筋，阻止裂缝两侧混凝土相互错动的作用。
（吕玉山　王振东）

销作用 dowel action
通过裂缝的纵向钢筋沿裂缝方向承担剪力的作用。剪切位移较小时，钢筋边缘纵向纤维应变较小，处于弹性状态，可将销栓筋设想为弹性地基梁；随剪切位移增大，钢筋应力也增大，最后达到屈服，支承钢筋的混凝土变形逐渐增大，由弹性向塑性阶段过渡。不仅与混凝土粘结作用、机械咬合作用有关，而且与钢筋四周混凝土能否不使分开有关。在受弯构件中，纵向钢筋下面混凝土沿纵筋方向的裂缝宽度较小，使混凝土不发生水平劈裂裂缝时，纵筋在垂直裂缝方向位移较小，以及在裂缝两侧有钢箍存在，能承担较大剪力。钢筋混凝土构件在作较精确分析及剪摩擦理论计算中需考虑之。
（董振祥）

小开口墙 wall with small openings
门窗洞口较小的结构墙。洞口面积之和一般小于墙面面积的15%，并且洞口位置按受力要求恰当布置，这时，洞口的存在对墙体的整截面工作性能影响较小。截面变形大致符合平截面假定。在水平力作用下，截面的正应力接近于直线分布，可按材料力学悬臂梁公式计算，然后加以适当的修正。它的墙肢内力的主要特点是：墙肢局部弯矩不超过整体弯矩的15%，在大部分楼层上墙肢没有反弯点。
（江欢成）

小孔释放法 Mathur method
又称钻孔法。在钢构件上钻一小孔（或不钻透的孔——盲孔）以测定构件中残余应力的方法。测量大型构件某处的残余应力时常用此法。使残余应力部分释放，孔附近的材料产生变形，通过预先粘贴在孔附近的应变片测出应变值，由弹性理论公式算出残余应力值。
（谭兴宜）

小偏心受压构件 eccentricly loaded member with compression failure
由混凝土被压碎而引起破坏的钢筋混凝土偏心受压构件。此类构件截面上受力较小一侧的钢筋应力达不到屈服强度，可能受压也可能受拉，而受压破坏一侧的纵筋都能达到其抗压强度。有些偏压构件虽然荷载偏心距很大，但由于受拉纵筋配置过多，不能屈服，最终会因为混凝土被压碎而破坏，也会成为小偏心受压构件。
（计学闰）

小平板仪
见平板仪（231页）。

小平板仪测图法 method of plane-table mapping
以小平板仪为主要仪器测绘地形图的方法。将小平板仪安置在测站点上，用照准仪在图纸上描绘出测站点到地形点的方向线，而测站点到地形点的水平距离和高差，当精度要求不高时，可通过瞄准标杆上两固定标志在前视板上截取的格数，按相似三角形原理求得。如果是用卷尺量距，仅在图上画出碎部点的平面位置，称为小平板仪卷尺地物测量。
（潘行庄）

小型项目 miniature item
见大型项目（38页）。

xie

楔劈作用 wedge action
以楔形体的劈裂来阐述混凝土局部受压工作机理的一种称谓。将局部受压混凝土及横向钢筋的应力状态视为带无数拉杆拱的工作，局压垫板下形成的楔形体在拱及周围混凝土的环箍作用下处于多向受力状态。拱及环箍抑制楔形体滑移使混凝土局部受压强度得到提高。
（杨熙坤）

协调扭转 compatibility torsion
在三维超静定结构中，由于构件之间变形的连续性要求所引起，并由其变形协调条件而求得的一种扭转。如框架结构的边界与次梁端部刚性连接，则次梁对框架边梁产生这种扭转。设计时如果忽略这种变形连续效应，将使构件之间导致意外的开裂；开裂后协调扭矩将会减小，甚至消失。
（王振东）

协同分析法 methods of analysis considering interacting frame and shear wall
框架剪力墙体系在水平地震力作用下考虑框架和剪力墙之间协同工作的内力计算方法。有近似分析和精确分析两类方法。近似法把体系中的剪力墙和框架分别合并成总剪力墙和总框架，把楼盖和剪力墙的连系梁简化为连接总剪力墙和总框架的链杆，用矩阵位移法或简化方法计算，常用的简化计算是连续栅片法，即沿结构竖向取连续化假定，视链杆为栅片,切断之代以连续分布力,根据内力和位移的微分关系建立基本方程并求解。精确法把整个结构体系离散为单元杆件,如整截面剪力墙离散为带刚域的杆单元,开洞的剪力墙则离散为壁式框架等,采用矩阵位移法求解。

(戴瑞同)

斜撑 inclined brace

为了减轻某一构件所受的内力或减少某一杆件的长细比而设置的斜向撑杆。斜撑所受的压力与被支撑的构件轴线斜交。

(钟善桐)

斜搭接 scarf joint

将木料端部加工成按规定长度要求的斜面,涂胶后相互搭接的连接方式。这种接头能可靠地传递拉力和压力。

(王振家)

斜放四角锥网架

见四角锥网架(287页)。

斜腹杆双肢柱 double leg column with diagonal web

在两肢之间沿柱高每隔一定距离用斜杆联系的双肢柱。受力性能较好。适用于承受弯矩较大的情况,但制作时模板不易定型。参见排架柱(225页)。

(陈寿华)

斜键连接 incline keyed connection

用斜置的木键作连接件的键连接。木键纤维与被连接构件的纤维呈斜角,这种键本身承压,且斜键两端只各自嵌于上下两构件中,易于制造,较纵键制作工艺要求低,它的紧密性和可靠性也较纵键高,因此常取代纵键。

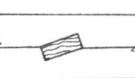

(王振家)

斜交网架 two-way skew lattice grid

由两向呈斜角交叉的桁架组成的网架结构。由于斜交,节点构造复杂,一般很少采用。仅用于矩形建筑平面且长宽两个方向支承距离不等的情况。

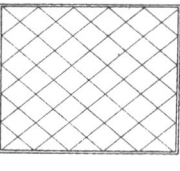

(徐崇宝)

斜角角焊缝 oblique fillet weld

见角焊缝(160页)。

斜截面承载力 shear capacity of inclined section

又称斜截面抗剪强度。钢筋混凝土受弯构件抵抗沿斜截面破坏的能力。斜截面破坏分弯坏和剪坏两种。斜截面抗剪强度主要由剪压区混凝土和穿过主斜裂缝的箍筋和弯起筋的抗剪能力组成。此外,斜裂缝中残存的集料咬合作用和纵筋销栓作用也协助承担一定的剪力。其值随混凝土强度等级、配箍特征值与配筋率的提高而提高,随剪跨比的增大而降低。设计时可通过计算来控制。斜截面受弯承载力又称斜截面抗弯强度,一般由构造措施来保证。参见承载力(27页)。

(卫纪德)

斜截面抗剪强度 shear strength of inclined section

见斜截面承载力。

斜截面抗弯强度 bending strength of inclind section

见斜截面承载力。

斜截面破坏形态 failure mode of inclined section

钢筋混凝土梁沿斜截面破坏的形式。有受弯和受剪破坏两类。受弯破坏主要由弯矩引起,设计时在保证正截面承载力的基础上,通过控制纵筋弯起点和截断点位置,规定必要的锚固长度等构造措施,确保斜截面抗弯承载力大于正截面抗弯承载力。受剪破坏由弯矩和剪力共同引起,有斜压、剪压、斜拉等三种破坏形态。可通过承载力计算、截面限制条件和构造措施来控制。

(卫纪德)

斜拉破坏 diagonal tension failure

在梁的弯剪区段,斜裂缝一出现就迅速延伸至梁顶,把梁撕裂成两半而失去承载力的破坏状态。是钢筋混凝土梁斜截面受剪破坏形态之一。多发生在无腹筋(或腹筋配置很少)且剪跨比较大的梁中。这种破坏是由主拉应力引起的,破坏突然呈脆性,承载力很低。按构造要求设置腹筋可防止斜拉破坏。

(卫纪德)

斜裂缝 diagonal crack

在受弯、偏压、偏拉构件承受弯矩和剪力的区段中,与构件纵轴倾斜的裂缝。由于引起斜裂缝的弯矩和剪力的组合不同,斜裂缝又可分为弯剪裂缝和腹剪裂缝两种。弯剪裂缝是在构件弯剪区段,由受拉边缘的垂直裂缝沿主压应力方向发展成的斜裂缝;腹剪裂缝是在构件腹板中部主拉应力超过混凝土抗拉强度而形成的斜裂缝,高宽比较大的截面,如薄腹T形梁等,容易产生这种裂缝。斜裂缝中发展充分并导致破坏的主裂缝(主斜裂缝)称为临界斜裂缝。

(卫纪德)

斜弯计算法 skew-bending calculation

假定通过斜裂缝的纵筋和箍筋都屈服,按极限平衡条件建立起来的受扭构件的计算方法。在计算时,假设破坏时梁的三个侧面上发生螺旋形裂缝,在第四个面处为与螺旋形裂缝相截交的受压区,形成斜弯的破坏扭面。这一理论是由JTëcer在1959

年提出的，计算方法较为完备，但在破坏时纵筋和箍筋不一定同时屈服，其假定与实际不符，计算繁琐，不便于设计。

（王振东）

斜弯梁 beam with skew loading
见双向受弯构件（282页）。

斜纹承压 bearing inclined to grain, bearing at an angle to grain
旧称斜纹挤压。外力与木材纤维呈斜角，通过构件接触传力时，接触面上的受压状态。例如三角形豪式木桁架上、下弦的抵接。它的强度和变形都介于顺纹承压和横纹承压之间。

（王振家）

斜纹受剪 shear slant to grain
外力作用方向与木材纤维走向成斜角的木材受剪。

（王振家）

斜压力场理论 the diagonal compression field theory
假定受剪和受扭构件在其混凝土开裂后不承受拉应力，由斜裂缝间混凝土所形成的斜压力场来承受剪力，并以斜压力场倾角的变形协调条件及其他条件来分析构件承载力的一种计算理论。具体步骤是：计算时若取用 ε_l 和 ε_t 分别为纵筋及箍筋的拉应变，ε_d 为混凝土的斜压应变，则可利用最小应变能的原理，求得斜压力场倾角 α 的变形协调条件为 $\mathrm{tg}^2\alpha = (\varepsilon_l + \varepsilon_d)/(\varepsilon_t + \varepsilon_d)$，并以此条件和平衡条件，以及钢筋和混凝土的应力-应变关系，来分析构件的承载力。该理论是由 Mitchill 和 Collins 推导出来的，其实质是从不同途径导出变形协调方程，但就其分析方法来说仍属桁架理论范畴。

（王振东）

斜压破坏 diagonal compression failure
在梁弯剪区段的梁腹中混凝土被斜向压碎而出现若干条大致平行的斜裂缝而失去承载力的破坏形态。是钢筋混凝土梁斜截面受剪破坏形态之一。这种破坏多发生在剪跨比较小的无腹筋梁或腹筋配置过多且腹板较薄的梁中。满足截面限制条件可防止斜压破坏。

（卫纪德）

斜桩 batter pile
桩的轴线倾斜的桩。主要用来承受水平荷载，若水平荷载方向固定不变时，斜桩的轴线方向尽可能与外荷载合力方向一致，而采用单向斜桩；若水平荷载方向不固定时，则按荷载合力的可能方向布置多根斜桩。斜桩的斜度一般为 8:1～3:1（竖向：横向）。

（洪毓康）

泄水孔 weep hole
为使墙后积水容易排出，而在墙身布置的泄水孔洞。孔眼的直径一般为 50～100mm，间距 2～3m。对于较高的挡土墙，应在不同高度加设泄水孔。泄水孔入口处应采用易于渗水的粗粒材料做反滤层以免淤塞，最低泄水孔下部常铺设粘土层并夯实。

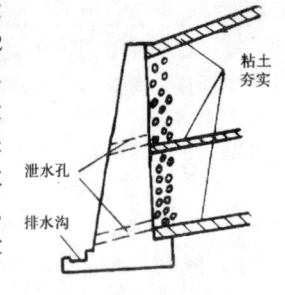

（蔡伟铭）

泄压 pressure venting
为了使生产或贮存爆炸物的场所产生的空气冲击波和爆炸气体很快排泄，以达到减小空气冲击波压力、气体压力及其作用时间而采取的增大排泄压力的各种措施的统称。常用的有设置泄压窗、泄压的轻质屋盖等。泄压措施也可以与抗爆措施同时采用，例如钢筋混凝土抗爆间室的轻质泄压屋盖与轻型泄压窗。

（李　铮）

泄压窗 pressure venting window
设置在建筑物上的可迅速释放因爆炸产生的大量气体、火焰和空气冲击波的窗。可分固定式和活动式两种。后者设有在压力作用下可自动开启的装置。当爆炸物或可燃性气体与粉尘在建筑物内部爆炸时，它可降低冲击波强度，减少气体压力及作用时间，从而减轻破坏作用。一般由轻质低强材料或金属制成。

（李　铮）

xin

心材 heart wood
某些树种在树干中心颜色较深的部分。它无生活细胞，并且髓心和髓射线薄壁细胞内含的淀粉和糖类已不存在。它是树木生长过程中由边材生理老化，经过复杂的生物化学变化而成的。其细胞壁有所加厚，因此心材的力学性能略优于边材 10% 左右，心材材质坚硬，耐腐性也高。树干直径越粗，心材体积越大。

（王振家）

心裂 heart crack
见径裂（173页）。

新潟地震 Niigata earthquake
1964年6月16日在日本新潟发生的地震。里氏震级为7.5，震中在新潟滨海海底，震源深度约40km，震中烈度约为8度。经济损失4325亿日元，死伤28418人。这次地震特点是发生在原有的地震区划图上的弱震区，并且地震动持续时间较长。新潟市和其附近表土层发生大面积砂土液化，一些抗震设计良好的楼房虽未震坏，但缓慢倾斜，有的达 70°。从此推动了砂土液化的研究。

(肖光先)

新建项目 newly-built project

新开始建设的项目或原有规模很小，重新进行总体设计，经扩大建设规模后，其新增加的固定资产价值超过原有固定资产价值 3 倍以上的项目。

(房乐德)

新近堆积土 recently deposited soil

第四纪全新世（Q_4）文化期以来新近堆积的土层。如新近堆积粘性土、砂土、粉土及新黄土等。它一般呈欠固结状态，强度较低，压缩性较高。

(杨桂林)

新增构件加固法 strengthening RC structure by adding extra member

增设新构件以分担原有结构的部分荷载的一种加固方法。

(黄静山)

新增固定资产产值率 production output ratio of newly increased fixed assets

新增加一元钱固定资产能增加的产值。计算公式是：

$$\text{新增固定资产产值率} = \frac{\text{本期新增总产值}}{\text{本期新增固定资产价值}} \times 100\%$$

其经济含义是基本建设形成固定资产投入生产领域后能发挥的效果。它综合反映了建设因素和生产因素两方面的经济效果，但是，不同行业企业的有机构成不同，在作微观经济指标比较时，要注意可比性。

(房乐德)

信号处理机 signal analyzer

一种分析动态信号尤其是随机信号特征值，进行时域和频域变换、函数及样本误差分析的仪器。早期的模拟信号处理机主要利用网络的衰减特性对动态信号作谱分析、平均值、均方值等测量。近代的数字式信号分析机则利用小型计算机和快速傅里叶变换技术，还能分析动态信号的自相关、互相关、自功率谱密度、互功率谱密度、相干、传递等函数。应用这种仪器对结构的动位移或加速度反应信号分析，可方便地获得结构各阶振型、自振频率和阻尼等动态参数。

(潘景龙)

xing

星裂 star-shaped shake

见径裂（173 页）。

星形四角锥网架 square pyramid space grid with star elements

由形似星体的基本单元组成的网架结构。星体单元由两个倒置的三角形小桁架相互交叉而成。小桁架的底边构成网架上弦并与边界成 45°夹角。连接各单元顶点的杆件即为网架下弦。与正放四角锥网架相比刚度稍差，但受压上弦较短受力合理，适用于建筑平面为矩形、周边支承的中、小跨度建筑。

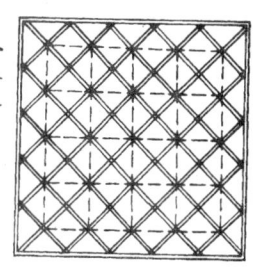
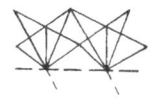

(徐崇宝)

邢台地震 Xianta earthquake

1966 年 3 月在河北邢台发生的地震。3 月 8 日发生第一次强震 6.8 级，3 月 22 日接着又发生 7.2 级地震，震中烈度 10 度。造成了近 120 万间房屋倒坍，近 8000 人死亡。在周恩来总理提出"深入现场调查，抓住邢台不放"的指示精神指导下，我国在地震预报与实践方面进行了以大量前兆观测为基础的研究。

(李文艺)

行车梁

见吊车梁（63 页）。

形成层 cambium, initial layer

介于树皮和木质部之间很薄的一层组织。它由几层活细胞组成，这些细胞具有分裂和生长能力（即分生能力），具有这种能力的母细胞不断地分生新细胞。母细胞向外分生韧皮部形成树皮；向内分生新的木质部形成木材。

(王振家)

形式代数 former algebra

用以表示结构几何外形的一种数学体系。通过对结构几何外形加以抽象，将对结构的描述归纳为若干个过程，并所定义的形式函数表示为形式公式。这样，对并未深谙编程却熟悉函数运算的工程师们，可以通过递交一系列具有函数形式而实质上是调用相应运算过程的形式公式，来获得描述结构外形的各类信息。形式公式的运行需要一个专门的系统软件支持。

(钱若军)

形状改变比能理论 energy of form-changed criterion

见变形能量强度理论（12 页）。

形状稳定性 form stability

悬索或悬索体系抵抗机构性位移的能力。悬索及由索组成的各种悬索体系是几何可变体系，其平衡形式随荷载分布方式而变化。例如，在均匀荷载作用下，悬索呈悬链线形式，此时再施加某种不对称荷载，原来的悬链线形式不再保持平衡，悬索要产生较大的机构性位移，形成与新的荷载分布相应的平衡形式。这种机构性位移是由平衡形式的改变引起的，不同于一般由弹性变形引起的位移。机构性位移随张紧程度（即索内初始内力的大小）增加而减小。为了增强索或索系的形状稳定性，对单层悬索屋盖来说，一般须采用重型屋面，以加强其维持原始形状的能力；对双层索系和索网等各种预应力悬索结构来说，则应保证足够大小的预张力。

（沈世钊）

型钢 steel section

通过热轧或冷加工成型，横截面符合国家规定的形式和尺寸的钢材。有热轧型钢和冷弯型钢。如热轧工字钢、槽钢、角钢、冷弯卷边槽钢等都被广泛用于建筑结构中。 （王用纯）

型钢梁 rolled beam

截面为型钢的实腹式梁。常用的型钢有工字钢和槽钢等。一般用于荷载较小的梁中。型钢取材方便，施工简单，但由于腹板较厚，经济效果较差。

（何若全）

型钢-砖组合砌体 structural steel-brick composite masonry

砖砌体和型钢组合成为整体而共同工作的一种组合砌体。通常先将砌体四周用水泥砂浆抹平，沿纵向采用小型角钢紧贴砌体，在水平方向设置薄钢板并与角钢焊接成整体。为防止型钢和钢板的锈蚀，常用砂浆或细石混凝土作保护层。这种组合砌体耗钢材较多，造价较高，但用于工程加固及修复较为方便。

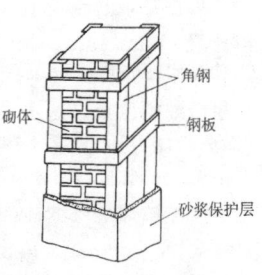

（施楚贤）

xiu

休止角 angle of repose

见天然休止角（296页）。

xu

虚拟杆件展开法

又称翼缘展开法。在筒体结构的墙体连接处设置只传递竖向剪力和位移的虚拟机构，将翼缘墙体展开到腹板平面内的简化计算内力的方法。该方法的计算假定是：①楼板结构平面内刚度为无穷大，出平面刚度略去不计；②仅考虑各片墙体的平面内作用；③结构质心与刚度中心重合。该方法降低了求解未知数，精度高，但要求结构具有正交对称的平面。 （赵 鸣 张 誉）

虚轴 open axis

格构式构件截面上穿过缀件的主轴。当格构式受压构件绕虚轴失稳时，缀件在剪力作用下产生变形，因而降低构件的稳定承载力。通常用加大构件绕虚轴的长细比（换算长细比）的办法来考虑剪切变形的不利影响。 （何若全）

徐变 creep

旧称蠕变。材料在维持某一不变荷载的长期作用下，其应变随时间而增长的性质。徐变变形开始较快，而后逐渐减慢并趋向稳定，一般可持续好几年。混凝土最终徐变变形可达瞬时变形的 2～4 倍，它与材料密实度、加载龄期、应力大小等因素有关，是水泥凝胶体中水分被挤出，凝胶体的粘性流动，水泥晶体结构滑移以及混凝土内部微裂缝的产生和发展的综合结果。当混凝土应力 σ_c 较小时，徐变变形基本与应力成正比，称线性徐变；当应力较大时（$\sigma_c > 0.5 f_c$）。由于混凝土内部微裂缝的扩展，徐变变形急剧增大，称非线性徐变。徐变可使钢筋混凝土构件截面上的混凝土应力趋向均匀，充分利用钢筋的强度，推迟裂缝形成，增大结构变形，引起预应力钢筋应力损失，对超静定结构引起内力重分布。砖砌体的徐变约为混凝土徐变的 20%～30%；砖砌体第 1 天的徐变约为 70 天徐变的 65%～90%，一年后砌体的最终总变形约为瞬时变形的两倍。木材受力后也会发生徐变，致使木结构的变形增大。 （计学闰）

徐变回复 creep recovery of concrete

见弹性后效（293页）。

徐变系数 creep coefficient

某时刻（t）的徐变应变 $\varepsilon_{cr,t}$ 与初始瞬时应变 ε_{ce} 的比值。当时间为无穷大时称为最终徐变系数，其值 $\varphi_{cr(t=\infty)} = 2\sim4$。 （刘作华）

徐舒 relaxation

见松弛（287页）。

续加荷载阶段 succedently loading stage

见三阶段设计法（259页）。

续加应力 succedently applying stress

施加预应力后，预应力钢结构在部分使用荷载作用下产生的应力。即续加荷载阶段预应力钢结构中产生的应力。在二阶段设计法中，此应力和预应力叠加后，或在三阶段设计法中，此应力和初始应力及预应力叠加后都应满足极限状态设计的要求。

（钟善桐）

蓄冷水池 thermal reservoirs

空调系统中供预冷用的保温水池。为减少制冷机容量或避开用电高峰，使制冷机提前或在夜间工作，将蓄冷水池中的水事先预冷到要求温度。这种水池多用在间歇使用的公共建筑如体育馆或夜间电费便宜的其他建筑。蓄冷水池多利用地下室，采用钢筋混凝土结构，四壁和顶板加保温层。池中加隔板以减小水的温度梯度。　　（蒋德忠）

蓄热系数 heat store coefficient

通过表面的热流波幅 A_q 与表面温度波幅 A_θ 的比例。即 $S = A_q/A_\theta$，单位为 $W/(m^2·K)$。S 值越大，材料的热稳定性越好。（宿百昌）

蓄水池 reservoir

给水系统中用于储备、调节水量的构筑物。其有效容积根据调节水量、消防贮备水量和事故贮备水量确定。水池的形式有圆形和矩形两种，一般多采用钢筋混凝土结构。　　　　　（蒋德忠）

xuan

悬臂梁 cantilever beam，cantilever girder

一端为不产生轴向、横向位移和转动的固定支座，另一端为自由端的梁。这种梁应重视固端支座的构造，确保有效的嵌固。　　　（何若全）

悬臂式挡土墙 cantilever retaining wall

一种钢筋混凝土悬臂式支挡结构物。由墙身、底板的前趾板和后趾板三个悬臂板组成。压在后趾板上的土体可看作挡土墙的一部分，有利于挡土墙的稳定。当墙身较高或墙后有很大土压力

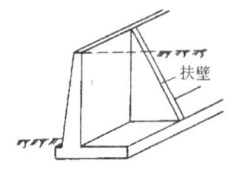

时，可在墙间间隔设置竖直扶壁，以加强墙与底板的连接，减少墙身的弯矩与剪力，称之为扶壁式挡土墙。　　　　　　　　　（蔡伟铭）

悬挂薄壳 suspended shells

单层悬索结构上铺设预制钢筋混凝土屋面板后施加预应力形成的结构。常用的施工方法为：索上安装完屋面板后，加上额外的临时荷载，使索进一步伸长而板缝增大，然后进行灌缝。待混凝土缝硬结后，卸去临时荷载，索和屋面板内便产生了预应力，整个屋面便形成一个预应力混凝土薄壳。这样不仅使屋面的形状稳定性和刚度得到了保证，而且由于预应力的作用，屋面还具有较好的抗裂度。在鞍形索网的基础上也可做成悬挂薄壳，施工方法类似，只是在施加临时荷载后只灌横缝（与承重索垂直的缝），卸去临时荷载后再灌纵缝。
　　　　　　　　　　　　　　（沈世钊）

悬挂混合结构 suspended hybrid structure

由柔性的索系体系与具有抗弯刚度的劲性构件（梁格、平板、桁架、拱等）相结合共同抵抗外荷载的各种混合结构。在这类结构中，或用钢索悬挂其它构件，或由钢索对它们提供附加支点，或用劲性构件来加强悬索体系的形状稳定性和刚度等等。结构形式多样，富于变化；只要运用适当，柔性的和劲性的两类构件常可相互弥补对方之不足，充分发挥各自的特长，从而大大改进整个结构体系的性能。　　　　　　　　　　　（沈世钊）

悬挂结构 suspended structure

将楼（屋）面系统的荷载通过吊杆传递到悬挂的水平桁架（梁），再由悬挂的水平桁架（梁）传递到被悬挂的井筒上直至基础的结构。
　　　　　　　　　　　　　　（唐岱新）

悬挂式隔振装置 hanging system of vibrating isolation

在消极隔振中，为了将体系的自振频率做得很低，而把被隔振的精密设备和台座用拉簧或吊杆以悬挂的方式支承在结构上的装置。它主要在水平方向起隔振作用。其力学模型假设同支承式隔振装置，设计时，一般悬挂在上部结构的梁、楼板下；亦可悬挂在框架上，或悬挂在独立刚悬臂上；当需要埋地时，可设置地坑悬挂式。悬挂式隔振装置构造复杂，造价较高，因悬挂式隔振装置阻尼较小要另设阻尼器。另外要采取防止弹簧颤动的措施。
　　　　　　　　　　　　　　（茅玉泉）

悬索结构 cable-suspended structure

由一系列受拉的曲线形索及其边缘构件所组成的承重结构。这些索按一定规律组成各种不同形式的体系，并悬挂在相应的支承结构上。索一般采用由高强度钢丝组成的钢绞线、钢丝绳或钢丝束，也可采用圆钢筋或带状的薄钢板等。索通过锚具固定在支承结构上；相应于不同类型的索，锚具的构造和类型也各异。由于通过索的拉伸来抵抗外荷作用，可以充分利用钢材的强度；当采用高强度材料时，更可大大减轻结构自重；因而这种结构能较经济地跨越很大的空间。但其支承结构往往需耗费较多材料。悬索结构有单层悬索结构和双层悬索结构，且形式多样，能适应各种建筑功能和表达形式的需要。施工较方便，不需很多脚手架，也不需大型起重设备。这些特点使悬索结构在大跨度建筑中获得日益广泛的应用。　　（沈世钊）

悬挑梁

见挑梁（296页）。

悬挑式楼梯 cantilever stairs

梯段板一端嵌固、另一端与平台板相连成悬臂形的钢筋混凝土板式楼梯。现浇的悬挑式楼梯无平台梁，其梯段板纵剖面为呈折线形的悬挑板，故又称折板式楼梯；这种楼梯形式可以是两跑或三跑的。两跑的楼梯大致有两种形式：一种是上、下跑梯段板都与平台板同一边相连，习称刀式悬挑楼梯；另一种是上、下跑梯段板分别与平台板相邻两边相连，称为直角式悬挑楼梯。这种楼梯形式新颖、轻巧，但受力较为复杂。此外，悬挑式楼梯还有采用预制 L 型踏步板，一端锚固在墙体中，另一端自由的形式，由于这种楼梯的承载力低，一般只用于小型民用房屋中。 （王振东）

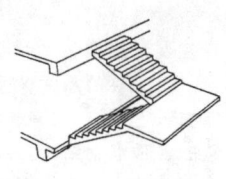

旋喷法 chemical churning method

利用高压喷射化学浆液使之与土混合以改善地基土性质的一种方法。施工时用工程钻机钻孔到设计的处理深度后，利用高压水泥泵，通过钻杆下端的喷射装置，向四周土中喷射水泥或其它化学浆液。同时，钻杆以一定速度旋转，并逐渐向上提升，使钻杆四周一定影响范围内的土体与浆液混合，胶结硬化后即在地基中形成直径比较均匀的柱体，称为旋喷桩。此法可以提高地基承载力，或筑成连续的防止渗流的帷幕。 （蔡伟铭）

旋涡脱落 vortex shedding

流动质体经过物体（结构）的阻挡在其周围形成的旋涡现象。根据雷诺数的不同，它可以是规则的，也可以是不规则的。 （张相庭）

旋转薄壳 revolutionary shell

中面是旋转曲面的薄壳。由任一平面曲线绕同一平面内的轴线旋转一周所得到的曲面称为旋转曲面。此平面曲线称为经线，平面曲线上任一点旋转一周的轨迹称为纬线。由于经线可有不同的形状，于是就得到多种多样的旋转曲面。例如，圆锥面、球面、椭球面、抛物球面、单叶双曲面、双叶双曲面等。穹顶和冷却塔的外壳就是旋转曲面。旋转薄壳在荷载作用下，一般地将在壳体内产生薄膜内力和弯曲内力。若壳体形状光滑，荷载是连续的，支承条件又不至于使薄壳产生弯曲变形，则在薄壳中产生的主要是薄膜内力，可以近似地按无矩理论计算，否则，就需要将无矩理论和有矩理论联合起来进行计算。 （范乃文）

选点 point selection

选定控制点点位的工作。分为图上选点和实地选点两种。前者是在地形图上选择点位，后者是在实地落实图上设计的点位或直接选择点位。选点后应提供选点图、点之记和一览表。 （彭福坤）

xue

靴梁 wing plate

在柱脚上将柱身的荷载传至柱底板的板件。其作用主要是扩大柱与底板的接触面积，使底板传力均匀。 （何若全）

雪荷载 snow load

作用在建筑物（构筑物）顶面上计算用的雪压。雪荷载标准值由基本雪压乘以积雪分布系数确定。屋面上积雪产生的雪荷载按作用在水平投影面上的雪荷考虑。 （王振东）

xun

循环荷载下土的应力应变关系 stress-strain relationship of soil under cyclic loading

作用于土单元体的往复应力与应变之间的对应关系。是计算分析地基土或土工构筑物在地震波等动力荷载作用下的反应时所必须掌握的土的力学性质。由于应变幅值小、应变速率高、加卸荷循环次数多等因素，循环荷载作用下土的应力应变性状与静荷载作用下有很大不同，须通过室内或现场的动力试验加以测定和研究。测定和研究的对象主要为土的滞回曲线型式，相应的物理模型或数学模型以及有关参数，土的模量和阻尼的非线性性质，加荷速度影响，刚度退化规律，动强度和振动压密等。 （王天龙）

殉爆 sympathetic detonation

两个爆炸物中的一个爆炸时引起另一个爆炸物发生爆炸的现象。 （李 铮）

殉爆安全距离 safety distance for unsympathetic detonation

放置在不同介质（空气、土、水）中的两个爆炸物不会发生殉爆时两者之间的最小距离。其大小与爆炸物的数量及其性质有关。 （李 铮）

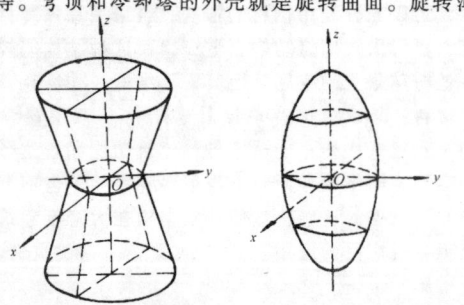

Y

ya

压电式测振传感器 piezoelectric vibration transducer

又称压电式加速度计。是一种利用石英等晶体的压电效应原理制成的量测加速度用的器件。传感器中的质量块在加速度作用下产生的惯性力使压电晶体产生正比于该加速度的电荷量。配合专用的电荷放大器等二次仪表记录加速度、速度、位移等时程曲线。

(潘景龙)

压电式加速度计 piezoelectric accelerometer

见压电式测振传感器。

压溃理论 collapse load theory

根据压弯构件的荷载挠度关系曲线中由上升段转为下降段的极值点确定压弯构件临界荷载的理论。用这种理论分析的问题也称为第二类稳定问题,此时不出现平衡分枝。目前常把考虑初始缺陷影响的轴心压杆当作压弯构件,用此理论来分析并求得轴心压杆的临界荷载。

(夏志斌)

压力灌浆加固法

用压力泵将水泥浆灌入墙体缝隙中修补原墙体的方法。一般采用 M10 或 M15 掺有悬浮剂的水泥浆和水泥砂浆,自下而上灌入缝隙中。这种方法多用于已开裂墙体和砌筑质量差或砂浆强度偏低的墙体的加固。

(夏敬谦)

压屈系数 buckling coefficient

见稳定系数(312 页)。

压入桩 jacked pile

用静压方法沉入土中的桩。由于压桩力的大小受到压桩机的平衡荷重的限制而难以大幅度提高,故压入密实土层的能力较差。一般适用于软土地基的承载力较低的桩。但没有打入桩的噪音和振动公害。也可用于托换工程中。

(张祖闻)

压实功 compaction work

压实机具的压实能量。它是影响压实效果的重要因素。一般情况下,单位土体所受的压实功越大,压实效果越好。压实功与压实机械的重量、夯锤落距、夯压次数成正比。

(祝龙根)

压缩层厚度 thickness of compressed layer

又称沉降计算深度。在建筑物荷载作用下,从基础底面起算的地基土中产生绝大部分沉降量的土层厚度。其值常用应力比法或变形比法确定。应力比法为下算到土层中附加应力为自重应力的 0.2 倍(软土中可算到 0.1 倍)时为止。变形比法为根据基础底面宽度计算 ΔZ 厚度的土层沉降量小于或等于计算总沉降量的 0.025 倍即为满足。当无相邻荷载影响时,也可按压缩层厚度与基础底宽之比为 2.5 减去 0.4 倍基础底宽的自然对数值来确定,即:

$$Z_n = b(2.5 - 0.4\ln b)$$

Z_n 为沉降计算深度,b 为基础宽度。

(钟 亮)

压缩沉降 consolidation settlement

又称固结沉降。土在荷载作用下由于水(或水与空气)自土孔隙中排出,土体孔隙减小所产生的竖向位移量。产生和完成这个过程的持续时间与土的渗透性和压缩性有关。对于砂土可认为在施工期结束时已基本完成,而粘土中有时要延续数年或更长时间。当超孔隙水压力消散到为零时,就认为这个过程已经结束而次压缩沉降开始。计算这部分沉降量的方法很多,最常用的是分层总和法。

(钟 亮)

压缩模量 modulus of compressibility

土在无侧向应变条件下压缩时,受压方向应力增量与应变增量的比值。用 E_s 表示。它是体积压缩系数 m_r 的倒数,即 $E_s = 1/m_v = \dfrac{1+e_0}{a}$。它是地基沉降计算的重要指标。

(钟 亮)

压缩曲线 compression curve

表示土试样在垂直荷载压缩过程中,压力与孔隙比相互关系的曲线。该曲线表明,随着压力增大,土的孔隙比不断减小。不同的土由于其物质组成、结构特征和物理状态等的差异,压缩曲线在形状上也有所不同。

(蒋爵光)

压缩系数 coefficient of compressibility

土在固结试验时,试样受压产生的孔隙比负增量与相应压力增量的比值。用 a 表示。利用土试样在侧向限制和轴向排水的条件下测得的变形和压力(或孔隙比和压力)的关系曲线,在某一压力区间内近似地以直线段代替曲线段时,该直线的斜率即为相应于该压力区间的压缩系数值。当压力区间的上、下界分别为100kPa和200kPa时，压缩系数α_{1-2}的值可作为评价地基压缩性的指标。工程上也常采用体积压缩系数m_v来作为评价地基土压缩性的指标，它是单位体积下的孔隙比负增量与相应压力增量的比值，$m_v = \alpha/(1+e_0)$，e_0为试样的天然孔隙比。　　　　　　　　　　（钟　亮）

压弯钢构件强度　strength of steel compression-flexure member

钢制压弯构件抵抗破坏的能力。计算方法同拉弯钢构件强度，但按弹性设计时，以受压边缘纤维屈服作为极限状态。

（陈雨波）

压弯构件　compression-flexure member

又称梁-柱。同时承受轴心压缩和弯曲的构件。有偏心力作用的受压构件，兼受轴心压力和端弯矩的构件以及同时承受轴心压力和横向荷载的构件等。曲杆受压以及有侧移的框架柱也属压弯构件。

（夏志斌）

压弯构件平面内稳定　enplane stability of beam-column

见压弯构件稳定承载力。

压弯构件平面外稳定　out of plane stability of beam-column

见压弯构件稳定承载力。

压弯构件稳定承载力　stability capacity of beam-column

压弯构件在达到稳定临界状态时所能承受的压力和弯矩。压弯构件的稳定计算必须考虑平面内的稳定和平面外的稳定两种情况。前者按压溃理论确定临界荷载，目前常采用半理论半经验的相关公式来确定其稳定承载力，当轴心压力较大时，相应的弯矩就减小，当轴心压力较小时，相应的弯矩就增大。当侧向未设支撑，且截面两主轴方向刚度有显著差异，而弯矩对强轴作用时，则还可能在弯矩作用平面外突然产生弯曲和扭转变形，也即在荷载尚未达到平面内的稳定极限荷载时构件即发生弯扭屈曲，在平面外失去稳定。　　　　（夏志斌）

压弯木构件承载力　bearing capacity of flexural and axial compression timber member

木构件承受偏心纵向压力或承受轴向压力与横向弯矩共同作用的能力。前者称偏心受压木构件承载力。构件除承受纵向力外还承受附加弯矩的作用。此种承载力在木结构设计规范中由经验的组合公式给出。　　　　　　　　　（王振家）

压型钢板　profiled steel sheet

用彩色涂层钢卷板、镀锌钢板或薄钢卷板经冷加工成型的各种肋形或波纹状板材。波纹状板材俗称瓦垄铁。压型钢板应优先采用涂层钢板和镀锌钢板制作，其基板厚度一般为0.4～2mm，截面波高一般为25～200mm。主要用于屋面、墙面等围护结构和组合楼盖中。　　　　　（张耀春）

压型钢板组合板　steel deck reinforced composite slab

压型钢铺板依靠交互作用与浇筑其上的混凝土共同工作而构成的组合板。交互作用的方式有：①铺板的纵凹肋，②铺板表面压痕，③铺板上焊接的横筋，④端部锚固。压型钢铺板在施工时还可以作模板用。　　　　　　　　　　（朱聘儒）

压应力图形完整系数　uniformity coefficient of compressive stress

反映梁端砌体局部受压应力不均匀分布程度的系数。其值为实际压应力图形面积与以最大压应力计算的矩形分布图形面积之比。当压应力矩形分布时，系数为1；三角形分布时，系数为0.5；其他形状分布时，可得相应的系数。　　（唐岱新）

垭口　col

又称山口。两山之间狭窄的低凹地带。整个地形呈马鞍状。它的形成与地层岩性、地质构造以及风化和侵蚀作用有密切关系。它的相对标高和稳定性，常常是选择过岭交通要道的重要因素。

（朱景湖）

鸭筋

在梁支座边受剪承载力不足时单独设置的抗剪弯起筋。设计时，无论在支座一侧或两侧受剪承载力不足时，鸭筋均须沿支座两侧同时下弯。否则，若仅在一侧下弯，未下弯一端的钢筋处在负弯矩引起的受拉区内，往往锚固不足，受力后容易发生滑动，形成浮筋，设计时应予避免。

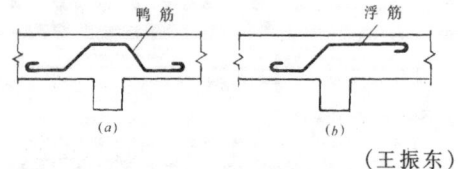

（王振东）

亚美尼亚地震　Armenia earthquake

1988年12月7日在前苏联亚美尼亚共和国发生的地震。里氏震级为7.0，震中位置在斯皮塔克，震源深度20km，属直下型浅震。地震时产生450km长的裂缝，震害严重，集中在震中区80km范围内，主要在列宁纳坎（Leninacan），基洛瓦坎（Kilovacan）和斯皮塔克（Spitak）等城镇。经济损失100亿卢布，死亡5.5万人，50万余人无家可归。这是20世纪以来发生在苏联最严重的一次灾难性地震。这次地震除了殃及亚美尼亚2/5领土外，还波及格鲁吉亚，阿塞拜疆及邻国土耳其、伊

亚粘土
见粉质粘土（84页）。　　　（杨桂林）

亚砂土
见砂质粉土（262页）。

氩弧焊 argon-arc welding
使用氩气保护电弧和焊接区的电弧焊。一般用于焊接不锈钢和有色金属，如钢、铝、镁、钛等及其合金。　　　　　　　　　　　（刘震枢）

yan

烟囱 chimney
将烟气排入高空的高耸结构。是由基础、筒壁、内衬及隔热层，以及附属设施组成。其作用是改善燃烧条件，减轻烟气对环境的污染。按材料可分为砖烟囱、钢烟囱、钢筋混凝土烟囱。钢烟囱又可分为自立式和拉线式。烟气温度较高的烟囱，须设内衬，内衬有贴住外壁和与外壁间留有空气层的两种，后者的内衬有单筒、双筒或多筒等形式。
（王肇民）

烟囱保护罩 protective cover of chimney
覆盖在烟囱筒首（顶部）的保护装置。筒首经常受排出的侵蚀性废气侵害，一般需在外表面涂刷耐酸涂料。如排出的废气侵蚀性很强时，则筒首需采用耐酸砖砌筑，并需在筒首顶部盖上由铸铁等制做的保护罩。　　　　　　　　（方丽蓓）

烟囱防沉带 subsidence preventing belt of chimney
防止烟囱内的隔热填料自然沉落的构造措施。填料日久体积可能在自重下压缩，在内衬与烟囱筒壁间形成无填料空隙段，使筒壁受热不均，出现裂纹。因此，应沿高度每隔1.5～2.5m处，从内衬挑出一圈砌体，将填料沿高度截成若干段，该圈砌体称烟囱防沉带。防沉带与烟囱筒壁间应留10mm宽温度缝。　　　　　　　　（方丽蓓）

烟囱紧箍圈 hoop of chimney
当烟囱筒身内表面温度超过100℃时，为承受温差产生的拉应力而在筒身外部设置的构件。由二个或二个以上的扣环和套环用螺栓连接而成。沿筒身高度间距一般为0.5～1.5m。　　　（方丽蓓）

烟囱受热温度允许值 allowable value for heat resisting temperature of chimney
烟囱的筒壁和基础的受热温度限值。普通粘土砖砌体的筒壁的允许值为400℃。普通钢筋混凝土的筒壁和基础以及普通混凝土的基础的允许值为150℃。　　　　　　　　　　　（方丽蓓）

烟囱筒壁 wall of chimney shaft
烟囱筒身的竖向外壁。厚度根据自重、风荷载和热应力等条件分段计算确定。依所用材料分钢筋混凝土、砖及钢筒壁。为支承内衬，在筒壁内侧每隔10m左右设置一道环形悬臂。（方丽蓓）

烟囱外爬梯 exterior ladder of chimney
为观察、检修信号灯和避雷设施而设置于烟囱等高耸构筑物外部的攀登设备。在离地面2.5m处开始设置，顶部比筒首高出800～1000mm，由钢筋及角钢组成并涂防腐剂。筒身高度大于40m时，需补设护栏及休息板。　　　　（方丽蓓）

烟灰砖
见粉煤灰砖（84页）。

延迟断裂 retarding fracture
在介质中材料受静应力作用一定时间后所发生的断裂现象。一般由氢原子驱入裂纹尖端后产生，是低应变速率下的破坏。　　　　　（何文汇）

延刚度 rigidity per unit length
又称线刚度。杆件单位长度的刚度。例如受弯构件的延刚度为 EI/l，E 为材料的弹性模量，I 为杆件的截面惯性矩，l 为杆件的几何长度。
（徐崇宝）

延燃涂料
见防火涂料（79页）。　　　　　（钮宏）

延伸长度 extending length
为保证钢筋在其充分利用点处强度能发挥作用，尚需延伸一段的钢筋长度。在梁的弯剪区段切断纵向钢筋，还应保证切断点处斜截面抗剪能力不低于对应的正截面抗弯能力。延伸长度一般均大于钢筋的基准锚固长度。　　　（刘作华）

延伸率 elongation
见伸长率（266页）。

延性 ductility
工程结构中，截面、构件或结构整体达到屈服后，在承载能力没有显著下降情况下所具有的后期变形能力。后期变形包括材料的塑性、应变硬化和应变软化段。附图可反映延性的概念，图中的力与变形都是广义的，可以是力与位移，弯矩与曲率或转角，也可以是应力与应变。延性常以极限状态时

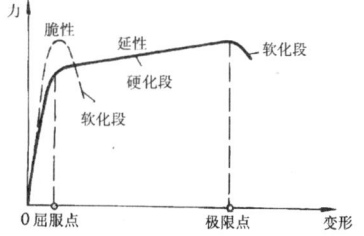

的变形与屈服时的变形之比,即延性系数来度量。在地震作用下,结构需依靠其延性来耗散地震所产生的能量,所以足够的延性是抗震结构必须具有的特性之一。另外,超静定结构的某些内力重分布是依靠其延性实现的。 (戴瑞同 杨熙坤)

延性反应谱 ductility response spectrum
结构物在强震作用下结构周期与延性系数的关系曲线。代表结构物的单质点体系在高强度地震波输入下根据弹塑性动力计算得到最大位移值,将它除以屈服位移而得延性系数。以结构周期为横坐标,延性系数为纵坐标可得不同阻尼比的曲线族,它表达了结构在超过屈服变形后的抗震性能。
(陆伟民 许哲明)

延性剪力墙 ductile shear wall
具有足够延性以利于耗散地震能量的剪力墙。它可防止脆性剪切破坏或锚固失效破坏,并应充分发挥弯曲作用下钢筋的作用,使剪力墙某些部位出现塑性变形。 (董振祥)

延性框架 ductile frame
荷载作用下,结构的构件及其截面以及组成框架的节点具有较大塑性变形能力的框架。这种框架的配筋和节点构造都有一定的要求,具有截面延性和位移延性的特征。 (陈宗梁)

延性破坏 ductile failure
结构或构件在破坏前有明显变形或其他预兆的破坏类型。发生这种破坏的结构或构件,其目标可靠指标可以相对取得小一些。钢结构的破坏、钢筋混凝土结构由于钢筋先达到强度极限而导致的破坏等,多属延性破坏。 (邵卓民)

延性系数 ductility factor
结构或临界截面在某特定荷载或弯矩作用下达到极限状态时的变形量与屈服刚开始时的变形量的比值,以 μ 表示。是衡量结构或临界截面延性的参数。通常以位移延性系数来衡量结构构件或结构整体的延性,以转角延性系数和曲率延性系数来衡量临界截面的延性。结构的整体延性依靠构件上临界截面的塑性转动实现,故位移延性系数与转角延性系数和曲率延性系数之间有一定的关系。一般说来,临界截面的转角延性系数和曲率延性系数明显地大于结构的位移延性系数。 (戴瑞同)

延性需求量 ductility factor requirement
为了耗散地震作用产生的能量,结构整体或临界截面需要达到的延性系数。结构整体所需的延性以位移延性系数表示,其大小与抗震规范规定的水平地震力有关,地震力降低愈多,对延性的需求量就愈大。临界截面所需的延性以曲率延性系数或转角延性系数表示,其大小与结构整体需要的位移延性系数有关。 (戴瑞同)

严寒期日数 days of severe cold period
每年候平均气温在5℃以下的日数。根据中国《建筑气候分区》的规定,5天为一候。候平均气温即5天平均气温。 (宿百昌)

严密平差 rigorous adjustment
见测量平差(20页)。

岩层产状 attitude of rock stratum
以岩层的走向、倾向和倾角等要素表示的岩层在空间的位置。岩层层面(或某种构造面)与水平面交线称为走向线,走向线两端的延伸方向叫走向。垂直于走向线的岩层倾斜方向线在水平面上的投影所指的方向叫倾向。倾斜岩层层面与水平面之间的最大夹角叫倾角。 (杨可铭)

岩块式倾倒 rock block toppling
边坡岩块迭置成柱状体并向坡外倾倒。它产生于具有近于正交的节理系的坚硬岩体中。由于在坡趾处的短岩柱受荷向前滑动,使后面的柱体相继发生向前倾倒;在更后面的岩柱也跟着逐个倾倒,一直发展到边坡的上部。处理时应加固坡趾处的岩块,使之不能移位。 (孔宪立)

岩块弯曲复合式倾倒 rock-flexure toppling
具有岩块式倾倒和由岩块迭成的柱体呈弯曲式倾倒两种特征的边坡倾倒现象。迭置成柱体的每个岩块都发生向外位移,位移量的累积就产生整个柱体呈向外弯曲状的假现象。因此这种倾倒的张裂缝比弯曲式倾倒少,而岩块间的边-面接触和孔隙也比岩块式倾倒少。 (孔宪立)

岩坡分析的解析法 analytical solution method of rock slope
又称分析解。在楔体稳定性的分析中,常用的矢量分析法。它能解析楔体的几何要素以及作用于楔体上的力和稳定系数。 (孔宪立)

岩坡工程图解法 engineering graphics, method of rock slope
在按投影几何原理画出岩石楔体的真正平面图上,确定楔体滑动的方向和作用在楔体上的各个力的图解方法。此外,尚可求解楔体的底面积,水压力分布和浮力,作用于楔体上的力及其分解,最后据此可计算边坡的稳定系数。 (孔宪立)

岩坡平面破坏分析 plane failure analysis of rock slope
边坡岩体在单一平面上发生滑动的分析。平面破坏分析适用于如下的条件:平面平行或几乎平行于边坡面;破坏面的倾角小于边坡面的倾角以及大于摩擦角;具有允许滑体自由滑动的边界。在边坡上部表面或坡面经常出现张裂缝,可作为滑体的后缘边界。验算坡平面破坏的稳定系数用阻止滑动的抵抗力对导致滑动的致滑力之比值来计算。

(孔宪立)

岩坡破坏面的临界倾角 critical slope angle of rock slope

边坡岩体处于临界失稳时所形成的贯通性滑面的最小倾角。岩坡的破坏通常是沿着基岩面、节理面和其他软弱面发生，这类由平面或组合平面的滑面倾角与均匀边坡不同，主要受地质结构控制。

(孔宪立)

岩坡球面投影法 spherical projection method of rock slope

利用赤平极射投影原理进行岩坡稳定性分析的方法。此法是把一个球体的表面绘到赤平面上去，以解决线与面的方位问题。球面投影法有二种：一种为"保角"投影，即投影球体上的一个圆在投影平面上的投影仍为一个圆；另一种为"等面积"投影，它不是"保角的"，而是在赤平面上各点机会均等。因而经常用于边坡节理系的统计分析。赤平极射投影用于解决线和面方位的同时，若要决定它的空间位置时，还要补充其他作图方法。在边坡稳定性的分析中用力的图解法和引入摩擦锥原理解答问题更为有效。

(孔宪立)

岩坡稳定分析 stability analysis of rock slope

运用岩体力学和工程地质学原理进行边坡内力和边坡岩体承载能力的计算，从而对岩坡稳定性所作的综合评价。岩坡稳定分析由下列工作组成：统计、分析岩体中的不连续面，以确定其性质和分布规律；分析影响岩坡稳定的因素及其对岩坡应力、变形和岩体强度变化所起作用，拟定破坏模式及其极限平衡方程；确定稳定、合理的岩坡断面尺寸（岩坡容许坡度和高度）及形状，提出岩坡稳定的安全系数以及岩坡稳定优化方案。

(孔宪立)

岩坡楔体破坏分析 wedge failure analysis of rock slope

边坡内成楔状岩体在两个或三个的贯通节理面上滑动的分析。楔体是由坡面、坡顶以及坡内二组贯通性节理所组合成的四面体。如在楔体后缘存在陡倾斜节理楔体就成为五面体，此陡倾节理通常受拉而成张裂缝。楔体滑动的必要条件为：坡内节理的组合交线必须在坡面"显示"出来，而且沿组合交线方向的节理面抵抗力必须小于楔体沿组合交线方向的致滑力。楔体经常沿节理面组合交线方向滑动。

(孔宪立)

岩坡形状 rock slope geometry

岩坡表面的几何特征。简单的岩坡由以下要素组成：①坡面-地表的倾斜地段；②坡缘-坡地的上限；③坡脚-坡地的下限；④坡麓-坡脚毗邻的面。岩坡面形状有：直线形、凸形、凹形、弯曲形和折线形。在人工岩坡中，一般开挖成组合台阶形状，每一台阶地段作为边坡的基本单元。它由台阶宽度、台阶高度和台阶坡面角度所定形。

(孔宪立)

岩坡圆弧破坏分析 circular failure analysis of rock slope

发生于均质岩体或密集节理岩体中滑体沿圆弧滑面滑动的分析。当滑动面上的抵抗力矩小于由滑体重力和其他作用力造成的致滑力矩时产生呈旋转运动的滑动破坏。在坡趾处岩体向上升和向前移。

(孔宪立)

岩溶 karst

又称喀斯特。水对可溶性岩石长期进行的以溶蚀为主的地质作用以及这些作用所引起的各种现象与形态的总称。产生的基本条件是：①具有可溶性岩石，如石灰岩、白云质灰岩、白云岩、泥质灰岩、石膏、岩盐等；②岩石中有较多的相互连通的裂隙；③有溶解能力的水；④水的运动循环交替条件好。在岩溶地区进行工程建设，常给建筑物位置的选择或基础的设置带来困难。

(蒋爵光)

岩溶地基加固 consolidation of karst

又称喀斯特地基加固。对已形成溶沟、溶洞、土洞的岩溶地基所采取的加固措施。其方法有：①上层复土很浅时，可采用填塞方法；②溶洞、溶沟不大不宽时，可用钢筋混凝土厚板或联合基础跨越其上；③钻孔压浆充填水下溶洞；④洞大、沟深时采用嵌岩桩等。

(胡连文)

岩溶水 karst water

见溶洞水（255页）。

岩石 rock

天然形成的具有一定结构构造的矿物集合体。岩石作为建筑物的地基、建筑材料和环境，按成因可分为岩浆岩、沉积岩和变质岩；按强度可分为硬质岩石和软质岩石；按风化程度可分为微风化、中等风化、强风化和全风化岩石。新鲜岩石一般具有结晶的或胶结的刚性粒间联结，本身不透水，不可压缩，强度很高。

(杨桂林)

岩石风化程度 weathering grade of rock

地表岩石由于气温变化和裂隙中水的冻结、盐类的结晶或者在水溶液，大气及有机体的氧化、水化、水解、溶解及碳酸化等作用下，在原地产生物理和化学变化的破坏程度。根据岩石的结构和矿物成分变化情况、风化裂隙发育程度、岩体的完整性和可挖性或可钻性等野外特征，并以风化系数作定量参考指标，一般分为微风化、中等风化、强风化

和全风化4个等级。　　　　　　（杨桂林）

岩石露头　rock outcrop

简称露头。出露地表的基岩。是地质观察和研究的重要对象。其出露情况及其所反映的地质特征的代表性与工程地质勘察的工作效率和质量有很大关系。　　　　　　　　　　　　（蒋爵光）

岩石锚栓　rock anchor

永久地锚固在钻孔中的预应力钢索或钢杆。锚栓的应力为围岩的压力所平衡。主要适用于挖方和天然斜坡的表层加固。岩石锚栓产生的压力可防止弹性回弹、冻结和松弛剥落，也能使软弱结构面抗剪强度增大。于钻孔中灌入浆液而成砂浆锚栓，可增大锚固力。　　　　　　　　　　（孔宪立）

岩石压力　rock pressure

见山体压力（262页）。

岩体　rock mass

含有各种结构面的原位岩石的地质综合体。按其不连续性和不均匀性特征，可分为整体状、块状、层状、碎裂状和散体状等结构类型。
　　　　　　　　　　　　　　　（杨桂林）

岩体结构面　discontinuity of rock mass

在地质发展历史，尤其是构造变形过程中，在岩体内形成的沉积层面、沉积间断面、软弱夹层、节理、片理、片麻理、裂隙、断层和劈理等各种不连续面。它破坏了岩体的整体性，造成力学上的不连续性。岩体结构面对岩体在外力作用下的变形、强度和稳定性的影响，取决于其类型、所处应力状态、产状、组合形式、分布密度、贯穿程度、闭合程度、粗糙度、充填情况及充填物的性质等。
　　　　　　　　　　　　　　　（杨桂林）

岩体力学　rock mechanics

研究岩体在各种力场作用下的应力、变形、破坏规律和稳定性评价等问题的学科。研究的主要内容有：岩石和岩体的物理及力学性质；岩体应力状态和变形破坏机制；岩体的模拟试验、稳定性计算理论和评价以及加固的理论和方法。
　　　　　　　　　　　　　　　（杨可铭）

岩体应力测试　rock mass stress test

采用水力压裂法直接测定或量测岩体变形与应力有关的物理力学特性参数，计算出岩体应力的方法。　　　　　　　　　　　　　（王家钧）

岩土　rock and soil

岩石和土的总称。土系指岩石风化、破碎而未胶结成岩的物质。岩土一般包括：岩石、碎石土、砂土、粘性土、人工填土以及其他特殊土等。
　　　　　　　　　　　　　　　（杨可铭）

岩土工程测试　geotechnical engineering test

为工程岩土问题的设计、施工、地基处理和研究提供岩土的物理、力学和化学性质指标所进行的测试工作。它包括：①室内土工试验——现场取样后在试验室所进行的常规试验，如土的重度、土的密度、含水量、界限含水量、颗粒分析、压缩性试验、抗剪强度试验和岩石物理力学性质试验等。②现场原位测试——在工程现场进行的原位试验工作，一般有十字板剪切试验、标准贯入试验、静力触探试验、动力触探试验、静力载荷试验、旁压试验和岩土的水理性质测试等，其最大特点是在不破坏土的原状结构情况下进行的。因此，能较真实地反映土体强度、变形特性、透水性和承载力等。③为专门研究目的所进行的室内外试验和现场监测，如岩土矿物成分测定，桩基静载或动载试验，岩土体的应力、应变和位移测定等。　　（王正秋）

岩土工程长期观测　long-term observation of geotechnical engineering

工程勘察中对建筑地基、场地、边坡或地下洞室围岩的变形、强度及稳定性以及其各种影响因素变化规律的观察研究工作。由于有关因素（如地下水水位、水质、地温、地震、工程振动及各种外应力引起的超孔隙水压力等）变化过程缓慢，观测工作常需延续较长时间进行。这种工作也可检验已经取用的岩土设计参数、理论计算公式与计算方法的适用性和有关影响因素评价的准确程度。因而，长期观测对提高理论与技术水平和发展学科具有实际推动作用。　　　　　　　　　　（杨桂林）

岩土工程学　geotechnical engineering

以工程地质学、岩体力学、土力学与基础工程学科为理论基础，研究和解决工程建设中与岩土有关的技术问题的一门新兴的应用科学。
　　　　　　　　　　　　　　　（杨可铭）

岩土室内试验　indoor test of geotechnique

又称室内土工试验。取岩、土样品在试验室内测定其成分、物理力学性质指标的工作。测定项目主要有：土的含水量、土的重度、颗粒分析、界限含水量、压缩性、抗剪强度、岩石物理力学性质试验、岩土的化学成分、矿物成分、动力性质参数和特殊土的性质等。可按工程项目需要选取。
　　　　　　　　　　　　　　　（王正秋）

岩土现场试验　in-situ test of geotechnique

在工程现场对岩土的物理力学性质进行的试验。分为①原位试验：在岩土所处的位置，基本保持岩土的天然结构、含水量及应力状态条件下，测定其性能的试验；②原型试验：以实际结构物为对象，在现场地质条件下，按设计荷载进行的试验；③现场监测：以实际工程作为原型试验，在施工期和使用过程中，对整个岩土体及其上的建筑物所进行的监测工作。目前常用的试验有：静力载荷试验、旁压试验、静力触探试验、圆锥动力触探、标准贯入试验、十字板剪切试验、现场剪切试验、水力压裂试验、波速试验、岩体应力测试、桩基试验、土体位移量测、土压力量测、孔隙水压力量测、土的渗透性测定等。 （王家钧）

岩芯钻探 core drilling

用截面为圆环形的钻头（如硬合金钻头）和岩芯管进行回转钻进，以取得岩石试样（岩芯）的钻探工作。它是以提取岩芯来研究地质情况的钻探方法。混凝土灌注桩桩身质量检验所采用的抽芯法，亦属于岩芯钻探。 （王家钧）

盐碱土 saline-alkali soil

见盐渍土。

盐渍土 saline soil

又称盐碱土。易溶盐（主要是钠盐）含量大于0.5%的土。主要分布在滨海地区的地形低洼处和内陆干旱气候区矿化地下水位很高的地带。由于底土层和地下水中所含盐分因地面蒸发作用随土中毛细水上升而积聚于地表浅部形成。具有显著的吸湿性、松胀性、湿陷性及不易夯实等不良工程特性。所含盐分对金属及非金属建筑材料还具有腐蚀性。盐渍土按所含盐分性质可分为氯盐渍土、硫酸盐渍土和碱性盐渍土；按含盐量可分为弱、中、强盐渍土。 （杨桂林）

验算点法 design point method

又称考虑变量分布类型的一次二阶矩法。分析中将结构功能函数在极限状态曲面上的验算点处展开使之线性化的一种概率设计法。这种方法一般需通过迭代运算求出可靠指标，计算较为复杂；但因可以考虑变量的实际分布，故求得的可靠指标较为准确。此法尚可求出满足极限状态方程的验算点坐标值，便于转化为多系数表达式进行结构设计。 （邵卓民）

yang

阳离子交换容量 positive ion exchange capacity

度量粘土矿物试样对溶液中的阳离子交换吸附性能强弱的指标。以每100g试样（pH=7）所能交换吸附的阳离子毫克当量表示。不同的粘土矿物，由于晶格同晶置换作用（物质在结晶时，晶格中的部分质点为其他质点所占用，这种晶格中质点的置换现象称为同晶置换），晶格边缘的破键和裸露的氢氧基上氢的活性和数量的差异，以及分散度不同等原因，使其阳离子交换量有明显差别。所以，通过小于 2×10^{-3}mm 粒组的阳离子交换容量测定，可以确定主要粘土矿物的类型，并了解其物理化学性质。 （王正秋）

阳台结构 balcony structure

由栏杆、阳台板及阳台梁组成的悬挑出外墙体以外，供人们在居室外休息用的平台结构。栏杆为与阳台板四周及外墙体相连的围护构件，阳台板是用来承受阳台荷载的钢筋混凝土板式构件，可按嵌固在阳台梁上的悬臂板设计，也可设计成梁板结构。阳台梁承受阳台板传来的荷载以及上部墙体重量。由于阳台板传来的荷载对阳台梁纵轴的偏心作用而产生较大的扭矩，所以阳台梁是弯、剪、扭复杂受力的构件。同时还必须采取措施确保其具有足够的抗倾复能力。 （王振东）

阳台面积 balcony area

依附于建筑物各层供人室外活动的平面面积。包括凸出墙面的挑阳台和凹入墙面的内阳台。 （李春新）

杨氏模量 Young's modulus

见弹性模量（293页）。

仰焊 overhead welding position

见焊接位置（119页）。

氧气转炉钢 pure oxygen converter steel

将高纯度氧用高压吹进转炉铁水冶炼成的钢。用氧气转炉炼钢，熔炼时间短，成本低，质量高，有取代平炉钢的趋势。 （王用纯）

样板 templet

见放样（80页）。

样本 sample

又称子样。从总体 X 中随机抽取 n 个个体 X_1, X_2, $\cdots$, X_n 的集合。n 称为样本的容量。将样本记为 $(X_1, X_2, \cdots, X_n)$，它是 n 维随机变量，其中各分量 X_i 相互独立，且与总体 X 同分布。 （杨有贵）

样本极值 sample extreme value

总体 X 的样本中的最大者和最小者。分别记为 $X_n^* = \max(X_1, X_2, \cdots, X_n)$ 和 $X_1^* = \min(X_1, X_2, \cdots, X_n)$。它是随机变量。 （杨有贵）

样杆 templet strip

见放样（80页）。

yao

腰鼓形破坏 drum-shaped failure

由塑性良好的材料制成的短构件，在很大压力下形成鼓形的破坏形式。如含钢率较大的钢管混凝土短柱，在纵向压力荷载作用下钢管屈服后，上下端由于边缘效应的影响，横向变形较小，而中部变形较大向外凸起，形成类似腰鼓形状的破坏。

（苗若愚）

腰筋 waist steel

见侧面构造筋（19页）。

窑干材 kiln dried timber

在专门的干燥窑中，根据树种与截面尺寸人为地控制干燥介质的温度、湿度及气流速度，主要利用气体介质的对流传热干燥处理的木材。可干到比气干程度低的任何最终含水率，干燥质量较好。

（樊承谋）

遥感 remote sensing

用专门仪器，从远距离探查、测量地球上物体的变化情况并获取有关信息的技术方法。遥感技术目前不仅广泛应用在天文、气象和军事方面，而且也能为城乡规划、环境保护监测提供重要的信息资料。

（杨可铭）

遥感图像 remote sensing images

采用不同高度的遥感平台和不同的传感器组合，获得的各类影像信息的总称。如卫星多光谱扫描图像、航空近红外相片、机载（或星载）侧视雷达图像等。

（蒋爵光）

遥感资料 remote sensing data

通过遥感信息的接收装置（如传感器）获得目标电磁波的遥感信息（图像和数据）的总称。按获取资料的方法和手段可分为：卫星遥感资料、航空遥感资料和地面遥感资料等。遥感资料的存贮方式有影像和图形、磁带数据以及文字和数字等。它是进行目标物地质判释的基础。

（蒋爵光）

咬边 undercut

由于焊接工艺参数选择不当，或操作工艺不正确，沿焊趾的母材部位产生的小沟或凹陷。它降低焊缝的机械性能。

（刘震枢）

咬合作用 interlocking action

钢筋粗糙不平的表面或变形钢筋表面凸出的肋与其周围混凝土之间或裂缝两侧混凝土发生剪切位移时所产生的机械咬合以及集料之间的相互作用。

（刘作华）

ye

液化场地危害性评价 evaluation of liquefaction harmfulness at specific site

对特定的建设场地在预期地震作用下，土层液化所能引起的工程破坏的程度作出定量的估计。评价的依据是土层液化可能性大小、液化土层厚度和埋藏深度、地表不液化覆盖土层厚度以及结构物的特点等。以地基液化指数或液化等级为评价指标。评价是进行可液化地基设计、鉴定和加固处理的根据。

（王天龙）

液化的初判 preliminary identification of liquefaction

在场地初勘阶段，利用土层的地质年代、粉粒含量、地下水位深度和上覆非液化土层厚度进行液化判别的方法。

（应国标）

液化的再判 secondary identification of liquefaction

由标准贯入试验等方法来判别液化。

（应国标）

液化地基加固 improvement of liquefiable soil

采取压实、挤密、胶结等手段提高地基土的抗液化能力。常用的方法有振动压密、强夯、振冲砂石桩、挤密砂桩、水泥灌浆、化学灌浆、就地搅拌桩等。

（王天龙）

液化区 liquefaction zone

饱和的松散砂性土（或有一定粘粒含量的砂性土），在地震作用下丧失抗剪强度而成为液体状态的所在地区。它的宏观标志就是土体中孔隙水压力上升到足以冲破覆盖土层并将地下的颗粒和水喷出地面，出现砂土液化。这是平原地区尤其是滨海平原地区的主要震害特征。由于地下松散物质大量喷出，导致不同程度震陷，造成该区工程结构倾倒或开裂、岸坡滑移、桥梁落梁、路基坍塌等。液化区的最大半径可用震中距与震级关系估算：$\lg R = 0.87M - 4.5$（km）。

（章在墉）

液化砂土地基加固 consolidation of liquefiable sandy soil

为消除饱和粉砂和粉土在地震时液化，发生喷水冒砂现象，造成地基失稳所采取的加固措施。常用方法有：①强夯法；②振冲法；③桩基础法，必须将桩穿越液化土层进入非液化土层一定深度，桩的承载力中应扣除液化土层的负摩擦力。

（胡连文）

液化势小区划 microzonation of liquefaction potential

用线性判别函数对宏观液化资料作统计分析并用液化势指数表示的小区划。关键是判别指标的选择和判别准则的确定，它是以成功判别率为依据。日本岩崎敏男（T.Iwasaki）等提出按土壤标准贯入锤击数 N 值、粒径分布及最大地震动加速度来评定液化，其步骤为：①确定地表下20m内土壤的抗液化系数；②求对应于各种估计的最大地震动加速度的液化势指数；③根据液化势指数大小判定液化危险性高低；④用产生液化的各种临界加速度值编制小区划图；⑤有条件时可用历史地震宏观液化地区作校核。　　　　　　　　　（章在墉）

液限　liquid limit

又称塑性上限。土由流动状态转变为可塑状态的界限含水量 w_L（%）。它的数值大小，可反映土中粒度成分及粘土矿物的类型和含量；也反映某些物理力学性质，如胀缩性、压缩性等。测定液限常用圆锥仪法或碟式仪法。　　　（王正秋）

液性指数　liquidity index

土的天然含水量 w 与塑限 w_p 之差对塑性指数 I_p 之比。公式表示为 $I_L = \dfrac{w - w_p}{I_p}$。它的数值大小反映粘性土的稠度状态，如 $I_L < 0$ 为半固体状态；$I_L > 1$ 为流动状态；$I_L = 0 \sim 1$ 为塑性状态。
　　　　　　　　　　　　　　　（王正秋）

液压加载法　method of hydraulic loading

利用液压原理，通过液压加载系统在高压液压油作用下驱动液压加载器油缸内的活塞对结构施加荷载的方法。液压加载是目前结构试验中应用比较普遍的一种理想加载方法。最简单的是利用手动液压加载器。对于大型结构构件要求多点加载时，可以利用液压加载系统，同时控制几个或十几个，甚至更多的液压加载器进行同步加载。对于大型结构构件还可以用液压驱动的结构试验机施加很大的集中荷载，对结构构件产生拉、压、弯等效应。液压加载法同样可以使用于结构动力加载。可以利用结构疲劳试验机对承受动荷载作用的结构构件施加疲劳荷载，特别是电液伺服加载系统的开发和使用，为模拟与仿真加载提供了技术条件，结构试验中可用以模拟地震和海浪波动对结构的作用。更由于计算机技术在加载控制中的应用，使液压加载技术发展到一个新的高度，为结构试验的自动化开拓了崭新的领域。　　　　　　　　　　（姚振纲）

液压加载器　hydraulic jack

俗称千斤顶。利用液压原理驱动活塞进行加载的机具。是液压加载设备的一个重要部分。普通的手动液压加载器一般由工作油缸、活塞、储油缸、手动油泵、油压表及单向阀等组成。工作时是用高压油泵将具有一定压力的液压油输入工作油缸，推动活塞，对结构施加荷载。荷载值由油压表的示值（即单位面积压力）和活塞受压面积的乘积求得。结构试验中专用的液压加载器有单向作用或拉压双向作用两种，双向作用液压加载器可用于对结构施加低周反复荷载，此外还有用于结构疲劳试验的脉动液压加载器和用于模拟随机振动作用的电液伺服液压加载器。　　　　　　　　　（姚振纲）

液压加载系统　hydraulic loading system

利用液压原理，由液压加载器、高压油泵、储油箱、测力装置和各类阀门等液压元件，通过高压油管联接组成的加载系统。适用于大型结构同时进行几个、十几个、以至更多加载点的液压加载器同步加载，同时有变荷控制装置可以使用同一油泵控制两组或三组不同荷载的加载，能适应均布和非均布，对称和不对称的加载要求。结构抗震研究恢复力特性的低周反复加载试验中可以控制油路的快速开闭和交替切换，满足对结构拉压交替加载的要求，并能自动显示荷载。　　　　　（姚振纲）

液压式振动台　hydraulic vibration table

利用液压装置产生振动的结构动力试验的加载设备。由加振器、平台台面、台面支承、泵源系统、操纵控制台等组成。早期，仅用液压加载器作为动力源推动台面，一般是按正弦规律振动。近代，是采用电液伺服加载系统和闭环控制原理驱动和控制振动台台面的运动。由信号发生器给出指令信号，经放大器放大后进入电液伺服阀，将与输入信号成比例的液压油送入加振器的活塞缸，用以驱动活塞并推动台面运动。　　　　　（姚振纲）

yi

一般堆积土　ordinary deposited soil

第四纪全新世（Q_4）文化期以前堆积的土层。与老堆积土和新近堆积土相比，其物理力学性状一般。　　　　　　　　　　　　　　　（杨桂林）

一步记忆随机过程

见马尔柯夫过程（206页）。

一次二阶矩法　first order second moment method

见近似概率设计法（170页）。

一次下沉法　monotonic subsiding

圆形、长圆形或矩形钢筋混凝土井筒状的深基础或地下构筑物，采用分段浇筑井筒然后一次下沉的方法。也可采用分段浇筑井筒分段下沉的方法，即分段下沉法。　　　　　　　（方丽蓓）

一次性加载　one time loading

按模拟地震试验要求，选择或设计一个合适的地震记录，输入模拟地震振动台的控制系统，一次性驱动振动台台面从而使试验结构或模型受到相应地震作用的试验。是模拟地震振动台试验的一种加载制度。这种试验可以模拟试验结构在一次强烈地震中从弹性、开裂到破坏的整个表现，与实际地震时的情况比较相似。
（吕西林）

一类物资
见国拨材料（114页）。

一顺一顶砌筑法
以一皮顺砖一皮顶砖相间砌合的方式。因为砖块相互搭接没有通缝，所以整体性好，但砌筑速度较慢。
（张景吉）

一维波动模型 1-dimensional wave motion model
土层反应计算中任何反应分量只是波传播方向函数的一种力学模型。它假定当地震波在两种不同介质界面入射时，界面是水平的，并且覆盖土层可分成许多水平薄层，对来自基岩运动，土层只需考虑水平向运动，并作为竖向入射的一维波传播问题来处理。一维近似只有当震源离场地相当远及界面上下土壤刚度差别显著时，可以给出满意结果。
（章在墉）

依次施工 construction in proper order
按一定的顺序在第一个施工工序完成后，再接着开始第二个施工工序的施工，按照次序逐个地完成全部工序的施工方法。其特点是工期长，工作有间歇，每日投入的劳动力和物资资源较少。
（林荫广）

仪器标定 calibration of instrument
用标准量测仪器测定仪器度量性能的工作。量测仪器是计量仪器的重要组成部分，它的标定应定期地由法定计量部门按国家规定的方法进行。有时在使用仪器前或量测工作过程中也对仪器进行必要的标定，主要目的是确定它们的输出灵敏度。
（潘景龙）

仪器度量性能 Performance data of instrument
从数量上表示仪器量测被测物理量的各种能力。主要有最小分度值、量程、灵敏度、准确度、线性误差、稳定性等。对于动态量测仪器，还有频率响应、信噪比等。有些仪器的度量性能常受使用时的环境条件如温度、湿度、电磁场强度、电源电压等因素影响，因此这类仪器的度量性能还应包含抵抗这些因素干扰能力方面的一些指标。各种仪器的度量性能指标，由相应的国家专业标准规定，并应由国家计量部门按相应的国家检验规程检定。
（潘景龙）

仪器高程 height of instrument
望远镜的视准轴水平时的高程。
（汤伟克）

仪器稳定性 stability of instrument
当被测物理量数值保持不变，并经历规定时间而仪器保持示值不变的能力。是仪器的度量性能指标之一。反义词称漂移。常用规定时间内被测物理量的变化量或它与仪器满量程的百分比来表示。
（潘景龙）

仪器线性误差 linear distortion of instrument
在允许的测量范围内，仪器输出与输入间的关系曲线偏离于直线关系的程度。是仪器度量性能指标之一。常用满量程（$F \cdot S$）的百分比表示，是仪器固有的系统误差。
（潘景龙）

仪器旋转轴 rotational axis of instrument
又称竖轴或纵轴。经纬仪或水准仪的照准部在水平面旋转的几何轴。通常此轴与上部照准系统联为一体，套在轴套内，轴套固定在基座上，也有些仪器的竖轴固定在基座上。根据轴与轴套的关系，可分为复测轴系和方向轴系。
（邹瑞坤）

宜建地区 zone suitable for construction
对建筑物抗震有利的地区。一般可参照下列条件综合判定：①土质岩性——属微风化和中等风化基岩或密实均质的稳定土；②地形地貌——开阔而平坦的或平缓坡地、平原或山前小平原且属于单一的地貌单元；③地质构造——该地区内及邻近不应有发震断裂通过，对非发震断裂，宜采用综合方法查明其位置、宽度、破碎带胶结情况；④地下水位——埋藏较深，或虽埋藏较浅，但土质较好，在自然条件下不存在孔隙水压力。
（章在墉）

移动沙丘 migratory dune
在风力地质作用下不断向前推移运动的沙丘。风积物形成的沙丘，其迎风坡上的砂粒，在风力地质作用下顺风向上坡移动，并在背风坡的上部堆积，当砂粒堆积的坡度超过休止角时，即向背风坡下坍落，这种过程反复进行，便使沙丘不断向前移动。沙丘在风的持续吹动下，能较快地向前移动，每年可达数米到十多米或更多。移动沙丘可掩没田园、村庄和道路，给人类活动带来极大的危害。
（蒋爵光）

乙类钢 B grade steel
见钢类（98页）。

以太网 ethernet
采用载波接收、多路存取/碰撞检测（CSMACD），控制存取协议的随机存取的局域网。网络拓卜结构为总线型。相距1～10km的计算机通过带状同轴电缆互连。
（周锦兰）

异位试验 different seat test
试件支承、安装就位、荷载作用方向以及试件自重产生的应力状态等与实际工作情况不一致的结构试验。按试件试验时实际位置的不同可分为反位试验和卧位试验。
（姚振纲）

异形空心砖 special shaped hollow brick

外廊形状不是直角六面体的空心砖,如拱壳空心砖和T字形楼板空心砖等。　　　(罗韬毅)

抑爆结构　suppressive explosion structure

爆炸物在室内爆炸时,为了控制和减弱空气冲击波及碎片对室外的破坏作用而特设的结构。它采用既可承受爆炸荷载又可施行受控泄压的墙体。可采用型钢或钢筋混凝土制作并允许出现一定的塑性变形。　　　(李铮)

易损性分析　vulnerability analysis

对建筑物遭受震害程度的经验估计方法。将影响建筑物震害的各种内在因素与外部因素分别给以不同的易损性指数,然后用加法或乘法综合评定它的易损性指数,将超过某一范围的指数总分定义为不同的震害程度,从而对建筑物的震害程度作出预测。这种方法虽简单易行,但如何确定各因素的易损性指数大小以及怎样综合评估有着很大的主观随意性。　　　(章在墉)

溢出　overflow

算术运算所产生的结果大于机器所能表示的范围或算术运算产生的非零结果小于机器所能表示的范围时的状况。前者称为上溢,后者称为下溢。
　　　(王同花)

翼板　flange

见翼缘。

翼墙　flange wall

在墙梁两端与其垂直相连的墙体。翼墙可显著提高墙梁的砌体局部受压承载力,在一定条件下还能对楼面荷载产生卸荷作用。　(王庆霖)

翼缘　flange

又称翼缘板或翼板。工字形截面中的外伸板件。在T形、[形和箱形截面中的相应部分也称翼缘。翼缘与腹板或梁肋垂直,主要用以承受弯矩。实腹式柱也有翼缘。为防止翼缘局部失稳可能导致构件提前破坏,翼缘应满足一定的宽厚比要求。承受动荷载的梁,受拉翼缘易产生疲劳破坏,所以翼缘应光滑平整,尽量减少应力集中。钢-混凝土组合梁的翼缘指位于钢梁以上的混凝土板部分。
　　　(朱聘儒　何若全)

翼缘板　flange

见翼缘。

翼缘等效宽度　equivalent width of flange

见翼缘有效宽度。

翼缘计算宽度　calculating width of flange

见翼缘有效宽度。

翼缘卷曲　flange curling

受弯构件的翼缘发生卷曲的现象。当受弯构件翼缘的宽厚比异常大时,翼缘的边缘部分会产生向截面中和轴方向卷曲的变形。　　　(沈祖炎)

翼缘有效宽度　effective width of flange

又称翼缘等效宽度或翼缘计算宽度。钢-混凝土组合梁及T形或I形截面混凝土梁计算中采用的受压翼缘的宽度。梁受弯时,由于剪切滞后,翼缘内压应力沿宽度方向是不均匀的,在截面竖轴处最大,远离竖轴变小。有效宽度实质上是假定翼缘中保持最大压应力不变且沿宽度方向均匀分布的条件等效宽度。　　　(朱聘儒)

yin

因瓦尺　invar tape

旧称铟钢尺或殷钢尺。用铟钢(含铁64%、镍36%,膨胀系数小于$5.0×10^{-7}/℃$的镍铁合金)制成的线状尺或带状尺。是基线丈量和精密量距的工具。中国使用的线状尺长24m,带状尺长48m,备有用于丈量短跨距的8m(线尺)或4m(带尺)长的补尺,并备有重锤、尺架等附件。线状尺标准直径1.65mm,尺两端各焊接一个长8cm、刻划到毫米的三角形断面的分划尺,其中一个棱边与线状尺的中心轴相合,前后两分划尺上同名分划间的距离为尺长。

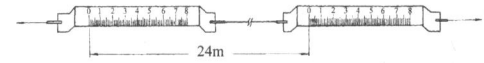

　　　(高德慈)

阴极保护　cathodic protection

使用外加直流电流或牺牲电极(镁、铝或锌),使被保护金属成为阴极,以减少或消除金属腐蚀的方法。外加直流电流适用于大体积的构筑物和地下管道等。其法为用石墨或高硅生铁等作为惰性阳极接正端,以被保护金属接负端,施加至少与腐蚀电流大小相等、方向相反的电流。　(施　弢)

音节清晰度　syllabic articulation

用来评价房间的听音清楚程度和语言可懂度的比值。它是通过在测定的房间内,某人发出若干单音节时,室内听者听清的音节占所发音节数的百分比。如汉语中的一字一音即为单音节。
　　　(肖文英)

殷钢尺

见因瓦尺。

铟钢尺

见因瓦尺。

引弧板　end tab

施焊前在焊缝的始端和终端装配的金属板。目的是为了在对接焊缝的始端和终端获得正常尺寸的焊缝截面和避免引弧、终弧所引起的焊缝缺陷,在

这二块板上分别开始焊接和终止焊接。焊后可将该二板割去。　　　　　　　　　　　　（李德滋）

隐蔽工程　concealed work

分项、分部工程完成后不立即进行就无法进行检查的或被下道工序覆盖的工程。如基础下的桩、地下的基础、钢筋混凝土中的钢筋等。隐蔽工程在被隐蔽之前应通知有关部门及时检验质量并做好隐蔽工程记录。　　　　　　　　　　（林荫广）

ying

应变电测技术　electronic measuring technique of strain

应用电子仪表量测应变的使用技术。其中主要是使用电阻应变仪量测应变的技术，其核心是如何提高应变量测的准确度。为此需研究可靠的温度补偿、防潮防护方法、合适的组桥方式、预调平衡和合理布线等关键技术。　　　　　　　　（潘景龙）

应变花式应变计　strain rosette

又称多轴应变计。在同一基底上用几个彼此独立的按一定角度排列的敏感栅构成的电阻应变计。敏感栅形状，随量测需要而定。在平面应力场中测定主应力，通常用二个或二个以上彼此成45°、60°、或90°的敏感栅构成的应变花式应变计。
　　　　　　　　　　　　　　　　（潘景龙）

应变控制　strain control

见控制冷拉率法（186页）。

应变块　block with strain gauge

量测混凝土内部应变的一种电阻应变计式传感器。传感器内部贴有标距较大的电阻应变计，为了准确地反映混凝土的内部应变，又不干扰原有的应力场，制造应变块的材料应与所测混凝土材料具有相似的力学性能。应变块在浇筑混凝土阶段按所测应变方向埋入，试验时用电阻应变仪测读。
　　　　　　　　　　　　　　　　（姚振纲）

应变链　strain chain

又称连续布点量测裂缝法。利用连续布置应变计观测钢筋混凝土结构构件裂缝的一种试验量测方法。在结构构件可能产生裂缝的区段内连续布置应变测点。在裂缝未出现前，该受拉区域内各测点应变值是连续增长的。当在某级荷载作用下构件开裂时，跨越裂缝测点的仪器读数产生明显的跃变，而相邻测点的读数可能变化很小，有时甚至出现负值。在开裂测点的荷载应变曲线中将使原来光滑曲线的斜率发生变化产生突然转折。由此可确定混凝土结构的开裂荷载值和裂缝出现的正确部位。当仪器标距不适宜连续布置时，为防止裂缝正好发生在两个仪器标距的间隙内，可以采用交错搭接方式布置应变计。　　　　　　　　　　（姚振纲）

应变片　gage

见电阻应变计（63页）。

应变强化阶段　strain-hardening stage

简称强化阶段。在材料的拉伸应力-应变曲线中，从屈服阶段结束到抗拉强度对应点间的工作阶段。这一阶段应变增加，应力恢复增长，形成上升段。应力和应变呈曲线关系。在结构分析中，有时可利用强化阶段的强度。如金属材料经过冷作硬化，可以提高屈服点。　　　（王用纯　刘作华）

应变时效　strain aging

冷作硬化和时效硬化的复合作用。钢材进行冷加工（冷拉、冷拔、冷压），产生一定塑性变形，经过一段时间后，晶体中的固溶氮和碳更易析出（特别是高温下），从而使因冷作硬化的钢材同时发生时效硬化，结果是更为硬化，使钢材的强度提高，但塑性和韧性却明显降低。　　（李德滋）

应变式测振传感器　vibration transducer with strain-gage type

俗称应变式加速度计。是一种利用应变变化量测加速度用的器件。在加速度作用下，传感器中的质量块产生惯性力，使它的弹性元件发生正比于该加速度的应变，并由电阻应变计感受，配用动态应变仪和记录仪表记录加速度时程曲线，从而获得加速度振动参数。　　　　　　　　（潘景龙）

应变式加速度计　accelerometer with strain-gage type

见应变式测振传感器。

应变式倾角传感器　angular transducer with strain gage type

将测点的倾角转换成弹性元件的应变，并由电阻应变计转换成电阻相对变化的器件。一般使用电阻应变仪作二次仪表来测读倾角。　（潘景龙）

应变式位移传感器　strain-gage type displacement transducer

一种将线位移转换为弹性元件的应变，并由电阻应变计转换成电阻相对变化的器件。需通过标定，获得它们的灵敏度常数（$\mu\varepsilon$/mm 或 mv/mm），并配用电阻应变仪或常用的二次仪表来量测位移。
　　　　　　　　　　　　　　　　（潘景龙）

应变速率　strain rate

单位时间内应变的变化。即应变对时间的一次导数。结构构件的应变发展与荷载的性质及作用时间有关，而材料的力学性能也受加载速度的影响。钢材的强度随应变速率提高而增大，但不会改变材料的弹性模量和应力—应变曲线的形状。而混凝土材料是随着应变速率的增加其强度和弹性模量均会提高。结构的不同部位，甚至在同一截面上的不同点，在不同应变速率下的强度也不同，速率越快，测得的强度越高，同时更由于混凝土内部微裂缝来不及扩展，初始弹性模量则随应变速率的加快而提高。

（姚振纲）

应变硬化 strain hardening

见冷作硬化（194 页）。

应变滞后 strain lag of added concrete

在相同荷载作用下，对叠合梁在二阶段承载时，其叠合层受压区混凝土的压应变总比对比现浇梁受压区混凝土压应变小的特性。二阶段受力叠合梁，在叠合施工时，是由预制梁的混凝土承受压力，但在叠合后的使用阶段，却主要由后浇混凝土承受压力，使得叠合梁受压区中的压应变，在构件使用阶段中总是小于相应对比现浇梁在相同荷载下的压应变，这一情况通常称为叠合梁受压区混凝土"应变滞后"现象。由于这一有利现象的存在，使得叠合梁的极限承载能力不会比与之相应的对比现浇梁低。

（周旺华）

应急照明 fighting lighting

在发生火灾等事故引起正常工作照明中断的情况下，供继续工作或人员疏散使用的照明。包括备用照明、疏散照明和安全照明。

（马洪骥）

应力比 stress ratio

应力变化历程中一个循环的绝对值最小应力和最大应力的比值。拉应力取正号，压应力取负号。其表达式为：

$$R = \frac{\sigma_{min}}{\sigma_{max}}$$

以应力比 R 表示应力循环的特征，也称为应力循环特征值。是影响材料疲劳强度的主要因素之一。

（韩学宏　杨建平）

应力变程 stress range

钢结构构件或钢筋等弹性材料，在多次重复荷载作用下，每个荷载循环中对应的应力变化幅度。即应力的上、下限之差。随着这种应力幅度的增加，钢材的疲劳强度要降低，所以在钢结构设计规范中，钢材的疲劳强度用应力变程来描绘。在全部重复作用 N 次的作用过程中，若应力变程保持不变，称为常幅疲劳，反之，称变幅疲劳。但在钢筋混凝土结构中，由于混凝土残余变形的存在，即使在等幅重复荷载作用下，钢筋和混凝土的应力变程也是变化的。

（李惠民）

应力超前 stress excess of tensile steel

在相同荷载作用下，叠合梁中预制构件的钢筋拉应力大于与叠合梁相应的现浇梁钢筋拉应力的性质。叠合梁叠浇时在预制构件下设有可靠支撑或虽无支撑，但预制构件除自重外别无其他恒荷载，此时其正截面受力性能与一次浇捣的整浇梁基本相同，称为一阶段受力叠合式受弯构件。这种构件，除斜截面和叠合面应按叠合式混凝土受弯构件计算外，正截面的计算，均与一般受弯构件相同；当叠浇时在预制构件下不设支撑，预制构件除自重外尚有其他恒荷载作用，待叠合层混凝土达到强度后又承受后加的恒荷载及使用荷载时，则称为二阶段受力叠合式受弯构件。这种构件的正截面、斜截面和叠合面均应按规范规定的叠合式受弯构件计算公式计算。由于其预制构件的截面高度总是小于叠浇后截面总高度，故预制构件在一阶段荷载作用下产生的钢筋应力、挠度和曲率总是大于相应对比现浇梁在相同荷载作用下的数值。虽然在二阶段荷载作用下，由于"荷载预应力"的有利影响，此差距有所挽回，但叠合梁的最终钢筋应力、挠度和曲率仍大于条件相同的相应对比现浇梁，通常用"应力超前"这个概念来概括描述叠合梁这一不利的特性。

（周旺华）

应力重分布 stress redistribution

又称应力重分配。构件截面内部分材料由弹性工作阶段逐渐进入塑性工作阶段，截面各部分材料的应力发生重新调整的过程。如钢筋混凝土短柱，当荷载开始作用时，钢筋和混凝土的应力处在弹性阶段工作；随着荷载的增加和混凝土徐变的增长，混凝土应力逐渐减小而钢筋应力逐渐增大，起初慢以后快。至钢筋应力达到屈服强度后，所增加的荷载又主要由混凝土承担，最后混凝土应力也达到受压强度极限值时构件破坏。由于钢筋和混凝土之间的应力重分布，所以能充分利用构件中钢筋的强度。

（王振东）

应力重分配

见应力重分布。

应力幅 stress range

在应力变化历程中相邻两极值之间的差值，或在一次应力循环中应力变动的最大幅度。常幅疲劳的应力幅为最大应力 σ_{max} 和最小应力 σ_{min} 的代数差。试验和疲劳断裂分析都证实应力幅是控制结构疲劳强度的主要应力参数。

（韩学宏　杨建平）

应力腐蚀 stress corrosion

应力加速电化学腐蚀的一种现象。应力破坏了钢材表面的钝化膜，使新鲜表面与介质接触发生电化学腐蚀，形成腐蚀坑引起应力集中，促使裂缝产生；电化学反应形成的有害气体（氢）更使裂缝尖端部位材质脆化加速裂缝扩展，最后导致钢材晶体断裂。这种微裂缝加剧了构件截面的应力集中，加

速了腐蚀过程。 （卫纪德）

应力腐蚀开裂 stress corrosion cracking
在腐蚀介质和静拉应力联合作用下裂缝产生或扩展的现象。多数呈分叉开裂状态。一般地说，材料的强度愈高，应力腐蚀开裂的敏感性就愈大。降低工作应力和残余应力，消除助长开裂的化学离子，在介质中添加防腐剂以及采用金属镀层或阴极保护是防止应力腐蚀开裂的有效措施。
（何文汇）

应力腐蚀开裂断裂韧性 fracture toughness for stress corrosion cracking
在腐蚀介质中拉应力使裂纹开始扩展的临界应力强度因子。一般以 K_{ISCC} 表示。当裂纹尖端的应力强度因子低于 K_{ISCC} 时，裂纹不发生扩展。
（何文汇）

应力恢复法 stress recovery method
先在岩体内刻槽使其应力解除，并测出变形，再在槽内装上压力枕对岩体施加压力，使变形恢复，根据施加的压力得到岩体内应力的方法。
（王家钧）

应力集中 stress concentration
构件在截面改变处应力分布不均匀，出现局部高峰应力的现象。高峰应力与平均应力之比称为应力集中系数。构件的截面改变包括裂纹、栓钉孔、刻槽、缺口、凹角及宽度或厚度的改变等，该处应力线曲折、密集，形成有高峰应力的非均布应力场，同时还产生双向同号应力场，对于厚板还会产生三向同号应力场。这是促使钢材脆性破坏的主要因素。

在岩土工程中，当持力层为可压缩土层，下卧层为不可压缩的岩层时，上层土中附加应力比在匀质地基情况时大的现象。这时，应力集中的程度主要取决于荷载宽度 B 和压缩土层厚度 h。h/B 愈小，应力集中愈明显，同时也与土的泊松比等因素有关。 （李德滋 陈忠汉）

应力集中系数 stress concentration factor
见应力集中。

应力解除法 stress relief method
用刻槽将测点的岩体与四周分离，测点的岩体因应力解除发生变形，据此测定应力解除前岩体内应力的方法。 （王家钧）

应力蒙皮作用 stressed skin action
见受力蒙皮作用（276页）。

应力木 reaction wood
又称偏心材。取材于生长时与地面倾斜的树干或与树干偏离了正常角度的树枝的木材。其解剖构造以及物理、力学、化学性质等均与正常木材有显著的不同，这也是木材的一种缺陷。
（王振家）

应力谱 stress spectrum
在重复荷载或交变荷载作用下，循环应力随时间变化的历程。循环应力随荷载情况而变动，有循环拉伸、循环压缩和拉压交变等，是解决变幅疲劳计算的重要资料。 （韩学宏）

应力强度因子 stress strength factor
表示在外力作用下裂纹尖端附近应力场强度的参数。用 K_1 表示。当 K_1 达到材料固有的临界值时，有裂纹的构件发生失稳断裂。
（韩学宏 何文汇）

应力强度因子幅值 range of stress intensity factor
循环应力作用下，裂纹尖端处应力强度因子变化的幅值（ΔK）。它与疲劳循环应力中应力幅相对应，是控制疲劳裂纹扩展速率的主要力学参量。
（何文汇）

应力释放 stress release
受有约束的杆件、单元或纤维，因去掉约束而使约束应力得以全部或局部消除的现象。
（谭兴宜）

应力循环次数 number of stress cycle
构件或连接经受应力作用的次数。在常幅疲劳问题中，应力由最小到最大再回到最小的完整循环，计为一次循环。在变幅疲劳问题中，应力循环次数用特定的方法（如雨流法）来统计。它是决定疲劳强度的重要因素之一。 （杨建平）

应力循环特征值 characteristic value of stress cycle
见应力比（345页）。

应用软件 application software
执行一个特殊功能或功能组的计算机程序。例如，在科学计算方面的最佳求解应用程序；工程设计方面的框架结构分析计算应用程序；统计系统方面的统计报表和回归分析应用程序；事务管理方面的生产管理及经济预算应用程序，以及物资管理、人才管理应用程序等。
（黄志康）

应用软件的概要设计 schematic design of application software
用功能需求说明书的形式对要解决的整个问题进行客观地陈述的设计过程。对必须解决的问题定型化，通过多方案代价-效果分析，择优确定总体方案和实现算法。 （陈国强）

应用软件的详细设计 detail design of application software

按照概要设计的总体方案，分解成若干个功能块，进行模块设计和算法应用的设计过程。它常常要经过编写、调试、考核、修改的多次重复才能完成。　　　　　　　　　　　　（陈国强）

英兹式水塔　Eads's water tower

由正锥壳顶，圆柱壳壁、倒锥和球面壳底及支承环梁组成的水塔。其水柜称为英兹式水柜。由于球面壳耐受压力，因此这种结构形式比较合理。但支模复杂，施工麻烦。　　　　　　（方丽蓓）

荧光法　fluorescent penetrating inspection

见渗透探伤（267页）。

盈亏平衡分析　break-even analysis

又称保本点分析、量本利分析。根据项目正常年份的产品产量或销售量、生产成本（固定总成本和单位产品可变成本）、产品价格等方面的数据确定项目的产量盈亏平衡点的分析。其目的是预测产品产量（或生产能力利用率）对项目盈亏的影响。产量盈亏平衡点的计算公式为：

$$Q_0 = \frac{f}{P - V}$$

Q_0为盈亏平衡点的年产量，又称保本产量；f为年固定总成本（包括基本折旧）；P为单位产品价格；V为单位产品可变成本，产品销售税金可视为必要的可变成本。Q_0值越小，说明项目适应市场需求变化的能力越大，抗风险能力越强。
　　　　　　　　　　　　　　　　（房乐德）

影响半径　radius of influence

抽水井轴到地下水位下降影响范围的边界的距离。可根据抽水时各观测孔实测的水位下降值，通过计算或作图法求得。其大小与含水层的透水性、抽水延续时间、井中动水位降深值等因素有关。可用它计算井、基坑的涌水量。　　　（李舜）

影响局部抗压强度的计算面积　calculating effective area of local bearing strength

又称局部受压计算底面积。用来计算局部抗压强度提高系数的有效面积。它是不直接受压面积参与抵抗局部荷载能力的度量。其值有的取同心最大支承面积（面积重心与局部受压面积重心相重合）；有的取从梁边算起各一倍墙厚的范围。
　　　　　　　　　　　　　　　　（唐岱新）

影像地形图　image format topomap

利用航空摄影或卫星遥感影像经放大直接反映地物及地貌平面位置和高程的图。影像是经过纠正的正射像片。从影像容易识别的地物（如居民地，河流等）不另加符号，直接由影像显示；影像不能显示或判读困难的内容（如等高线，高程点等）以符号或注记表示。影像地形图具有真实直观、立体感强、与实地直接对比性好、地物平面精度高、成图周期短等优点。　　　　　　（钮因花）

影像地质图　photogeologic map

在航空相片或遥感图像的影像信息图上，标绘出各种地质要素和地质现象以及必要的地形、地物等资料的地质图。图件上既具有与实际地区相对应的地质影像信息，又有一般地质图的有关资料，以便于直观分析。这种地质图可用于城市规划阶段或区域性的工业布局时的工程地质勘察。
　　　　　　　　　　　　　　　　（蒋爵光）

硬磁盘　disk

一种快速的随机存取信息的存储设备。分为固定盘和活动盘两种。固定盘的盘组不可拆卸，活动盘的盘组可拆卸调换。微、小型计算机及掌上型、笔记本型个人计算机常用的硬磁盘尺寸有8、5.25、2.5、1.8英寸。　　　　　　（郑　邑）

硬度试验　hardness test

测定金属对于压痕、磨蚀或切削的抗力或阻力的试验。硬度是表示材料此种抗力的一种机械性能。测定硬度的方法有压入法、弹性回跳法和划痕法等。根据试验方法的不同，可用不同的量值来表示硬度。如布氏硬度、洛氏硬度等。
　　　　　　　　　　　　　　　　（王用纯）

硬钩吊车　hard hook crane

吊重通过刚性结构传给小车的桥式吊车。是特殊的吊钩类型。　　　　　　　　（王松岩）

硬件　hardware

计算机系统中各种实际装置的总称。它包括实现数据处理、数据传输、数据存储等功能的各种设备。计算机、计算机部件、计算机电路、外围设备、存储介质如磁盘、磁带，以及电缆等都属硬件。硬件可以是电子的、电的、磁的、机械的、光的元器件或装置，或由它们组成的设备。
　　　　　　　　　　　　　　　　（李启炎）

硬拷贝机　hard copy unit

一种能将显示器屏幕上的内容原样不变地输出的装置。常用的是打印机、绘图仪或缩微设备。
　　　　　　　　　　　　　　　　（李启炎）

硬矿渣砖　slag brick

简称矿渣砖。以未经水淬处理的高炉矿渣（即硬矿渣）为主要原料，并掺配一定比例的石灰和粉煤灰或煤渣，经过原料制备（破碎、筛分等）、搅拌、消化、轮碾、半干压成型以及蒸汽养护等工序制成的砖。抗压强度一般可达13.72～16.66MPa，重力密度为18.5～20kN/m³。
　　　　　　　　　　　　　　　　（罗韬毅）

硬质岩石　hard rock

新鲜岩块的饱和单轴极限抗压强度大于或等于

30000kPa 的岩石，如花岗岩、花岗片麻岩、闪长岩、玄武岩、石灰岩、石英砂岩、大理岩及硅质胶结砾岩等。还可按上述强度指标再分为极硬岩石（大于 60000kPa）和次硬岩石（30000～60000kPa）。　　　　　　　　（杨桂林）

yong

永久变形 permanent deformation
见残余变形（17页）。

永久荷载
见永久作用。

永久性加固 permanent strengthening
为了适应较为长期的使用功能要求对现有结构或构件采取的技术措施。这类加固较复杂，应通过详细勘查结构物的现有状态和历史情况，进行结构验算并结合施工条件，根据具体情况确定加固方案。选择的加固方法应做到施工方便、经济合理且效果良好。　　　　　　　　（钟善桐）

永久应变 permanent strain
见残余应变（18页）。

永久作用 permanent action
在设计基准期内量值不随时间变化或其变化与平均值相比可以忽略不计的作用。其中直接作用称为永久荷载，习称呆荷载或恒荷载，简称恒载，例如结构自重、土压力、预加力等；而间接作用有地基不均匀变形、焊接变形等。　　（唐岱新）

用户界面 user interface
CAD 系统中用户和计算机系统联系的途径。它是用户友好性的关键。通常用键盘命令，也可以用屏幕菜单或数字化仪菜单进行操作，通过交互式命令语言来实现。　　　　　　　　（陈国强）

you

优化设防烈度 optimum design intensity
根据总造价与使用期限内预期地震损失费用之和为最小的原则确定的设防烈度。　　（肖光先）

油罐充水预压 preloading of oil tank foundation by filling with water
利用油罐采用分级充水加载对油罐下的软土地基进行预压加固的方法。在充水期间要进行现场观测（包括油罐沉降、土的侧向位移与孔隙水压力等项目），以控制充水加载的速率。　　（陈竹昌）

有侧移框架 frame with sidesway
荷载作用下产生水平位移的框架。框架的水平位移由水平荷载或不对称竖向荷载作用产生。分析时考虑节点的转动及水平位移对框架内力的影响。框架房屋一般采用水平刚度很大的钢筋混凝土楼面（或屋面），在满足刚性楼盖的条件下，假定同一层楼面（或屋面）的水平位移相等。　　（陈宗梁）

有腹筋梁 beam with web reinforcement
配有箍筋或同时配有箍筋和弯起筋的梁。由于箍筋和弯起筋都在梁的腹部，故统称腹筋，其作用是承受剪力和限制斜裂缝开展。工程中的梁多为有腹筋梁。　　　　　　　　（卫纪德）

有荷载膨胀量 swelling capacity by action of load
在模拟土层覆盖压力或某一特定荷载的作用下，压缩变形稳定后，试样浸水所产生的单向膨胀量与浸水前试样高度的比值（%）。通常有荷载膨胀量的测定与室内侧限压缩试验配合进行，可测定荷载与膨胀量的关系曲线，以反映土的膨胀特性。
　　　　　　　　（王正秋）

有机质试验 organic matter test
测定土中以碳、氮、氧、氢为主体的有机化合物的试验。常用方法为重铬酸钾容量法，它通过强氧化剂重铬酸钾氧化有机质（主要是有机碳），以氧化剂的消耗量求出有机质的含量，以占烘干土重的百分数表示。土中有机质含量较高时，其工程性质显著变坏。所以工程中对作为土料的有机质含量有一些限制性规定，如筑坝土料的有机质含量不超过 5%，防渗结构土料的有机质含量不超过 2%。
　　　　　　　　（王正秋）

有机质土 organic soil
有机质含量占全重 5%～10% 的软粘性土。参见软土（257页）。灰至灰黑色，有光泽和腐臭味，其中有机物已基本分解，含水量大，呈饱和流动状态。但在内陆和山区的有机质土也有呈不饱和状态的，这时，含水量小于液限。　　（杨桂林）

有控制的逐级动力加载 controlled gradual dynamic loading
利用激振设备逐步增加激振力或输入位移量，改变激振频率、振幅和加速度幅值，对结构施加动力荷载的加载方法。量测结构从弹性到开裂、由塑性到破坏全过程的反应。试验采用电液伺服加振器或单向周期性振动台，需按它们相应的特性曲线进行加载设计，以满足各种结构不同频率和变形的要求。两者不同之处是：电液伺服加振器是将结构在地震荷载作用下实际反应产生的惯性力或位移作为荷载施加于结构上，而单向周期性振动台是由加振器推动台面后带动结构基础振动而使结构产生惯性力。　　　　　　　　（姚振纲）

有檩屋盖结构 roof structure with purlins

在屋架上设置檩条，檩条上再铺设瓦类、板类或压型钢板等屋面构件的屋面结构。由瓦类或小型钢筋混凝土板类组成的屋盖结构整体刚度较差；采用压型钢板、钢檩条、钢屋架、支撑组成的屋盖结构整体刚度较好，自重较轻，有利于抗震。

（徐崇宝）

有粘结预应力混凝土结构　bonded prestressed concrete structure

预应力钢筋的回缩力，通过钢筋与混凝土之间的粘结力或通过钢筋锚固和构件中管道内灌浆后产生的粘结力传递给混凝土而实现预应力的混凝土结构。先张法、灌浆的后张法和自张法预应力的混凝土结构，统称为有粘结预应力混凝土结构。

（王振东）

有限条法　finite strip method

将连续结构离散成有限个条带的计算方法。取条带为单元，条带间以结线相连，每条带沿带长方向的内力和位移变化用数学函数表示，垂直条带方向则为离散值。以结线上的位移为未知量，考虑条带间结线上的平衡方程求解，是一种半解析数值的计算方法，用于一般较复杂的结构计算。

（董振祥　金瑞椿）

有限延性框架　frame with limited ductility

荷载作用下，框架构件、截面及节点所具有的塑性变形能力都较小的框架。如预应力混凝土框架以及连接构造较好的铰接框架。适用于非地震区或地震烈度较低地区的工业和民用建筑。

（陈宗梁）

有限预应力混凝土结构　limitedly prestressed concrete structure

在荷载短期效应组合作用下，构件受拉边缘的混凝土中允许出现低于或等于抗拉强度的拉应力工作状态时的预应力混凝土结构。其预应力度 $1 > \lambda > 1 - \dfrac{\gamma f_{tk}}{\sigma_{sc}}$，$\gamma$ 为受拉区混凝土塑性影响系数，σ_{sc} 为荷载短期效应组合下抗裂验算边缘混凝土法向应力，f_{tk} 为混凝土抗拉强度标准值。预应力混凝土结构或构件按一般要求不出现裂缝时，要进行这种状态的设计。

（陈惠玲）

有限元法　finite-element method

将连续结构离散成有限数量的杆单元、片单元或块单元的计算方法。假定各单元仅在结点处保持连接，通过位移函数的选择保证单元间边界变形的连续性；对每一结点可列出平衡方程，形成联立方程组；求出每个结点的位移；再通过应变矩阵、应力矩阵求出单元应变及应力。难以用解析法求解的复杂结构可采用此法，但需藉助于计算程序及电子计算机才能奏效。

（董振祥　戴瑞同）

有限自由度　finite degree of freedom

见多自由度（73 页）。

有线广播站　wire broadcast station

通过有线广播网向各用户播音的控制站。站址宜尽量靠近与广播业务有关的部门办公室。如设在办公楼内时，楼层不宜太高，朝向不宜靠近主要人行干道一侧，尽量防止噪声干扰。单建广播站。站址应尽量靠近用户中心，以便于管理。扩音机房和播音室一般可设在同一房间，但容量大于 500W 的广播站宜单设录播室，此时扩音机房与录播室间应有瞭望窗。

（马洪骥）

有效覆盖压力　effective overburden pressure

又称有效自重应力。未造建筑物前，在土中由自重引起的应力。假定地基土为半无限体，土体内竖直平面上不存在剪应力，其值等于单位面积上土柱重量，$\sigma_{cz} = \gamma z$（z 为天然地面下的深度，γ 为土的重度，地下水位以下时应考虑浮力）。

（陈忠汉）

有效加固系数　effective coefficient of strengthening

见加固系数（148 页）。

有效截面特性　effective cross-section property

按截面中板件的有效宽度计算得到的截面特性。常用的有效截面特性为：有效截面面积，有效截面抵抗矩，有效截面惯性矩等。　（沈祖炎）

有效宽度　effective width of plate element

板件考虑屈曲后强度，并将非均布的极限承载压力换算成按屈服应力分布的部分宽度。此有效宽度和板件厚度的乘积为板件的有效截面面积。有效宽度与厚度之比为有效宽厚比。

（钟善桐）

有效宽厚比　effective width-thickness ratio

见有效宽度。

有效粒径　effective diameter

颗粒级配曲线上，累积颗粒含量为 10% 的粒径 d_{10}。它可用来计算不均匀系数 C_u 和曲率系数 C_c 以及评价土的抗渗流稳定性及砂土振动液化的可能性。

（王正秋）

有效受拉混凝土面积　effective tensile area of concrete

受拉钢筋周围混凝土对受拉钢筋伸长起抑制作用的区域。在此区域以外的混凝土对受拉钢筋的伸长影响不大，可以略去不计。有效受拉混凝土的面积与所包围的受拉钢筋的直径、数量、位置以及构件的尺寸和受力性能等因素有关，它是裂缝宽度计算的一个因素。中国混凝土结构设计规范中给出了简单的计算公式。

（赵国藩）

有效预应力 effective prestress of concrete

预应力混凝土构件当全部预应力损失出现后,相应由预应力引起的钢筋和混凝土应力。此时混凝土法向压应力 σ_{pc} 由控制应力 σ_{con} 除去全部预应力损失 σ_l 以后的钢筋预拉力除以构件计算面积 A_0（对后张法为净面积 A_n）而求得,相应的钢筋有效预应力 σ_{pe} 由钢筋的控制应力 σ_{con} 除去全部预应力损失 σ_l,再除去放松钢筋后由于混凝土产生弹性压缩时钢筋的应力损失 $\alpha_E \sigma_{pc}$（对后张法此项损失为零）而求得。上述 α_E 为钢筋的弹性模量 E_s 与混凝土弹性模量 E_c 的比值。　　　　（王振东）

诱发地震 induced earthquake

由于人为活动引起地壳浅部的构造地震或陷落地震。此处人为活动指工业爆破或地下核试验；从油田或煤矿中大量抽液以及向地下高压注液；水库大量蓄水；采矿等。诱发地震震级不大,但对局部地区可能造成危害,应从工程抗震的要求出发对人为活动加以某种限制。　　　　　　　（李文艺）

yu

淤泥 muck

在静水或缓慢的流水环境中沉积,经生物化学作用形成,天然含水量大于液限,天然孔隙比大于1.5 的软土。其组成和工程特性参见软土（257页）。　　　　　　　　　　　　　（杨桂林）

淤泥质土 mucky soil

在静水或缓慢的流水环境中沉积,经生物化学作用形成,天然含水量大于液限,天然孔隙比大于1.0 而小于或等于1.5 的软土。按塑性指数可分为淤泥质粘土和淤泥质粉质粘土。其组成和工程特性参见软土（257 页）。　　　　　　（杨桂林）

余高 excess weld metal

焊缝在焊趾连接线以外的金属部分的高度。对静力强度有一定的加强作用,但不计入计算中；对疲劳强度则反而使之降低,因而在此种情况下应予以削除。参见焊趾（119 页）。　　（李德滋）

余热处理钢筋 remained heat treatment ribbed bar

热轧后利用轧后余热,穿过生产作业线上的高压水湍流管,进行快速冷却,再利用钢筋芯部的热量自行回火而成的钢筋。这种钢筋强度较高,塑性、韧性好,生产和使用均有明显的经济效益,但经焊接后强度有不同程度的降低,使用时应充分注意。　　　　　　　　　　　　　（张克球）

鱼腹式吊车梁

梁高沿长度方向变化,上平下曲呈鱼腹形的一种吊车梁。截面常为工字形,一般都是预应力混凝土梁。由于它的外形与在吊车荷载作用下的弯矩包络图相似,符合受力特点,可以节约材料,减轻自重。　　　　　　（钦关淦）

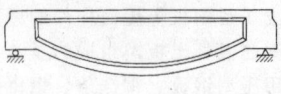

雨淋喷水灭火系统 shower fire extinguishment system

由火灾探测系统、开式喷头、雨淋阀和管道等组成的消防措施。发生火灾时,管道内给水是通过火灾探测系统或手动开启阀门控制雨淋阀来实现的。本系统宜用于严重危险级的建筑物和构筑物,如可燃物品的高架库房、地下库房、剧院礼堂的舞台葡萄架下部。

（蒋德忠）

雨流法 rainflow counting method

统计变幅疲劳应力循环次数的一种方法。特点是能保证把最大的应力幅计算在内。因其模仿雨滴沿宝塔顶逐层转辗流下而得名。　　（杨建平）

雨篷结构 canopy structure

由雨篷板及雨篷梁组成,板自外墙体门洞上方向外侧挑出,供人们跨出门口时遮阳挡雨用的构件。雨篷板为嵌固在雨篷梁上的钢筋混凝土悬臂板；当为梁板式结构时,雨篷板两端可支承在从内横墙或框架柱上挑出来的外伸梁上；雨篷梁承受由雨篷板传来的荷载、梁上部墙体的重量以及楼盖梁、板可能传来的荷载。钢筋混凝土雨篷梁宽度一般与墙体厚度相同,高度由计算确定,有时雨篷梁又兼有过梁的作用。由于雨篷板传来荷载对雨篷纵轴的偏心作用,这些荷载除使梁产生弯曲外,还使梁产生扭矩,所以雨篷梁一般按弯扭构件设计。当雨篷较大时,也可直接支承在柱子上。

（王振东）

语句 statement

源程序设计中的一个有意义的表达式或一个广义指令。如在 FORTRAN 语言中,有说明语句、赋值语句、循环语句、输入语句、输出语句等。

（黄志康）

语义网络模式知识表示 knowledge representation by semantic network pattern

以共用一套符号的一组公式的知识表示方法。通过由结点和弧线组成的语义网络图表示,其中结点表示事实、概念与事件等,弧线表示它们之间的关系。这种模式表达自然、直观,可以明确标出各事实在系统知识中的地位,有利于将知识分类分级,为进行推理提供方便。　　　（陆伟民）

预变形 pre-deformation

见反变形（74 页）。

预调平衡 pre-balance

用电阻应变仪量测应变前，调节测量桥路输出为零的过程。它的目的是使仪器的初读值为零，并保证仪器能达到规定的量测精度。采用交流激励电源的桥路时，需分别对电阻和电容调平，才能真正使桥路输出为零。 （潘景龙）

预加应力阶段 prestressing stage

见三阶段设计法（259 页）。

预拉力 pretension force

见高强度螺栓拧紧法（100 页）。

预埋钢板 embedded steel plate

钢制的板状预埋件。 （钦关淦）

预埋件 embedded steel piece

简称埋件。埋设在混凝土或钢筋混凝土构配件内的钢件。主要用来连接相邻构件或固定某种设备。常用的有锚栓、预埋钢板和吊环等。埋件在使用时与连接件之间有时受拉，有时受剪，有时两者兼有。埋件与混凝土之间须有可靠的锚固，一般靠焊接在埋件上的钢筋伸入混凝土以增加锚固。埋件大小、钢板厚度、锚筋粗细和根数及锚固长度等通过计算确定。

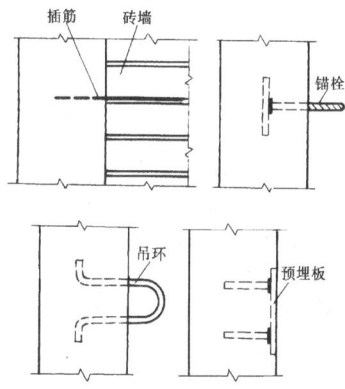

（钦关淦）

预埋螺栓式试验台座 embedded bolts type test platform

用预埋螺栓与荷载支承装置连接的试验台座。一般为预应力钢筋混凝土的厚板结构，其构造特点是在台面上按纵横方向每隔一定间距设置一个地脚螺栓，其下端锚固在台座混凝土内，顶端伸出于台座表面特制的圆形孔穴内，使用时通过套筒螺母与荷载支承架的立柱柱脚连接，平时用圆形盖板将孔穴盖住，保护螺栓端部，防止螺纹受损，由于预埋螺栓及孔穴位置固定，所以试件在台座上安装的位置就受到限制。这类台座也常被用作结构疲劳试验的动力台座。 （姚振纲）

预热 preheating

焊接开始前，对焊件的全部或局部进行加热的工艺措施。主要目的是降低焊后的冷却速度，有利于焊接时焊缝内气体的逸出，能减少焊接应力。一般用于厚板或钢材的碳当量较高时。低温焊接时也须预热。预热主要在焊缝附近两侧进行。

（刘震枢）

预算内建设项目 project within budget

见国家预算内项目（114 页）。

预算外建设项目

见自筹资金建设项目（380 页）。

预压排水固结 precompression drainage consolidation

建筑物建造之前，在场地上施加预压荷载，使地基土预先完成固结沉降和提高强度的地基处理方法。它适用于高压缩性的软粘土地基。为缩短预压时间，可与砂井或其它排水固结方法配合使用。预压荷载可采用如充水、堆土、建筑物自重等，也可采用减小土孔隙水压力的方法，如真空抽气、降低地下水位等。 （陈竹昌）

预应力 prestress

结构或构件承受为某种目的预先施加的作用时所产生的应力。例如，在预应力钢结构或预应力钢筋混凝土结构中，在承受荷载以前或施加了部分荷载之后，采用加荷以外的各种方法，使在结构或构件内产生的应力。其特点是属于自相平衡的内力系，满足 $\Sigma M = 0$ 和 $\Sigma N = 0$ 的平衡条件。

（钟善桐）

预应力部件布置 arrangement of prestressed bar

确定高强度预应力钢丝束或钢铰线在预应力钢结构中的位置。有单重配索、双重配索等方法。单重配索法只产生一种预应力分布，双重配索法则产生两种预应力分布。后者在跨中部

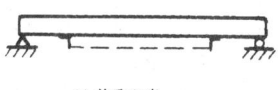

(a) 单重配索

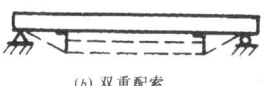

(b) 双重配索

分两种预应力效果是重叠的，因而又称交迭配索法。从预应力部件的形状，又分直线配索和折线配索。前者构造最简单，后者应注意转折处产生的摩擦力。在预应力钢梁和预应力钢桁架中，如果高强度预应力构件布置在梁和桁架高度内的，分别称为梁内和桁内配索，如果布置在它们的高度外的，则称为梁外和桁外配索。预应力构件距离构件截面形心越远，预应力效果越大，但却增加了构造的复杂

性。　　　　　　　　　　　　（钟善桐）

预应力撑杆加固法

采用预应力撑杆或组合撑杆对混凝土受压构件加固的方法。对轴心受压构件采用通长的四肢组合撑杆；对偏心受压构件可采取单侧双肢或槽钢撑杆，或双侧四肢撑杆。撑杆单肢的截面，应选用截面不小于 50mm×5mm 的角钢；横向应设缀板将角钢连接成构架。一般采用横向张拉加预应力。预应力撑杆加固可按《混凝土结构加固技术规范》规定的方法进行设计计算。　（黄静山）

预应力撑杆柱　prestress braced strut

预应力部件和撑杆对构件提供中间弹性支座的轴心受压柱。设置三或四根预应力高强度钢部件，锚固在柱二端，并建立了预应力。柱子达临界状态时，撑杆提供了中间支座，从而提高了柱子的承载力。撑杆柱广泛用于无线电桅杆结构中。

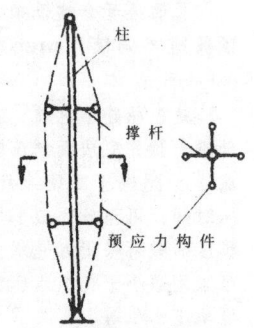

（钟善桐）

预应力传递长度　transfer length of prestress

先张法预应力混凝土构件中预应力筋实现锚固、传递预应力所需的最小长度。预应力筋表面的变形以及与混凝土的握裹力（粘结、咬合、摩阻）愈大，则预应力传递长度愈小。预应力传递长度随混凝土强度等级的提高而减小，随控制应力的加大而增大。　　　　　　　　　　　（陈惠玲）

预应力度　degree of prestress

预应力混凝土构件受拉边缘处混凝土预压应力 σ_{pc} 与在使用荷载短期效应组合下的混凝土法向应力 σ_{sc} 之比值。它以 λ（有时用 γ_{cro} 或 k_{fo}）表示。钢筋混凝土及预应力混凝土结构按预应力度 λ 或按应力差（$\sigma_{sc}-\sigma_{pc}$）的大小，可分为：一级 $\lambda \geqslant 1$，为全预应力混凝土；二级、三级 $1 > \lambda > 0$，为有限预应力和部分预应力混凝土；四级 $\lambda = 0$，为钢筋混凝土。　　　　　　　　　（陈惠玲）

预应力反拱　prestressing camber

预应力混凝土构件受有偏心的预加应力作用产生与构件受力时挠曲方向相反的挠曲。构件的预应力随时间增长将产生预应力损失，使反拱减少，但徐变变形的发展，使预压区混凝土压应变增大，导致构件的反拱值增加。预应力混凝土结构，由于反拱的作用，减小了构件的挠度。　（陈惠玲）

预应力钢拱　prestressed steel arch

采用一定方法使之产生预应力的钢拱。最有效的方法是在拱脚之间设置高强度钢拉杆，并施加预应力，在体系内建立起与荷载作用引起的内力反号的预应力，可减小拱本身承受的内力，以节约材料。　　　　　　　　　　　　（钟善桐）

预应力钢罐　prestressed steel tank

采用一定的方法使其产生预应力的钢罐。如贮液罐罐体在内部液压的作用下，环向受拉。为了减轻罐壁承受的环向拉力，可在外壁缠绕高强度钢丝，施加预应力，使罐壁产生环向压应力，部分抵消荷载引起的拉力，可减小壁厚，节约钢材。

（钟善桐）

预应力钢桁架　prestressed steel truss

采用一定方法使杆件内产生预应力的钢桁架。最常用的是在钢桁架中设置预应力高强钢部件。在预应力作用下，桁架上、下弦杆将产生与荷载引起的内力反号的预应力；因而必须采用三阶段设计法或多阶段设计法，使杆件具有初始应力；以免施加预应力时发生杆力变号，出现拉杆变压杆的不合理现象。预应力部件采用钢丝束或钢铰线的称为拉索预应力钢桁架。　　　　　　　（钟善桐）

预应力钢结构　prestressed steel structure

结构体系或构件内具有预加应力的钢结构。预应力属于自相平衡的内力系。它可提高承载力，节约钢材，降低造价；或可提高结构刚度。建立预应力的主要方法有：强迫弹性变形法，调整支座法，增设高强度的赘余构件法以及其它方法等。应用最多效果最好的是在构件或结构中增设高强度钢的赘余构件，并张拉赘余构件以建立预应力。这种预应力钢结构称为异钢种预应力钢结构，采用预加应力的实质是用高强度钢代替部分普通钢，从而节约了钢材。不增设高强度赘余构件的预应力钢结构称为同钢种预应力钢结构，对内力分布不均匀、尚有承载潜力的构件或结构，可采用预加应力来调整内力分布，发挥承载潜力，从而节约钢材。

（钟善桐）

预应力钢框架　prestressed steel frame

采用一定的方法使之产生预应力的钢框架。对框架施加预应力可以减小框架内的弯矩。常用于大跨度框架结构中，跨度越大，经济效果越显著。

（钟善桐）

预应力钢拉杆　prestressed steel tension member

用一定的方法使杆件产生预压应力的钢拉杆。在拉杆的适当位置设置高强度预应力部件，施加预应力，在拉杆中建立了与荷载引起的拉力相反的压力，减少了构件内力，从而节约了钢材。采用二阶段设计法时，应在杆件中部设楅板，以保证施加预应力时构件的稳定,提高预应力效果。

(钟善桐)

预应力钢梁　prestressed steel beam

用一定方法使梁产生与荷载反向的弯矩的钢梁。有利用反变形产生预应力和加高强度钢部件施加预应力两种方法,最常见的是后者。但它们都是建立与荷载作用下产生的弯矩反向的弯矩分布,部分地抵消荷载作用产生的内力,节约钢材。当采用高强度的钢丝束或钢铰线时,可称为拉索预应力钢梁。

(钟善桐)

预应力钢丝　prestressing wire

优质高碳钢圆盘条经等温淬火再拉拔而成的钢丝。拉拔后即交货的称为冷拉钢丝,如再经矫直回火消除应力处理,则为矫直回火钢丝。预应力钢丝抗拉强度在 $1470N/mm^2$ 以上,目前常用规格为 $\varphi3.0$、$\varphi4.0$、$\varphi5.0$、$\varphi6.0$、$\varphi7.0$、$\varphi8.0$、$\varphi9.0mm$ 七种。冷拉钢丝主要用于铁路轨枕、压力水管和电杆等构件,矫直回火钢丝则是房屋、桥梁等大型预应力混凝土结构使用的主要品种。

(张克球)

预应力钢网架　prestressed steel space truss

采用一定的方法使在其中产生预应力的钢网架。网架是高次超静定的空间结构体系。可以调整部分支座高度建立预应力,也可在体系中适当布置高强度预应力部件建立预应力。空间结构的预应力效果优于平面结构体系,因任意部分施加预应力都将影响整个体系的内力。预应力值及施加位置是根据最有效地减小荷载作用引起内力的原则来确定。常用于跨度和荷载都较大的钢网架体系中。

(钟善桐)

预应力混凝土结构　prestressed concrete structure

在施加荷载前,预先张拉预应力钢筋,使其相应地对混凝土施加预压应力,以抵消或减少荷载所产生的拉应力的一种钢筋混凝土结构。早在1896年奥地利 J. Mondl 就提出用预加应力以抵消荷载引起的应力的概念。1928年法国 F. Freyssinet 提出考虑混凝土收缩及徐变的预应力损失以及必须采用高强材料,才能获得预应力效果。第二次世界大战以后,预应力混凝土得到大量推广。1950年欧洲国家成立了国际预应力混凝土协会(FIP),得到国际上的重视。中国自1949年后,随着建设的发展,预应力混凝土才大力推广应用。预应力混凝土按预应力度大小可分为全预应力混凝土、有限预应力混凝土和部分预应力混凝土;按获得预应力的方法不同,有先张法、后张法、自应力法及电热法预应力混凝土;按预应力粘结状态不同可分为有粘结及无粘结预应力混凝土。预应力混凝土结构由于构件施加了预压应力后产生了反拱值,故在正常使用荷载下,提高了构件的抗裂度和刚度,减少裂缝宽度,同时可以有效地利用高强钢材及混凝土,从而节约钢材、减轻自重。如设计中选择适当的预应力度,还能改善结构的抗震性能。预应力混凝土结构比钢结构更具有耐久、耐火、耐腐蚀等优点。在现代的结构工程中,具有广泛的应用和发展前景。

(陈惠玲)

预应力混凝土桩　prestressed concrete pile

对桩的纵向主筋施加预拉应力,使成桩后的桩身混凝土产生预压应力的钢筋混凝土桩。常用离心法制成高强度的管桩,但也可以制成方桩。预应力桩有良好的抗弯、抗拉或抗裂等性能。能有效地抵抗打桩时产生的拉应力。此类桩常用于海洋工程及码头、桥梁工程中。

(张祖闻　陈强华)

预应力拉杆加固法

对钢筋混凝土受弯、受拉构件采取外加预应力钢拉杆以提高构件的正截面强度、斜截面强度,减小构件的变形或裂缝宽度的一种加固方法。拉杆应不少于两根。外加预应力的张拉工艺有:人工横向张拉,机械纵向或横向张拉和电热纵向张拉三种。横向张拉力一般只需纵向张拉力的 $1/5 \sim 1/10$。预应力拉杆加固可按《混凝土结构加固技术规范》规定的方法进行设计计算。

(黄静山)

预应力配筋砌体　prestressed reinforced masonry

用张拉钢筋的方法建立了预压应力的砌体。可减小构件的截面尺寸,减轻自重,提高抗裂度,增大刚度。但因受砌体强度较低等因素所限,它远不及预应力混凝土的应用广泛。预应力配筋砌体可用作一般房屋的屋盖和楼盖,以及中小型挡土墙和贮液池池壁等。

(施楚贤)

预应力损失　loss of prestress

预应力筋中的应力在制作、张拉、安装和使用过程中不断降低的现象。它是由锚具的变形及预应力筋的回缩、预应力筋与孔道之间的摩擦、混凝土加热养护时张拉钢筋与承受张拉力的设备之间的温差、预应力筋的应力松弛、混凝土收缩与徐变及环形截面构件混凝土侧向挤压等引起。根据混凝土受预压结束前及受预压结束后的时间不同,以及采用先张拉及后张拉的方法不同,其预应力损失有所不同。

(陈惠玲)

预应力芯棒　prestressed concrete bar

由高强混凝土和预应力钢丝制成的小截面预应力混凝土棒。用其代替预应力筋配置在构件中,可适当改善构件的抗裂性和刚度。多用于中小型构

件。 （卫纪德）

预应力组合梁 prestressed composite beam

采用一定方法使之产生预应力的组合梁。例如在钢-混凝土组合梁中设置预应力部件，施加预应力，建立反弯矩，部分地抵消荷载作用产生的弯矩，可以节约材料。常用于跨度和荷载较大的公路和铁路桥面结构中。 （钟善桐）

预载试验 preload test

结构在正式加载试验前进行的试探性试验。目的是检查全部试验装置和仪表工作的可靠性，以及试验现场的组织工作情况。确保结构能处于正常工作状态，起到预演作用，发现问题及时解决。预载试验的荷载值可取根据试验要求确定的试验荷载值或预计破坏荷载值的某个比例值，可按实际结构情况决定。对于普通钢筋混凝土结构，试验的荷载值不宜大于结构构件的开裂试验荷载计算值的 70%。
 （姚振纲）

预张拉 pretension

预应力结构中，预应力构件在安装前进行的张拉工序。当采用高强度钢丝、钢丝束或钢绞线作预应力构件时，为了减少这些高强度钢材在高应力状态下的徐变变形并提高它们的变形模量，应在使用前进行超设计应力 10% 预张拉，或按设计应力多次重复的预张拉。预张拉时采用的张拉值称预张力。 （钟善桐）

预张力 pretension force

见预张拉。

预制长柱

沿房屋高度采用整根预制的柱。通过各种不同的连接方法（如明牛腿连接、暗牛腿连接、长柱留孔无牛腿连接等），将各楼层梁支承在柱子相应标高的位置上，可以减少接头、方便安装。一般长柱都在现场预制后吊装就位，所以根据所用吊装设备的能力和预制场地的可能性，决定柱的最大长度。如建筑物高度超过可能吊装的高度，也可采用长柱上加短柱，或长柱上加钢柱的方法。 （陈寿华）

预制倒锥壳水塔 water tower with precast inverted conical shell

水柜由预制正锥壳顶、倒锥壳底、上环梁、中环梁和下环梁组成的水塔。特点是水压力最大处直径为最小，水压力最小处直径为最大。因此，在荷载作用下充分发挥了结构材料的特性，且建筑造型也较美观。 （方丽蓓）

预制混凝土构件 precast concrete member

钢筋的绑扎或骨架制作和浇灌混凝土，均在工厂或工地预先制作完成，以供在工地安装使用的混凝土结构构件。 （王振东）

预作用喷水灭火系统 pre-action water spray fire extinguishment system

通过火灾探测器控制预作用阀预先向管网自动充水，火灾温度继续升高，使闭式喷头自动打开才开始喷水灭火的消防设施。该系统的管道平时无水，充以有压或无压的气体。宜用于不允许有水渍损失的建筑。 （蒋德忠）

yuan

原木 round timber, log

又称圆木。伐倒树干（原条）并保持天然截面形状，所截成的木段。根粗梢细，呈平缓的圆锥体。它沿长度的直径变化率，现行规范取为 0.9%，即每米长度直径改变 0.9cm。原木径级以梢部直径为依据称梢径，而构件计算截面一般取构件中部，因此选出计算截面之直径 d 后尚应求出梢径 d_0，结构用的原木梢径一般为 $8\sim20$cm，其长度一般为 $4\sim8$m。由于木材缺陷对原木工作的不利影响较对方木和板材的都小，原木的纤维未遭锯解割断且截面形状有利于受弯构件的受压区压应力塑性分布，因此原木的抗弯和抗压设计强度以及弹性模量均可较方木提高 15%。 （王振家）

原始数据处理 processing of primitive data

为了满足工程设计、理论验证或工程地质定量评价的需要，对通过测绘、勘探、试验、观测所获得的各种数据进行数学分析计算的处理过程。例如，确定具有代表性的数据和计算的参数，寻找两种数字资料之间的函数关系等都需要对原始数据进行数据处理。 （蒋爵光）

原条

砍去枝条的伐倒的整树干。 （王振家）

原型试验 prototype test

又称真型试验或实物试验。试验对象为实际结构（或构件）或按实物结构复制的足尺试件的结构试验。试验可在试验室或现场进行。作破坏性试验或非破损试验。原型结构的整体试验大部分是在现场的非破损性鉴定试验或结构动力特性试验。近 20 年来世界上较重视研究结构的整体工作性能，也进行原型结构的破坏性试验。为了保证试验精度、防止环境因素对试验的干扰，国外已有将 7 层的钢筋混凝土框架结构在大型结构试验室内进行破坏试验的实例。 （姚振纲）

原状土 undisturbed soil sample

保持天然结构和状态的土试样。为获得土层物理力学性质指标（如重度、抗剪强度……），常要求采取原状土样。取原状土样可采用击入法或压入

圆顶

见球面壳（247页）。

圆钢 round bar

截面呈圆形的钢材。分热轧、锻制和冷拉三种。在结构中常用以制作螺栓、钢拉杆和钢筋等。

（陈雨波）

圆钢拉杆 tie bar

两端冠以螺帽和垫板的钢制拉杆。它用于豪式木桁架的竖杆和某些钢木桁架的下弦及受拉腹杆；全木豪式木桁架的端节点，有时也用圆钢拉杆传力，称为串杆；屋盖支撑系统的斜杆以及梯形桁架跨中交叉式腹杆也有采用圆钢拉杆以承受拉力。螺帽可以拧紧以调节由于木材干缩引起的松弛。螺帽下的垫板应经计算（支撑体系拉杆下垫板可不计算）确定其面积与厚度，否则可能由于承压面积过小或垫板刚度不足而导致节点破坏，甚至引起桁架坍毁。

（王振家）

圆钢销连接

用圆钢作为扣件的销连接。（王振家）

圆弧滑动面的位置 position of circular slip surface

受土质与坡角的影响，圆弧滑动面可能发生的相对位置。可分为坡脚圆、坡面圆和中点圆三种。坡脚圆、坡面圆和中点圆是受坡顶下岩层（硬土层）的位置制约的。计算结果表明当土的内摩擦角 φ 值大于 $3°$ 时，为坡脚圆；如果 $\varphi = 0$，但坡角大于 $53°$ 的斜坡，均会以坡脚圆出现；若坡角小于 $53°$ 时，则视与硬层位置有关的深度系数 n_d 的不同可为坡脚圆、坡面圆或中点圆。例如，当 n_d 大于 4 时，常以中点圆出现。

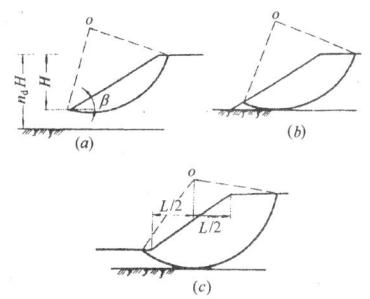

（胡中雄）

圆砾 rounded gravel

见碎石土（290页）。

圆木

见原木（354页）。

圆盘键连接 disk keyed connection

用铸铁或硬质木材圆盘作为连接件的键连接。很少采用。

（王振家）

圆频率 circular frequency

又称角频率。2π 秒内振动的次数。无阻尼自由振动的圆频率为 $\omega = 2\pi f = \sqrt{K/M}$。$f$ 为结构的自振频率；K 为弹簧刚度；M 为质量。有阻尼自由振动的圆频率为 $\omega_d = \omega \sqrt{1-\zeta^2}$。$\zeta$ 为阻尼比。为方便计，在工程及结构中，往往把体系的圆频率直接称作为体系的频率，二者的差别为 2π 倍，频率的单位为 Hz 或 $1/s$，圆频率的单位为 r/s，r 为弧度。

（汪勤慜）

圆水准器 box level, circular bubble

测量仪器中用于粗略整平仪器的部件。它为一密封的圆形玻璃盒，其上壁顶盖磨成球面，盒内注入酒精或乙醚，加热后封闭，液体冷却后所形成的气泡称圆水准器的气泡。圆盒顶盖的中央刻有一小圆圈，当仪器处于水平位置时，气泡与小圆圈同心，称气泡居中。由于圆水准器的角值一般在 4′ 以上，所以只能用于仪器的概略整平。

（邹瑞坤）

圆水准器轴 axis of box level

圆水准器上顶盖中心和球面曲率中心的联线。若圆水准器轴平行于仪器的竖轴，则气泡居中时，竖轴就处于铅垂方向。

（邹瑞坤）

圆筒形塔 tubular tower

塔身截面为圆环形的钢筋混凝土或砖石砌体结构。混凝土塔沿高度采用不同坡度，形成斜线或曲线轮廓，钢筋可在竖向或环向预加应力。预应力可减少耗钢，增大整体刚度，防止筒壁开裂。筒壁厚度由计算确定。混凝土圆筒形塔采用滑移模板或翻升模板现场浇筑。

（王肇民）

圆头铆钉 round head rivet

见铆钉连接（209页）。

圆形地沟 circular trench

横断面为圆形的地沟。一般采用离心法制成的装配式钢筋混凝土结构。沟壁主要承受压力，比矩形地沟较节省材料。圆形地沟也可以用两个半圆环形构件拼合而成。

（庄家华）

圆柱壳

见圆柱形薄壳。

圆柱头焊钉连接件 headed stud connector

见栓钉（280页）。

圆柱形薄壳 cylindrical thin-shell

简称圆柱壳，又称筒壳。是以圆柱面为中面的薄壳。圆柱形薄壳因其几何形状简单，模板制作容易，施工方便，广泛应用于工业与民用建筑物的顶盖上。一般由壳板、边梁和横隔构件三部分组成。

两横隔构件之间的距离 L_1 称为跨度，两边梁之间的距离 L_2 称为波长。工程中按 L_1/L_2 的比值不同分为长圆柱壳与短圆柱壳两种。跨度与波长的比值不同，受力状态也不同，要按不同的薄壳理论进行计算。圆柱形薄壳刚度大，可跨越较大的跨度，采用预应力时可更大些。

（范乃文）

圆柱形螺旋钢弹簧隔振器 vibrating isolator of steel cylindrical coil spring

由弹簧钢丝以圆柱形螺旋形式绕制而成的隔振器。有压簧和拉簧之分。它具有材质均匀，性能稳定，承载能力高，耐久性好的优点，但阻尼比小。由它组成的隔振体系，支承式隔振装置（压簧）其固有频率可达 3Hz 以下，悬挂式隔振装置（拉簧）其固有频率可达 1.5Hz 以下。它应设计成等应力、等变形；弹簧本身两端要磨平；同心组合弹簧内外圈左旋与右旋宜相间布置，并保持同心度，以防止支承面扭转过大而产生歪斜。隔振器的壳体，可做成圆形、方形、长方形、封闭式、半封闭式或外露式，与弹簧连接方法有：平面式、嵌固式和侧联式等。

（茅玉泉）

源程序 source program

用程序源语言编写的计算机程序。这种程序在执行前必须翻译成机器语言。

（周宁祥）

远震 distant earthquake

离指定场地或观测点较远的地震。地震学中指震中距大于 1000km 的地震。远震对地震动位移的影响主要表现在周期大于 1s 的长周期成分中。工程地震中把来自比场地所在地区设防烈度大 2 度以上地区的地震称为设计远震或简称远震。

（李文艺）

yue

约束混凝土 confined concrete

用配置箍筋等方法使横向变形受到约束，强度和变形能力得到提高的混凝土。主要用在轴心受压和偏心受压的普通钢筋混凝土和高强混凝土构件中，在抗震结构工程中的应用尤其重要。提高强度和变形能力的程度取决于配箍方式和配箍率。方形箍筋对混凝土的约束主要靠其四个角上的压力，故作用有限，如采用复合方箍，约束情况有所改善。圆形箍筋对混凝土的约束来自沿圆周的均匀压力，效果较好。螺旋箍筋的约束效果则更好。强度和变形能力随配箍率的增加而提高。钢管混凝土也是一种效果极好的约束混凝土。

（戴瑞同）

约束混凝土强度 strength of confined concrete

在侧向变形受约束的状态下混凝土的强度极限值。由于混凝土的抗拉强度远低于抗压强度，一般说来破坏都是由某个方向上的拉应变超过了混凝土的极限拉应变引起的。侧向约束可推迟内部微裂缝的形成和扩展，从而提高混凝土的变形能力和强度。螺旋箍筋柱、钢管混凝土、加密的横向配筋等都是有效利用约束混凝土强度的工程实例。

（计学闰）

约束扭转 restricted torsion

超静定结构构件受扭时，其横截面翘曲受到各种支承方式约束时的扭转。该扭转的特点是，构件受扭时，其纵轴方向会产生正应力。

（王振东）

约束扭转常数 restrained torsional constant

见扇形惯性矩（262 页）。

约束砌体 confined masonry

又称加构造柱砌体。用钢筋混凝土构造柱、圈梁约束其平面内变形的砌体。

（朱伯龙）

约束系数 restraint coefficient

计算轴心受压构件临界应力时，考虑构件两端约束影响而采用的系数。轴压构件的屈曲临界应力与压杆所受的约束程度有关。在计算开口薄壁型钢轴压构件弯扭屈曲临界应力时的换算长细比公式中引入此项系数用来考虑这一因素。

（沈祖炎）

约束应力 restraint stress

又称拘束应力。物体的变形受约束而产生的内应力。如焊接过程中，由于受热不均匀使各纤维的热变形不同而互相约束，有些纤维产生所谓热塑性，因此冷却后就会在各纤维中产生约束应力。

（谭兴宜）

月牙肋钢筋 crescent-ribbed bar

外表面纵肋与横肋不相交的带肋钢筋。其横肋在垂直于钢筋纵轴线的平面上的 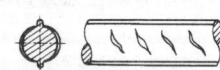 投影呈月牙形。月牙形横肋可使钢筋受力时应力集中有所缓解；相对于相同重量的等高肋钢筋来说，横肋以外的基体的金属量增加，钢筋的强度及疲劳强度有所提高，但与混凝土的粘结性能略有降低。

（张克球）

yun

允许变形 allowable value of deformation

结构或构件设计时采用的作为极限状态标志的变形界限值。如允许挠度，在结构设计规范中它常以结构或构件跨度的分数值来表示。

（邵卓民）

允许高厚比 allowable ratio of height to thickness

验算墙柱高厚比时规定的限值。以［β］表示，它主要与砂浆强度等级有关，验算时，尚需考虑非承重墙和有门窗洞口的墙允许高厚比的修正系数。　　　　　　　　　　　　　　　（张景吉）

允许裂缝宽度　allowable value of crack width

又称最大裂缝宽度容许值。结构或构件设计时采用的作为极限状态标志的裂缝宽度界限值。如钢筋混凝土结构构件，为满足耐久性要求，其最大裂缝宽度应小于规定的限值。　　　　（邵卓民）

允许挠度　permissible deflection

规范根据使用性要求规定的结构构件在使用阶段允许产生的最大挠度。使用性包括对结构构件和非结构构件的影响以及人们感觉的可接受程度等因素。如吊车梁的挠度过大将使吊车轨道歪斜，影响吊车正常运行等。对钢筋混凝土受弯构件挠度的控制，一般有两种方法：①梁的计算跨度 l_0 与其截面有效高度 h 之比的最大值，不得超过其允许跨高比 $[l_0/h_0]$；②规定了允许挠度值为跨度的函数。我国规范规定：钢筋混凝土受弯构件不需作挠度计算时，采用前一种方法，即规定其最大跨高比 l_0/h_0 允许值；当进行挠度验算时，采用后一种方法，规定其允许挠度，具体为：对屋盖、楼盖及楼梯构件的允许挠度值，当 $l_0<7m$ 时为 $l_0/200$；当 $7m\leq l_0\leq 9m$ 时为 $l_0/250$；当 $l_0>9m$ 时为 $l_0/300$；对吊车梁，手动吊车为 $l_0/500$，电动吊车为 $l_0/600$。　　　　　　　　　　　　（王振东）

运动方程　equation of motion

在力的作用下，结构或结构各部分的质量、在参考系中的位置坐标、速度和加速度等物理量之间在运动过程中所遵循的方程。简言之，运动方程即结构的动力位移的数学表达式。在土木工程中，运动方程仅限于宏观、低速范围，服从牛顿（Newton）动力学定律。因此结构运动方程可直接从牛顿动力方程得到，并可表示为矢量或其投影方程，称为矢量动力学方程。另外一类运动方程属于分析动力学方程，如拉格朗日（Lagrange）方程。还有一类是采用变分原理来描述结构运动的，如用哈密顿（Hamilton）原理表示的运动方程。建立结构运动方程常用的方法有动静法、刚度法、柔度法等。
　　　　　　　　　　　　（费文兴）

运输单元　delivery unit

根据运输条件将结构或构件分解成的若干单元。由于结构的尺寸或重量过大，要根据制造厂到安装工地的运输线路和装卸运输能力，确定结构或构件的外形尺寸和单件重量，以便能将单元运送到建设工地。运输单元的决定要同时考虑安装部门和制造部门的能力。　　　　　　　　（刘震枢）

Z

zai

再分式腹杆　re-divided web member

见腹杆（89页）。

zan

暂设工程　temporary project

根据施工组织设计要求，在施工现场必须建造的适当规模的临时性工程。它是施工现场准备工作内容之一。根据工程的规模可分为：大型、中型及小型暂设工程。大型暂设工程包括：混凝土中心搅拌站、钢筋加工厂、金属结构厂、构件预制厂、机械化供应站、试验站、中心仓库等各种附属生产企业、施工用仓库及公用设施、生活设施等。中型暂设工程包括：混凝土搅拌站、钢筋作业场、木工作业场、各类仓库、机械库和其他公用设施。小型暂设工程包括：班组工具库、休息棚、自行车棚、机棚、茶炉棚、淋灰池、施工中不固定的水电管线等。　　　　　　　　　　　　　（林荫广）

zao

早材　early wood

又称春材。一个生长轮中，朝向髓心，生长于生长季节初期（春季或夏初）的部分木材。其材色较浅。一般材质较松软、细胞腔大、细胞壁薄、表观密度和强度都较低。　　　　　（王振家）

早期核辐射　early stage nuclear radiation

由核爆炸产生的从爆炸瞬时开始15s内作用的放射性辐射。主要由中子流和 γ 射线组成。后者作用范围大，杀伤力强，是更危险的因素。可采取掩蔽所（室）等防护措施。　　　　　（王松岩）

噪声 noise

由很多不协调的基音和它的分音一起形成的杂乱无章的声。这是从其物理意义所下的定义。在广义上凡是不希望要的声都是噪声。它使人感到讨厌和烦躁，甚至会引起各种疾病。　（肖文英）

噪声级 noise level

用符合人耳听闻特性的计权网络制造出的 A、B、C、D、E 等 5 个档的仪器测量的声级值。其中 A 档对低频有较大的衰减；C 档近似平直；而 B 档介于 A、C 二档之间；D 档专对喷气式飞机测量用；E 档测量能引起人烦恼的噪声。
（肖文英）

zeng

增加支点加固法 strengthening RC member by adding intermediate supports

在受弯构件跨中增设支柱、支撑、支架等构件，以减小构件的计算跨度，较大幅度地提高其承载能力和减小构件挠曲变形的方法。支点分为刚性支点和弹性支点两种。在荷载作用下，刚性支点不产生变位，弹性支点将产生弹性变位。增设支点加固可按《混凝土结构加固技术规范》规定的方法进行设计计算。　　　　　　（黄静山）

增设支撑加固法 strengthening RC structure by adding bracing systems

增设支撑以减少构件的计算长度和长细比，提高构件的抗压承载能力和构件整体稳定性的加固方法。对空旷房屋增设屋面支撑、柱间支撑可加强房屋结构的整体空间刚度，改善结构构件的受力状态。　　　　　　　　　　（黄静山）

zhan

占地估算 estimate of occupied land

工程项目建设占用土地数量和质量（耕地、山地、荒地等）的测算。在编制设计任务书进行占地估算时，对所占用土地应附有项目所在地区土地管理部门的原则性意见。　　（房乐德）

占地面积 occupancy area

建筑物底层周围外墙所围的水平面积。在总图设计中，是确定用地技术经济指标的基本因素。
（李春新）

zhang

张紧索 prestressing cable

见承重索（28 页）。

张拉挤压法 tension-extruding process

通过张拉拧紧高强度螺栓的方法。
（刘震枢）

张拉控制应力 controlled stretching stress

根据设计要求张拉钢筋时预应力钢筋应达到的应力值。张拉控制应力定得越高，构件的抗裂性越好。但过高的张拉控制应力会降低构件的延性，并易产生钢筋拉断、锚具下混凝土局压破坏、预拉区开裂等现象。所以张拉控制应力应定得适当。此外确定张拉控制应力时还应考虑张拉方法、钢筋塑性等。　　　　　　　　　　（卫纪德）

张拉强度 strength of concrete during prestressing

在后张法预应力混凝土构件中，对预应力钢筋施加预应力时的混凝土抗压强度。其值等于预应力钢筋应力合力在混凝土单位净面积上产生的抗压强度。此时，相应的预应力钢筋应力等于张拉控制应力除去摩擦损失应力后所剩余的应力值。
（王振东）

张力结构 tension structure

主要承受拉力的空间结构。多作为大跨度房屋的屋面，形式丰富多彩，构思巧妙，结构受力合理。可分为索网结构及薄膜结构两类。
（蒋大骅）

张力腿式平台 tension leg platform

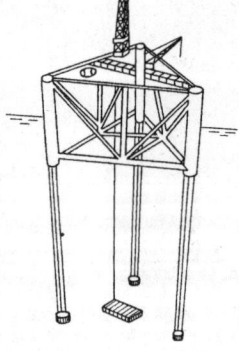

由浮体式上部结构、海底基座以及浮体底部垂直地引出若干根与海底的基座相连的钢索组成的海洋平台。通过收紧钢索使平台的吃水大于它静态平衡时的吃水，则平台所受到的浮力大于其自身重量。当平台受到扰动力时，钢索张力改变而平台只产生微小位移以保证正常作业。　（魏世杰）

张裂缝 tension joint

岩体中垂直于主拉应力方向的宽度大于 0.2mm 的裂缝。它的两侧壁常张开，但宽窄变化较大，易被风化物充填。滑坡成因的张裂缝，在滑体后缘发展最为典型，成半月形，开展深度较大，常与滑体下的滑动面连通。滑体常沿张裂缝而错落。　　　　　　　　　　（孔宪立）

胀蚀 swelling corrosion

水泥砂浆和混凝土中的水化产物在腐蚀介质的

作用下，主要生成难溶的含有结晶水晶体的反应产物，膨胀后对周围形成压力，而使材料松散的现象。主要腐蚀介质为硫酸盐。它是水泥砂浆和混凝土的最主要腐蚀形式之一。　　（施 羿）

胀缩土
见膨胀土（228 页）。

zhao

照明配电箱　Lighting distribution box
对照明负荷进行配电的装置。它对负荷有保护和控制作用，分墙上明装和墙内暗装两种形式。
（马洪骥）

照准轴
见视准轴（275 页）。

照准轴误差
见视准轴误差（275 页）。

zhe

遮帘作用　screening effect
已设置的桩群或桩列对后续沉桩挤土产生的制约作用和隔离效果。在挤土桩施工中，利用这一特性控制施工流程，可减轻挤土对邻近建筑物的影响。
（宰金璋　陈冠发）

折板　folded-plate
见折板结构。

折板拱　folded plate arch
拱身做成折板式的拱。既是屋面维护结构又兼作拱身承重。与其它实体拱相比，自重小、刚度好、省料，而且外形美观。　（唐岱新）

折板基础　folded plate foundation
由折扇形的折板块和端梁所组成的基础。上部结构的立柱只与端梁相连接。由于它的抗弯劲度远较同样板厚的筏板基础为大，因而可以设计成较大的跨径。折板基础的挠曲和差异沉降都比较小，就不致在上部结构中引起太大的次应力。施工时，先在地基表面切削锯齿形的土胎，抹上砂浆，以保护地基土不受扰动，然后进行钢筋混凝土作业。土胎四周均受到约束，始终处于弹性状态，故在计算沉降时，可以假设折板下缘平面为地基标高。设计时先将折板离散为若干矩形板单元，每个节点有三个线位移和三个角位移分量，用数值分析方法求其内力分布。　　　　　　　　（朱百里）

折板结构　folded-plate structure
简称折板。由多块条形或其它外形的平板组合而成，能作承重、围护用的薄壁空间结构。它不是壳体，但与筒壳结构相似。折板屋盖结构的形式主要为有边梁和无边梁两种。前者由若干厚度不同的平板组成，并把最外缘的折板加厚形成边梁，后者由等厚度的平板组成。平板的宽度可以不同。折板结构可用木材、铝和钢材制作，但理想的是钢筋混凝土。因为它的模板加工简单，铺设钢筋方便，形式可多样化。钢筋混凝土折板大多用作屋顶和站台的顶盖，而且也采用于各种工程建筑物中，如用作抵御风、土壤或水引起的侧压力的墙体。折板厚度与总跨度相比是很薄的。折板的纵向设计基本上与窄梁的设计类似；横向设计与支承于凹折处的连续平板或一系列支承于凹谷处的拱类似。
（陆钦年）

折板式楼梯　folded plate stair
见悬挑式楼梯（332 页）。

折板形网架　folded plate grid
格构式的折板结构。当正放四角锥网架用于狭长矩形平面且为周边支承时，网架长向的上、下弦内力很小，将这些长向的上、下弦取消即形成这种网架。一般节点上只有 6 根杆件汇交，构造简单，用钢量较小，适用于建筑平面边长比较大的情况。
（徐崇宝）

折算模量　reduced modulus
由两种材料组成的截面，将二者的弹性模量折算成的一种模量。如轴心受压钢（或木）构件在弹塑性阶段失稳时，截面分弹性部分和弹塑性部分，犹如两种材料组成，也可采用折算模量；双模量理论（有时也称折算模量理论）就是将二者的模量换算成折算模量来计算构件的临界应力。
（钟善桐）

折算模量理论　equivalent modulus theory
见双模量理论（281 页）。　　（夏志斌）

折算应力　reduced stress
又称当量应力。列出在复杂应力作用下钢材处于塑性工作状态的条件，与在单轴应力作用下钢材达到流限相比的一种相当应力。在单轴应力作用下，假定正应力到达流限（$\sigma = \sigma_T$）时才发生塑性阶段的转化，但在多轴应力作用下，向塑性阶段的转化并不决定于一种应力而决定于某个应力函数，即所谓"塑性条件"。例如，根据变形能量强度理论得出的塑性条件为：

$$\sqrt{\frac{1}{2}[(\sigma_1 - \sigma_2)^2 + (\sigma_2 - \sigma_3)^2 + (\sigma_3 - \sigma_1)^2]} = \sigma_T$$

$\sigma_1, \sigma_2, \sigma_3$ 为主应力；σ_T 为流限。上式等号左边的数值即折算应力，以符号 σ_{np} 表示。
（陈雨波）

褶曲 fold

见褶皱构造。

褶皱构造 folded structure

地壳的岩层受构造应力的强烈作用而形成的有一系列波状弯曲但未丧失其连续性的构造类型。褶皱构造中的一个弯曲称褶曲。按褶曲的基本形态可分：①岩层向上拱起的褶曲为背斜，它的岩层以褶曲轴为中心向两翼倾斜。当地面受到剥蚀而出露不同地质年代的岩层时，轴部岩层的年代老于两翼；②岩层向下凹的褶曲为向斜，岩层倾向向轴部倾斜。当地面受到剥蚀而出露不同地质年代的岩层时，轴部岩层的年代新于两翼。（杨可铭）

zhen

针叶材 coniferous wood, soft wood

由裸子植物亚门的松杉目和红豆杉目树种生产成的商品材。如冷杉、云杉、红松等。针叶材边材、心材界限分明，年轮明显，纹理直，质轻而软，易加工，耐腐性好，是理想的结构用材。但针叶材中的落叶松属于硬木，质重而硬，不易加工。（王振家）

真方位角 true azimuth

见方位角（76 页）。

真空预压 vacuum preloading

在需要加固的软粘土地基上形成真空，利用气压差对地基进行加固的方法。为了加速固结可在地基内设置砂井或排水塑料带。此法通过减小孔隙水压力来增加地基土有效应力，而地基内剪应力又不会增加，故可避免堆载预压法可能出现的剪切破坏。可与其他地基处理方法联合使用。如真空联合堆载预压，真空预压联合碎石桩等。

（陈竹昌）

真误差 true error

任一量的观测值与真值之差。如观测平面三角形的内角，其观测值之和与 180° 之差。观测值通常指消除系统误差后的值，故真误差属偶然误差性质。观测量的真值一般是不知的，真误差也无法求得。（郭禄光）

真型试验 full scale test

见原型试验（354 页）。

真子午线 true meridian

见子午线（380 页）。

振冲碎石桩 vibrational replacement stone column

在振动和高压射水的联合作用下将振冲器沉入需加固的松软地基达设计深度，在振冲器周围形成孔穴；向孔穴内逐段填入碎石料，同时喷水振动使填料密实从而在地基内形成碎石柱体。是深层加固松软地基的一种方法。对砂或粉性土地基，经振冲碎石柱加固后不仅可提高承载能力。增大刚度从而减少荷载作用下的沉降和不均匀沉降，而且可提高地基的抗液化能力。对于粘性土地基（尤其是饱和软粘土地基），主要是置换和促进排水的作用，碎石桩与周围土一起组成复合地基。（胡文尧）

振动 vibration

物体反复通过某个基准位置的运动。在结构中，是指作用和响应随时间的变化而发生大小和方向交替变化的现象。振动时存在激振力（又称干扰力）、惯性力、阻尼力和恢复力。激振力是引起振动的外因。按达朗伯（D'Alembert）定理，惯性力是与外力等效的力。阻尼力既来自结构内部，又来自结构外部。恢复力可以来自结构材料有恢复未变形时的状态的特性。它也可以来自结构外部，例如支点在顶部的悬摆式结构在振动过程中所受的重力。振动至少是要有惯性力和恢复力共同作用的运动。（李明昭）

振动层间影响 influence of vibration between stories of building

一般指机床引起其它层的振动。通常将对振动敏感的仪表放在其它层。振动层间影响可以多层厂房整体为对象，用模态综合法计算。计算和实测结果表明，层间影响是可观的。有的作用在板中的扰力引起上层楼板的最大振幅同引起激振层与扰力作用点邻近的主梁的最大振幅相仿，达到扰力点下楼板最大振幅的 40%。但这个最大层间影响振幅与扰力点振幅不发生于同一时刻，也不发生于同一扰力频率之下。（郭长城）

振动沉桩 vibrosinking of pile

用振动锤产生的垂直振动力将桩沉入土中的打桩方法。固定在桩头上的振动锤主要是由一对同步反向旋转的偏心块组成，当两个偏心块反向旋转时，惯性力在竖直方向上下叠加，而水平向的力则相互平衡抵消，构成只产生上下竖直作用的振动力。这种沉桩方法可用于沉入预制桩，下沉管桩或下沉套管。对于易振动液化土层其穿过能力较强，但不易进入硬粘土层中。（张祖闻）

振动荷载 vibration load

使结构或构件产生不可忽略的加速度而且正反向交替周期性的荷载。如机械旋转部分由于偏心而产生的扰力等。（唐岱新）

振动碾 vibration roller

在静压式压路机上加装激振器而制成的压实机械。它有碾压和振密的双重作用。基本的技术参数为机重、激振力和总线压力（静线压力和动线压力之和）。适用于各种土的压实作业，压实厚度大，效果好。　　　　　　　　　　（祝龙根）

振动器　vibrator

浇灌混凝土时，使混凝土产生振动以形成密实体的工具。为了适应大直径钢管混凝土柱浇灌混凝土的需要，将一般的平板式振动器换上锅底形底座，就成为锅底形振动器。对于小直径钢管混凝土柱浇灌混凝土时，常将一般的平板式振动器改装后绑扎在钢管上进行振动，则称为附着式振动器。
　　　　　　　　　　　　　　（钟善桐）

振动形态测量　measurement of vibration mode

在强迫振动下，结构动态弹性曲线的测量。即在同一时刻量测结构各测点振幅的联线。这对于计算多跨连续结构动应力和研究结构空间刚度等都非常必要。必须注意各测点的相位，以便准确测定各点振幅的方向与正负，当结构振动变化规律不定时，尤为重要。　　　　　　　（姚振纲）

振动压密　vibrational densification

利用振动方式使土的结构破坏，继而重新相互楔紧，以达到密实效果的方法。常用有平板式和插入式两种振动器具。对非粘性土，压密作用明显。
　　　　　　　　　　　　　　（祝龙根）

振动砖墙板　vibrated brick panel

在平放的钢模内铺砖用振动的方法制成的墙板。在钢模内先铺一层强度较高的砂浆，厚20～25mm，然后在砂浆上错缝侧放一层砖（1/2砖厚），砖与砖之间的缝宽12～15mm，再在砖上铺一层砂浆，并在板的四周边的钢筋骨架内灌筑混凝土，用平板振动器振动，最后经蒸汽养护而成。这种墙板在制作时经过振动，使砖缝内的砂浆密实、均匀，砌筑质量好，提高了砌体的抗压强度，它还具有节省砖、减轻自重、缩短现场施工工期以及降低造价等优点。　　　　　　　（施楚贤）

振幅　amplitude of vibration

物体振动时其位移、速度、加速度、内力、应力、应变等最大的变化幅度。即在振动曲线中，从波峰或波谷到横坐标基线的距离。

振弦应变仪　vibrating-string strain indicator

利用各种振弦传感器测量应变、力值等非电物理量的仪器。在被测非电物理量的作用下，改变了传感器中钢弦的应力，从而使钢弦的自振频率发生变化，磁化的钢弦振动在线圈中产生感应电势，其频率与钢弦自振频率相同。振弦应变仪测量这个感应电势的频率，可根据频率的变化量和所用传感器的灵敏度换算相应的非电物理量。　　（潘景龙）

振型　mode of vibration

结构按某一固有频率振动时的变形模式。其求法参见结构动力特性（162页）。振型的重要特性为①正交性：$(\boldsymbol{\varphi}_j)^T M \boldsymbol{\varphi}_k = 0$；$(\boldsymbol{\varphi}_j)^T K \boldsymbol{\varphi}_k = 0$；$(j \neq k)$。其中 φ_j，φ_k 分别为第 j 个、第 k 个振型。M 为质量矩阵，K 为刚度矩阵。②规格化：振型的幅值是任意的，为使幅值具有一个确定的表示法，可将振型规格化，规格化后的振型有 $(\boldsymbol{\varphi}_j)^T M \boldsymbol{\varphi}_k = \sigma_{jk}$，$(\boldsymbol{\varphi}_j)^T K \boldsymbol{\varphi}_k = \sigma_{jk} \omega_{jk}^2$ 其中 $\sigma_{jk} = \begin{matrix} 0 & j \neq k \\ 1 & j = k \end{matrix}$。③振型构成一完备空间：$n$ 个自由度振动体系的 n 个振型构成一 n 维完备空间，因而振型可以作为广义坐标系来描述该空间任意形式的位移，且取很少几个可得到良好的近似，这是求结构动力响应的振型叠加法的基础。
　　　　　　　　　　　　　　（汪勤悫）

振型参与系数　participation coefficient of vibration mode

在多自由度体系振动过程中某一振型所参与的比例。在多自由度体系自由振动中，以振型作为基底的正则坐标描述质点位移时，利用振型向量的正交关系使多自由度体系振动方程内的方程式各自独立。如具有 n 个自由度体系包括 n 个独立的振型，该体系的任意点位移 x 可表示为 n 个振型向量 X_i 乘以振幅 y_i 的总和

$$x_i = \sum_{j=1}^{n} X_{ji} \cdot y_i$$

用正则坐标求解，可将一个单位向量分解为

$$1 = \sum_{j=1}^{n} X_{ji} \cdot \gamma_j$$

用 $X_j^T \cdot m$ 乘以等式两边，可得到某一振型的振型参与系数

$$\gamma_j = \frac{X_j^T \cdot m \cdot 1}{X_j^T \cdot m \cdot X_j} = \frac{\sum_{i=1}^{n} m_i X_{ji}}{\sum_{i=1}^{n} m_i X_{ji}^2} = \frac{\sum_{i=1}^{n} G_i X_{ji}}{\sum_{i=1}^{n} G_i X_{ji}^2}$$

（张誉）

振型分解法　mode analysis method, method of mode-decomposition

用振型作为广义坐标求动力响应时，将强迫振动的位移（响应）表达为各阶振型与相应广义坐标（主坐标）的乘积之和的分析方法。各阶广义坐标相当于一个有阻尼的广义单自由度体系。在相应的广义荷载（干扰力）作用下，根据初始位移和初始速度求出位移值，而该广义单自由度体系的质量采用各阶相应的折算质量，其值与整个体系的质量分布和各阶振型有关。　　（费文兴　张誉）

振型耦连系数　vibration mode coupled coefficient

计算结构振动体系的内力和变形时，考虑两种振动耦合作用影响的系数。如结构频谱为密集型时，需考虑各振型的相关性，采用完整二次项组合法求解水平地震作用效应，即

$$S = \sqrt{\Sigma_K \Sigma_j \rho_{Kj} \cdot S_K \cdot S_j}$$

S_K、S_j 分别为 K 振型 j 振型水平地震作用效应，ρ_{Kj} 即为 j 振型与 K 振型的耦连系数。

（张 誉）

震度法 seismic coefficient method

又称系数静力法。将地震作用视为静的水平外力作用在结构上的抗震设计方法。1915年日本佐野在《房屋抗震结构论》中首次提出衡量抗震度的"震度"概念。假定地震时结构各部分受到与其重量成正比的水平力作用，而不考虑结构的动力性能，使结构抗震进入定量计算。作用于结构物各部分质量上的外力大小，以各部分的重量乘以地震力系数（震度）表示。通常将此系数对结构各部分都取为一定值，使设计工作简化，但是结构各部分的运动并非相同，而且作用于同样大小质量上的地震力也因质量的位置不同而有差异。因此，此法对复杂结构不能确定出正确的地震作用。　（张 誉）

震害预测 seismic damage prediction

确定各类工程结构在一定强度的地震动作用下不同程度破坏率的一种方法。它为制订抗震防灾规划、应急计划等提供科学依据。目前虽无统一方法，但对一个地区工程结构群体预测一般都采用以宏观震害统计资料为依据的经验方法或半经验方法，在抽样调查基础上，逐栋评定它们的震害程度，然后按统计样本面积加权确定其震害率矩阵。对单体工程，一般采用理论方法。　（章在墉）

震后恢复重建规划 post-earthquake restoration planning

抗震防灾规划中，为迅速恢复生产、重建家园作出的分项规划。它包括：①建筑物恢复与重建；②生产设施恢复与重建；③公用设施恢复与重建；④震后长期经济影响消除与投资调整。

（肖光先）

震级

见地震震级（58页）。

震级重现关系 seismic reoccurrence relation

用积累分布表示的不同震级的地震相对频度。即某一地区在一定时期内震级重现关系服从古登堡-里克特统计关系

$\log_{10} N(M) = a - bM$ 或 $\ln N(M) = \alpha - \beta M$

$N(M)$ 为震级 $\geq M$ 的地震发生数，或称积累频度，a 与 b 为回归常数，$\beta = b\ln10 = 2.3b$。

（章在墉）

震级上限 upper-limit of magnitude

各潜在震源在未来的工程使用期限内可能发生的最大震级。对于已经经历了几次地震活动周期的地区，可将历史上最大地震震级作为上限。不然，从安全考虑，常采用历史上最大震级加0.5级。

（章在墉）

震级-震中烈度关系 magnitude-epicentral intensity relation

历史上地震震级与震中烈度的统计关系。谢毓寿资料如下（以Ⅱ类土为标准）：

震级 M \ 震中烈度 I_0 / 震源深度 H(km)	5	10	15	20	25
2	3.5	2.5	2	1.5	1
3	5	4	3.5	3	2.5
4	6.5	5.5	5	4.5	4
5	8	7	6.5	6	5.5
6	9.5	8.5	8	7.5	7
7	11	10	9.5	9	8.5
8	12	11.5	11	10.5	10

（章在墉）

震陷 seismic subsidence

地震使软土地基造成不均匀沉陷，并导致建筑构筑物破坏的一种现象。　（李文艺）

震源 earthquake focus

地震发生时在地球内部产生地震波的位置。实际上是一个具有一定体积大小的区域。大地震的震源体积也大。由于震源体线度往往比震源到场地的距离（即震源距）小得多，故常常可以近似将震源看作一个点。并由此定出震源深度与震中位置。工程地震中除了点源模型外，常常采用线状震源——简称线源以及面状震源——简称面源作为地震危险性分析中的潜在震源模型。

（李文艺）

震源距 distance from the focus

观测点到震源的距离。　（李文艺）

震源深度 focal depth

震源到地面的垂直距离。在工程抗震设计中，它是一个十分重要的参数，但在地震学中却是一个难以精确测定的数据。　（李文艺）

震中 epicentre

震源在地面上的垂直投影点。把地震破坏最严重的地方定为震中称为宏观震中；根据地震仪记录资料测定的震中称为微观震中，又称仪器震中。由于震源物理和场地条件的复杂性，宏观震中不一定与微观震中相重合。　（李文艺）

震中距 epicentral distance, hypocenter distance

在地震影响范围内,地表某处与震中的地球球面距离。
（李文艺）

镇静钢 killed steel

一种脱氧较完全的钢。脱氧的手段是在钢液中加入适量的硅或铝。镇静钢材质均匀,机械性能较好。适合用于承受动荷载或处于低温下工作的钢结构。
（王用纯）

zheng

征地拆迁 land requisition and demolishing

对拟建工程占用的土地按国家规定的手续进行申请占用经批准后,并组织拆除地上或地下的障碍物及安置迁移居民与单位等工作的统称。
（房乐德）

蒸汽采暖系统 steam heating system

以水蒸汽作为热媒的采暖系统。靠蒸汽在散热设备内凝结放出热量。具有散热表面温度高、传热系数大、节省散热面积的特点。供汽压力高于70kPa时称为高压蒸汽系统,等于或低于70kPa时称为低压蒸汽系统,低于大气压时,称为真空蒸汽系统。
（蒋德忠）

蒸压灰砂砖 autoclaved sand-lime brick

以砂子和石灰为主要原料,也可加入着色剂或掺和料,经坯料制备、压制成型、蒸压养护而成的砖。用料中砂子约占 80%～90%,石灰约占 10%～20%,产品重力密度一般为 18～19kN/m³,抗压强度一般为 7.35～9.80MPa,较高者可达 20MPa。色泽大多为灰白色。此种砖不能用于温度长期超过 200℃、受急冷、急热或有酸性介质侵蚀的建筑部位。
（罗韬毅）

整平 leveling

将仪器置于水平位置的操作过程。将仪器上的水准器与其中任意两个脚螺旋的联线方向相平行,转动脚螺旋使气泡居中,然后将仪器旋转 90°,调节第三个脚螺旋使气泡居中,如此反复进行直到水准器置于任何方向水准气泡总是居中时为止。
（钮因花）

整体倾斜 general incline

高耸构筑物的单独基础两端点间或高层建筑物两外墙中点间的沉降差与其距离的比值。它是建筑物变形特征之一,用以防止因沉降差过大而引起建筑物或构筑物整体朝一个方向倾侧或倾倒失稳的控制指标。
（魏道垛）

整体屈曲 overall buckling

见轴心压杆稳定承载力(371页)。

整体失稳 overall unstability

见轴心压杆稳定承载力(371页)。

整体式混凝土结构 monolithic concrete structure

又称现浇整体式混凝土结构。在施工现场支模、绑扎钢筋或安置骨架(包括预埋管线及设置预埋件等),然后就地浇灌混凝土制作全部构件或部件的结构。这种结构的整体性及可模性好,抗震性能强;但模板消耗量大,施工工期长并受季节性影响。一般只用于不规则的局部结构,或对整体性、抗震抗爆性,以及防水性能等要求较高的结构工程中。
（王振东）

整体式空调机组 integral air conditioner unit

又称局部空调机组。将空调系统所有空气处理设备,包括风机、冷却器、加湿器、过滤器等集中设置在一个箱体内组成的机组。可直接安装在空调房间内。其优点是结构紧凑,安装方便,不需集中的机房,可按需要分散设置。此种机组用途广泛,除常用的恒温恒湿机组外,还有适应各种特殊需要的新风机组、低温机组、净化机组、计算机室专用机组等。
（蒋德忠）

整体稳定 overall stability

受压构件或受弯构件整体的稳定性。为第一极限状态(承载力极限状态)的要求。构件组成部分的稳定性称为局部稳定。
（夏志斌）

整体性系数 integrity factor

反映剪力墙整体作用程度的系数。它的大小和连梁刚度与墙肢刚度之比有关。根据整体性系数的大小及其它相关条件,可将剪力墙分别按小开口墙、壁式框架、联肢墙进行计算。
（江欢成）

正常固结土 normally consolidated soil

在整个自然地质历史过程中,始终在等于(从未大于)本身自重压力的上覆压力作用下达到完全固结的土体(层)。其判别标志是现存的自重压力等于其先期固结压力或者超固结比 $OCR = 1$。
（魏道垛）

正常使用极限状态 serviceability limit state

结构或构件在正常使用条件下达到功能上某一允许限值的极限状态。当结构或构件出现下列状态之一时,即认为超过了正常使用极限状态:①影响正常使用或外观的变形;②影响正常使用或耐久性能的局部损坏(包括裂缝);③影响正常使用的振动;④影响正常使用的其它特定状态。
（邵卓民）

正倒镜投点法 projection point method of telescope direct and reverse

分别以盘左、盘右位置投点取中点的方法。正镜投点设为 a，倒镜投点设为 b，由于视准轴误差的存在，致使 a、b 两点不重合，可取 a、b 的中点作为最后结果。　　　　　　　　　　　　　（王熔）

正反螺丝套筒　turnbuckle pipe

俗称花篮螺丝。内壁带有两段方向相反螺丝扣的套筒。将端部有螺纹的两段预应力钢筋，远端锚固在构件上，近端分别插入正反螺丝套筒中，转动套筒，可收紧或放松预应力钢筋，达到施加或卸除预应力的目的。在木结构中，也可用来调整圆钢拉杆的松紧。　　　　　　　　　　　　　（钟善桐）

正放四角锥网架

见四角锥网架(287 页)。

正极性

见正接。

正交网架　two-way orthogonal lattice grid

由两向互相垂直的桁架组成的网架结构。桁架与边界平行的称正交正放网架；桁架与边界成 45° 角的称正交斜放网架。前者因其网格呈正方形，属几何可变，应在周边设置水平支撑以传递水平荷载；后者当周边支承时，角部支承处产生拉力。正交正放网架适用于建筑平面接近正方形情况，正交斜放网架适用于建筑平面为矩形情况。　　　　　　　　　　　　　（徐崇宝）

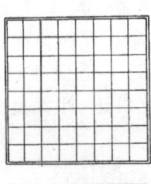 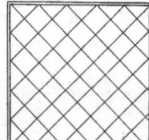

正接　negative electrode method

又称正极性。用直流电源施焊时，焊件与电源正极连接，电极（如焊条）接电源负极的接线方法。
　　　　　　　　　　　　　（刘震枢）

正截面抗弯承载力　bending capacity of cross section

钢筋混凝土构件在弯矩作用下，到达破坏或不适于继续承载的变形时，其正截面所能承受的最大弯矩。当材料和截面几何特征相同时，少筋梁和超筋梁的正截面承载力基本为定值，适筋梁的正截面承载力介于少筋梁和超筋梁之间，它是截面几何特征、配筋量和材料强度的函数，其中梁的截面有效高度对正截面承载力影响最大。参见承载力（27 页）。
　　　　　　　　　　　　　（杨熙坤）

正截面抗弯强度　bending strength of cross section

在受弯状态下钢筋混凝土到达破坏或不适于继续承载的变形时，其正截面所能承受的最大拉应力或压应力。　　　　　　　　　　　　　（王振东）

正截面破坏形态　failure mode of cross section

钢筋混凝土梁由弯矩引起沿正截面破坏的形式。其破坏形态随纵筋用量不同可分超筋破坏、适筋破坏和少筋破坏三种。设计时通过限制截面受压区高度来防止出现超筋破坏；通过正截面承载力计算防止适筋破坏；用限制最小配筋率 ρ_{min} 来防止少筋破坏。　　　　　　　　　　　　　（王振东）

正态分布　normal distribution

又称高斯分布。随机变量 X 的概率密度函数为：
$$f(x) = \frac{1}{\sqrt{2\pi}\sigma}\exp\left[-\frac{(x-\mu)^2}{2\sigma^2}\right],$$
$$-\infty < x < +\infty$$
的分布。其中 μ 为均值（数学期望），σ 为均方差。相应的概率分布函数为
$$F(x) = \frac{1}{\sqrt{2\pi}\sigma}\int_{-\infty}^{x} e^{-\frac{(t-\mu)^2}{2\sigma^2}} dt,$$
$$-\infty < x < +\infty$$

对参数为 μ 和 σ 的正态分布，简记为 $N(\mu, \sigma^2)$。若某一变量可看成许多微小的、独立的随机因素作用的总和，而每个因素对总和都只起不大影响时，就可把该变量看为正态变量。在土木建筑工程中，许多随机变量都服从或近似服从正态分布，例如恒荷载、材料的强度、构件的几何尺寸等。
　　　　　　　　　　　（杨有贵　郭禄光）

正位试验　straight seat test

试件的支承、安装就位、荷载作用方向以及试件自重产生的应力状态等与实际工作情况一致的结构试验。以单跨简支受弯构件为例，正位试验时受压区在上，受拉区在下，这是结构试验中最常采用的试验方案。　　　　　　　　　　　　　（姚振纲）

zhi

支撑　brace

平面结构中在平面外的支承构件。由于平面结构不能承受平面外的荷载，为了增加其平面外的刚度，必须设置支撑系统，以传递平面外的荷载。在房屋结构的框架或排架中，有屋盖支撑系统和柱间支撑。在只有墙体的房屋结构中，只有屋盖支撑系统。
　　　　　　　　　　　　　（钟善桐）

支承板　bearing plate

用以支承结构构件压力的钢板。常靠钢材表面直接接触挤压传力。　　　　　　　（钟善桐）

支承加劲肋　bearing stiffener

钢梁或木胶合板梁中为把支座反力或固定集中荷载可靠地传给腹板而设置的加劲肋。传递支座反力的支承加劲肋亦称支座加劲肋。支承加劲肋通常兼起腹板横向加劲肋的作用，但其截面可略为加大。支承加劲肋连同与之相连的一部分邻近腹板亦应有足够的侧向刚度，以免集中荷载使其在腹板平面外失稳。钢梁通过翼缘承受集中荷载时，较多情况是支承加劲肋的一端刨平与翼缘顶紧以传递压力。

（瞿履谦）

支承式隔振装置 supporting system of vibrating isolation

在积极隔振或消极隔振的体系中，将被隔振设备与台座装置在隔振器上，再放在支承结构上的方式。隔振器可用平置、斜置、辐射和会聚等型式。支承式隔振装置的力学模型假设：被支承物（设备和台座）是刚体，隔振器视作无质量、有刚度、有阻尼的元件，支承结构（基础或结构）为刚体或弹性体。设计时，在可能条件下，尽量降低隔振体系的质心，并尽可能与隔振器中心重合，缩小质心与扰力作用线的距离，以减少水平回转耦合振动。要在保证隔振效果的同时，力求经济合理，构造简单，施工安装和检修方便。

（茅玉泉）

支导线 spur traverse

在导线测量中，既不闭合也不附合的自由导线。导线起始于一已知点，经过若干导线点后，既不回到起始点又不终止于另一已知点。由于缺乏检核条件，所以在实际作业中应限制其点数，并且要采取足够的校核措施。

（彭福坤）

支管 web member of tubular truss

钢管桁架中内力较小、截面较小的钢管。一般指腹杆，它连于主管上。

（徐崇宝）

支线管道 branch pipeline

输送气体或液体的管道线路中联接干线管道与用户地区的管道。当支线管道的压力不同于干线管道时，在与干线管线连接处应设立调压室。

（庄家华）

支座 support

将结构构件的力传递于下部结构（或基础）的支承装置。实际应用中有铰支座、弧形支座和滚轴支座等，视支承的构件跨度、荷载大小以及是否允许水平位移而定。

（陈雨波）

支座环 supporting ring

为承受光滑圆顶底部水平推力而设的环形支座。环内钢筋可采用非预应力和预应力配筋。圆顶的应力很小，为了保证壳体由于温度变化及混凝土收缩能自由移动，应在支座环与环梁间敷设两层涂有黄油的镀锌铁板、滚珠、橡皮或塑料等。支座环的连接一般应使由于载荷作用下无弯矩的径向力通过支座环横截面的重心，以便在环内仅引起拉力而不引起弯矩。

（陆钦年）

支座加劲肋 stiffener at support

见支承加劲肋（364页）。

支座位移法 support-displacement method

使构件或结构的部分支座产生位移建立预应力的方法。适用于具有三个以上支座的超静定受弯构件或超静定结构体系。对这类构件或结构体系，移动部分支座可使内力分布趋于均匀，取得经济效果。

（钟善桐）

知识 knowledge

事实与概念、规则和方法以及其应用能力的综合。它是人工智能研究的基础性问题。其结构可用层次模型来表示，即由事实与概念组成第一层，由规则定律和定理组成第二层，以及控制性知识与心理学范畴等为第三、四层。通常对可定义的事实和广泛共享的知识称确定性知识，而能被有经验的人领悟和少数专家正确运用的称不确定性知识。

（陆伟民）

知识表示 knowledge representation

对某专家工作领域的知识在计算机贮存器中以数据结构的形式表示，以便存取和求解问题。知识表示有操作过程的过程化表示和事实与判断规则逐个说明的说明表示。通常根据确定性知识与不确定性知识有各种不同的处理方法与实现技术。

（陆伟民）

知识工程 knowledge engineering

又称应用人工智能。研究如何利用人工智能的原理和方法构造专家系统的一门工程性科学。是人工智能的应用分支。主要是探索运用已有的各种智能功能和技术把人类在某专业领域内的大量知识与经验构造出高性能的领域知识系统，存放到计算机中，由计算机去自动解决通常由专家处理的实际问题。知识工程包括知识获取、知识表达、知识利用。

（陆伟民）

知识获取 knowledge acquisition

知识工程中采集信息的功能，解决如何从专家处得到的知识加以自动或半自动提取和公式化的问题。其模式一般有：将获取的信息作为新的元素加进知识体系中和将获取的信息有机地结合，进行结构模块化。

（陆伟民）

知识库 knowledge base

存储从专家得到的关于某个领域的专门知识。由规则库、事实库与语义网络组成。它是知识工程的重要研究内容，其功能是处理知识存储、检索和管理。知识库与推理机组成专家系统的核心部分。

（陆伟民）

直方图 histogram

用多个矩形近似表示连续型随机变量 X 概率分布的几何图形。其中阶梯曲线为频率密度 $f_n(x)$ 的图形。小区间 $(x_i, x_{i+1}]$ 上的矩形面积近似等于 $P(x_i < X \leqslant x_{i+1})$，小矩形面积的总和为 1。

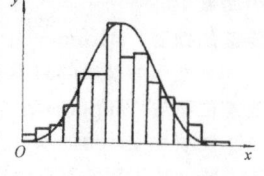

（杨有贵）

直角角焊缝 orthogonal fillet weld

见角焊缝（160页）。

直角坐标法 rectangular coordinate method

用纵、横距确定点的平面位置的方法。用于平面图的测绘和建筑物的放样。（王熔）

直接动力法 direct dynamic method

对运动方程中空间与时间连续变量经离散化后进行数值求解的方法。由于运动方程是根据一般的变质量、变刚度、变阻尼系数受到任意动力荷载作用的普遍情况建立起来的偏微分方程组，对它进行解析求解很困难，以古典物理近似方法对结构进行离散，即用有限个自由度描述连续体无限个自由度的位移，并建立起离散化结构的弹性特性矩阵——刚度阵，因此微分方程组转化为代数方程组，按照线性代数方法可求得问题的解答。

（陆伟民）

直接平差 adjustment of direct observations

对某一量直接进行多次观测，按最小二乘法原理，求未知量的最或然值并评定其精度的过程和方法。如为等精度观测，则某一量的最或然值就是观测值的算术平均值；如为非等精度观测，就是观测值的加权平均值。（傅晓村）

直接作用

见荷载（121页）。

直流焊 DC arc welding

使用直流电电源的电弧焊。常用的直流电源有直流弧焊发电机或弧焊整流器。（刘震枢）

直线定线 ranging of straight line

在地面两点连线上设立若干标志的工作。它是分段丈量的依据。一般定线用目视法，精密定线用经纬仪。如两点间地势起伏大或不通视，可用逐渐趋近法。如分别把 ACD 和 CDB 定为直线，则 ACDB 为一直线；或将经纬仪置于两点间并与两点通视后，纵转望远镜可检查视准轴偏离直线的情况，在直线的垂直方向上移动经纬仪，使其逐渐置于两点连线上。

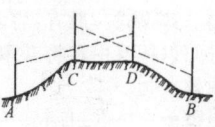

（高德慈）

直线定向 straight orientation

确定直线与标准方向之间的角度关系。标准方向有真子午线方向、磁子午线方向和坐标纵轴方向，利用它们可分别确定直线的真方位角和真象限角、磁方位角和磁象限角、坐标方位角和坐标象限角。

（文孔越）

植树护坡 vegetation cover of slope protection

利用植树来保护边坡表层的方法。适用于土质和风化基岩的边坡。对于崩塌斜坡此法效果不大。其功能除具有草皮护坡的功能外，还可以利用其根部和身部加固和支挡岩土体。（孔宪立）

止裂 crack arrest

裂纹扩展阻力超过维持裂纹高速传播所需的驱动力时，裂纹发生停止扩展的现象。（何文汇）

止水带 water proof belt

用于地下防水工程的变形缝处，既能承受变形，又能起隔水作用的配件。按其安装方法不同可分为预埋式和可卸式两种。按其制造材料不同又可分为金属止水带、橡胶止水带和塑料止水带三种。而塑料止水带具有较好的耐老化性、抗腐蚀性和造价低等特点，应予优先采用。（黄祖宣）

只读存储器 ROM, read only memory

只能由计算机读取其中内容而不能改变其中内容的存储器。它是一种非挥发性存储器，即使电源关闭仍能保持其中内容。它通常用来存放操作系统或操作系统的一部分、语言编译或解释程序以及其它需保持内容不变的软件。有一类只读存储器可由用户编程称为可编程只读存储器（PROM，EPROM）。（李启炎）

纸板排水 paper drain

由带有竖向排水孔的预制厚纸板用以加固软土层的竖向排水方法。它是最早使用的预制型排水井，加固原理与砂井相同。施工时将纸板装入插板机的芯轴内一起压入土中，然后上提芯轴。纸板则留在土中。由于纸板浸水强度低且入土后渗透性减小，故近年已为排水塑料带所取代。（陈竹昌）

指定塑性铰 plastic hinge expected

设置在结构上某些有利于耗散地震能量且易于产生塑性转动变形部位的塑性铰。对于框架，通常设置在梁和柱脚截面，对于剪力墙则设在墙底和连系梁两端截面。（戴瑞同）

指令 instruction

规定计算机操作类型及操作数地址的一组字符，由一系列机器代码组成。（周锦兰）

指令系统 instruction set

又称指令集。一台计算机所能执行的各种不同类型指令的总和。不同机器的指令系统所包含的指令种类和数目是不同的。以它们的功能来划分,大致有以下几类:算术运算型指令;逻辑运算型指令;传送型指令;控制型指令;输入输出指令。
（周锦兰）

指示矩阵法　indicating matrix method
根据结构外形和形体上的规律加以抽象,用不同的矩阵来表示定义在整型名义坐标系中的抽象结构,并根据所规定的矩阵运算法则自动地生成结构计算和分析所需要的描述结构外形和拓扑的各类信息。这一方法不仅可作为结构（尤其是复杂空间结构）计算机分析的前处理技术,而且还可以在结构分析的全过程中灵活地表现结构和结构的改变,从而被应用于结构的重分析和优化设计、自动分析和设计,以及 CAD 系统等领域。
（钱若军）

制动桁架　braking truss
承受吊车小车横向制动力的桁架。一般可利用吊车梁的上翼缘或上弦杆兼作为制动桁架的上弦杆,另配以钢制的腹杆和下弦杆组成桁架。桁架高与水平制动力方向平行。
（钦关淦）

制动梁　braking beam
承受吊车小车横向制动力的梁式构件。梁高和水平制动力方向平行,其截面一般由吊车梁的上翼缘或上弦杆与其他杆件组合而成,多用钢材制成。两端支承在柱上。
（钦关淦）

制孔　hole-making
应用钻床或冲床等机具在零件或构件上按划线标示的位置和孔径进行钻孔或冲孔的工序。按工作物不同,又可分为零件制孔,构件的成品制孔和构件试拼装后的扩孔。
（刘震枢）

制冷　refrigeration
使自然界的某物体或某空间达到低于周围环境温度,并使之维持这个温度的技术。实现制冷可通过两个途径:①利用天然冷源;②利用人造冷源。
（蒋德忠）

制冷机组　refrigerator unit
由制冷系统部分设备或全部设备配套组装成的独立机组。其优点是结构紧凑,占地小,可在工厂装配、试验,安装使用方便,造价低。常用的有压缩——冷凝机组、冷水机组等。它是制冷工业的发展方向。
（蒋德忠）

制图标准　drafting standard
设计图纸绘制中应统一遵守的国家规定以及表示方法。包括:图纸幅面的尺寸规格,图标的内容、尺寸及位置,尺寸注法,图面线型的表示方法及宽度,定位轴线的编号及注法,剖切线、引出线和详图索引标志的表示方法,常用图例的表示方法,文字和数字书写的规定等。
（房乐德）

质量密度　mass density
简称密度。单位体积材料（包括岩石、土等）所具有的质量。
（邵卓民）

智利地震　Chile earthquake
1960 年 5 月 21 日至 6 月 22 日在智利 S 36°～48°之间南北长 1400km 沿海狭长地带连续发生的多次强烈地震。里氏震级在 8 级以上的地震有 3 次,在 7 级以上的有 10 次,震源深度为 45～60km,震中烈度达 11 度。震中分布广,波及面大,持续时间长,引起巨大海啸和火山爆发,地面下沉,上千处滑坡阻塞了河道,灾情十分严重。经济损失约 5 亿美元,死亡 1 万人,400 万人无家可归。质量差的房屋大批倒塌,但按照 1940 年智利抗震规范设计的建筑物显示了良好的抗震性能,并检验了规范的有效性。
（肖光先）

智能 CAD 系统　intelligent CAD system
具有智能化的管理器和高级人机通讯工作站的 CAD 系统。可通过网络接口与其他计算机系统联接。它的关键是智能管理器,能观察设计者正在进行的工作,并理解设计者的意图;它还包括其他智能化子系统:解决设计者提问的顾问系统、自动文件编制和高速绘图系统,最重要的是具有智能化的数据库管理系统,实现统一的数据描述方法并配有统一数据模式的数据库和不同数据表示的翻译器。
（陈国强）

滞回曲线　hysteresis curve
又称恢复力曲线。结构或构件在反复荷载作用下的力-位移曲线。它反映了结构或构件的反复受力与变形的特征,并体现了刚度退化及能耗特性,是恢复力模型确定的依据,也是地震反应非线性分析的前提条件。
（余安东）

滞回曲线滑移现象　slipping hysteresis curve
反映在滞回曲线中间部位,出现接近于水平段的现象。它是由斜裂缝闭合,配筋滑移或支撑失稳等因素引起的。
（余安东）

滞回曲线捏合现象　pinch phenomenon of hysteresis curve
滞回曲线在中间部位逐渐趋向于捏拢的特性。这是由于剪切变形造成的斜裂缝张合或钢筋滑移所引起的,捏合现象降低了构件的耗能能力。捏合现象越显著,延性越差。
（余安东）

滞止系数
见阻力系数(385 页)。

滞止压力　drag
见阻力(385 页)。

置换挤密　compaction by displacement
通过沉管、冲击、振动水冲或爆破等方法在地基土中挤压成孔并回填砂、石等材料,使其与经过挤密的周围土体一起组成地基复合体的处理方法。它将使地基提高承载力,减少沉降量,适用于处理砂土、粘性土、杂填土和湿陷性黄土等地基土。按填入材料之不同,可分别形成砂桩、碎石桩、土桩、灰土桩及石灰桩等复合地基。　　　　　　(王天龙)

zhong

中高强混凝土　middle-high strength concrete
见普通混凝土(235页)。

中国传统木结构抗震性能　seismic behavior of traditional Chinese timber structure
中国传统木结构抗御地震作用和保持承载能力的性能。木结构具有很好的抗震性能,参见木结构抗震性能(216页)。如山西应县佛宫寺木塔,建于公元1056年,高66.49m在900多年中,经历过5度以上的地震12次,其中1305年的地震达到8度,1626年达7度。此外,还经历过10级左右的大风和两次战争中炮弹的轰击。目前仍很完整,在第五层顶部有约50cm的偏移,为塔高度的1/130,在容许范围之内。又如河北蓟县独乐寺观音阁,建于公元984年,至今已有千余年的历史。1976年唐山地震,当时蓟县烈度为7度,该建筑仍保持完好无损。其他木结构在震后幸存的比例也很大。说明中国传统木结构具有很好的抗震性能。
(欧阳可庆)

中间加劲肋　intermediate stiffener
在冷弯薄壁型钢杆件中,两纵边之间沿着板件纵边方向设置的加劲肋。在梁的支座或集中荷载作用处以外设置的加劲肋,也称中间加劲肋。
(张耀春)

中间支架　intermediate rack
又称活动支架。架空管道线路上布置在伸缩节与固定支架之间的支承结构。支架上托支管道的支座做成滑动、滚动或悬吊形式的活动支座,允许管线受热变形在支架位置产生位移。是管线上为数最多的一种支架。　　　　　　　　(庄家华)

中强钢丝　middle-strength cold drawn wire
用20锰硅(20MnSi)或其他类似钢号的热轧圆盘条经多道模拔而成的钢丝。其强度标准值可达800N/mm², 延伸率达4%。此种钢丝也具有加工简易、施工方便,且强度较高,延性较好等优点,可在中小型构件中采用。　　　　　　　(张克球)

中砂　medium sand
见砂土(261页)。

中误差　mean square error
又称标准差。用一组等精度观测误差的平方均值的平方根表示的误差。它表示随机变量取值的离散程度,常以 m 表示,即

$$m = \pm\sqrt{\frac{[\Delta\Delta]}{n}}$$

Δ 为真误差;〔　〕为求和的符号。在相同的条件下,观测 t 个未知量时,用最或然误差 $v_i(i=1,2,\cdots,n)$ 代替真误差 Δ_i, 这时观测值的中误差为

$$m = \pm\sqrt{\frac{[vv]}{n-t}}$$

(郭禄光)

中心点法　mean value method
又称平均值法。分析中将结构功能函数在平均值处(中心点)展开使之线性化的一种概率设计法。这种方法可以直接给出可靠指标与随机变量统计参数之间的关系,计算比较简便;但因通常假定随机变量服从正态分布或对数正态分布,不考虑实际分布,因而精度较差。　　　　　　(邵卓民)

中型项目　medium item
见大型项目(38页)。

中央处理器　CPU,central processing unit
计算机中解释和执行指令的装置。它包括三个基本部件:①算术逻辑部件;②控制部件;③主存储器。它是计算机的核心部件,其性能优劣对计算机系统起着关键性的作用。　　　　(李启炎)

中央式空调系统　central air conditioning system
见集中式空调系统(145页)。

中央子午线　central meridian
高斯投影中各投影带中央的子午线。它投影后为长度不变的直线。计算6°带和3°带的中央子午线的经度公式分别为:$L = 6N - 3$, $L = 3N$, N 为带号。
(陈荣林)

终端　terminal
计算机硬件中人机交互设备。通常是带键盘的显示装置。可分为远程终端、本地终端、图形终端、智能终端等。　　　　　　　(薛瑞祺)

钟表式百分表　dial gauge of watch type
见百分表(2页)。

众值烈度　mode intensity
50年内超越概率约为63%的地震烈度。它比基本烈度约低1度半。《建筑抗震设计规范》(GBJ 11—89)取为第一水准烈度。　　　(肖光先)

重锤夯实　heavy tamping
采用起重机械将重锤提升到一定高度后,自由下落,重复夯击地基,使其表面形成一层比较密实均匀的硬层的方法。它适用于处理距地下水位0.8m

以上稍湿的粘性土、砂土、湿陷性黄土、分层填土及性能稳定无侵蚀性的杂填土。夯锤多为圆锥台形,锤重 15~30kN,锤底面静压力为 15~20kPa,落距为 2.5~4.5m。有效夯实深度一般达 1.1~1.2m,约相当于锤底直径。 （平涌潮）

重力荷载代表值 representative value of seismic gravity load

结构或构件的永久荷载标准值与有关竖向可变荷载组合值之和。其组合值系数根据地震时的遇合概率确定。 （陈基发）

重力加载法 method of gravity loading

利用一些物体的重力作为荷载直接施加或通过杠杆施加于结构上的试验方法。在试验室内,这种重物可以是专门浇铸的标准铸铁砝码、混凝土立方块或盛水的水箱等；在现场试验时可就地取材,采用砂、石、砖块等建筑材料,或钢锭、铸铁。利用杠杆放大原理可以节约大量的荷载量,减少加载的劳动强度。当采用不同比例的杠杆时,可以有不同的放大倍数,但必须使杠杆的支点、力点和加载点准确地保持在同一直线上,在试验加载过程中,保持杠杆比例不变以保持荷载恒定。加载杠杆本身应有足够的强度和刚度,其支承点必须安全可靠,杠杆的自重应计入总的荷载量之内。 （姚振纲）

重力密度 force(weight) density

简称重度。单位体积材料（包括岩石、土等）所受的重力。 （邵卓民）

重力式挡土墙 gravity retaining wall

完全依靠墙身自重来维持墙身稳定的一种挡土墙。常用块石或混凝土筑成大块实体形式。这种挡土墙在中国使用最为广泛,但在地基软弱或墙身较高、土压力较大情况下并不经济。 （蔡伟铭）

重力式混凝土平台 gravity platform

依靠自身重量维持稳定的固定式海洋平台。用钢筋混凝土建造。由上部结构、腿柱和基础组成。腿柱是钢筋混凝土制成的圆柱体,可做成单腿柱或多腿柱,上端支承上部结构,下部与基础相连。采油套管、注水管和输油管等置于腿柱内。基础是由若干圆筒形舱室组成的大沉垫。沉垫也可采用平板分仓的蜂窝式结构。该平台借其自身重量和压载重量坐落于海底,以底部摩擦力和土的抗力来抵抗风、浪、流的作用。它兼有采油和贮油双重功能。 （魏世杰）

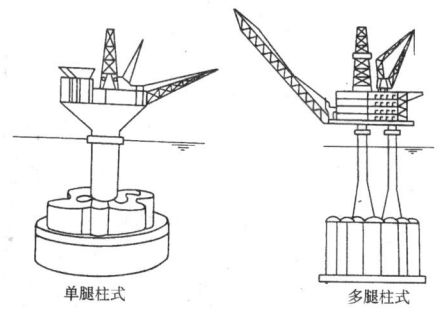

单腿柱式　　多腿柱式

重力水 gravity water

又称自由水。在重力作用影响下,从水头压力大的地方向水头压力小的地方移动的水。可传递静水压力,有冲刷、侵蚀作用和溶解能力。泉水、井水都是重力水。它是水文地质学研究的主要对象。 （李　舜）

zhou

周期 period

物体振动时,重复通过基准位置一次的固定间隔时间。以符号 $T(s)$ 表示。所谓周期运动、周期力等就是一种在时间间隔 T 后重复的运动、力等。周期运动、周期力等都具有 $f(t+T)=f(t)$ 的共同性质。周期是频率的倒数,无阻尼自由振动的周期 $T=1/f=2\pi/\omega$,阻尼自由振动的周期为 $T_d=2\pi/\omega_d$,略大于 T（ω 及 ω_d 参见圆频率 355 页）。在大多数情况下,阻尼比 ζ 比 1 小得多,所以 $T_d\approx T$。在地震工程中还有地面运动的卓越周期,它指的是地面运动加速度最大阶段的周期。对于地基土卓越周期是 $T=4H\sqrt{G/\rho}$,式中 H 为均匀土层的厚度,G 为土的剪切换量,$\rho=\gamma/g$,γ 为容重,g 为重力加速度。周期是振动中一个重要的物理量,它从时间的角度反映了振动的特征。 （汪勤慈）

周期误差 cyclic error

用电磁波测距仪测距时,依一定距离为周期重复出现的系统误差。主要来源于仪器内部固定的窜扰信号,由于窜扰信号的存在,使测距信号变成与窜扰信号的合成信号,形成相位值的周期偏差,从而引起测距的周期误差。在仪器设计制造时应注意加强屏蔽,合理隔离,尽量减小或消除周期误差。在仪器使用中应定期检测,如发现周期误差超出规定,应对测距结果进行改正。 （何文吉）

周期性抗震动力试验 periodical seismic dynamic test

对结构施加按正弦规律变化的周期性动力荷载,用以模拟地震对结构作用的动力试验。该试验主要是利用动荷载对结构产生的强迫振动和引起结构共振的性能,研究结构的动力反应与破坏机制。试验时可通过改变荷载频率、振幅以及加速度幅值等参数的大小,即调整动荷载本身的特性,以满足不同试验目的的需要。常用的加载方法有偏心起振机加载、电液伺服加振器加载和单向周期性振动台加载等。这种试验方法与抗震静力试验相比能反映应变速率对结构的影响,但与真正地震荷载产生的非线性反应尚有差别。　　　　　　　　(姚振纲)

周期性抗震静力试验 periodical seismic static test

又称伪静力试验、拟静力试验或低周反复静力试验。对结构构件进行往复循环加载,即多次低周反复作用的静力试验。试验时可控制结构的变形或荷载量,使形成对结构构件在正反两个方向反复加载和卸载的过程,通过试验获得结构构件超过弹性极限后的荷载-变形工作性能(恢复力特性)和破坏特征,也可以用来比较或验证抗震构造措施的有效性和确定结构的抗震极限承载能力,进而为建立数学模型通过计算机进行结构抗震非线性分析服务。这种方法的试验设备简单,加载历程可人为控制并可按需要加以改变或修正,试验中可停下来观察结构开裂和破坏状态,便于检验校核试验数据和仪器工作情况。由于对称的有规律的低周反复加载与某一次确定性的非线性地震相差甚远,不能反映应变速率对结构的影响,无法再现真实地震的要求。
(姚振纲)

周期振动 periodic vibration

在相等的时间间隔内重复发生的振动。简谐振动是最简单的一种周期振动。

轴线控制桩 control peg

在建筑物轴线延长线上钉立的木桩。木桩离外墙基槽边缘至少为 1.0~1.5m,为安全起见,在每条轴线两端延长线上要钉立2~3个控制桩,用以检查桩位有无移动,作为控制房屋轴线位置的标志。
(王　熔)

轴向力影响系数 influence factor for axial force

高厚比和轴向力的偏心距对无筋砌体受压构件承载力的影响系数,以 φ 表示。随着高厚比和偏心距的增大,将导致构件承载力相应降低。
(张景吉)

轴向振动 longitudinal vibration

激振力、惯性力、阻尼力和恢复力的合力作用线都与杆轴线重合,或杆的断面的运动只平行于杆轴线的振动。有时虽然集中激振力的作用线和杆的形心轴重合,也会同时引起轴向振动和扭转振动。这种现象发生在断面形心的扇性坐标值 ω 不为零的薄壁杆件,Z形断面的薄壁杆即为此例。
(李明昭)

轴心力和横向弯矩共同作用折减系数 reducing coefficient for theconcurrent action of axial force and bending moment

压弯构件承载力计算中,为考虑轴向力与弯矩共同作用产生的附加挠度的影响所引用的折减系数。也可认为是横向弯曲对轴心受压构件承载力的影响系数。在木结构设计规范中用 ψ_m 表示。
(王振家)

轴心受拉构件 axial tension member

见轴心受力构件。

轴心受拉木构件承载力 bearing capacity of axial tension member

木构件承受轴心拉力作用的能力。木材缺陷对受拉木构件承载力的不利影响极为敏感,且呈脆性工作,而木材缺陷在构件中又不可避免,因此木结构中应尽可能不采用受拉木构件。　(王振家)

轴心受力构件 axially-loaded member

仅有拉力或压力作用于截面形心轴线的构件。前者称轴心受拉构件;后者称轴心受压构件,简称轴心压杆。设计时,对轴心受力构件应满足强度和刚度要求,对轴心受压构件尚应满足整体稳定和局部稳定要求。
(王国周)

轴心受力构件净截面强度 net section strength of axially-loaded member

见轴心受力构件强度。

轴心受力构件毛截面强度 gross section strength of axially-loaded member

见轴心受力构件强度。

轴心受力构件强度 strength of axially-loaded member

轴心受力构件达到强度极限状态时的截面承载力。对于无孔洞削弱的轴心受力构件,截面上引起均匀受拉或受压的正应力,当此正应力达到屈服点,即达到强度极限状态。有孔洞削弱的轴心受力构件,孔洞处截面上的正应力在弹性受力阶段为不均匀分布,孔洞附近存在应力集中现象,到弹塑性阶段,该处应力将渐趋均匀;达到强度极限状态时,净截面上为均匀分布的屈服应力。设计时,为满足强度要求,在无削弱或有削弱两种情况下应分别满足:构件内力设计值不超过构件毛截面面积或净截面面积乘以抗拉(抗压)强度设计值。前者称为毛截面强度,后者称为净截面强度。　　　(王国周)

轴心受压构件 axial compression member

见轴心受力构件。

轴心受压木构件承载力 bearing capacity of axial compression member

木构件承受轴心压力的能力。当构件长度小于7倍截面最短边时,可由截面强度控制,但这种情况不多见,因此构件的承载力常由稳定控制。为使构件的可靠指标稳定于目标可靠指标,根据构件长细比不同和不同的材料强度等级,计算轴压木构件承载力的纵向弯曲系数 φ 值也不同。 （王振家）

轴心压杆
见轴心受力构件(370 页)。

轴心压杆屈曲形式 buckling mode of axial compression member

轴心压杆屈曲时发生的变形形式。主要有三种:只发生弯曲变形的屈曲,称为弯曲屈曲,又称弯曲失稳;只发生扭转变形的屈曲,称为扭转屈曲,又称扭转失稳;兼有弯曲和扭转变形的屈曲,称为弯扭屈曲,又称弯扭失稳。轴心压杆究竟发生何种屈曲形式,取决于截面的形状和尺寸、杆件的长度和杆端的支承约束形式。双轴对称和点对称开口截面的轴心压杆,不会发生弯扭屈曲,只会发生弯曲屈曲或扭转屈曲,视何者的稳定承载力较小而定。一般情况下,点对称的开口截面和开口薄壁截面的轴心压杆常有可能发生扭转屈曲。无对称轴截面的轴心压杆,失稳时必然是弯扭屈曲。 （夏志斌）

轴心压杆稳定承载力 buckling strength of axial compression member

轴心压杆在稳定状态下所能承受的最大压力。当为完善(无缺陷)轴心压杆时,其值可由屈曲理论求得。当荷载 N 低于 N_{cr},直线形式杆件的平衡是稳定的;当 N 略大于 N_{cr} 时,直线形式杆件的平衡为不

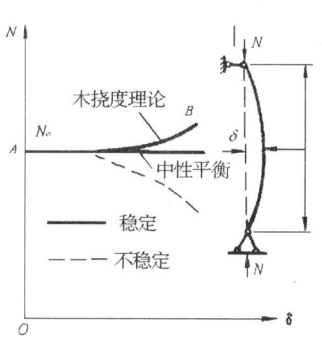

稳定,微小弯曲状态杆件的平衡才是稳定的;当 N 等于 N_{cr} 时,杆件既能在直杆状态下处于平衡,也能在微弯状态下处于平衡,称为平衡的分枝点,并称此时杆件发生整体屈曲,也称杆件整体失稳。N_{cr} 称为临界荷载,常取作完善轴心压杆的稳定承载力。凡出现平衡分枝的稳定问题,也称第一类稳定问题。实际上压杆常带有初始缺陷,其稳定承载力将有所降低,上述 N_{cr} 为压杆实际承载力的上限。
（夏志斌）

轴压比 ratio of axial compression stress to strength

柱子的轴向压力设计值 N 与混凝土轴心抗压强度设计值 f_c 及截面毛面积 A 乘积之比($N/f_c \cdot A$)。柱子的轴压比大,延性差。为保证柱子必要的延性所规定的最大轴压比限值称极限轴压比。抗震设计时,柱子的极限轴压比一般在 0.6~0.8 之间。
（王振东）

zhu

竹结构 bamboo structure

用竹材作承重构件的结构。中国南方盛产竹材,其主要品种为毛竹(或称楠竹)4～6 年即可成材,直径达 10～15cm。竹节使竹材顺纹抗拉强度降低约 30%,对其他力学性能无不利影响。竹材的强度远高于木材,但弹性模量与木材相比提高不多。竹材呈环状截面,材质分布在四周,有利于抗屈曲和抗弯,是天赋的优良结构材料。在中国西南少数民族地区,历来利用竹材建造高爽的竹楼作为民居,中国 50 年代研制成的采用螺栓连接和抵承填块连接的竹桁架,型式合理,工作可靠。

（樊承谋 王振家）

竹筋混凝土 concrete reinforced with bamboo

以优良的竹材经过防腐和防水处理后作为配筋的混凝土。竹筋混凝土结构中竹筋与混凝土的粘结较差,二者的线膨胀系数差别较大,同时竹筋的徐变较大,应用时应注意。 （赵国藩）

逐层切削法 Sach's method

将钢构件或焊件逐层切割以测定构件中残余应力的方法。切削一层,测一次变形,根据每次切削后测得的变形,从其变形前后的差值,推算每一层切削前的残余应力。 （谭兴宜）

逐次积分法 step-by-step integration procedure

又称步步积分法。把任意确定性激励作用分成许多时段,每个时段(又称步长)按动力平衡条件分别建立运动方程从而求出每个时段结束时结构响应的方法。在每个时段内假设结构为线性,并假设一个反应机理,由该时段的初始条件就可近似地得到在该时段结束时结构的响应。结构的非线性特性则在每一时段的起点按前一时段所求得的运动状态的值加以调整,即由一系列不断改变的线性系统来逼近。既要满足相邻时段运动的连续,又要避免误差的积累,以至影响解答的收敛。这个过程可从激励开始进行到任意时刻。步长越小,精度越高,但计算工作量相应增加。常用的有线性加速度法、wilson-θ 法及 Newmark-β 法等。 （费文兴 陆伟民）

主动隔振 active vibrating isolation
见积极隔振(139 页)。

主动土压力 active earth pressure

达到主动极限平衡状态时相应的土压力。当挡土墙受到墙后填土侧向压力的作用,向前平移或转

动时，随着位移或转角的增大，墙后土体逐渐出现破裂直至达到极限状态而破坏，此时即为主动极限平衡状态。
（蔡伟铭）

主动土压力系数 coefficient of active earth pressure

用朗金理论或库仑理论计算主动土压力公式中的系数 K_a。它是墙后填土的内摩擦角 φ、墙背倾角 α、地面坡角 β 以及墙背与填土之间的摩擦角 δ 的函数。
（蔡伟铭）

主固结 primary consolidation

在饱和土的排水固结过程中土中孔隙水完全排除，孔隙水压力由初始值消散至零的全过程。土体相应所达到的压缩变形量称为主固结变形。
（魏道垛）

主管 main-member of tubular truss

钢管桁架中内力较大、截面较大的钢管。一般指弦杆。
（徐崇宝）

主筋 main reinforcement

钢筋混凝土构件中主要的受力纵筋。例如，受拉或受压的纵筋、弯起筋等。
（刘作华）

主梁 girder

俗称大梁。肋梁楼盖中承受楼板及次梁传来的荷载，并把它传给柱或墙体的梁。
（刘广义）

主索 main cable

见承重索（28 页）。

主体金属 base metal

见母材（212 页）。

主谐量法 method of principal harmonics

在环境随机激振试验时，利用结构脉动记录曲线上显示结构自振频率相接近的谐波分量（主谐量）直接确定结构动力特性的方法。地面脉动包含着极为丰富的频率成分，当经过地基输入结构时，由于结构本身自振频率的存在，使得远离结构自振频率的信号常被抑制而与结构自振频率相近的信号则被放大，使脉动波形以与自振频率相近的谐波分量为主，揭示了结构自振特性。它的特点是：①记录曲线出现有酷似"拍"振的现象；②同一时刻各不同测点的周期接近；③沿结构高度或跨度各测点的相位或者相同或者相反，与各阶振型相一致。可以由各正弦波的光滑曲线或"拍"振包络线区段的波形曲线求得结构自振频率。沿结构高度或跨度方向各测点的振动曲线量测在同一自振周期区段波形的同一时刻测点的振幅及相位，求得振型。主谐量法可以比较简易地求得结构基频及第一振型，对于体型简单规则的高层建筑，有时也可能测得第二、三振型及相应的自振频率。但主谐量法难以直接确定结构的阻尼比。
（姚振纲）

主振源探测 surveying of main vibration source

通过量测查找对结构振动起主导作用，而且危害最大的振源。当结构受几个动荷载同时作用时，探查主要振源对结构的动力影响甚为重要。试验时利用结构在动荷载作用下强迫振动的共振特性，由结构的振动频率确定主振源。也可分析结构振动的实测图形，按不同振源会引起规律不同振动的特点，作为间接判断主振源的参考依据。当有多个振源时，可以分别从各振源的单独作用或某种组合作用下进行试验，量测结构反应并进行判别。也可以采用近代测量技术，通过对结构的动力反应进行谱分析确定主振源。
（姚振纲）

助曲线 supplementary contour

又称辅助等高线。按 1/4 基本等高距加绘的等高线。图上常以短虚线表示，它能反映出平坦地段的地面微小起伏的情况。
（钮因花）

贮仓 bunker

俗称囤仓。贮存块粒状松散物料（矿石、煤、水泥、砂、石灰、谷物等）的构筑物。一般都采用直立式，仓顶进料，仓底卸料。平面形状可为圆形或矩形，群仓平面布置可以呈单排或多排。根据其高度与平面尺寸的关系，分为浅仓和深仓两种。可以用各种不同材料（如砌块、钢材或钢筋混凝土等）建造，但从经济、耐久、抗冲击性能等考虑，钢筋混凝土贮仓更被广泛采用。
（侯子奇）

贮料侧压力

贮料对仓壁产生的水平压力。是仓壁承受的主要外力。侧压力的大小与贮料堆积密度、贮料内摩擦角、贮料高度、筒仓水平净截面的半径和贮料与仓壁间的摩擦系数等因素有关。
（侯子奇）

贮料重力密度

贮料在自重影响下的密实程度。贮料为压缩性较大的散料时，计算贮料压力所采用的表观密度为堆积密度乘以平均压密系数。
（侯子奇）

贮气罐 gas container

贮存气体的容器。分低压和高压两种。低压罐一般为圆筒形，用于贮存煤气或天然气（参见煤气罐 209 页）。高压罐采用圆筒形壳并在端部与球壳相连，或整个为球壳，以减小气体压力产生的应力，用于贮存压缩空气、液化石油气或其他气体。
（欧阳可庆　侯子奇）

贮液池 reservoir

贮存水、石油、酒或酸类等液体的构筑物。由顶盖、池壁及底板组成。平面形状有矩形、圆形及多边形。建造位置有地下、半地下及地上。顶盖形式有敞口（即无顶盖）、平顶及壳顶。底板形式有平底、斜底及壳底等。材料有钢、钢筋混凝土、预应力混凝土及砖石。在液体压力作用下，圆形贮液池主要承受环向拉力和竖向弯矩，矩形贮液池池壁，当池壁高宽比 $\frac{H}{a}<0.5$ 时，主要承受竖向弯矩和压力；当池壁高宽比 $\frac{H}{a}>2$ 时，主要承受水平向弯矩和拉力；当池壁高宽比 $0.5<\frac{H}{a}<2$ 时，主要承受水平向弯矩和拉力及竖向弯矩和压力。当贮存有侵蚀性液体时，池内表面覆以陶瓷、花岗石、沥青、水玻璃等耐酸油的覆面材料和涂料。平面尺寸较大的贮液池要设置伸缩缝。常用于给水、排水、石油、化工等工业企业中及民用和公共建筑中的附属设施。　（侯子奇）

贮液罐　liquid tank

贮存液体（水、石油及其产品等）的容器。分为地上式、半地下式和地下式三种。钢罐有立式圆筒形、卧式圆筒形和球形等。钢筋混凝土罐和砖石罐多为立式圆筒形，当容量较大时，可在环向施加预应力（用电热张拉、千斤顶张拉或绕丝机张拉），增加抗裂性，以防液体泄漏。　（欧阳可庆　侯子奇）

柱　column

主要承受各种作用产生的轴向压力的竖向长条形构件。有时也承受弯矩、剪力或扭矩。一般用以支承梁、桁架、楼板等。通常用钢筋混凝土、钢材、砖石、木材等制成。柱截面通常为矩形、方形、圆形或Ⅰ、H形等。钢筋混凝土柱可以现浇，也可以在加工厂预制或现场预制。　（陈寿华）

柱的材料破坏　material failure of column

轴心或偏心受压柱破坏时截面一侧（或两侧）的应力能够达到相应材料的强度极限的破坏形式。钢筋混凝土的短柱和一般长柱的破坏都属材料破坏。　（计学闰）

柱的失稳破坏　buckling failure of column

过分细长的轴心或偏心受压柱，在加荷后由于较小的纵向力而引起不可收敛的侧向变形增量而丧失承载力的破坏状态。此时截面上各处应力均未达到材料的强度极限，因此是不经济的，设计中应尽量避免。　（计学闰）

柱底板　column base plate

柱脚底面与混凝土基础接触传力的钢板。由于柱身、隔板和靴梁一般可作为底板的支承，故将底板划分为悬臂板、两边支承板、三边支承板和四边支承板。　（何若全）

柱顶板　top plate of column

柱头顶端的盖板。为保证作用于柱上的荷载能可靠地传给柱身，或便于梁与柱及梁与梁的连接，常在柱顶端设柱顶板。　（何若全）

柱基础　footing under column

承受并传递柱荷载的基础。可以做成单独型的，也可以把同一排的若干柱子的基础联合在一起而成为柱下条形基础或十字交叉条形基础。基础型式的选择取决于柱荷载、地基土的承载力以及上部结构对沉降的敏感程度。基础材料可选用砖、毛石、混凝土和钢筋混凝土等。　（曹名葆）

柱间支撑　column brace

为保证厂房的纵向稳定和刚度并传递纵向水平力而设在纵向柱列间的支撑。通过柱间支撑把纵向水平力（风力、地震力、吊车纵向制动力）传至基础上。在吊车梁以上部分称上柱支撑，吊车梁以下部分称下柱支撑。柱间支撑应放在温度区段中部，一般用型钢，少数也有用钢筋混凝土制成。常用的支撑形式为十字交叉形，有时为了跨间交通、设备布置或柱距较大等原因，不能或不宜采用交叉式支撑时可采用门架式支撑。　（陈寿华）

柱脚　column base

柱下端与基础相连的部分。其作用是把柱子的轴力和弯矩等传给基础，保证柱不移动，不上拔。为节省材料，实腹式柱一般做成整体式柱脚，较宽的格构式柱一般做成分离式柱脚，即把柱底板做成两块或更多的独立部分。按能否抵抗弯矩，柱脚与基础的连接分为固接和铰接。　（何若全）

柱脚连接板　connecting plate of column base

连接两个柱脚底板的钢板。多用于分离式柱脚，以提高钢柱在运输过程中的整体刚度。　（钟善桐）

柱距　bay length

又称开间。相邻纵向两柱中心线间的距离。一般民用建筑中常用柱距有 3.3m、3.6m。一般单层厂房常用的为 6.0m 或 6.0m 的倍数，个别情况下也有采用 9.0m 的。多层厂房或综合楼常用柱距为 4.0m、6.0m。当工艺布置需要局部柱距放大时，可在基本柱网中局部抽掉柱子形成扩大柱距，并用托架支承抽掉柱子部位的屋架。　（陈寿华）

柱帽　column capital

无梁楼盖中，在板-柱连接处柱的截面尺寸局部扩大的部件。可以减小板的跨度，增大冲切面和增强板柱连接的刚度。　（刘广义）

柱面刚度　cylindrical rigidity

板（壳）成圆筒形弯曲时的抗弯刚度。单位宽板条的抗弯刚度习惯用 D 表示，$D=\frac{Et^3}{12(1-\nu^2)}$。式中 t 为板厚，$\frac{t^3}{12}$ 为单位宽板条绕中面的惯性矩，ν 为泊松比，$\frac{E}{1-\nu^2}$ 为修正弹性模量，是由板内出现二

维应力状态引起的。因此 D 与梁弯曲理论中的抗弯刚度相当。　　　　　　　　　　（王国周）

柱面网壳　braced barrel vault

将杆件按一定规律布置形成柱面形式的空间杆系结构。这类网壳(尤其是圆柱面网壳)的构件形式比较统一,节点构造比较简单,是常见的空间结构形式之一。网壳可沿周边支承,可支承在端部横隔上,可沿两侧直线边支承,或仅支承在若干独立支点上。工程实践中也常采用连续的多波组合的柱面网壳屋盖。单层柱面网壳的网格有二向正交(可适当布置交叉支撑杆)、斜杆型、二向斜交、三向网格等类型。双层网壳除可采用上述各种网格形式外,也可采用以四角锥为基础的空间网格形式。

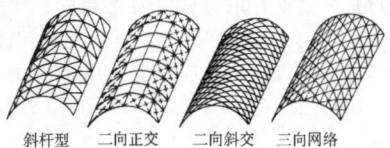

斜杆型　二向正交　二向斜交　三向网络

（沈世钊）

柱上板带　floor strip on column

无梁楼盖中柱网轴线两侧一定宽度内的板带。为了简化设计方法,把无梁楼盖的板划分成柱上板带和跨中板带。柱上板带支承跨中板带,并通过它把荷载传给柱。　　　　　　　（刘广义）

柱头　column cap

柱上端局部放大的加强部分。其作用是,有效地传递上部构件传来的荷载,便于柱梁间的连接并使柱端具有足够的刚度。柱头的设计应尽量做到传力明确,构造简单,便于施工。　　（何若全）

柱网　column grid

柱子在平面上纵横向排列所形成的网格。由建筑物跨度和柱距(开间)构成。柱网选择将影响厂房造价和面积的合理利用。为了有利于实现建筑工业化,减少构件规格类型,柱网尺寸还应符合国家公布的建筑模数协调统一标准的规定。　（陈寿华）

柱下钢筋混凝土条形基础　reinforced concrete strip foundation under columus

在柱行或柱列下设置的一种钢筋混凝土连续基础。它能跨越地基中的局部软弱地带。调整不均匀沉降。该基础由梁及翼缘组成倒 T 形横截面。视建筑物对不均匀沉降的敏感性和地基的压缩性,基础梁的高度取为跨径的 $1/8\sim1/4$;翼缘可以是等截面的也可以是变截面的,它应具有足够厚度,以便不设置钢箍和弯起筋,从而简化施工。基础宽度由容许沉降值和地基承载力决定。按地上梁的计算方法可以求得弯矩和剪力分布,供断面设计之用。

（朱百里）

柱子吊装测量　plumbing column survey

保证柱子正确就位和直立的测量工作。主要步骤有:①检查杯底标高、柱子长度及牛腿面到柱底的长度是否符合设计要求,在柱面上标出柱子中心线及标高线(± 0);②将柱子中心线与± 0线与划在杯口上的柱列轴线及± 0线对齐;③在柱基的纵、横中心线附近安置两台经纬仪校正柱子,使柱身直立。

（王 熔）

铸钢　cast steel

适合铸造用的钢材。通常可分碳素铸钢及合金铸钢。前者的含碳量为 $0.1\%\sim 0.4\%$,后者加有一种或几种合金元素,以提高铸钢的某些性能,其成分根据用途而定。　　　　　　　（王用纯）

zhuan

专家系统　expert system

一种具有专家经验执行一系列特定专业任务的计算机系统。它由知识库、推理机与人机接口等主要部分组成,它模拟专家的表层知识进行推理,用启发式问题求解方法,具有非过程性和透明性。由于专家系统主要依靠知识来发挥其功能,因此往往也称为"知识库系统"。近年来已有多个采用深浅层推理模型问题求解、策略单一的专家系统有机地结合而成协作分布式系统。　　　（陆伟民）

专家系统建造工具　expert-system-building tool

研究开发专家系统的工具和环境。目前已研制的工具分为三类:①专家系统外壳;②通用知识表达语言;③人工智能语言。　　　　（李思明）

专家系统外壳　expert system shell

不包含具体知识库的专家系统。一般专家系统外壳都有知识获取模块、推理机、解释功能等,还带输入输出系统。用其来建造某领域的专家系统时,只要用某领域的专家知识建立一个知识库装到外壳里就成为一个该领域的专家系统。（李思明）

砖标号　mark of brick

见砖强度等级(375 页)。

砖沉井　brick open caisson

用砖、石砌筑的沉井。它多半用于修筑中小型桥梁基础。由于砖砌体的抗拉强度较低,故砖沉井的断面多做成圆形,下沉深度也较浅。

（殷永安）

砖的应力应变关系　stress-strain relationship of brick

由砖的标准棱柱体试件受压试验得出的砖的应变随应力增加而变化的规律。砖是脆性材料,在压力作用下,应力—应变曲线具有较长的直线段,一旦达到极限强度,即迅速破坏。

(张兴武)

砖混结构 brick masonry structure

由砖墙和混凝土或木楼板组成承重体系的房屋结构。砖墙用粘土砖、空心砖或硅酸盐砖砌筑而成。砖墙的抗震性能较差,为改善其抗震性能,可在房屋的转角和内外墙交接处增设钢筋混凝土构造柱。楼板一般用现浇的钢筋混凝土平板、预制的钢筋混凝土或预应力混凝土圆孔板、槽形板、平板,也有采用木楼板的。按承重特点分为横墙承重体系和纵墙承重体系。在横墙承重体系中,横墙是主要承重墙,楼盖和屋盖的荷载均传给横墙。这种体系适用于住宅、宿舍等居住建筑。在纵墙承重体系中,纵墙是主要承重墙。这种体系适用于使用上要求较大空间的建筑,如办公楼、图书馆、食堂、学校和厂房等建筑。

(陈永春)

砖基础 brick foundation

俗称大放脚。用砖砌成的台阶式基础。这种基础的台阶高为 2 皮砖厚(12cm),台阶宽为 1/4 砖长(6cm),并依次逐层扩大。砖基础砌筑在厚 25~45cm 的垫层上,垫层一般由低强度等级的混凝土或碎石三合土等材料作成。砖砌体所用的砂浆为 M2.5~M5 级。

(曹名葆)

砖抗折强度 bending strength of brick

单砖平放弯曲抗拉的极限强度值。是评定砖的强度等级的指标之一。将砖的上大面中央和下大面两端抹三条宽为 20~30mm,厚为 3~5mm 的净水泥稠浆条,其平面互相平行,并垂直于砖的条面。经过标准养护后,试验并计算得出弯曲抗拉强度值:

$$f^t = 3pl/2bh^2$$

p 为破坏荷载;l 为支点间距;b 为砖的宽度;h 为砖的高度。

(张兴武)

砖力学性能 mechanical properties of brick

外力作用下砖的强度和变形。一般指的是砖的抗压强度、抗折强度、弹性模量等。砖属于脆性材料,破坏前变形极不显著。

(张兴武)

砖木结构

见混合结构(132 页)。

砖砌过梁 brick lintel

采用不同砌法砌筑的无筋或配筋的砖过梁。后者即钢筋砖过梁。其抗弯、抗剪能力较差,对有振动荷载或可能产生不均匀沉降的房屋不宜采用。

(宋雅涵)

砖砌平拱 brick flat arch

采用竖砖砌筑,竖向灰缝呈上大下小楔形的过梁。竖砖砌筑部分的高度不应小于 240mm。最大跨度不超过 1.8m。

(宋雅涵)

砖砌体 brick masonry

由砖(或空心砖)和砂浆砌筑而成的砌体。按砖的搭砌方式,可采用一顺一顶、梅花顶和三顺一顶等砌法,其整体性能和受力性能好。广泛应用于一般混合结构房屋的墙和柱。

(唐岱新)

砖砌体结构 brick masonry structure

简称砖结构。主要承重骨架由砖砌体材料构成的结构。

(唐岱新)

砖砌筒拱 brick barrel arch

简称砖筒拱。用各种砖块所砌筑的横断面轴线为圆弧形或抛物线形,而纵向轴为直线的筒形结构。

(张兴武)

砖砌屋檐 brick eaves

用砖砌筑的伸出房屋墙外的挑檐。其作用是防止墙面受到雨水冲刷。砌筑方法是每一皮伸出约 1/4 砖,由数皮叠砌而成。屋檐的全部挑出长度不应超过墙厚的一半。

(张兴武)

砖强度等级 strength grade of brick

旧称砖标号。根据砖的抗压及抗折强度划分的等级。砖的抗压强度是指将标准砖断成两等分,断口相反方向叠放,中间用不超过 5mm 厚的净水泥稠浆粘结,同时以同样的净水泥稠浆将上下两面抹平,厚度不超过 3mm。按规定的标准养护后,在试验机上加压所测得的强度值。砖的抗折强度可按规定的试验方法得出。

(张兴武)

砖石结构 brick masonry structures

由砖砌体、石砌体建造的结构。有时也泛指所有砌体材料(包括砌块砌体、土坯砌体等)建造的结构。参见砌体结构(237 页)。

(唐岱新)

砖石砌体 brick masonry

砖砌体、石砌体(有时也包括砌块砌体、土坯砌体等)的总称。

(唐岱新)

砖折压比 ratio of bending strength to compressive strength of brick

砖的抗折强度与砖的抗压强度的比值。是评定砖强度等级的指标之一。

(张兴武)

转变温度 transition temperature

钢材由塑性破坏转变为脆性破坏时的温度。钢材的冲击韧性值受温度的影响很大。T_1-T_2 称为由可能塑性破坏到可能脆性破坏的转变温度区,T_1 称为临界温度，T_0 称为转变温度。在转变温度以上，只有当缺口根部产生一定数量的塑性变形后才会产生脆性裂纹；在此温度以下，即使塑性变形很不明显，甚至没有塑性变形也会产生脆性裂纹。脆性裂纹一旦形成，只需很少的能量就可使之迅速扩展，甚至材料完全断裂。为了避免钢结构的低温脆断，应使使用温度高于钢材的转变温度。各种钢材的转变温度都不同，由实验确定。

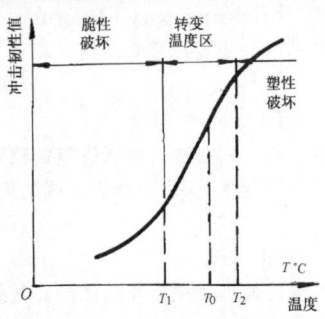

(李德滋)

转点 turning point

在水准测量中传递高程的过渡点。由于两测点之间距离较远，或高差较大，安置一次仪器不能测得它们的高差，这时需要加设若干个临时的立尺点。这些点起到传递高程的作用。转点在野外记录手簿中，既有后视读数又有前视读数。为了保证高程传递的连续性，在相邻两站观测过程中，必须保持转点的位置不受碰动，在进行测量中，都用尺垫来支承水准尺。
(汤伟克)

转换层 transition story

转换结构竖向刚度和传递内力的楼层。多层或高层建筑中，由于使用需要改变竖向支承结构的布置，扩大空间，使某些楼层的上下形成不同的受力体系或竖向刚度的突变。一般采用增大该层楼面的水平刚度或使上下楼板构成刚度更大的箱式结构以转换竖向结构刚度和传递内力。为防止转换层可能成为薄弱层和层间位移过大，转换层上下结构的竖向剪切刚度比以不大于2为宜。
(陈宗梁　陈永春)

转角法 angular rotation process

根据螺帽扭转角的大小拧紧高强度螺栓的方法。
(刘震枢)

转角延性系数 rotation ductility factor

截面达到极限状态时的转角 θ_u 与截面开始屈服时的转角 θ_y 的比值，即 $\mu = \theta_u/\theta_y$。是衡量截面延性的延性系数。多用于度量构件上的斜裂缝延伸扩展、平截面假定受到破坏时的截面延性。计算 $\theta_u、\theta_y$ 时应综合考虑构件的弯曲、剪切甚至钢筋锚固变形等因素对截面转角的影响。
(戴瑞同)

zhuang

桩 pile

沉入、打入或浇注于地基中，与承台联成一体将荷载传给深层比较坚硬地层的柱状支承构件。如木桩、钢桩、混凝土桩等。其截面形状通常为方形或圆形，也可采用环形(管桩)或其它异形截面。
(高大钊)

桩侧摩阻力 side friction resistance of pile

桩侧土体与桩的侧表面之间的摩擦阻力。是桩的竖向承载力的组成部分之一。
(高大钊)

桩的动力试验 dynamic test of pile

利用实测桩土系统动力响应的方法来了解桩身结构质量、桩的轴向与水平向刚度、单桩承载力和沉桩可能性等的试验方法。按分析原理区分有：动力打桩公式、锤击贯入曲线、波动方程分析、机械阻抗分析、系统动力系数分析和弹性波传播规律分析等；按激振方式区分有：高能量瞬态激振、低能量瞬态激振(锤击、水电效应、爆破等)、扫频稳态激振等。该试验耗费少、时间省，便于普遍进行，是一种在发展中的桩的原位测试方法。
(王天龙)

桩的负摩阻力 negative skin friction of pile

作用方向与桩端支承力方向相反的桩侧摩阻力。对于穿过软弱土支承于坚硬土层的桩，当其周围土层在自重或地面超载作用下、或由于抽汲地下水而发生固结沉降时，桩身全部(对于端承桩)或一部(对于摩擦桩)将受到土体向下作用的摩阻力，其方向与桩支承力相反。
(宰金璋)

桩的荷载传递函数法 load transfer function method of pile

用桩侧摩阻力与位移间的关系表示桩的荷载传递的方法。1955年首先由 H·B·西特(Seed)和 L·C·里斯(Reese)提出。这种方法是将桩划分为许多弹性单元。各单元桩与土之间的荷载传递关系，用一系列非线性弹簧表示。非线性弹簧的力与位移间的关系或称为传递函数。目前根据求取传递函数手段的不同，又把传递函数法分成两种：①位移协调法：传递函数是从现场实测或室内试验得到，然后建立各单元桩的静力平衡和位移协调条件迭代求解；②解析法：把传递函数简化假定为某种曲线方程，直接求解平衡条件的微分方程。这种方法曾用来分析原位试桩的实测结果，其有效性取决于如何取得符合实际的传递函数。
(洪毓康)

桩的荷载剪切变形传递法 load shear displacement transfer method of pile

研究桩顶轴向荷载通过桩侧摩阻力及桩端抵抗力传递给地基的过程及其变化规律的方法。它是由 R·W·柯克(Cooke)在 1974 年提出的,用于分析摩擦桩的荷载传递。他认为一般摩擦桩在工作荷载下,桩端所支承的荷载很小,可以忽略它对桩沉降的影响,桩的沉降主要是由于桩侧摩阻力传递给地基引起的,假定桩沉降时,连同桩侧土一起下沉,使周围土体发生相应的剪切变形,桩侧摩阻力是通过土的剪切变形向四周传递的,从平衡条件可得到桩侧土的剪应变与剪应力间的关系。此法计算比较简便,但没有考虑桩端土的压缩影响。 （洪毓康）

桩的横向载荷试验 lateral loading test of pile

测定桩横向承载能力的试验。根据实际受荷性质可分别选用分级连续加载法或反复循环加载法进行试验。根据试验所得桩的荷载-横向位移(H-Y)曲线,可按曲线拐点,也可按各种方法和公式计算相应的侧向地基反力系数,进而进行桩的横向受力分析。又可按 H-Y 曲线的不同或按横向位移限定值确定单桩横向容许承载力或极限承载力。 （徐 和）

桩的极限荷载 ultimate load of pile

试验桩到达破坏状态时所能承受的最大荷载。可根据桩的载荷试验得到的曲线按下列方法中的一种或多种加以确定:在桩顶荷载 P 与桩顶沉降 S 的关系曲线(P-S 曲线)中相应于明显向下陡降点的荷载;$\log P$-$\log S$ 曲线上相应于两条直线交点的荷载;各级荷载下沉降与时间对数曲线(S-$\log t$ 曲线)组中出现明显向下转折或斜率陡增的那一条曲线所对应的前一级荷载;相应于桩顶某一总沉降量(或其与桩径的比值)的荷载等。 （陈竹昌）

桩的抗拔试验 uplift load test of pile

测定桩的抗拔承载力的现场试验。一般根据作用在桩上的实际荷载性质,可选用维持荷载法、等上拔速率法、等时间间隔法、循环加载法、快速法等不同加载方式。对试桩施加上拔荷载,测读桩的上拔位移量。荷载应一直加至规定的破坏标准,即可得桩顶上拔荷载与上拔位移量关系曲线,由该曲线定出单桩极限抗拔承载力,再除以上拔安全系数,即得单桩容许抗拔承载力。 （徐 和）

桩的抗压试验

见桩的载荷试验。

桩的载荷试验 vertical loading test of pile

又称桩的抗压试验。在现场对原型单桩以静力方式加载确定单桩承载力的方法。它是一种最可靠的方法。试验时在桩顶分级垂直加载,同时测定桩顶竖向位移。每级荷载维持到满足规定的稳定标准,然后加下一级荷载。如此逐级加载直到桩达到破坏状态为止,接着分级卸载,同时观测桩顶回弹量。根据稳定标准的不同,上述等量级加载试验分为慢速加载法和快速加载法。近年来还发展了等速率加载的方法。加载装置包括千斤顶及其反力平衡系统(常用的有锚桩式加荷架、压载平台等);通常用安装在基准梁上的百分表量测桩顶位移。 （陈竹昌）

桩的中性点 neutral point of pile

沿桩轴向桩侧正负摩阻力的分界点。 （洪毓康）

桩的轴向容许承载力 axial allowable bearing capacity of pile

在工程设计中单桩容许承受的最大轴向荷载。它通常从桩侧极限摩阻力 f_u 和桩端极限阻力 R_u 推算出单桩(极限)承载力 P_u 再除以安全系数 K 而得到。桩的轴向荷载传递机理的试验研究表明,桩侧摩阻力和桩端阻力均随着桩的下沉而逐渐发挥;当桩-土之间产生很小相对位移(例如 $5 \sim 10mm$)时,桩侧摩阻力即达到其极限值 f_u,而桩底土支承力的充分发挥亦到达极限值 R_u 则要大得多的下沉量(约为 $0.05 \sim 0.20$ 倍桩径)。由于桩身材料在桩承载之同时也发生压缩以致桩顶下沉量总是最大,因此在轴向荷载逐渐增大并向极限荷载逼近过程中,桩侧摩阻力将沿桩身长度自上而下依次逐渐发挥而先后达到极限值。此后继续增加的桩顶荷载将全部由桩底支承力的增大来平衡直至达到极限值。这时的桩顶荷载即为桩的极限荷载 P_u。考虑到在桩的承载过程中,桩侧摩阻力和桩端阻力的发挥及其所具有的实际安全度是不同的,因此有人建议,当按规范提供的 f_u 和 R_u 确定单桩容许承载力时,对 f_u 取较小的 K 值,而对 R_u 则取较大的 K 值。 （陈竹昌 宰金璋）

桩顶约束条件 restrained condition of pile top

桩顶与承台间的连接条件。一般有两种:自由连接与嵌固连接。自由连接是指桩顶不受承台的约束作用,允许自由位移及转动;嵌固连接是指桩顶受到承台的约束作用,桩顶与承台间允许发生相对位移及转动。 （洪毓康）

桩对承台的冲切 punching of pile on cap

桩基础中桩承受的轴向力对承台产生的冲切作用。设计承台时,应验算承台阶变化处、角桩处以及上部柱边处承台的抗冲切强度,由此确定承台的厚度及含筋率。 （洪毓康）

桩基础 pile foundation

将荷载通过承台和全部或部分埋入土中的桩传给地基的一种深基础。由桩连接桩顶、桩帽和承台

组成。　　　　　　　　　　（高大钊）

桩尖　pile tip

桩的最下端部分。用打入法沉桩时，桩尖要克服土层阻力，受力很大，故必需保证其有足够强度。
　　　　　　　　　　　　　　（陈冠发）

桩身　pile shaft

承受和传递荷载的桩的主体部分。其横截面形状有实心的圆形、方形及管状，一般用钢筋混凝土、预应力混凝土或钢制成。　　　（陈冠发）

桩头　pile head

桩的顶部。打入法沉桩的预制桩的桩头直接承受打桩时桩锤的冲击，故其强度应予保证。钢筋混凝土预制桩桩头内设置三层钢筋网片，并加密箍筋间距；钢管桩桩头应加大壁厚或设置加劲板。
　　　　　　　　　　　　　　（陈冠发）

桩-土相互作用　pile-soil interaction

在外界激励下桩和土的相互影响。地震时桩和桩周围的土介质发生相对变形，同时桩对土介质产生反馈作用。埋入桩看来是随土体一起同相运动的，而在承台附近场地土和桩之间将产生不同的运动，这时必须考虑桩-土的相互作用的影响。当应用动力反应分析研究桩的弯曲时，可计算得出桩的最大曲率多半是在土变形发生突变的部位。对于嵌固于承台中的桩，一般有两个弯曲危险点，一个位于承台下的桩顶处，另一个位于桩的最大曲率处。如果在高桩承台中还有第二个弯曲危险点，它位于地表下附近处。　　　　　　　　（曹国敖）

装配　assembling

又称组装。按施工图要求将加工矫直好的零件拼装成部件或构件，分别用点焊或用螺栓固定的工序。装配时应预留焊接收缩余量或端部铣平（端铣）的余量。　　　　　　　　　　（刘震枢）

装配式薄壳　assembled shell

采用预制构件现场吊装或拼装而成的薄壳。当选择大跨度的屋盖结构时，由于现场整体浇筑施工复杂、工期较长，以及需耗费大量的木模及支撑，使薄壳结构在推广上受到很大限制。因而，采用预制装配式结构或装配整体式方案，特别是装配式双曲率薄壳，使混凝土和钢的用量最少，具有良好的经济技术效果。它的单独构件可以有各种不同类型，然后预制装配成整体，再顶升至设计位置。在静力方面，这种薄壳可构成几乎是无弯矩的应力状态，并仍能保持较大的刚度。　　　　　　（陆钦年）

装配式混凝土结构　assembly concrete structure

在工厂或工地预制成不同受力类型的单独混凝土构件或部件，在工地通过钢筋及部件之间的连接或焊接而成的结构。装配式混凝土结构的优点是：有利于建筑标准化、工厂化和机械化，可以加快施工速度，提高工程质量，节约材料和劳动力以及降低造价等。　　　　　　　　　　（王振东）

装配式洁净室　assembled clean room

由板壁、顶棚、地面等预制件和风机、过滤器等设备构成的洁净室。可在现场室内拼装成型，方便灵活。对安装现场的装修要求不高，多用于旧厂房改造。当配置温湿度调节装置时，可构成装配式空调洁净室。　　　　　　　　　　（蒋德忠）

装配式空调机　assembled air conditioner

工厂系列化生产的成套空气处理设备。一般分成进风段、喷雾段、表冷器段、加热段、中间段和阀门等公用构件及控制、配电设备等，可根据不同需要选用组合并在现场装配。　　　　　（蒋德忠）

装配式框架　prefabricated frame

梁、柱等构件在工厂或现场预制，工地拼装而成的钢筋混凝土框架。梁、柱可单构件预制，也可采用梁柱整体预制或框架分层预制。梁与柱的连接有明牛腿、暗牛腿及无牛腿方式，可做成刚接或铰接，柱的长度可以是一层或数层高度。梁柱整体预制或框架分层预制，柱接头通常为便于施工设在距梁面以上的一定高度处，梁接头设在弯矩较小的部位。这种框架，构件生产的工厂化程度高，施工速度快。
　　　　　　　　　　　　　　（陈宗梁）

装配式框架接头　joint of prefabricated frame

装配式框架梁、柱构件的接头。包括柱与柱、梁与柱以及梁与梁的连接。柱接头通常做成刚接，但当柱为轴心受压或小偏心受压时也可采用浆锚接头。梁与柱的接头可做成刚接或铰接。一般有明牛腿连接，剪力较小或使用不能外露牛腿时用暗牛腿连接或无牛腿连接，还有一种长柱留孔无牛腿连接。梁与梁的连接，一般设在梁弯矩较小的部位，常采用梁端高低搭接钢板连接传力的形式，当框架为按层整体预制时，梁的连接部位常设在小跨的中部。接头对框架结构的强度、刚度和整体性影响很大，是框架结构的重要组成部分。　　　　（陈宗梁）

装配式预应力钢梁　prefabricate-prestressed steel beam

将预应力梁段在现场装配而成的预应力钢梁。采用这种预应力钢梁可简化施工，提高制造质量。
　　　　　　　　　　　　　　（钟善桐）

装配整体式混凝土结构　assembly-monolithic concrete structure

由不同受力类型的预制混凝土构件或部件组装，通过钢筋的连接并浇灌混凝土而形成整体的结构。该结构除具有装配式混凝土结构的优点外，还具有结构的刚度大和整体性好的特点。
　　　　　　　　　　　　　　（王振东）

装配整体式结构 prefabricated monolithic structure

预制或部分预制的构件在工地拼装后再现浇混凝土而成的整体性结构。有多种形式,较常用的有将预制的板、梁和柱用现浇混凝土连接而成的装配整体式框架,其中也包括现浇柱或现浇梁、柱、预制板的框架结构,以及柱和剪力墙现浇、梁和板部分预制部分现浇的叠合式结构等。这种形式的结构,整体刚度好,施工速度快,而且简化施工的模板、支撑,因此在多层或高层建筑中广泛采用。 (陈宗梁)

装配整体式框架 prefabricated frame with cast-in-situ joint

构件部分预制,后浇混凝土使梁、柱形成整体的框架。常指钢筋混凝土框架,是装配整体式结构中常见的一种。梁可采用整根预制或部分预制部分现浇的截面,柱可按预制长柱、短柱和现浇三种做法。接头或节点处,构件主筋用电焊或机械连接后,用后浇混凝土连成整体。节点处的预制梁端及柱的侧面常留设齿槽以增强连接和提高抗剪能力。这种框架,整体性和侧向刚度都较好,节点构造也易于处理,在地震和非地震区都适用。接头做法参见装配式框架接头(378页)。 (陈宗梁)

zhui

锥体管对接 connection with tapered tube

不同直径的钢管采用管径按直线变化的过渡管段的对接。采用对接焊缝时宜用坡口焊缝。 (沈希明)

锥形基础 cone foundation

倒置的截头圆锥形的混凝土基础。除了水平面的竖直反力以外,在四周倾斜的底面上也产生法向的和切向的反力,因而对提高基础的抗倾稳定性和抗滑稳定性十分有益。锥形基础的弯曲应力很小,只要求按构造配筋。在施工时,先按照基础的形状和尺寸开挖圆形基坑,用水泥砂浆在坑壁上抹面,然后进行钢筋混凝土作业。 (朱百里)

锥形锚具 conical wedge anchorage

又称弗列西涅锚具。由喇叭口状的锚环与锚塞组成的锚具。锚环内孔为光滑锥形孔,锚塞为表面开有环向沟槽的圆锥体;张拉时,需用专门的双作用千斤顶,在张拉钢

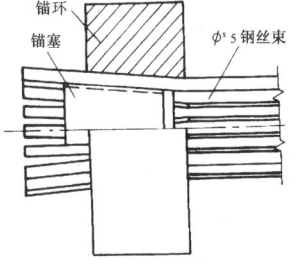

丝束的同时,将锚塞压入锚环顶紧,使钢丝束夹紧在锚塞与锚环之间,依靠摩擦力锚固预应力筋。它适用于钢丝束的锚固。 (李绍业)

缀板 batten plate

见缀件。

缀板柱 column with batten plate

见格构式构件(102页)。

缀材 lacing element

见缀件。

缀件 lacing element

旧称缀材。格构式构件中连接肢件的部件。缀件分缀条和缀板两种。在钢结构中,缀条一般用钢杆件制成,缀板一般用钢板件制成。缀件把格构式构件的各肢连接在一起,保证构件的整体性。缀件承担整个构件的剪力。缀条一般按受压构件设计,缀板按受弯板件设计。 (何若全)

缀条 lacing bar

见缀件。

缀条柱 laced column

见格构式构件(102页)。

赘余构件 redundant element

在预应力超静定结构中承受赘余力的构件。例如预应力钢构件中增设的高强度钢铰线等。 (钟善桐)

zhun

准先期固结压力 quasi-preconsolidation pressure

由于非超载因素和气候干燥产生的水分蒸发和土体干缩,特别是土体次固结过程的作用所形成的先期固结压力。故冠以"准"字(亦有取"似"或"拟"者),以示有别于通常的由超载引起和形成的先期固结压力。 (魏道垛)

zhuo

卓越周期 predominant period

强震记录的基本周期,或指场地土的基本周期。对后者土层具有一种滤波作用,只要引起土层振动的脉动源含有各种周期分量,则土层就会在动力反应中将其自振周期处分量放大,这种滤波作用在随机理论中可从传递函数峰点得到,在确定性理论中就是动力放大曲线峰点对应的周期。通过地面脉动测量资料很容易确定场地土卓越周期,如金井清建议将120s记录作直方图确定卓越周期;大冢和中岛建议用富里哀谱最大幅值对应的周期为卓越周期。

由于方法简便,它在场地小区划或地基土分类中有着广泛应用。　　　　　　　　　　(章在墉)

着色法　dye penetrating inspection

见渗透探伤(267页)。

zi

子板件　sub-element

见多加劲板件(72页)。　　　　　(张耀春)

子午线　meridian

又称真子午线或经线。通过地面某点及地球南北极的平面(称为子午面)与地球表面的交线。通过地面某点及磁南、磁北极的平面与地球表面的交线,称磁子午线。子午线与磁子午线是分别量度真方位角和磁方位角的起始线。

(陈荣林)

子午线收敛角　meridian convergence

同一纬度地面两点子午线方向间的夹角,常用 γ 表示。如 A、B 为地球上同纬度 φ(不同纬度的两点,取其平均值)的两点,距离为 l,过 A、B 两点分别作子午线的切线 AP、BP 交于轴上的 P 点,AP、BP 称为子午线方向,其夹角即为 γ。γ 在起点子午线以东为正,以西为负。

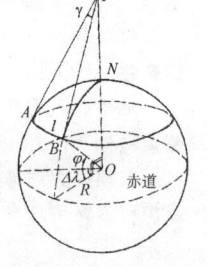

(文孔越)

子样

见样本(339页)。

自备电源　self preparation electric source

与城网供电系统无联系或无直接联系的用户自备应急电源。常用的自备电源有柴油发电机组、蓄电池及不间断电源等。　　　　　　(马洪骥)

自承重墙　self-bearing wall

见非承重墙(81页)。

自筹资金建设项目　self-raised fund construction item

又称预算外建设项目。国家各部(委、局)、地方和企事业单位用自己筹集的资金建设的项目。分为部自筹建设项目、地方自筹建设项目和企业自筹建设项目。建设项目的安排,要由省、市、自治区计划委员会商同财政厅(局)共同提出自筹资金的报告(包括资金来源、使用方向等),由国家计划委员会商同财政部审查批准后下达年度计划指标。建设项目所需的设备、材料由各地区、各部门自己平衡解决。自筹资金,一律先交建设银行管理,实行专户存储,先存后用。　　　　　　　　　　(房乐德)

自动安平水准仪　automatic leveling instrument

利用补偿器使仪器粗平时标尺读数自动补偿为视线水平读数的水准仪。它不装备长水准管和微倾螺旋,只需依靠圆水准器将仪器概略置平即可。因此操作简便,能加快观测速度,避免外界温度变化,提高观测精度的新型仪器。中国生产的 DSZ_3 型自动安平水准仪是采用悬吊棱镜组的方法进行补偿。D、S 和 Z 分别为大地测量、水准仪和自动安平的汉语拼音第一个字母,3 表示以 mm 为单位每公里往返测高差中数的中误差。　　　　(汤伟克)

自动动态分析程序　automatic system for kinematic analysis

以有限元位移为基础的线性、非线性静、动力分析程序。配有40多种各类单元库,可解决线弹性、粘弹性、粘土力学、蠕变、断裂、流固交接等力学分析问题。此程序由西德 IKOSS 公司于1970年在 ARGYIS 软件的基础上发展而成。　　　　(黄志康)

自动动态增量非线性分析程序 ADINA, automatic dynamic incremental nonlinear analysis program

对结构及结构-流体系统作静力、动力位移和应力分析的一个计算机程序。除线性分析之外,它还能作非线性分析。由于程序编写中的特殊处理,它在线性分析时有较高的效率。供线性分析用的数据只要稍作修改即可用于非线性分析。提供的单元有:3D桁元,2D和3D平面应力元,2D轴对称元,3D厚壳元,3D梁元,三节点板壳元,等参薄壳元等。并提供各种材料模式,如线弹性、弹塑性、热弹塑性—蠕变、混凝土、土壤和橡胶。用标准 FORTRAN IV 语言写成,能在 IBM、CDC、UNIVAC 等机器上运行,也容易安装到其他机种的计算机上。

(金瑞椿)

自动焊　automatic welding

用自动焊接装置完成全部焊接操作的焊接方法。通常指埋弧自动焊。焊缝的质量和生产率较高。适用于长焊缝的焊接。　　　　　(刘震枢)

自动切割　automatic cutting

用配备特制自动走行机的火焰切割器切割金属的方法。一般用氧—乙炔焰自动切割机。如仿形切割机,光电跟踪切割机,数控切割机和门式多头切割机等。它适用于批量的钢结构生产,质量好,效率高。　　　　　　　　　　(刘震枢)

自功率谱密度　auto-power-spectrum density

两个随机过程属于同一随机变量时的功率谱密度。利用自功率谱密度可求出根方差值,其式为:

$$\sigma_x = \sqrt{Ex^2 - (Ex)^2} = \sqrt{\int_{-\infty}^{\infty} S_x(\omega)d\omega - (Ex)^2}$$

自功率谱密度与自相关函数的关系可由维纳-辛钦公式求得为：

$$S_x(\omega) = \frac{1}{2\pi}\int_{-\infty}^{\infty} R_x(\tau)e^{-i\omega\tau}d\tau$$

（张相庭）

自攻螺钉 self-tapping screw

能靠自身的构造钻孔上紧或扩孔上紧的螺丝钉。（张耀春）

自流水 artesian water

承压水位高于当地面的高程时，喷出或溢出地表的地下水。（李舜）

自然电位法测井 spontaneous potential log

沿井身测量岩层在天然条件下产生的电场电位变化的测井方法。应用此法可测定出土的渗透性。（王家钧）

自然排烟 natural smoke elimination

利用自然力，使室内外空气对流进行的排烟方式。自然力包括火灾时可燃物燃烧产生的热量使室内空气温度升高而产生的热压和室外空气流动产生的风压。自然排烟不需排烟设备，不受电源中断影响，经济简单，是优先采用的排烟方式。主要利用开启的门窗或自然排烟竖井进行排烟。（蒋德忠）

自然平衡 natural balance

见生态平衡(268页)。

自然条件 natural condition

天然空间客观环境的情况总称。它包括：气象、资源、地形、地质、水文等方面的条件。（房乐德）

自然通风 natural ventilation

利用室内外空气温度不同产生的热压差或室外风力作用产生的风压差进行的通风换气。不消耗动力，是一种比较经济的通风方式。除用于工业与民用建筑的全面通风外，也可用于某些热设备的局部排气系统。（蒋德忠）

自然资源 natural resource

非经加工制造，天然存在的可用自然物。是生产的原料来源。如矿藏资源、水利资源、海洋资源、草原资源等。（房乐德）

自升式平台 jack-up

由驳船式船体和若干能升降的起支撑作用的桩腿组成的活动式平台。作业时平台被桩腿支撑并抬升到海面以上，使平台免受海浪冲袭完成钻井任务。转移时，先使船体下降浮于水面并

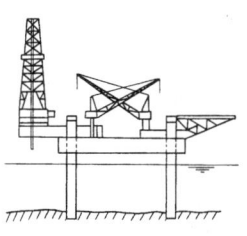

拔起桩腿，整个平台就可用拖轮拖航到新井位。

（魏世杰）

自相关函数 autocorrelation function

两个随机过程属于同一随机变量时的相关函数。其式为 $R_x(t_1,t_2) = E[x(t_1)x(t_2)]$。如果是平稳随机过程，其式可简化为 $R_x(\tau) = E[x(t)x(t+\tau)]$。如果是各态历经过程，则可表示为 $R_x(\tau) = \lim_{T\to\infty}\frac{1}{T}\int_0^T x(t)x(t+\tau)dt$，$T$ 为所取的足够长的时间长度。如果平稳随机过程的时差 τ 为零，则通过自相关函数可求出根方差，即

$$\sigma_x = \sqrt{Ex^2 - (Ex)^2} = \sqrt{R_x(0) - (Ex)^2}$$

自相关函数与自动率谱密度的关系由维纳-辛钦公式求得：

$$R_x(\tau) = \int_{-\infty}^{\infty} S_x(\omega)e^{i\omega\tau}d\omega$$

（张相庭）

自应力法 self-stressing method

又称膨胀水泥法。用膨胀水泥拌制混凝土，利用水泥水化过程中混凝土体积膨胀的特性张拉钢筋，使混凝土获得预压应力的方法。这种预应力混凝土无需张拉设备，施工工序简单，抗渗性好，但预应力值低并难以准确控制。它主要用于压力管道等工程。（卫纪德）

自由度 DOF, degree of freedom

确定质量空间位移所必须的独立坐标数。空间自由运动的质点可用3个独立坐标确定其位移，其自由度数为3，而平面自由运动的质点自由度为2，单自由度则仅需一个独立坐标。受有约束的系统，约束限制了系统的运动，因此自由度为确定自由系统的坐标数减去独立的约束方程数。一个系统含有 N 个质点，受到 k 个独立的约束，则对空间系统自由度数为 $3N-k$，对平面系统自由度数为 $2N-k$。实际结构往往是连续系统，为具有无限多个自由度体系。但工程上常常按要求的精度，结构的组成等情况，将其简化为具有有限个质量的体系，再确定其自由度。只有正确地确定了自由度，才能正确地建立运动方程，研究结构的动力特性。（汪勤慤）

自由扭转 free torsion

又称圣维南扭转。矩形截面构件受扭其纵轴方向产生位移，横截面发生翘曲，而不受任何支承方式约束时的扭转。该扭转是由圣维南(Saint-Venant)开始进行研究的。（王振东）

自由扭转常数 free torsion constant

见扭转常数(224页)。

自由膨胀率 free swell ratio

人工烘干土颗粒在无结构力影响下浸水后所增

加的体积与原体积的比值。公式表示为 $\sigma_{ef} = \dfrac{V_{we} - V_0}{V_0 \times 100(\%)}$，$V_{we}$ 为土样在水中膨胀稳定后的体积；V_0 为土样原有体积（一般为 10mL）。它与土的粘土矿物类型、胶粒含量、化学成分和水溶液性质等有密切关系。它与液限配合对判别膨胀土可得到比较满意的结果。　　　　（王正秋　陈忠伟）

自由水　free water
地质学上的自由水，见重力水（369 页）。存在于木材细胞腔和细胞间隙中的水，也称自由水。这种水的变化，对木材物理、力学性能几无影响。
　　　　　　　　　　　　（王振家　李舜）

自由压屈长度　equivalent pinned length
见长细比（22 页）。

自由振动　free vibration
又称自然振动或固有振动。从发生强迫振动的结构上去掉外部所加的激励，只存在惯性力、恢复力和阻尼力作用的振动。在激振力存在时结构中积蓄的能量能使结构在无激振力时维持自由振动到能量耗尽为止。其特性完全由结构自身的特性所决定。n 个自由度的线性结构的自由振动是由 n 个简谐振动叠加而成，其中每一个简谐振动都用一个振型（空间坐标的函数）和与相应的具有相应频率的正弦波形的乘积来描述。每个振型和相应的频率是结构的固有特征，与来自外部的激励无关，各称为固有振型和固有频率（也可称自由振动频率或自然振动频率）。n 个自由度的结构的任意第 i 个和第 j 个（$i \neq j$）振型之间存在两个正交关系，即与结构的质量正交和与刚度正交。　　　　　（李明昭）

自由振动法　method of free vibration
使结构受到冲击荷载而产生自由振动以测量动力特性的试验方法。量测结构有阻尼的自由振动曲线，求得结构的自振周期和阻尼特性。同时可采用多台测振仪同步量测结构各控制点的反应，求得结构在相应自振频率时的振型曲线。　　　（姚振纲）

自振周期　period of free vibration
见固有周期（111 页）。

自重湿陷系数　coefficient of self-weight collapsibility
判定自重湿陷的重要指标。根据室内压缩试验按下式确定：
$$\delta_{zs} = \dfrac{h_z - h'_z}{h_0}$$
δ_{zs} 为自重湿陷系数；h_0 为保持天然湿度和结构的土样厚度（cm）；h_z 为土样加压至相当于上覆土的饱和自重压力时，下沉稳定后的厚度（cm）；h'_z 为上述加压稳定后的土样，在浸水作用下，下沉稳定后的厚度（cm）。当 $\delta_{zs} \geq 0.015$ 时。则定为自重湿陷性土。
　　　　　　　　　　　　　　（秦宝玖）

自重湿陷性黄土　self-weight collapse loess
在上覆土的重力作用下，受水即可产生湿陷的黄土。对建筑物以及荷重不大的建筑设施如管道等。均有不同程度的危害。它多分布于黄河中游地区，尤以甘、陕地区为多。与一般湿陷性黄土相比，往往表现为湿陷系数较大、湿陷起始压力小、孔隙比大、天然含水量小，在工程上应注意鉴别并慎重对待。　　　　　　　　　　　　（秦宝玖）

字符式打印机　character printer
一次打印一个字符的打印机。目前最常用的是点阵式打印机，由一组细针排成的阵列打印出字符来。　　　　　　　　　　　（李启炎）

字节　byte
表达和处理一串二进制数的单位。一般将 8 位二进制数作为一个字节。　　　（周宁祥）

zong

综合地层柱状图　general stratigraphic column
综合测绘区域内的地层等资料，选用每一地层的最大厚度，按其时代的新老顺序，用柱状的形式以一定比例尺绘制并附简要文字说明的图件。一般包括有地层单位及其代号、地层的厚度及相互接触关系、岩浆岩及其与沉积岩的相互关系、岩性描述、所含化石以及其它地质特征等。它综合反映了测绘区域内地质发展的历史和有关的地质特征。
　　　　　　　　　　　　（蒋爵光）

综合法　combined method, ultrasonic-rebound test
在结构混凝土上测取两种或两种以上与强度有相关关系的物理力学参数，如回弹值、声速等，用综合的相关关系推定混凝土抗压强度的试验方法。一般说来综合法的准确度高于单一法，如回弹-超声综合法的准确度比单一的回弹法或超声法高。
　　　　　　　　　　　　（金英俊）

综合基本建设工程年度计划
见建设项目年度计划（154 页）。

综合结构墙
见等效框架（46 页）。

综合框架
见等效框架（46 页）。

综合连梁
抗弯刚度等于同一层所有连梁抗弯刚度之和的模拟连梁计算图式。　　　　　（江欢成）

总包合同　general contract agreement

当一个工程建设单位需由若干个施工单位共同施工时,由建设单位与总承包人签订的合同。总承包人由建设单位责成其中一个施工单位担任。他向建设单位全面负责,对其他施工单位的施工组织和计划并按总包合同要求进行协调。　　(蒋炳杰)

总传热阻　total thermal transmission resistance

简称总热阻。室内外空气温差为 1K 时,使单位热量通过单位面积围护结构所需的时间。对每一层结构的传热阻是其厚度与导热系数之比值。总传热阻则等于各结构层的传热阻和围护结构内外表面与相邻空气介质的换热阻的总和,单位为 $m^2·K/W$。
　　　　　　　　　　　　　　　　(宿百昌)

总剪力墙法　method of total shear wall

在建筑物平面内,将所有的剪力墙合并起来进行内力分析的方法。总剪力墙的刚度为各剪力墙刚度之和的等效构件,成为承受水平荷载的框架-剪力墙体系结构,在不计整个结构绕竖轴扭转及楼盖平面内刚度很大(不计变形)等假定下,可以使框架-剪力墙体系的高次超静定空间结构,简化为平面结构进行计算。　　　　　　　　　　(董振祥)

总交工验收　inspection and turning-over of completed overall project

又称全部验收。整个建设项目已按设计要求全部建设完成,并符合竣工验收的标准时,主管部门所组织的验收。在总交工验收前,建设单位要组织设计、施工、使用、建设银行等单位进行初步验收和预验收,向主管单位提出竣工验收报告。
　　　　　　　　　　　　　　　　(房乐德)

总平面布置　general layout

又称总平面位置设计。根据上级主管部门批准的设计任务书,在城市建设规划管理部门批准的用地范围及道路红线内,把建筑物、构筑物、交通运输、管网、各种场地、绿化设施等进行合理的、协调的平面布置,使一个工程的各个项目成为有机的整体的设计步骤。在进行总平面布置时应结合地形、地质、气象、水文等自然因素,并注意节约用地,因地制宜,做到有利于生产、节约投资、加快建设速度,并为工作和生活创造舒适的环境。　　(陆志方)

总平面道路网设计　road network design of general plane

在进行总图设计中,合理确定交通运输方式、组织人流和物流的设计环节。工业建筑总平面中的道路网是将各个车间联系在一起的纽带。它保证了全厂生产按工艺流程的顺序正常地、有节奏地进行。所以总平面道路网设计得好坏对于保证劳动生产力的提高起着重要的作用。在进行总平面道路网设计时,应根据人流量和货物运输量的大小、产品的重量及其外形、工厂所在地的自然条件等因素进行技术经济比较后确定运输方式和道路网的合理设计。
　　　　　　　　　　　　　　　　(陆志方)

总平面管网设计　pipe network design of general plane

在进行总图设计中,合理地确定各类管线的走向及其敷设方式的设计环节。在进行总平面管网设计时,应注意满足生产工艺和管线自身的技术要求,要因地制宜地选择合理的敷设方式、平面坐标和竖向标高。保证管线与建筑物、构筑物、道路和绿化之间,以及所有工程管网之间能在水平和竖向关系上有合理的配合,力求达到便于敷设与维修、安全可靠、长度最短、转弯最少和投资最省。　(陆志方)

总平面绿化设计　afforesting design of general plane

在总平面设计划定的绿化用地上,合理配置园林植物,规划栽培各类植物,适当安排园林设施的设计。目的是根据建设地域的功能要求、环境特点和实际可能,遵照"以植物为主"的原则,达到相互衬托,彼此呼应,构成一个统一协调的建筑艺术的人为环境。　　　　　　　　　　　　　　(陆志方)

总平面竖向布置　vertical layout of general plane

见总平面竖向设计。

总平面竖向设计　vertical design of general plane

又称总平面竖向布置。为解决建设场地中所有建筑物、构筑物、交通运输及各种场地地面的合理标高,以使与外部环境相协调而进行的设计。是总图设计的主要组成内容之一。进行竖向设计时,应注意使建设场地内各设计标高间能互相协调,为运输及装卸作业创造良好条件,同时应解决好场地内排水问题,并尽量使填挖方在本工程项目内接近平衡,以达到节约投资、加快建设速度的目的。
　　　　　　　　　　　　　　　　(陆志方)

总平面位置设计　general plan design

见总平面布置。

总热阻

见总传热阻。

总生产成本　total cost of production

一定时期内生产产品所消耗的生产费用的总和。其计算公式是:产品总生产成本=期初在制品成本+本期属于产品成本的生产费用总和-期末在制品成本。总生产成本又可分为某种产品总生产成本和全部产品总生产成本。前者是指在一定时期内生产某种产品所消耗的生产费用总和;后者是在一定时期内生产的全部产品所消耗的生产费用总和。
（房乐德）

总体 population
又称母体。在数理统计中是指研究对象的全体。如整批钢材的强度，整批混凝土构件的几何尺寸等。
（杨有贵）

总投资 total investment
由建设投资和流动资金两部分组成的投资额。建设投资包括可以转入固定资产价值的各项支出及"应核销的投资支出（如生产职工培训费、样品样机购置费等）"，不包括"应核销的其他支出"。按照基本建设投资是否包括建设期资金利息来分，总投资有两种计算方法：①不包括基本建设资金建设期利息：总投资＝基本建设投资＋流动资金；②包括基本建设资金建设期利息：总投资＝基本建设投资及建设期利息＋流动资金。
（房乐德）

总图设计 general plan design
在选定的建设场地的基础上，结合地形、气象、水文、地质等自然因素，把建设项目中的建筑物、构筑物、交通运输、各种场地、绿化设施等进行合理的、协调的布置。它是工程设计的重要组成部分。包括：总平面布置、竖向设计、管网设计、绿化及交通运输设计。它应包括设计说明书和图纸两个部分。它具有较强的政策性、技术性和经济性。其合理与否将直接影响功能使用的效果或企事业生产、经营条件的好坏，影响产品成本及生产效率的高低，影响居民的生活条件与环境，影响建设投资的大小及工期的长短。
（陆志方）

总线 bus
又称母线。计算机中两个或几个部件间的公共通道。数据和信号可以通过总线在计算机内，或者在计算机和所连接的外围设备之间传送。一般分为数据总线、地址总线和输入输出总线。
（李启炎）

纵波 longitudinal wave
又称P波、胀缩波、初至波。传播时介质质点振动方向与波的传播方向一致的体波。纵波传播时介质密度会加密或变疏，体积发生变化，但形态不变。纵波比剪切波早到观测点。纵波在地球内部各处都能传播。
（李文艺　杜坚）

纵横墙承重体系 longitudinal and transversal bearing wall system
竖向荷载主要由纵、横墙共同承受的体系。垂直荷载的传递路线是：楼盖→纵、横墙→基础→地基。这种承重体系的屋（楼）盖布置较灵活，房屋的空间刚度较好。
（刘文如）

纵键连接 longitudinal keyed connection
见木键连接（214页）。

纵筋 longitudinal bar
见纵向钢筋。

纵筋配筋率 longitudinal reinforcement ratio
简称配筋率。钢筋混凝土构件中受力纵筋的截面积与构件的有效截面积（轴心受压构件为全截面的面积）之比值。以 ρ 表示。梁在适筋与超筋界限时的配筋率称为最大配筋率。承载能力与一个同截面同材料的素混凝土梁的开裂弯矩相等的钢筋混凝土梁的配筋率称为该梁的最小配筋率；钢筋混凝土的构件材料（包括钢筋与混凝土）和施工费用的总造价达到最少时的纵筋配筋率称为经济配筋率。
（刘作华）

纵裂 longitudinal shake
见干裂（90页）。

纵墙承重体系 longitudinal bearing wall system
竖向荷载主要由纵向墙体承受的体系。荷载的主要传递路线为板→梁→纵墙→基础→地基。其特点是：房屋的空间较大，有利于使用上的灵活布置，但房屋的整体刚性较差，对抗震不利。
（刘文如）

纵翘 bowing
又称顺弯。木板出板平面沿板长产生的弯曲。结果使板的两端偏离板平面，呈弓形。参见翘曲（244页）。通常是由于纹理不规则如波形纹理、斜纹理、应力木等所引起的。
（王振家）

纵向钢筋 longitudinal bar
简称纵筋。沿构件轴向放置的钢筋。纵筋配置在截面受拉区以承担拉力；配置在受压区协同混凝土共同承担压力。为了固定箍筋位置或承受混凝土的收缩、徐变及温度变形引起的拉力等，也可按构造要求配置。
（王振东）

纵向焊缝 longitudinal weld
沿焊件长度方向分布的焊缝。以焊缝在构件上的位置划分，而与焊缝受力方向无关。
（钟善桐）

纵向加劲肋 longitudinal stiffener
平行于钢梁或钢柱等构件的纵轴线设置的加劲肋。当钢梁或钢柱腹板的高厚比较大，仅设横向加劲肋不足以保证局部稳定时，需同时设纵向加劲肋。对钢梁腹板一般设于离最大受压边缘（1/4～1/5）腹板高度处；对钢柱腹板设于中线或稍偏较大压应力处。
（瞿履谦）

纵向界面剪力 longitudinal shear force in interface

组合梁中作用在混凝土翼缘板与钢部件之间界面上沿梁轴方向的剪力。在组合梁剪跨段的一端弯矩绝对值最大,而在另一端弯矩为零,则在混凝土与钢部件上翼缘叠合面上或板托中的水平截面上定会有交互作用的纵向界面剪力与之平衡,以保证混凝土翼板与钢部件共同工作。 (朱聘儒)

纵向框架 longitudinal frame

沿房屋的长向(纵向)布置的框架。纵向框架承受主要的竖向荷载,为房屋的主要承重结构。横向由连系梁和柱连接形成横向框架,承受横向水平荷载和部分横向墙体重量。纵向框架对地基较差的狭长房屋较为有利,且横向为连系梁,梁截面可以用得较小,有利于降低层高和设备管道的布置,适用于使用空间要求较大的单层或多层工业厂房。

(陈宗梁)

纵向配筋砌体 longitudinal reinforced masonry

配置纵向钢筋的砌体。纵向钢筋可设置在砌体的竖向灰缝内或竖向孔洞内。前者施工比较困难,故应用很少。随着各种类型和规格的空心砖及空心砌块的应用不断扩大和发展,在孔洞内配置纵向钢筋并灌筑砂浆或稀细石混凝土,施工方便,故应用较多。

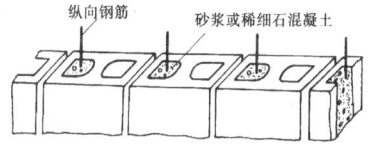

(施楚贤)

纵向水平支撑 longitudinal horizontal brace

沿纵列柱由屋架下弦端部弦杆加交叉杆形成的水平支撑。当厂房内设有硬钩桥式吊车或吨位较大的软钩中、重级桥式吊车以及有 5t 以上锻锤等动力设备和在纵列柱子间设有托架等情况下均须设置。其作用是可使部分柱子受到的较大横向力传到相邻柱子,使其共同受力,并改善托架的上弦稳定性。纵向水平支撑应尽可能地同屋架下弦的横向水平支撑形成封闭的支撑系统。参见屋盖支撑系统(313页)。 (陈寿华)

纵向弯曲 longitudinal buckling

轴心受压构件产生屈曲的现象,轴心受压构件到达临界状态时,由原来的直杆平衡状态转变为微微弯曲的曲杆平衡状态。 (钟善桐)

纵向弯曲系数 longitudinal bending factor

见稳定系数(312 页)。

纵轴 longitudinal axis

见仪器旋转轴(342 页)。

ZU

阻力 drag

又称滞止压力。冲击波阵面后的瞬态风所引起的动压对阻碍气流的物体产生的平行于气流方向的作用力。通常将阻力表示为阻力系数(或称滞止系数)与动压的乘积。对于桁架式桥梁、高耸烟囱以及框架结构的高层建筑,阻力是空气冲击波的最为主要效应之一。 (熊建国)

阻力系数 drag force coefficient

又称滞止系数。流场中物体所受到的阻力与场中动压的比例。它与气流特征、物体的形状、大小和表面特性及其朝向有关。 (熊建国)

阻尼 damping

在振动过程中,使结构的能量耗散从而导致振幅随时间衰减的因素。一般有以下几种:①结构变形过程中材料的内摩擦,②各构件连接处及结构与支承之间的摩擦,③通过地基散失的能量,即为由地基及附近的土壤变形时的内摩擦耗散的能量及土中产生的波向四周传播而带去的能量;④结构周围介质对结构振动的阻力等。由于存在有多种多样的阻尼,因此有各种各样的阻尼理论来探讨各种阻尼的规律。对一般工程结构的振动,空气阻力只占总阻尼的 1% 左右,最多也不超过 5%。阻尼有时被利用来实现工程结构的减振。 (汪勤慤)

阻尼比 damping ratio

在粘滞阻尼理论中阻尼系数 c 与临界阻尼系数 c_c 的比值。用 ζ 表示,它的值与振型、材料等有关,是一无量纲量,$\zeta<1$ 为低阻尼体系作衰减振动,$\zeta>1$ 为超阻尼,$\zeta=1$ 为临界阻尼,后二种情况已不再发生振动。按振型性质可分竖向或水平振动的阻尼比、弯曲振动的阻尼比、扭转振动的阻尼比等,不同振型序号阻尼比也不相同。按材料不同阻尼比也有差异,大多数实际结构阻尼比小于 0.2。在国家规范中,钢结构对应于第一弯曲振型的阻尼比为 0.01,钢筋混凝土结构对应于第一弯曲振型的阻尼比为 0.05。阻尼比一般可以用实验测试求得。

(汪勤慤)

阻尼常数 damping constant

见阻尼系数(386 页)。

阻尼理论 theory of damping

探讨阻尼规律和确定阻尼值的理论。线性阻尼理论主要有①粘滞阻尼理论:质点在粘滞流质中运动且相对速度不大时,粘滞阻力 $f_v=-cv$。②复阻尼理论或称滞变阻尼理论或称结构阻尼理论是应变落后于应力引起的,这种阻力为 $f=-i\gamma Kx$,其中 i

$=\sqrt{-1}$，γ 为结构阻尼系数，K 为刚度。此外还有线性的瑞雷(Rayleigh)阻尼理论，用 Caughey 级数表示的阻尼理论，库伦(Coulomb)摩擦理论，和与速度高次方成正比的非线性阻尼理论等等，其中线性粘滞阻尼理论及复阻尼理论应用较广泛，特别是线性粘滞阻尼理论应用更广泛。 （汪勤慤）

阻尼器 damper

又称阻尼装置。为了当受到冲击而产生的振动很快衰减所制成的增加阻尼的装置。理想的阻尼器有油阻尼器。常用油类有硅油、篦麻油、机械油、柴油、机油、变压器油，其形式可做成板式、活塞式、方锥体、圆锥体等。其他尚有固体粘滞阻尼器、空气阻尼器和摩擦阻尼器等。根据隔振设计的实用需要，阻尼比 $D=0.05\sim0.2$ 范围内为最佳。 （茅玉泉）

阻尼系数 damping coefficient

又称阻尼常数。各种阻尼理论中用实验确定的系数。其中用得最多的是粘滞阻尼系数，粘滞阻力 $f_D=-cv$，c 即为粘滞阻尼系数，可用共振测试法测出。$c=P/A\Omega$，其中 P 是激振力力幅，A 为强迫振动的位移幅值，Ω 是共振时激振力的频率。应用粘滞阻尼计算简便，但试验结果很少与实际相符合，所以许多实际情况采用等效粘滞阻尼即 $f_D=-c_ev$。其中 c_e 为与粘滞阻尼能量耗散相等的等效粘滞系数，可用实验测定。 （汪勤慤）

阻尼装置 damping device

见阻尼器。

阻燃剂 fire retarder

在火焰作用下，仅脱水碳化而不起火、不发焰，或虽脱水碳化、起火和发焰，但燃烧难以扩展的材料。按使用方法分为反应型和添加型两大类。前者由于制造过程复杂，不如添加型应用普遍，添加型阻燃剂又可分粉剂和油状液两类。广泛应用的添加型阻燃剂，阻燃效能高，挥发性小，耐油性和耐水解性好，有良好的增塑性能，稳定性较好，不易自聚。用于木材的阻燃剂，参见木材阻燃剂(214 页)。 （钮 宏）

阻燃涂料

见防火涂料(79 页)。 （钮 宏）

阻锈剂 corrosion inhibitor

又称缓蚀剂。当以适当浓度存在于某种金属的周围时，通过物理、物理化学或化学作用，能阻止或减弱金属锈蚀的一种化学物质或多种物质的复合。用于混凝土中钢筋防锈最广泛而有效的是亚硝酸钠和亚硝酸钙。后者可避免钠盐对混凝土强度、凝结时间的影响和风化，增加碱集料反应倾向等，因而在近年来获得更多研究。其他如重铬酸钾、铬酸锌、铬酸铅、次亚磷酸钙、苯甲酸钠、乙苯胺($C_8H_{11}N$)等。常使用于钢筋混凝土中含有氯盐或钢筋混凝土构筑物处于不利环境的情况。 （施 毅）

组钉板连接 gang nail steel plate connection

用冲压成型密布钉齿的高屈服点钢板压入被连接构件中以接长构件或作为椽架、桁架等结构节点的连接。它的承载力取决于钉侧接触面的木材承压、钉本身的弯曲屈服或钉间木材的抗剪。可以通过对钉宽、钉压入深度及钉距的调整选择，使连接板的承载力由钉的弯曲屈服控制。它是一种新型的连接扣件。 （王振家）

组合板 composite slab

由不同材料组成的板。如压型钢板组合板。在中国，对预制混凝土板上加现浇混凝土板的叠合板也称组合板。 （钟善桐）

组合桁架 composite truss

采用不同材料的杆件组成的桁架。如钢木桁架、钢—混凝土组合桁架及钢管混凝土桁架等。常可获得明显的经济效益。 （苗若愚）

组合结构 composite structre

同一截面或各杆件由两种或两种以上材料制作，依靠交互作用或材料的粘结作用协同工作的结构。因为参与组合的材料能充分发挥各自的优势并互相弥补对方之不足，能在结构性态、材料消耗、施工工艺或使用效果等方面显示出较好的技术经济效益。有用不同种类混凝土叠合而成的组合梁及组合板(中国又称叠合梁及叠合板)、钢-混凝土组合梁、钢-木组合梁、钢-混凝土组合柱、钢管混凝土柱、砖砌体-混凝土组合柱、钢-混凝土组合桁架及钢木桁架，以及组合的空间结构等都是组合结构。但钢筋混凝土结构长期来已形成一个独立的结构体系，一般不包括在组合结构中。 （朱聘儒）

组合结构的抗震性能 seismic behavior of composite structure

钢与钢筋混凝土或砌体与钢筋混凝土组合的结构抗御地震作用和保持承载力的性能。其抗震性能介于两种材料之间，取决于组合方式和各自在结构中所占的比例。 （张 誉）

组合梁 composite beam

由两种材料构成的受弯构件。如钢-混凝土组合梁和钢-木组合梁等。钢-木组合梁的做法是在木梁的下缘挖纵槽将圆钢嵌入槽中，用以承拉提高梁的抗力。圆钢还可预先张拉形成预应力筋。钢-混凝土组合梁分外露钢部件组合梁和外包混凝土组合梁。前者依靠抗剪连接件而共同工作，后者又称劲性钢筋混凝土梁，依靠混凝土对钢材的粘结及锚固作用而共同工作。无专门指明的一般是指外露钢部件组合梁。在中国,对混凝土叠合梁、方木叠合梁及用钢板或型钢组成所需截面的钢梁也称组合梁。

(朱聘儒　王振家)

组合梁剪跨　shear span of composite beam

组合梁中弯矩绝对值最大的截面至其相近的弯矩零点截面之间的距离。弯矩零点有:反弯点,简支边支座点或悬臂梁的自由端等。

(朱聘儒)

组合砌体　composite masonry

由砌体和钢筋砂浆、钢筋混凝土或型钢组合成为整体而共同工作的一种砌体。有钢筋砂浆-组合砖砌体、钢筋混凝土-砖组合砌体、型钢—砖组合砌体等。钢筋砂浆或钢筋混凝土可设置在砌体内部,也可作砌体的面层。当钢筋砂浆或钢筋混凝土作砌体的内芯时,难以检查内芯砂浆或混凝土施工质量的好坏。型钢一般都设置在砌体的外部。组合砌体较之无筋砌体能进一步提高砌体结构的承载力和延性。在地震区采用组合砌体是较为有效的抗震措施;在新建房屋或房屋的加层、加固中也是一种较好的墙柱构件。

(施楚贤)

组合壳　combined shell

由同一种或不同种薄壳按各种不同的组合方式组合并共同作用的屋盖结构。其中最简单的是组合型扭壳,系由四块单块扭壳组合而成的伞形壳。不同种壳组成的组合壳可以构成覆盖很大面积的屋盖。

(陆钦年)

组合切线模量　composite tangent modulus

见组合弹性模量。

(钟善桐)

组合式吊车梁　composite crane beam

用两种不同材料组合而成的吊车梁。一般由钢筋混凝土做成上弦杆,承受轴向压力和弯矩,竖杆是压杆,也用钢筋混凝

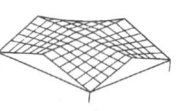

组合式梁车梁

土做成,下弦杆受拉,由钢材做成。可以充分利用材料的特性,节省材料。但仅适用于小吨位的吊车。

(钦关淦)

组合式隔振器　combined vibrating isolator

将橡胶隔振器和弹簧隔振器组合在一起,以并联或串联方式组成的隔振器。它由橡胶隔振器使隔振系统具有较大的阻尼,由弹簧隔振器使隔振系统组成较低的频率。其刚度和阻尼为

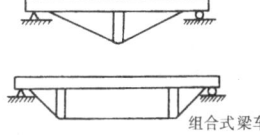

K、K_1、K_2 分别为组合式隔振器总刚度、橡胶隔振器和弹簧隔振器刚度;D、D_1、D_2 分别为组合式隔振器的阻尼比、橡胶隔振器和弹簧隔振器的阻尼比。

(茅玉泉)

组合式天窗架　composite skylight truss

由两侧边立柱及中间两个三角形刚架组成的天窗架,它也是三铰刚架式天窗架扩展的一种结构型式。在两个立柱与中间三角形刚架之间可搁置宽为3m的大型屋面板。这样受力合理,制造简单,但施工架设比较麻烦。这种天窗架可用于12m跨度的天窗。

(唐岱新)

组合弹性模量　composite elastic modulus

在钢管混凝土结构中,钢和混凝土视为一种材料时的弹性模量。根据钢管混凝土短试件的轴心受压试验,得到截面平均应力与纵向应变的关系。在常用含钢率范围内(含钢率4%～20%),工作分弹性、弹塑性和线性强化等三个阶

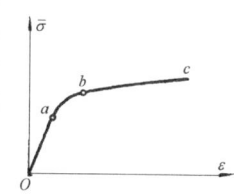

段。弹性阶段(oa)的平均应力$\bar{\sigma}$与纵向应变ε之比即组合材料的组合弹性模量,弹塑性阶段(ab),应力应变为曲线关系,取曲线上任意点的切线,可得对应该点的组合切线模量。实验和分析证明钢-混凝土组合弹性模量和组合切线模量,主要与钢号及含钢率有关,而与混凝土强度等级的关系不大。

(钟善桐)

组合筒　combined-tube

也称多核结构。若干个分离的筒体通过楼板连结组成的结构。分离筒体通常布置在建筑物角部和中央,并力求使结构刚度中心和建筑物形心相一致。筒内一般作楼梯、设备和管道房间用。束筒也是组合筒的一种形式,但由于其受力方面的特殊性而自成体系。

(江欢成)

组合屋架　composite truss

由钢材和木材或钢材和钢筋混凝土两种材料制成的屋架。上弦及受压腹杆采用木材或钢筋混凝土材料制作,下弦及受拉腹杆采用钢材制作。这种屋架自重轻,但刚度较差。

(黄宝魁)

组合柱　composite column

由两种或两种以上材料组合成的柱。它的截面特点基本上是以一种材料包住另一种材料,如外包混凝土的劲性钢筋混凝土柱、外包钢混凝土柱、充填混凝土的钢管混凝土柱、用混凝土充填或套箍的砖砌体柱等。也包括由几根杆件组成的柱,如木组合柱、钢管混凝土组合柱等。

(朱聘儒)

组合砖砌体结构　composite brick masonry

structure

由砖砌体和钢筋混凝土或钢筋砂浆组合成为整体共同工作,作为承重骨架的结构。钢筋混凝土或钢筋砂浆可设置在砌体的内部也可作为砌体的面层。组合砖砌体结构能提高砌体承载力、增加结构延性而且也适用于房屋的加层、加固。

(唐岱新)

组合桩 composite pile

用不同的材料和不同桩型组合构成的桩。

(陈强华)

组装 building-up

见装配(378页)。

zuan

钻进方法 drilling method

用钻探设备和工具向岩土体钻孔时,采用的破碎孔底岩土、加深钻孔的技术措施。通常采用的方法可分为冲击钻探、回转钻探、振动钻探。其中回转钻探按破碎孔底岩土的方法,又进一步划分为硬合金钻进、钻粒钻进和金刚石钻进,或分为取芯钻进与全面钻进。

(王家钧)

钻进进尺 footage

地质钻探中某一段时间内钻进的深度。是钻探的工作量指标(如班进尺、日进尺、月进尺等)。通常以单位时间内的进尺来衡量钻进效率。在钻探中,从下钻、钻进到提钻的一个循环时间内所钻进的深度称回次进尺。

(王家钧)

钻井塔 drilling tower

装设螺旋钻杆钻孔的大型井架。螺杆通过上、下导架支承于井架上,其上端有驱动螺杆钻进的动力头,下端为带硬合金刀刃的钻头。可用于石油钻探、地质钻探、灌注桩基础钻孔。为便于经常转移和继续使用,常采用四边形空间桁架钢结构。

(王肇民)

钻孔 drilling hole

应用专用钻孔机和钻头,在零件或部件上按划线标示钻成要求孔的工序。钻孔机有摇臂钻床,立式钻床,手电钻及风钻等。批量生产时可选用多头钻床和数控钻床。当用普通钻床时,也可用钻模钻孔或板叠套钻。在地质勘察中的钻孔,是钻探孔的简称。

(刘震枢)

钻孔法 hole-drilling method

见小孔释放法(326页)。

钻孔灌注桩 bored pile

利用钻孔机具(如回转钻、冲击钻等)在土层中钻土成孔,并在孔中灌注混凝土做成的桩。成桩直径根据钻孔机具之不同可在0.2~3m之间变化,桩尖还可做成扩大头。只要机具及技术措施适当,几乎可以在任何土层中成桩,也可把桩嵌入基岩。钻孔桩适用范围很广,且无挤土和噪音公害。但用这种桩时要采取严格措施以保证施工质量,如用泥浆作业时,要妥善处理泥浆对环境的污染。

(张祖闻)

钻孔压水试验 bore-hole water pressure test

用专门的活动栓塞隔绝钻孔板,不断施加水压,用以定性地了解不同深度岩土的透水性和裂隙发育程度的试验。

(王家钧)

钻模 die for drilling

保持零件钻孔孔距精度的一种钻孔模具。由模座和钻套两部分组成。

(刘震枢)

钻探机 drilling machine

简称钻机。向岩土体钻孔的机械设备。其主要作用是带动钻具破碎孔底的岩土,提升或下入钻具,提取岩土样。一般可按破碎岩土的方式,分为冲击钻机和回转钻机等。

(王家钧)

钻探技术 drilling technique

研究钻探所需的钻探机械、工具、设备、钻探方法、取样工具、取样方法、钻进工艺和钻进规程等工作的总称。

(王家钧)

钻探孔 bore hole

简称钻孔。用钻探机械向岩土体钻成的直径较小,有一定深度的井孔。按用途可分为勘探孔,测试孔和施工孔等。由直径、深度、方向等三要素组成,它决定于钻探的目的、要求、地质条件等因素。

(王家钧)

钻芯法 core drilling method

又称取芯法。使用专用钻机直接从结构混凝土上钻取芯样,按芯样强度推定混凝土强度的一种检测方法。在结构混凝土上钻取圆柱体芯样后,将两端切割,磨平等加工后作抗压(或劈裂)试验,再将芯样强度换算成标准试块强度。此法具有直观、可靠等特点,是一种局部破损法。

(金英俊)

zui

最不利荷载布置 the most harmful load arrangement for structure

结构中某一截面的某一内力达到最不利状态时可变荷载的布置。

(刘广义 王振东)

最大风速重现期 recurrence period of maximum wind speed

在统计意义上,连续出现两次大于设计所用风速值的时间间隔。重现期与结构的安全度或保证率有关。当重现期为 T_0 年时,每年最大风速不超过设计所用风速值的概率或保证率为 $P = 1 - \dfrac{1}{T_0}$。国家规范对一般结构采用重现期为 30 年(即 30 年一遇)的平均最大风速为标准,相应的保证率为 $P = 1 - \dfrac{1}{30} = 96.67\%$。对同一地点,重现期愈长,设计所用风速值愈大。对重要结构,应取重现期为 50 年或 100 年的平均最大风速作为设计风速值。

(欧阳可庆)

最大干密度 maximum dry density

在一定压实功能下,土的干密度随含水量变化的峰值。它随压实功能增加而增加。经击实试验确定后,作为填土夯压密实程度的初步指标。

(平涌潮)

最大跨高比 maximum span-depth ratio

钢筋混凝土受弯构件可不作挠度验算时跨度与最小截面高度的比值。它与结构的支承条件、荷载大小、类别、钢筋品种及挠度的允许值有关。

(杨熙坤)

最大裂缝宽度容许值

见允许裂缝宽度(357 页)。

最大配箍率 maximum stirrup reinforcement ratio

斜截面达到最大受剪承载力时的配箍率。超过最大配箍率将发生斜压破坏,斜截面的受剪承载力由主压应力方向混凝土的强度控制。多配的箍筋不能充分发挥其强度,也不能提高构件的受剪承载力。

(卫纪德)

最大容许宽厚比 maximum allowable width-thickness ratio

见极限宽厚比(143 页)。

最大震级 maximum magnitude

用每个地震区、带的过去和现代地震活动发展历史来推断今后百年内可能发生地震的最大强度。除了采用历史地震最大震级外,常用的预测方法有极值统计、线性预测及马尔科夫概率等数理统计方法。

(章在墉)

最或然误差 most probable error

观测量的最或然值与观测值之差。在同样条件下,对某一量进行多次观测,求得该量的最或然值,从而求得各观测值的最或然误差,其和应为零。利用这一特性可检查计算是否有误。 (郭禄光)

最或然值 most probable value

又称平差值。接近于真值的最佳估值。观测量的最或然值是一组观测值按最小二乘法原理所求的平差值。所谓最小二乘法是设观测值为 l_i,权为 p_i $(i = 1, 2, \cdots, n)$,未知量为 $x_i (i = 1, 2, \cdots, n)$,最或然误差 $v_i = f(x_i) - l_i$,在 $[pvv] = p_1 v_1^2 + p_2 v_2^2 + \cdots + p_n v_n^2$ 为最小的条件下求得未知量的方法。对某观测量的一组等精度或非等精度的直接观测值,前者按算术平均值,后者按加权平均值作为最或然值,都是符合最小二乘法原理的。 (郭禄光)

最小二乘法 method of least squares

见最或然值。

最小分度值 minimum scale value

俗称最小刻度值。仪器指示装置的每一最小刻度所代表的被测物理量的数值。是仪器的度量性能指标之一。如百分表的最小分度值为 0.01mm。数字仪器的末位数的一个字所代表的被测物理量也称最小分度值。

(潘景龙)

最小刚度原则 principle of minimum rigidity

对等截面钢筋混凝土梁取同号弯矩段内最大弯矩处的截面刚度(最小刚度)作为等刚度梁进行挠度计算的规定。由于沿梁长度方向弯矩是变化的,因此截面刚度也是变化的,为简化计算采取上述原则。

(杨熙坤)

最小刻度值 minimum graduated value

见最小分度值。

最小配箍率 minimum stirrup reinforcement ratio

为防止发生斜拉破坏所必须的配箍率。低于该配箍率时,一旦斜裂缝出现,过少的箍筋将不足以负担原来由混凝土承担的拉力,箍筋将立即屈服并发生斜拉破坏。

(卫纪德)

最优含水量 optimum moisture content

在一定压实功能下,将土夯压至最大干密度状态所相应的土的含水量。它随压实功能增加而减小。经击实试验确定后,可作为夯压填土的设计含水量指标。

(平涌潮)

最终沉降 final settlement

地基土体在外荷载作用下经历相当长时间(理论上无限长时间)后的稳定的沉降量。

(高大钊)

最终贯入度 final set

沉桩最后一阵(10 击)贯入深度(cm)的平均值。其值大小反映了沉桩的难易,也反映了单桩承载力的大小。在施工中,常用作为一个沉桩控制指标,配合桩的设计标高要求,确定沉桩深度。

(宰金璋 陈冠发)

ZUO

作用 action

施加在结构上的集中力或分布力,或引起结构外加变形或约束变形的原因。前者称为直接作用，即习称的荷载；后者称为间接作用，例如地面运动、地基不均匀变形、温度变化、材料胀缩等。结构上的作用按时间的变异可分为永久作用、可变作用和偶然作用；按空间位置的变异可分为固定作用和可动作用；按结构的反应可分为静态作用和动态作用。

(唐岱新)

作用标准值 characteristic value of action

在设计结构或构件时，对某种作用采用的基本代表值。其值一般根据设计基准期内最大作用概率分布的某一偏于不利的分位数确定。当作用为力时，称为荷载标准值。　　　　　(邵卓民)

作用长期效应组合 combination for long-term action effects

结构或构件按正常使用极限状态设计时，永久作用标准值效应与可变作用准永久值效应的组合。当作用为力时，称为荷载长期效应组合。

(邵卓民)

作用代表值 representative value of action

结构或构件设计时采用的作用取值。对于不同极限状态下的不同作用组合，设计时可采用不同的作用代表值，如作用标准值、作用频遇值、作用组合值、作用准永久值等。当作用为力时，称为荷载代表值。　　　　　　　　　　　　(邵卓民)

作用短期效应组合 combination for short-term action effects

结构或构件按正常使用极限状态设计时，永久作用、一种可变作用标准值效应与其他可变作用组合值效应的组合。当作用为力时，称为荷载短期效应组合。　　　　　　　　　　(邵卓民)

作用分项系数 partial factor for action

为了保证所设计的结构或构件具有规定的可靠指标而对设计表达式中作用项采用的分项系数。可分为永久作用分项系数和可变作用分项系数。当作用为力时，称为荷载分项系数。　　　(邵卓民)

作用频遇值 frequent value of action

对于可变作用，当考虑结构的局部损坏或疲劳破坏的极限状态以及结构在使用过程中发生使人感受不适的极限状态时，所采取的在结构预期寿命内结构上时而出现的较大作用值。当作用为力时，为荷载频遇值。　　　　　　(陈基发)

作用设计值 design value of action

作用代表值乘以作用分项系数后的值。当作用为力时，称为荷载设计值。　　　(邵卓民)

作用效应 effect of action

作用引起的结构或构件的内力、变形等。内力包括轴向力、剪力、弯矩、扭矩等；变形包括挠度、侧移、裂缝等。当作用为力时，称为荷载效应。

(邵卓民)

作用效应基本组合 fundamental combination for action effects

结构或构件按承载能力极限状态设计时，永久作用与可变作用设计值效应的组合。当作用为力时，称为荷载效应基本组合。　　(邵卓民)

作用效应偶然组合 accidental combination for action effects

结构或构件按承载能力极限状态设计时，永久作用、可变作用与一种偶然作用代表值效应的组合。当作用为力时，称为荷载效应偶然组合。

(邵卓民)

作用效应系数 coefficient of effect of action

作用效应值与产生该效应的作用值的比值。当作用为力时，称为荷载效应系数。它由作用与作用效应之间的物理关系确定，可为无量纲量或有量纲量。例如，对于轴心受压柱，外力 P 与内力 N 的关系为 $N = P$，则荷载效应系数为 1；对于跨中受集中力 P 作用的简支梁，外力 P 与跨中弯矩 M 的关系为 $M = \frac{l}{4}P$，则荷载效应系数为 $\frac{l}{4}$。　(邵卓民)

作用效应组合 combination for action effects

简称作用组合。当结构或构件承受两种或两种以上可变作用时，考虑到各种作用以其标准值同时出现的概率很小，而在设计时采用的对可变作用标准值效应的折减。有作用长期效应组合、作用短期效应组合、作用效应基本组合和作用效应偶然组合四种。当作用为力时，称为荷载效应组合。

(邵卓民)

作用准永久值 quasi-permanent value of action

结构或构件按正常使用极限状态的长期效应组合设计时采用的一种可变作用代表值。其值一般根据任意时点作用概率分布的某一分位数确定，常用作用准永久值系数乘以作用标准值表示。当作用为力时，称为荷载准永久值。　　　(邵卓民)

作用准永久值系数 coefficient of quasi-permanent value of action

作用准永久值与作用标准值的比值。当作用为力时，称为荷载准永久值系数。　(邵卓民)

作用组合 combination for actions

见作用效应组合。

作用组合值 combination value of actions

当结构或构件承受两种或两种以上可变作用时，考虑到各种作用的最不利值同时出现的概率很小，而在设计时采用的一种可变作用代表值。常用作用组合值系数乘以作用标准值表示。当作用为力

时,称为荷载组合值。 　　　　(邵卓民)
作用组合值系数　coefficient of combination value of actions
　　作用组合值与作用标准值的比值。当作用为力时,称为荷载组合值系数。 　　　　(邵卓民)
坐标反算　inverse calculation of coordinates
　　根据两点的坐标计算坐标方位角及边长。计算公式为:

$$\alpha_{ab} = \text{tg}^{-1} \frac{y_b - y_a}{x_b - x_a}$$

$$D_{ab} = \sqrt{(x_b - x_a)^2 + (y_b - y_a)^2}$$

或 $D_{ab} = \frac{x_b - x_a}{\cos\alpha_{ab}} = \frac{y_b - y_a}{\sin\alpha_{ab}}$

α_{ab} 为 A 点到 B 点的坐标方位角;D_{ab} 为 A、B 两点的距离;x_a、y_a 和 x_b、y_b 分别为 A 点和 B 点的纵、横坐标值。 　　　　(邹瑞坤)

坐标方位角　grid azimuth
　　见方位角(76 页)。
坐标格网　coordinate grid
　　在地图上用来确定点位坐标的格网。分地理坐标格网和直角坐标格网。前者是以一定经纬度间隔按某种地图投影方法描绘的经纬线网,注有经纬度,便于确定点位的地理坐标。后者又称"公里格网",以所选定的直角坐标轴系为准,按 10cm 绘制的正方形格网,并注有公里数,用于确定点位的平面直角坐标。 　　　　(邹瑞坤)
坐标增量闭合差　closing error in coordinate increment
　　计算的坐标增量总和与应有值之差。闭合导线的坐标增量闭合差为: $f_x = \Sigma \Delta x$, $f_y = \Sigma \Delta y$。附合导线的坐标增量闭合差为: $f_x = \Sigma \Delta x - (x_\text{终} - x_\text{始})$, $f_y = \Sigma \Delta y - (y_\text{终} - y_\text{始})$。$f_x$、$f_y$ 值是由测角和量距误差引起的,闭合差的大小,反映导线测量的精度。 　　　　(邹瑞坤)

外文字母·数字

A 级螺栓　bolt, product grade A
　　见精制螺栓(172 页)。
ASCII 码　American Standard Code for Information Interchange
　　美国信息交换标准代码的缩写词。这种代码作为计算机中的标准码来表示程序和数据,有 256 种字符,包括数字、字母、控制码和一些符号,具有可读性。 　　　　(周宁祥)
B 级螺栓　bolt, product grade B
　　见精制螺栓(172 页)。
B 样条函数拟合法　composition with B spline function
　　在计算机图形学中,一种根据一组样本点(参照点)近似地绘制一个没有简单的数学定义的光滑连续曲线的方法。它不强迫曲线通过样本点,而是比较缓和地把曲线拉到样本点附近,其结果是曲线的形状由样本点所组成的轮廓决定,但实际上它并不通过样本点。满足这种要求,并且其求和值总是 1 的混合函数族称为 B 样条,它产生的曲线段在样本点处具有连续的斜率,故能拟合得更平滑一些。 　　　　(翁铁生)
BASIC 语言　beginner's all-purpose symbolic instruction code
　　初学者通用符号指令代码。1960 年出现于美国,目前已有多种版本。BASIC 语言是一种被广泛使用的计算机程序设计语言,它的主要特点是:①小巧灵活,简单易懂,使用方便,适宜于在小型或微型机上使用;②具有会话功能;③具有台式计算机运算的命令,能实现台式计算机功能;④具有字符节操作和与外部设备通信的特殊功能,从而使 BASIC 语言能够进行数据处理和实时控制;⑤BASIC 语言源程序是通过机内的软件——解释程序逐句进行解释执行的。 　　　　(黄志康)
C 级螺栓　bolt, product grade C
　　旧称粗制螺栓。用圆钢压制、各部分表面均不加工的螺栓。这类螺栓在钢结构中常用 Q235 钢(3 号钢)或其他结构钢(强度等级常用 4.6、4.8 级)制成,被连接零件上的螺栓孔用 Ⅱ 类孔,孔径比螺栓杆径大 1~2mm。制造和安装方便,适于受拉,而受剪性能较差。在钢结构中主要用作受拉螺栓、受力不大的次要受剪螺栓以及临时性的螺栓和安装螺栓。 　　　　(瞿履谦)
C 语言
　　贝尔实验室 1974 年开发的通用编程语言。该语言具有描述问题能力强、灵活性好、可移植性强、目标质量高、应用面宽等特点,目前已广泛用于描述系统程序(操作系统、语言处理、系统实用程序)、数据处理、科学工程数值计算、图形及图像处理等多个

领域。　　　　　　　　　（陈福民）

CGI 标准　computer graphics interface
图形系统中设备有关部分（如图形设备、工作站、设备驱动程序等）与设备无关部分（如 GKS、CORE、PHIGS 等）之间的接口标准。它定义了一组在这两部分间进行控制和数据交换的基本元素。
（李启炎）

CGM 标准　computer graphics metafile
图形系统中用于记录和传送图形描述信息的一种文件格式，称为计算机图形元文件。在 GKS 中曾引入 GKSM 即 GKS 元文件的概念。自 1983 年以后国际标准化组织（ISO）着手图形元文件的标准化工作，即为 CGM。于 1986 年发表了 CGM 标准草案。　　　　　　　　　　（李启炎）

COD　crack opening displacement
见裂纹张开位移（200 页）。

Core 标准
国际上图形软件标准化的典型规范。文本以子程序包的形式为基础，能够实现图形输出设备的各种基本绘图及显示功能，实现交互式的图形设计及处理，并具有便于移植、推广等优点。但是执行速度较慢，效率较低。　　　　　　　（黄志康）

D 值法　D value method, Muto method
又称改进反弯点法。按同一楼层各柱的 D 值分配作用在楼层上总的水平荷载计算框架内力的近似方法。由日本武藤清教授首先提出。D 值是考虑了梁柱节点的转动变形而修正的柱子侧移刚度。对于柱子反弯点位置的确定，此法考虑了上下梁刚度比，上层层高和下层层高对上下柱端节点转角的影响，在根据框架总层数和柱子所在层层数得出的标准反弯点高比 y_n 的基础上，分别引入 y_1、y_2、y_3 对 y_n 进行修正，最后各层柱的反弯点高度为 $(y_n + y_1 + y_2 + y_3)h$，这里，h 为楼层高度。y_n、y_1、y_2 和 y_3 均已制成表格，可供查用。因为此法修正了反弯点法所作的两点假设，故计算结果更为准确。
（戴瑞同　陈宗梁）

EBCDIC 码　extended binary-coded decimal interchange code
扩充二、十进制编码的交换码。主要用在美国 IBM 公司的设备中的八位字符代码，该代码提供 256 种不同的位组合格式。　（周宁祥）

E-R 模型　entity-relationship model
又称实体—联系模型。用 E-R 图来表示现实世界的实体集和联系。有三种基本成分：实体、联系和属性，分别用长方形、菱形、椭圆表示。它最初是用于数据库模式设计，现在已发展成为独立的数据模型，支持抽象的实体集和联系。联系的程度可以是 $1:1, 1:n, m:n$。由 E-R 图描述的模式叫企业模式，是面向问题的，与数据库管理系统无关，所以 E-R 模型是高级概念模型。　　　　（陆　皓）

F 形屋面板　F shaped slab
横向截面为 F 形的肋形屋面板。即在大型屋面板侧面挑出一段檐板，屋面板沿纵向互相搭接（有如瓦材搭接），可做成自防水屋面。横缝和脊缝加盖瓦和脊瓦。缺点是屋面水平刚度及防水效果较差，已较少采用。　　　　　　　　　（杨熙坤）

FORTRAN 语言　formula translation
50 年代美国 IBM 公司提出的公式翻译语言。它主要用于科学计算，也可以应用于数据处理。具有标准化程度高，便于程序互换、较易优化、计算速度快等特点，是国际上广泛流行的一种高级程序设计语言。　　　　　　　　　（陈福民）

GKS 标准　graphical kernel system
一个由国际标准化组织（ISO）于 1982 年公布的计算机图形核心系统。GKS 以标准子程序的方式供 C、FORTRAN 等高级语言调用。建立该标准的主要目的是以一种独立于所用的计算机或图形设备的方式产生图形和控制图形，并可使图形处理系统的设计者们节省大量的设计工作。用 GKS 设计的各种图形处理系统能够在不同的计算机系统间进行移植。目前 GKS 根据其功能的强弱共分为 9 级。
（唐永芳）

H 形钢　H-section steel
亦称宽翼缘工字钢。由两块翼缘和一块腹板组成 H 形截面的型钢。分轧制 H 形钢和焊接 H 形钢。H 形钢的翼缘比普通工字钢的翼缘宽，且边缘和中间的厚度相同。用它做成的构件，有较高的稳定承载力，是一种高效钢材，也是钢结构高层建筑、桥梁结构等不可缺少的型材。　　　（王用纯）

H 形钢桩　H-steel pile
利用 H 形截面的型钢制成的桩。是钢桩的一种型式，其特点是挤土体积小，在沉桩施工中，可有效地减少地表隆起或土体侧向位移，其缺点是打入过程中易产生扭曲，造价较高。　（陈强华）

HAZ　heat-affected zone
见热影响区（252 页）。

IGES 标准　initial graphics exchange specification
又称基本图形交换规范。用于不同的 CAD/CAM 系统间进行图形信息交换的标准。它定义了图形数据文件的标准格式。该标准已为许多 CAD 系统厂商在各自的系统上实现。　（李启炎）

IT 系统　IT earthing system
电力系统的带电部分与大地间不直接连接的接

地方式。而电气装置的外露可导电部分则是接地的。 （马洪骥）

JG 型隔振器　type JG vibrating isolator

采用丁腈合成橡胶在一定温度和压力下硫化，并牢固粘结在金属附件上压制而成的隔振器。它主要利用橡胶剪切模量小的特点，使橡胶以承受剪切为主的形式，而获得较低刚度，较低固有频率（5Hz以上），较大的阻尼，较高的承载能力；它安装方便，稳定性较好，是一种较为理想的隔振元件。主要缺点是因橡胶老化而失去弹性，以及粘结不好易脱胶。
（茅玉泉）

JM 型锚具　type JM anchorage

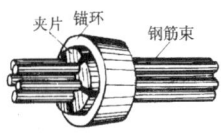

由锚环和若干块夹片组成，将预应力筋锚固在夹片之间的锚具。所用的预应力筋为多根钢筋束或钢绞线束，其中常用的为 JM12 锚具，JM 是锚具型号，12 为所夹钢筋束或钢绞线的标志直径。锚环内壁为光滑锥形孔；夹片是锚环内的圆锥体按径向分割成的若干个，剖面成楔形，横截面成扇形，每块夹片两侧径向各有一个圆弧形槽，以锚住预应力筋。使用时个别夹片损坏会导致整体锚固失效。夹片改用倒锯齿形细齿和表面热处理（硬度 HRC60～62）后，锚固性能良好。
（李绍业）

K 式腹杆　k-form web member

见腹杆（89 页）。

K 形焊缝　double bevel weld

T 形连接中在垂直板端部双面开坡口的对接焊缝。这时焊缝和垂直板等强度。 （李德滋）

LISP 语言　LISP Language

一种进行表处理的函数型语言。其名取自 LIST Processing language。它的一切功能都是由函数实现的。1958 年由美国麻省理工学院 J.McCathy 提出的。其特点是语言中程序和数据之间在形式上的等价。目前已形成多种版本，如 INTERLISP、MACLISP、GCLISP、COMMONLISP 等。在符号代数处理、自然语言理解、机器翻译、形式逻辑推论、专家系统、自动定理证明、自动程序设计、机器人及其它人工智能领域中都得到了广泛的应用。
（李思明）

L-N 曲线　L-N curve

见荷载谱曲线（122 页）。

Love 波　Love wave

见乐甫波（192 页）。

NDT　nil ductility transition temperature

见无延性转变温度（316 页）。

Newmark-β 法　Newmark-β procedure

在逐次积分法中，假设每个时段内的加速度为常数的方法。Newmark 提出如下速度和位移的表达式

$$\dot{X}_{t+\Delta t} = \dot{X}_t + [(1-\beta)\ddot{X}_t + \beta\ddot{X}_{t+\Delta t}]\Delta t$$

$$X_{t+\Delta t} = X_t + \dot{X}_t\Delta t + \left[\left(\frac{1}{2}-\alpha\right)\ddot{X}_t + \alpha\ddot{X}_{t+\Delta t}\right]\Delta t^2$$

式中采用两个调整系数 β 和 α。研究表明，当 $\beta \geqslant \frac{1}{2}$，$\alpha \geqslant \frac{1}{4}\left(\frac{1}{2}+\beta\right)^2$ 时，解答是无条件稳定的。实际上当 $\beta = \frac{1}{2}$，$\alpha = \frac{1}{4}$ 时，加速度在该时段内为常量，此时 $\ddot{X}_{t+\tau} = \frac{1}{2}(\ddot{X}_t + \ddot{X}_{t+\Delta t})$ 即为平均加速度，因此称平均加速度法。线性加速度法则可看作 $\beta = \frac{1}{2}$ 和 $\alpha = \frac{1}{6}$ 时的特例。本方法由美国学者 Newmark 在 1959 年首先提出。
（费文兴　陆伟民）

NPV

见净现值（174 页）。

P 波　P-wave

见纵波（384 页）。

PASCAL 语言

在 ALGOL60 基础上发展起来的一种结构化程序设计语言。70 年代初由瑞士 N.Wirth 创建并以德国数学家 PASCAL 命名。具有功能强、数据类型丰富、程序简洁易读、便于修改等特点。适用于数值和非数值问题的描述，既能用于应用程序设计，也能用于系统程序设计，广泛用于微型计算机和大型计算机。
（陈福民　黄志康）

PHIGS 标准　programmer's hierarchical interactive graphics standard

一种分层结构交互式图形标准。它适于对三维物体进行描述。PHIGS 和 GKS、CORE 等图形标准的最大区别在于：采用了多级分层的图段数据结构，其子结构可以被复制和引用。
（李启炎）

PROLOG 语言　PROLOG language

描述逻辑推理过程的人工智能语言。法国马赛大学 Alain, Colmeraner 等于 70 年代初开发，目前已广泛用于关系数据库、抽象问题求解、数理逻辑、公式处理、自然语言理解、专家系统以及人工智能等其它许多领域。
（李思明）

P-Δ 效应　P-Δ effect

结构或构件在外力 P 作用下的位移 Δ，将产生附加内力，同时附加内力又影响位移的效应。例如：在偏压及压弯构件中，由于纵向弯曲有随荷载增大的趋势，在下一级荷载作用时，将会进一步增加纵向弯曲的作用。
（董振祥）

Q 系数　Q factor

压杆中考虑板件局部失稳对压杆整体失稳影响的系数。在冷弯薄壁型钢结构的压杆中常会出现局部与整体相关失稳的情况。局部失稳的发生要降低压杆整体失稳的承载力。　　　　　　（沈祖炎）

QM 型锚具　type QM anchorage

由一块多孔锚板和若干付三片式夹片组成,利用每孔装一付夹片,在夹片中间锚固预应力筋的锚具。任何一根预应力筋锚固失效,都不会引起整束锚固的失效。锚孔为直孔,夹片主要为直开缝,当用于钢丝束时,采用斜开缝。夹片为倒锯齿形细齿,表面热处理硬度为 HRC58~61。构件端部需设置铸铁喇叭管。适用于钢绞线或钢丝束。QM 为锚具型号,其所用规格由工程需要选定。

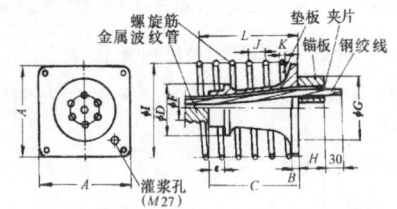

　　　　　　　　　　　　　　　　　（李绍业）

S 波　shear wave

见剪切波(152 页)。

S-N 曲线　S-N curve

又称疲劳强度曲线。在应力比 R 确定后,用常幅疲劳试验方法获得的疲劳强度 S 与疲劳破坏时应力循环次数

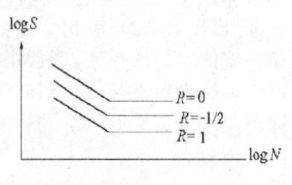

N 之间的关系曲线。一般用半对数或对数坐标尺绘制。广泛用于分析构件和连接的疲劳特性。例如,当用对数坐标尺绘制时,可用 S-N 曲线的转折点确定疲劳极限。由于 S-N 曲线是统计曲线,它与统计时所采取的分位值(保证概率)有关。若把不同概率 p 下得到的每一条 S-N 曲线描绘出来,即可得到三轴表示的 p-S-N 曲线。　　（杨建平　李惠民）

T 形板　T-shaped slab

又称单 T 板。肋位于板的中间,截面成 T 形的梁板合一构件。肋作为板的支座,同时又连同位于受压区的翼缘板一起承受弯矩。预应力混凝土 T 形板可作为屋面承重结构。T 形板也可用于楼面、墙面以及桥梁结构。缺点是运输吊装过程中易损坏,形成的结构整体刚度较差。　　（黄宝魁）

T 形接头　T-joint

见 T 形连接。

T 形连接　T-connection

互成 90°的板件在一板的中间部位以角焊缝或对接焊缝、或加角钢用螺栓连成一体的连接。由此形成的接头部分称 T 形接头。主要用于由钢板组成的 T 形和工字形截面构件。　　　　　（徐崇宝）

T 形梁　T-beam

由梁肋和受压翼缘组成"T"形截面的梁。在现浇钢筋混凝土楼盖中,主梁或次梁承受正弯矩部分亦属 T 形梁。根据受压区高度 x 的不同,设计或校核时应分别按第一类 T 形梁($x \leqslant h'_f$)或第二类 T 形梁($x > h'_f$)处理,h'_f 为压区翼缘高度。

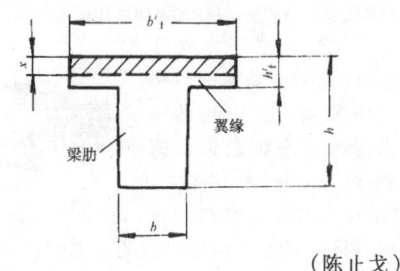

　　　　　　　　　　　　　　　　　（陈止戈）

T 字钢　structural tee steel

横截面呈 T 形的轧制钢材。它可用来代替两个角钢组合的 T 形截面,制作钢桁架杆件,以节约钢材。　　　　　　　　　　　　　　（王用纯）

TN 系统　TN earthing system

装置的外露可导电部分用保护线与电力系统的直接接地点连接的系统。按照中性线(N)与保护线(PE)的组合情况,TN 系统有三种型式:①TN-S 系统:整个系统的中性线与保护线是分开的;②TN-C-S 系统:系统中有一部分中性线与保护线是合一的;③TN-C 系统:整个系统的中性线与保护线是合一的。　　　　　　　　　　　　　　（马洪骥）

TNT 当量　TNT equivalent

见爆炸当量(6 页)。

TT 系统　TT earthing system

装置的外露可导电部分接至与电力系统的接地点无关的接地极上的系统。　　（马洪骥）

V 形折板　V-shape folded plate

由薄平板组成 V 形结构的折板。近年来应用颇为广泛。构成 V 形折板的预应力平板是在平卧状态下生产的,吊装就位后,在折板角隅处将板边伸出的钢筋连接好,再用细石混凝土灌缝固结成整体 V 形折板。　　　　　　　　　（陆钦年）

wilson-θ 法　wilson-θ procedure

在逐次积分法中,假设在步长 Δt 的 θ 倍的时段 $[t, t+\theta \Delta t]$ 内,加速度为线性变化的分析方法。研究表明,当 $\theta \geqslant 1.37$ 时,解答是无条件稳定的。线性

加速度法则可看作 $\theta=1$ 时的特例。本方法由美国学者 Wilson 在 1973 年首先提出。

(费文兴 陆伟民)

X 射线粉晶分析 X-ray powdered crystal analysis

又称 X 射线衍射法。以 X 射线射入粘土矿物晶格中产生衍射为基础,对矿物组成进行鉴别的试验方法。它是研究粘土矿物重要的一种方法。不同粘土矿物,晶格构造不同,则 X 射线产生的衍射图谱各不相同。因此,根据其衍射图谱的特征,即表征晶格构造晶面间距的特征谱线及其强度,便可鉴别粘土矿物的组成。

(王正秋)

X 射线探伤 X-ray inspection

焊接接头采用 X 射线照相检查焊缝内部缺陷的无损检验方法。

(刘震枢)

X 射线衍射法 X-ray diffraction

在不破坏工件的情况下,利用 X 射线测定残余应力的方法。它是利用 X 射线衍射方法,测定焊缝表面晶格的畸变,并以此推测出残余应力的分布,再通过计算求出残余应力值。

(谭兴宜)

XM 型锚具 type XM anchorage

由一块多孔锚板和若干付三片式夹片组成,利用每孔装一副夹片,在夹片中间锚固预应力筋的锚具。任何一根预应力筋锚固失效,都不会引起整束锚固的失效。锚孔向孔心倾斜,夹片为三片式斜开缝。夹片的齿形为短牙三角螺纹。锚具整体地进行热处理。构件端部无喇叭孔。适用于钢绞线或钢丝束。XM 为锚具型号,其所用规格由工程需要选定。

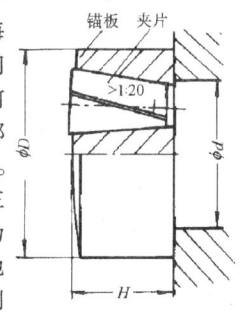

(李绍业)

X-Y 函数记录仪 X-Y recorder

能自动绘制两个电信号间函数关系曲线的记录仪器。结构试验中,荷载和结构的挠度通过相应的传感器和二次仪表后产生的两个电信号,可由它绘制成荷载-挠度曲线。函数记录仪有单笔和多笔之分,多笔的可同时绘制多条关系曲线,但它们的 X 轴或 Y 轴只能是同一个物理参数的电信号。

(潘景龙)

Z 向钢 Z-direction steel

对厚度方向(Z 向)性能也要求得到保证的钢。一般要求保证厚度方向的伸长率。当结构在材料厚度方向可能受拉或重要结构采用厚板时,应采用 Z 向钢。

(王用纯)

Z 形钢 zees, Z-bar

由薄钢板经冷加工制成的 Z 形截面的钢材。有带卷边和不带卷边二种截面形式。卷边 Z 形钢的翼缘板属部分加劲板件,临界应力较高,多用做檩条。带有斜卷边的 Z 形钢,便于叠置,运输时可少占空间。

(张耀春)

γ-射线探伤 γ-ray inspection

焊接接头采用 γ 射线照相,检查焊缝内部缺陷的无损检验方法。γ 射线的波长比 X 射线短,因而其射线能量高,具有更大的穿透能力。目前常用 Co_{60}(钴$_{60}$)作为射线源。

(刘震枢)

Γ 型檩条 Γ shaped purlin

截面形状为倒 L 型的钢筋混凝土檩条。

(刘文如)

λ 热量 heat input

见线能量(320 页)。

(刘震枢)

π 定理 π theorem

美国学者 J·巴肯汉提出的量纲分析的普遍定理。所有量纲齐次的关系式都可以无量纲化。假定表达某个物理现象的量纲齐次方程式为:$\varphi(x, x_1, \cdots, x_k, \cdots, x_n)=0$,如果式中 n 个参量中有 k 个量 $x_1, x_2, \cdots, x_k$ 的量纲是独立的,则通过单位尺度的变换,就可将上述关系式化为无量纲方程 $\pi=f(1, 1, \cdots, 1, \pi_1, \pi_2, \cdots, \pi_{n-k})$,式中 $\pi_1, \pi_2, \cdots, \pi_{n-k}$ 是由 $x_1, x_2, \cdots, x_n$ 中 k 个量纲独立的参数所组成的无量纲参数。量纲独立是指其中任一个量的量纲不能由其余量的量纲式的幂次积所组成。一般方程式通过对原来 n 个参量的无量纲化,一定可得到 $n-k$ 个独立无量纲参数 $\pi_1, \pi_2, \cdots, \pi_{n-k}$ 的函数关系式。

(吕西林)

Ⅰ 类孔 Ⅰ-class hole

钢结构中用于螺栓连接或铆钉连接的孔壁质量较好和定位精度较高的孔。制造方法为:在装配好的构件上按设计孔径钻成;在单个零件和构件上按设计孔径分别用钻模钻成;或在单个零件上先钻成或冲成较小的孔径,然后在装配好的构件上再扩钻至设计孔径。主要用于 A 级和 B 级螺栓的孔和受力要求较高的铆钉孔。

(瞿履谦)

Ⅱ 类孔 Ⅱ-class hole

钢结构中用于螺栓连接或铆钉连接的孔壁质量和定位精度均为一般的孔。制孔方法为在各单个零件上一次冲成或不用钻模钻成设计孔径。主要用于 C 级螺栓和高强度螺栓(限用钻孔)的孔以及一般要求的铆钉孔。

(瞿履谦)

词目汉语拼音索引

说 明

一、本索引供读者按词目汉语拼音序次查检词条。
二、词目的又称、旧称、俗称、简称等，按一般词目排列，但页码用圆括号括起，如(1)、(9)。
三、外文、数字开头的词目按外文字母与数字大小列于本索引末尾。

a

| 阿拉斯加地震 | 1 |

an

安全等级	1
安全系数	1
安装焊缝	1
安装接头	1
安装螺栓	1
鞍形索网	1,(291)
鞍形网壳	1
暗梁	1
暗牛腿	1
暗牛腿连接	1
暗柱	1

ao

| 凹波拱壳 | 2 |

ba

| 扒钉 | 2 |
| 拔出法 | 2 |

bai

白点	2
白噪声	2
百分表	2

ban

板	2
板材	2
板材结构	2
板叠	2
板架结构	2
板件	3
板孔配线	3
板块间地震	3
板内地震	3
板式承台	3
板式楼梯	3
板式试验台座	3
板式屋架	3
板弹簧隔振器	3
板托	3
板系结构体系	3
板销	3
板销梁	3
板柱结构	3
板桩	4
板桩加固法	4
板组	4
办公自动化系统	4
半沉头铆钉	4
半导体应变计	4
半概率设计法	4
半干材	4
半距等高线	4,(152)
半潜式平台	4
半填半挖断面	4
半细料石	4
半圆头铆钉	4
半镇静钢	4
半自动焊	4

bang

| 帮条锚具 | 4 |
| 绑扎骨架 | 5 |

bao

包络图	5
包气带水	5
包辛格效应	5,(93)
薄腹梁	5
薄膜比拟法	5
薄膜结构	5
薄膜水	5

薄壳	5	本构关系	8	边缘加劲肋	11
薄弱层	14			边缘效应	11
饱和度	5	**beng**		编程	11
饱水带	6			编译	11
保本点分析	6,(347)	崩塌	8	编译程序	11
保护接地	6	泵送顶升浇灌法	8	鞭梢效应	11
保险螺栓	6			扁钢	11
保证率	6	**bi**		扁壳	11,(281)
保证系数	6			变幅变形加载	11
刨边	6	比表面积试验	8	变幅疲劳	11
刨平顶紧	6	比例尺	8	变幅疲劳试验	11
爆高	6,(7)	比例尺精度	8	变角空间桁架理论	11
爆破拆除	6	比例误差	9	变截面梁	11
爆炸	6	比特	9	变配电所	11
爆炸安全距离	6	笔式记录仪	9	变频正弦激振	12
爆炸超压	6	毕肖普法	9	变色材	12
爆炸当量	6	闭合差	9	变形缝	12
爆炸地震波	6	闭合导线	9	变形模量	12
爆炸地震波安全距离	7	闭路电视系统 CCTV	9	变形能量强度理论	12
爆炸动压	7	壁板	9,(38)		
爆炸高度	7	壁式框架	9	**biao**	
爆炸极限	7	壁式框架法	9		
爆炸挤密法	7	壁行吊车	9	标称精度	12
爆炸界限	7	壁柱加固法	9	标高	12
爆炸铆钉	7,(228)	避风风帽	9,(85)	标准差	12,(368)
爆炸危险区	7	避风天窗	10,(43)	标准冻结深度	12
爆炸效应	7	避雷针	10	标准贯入锤击数	12
爆炸源	7			标准贯入试验	12
爆炸作用	7	**bian**		标准离差	12,(103)
				标准设计	13
bei		边材	10	标准正态分布	13
		边长条件	10,(143)	标准值	13
杯口基础	7	边拱	10	标准砖	13
北京坐标系	7	边角测量	10	表	13
贝齐尔函数拟合法	7	边界层	10	表板纤维	13
贝叶斯方法	8	边界填充法	10	表裂	13
背斜	8	边坡剥落	10	表面温度	13
倍角法	8,(88)	边坡长期稳定	10		
被动隔振	8,(325)	边坡反分析	10	**bing**	
被动土压力	8	边坡坡度容许值	10		
被动土压力系数	8	边坡失效概率	10	冰荷载	13
		边坡瞬时稳定	10	冰碛层	13
ben		边弯	11,(19)	冰丘	14
		边缘构件	11	冰压力	14,(13)
本初子午线	8,(276)	边缘加工	11	冰椎	14

波形拱	14
剥蚀地貌	14
剥蚀平原	14
伯利公式	14
泊松比	14
箔式应变计	14

bu

补偿器	14,(266)
不等边角钢	14
不等权观测	(81)
不等肢角钢	14
不对称配筋柱	14
不均匀沉陷区	15
不均匀系数	15
不可通行地沟	15
不良地质现象	15
不埋式基础	15,(244)
不排水下沉法	15
不确定性校正	15
不燃埃特墙板	15
不燃平板	15
不填不挖线	(296)
不完全抗剪连接	15,(16)
不稳定分枝	15
不稳定疲劳	15
不宜建设区	15
布卷尺	15,(228)
步步积分法	(371)
部分焊透对接焊缝	15,(311)
部分加劲板件	16
部分交互作用	16
部分抗剪连接	16
部分预应力混凝土结构	16
部管材料	16
部管物资	16
部件	16

cai

材料非线性	16
材料抗爆强度提高系数	16
材料抗震强度设计值	16
材料强度标准值	16
材料强度分项系数	17
材料强度设计值	17
材料图	17,(47)
材料吸声系数	17
材料消耗指标	17
材料性能标准值	17
材料性能分项系数	17
材料性能设计值	17
财务评价	17
采暖期日数	17
采暖热媒	17
采暖系统	17
采暖影响系数	17
菜单	17

can

参数平差	(152)
残积层	17
残余变形	17
残余应变	18
残余应力	18

cang

仓储货架结构	18

cao

操作系统	18
槽	18
槽壁稳定性验算	18
槽钢	18
槽钢连接件	18
槽焊缝	18
槽式试验台座	18
槽探	18
槽瓦	18
槽形板	18
槽形墙板	18
槽形折板	19
草皮护坡	19

ce

侧边纵翘	19
侧吹碱性转炉钢	19
侧方交会法	19
侧焊缝	19
侧面构造筋	19
侧扭屈曲	19
侧弯	19
侧向地基反力系数	(42)
侧向地基模量	(42)
侧向刚度	19
侧向无支长度	19
侧向应力	19
侧向支承点	19
侧压力	19
侧移	19
侧移引起的附加内力	19
测程	19
测回法	19
测绘	20
测距仪	20,(60)
测量平差	20
测设	20
测试程序	20
测图	20
测微器	20
测温孔	20
测站检核	20
测站偏心	20,(71)
测振传感器	20

ceng

层板胶合拱	20
层板胶合结构	20
层板胶合框架	20
层板胶合梁	20
层板胶合木	20
层次模型	20
层高	20
层间水	20
层间位移	21
层间位移角限值	21

层状撕裂	21	场地覆盖层厚度	23	**cheng**	
cha		场地利用系数	23	撑托梁	26
差动变压器式位移传感器	21	场地烈度	23	成品构件校正	27,(109)
差热分析	21	场地条件	23	成套设备	27
差容式测振传感器	21	场地土	24	承台	27
插入距	21	场址选择	24	承压层间水	27
插入式柱脚	21			承压水	27
chai		**chao**		承压水等水位线图	27
拆卸加固法	21	超高层房屋结构	24	承压型高强度螺栓连接	27
柴排护坡	21	超固结比	24	承载力	27,(162)
		超固结土	24	承载力基本值表	27
chan		超筋梁	24	承载力检验	27
产品方案	22	超静定结构	24	承载力系数	27
产生式规则知识表示	22	超配筋受扭构件	24	承载力值的深宽修正	27
铲边	22	超屈曲强度	25,(248)	承载力值的统计修正	27
颤振	22	超声波探伤	(25)	承载能力极限状态	28
		超声测缺法	25	承重粘土空心砖	28
chang		超声法	25	承重墙	28
长度交会法	(176)	超声探伤	25	承重墙结构	28
长径比	22	超压持续时间	25	承重墙梁	28
长期刚度	22	超载试验	25	承重索	28
长期荷载试验	22	超张拉	25	承重销	28
长期强度	22			城市功能分区	28
长壳	22	**che**		城市抗震防灾规划	28
长寿命试验	22,(101)	车辐式双层悬索结构	25	乘常数	28
长滩地震	22			程序	28
长细比	22	**chen**		程序框图	28
长细比影响系数	22	沉拔桩	(25)	程序设计语言	28
长圆孔	22	沉管灌注桩	25		
长圆柱壳	22	沉降差	25	**chi**	
长折板	23	沉降缝	25	驰振	29
长柱	23	沉降观测	26,(157)	持久强度	29,(22)
长柱留孔无牛腿连接	23	沉降观测标	26	持久试验	29,(22)
长柱试验机	23	沉降观测点	(26)	持久状况	29
常幅疲劳	23	沉降计算的分层总和法	26	持水度	29
常幅疲劳试验	23	沉降计算经验系数	26	尺长方程式	29
厂房柱列轴线放样	23	沉降计算深度	(333)	尺长改正	29
场地	23	沉井	26	尺寸效应	29
场地反应谱特征周期	23	沉井壁	26	尺垫	29
		沉井倾斜	26	尺间隔	29,(274)
		沉头铆钉	26	齿板连接	29
		沉箱病	26	齿缝抗剪强度	29

齿环键连接	29				
齿接抵承	29	**chu**		**chui**	
齿连接	29				
齿连接强度降低系数	29	初步勘察	33	垂直角	35,(278)
		初步可行性研究	33	垂直位移观测	35
chong		初步设计	33	垂直支撑	(278)
		初步设计总概算	33	锤击应力	35
冲沟	30	初步验收	33		
冲击波	30	初见水位	33	**chun**	
冲击反应谱	30	初偏心	33		
冲击荷载	30	初始荷载阶段	33	春材	35,(357)
冲击荷载系数	30	初始挠曲	33		
冲击力加载法	30	初始偏心距	33	**ci**	
冲击疲劳	30	初始缺陷	33		
冲击韧性	30	初始应力	33	磁带	35
冲击试验	30	初速度加载法	34	磁带机	35
冲积层	30	初弯曲	34	磁带记录仪	35
冲积平原	31	初位移加载法	34	磁电式测振传感器	36
冲孔	31	初至波	(384)	磁电式拾振器	36
冲切	31	除尘器	34	磁方位角	36
冲切承载力	31	除锈	34	磁粉探伤	36
冲切破坏	31	触变泥浆	34	磁盘存储器	36
冲刷	31	触变性	34	磁偏角	36
冲刷深度	31			磁子午线	36
充分交互作用	31			次固结	36
充分利用点	31	**chuan**		次梁	36
充气结构	31	穿心钢板	34	次压缩	(36)
充气结构薄膜材料	32	穿越分析	34	次应力	36
充气结构的出入口	32	传递函数	34,(230)		
重复荷载	32	传感器	34	**cu**	
重复荷载下的粘结	32	传距边	34		
重复性	32	传距角	34	粗差	36
重现期	32	传热系数	34	粗料石	36
重置费用	32	船形焊	34	粗砂	36
		椽架	35	粗制螺栓	36,(391)
chou		椽条	35		
				cui	
抽空三角锥网架	32	**chuang**			
抽空四角锥网架	32			脆断	36
抽水试验	33	窗间梁	35	脆性	36
筹建机构	33	窗口	35	脆性破坏	36
筹建项目	33	窗口管理	35		
				cun	
				存储器	37

da

搭接长度	37
搭接接头	37
搭接连接	37
达到生产能力期限	37
打入桩	37
打印机	37
打桩公式	37
打桩时的拉应力	37
大板混凝土结构	37
大板结构	37
大地基准点	(38)
大地水准面	37
大地体	38
大地原点	38
大放脚	(375)
大孔空心砖	38
大梁	38,(372)
大六角头高强度螺栓	38
大陆架	38
大面	38
大偏心受压构件	38
大平板仪	38
大气折光	38
大型墙板	38
大型屋面板	38
大型项目	38

dai

呆荷载	38
代码	38
带壁柱墙	38
带缝剪力墙	39
带负荷加固法	39
带刚域框架	39
带钢	39
带肋圆顶	39
带竖缝抗震墙	39
袋装砂井	39

dan

单板胶合木	39
单波拱	39
单波壳	39
单侧顺纹受剪	39
单层厂房的抗震支撑系统	39
单层网壳	39
单层悬索结构	40
单齿连接	40
单点系泊	40
单独基础	40
单方造价	40,(231)
单轨吊车	40
单剪销连接	40
单筋梁	40
单孔沉井	40
单控	40,(186)
单排孔沉井	40
单筒	40
单位	(145)
单位工程	41
单位夯击能量	41
单位剪切角	41
单位生产成本	41
单位生产能力投资	41
单位制	(145)
单系数极限状态设计法	41
单向板	41
单向板肋梁楼盖	41
单项工程	41
单项工程合同	41
单项工程验收	41
单斜式腹杆	41
单用户	41
单肢箍筋	41
单肢稳定	41
单值条件相似	41
单轴对称钢梁	41
单柱支架	42
单桩沉降量	42
单桩承载力	42
单桩横向受力分析的常系数法	42
单桩横向受力分析弹性半空间法	42
单桩横向受力分析 C 法	42
单桩横向受力分析 K 法	42
单桩横向受力分析 m 法	42
单桩横向受力分析 p-y 曲线法	42
单自由度	42
单自由度等效体系	43
单 T 板	43,(394)

dang

当量弯矩系数法	43
当量应力	43,(359)
挡风天窗	43
挡距	43
挡土墙	43
挡土墙台阶基础	43

dao

导弹发射塔	43
导管架型平台	43
导航塔	43
导墙	43
导热率	43,(251)
导热系数	43,(251)
导温系数	44,(252)
导线测量	44
导线角度闭合差	44
导线内业计算	44
导线全长相对闭合差	44
倒棱木	44
倒梁法	44
倒锥形水塔	44

deng

灯塔	44
等边角钢	44
等代角柱法	44
等代框架法	44
等幅变幅变形混合加载	44
等幅变形加载	45
等高距	45

等高线	45	地方材料	48	地貌图	52
等高线平距	45	地方管理物资	48	地貌学	52
等精度观测	45	地方震级	48	地面沉降	52
等离子切割	45	地沟	48	地面粗糙度	52
等强度设计	45	地沟敷设	48	地面加速度	52
等曲率	45	地基	48	地面破坏小区划	52
等权观测	(45)	地基沉降量	48	地面摄影测量	52
等稳定设计	45	地基承载力安全系数	48	地面速度	52
等效单自由度联机试验	45	地基刺入剪切破坏	48	地面塌陷	52
等效荷载	45	地基的液化等级	48	地面位移	52
等效紧箍力	45	地基非均剪刚度系数	49	地面振动衰减	52
等效静载法	46	地基非均压刚度系数	49	地坪标高	52
等效矩形应力图	46	地基回弹测试	49	地球曲率	52
等效均布荷载	46	地基基础抗震	49	地球曲率影响	53
等效抗侧力刚度	46	地基极限承载力	49	地球椭球	53
等效抗弯刚度	46	地基加固	49	地球椭圆体	53
等效框架	46	地基局部剪切破坏	49	地球物理场资料	53
等效弯矩系数	46,(198)	地基抗剪刚度系数	49	地上结构	53
等效应力幅	46	地基抗扭刚度系数	49	地图分幅	53
等效总重力荷载	46	地基抗弯刚度系数	49	地温动态观测	53
等肢角钢	46	地基抗压刚度系数	49	地下建筑	53
		地基临界荷载	50	地下结构	53
		地基破坏模式	50	地下连续墙	53
di		地基容许变形值	50	地下水	53
低承台桩基础	46	地基容许承载力	50	地下水动态观测	53
低合金钢	46	地基上梁板的计算方法	50	地下水类型	53
低合金结构钢	46	地基竖向刚度系数	50,(49)	地下水流速	53
低氢碱性焊条	46	地基水平刚度系数	50,(49)	地下水侵蚀性	53
低松弛钢丝	47	地基土比例界限	50	地下水实际流速	54
低碳钢	47	地基土极限荷载	50	地下水水化学图	54
低温冲击韧性	(87)	地基土破坏荷载	50	地下水位	54
低温脆断	47	地基稳定性	50	地形	54
低压配电柜	47	地基压力扩散角	50	地形点	54
低压体系充气结构	47,(235)	地基液化指数	51	地形特征点	54
低周反复静力试验	47,(370)	地基应力	51	地形图	54
低周疲劳	47	地基整体剪切破坏	51	地形图测绘	54
低周疲劳试验	47	地籍测量	51	地形图图式	54
低桩承台基础	(46)	地脚螺丝放样	51	地性线	54
狄维达格锚具	47	地理坐标	51	地压	54,(262)
抵接	47,(29)	地裂缝	51	地应力观测	54
抵抗弯矩图	47	地貌	51	地震	54
底部剪力法	47	地貌单元	51	地震波	54
底漆	48	地貌符号	51	地震次生灾害	54
地层柱状图	48	地貌景观	51	地震动	54
地道风降温系统	48	地貌类型	51	地震动参数衰减	55

地震动参数小区划	55	地质观察路线	58	电荷放大器	61
地震动持续时间	55	地质界线	58	电弧点焊	61
地震动水压力	55	地质年代表	58	电弧缝焊	61
地震动土压力	55	地质剖面	58	电弧焊	61
地震发生模型	55	地质时代表	58	电葫芦	61,(40)
地震反应	55	地质踏勘	58	电化学腐蚀	61
地震反应谱	55	地质图	59	电话站	61
地震风险水平	55	地质图例	59	电缆电视系统	61
地震隔震	56	地质图色标	59	电缆沟	62
地震荷载	56,(58)	地质作用	59	电缆桥架布线	62
地震后果	56	帝国峡谷地震	59	电缆竖井	62
地震活动度	56	递归	59	电缆隧道	62
地震活动性参数估计	56	第二类稳定	59	电力配电箱	62
地震活动性资料	56	第四纪冰川	59	电脑	62,(146)
地震经济损失	56	第四纪沉积物	59	电热法	62
地震勘探	56	第四纪地质图	59	电视塔	62
地震烈度	56	第四纪地质学	59	电位计式位移传感器	62
地震烈度区划图	56	第四强度理论	59,(12)	电压放大器	62
地震模拟振动台	56	第一类稳定	59	电液伺服加载系统	62
地震目录	56	第一振型	59,(140)	电渣焊	62,(255)
地震能量耗散	57			电子全站仪	62
地震能量吸收	57	dian		电子速测仪	62
地震区	57			电子速测仪测绘法	62
地震人员伤亡	57	点焊	59	电阻点焊	63
地震剩余危险性	57	点位测设	59	电阻片	63
地震时空不均匀性	57	点位误差	60	电阻应变计	63
地震危险区	57	点源	60	垫板	63
地震危险区划	57	点阵式打印机	60	垫块	(197)
地震危险性分析	57	点阵式汉字库	60	垫圈	63
地震危险性评定	57	点之记	60		
地震小区划	57	电标定法	60	diao	
地震液化	57	电测剖面法	60		
地震影响系数	57	电测深法	60	吊车车挡	63
地震影响小区划	57	电测仪器	60	吊车吨位	63,(64)
地震原生灾害	57	电磁波测距导线	60	吊车工作制	63
地震灾害	57	电磁波测距仪	60	吊车荷载	63
地震震级	58	电磁激振器	60	吊车跨度	63
地震作用	58	电磁力加载法	60	吊车梁	63
地震作用效应调整系数	58	电磁式振动台	61	吊车梁安装测量	63
地震作用效应增大系数	58	电磁探伤	61	吊车轮压	63
地址	58	电动硅化法	61	吊车起重量	64
地质标本	58	电动葫芦	61,(40)	吊车制动轮	64
地质断面	(58)	电法测井	61	吊顶	64
地质构造	58	电法勘探	61	吊顶搁栅	64
地质观察点	58	电焊条	61	吊顶梁	64

吊顶面层	64	动力有限元法	66	短期荷载试验	69		
吊钩	64	动态变形观测	66	短寿命试验	69,(47)		
吊环	64	动态电阻应变仪	67	短圆柱壳	69		
吊筋	64	动态作用	67	短暂状况	69		
		冻结层间水	67	短折板	69		

die

		冻结层上水	67	短柱	69
		冻结层下水	67	短柱试验	69
跌水井	64	冻结法	67	断层	70
叠合板	64	冻结深度	67	断层距	70
叠合板抗剪连接	64	冻土	67	断层破裂长度	70
叠合梁	64	冻土导热系数	67	断裂构造	70
叠合梁抗剪连接	64	冻土含水量	67	断裂韧性	70
叠合式混凝土受弯构件	64	冻土抗剪强度	67	断面图	70
		冻土融化压缩试验	67	断续焊缝	70
		冻胀	67	断续焊接	70

ding

		冻胀力	68	锻锤基础振动	70
		冻胀量	68		
钉的有效长度	65	冻胀率	68		

dui

钉连接	65				
钉连接计算系数	65				
顶点位移	65	## dou		堆积地貌	70
顶环	65			堆积平原	70
顶棚	65(64)	抖振	68	堆石护坡	70
顶砖	65	斗仓	(240)	堆载预压	70
定数法	(249)			对称配筋柱	70
定位轴线	65	## du		对称双剪销连接	70
定值设计法	65			对接	70,(71)
		独立基础	68,(40)	对接焊缝	71

dong

		堵焊法	68	对接接头	71
		度盘偏心差	68	对接连接	71
冬季施工	(65)	度盘偏心角	68	对数正态分布	71
冬期施工	65	度盘偏心距	68	对向观测	71
动荷载	65	镀锌钢丝	68	对象	71
动荷载反应	65			对中	71
动荷载特性测量	66	## duan		对中误差	71
动静法	66				
动力参数测量	66	端承桩	68	## dun	
动力触探试验	66	端焊缝	68		
动力隔振	66,(139)	端节点钢夹板加固法	68	镦头锚具	71
动力公式	66,(37)	端节点钢拉杆加固法	68	囤仓	71,(372)
动力固结法	66	端裂	69		
动力设计控制条件	66	端铣	69	## duo	
动力试验	66	短加劲肋	69		
动力系数	66	短壳	69	多边形剪取	71
动力系数测量	66	短梁	69	多边形屋架	71
动力压实法	66	短期刚度	69	多波拱	72

多波壳	72	反冲激振加载法	74	防火吊顶	(79)
多层房屋结构	72	反对称双剪销连接	74	防火堵料	78
多次逐级加载	72	反复荷载	74	防火阀	78
多道抗震设防	72	反复荷载下的粘结	75	防火隔层	78
多点测量	72	反极性	75	防火隔断	78
多核结构	72	反接	75	防火构件	79
多加劲板件	72	反力架	75	防火间距	79
多阶段设计法	72	反力墙	75	防火门	79
多孔空心砖	72	反力台座	75	防火墙	79
多孔筒	72	反滤料试验	75	防火设备	79
多孔砖	72	反挠度	75	防火天花板	79
多排孔沉井	72	反射	75	防火涂料	79
多竖杆式天窗架	72	反射压力	75	防火原理	79
多系数极限状态设计法	72	反弯点法	75	防挤沟	79
多用户	73	反弯矩	75	防排烟	79,(80)
多余观测	73	反位试验	75	防水混凝土	79
多遇地震	73	反应谱	(55)	防锈工程	79
多肢箍筋	73	反应谱法	75	防烟分区	80
多肢墙	73			防烟排烟	80
多轴应变计	73,(344)	**fang**		防振沟	80
多自由度	73			防振距离	80
		方差	76	防震缝	80
er		方程式分析法	76	房屋刚度中心	80
		方钢	76	房屋结构体系	80
二阶段设计	73	方木	76	房屋静力计算方案	80
二阶段设计法	73	方位角	76	放大器	80
二阶效应	73	方向观测法	76	放射性试验	80
二阶柱	73	防爆窗	76	放射性同位素法测井	80
二类机电产品	73	防爆间室	76	放样	80,(269)
二类物资	73,(16)	防爆墙	76	放张强度	81
二维有限元模型	74	防爆设计	76		
二氧化碳气体保护焊	74	防波堤	77	**fei**	
		防风柱	(179)		
fa		防腐蚀构造	77	飞石安全距离	81
		防腐蚀管线敷设	77	非承重墙	81
发震断层	74	防腐蚀建筑平面布置	77	非承重墙梁	81
筏板基础	74	防腐蚀结构选型	77	非等精度观测	81
筏形基础	(74)	防护结构	77	非电量电测技术	81
法定计量单位	74	防护门	78	非发震断层	81
法兰盘连接	74	防护密闭门	78	非封闭结合	81
		防火材料	78	非焊接钢结构	81
fan		防火材料标准	78	非均匀受压板件	81
		防火窗	78	非破损试验	81
翻浆	74	防火措施	78	非燃烧体	81
反变形	74	防火带	78	非烧结硅酸盐砖	81

非生产性建设	81	风化系数	84	负筋	87
非稳态滞回特性	82	风机盘管	84	负温冲击韧性	87
非线性地震反应	82	风积层	84	负阻尼	87
非线性振动	82	风淋室	84	附合导线	88
非圆弧滑动面的杨布法	82	风帽	85	附加箍筋	88
非周期性抗震动力试验	82	风谱	85	附加偏心距	88
非周期性抗震静力试验	82	风速	85	附着式振动器	88
沸腾钢	82	风速风压关系	85	复测法	88
费用-效益分析	82	风速谱	85	复合板	88
		风速压	(85)	复合保护	88

fen

		风压	85	复合箍筋	88
		风压高度变化系数	85	复合墙板	88
分辨率	82	风压谱	85	复合受扭构件	88
分布筋	82	风载体型系数	85	复式框架	88
分布密度函数	82	风振	85	复制	88
分部工程	82	风振系数	86	副索	88
分层法	83	封闭箍筋	86	傅立叶谱	88
分段下沉法	83	封闭结合	86	腹板	88
分段预制柱	83	封闭式母线配线	86	腹板折曲	89
分隔墙	83	封闭轴线	86	腹杆	89
分级加载	83	封底	86	腹剪裂缝	89
分离式柱脚	83	峰因子	86,(6)	腹筋	89
分模数	83	峰值应变	(86)	覆盖	89
分时计算机系统	83	峰值应力应变	86		
分水线	83,(262)	蜂窝梁	86		
分位数	83	蜂窝裂	86,(221)	ga	
分位值	83	蜂窝形三角锥网架	86	伽马分布	89
分析解	83,(336)				
分项工程	83			fu	
分项系数	83			gai	
芬克式屋架	84	弗朗恰地震	86	改建项目	89
粉尘浓度	84	弗列西涅锚具	86,(379)	改进反弯点法	(392)
粉尘浓度极限	84	浮石混凝土砌块	86	盖板	89
粉尘浓度界限	84	浮运沉井法	86	概率	89
粉煤灰砌块	84	符合水准器	87	概率分布	89
粉煤灰砖	84	辐射采暖	87	概率分布函数	89
粉砂	84	俯焊	87	概率分析	90
粉土	84	辅助等高线	87,(372)	概率极限状态设计法	90
粉质粘土	84	辅助性专题研究	87	概率密度函数	90
		腐蚀	87	概率设计法	90

feng

		腐蚀介质	87	概率统计分析方法	90,(290)
		腐蚀疲劳	87	概念设计	90
风动机塔	84	腐朽节	87		
风荷载	84	负荷等级	87		
风化	84	负剪力滞后	87		

gan

干封底	90
干裂	90
干砌石护坡	90
干扰频率	90,(143)
干式喷水灭火系统	90
干线管道	90
干硬性混凝土	91
杆系结构体系	91

gang

刚度	91,(163)
刚度法	91
刚度验算	91
刚架	91
刚接	91
刚接框架	91
刚弹性方案房屋	91
刚心	(80)
刚性层	91,(283)
刚性垫块	91,(197)
刚性方案房屋	91
刚性防水	91
刚性横墙	91
刚性基础	92
刚性节点	92
刚性连接件	92
刚性楼盖	92
刚性模量	92,(151)
刚域	92
钢	92
钢板	92
钢板结构墙	92
钢板梁	92
钢材复验	92
钢材极限强度	(92)
钢材矫正	92
钢材校正	92
钢材抗拉强度	92
钢材应力—应变曲线	92
钢沉井	93
钢尺	93
钢尺检定	93
钢的包辛格效应	93
钢箍	(109)
钢管	93
钢管桁架	93
钢管混凝土	93
钢管混凝土桁架	93
钢管混凝土换算刚度	93
钢管混凝土换算惯性矩	93
钢管混凝土结构	93
钢管混凝土柱	93
钢管混凝土组合柱	94
钢管结构	94
钢管桩	94
钢轨	94
钢号	94
钢桁架	94
钢-混凝土组合梁	94,(173)
钢-混凝土组合柱	94,(173)
钢绞线	94
钢结构	94
钢结构防腐蚀	94
钢结构防火	95
钢结构腐蚀	95
钢结构加固	95
钢结构抗震性能	95
钢结构设计规范	95
钢结构制造	95
钢筋	95
钢筋扒锯加固法	95
钢筋环绕式刚性节点	95
钢筋换算直径	95
钢筋混凝土	96
钢筋混凝土沉井	96
钢筋混凝土过梁	96
钢筋混凝土恢复力模型	96
钢筋混凝土结构	96
钢筋混凝土结构防腐蚀	96
钢筋混凝土结构防火	96
钢筋混凝土结构腐蚀	96
钢筋混凝土结构疲劳计算	96
钢筋混凝土套柱法	96
钢筋混凝土-砖组合砌体	96
钢筋接头	97
钢筋强度标准值	97
钢筋强度设计值	97
钢筋砂浆砌体	97
钢筋网砂浆套层法	97
钢筋网水泥砂浆加固法	97
钢筋位置测量	97
钢筋锈蚀测量	97
钢筋应变不均匀系数	97
钢筋约束区	98
钢筋砖过梁	98
钢卷尺	98,(93)
钢类	98
钢梁	98
钢梁经济高度	98
钢梁强度	98
钢木桁架	98
钢木结构	98
钢木组合梁	98
钢丝束	98
钢丝网加固	98
钢丝网水泥沉井	98
钢丝网水泥结构	98
钢组合梁	98
杠杆式应变仪	99

gao

高层房屋结构	99
高差	99
高差闭合差	99
高承台桩基础	99
高程	99
高程基准面	99
高程控制网	99
高度角	99,(278)
高厚比	99
高级语言	100
高阶振型	100
高强度螺栓	100
高强度螺栓连接	100
高强度螺栓拧紧法	100
高强度螺栓预拉力	100
高强混凝土	100
高斯分布	100,(364)
高斯-克吕格平面直角坐标系	100
高斯曲率	100

高耸结构	100
高耸结构的温度作用效应	101
高耸结构荷载	101
高位给水箱	101
高温水采暖系统	101
高温徐变	101
高效钢材	101
高压固结试验	101
高压配电柜	101
高压体系充气结构	101,(236)
高周疲劳	101
高周疲劳试验	101
高桩承台基础	(99)

ge

搁栅	101,(64)
割线模量	101,(12)
割线模量比	101
格构式拱	102
格构式构件	102
格构式天窗架	102
格构式桅杆	102
格构式柱	102
隔板	102
隔断	(83)
隔热层	102
隔声指数	102
隔水层	102
隔油井	102
隔振材料	102
隔振参数	102
隔振垫	102
隔振器	102
隔振系数	103
个体	103
各态历经过程	103

gen

根方差	103

geng

更新世	103
更新统	103

gong

工厂拼装	103
工程拨款	103
工程测量	103
工程差价	103
工程地球物理勘探	103
工程地质比拟法	103
工程地质测绘	104
工程地质单元体	104
工程地质分区图	104
工程地质勘察	104
工程地质勘察报告	104
工程地质勘探	104
工程地质类比法	(104)
工程地质内业整理	104
工程地质评价	104
工程地质剖面图	104
工程地质条件	104
工程地质图	104
工程地质学	105
工程地质资料	105
工程地质钻探	105
工程动力地质学	105
工程分包合同	105
工程结构	105
工程结算	105
工程决策分析	105
工程勘测	105
工程量差	105
工程设计	105
工程设计招标	105
工程施工	106
工程施工招标	106
工程数据库	106
工程物探	(103)
工程项目	106,(41)
工程修改核定单	106
工程岩土学	106
工程震害	106
工程总承包合同	106
工地拼装	106
工矿企业抗震防灾规划	106
工形柱	106
工业构筑物	106
工业建筑	107
工业墙板	107
工业区	107
工业通风	107
工艺设计	107
工字钢	107
工字形梁	107
工作平台梁	107
工作站	107
公共建筑	107
公共显示装置	107
功率谱	107
功率谱密度	108
供暖系统	108,(17)
拱	108
拱板屋架	108
拱度	108
拱壳空心砖	108
拱壳砖	108
拱形屋架	108
拱形屋面板	108
共用天线电视系统 CATV	108
共振	108
共振法	108
共振风速	108,(200)

gou

构架式机器基础振动	108
构架式塔	109
构件	109
构件剪切破坏	109
构件校正	109
构造	109
构造地貌	109
构造地震	109
构造筋	109
构造平原	109
构造要求	109
构筑物	109

gu

箍筋	109	管状水准器	112	国民经济评价	115
古德曼图	109	贯通裂	(228)	裹冰荷载	115
古典桁架理论	110,(124)	惯性力加载法	112	裹冰厚度的高度递增系数	115
骨架	110,(202)	灌缝	112	裹冰厚度修正系数	115
骨架曲线	110	灌浆法	112	过程模式知识表示	115
骨料咬合	110			过梁	115

guang

固定荷载	110	光笔	112		
固定铰支座	(160)	光标	112		
固定梁	110,(198)	光盘	112		

hai

固定误差	110	光线跟踪法	112	海拔	115,(177)
固定支架	110	光线示波记录器	112	海城地震	115
固定资产动用系数	110	广义刚度	113	海底输油管线	115
固定资产交付使用率	110	广义激振力	113	海积物	115
固定资金	110	广义剪跨比	113	海浪荷载	115
固定作用	110	广义算术平均值	113,(149)	海滩	116
固件	110	广义值	113	海塘	116
固结沉降	(333)	广义质量	113	海啸	116
固结度	110	广义阻尼	113	海洋工程	116
固结试验	110	广域网	113	海洋工程结构荷载	116
固结系数	110			海洋结构模块	116
固有频率	111			海洋平台	116
固有振动	(382)			海原地震	116
固有周期	111			海震荷载	116

gui

		规则	113		
		规则建筑	114		

han

		规则库	114	含冰量	116
		硅化法	(114)	含钢率	117
		硅化加固法	114	含水层	117

gua

		硅酸盐砌块	114	罕遇地震	117
挂钩砖	111,(108)	轨顶标高	114	罕遇烈度	117
挂瓦条	111			汉森公式	117
				汉字编码方案	117

gun

				汉字处理	117

guan

关东地震	111	辊弯	114	汉字库	117
关系模型	111	辊圆	114	焊道	117
观测误差	111	滚筒式绘图仪	114	焊钉	117
观测值	111	滚轴支座	114	焊缝	117
观察线	(58)			焊缝计算长度	117

guo

管壁有效宽度	111			焊缝有效长度	117
管道	111			焊缝有效厚度	117
管道支架	111	锅底形振动器	114	焊缝质量级别	117
管节点承载力	112	国拨材料	114	焊缝质量检验标准	117
管理程序	112	国际单位制	114	焊根	118
管理数据库	112	国家预算内项目	114	焊喉	118,(117)

焊剂	118	航空地质调查	120	核爆炸	123
焊件	118	航空摄影测量	120	核心混凝土	123
焊脚	118	航摄比例尺	120	核心混凝土截面	123
焊脚尺寸	118	航摄相片	120	核心筒	123
焊接	118			盒子结构	123
焊接变形	118				
焊接材料	118	**hao**			
焊接残余变形	118	豪式木桁架	120	**heng**	
焊接残余应力	118	号料	121	恒荷载	123
焊接方法	118	耗能系数	121	恒载试验	123
焊接钢板节点	118			桁架	123
焊接钢管	118			桁架拱	123
焊接工艺	118	**he**		桁架节点	123
焊接工艺参数	118	合金钢	121	桁架理论	124
焊接骨架	118	合理经济规模	121	桁架起拱	124
焊接结构	118	河流阶地	121	桁架墙	124
焊接空心球节点	118	河漫滩	121	桁架式吊车梁	124
焊接连接	119	河漫滩沉积物	121	桁架式檩条	124
焊接梁	119	荷载	121	桁架筒	124
焊接裂纹	119	荷载标准值	121	横波	(152)
焊接缺陷	119	荷载长期效应组合	121	横担	124
焊接热变形	119	荷载代表值	121	横风向风振	124
焊接热应力	119	荷载短期效应组合	121	横隔板	124
焊接瞬时应力	119	荷载分项系数	122	横隔构件	124
焊接网	119	荷载-挠度曲线	122	横膈	125
焊接位置	119	荷载频遇值	122	横焊	125
焊接应力	119	荷载谱	122	横键连接	125
焊瘤	119	荷载谱曲线	122	横墙承重体系	125
焊丝	119	荷载倾斜系数	122	横墙刚度	125
焊条	119,(61)	荷载设计值	122	横翘	125
焊透对接焊缝	119	荷载系数设计法	122,(234)	横弯	125
焊位	119	荷载效应	122	横纹承压	125
焊药	119	荷载效应基本组合	122	横纹挤压	(125)
焊趾	119	荷载效应偶然组合	122	横纹剪截	125
		荷载效应谱	122	横纹受剪	125
hang		荷载效应谱曲线	122	横纹受拉	125
		荷载效应系数	122	横向变形系数	125,(14)
夯点布置形式	119	荷载效应组合	122,(221)	横向钢筋	(109)
夯击遍数	120	荷载准永久值	122	横向焊缝	125
夯击范围	120	荷载准永久值系数	122	横向加劲肋	125
夯实碾	120	荷载组合	122	横向框架	125
行式打印机	120	荷载组合值	122	横向力系数	125
航测	120	荷载组合值系数	122	横向配筋砌体	126
航测成图法	120	荷重传感器	123	横向水平支撑	126
航空标志色	120	核爆动荷载	123	横向张拉法	126

横轴	126,(309)	滑坡影响	129	回弹指数	131
		滑线电阻式位移传感器	129	回转半径	131
hong		滑移变形	129	汇编语言	131
红粘土	126	化粪池	129	汇水面积	132
宏观等震线图	126	化学腐蚀	129	会场扩声	132
宏汇编语言	126			绘图仪	132
洪积层	126	**huan**			
		环箍式压力测力计	129	**hun**	
hou		环境保护	129	混合结构	132
		环境气象塔	129	混合砂浆	132
后处理	126	环境随机振动试验法	129	混合土	132
后方交会法	126	环境污染	129	混凝土	132
后浇带	126	环梁	130	混凝土包覆加固法	132
后热	127	环裂	130	混凝土保护层	132
后张法	127	环形焊缝	130	混凝土变形	132
后张法预应力混凝土结构	127	环形基础	130	混凝土标号	132
后张自锚	127	缓蚀剂	130,(386)	混凝土沉井	133
厚单板胶合板	(39)	换算长细比	130	混凝土动弹性模量	133
厚实截面	127	换算截面	130	混凝土复杂应力强度	133
候平均气温	127	换算截面惯性矩	130	混凝土干缩	133
		换算截面模量	130	混凝土构件截面受压区高度	133
hu				混凝土护坡	133
		huang		混凝土基础	133
呼应信号装置	127			混凝土剪力传递	133
弧焊	(61)	黄土	130	混凝土结构	133
弧坑	127	黄土梁	130	混凝土结构腐蚀	133
弧裂	127	黄土峁	130	混凝土结构加固	133
弧形木构件抗弯强度修正系数	127	黄土湿陷	130	混凝土结构抗震加固	134
弧形屋架	127	黄土湿陷试验	130	混凝土结构设计规范	134
弧形支座	127	黄土塬	131	混凝土界面抗剪强度	134
湖积层	127			混凝土抗剪强度	134
互功率谱密度	128	**hui**		混凝土抗裂强度	134
互相关函数	128			混凝土抗渗性	134
护坡	128	灰缝	131	混凝土抗折强度	134
护坡的上下限	128	灰土垫层	131	混凝土棱柱体抗压强度	134,(136)
		灰土基础	131	混凝土立方体抗压强度	134
hua		灰土挤密桩	131	混凝土内部电测技术	135
		灰土挤密桩加固法	131	混凝土凝缩	135
花篮螺丝	128,(364)	恢复力曲线	(367)	混凝土劈裂	135
花纹钢板	128	恢复力特性	131	混凝土劈裂抗拉强度	135
滑动稳定性	128	恢复项目	131	混凝土疲劳变形模量	135
滑坡	128	回声干扰	131	混凝土砌块	135
滑坡动态观测	128	回溯	131	混凝土强度	135
滑坡加固	129	回弹法	131	混凝土强度等级	135

混凝土软化	135	机制青砖	139	基线条件	142
混凝土三向应力强度	136	鸡腿剪力墙	139,(190)	基岩	142
混凝土收缩	136	积分放大器	139	基岩地震动	142
混凝土双向应力强度	136	积极隔振	139	基岩埋藏深度图	142
混凝土弯曲抗拉强度	136,(134)	积极消能	139	激光打印机	142
混凝土弯曲抗压强度	136	积累损伤	139	激光铅垂仪	142
混凝土微裂缝	136	积雪分布系数	139	激光扫描仪	143
混凝土应力-应变关系	136	基本变量	139	激励频率	143
混凝土圆柱体抗压强度	136	基本等高线	139,(276)	激励周期	143
混凝土轴心抗拉强度	136	基本风速	139	激振层楼板振动	143
混凝土轴心抗压强度	136	基本风压	139	极条件	143
混响时间	137	基本建设程序	139	极细砂	143,(84)
		基本建设年度投资计划	140	极限变形	143
huo		基本建设项目	140	极限荷载	143
		基本建设项目计划	140	极限荷载设计法	143,(234)
锪孔	137	基本烈度	140	极限宽厚比	143
活动支架	137,(368)	基本模数	140	极限拉应变	143
活断层	137	基本速度压	140,(139)	极限平衡理论	143
活荷载	137	基本图形交换规范	(392)	极限强度	143
活节	137	基本雪压	140	极限误差	143,(255)
火箭激振器加载	(74)	基本振型	140	极限压应变	143
火箭激振器加载法	137	基础	140	极限应变	143
火山地震	137	基础持力层底面等高线图	140	极限应力法	(192)
火山渣混凝土砌块	137	基础持力层顶面等高线图	140	极限轴压比	144
火焰切割	137	基础的补偿性设计	140	极限状态	144,(164)
火灾损伤	137	基础放样	140	极限状态方程	144
火灾自动报警	137	基础隔振措施	141	极限状态设计表达式	144
火灾自动灭火	137	基础连系梁	141	极限状态设计法	144
		基础梁	141	极值概率分布	144
ji		基础台阶宽高比的容许值	141	极值Ⅰ型分布	144
		基础形状系数	141	极值Ⅱ型分布	144
击实试验	138	基础有效宽度	141	极值Ⅲ型分布	144
机动法	138	基础振幅计算	141	极坐标法	144
机构控制	138	基础自振频率	141	集水线	144,(262)
机会研究	138	基础最小埋深	141	集中供热系统	144
机器基础计算	138	基床系数法	141	集中荷载增大系数	145
机器语言	138	基底反力	(142)	集中式空调系统	145
机械力加载法	138	基底附加压力	142	集中质量模型	145
机械碾压	138	基底剪力法	(47)	几何参数标准值	145
机械排烟	138	基底接触压力	142	几何非线性	145
机械式连接件	138	基底平均压力	142	几何非线性振动	145
机械式仪表	138	基底倾斜系数	142	几何相似	145
机械式振动台	139	基底压力	(142)	几何造型	145
机械通风	139	基线	142	几小时防火	(219)
机制红砖	139	基线测量	142	挤密碎石桩加固法	145

挤土桩	145	加权平均	149	剪切滞后	152,(151)
挤压式锚具	145	加权平均值	149	剪取	152
给水度	145	加速度反应谱	149	剪压比	152
给水系统	145	加腋	149	剪压破坏	152
计划任务书	145,(154)	加载方案	(149)	简单收益率	152
计量单位	145	加载龄期	149	简易隔振	152
计量单位制	145	加载速度	149	简支梁	152
计曲线	146	加载图式	149	碱集料反应	152
计算长度	146	加载制度	149	碱性介质	152
计算长度系数	146	夹层板	150	间隔边	153
计算机	146	夹具	150	间隔角	153
计算机辅助城市规划	146	夹心墙板	150	间接钢筋	153
计算机辅助工程可行性分析	146	夹芯板	150	间接钢筋配筋率	153
计算机辅助工程设计概预算	146	夹渣	150	间接加载梁	153
计算机辅助建筑设计	146	甲类钢	150	间接平差	153
计算机辅助设计	146	假定高程	150,(321)	间曲线	153
计算机辅助设计方案评估	146	假定平面直角坐标	150	建设标准	153
计算机辅助设计方案优化	147	假想弯矩法	150	建设地点	153
计算机辅助实验	147	价格预测	150	建设工期	153
计算机辅助投标	147	架空敷设	150	建设规模	153
计算机辅助制造	147	架空线路	150	建设目的	153
计算机-加载器联机试验	147	架立筋	150	建设前期工作计划	153
计算机生成建筑动画片	147			建设实施计划	153,(140)
计算机生成建筑模型	147	jian		建设条件	153
计算机图形学	147			建设投资	153
计算机网络	148	兼容机	150	建设项目	154,(140)
计算机系统	148	减压平台	150	建设项目计划	(140)
记录	148	减压下沉	150	建设项目计划任务书	154,(183)
记录器	148	减振器	151,(102)	建设项目年度计划	154
技术设计	148	剪变模量	151	建设项目总进度计划	154
技术设计修正总概算	148	剪跨比	151	建设依据	154
		剪力流	151	建设周期	154
jia		剪力墙	151	建设准备	154
		剪力墙结构	151	建筑	(156)
加长孔	148,(22)	剪力墙连梁	151	建筑安装工程	154
加常数	148	剪力滞后	151	建筑安装工程合同	154
加大截面加固法	148	剪力中心	151	建筑标准	154,(153)
加构造柱砌体	(356)	剪摩擦	151	建筑地基基础设计规范	154
加固系数	148	剪摩理论	151	建筑地基设计规范承载力公式	155
加筋土挡土墙	148	剪切	152	建筑电气	155
加劲板件	149	剪切波	152	建筑方格网	155
加劲肋	149	剪切带	152	建筑防火	155
加气混凝土砌块	149	剪切模量	152,(151)	建筑防水	155
加强部位(区)	149	剪切型变形	152	建筑高度	155
加强环	149	剪切振动	152	建筑工程设计软件包	155

建筑工程施工招标	155,(106)	胶合板管桁架	158	节点核心区	161
建筑工程预算价格	155	胶合板节点板	158	节点局部变形	161
建筑构造设计	155	胶合板结构	158	节间荷载	161
建筑红线	155	胶合板梁	158	节理	161
建筑基线	155	胶合板箱形拱	158	节子	161,(214)
建筑结构	155	胶合板箱形框架	158	洁净度	161
建筑抗震设计规范	155	胶合板箱形梁	159	洁净室	161
建筑密度	156	胶合梁	159	结点	161,(189)
建筑面积	156	胶合木	159	结构	161
建筑平面利用系数	156	胶合木接头	159	结构安全性	161
建筑热工	156	胶合木结构	159	结构标准	161
建筑热物理	156	胶合指形接头	159	结构承载力	162
建筑设计	156	胶结法	159	结构倒塌	162
建筑声学	156	胶结连接	159	结构动力反应测量	162
建筑施工测量	156	胶结作用	159	结构动力特性	162
建筑体积	156	胶连接	159	结构动力特性测量	162
建筑物	156	胶粘钢板加固法	159	结构防腐蚀设计	162
建筑物变形观测	156	角点法	160	结构防火	162
建筑物长高比	157	角度交会法	160	结构防火设计	162
建筑物沉降观测	157	角钢	160	结构非线性分析	163
建筑物等级	157	角焊缝	160	结构分析程序	163
建筑物防雷	157	角焊缝有效截面积	160	结构分析通用程序	163
建筑物放样	157	角接接头	160	结构分析微机通用程序 SAP84	163
建筑物管理系统	(157)	角接连接	160	结构缝	163,(12)
建筑物自动化系统	157	角砾	160	结构刚度	163
建筑系数	157,(156)	角频率	160,(355)	结构刚度特征值	163
建筑主轴线	157	绞扭钢筋	160,(194)	结构钢	163
建筑坐标系	157	铰接	160	结构隔振设计	163
键合梁	157	铰接框架	160	结构工程	164
键连接	157	铰支座	160	结构工程事故	164
		铰轴支座	(160)	结构功能函数	164
jiang		校核测点	160	结构功能要求	164
		校准法	160,(217)	结构构件实际承载力	164
浆砌石护坡	157	矫直	160,(92)	结构化查询语言 SQL	164
降落漏斗	158			结构极限状态	164
降温池	158	**jie**		结构加固设计	164
				结构检验	164
jiao		接触式测振仪	160	结构抗风设计	165
		接口	160	结构抗力	165
交变荷载	158	接线盒	161	结构抗裂度	165
交叉梁系法	158	接桩	161	结构抗震加固	165
交叉式腹杆	158	节点	161	结构抗震能力	165
交流焊	158	节点板	161	结构抗震能力评定	165
交通面积	158	节点大样设计	161	结构抗震设计	165
胶合板	158	节点荷载	161	结构抗震试验	165

结构抗震性能	166	截面有效高度	169	井字楼盖	173
结构抗震修复	166	截水沟	169	颈缩现象	173
结构可靠度	166	截锥形幕结构	169	劲性钢筋混凝土结构	173
结构可靠性	166	解释程序	169	劲性钢筋混凝土结构抗震性能	173
结构可靠状态	166	界面受剪	169	劲性钢筋混凝土梁	173
结构控制	166	界限长细比	169	劲性钢筋混凝土柱	173
结构老化	166	界限含水量	169	劲性悬索	173
结构面积	166	界限偏心距	170	径裂	173
结构磨损	166	界限破坏	170	径切板	173
结构耐久性	166			径切面	173
结构疲劳试验	166	**jin**		净侧向荷载	173
结构破坏	166			净高	173
结构墙	166	金属保护层	170	净换算截面	174
结构缺陷	166	金属结构	170	净截面	174
结构设计	167	紧箍力	170	净截面效率	174
结构设计符号	167	紧固件	170,(138)	净现值	174
结构设计原理	167	进深	170	静电绘图仪	174
结构失效状态	167	近地风	170	静定结构	174
结构试验	167	近海结构工程	170	静荷载	174
结构试验机	167	近景摄影测量	170	静力触探试验	174
结构试验设计	167	近似概率设计法	170	静力单调加载试验	174
结构适用性	167	近似平差	170	静力法	174
结构损坏	167	近震	170	静力风压	(232)
结构物	167,(109)	浸水挡土墙	171	静力试验	174
结构性能评定	167	浸水试验	171	静力载荷试验	174
结构影响系数	168			静态变形观测	174
结构允许振动	168	**jing**		静态电阻应变仪	174
结构振动设计	168			静态收益率	175,(153)
结构重要性系数	168	经典的非贝叶斯方法	171	静态作用	175
结构-桩-地基土相互作用	168	经济效益指标	171	静止侧压力系数 K_0	(175)
结构自重	168	经纬仪	171	静止土压力	175
结合水	168	经纬仪测绘法	171	静止土压力系数	175
结晶水	168	经纬仪导线测量	171		
截面抵抗矩塑性系数	168	经纬仪交会法	171	**jiu**	
截面核心距	168	经线	171,(380)		
截面核心面积	(123)	经验系数法	171	旧金山地震	175
截面剪切变形的形状影响系数	168	精度估算	171	就地灌注桩	(25)
截面收缩率	168	精简指令系统计算机	172		
截面受压区高度	169	精密量距	172	**ju**	
截面塑性发展系数	169	精密切割	172		
截面塑性系数	169	精密水准测量	172	拘束应力	175,(356)
截面系数	169	精轧带肋钢筋	172	居住面积	175
截面限制条件	169	精制螺栓	172	局部承压	175
截面消压状态	169	井壁侧壁摩阻力	172	局部横纹承压	175
截面形状系数	169	井筒基础	172	局部挤压	175

局部浸水边坡	175	均方根法	(231)	抗滑移系数	180
局部抗压强度	175	均匀受压板件	177	抗滑桩	180
局部抗压强度提高系数	175	竣工测量	177	抗剪连接件	180
局部空调机组	175,(363)	竣工决算	177	抗剪强度	180
局部倾斜	175	竣工图	177	抗拉强度	180
局部屈曲	175	竣工项目	177	抗力	180,(165)
局部失稳	175	竣工验收	177	抗力的抗震调整系数	180
局部受压	175	竣工验收自检	178	抗力分项系数	180
局部受压承载力	175	竣工总平面图	178	抗裂度	180,(165)
局部受压计算底面积	(347)			抗裂检验	180
局部受压面积	176	**ka**		抗裂能力	180
局部受压面积比	176			抗裂弯矩	(178)
局部通风	176	喀斯特	178,(337)	抗扭刚度	180
局部稳定	176	喀斯特地基加固	178,(337)	抗扭最小配筋率	180
局部斜纹	176			抗渗流稳定性验算	180
局部卸荷加固法	176	**kai**		抗弯刚度	180
局部粘结-滑移滞回曲线	176			抗弯强度	181
局域网	176	开花螺栓	178	抗压强度	181
矩形地沟	176	开间	178,(373)	抗折模量	(134)
矩震级	176	开口箍筋	178	抗震变形能力	181
巨型结构	176	开裂扭矩	178	抗震变形能力允许值	181
巨型框架	(176)	开裂弯矩	178	抗震变形验算	181
距离交会法	176	开挖线	178	抗震措施附加费用	181
锯切	176	开尾栓铆钉	178	抗震措施有效程度	181
				抗震等级	181
juan		**kan**		抗震防灾规划	181
				抗震防灾应急规划	181
卷板	176	勘察阶段	178	抗震缝	181,(80)
卷边槽钢	176	勘察原始资料	179	抗震构造措施	181
卷边角钢	176	勘探技术	179	抗震墙	182
卷边 Z 形钢	177			考虑变量分布类型的一次二阶矩法	(339)
		kang			
jue				**ke**	
		抗拔桩	179		
决策变量	177	抗爆	179		
决策支持系统	177	抗爆间室	(76)	科学数据库	182
决策准则	177	抗爆设计	(76)	颗粒分析	182
绝对高程	177	抗侧力刚度	179	颗粒分析曲线	182
绝对湿度	177	抗侧力结构	179	可编程序计算器	182
绝对误差	177	抗侧力试验台座	179	可变荷载	182
掘探	177	抗冻性	179	可变作用	182
		抗风墙	179	可动荷载	182
		抗风柱	179	可动作用	182
jun		抗浮系数	179	可焊性	182
均方根	177	抗滑挡土墙	180	可接受的地震危险性	182

可靠概率	182	控制变形加载	186	框架-承重墙结构	188
可靠指标	182	控制测点	186	框架-剪力墙结构	188
可连接目标模块	182	控制层	186	框架结构	188
可溶盐试验	182	控制荷载和变形的混合加载	186	框架抗震设计	188
可通行地沟	183	控制荷载加载	186	框架梁	188
可行性报告	183	控制冷拉率法	186	框架梁端加强区	188
可行性研究	183	控制器	186	框架梁柱节点	189
可行性研究报告	183	控制设计法	186	框架模式知识表示	189
可行性研究勘察	183	控制应力法	186	框架式基础	189
克恩郡地震	183			框架体系抗震计算方法	189
刻痕钢丝	183			框架-筒体结构	189
		kou		框架柱	189
kong		扣件	186	框架柱的抗震设计	189
				框架柱端加强区	189
空调	(184)	**ku**		框剪结构	(188)
空斗砌体	183	库仑土压力理论	186	框剪体系抗震计算方法	189
空腹筒	183			框墙结构	(188)
空腹屋架	184	**kua**		框筒	190
空间工作	184			框筒结构	(189)
空间结构	184	跨度	187	框支剪力墙	190
空间框架	184	跨中板带	187	框支墙	190
空间相关系数	184				
空间性能影响系数	184			**kuo**	
空间作用	(184)	**kuai**			
空气冲击波安全距离	184			扩初设计	190
空气吹淋室	184,(84)	块材	187	扩大初步设计	190
空气弹簧隔振器	184	块石	187	扩大基础	(190)
空气调节	184	块式机器基础振动	187	扩大模数	190
空气净化	184	块式连接件	187	扩建项目	190
空气相对湿度	185	块体	187	扩孔	190
空心板	185	块体标号	(187)	扩展基础	190
空心截面型钢	185	块体和砂浆粘结强度	187	阔叶材	190
空心墙板	185	块体强度等级	187		
空心率	(185)			**la**	
空载试验	185	**kuan**			
孔板送风	185			拉结筋	191
孔洞率	185	宽厚比	187	拉力测力计	191
孔前传力	185	宽翼缘工字钢	187	拉梁	191,(195)
孔式试验台座	185,(323)			拉铆钉	191
孔斯曲面	185	**kuang**		拉索塔式平台	191
孔隙比	185			拉索预应力钢桁架	191
孔隙率	185	矿山压力	187,(262)	拉索预应力钢梁	191
孔隙水	185	矿渣砖	188,(347)	拉弯钢构件强度	191
孔隙水压力	185	框格式挡土墙	188	拉弯构件	191
孔隙水压力消散	185	框架	188	拉弯木构件承载力	191

拉应力限制系数	191	冷弯薄壁型钢结构	193	连续栅片法	196
喇叭型坡口焊	191	冷弯薄壁型钢结构技术规范	193	联合测图法	196
		冷弯槽钢	193	联合基础	196
lan		冷弯角钢	193	联合经营合同	196
		冷弯试验	194	联合选址	196
蓝脆	191	冷弯效应	194	联系尺寸	196
澜沧-耿马地震	192	冷弯型钢	194	联肢墙	196
		冷弯型钢结构	(193)	炼油塔	196
lang		冷弯性能	194		
		冷压式锚具	194	**liang**	
朗金土压力理论	192	冷轧带肋钢筋	194		
		冷轧扭钢筋	194	梁	197
lao		冷作硬化	194	梁垫	197
				梁端砌体局部受压	197
老堆积土	192	**li**		梁端有效支承长度	197
				梁端约束支承	197
le		离差系数	194	梁-拱联合受力机构	197
		离心混凝土抗压强度	194	梁截面不对称影响系数	197
乐甫波	192	离心力加载法	194	梁肋	197
		里氏震级	195	梁式承台	197
lei		理论切断点	195	梁式吊车	197
		理想化震源	195	梁式楼梯	197
雷诺数	192	力矩守恒算法	195	梁整体稳定	197
累积分布函数	192	立管	195	梁整体稳定等效弯矩系数	198
累积损伤律	192	立焊	195	梁整体稳定系数	198
肋梁楼盖	192	立面设计	195	梁-柱	198,(334)
		沥青混凝土护坡	195	两次仪高法	198
leng		砾砂	195	两端固定梁	198
		溧阳地震	195	量	198
冷拔低碳钢丝	192			量本利分析	198,(347)
冷拔钢丝	192	**lian**		量程	198
冷脆	193,(47)			量纲	198
冷加工	193	连接	195	量纲分析法	198
冷矫直	193	连接板	195		
冷拉	193	连接件	195,(180)	**liao**	
冷拉钢筋	193	连接角钢	(230)		
冷拉钢丝	193	连梁	195	料斗	198
冷拉强化	193,(194)	连系梁	195	料石	198
冷拉Ⅰ级钢筋	193	连续布点量测裂缝法	195,(344)		
冷拉Ⅱ级钢筋	193	连续焊缝	195	**lie**	
冷拉Ⅲ级钢筋	193	连续焊接	195		
冷拉Ⅳ级钢筋	193	连续基础	196	烈度表	199
冷铆	193	连续梁	196	烈度工程标准	199
冷却塔	193	连续梁抗剪	196	烈度衰减	199
冷弯薄壁型钢	193	连续幕结构	196	裂缝观测	199

裂缝间距	199	流限	202	乱毛石	204,(207)
裂缝控制等级	199				
裂缝控制验算	199	**long**		**lun**	
裂缝宽度	199				
裂缝宽度检验	200	龙格-库塔法	202	轮裂	204
裂环键连接	200	龙骨	202		
裂面效应	200	龙门板	202	**luo**	
裂纹扩展速率	200	笼式挡土墙	202,(188)		
裂纹失稳扩展	200			罗盘仪	204
裂纹源	200	**lou**		逻辑模式知识表示	204
裂纹张开位移	200			逻辑推理	(305)
裂隙水	200	楼板振动计算	202	螺距	204
		楼层屈服强度系数	202	螺母	204
lin		楼盖	202	螺栓	204
		楼面活荷载	202	螺栓结构	204
临界标准贯入击数	200	楼面活荷载折减	203	螺栓连接	204
临界范围	200	楼梯	203	螺栓连接副	204
临界风速	200	漏节	203	螺栓连接计算系数	204
临界荷载	200			螺栓连接斜纹承压降低系数	204
临界孔隙比	200	**lu**		螺栓球节点	205
临界弯矩	201			螺栓有效截面积	205
临界温度	201	炉坶	203,(84)	螺丝端杆锚具	205
临界斜裂缝	201	炉渣混凝土砌块	203	螺旋箍筋	205
临界应力	201	炉渣砖	203	螺旋箍筋柱	205
临空墙	201	炉种	203	螺旋楼梯	205
临时性加固	201	卤代烷1211灭火系统	203	螺旋纹	205,(224)
临塑荷载	201	路堤挡土墙	203	螺旋桩	205
檩条	201	路肩墙	203	落锤试验	205
		路堑墙	203	落地拱	205
ling		露点	203		
		露点温度	(203)	**ma**	
灵敏度	201	露头	(338)		
灵敏度分析	201,(211)			马鞍形壳	206
菱形形变	201	**lü**		马丁炉钢	206,(233)
零载试验	201,(185)			马尔柯夫过程	206
领域	201	铝合金	203	码头	206
令牌环网	201	铝合金结构	203		
		铝型材	203	**mai**	
liu		铝压型板	203		
		滤鼓	203	埋弧焊	206
流动资金	201			埋弧自动焊	206
流幅	202	**luan**		埋件	206,(351)
流砂	202			脉冲函数	206
流水施工	202	卵石	204	脉冲响应函数	206
流水文件	202	卵石填格护坡	204	脉动法	207,(129)

脉动风速	207	门式刚架	209	模态分析法	211
脉动风压	207	门形刚架式天窗架	209	模型混凝土	212,(310)
脉动疲劳	207			模型试验	212
脉动增大系数	207	**mi**		模型柱	212
				摩擦型高强度螺栓连接	212
mang		米赛斯屈服条件	209,(12)	摩擦桩	212
		米式腹杆	209	磨光顶紧	212,(6)
盲孔	207	密闭门	209	墨西哥地震	212
盲铆钉	207	密闭状态养护	209		
		密层胶合木	(39)	**mu**	
mao		密度	(367)		
		密肋板	209	母材	212
猫头吊	(40)	密肋楼盖	210	母体	(384)
毛换算截面	207	密实度	210	母线	212,(384)
毛料石	207			木材的变形	212
毛石	207	**mian**		木材等级	212
毛石混凝土基础	207			木材防腐处理	212
毛石基础	207	面板纤维	210,(13)	木材防腐剂	212
毛细水	208	面波	210	木材腐朽	213
毛细水带	208	面波震级	210	木材干缩	213
毛细水上升高度	208	面积测定	210	木材干缩率	213
锚碇板挡土墙	208	面漆	210	木材干缩系数	213
锚碇基础	208	面水准测量	210	木材各向异性	213
锚杆挡土墙	208	面向对象语言	210	木材含水率	213
锚固	208	面向问题语言	210	木材裂缝	213
锚固长度	208	面源	210	木材裂纹	213
锚具	208			木材强度等级	213
锚具变形损失	208	**min**		木材缺陷	213
锚栓	208			木材受剪	213
铆钉	208	民用建筑	210	木材受弯承载力	214
铆钉连接	209	敏感度	211	木材受弯强度	214
铆接结构	209	敏感度分析	211	木材斜纹	214
铆接梁	209	敏感性分析	211	木材阻燃剂	214
帽形截面型钢	209,(307)			木腐菌	214
		ming		木桁架	214
mei				木桁条	214,(216)
		明牛腿连接	211	木夹板加固法	214
煤矸石砌块	209			木键连接	214
煤气罐	209	**mo**		木节	214
煤气柜	(209)			木结构	215
煤渣砖	209,(203)	模拟地震振动台试验	211	木结构防腐蚀	215
		模数	211	木结构防火	215
men		模数数列	211	木结构腐蚀	215
		模数制	211	木结构构造防腐	215
门槛值	209	模态	211	木结构加固	215

木结构胶合	215			倪克勤公式	222
木结构抗震性能	216	**nao**		拟板法	222
木结构连接	216			拟动力试验	222
木结构设计规范	216	挠度	219	拟夹层板法	222
木结构维护	216	挠度计	219	拟静力法	(47)
木结构用胶	216	挠度检验	219	拟静力试验	222,(370)
木梁	216	挠度增大影响系数	219	拟膜薄壳	222
木檩条	216	挠曲振动	(308)	逆作法	222
木射线	217				
木网状筒拱	217	**nei**		**nian**	
木屋盖	217				
木屋盖支撑	217	内部收益率	220	年超越概率	222
木屋面板	217	内衬	220	年轮	222
木质部	217	内隔墙	220	粘滑断层	222
木柱	217	内拱卸荷作用	220	粘结滑移	222
木组合柱	217	内环梁	(65)	粘结滑移理论	222
目标程序	217	内浇外挂结构体系	220	粘结力	(313)
目标函数	217	内浇外砌结构体系	220	粘结裂缝	223
目标可靠指标	217	内聚力	220	粘结退化	223
目标可靠指标校准法	217	内框架	220	粘聚力	223,(220)
目标可靠指标理论推导法	217	内框架承重体系	220	粘弹变形	223
目标可靠指标协商给定法	217	内力包络图	(5)	粘土	223
目标偏心差	218	内力臂法	220	粘土空心砖	223
目镜	218	内力重分布	221	粘土砂浆	223
幕结构	218	内力重分配	221	粘性土	223
		内力偶臂	221	粘质粉土	223
		内力组合	221		
nai		内裂	221	**niu**	
耐腐蚀天然料石	218	内摩擦角	221		
耐腐蚀涂料	218	内营力	221	牛轭湖沉积物	223
耐腐蚀铸石制品	218	内营力地质作用	221	牛腿	223
耐候钢	218			扭剪比	223
耐火等级	218	**neng**		扭剪法	223
耐火混凝土	218			扭剪型高强度螺栓	223
耐火极限	219	能量耗散比	221,(121)	扭矩法	224
耐火能力	219			扭矩-扭转角曲线	224
耐酸混凝土	219	**ni**		扭壳	224
耐酸胶泥	219			扭翘	224
耐酸砂浆	219	泥浆	221	扭曲截面承载力	224
耐酸陶瓷制品	219	泥浆护壁	221	扭曲率	224
		泥石流	221	扭弯	224
nan		泥石流沉积物	221	扭弯比	224
		泥滩	221	扭转常数	224
难燃烧体	219	泥炭	222	扭转刚度	224,(180)
		泥炭质土	222	扭转屈曲	224

扭转屈曲计算长度	224		偏心距增大系数	229
扭转失稳	224	**pen**	偏心率	229
扭转塑性抵抗矩	224		偏心受拉构件	230
扭转纹	224	喷浆护坡 227	偏心受拉木构件承载力	230
扭转振动	224	喷墨打印机 227	偏心受力构件	230
		喷砂 227	偏心受压构件	230
ou		喷砂除锈 227	偏心受压木构件承载力	230
		喷水冒砂 227	偏心影响系数	230
欧拉临界力	225	盆地 227		
欧拉临界应力	225		**piao**	
偶然荷载	225	**peng**	漂石	230
偶然误差	225		漂移	230
偶然状况	225	膨胀罐 227		
偶然作用	225	膨胀螺栓 227	**pin**	
		膨胀铆钉 228		
pai		膨胀水泥法 228,(381)	拼接角钢	230
		膨胀水箱 228	拼接接头	230
排架	225	膨胀土 228	频率	230,(321)
排架柱	225	膨胀土地基加固 228	频率密度	230
排气塔	226		频率响应	230
排水检查井	226	**pi**	频率响应函数	230
排水下沉法	226		频数	230
牌号	226	批处理 228	频域分析	230
		劈裂 228		
pang		皮尺 228	**ping**	
		疲劳承载力 228		
旁压试验	226	疲劳极限 228	平板式绘图仪	231
		疲劳裂纹 228	平板网架	231,(308)
pao		疲劳粘结 228,(32)	平板仪	231
		疲劳破坏 228	平板仪安置	231
抛落无振捣浇灌法	226	疲劳强度 228	平板仪导线	231
抛石护坡	226	疲劳强度曲线 228,(394)	平板仪交会法	231
抛丸除锈	226	疲劳强度修正系数 228	平板载荷试验	231
抛物面壳	226	疲劳容许应力幅 229	平差	231,(20)
		疲劳试验机 229	平差值	231,(389)
pei		疲劳寿命 229	平洞	231
		疲劳验算 229	平方米造价	231
配箍率	226		平方总和开方法	231
配筋率	226,(384)	**pian**	平腹杆双肢柱	231
配筋砌体	227		平焊	231
配筋砌体结构	227	偏差系数 229	平衡分枝	232
配筋砌体结构抗震性能	227	偏光显微镜分析 229	平衡含水率	232
配筋强度比	227	偏析 229	平衡扭转	232
配重下沉法	227	偏心材 229,(346)	平截面假设	232
		偏心距 229		

平均单位综合生产能力投资	232			砌体结构腐蚀	238
平均风速	232		pu	砌体结构加固	238
平均风压	232			砌体结构抗震加固	238
平均粒径	232	铺板	235	砌体结构抗震性能	238
平均曲率	232	普遍条分法(GPS法)	(82)	砌体结构设计规范	238
平均误差	232	普氏标准击实试验	235	砌体截面折算厚度	238
平均值法	(368)	普通钢箍柱	235	砌体抗剪强度	238
平均最大风速	232	普通混凝土	235	砌体抗拉强度	238
平炉钢	233	普通砖	(263)	砌体抗压强度	238
平面结构	233			砌体砌筑方式	238
平面控制网	233		qi	砌体强度调整系数	239
平面框架	233			砌体受压的应力应变关系	239
平面设计	233	齐次坐标	235	砌体弯曲抗拉强度	239
平面系数	233,(156)	棋盘形荷载布置	235		
平台板	233	棋盘形四角锥网架	235		qia
平台活荷载	233	起吊应力	235		
平台梁	233	气承式充气结构	235	卡板	239
平稳随机过程	233	气干材	236		
平行施工	233	气割	236,(137)		qian
平行弦屋架	233	气管式充气结构	236		
平原	233	气焊	236	千分表	239
平锥头铆钉	233	气孔	236	千斤顶	239,(341)
屏幕编辑程序	233	气流组织	236	千斤顶拉顶法	239
屏障隔振	233	气象改正	236	千斤顶张拉法	239
		气压沉箱	236	迁建项目	239
	po	气压给水装置	236	钎探	239
		气压加载法	236	牵引式滑坡	239
坡顶裂缝开展深度	234	气闸	236	前处理	239
坡积层	234	砌合	236	前端电视设备室	239
坡角	234	砌块	236	前方交会法	239
坡口	234	砌块结构	(237)	潜蚀	239
坡口焊缝	234	砌块砌体	237	潜水	239
坡面冲蚀	234	砌块砌体结构	237	潜水病	(26)
破坏棱体	234	砌体	237	潜水等水位线图	240
破坏试验	234	砌体变形性能	237	潜水埋藏深度图	240
破碎带	234	砌体反复受剪	237	潜在震源	240
破损阶段设计法	234	砌体房屋的承重体系	237	潜在震源区	240
破心下料	234	砌体复合受剪	237	潜在震源区划分	240
		砌体构件抗剪承载力	237	浅仓	240
	pou	砌体构件抗弯承载力	237	浅井	240
		砌体构件受压承载力	237	浅梁	240
剖面设计	234	砌体构件轴心抗拉承载力	237	浅源地震	240
		砌体结构	237	欠固结土	240
		砌体结构防腐蚀	237	欠载效应系数	240
		砌体结构非线性分析	237	纤绳	240

纤绳初应力 240
纤绳地锚 240

qiang

强地面运动 240
强度 241
强度极限 241
强度模型 241
强夯 241
强夯有效加固深度 241
强化阶段 241,(344)
强剪弱弯 241
强结合水 241,(317)
强迫下沉法 241
强迫振动 241
强迫振动法 241
强迫振动加载 241
强屈比 241
强震观测 242
强震观测数据 242
强震观测台网 242
强震观测台阵 242
强震仪 242
强轴 242
强柱弱梁 242
墙 (243)
墙板 242
墙板板缝材料防水 242
墙板板缝构造防水 242
墙板板缝空腔防水 243
墙板刚性连接 243
墙板柔性连接 243
墙背附着力 243
墙背摩擦角 243
墙架立柱 243
墙架组合体 243
墙梁 243
墙前土体抗隆起验算 243
墙体 243
墙体龙骨 243
墙体稳定性验算 243
墙下筏板基础 244
墙下条形基础 244
墙肢 244
墙柱高厚比 244

qiao

桥路特性 244
桥式吊车 244
壳 244
壳体基础 244
壳体结构 244
翘曲 244
翘曲常数 244,(262)
翘曲刚度 244
翘曲抗扭刚度 244
翘曲扭转常数 244,(262)

qie

切割 245
切角 245
切线模量 245
切线模量比 245
切线模量理论 245

qing

轻钢桁架 245
轻钢结构 245
轻骨料混凝土结构抗震性能 245
轻集料混凝土 245
轻壤土 245,(223)
轻型槽钢 245
轻型钢结构 245
轻型工字钢 245
轻亚粘土 245,(223)
氢白点 245,(2)
氢脆 245
倾倒破坏 245
倾覆稳定性 246
倾斜改正 246
倾斜观测 246
倾斜观测标 246
倾斜基础 246
倾斜岩层 246
清材 246
清根 246

qiong

穹顶 246

qiu

丘陵 246
求积仪 246
求距边 (34)
球面壳 247
球面网壳 247

qu

区域工程地质学 247
区域锅炉房 247
区域水文地质学 247
区域稳定性 247
曲梁 247
曲率系数 247
曲率延性系数 247
曲面造型 247
曲线型恢复力模型 247
驱动器 247
屈服变形 247
屈服程度系数 247
屈服点 247
屈服阶段 247
屈服强度 248
屈服曲率 248
屈服台阶 248,(247)
屈服应力 248
屈强比 248
屈曲 248
屈曲后强度 248
屈曲理论 248,(312)
取土器 248
取芯法 248,(388)
取样检验 248

quan

圈梁 248
圈梁及钢拉杆加固法 248

权	248			人工智能语言	254
全部验收	248,(383)	**re**		人激振动加载法	254
全概率设计法	248			人孔	254
全过程分析	249	热变形	251	人为斜纹	254
全面通风	249	热处理钢筋	251	人造冷源	254
全新世	249	热传导系数	251	人字木橡架	254
全新统	249	热惰性指标	251	人字式腹杆	254
全预应力混凝土结构	249	热法测井	251	刃脚	254
全站仪	249,(62)	热风采暖	251	韧皮部	254
泉	249	热工高度	252	韧性	254
		热工计算	252		
que		热矫直	252	**rong**	
		热扩散系数	252		
缺口韧性	249	热力网	252	容水度	254
缺口效应	249	热力站	252	容许变形值	254
确定性法	249	热裂纹	252	容许残留冻土层厚度	254
确定性振动	249	热铆	252	容许长细比	255
确定性振动分析	249	热水采暖系统	252	容许钢筋极限拉应变	255
		热塑性	252	容许挠度	255
qun		热弯	252	容许误差	255
		热应力分布	252	容许应力设计法	255
裙梁	249	热影响区	252	溶洞	255
群柱稳定	250	热轧钢筋	252	溶洞水	255
群桩沉降比	250	热轧型钢	252	溶蚀	255
群桩沉降量	250	热轧I级钢筋	252	溶析	255
群桩深度效应	250	热轧II级钢筋	252	熔敷金属	255
群桩效应	250	热轧III级钢筋	252	熔合线	255
群桩折减系数	250	热轧IV级钢筋	253	熔深	255
群桩作用	250			熔渣焊	255
		ren		融沉	(255)
ran				融沉系数	(255)
		人防	(253)	融化深度	255
燃点	251	人防地道	253	融陷	255
燃烧	251	人防地下室	253	融陷系数	255
燃烧体	251	人防工程	253		
		人防掩蔽所	253	**rou**	
rang		人工爆炸加载法	253		
		人工地震波	253	柔度法	256
壤土	251,(84)	人工地震试验	253	柔性垫梁	256
		人工激振试验法	253	柔性防水	256
rao		人工塑性铰	253	柔性连接件	256
		人工填土	253		
扰动土	251	人工通风	253,(139)	**ru**	
绕角焊	251	人工制冷	254		
绕射	251	人工智能	254	蠕变	256,(330)

蠕滑断层	256	三角锥网架	259	砂土	261
褥垫	256	三铰刚架	259	砂土的相对密度	262
		三铰刚架式天窗架	259	砂土液化	262

ruan

		三铰拱	259	砂质粉土	262
		三铰拱式天窗架	259	砂质垆姆	262
软磁盘	256	三铰拱屋架	259	砂桩	262
软钩吊车	256	三阶段设计	259		
软化系数	256	三阶段设计法	259		

shan

软件	256	三联反应谱	259		
软件工程	256	三顺一顶砌筑法	259	山地	262
软件工具	257	三通一平	259	山地工作	(177)
软件开发环境	257	三维图形 B-Rep 法	259	山谷线	262
软盘	(256)	三维图形 CSG 法	259	山脊线	262
软弱下卧层验算	257	三维有限元模型	259	山口	(334)
软土	257	三线型恢复力模型	259	山坡墙	262
软土地基加固	257	三向网架	260	山体压力	262
软质岩石	257	三支点式天窗架	260	闪点	262
		三轴剪切试验	260	扇性惯性矩	262
		伞形壳	260	扇性坐标系	263

rui

		散粒材料的拱作用	260		
瑞典法	(297)	散流器	260	shang	
瑞雷波	257	散热器	260		
瑞雷分布	257			上部结构和基础的共同作用分析	
					263

sao

		上层滞水	263

ruo

		扫描仪	260	上刚下柔多层房屋	263
弱结合水	257,(5)			上柔下刚多层房屋	263
弱轴	257	sha		上水系统	263,(145)

sai

		砂岛	260	shao	
		砂垫层	261		
塞焊缝	258	砂堆比拟法	261	烧穿	263
		砂浆	261	烧结非粘土砖	263

san

		砂浆保水性	261	烧结粉煤灰砖	263
		砂浆变形	261	烧结煤矸石砖	263
三边测量	258	砂浆标号	261	烧结普通砖	263
三对数坐标反应谱	258	砂浆稠度	261	少筋混凝土结构	263
三废治理	258	砂浆的应力应变关系	261	少筋梁	263
三合土基础	258	砂浆和易性	261		
三角测量	258	砂浆可塑性	(261)	she	
三角高程测量	258	砂浆力学性能	261		
三角形屋架	258	砂浆流动性	261	设备工程设计	264
三角形支架	258	砂浆强度等级	261	设备基础施工测量	264
三角洲	258	砂井	261	设备选型	264
三角洲沉积物	258	砂壤土	261,(262)	设备坐标	264

设防烈度	264		施工许可证	270
设计变更	264	**sheng**	施工营业执照	270
设计部门	264		施工张力	270
设计单位	264	升板楼盖	267,(295)	施工准备	270
设计反应谱	264	生产方法	267	施工组织设计	270
设计干密度	264	生产防火类别	267	施工坐标系	270,(157)
设计回访	264	生产纲领	267,(22)	施密特回弹锤法	270,(131)
设计基准期	264	生产工艺	267	湿材	270
设计技术经济指标	265	生产类别	267	湿式喷水灭火系统	270
设计阶段	265	生产性建设	267	湿陷量	270
设计任务书	265,(183)	生产准备	267	湿陷起始压力	270
设计文件	265	生长轮	267	湿陷系数	271
设计限值	265	生赤锈	267	湿陷性地基	271
设计许可证	265	生活区	267	湿陷性黄土	271
设计证书	(265)	生命线工程	268	湿陷性黄土地基加固	271
设计值	265	生态平衡	268	湿陷性土	271
设计质量评定	265	声波法测井	268	湿胀	271
设计状况	265	声波法探测	268	十胜冲地震	271
射钉	265	声发射法	268	十字板剪切试验	271
射线防护	265	声压级	268	十字交叉条形基础	271
射线探伤	265	圣费尔南多地震	268	十字丝分划板	271
射线源	266	圣维南扭转	(381)	十字丝网	271
摄影测量	266	圣维南扭转常数	268,(224)	石灰砂浆	272
摄影基线	266	剩余核辐射	268	石灰稳定法	272
			石灰桩	272
shen		**shi**	石结构	(272)
			石砌体	272
伸长率	266	失效概率	268	石砌体结构	272
伸缩缝	266	施工程序	268	时程分析法	272
伸缩节支架	266	施工单位	268	时程分析设计法	272
伸缩器	266	施工放样	269,(20)	时间因数	272
伸缩器穴	266	施工缝	269	时效硬化	272
深仓	266	施工荷载	269	时域分析	272
深层水泥搅拌法	266	施工技术交底	269	时钟	272
深层压实	266	施工阶段验算	269	时钟系统	272
深度系数	266	施工勘察	269	实腹式构件	272
深梁	266	施工控制网	269	实腹式桅杆	272
深熔焊	267	施工零线	(296)	实腹式柱	272
深源地震	267	施工企业	269,(268)	实腹筒	273
渗透流速	267	施工日记	269	实际材料图	273
渗透探伤	267	施工顺序	269	实际切断点	273
渗透系数	267	施工图设计	269	实体—联系模型	(392)
渗透压力	267	施工图预算	269	实体式基础	273
		施工图纸会审	269	实体造型	273
		施工项目	270	实物试验	273,(354)

实心板	273	首子午线	276	竖直度盘	278
实轴	273	受剪承载力	276	竖直角	278
矢高	273	受剪面层作用	276	竖直桩	278
使用面积	273	受拉承载力	276	竖轴	278,(342)
示坡线	273	受拉构件承载力	276	数据操纵语言 DML	278
世界坐标	273	受拉构件强度	276	数据管理	278
市场调查	273	受拉铰	276	数据库	278
事故通风	273	受拉破坏	276	数据库管理系统	279
事实	273	受力蒙皮作用	276	数据库管理员	279
试件设计	273	受扭承载力	276	数据描述语言 DDL	279
试坑浸水试验	(171)	受扭构件	276	数据模型	279
试坑渗透试验	273	受扭构件承载力	(224)	数据语言	279
试验观测设计	274	受扭构件强度	276	数学期望	279
试验加载设计	274	受扭纵筋	276	数字比例尺	279
试验室试验	274	受迫振动	(241)	数字化仪	279
试验台座	274	受弯承载力	276	数字式打印记录仪	279
视差	274	受弯构件	276		
视差法测距	274	受压承载力	276	**shuan**	
视差角	274	受压构件承载力	276		
视场角	274	受压构件强度	277	栓钉	280
视距乘常数	274	受压铰	277	栓焊结构	280
视距导线测量	274	受压破坏	277		
视距法	274			**shuang**	
视距间隔	274	**shu**			
视距仪	274			双侧顺纹受剪	280
视口	275	疏散照明	277	双层网壳	280
视线高程	275	输电线路塔	277	双层悬索结构	280
视准轴	275	输混凝土管道	277	双齿连接	280
视准轴误差	275	输颗粒管道	277	双重井字楼盖	280
适筋梁	275	输气管道	277	双杆身桅杆	280
室内计算温度	275	输入反演	277	双钢筋	280
室内土工试验	(338)	输入输出设备	277	双杠杆应变仪	280
室内外高差	275	输液管道	277	双铰刚架	280
室外电缆线路	275	属性	277	双铰拱	280
室外计算温度	275	鼠标器	277	双筋梁	281
		束筒	278	双控	281,(186)
shou		树根桩	278	双力矩	281
		树皮	(254)	双面尺法	281
收缩裂缝	275	竖井	278	双模量理论	281
收缩率	275	竖井内布线	278	双曲扁壳	281
收尾项目	275	竖盘	278	双曲薄壳	281
手持式应变仪	275	竖盘指标差	278	双曲拱	281
手工焊	275	竖盘自动补偿器	278	双曲抛物面薄壳	281
手工砖	275	竖向固结	278	双曲抛物面网壳	281
首曲线	276	竖向支撑	278	双线型恢复力模型	281

双向板	281	水准标尺	284			
双向板肋梁楼盖	281	水准测量	284	**song**		
双向观测	281,(71)	水准尺	284			
双向偏心受压柱	281	水准点	284	松弛	287	
双向受弯构件	282	水准管	284,(112)	松弛损失	287	
双肢墙	282	水准管分划值	284	松潘地震	287	
双肢柱	282	水准管灵敏度	284	松软节	287	
双轴对称钢梁	282	水准管轴	285			
双柱支架	282	水准结点	285	**sou**		
双作用千斤顶	282	水准路线	285			
双T板	282	水准路线检核	285	搜索	287	
		水准面	285			
		水准器	285	**su**		
shui		水准器角值	285,(284)			
水泵接合器	282	水准式电测倾角传感器	285	素混凝土结构	287	
水泵站	282	水准式倾角仪	285	速度反应谱	287	
水池	282	水准仪	285	塑料带排水	287	
水池浮力	282	水准原点	285	塑料管配线	288	
水柜	282			塑限	288	
水力压裂法	282			塑性	288	
水力致裂法	(282)	**shun**		塑性变形	288	
水流荷载	282	顺风向风振	285	塑性抵抗矩	288	
水幕消防系统	283	顺弯	285,(384)	塑性铰	288	
水泥砂浆	283	顺纹承压	285	塑性铰线	288	
水泥砂浆抹面加固法	283	顺纹挤压	(285)	塑性铰线法	288	
水泥稳定土	283	顺纹受剪	286	塑性铰转动能力	288	
水喷淋系统	283	顺纹受拉	286	塑性破坏	288	
水平度盘	283	顺纹受压	286	塑性区	288	
水平加强层	283	顺序文件	286	塑性区开展最大深度	288	
水平角	283	顺砖	286	塑性曲率	289	
水平位移观测	283	瞬时沉降	286	塑性上限	(341)	
水平向固结	283	瞬时风速	286	塑性设计	289	
水平岩层	283	瞬时弹性变形	286	塑性图	289	
水平遮弹层	283	瞬时应变	286	塑性应变	289	
水平轴	(309)			塑性域	(288)	
水塔	284			塑性指数	289	
水塔穿箱防水套管	284	**si**				
水塔塔身	284	丝扣拧张法	286	**suan**		
水文地质测绘	284	丝式应变计	286			
水文地质勘察	284	斯肯普顿公式	286	酸碱度试验	289	
水文地质条件	284	斯脱罗哈数	286	酸洗	(289)	
水文地质图	284	死节	286	酸洗除锈	289	
水文地质学	284	死循环	286	酸性焊条	289	
水下封底	284	四角锥网架	287	酸性介质	289	
水箱	284,(282)	伺服式测振传感器	287	算术逻辑部件	289	

算术平均值中误差　289

sui

随机变量　289
随机存储器　290
随机过程　290
随机疲劳试验　290
随机事件　290
随机文件　290
随机振动　290
随机振动分析　290
髓射线　290
髓心　290
碎部测量　290
碎石　290
碎石安全距离　(81)
碎石土　290

sun

榫接　291,(29)

suo

缩尺　291,(8)
缩尺模型　291
索桁架　291
索桁结构　291
索梁结构　291
索网结构　291

ta

塔楼　292
塔式结构　292
塔桅结构　292,(100)
塔型钢质平台　292
踏勘　292,(58)

tai

台地　292
台座　292
太沙基地基极限承载力公式　292

tan

弹塑性抵抗矩　292
弹塑性反应谱　292
弹塑性阶段　293
弹塑性稳定　293
弹性变形　293
弹性抵抗矩　293
弹性地基梁法　293
弹性方案房屋　293
弹性后效　293
弹性极限　293
弹性模量　293
弹性模量比　293
弹性模型　293
弹性嵌固　293
弹性稳定　293
弹性应变　293
坦墙的第二滑裂面　293
碳当量　293
碳弧气刨　294
碳化　294
碳素钢丝　294
碳素结构钢　294

tang

唐山地震　294

tao

陶粒混凝土砌块　294
陶土空心大板　294
套箍系数　294
套箍效应　294
套箍指标　294
套管对接　294
套管护孔　294

te

特类钢　294
特殊土　294
特种混凝土　294

ti

梯度风　295
梯度风高度　295
梯形屋架　295
提升环　295
提升式楼盖　295
提升顺序　295
体波　295
体波震级　295
体积配筋率　295
体素拼合法　(259)
体型系数　295,(85)

tian

天窗架　295
天然地基动力参数　295
天然地震试验　296
天然地震试验场　296
天然冷源　296
天然石材　296
天然斜纹　296
天然休止角　296
填板　296
填充墙框架　296
填挖边界线　296
填挖深度　296

tiao

调幅法　296
调试　296
调质钢筋　296,(251)
挑梁　296
挑梁计算倾覆点　297
挑梁抗倾覆荷载　297
挑梁埋入长度　297
条带法　297
条分法　297
条件平差　297
条件屈服点　297
条件屈服强度　297
条形基础　297

tie

贴覆盖板加固法	297
铁管配线	297

tong

通风柜	297
通风孔	298
通缝抗剪强度	298
通用设计	298
同步建设	298
砼	298
统配物资	298,(114)
筒仓	298,(266)
筒壳	298,(355)
筒体	298
筒体结构	298
筒体结构抗震设计	298
筒形网壳	298
筒中筒	298
筒中筒体系抗震计算方法	298

tou

投产项目	299
投资回收年限	299
投资回收期	299
投资决策	299
投资效果系数	299
投资效益分析	299
投资效益指标体系	299
透水层	299
透水性	299

tu

凸榫基底	299
突沉	300
突加荷载法	300
突卸荷载法	300
突缘支座	300
图段	300
图根导线测量	300

图根点	300
图根水准测量	300
图号	300
图解交会法	300,(231)
图块	(300)
图廓	300
图示比例尺	300
图形软件标准	300
图形输入板	300
图形数据库	300
图形条件	300
图元	300
图纸会审	301,(270)
土层反应计算	301
土的饱和密度	301
土的饱和容重	301
土的饱和重度	301
土的崩解性	301
土的变形模量	301
土的泊松比	301
土的初始剪切模量	301
土的等效滞后弹性模型	301
土的动力性质参数	301
土的浮密度	301
土的浮容重	301
土的浮重度	301
土的干密度	301
土的干容重	301
土的干重度	301
土的含水量	302
土的剪切波速	302
土的结构强度	302
土的拉姆贝尔格-奥斯古德模型	302
土的灵敏度	302
土的密度	302,(303)
土的膨胀变形量	302
土的膨胀力	302
土的膨胀率	302
土的容重	302,(303)
土的渗透试验	302
土的收缩变形量	302
土的收缩系数	302
土的线弹性模型	302
土的压实	303
土的液化	303

土的有效重度	(301)
土的质量密度	303
土的滞后弹性模型	303
土的滞回曲线方程	303
土的重度	303
土的重力密度	303
土的阻尼比	303
土的最大剪应力	303
土地利用规划	303
土地平整测量	303
土工布	(304)
土工聚合物	303
土工织物	304
土建工程设计	304
土-结构相互作用	304
土力学	304
土粒比重	304
土粒相对密度	304
土锚杆	304
土坯	304
土坯砖	(304)
土坡滑动面	304
土坡剪切面	304
土坡破裂角	304
土坡破裂面	304
土坡稳定分析	304
土坡稳定分析的有效应力法	304
土坡稳定分析的总应力法	304
土坡稳定圆弧整体分析	305
土压力	305
土压力合力、方向和作用点	305
土液化机理	305
土与结构相互作用的集中参数法	305
土与结构相互作用的有限元法	305
土中压缩波	305
土桩	305

tui

推出试验	305
推理	305
退化型恢复力模型	305

tuo

托架	306
托梁	306
托梁换柱法	306
托马氏转炉钢	306,(19)
托柱换基法	306
脱落节	306
脱氧	306
椭球面壳	306

wa

挖孔桩	306
洼地	306
瓦椽	306
瓦桶	306
瓦垄铁	306

wai

歪形能理论	306,(12)
外包钢混凝土柱	306
外包角钢加固法	307
外包型钢加固法	307
外观检查	307
外加变形	307
外加钢筋混凝土柱加固法	307
外卷边槽钢	307
外摩擦角	307
外营力	307
外营力地质作用	307

wan

弯钩	307
弯剪裂缝	307
弯剪扭构件	307
弯矩-曲率曲线	307
弯扭构件	307
弯扭屈曲	307
弯扭失稳	307
弯起钢筋连接件	307
弯起筋	307
弯曲刚度	307,(180)
弯曲木压杆调直加固法	307
弯曲屈曲	307
弯曲失稳	308
弯曲式倾倒	308
弯曲试验	308,(194)
弯曲型变形	308
弯曲振动	308
弯曲中心	308,(151)
弯心	(151)
完全抗剪连接	308
完全卸荷加固法	308
晚材	308
晚材百分率	308
万能测振仪	308

wang

网架	308
网架节点	308
网架结构	308
网壳	309
网壳结构	309
网状模型	309
网状配筋砌体抗压强度	309
网状穹顶	309
往复式机器扰力	309
望板	309
望远镜	309
望远镜放大率	309
望远镜旋转轴	309

wei

微波塔	310
微地貌	310
微电脑	(310)
微机	(310)
微粒混凝土	310
微型计算机	310
微型桩	(278)
煨弯	310
韦布尔分布	310
为概率	(89)
围焊缝	310
围护结构	310
围岩变形观测	310
围岩压力	310,(262)
桅式结构	310
伪动力试验	310
伪静力试验	310,(370)
尾矿粉砖	310
卫片	(311)
卫星发射塔	311
卫星图像	311
卫星图像解释	311
卫星图像判读	311
卫星图像判释	311
卫星相片	311
未焊透	311
未焊透对接焊缝	311
未加劲板件	311
未熔合	311
未完工程占用率	311
位移反应谱	311
位移延性系数	311

wen

温差应力	311
温彻斯特磁盘	311
温度补偿	311
温度测井	311,(251)
温度改正	312
温度伸缩缝	312,(266)
温度收缩钢筋	(82)
温度作用	312
文档	312
文件	312
文克尔法	312,(141)
文献数据库	312
纹理	312
稳定安全系数	312
稳定承载力	312
稳定分枝	312
稳定风压	(232)
稳定理论	312
稳定疲劳	312
稳定水位	312
稳定索	312

稳定系数	312	五顺一顶砌筑法	316	掀起力	319
稳定性	312	物镜	316	弦杆	319
稳定滞回特性	312	物理非线性振动	316	弦切板	319
稳态正弦激振	313	物理相似	316	弦切面	319
		误差传播定律	316	显示器	319
		误差椭圆	316	显示器屏幕	319

wo

涡纹	313,(176)			现场结构试验	319
卧位试验	313	**xi**		现浇混凝土构件	320
握裹力	313			现浇整体式混凝土结构	(363)
握裹强度	313	吸附力	317	现状图	320
		吸水池	317	限额以上建设项目	320
		吸水井	317	线板	320,(202)
wu		吸振器	317,(102)	线槽配线	320
		吸着水	317	线段剪取	320
污染土	313	矽化加固法	(114)	线刚度	320,(335)
屋顶突出物	313	稀浆	317	线框图	320
屋盖	313	稀细石混凝土	(317)	线能量	320
屋盖结构	313	铣孔	317	线膨胀系数	320
屋盖体系	313	系杆	317	线型	320
屋盖支撑系统	313	系紧螺栓	317	线性地震反应	320
屋架	314	系数静力法	(362)	线性加速度法	320
屋面板	314	系统标定法	317	线性振动	320
屋面活荷载	314	系统软件	317	线源	320
屋面积灰荷载	314	系统识别	317	陷落地震	321
屋面梁	314	系统识别方法	318		
屋面木基层	314	系统误差	318	**xiang**	
无侧限抗压强度	314	细长柱	318		
无侧移框架	314	细料石	318	相对高程	321
无缝钢管	314	细砂	318	相对界限受压区高度	321
无腹筋梁	314			相对密度	(262)
无沟敷设	314	**xia**		相对偏心	321,(229)
无滑移理论	315			相对偏心距	321
无机富锌漆涂层	315	下沉系数	318	相对频率	321
无铰拱	315	下撑式预应力钢梁	318	相对受压区高度	321
无筋扁壳	315	下弦钢拉杆加固法	318	相对误差	321
无筋砌体	315	夏材	318,(308)	相干函数	321
无筋砌体结构抗震性能	315			相关公式	321
无梁楼盖	315,(3)	**xian**		相关函数	321
无檩屋盖结构	315			相关曲线	321
无粘结预应力混凝土结构	315	先期固结压力	319	相关屈曲	321
无牛腿连接	315	先张法	319	相关系数	322
无限自由度	315	先张法预应力混凝土结构	319	相邻荷载影响	322
无线电波透视法	316	纤维饱和点	319	相似常数	322
无线电塔	316	纤维混凝土	319	相似第二定理	322
无延性转变温度	316	纤细截面	319	相似第三定理	322

相似第一定理	322	消振器	325,(102)	心裂	328,(173)
相似定理	322	销	325,(28)	新建项目	329
相似模型	322	销连接	325	新近堆积土	329
相似判据	322	销栓作用	326	新潟地震	328
相似原理	322	销作用	326	新增构件加固法	329
相位测距法	322	小开口墙	326	新增固定资产产值率	329
箱式试验台座	323	小孔释放法	326	信号处理机	329
箱形基础	323	小偏心受压构件	326		
箱形基础的整体倾斜	323	小平板仪	326	**xing**	
箱形基础局部弯曲计算	323	小平板仪测图法	326		
箱形基础下基底平均反力系数法	323	小型项目	326	星裂	329
				星形四角锥网架	329
箱形基础整体弯曲计算	323	**xie**		邢台地震	329
箱形梁	323			行车梁	329,(63)
详细勘察	323	楔劈作用	326	形成层	329
响应峰值分布	323	协调扭转	326	形式代数	329
向量式汉字库	324	协同分析法	326	形状改变比能理论	329,(12)
向斜	324	斜撑	327	形状稳定性	329
项目建议书	324	斜搭接	327	型钢	330
相片地质解释	324	斜放四角锥网架	327	型钢梁	330
相片地质判读	324	斜腹杆双肢柱	327	型钢-砖组合砌体	330
相片地质判释	324	斜键连接	327		
相片调绘	324	斜交网架	327	**xiu**	
相片略图	324	斜角角焊缝	327		
相片判读	324	斜截面承载力	327	休止角	330,(296)
相片平面图	324	斜截面抗剪强度	327		
象限角	324	斜截面抗弯强度	327	**xu**	
像点位移	324	斜截面破坏形态	327		
像素	324	斜拉破坏	327	虚拟杆件展开法	330
橡胶隔振器	324	斜裂缝	327	虚轴	330
		斜弯计算法	327	徐变	330
xiao		斜弯梁	328	徐变回复	330,(293)
		斜纹承压	328	徐变系数	330
消防控制室	325	斜纹挤压	(328)	徐舒	330,(287)
消防楼梯	325	斜纹受剪	328	续加荷载阶段	330
消防通道	325	斜压力场理论	328	续加应力	330
消费性建设	325,(81)	斜压破坏	328	蓄冷水池	331
消火栓给水系统	325	斜桩	328	蓄热系数	331
消极隔振	325	泄水孔	328	蓄水池	331
消极消能	325	泄压	328		
消能	325	泄压窗	328	**xuan**	
消能节点	325				
消能支撑	325	**xin**		悬臂梁	331
消声器	325			悬臂式挡土墙	331
消压预应力值	325	心材	328	悬挂薄壳	331

悬挂混合结构	331	垭口	334	岩溶水	337,(255)
悬挂结构	331	鸭筋	334	岩石	337
悬挂式隔振装置	331	亚美尼亚地震	334	岩石风化程度	337
悬索结构	331	亚粘土	335,(84)	岩石露头	338
悬挑梁	331,(296)	亚砂土	335,(262)	岩石锚栓	338
悬挑式楼梯	332	氩弧焊	335	岩石压力	338,(262)
旋喷法	332			岩体	338
旋涡脱落	332	**yan**		岩体结构面	338
旋转薄壳	332			岩体力学	338
选点	332	烟囱	335	岩体应力测试	338
		烟囱保护罩	335	岩土	338
xue		烟囱防沉带	335	岩土工程测试	338
		烟囱紧箍圈	335	岩土工程长期观测	338
靴梁	332	烟囱受热温度允许值	335	岩土工程学	338
雪荷载	332	烟囱筒壁	335	岩土室内试验	338
		烟囱外爬梯	335	岩土现场试验	338
xun		烟灰砖	335,(84)	岩芯钻探	339
		延迟断裂	335	盐碱土	339
循环荷载下土的应力应变关系	332	延刚度	335	盐渍土	339
殉爆	332	延燃涂料	335,(79)	验算点法	339
殉爆安全距离	332	延伸长度	335		
		延伸率	335,(266)	**yang**	
ya		延性	335		
		延性反应谱	336	阳离子交换容量	339
压电式测振传感器	333	延性剪力墙	336	阳台结构	339
压电式加速度计	333	延性框架	336	阳台面积	339
压溃理论	333	延性破坏	336	杨氏模量	339
压力灌浆加固法	333	延性系数	336	仰焊	339
压屈系数	333,(312)	延性需求量	336	氧气转炉钢	339
压入桩	333	严寒期日数	336	样板	339
压实功	333	严密平差	336	样本	339
压缩层厚度	333	岩层产状	336	样本极值	339
压缩沉降	333	岩块式倾倒	336	样杆	339
压缩模量	333	岩块弯曲复合式倾倒	336		
压缩曲线	333	岩坡分析的解析法	336	**yao**	
压缩系数	333	岩坡工程图解法	336		
压弯钢构件强度	334	岩坡平面破坏分析	336	腰鼓形破坏	339
压弯构件	334	岩坡破坏面的临界倾角	337	腰筋	340,(19)
压弯构件平面内稳定	334	岩坡球面投影法	337	窑干材	340
压弯构件平面外稳定	334	岩坡稳定分析	337	遥感	340
压弯构件稳定承载力	334	岩坡楔体破坏分析	337	遥感图像	340
压弯木构件承载力	334	岩坡形状	337	遥感资料	340
压型钢板	334	岩坡圆弧破坏分析	337	咬边	340
压型钢板组合板	334	岩溶	337	咬合作用	340
压应力图形完整系数	334	岩溶地基加固	337		

ye

液化场地危害性评价	340
液化的初判	340
液化的再判	340
液化地基加固	340
液化区	340
液化砂土地基加固	340
液化势小区划	340
液限	341
液性指数	341
液压加载法	341
液压加载器	341
液压加载系统	341
液压式振动台	341

yi

一般堆积土	341
一步记忆随机过程	341,(206)
一次二阶矩法	341,(170)
一次下沉法	341
一次性加载	341
一类物资	342,(114)
一顺一顶砌筑法	342
一维波动模型	342
依次施工	342
仪器标定	342
仪器度量性能	342
仪器高程	342
仪器稳定性	342
仪器线性误差	342
仪器旋转轴	342
宜建地区	342
移动沙丘	342
移动作用	(182)
乙类钢	342
以太网	342
异位试验	342
异形空心砖	342
抑爆结构	343
易损性分析	343
溢出	343
翼板	343

翼墙	343
翼缘	343
翼缘板	343
翼缘等效宽度	343
翼缘计算宽度	343
翼缘卷曲	343
翼缘有效宽度	343
翼缘展开法	(330)

yin

因瓦尺	343
阴极保护	343
音节清晰度	343
殷钢尺	343
铟钢尺	343
引弧板	343
隐蔽工程	344

ying

应变电测技术	344
应变花式应变计	344
应变控制	344,(186)
应变块	344
应变链	344
应变片	344,(63)
应变强化阶段	344
应变时效	344
应变式测振传感器	344
应变式加速度计	344
应变式倾角传感器	344
应变式位移传感器	344
应变速率	344
应变硬化	345,(194)
应变滞后	345
应急照明	345
应力比	345
应力变程	345
应力超前	345
应力重分布	345
应力重分配	345
应力幅	345
应力腐蚀	345
应力腐蚀开裂	346

应力腐蚀开裂断裂韧性	346
应力恢复法	346
应力集中	346
应力集中系数	346
应力解除法	346
应力蒙皮作用	346,(276)
应力木	346
应力谱	346
应力强度因子	346
应力强度因子幅值	346
应力释放	346
应力循环次数	346
应力循环特征值	346
应用人工智能	(365)
应用软件	346
应用软件的概要设计	346
应用软件的详细设计	346
英佩里尔谷地震	(59)
英兹式水塔	347
荧光法	347
盈亏平衡分析	347
影响半径	347
影响局部抗压强度的计算面积	347
影像地形图	347
影像地质图	347
硬磁盘	347
硬度试验	347
硬钩吊车	347
硬件	347
硬拷贝机	347
硬矿渣砖	347
硬质岩石	347

yong

永久变形	348,(17)
永久荷载	348
永久性加固	348
永久应变	348,(18)
永久作用	348
用户界面	348

you

优化设防烈度	348

油罐充水预压	348	预热	351	圆钢销连接	355
有侧移框架	348	预算内建设项目	351,(115)	圆弧滑动面的位置	355
有腹筋梁	348	预算外建设项目	351,(380)	圆砾	355
有荷载膨胀量	348	预压排水固结	351	圆木	355,(354)
有机质试验	348	预应力	351	圆盘键连接	355
有机质土	348	预应力部件布置	351	圆频率	355
有控制的逐级动力加载	348	预应力撑杆加固法	352	圆水准器	355
有檩屋盖结构	348	预应力撑杆柱	352	圆水准器轴	355
有粘结预应力混凝土结构	349	预应力传递长度	352	圆筒形塔	355
有限条法	349	预应力度	352	圆头铆钉	355
有限延性框架	349	预应力反拱	352	圆形地沟	355
有限预应力混凝土结构	349	预应力钢拱	352	圆柱壳	355
有限元法	349	预应力钢罐	352	圆柱头焊钉连接件	355,(280)
有限自由度	349,(73)	预应力钢桁架	352	圆柱形薄壳	355
有线广播站	349	预应力钢结构	352	圆柱形螺旋钢弹簧隔振器	356
有效覆盖压力	349	预应力钢框架	352	源程序	356
有效加固系数	349,(148)	预应力钢拉杆	352	远震	356
有效截面特性	349	预应力钢梁	353		
有效宽度	349	预应力钢丝	353	**yue**	
有效宽厚比	349	预应力钢网架	353		
有效粒径	349	预应力混凝土结构	353	约束混凝土	356
有效受拉混凝土面积	349	预应力混凝土桩	353	约束混凝土强度	356
有效预应力	350	预应力拉杆加固法	353	约束扭转	356
有效自重应力	(349)	预应力配筋砌体	353	约束扭转常数	356,(262)
诱发地震	350	预应力损失	353	约束砌体	356
		预应力芯棒	353	约束系数	356
yu		预应力组合梁	354	约束应力	356
		预载试验	354	月牙肋钢筋	356
淤泥	350	预张拉	354		
淤泥质土	350	预张力	354	**yun**	
余高	350	预制长柱	354		
余热处理钢筋	350	预制倒锥壳水塔	354	允许变形	356
鱼腹式吊车梁	350	预制混凝土构件	354	允许高厚比	356
雨淋喷水灭火系统	350	预作用喷水灭火系统	354	允许裂缝宽度	357
雨流法	350			允许挠度	357
雨篷结构	350	**yuan**		运动方程	357
语句	350			运输单元	357
语义网络模式知识表示	350	原木	354		
预变形	350,(74)	原始数据处理	354	**zai**	
预调平衡	351	原条	354		
预加应力阶段	351	原型试验	354	再分式腹杆	357
预拉力	351	原状土	354		
预埋钢板	351	圆顶	355,(247)	**zan**	
预埋件	351	圆钢	355		
预埋螺栓式试验台座	351	圆钢拉杆	355	暂设工程	357

zao

早材	357
早期核辐射	357
噪声	358
噪声级	358

zeng

增加支点加固法	358
增设支撑加固法	358

zhan

占地估算	358
占地面积	358

zhang

张紧索	358
张拉挤压法	358
张拉控制应力	358
张拉强度	358
张力结构	358
张力腿式平台	358
张裂缝	358
张有龄法	(42)
胀蚀	358
胀缩波	(384)
胀缩土	359,(228)

zhao

照明配电箱	359
照准轴	359,(275)
照准轴误差	359,(275)

zhe

遮帘作用	359
折板	359
折板拱	359
折板基础	359
折板结构	359

折板式楼梯	359
折板形网架	359
折算模量	359
折算模量理论	359,(281)
折算应力	359
褶曲	360
褶皱构造	360

zhen

针叶材	360
真方位角	360
真空预压	360
真误差	360
真型试验	360,(354)
真子午线	360,(380)
振冲碎石桩	360
振动	360
振动层间影响	360
振动沉桩	360
振动荷载	360
振动碾	360
振动器	361
振动形态测量	361
振动压密	361
振动砖墙板	361
振幅	361
振弦应变仪	361
振型	361
振型参与系数	361
振型分解法	361
振型耦连系数	361
震度法	362
震害预测	362
震后恢复重建规划	362
震级	362,(58)
震级重现关系	362
震级上限	362
震级-震中烈度关系	362
震陷	362
震源	362
震源距	362
震源深度	362
震中	362
震中距	363

镇静钢	363

zheng

征地拆迁	363
蒸汽采暖系统	363
蒸压灰砂砖	363
整平	363
整体倾斜	363
整体屈曲	363
整体失稳	363
整体式混凝土结构	363
整体式空调机组	363
整体稳定	363
整体性系数	363
正常固结土	363
正常使用极限状态	363
正倒镜投点法	363
正反螺丝套筒	364
正放四角锥网架	364
正极性	364
正交网架	364
正接	364
正截面抗弯承载力	364
正截面抗弯强度	364
正截面破坏形态	364
正态分布	364
正位试验	364

zhi

支撑	364
支承板	364
支承加劲肋	364
支承式隔振装置	365
支导线	365
支管	365
支线管道	365
支座	365
支座环	365
支座加劲肋	365
支座位移法	365
知识	365
知识表示	365
知识工程	365

知识获取	365	中误差	368		
知识库	365	中心点法	368	zhu	
直方图	366	中型项目	368		
直角角焊缝	366	中央处理器	368	竹结构	371
直角坐标法	366	中央式空调系统	368,(145)	竹筋混凝土	371
直接动力法	366	中央子午线	368	逐层切削法	371
直接平差	366	终端	368	逐次积分法	371
直接作用	366,(121)	钟表式百分表	368,(2)	主动隔振	371,(139)
直流焊	366	众值烈度	368	主动土压力	371
直线定线	366	重锤夯实	368	主动土压力系数	372
直线定向	366	重度	(369)	主固结	372
植树护坡	366	重力荷载代表值	369	主管	372
止裂	366	重力加载法	369	主筋	372
止水带	366	重力密度	369	主梁	372
只读存储器	366	重力式挡土墙	369	主索	372,(28)
纸板排水	366	重力式混凝土平台	369	主体金属	372,(212)
指定塑性铰	366	重力水	369	主谐量法	372
指令	366			主振源探测	372
指令集	(366)	zhou		助曲线	372
指令系统	366			贮仓	372
指示矩阵法	367	周期	369	贮料侧压力	372
制动桁架	367	周期误差	369	贮料重力密度	372
制动梁	367	周期性抗震动力试验	369	贮气罐	372
制孔	367	周期性抗震静力试验	370	贮液池	372
制冷	367	周期振动	370	贮液罐	373
制冷机组	367	轴线控制桩	370	柱	373
制图标准	367	轴向力影响系数	370	柱的材料破坏	373
质量密度	367	轴向振动	370	柱的失稳破坏	373
智利地震	367	轴心力和横向弯矩共同作用折减系数	370	柱底板	373
智能 CAD 系统	367			柱顶板	373
滞回曲线	367	轴心受拉构件	370	柱基础	373
滞回曲线滑移现象	367	轴心受拉木构件承载力	370	柱间支撑	373
滞回曲线捏合现象	367	轴心受力构件	370	柱脚	373
滞止系数	367,(385)	轴心受力构件净截面强度	370	柱脚连接板	373
滞止压力	367,(385)	轴心受力构件毛截面强度	370	柱距	373
置换挤密	367	轴心受力构件强度	370	柱帽	373
		轴心受压构件	370	柱面刚度	373
zhong		轴心受压木构件承载力	370	柱面网壳	374
		轴心压杆	371	柱上板带	374
中高强混凝土	368	轴心压杆屈曲形式	371	柱头	374
中国传统木结构抗震性能	368	轴心压杆稳定承载力	371	柱网	374
中间加劲肋	368	轴压比	371	柱下钢筋混凝土条形基础	374
中间支架	368			柱子吊装测量	374
中强钢丝	368			铸钢	374
中砂	368				

zhuan

专家系统	374
专家系统建造工具	374
专家系统外壳	374
砖标号	374,(375)
砖沉井	374
砖的应力应变关系	374
砖混结构	375
砖基础	375
砖结构	(375)
砖抗折强度	375
砖力学性能	375
砖木结构	375
砖砌过梁	375
砖砌平拱	375
砖砌体	375
砖砌体结构	375
砖砌筒拱	375
砖砌屋檐	375
砖强度等级	375
砖石结构	375
砖石砌体	375
砖筒拱	(375)
砖折压比	375
转变温度	375
转点	376
转换层	376
转角法	376
转角延性系数	376

zhuang

桩	376
桩侧摩阻力	376
桩的动力试验	376
桩的负摩阻力	376
桩的荷载传递函数法	376
桩的荷载剪切变形传递法	376
桩的横向载荷试验	377
桩的极限荷载	377
桩的抗拔试验	377
桩的抗压试验	377
桩的载荷试验	377

桩的中性点	377
桩的轴向容许承载力	377
桩顶约束条件	377
桩对承台的冲切	377
桩基础	377
桩尖	378
桩身	378
桩头	378
桩-土相互作用	378
装配	378
装配式薄壳	378
装配式混凝土结构	378
装配式洁净室	378
装配式空调机	378
装配式框架	378
装配式框架接头	378
装配式预应力钢梁	378
装配整体式混凝土结构	378
装配整体式结构	379
装配整体式框架	379

zhui

锥体管对接	379
锥形基础	379
锥形锚具	379
缀板	379
缀板柱	379
缀材	379
缀件	379
缀条	379
缀条柱	379
赘余构件	379

zhun

准概率设计法	(4)
准先期固结压力	379

zhuo

卓越周期	379
着色法	380

zi

子板件	380
子午线	380
子午线收敛角	380
子样	380,(339)
自备电源	380
自承重墙	380
自筹资金建设项目	380
自动安平水准仪	380
自动动态分析程序	380
自动动态增量非线性分析程序 ADINA,	380
自动焊	380
自动切割	380
自功率谱密度	380
自攻螺钉	381
自流水	381
自然电位法测井	381
自然排烟	381
自然平衡	381,(268)
自然条件	381
自然通风	381
自然振动	(382)
自然资源	381
自升式平台	381
自相关函数	381
自应力法	381
自由度	381
自由扭转	381
自由扭转常数	381,(224)
自由膨胀率	381
自由水	382,(369)
自由压屈长度	382
自由振动	382
自由振动法	382
自振频率	(111)
自振周期	382,(111)
自重湿陷系数	382
自重湿陷性黄土	382
字符式打印机	382
字节	382

zong

综合地层柱状图	382
综合法	382
综合基本建设工程年度计划	382,(154)
综合结构墙	382
综合框架	382,(46)
综合连梁	382
总包合同	382
总传热阻	383
总剪力墙法	383
总交工验收	383
总平面布置	383
总平面道路网设计	383
总平面管网设计	383
总平面绿化设计	383
总平面竖向布置	383
总平面竖向设计	383
总平面位置设计	383
总热阻	383
总生产成本	383
总体	384
总投资	384
总图设计	384
总线	384
纵波	384
纵横墙承重体系	384
纵键连接	384
纵筋	384
纵筋配筋率	384
纵裂	384,(90)
纵墙承重体系	384
纵翘	384
纵向钢筋	384
纵向焊缝	384
纵向加劲肋	384
纵向界面剪力	384
纵向框架	385
纵向配筋砌体	385
纵向水平支撑	385
纵向弯曲	385
纵向弯曲系数	385
纵轴	385,(342)

zu

阻力	385
阻力系数	385
阻尼	385
阻尼比	385
阻尼常数	385,(386)
阻尼理论	385
阻尼器	386
阻尼系数	386
阻尼装置	386
阻燃剂	386
阻燃涂料	386,(79)
阻锈剂	386
组钉板连接	386
组合板	386
组合桁架	386
组合结构	386
组合结构的抗震性能	386
组合梁	386
组合梁剪跨	387
组合砌体	387
组合壳	387
组合切线模量	387
组合式吊车梁	387
组合式隔振器	387
组合式天窗架	387
组合弹性模量	387
组合筒	387
组合屋架	387
组合柱	387
组合砖砌体结构	387
组合桩	388
组装	388,(378)

zuan

钻机	(388)
钻进方法	388
钻进进尺	388
钻井塔	388
钻孔	388
钻孔法	388,(326)
钻孔灌注桩	388
钻孔压水试验	388
钻模	388
钻探机	388
钻探技术	388
钻探孔	388
钻芯法	388

zui

最不利荷载布置	388
最大风速重现期	388
最大干密度	389
最大跨高比	389
最大裂缝宽度容许值	389,(357)
最大配箍率	389
最大容许宽厚比	389,(143)
最大震级	389
最或然误差	389
最或然值	389
最小二乘法	389
最小分度值	389
最小刚度原则	389
最小刻度值	389
最小配箍率	389
最优含水量	389
最终沉降	389
最终贯入度	389

zuo

作用	389
作用标准值	390
作用长期效应组合	390
作用代表值	390
作用短期效应组合	390
作用分项系数	390
作用频遇值	390
作用设计值	390
作用效应	390
作用效应基本组合	390
作用效应偶然组合	390
作用效应系数	390
作用效应组合	390
作用准永久值	390
作用准永久值系数	390

作用组合	390	GKS 标准	392	SI	(114)
作用组合值	390	H 形钢	392	S-N 曲线	394
作用组合值系数	391	H 形钢桩	392	T 形板	394
坐标反算	391	HAZ	392,(252)	T 形接头	394
坐标方位角	391	IGES 标准	392	T 形连接	394
坐标格网	391	I/O 设备	(277)	T 形梁	394
坐标增量闭合差	391	IT 系统	392	T 字钢	394
		JG 型隔振器	393	TN 系统	394
		JM 型锚具	393	TNT 当量	394,(6)
		K 式腹杆	393	TT 系统	394

外文字母·数字

		K 形焊缝	393	V 形折板	394
A 级螺栓	391	K 值	(156)	wilson-θ 法	394
A 级螺栓和 B 级螺栓	(172)	LISP 语言	393	X 射线粉晶分析	395
ASCII 码	391	L-N 曲线	393	X 射线探伤	395
B 级螺栓	391	Love 波	393	X 射线衍射法	395
B 样条函数拟合法	391	NDT	393,(316)	XM 型锚具	395
BASIC 语言	391	Newmark-β 法	393	X-Y 函数记录仪	395
C 级螺栓	391	NPV	393,(174)	Z 向钢	395
C 语言	391	P 波	393,(384)	Z 形钢	395
CATV 系统	(108)	PASCAL 语言	393	γ-射线探伤	395
CGI 标准	392	pH 值试验	(289)	Γ 分布	(89)
CGM 标准	392	PHIGS 标准	393	Γ 型檩条	395
CO_2 焊	(74)	PROLOG 语言	393	δ 函数	(206)
COD	392,(200)	P-Δ 效应	393	λ 热量	395,(320)
Core 标准	392	Q 系数	394	π 定理	395
D 值法	392	QM 型锚具	394	"±0 标高"	(52)
EBCDIC 码	392	R—O 模型	(302)	I 类孔	395
E-R 模型	392	S 波	394,(152)	II 类孔	395
F 形屋面板	392				
FORTRAN 语言	392				

词目汉字笔画索引

说　　明

一、本索引供读者按词目的汉字笔画查检词条。

二、词目按首字笔画数序次排列；笔画数相同者按起笔笔形，横、竖、撇、点、折的序次排列，首字相同者按次字排列，次字相同者按第三字排列，余类推。

三、词目的又称、旧称、俗称简称等，按一般词目排列，但页码用圆括号括起，如(1)、(9)。

四、外文、数字开头的词目按外文字母与数字大小列于本索引的末尾。

一画

[一]

一次二阶矩法	341,(170)
一次下沉法	341
一次性加载	341
一步记忆随机过程	341,(206)
一顺一顶砌筑法	342
一类物资	342,(114)
一般堆积土	341
一维波动模型	342

[乛]

乙类钢	342

二画

[一]

二阶柱	73
二阶段设计	73
二阶段设计法	73
二阶效应	73
二类机电产品	73
二类物资	73,(16)
二氧化碳气体保护焊	74
二维有限元模型	74
十字丝分划板	271
十字丝网	271
十字交叉条形基础	271
十字板剪切试验	271
十胜冲地震	271
厂房柱列轴线放样	23

[丿]

人工地震波	253
人工地震试验	253
人工制冷	254
人工通风	253,(139)
人工智能	254
人工智能语言	254
人工填土	253
人工塑性铰	253
人工激振试验法	253
人工爆炸加载法	253
人为斜纹	254
人孔	254
人字木椽架	254
人字式腹杆	254
人防	(253)
人防工程	253
人防地下室	253
人防地道	253
人防掩蔽所	253
人造冷源	254
人激振动加载法	254
几小时防火	(219)
几何非线性	145
几何非线性振动	145
几何参数标准值	145
几何相似	145
几何造型	145

[乛]

力矩守恒算法	195

三画

[一]

三支点式天窗架	260
三边测量	258
三对数坐标反应谱	258
三向网架	260
三合土基础	258
三阶段设计	259
三阶段设计法	259
三角形支架	258
三角形屋架	258
三角测量	258
三角洲	258
三角洲沉积物	258

三画

三角高程测量	258
三角锥网架	259
三废治理	258
三线型恢复力模型	259
三轴剪切试验	260
三顺一顶砌筑法	259
三通一平	259
三铰刚架	259
三铰刚架式天窗架	259
三铰拱	259
三铰拱式天窗架	259
三铰拱屋架	259
三维有限元模型	259
三维图形 B–Rep 法	259
三维图形 CSG 法	259
三联反应谱	259
干式喷水灭火系统	90
干扰力	(360)
干扰频率	90,(143)
干线管道	90
干封底	90
干砌石护坡	90
干硬性混凝土	91
干裂	90
土力学	304
土工布	(304)
土工织物	304
土工聚合物	303
土与结构相互作用的有限元法	305
土与结构相互作用的集中参数法	305
土中压缩波	305
土地平整测量	303
土地利用规划	303
土压力	305
土压力合力、方向和作用点	305
土层反应计算	301
土坯	304
土坯砖	(304)
土坡破裂角	304
土坡破裂面	304
土坡剪切面	304,(304)
土坡滑动面	304
土坡稳定分析	304
土坡稳定分析的有效应力法	304
土坡稳定分析的总应力法	304
土坡稳定圆弧整体分析	305
土的干重度	301
土的干容重	301
土的干密度	301
土的动力性质参数	301
土的压实	303
土的有效重度	(301)
土的收缩系数	302
土的收缩变形量	302
土的含水量	302
土的初始剪切模量	301
土的灵敏度	302
土的阻尼比	303
土的拉姆贝尔格-奥斯古德模型	302
土的质量密度	303
土的饱和重度	301
土的饱和容重	301
土的饱和密度	301
土的变形模量	301
土的泊松比	301
土的线弹性模型	302
土的重力密度	303
土的重度	303
土的结构强度	302
土的浮重度	301
土的浮容重	301
土的浮密度	301
土的容重	302,(303)
土的崩解性	301
土的剪切波速	302
土的液化	303
土的渗透试验	302
土的密度	302,(303)
土的最大剪应力	303
土的等效滞后弹性模型	301
土的滞回曲线方程	303
土的滞后弹性模型	303
土的膨胀力	302
土的膨胀变形量	302
土的膨胀率	302
土建工程设计	304
土-结构相互作用	304
土桩	305
土粒比重	304
土粒相对密度	304
土液化机理	305
土锚杆	304
工厂拼装	103
工艺设计	107
工业区	107
工业构筑物	106
工业建筑	107
工业通风	107
工业墙板	107
工地拼装	106
工字形梁	107
工字钢	107
工形柱	106
工作平台梁	107
工作站	107
工矿企业抗震防灾规划	106
工程分包合同	105
工程动力地质学	105
工程地质比拟法	103
工程地质内业整理	104
工程地质分区图	104
工程地质条件	104
工程地质评价	104
工程地质图	104
工程地质单元体	104
工程地质学	105
工程地质类比法	(104)
工程地质测绘	104
工程地质钻探	105
工程地质资料	105
工程地质剖面图	104
工程地质勘探	104
工程地质勘察	104
工程地质勘察报告	104

工程地球物理勘探	103	**[丨]**		**[乛]**		
工程决策分析	105	上水系统	263,(145)	卫片	(311)	
工程设计	105	上刚下柔多层房屋	263	卫星发射塔	311	
工程设计招标	105	上层滞水	263	卫星图像	311	
工程拨款	103	上柔下刚多层房屋	263	卫星图像判读	311	
工程岩土学	106	上部结构和基础的共同作用分析		卫星图像判释	311	
工程物探	(103)		263	卫星图像解释	311	
工程项目	106,(41)	小开口墙	326	卫星相片	311	
工程修改核定单	106	小孔释放法	326	子午线	380	
工程施工	106	小平板仪	326	子午线收敛角	380	
工程施工招标	106	小平板仪测图法	326	子板件	380	
工程差价	103	小型项目	326	子样	380,(339)	
工程总承包合同	106	小偏心受压构件	326	飞石安全距离	81	
工程测量	103	山口	(334)	刃脚	254	
工程结构	105	山地	262	马丁炉钢	206,(233)	
工程结算	105	山地工作	(177)	马尔柯夫过程	206	
工程勘测	105	山体压力	262	马鞍形壳	206	
工程量差	105	山谷线	262			
工程数据库	106	山坡墙	262	**四画**		
工程震害	106	山脊线	262			
下沉系数	318			**[一]**		
下弦钢拉杆加固法	318	**[丿]**		井字楼盖	173	
下撑式预应力钢梁	318	千斤顶	239,(341)	井筒基础	172	
大气折光	38	千斤顶张拉法	239	井壁侧壁摩阻力	172	
大六角头高强度螺栓	38	千斤顶拉顶法	239	开口箍筋	178	
大孔空心砖	38	千分表	239	开花螺栓	178	
大平板仪	38	个体	103	开间	178,(373)	
大地水准面	37	**[丶]**		开尾栓铆钉	178	
大地体	38	广义刚度	113	开挖线	178	
大地原点	38	广义阻尼	113	开裂扭矩	178	
大地基准点	(38)	广义质量	113	开裂弯矩	178	
大陆架	38	广义值	113	天然石材	296	
大板结构	37	广义剪跨比	113	天然地基动力参数	295	
大板混凝土结构	37	广义算术平均值	113,(149)	天然地震试验	296	
大放脚	(375)	广义激振力	113	天然地震试验场	296	
大型项目	38	广域网	113	天然休止角	296	
大型屋面板	38	门式刚架	209	天然冷源	296	
大型墙板	38	门形刚架式天窗架	209	天然斜纹	296	
大面	38	门槛值	209	天窗架	295	
大偏心受压构件	38			无牛腿连接	315	
大梁	38,(372)					
万能测振仪	308					

无机富锌漆涂层	315	木材强度等级	213	不均匀沉陷区		15
无延性转变温度	316	木材腐朽	213	不完全抗剪连接		15,(16)
无沟敷设	314	木质部	217	不良地质现象		15
无侧限抗压强度	314	木组合柱	217	不宜建设区		15
无侧移框架	314	木柱	217	不埋式基础		15,(244)
无限自由度	315	木屋面板	217	不排水下沉法		15
无线电波透视法	316	木屋盖	217	不确定性校正		15
无线电塔	316	木屋盖支撑	217	不等边角钢		14
无铰拱	315	木结构	215	不等权观测		(81)
无粘结预应力混凝土结构	315	木结构用胶	216	不等肢角钢		14
无梁楼盖	315,(3)	木结构加固	215	不填不挖线		(296)
无筋砌体	315	木结构设计规范	216	不稳定分枝		15
无筋砌体结构抗震性能	315	木结构防火	215	不稳定疲劳		15
无筋扁壳	315	木结构防腐蚀	215	不燃平板		15
无滑移理论	315	木结构抗震性能	216	不燃埃特墙板		15
无腹筋梁	314	木结构连接	216	太沙基地基极限承载力公式		292
无缝钢管	314	木结构构造防腐	215	区域工程地质学		247
无檩屋盖结构	315	木结构胶合	215	区域水文地质学		247
韦布尔分布	310	木结构维护	216	区域锅炉房		247
专家系统	374	木结构腐蚀	215	区域稳定性		247
专家系统外壳	374	木桁条	214,(216)	车辐式双层悬索结构		25
专家系统建造工具	374	木桁架	214	巨型结构		176
木节	214	木射线	217	巨型框架		(176)
木夹板加固法	214	木梁	216	比表面积试验		8
木网状筒拱	217	木键连接	214	比例尺		8
木材干缩	213	木腐菌	214	比例尺精度		8
木材干缩系数	213	木檩条	216	比例误差		9
木材干缩率	213	五顺一顶砌筑法	316	比特		9
木材各向异性	213	支导线	365	互功率谱密度		128
木材防腐处理	212	支承加劲肋	364	互相关函数		128
木材防腐剂	212	支承式隔振装置	365	切角		245
木材含水率	213	支承板	364	切线模量		245
木材阻燃剂	214	支线管道	365	切线模量比		245
木材的变形	212	支座	365	切线模量理论		245
木材受弯承载力	214	支座加劲肋	365	切割		245
木材受弯强度	214	支座位移法	365	瓦垄铁		306
木材受剪	213	支座环	365	瓦桷		306
木材缺陷	213	支管	365	瓦椽		306
木材斜纹	214	支撑	364			
木材裂纹	213	不可通行地沟	15			
木材裂缝	213	不对称配筋柱	14	止水带		366
木材等级	212	不均匀系数	15	止裂		366

词条	页码	词条	页码	词条	页码
少筋混凝土结构	263	水文地质测绘	284	水箱	284,(282)
少筋梁	263	水文地质勘察	284		
中心点法	368	水平加强层	283	[J]	
中央子午线	368	水平向固结	283	手工砖	275
中央处理器	368	水平位移观测	283	手工焊	275
中央式空调系统	368,(145)	水平角	283	手持式应变仪	275
中间支架	368	水平岩层	283	牛轭湖沉积物	223
中间加劲肋	368	水平轴	(309)	牛腿	223
中国传统木结构抗震性能	368	水平度盘	283	毛石	207
中型项目	368	水平遮弹层	283	毛石基础	207
中砂	368	水池	282	毛石混凝土基础	207
中误差	368	水池浮力	282	毛细水	208
中高强混凝土	368	水柜	282	毛细水上升高度	208
中强钢丝	368	水泥砂浆	283	毛细水带	208
贝叶斯方法	8	水泥砂浆抹面加固法	283	毛换算截面	207
贝齐尔函数拟合法	7	水泥稳定土	283	毛料石	207
内力包络图	(5)	水泵站	282	气干材	236
内力组合	221	水泵接合器	282	气孔	236
内力重分布	221	水准尺	284	气压加载法	236
内力重分配	221	水准仪	285	气压沉箱	236
内力偶臂	221	水准式电测倾角传感器	285	气压给水装置	236
内力臂法	220	水准式倾角仪	285	气闸	236
内环梁	(65)	水准标尺	284	气承式充气结构	235
内衬	220	水准面	285	气流组织	236
内拱卸荷作用	220	水准点	284	气象改正	236
内浇外挂结构体系	220	水准测量	284	气焊	236
内浇外砌结构体系	220	水准结点	285	气割	236,(137)
内框架	220	水准原点	285	气管式充气结构	236
内框架承重体系	220	水准路线	285	升板楼盖	267,(295)
内部收益率	220	水准路线检核	285	长寿命试验	22,(101)
内营力	221	水准管	284,(112)	长折板	23
内营力地质作用	221	水准管分划值	284	长壳	22
内裂	221	水准管灵敏度	284	长径比	22
内隔墙	220	水准管轴	285	长细比	22
内聚力	220	水准器	285	长细比影响系数	22
内摩擦角	221	水准器角值	285,(284)	长柱	23
水力压裂法	282	水流荷载	282	长柱试验机	23
水力致裂法	(282)	水塔	284	长柱留孔无牛腿连接	23
水下封底	284	水塔穿箱防水套管	284	长度交会法	(176)
水文地质条件	284	水塔塔身	284	长圆孔	22
水文地质图	284	水喷淋系统	283	长圆柱壳	22
水文地质学	284	水幕消防系统	283	长期刚度	22

长期荷载试验	22	公共建筑	107	火焰切割	137
长期强度	22	公共显示装置	107	火箭激振器加载	(74)
长滩地震	22	仓储货架结构	18	火箭激振器加载法	137
化学腐蚀	129	月牙肋钢筋	356	为概率	(89)
化粪池	129	风化	84	斗仓	(240)
反力台座	75	风化系数	84	计划任务书	145,(154)
反力架	75	风动机塔	84	计曲线	146
反力墙	75	风机盘管	84	计量单位	145
反对称双剪销连接	74	风压	85	计量单位制	145
反冲激振加载法	74	风压高度变化系数	85	计算长度	146
反极性	75	风压谱	85	计算长度系数	146
反位试验	75	风振	85	计算机	146
反应谱	(55)	风振系数	86	计算机生成建筑动画片	147
反应谱法	75	风载体型系数	85	计算机生成建筑模型	147
反变形	74	风荷载	84	计算机-加载器联机试验	147
反挠度	75	风速	85	计算机网络	148
反复荷载	74	风速风压关系	85	计算机系统	148
反复荷载下的粘结	75	风速压	(85)	计算机图形学	147
反弯点法	75	风速谱	85	计算机辅助工程可行性分析	146
反弯矩	75	风积层	84	计算机辅助工程设计概预算	146
反射	75	风淋室	84	计算机辅助设计	146
反射压力	75	风帽	85	计算机辅助设计方案优化	147
反接	75	风谱	85	计算机辅助设计方案评估	146
反滤料试验	75	欠固结土	240	计算机辅助投标	147
分水线	83,(262)	欠载效应系数	240	计算机辅助制造	147
分布密度函数	82			计算机辅助实验	147
分布筋	82	[丶]		计算机辅助建筑设计	146
分级加载	83	文件	312	计算机辅助城市规划	146
分时计算机系统	83	文克尔法	312,(141)	心材	328
分位值	83	文档	312	心裂	328,(173)
分位数	83	文献数据库	312		
分层法	83	方木	76	[㇇]	
分析解	83,(336)	方向观测法	76	尺寸效应	29
分项工程	83	方位角	76	尺长方程式	29
分项系数	83	方钢	76	尺长改正	29
分段下沉法	83	方差	76	尺间隔	29,(274)
分段预制柱	83	方程式分析法	76	尺垫	29
分离式柱脚	83	火山地震	137	引弧板	343
分部工程	82	火山渣混凝土砌块	137	孔式试验台座	185,(323)
分隔墙	83	火灾自动灭火	137	孔板送风	185
分模数	83	火灾自动报警	137	孔前传力	185
分辨率	82	火灾损伤	137	孔洞率	185

孔斯曲面	185	双模量理论	281	节点板	161
孔隙比	185	双T板	282	节点荷载	161
孔隙水	185			节点核心区	161
孔隙水压力	185	**五画**		节理	161
孔隙水压力消散	185			本初子午线	8,(276)
孔隙率	185			本构关系	8
办公自动化系统	4	[一]		可动作用	182
以太网	342	未加劲板件	311	可动荷载	182
允许变形	356	未完工程占用率	311	可行性报告	183
允许挠度	357	未焊透	311	可行性研究	183
允许高厚比	356	未焊透对接焊缝	311	可行性研究报告	183
允许裂缝宽度	357	未熔合	311	可行性研究勘察	183
双力矩	281	示坡线	273	可连接目标模块	182
双曲抛物面网壳	281	击实试验	138	可变作用	182
双曲抛物面薄壳	281	打入桩	37	可变荷载	182
双曲拱	281	打印机	37	可通行地沟	183
双曲扁壳	281	打桩公式	37	可接受的地震危险性	182
双曲薄壳	281	打桩时的拉应力	37	可焊性	182
双向观测	281,(71)	正反螺丝套筒	364	可编程序计算器	182
双向板	281	正交网架	364	可溶盐试验	182
双向板肋梁楼盖	281	正极性	364	可靠指标	182
双向受弯构件	282	正位试验	364	可靠概率	182
双向偏心受压柱	281	正态分布	364	石灰砂浆	272
双杆身桅杆	280	正放四角锥网架	364	石灰桩	272
双杠杆应变仪	280	正倒镜投点法	363	石灰稳定法	272
双作用千斤顶	282	正接	364	石砌体	272
双层网壳	280	正常固结土	363	石砌体结构	272
双层悬索结构	280	正常使用极限状态	363	石结构	(272)
双齿连接	280	正截面抗弯承载力	364	布卷尺	15,(228)
双侧顺纹受剪	280	正截面抗弯强度	364	夯击范围	120
双肢柱	282	正截面破坏形态	364	夯击遍数	120
双肢墙	282	扒钉	2	夯实碾	120
双线型恢复力模型	281	功率谱	107	夯点布置形式	119
双柱支架	282	功率谱密度	108	龙门板	202
双面尺法	281	世界坐标	273	龙骨	202
双轴对称钢梁	282	古典桁架理论	110,(124)	龙格-库塔法	202
双钢筋	280	古德曼图	109	平方米造价	231
双重井字楼盖	280	节子	161,(214)	平方总和开方法	231
双控	281,(186)	节间荷载	161	平台板	233
双铰刚架	280	节点	161	平台活荷载	233
双铰拱	280	节点大样设计	161	平台梁	233
双筋梁	281	节点局部变形	161	平行弦屋架	233

平行施工	233	目标可靠指标	217	电缆竖井	62
平均风压	232	目标可靠指标协商给定法	217	电缆桥架布线	62
平均风速	232	目标可靠指标校准法	217	电缆隧道	62
平均曲率	232	目标可靠指标理论推导法	217	电磁力加载法	60
平均单位综合生产能力投资	232	目标函数	217	电磁式振动台	61
平均误差	232	目标偏心差	218	电磁波测距仪	60
平均值法	(368)	目标程序	217	电磁波测距导线	60
平均粒径	232	目镜	218	电磁探伤	61
平均最大风速	232	甲类钢	150	电磁激振器	60
平板仪	231	号料	121	只读存储器	366
平板仪交会法	231	电力配电箱	62	凹波拱壳	2
平板仪安置	231	电子全站仪	62	四角锥网架	287
平板仪导线	231	电子速测仪	62		
平板式绘图仪	231	电子速测仪测绘法	62	[J]	
平板网架	231,(308)	电化学腐蚀	61	生长轮	267
平板载荷试验	231	电动硅化法	61	生产工艺	267
平炉钢	233	电动葫芦	61,(40)	生产方法	267
平面设计	233	电压放大器	62	生产防火类别	267
平面系数	233,(156)	电位计式位移传感器	62	生产纲领	267,(22)
平面结构	233	电阻片	63,(63)	生产性建设	267
平面框架	233	电阻应变计	63	生产类别	267
平面控制网	233	电阻点焊	63	生产准备	267
平差	231,(20)	电法测井	61	生赤锈	267
平差值	231,(389)	电法勘探	61	生态平衡	268
平洞	231	电视塔	62	生命线工程	268
平原	233	电话站	61	生活区	267
平焊	231	电弧点焊	61	失效概率	268
平锥头铆钉	233	电弧焊	61	矢高	273
平腹杆双肢柱	231	电弧缝焊	61	丘陵	246
平截面假设	232	电标定法	60	代码	38
平稳随机过程	233	电测仪器	60	仪器线性误差	342
平衡分枝	232	电测剖面法	60	仪器标定	342
平衡扭转	232	电测深法	60	仪器度量性能	342
平衡含水率	232	电热法	62	仪器高程	342
		电荷放大器	61	仪器旋转轴	342
[I]		电脑	62,(146)	仪器稳定性	342
卡板	239	电焊条	61	白点	2
北京坐标系	7	电液伺服加载系统	62	白噪声	2
占地估算	358	电葫芦	61,(40)	令牌环网	201
占地面积	358	电渣焊	62,(255)	用户界面	348
凸榫基底	299	电缆电视系统	61	乐甫波	192
旧金山地震	175	电缆沟	62	外包角钢加固法	307

词条	页码	词条	页码	词条	页码
外包型钢加固法	307	半潜式平台	4	边角测量	10
外包钢混凝土柱	306	汇水面积	132	边坡长期稳定	10
外加变形	307	汇编语言	131	边坡反分析	10
外加钢筋混凝土柱加固法	307	汉字处理	117	边坡失效概率	10
外观检查	307	汉字库	117	边坡坡度容许值	10
外卷边槽钢	307	汉字编码方案	117	边坡剥落	10
外营力	307	汉森公式	117	边坡瞬时稳定	10
外营力地质作用	307	记录	148	边拱	10
外摩擦角	307	记录器	148	边界层	10
冬季施工	(65)	永久作用	348	边界填充法	10
冬期施工	65	永久应变	348,(18)	边弯	11,(19)
包气带水	5	永久变形	348,(17)	边缘加工	11
包辛格效应	5,(93)	永久性加固	348	边缘加劲肋	11
包络图	5	永久荷载	348	边缘构件	11
				边缘效应	11

[丶]

[乛]

词条	页码	词条	页码	词条	页码
主动土压力	371	民用建筑	210	发震断层	74
主动土压力系数	372	弗列西涅锚具	86,(379)	圣费尔南多地震	268
主动隔振	371,(139)	弗朗恰地震	86	圣维南扭转	(381)
主体金属	372,(212)	加大截面加固法	148	圣维南扭转常数	268,(224)
主固结	372	加气混凝土砌块	149	对中	71
主振源探测	372	加长孔	148,(22)	对中误差	71
主索	372,(28)	加权平均	149	对向观测	71
主梁	372	加权平均值	149	对称双剪销连接	70
主谐量法	372	加劲肋	149	对称配筋柱	70
主筋	372	加劲板件	149	对接	70,(71)
主管	372	加构造柱砌体	(356)	对接连接	71
市场调查	273	加固系数	148	对接接头	71
立面设计	195	加载方案	(149)	对接焊缝	71
立焊	195	加载图式	149	对象	71
立管	195	加载制度	149	对数正态分布	71
闪点	262	加载速度	149	台地	292
半干材	4	加载龄期	149	台座	292
半自动焊	4	加速度反应谱	149	母材	212
半导体应变计	4	加常数	148	母体	(384)
半沉头铆钉	4	加筋土挡土墙	148	母线	212,(384)
半细料石	4	加腋	149	丝式应变计	286
半圆头铆钉	4	加强环	149	丝扣拧张法	286
半距等高线	4,(152)	加强部位(区)	149		
半填半挖断面	4	皮尺	228		
半概率设计法	4	边长条件	10,(143)		
半镇静钢	4	边材	10		

六画

[一]

邢台地震	329

六画　　　　　　　　　　　　　　452

动力公式	66,(37)	地下水流速	53	地面破坏小区划	52
动力压实法	66	地下连续墙	53	地面粗糙度	52
动力有限元法	66	地下建筑	53	地面摄影测量	52
动力设计控制条件	66	地下结构	53	地面塌陷	52
动力系数	66	地上结构	53	地球曲率	52
动力系数测量	66	地方材料	48	地球曲率影响	53
动力固结法	66	地方管理物资	48,(48)	地球物理场资料	53
动力试验	66	地方震级	48	地球椭圆体	53
动力参数测量	66	地压	54,(262)	地球椭球	53
动力隔振	66,(139)	地形	54	地理坐标	51
动力触探试验	66	地形图	54	地基	48
动态电阻应变仪	67	地形图图式	54	地基土比例界限	50
动态作用	67	地形图测绘	54	地基土极限荷载	50
动态变形观测	66	地形点	54	地基土破坏荷载	50
动荷载	65	地形特征点	54	地基上梁板的计算方法	50
动荷载反应	65	地址	58	地基水平刚度系数	50,(49)
动荷载特性测量	66	地应力观测	54	地基加固	49
动静法	66	地沟	48	地基压力扩散角	50
扣件	186	地沟敷设	48	地基回弹测试	49
考虑变量分布类型的一次		地层柱状图	48	地基抗压刚度系数	49
二阶矩法	(339)	地坪标高	52	地基抗扭刚度系数	49
托马氏转炉钢	306,(19)	地图分幅	53	地基抗弯刚度系数	49
托柱换基法	306	地质年代表	58	地基抗剪刚度系数	49
托架	306	地质观察点	58	地基极限承载力	49
托梁	306	地质观察路线	58	地基应力	51
托梁换柱法	306	地质时代表	58,(58)	地基沉降量	48
老堆积土	192	地质作用	59	地基局部剪切破坏	49
扩大初步设计	190	地质构造	58	地基刺入剪切破坏	48
扩大基础	(190)	地质图	59	地基非均压刚度系数	49
扩大模数	190	地质图色标	59	地基非均剪刚度系数	49
扩孔	190	地质图例	59	地基的液化等级	48
扩初设计	190	地质标本	58	地基承载力安全系数	48
扩建项目	190	地质界线	58	地基临界荷载	50
扩展基础	190	地质剖面	58	地基竖向刚度系数	50,(49)
扫描仪	260	地质断面	(58)	地基破坏模式	50
地下水	53	地质踏勘	58	地基容许变形值	50
地下水水化学图	54	地性线	54	地基容许承载力	50
地下水动态观测	53	地面加速度	52	地基基础抗震	49
地下水位	54	地面位移	52	地基液化指数	51
地下水实际流速	54	地面沉降	52	地基稳定性	50
地下水侵蚀性	53	地面振动衰减	52	地基整体剪切破坏	51
地下水类型	53	地面速度	52	地脚螺丝放样	51

地裂缝	51	地震原生灾害	57	机器基础计算	138
地道风降温系统	48	地震烈度	56	权	248
地温动态观测	53	地震烈度区划图	56	过梁	115
地貌	51	地震能量吸收	57	过程模式知识表示	115
地貌图	52	地震能量耗散	57	再分式腹杆	357
地貌单元	51	地震勘探	56	协同分析法	326
地貌学	52	地震液化	57	协调扭转	326
地貌类型	51	地震剩余危险性	57	压入桩	333
地貌符号	51	地震隔震	56	压力灌浆加固法	333
地貌景观	51	地震模拟振动台	56	压电式加速度计	333
地震	54	地震震级	58	压电式测振传感器	333
地震人员伤亡	57	地震影响小区划	57	压应力图形完整系数	334
地震小区划	57	地震影响系数	57	压实功	333
地震区	57	地籍测量	51	压屈系数	333,(312)
地震反应	55	场地	23	压型钢板	334
地震反应谱	55	场地土	24	压型钢板组合板	334
地震风险水平	55	场地反应谱特征周期	23	压弯木构件承载力	334
地震目录	56	场地利用系数	23	压弯构件	334
地震发生模型	55	场地条件	23	压弯构件平面内稳定	334
地震动	54	场地烈度	23	压弯构件平面外稳定	334
地震动土压力	55	场地覆盖层厚度	23	压弯构件稳定承载力	334
地震动水压力	55	场址选择	24	压弯钢构件强度	334
地震动参数小区划	55	共用天线电视系统 CATV,	108	压溃理论	333
地震动参数衰减	55	共振	108	压缩曲线	333
地震动持续时间	55	共振风速	108,(200)	压缩系数	333
地震后果	56	共振法	108	压缩沉降	333
地震危险区	57	亚砂土	335,(262)	压缩层厚度	333
地震危险区划	57	亚美尼亚地震	334	压缩模量	333
地震危险性分析	57	亚粘土	335,(84)	百分表	2
地震危险性评定	57	机动法	138	有机质土	348
地震次生灾害	54	机会研究	138	有机质试验	348
地震时空不均匀性	57	机构控制	138	有侧移框架	348
地震作用	58	机制红砖	139	有限元法	349
地震作用效应调整系数	58	机制青砖	139	有限延性框架	349
地震作用效应增大系数	58	机械力加载法	138	有限自由度	349,(73)
地震灾害	57	机械式仪表	138	有限条法	349
地震波	54	机械式连接件	138	有限预应力混凝土结构	349
地震经济损失	56	机械式振动台	139	有线广播站	349
地震活动性参数估计	56	机械通风	139	有荷载膨胀量	348
地震活动性资料	56	机械排烟	138	有效加固系数	349,(148)
地震活动度	56	机械碾压	138	有效自重应力	(349)
地震荷载	56,(58)	机器语言	138	有效受拉混凝土面积	349

有效宽厚比	349	曲率系数	247	刚度	91,(163)
有效宽度	349	曲梁	247	刚度法	91
有效预应力	350	同步建设	298	刚度验算	91
有效粒径	349	吊车工作制	63	刚架	91
有效截面特性	349	吊车车挡	63	刚域	92
有效覆盖压力	349	吊车吨位	63,(64)	刚接	91
有控制的逐级动力加载	348	吊车轮压	63	刚接框架	91
有粘结预应力混凝土结构	349	吊车制动轮	64	刚弹性方案房屋	91
有腹筋梁	348	吊车起重量	64	网壳	309,(309)
有檩屋盖结构	348	吊车荷载	63	网壳结构	309
存储器	37	吊车梁	63	网状穹顶	309
灰土垫层	131	吊车梁安装测量	63	网状配筋砌体抗压强度	309
灰土挤密桩	131	吊车跨度	63	网状模型	309
灰土挤密桩加固法	131	吊环	64	网架	308
灰土基础	131	吊顶	64	网架节点	308
灰缝	131	吊顶面层	64	网架结构	308
达到生产能力期限	37	吊顶梁	64		
死节	286	吊顶搁栅	64	[J]	
死循环	287	吊钩	64	年轮	222
成品构件校正	27,(109)	吊筋	64	年超越概率	222
成套设备	27	因瓦尺	343	先张法	319
夹心墙板	150	吸水井	317	先张法预应力混凝土结构	319
夹芯板	150	吸水池	317	先期固结压力	319
夹层板	150	吸附力	317	竹结构	371
夹具	150	吸振器	317,(102)	竹筋混凝土	371
夹渣	150	吸着水	317	迁建项目	239
轨顶标高	114	回声干扰	131	传热系数	34
毕肖普法	9	回转半径	131	传递函数	34,(230)
		回弹法	131	传距边	34
[I]		回弹指数	131	传距角	34
光线示波记录器	112	回溯	131	传感器	34
光线跟踪法	112	刚心	(80)	休止角	330,(296)
光标	112	刚性方案房屋	91	优化设防烈度	348
光笔	112	刚性节点	92	延刚度	335
光盘	112	刚性防水	91	延伸长度	335
当量应力	43,(359)	刚性连接件	92	延伸率	335,(266)
当量弯矩系数法	43	刚性层	91,(283)	延迟断裂	335
早材	357	刚性垫块	91,(197)	延性	335
早期核辐射	357	刚性基础	92	延性反应谱	336
曲线型恢复力模型	247	刚性楼盖	92	延性系数	336
曲面造型	247	刚性模量	92,(151)	延性框架	336
曲率延性系数	247	刚性横墙	91	延性破坏	336

延性剪力墙	336	向量式汉字库	324	多层房屋结构	72
延性需求量	336	后方交会法	126	多肢墙	73
延燃涂料	335,(79)	后处理	126	多肢箍筋	73
价格预测	150	后张自锚	127	多波壳	72
仰焊	339	后张法	127	多波拱	72
伪动力试验	310	后张法预应力混凝土结构	127	多轴应变计	73,(344)
伪静力试验	310,(370)	后浇带	126	多点测量	72
自升式平台	381	后热	127	多竖杆式天窗架	72
自功率谱密度	380	行车梁	329,(63)	多核结构	72
自由水	382,(369)	行式打印机	120	多排孔沉井	72
自由压屈长度	382	全过程分析	249	多遇地震	73
自由扭转	381	全面通风	249	多道抗震设防	72
自由扭转常数	381,(224)	全站仪	249,(62)		
自由度	381	全部验收	248,(383)	[丶]	
自由振动	382	全预应力混凝土结构	249	冲切	31
自由振动法	382	全概率设计法	248	冲切承载力	31
自由膨胀率	381	全新世	249	冲切破坏	31
自动切割	380	全新统	249	冲孔	31
自动动态分析程序	380	会场扩声	132	冲击力加载法	30
自动动态增量非线性分析程序 ADINA,	380	合金钢	121	冲击反应谱	30
		合理经济规模	121	冲击韧性	30
自动安平水准仪	380	众值烈度	368	冲击波	30
自动焊	380	伞形壳	260	冲击试验	30
自攻螺钉	381	肋梁楼盖	192	冲击荷载	30
自应力法	381	负阻尼	87	冲击荷载系数	30
自备电源	380	负荷等级	87	冲击疲劳	30
自承重墙	380	负剪力滞后	87	冲沟	30
自相关函数	381	负筋	87	冲刷	31
自重湿陷系数	382	负温冲击韧性	87	冲刷深度	31
自重湿陷性黄土	382	各态历经过程	103	冲积平原	31
自振周期	382,(111)	多孔空心砖	72	冲积层	30
自振频率	(111)	多孔砖	72	冰丘	14
自流水	381	多孔筒	72	冰压力	14,(13)
自然平衡	381,(268)	多用户	73	冰荷载	13
自然电位法测井	381	多加劲板件	72	冰椎	14
自然条件	381	多边形屋架	71	冰碛层	13
自然振动	(382)	多边形剪取	71	齐次坐标	235
自然资源	381	多自由度	73	交叉式腹杆	158
自然通风	381	多次逐级加载	72	交叉梁系法	158
自然排烟	381	多阶段设计法	72	交迭配索法	(351)
自筹资金建设项目	380	多余观测	73	交变荷载	158
向斜	324	多系数极限状态设计法	72	交流焊	158

交通面积	158	设计变更	264	防火构件	79
次压缩	(36)	设计单位	264	防火带	78
次应力	36	设计限值	265	防火阀	78
次固结	36	设计值	265	防火原理	79
次梁	36	设计部门	264	防火涂料	79
产生式规则知识表示	22	设计基准期	264	防火堵料	78
产品方案	22	设防烈度	264	防火措施	78
决策支持系统	177	设备工程设计	264	防火窗	78
决策变量	177	设备坐标	264	防火隔层	78
决策准则	177	设备选型	264	防火隔断	78
充气结构	31	设备基础施工测量	264	防火墙	79
充气结构的出入口	32			防护门	78
充气结构薄膜材料	32	[丆]		防护结构	77
充分交互作用	31	导线内业计算	44	防护密闭门	78
充分利用点	31	导线全长相对闭合差	44	防波堤	77
闭合导线	9	导线角度闭合差	44	防挤沟	79
闭合差	9	导线测量	44	防振沟	80
闭路电视系统CCTV	9	导热系数	43,(251)	防振距离	80
关东地震	111	导热率	43,(251)	防烟分区	80
关系模型	111	导航塔	43	防烟排烟	80
米式腹杆	209	导弹发射塔	43	防排烟	79,(80)
米赛斯屈服条件	209,(12)	导温系数	44,(252)	防锈工程	79
灯塔	44	导墙	43	防腐蚀构造	77
污染土	313	导管架型平台	43	防腐蚀建筑平面布置	77
字节	382	异形空心砖	342	防腐蚀结构选型	77
字符式打印机	382	异位试验	342	防腐蚀管线敷设	77
安全系数	1	阳台面积	339	防震缝	80
安全等级	1	阳台结构	339	防爆设计	76
安装接头	1	阳离子交换容量	339	防爆间室	76
安装焊缝	1	收尾项目	275	防爆窗	76
安装螺栓	1	收缩率	275	防爆墙	76
设计干密度	264	收缩裂缝	275	观测误差	111
设计反应谱	264	阴极保护	343	观测值	111
设计文件	265	防水混凝土	79	观察线	(58)
设计回访	264	防风柱	(179)	红粘土	126
设计任务书	265,(183)	防火门	79	纤细截面	319
设计许可证	265	防火天花板	79	纤绳	240
设计阶段	265	防火吊顶	(79)	纤绳地锚	240
设计技术经济指标	265	防火设备	79	纤绳初应力	240
设计状况	265	防火材料	78	纤维饱和点	319
设计证书	(265)	防火材料标准	78	纤维混凝土	319
设计质量评定	265	防火间距	79	约束扭转	356

约束扭转常数	356,(262)	抛落无振捣浇灌法	226	抗震措施有效程度	181
约束系数	356	投产项目	299	抗震措施附加费用	181
约束应力	356	投资回收年限	299	抗震等级	181
约束砌体	356	投资回收期	299	抗震缝	181,(80)
约束混凝土	356	投资决策	299	抗震墙	182
约束混凝土强度	356	投资效果系数	299	抗爆	179
驰振	29	投资效益分析	299	抗爆设计	(76)
		投资效益指标体系	299	抗爆间室	(76)
		抗力	180,(165)	抖振	68
		抗力分项系数	180	护坡	128

七画

[一]

		抗力的抗震调整系数	180	护坡的上下限	128
		抗风柱	179	壳	244
形式代数	329	抗风墙	179	壳体结构	244
形成层	329	抗压强度	181	壳体基础	244
形状改变比能理论	329,(12)	抗折模量	(134)	块石	187
形状稳定性	329	抗扭刚度	180	块式机器基础振动	187
进深	170	抗扭最小配筋率	180	块式连接件	187
远震	356	抗冻性	179	块材	187
韧皮部	254	抗拔桩	179	块体	187
韧性	254	抗拉强度	180	块体和砂浆粘结强度	187
运动方程	357	抗侧力刚度	179	块体标号	(187)
运输单元	357	抗侧力试验台座	179	块体强度等级	187
技术设计	148	抗侧力结构	179	扭曲率	224
技术设计修正总概算	148	抗弯刚度	180	扭曲截面承载力	224
扰动土	251	抗弯强度	181	扭壳	224
批处理	228	抗浮系数	179	扭转失稳	224
折板	359	抗剪连接件	180	扭转刚度	224,(180)
折板式楼梯	359	抗剪强度	180	扭转纹	224
折板形网架	359	抗渗流稳定性验算	180	扭转屈曲	224
折板拱	359	抗裂弯矩	(178)	扭转屈曲计算长度	224
折板结构	359	抗裂度	180,(165)	扭转振动	224
折板基础	359	抗裂能力	180	扭转常数	224
折算应力	359	抗裂检验	180	扭转塑性抵抗矩	224
折算模量	359	抗滑挡土墙	180	扭矩-扭转角曲线	224
折算模量理论	359,(281)	抗滑桩	180	扭矩法	224
均匀受压板件	177	抗滑移系数	180	扭弯	224
均方根	177	抗震防灾应急规划	181	扭弯比	224
均方根法	(231)	抗震防灾规划	181	扭剪比	223
抑爆结构	343	抗震构造措施	181	扭剪法	223
抛丸除锈	226	抗震变形能力	181	扭剪型高强度螺栓	223
抛石护坡	226	抗震变形能力允许值	181	扭翘	224
抛物面壳	226	抗震变形验算	181	声发射法	268

声压级	268	极限误差	143,(255)	时程分析法	272
声波法测井	268	极限荷载	143	助曲线	372
声波法探测	268	极限荷载设计法	143,(234)	里氏震级	195
拟动力试验	222	极限宽厚比	143	呆荷载	38
拟夹层板法	222	极限强度	143	围护结构	310
拟板法	222	极细砂	143,(84)	围岩压力	310,(262)
拟静力法	(47)	极值概率分布	144	围岩变形观测	310
拟静力试验	222,(370)	极值Ⅰ型分布	144	围焊缝	310
拟膜薄壳	222	极值Ⅱ型分布	144	囤仓	71,(372)
花纹钢板	128	极值Ⅲ型分布	144	财务评价	17
花篮螺丝	128,(364)	杨氏模量	339		
芬克式屋架	84	求积仪	246	[J]	
严密平差	336	求距边	(34)	钉连接	65
严寒期日数	336	更新世	103	钉连接计算系数	65
克恩郡地震	183	更新统	103	钉的有效长度	65
杆系结构体系	91	束筒	278	针叶材	360
杠杆式应变仪	99	两次仪高法	198	乱毛石	204,(207)
材料吸声系数	17	两端固定梁	198	体波	295
材料抗震强度设计值	16	连系梁	195	体波震级	295
材料抗爆强度提高系数	16	连接	195	体型系数	295,(85)
材料非线性	16	连接件	195,(180)	体素拼合法	(259)
材料图	17,(47)	连接角钢	(230)	体积配筋率	295
材料性能分项系数	17	连接板	195	伸长率	266
材料性能设计值	17	连梁	195	伸缩节支架	266
材料性能标准值	17	连续布点量测裂缝法	195,(344)	伸缩缝	266
材料消耗指标	17	连续栅片法	196	伸缩器	266
材料强度分项系数	17	连续基础	196	伸缩器穴	266
材料强度设计值	17	连续焊接	195	作用	389
材料强度标准值	16	连续焊缝	195	作用长期效应组合	390
极坐标法	144	连续梁	196	作用分项系数	390
极条件	143	连续梁抗剪	196	作用代表值	390
极限平衡理论	143	连续幕结构	196	作用设计值	390
极限压应变	143			作用组合	390
极限状态	144,(164)	[I]		作用组合值	390
极限状态方程	144	步步积分法	(371)	作用组合值系数	391
极限状态设计表达式	144	卤代烷1211灭火系统	203	作用标准值	390
极限状态设计法	144	时间因数	272	作用准永久值	390
极限应力法	(192)	时钟	272	作用准永久值系数	390
极限应变	143	时钟系统	272	作用效应	390
极限拉应变	143	时效硬化	272	作用效应系数	390
极限变形	143	时域分析	272	作用效应组合	390
极限轴压比	144	时程分析设计法	272	作用效应基本组合	390

作用效应偶然组合	390	角接连接	160	应力变程	345
作用短期效应组合	390	角接接头	160	应力重分布	345
作用频遇值	390	角焊缝	160	应力重分配	345
伯利公式	14	角焊缝有效截面积	160	应力恢复法	346
低压体系充气结构	47,(235)	角频率	160,(355)	应力超前	345
低压配电柜	47	条分法	297	应力幅	345
低合金钢	46	条件平差	297	应力集中	346
低合金结构钢	46	条件屈服点	297	应力集中系数	346
低松弛钢丝	47	条件屈服强度	297	应力循环次数	346
低周反复静力试验	47,(370)	条形基础	297	应力循环特征值	346
低周疲劳	47	条带法	297	应力释放	346
低周疲劳试验	47	卵石	204	应力强度因子	346
低承台桩基础	46	卵石填格护坡	204	应力强度因子幅值	346
低氢碱性焊条	46	刨平顶紧	6	应力蒙皮作用	346,(276)
低桩承台基础	(46)	刨边	6	应力解除法	346
低温冲击韧性	(87)	系杆	317	应力腐蚀	345
低温脆断	47	系统识别	317	应力腐蚀开裂	346
低碳钢	47	系统识别方法	318	应力腐蚀开裂断裂韧性	346
位移反应谱	311	系统软件	317	应力谱	346
位移延性系数	311	系统标定法	317	应用人工智能	(365)
伺服式测振传感器	287	系统误差	318	应用软件	346
伽马分布	89	系紧螺栓	317	应用软件的详细设计	346
近地风	170	系数静力法	(362)	应用软件的概要设计	346
近似平差	170			应变片	344,(63)
近似概率设计法	170	[丶]		应变电测技术	344
近海结构工程	170	冻土	67	应变式加速度计	344
近景摄影测量	170	冻土导热系数	67	应变式位移传感器	344
近震	170	冻土抗剪强度	67	应变式测振传感器	344
余热处理钢筋	350	冻土含水量	67	应变式倾角传感器	344
余高	350	冻土融化压缩试验	67	应变块	344
坐标反算	391	冻胀	67	应变花式应变计	344
坐标方位角	391	冻胀力	68	应变时效	344
坐标格网	391	冻胀率	68	应变速率	344
坐标增量闭合差	391	冻胀量	68	应变控制	344,(186)
含水层	117	冻结层下水	67	应变硬化	345,(194)
含冰量	116	冻结层上水	67	应变链	344
含钢率	117	冻结层间水	67	应变滞后	345
狄维达格锚具	47	冻结法	67	应变强化阶段	344
角点法	160	冻结深度	67	应急照明	345
角钢	160	库仑土压力理论	186	冷轧扭钢筋	194
角度交会法	160	应力木	346	冷轧带肋钢筋	194
角砾	160	应力比	345	冷加工	193

冷压式锚具	194	沉降观测	26,(157)	层板胶合框架	20
冷却塔	193	沉降观测标	26	层板胶合梁	20
冷作硬化	194	沉降观测点	(26)	层高	20
冷拔低碳钢丝	192	沉降差	25	尾矿粉砖	310
冷拔钢丝	192	沉降缝	25	局部失稳	175
冷拉	193	沉管灌注桩	25	局部抗压强度	175
冷拉钢丝	193	沉箱病	26	局部抗压强度提高系数	175
冷拉钢筋	193	完全抗剪连接	308	局部受压	175
冷拉强化	193,(194)	完全卸荷加固法	308	局部受压计算底面积	(347)
冷拉Ⅰ级钢筋	193	宏汇编语言	126	局部受压承载力	175
冷拉Ⅱ级钢筋	193	宏观等震线图	126	局部受压面积	176
冷拉Ⅲ级钢筋	193	补偿器	14,(266)	局部受压面积比	176
冷拉Ⅳ级钢筋	193	初见水位	33	局部空调机组	175,(363)
冷弯角钢	193	初至波	(384)	局部屈曲	175
冷弯性能	194	初步可行性研究	33	局部承压	175
冷弯试验	194	初步设计	33	局部挤压	175
冷弯型钢	194	初步设计总概算	33	局部卸荷加固法	176
冷弯型钢结构	(193)	初步验收	33	局部倾斜	175
冷弯效应	194	初步勘察	33	局部浸水边坡	175
冷弯槽钢	193	初位移加载法	34	局部通风	176
冷弯薄壁型钢	193	初始应力	33	局部斜纹	176
冷弯薄壁型钢结构	193	初始挠曲	33	局部粘结-滑移滞回曲线	176
冷弯薄壁型钢结构技术规范	193	初始荷载阶段	33	局部稳定	176
冷铆	193	初始缺陷	33	局部横纹承压	175
冷脆	193,(47)	初始偏心距	33	局域网	176
冷矫直	193	初弯曲	34	改进反弯点法	(392)
间曲线	153	初速度加载法	34	改建项目	89
间接平差	153	初偏心	33	张力结构	358
间接加载梁	153	罕遇地震	117	张力腿式平台	358
间接钢筋	153	罕遇烈度	117	张有龄法	(42)
间接钢筋配筋率	153			张拉挤压法	358
间隔边	153	[ㄱ]		张拉控制应力	358
间隔角	153	灵敏度	201	张拉强度	358
沥青混凝土护坡	195	灵敏度分析	201,(211)	张紧索	358
沉井	26	层次模型	20	张裂缝	358
沉井倾斜	26	层状撕裂	21	阿拉斯加地震	1
沉井壁	26	层间水	20	阻力	385
沉头铆钉	26	层间位移	21	阻力系数	385
沉拔桩	(25)	层间位移角限值	21	阻尼	385
沉降计算的分层总和法	26	层板胶合木	20	阻尼比	385
沉降计算经验系数	26	层板胶合拱	20	阻尼系数	386
沉降计算深度	(333)	层板胶合结构	20	阻尼理论	385

阻尼常数	385,(386)
阻尼装置	386
阻尼器	386
阻锈剂	386
阻燃剂	386
阻燃涂料	386,(79)
附加偏心距	88
附加箍筋	88
附合导线	88
附着式振动器	88
劲性钢筋混凝土柱	173
劲性钢筋混凝土结构	173
劲性钢筋混凝土结构抗震性能	173
劲性钢筋混凝土梁	173
劲性悬索	173
鸡腿剪力墙	139,(190)
驱动器	247
纵向水平支撑	385
纵向加劲肋	384
纵向界面剪力	384
纵向钢筋	384
纵向弯曲	385
纵向弯曲系数	385
纵向框架	385
纵向配筋砌体	385
纵向焊缝	384
纵波	384
纵轴	385,(342)
纵裂	384,(90)
纵翘	384
纵筋	384
纵筋配筋率	384
纵键连接	384
纵墙承重体系	384
纵横墙承重体系	384
纸板排水	366
纹理	312

八画

[一]

环形基础	130
环形焊缝	130
环梁	130
环裂	130
环境气象塔	129
环境污染	129
环境保护	129
环境随机振动试验法	129
环箍式压力测力计	129
现场结构试验	319
现状图	320
现浇混凝土构件	320
现浇整体式混凝土结构	(363)
表	13
表板纤维	13
表面温度	13
表裂	13
规则	113
规则库	114
规则建筑	114
拔出法	2
垆坶	203,(84)
坦墙的第二滑裂面	293
抽水试验	33
抽空三角锥网架	32
抽空四角锥网架	32
拐点压力	(50)
顶环	65
顶砖	65
顶点位移	65
顶棚	65,(64)
拆卸加固法	21
抵抗弯矩图	47
抵接	47,(29)
拘束应力	175,(356)
拉力测力计	191
拉应力限制系数	191
拉弯木构件承载力	191
拉弯构件	191
拉弯钢构件强度	191
拉结筋	191
拉索预应力钢桁架	191
拉索预应力钢梁	191
拉索塔式平台	191
拉铆钉	191
拉梁	191,(195)
坡口	234
坡口焊缝	234
坡角	234
坡顶裂缝开展深度	234
坡面冲蚀	234
坡积层	234
取土器	248
取芯法	248,(388)
取样检验	248
英佩里尔谷地震	(59)
英兹式水塔	347
直方图	366
直角坐标法	366
直角角焊缝	366
直线定向	366
直线定线	366
直流焊	366
直接平差	366
直接动力法	366
直接作用	366,(121)
杯口基础	7
板	2
板内地震	3
板孔配线	3
板式试验台座	3
板式承台	3
板式屋架	3
板式楼梯	3
板托	3
板件	3
板块间地震	3
板材	2
板材结构	2
板系结构体系	3
板组	4
板柱结构	3
板架结构	2
板桩	4
板桩加固法	4

板弹簧隔振器	3	软件工具	257	固有振动	(382)
板销	3	软件工程	256	固有频率	111
板销梁	3	软件开发环境	257	固件	110
板叠	2	软质岩石	257	固定支架	110
松弛	287	软钩吊车	256	固定作用	110
松弛损失	287	软弱下卧层验算	257	固定误差	110
松软节	287	软盘	(256)	固定荷载	110
松潘地震	287	软磁盘	256	固定资产动用系数	110
构件	109			固定资产交付使用率	110
构件校正	109	[丨]		固定资金	110
构件剪切破坏	109	非电量电测技术	81	固定铰支座	(160)
构架式机器基础振动	108	非生产性建设	81	固定梁	110,(198)
构架式塔	109	非发震断层	81	固结系数	110
构造	109	非均匀受压板件	81	固结沉降	(333)
构造平原	109	非周期性抗震动力试验	82	固结试验	110
构造地貌	109	非周期性抗震静力试验	82	固结度	110
构造地震	109	非承重墙	81	呼应信号装置	127
构造要求	109	非承重墙梁	81	岩土	338
构造筋	109	非线性地震反应	82	岩土工程长期观测	338
构筑物	109	非线性振动	82	岩土工程学	338
卧位试验	313	非封闭结合	81	岩土工程测试	338
事实	273	非破损试验	81	岩土现场试验	338
事故通风	273	非圆弧滑动面的杨布法	82	岩土室内试验	338
雨流法	350	非烧结硅酸盐砖	81	岩石	337
雨淋喷水灭火系统	350	非焊接钢结构	81	岩石风化程度	337
雨篷结构	350	非等精度观测	81	岩石压力	338,(262)
矽化加固法	(114)	非稳态滞回特性	82	岩石锚栓	338
矿山压力	187,(262)	非燃烧体	81	岩石露头	338
矿渣砖	188,(347)	齿连接	29	岩块式倾倒	336
码头	206	齿连接强度降低系数	29	岩块弯曲复合式倾倒	336
欧拉临界力	225	齿环键连接	29	岩芯钻探	339
欧拉临界应力	225	齿板连接	29	岩体	338
转角延性系数	376	齿接抵承	29	岩体力学	338
转角法	376	齿缝抗剪强度	29	岩体应力测试	338
转变温度	375	卓越周期	379	岩体结构面	338
转点	376	国民经济评价	115	岩层产状	336
转换层	376	国际单位制	114	岩坡工程图解法	336
轮裂	204	国拨材料	114	岩坡分析的解析法	336
软土	257	国家预算内项目	114	岩坡平面破坏分析	336
软土地基加固	257	明牛腿连接	211	岩坡形状	337
软化系数	256	易损性分析	343	岩坡破坏面的临界倾角	337
软件	256	固有周期	111	岩坡圆弧破坏分析	337

八画

岩坡球面投影法	337	垂直支撑	(278)	受压铰	277
岩坡楔体破坏分析	337	垂直位移观测	35	受扭纵筋	276
岩坡稳定分析	337	垂直角	35,(278)	受扭构件	276
岩溶	337	物理非线性振动	316	受扭构件承载力	(224)
岩溶水	337,(255)	物理相似	316	受扭构件强度	276
岩溶地基加固	337	物镜	316	受扭承载力	276
罗盘仪	204	供暖系统	108,(17)	受拉构件承载力	276
贮气罐	372	使用面积	273	受拉构件强度	276,(276)
贮仓	372	侧方交会法	19	受拉承载力	276
贮料侧压力	372	侧边纵翘	19	受拉破坏	276
贮料重力密度	372	侧压力	19	受拉铰	276
贮液池	372	侧向无支长度	19	受迫振动	(241)
贮液罐	373	侧向支承点	19	受弯构件	276
图元	300	侧向地基反力系数	(42)	受弯承载力	276
图示比例尺	300	侧向地基模量	(42)	受剪承载力	276
图号	300	侧向刚度	19	受剪面层作用	276
图形条件	300	侧向应力	19	胀蚀	358
图形软件标准	300	侧扭屈曲	19	胀缩土	359,(228)
图形输入板	300	侧吹碱性转炉钢	19	胀缩波	(384)
图形数据库	300	侧面构造筋	19	周期	369
图块	(300)	侧弯	19	周期性抗震动力试验	369
图纸会审	301,(270)	侧移	19	周期性抗震静力试验	370
图段	300	侧移引起的附加内力	19	周期误差	369
图根水准测量	300	侧焊缝	19	周期振动	370
图根导线测量	300	依次施工	342	鱼腹式吊车梁	350
图根点	300	质量密度	367	饱水带	6
图解交会法	300,(231)	征地拆迁	363	饱和度	5
图廊	300	往复式机器扰力	309		

[丿]

		径切板	173	[丶]	
		径切面	173	变色材	12
钎探	239	径裂	173	变形能量强度理论	12
制孔	367	金属保护层	170	变形缝	12
制动桁架	367	金属结构	170	变形模量	12
制动梁	367	采暖系统	17	变角空间桁架理论	11
制冷	367	采暖热媒	17	变配电所	11
制冷机组	367	采暖期日数	17	变幅变形加载	11
制图标准	367	采暖影响系数	17	变幅疲劳	11
知识	365	受力蒙皮作用	276	变幅疲劳试验	11
知识工程	365	受压构件承载力	276	变频正弦激振	12
知识库	365	受压构件强度	277	变截面梁	11
知识表示	365	受压承载力	276	底部剪力法	47
知识获取	365	受压破坏	277	底漆	48

净现值	174	单波壳	39	泊松比	14
净侧向荷载	173	单波拱	39	泥石流	221
净换算截面	174	单项工程	41	泥石流沉积物	221
净高	173	单项工程合同	41	泥炭	222
净截面	174	单项工程验收	41	泥炭质土	222
净截面效率	174	单柱支架	42	泥浆	221
盲孔	207	单轴对称钢梁	41	泥浆护壁	221
盲铆钉	207	单点系泊	40	泥滩	221
放大器	80	单独基础	40	沸腾钢	82
放张强度	81	单桩沉降量	42	波形拱	14
放样	80,(269)	单桩承载力	42	定位轴线	65
放射性同位素法测井	80	单桩横向受力分析的常系数法	42	定值设计法	65
放射性试验	80	单桩横向受力分析弹性半空间法		定数法	(249)
刻痕钢丝	183		42	宜建地区	342
卷边角钢	176	单桩横向受力分析 C 法	42	空气冲击波安全距离	184
卷边槽钢	176	单桩横向受力分析 K 法	42	空气吹淋室	184,(84)
卷边 Z 形钢	177	单桩横向受力分析 m 法	42	空气净化	184
卷板	176	单桩横向受力分析 p-y 曲线法	42	空气相对湿度	185
单方造价	40,(231)	单值条件相似	41	空气调节	184
单孔沉井	40	单排孔沉井	40	空气弹簧隔振器	184
单用户	41	单控	40,(186)	空斗砌体	183
单轨吊车	40	单斜式腹杆	41	空心板	185
单自由度	42	单剪销连接	40	空心率	(185)
单自由度等效体系	43	单筒	40	空心墙板	185
单向板	41	单筋梁	40	空心截面型钢	185
单向板肋梁楼盖	41	单 T 板	43,(394)	空间工作	184
单位	(145)	炉种	203	空间作用	(184)
单位工程	41	炉渣砖	203	空间性能影响系数	184
单位夯击能量	41	炉渣混凝土砌块	203	空间相关系数	184
单位生产成本	41	浅井	240	空间结构	184
单位生产能力投资	41	浅仓	240	空间框架	184
单位制	(145)	浅梁	240	空载试验	185
单位剪切角	41	浅源地震	240	空调	(184)
单系数极限状态设计法	41	法兰盘连接	74	空腹屋架	184
单层厂房的抗震支撑系统	39	法定计量单位	74	空腹筒	183
单层网壳	39	泄水孔	328	穹顶	246
单层悬索结构	40	泄压	328	实心板	273
单板胶合木	39	泄压窗	328	实体式基础	273
单齿连接	40	河流阶地	121	实体造型	273
单侧顺纹受剪	39	河漫滩	121	实体—联系模型	(392)
单肢稳定	41	河漫滩沉积物	121	实际切断点	273
单肢箍筋	41	油罐充水预压	348	实际材料图	273

实物试验	273,(354)	建设项目计划	(140)	建筑热工	156
实轴	273	建设项目计划任务书	154,(183)	建筑热物理	156
实腹式构件	272	建设项目年度计划	154	建筑高度	155
实腹式柱	272	建设项目总进度计划	154	建筑基线	155
实腹式桅杆	272	建设标准	153	建筑密度	156
实腹筒	273	建设前期工作计划	153	居住面积	175
试件设计	273	建设准备	154	屈曲	248
试坑浸水试验	(171)	建筑	(156)	屈曲后强度	248
试坑渗透试验	273	建筑工程设计软件包 BDP	155	屈曲理论	248,(312)
试验加载设计	274	建筑工程施工招标	155,(106)	屈服台阶	248,(247)
试验台座	274	建筑工程预算价格	155	屈服曲率	248
试验观测设计	274	建筑方格网	155	屈服阶段	247
试验室试验	274	建筑平面利用系数	156	屈服应力	248
房屋刚度中心	80	建筑电气	155	屈服变形	247
房屋结构体系	80	建筑主轴线	157	屈服点	247
房屋静力计算方案	80	建筑地基设计规范承载力公式	155	屈服程度系数	247
视口	275	建筑地基基础设计规范	154	屈服强度	248
视场角	274	建筑安装工程	154	屈强比	248
视线高程	275	建筑安装工程合同	154	弧形木构件抗弯强度修正系数	127
视差	274	建筑设计	156	弧形支座	127
视差角	274	建筑防水	155	弧形屋架	127
视差法测距	274	建筑防火	155	弧坑	127
视准轴	275	建筑红线	155	弧焊	(61)
视准轴误差	275	建筑抗震设计规范	155	弧裂	127
视距仪	274	建筑声学	156	弦切板	319
视距导线测量	274	建筑体积	156	弦切面	319
视距间隔	274	建筑坐标系	157	弦杆	319
视距法	274	建筑系数	157,(156)	承台	27
视距乘常数	274	建筑构造设计	155	承压水	27
详细勘察	323	建筑物	156	承压水等水位线图	27
		建筑物长高比	157	承压层间水	27
[ㄱ]		建筑物自动化系统	157	承压型高强度螺栓连接	27
建设工期	153	建筑物防雷	157	承重索	28
建设目的	153	建筑物沉降观测	157	承重粘土空心砖	28
建设地点	153	建筑物变形观测	156	承重销	28
建设投资	153	建筑物放样	157	承重墙	28
建设条件	153	建筑物等级	157	承重墙结构	28
建设规模	153	建筑物管理系统	(157)	承重墙梁	28
建设依据	154	建筑标准	154,(153)	承载力	27,(162)
建设周期	154	建筑面积	156	承载力系数	27
建设实施计划	153,(140)	建筑施工测量	156	承载力值的统计修正	27
建设项目	154,(140)	建筑结构	155	承载力值的深宽修正	27

承载力基本值表	27	终端	368	挠曲振动	(308)
承载力检验	27	经纬仪	171	挠度	219
承载能力极限状态	28	经纬仪交会法	171	挠度计	219
降落漏斗	158	经纬仪导线测量	171	挠度检验	219
降温池	158	经纬仪测绘法	171	挠度增大影响系数	219
限额以上建设项目	320	经典的非贝叶斯方法	171	挡土墙	43
参数平差	(152)	经线	171,(380)	挡土墙台阶基础	43
线刚度	320,(335)	经济效益指标	171	挡风天窗	43
线板	320,(202)	经验系数法	171	挡距	43
线性加速度法	320	贯通裂	(228)	挑梁	296
线性地震反应	320			挑梁计算倾覆点	297
线性振动	320	九画		挑梁抗倾覆荷载	297
线型	320			挑梁埋入长度	297
线段剪取	320	[一]		指示矩阵法	367
线框图	320			指令	366
线能量	320	春材	35,(357)	指令系统	366
线源	320	帮条锚具	4	指令集	(366)
线槽配线	320	型钢	330	指定塑性铰	366
线膨胀系数	320	型钢-砖组合砌体	330	垫块	(197)
组合切线模量	387	型钢梁	330	垫板	63
组合式天窗架	387	挂瓦条	111	垫圈	63
组合式吊车梁	387	挂钩砖	111,(108)	挤土桩	145
组合式隔振器	387	封闭式母线配线	86	挤压式锚具	145
组合壳	387	封闭轴线	86	挤密碎石桩加固法	145
组合板	386	封闭结合	86	拼接角钢	230
组合柱	387	封闭箍筋	86	拼接接头	230
组合砖砌体结构	387	封底	86	挖孔桩	306
组合砌体	387	持久状况	29	带刚域框架	39
组合屋架	387	持久试验	29,(22)	带肋圆顶	39
组合结构	386	持久强度	29,(22)	带负荷加固法	39
组合结构的抗震性能	386	持水度	29	带竖缝抗震墙	39
组合桁架	386	拱	108	带钢	39
组合桩	388	拱形屋面板	108	带缝剪力墙	39
组合梁	386	拱形屋架	108	带壁柱墙	38
组合梁剪跨	387	拱壳空心砖	108	草皮护坡	19
组合弹性模量	387	拱壳砖	108	荧光法	347
组合筒	387	拱板屋架	108	标称精度	12
组钉板连接	386	拱度	108	标高	12
组装	388,(378)	垭口	334	标准正态分布	13
细长柱	318	项目建议书	324	标准设计	13
细砂	318	城市功能分区	28	标准冻结深度	12
细料石	318	城市抗震防灾规划	28	标准贯入试验	12

标准贯入锤击数	12	柱间支撑	373	砌体	237
标准砖	13	柱顶板	373	砌体反复受剪	237
标准差	12,(368)	柱的失稳破坏	373	砌体抗压强度	238
标准值	13	柱的材料破坏	373	砌体抗拉强度	238
标准离差	12,(103)	柱底板	373	砌体抗剪强度	238
相干函数	321	柱面刚度	373	砌体构件抗弯承载力	237
相片平面图	324	柱面网壳	374	砌体构件抗剪承载力	237
相片地质判读	324	柱基础	373	砌体构件受压承载力	237
相片地质判释	324	柱距	373	砌体构件轴心抗拉承载力	237
相片地质解释	324	柱脚	373	砌体受压的应力应变关系	239
相片判读	324	柱脚连接板	373	砌体变形性能	237
相片调绘	324	柱帽	373	砌体房屋的承重体系	237
相片略图	324	树皮	(254)	砌体砌筑方式	238
相对受压区高度	321	树根桩	278	砌体复合受剪	237
相对界限受压区高度	321	歪形能理论	306,(12)	砌体弯曲抗拉强度	239
相对误差	321	砖力学性能	375	砌体结构	237
相对高程	321	砖木结构	375	砌体结构加固	238
相对偏心	321,(229)	砖石砌体	375	砌体结构设计规范	238
相对偏心距	321	砖石结构	375	砌体结构防腐蚀	237
相对密度	(262)	砖折压比	375	砌体结构抗震加固	238
相对频率	321	砖抗折强度	375	砌体结构抗震性能	238
相似判据	322	砖沉井	374	砌体结构非线性分析	238
相似定理	322	砖的应力应变关系	374	砌体结构腐蚀	238
相似原理	322	砖标号	374,(375)	砌体强度调整系数	238
相似常数	322	砖砌平拱	375	砌体截面折算厚度	238
相似第一定理	322	砖砌过梁	375	砂土	261
相似第二定理	322	砖砌体	375	砂土的相对密度	262
相似第三定理	322	砖砌体结构	375	砂土液化	262
相似模型	322	砖砌屋檐	375	砂井	261
相关公式	321	砖砌筒拱	375	砂岛	260
相关曲线	321	砖结构	(375)	砂质垆坶	262
相关系数	322	砖基础	375	砂质粉土	262
相关屈曲	321	砖混结构	375	砂垫层	261
相关函数	321	砖筒拱	(375)	砂桩	262
相位测距法	322	砖强度等级	375	砂浆	261
相邻荷载影响	322	厚单板胶合板	(39)	砂浆力学性能	261
柱	373	厚实截面	127	砂浆可塑性	(261)
柱下钢筋混凝土条形基础	374	砌合	236	砂浆和易性	261
柱上板带	374	砌块	236	砂浆的应力应变关系	261
柱子吊装测量	374	砌块砌体	237	砂浆变形	261
柱头	374	砌块砌体结构	237	砂浆标号	261
柱网	374	砌块结构	(237)	砂浆保水性	261

砂浆流动性	261	轴心受压构件	370	竖直角	278
砂浆强度等级	261	轴心受拉木构件承载力	370	竖直度盘	278
砂浆稠度	261	轴心受拉构件	370	竖直桩	278
砂堆比拟法	261	轴压比	371	竖轴	278,(342)
砂壤土	261,(262)	轴向力影响系数	370	竖盘	278
泵送顶升浇灌法	8	轴向振动	370	竖盘自动补偿器	278
面水准测量	210	轴线控制桩	370	竖盘指标差	278
面向对象语言	210	轻亚粘土	245,(223)	显示器	319
面向问题语言	210	轻型工字钢	245	显示器屏幕	319
面板纤维	210,(13)	轻型钢结构	245	星形四角锥网架	329
面波	210	轻型槽钢	245	星裂	329
面波震级	210	轻骨料混凝土结构抗震性能	245	界限长细比	169
面积测定	210	轻钢结构	245	界限含水量	169
面源	210	轻钢桁架	245	界限破坏	170
面漆	210	轻集料混凝土	245	界限偏心距	170
耐火极限	219	轻壤土	245,(223)	界面受剪	169
耐火能力	219			响应峰值分布	323
耐火混凝土	218	[I]		咬边	340
耐火等级	218	背斜	8	咬合作用	340
耐候钢	218	点之记	60	贴覆盖板加固法	297
耐酸砂浆	219	点阵式打印机	60	骨架	110,(202)
耐酸胶泥	219	点阵式汉字库	60	骨架曲线	110
耐酸陶瓷制品	219	点位测设	59	骨料咬合	110
耐酸混凝土	219	点位误差	60		
耐腐蚀天然料石	218	点焊	59	[J]	
耐腐蚀涂料	218	点源	60	钟表式百分表	368,(2)
耐腐蚀铸石制品	218	临时性加固	201	钢	92
牵引式滑坡	239	临空墙	201	钢木组合梁	98
残余应力	18	临界风速	200	钢木结构	98
残余应变	18	临界孔隙比	200	钢木桁架	98
残余变形	17	临界应力	201	钢尺	93
残积层	17	临界范围	200	钢尺检定	93
轴心力和横向弯矩共同作用 折减系数	370	临界标准贯入击数	200	钢号	94
		临界弯矩	201	钢丝网水泥沉井	98
轴心压杆	371	临界荷载	200	钢丝网水泥结构	98
轴心压杆屈曲形式	371	临界斜裂缝	201	钢丝网加固	98
轴心压杆稳定承载力	371	临界温度	201	钢丝束	98
轴心受力构件	370	临塑荷载	201	钢轨	94
轴心受力构件毛截面强度	370	竖井	278	钢材抗拉强度	92
轴心受力构件净截面强度	370	竖井内布线	278	钢材极限强度	(92)
轴心受力构件强度	370	竖向支撑	278	钢材应力—应变曲线	92
轴心受压木构件承载力	370	竖向固结	278	钢材复验	92

钢材校正	92	钢筋混凝土结构	96	复合板	88
钢材矫正	92	钢筋混凝土结构防火	96	复合受扭构件	88
钢沉井	93	钢筋混凝土结构防腐蚀	96	复合保护	88
钢板	92	钢筋混凝土结构疲劳计算	96	复合墙板	88
钢板结构墙	92	钢筋混凝土结构腐蚀	96	复合箍筋	88
钢板梁	92	钢筋混凝土套柱法	96	复制	88
钢的包辛格效应	93	钢筋锈蚀测量	97	复测法	88
钢卷尺	98,(93)	钢筋强度设计值	97	顺风向风振	285
钢组合梁	98	钢筋强度标准值	97	顺序文件	286
钢类	98	钢箍	(109)	顺纹受压	286
钢结构	94	钢管	93	顺纹受拉	286
钢结构加固	95	钢管结构	94	顺纹受剪	286
钢结构设计规范	95	钢管桁架	93	顺纹承压	285
钢结构防火	95	钢管桩	94	顺纹挤压	(285)
钢结构防腐蚀	94	钢管混凝土	93	顺砖	286
钢结构抗震性能	95	钢管混凝土组合柱	94	顺弯	285,(384)
钢结构制造	95	钢管混凝土柱	93	保本点分析	6,(347)
钢结构腐蚀	95	钢管混凝土结构	93	保护接地	6
钢绞线	94	钢管混凝土换算刚度	93	保证系数	6
钢桁架	94	钢管混凝土换算惯性矩	93	保证率	6
钢-混凝土组合柱	94,(173)	钢管混凝土桁架	93	保险螺栓	6
钢-混凝土组合梁	94,(173)	矩形地沟	176	信号处理机	329
钢梁	98	矩震级	176	泉	249
钢梁经济高度	98	氢白点	245,(2)	盆地	227
钢梁强度	98	氢脆	245	脉动风压	207
钢筋	95	选点	332	脉动风速	207
钢筋扒锯加固法	95	适筋梁	275	脉动法	207,(129)
钢筋网水泥砂浆加固法	97	科学数据库	182	脉动疲劳	207
钢筋网砂浆套层法	97	重力水	369	脉动增大系数	207
钢筋约束区	98	重力加载法	369	脉冲函数	206
钢筋位置测量	97	重力式挡土墙	369	脉冲响应函数	206
钢筋应变不均匀系数	97	重力式混凝土平台	369	独立基础	68,(40)
钢筋环绕式刚性节点	95	重力荷载代表值	369		
钢筋砖过梁	98	重力密度	369	[丶]	
钢筋砂浆砌体	97	重现期	32	弯心	(151)
钢筋换算直径	95	重复性	32	弯曲木压杆调直加固法	307
钢筋接头	97	重复荷载	32	弯曲中心	308,(151)
钢筋混凝土	96	重复荷载下的粘结	32	弯曲失稳	308
钢筋混凝土过梁	96	重度	(369)	弯曲式倾倒	308
钢筋混凝土沉井	96	重置费用	32	弯曲刚度	307,(180)
钢筋混凝土-砖组合砌体	96	重锤夯实	368	弯曲试验	308,(194)
钢筋混凝土恢复力模型	96	复式框架	88	弯曲屈曲	307

弯曲型变形	308	差容式测振传感器	21	活节	137
弯曲振动	308	前方交会法	239	活动支架	137,(368)
弯扭失稳	307	前处理	239	活荷载	137
弯扭构件	307	前端电视设备室	239	活断层	137
弯扭屈曲	307	首子午线	276	恒载试验	123
弯钩	307	首曲线	276	恒荷载	123
弯矩-曲率曲线	307	逆作法	222	恢复力曲线	(367)
弯起钢筋连接件	307	总平面布置	383	恢复力特性	131
弯起筋	307	总平面位置设计	383	恢复项目	131
弯剪扭构件	307	总平面竖向布置	383	室内土工试验	(338)
弯剪裂缝	307	总平面竖向设计	383	室内计算温度	275
度盘偏心角	68	总平面绿化设计	383	室内外高差	275
度盘偏心差	68	总平面道路网设计	383	室外计算温度	275
度盘偏心距	68	总平面管网设计	383	室外电缆线路	275
音节清晰度	343	总生产成本	383	突加荷载法	300
帝国峡谷地震	59	总包合同	382	突沉	300
施工日记	269	总传热阻	383	突卸荷载法	300
施工企业	269,(268)	总交工验收	383	突缘支座	300
施工许可证	270	总投资	384	穿心钢板	34
施工阶段验算	269	总体	384	穿越分析	34
施工技术交底	269	总图设计	384	语义网络模式知识表示	350
施工坐标系	270,(157)	总线	384	语句	350
施工张力	270	总热阻	383	扁壳	11,(281)
施工图设计	269	总剪力墙法	383	扁钢	11
施工图纸会审	269	炼油塔	196	误差传播定律	316
施工图预算	269	洼地	306	误差椭圆	316
施工放样	269,(20)	洁净度	161	诱发地震	350
施工单位	268	洁净室	161		
施工组织设计	270	洪积层	126	[ㄱ]	
施工项目	270	测回法	19	退化型恢复力模型	305
施工顺序	269	测设	20	屋顶突出物	313
施工荷载	269	测图	20	屋面木基层	314
施工准备	270	测试程序	20	屋面板	314
施工控制网	269	测绘	20	屋面活荷载	314
施工勘察	269	测振传感器	20	屋面积灰荷载	314
施工营业执照	270	测站检核	20	屋面梁	314
施工程序	268	测站偏心	20,(71)	屋架	314
施工零线	(296)	测距仪	20,(60)	屋盖	313
施工缝	269	测量平差	20	屋盖支撑系统	313
施密特回弹锤法	270,(131)	测程	19	屋盖体系	313
差动变压器式位移传感器	21	测温孔	20	屋盖结构	313
差热分析	21	测微器	20	屏幕编辑程序	233

屏障隔振	233	结构防腐蚀设计	162	绕角焊	251
费用-效益分析	82	结构抗力	165	绕射	251
除尘器	34	结构抗风设计	165	绘图仪	132
除锈	34	结构抗裂度	165	给水系统	145
架立筋	150	结构抗震加固	165	给水度	145
架空线路	150	结构抗震设计	165	绝对误差	177
架空敷设	150	结构抗震性能	166	绝对高程	177
盈亏平衡分析	347	结构抗震试验	165	绝对湿度	177
柔性防水	256	结构抗震修复	166	绞扭钢筋	160,(194)
柔性连接件	256	结构抗震能力	165	统配物资	298,(114)
柔性垫梁	256	结构抗震能力评定	165		
柔度法	256	结构极限状态	164		
绑扎骨架	5	结构构件实际承载力	164		

十画

[一]

结合水	168	结构非线性分析	163		
结构	161	结构物	167,(109)		
结构工程	164	结构性能评定	167	耗能系数	121
结构工程事故	164	结构试验	167	素混凝土结构	287
结构化查询语言 SQL	164	结构试验机	167	振动	360
结构分析通用程序	163	结构试验设计	167	振动压密	361
结构分析程序	163	结构承载力	162	振动形态测量	361
结构分析微机通用程序 SAP84	163	结构标准	161	振动沉桩	360
结构允许振动	168	结构面积	166	振动层间影响	360
结构功能函数	164	结构耐久性	166	振动砖墙板	361
结构功能要求	164	结构钢	163	振动荷载	360
结构可靠状态	166	结构适用性	167	振动碾	360
结构可靠性	166	结构重要性系数	168	振动器	361
结构可靠度	166	结构振动设计	168	振冲碎石桩	360
结构失效状态	167	结构损坏	167	振弦应变仪	361
结构加固设计	164	结构-桩-地基土相互作用	168	振型	361
结构动力反应测量	162	结构破坏	166	振型分解法	361
结构动力特性	162	结构缺陷	166	振型参与系数	361
结构动力特性测量	162	结构倒塌	162	振型耦连系数	361
结构老化	166	结构疲劳试验	166	振幅	361
结构刚度	163	结构控制	166	起吊应力	235
结构刚度特征值	163	结构检验	164	盐渍土	339
结构自重	168	结构隔振设计	163	盐碱土	339
结构安全性	161	结构缝	163,(12)	埋件	206,(351)
结构设计	167	结构墙	166	埋弧自动焊	206
结构设计原理	167	结构影响系数	168	埋弧焊	206
结构设计符号	167	结构磨损	166	换算长细比	130
结构防火	162	结点	161,(189)	换算截面	130
结构防火设计	162	结晶水	168	换算截面惯性矩	130

十画

换算截面模量	130	荷载效应系数	122	桁架式吊车梁	124
热力网	252	荷载效应组合	122,(221)	桁架式檩条	124
热力站	252	荷载效应基本组合	122	桁架拱	123
热工计算	252	荷载效应偶然组合	122	桁架起拱	124
热工高度	252	荷载效应谱	122	桁架理论	124
热水采暖系统	252	荷载效应谱曲线	122	桁架筒	124
热风采暖	251	荷载短期效应组合	121	桁架墙	124
热轧型钢	252	荷载频遇值	122	栓钉	280
热轧钢筋	252	荷载谱	122	栓焊结构	280
热轧I级钢筋	252	荷载谱曲线	122	桅式结构	310
热轧II级钢筋	252	真子午线	360,(380)	格构式天窗架	102
热轧III级钢筋	252	真方位角	360	格构式构件	102
热轧IV级钢筋	253	真空预压	360	格构式拱	102
热处理钢筋	251	真型试验	360,(354)	格构式柱	102
热扩散系数	252	真误差	360	格构式桅杆	102
热传导系数	251	框支剪力墙	190	桩	376
热应力分布	252	框支墙	190	桩-土相互作用	378
热变形	251,(118)	框架	188	桩头	378
热法测井	251	框架式基础	189	桩对承台的冲切	377
热弯	252	框架抗震设计	188	桩尖	378
热铆	252	框架体系抗震计算方法	189	桩身	378
热矫直	252	框架-承重墙结构	188	桩顶约束条件	377
热裂纹	252	框架柱	189	桩侧摩阻力	376
热惰性指标	251	框架柱的抗震设计	189	桩的中性点	377
热塑性	252	框架柱端加强区	189	桩的动力试验	376
热影响区	252	框架结构	188	桩的负摩阻力	376
荷重传感器	123	框架-剪力墙结构	188	桩的抗压试验	377
荷载	121	框架梁	188	桩的抗拔试验	377
荷载长期效应组合	121	框架梁柱节点	189	桩的极限荷载	377
荷载分项系数	122	框架梁端加强区	188	桩的轴向容许承载力	377
荷载代表值	121	框架-筒体结构	189	桩的载荷试验	377
荷载设计值	122	框架模式知识表示	189	桩的荷载传递函数法	376
荷载系数设计法	122,(234)	框格式挡土墙	188	桩的荷载剪切变形传递法	376
荷载组合	122	框剪体系抗震计算方法	189	桩的横向载荷试验	377
荷载组合值	122	框剪结构	(188)	桩基础	377
荷载组合值系数	122	框筒	190	校核测点	160
荷载-挠度曲线	122	框筒结构	(189)	校准法	160,(217)
荷载标准值	121	框墙结构	(188)	核心混凝土	123
荷载倾斜系数	122	桥式吊车	244	核心混凝土截面	123
荷载准永久值	122	桥路特性	244	核心筒	123
荷载准永久值系数	122	桁架	123	核爆动荷载	123
荷载效应	122	桁架节点	123	核爆炸	123

十画

样本	339	[ㅣ]		铁管配线	297
样本极值	339			铆钉	208
样杆	339	柴排护坡	21	铆钉连接	209
样板	339	紧固件	170,(138)	铆接结构	209
根方差	103	紧箍力	170	铆接梁	209
索网结构	291	鸭筋	334	缺口韧性	249
索桁架	291	峰因子	86,(6)	缺口效应	249
索桁结构	291	峰值应力应变	86	氩弧焊	335
索梁结构	291	峰值应变	(86)	氧气转炉钢	339
速度反应谱	287	圆木	355,(354)	特种混凝土	294
配重下沉法	227	圆水准器	355	特类钢	294
配筋砌体	227	圆水准器轴	355	特殊土	294
配筋砌体结构	227	圆头铆钉	355	乘常数	28
配筋砌体结构抗震性能	227	圆形地沟	355	积分放大器	139
配筋率	226,(384)	圆顶	355,(247)	积极消能	139
配筋强度比	227	圆弧滑动面的位置	355	积极隔振	139
配箍率	226	圆柱头焊钉连接件	355,(280)	积雪分布系数	139
夏材	318,(308)	圆柱形薄壳	355	积累损伤	139
砼	298	圆柱形螺旋钢弹簧隔振器	356	透水层	299
砾砂	195	圆柱壳	355	透水性	299
破心下料	234	圆钢	355	笔式记录仪	9
破坏试验	234	圆钢拉杆	355	倾倒破坏	245
破坏棱体	234	圆钢销连接	355	倾斜观测	246
破损阶段设计法	234	圆砾	355	倾斜观测标	246
破碎带	234	圆盘键连接	355	倾斜改正	246
原木	354	圆筒形塔	355	倾斜岩层	246
原条	354	圆频率	355	倾斜基础	246
原状土	354			倾覆稳定性	246
原始数据处理	354	[丿]		倒梁法	44
原型试验	354	钻井塔	388	倒棱木	44
套箍系数	294	钻孔	388	倒锥形水塔	44
套箍指标	294	钻孔压水试验	388	候平均气温	127
套箍效应	294	钻孔法	388,(326)	倪克勤公式	222
套管对接	294	钻孔灌注桩	388	俯焊	87
套管护孔	294	钻机	(388)	倍角法	8,(88)
逐次积分法	371	钻进方法	388	射钉	265
逐层切削法	371	钻进进尺	388	射线防护	265
烈度工程标准	199	钻芯法	388	射线探伤	265
烈度表	199	钻探孔	388	射线源	266
烈度衰减	199	钻探机	388	徐变	330
殉爆	332	钻探技术	388	徐变回复	330,(293)
殉爆安全距离	332	钻模	388	徐变系数	330

徐舒	330,(287)	高承台桩基础	99	部分加劲板件	16
殷钢尺	343	高厚比	99	部分交互作用	16
航空地质调查	120	高度角	99,(278)	部分抗剪连接	16
航空标志色	120	高差	99	部分预应力混凝土结构	16
航空摄影测量	120	高差闭合差	99	部分焊透对接焊缝	15,(311)
航测	120	高桩承台基础	(99)	部件	16
航测成图法	120	高耸结构	100	部管材料	16
航摄比例尺	120	高耸结构的温度作用效应	101	部管物资	16
航摄相片	120	高耸结构荷载	101	旁压试验	226
脆性	36	高效钢材	101	粉土	84
脆性破坏	36	高斯分布	100,(364)	粉尘浓度	84
脆断	36	高斯曲率	100	粉尘浓度极限	84
胶合木	159	高斯—克吕格平面直角坐标系	100	粉尘浓度界限	84
胶合木结构	159	高程	99	粉质粘土	84
胶合木接头	159	高程控制网	99	粉砂	84
胶合板	158	高程基准面	99	粉煤灰砖	84
胶合板节点板	158	高温水采暖系统	101	粉煤灰砌块	84
胶合板结构	158	高温徐变	101	料斗	198
胶合板梁	158	高强度螺栓	100	料石	198
胶合板管桁架	158	高强度螺栓连接	100	兼容机	150
胶合板箱形拱	158	高强度螺栓拧紧法	100	烧穿	263
胶合板箱形框架	158	高强度螺栓预拉力	100	烧结非粘土砖	263
胶合板箱形梁	159	高强混凝土	100	烧结粉煤灰砖	263
胶合指形接头	159	准先期固结压力	379	烧结普通砖	263
胶合梁	159	准概率设计法	(4)	烧结煤矸石砖	263
胶连接	159	疲劳寿命	229	烟灰砖	335,(84)
胶结连接	159	疲劳极限	228	烟囱	335
胶结作用	159	疲劳试验机	229	烟囱外爬梯	335
胶结法	159	疲劳承载力	228	烟囱防沉带	335
胶粘钢板加固法	159	疲劳破坏	228	烟囱受热温度允许值	335
		疲劳容许应力幅	229	烟囱保护罩	335
		疲劳验算	229	烟囱紧箍圈	335
[丶]					
浆砌石护坡	157	疲劳粘结	228,(32)	烟囱筒壁	335
高压体系充气结构	101,(236)	疲劳裂纹	228	递归	59
高压固结试验	101	疲劳强度	228	消火栓给水系统	325
高压配电柜	101	疲劳强度曲线	228,(394)	消压预应力值	325
高阶振型	100	疲劳强度修正系数	228	消防通道	325
高级语言	100	离心力加载法	194	消防控制室	325
高位给水箱	101	离心混凝土抗压强度	194	消防楼梯	325
高层房屋结构	99	离差系数	194	消声器	325
高周疲劳	101	唐山地震	294	消极消能	325
高周疲劳试验	101	剖面设计	234	消极隔振	325

消费性建设	325,(81)	扇性惯性矩	262	预应力配筋砌体	353
消振器	325,(102)	被动土压力	8	预应力部件布置	351
消能	325	被动土压力系数	8	预应力混凝土结构	353
消能支撑	325	被动隔振	8,(325)	预应力混凝土桩	353
消能节点	325	调质钢筋	296,(251)	预应力撑杆加固法	352
涡纹	313,(176)	调试	296	预应力撑杆柱	352
海拔	115,(177)	调幅法	296	预张力	354
海底输油管线	115			预张拉	354
海城地震	115	[ㄱ]		预拉力	351
海洋工程	116	剥蚀平原	14	预制长柱	354
海洋工程结构荷载	116	剥蚀地貌	14	预制倒锥壳水塔	354
海洋平台	116	弱轴	257	预制混凝土构件	354
海洋结构模块	116	弱结合水	257,(5)	预变形	350,(74)
海原地震	116	陶土空心大板	294	预载试验	354
海积物	115	陶粒混凝土砌块	294	预埋件	351
海浪荷载	115	陷落地震	321	预埋钢板	351
海啸	116	通风孔	298	预埋螺栓式试验台座	351
海塘	116	通风柜	297	预热	351
海滩	116	通用设计	298	预调平衡	351
海震荷载	116	通缝抗剪强度	298	预算内建设项目	351,(115)
浮石混凝土砌块	86	能量耗散比	221,(121)	预算外建设项目	351,(380)
浮运沉井法	86	难燃烧体	219	验算点法	339
流水文件	202	预加应力阶段	351		
流水施工	202	预压排水固结	351	**十一画**	
流动资金	201	预作用喷水灭火系统	354		
流限	202	预应力	351	[一]	
流砂	202	预应力反拱	352		
流幅	202	预应力传递长度	352	球面网壳	247
浸水试验	171	预应力芯棒	353	球面壳	247
浸水挡土墙	171	预应力拉杆加固法	353	理论切断点	195
宽厚比	187	预应力组合梁	354	理想化震源	195
宽翼缘工字钢	187	预应力钢丝	353	堵焊法	68
容水度	254	预应力钢网架	353	排水下沉法	226
容许长细比	255	预应力钢拉杆	352	排水检查井	226
容许应力设计法	255	预应力钢拱	352	排气塔	226
容许变形值	254	预应力钢结构	352	排架	225
容许挠度	255	预应力钢框架	352	排架柱	225
容许残留冻土层厚度	254	预应力钢桁架	352	推出试验	305
容许钢筋极限拉应变	255	预应力钢梁	353	推理	305
容许误差	255	预应力钢罐	352	堆石护坡	70
朗金土压力理论	192	预应力度	352	堆载预压	70
扇性坐标系	263	预应力损失	353	堆积平原	70

十一画					
堆积地貌	70	基线条件	142	常幅疲劳试验	23
掀起力	319	基线测量	142	悬挂式隔振装置	331
接口	160	基础	140	悬挂结构	331
接线盒	161	基础台阶宽高比的容许值	141	悬挂混合结构	331
接桩	161	基础有效宽度	141	悬挂薄壳	331
接触式测振仪	160	基础自振频率	141	悬挑式楼梯	332
控制设计法	186	基础形状系数	141	悬挑梁	331,(296)
控制应力法	186	基础连系梁	141	悬索结构	331
控制冷拉率法	186	基础的补偿性设计	140	悬臂式挡土墙	331
控制层	186	基础放样	140	悬臂梁	331
控制变形加载	186	基础持力层顶面等高线图	140	晚材	308
控制测点	186	基础持力层底面等高线图	140	晚材百分率	308
控制荷载加载	186	基础振幅计算	141	距离交会法	176
控制荷载和变形的混合加载	186	基础梁	141	累积分布函数	192
控制器	186	基础最小埋深	141	累积损伤律	192
掘探	177	基础隔振措施	141	逻辑推理	(305)
基本风压	139	勘探技术	179	逻辑模式知识表示	204
基本风速	139	勘察阶段	178	崩塌	8
基本图形交换规范	(392)	勘察原始资料	179	圈梁	248
基本变量	139	菱形形变	201	圈梁及钢拉杆加固法	248
基本建设年度投资计划	140	黄土	130		
基本建设项目	140	黄土崩	130	[J]	
基本建设项目计划	140	黄土梁	130	铝压型板	203
基本建设程序	139	黄土湿陷	130	铝合金	203
基本振型	140	黄土湿陷试验	130	铝合金结构	203
基本速度压	140,(139)	黄土塬	131	铝型材	203
基本烈度	140	菜单	17	铟钢尺	343
基本雪压	140	梯形屋架	295	铣孔	317
基本等高线	139,(276)	梯度风	295	铰支座	160
基本模数	140	梯度风高度	295	铰轴支座	(160)
基床系数法	141	副索	88	铰接	160
基岩	142	硅化加固法	114	铰接框架	160
基岩地震动	142	硅化法	(114)	铲边	22
基岩埋藏深度图	142	硅酸盐砌块	114	矫直	160,(92)
基底反力	(142)	雪荷载	332	移动作用	(182)
基底平均压力	142	辅助性专题研究	87	移动沙丘	342
基底压力	(142)	辅助等高线	87,(372)	笼式挡土墙	202,(188)
基底附加压力	142			符合水准器	87
基底倾斜系数	142	[I]		第一类稳定	59
基底接触压力	142	虚拟杆件展开法	330	第一振型	59,(140)
基底剪力法	(47)	虚轴	330	第二类稳定	59
基线	142	常幅疲劳	23	第四纪地质图	59

第四纪地质学	59	斜裂缝	327	粗砂	36
第四纪冰川	59	斜键连接	327	粗差	36
第四纪沉积物	59	斜腹杆双肢柱	327	粗料石	36
第四强度理论	59,(12)	斜截面抗弯强度	327	断层	70
敏感性分析	211	斜截面抗剪强度	327	断层破裂长度	70
敏感度	211	斜截面承载力	327	断层距	70
敏感度分析	211	斜截面破坏形态	327	断面图	70
袋装砂井	39	斜撑	327	断续焊接	70
偶然作用	225	盒子结构	123	断续焊缝	70
偶然状况	225	领域	201	断裂韧性	70
偶然误差	225	脱氧	306	断裂构造	70
偶然荷载	225	脱落节	306	剪力中心	151
偏心材	229,(346)	象限角	324	剪力流	151
偏心受力构件	230	猫头吊	(40)	剪力滞后	151
偏心受压木构件承载力	230			剪力墙	151
偏心受压构件	230	[丶]		剪力墙连梁	151
偏心受拉木构件承载力	230	减压下沉	150	剪力墙结构	151
偏心受拉构件	230	减压平台	150	剪切	152
偏心距	229	减振器	151,(102)	剪切波	152
偏心距增大系数	229	旋转薄壳	332	剪切型变形	152
偏心率	229	旋涡脱落	332	剪切带	152
偏心影响系数	230	旋喷法	332	剪切振动	152
偏光显微镜分析	229	望远镜	309	剪切滞后	152,(151)
偏析	229	望远镜放大率	309	剪切模量	152,(151)
偏差系数	229	望远镜旋转轴	309	剪压比	152
假定平面直角坐标	150	望板	309	剪压破坏	152
假定高程	150,(321)	着色法	380	剪取	152
假想弯矩法	150	盖板	89	剪变模量	151
船形焊	34	粘土	223	剪跨比	151
斜压力场理论	328	粘土空心砖	223	剪摩理论	151
斜压破坏	328	粘土砂浆	223	剪摩擦	151
斜交网架	327	粘质粉土	223	焊丝	119
斜角角焊缝	327	粘性土	223	焊件	118
斜纹受剪	328	粘结力	(313)	焊钉	117
斜纹承压	328	粘结退化	223	焊位	119
斜纹挤压	(328)	粘结裂缝	223	焊条	119,(61)
斜拉破坏	327	粘结滑移	222	焊剂	118
斜放四角锥网架	327	粘结滑移理论	222	焊药	119
斜弯计算法	327	粘弹变形	223	焊根	118
斜弯梁	328	粘滑断层	222	焊透对接焊缝	119
斜桩	328	粘聚力	223,(220)	焊接	118
斜搭接	327	粗制螺栓	36,(391)	焊接工艺	118

焊接工艺参数	118	混凝土内部电测技术	135	液化地基加固	340
焊接方法	118	混凝土双向应力强度	136	液化场地危害性评价	340
焊接网	119	混凝土包覆加固法	132	液化势小区划	340
焊接材料	118	混凝土立方体抗压强度	134	液化的再判	340
焊接连接	119	混凝土动弹性模量	133	液化的初判	340
焊接位置	119	混凝土收缩	136	液化砂土地基加固	340
焊接应力	119	混凝土抗折强度	134	液压加载系统	341
焊接变形	118	混凝土抗剪强度	134	液压加载法	341
焊接空心球节点	118	混凝土抗渗性	134	液压加载器	341
焊接残余应力	118	混凝土抗裂强度	134	液压式振动台	341
焊接残余变形	118	混凝土护坡	133	液性指数	341
焊接骨架	118	混凝土应力-应变关系	136	液限	341
焊接钢板节点	118	混凝土沉井	133	淤泥	350
焊接钢管	118	混凝土构件截面受压区高度	133	淤泥质土	350
焊接结构	118	混凝土软化	135	深仓	266
焊接热应力	119	混凝土变形	132	深层水泥搅拌法	266
焊接热变形	119	混凝土标号	132	深层压实	266
焊接缺陷	119	混凝土砌块	135	深度系数	266
焊接梁	119	混凝土轴心抗压强度	136	深梁	266
焊接裂纹	119	混凝土轴心抗拉强度	136	深源地震	267
焊接瞬时应力	119	混凝土界面抗剪强度	134	深熔焊	267
焊趾	119	混凝土复杂应力强度	133	梁	197
焊脚	118	混凝土保护层	132	梁式吊车	197
焊脚尺寸	118	混凝土弯曲抗压强度	136	梁式承台	197
焊喉	118,(117)	混凝土弯曲抗拉强度	136,(134)	梁式楼梯	197
焊道	117	混凝土结构	133	梁肋	197
焊缝	117	混凝土结构加固	133	梁-拱联合受力机构	197
焊缝计算长度	117	混凝土结构设计规范	134	梁垫	197
焊缝有效长度	117	混凝土结构抗震加固	134	梁-柱	198,(334)
焊缝有效厚度	117	混凝土结构腐蚀	133	梁截面不对称影响系数	197
焊缝质量级别	117	混凝土圆柱体抗压强度	136	梁端有效支承长度	197
焊缝质量检验标准	117	混凝土疲劳变形模量	135	梁端约束支承	197
焊瘤	119	混凝土基础	133	梁端砌体局部受压	197
清材	246	混凝土剪力传递	133	梁整体稳定	197
清根	246	混凝土棱柱体抗压强度	134,(136)	梁整体稳定系数	198
混合土	132	混凝土强度	135	梁整体稳定等效弯矩系数	198
混合砂浆	132	混凝土强度等级	135	渗透压力	267
混合结构	132	混凝土微裂缝	136	渗透系数	267
混响时间	137	混凝土劈裂	135	渗透流速	267
混凝土	132	混凝土劈裂抗拉强度	135	渗透探伤	267
混凝土三向应力强度	136	混凝土凝缩	135	惯性力加载法	112
混凝土干缩	133	液化区	340	窑干材	340

密肋板	209	综合基本建设工程年度计划		握裹强度	313
密肋楼盖	210		382,(154)	斯肯普顿公式	286
密闭门	209	缀件	379	斯脱罗哈数	286
密闭状态养护	209	缀材	379	联合经营合同	196
密层胶合木	(39)	缀条	379	联合选址	196
密实度	210	缀条柱	379	联合测图法	196
密度	(367)	缀板	379	联合基础	196
		缀板柱	379	联系尺寸	196
[ㄋ]				联肢墙	196
弹性方案房屋	293	十二画		散热器	260
弹性地基梁法	293			散流器	260
弹性后效	293	[一]		散粒材料的拱作用	260
弹性极限	293			落地拱	205
弹性应变	293	塔式结构	292	落锤试验	205
弹性抵抗矩	293	塔型钢质平台	292	棋盘形四角锥网架	235
弹性变形	293	塔楗结构	292,(100)	棋盘形荷载布置	235
弹性嵌固	293	塔楼	292	植树护坡	366
弹性模型	293	搭接长度	37	椭球面壳	306
弹性模量	293	搭接连接	37	硬件	347
弹性模量比	293	搭接接头	37	硬矿渣砖	347
弹性稳定	293	超压持续时间	25	硬质岩石	347
弹塑性反应谱	292	超声法	25	硬拷贝机	347
弹塑性阶段	293	超声波探伤	(25)	硬钩吊车	347
弹塑性抵抗矩	292	超声测缺法	25	硬度试验	347
弹塑性稳定	293	超声探伤	25	硬磁盘	347
随机文件	290	超张拉	25	确定性法	249
随机过程	290	超固结土	24	确定性振动	249
随机存储器	290	超固结比	24	确定性振动分析	249
随机事件	290	超屈曲强度	25,(248)	裂纹失稳扩展	200
随机变量	289	超载试验	25	裂纹扩展速率	200
随机振动	290	超配筋受扭构件	24	裂纹张开位移	200
随机振动分析	290	超高层房屋结构	24	裂纹源	200
随机疲劳试验	290	超筋梁	24	裂环键连接	200
隐蔽工程	344	超静定结构	24	裂面效应	200
颈缩现象	173	提升式楼盖	295	裂隙水	200
续加应力	330	提升环	295	裂缝观测	199
续加荷载阶段	330	提升顺序	295	裂缝间距	199
综合地层柱状图	382	插入式柱脚	21	裂缝宽度	199
综合连梁	382	插入距	21	裂缝宽度检验	200
综合法	382	搜索	287	裂缝控制验算	199
综合结构墙	382	搁栅	101,(64)	裂缝控制等级	199
综合框架	382,(46)	握裹力	313	辊弯	114

辊圆	114		等效矩形应力图	46
暂设工程	357	[﹜]	等效弯矩系数	46,(198)
翘曲	244	铸钢 374	等效总重力荷载	46
翘曲刚度	244	铺板 235	等效荷载	45
翘曲抗扭刚度	244	销 325,(28)	等效框架	46
翘曲扭转常数	244,(262)	销连接 325	等效紧箍力	45
翘曲常数	244,(262)	销作用 326	等效静载法	46
		销栓作用 326	等离子切割	45
[｜]		锅底形振动器 114	等幅变形加载	45
最大干密度	389	短加劲肋 69	等幅变幅变形混合加载	44
最大风速重现期	388	短寿命试验 69,(47)	等强度设计	45
最大配箍率	389	短折板 69	等稳定设计	45
最大容许宽厚比	389,(143)	短壳 69,(69)	等精度观测	45
最大裂缝宽度容许值	389,(357)	短柱 69	筒中筒	298
最大跨高比	389	短柱试验 69	筒中筒体系抗震计算方法	298
最大震级	389	短圆柱壳 69	筒仓	298,(266)
最小二乘法	389	短梁 69	筒形网壳	298
最小分度值	389	短期刚度 69	筒壳	298,(355)
最小刚度原则	389	短期荷载试验 69	筒体	298
最小刻度值	389	短暂状况 69	筒体结构	298
最小配箍率	389	智利地震 367	筒体结构抗震设计	298
最不利荷载布置	388	智能 CAD 系统 367	筏形基础	(74)
最优含水量	389	剩余核辐射 268	筏板基础	74
最或然误差	389	程序 28	傅立叶谱	88
最或然值	389	程序设计语言 28	牌号	226
最终沉降	389	程序框图 28	集中式空调系统	145
最终贯入度	389	稀细石混凝土 (317)	集中供热系统	144
量	198	稀浆 317	集中质量模型	145
量本利分析	198,(347)	等代角柱法 44	集中荷载增大系数	145
量纲	198	等代框架法 44	集水线	144,(262)
量纲分析法	198	等边角钢 44	循环荷载下土的应力应变关系 332	
量程	198	等权观测 (45)		
喷水冒砂	227	等曲率 45	[丶]	
喷砂	227	等肢角钢 46	装配	378
喷砂除锈	227	等高线 45	装配式空调机	378
喷浆护坡	227	等高线平距 45	装配式洁净室	378
喷墨打印机	227	等高距 45	装配式框架	378
喇叭型坡口焊	191	等效均布荷载 46	装配式框架接头	378
跌水井	64	等效抗侧力刚度 46	装配式预应力钢梁	378
喀斯特	178,(337)	等效抗弯刚度 46	装配式混凝土结构	378
喀斯特地基加固	178,(337)	等效应力幅 46	装配式薄壳	378
帽形截面型钢	209,(307)	等效单自由度联机试验 45	装配整体式结构	379

装配整体式框架	379	滑坡加固	129	隔振参数	102
装配整体式混凝土结构	378	滑坡动态观测	128	隔振垫	102
就地灌注桩	(25)	滑坡影响	129	隔振器	102
竣工决算	177	滑线电阻式位移传感器	129	隔热层	102
竣工图	177	滑移变形	129	隔断	(83)
竣工项目	177	割线模量	101,(12)	缓蚀剂	130,(386)
竣工总平面图	178	割线模量比	101	编译	11
竣工测量	177	窗口	35	编译程序	11
竣工验收	177	窗口管理	35	编程	11
竣工验收自检	178	窗间梁	35		
阔叶材	190	裙梁	249		

十三画

普氏标准击实试验	235	[ㄱ]		[一]	
普通砖	(263)	属性	277		
普通钢箍柱	235	强化阶段	241,(344)	瑞典法	(297)
普通混凝土	235	强夯	241	瑞雷分布	257
普遍条分法(GPS法)	(82)	强夯有效加固深度	241	瑞雷波	257
滞止压力	367,(385)	强地面运动	240	摄影测量	266
滞止系数	367,(385)	强迫下沉法	241	摄影基线	266
滞回曲线	367	强迫振动	241	填充墙框架	296
滞回曲线捏合现象	367	强迫振动加载	241	填板	296
滞回曲线滑移现象	367	强迫振动法	241	填挖边界线	296
湖积层	127	强屈比	241	填挖深度	296
湿式喷水灭火系统	270	强柱弱梁	242	靴梁	332
湿材	270	强轴	242	蓝脆	191
湿胀	271	强度	241	幕结构	218
湿陷系数	271	强度极限	241	蓄水池	331
湿陷性土	271	强度模型	241	蓄冷水池	331
湿陷性地基	271	强结合水	241,(317)	蓄热系数	331
湿陷性黄土	271	强剪弱弯	241	蒸压灰砂砖	363
湿陷性黄土地基加固	271	强震仪	242	蒸汽采暖系统	363
湿陷起始压力	270	强震观测	242	楔劈作用	326
湿陷量	270	强震观测台网	242	楼层屈服强度系数	202
温彻斯特磁盘	311	强震观测台阵	242	楼板振动计算	202
温度收缩钢筋	(82)	强震观测数据	242	楼面活荷载	202
温度伸缩缝	312,(266)	疏散照明	277	楼面活荷载折减	203
温度作用	312	隔水层	102	楼梯	203
温度补偿	311	隔声指数	102	楼盖	202
温度改正	312	隔板	102	概念设计	90
温度测井	311,(251)	隔油井	102	概率	89
温差应力	311	隔振材料	102	概率分布	89
滑动稳定性	128	隔振系数	103	概率分布函数	89
滑坡	128				

十三画

概率分析	90	蜂窝梁	86	腹板	88
概率设计法	90	蜂窝裂	86,(221)	腹板折曲	89
概率极限状态设计法	90	置换挤密	367	腹剪裂缝	89
概率统计分析方法	90,(290)			腹筋	89
概率密度函数	90	[丿]		触变泥浆	34
椽条	35	锚杆挡土墙	208	触变性	34
椽架	35	锚具	208	解释程序	169
碎石	290	锚具变形损失	208		
碎石土	290	锚固	208	[丶]	
碎石安全距离	(81)	锚固长度	208	新近堆积土	329
碎部测量	290	锚栓	208	新建项目	329
雷诺数	192	锚碇板挡土墙	208	新增构件加固法	329
零载试验	201,(185)	锚碇基础	208	新增固定资产产值率	329
辐射采暖	87	锤击应力	35	新潟地震	328
输入反演	277	锥形基础	379	数字比例尺	279
输入输出设备	277	锥形锚具	379	数字化仪	279
输气管道	277	锥体管对接	379	数字式打印记录仪	279
输电线路塔	277	锪孔	137	数学期望	279
输混凝土管道	277	键合梁	157	数据库	278
输液管道	277	键连接	157	数据库管理员	279
输颗粒管道	277	锯切	176	数据库管理系统	279
		筹建机构	33	数据语言	279
[丨]		筹建项目	33	数据描述语言 DDL	279
频域分析	230	简支梁	152	数据模型	279
频率	230,(321)	简易隔振	152	数据管理	278
频率响应	230	简单收益率	152	数据操纵语言 DML	278
频率响应函数	230	鼠标器	277	塑性	288
频率密度	230	像点位移	324	塑性上限	(341)
频数	230	像素	324	塑性区	288
暗牛腿	1	微电脑	(310)	塑性区开展最大深度	288
暗牛腿连接	1	微地貌	310	塑性曲率	289
暗柱	1	微机	(310)	塑性设计	289
暗梁	1	微波塔	310	塑性应变	289
照明配电箱	359	微型计算机	310	塑性抵抗矩	288
照准轴	359,(275)	微型桩	(278)	塑性图	289
照准轴误差	359,(275)	微粒混凝土	310	塑性变形	288
跨中板带	187	遥感	340	塑性指数	289
跨度	187	遥感图像	340	塑性破坏	288
路肩墙	203	遥感资料	340	塑性域	(288)
路堑墙	203	腰筋	340,(19)	塑性铰	288
路堤挡土墙	203	腰鼓形破坏	339	塑性铰转动能力	288
蜂窝形三角锥网架	86	腹杆	89	塑性铰线	288

塑性铰线法	288	静力试验	174	截面核心面积	(123)
塑限	288	静力载荷试验	174	截面核心距	168
塑料带排水	287	静力触探试验	174	截面消压状态	169
塑料管配线	288	静止土压力	175	截面剪切变形的形状影响系数	168
煤气柜	(209)	静止土压力系数	175	截面塑性发展系数	169
煤气罐	209	静止侧压力系数 K_0	(175)	截面塑性系数	169
煤矸石砌块	209	静电绘图仪	174	截锥形幕结构	169
煤渣砖	209,(203)	静态电阻应变仪	174	模拟地震振动台试验	211
煨弯	310	静态收益率	175,(153)	模态	211
溧阳地震	195	静态作用	175	模态分析法	211
源程序	356	静态变形观测	174	模型试验	212
滤鼓	203	静定结构	174	模型柱	212
滚轴支座	114	静荷载	174	模型混凝土	212,(310)
滚筒式绘图仪	114	赘余构件	379	模数	211
溢出	343	墙	(243)	模数制	211
溶析	255	墙下条形基础	244	模数数列	211
溶蚀	255	墙下筏板基础	244	榫接	291,(29)
溶洞	255	墙体	243	酸性介质	289
溶洞水	255	墙体龙骨	243	酸性焊条	289
塞焊缝	258	墙体稳定性验算	243	酸洗	(289)
		墙板	242	酸洗除锈	289
[⁊]		墙板刚性连接	243	酸碱度试验	289
群柱稳定	250	墙板板缝材料防水	242	碱性介质	152
群桩折减系数	250	墙板板缝构造防水	242	碱集料反应	152
群桩作用	250	墙板板缝空腔防水	243	碳化	294
群桩沉降比	250	墙板柔性连接	243	碳当量	293
群桩沉降量	250	墙肢	244	碳弧气刨	294
群桩效应	250	墙柱高厚比	244	碳素钢丝	294
群桩深度效应	250	墙背附着力	243	碳素结构钢	294
叠合式混凝土受弯构件	64	墙背摩擦角	243	磁子午线	36
叠合板	64	墙前土体抗隆起验算	243	磁方位角	36
叠合板抗剪连接	64	墙架立柱	243	磁电式拾振器	36
叠合梁	64	墙架组合体	243	磁电式测振传感器	36
叠合梁抗剪连接	64	墙梁	243	磁带	35
		截水沟	169	磁带记录仪	35
十四画		截面有效高度	169	磁带机	35
		截面收缩率	168	磁粉探伤	36
[一]		截面形状系数	169	磁偏角	36
		截面系数	169	磁盘存储器	36
静力风压	(232)	截面抵抗矩塑性系数	168		
静力单调加载试验	174	截面受压区高度	169	[丨]	
静力法	174	截面限制条件	169	颗粒分析	182

颗粒分析曲线	182	端铣	69	横纹受剪	125
		端焊缝	68	横纹承压	125
[丿]		端裂	69	横纹挤压	(125)
锻锤基础振动	70	精轧带肋钢筋	172	横纹剪截	125
镀锌钢丝	68	精制螺栓	172	横担	124
稳态正弦激振	313	精度估算	171	横波	(152)
稳定水位	312	精密切割	172	横轴	126,(309)
稳定分枝	312	精密水准测量	172	横弯	125
稳定风压	(232)	精密量距	172	横焊	125
稳定安全系数	312	精简指令系统计算机	172	横翘	125
稳定系数	312	熔合线	255	横隔板	124
稳定性	312	熔深	255	横隔构件	124
稳定承载力	312	熔渣焊	255	横键连接	125
稳定索	312	熔敷金属	255	横墙刚度	125
稳定疲劳	312	漂石	230	横墙承重体系	125
稳定理论	312	漂移	230	横膈	125
稳定滞回特性	312	漏节	203	槽	18
箍筋	109			槽瓦	18
算术平均值中误差	289	[乛]		槽式试验台座	18
算术逻辑部件	289	缩尺	291,(8)	槽形折板	19
箔式应变计	14	缩尺模型	291	槽形板	18
管节点承载力	112			槽形墙板	18
管状水准器	112	十五画		槽钢	18
管理程序	112			槽钢连接件	18
管理数据库	112	[一]		槽探	18
管道	111	撑托梁	26	槽焊缝	18
管道支架	111	增加支点加固法	358	槽壁稳定性验算	18
管壁有效宽度	111	增设支撑加固法	358	橡胶隔振器	324
		鞍形网壳	1	震中	362
[丶]		鞍形索网	1,(291)	震中距	363
裹冰厚度的高度递增系数	115	横风向风振	124	震后恢复重建规划	362
裹冰厚度修正系数	115	横向力系数	125	震级	362,(58)
裹冰荷载	115	横向水平支撑	126	震级上限	362
豪式木桁架	120	横向加劲肋	125	震级重现关系	362
遮帘作用	359	横向张拉法	126	震级-震中烈度关系	362
腐朽节	87	横向变形系数	125,(14)	震度法	362
腐蚀	87	横向钢筋	(109)	震害预测	362
腐蚀介质	87	横向框架	125	震陷	362
腐蚀疲劳	87	横向配筋砌体	126	震源	362
端节点钢夹板加固法	68	横向焊缝	125	震源距	362
端节点钢拉杆加固法	68	横纹受拉	125	震源深度	362
端承桩	68				

[ㄧ]

影响半径	347
影响局部抗压强度的计算面积	347
影像地形图	347
影像地质图	347
踏勘	292,(58)
墨西哥地震	212

[丿]

镇静钢	363
箱式试验台座	323
箱形基础	323
箱形基础下基底平均反力系数法	323
箱形基础局部弯曲计算	323
箱形基础的整体倾斜	323
箱形基础整体弯曲计算	323
箱形梁	323

[、]

摩擦型高强度螺栓连接	212
摩擦桩	212
潜水	239
潜水埋藏深度图	240
潜水病	(26)
潜水等水位线图	240
潜在震源	240
潜在震源区	240
潜在震源区划分	240
潜蚀	239
澜沧-耿马地震	192
褥垫	256

[乛]

劈裂	228

十六画

[一]

操作系统	18

薄壳	5
薄弱层	14
薄腹梁	5
薄膜比拟法	5
薄膜水	5
薄膜结构	5
整平	363
整体失稳	363
整体式空调机组	363
整体式混凝土结构	363
整体性系数	363
整体屈曲	363
整体倾斜	363
整体稳定	363
融化深度	255
融沉	(255)
融沉系数	(255)
融陷	255
融陷系数	255

[丨]

噪声	358
噪声级	358

[丿]

膨胀土	228
膨胀土地基加固	228
膨胀水泥法	228,(381)
膨胀水箱	228
膨胀铆钉	228
膨胀螺栓	227
膨胀罐	227

[、]

磨光顶紧	212,(6)
燃点	251
燃烧	251
燃烧体	251
激光打印机	142
激光扫描仪	143
激光铅垂仪	142
激励周期	143

激励频率	143
激振层楼板振动	143
褶曲	360
褶皱构造	360

[乛]

壁式框架	9
壁式框架法	9
壁行吊车	9
壁板	9,(38)
壁柱加固法	9
避风天窗	10,(43)
避风风帽	9,(85)
避雷针	10

十七画

[一]

檩条	201

[丨]

瞬时风速	286
瞬时应变	286
瞬时沉降	286
瞬时弹性变形	286
螺母	204
螺丝端杆锚具	205
螺栓	204
螺栓有效截面积	205
螺栓连接	204
螺栓连接计算系数	204
螺栓连接副	204
螺栓连接斜纹承压降低系数	204
螺栓结构	204
螺栓球节点	205
螺距	204
螺旋纹	205,(224)
螺旋桩	205
螺旋楼梯	205
螺旋箍筋	205
螺旋箍筋柱	205

十八画

[丿]

镦头锚具	71

[乛]

翼板	343
翼缘	343
翼缘计算宽度	343
翼缘有效宽度	343
翼缘板	343
翼缘卷曲	343
翼缘展开法	(330)
翼缘等效宽度	343
翼墙	343

十八画

[一]

鞭梢效应	11
覆盖	89

[丿]

翻浆	74

十九画

[丶]

颤振	22
爆炸	6
爆炸动压	7
爆炸地震波	6
爆炸地震波安全距离	7
爆炸当量	6
爆炸危险区	7
爆炸安全距离	6
爆炸极限	7
爆炸作用	7
爆炸挤密法	7
爆炸界限	7
爆炸铆钉	7,(228)
爆炸高度	7
爆炸效应	7
爆炸超压	6
爆炸源	7
爆破拆除	6
爆高	6,(7)

二十画

[一]

壤土	251,(84)

[丨]

蠕变	256,(330)
蠕滑断层	256

[丶]

灌浆法	112
灌缝	112

二十一画

[一]

露头	(338)
露点	203
露点温度	(203)

[丨]

髓心	290
髓射线	290
A级螺栓	391
A级螺栓和B级螺栓	(172)
ASCII 码	391
B级螺栓	391
B样条函数拟合法	391
BASIC语言	391
C级螺栓	391
C语言	391
CATV系统	(108)
CGI标准	392
CGM标准	392
CO_2 焊	(74)
COD	392,(200)
Core标准	392
D值法	392
EBCDIC 码	392
E-R模型	392
F形屋面板	392
FORTRAN语言	392
GKS标准	392
H形钢	392
H形钢桩	392
HAZ	392,(252)
IGES标准	392
I/O设备	(277)
IT系统	392
JG型隔振器	393
JM型锚具	393
K式腹杆	393
K形焊缝	393
K值	(156)
LISP语言	393
L-N曲线	393
Love波	393
NDT	393,(316)
Newmark-β 法	393
NPV	393,(174)
P波	393,(384)
PASCAL语言	393
pH值试验	(289)
PHIGS标准	393
PROLOG语言	393
P-Δ效应	393
Q系数	394
QM型锚具	394
R—O模型	(302)
S波	394,(152)
SI	(114)
S-N曲线	394
T字钢	394
T形连接	394
T形板	394

T形接头	394	X射线粉晶分析	395	Γ型檩条	395
T形梁	394	X射线探伤	395	δ函数	(206)
TN系统	394	XM型锚具	395	λ热量	395,(320)
TNT当量	394,(6)	X-Y函数记录仪	395	π定理	395
TT系统	394	Z向钢	395	"±0标高"	(52)
V形折板	394	Z形钢	395	I类孔	395
wilson-θ法	394	γ-射线探伤	395	II类孔	395
X射线衍射法	395	Γ分布	(89)		

词目英语索引

1-dimensional wave motion model	342	active vibrating isolation	371
2-dimensional finite element model	74	actual bearing capacity of member	164
2-hinge rigid frame	280	actual velocity of ground water flow	54
3-dimensional finite element model	259	additional eccentricity	88
3-hinged arch	259	additional stirrup	88
3-hinge rigid frame	259	additive constant	148
absolute elevation	177	address	58
absolute error	177	adhesion action	159
absolute humidity	177	adhesive bonded connection	159
absorbed water	317	adhesive connection	159
AC arc welding	158	adhesive for structural timber	216
acceleration response spectrum	149	adhibiting vibrator	88
accelerometer with strain-gage type	344	adit	231
acceptable seismic risk	182	adjusted value	231
accidental action	225	adjustment of condition equations	297
accidental combination for action effects	390	adjustment of direct observations	366
accidental combination for loads	122	adjustment of observation equations	153
accidental situation	225	adjustment of observations	20,231
accident error	225	administration automation system	4
accident ventilation	273	adobe	304
accumulational plain	70	adsorption force	317
accumulation landform	70	aerated concrete block	149
acid electrode	289	aerial geological reconnaissance	120
acidic medium	289	aerophotogrammetry	120
acidity and alkalinity test	289	aerophotograph	120
acid pickling	289	affected coefficient for increasing of deflection	219
acid-resistant concrete	219	afforesting design of general plane	383
acid-resistant mortar	219	age-hardening	272
acid-resistant paste	219	ageing of structure	166
acid-resistant pottery and porcelain product	219	aggregate interlock	110
acoustic emission method	268	A grade steel	150
acoustic wave log	268	AI, artificial intelligence	254
across-wind vibration	124	air blast safety distance	184
action	389	air cleaning	184
active earth pressure	371	air conditioning	184
active energy dispersion	139	air converter steel	19
active fault	137	air dried wood	236

air-inflated structure	236	Interchange	391
air lock	236	amplifier	80
air seasoned wood	236	amplifier at meeting-place	132
air supply through orifices	185	amplitude of vibration	361
air-supported structure	235	analyses on interaction of superstructure and foundation	263
air washing chamber	84,184	analysis based on probability and statistical theory	90
Alaska earthquake	1	analysis based on random vibration theory	290
alidade method	300	analysis in frequency domain	230
alkali aggregate reaction	152	analysis in time domain	272
alkaline medium	152	analytical solution method of rock slope	336
allowable bearing capacity for subsoil	50	anchorage	208
allowable deflection	255	anchorage for button-head bar	71
allowable deformation of subsoil	50	anchorage length	208
allowable error	255	anchorage with side-welding bar	4
allowable grade of slope	10	anchor bolt	208
allowable ratio of height to thickness	356	anchored footing	208
allowable slenderness ratio	255	anchored retaining wall	208
allowable stress design method	255	anchor of guy	240
allowable thickness of residual frost layer	254	angle	160
allowable value for heat resisting temperature of chimney	335	angle closing error of traverse	44
allowable value of crack width	357	angle for transferring length	34
allowable value of deformation	356	angle intersection method	160
allowable value of width-height ratio of foundation steps	141	angle of external friction	307
allowance for an gles of drift	21	angle of internal friction	221
allowance for ultimate tensile strain of steel bar	255	angle of parallax	274
allowance of deformation	254	angle of repose	330
allowance stress range of fatigue	229	angle of rupture	304
alloy aluminum	203	angle of unit shear	41
alloy steel	121	angular frequency	160
alluvial plain	31	angular gravel	160
alluvium	30	angular meter	285
along-wind vibration	285	angular rotation process	376
alteration project	89	angular transducer with strain gage type	344
alternate load	74	anisotropism of wood	213
alternative load	158	annexed traverse	88
ALU, arithmetic logic unit	289	annual probability of exceedance	222
aluminum alloy structure	203	annual schedule of construction project	154
aluminum profiled sheet	203	annular growth ring	222
aluminum section	203	antiaircraft basement	253
American Standard Code for Information		antiaircraft shelter	253
		anticline	8

anticorrosion design of structure	162	artificial seismic wave	253
anticorrosion measure	77	artificial ventilation	253
anticorrosion of layout of pipes and wires	77	aseismatic wall	182
anti-fire plug	78	aseismic nalysis for tube in tube structures	298
antirust engineering	79	ash load on roof	314
anti-slide pile	180	asking for criticisms by return a visit to user	264
anti-slide retaining wall	180	assembled air conditioner	378
antisymmetry double dowel connection	74	assembled clean room	378
application software	346	assembled shell	378
appraisal of computer aided design scheme	146	assembling	378
approximate adjustment	170	assembling bolt	1
aquifer	117	assembling joint	230
aquifuge	102	assembly concrete structure	378
arch	108	assembly language	131
arch camber of truss	124	assembly-monolithic concrete structure	378
arched dome	246	assembly parts	16
arch hinged at ends	280	assigned yield point	297
arching factor	108	assumed elevation	150
architectural acoustics	156	assumed moment method	150
architectural design	156	assumed plane rectangular coordinate system	150
arch rise	273	assurance coefficient	6
arch roof slab	108	atmospheric refraction	38
arch truss	108	attenuation of ground vibration	52
arc seam weld	61	Atterberg limits	169
arc spot weld	61	attitude of rock stratum	336
arc welding	61	attribute	277
area focus	210	auger pile	205
area leveling	210	authorization sheet for revised project	106
area scaling	210	autoclaved sand-lime brick	363
argon-arc welding	335	autocorrelation function	381
Armenia earthquake	334	automatic compensator of vertical circle	278
arm of internal couple	221	automatic cutting	380
arrangement of air current	236	automatic dynamic incremental nonlinear analysis program	380
arrangement of prestressed bar	351	automatic fire alarm	137
arrangement of tamping points	119	automatic fire extinguisher	137
artesian water	381	automatic leveling instrument	380
artificial cold source	254	automatic submerged arc welding	206
artificial earthquake test	253	automatic system for kinematic analysis	380
artificial fill	253	automatic welding	380
artificial intelligence language	254	auto-power-spectrum density	380
artificial plastic hinge	253	auxiliary study on special topics	87
artificial refrigeration	254		

avalanche	8	batch process	228
average contact pressure	142	batten	111
average curvature	232	batten plate	379
average error	232	batter pile	328
average unit composite production capacity investment	232	Bauschinger effect	5
		Bauschinger effect of steel	93
axial allowable bearing capacity of pile	377	bay	178
axial compression member	370	Bayes method	8
axially-loaded member	370	bay length	373
axial tensile loading capacity of masonry member	237	beach	116
axial tensile strength of concrete	136	beam	197
axial tension member	370	beam-arch combined mechanism	197
axis of box level	355	beam-column	198
axis of level tube	285	beam-column joint of frame	189
azimuth	76	beam crane	197
back chipping	246	beam fixed at both ends	198
backing plate	63	beam of working platform	107
backtracking	131	beam-stair	197
baffle	102	beam-supported one way slab	41
balanced eccentricity	170	beam-supported reinforced concrete floor	192
balanced ratio of axial compression stress to strength	144	beam supported two-way slab floor	281
		beam without web reinforcement	314
balanced relative depth of compressive area	321	beam with skew loading	328
balance failure	170	beam with web reinforcement	348
balcony area	339	bearing at an angle to grain	328
balcony structure	339	bearing capacity equation suggested in the Building Foundation Design Code	155
bamboo structure	371		
bark	254	bearing capacity factors	27
bar splice	97	bearing capacity of axial compression member	370
BAS	157	bearing capacity of axial tension member	370
baseline	142	bearing capacity of eccentric compression timber member	230
base line condition	142		
base measurement	142	bearing capacity of eccentric tension timber member	230
base metal	372		
base tilt factor	142	bearing capacity of flexural and axial compression timber member	334
basic intensity	140		
basic module	140	bearing capacity of flexural and axial tension timber member	191
basic snow pressure	140		
basic variable	139	bearing capacity of single pile	42
basic wind pressure	139	bearing capacity of structure	162
basic wind speed	139	bearing inclined to grain	328
basin	227	bearing parallel to grain	285

bearing perpendicular to grain	125	black bolt	36
bearing pin	28	blast induced dynamic pressure	7
bearing plate	364	blast induced seismic waves	6
bearing stiffener	364	blasting compaction method	7
bearing test	174	blast resistant door	78
bearing wall	28	bleeder sinking	150
bearing wall-beam	28	blind rivet	207
bearing wall structure	28	block	116, 236
bedding course	256	block foundation	273
bed rock	142	block masonry	237
beginner's all-purpose symbolic instruction code	391	block masonry structure	237
behavior of cold bending	194	block-type connector	187
Beijing coordinates	7	block with strain gauge	344
benchmark	284	blow count during standard penetration test	12
bending capacity of cross section	364	blow hole	236
bending capacity of masonry member	237	blue brittleness	191
bending center	308	boarded pin	3
bending element	276	boarded pin compound beam	3
bending moment envelope	5	body wave	295
bending process	114	body wave magnitude	295
bending rigidity	307	bolt	204
bending-rigidity of section	180	bolted connection	204
bending strength of brick	375	bolted spherical joint	205
bending strength of cross section	364	bolted structure	204
bending strength of inclind section	327	bolt, product grade A	391
bend test	308	bolt, product grade B	391
bent frame	225	bolt, product grade C	391
bent frame column	225	bolt-welded structure	280
bent up bar	307	bond	236
bent-up bar connector	307	bond crack	223
Bezier function	7	bond degeneration	223
B grade steel	342	bonded prestressed concrete structure	349
biaxial bending beam	282	bond force	313
bifurcation of equilibrium path	232	bond slip	222
bilateral observation	71	bond strength	313
bilinear restoring force model	281	bond strength between unit and mortar	187
binarydigit	9	bond under cyclic loading	75
binding framework	5	bond under repeated loading	32
Bishop's simplified method of slice	9	bone line	54
bisymmetric steel beam	282	bored pile	388
bit	9	bore hole	388
bituminous concrete protection of slope	195	bore-hole water pressure test	388

boulder	230	bubble	285
boundary arch	10	buckling	248
boundary fill algorithms	10	buckling coefficient	333
boundary layer	10	buckling failure of column	373
boundary line of cutting and filling	296	buckling mode of axial compression member	371
boundary member	11	buckling strength	312
boundary representation	259	buckling strength of axial compression member	371
boundary slenderness	169	budget on engineering construction	269
bound water	168	budget price of engineering construction	155
bowing	384	buffeting	68
bow string truss	127	building	156
box foundation	323	building automation system	157
box girder	323	building and civil engineering structure	105
box level	355	building area	156
box type test platform	323	building base line	155
brace	364	building bulk	156
braced arch	123	building construction design	155
braced barrel vault	374	building construction standard	154
braced domes	309	building construction survey	156
braced tube	124	building coordinate system	157
brake wheel of crane	64	building density	156
braking beam	367	building electrotechnics	155
braking truss	367	building engineering design software package	155
branch pipeline	365	building factor	157
break-even analysis	347	building grade	157
breakwater	77	building ground elevation	52
brick barrel arch	375	building height	155
brick eaves	375	building installation engineering contract	154
brick flat arch	375	building lightning protector	157
brick foundation	375	building main axis	157
brick lintel	375	building property line	155
brick masonry	375	building rigidity centre	80
brick masonry structure	375	building square grid	155
brick masonry structures	375	building structural system	80
brick open caisson	374	building structure	155
bridge crane	244	building thermophysics	156
bridge performance	244	building thermotechnics	156
brittle failure	36	building-up	388
brittle fracture	36	building waterproofing	155
brittle fracture at low temperature	47	building with elastic diaphragm	293
brittleness	36	building with rigid diaphragm	91
broad-leaved wood	190	building with rigidelastic diaphragm	91

built-up column of concrete filled steel tube	94
built-up column of wood	217
built-up steel girder	98
bundled tube	278
bunker	71,240,372
buoyance	282
burning point	251
burn-through	263
bus	212,384
butt connection	70,71
butt joint	71
butt weld	71
byte	382
CAAD	146
cable-beam structure	291
cable-suspended structure	331
cable television	61
cable trench	62
cable truss	291
cable-truss structure	291
cable tunnel	62
CACP	146
cadastral survey	51
CAD	146
caisson disease	26
calculated overturning point of cantilever beam	297
calculating effective area of local bearing strength	347
calculating scheme of building	80
calculating width of flange	343
calculation of cracking control	199
calculation of vibration amplitude of foundation	141
calibration	160
calibration method for determination of reliability index	217
calibration of instrument	342
cambium	329
CAM	147
canopy structure	350
cantilever beam	296,331
cantilever girder	331
cantilever retaining wall	331
cantilever stairs	332
capacitance-differential vibration transducer	21
capillary water	208
capillary-water zone	208
capital construction annual investment program	140
capital construction item	140
capital construction procedure	139
capital construction project plan	140
carbon arc gouging	294
carbonation	294
carbon-dioxide shield welding	74
carbon equivalent	293
carbon steel wire	294
carbon structural steel	294
carrying cable	28
carrying capacity	27
carrying capacity of compression member	276
carrying capacity of tension member	276
carrying capacity of twisty section	224
casing-off hole	294
castellated beam	86
cast-in-place pile with driven casing	25
cast-in-situ concrete member	320
cast steel	374
catch drain	169
catchment area	132
cathodic protection	343
cavern	255
cavern water	255
cavity waterproof of wall panel seam	243
C coefficient method of lateral loading analysis of single pile	42
ceiling	64
ceiling beam	64
ceiling joist	64
cementation	159
cement lime mortar	132
cement mortar	283
cement stabilized soil	283
centering	71
central air conditioning system	145,368
central heating system	144
central meridian	368

central processing unit	368	circular-arc method of slope stability analysis	305
centrifugal force loading method	194	circular bubble	355
ceramic cellular panel	294	circular failure analysis of rock slope	337
CGAA	147	circular frequency	355
CGAM	147	circular trench	355
C grade steel	294	circumferential weld	130
channel	18	civil building	210
channel connector	18	civil engineering design	304
channel-shape folded plate	19	classes for cracking control	199
channel slab	18	classes for strength of structural timber	213
channel tie	18	classes of seismic measure	181
characteristic period of site response spectrum	23	classical non-Bayes method	171
characteristic point of land form	54	classification of subgrade liquefaction	48
characteristic value	13	classification of under ground water	53
characteristic value of action	390	clay	223
characteristic value of load	121	clayey silt	223
characteristic value of property of material	17	clay hollow brick	223
characteristic value of strength of material	16	clay mortar	223
characteristic value of stress cycle	346	clean room	161
characteristic value of structural stiffness	163	clear height	173
character printer	382	clear stuff	246
charge-amplifier	61	clear timber	246
check bolt	317	clincher dog	2
check for underlying soft soil	257	clipping	152
checking calculation for construction stage	269	clock	272
checking calculation on stability against seepage	180	clock system	272
checking on soil heave in front of wall	243	closed-circuit television system	9
check measuring point	160	closed stirrup	86
check of leveling line	285	closed traverse	9
check of rigidity	91	closely ribbed slab	209
check of stability for diaphragm wall	243	close range photogrammetry	170
check on station	20	closing error in coordinate increment	391
chemical churning method	332	closure error	9
chemical corrosion	129	closure error of elevation	99
Chile earthquake	367	coarse sand	36
chimney	335	COD	200
Chinese character library	117	code	38
Chinese character processing	117	coefficient for adjusting the masonry strength	238
Chord	319	coefficient for calculation of bolted connection in structural timber	204
chord sawn plank	319		
cinder brick	203	coefficient for calculation of nailed connection	65
cinder concrete block	203	coefficient for effective length	146

coefficient for overall stability equivalent bending moment of beam	198	cold-extrusion anchor	194
		cold-formed angle	193
coefficient for unsymmetrical section of beam	197	cold-formed channel	193
coefficient of active earth pressure	372	cold-formed steel	194
coefficient of antifloatage	179	cold forming	193
coefficient of collapsibility	271	cold riveting	193
coefficient of combination value of actions	391	cold-rolled and twisted bar	194
coefficient of combination value of loads	122	cold-rolled dribbed bar	194
coefficient of compressibility	333	cold shortness	193
coefficient of consolidation	110	cold straightening	193
coefficient of curvature	247	cold stretched bar	193
coefficient of earth pressure at rest	175	cold stretched bar grade I	193
coefficient of effect of action	390	cold stretched bar grade II	193
coefficient of effect of load	122	cold stretched bar grade III	193
coefficient of influence by heating	17	cold stretched bar grade IV	193
coefficient of non-uniform distribution of steel strain	97	cold-tension wire	192
		cold work hardening	194
coefficient of overall stability of beam	198	collapse earthquake	321
coefficient of passive earth pressure	8	collapse load theory	333
coefficient of permeabitlty	267	collapse of structure	162
coefficient of quasi-permanent value of action	390	collapse test of loess	130
		collapsible loess	271
coefficient of quasi-permanent value of load	122	collapsible settlement	270
coefficient of self-weight collapsibility	382	collapsible soil	271
coefficient of shrinkage of soil	302	collapsible subsoil	271
coefficient of sinking	318	collation of engineering geological data	104
coefficient of space action	184	collimation axis	275
coefficient of spatial correlation	184	colour scale of geological map	59
coefficient of strengthening	148	column	373
coefficient of thaw subsidence	255	columnar section of stratum	48
coefficient of thermal conductivity	43	column base	373
coefficient of thermal conductivity of frozen soil	67	column base plate	373
		column brace	373
coefficient of thermal transmission	34	column cap	374
coefficient of uniformity	15	column capital	373
coefficient of vibrating isolation	103	column grid	374
coefficient of wind pressure variation with height	85	column-group stability	250
		column precast in sections	83
coherence function	321	column with batten plate	379
cohesion	220,223	column with biaxially eccentric loads	281
cohesion on wall	243	column with common stirrup	235
cohesive soil	223	column with spiral hoop	205
coincidence level	87	column with symmetrical reinforcement	70
col	334	column with unsymmetrical reinforcement	14
cold bending test	194	combination for action effects	390
cold drawn low-carbon wire	192	combination for actions	390
		combination for long-term action effects	390
		combination for long-term load effects	121

combination for short-term action effects	390
combination for short-term load effects	121
combination of load	122
combination of load effects	122
combination of member force	221
combination value of actions	390
combination value of load	122
combined footing	196
combined method	382
combined method of triangulation and trilateration	10
combined shell	387
combined-tube	387
combined vibrating isolator	387
combustion	251
community antenna television	108
compaction by displacement	367
compaction of soil	303
compaction work	333
compactness	210
compact section	127
compass	204
compatibility torsion	326
compatible computer	150
compensator	14
compile	11
compiler	11
completed drawing	177
completed project	177
complete sets of equipment	27
complete shear connection	308
complex stirrup	88
components	16
composite beam	386
composite brick masonry structure	387
composite column	387
composite crane beam	387
composite elastic modulus	387
composite masonry	387
composite pile	388
composite protection	88
composite skylight truss	387
composite slab	386
composite space truss	2
composite structre	386
composite tangent modulus	387
composite truss	386, 387
composite truss of tubular plywood and steel ties	158
composition with B spline function	391
compound panel	88
compressed air caisson	236
compressed wave in soil	305
compression curve	333
compression failure	277
compression-flexure member	334
compression hinge	277
compression ring	129
compressive capacity	276
compressive strength	181
compressive strength of centrifugally casted concrete	194
compressive strength of concrete	136
compressive strength of concrete cylinder	136
compressive strength of masonry	238
compressive strength of mesh-reinforced masonry	309
compress parallel to grain	286
computation for floor vibration	202
computation of machine foundation	138
computation of traverse	44
computer	146
computer aided architectural design	146
computer aided city planning	146
computer aided design	146
computer aided manufacturing	147
computer generated architectural animation	147
computer generated architectural modeling	147
computer-actuator on line test	147
computer aided bidding	147
computer aided construction project feasibility studies	146
computer aided experiment	147
computer aided quantity surveying for project design	146
computer graphics	147
computer graphics interface	392
computer graphics metafile	392
computer network	148
computer system	148
concave wave arch shell	2
concealed work	344
conceptual design	90
concrete	132, 298
concrete age of loading	149
concrete beam with shape reinforcement	173
concrete block	135
concrete column with shape reinforcement	173
concrete column with steel corner angle	306

concrete cover	132	consolidation settlement	333
concrete filled steel tube	93	consolidation test	110
concrete filled steel tube truss	93	constant amplitude fatigue	23
concrete filled steel tubular column	93	constant coefficient method of lateral loading-	
concrete filled steel tubular structure	93	analysis of single pile	42
concrete foundation	133	constitutional relationship	8
concrete open caisson	133	construction	109
concrete padstone	197	construction basis	154
concrete protection of slope	133	construction bolt	1
concrete reinforced with bamboo	371	construction condition	153
concrete shrinkage	136	construction control network	269
concrete shrinkage due to solidifying	135	construction coordinate system	270
concrete strength	135	construction cost per square meter	231
concrete structure	133	construction document design	269
concrete structure with stiff reinforcement	173	construction for nonproduction purposes	81
concrete transport pipe	277	construction implementation program	153
conditional yield strength	297	construction in proper order	342
cone foundation	379	construction investment	153
cone head rivet	233	construction item	106
cone of depression	158	construction joint	269
confined concrete	356	construction load	269
confined interstratified water	27	construction of migratory project	239
confined masonry	356	construction period	153, 154
confined water	27	construction procedure	268
confining factor	294	construction program	268
confining force	170	construction project	154
confining index	294	construction project beyond the ceiling	320
confining region of steel bar	98	construction record	269
conical wedge anchorage	379	construction standard	153
coniferous wood	360	construction survey of equipment foundation	264
connecting angle	230	construction vibration-proof design	163
connecting plate	195	construction weight	168
connecting plate of column base	373	construction work element	82
connection	195	construction work sub-element	83
connection box	161	constructive solid geometry	259
connection of timber	216	constructive waterproof of wall panel seam	242
connection with casing pipe	294	consultation method for determination of	
connection with tapered tube	379	reliability index	217
connector	195	consumer construction	325
conservation method of moment	195	contact pressure beneath foundation	142
consistence of mortar	261	continental shelf	38
consolidation of collapsing soil	271	continuous beam	196
consolidation of expanding soil	228	continuous curtain construction	196
consolidation of karst	178, 337	continuous footing	196
consolidation of liquefiable sandy soil	340	continuous weld	195
consolidation of softsoil	257	continuous welding	195
consolidation of soil	49	continuum laminar analysis	196
consolidation of soil by silicifying	114	contour	45

contour interval	45	corrosion protection of steel structure	94
contour map of foundation bearing bedtop	140	corrosion protection of timber structure	215
contour map of foundation bearing plate	140	corrosion-resistant cast stone product	218
contour map of piezometric surface	27	corrosion-resistant natural processed stone	218
contour map of water table	240	corrosion-resistant paint	218
contraflexural point method	75	corrosiveness of ground water	53
control condition for dynamic design	66	corrugated sheet	306
controlled gradual dynamic loading	348	cost-benefit analysis	82
controlled stretching stress	358	cost of seismic countermeasures	181
controller	186	Coulomb's earth pressure theory	186
controlling design method	186	counter bending moment	75
control measuring point	186	counterboring hole	137
control peg	370	counter deflection	75
control story	186	counter deformation	74
conventional concrete	235	countersunk head rivet	26
converted second moment of area	130	couple wall	282
converted section modulus	130	coupling beams of shear wall	151
cooling tower	193	covered electrode	61
coordinate grid	391	cover plate	89
coordinate grid lines of building	65	CPU	368
Coos surface	185	crack arrest	366
copy	88	crack growth rate	200
corbel	223	cracking moment	178
core	123	cracking resistance	180
core area of concrete	123	cracking strength of concrete	134
core concrete	123	cracking torque	178
core drilling	339	crack initiation	200
core drilling method	388	crack of wood	213
cores method	248	crack opening displacement	200, 392
corner connection	160	crack reparation by welding	68
corner joint	160	crack resistance examination	180
corner-points method	160	crack resistance of structure	165
correction for slope	246	crack spacing	199
correction for temperature	312	crack width	199
correction to the nominal length of tape	29	crane beam	63
correlation coefficient	322	crane block	63
correlation function	321	crane load	63
corrosion	87	crane span	63
corrosion fatigue	87	crane traveling along wall	9
corrosion inhibitor	386	crane truss	124
corrosion medium	87	crane wheel load	63
corrosion of concrete structure	133	crater	127
corrosion of masonry structure	238	creep	256, 330
corrosion of reinforced concrete structure	96	creep coefficient	330
corrosion of steel structure	95	creep recovery of concrete	330
corrosion of timber structure	215	creep-slip fault	256
corrosion protection of masonry structure	237	crescent-ribbed bar	356
corrosion protection of reinforced concrete structure	96	crest line	262

crib retaining wall	188	cutting	245
criterion for inspection of weld quality	117	cutting corner	245
critical bending moment	201	cutting edge	254
critical diagonal crack	201	cutting line	178
critical edge pressure	201	cutting radially through the pith	234
critical load	200	cyclic error	369
critical load of subsoil	50	cylindrical rigidity	373
critical range	200	cylindrical thin-shell	355
critical slope angle of rock slope	337	damper	386
critical SPT blow count	200	damping	385
critical stress	201	damping coefficient	386
critical temperature	201	damping constant	385
critical void ratio	200	damping device	386
critical wind-speed	200	damping ratio	385
crook	19	damping ratio of soil	303
crooking	19	data administration	278
crossarm	124	data-base	278
cross-correlation function	128	data-base administrator	279
crossed strip foundation	271	data-base management system	279
cross-grain	214	data description language	279
crossing analysis	34	data language	279
cross-power-spectrum density	128	data manipulation language	278
cross-section design	234	data model	279
cross web member	158	data of geophysical field	53
crushed stone soil	290	data of strong ground motion observation	242
crushed zone	234	days of heating period	17
crystal water	168	days of severe cold period	336
cubic strength of concrete	134	DC arc welding	366
cumulative damage	139	dead knot	286
cumulative damage rule	192	deadline of production capacity reached	37
cumulative distribution function	192	dead load test	123
cup crook	125	debris flow	221
cupping	125	debris flow sediment	221
cup shake	127	debugging	296
current funds	201	decayed knot	87
current load	282	decay of wood	213
cursor	112	decision criterion	177
curtain construction of cut-off cone	169	decision support system	177
curtain structure	218	decision variable	177
curvature ductility factor	247	decompressive condition of section	169
curved beam	247	decompressive prestress value	325
curve mode	320	deep beam	266
curve of effective spectrum of loading	122	deep compaction	266
curve of loading spectrum	122	deep-focus earthquake	267
curve support	127	deep mixing method	266
curvilinear restoring force model	247	deep penetration welding	267
cut-fill section	4	defects in timber	213
cut slope wall	203	deflection	219

deflection examination	219	design organization	264
deflectometer	219	design point method	339
deformation due to shrinkage of soil	302	design program	265
deformation joint	12	design reference period	264
deformation of concrete	132	design reliability index	217
deformation of expansion of soil	302	design situation	265
deformation of mortar	261	design stage	265
deformation of timber	212	design value	265
deformeter	275	design value of action	390
degrading restoring force model	305	design value of load	122
degree of cleaning	161	design value of material seismic strength	16
degree of consolidation	110	design value of property of material	17
degree of freedom	381	design value of steel strength	97
degree of prestress	352	design value of strength of material	17
degree of reliability for structure	166	destructive stage design method	234
degree of saturation	5	detail design	161
delivery unit	357	detail design of application software	346
delta	258	detailed exploration	323
delta deposit	258	detailing requirements	109
density of soil	302	detail surveying	290
denudation landform	14	deterministic design method	65
denudation plain	14	deterministic method	249
deoxidation	306	deterministic vibration	249
deposited metal	255	deviation coefficient	194
depression	306	dewatering seal	90
depth	170	dew point	203
depth and width corrections for bearing capacity value	27	diagonal compression failure	328
		diagonal crack	327
depth effect of pile group	250	diagonal tension failure	327
depth factor	266	diagram of bending resistance	47
depth of compressive zone of concrete member	133	dial gauge	2, 239
depth of compressive zone of section	169	dial gauge of watch type	368
depth of frost	67	diamonding	201
depth of scour	31	diaphragm	124, 125
description of station	60	diaphragm member	124
design code for concrete structure	134	diaphragm wall	53
design code for masonry structure	238	die for drilling	388
design code for steel structures	95	difference between inside and outside ground levels	275
design code for timber structures	216		
design development	148	difference of elevation	99
design documents	265	differential thermal analysis	21
design dry density	264	differential settlement	25
design intensity	264	different seat test	342
design licence	265	difficult kindling member	219
design of compensated foundation	140	diffraction	251
design of structural test	167	diffuser	260
design of structural vibration	168	digitizer	279
design of three stages	259	dimension of a quantity	198

direct dynamic method	366	double-parabolic arch	281
discontinuity of rock mass	338	double-reinforced beam	281
discount of live load	203	double shear parallel to grain	280
disk	347	double-sided observation	281
disk keyed connection	355	double T slab	282
disk storage	36	double two-way ribbed slab	280
displacement ductility factor	311	dowel action	326
displacement of images	324	dowelled connection	325
displacement pile	145	drafting standard	367
displacement response spectrum	311	drag	367, 385
display	319	drag force coefficient	385
display screen	319	drift	230
dissipation coefficient	121	drilling hole	388
dissipation ratio	221	drilling machine	388
dissolving attack	255	drilling method	388
distance from the fault	70	drilling technique	388
distance from the focus	362	drilling tower	388
distance intersection method	176	driven pile	37
distance of kern of section	168	driven vibrating isolation	8
distant earthquake	356	drive-pin rivet	178
distribution coefficient of snow load	139	driver	247
distribution density function	82	driving stress	35
distribution of thermal stress	252	drop temperature system by tunnel air	48
distribution steel	82	drop weight test	205
disturbed soil sample	251	drop well	64
divide line	83	drum-shaped failure	339
divide story method	83	dry density of soil	301
document data-base	312	drying shrinkage of concrete	133
documents	312	drying split	90
DOF	381	dry unit weight of soil	301
dog spike	2	dry weight density of soil	301
domain	201	DTA	21
dot matrix printer	60	ductile failure	336
double-acting jack	282	ductile frame	336
double bevel weld	393	ductile shear wall	336
double column rack	282	ductility	254, 335
double control	281	ductility factor	336
double cross web	209	ductility factor requirement	336
double curvature paraboloid shell	281	ductility response spectrum	336
double curvature shallow-shell	281	durability of structure	166
double curvature shell	281	duration of ground motion	55
double-layer cable-suspended structure	280	duration of overpressure	25
double-layer latticed shell	280	dust concentration	84
double leg column	282	dust remover	34
double leg column with diagonal web	327	D value method	392
double leg column with horizontal web	231	dye penetrating inspection	380
double modulus theory	281	dynamic action	67
double notches and teeth connection	280	dynamic behaviour of structure	162

dynamic compaction	241	earthquake simulation shaking table	56
dynamic factor	66	earthquake simulation shaking table test	211
dynamic finite-element method	66	earthquake zone	57
dynamic load	65	earth's curvature effect	53
dynamic parameters of natural subsoil	295	eccentric angle of circle	68
dynamic penetration test	66	eccentric coefficient	229
dynamic property parameter of soil	301	eccentric compression member	230
dynamic strain indicator	67	eccentric distance of circle	68
dynamic test	66	eccentric error of circle	68
dynamic test of pile	376	eccentric error of object	218
dynamic vibrating isolation	66	eccentricity	229
Dywidag anchorage	47	eccentricity ratio	229
Eads's water tower	347	eccentric-loaded member	230
early stage nuclear radiation	357	eccentricly loaded member with compression failure	326
early wood	357	eccentricly loaded member with tension failure	38
earth curvature	52	eccentric tension member	230
earth ellipsoid	53	echo disturbance	131
earth pressure	305	ecological balance	268
earth pressure at rest	175	economic benefit indicator	171
earthquake	54	economic depth of steel beam	98
earthquake action	58	EDB	106
earthquake casualty	57	edge cutting	22
earthquake catalogue	56	edge effect	11
earthquake consequences	56	edge planing	6
earthquake damage of engineering	106	edge preparation	11
earthquake disaster	57	edge stiffener	11
earthquake disaster emergency planning	181	effect coefficient of investment	299
earthquake disaster reduction planning	181	effective coefficient of strengthening	349
earthquake disaster reduction planning of industrial enterprise	106	effective cross-section area of bolt	205
earthquake dynamic earth pressure	55	effective cross-section area of fillet weld	160
earthquake dynamic water pressure	55	effective cross-section property	349
earthquake energy absorption	57	effective depth of dynamic compaction	241
earthquake energy dissipation	57	effective depth of section	169
earthquake focus	362	effective diameter	349
earthquake hazardous zone	57	effective factor of slenderness	22
earthquake-induced liquefaction	57	effective length	146
earthquake isolation	56	effective length of nail	65
earthquake magnitude	58	effective length of torsional buckling	224
earthquake occurrence model	55	effective length of weld	117
earthquake property losses	56	effectiveness analysis of investment	299
earthquake resistance of foundation	49	effectiveness index system of investment	299
earthquake resistant behavior of structure	166	effective overburden pressure	349
earthquake resistant capacity of structure	165	effective prestress of concrete	350
earthquake-resistant deformation check	181	effective spectrum of loading	122
earthquake-resistant design of structure	165	effective stress method of stability analysis	304
earthquake response	55	effective supporting length at beam end	197
earthquake response spectrum	55	effective tensile area of concrete	349

effective thickness of weld	117	electrosilicification	61
effective width of flange	343	electroslag welding	62
effective width of foundation	141	electrostatic plotter	174
effective width of plate element	349	elevating hoop	295
effective width of steel tube	111	elevation	12,99
effective width-thickness ratio	349	elevation design	195
effect of action	390	elevation of sight	275
effect of cold work	194	ellipsoidal shell	306
effect of cracked section	200	elongation	266,335
effect of dynamic loading	65	eluvium	17
effect of load	122	embankment wall	116
effects of explosion	7	embedded bolts type test platform	351
efficiency of net cross section	174	embedded length of cantilever beam	297
efficiency of seimsic countermeasures	181	embedded steel piece	351
elastic deformation	293	embedded steel plate	351
elastic edge restraint	293	EMC	232
elastic foundation beam method	293	empirical coefficient method	171
elastic hysteresis	293	empirical coefficient of calculated settlement	26
elastic model	293	enclosure	310
elastic-plastic stage	293	encode of Chinese character	117
elastic semi-space method of lateral loading analysis of single pile	42	end-bearing pile	68
		end check	69
elastic stability	293	endless loop	287
elastic strain	293	end-milling	69
elastoelastic response spectrum	292	endogenic force	221
elasto-plastic stability	293	endogenic geologic process	221
electrical profiling	60	end split	69
electrical prospecting	61	end tab	343
electrical resistance strain gage	63	endurance limit	29
electrical sounding	60	endurance test	29
electric block	40	energy dispersion	325
electric distribution substation	11	energy dispersion bracing	325
electric heating tensioning method	62	energy dispersion joint	325
electric power distribution box	62	energy input	320
electrochemical corrosion	61	energy-of-distortion yield criterion	12
electrode	119	energy of distortion yield criterion	306
electro-hydraulic servo loading system	62	energy of form-changed criterion	329
electromagnetic vibration exciter	60	engineering construction enterprise	269
electromagnetic vibration table	61	engineering construction operating licence	270
electromagnetic wave distance measuring instrument	60	engineering construction permit	270
		engineering construction unit	268
electronic measuring angular transducer	285	engineering decision analysis	105
electronic measuring instrument	60	engineering design	105
electronic measuring technique of non-electronic physical quantity	81	engineering data-base	106
		engineering geodynamics	105
electronic measuring technique in concrete	135	engineering-geological analogy	103
electronic measuring technique of strain	344	engineering-geological condition	104
electronic tachometer	62	engineering geological data	105

engineering geological drilling	105	equivalent plate method	222
engineering-geological element	104	equivalent rectangular stress block	46
engineering geological evaluation	104	equivalent rigidity in resisting horizontal force	46
engineering geological exploration	104	equivalent rigidity of concrete filled steel tube	93
engineering geological investigation	104	equivalent sandwich plate method	222
engineering-geological map	104	equivalent section	130
engineering geological profile	104	equivalent slenderness ratio	130
engineering geological survey and mapping	104	equivalent static loading method	46
engineering geology	105	equivalent stress	43
engineering geophysical exploration	103	equivalent stress range	46
engineering graphics method of rock slope	336	equivalent system with single degree of freedom	43
engineering reconnaissance survey	105	equivalent thickness of masonry section	238
engineering standard of intensity	199	equivalent total representative value of seismic	
engineering survey	103	gravity load	46
enlarging hole	190	equivalent uniformly distributed load	46
enplane stability of beam-column	334	equivalent width of flange	343
entity-relationship model	392	erecting weld	1
entrance for pneumatic structure	32	ergodic random process	103
environmental meteorological tower	129	error ellipse	316
environmental pollution	129	error of centering	71
environmental protection	129	error of collimation axis	275
eolian deposit	84	estimate of occupied land	358
epicentral distance	363	ethernet	342
epicentre	362	Euler's critical load	225
equal capacity design	45	Euler's critical stress	225
equal curvature	45	evacuation lighting	277
equal-leg angle	44,46	evaluation of design quality	265
equal stability design	45	evaluation of earthquake capacity of structure	165
equation of motion	357	evaluation of liquefaction harmfulness at specific	
equation of tape length	29	site	340
equilibrium moisture content	232	evaluation of structural character	167
equilibrium torsion	232	evident corbel-piece joint	211
equipment coordinates	264	examination of bearing capacity	27
equipmentof engineering design	264	examination of crack width	200
equipment selection	264	excavated pile	306
equivalent base shear method	47	excess observation	73
equivalent confining force	45	excess weld metal	350
equivalent diameter of steel bars	95	excitation frequency	90,143
equivalent flexuous rigidity	46	excitation period	143
equivalent frame	46	existing circumstances drawing	320
equivalent-frame method	44	exogenic force	307
equivalent hysteretic elastic model of soil	301	exogenic geologic process	307
equivalent load	45	expanded bolt	178,227
equivalent modulus theory	359	expansion and contraction joint	266
equivalent moment factor	46	expansion bend	266
equivalent moment of inertia of concrete filled steel tube	93	expansion bend chamber	266
		expansion tank	228
equivalent pinned length	382	expansion vessel	227

expansive force of soil	302
expansive soil	228
expert system	374
expert-system-building tool	374
expert system shell	374
explaining requirements of construction technology to contractor or worker	269
exploration during construction	269
exploration stage	178
exploration technique	179
explosion	6
explosion action	7
explosion dismantlement	6
explosion overpressure	6
explosion safety distance	6
explosion source	7
explosion yield	6
explosive limit	7
explosive margin	7
explosive rivet	7, 228
exposed wall	201
expression for limit state design	144
extended binary-coded decimal interchange code	392
extended module	190
extended preliminary design	190
extended project	190
extending length	335
extension joint rack	266
exterior ladder of chimney	335
extra contour	87
extrusion type anchor	145
eyepiece	218
fabrication of steel structure	95
fact	273
factor for importance of structure	168
factor for under loading effect	240
factor of section	169
failure load of subsoil	50
failure mode of cross section	364
failure mode of inclined section	327
failure probability of slope	10
failure state of structure	167
failure test	234
failure wedge	234
fan coil	84
fastener	170, 186
fatigue analysis	229
fatigue calculation of reinforced concrete structure	96
fatigue capacity	228
fatigue crack	228
fatigue failure	228
fatigue life	229
fatigue limit	228
fatigue strength	228
fatigue strength curve	228
fatigue testing machine	229
fatigue testing with constant amplitude	23
fatigue testing with variable amplitude	11
fault	70
fault rupture length	70
feasibility report	183
feasibility study	183
feasibility study report	183
FEM of soil-structure interaction	305
ferro-cement open caisson	98
ferro-cement structure	98
fiber reinforced concrete	319
field angle	274
field assembling	106
field joint	1
field of natural earthquake test	296
field structural test	319
fighting lighting	345
figure condition	300
figured steel plate	128
file	312
filler plate	296
fillet weld	160
fillet welding in the flat position	34
fillet weld with return	251
filling height or cutting depth	296
final account for completed project	177
final set	389
final settlement	389
final survey	177
financial valuation	17
fine sand	318
finished bolt	172
finishing project	275
finish rolled ribbed bar	172
finite degree of freedom	349
finite-element method	349
finite strip method	349
Fink truss	84
fire belt	78
fire ceiling	79

fire damage	137	flange wall	343
fire dampers	78	flare bevel groove weld	191
fired brick of colliery waste	263	flat bar	11
fired brick without clay	263	flat floor	315
fired common brick	263	flat plate	3
fired fly-ash brick	263	flat steel bar	39
fire distance	79	flat welding position	231
fire door	79	fled bed plotter	231
fire-fighting control chamber	325	flexibility method	256
firepath	325	flexible concrete padstone	256
fire prevention for building	155	flexible connection between wall panels	243
fire proof coating	79	flexible connector	256
fire proof measurer	78	flexuous type deformation	308
fire-proof partition	78	flexural buckling	307, 308
fire-proof story	78	flexural capacity	276
fire protection design of structure	162	flexural compressive strength of concrete	136
fire protection equipment	79	flexural loading capacity of timber	214
fire protection of reinforced concrete structure	96	flexural strength	181
fire protection of steel structure	95	flexural strength of timber	214
fire protection of structure	162	flexural-tensile strength of masonry	239
fire protection of timber structure	215	flexural toppling	308
fire protection principle	79	flexure vibration	308
fire-resistance rating	218	flood plain	121
fire resistant element	79	flood plain deposit	121
fire resistant material	78	floor	202
fire-resisting concrete	218	floor height	20
fire-retardant chemical	214	floor strip in midspan	187
fire retarder	386	floor strip on column	374
fire stair	325	floppy disk	256
fire wall	79	flowability of mortar	261
fire window	78	flow construction	202
firmware	110	fluctuating amplification factor	207
first category of stability problem	59	fluctuating wind pressure	207
first meridian	276	fluctuating wind speed	207
first mode	59	flue lining	220
first order second moment method	170, 341	fluorescent penetrating inspection	347
fissure observation	199	flutter	22
fissure water	200	flyash block	84
fixed action	110	fly ash brick	84
fixed beam	110	focal depth	362
fixed funds	110	foil strain gauge	14
fixed load	110	fold	360
fixed rack	110	folded-plate	359
flake	2	folded plate arch	359
flame cutting	137	folded plate foundation	359
flange	343	folded plate grid	359
flange connection	74	folded plate stair	359
flange curling	343	folded-plate structure	359

folded structure	360	free water	382
footage	388	freezing and thawing resistance	179
footing under column	373	freezing method	67
footing with socket for prefabricated column	7	freezing process	67
forced vibration	241	frequency	230
force(weight) density	369	frequency density	230
former algebra	329	frequency response	230
form stability	329	frequency response function	230
formula translation	392	frequent occurrence earthquake	73
foundation	140	frequent value of action	390
foundation base with tenon	299	frequent value of load	122
foundation beam	141	Freyssinet anchorage	86
Foundation Design code for Buildings	154	frictional resistance on caisson wall	172
foundation made of materials	258	friction angle of wall	243
foundation resilience test	49	friction pile	212
foundation soil	48	front end TV equipment room	239
Fourier spectrum	88	frost boil	74
fourth yield criterion	59	frost heave	67
fractile	83	frost heave capacity	68
fracture toughness	70	frost heave force	68
fracture toughness for stress corrosion cracking	346	frost heave pressure	68
fracture zone	234	frost heave ratio	68
fragile structure	70	frozen soil	67
frame	188	F shaped slab	392
frame column	189	FSP, fiber saturation point	319
framed bent	225	full interaction	31
framed shear wall	190	full-range analysis	249
framed structural system	91	full scale test	360
frame foundation	189	full-scale ventilation	249
frame girder	188	fully prestressed concrete structure	249
frame-shear wall structure	188	fully usable point of bar	31
frame structure	188	fundamental combination for action effects	390
frame-supported wall	190	fundamental combination for loads	122
frame tower	109	fundamental mode shape	140
frame-tube	190	fusion-slag welding	255
frame-tube structure	189	gage	63, 344
frame-wall structure	188	galloping	29
frame with limited ductility	349	gamma distribution	89
frame without sidesway	314	gang nail steel plate connection	386
frame with rigid regions	39	gangue block	209
frame with sidesway	348	gas container	372
frame work	202	gas cutting	236
free action	182	gas-holder	209
free-full pour concrete without vibration	226	gas pipeline	277
free swell ratio	381	gas welding	236
free torsion	381	Gauss curvature	100
free torsion constant	381	Gauss distribution	100
free vibration	382	Gauss-Kruget plane rectangular coordinate system	100

general contract agreement	382	girthweld	130
general incline	363	global coordinates	273
generalized arithmetic mean	113	glued beam	159
generalized damping	113	glued finger joints of timber member	159
generalized exciting force	113	glued joint of timber member	159
generalized mass	113	glued-laminated arch	20
generalized of shear span to depth ratio	113	glued-laminated beam	20
generalized stiffness	113	glued-laminated frame	20
generalized value	113	glued laminated timber	20
general layout	383	glued plywood gusset	158
general plan design	383,384	glued timber	159
general plan of completed project	178	glued timber structure	159
general progress schedule of construction project	154	glue laminated timber structure	20
general shear failure	51	gluing of timber structure	215
general stratigraphic column	382	Goodman diagram	109
generating forces of reciprocating machine	309	gradation loading	83
geochronologic scale	58	grade for strength of masonry unit	187
geodetic datum	38	grade of concrete	132
geographic coordinate	51	grade of mortar	261
geoid	37	grade of steel	98
geoidal shape	38	grade of timber	212
geologic age scale	58	grade of weld quality	117
geological boundary	58	gradient wind	295
geological exploration	58	grain-size analysis	182
geological interpretation of photograph	324	grain-size analysis curve	182
geological legend	59	granule transport pipe	277
geological map	59	graphical kernel system	392
geological section	58	graphical scale	300
geological specimen	58	graphic data-base	300
geological structure	58	gravelly sand	195
geologic process	59	gravitational density of soil	303
geometrically non-linear vibration	145	gravity platform	369
geometrical modeling	145	gravity retaining wall	369
geometrical non-linearity	145	gravity water	369
geometrical similitude	145	grid azimuth	391
geomorphic landscape	51	grip	150
geomorphic map	52	groove	234
geomorphic type	51	groove weld	234
geomorphic unit	51	gross equivalent section	207
geomorphologic symbol	51	gross error	36
geomorphology	52	gross section strength of axially-loaded member	370
geopolymer	303	ground	48
geostatic pressure	54	ground acceleration	52
geotechnical engineering	338	ground anchor	304
geotechnical engineering test	338	ground break	51
geotextile	304	ground displacement	52
getting work site ready for construction	259	grounded arch	205
girder	38,197,372	ground failure microzonation	52

ground motion	54	header	65
ground roughness	52	heart crack	328
ground shaking parameter attenuation	55	heart wood	328
ground shaking parameter microzonation	55	heat-affected zone	392
ground velocity	52	heating medium	17
ground water	53	heating pipe network	252
ground water level	54	heating station	252
ground wind	170	heating system	17,108
grout	317	heat input	395
grouting method	112	heat store coefficient	331
growth ring	267	heat treated bar	251
guay	206	heavy tamping	368
guided missile launching tower	43	height above sea-level	115
guide wall	43	height increasing factor of ice thickness	115
gully	30	height of burst	7
gunite protection of slope	227	height of capillary rise	208
gusset	161	height of gradient wind	295
gust response coefficient	86	height of instrument	342
guy	240	hidden beam	1
guyed double mast tower	280	hidden column	1
guyed mast structure	310	hidden corbel	1
guyed tower	191	hidden corbel-piece joint	1
Haichen earthquake	115	hierarchical model	20
Haiyuan earthquake	116	high-cycle fatigue	101
half-interval contour	153	high cycle fatigue test	101
haloalkane 1211 fire extinguishment system	203	high efficiency steel	101
handling stresses	235	high level language	100
hand-made brick	275	high level water supply tank	101
hanging bar	64	high order mode shape	100
hanging system of vibrating isolation	331	high pressure consolidation	101
Hansen's equation	117	high-rise structure	100
harbour light	44	high-strength bolt	100
hard copy unit	347	high strength bolted bearing-type connection	27
hardening stage	241	high-strength bolted connection	100
hard hook crane	347	high-strength bolted friction-type connection	212
hardness test	347	high-strength bolt with large hexagon head	38
hard rock	347	highstrength concrete	100
hardware	347	high temperature creep	101
hard wood	190	high-temperature water heating system	101
harmful geologic phenomena	15	high-voltage electric distribution cabinet	101
harsh concrete	91	hill	246
hat section	307	hinged connection	160
hat section shaped steel	209	hinged frame	160
haunch	3,149	hinged support	160
haydite concrete block	294	hingeless arch	315
hazardous area of explosion district	7	histogram	366
HAZ, heat-affected zone	252	hoisting ring	64
headed stud connector	355	hole-drilling method	388

hole-making	367	hydraulic vibration table	341
holes for measuring temperature	20	hydrogen embrittlement	245
hole type test platform	185	hydrogen flake	245
hollow brick	38	hydrogeochemical map	54
hollow brick for arches	108	hydrogeological condition	284
hollow core wall panel	185	hydrogeological investigation	284
hollow masonry wall laid by brick	183	hydrogeological map	284
hollow section shaped steel	185	hydrogeological mapping	284
hollow slab	185	hydrogeology	284
Holocene epoch	249	hyperbolic paraboloid latticed shell	281
Holocene series	249	hypocenter distance	363
homogeneous coordinates	235	hysteresis curve	367
honeycomb-shaped triangular pyramid space grid	86	hysteresis curve equation of soil	303
hook	307	hysteretic elastic model of soil	303
hooping effect	294	I-beam	107,107
hoop of chimney	335	ice cone	14
hopper	198	ice content	116
horizontal angle	283	ice hummock	14
horizontal circle	283	ice load	13,115
horizontal consolidation	283	I-column	106
horizontal control net	233	idealization of seismic focus	195
horizontal displacement observation	283	ideally reinforced beam	275
horizontal distance of contour	45	image format topomap	347
horizontal rigid belt	91,283	immediate settlement	286
horizontal shell-proof layer	283	immersion test	171
horizontal stiffness factor	49	impact ductility	30
horizontal stratum	283	impaction roller	120
horizontal welding position	125	impact load	30
hot-air heating	251	impact test	30
hot bending	252,310	impact toughness under negative temperature	87
hot crack	252	impassable trench	15
hot plasticity	252	Imperial valley earthquake	59
hot riveting	252	impermeable layer	102
hot-rolled plain bar grade I	252	imposed deformation	307
hot-rolled ribbed bar grade II	252	improvement of liquefiable soil	340
hot-rolled ribbed bar grade III	252	impulse function	206
hot-rolled ribbed bar grade IV	253	impulse response function	206
hot rolled steel bar	252	impulsive load factor	30
hot rolled steel shape	252	inclination observation	246
hot straightening	252	inclination of open caisson	26
hot water heating system	252	inclined brace	327
H-section steel	392	incline keyed connection	327
H-steel pile	392	incombustible eter wall panel	15
hybrid test of equivalent single degree of freedom	45	incombustible panel	15
hydrant water supply system	325	incomplete shear connection	15
hydraulic fracturing method	282	increase factor of materials under impulsive loading	16
hydraulic jack	341	indented wire	183
hydraulic loading system	341	index contour	146,276

index error of vertical circle	278	instantaneous elastic deformation	286
index of sound insulation	102	instantaneous rigidity	69
indicating matrix method	367	instantaneous stability of slope	10
indirect reinforcement ratio	153	instantaneous strain	286
individual air conditioning unit	175	instantaneous welding stress	119
individual footing	40	instantaneous wind speed	286
individual unit	103	instruction	366
indoor calculating temperature	275	instruction set	366
indoor test of geotechnique	338	integral air conditioner unit	363
induced earthquake	350	integrating amplifier	139
industrial building	107	integrating instrument	246
industrial district	107	integrity factor	363
industrial structure	106	intelligent CAD system	367
industrial ventilation	107	intensity attenuation	199
inertial force loading method	112	intensity scale	199
inference	305	interaction curve	321
infilled frame	296	interaction formula	321
infinite degree of freedom	315	interaction of buckling	321
influence factor for axial force	370	interface	160
influence factor for eccentricity	230	interface shear	169
influence of adjacent loads	322	interface shear strength of concrete	134
influence of vibration between stories of building	360	interior frame	220
infrapermafrost water	67	interlocking action	340
initial collapse pressure	270	intermediate contour	139
initial crookedness	34	intermediate rack	368
initial deflection	33	intermediate stiffener	368
initial eccentricity	33	intermittent weld	70
initial graphics exchange specification	392	intermittent welding	70
initial imperfection	33	internal force redistribution	221
initial layer	329	internal frame-external masonry wall system	220
initial loading stage	33	internal parting wall	220
initial shear modulus of soil	301	internal standard design	298
initial stress	33	interpermafrost water	67
initial stress in guy	240	interpolate earthquake	3
ink-jet printer	227	interpretation of satellite image	311
inner check	221	interpreter	169
inner crack	221	intersection by plane-table	231
inorganic zinc-rich paint coat	315	intersection method by theodolite	171
input/output device	277	interstratified water	20
insert distance	21	interval angle	153
inserted type column base	21	interval side	153
in-situ test of geotechnique	338	intraplate earthquake	3
inspection and turning-over of completed overall project	383	invar tape	343
		inverse calculation of coordinates	391
inspection and turning-over of completed project	177	inversion of input	277
inspection and turning-over of single project	41	inverted beam method	44
inspection well	226	inverted cone water tower	44
instable propagation of crack	200	inverted filter test	75

investment decision	299	knowledge representation by production rule	22
invite tenders of project construction	106,155	knowledge representation by semantic network	
invite tenders of project design	105	pattern	350
iron-tube wiring	297	laboratory test	274
IRR, internal rate of return	220	laced column	379
isobaths map of water table	240	lacing bar	379
isolation material	102	lacing element	379
isolation trench	79	lack of fusion	311
IT earthing system	392	lack of penetration	311
jack	239	lake deposit	127
jacked pile	333	laminated veneer lumber	39
jacket platform	43	lamellar tearing	21
jack-up	381	Lanchang-Genma earthquake	192
joint	161	landform	51
joint check up on the construction document	301	landing beam	233
joint core	161	landing slab	233
joint of masonry	131	land requisition and demolishing	363
joint of prefabricated frame	378	landslide	128
joint of space truss	308	Landslide effects	129
joint of truss	123	land smoothing survey	303
joint operating contract	196	land use planning	303
joint seal	112	lap connection	37
joist	101	lap joint	37
junction point of leveling line	285	large panel structure	37
Kanto earthquake	111	large-size roof slab	38
karst	178,337	largest face of brick	38
karst water	337	large wall panel	38
K coefficient method of lateral loading analysis of		laser plummet apparatus	142
single pile	42	laser printer	142
Kern County earthquake	183	laser scanning instrument	143
keyed compound beam	157	lateral compression test	226
keyed connection	157	lateral force resistance test platform	179
keyed connection of wood	214	lateral loading test of pile	377
k-form web member	393	lateral load resisting structure	179
killed steel	363	lateral pressure	19
kiln dried timber	340	lateral rigidity	19
kindling member	251	lateral stiffness	179
kinds of furnace	203	lateral stress	19
king (queen) post truss	26	lateral supported point	19
knot	161,214	lateral tension method	126
knowledge	365	lateral torsional buckling	19
knowledge acquisition	365	lateral unsupported length	19
knowledge base	365	late wood	308
knowledge engineering	365	lattice column	102
knowledge representation	365	latticed frame arch	102
knowledge representation by frame pattern	189	latticed member	102
knowledge representation by logic pattern	204	latticed purlin	124
knowledge representation by procedure pattern	115	latticed shell	309

lattice grid	231,308
lattice grid structure	308
lattice mast	102
lattice skylight truss	102
law of propagation of error	316
layerwise summation method for settlement calculation	26
laying out of foundation screw	51
leg of weld	118
leg size of fillet weld	118
lengthened hole	148
length-height ration of building	157
level	285
leveling	284,363
leveling line	285
leveling origin	285
level seat test	313
level staff	284
level surface	285
level tube	112
lifeline engineering	268
lift floor	295
lifting capacity of crane	64
lifting program	295
light-beam oscillograph	112
light gage channel	245
light gage I-beam	245
light house	44
Lighting distribution box	359
Lightning rod	10
light pan	112
light steel truss	245
lightweight aggregate concrete	245
light-weight steel structure	245
lime column	272
lime mortar	272
lime pile	272
lime-soil column	131
lime-soil cushion	131
lime-soil foundation	131
lime stabilization	272
limited error	143
limitedly prestressed concrete structure	349
limited tension stress ratio	191
limited width-thickness ratio	143
limiting design value	265
limiting load	143
limit of dust concentration	84
limit of elasticity	293
limit of strength	241
limit state	144
limit state equation	144
limit state of structure	164
limit states design method	144
linear acceleration procedure	320
linear distortion of instrument	342
linear earthquake response	320
linear elastic model of soil	302
linear electric resistance displacement transducer	129
linear focus	320
linear vibration	320
linear variable differential transformer	21
line clipping	320
linen tape	228
line printer	120
line trough wiring	320
link	195
linkable object model	182
linked pier wall	196
linking beamof foundation	141
lintel	115,195
lipped angle	176
lipped channel	176
lipped Z-bar	177
lipped zees	177
liquefaction index of foundation soil	51
liquefaction of saturated soil	262
liquefaction zone	340
liquidity index	341
liquid limit	341
liquid pipeline	277
liquid tank	373
LISP Language	393
list	13
live knot	137
live load on deck	233
live load on floor	202
live load on roof	314
living area	175
living district	267
Liyang earthquake	195
L-N curve	393
load	121
load arrangement as chessboard	235
load at joint	161
load-bearing clay hollow brick	28

load between joints	161	local unstability	175
load carrying capacity of tubular joint	112	local ventilation	176
load-carrying system of masonry building	237	location of construction site	153
load cell	123	location selection for two or several relative factories use	196
load-coefficient design method	122	loess	130
load-deflection curve	122	loess collapsing	130
loadgrade	87	loess flat-topped ridge	130
load inclination factor	122	loess platform	131
loading capacity of compressive masonry member	237	loess replat	130
loading diagram	149	log	354
loading method of artificial explosions	253	log-normal distribution	71
loading method of electromagnetism force	60	Long Beach earthquake	22
loading method of initial displacement	34	long column	23
loading method of initial velocity	34	long cylindrical shell	22
loading method of man-excited vibration	254	long folded plate	23
loading method of pulse rocket	74	longitudinal and transversal bearing wall system	384
loading method of rocket-exciter	137	longitudinal axis	385
loading of forced vibration	241	longitudinal bar	384
loading pattern of controlled deformation	186	longitudinal bearing wall system	384
loading pattern of controlled force	186	longitudinal bending factor	385
loading pattern of unvaried amplitude deformation	45	longitudinal buckling	385
loading pattern of variable amplitude deformation	11	longitudinal fillet	19
loading plate test	231	longitudinal frame	385
loading spectrum	122	longitudinal horizontal brace	385
loading system	149	longitudinal keyed connection	384
load on high-rise structure	101	longitudinal reinforced masonry	385
load shear displacement transfer method of pile	376	longitudinal reinforcement for torsion	276
load transfer before bolt hole	185	longitudinal reinforcement ratio	384
load transfer function method of pile	376	longitudinal shake	384
loam	203	longitudinal shear force in interface	384
local area network	176	longitudinal stiffener	384
local bearing	175	longitudinal vibration	370
local bearing area	176	longitudinal wave	384
local bearing capacity	175	longitudinal weld	384
local bearing perpendicular to grain	175	long life test	22
local bearing strength	175	long term loading test	22
local bearing strength of masonry at beam end	197	long-term observation of geotechnical engineering	338
local bond-slip hysteretic curve	176	long term stability of slope	10
local buckling	175	long-time rigidity	22
local deformation of joint	161	loose knot	287
Local earthquake magnitude	48	loss of prestress	353
local flexure calculation of box foundation	323	loss of prestress due to anchorage deformation	208
local incline	175	loss of prestress due to wires relaxation	287
local inclined grain	176	Love wave	192, 393
local material	48	low alloy steel	46
local shear failure	49	low alloy structural steel	46
local stability	176	low carbon steel	47
local submerged slope	175		

low-cycle fatigue	47	mapping	20
low-cycle fatigue test	47	mapping control leveling	300
low hydrogen type basic electrode	46	mapping control point	300
low reinforced concrete structure	263	mapping control traversing	300
low-relaxation wire	47	margin	300
low-voltage electric distribution cabinet	47	marine deposit	115
lumped mass model	145	market survey	273
lumped parameter method of soil-structure interaction	305	mark for subsidence observation	26
		mark for tilt observation	246
LVDT	21	marking-out of material	121
LVL	39	mark of brick	374
machine-electric product grade II	73	Markov process	206
machine language	138	Martin furnace steel	206
machine-made blue brick	139	masonry	237
machine-made red brick	139	masonry structure	237
machinery rolling	138	masonry subjected to combined shear	237
macroassembly language	126	masonry subjected to the reversed shear	237
macroscopic isoseismal map	126	mass density	367
magnetic azimuth	36	mass density of soil	303
magnetic declination	36	material allocated by state	114
magnetic meridian	36	material axis	273
magnetic particle inspection	36	material consumption indicator	17
magnetic tape	35	material diagram	17
magnetic-tape recorder	35	material failure of column	373
magnetic tape unit	35	material managed by the ministry	16
magneto-electricity vibration pickup	36	material non-linearity	16
magneto-electricity vibration transducer	36	mathematical expected value	279
magnification coefficient of concentrated load	145	Mathur method	326
magnification of telescope	309	mattress protection of slope	21
magnifying coefficient of bearing strength	175	maximum allowable width-thickness ratio	389
magnifying coefficient of earthquake action effect	58	maximum depth of plastic zone	288
magnitude-epicentral intensity relation	362	maximum dry density	389
magnitude on Richter scale	195	maximum magnitude	389
main cable	372	maximum shear stress of soil	303
main-member of tubular truss	372	maximum span-depth ratio	389
main pipeline	90	maximum stirrup reinforcement ratio	389
main reinforcement	372	MC	213
major axis	242	m coefficient method of lateral loading analysis of single pile	42
major item	38		
make a joint check up on the blue-prints for a project	269	mean diameter	232
		mean maximum wind speed	232
management data-base	112	mean square deviation	76
manhole	254	mean square error	368
manual welding	275	mean square error of arithmetic	289
map of burial depth of bed rock	142	mean value method	368
map of engineering geological zonation	104	mean wind pressure	232
map of primitive data	273	mean wind speed	232
map of seismic intensity zone	56	measurement of defect ultrasonic-method	25

measurement of dynamic factor	66
measurement of dynamic loading characteristics	66
measurement of dynamic parameter	66
measurement of reinforcement rust	97
measurement of reinforcement seat	97
measurement of structural dynamic character	162
measurement of structural dynamic response	162
measurement of vibration mode	361
measuring crack by continuous strain gages	195
measuring transducer for vibration	20
mechanical connector	138
mechanical instruments	138
mechanical properties of brick	375
mechanical properties of mortar	261
mechanical smoke elimination	138
mechanical ventilation	139
mechanical vibration table	139
mechanism control	138
mechanism for soil liquefaction	305
medium item	368
medium sand	368
medullary rays	290
megastructure	176
member	109
membrane analogy	5
membrane material for pneumatic structure	32
membrane structure	5
memory	37
menu	17
meridian	171, 380
meridian convergence	380
metal protective coat	170
metal structure	170
meteorological correction	236
method forced sinking	241
method of aerophotogrammetric mapping	120
method of air pressure loading	236
method of dimension analysis	198
method of direction observation	76
method of distance measurement by phase	322
method of drained sinking	226
method of dynamo-statics	66
method of electronic calibration	60
method of electronic tachometer mapping	62
method of equation analysis	76
method of equivalent bending moment factor	43
method of floating open caisson	86
method of force vibration	241
method of forward intersection	239
method of free vibration	382
method of gravity loading	369
method of hydraulic loading	341
method of impact loading	30
method of intersecting beam system	158
method of joint mapping	196
method of least squares	389
method of mechanical loading	138
method of mode-decomposition	361
method of mode-shape analysis	211
method of observation set	19
method of plane-table mapping	326
method of principal harmonics	372
method of push-tension by jack	239
method of replacing column	306
method of replacing foundation	306
method of resection	126
method of side intersection	19
method of strain control	186
method of stress control	186
method of system calibration	317
method of system identification	318
method of tension by jack	239
method of total shear wall	383
method of transit mapping	171
method on calculation of foundation beams and plates	50
method on coefficient of subgrade reaction of box foundation	323
methods of analysis considering interacting frame and shear wall	326
methods of seismic analysis for frame-shear wall system	189
methods of seismic analysis for frame system	189
method undrained sinking	15
Mexico earthquake	212
microcomputer	310
micro-concrete	310
micro-crack of concrete	136
microlandform	310
micrometer	20
microtremor method	207
microwave tower	310
microzonation of liquefaction potential	340
middle-high strength concrete	368
middle-strength cold drawn wire	368
migratory dune	342

milled end bearing	6, 212
milling hole	317
miniature item	326
minimum embedded depth of foundation	141
minimum graduated value	389
minimum reinforcement ratio for torsion	180
minimum scale value	389
minimum stirrup reinforcement ratio	389
mining pressure	187
minor axis	257
Mises yield condition	209
mixed components structure	132
mixed loading pattern with controlled force and deformation	186
mixed loading pattern with unvaried and variable amplitude deformation	44
mixed soil	132
modal	211
mode analysis method	361
mode intensity	368
model column	212
model concrete	212
model test	212
mode of vibration	361
modes of shear failure for subsoil	50
modification of design document	264
modified coefficient for the timber flexural strength of curved members	127
modified coefficient of seismic action effect	58
modifying coefficient of fatigue strength	228
modifying factor of eccentricity	229
modular box structure	123
modular system	211
module	211
module series	211
modulus of compressibility	333
modulus of deformation	12
modulus of deformation for subsoil	301
modulus of dynamic elasticity of concrete	133
modulus of elasticity	293
modulus of fatigue deformation of concrete	135
moisture content of frozen soil	67
moisture content of soil	302
moisture content in wood	213
moisture-density test	138
moment adjustment method	296
moment magnitude	176
moment of elastic and plastic resistance of section	292
moment of elastic resistance of section	293
monolithic concrete structure	363
monosymmetric steel beam	41
monotone static test	174
monotonic subsiding	341
moose	277
mortar	261
mortar grade	261
mortar stone revetment of slope	157
most probable error	389
most probable value	389
mountainous land	262
movable rack	137
MSC/NASTRAN	163
muck	350
mucky soil	350
mud beach	221
mud fluid	221
mud spouts	227
multiaxial strain gauge	73
multi-coefficient limit state design method	72
multidefence system of seismic building	72
multidegree of freedom	73
multi-pier wall	73
multiple core structure	72
multiple opening tube	72
multiple stiffened (plate) element	72
multiplication constant	28
multi-point measurement	72
multistage design method	72
multi-story building structure	72
multi-time loading	72
multi user	73
multi-wave arch	72
multiwave shell	72
multi-well open caisson	72
Muto method	392
$M\text{-}\varphi$ curve	307
nailed connection	65
national economic evaluation	115
natural angle of repose	296
natural balance	381
natural cold source	296
natural condition	381
natural earthquake test	296
natural frequency	111
natural frequency of foundation	141
natural inclined grain	296

natural period of vibration	111	normal distribution	364
natural resource	381	normally consolidated soil	363
natural smoke elimination	381	notch and tooth connection	29
natural stone	296	notch effect	249
natural ventilation	381	notch toughness	249
navigation guiding tower	43	NPV	174
near earthquake	170	nuclear explosion	123
necking-down	173	nuclear explosion dynamic load	123
negative damping	87	number of stress cycle	346
negative electrode method	364	number of tamping passes	120
negative shear-lag	87	numerical scale	279
negative skin friction of pile	376	nut	204
net contact pressure	142	object	71
net equivalent section	174	objective	316
net present value	174	objective function	217
net lateral loading	173	object-oriented language	210
net section	174	object program	217
net section strength of axially-loaded member	370	oblique fillet weld	327
network model	309	observation	111
neutral point of pile	377	observation error	111
newly-built project	329	observation for dynamic deformation	66
Newmark-β procedure	393	observation for static deformation	174
Niigata earthquake	328	observation method by two instrument heights	198
Nikitin's equation	222	observation of building deformation	156
nil ductility transition temperature	316, 393	observation of equal-precision	45
noise	358	observation of ground stress	54
noise level	358	observation of ground temperature regime	53
no-load test	185	observation of groundwater regime	53
nominal accuracy	12	observation of landslide regime	128
nominal value of geometric parameter	145	observation of surrounding rock deformation	310
nominal value of steel strength	97	observation of unequal-precision	81
non-bearing wall	81	occupancy area	358
non-bearing wall beam	81	occupancy rate of project in process	311
non-circular arc Janbu's method of slope analysis	82	ocean engineering	116
non-destructive test	81	ocean wave load	115
non fired silicate brick	81	official system of units	74
non-kindling member	81	offshore platform	116
nonlinear analysis of masonry	238	offshore structural engineering	170
non-linear analysis of structure	163	oil separator	102
non-linear earthquake response	82	one time loading	341
non-linear vibration	82	one way slab	41
non-penetrating hole	207	on-screen editing	233
nonperiodical seismic dynamic test	82	open axis	330
nonperiodical seismic static test	82	open caisson	26
nonseismic genetic fault	81	open caisson wall	26
non-uniform beam	11	open-hearth steel	233
non-uniform compression plate element	81	open stirrup	178
non-welded steel structure	81	open web tube	183

operating system	18
opportunity study	138
optical disk	112
optimization of computer aided design scheme	147
optimum design intensity	348
optimum moisture content	389
order of construction	269
ordinary deposited soil	341
organic matter test	348
organic soil	348
orthogonal fillet weld	366
outdoor cable line	275
outdoor calculating temperature	275
out of plane stability of beam-column	334
oval countersunk head rivet	4
overall buckling	363
overall estimate of preliminary design	33
overall flexure calculation of box foundation	323
overall inclination of box foundation	323
overall stability	363
overall stability of beam	197
overall unstability	363
overconsolidated soil	24
overconsolidation ratio	24
overflow	343
overhead line	150
overhead pipelining	150
overhead welding position	339
overlap	119
overlap length	37
overlaying	89
over load test	25
overlook welding position	87
overrainforced beam	24
over-reinforced torsion member	24
over stretching	25
overturning resistance load of cantilever beam	297
overturning stability	246
oxbow lake deposit	223
padding plate	63
paleo-deposited soil	192
panel concrete structure	37
paper drain	366
paraboloid shell	226
parallax	274
parallax distance measurement	274
parallel chord roof truss	233
parallel construction	233
parameter of vibrating isolation	102
parent metal	212
partial factor	83
partial factor for action	390
partial factor for load	122
partial factor for property of material	17
partial factor for resistance	180
partial factor for strength of material	17
partial interaction	16
partially prestressed concrete structure	16
partial penetrated butt weld	311
partial penetration butt weld	15
partial shear connection	16
partial stiffened (plate) element	16
participation coefficient of vibration mode	361
partition	83
passable trench	183
passage area	158
passive earth pressure	8
passive energy dispersion	325
passive vibrating isolation	325
pattern bonds of masonry	238
peak factor	86
peak-value distribution of response	323
peat	222
peaty soil	222
pebble fill in grid	204
pebbles	204
pellicular water	5
penetrated butt weld	119
penetrating inspection	267
penetration depth	255
pen-recorder	9
people's air defence	253
percentage of late wood	308
perched water	263
perforated brick	72
Performance data of instrument	342
performance function of structure	164
period	369
periodical seismic dynamic test	369
periodical seismic static test	370
periodic vibration	370
period of free vibration	382
permanent action	348
permanent deformation	348
permanent strain	348
permanent strengthening	348

permeability test of soil	302	pixel	324
permeable layer	299	plain	233
permissible deflection	357	plain concrete structure	287
permissible stress design method	255	plan design	233
permissible vibration of structure	168	plane failure analysis of rock slope	336
permitted seismic deformability	181	plane frame	233
Perry formula	14	plane layout of anticorrosion building	77
persistent situation	29	plane section supposition	232
perviousness	299	plane structure	233
phloem	254	plane-table	231
photo-annotation	324	plane-table traverse	231
photogeologic map	347	plank	2
photogrammetric survey	266	planking	235
photographic base	266	plank structure	2
photo-interpretation	324	planning and programming of project construction	270
photomap	324	plasma cutting	45
photomosaic	324	plastic adoptive factor of section	169
photoplan	324	plastic band-shaped drain	287
phreatic water	239	plastic coefficient of the moment of resistance of section	168
physically non-linear vibration	316	plastic curvature	289
physical similitude	316	plastic deformation	288
piercing steel plate	34	plastic design method	289
piezoelectric accelerometer	333	plastic factor of section	169
piezoelectric vibration transducer	333	plastic failure	288
pile	376	plastic flow range	202
pile cap	27	plastic hinge	288
pile cap as beams	197	plastic hinge expected	366
pile cap as plate	3	plasticity	288
pile driving formulas	37	plasticity chart	289
pile extension	161	plasticity index	289
pile foundation	377	plastic limit	288
pile foundation with high cap	99	plastic strain	289
pile foundation with low cap	46	plastic torsion resistance	224
pile group action of pile	250	plastic-tube wiring	288
pile head	378	plastic zone	288
pile shaft	378	plate	2
pile-soil interaction	378	plate assembly	2,4
pile tip	378	plate element	3
pin	325	plate floor	315
pinch phenomenon of hysteresis curve	367	plate structural system	3
pipeline	111	plate type test platform	3
pipelining without trench	314	platform	292
pipe network design of general plane	383	Pleistocene epoch	103
pipe rack	111	Pleistocene series	103
pitch	204	pliable waterproofing	256
pit exploration	177	plotter	132
pith	290	plug weld	258
pit permeability test	273		

plumbing column survey	374
ply box arch	158
ply box beam	159
ply box frame	158
ply web beam	158
plywood	158
plywood construction	158
pneumatic caisson	236
pneumatic structure	31
pneumatic water supply equipment	236
point focus	60
point matrix Chinese character library	60
point of geological observation	58
point selection	332
point welding	59
Poisson's ratio	14
Poisson's ratio of soil	301
polar coordinate method	144
polarization microscope analysis	229
polluted soil	313
polygonal truss	71
polygon clipping	71
population	384
pore water	185
pore water pressure	185
pore water pressure dissipation	185
porosity	185
portal frame	209
positioning error of a point	60
position of circular slip surface	355
positive electrode method	75
positive ion exchange capacity	339
positive vibrating isolation	139
postbuckling strength	25,248
post-cast strip	126
post-earthquake restoration planning	362
postheating	127
postprocess	126
post-tensioned concrete structure	127
post-tensioning method	127
post-tensioning prestressed concrete with self-anchor concrete wed	127
potential source	240
potential source area	240
potentiometer type displacement transducer	62
pot-shape vibrator	114
powder-actuate fastener	265
power spectrum	107
power spectrum density	108
pre-action water spray fire extinguishment system	354
pre-balance	351
precast concrete member	354
precast slab hole wiring	3
precise leveling	172
precision cutting	172
precision estimation	171
precision length measurement	172
precompression drainage consolidation	351
preconsolidation pressure	319
pre-deformation	350
predominant period	379
prefabricated frame	378
prefabricated frame with cast-in-situ joint	379
prefabricated monolithic structure	379
prefabricate-prestressed steel beam	378
preheating	351
preliminary design	33
preliminary exploration	33
preliminary feasibility study	33
preliminary identification of liquefaction	340
preliminary turning-over	33
preliminary water level	33
preloading	70
preloading of oil tank foundation by filling with water	348
preload test	354
preparation for construction	154,270
preparatory organization of construction	33
preprocess	239
pressure venting	328
pressure venting window	328
prestress	351
prestress-braced steel beam	318
prestress braced strut	352
prestressed cable-net structure	291
prestressed composite beam	354
prestressed concrete bar	353
prestressed concrete pile	353
prestressed concrete structure	353
prestressed reinforced masonry	353
prestressed steel arch	352
prestressed steel beam	353
prestressed steel beam with cables	191
prestressed steel frame	352
prestressed steel space truss	353
prestressed steel structure	352

prestressed steel tank	352	assets	329
prestressed steel tension member	352	production preparation	267
prestressed steel truss	352	production scheme	22
prestressed steel truss with cables	191	production style	267
prestressing cable	358	productive construction	267
prestressing camber	352	profiled steel sheet	334
prestressing stage	351	program	28
prestressing wire	353	programdiagram	28
pretension	354	programmable calculator	182
pre-tensioned concrete structure	319	programmer's hierarchical interactive graphics standard	393
pretension force	351,354	programming	11
pretension in construction	270	programming language	28
pretensioning method	319	project appropriation	103
pretensioning platform	292	project construction	106
pretension in high-strength bolt	100	project in preparation	33
price prediction	150	projection over roof	313
primary consolidation	372	projection point method of telescope direct and reverse	363
primary disaster of earthquake	57		
prime meridian	8	project price differential	103
primitive	300	project prime contract	106
primitive data of investigation	179	project proposition	324
principle of minimum rigidity	389	project put into production	299
principles of structure design	167	project quantity differential	105
printer	37,279	project settlement	105
prior working schedule of construction	153	project sub-contract agreement	105
prismatic compressive strength of concrete	134	project under construction	270
probabilistic design method	90	project within budget	351
probability	89	project within national budget	114
probability analysis	90	PROLOG language	393
probability-based limit state design method	90	Proluvial	126
probability density function	90	proportional limit of subsoil	50
probability distribution	89	protection and gas-tight	78
probability distribution function	89	protective cover of chimney	335
probability distribution of the largest value	144	protective earthing	6
probability of failure	268	protective structure	77
probability of non-exceedance	6	prototype test	354
probability of survival	182	pseudo dynamic test	222,310
probability theory-based design method	248	pseudo static test	222,310
problem-oriented language	210	public building	107
process design	107	public display unit	107
processed stone	198	pull-out method	2
processing cross grain	254	pull-stem rivet	191
processing of primitive data	354	pulsating fatigue	207
process technique	267	pumeconcrete block	86
process technology	267	pumping test	33
Proctor standard compaction test	235	punch	31
production fireproof style	267	punch capacity	31
production output ratio of newly increased fixed			

punch failure	31	random event	290
punching hole	31	random fatigue testing	290
punching of pile on cap	377	random file	290
punching shear failure	48	random process	290
pure oxygen converter steel	339	random variable	289
purge stack	226	random vibration	290
purlin	201	range	19,198
purlinless roof structure	315	range of stress intensity factor	346
purpose of construction	153	ranging of straight line	366
push-out test	305	Rankine's earth pressure theory	192
P-wave	393	rare intensity	117
p-y curves method of lateral loading analysis of single pile	42	rare occurrence earthquake	117
		rate of fixed assets transferred and in use	110
P-Δ effect	393	rate of swelling of soil	302
Q factor	394	ratio error	9
quadrant angle	324	rational economic scale	121
quantile	83	ratio of axial compression stress to strength	371
quantity	198	ratio of bending strength to compressive strength of brick	375
quasi-membrane shell	222		
quasi-permanent value of action	390	ratio of calculating area to local bearing area	176
quasipermanent value of load	122	ratio of elastic modulus	293
quasi-preconsolidation pressure	379	ratio of height to thickness	99
Quaternary deposit	59	ratio of height to thickness of wall and column	244
Quaternary geological map	59	ratio of length-diameter	22
Quaternary geology	59	ratio of secant modulus	101
Quaternary glacier	59	ratio of shear span to depth	151
quicksand	202	ratio of tangent modulus	245
radial crack	173	ratio of tensile strength to yield point	241
radial sawn plank	173	ratio of yield point to tensile strength	248
radial section	173	Rayleigh distributions	257
radial shake	173	Rayleigh wave	257
radiant heating	87	ray protection	265
radiator	260	ray tracing	112
radioisotope log	80	reaction frame	75
radioisotopic test	80	reaction platform	75
radio tower	316	reaction wall	75
radiowave penetration method	316	reaction wood	346
radius of gyration	131	read only memory	366
radius of influence	347	real cutting point of bar	273
rafter	35	real object test	273
raft foundation	74	rebound method	131
raft foundation under walls	244	recently deposited soil	329
rail	94	reconnaissance	292
rail top elevation	114	reconnaissance exploration	183
rainflow counting method	350	record	148
Ramberg-Osgood model of soil	302	recorder	148
RAM	290	recovery period of investment	299
random access memory	290	rectangular coordinate method	366

rectangular steel bar	76	related dimension	196
rectangular timber	76	relational model	111
rectangular trench	176	relation between wind speed and wind pressure	85
recurrence period of maximum wind speed	388	relative density of particle	304
recursion	59	relative density of sand	262
red clay	126	relative eccentricity	321
re-divided web member	357	relative elevation	321
reduced modulus	359	relative error	321
reduced stress	359	relative frequency	321
reducing coefficient fortheconcurrent action of axial force and bending moment	370	relative humidity	185
		relative length closing error of traverse	44
reducing coefficient of timber compressive strength for calculation of oblique to grain bolted conne	204	relaxation	287,330
		reliability index	182
reducing coefficient of timber shear strength for non-uniform distribution of shearing stress in no	29	reliability of structure	166
		relief platform	150
reduction factor of pile group	250	remained heat treatment ribbed bar	350
reduction of area	168	remote sensing	340
redundant element	379	remote sensing data	340
re-examination of steel	92	remote sensing images	340
refined oil tower	196	repairing of seismic structure	166
reflected pressure	75	reparation of steel structure with coverplate	297
reflection	75	repeated loading	32
refractory limit	219	repetition method	88
refractory power	219	replacement cost	32
refrigeration	367	report of engineering geologic investigation	104
refrigerator unit	367	representative value of action	390
regional boiler house	247	representative value of load	121
regional engineering geology	247	representative value of seismic gravity load	369
regional hydrogeology	247	reproducibility	32
regional stability	247	requirements in relation to the performance of structure	164
regular building in earthquake zone	114		
reinforced brick lintel	98	reservoir	331,372
reinforced concrete	96	residual deformation	17
reinforced concrete-brick composite masonry	96	residual nuclear radiation	268
reinforced concrete lintel	96	residual seismic risk	57
reinforced concrete open caisson	96	residual strain	18
reinforced concrete strip foundation under columus	374	residual stress	18
		residual welding deformation	118
reinforced concrete structure	96	residual welding stress	118
reinforced earth retaining wall	148	resilience index	131
reinforced masonry	227	resistance	180
reinforced masonry structure	227	resistance of structure	165
reinforced mortar masonry	97	resistance spot weld	63
reinforcement	95	resistant explosion	179
reinforcement for negative moment	87	resistant explosion cubicle	76
reinforcement ratio	226	resistant explosion design	76
reinforcement ratio per unit volume	295	resistant explosion wall	76
reinforcing strength ratio	227	resistant explosion window	76

resisting moment arm method	220	rigid waterproofing	91
resistivity log	61	rigid zone	92
resolution	82	rigorous adjustment	336
resonance	108	rimmed steel	82
resonance method	108	ring beam	130, 248
resonant wind-speed	108	ring shake	130
response spectrum for design	264	ring shaped foundation	130
response spectrum method	75	ring stiffener	149
restoring force character	131	rip-rap protection of slope	226
restoring force model of reinforced concrete	96	riprap stone revetment	70
restrained condition of pile top	377	RISC reducing instruction set computer	172
restrained torsional constant	356	riser	195
restraint coefficient	356	river terrace	121
restraint stress	175, 356	rivet	208
restricted torsion	356	riveted connection	209
restriction support at beam end	197	riveted girder	209
resultant direction and point of action of earth	305	riveted structure	209
retaining wall	43	RMS, root mean square method	177
retarding fracture	335	road embankment wall	203
reticulated shell	309	road network design of general plane	383
reticule	271	road shoulder wall	203
retrogressive landslide	239	rock	337
return period	32	rock anchor	338
reverberation time	137	rock and soil	338
reverse construction method	222	rock and soil engineering	106
reversing seat test	75	rock block	187
revetment	128	rock block toppling	336
revised overall estimate of design development phase	148	rock-flexure toppling	336
		rock fragments	290
revision factor of ice thickness	115	rocking stiffness factor	49
revival project	131	rock mass	338
revolutionary shell	332	rock mass stress test	338
Reynolds number	192	rock mechanics	338
ribbed dome	39	rock outcrop	338
ribbed floor	210	rock pressure	338
rib of beam	197	rock pressure in hill	262
rigid connection	91	rock slope geometry	337
rigid connection between wall panels	243	rod intercept	29
rigid foundation	92	rod sounding	239
rigid frame	91	rolled beam	330
rigidity	91	rolled up steel plate	176
rigidity modulus	92	roller plotter	114
rigidity of structure	163	rolling round	114
rigidity per unit length	320, 335	rolling support	114
rigid joint	92	ROM	366
rigid joint with encirclement bar	95	roof	313
rigid suspended element	173	roof beam	314
rigid transversal wall	91	roof boarding	309

roof bracing system	313	sample extreme value	339
roof sheathing	217	sampling by cutting specimen from structure	248
roof slab	314	sampling tube	248
roof structure	313	sand-blasting	227
roof structure with purlins	348	sand boil	227
roof truss	314	sand column	262
roof truss of 3-hinge arch	259	sand cushion	261
root	118	sand drain	261
root pile	278	sand-heap analogy	261
root square sum method	231	sand island	260
root variance	103	sand pile	262
rotational ability of plastic hinge	288	sand soil	261
rotational axis of instrument	342	sandwich	39
rotational axis of telescope	309	sandwich panel	150
rotation ductility factor	376	sandwich wall panel	88
round bar	355	sandy loam	262
rounded gravel	355	sandy silt	262
round head rivet	4,355	San Fernando earthquake	268
round shake	204	San Francisco earthquake	175
round timber	354	SAP	163
rubber vibrating isolator	324	sap wood	10
rubble	207	satellite images	311
rule	113	satellite launching tower	311
rule base	114	satellite photograph	311
Runger-Kutte method	202	saturated zone	6
rupture plane of slope	304	saturation density of soil	301
rusted	267	saturation unit weight of soil	301
rust inhibitive primer	48	saturation weight density of soil	301
rust removal	34	sawing	176
rust removal by spurting iron sand	226	scale	8,291
rust removal by spurting sand	227	scale accuracy	8
Sach's method	371	scale model	291
saddle-shape cable net	1	scale of aerophotography	120
saddle-shape latticed shell	1	scale value of level	284,285
safety bolt	6	scanner	260
safety classes	1	scarf joint	327
safety distance for unsympathetic detonation	332	schematic design of application software	346
safety distance of explosion induced by seismic waves	7	Schmidt rebound hammer method	270
		scientific data-base	182
safety distance of explosive fragmentation	81	scope of construction	153
safety factor	1	scour	31
safety factor for bearing capacity	48	screening effect	359
safety factor of stability	312	seal	86
safety of structure	161	sealed up concrete curing	209
Saint-Venant constant	268	sea-level datum	99
saline-alkali soil	339	sealing combination	86
saline soil	339	sealing door	209
sample	339	sealing grid line	86

sealing material waterproof of wall panel seam	242	seismic effect microzonation	57
seamless steel tube	314	seismic genetic fault	74
search	287	seismic hazard analysis	57
sea seismic load	116	seismic hazard evaluation	57
seasoning check	90	seismic hazard zoning	57
secant modulus	101	seismic influence coefficient	57
secondary beam	36	seismic intensity	56
secondary consolidation	36	seismicity data	56
secondary effect	73	seismicity level	56
secondary effect due to sideways displacement	19	seismicity parameters estimation	56
secondary identification of liquefaction	340	seismic joint	80
secondary stress	36	seismic microzonation	57
second category of stability problem	59	seismic prospecting	56
second failure surface of smooth wall	293	seismic reoccurrence relation	362
section diagram	70	seismic risk level	55
section plastic modulus	288	seismic secondary disaster	54
sectorial coordinate system	263	seismic subsidence	362
seepage coefficient	267	seismic wave	54
seepage pressure	267	selection of anticorrosion structure	77
seepage resistance of concrete	134	self-bearing wall	380
seepage velocity	267	self-inspection of completed project	178
segment	300	self preparation electric source	380
segregation	229	self-raised fund construction item	380
seismic bedrock motion	142	self-stressing method	381
seismic behavior of composite structure	386	self-tapping screw	381
seismic behavior of lightweight aggregate concrete structure	245	self-weight collapse loess	382
		semi-automatic welding	4
seismic behavior of masonry structure	238	semiconductor strain gauge	4
seismic behavior of reinforced masonry structure	227	semi-dried timber	4
		semi-probabilistic design method	4
seismic behavior of steel reinforced concrete structure	173	semi-rimmed steel	4
		semi-submersible drilling	4
seismic behavior of steel structure	95	sensibility	201
seismic behavior of timber structure	216	sensibility analysis	211
seismic behavior of traditional Chinese timber structure	368	sensitivity of level tube	284
		sensitivity of soil	302
seismic behavior of unreinforced masonry structure	315	separating column base	83
		septic tank	129
seismic bracing system of single-story factory	39	sequential access file	286
		seriously decayed knot	203
seismic coefficient method	362	serviceability limit state	363
seismic coefficient of resistance	180	serviceability of structure	167
seismic constructional measure	181	servo vibration transducer	287
seismic damage prediction	362	SE	256
seismic deformability	181	set of bolt connection	204
Seismic Design Code of Building	155	setting of plane-table	231
seismic design of frame	188	setting out	20,269
seismic design of frame column	189	setting out of building	157
seismic design of tube structure	298		

setting out of factory building columns axis	23	shear span of composite beam	387
setting out of foundation	140	shear strength	180
settlement joint	25	shear strength of bed joint of masonry	298
settlement observation	26	shear strength of concrete	134
settlement observation of buildings	157	shear strength of frozen soil	67
settlement of pile group	250	shear strength of inclined section	327
settlement of single pile	42	shear strength of masonry	375
settlement of subsoil	48	shear strength of masonry along stepped joint	29
settlement ratio of pile group	250	shear transfer in concrete	133
shallow beam	240	shear wall	151
shallow bin	240	shear wall structure	151
shallow-focus earthquake	240	shear wave	152, 394
shallow shaft	240	shear wave velocity of soil	302
shape coefficient of wind load	85	sheet line system	53
shape factor	295	sheet numbering	300
shape factor of foundation	141	sheet pile	4
shape factor of section	169	shell	244
shape influence coefficient of section shear deformation	168	shell foundation	244
shear	152	shell structure	244
shear across the grain	125	shock fatigue	30
shear band	152	shock response spectrum	30
shear-bending crack	307	shock wave	30
shear capacity	276	shop assembling	103
shear capacity of inclined section	327	short beam	69
shear center	151	short column	69
shear compression failure	152	short cylindrical shell	69
shear compression ratio	152	short folded plate	69
shear connection of superimposed beam	64	short life test	69
shear connection of superimposed slab	64	short stiffener	69
shear connector	180	short term loading test	69
shear diaphragm action	276	shower fire extinguishment system	350
shear failure of member	109	shrinkage coefficient of wood	213
shear flow	151	shrinkage crack	275
shear friction	151	shrinkage degree	275
shear-friction theory	151	shrinkage of wood	213
shearing	152	shrinkage rate of wood	213
shearing capacity of masonry member	237	side condition	143
shearing type deformation	152	side constructional bar	19
shearing vibration	152	side for transferring length	34
shear lag	151, 152	side friction resistance of pile	376
shear modulus	151, 152	side length condition	10
shear of continuous beam	196	sidesway	19
shear of timber	213	sight rail	202
shear parallel to grain	286	signal analyzer	329
shear perpendicular to grain	125	signal colour of airline	120
shear plane of slope	304	signal mutual induction unit	127
shear slant to grain	328	SI, international system of units	114
		silencer	325

silicate block	114
silo	266,298
silt	84
silty clay	84
silty sand	84
similitude model	322
similitude parameter	322
similitude principle	322
similitude relationship	322
similitude theorem	322
simple rate of return	152
simple vibrating isolation	152
simply supported beam	152
single buoy mooring system	40
single-coefficient limiting state design method	41
single column rack	42
single control	40
single degree of freedom	42
single dowelled connection	40
single hole open caissson	40
single-inclined web member	41
single item	41
single-layer cable-suspended structure	40
single-layer latticed shell	39
single leg stirrup	41
single notch and tooth connection	40
single-reinforced beam	40
single row hole open caisson	40
single shear parallel to grain	39
single tube	40
single user	41
single wave arch	39
single wave shell	39
site	23
site condition	23
site intensity	23
site load	269
site selection	24
site-soil	24
size effect	29
skeleton	110
skeleton curve	110
Skempton's equation	286
skew-bending calculation	327
skylight truss	295
skylight truss of 3-hinge arch	259
skylight truss of 3 hinged rigid frame type	259
skylight truss with 3-supporting point	260
skylight truss with vertical members	72
skylight with windscreen	10,43
slab	2
slab-column system	3
slab-stairs	3
slag brick	347
slag inclusion	150
slaking of soil	301
slender column	318
slenderness ratio	22
slender section	319
slice method	297
slide deformation	129
sliding stability	128
slip coefficient	180
slipping hysteresis curve	367
slitted aseismatic wall	39
slitted shear wall	39
slope angle	234
slope indication line	273
slope inversion analysis	10
slope protection	128
slope spaling	10
slope surface erosion	234
slope wall	262
Slope wash	234
sloping foundation	246
sloping grain	214
slot	18
slotted hole	22
slot weld	18
smoke prevention and elimination	79,80
smoke prevention zoning	80
S-N curve	394
snow load	332
softening index	256
softening of concrete	135
soft hook crane	256
soft rock	257
soft soil	257
software	256
software engineering	256
software environment	257
software tool	257
soft wood	360
soil column	305
soil compaction by lime-soil pile	131
soil compaction by stone pile	145

soil layer response calculation	301	spread angle of pressure in subsoil	50
soil liquefaction	303	spread foundation	190
soil mechanics	304	spring	249
soil stabilization by sheet pile	4	spring wood	35
soil-structure interaction	304	sprinkler system	283
solder	119	SPT	12
solid error	110	SPT	174
solid member	272	spur traverse	365
solid modeling	273	square pyramid space grid	287
solid slab	273	square pyramid space grid of checkerboard	235
solid-webbed column	272	square pyramid space grid with openings	32
solid-web mast	272	square pyramid space grid with star elements	329
solid web tube	273	stability	312
soluble salt test	182	stability analysis of diaphragm trenches	18
Songpan earthquake	287	stability analysis of rock slope	337
sonic prospecting	268	stability analysis of slope	304
sound pressure level	268	stability capacity of beam-column	334
source of ray	266	stability of individual chord	41
source program	356	stability of instrument	342
space frame	184	stability of subsoil	50
space structure	184	stabilization of landslide	129
space truss structure	308	stabilizing cable	312
space work	184	stable bifurcation	312
span	43, 187	stadia	274
spandrel beam	35, 249	stadia intercept	274
sparking point	262	stadia method	274
special concrete	294	stadia multiplication constant	274
special shaped hollow brick	342	stadia traversing	274
special soil	294	stained wood	12
specific gravity of particle	304	stair	203
specific moisture capacity	254	stake out of point	59
specific surface test	8	standard design	13
specific water retention	29	standard deviation	12
specific yield	145	standard frost depth	12
specimen design	273	standard penetration test	12
spherical braced domes	247	standardization of steel tape	93
spherical projection method of rock slope	337	standardized normal distribution	13
spherical shell	247	standards of fire resistant material	78
spiral grain	205	star-shaped shake	329
spiral stairs	205	statement	350
spiral stirrup	205	static action	175
splicing pile	161	statically determinate structure	174
splint	239	statically indeterminate structure	24
split	228	static method	174
split of concrete	135	static penetration test	174
split ring connection	200	static strain indicator	174
split tensile strength of concrete	135	static test	174
spontaneous potential log	381	static test of low cycle reverse	47

stationary random process	233
statistical corrections for bearing capacity value	27
steady fatigue	312
steady hysteretic behavior	312
steady-state sinusoidal excitation	313
steady water table	312
steam heating system	363
steel	92
steel beam	98
steel-concrete cmposite beam	94
steel deck reinforced composite slab	334
steel grade	94, 226
steel open caisson	93
steel pipe pile	94
steel-pipe structure	94
steel plate	92
steel plate girder	92
steel plate structural wall	92
steel ratio	117
steel reinforced concrete column	94
steel section	330
steel strengthen after cold stretching	193
steel structure	94
steel tape	93
steel-timber structure	98
steel tower platform	292
steel truss	94
steel tube	93
steel tubular truss	93
steel-wood truss	98
step-by-step integration procedure	371
stepped footing	43
stiff connector	92
stiffened part(zone) of seismic building	149
stiffened (plate) element	149
stiffener	149
stiffener at support	365
stiff floor	92
stiffness	91
stiffness method	91
stiffness modifying frame method	9
stiffness of structure	163
stiffness of transverse wall	125
stirrup	109
stirrup reinforcement ratio	226
stirrup with multiple legs	73
stitch bolt	6
stone-concrete footing	207
stone footing	207
stone masonry	272
stone masonry structure	272
stone revetment	90
storage	37
storage rack	18
story drift	21
straightening	160
straightening of steel	92
straightening of structural member	27, 109
straight orientation	366
straight seat test	364
strain aging	344
strain capacity of masonry	237
strain chain	344
strain control	344
strain corresponding to the maximum stress	86
strain-gage type displacement transducer	344
strain hardening	345
strain-hardening stage	344
strain lag of added concrete	345
strain rate	344
strain rosette	344
strand	94
stream file	202
strength	241
strengthening after disassembling the structure	21
strengthening by adding piers	9
strengthening design of structure	164
strengthening method for bottom chord of timbertruss by using steel bars	318
strengthening method for endjoint of timber truss by using steel bars	68
strengthening method for end joint of timber truss by using steel covers	68
strengthening of aseismic masonry structure	238
strengthening of masonry structure	238
strengthening of RC structure	133
strengthening of seismic reinforced concrete structure	134
strengthening of seismic structure	165
strengthening of steel structure	95
strengthening of steel structure by postcasting concrete	132
streng thening of steel wire mesh	98
strengthening of structure under loading	39
strengthening of structure under partial unloading	176
strengthening of structure under unloading	308

strengthening of timber structure	215	stress-strain relationship of mortar	261
strengthening RC beam by bonding steel plate	159	stress-strain relationship of soil under cyclic loading	332
strengthening RC member by adding intermediate supports	358	stress strength factor	346
strengthening RC structure byadding bracing systems	358	stretcher	286
		strip foundation	297
strengthening RC structure by adding extra member	329	strip foundation under walls	244
		strong column and weak beam	242
strength grade of brick	375	strong ground motion	240
strength grade of concrete	135	strong ground motion observation	242
strength grade of mortar	261	strong motion instrumentation	242
strength model	241	strong motion observation array	242
strength of axially-loaded member	370	strong motion observation network	242
strength of compression member	277	strong shear capacity and weak bending capacity	241
strength of concrete during prestressing	358	Strouhal number	286
strength of concrete during releasing prestressed tendon	81	structural analysis program for general purpose	163
		structural area	166
strength of concrete under biaxial stresses	136	structural damage	167
strength of concrete under combined stresses	133	structural defect	166
strength of concrete under triaxial stresses	136	structural design against wind	165
strength of confined concrete	356	structural engineering	164
strength of steel beam	98	structural engineering accident	164
strength of steel compression-flexure member	334	structural examination	164
strength of steel tension-flexure member	191	structural failure	166
strength of tension member	276	structural fatigue testing	166
strength of torsion member	276	structural joint	163
strength reduction factor	312	structural landform	109
stress concentration	346	structural plain	109
stress concentration factor	346	structural reinforcement	109
stress corrosion	345	structural seismic test	165
stress corrosion cracking	346	structural steel	163
stress due to temperature difference	311	structural steel-brick composite masonry	330
stressed skin action	276,346	structural strength of soil	302
stress excess of tensile steel	345	structural system with cast-in-situ concrete interior walls and prefabricated exterior walls	220
stress in soil mass	51		
stress range	345	structural system with interior cast-in-situ concrete walls and exterior brick walls	220
stress ratio	345		
stress recovery method	346	structural analysis program	163
stress redistribution	345	structural tee steel	394
stress release	346	structural test	167
stress relief method	346	structural testing machine	167
stress skin panel	150	structural wall	166
stress spectrum	346	structure	109,161,167
stress-strain curve of steel	92	structure control	166
stress-strain relationship of brick	374	structure design	167
stress-strain relationship of concrete	136	structured query language	164
stress-strain relationship of masonry under compression	239	structure effect factor	168
		structure-pile-foundation interaction	168

structure standard	161	surface modeling	247
stub column test	69	surface paint	210
stud	280	surface subsidence	52
subbase	48	surface temperature	13
sub-element	380	surface wave	210
subgrade	48	surface wave magnitude	210
subgrade coefficient method	141	surrounded weld	310
submerged arc welding	206	surrounding rock pressure	310
submerged density of soil	301	surveying and mapping	20
submerged retaining wall	171	surveying and mapping of topomap	54
submerged unit weight of soil	301	surveying of main vibration source	372
submerged weight density of soil	301	survey of crane beam location	63
sub module	83	survival state of structure	166
subsidence	52	susceptibility	211
subsidence preventing belt of chimney	335	suspended hybrid structure	331
subsiding by matching weights	227	suspended shells	331
subsiding by stages	83	suspended structure	331
substructure	53	sustained strength	22
subsurface erosion	239	swelling capacity by action of load	348
subterranean building	53	swelling corrosion	358
succedently applying stress	330	swirl grain	313
succedently loading stage	330	syllabic articulation	343
suction tank	317	symbol for structural design	167
suction well	317	symmetry double dowel connection	70
suddenly loading method	300	sympathetic detonation	332
suddenly unloading method	300	synchronal construction	298
sudden sinking	300	syncline	324
summer wood	318	systematic error	318
superimposed beam	64	system identification	317
superimposed concrete beam	64	system of units of measurement	145
superimposed slab	64	system software	317
super permafrost water	67	tables of fundamental bearing capacity value of subsoil	27
superstructure	53		
super tall building structure	24	tablet	300
supervisor	112	tailing ore brick	310
supplementary contour	372	tall building structure	99
supplementary reinforcement	150	tamping area	120
support	365	tangential section	319
support-displacement method	365	tangent modulus	245
supporting beam	306	tangent modulus theory	245
supporting plate	300	Tangshan earthquake	294
supporting ring	365	T-beam	394
supporting system of vibra-ting isolation	365	T-connection	394
supporting truss	306	technical and economical target of design	265
suppressive explosion structure	343	technical code for thin-walled cold-formed steel structure	193
surface check	13		
surface crack	13	tectonic earthquake	109
surface fibre	13	telephone station	61

telescope	309	the diagonal compression field theory	328
television tower	62	the first similitude theorem	322
tellurometer traverse	60	the flexibility method	138
temperature action	312	the macneal schwender corporation/NASA structural analysis program	163
temperature compensation	311	the method of yield line	288
temperature drop tank	158	the most harmful load arrangement for structure	388
temperature effect on high rise structure	101	the non-slip theory	315
templet	339	theodolite	171
templet making	80	theodolite traversing	171
templet strip	339	theoretical cutting point of bar	195
temporary project	357	theoretical method for determination of reliability index	217
temporary strengthening	201	theory of buckling	248
tenon joint	291	theory of damping	385
tensile capacity	276	theory of stability	312
tensile parallel to grain	286	thermal conductivity	251
tensile perpendicular to grain	125	thermal deformation	251
tensile strength	180	thermal diffusion coefficient	252
tensile strength of concrete under bending	134	thermal expansion ratio	320
tensile strength of masonry	238	thermal inertia index	251
tensile strength of steel	92	thermal insulating layer	102
tension crack depth on the top of slope	234	thermal log	251
tension-extruding process	358	thermal reservoirs	331
tension failure	276	thermal welding deformation	119
tension-flexure member	191	thermal welding stress	119
tension hinge	276	thermodynamically altitude	252
tension joint	358	thermotechnical calculation	252
tension leg platform	358	the second similitude theorem	322
tension ring	191	the strip method	297
tension stress during driving	37	the third similitude theorem	322
tension structure	358	the truss theory	124
tensometer	99,280	the variable-angle space-truss theory	11
terminal	368	thickness of compressed layer	333
terrain line	54	thickness of the covering layer at site	23
terrestrial photogrammetry	52	thin-shell structure	5
Terzaghi's ultimate bearing capacity equation	292	thin-walled cold-formed steel	193
testing method of ambient random vibration	129	thin-walled cold-formed steel structure	193
test loading design	274	thin web girder	5
test measuring design	274	thixotropic fluids	34
test method with artificial excited vibration	253	thixotropy	34
test platform	274	Thomas converter steel	306
test program	20	thread anchorage	205
texture	312	thread of stream	144
thaw collapse	255	three-stage design method	259
thaw compression test of frozen soil	67	three-way lattice grid	260
thaw depth	255	threshold	209
the absorption coefficient of acoustical material	17	tie back retaining wall	208
the bond-slip theory	222		
the classical truss theory	110		

tie bar	317,355	total stress method of stability analysis	304
tie beam	195	total thermal transmission resistance	383
tie-reinforcement	191	tower and guyed mast structure	292
tightening process of high strength bolt	100	tower platform	292
tiling batten	111	tower structure	292
till	13	transducer	34
tilted stratum	246	transfer function	34
timber cellular barrel arch	217	transfer length of prestress	352
timber preservative	212	transient situation	69
Timber structure	215	transit	171
timber structure maintenance	216	transition story	376
timber truss	214	transition temperature	375
time and space inhomogeneity of earthquake	57	transmission tower	277
time factor	272	transversal bearing wall system	125
time-history design method	272	transversal reinforced masonry	126
time-history method	272	transverse axis	126
time sharing computer system	83	transverse fillet	68
T-joint	394	transverse force factor	125
TN earthing system	394	transverse frame	125
TNT equivalent	394	transverse horizontal brace	126
Tokachi-oki earthquake	271	transverse keyed connection	125
token ring network	201	transverse stiffener	125
toothed-ring connection	29	transverse weld	125
tooth-plate connection	29	trapezoid truss	295
top displacement	65	traverse of geological observation	58
topographic map	54	traverse survey	44
topographic map symbol	54	treatment of waste liquid、waste gas and waste	
topographic point	54	residue	258
top plate of column	373	trench	48
toppling failure	245	trenching	18
top-ring	65	trench pipelining	48
torque-twist curve	224	triangular pyramid space grid	259
torsional buckling	224	triangular pyramid space grid with openings	32
torsional capacity	276	triangular rack	258
torsional-flexural buckling	307,307	triangular truss	258
torsional rigidity	180,224	triangular web member	254
torsional stiffness factor	49	triangulateration	10
torsional vibration	224	triangulation survey	258
torsion-bending ratio	224	triaxial shear test	260
torsion constant	224	trigonometric leveling	258
torsion member	276	trilateration	258
torsion member subjected to other forces	88	trilinear restoring force model	259
torsion process	224	tripartite logarithmic response spectrum	258
torsion-shear process	223	tripartite response spectrum	259
torsion-shear ratio	223	trough type test platform	18
torsion shear type high-strength bolt	223	trough wall panel	18
total cost of production	383	true azimuth	360
total investment	384	true error	360

true meridian	360	unbondedly prestressed concrete structure	315
truss	123	uncertainty correction	15
trussed rafter	35	unconfined compression strength	314
truss wall	124	underconsolidated soil	240
truss with arch slab	108	undercut	340
T-shaped slab	394	underground traffic tunnel for air defence	253
tsunami	116	underground water	53
TT earthing system	394	underreinforced beam	263
tube	298	undersea pipeline	115
tube in tube	298	underwater seal	284
tube structure	298	undisturbed soil sample	354
tubular tower	355	unequal-leg angle	14
turf protection of slope	19	uniform compression plate element	177
turnbuckle pipe	364	uniformity coefficient of compressive stress	334
turnbuckle pipe method	286	unique conditional similitude	41
turning plate	29	unit	187
turning point	376	unit cost of production	41
twin-bar reinforcement	280	unit of measurement	145
twist curvature	224	unit production capacity investment	41
twisted grain	224	unit project	41
twisting	224	unit project contract	41
two-stage design method	73	unit tamping energy	41
two stages design	73	unit weight of soil	302
two-step column	73	universal vibration instrument	308
two-way orthogonal lattice grid	364	unlift pile	179
two-way ribbed floor	173	unloading effect of interior arch	220
two-way skew lattice grid	327	unreinforced masonry	315
two-way slab	281	unreinforced shallow shell	315
type I extreme value distribution	144	unsealing combination	81
type JG vibrating isolator	393	unstable bifurcation	15
type JM anchorage	393	unsteady fatigue	15
type QM anchorage	394	unsteady hysteretic behavior	82
type XM anchorage	395	unstiffened (plate) element	311
type II extreme value distribution	144	unsuitable zone for construction	15
type III extreme value distribution	144	uplift force	319
ultimate balance theory	143	uplift load test of pile	377
ultimate bearing capacity of subsoil	49	upper-limit of magnitude	362
ultimate compressive strain	143	upper-lower limit of slope protection	128
ultimate deformation	143	upside down pour concrete by pump	8
ultimate limit state	28	urban earthquake disaster reduction planning	28
ultimate load design method	143	usable floor area	273
ultimate load of pile	377	user interface	348
ultimate load of subsoil	50	utilization coefficient of site	23
ultimate strain	143	utilization factor of floor space	156
ultimate strength	143	vacuum preloading	360
ultimate tensile strain	143	vadose water	263
ultrasonic method	25	valley line	262
ultrasonic rebound test	382	vane shear test	271

variable action	182	vibration of frame type foundation	108
variable amplitude fatigue	11	vibration-proof distance	80
variable frequency sinusoidal excitation	12	vibration-proof trench	80
variance	76	vibration roller	360
vector Chinese character library	324	vibration transducer with strain-gage type	344
vegetation cover of slope protection	366	vibrator	361
velocity of ground-water flow	53	vibrograph	160
velocity of loading	149	vibrosinking of pile	360
velocity response spectrum	287	vierendeel truss	184
veneer plywood	158	view port	275
vent hole	298	viscoelastic deformation	223
ventilation cabinet	297	viscoslip fault	222
vertical angle	278	visual examination	307
vertical axis	278	void ratio	185
vertical brace	278	volcanic earthquake	137
vertical cable shaft	62	volcanic slag concrete block	137
vertical circle	278	voltage amplifier	62
vertical consolidation	278	vortex grain	313
vertical control	99	vortex shedding	332
vertical design of general plane	383	Vrancea earthquake	86
vertical displacement observation	35	V-shape folded plate	394
vertical layout of general plane	383	vulnerability analysis	343
vertical loading test of pile	377	waist beam	248
vertical pile	278	waist steel	340
vertical shaft	278	wall	243
vertical stiffness factor	49	wall assembly	243
vertical welding position	195	wall-beam	243
vibrated brick panel	361	wall-column	244
vibrating isolation using obstacle shielding	233	wall frame	9
vibrating isolator of air bag	184	wall of chimney shaft	335
vibrating isolator of plate spring	3	wall panel	242
vibrating isolator of steel cylindrical coil spring	356	wall panel for industrial building	107
vibrating-string strain indicator	361	wall protection by slurry	221
vibration	360	wall stud	243
vibration absorber	317	wall with pilaster	38
vibrational densification	361	wall with small openings	326
vibrational replacement stone column	360	wane	44
vibration cushion	102	warping	244
vibration damper	151	warping bending moment	281
vibration elimination	325	warping constant	244
vibration isolation of foundation	141	warping rigidity	244
vibration isolator	102	warping torsional rigidity	244
vibration load	360	warping torsion constant	244, 262
vibration mode coupled coefficient	361	washer	63
vibration of block type machine foundation	187	water capacity	254
vibration of floor which subjected to exciting forces	143	water curtain fire extinguishment system	283
		water-maintainability of mortar	261
vibration of foundation for forging hammer	70	water of aerated zone	5

water proof belt	366	welding deformation	118
waterproof casing pipe through water tank	284	welding flux	118
waterproof concrete	79	welding material	118
water pump adapter	282	welding position	119
water pumping station	282	welding process	118
water spray fire extinguishment system (dry type)	90	welding stress	119
water spray fire extinguishment system (wet type)	270	welding stud	117
water-supply system	145, 263	welding technique	118
water tank	282, 284	welding wire	119
water tower	284	weld junction	255
water tower body	284	weld leg	118
water tower with precast inverted conical shell	354	weld root	118
wave arch	14	weld throat	118
weak story	14	weld toe	119
wearing of structure	166	well-shaped foundation	172
weathering	84	wet swelling	271
weathering grade of rock	337	wet timber	270
weathering index	84	wharf	206
weathering steel	218	wheel-like double-layer cable structure	25
web	88	whiplash effect	11
web crippling	89	white noise	2
web member	89	wide area network	113
web member of tubular truss	365	wide flange I-shape	187
web-shear crack	89	width-to-thickness ratio	187
web steel	89	wilson-θ procedure	394
wedge action	326	Winchest disk	311
wedge failure analysis of rock slope	337	wind cap	9, 85
weep hole	328	wind driving machine tower	84
Weibull distribution	310	wind-excited vibration	85
weight	248	wind load	84
weight density of soil	303	window	35
weighted arithmetic average	149	window control	35
weighted mean	149	wind pressure	85
weld	118	wind-pressure spectrum	85
weldability	182	wind-resistant wall	179
weld crack	119	wind-resisting column	179
weld defect	119	wind spectrum	85
welded framework	118	wind speed	85
welded girder	119	wind-speed spectrum	85
welded grid	119	wing plate	332
welded hollow spherical joint	118	winter construction	65
welded member	118	wire broadcast station	349
welded seam	117	wire frame	320
welded steel plate joint	118	wire strain gauge	286
welded steel tube	118	wire tendon	98
welded structure	118	wiring in bridge rack	62
welding condition	118	wiring in enclosed type bus-bar	86
welding connection	119	wiring in vertical shaft	278

without corbel-piece joint	315	yielding extent coefficient	247
wood	217	yielding stress	248
wood beam	216	yield limit	202
wood column	217	yield line	288
wood-destroying fungi	214	yield point	247
wooden roof	217	yield ratio	248
wooden roof bracing	217	yield stage	247,248
wood Howe truss	120	yield strength	248
wood preserving process	212	Young's modulus	339
wood purlin	216	Z-bar	395
wood ray	217	Z-direction steel	395
wood roof decking	314	zees	395
working system of crane	63	zero load test	201
workstation	107	zinc-coated wire	68
wound detection by electromagnetism	61	zonation of potential seismic sources	240
wound detection by ray	265	zone of differential settlement	15
wound detection by ultrasonic	25	zone suitable for construction	342
Xianta earthquake	329	zoning of urban function	28
X-ray diffraction	395	I-class hole	395
X-ray inspection	395	II-class hole	395
X-ray powdered crystal analysis	395	π theorem	395
xylem	217	Γ shaped purlin	395
X-Y recorder	395	Π shaped rigid frame skylight truss	209
yield curvature	248	γ-ray inspection	395
yield deformation	247		